BROCKHAUS · DIE BIBLIOTHEK

MENSCH · NATUR · TECHNIK · BAND 3

BROCKHAUS

DIE BIBLIOTHEK

MENSCH · NATUR · TECHNIK

DIE WELTGESCHICHTE

KUNST UND KULTUR

LÄNDER UND STÄDTE

GRZIMEKS ENZYKLOPÄDIE
SÄUGETIERE

MENSCH · NATUR · TECHNIK

BAND 1

Vom Urknall zum Menschen

BAND 2

Der Mensch

BAND 3

Lebensraum Erde

BAND 4

Technik im Alltag

BAND 5

Forschung und Schlüsseltechnologien

BAND 6

Die Zukunft unseres Planeten

MENSCH · NATUR · TECHNIK · BAND 3

Lebensraum Erde

Herausgegeben von der Brockhaus-Redaktion

F. A. BROCKHAUS
Leipzig · Mannheim

Redaktionelle Leitung: Dr. Stephan Ballenweg, Dr. Joachim Weiß

Redaktion:
Dipl.-Geogr. Ellen Astor
Dipl.-Bibl. Torsten Beck
Dr. Eva-Maria Brugger
Vera Buller
Dipl.-Geogr. Rüdiger Caspari
Dr. Dieter Geiß
Dr. Roswitha Grassl
Dr. Gerd Grill
Dr. Gernot Gruber
Wolfhard Keimer
Dr. Andrea Klein
Dipl.-Biol. Franziska Liebisch
Christa-Maria Storck M.A.
Dipl.-Ing. Birgit Strackenbrock

Freie Mitarbeit:
Dipl.-Biol. Elke Brechner
Dipl.-Chem. Björn Gondesen

Herstellung: Jutta Herboth

Typographische Beratung: Friedrich Forssman, Kassel, und Manfred Neussl, München

Konzeption & Koordination Infografiken:
Christoph Schall, Norbert Wessel

Infografiken:
Joachim Knappe, Hamburg
Skip G. Langkafel, Berlin
Klaus W. Müller, Teltow
neueTypografik, Kiel
Otto Nehren, Ladenburg
Plan B® Zentrale, Stuttgart
Christian Schura, Mannheim
Scientific Design, Neustadt a. d. Weinstraße

Die Deutsche Bibliothek – CIP-Einheitsaufnahme

Brockhaus · Die Bibliothek
hrsg. von der Brockhaus-Redaktion.
Leipzig; Mannheim: Brockhaus

Mensch, Natur, Technik
ISBN 3-7653-7000-2
Bd. 3. Lebensraum Erde
[red. Leitung: Stephan Ballenweg; Joachim Weiß]. – 1999
ISBN 3-7653-7021-5

Das Werk wurde in neuer Rechtschreibung verfasst.

Satz: Bibliographisches Institut & F. A. Brockhaus AG,
Mannheim (PageOne Siemens Nixdorf)
Papier: 120 g/m² holzfreies, alterungsbeständiges, chlorfrei gebleichtes
Offsetpapier der Papierfabrik Aconda Paper S.A., Spanien
Druck: ColorDruck GmbH, Leimen
Bindearbeit: Großbuchbinderei Sigloch, Künzelsau
Printed in Germany

ISBN für das Gesamtwerk: 3-7653-7000-2

ISBN für Band 3: 3-7653-7021-5

Die Autoren dieses Bandes

PROF. DR. HARTMUT BICK
emeritierter Professor für Landwirtschaftliche Zoologie
ehemals Direktor des Instituts für Landwirtschaftliche Zoologie und Bienenkunde der Rheinischen Friedrich-Wilhelms-Universität Bonn
Bonn

PROF. DR. GÜNTER FELLENBERG
Professor für Botanik i. R.
ehemals Botanisches Institut und Botanischer Garten der Technischen Universität Braunschweig
Wolfsburg

PROF. DR. ROBERT GEIPEL
emeritierter Professor für Angewandte Geographie
ehemals Geographisches Institut
der Technischen Universität München
Gauting

PROF. DR. HANS-DIETER HAAS
Vorstand des Instituts für Wirtschaftsgeographie
Ludwig-Maximilians-Universität München

PROF. DR. JOACHIM MARCINEK
emeritierter Professor für Geographie
ehemals Geographisches Institut der Humboldt-Universität zu Berlin
Berlin

PROF. DR. DR. H.C. HORST G. MENSCHING
emeritierter Professor für Geographie an der Universität Hamburg
Gastprofessor an der Universität Wien
Hamburg

PROF. DR. KLAUS MICHAEL MEYER-ABICH
Institut für Philosophie
Universität Gesamthochschule Essen

DR. HABIL. OLAF MIETZ
Geschäftsführer des Instituts für angewandte
Gewässerökologie GmbH
Seddin

PROF. DR. WOLFGANG NENTWIG
Direktor des Zoologischen Instituts
Universität Bern

Prof. Dr. Christian-Dietrich Schönwiese
Leiter der Arbeitsgruppe Meteorologische Umweltforschung/
Klimatologie
Institut für Meteorologie und Geophysik
Johann Wolfgang Goethe-Universität Frankfurt am Main

Prof. Dr. Reinhard Zellner
Lehrstuhl für Physikalische Chemie
Institut für Physikalische und Theoretische Chemie
Universität Gesamthochschule Essen

Inhalt

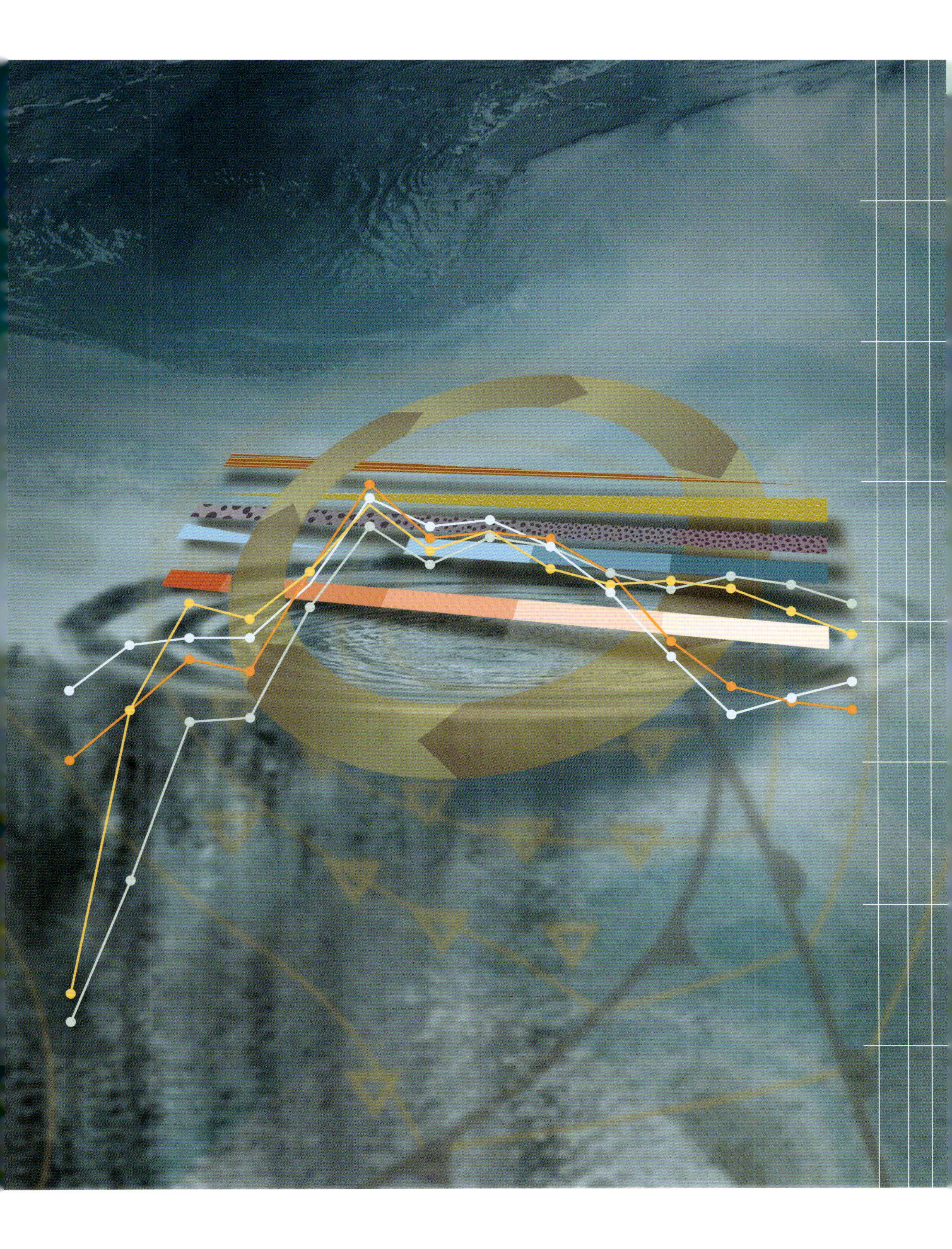

Der Mensch im Lebensraum Erde

Der Mensch teilt sich den Lebensraum Erde mit zahllosen anderen Organismenarten. Namentlich bekannt sind etwa 1,8 Millionen, dazu kommen noch mehrere Millionen bislang unbekannter Arten. Der Mensch stellt zwar rein biologisch betrachtet nur eine unter vielen andern Arten dar, unterscheidet sich aber durch seine Intelligenz von allen andern Lebewesen. Das Kommunikationsmittel Sprache ermöglicht es der Menschheit, Erfahrungen oder Erfindungen einer Person an andere weiterzugeben, sodass sie rasch Allgemeingut werden. Neben die Übertragung von Erbinformationen tritt also beim Menschen in starkem Maß eine nicht genetische, sprachgebundene Informationsweitergabe von einer Generation zur nächsten. Dieses ist seit jeher eine entscheidende Voraussetzung für den Erfolg des Menschen bei der Besiedlung der Erde gewesen. Die vielfältigen kulturellen und technologischen Entwicklungen, die der Menschheit im Lauf ihrer Geschichte gelangen, führten schon früh zur Überwindung natürlicher Ausbreitungsschranken. So wurden beispielsweise trennende Gewässer mithilfe von Booten überquert oder wasserlose Gebiete durch Brunnenbau erschlossen. Auch die Besiedlung unwirtlicher arktischer Zonen durch die Inuit (Eskimos) mithilfe spezieller kultureller Anpassungen gehört hierher.

Für das Wachstum der Tierpopulationen stellt das natürlicherweise vorhandene und der jeweiligen Tierart zugängliche Nahrungsangebot einen entscheidenden ökologischen Begrenzungsfaktor dar. Das gilt im Prinzip auch für den Menschen, der jedoch solche Mittel und Einflussmöglichkeiten erworben hat, dass er bis zu einem gewissen Grad dieser Naturordnung entkommen konnte. Wenngleich in den Millionen von Jahren, seit es den Menschen gibt, manche Umweltveränderung ohne sein Zutun eintrat, so war es schließlich doch der menschliche Einfluss, der weltweit großräumige und oft einschneidende Veränderungen der natürlichen Umwelt bewirkte. Die Beiträge dieses Bands befassen sich in vier großen Teilen mit den Grundlagen des Lebens auf der Erde – der Atmosphäre und dem Klima, dem Wasser, dem Boden –, mit den Eigenschaften der belebten Natur, mit der Art und Weise, wie der Mensch seine Umwelt gestaltet und seinen Bedürfnissen angepasst hat, sowie mit den durch menschliches Wirtschaften verursachten Umwelt- und Naturschutzproblemen. Sie wollen Einblicke in die Gegebenheiten und Zusammenhänge des Lebensraums Erde vermitteln, zu dessen Bewohnern auch der Mensch gehört.

Zur Kultur der Jäger und Sammler

Vor fast vier Millionen Jahren waren die so genannten Vormenschen integriert in Lebensgemeinschaften von Pflanzen und Tieren ost- und südafrikanischer Ökosysteme. Ernährungsmäßig können sie dem Allesfressertyp zugeordnet werden, das heißt, sie nutzten eine Vielzahl von Pflanzen und Kleintieren; als Trinkwasserspender dienten natürliche Wasservorkommen. Die menschliche Position im Ökosystem war also nicht anders als die einer Tierart ähnlicher Größe und Ernährungsweise. Das oft bemühte Leben im Einklang mit der Natur war hier am ehesten verwirklicht. Die Situation änderte sich jedoch in dem Maße, wie die Werkzeugnutzung und insbesondere die Technik der Steingeräteherstellung fortschritt und schließlich – vor wahrscheinlich zwei Millionen Jahren – Jagdwaffen entwickelt wurden.

Der Gebrauch von Jagdwaffen stellte einen so tief greifenden kulturellen und technologischen Einschnitt in der Entwicklung des Menschen dar, dass man von einer Jagdrevolution spricht. Es kam nun zu einer Arbeitsteilung: Männern oblag die Jagd, Frauen sammelten weiterhin Pflanzen und Kleintiere. Diese Aufgabenverteilung, wie sie typisch für steinzeitliche Sammler- und Jägerkulturen ist, hat sich lokal bis in die Gegenwart erhalten.

Jagdausübung war neben der Nahrungssammlung kennzeichnend für den Typ des Frühmenschen, dessen Stellung in der Natur sich allmählich, aber sicher vom gleichgewichtigen Partner zur beherrschenden Art gewandelt hat. Mit Verbesserung der Jagdwaffen (Erfindung des Speers) wurde systematisch Jagd auf große Herdentiere betrieben, zum Beispiel vor 400 000 Jahren in Mitteleuropa auf Waldelefanten, Nashörner, Wildpferde, Auerochsen. Auf dieser Kulturstufe hat es wahrscheinlich auch schon Bootsbau gegeben. Sowohl die Jagdtechniken wie auch die vor etwa 1,5 Millionen Jahren begonnene Feuernutzung machten den Menschen unabhängiger von seiner Umgebung. Abgesehen davon, dass Feuergebrauch eine neue Dimension der Nahrungszubereitung, nämlich Grillen, Braten, Räuchern und Kochen ermöglichte, wehrte Feuer Raubtiere ab und spendete Wärme, sodass nun von Afrika ausgehend, wo der Frühmensch vor etwa 2 Millionen Jahren zuerst aufgetreten war, auch kältere Regionen auf andern Kontinenten besiedelt werden konnten.

Im Verhältnis des Menschen zu seiner Umwelt gewann das Feuer schon in steinzeitlichen Kulturen besondere Bedeutung dadurch, dass es als Mittel zur Beseitigung oder Auflichtung des Pflanzenbestands genutzt wurde. So wurden in der trockenen Jahreszeit die dürren Gräser von Savannen abgebrannt, um das Jagdwild aufzuscheuchen oder zusammenzutreiben. Man nimmt an, dass die typische mosaikartige Verteilung von Grasflächen und einzelnen Bäumen oder Gehölzgruppen in vielen heutigen Savannengebieten Afrikas auf solche menschlichen Eingriffe zurückgeht oder durch sie zumindest eine starke Förderung erfahren hat. Auch Wälder wurden abgebrannt, um die Zugänglichkeit zu erhöhen und Jagdtiere herauszutreiben. Belegt ist das für Neuguinea (vor 28 000 Jahren) und Sumatra (vor 18 000 Jahren). In Australien führten, beginnend vor etwa 40 000 Jahren, vom Menschen gelegte großflächige Brände zu Veränderungen im Baumbestand. Feuerempfindliche Arten verschwanden, während diejenigen zunahmen, die unempfindlich gegen Feuer sind, zum Beispiel Eukalyptusarten. Solche planmäßig gelegten Feuer konnten in den Eingeborenenkulturen Australiens und Neuseelands noch vor wenigen Jahrhunderten beim Eintreffen der ersten Europäer beobachtet werden.

Vor etwa 300 000 Jahren traten die Altmenschen auf; sie sind der älteste Typ des modernen Menschen, des Homo sapiens. Hierher gehört die vielleicht bekannteste Form, der Neandertaler. Mit hoch differenzierter Steingeräteherstellung, Körperschmuck, Tieropfern und Totenbestattung erreichten die Altmenschen eine hohe Kulturstufe auf der Ebene des Sammler-, Jäger- und Fischerdaseins, die auch kaltem Klima gewachsen war. Seit ungefähr 90 000 Jahren gibt es die Neumenschen, die zunächst im Bereich des heutigen Israels gelebt haben, später auch in Europa auftraten. Eiszeitliche Neumenschen Europas waren die Cro-Magnon-Menschen (etwa 35 000 bis 10 000 Jahre vor heute).

Die Neumenschen breiteten sich relativ schnell über die ganze Erde aus. Sie waren aufgrund ihrer technischen Fähigkeiten in der Lage, alle Klimazonen zu besiedeln. Südostasien wurde etwa vor 50 000 Jahren erreicht, Australien vor 40 000. Von Nordostsibirien aus kamen die Menschen wahrscheinlich vor 25 000 bis 15 000 Jahren erstmals nach Alaska und besiedelten in einer großen Wanderungsbewegung von Nord nach Süd den ganzen amerikanischen Kontinent. Im südlichen Chile kamen die wandernden indianischen Sammler- und Jägergruppen vor wohl 13 000 Jahren an.

Aufgrund von archäologischen Funden weiß man viel über die vergleichsweise hoch entwickelten Jagdwaffen und -techniken dieser Menschen; aufgrund von Bodenfunden und zahlreichen überlieferten Höhlenbildern kennt man auch die Jagdobjekte, unter denen viele Großtierarten waren. Eiszeitliche Jäger erlegten zum Beispiel Mammute und Wildpferde in offensichtlich erheblichem Umfang. Hat das die Tierbestände existentiell bedroht oder kam es gar zur Ausrottung einzelner Arten? Die geringe Bevölkerungszahl des damaligen Menschen spricht ebenso dagegen wie das gleichzeitige Auftreten starker Klimaschwankungen, die durchaus ursächlich für das Aussterben beispielsweise der Mammute verantwortlich sein könnten. Nach einer anderen – allerdings umstrittenen – Hypothese des amerikanischen Bio- und Geowissenschaftlers Paul S. Martin haben die Amerika besiedelnden eiszeitlichen Jäger vor etwa 11 000 Jahren die damals lebenden Großtiere des Kontinents ausgerottet (»overkill«). Belegen ließ sich das bisher jedoch nicht.

Die Entstehung der Landwirtschaft

Vor etwa 11000 Jahren kam es in Südwestasien zu einem drastischen Umbruch der steinzeitlichen Lebensweise, der als neolithische (jungsteinzeitliche) Revolution bezeichnet wird und den Beginn des gezielten Anbaus von Nutzpflanzen und der Haltung von Haustieren zum Zweck der Ernährung markiert. Es war dies gewissermaßen die Geburtsstunde von Landwirtschaft und Gartenbau. Ausgehend von mehreren alt- und neuweltlichen Zentren mit unterschiedlichem Inventar an Nutzpflanzen und Haustieren verbreitete sich die neue Technologie in den nächsten Jahrtausenden über große Teile der Erde. Als unabhängige Entstehungsgebiete werden Vorder- und Südwestasien, Zentral- und Südchina, das Hochland von Papua-Neuguinea, Teile Mittelamerikas und das westliche Südamerika genannt. Die Landwirtschaft breitete sich vom Nahen Osten bald in das Mittelmeergebiet und nach Mitteleuropa aus, wobei Gerste sowie die Weizenformen Emmer und Einkorn zu den ersten Kulturpflanzen gehörten. Die ältere Sammler-, Jäger- und Fischerkultur erhielt sich allerdings in einigen Regionen der Tropen und Subtropen sowie in der Arktis noch lange Zeit, in Resten bis in die Gegenwart. Die Einführung der Landwirtschaft brachte erhebliche ökologische Veränderungen, die zum Teil systembedingt sind. Sollen nämlich Kulturpflanzen angebaut werden, so muss vorher der natürliche Pflanzenbestand entfernt werden; ein bestehendes Ökosystem muss also in Teilen oder auch ganz einem vom Menschen gesteuerten Agrarökosystem weichen. Haustiere benötigen Weideflächen; das können Wälder, Savannen (Baumsteppen) sowie natürliches Grasland (Steppe) sein, oder aber es werden Weiden und Mähwiesen gezielt angelegt, das heißt, gewünschte Nutzgräser, Klee und andere Pflanzen eingesät. Im erstgenannten Fall beeinflusst das Weidevieh die natürliche Vegetation durch Fraß und konkurriert mit Wildtieren um die Nahrung; das ursprüngliche Ökosystem wird also mehr oder weniger stark verändert, manchmal auch zerstört. Im zweiten Fall schafft der Mensch gezielt ein Agrarökosystem, das an die Stelle des Vorgängersystems tritt. Das Ausmaß der ökologischen Veränderungen durch die Landwirtschaft war in der Frühzeit entsprechend der noch niedrigen Bevölkerungsdichte verhältnismäßig gering, nahm aber bald zu. Nicht nur hinsichtlich der Umwelt, sondern für die gesamte Entwicklung der menschlichen Kultur war die Entstehung der Landwirtschaft folgenreich. Der durch Landwirtschaft erzeugte Nahrungsüberschuss hatte zur Folge, dass einige Menschen sich ganz dem Handwerk, der Medizin, der Wissenschaft, der Religion zuwenden konnten. Textilherstellung und Metallurgie entstanden. Es bildeten sich Dorfgemeinschaften, schließlich stadtähnliche Siedlungen, die mit der Einführung von Bewässerungswirtschaft und der Urbarmachung von Schwemmlandgebieten einen gewissen Wohlstand erreichten, zugleich jedoch die Landschaft in bleibender Weise verändert haben. Früheste stadtähnliche Siedlungen waren Jericho in Palästina und Çatal Hüyük in Zentralanatolien, wo es bereits im 7. Jahrtausend v. Chr. Landwirtschaft gab. Um 4000 v. Chr. bildeten sich stadtähnliche Siedlungen im südlichen Teil der Stromtäler von Euphrat und Tigris in Mesopotamien; etwas später entstanden größere Siedlungen in Ägypten, im Indusgebiet und in China.

Landwirtschaft und Landschaftswandel in Mitteleuropa

In Mitteleuropa begann die Landwirtschaft vor etwa 7500 Jahren zunächst auf fruchtbaren Lössböden. Zu dieser Zeit bedeckte bei feuchtwarmem Klima ein artenreicher Eichenmischwald weite Teile Mitteleuropas. Der Wald insgesamt dürfte hier vor der neolithischen Revolution mindestens 95 Prozent der Fläche bedeckt haben. Mit den ersten Rodungen für den Kulturpflanzenanbau begann ein stetiger Rückgang der Waldfläche. Dieser verstärkte sich mit dem zunehmenden Verbrauch der wachsenden Bevölkerung von Bau- und Brennholz. Bis ins 18. Jahrhundert n. Chr. hinein diente Holz nicht nur als Baumaterial und Rohstoff, sondern war neben der Wasserkraft zudem der wichtigste Energielieferant. Ein Blick in die mittelalterliche Gesellschaft kann die vielfältigen Verwendungsformen von Holz deutlich machen. So wurde es bei der Kochsalzgewinnung zum Eindampfen der Sole verwendet. Erzschmelze und Metallverarbeitung erforderten große Mengen an Holzkohle. Als regelrechte »Holzfresser« galten die Kalk- und Ziegelöfen, später auch die Porzellanmanufakturen. Große Mengen an Holz verzehrte die Glasindustrie, wo zur Herstellung von einem Kilogramm Glas etwa 2400 Kilogramm Holz benötigt wurden. Vor allem aber wurde der Wald als Weidegebiet für das Vieh genutzt. Die bis ins Mittelalter vorherrschende Waldweide führte zu starken ökologischen Veränderungen des verbliebenen Walds, dessen Flächenanteil im 10. Jahrhundert n. Chr. auf weniger als 25 Prozent abgesunken war.

Wenngleich Anfänge eines Wald- und Baumschutzes vereinzelt bis ins Mittelalter zurückreichen, waren um 1800 große Waldflächen durch übermäßigen Holzschlag und intensive Beweidung erheblich ausgedünnt, wenn nicht verschwunden. Dieser Entwicklung versuchte man im 19. Jahrhundert durch großflächige Wiederaufforstungen, überwiegend mit Nadelholzkulturen, entgegenzuwirken, die zur Neubildung ausgedehnter Waldgebiete führen sollten.

Ungeachtet der intensiven Nutzung von Holz und Rohstoffpflanzen wie Lein (Flachs), Färberpflanzen oder Hanf war die Menge der erzeugten Güter im Mittelalter wesentlich geringer als in späterer Zeit. Zudem wurden sie, im Unterschied zu den Gepflogenheiten der modernen »Wegwerfgesellschaft«, möglichst lange genutzt. Textilien wurden ausgebessert und an die Nachkommen vererbt. Lumpen, die Hadern, waren bis ins 19. Jahrhundert der einzige Papierrohstoff. Bücher und Möbel konnten Jahrhunderte überdauern.

Durch den Einsatz einfacher Maschinen wurden seit dem 12. Jahrhundert, etwa zeitgleich mit der Entwicklung der mittelalterlichen Städte, natürliche Energiequellen dienstbar gemacht. Weite Verbreitung fanden Wasserräder als Antrieb, beispielsweise beim Mahlen des Getreides, Sägen von Holz, Betreiben von Hammerwerken oder beim Polieren von Marmor. Auch Windmühlen gab es bereits. Der Bau hochseetüchtiger Segelschiffe und die Einführung des Kompasses sowie der Feuerwaffen schufen die Voraussetzungen für die Erschließung großer Teile der Erde durch europäische Seefahrer, Krieger und Siedler in den folgenden Jahrhunderten. Kaum eine Region der Erde blieb von den Entdeckungs- und Eroberungsfahrten der Europäer unberührt.

Dem wirtschaftenden Menschen haben viele der uns heute natürlich und naturschutzwürdig erscheinenden Ökosysteme ihre Existenz zu verdanken. Dazu gehören die nordwestdeutschen Heideflächen, zum Beispiel die Lüneburger Heide, die teils schon in der Jungsteinzeit, teils erst im Mittelalter entstanden sind. Auch die großflächigen, so genannten terrainbedeckenden Moore (»Deckenmoore«) der feuchteren Gebiete Nordwestdeutschlands entwickelten sich erst nach der Rodung der Wälder in Jungsteinzeit und Bronzezeit auf vernässten Kulturflächen. In jüngerer Zeit sind sie durch Entwässerung, Torfgewinnung und Urbarmachung in großen Teilen wieder zerstört worden. Heute versucht man die letzten Reste von Heiden und Mooren durch Maßnahmen des Naturschutzes im Bestand zu erhalten.

Ein großes Problem der Bodennutzung ist bis heute die Bodenerosion geblieben. Schon in der Frühzeit der Landwirtschaft trat Erosion, das heißt oberflächlicher Abtrag von Bodenmaterial, auf. Dieses heute weltweit auftretende Umweltproblem lässt sich schon für die Jungsteinzeit nachweisen. Nach der Beseitigung der ursprünglichen, bodendeckenden Vegetation durch Rodung für den Anbau des nur zeitweise und unvollkommen den Boden schützenden Getreides, kam es in lössbedeckten Hanglagen in solchem Umfang zum Abtrag von Bodenpartikeln durch abfließendes Niederschlagswasser, dass in den Flusstälern mächtige Auelehmablagerungen entstanden. Im Rheinland war die Lösserosion vor allem während der mittelalterlichen Rodungen so stark, dass heute lokal fünf bis acht Meter dicke Ablagerungen über neolithischen und römerzeitlichen Siedlungsresten liegen.

Das Anwachsen der Weltbevölkerung

Die Einführung der Landwirtschaft führte aufgrund der verbesserten Ernährungsbasis in den folgenden Jahrtausenden zu einer starken Zunahme der Bevölkerungszahl. In den rund zwei Millionen Jahren zwischen Jagdrevolution und Beginn der Landwirtschaft wuchs die Weltbevölkerung auf geschätzte fünf Millionen an, in den folgenden 9000 Jahren bis Christi Geburt auf etwa 200 Millionen und bis 1650 n. Chr. auf 500 Millionen. Zu dieser Zeit war die weltweite Expansion der Europäer schon in vollem Gang, und beispielsweise die Vernichtung indianischer Kulturen, die Kolonisation und damit auch die Ausbreitung europäisch-asiatischer Nutzpflanzen, Haustiere, aber auch Krankheiten haben Kultur und Natur Amerikas rasch verändert. Zu dieser Zeit begann auch eine bis heute sich fortsetzende teils absichtliche, teils unbeabsichtigte Einbringung wild lebender Pflanzen und Tiere in fremde Länder. Die Zahl solcher Exoten ist vielerorts sehr hoch. Dadurch kann es zu erheblichen ökologischen Veränderungen kommen. – Ein rapides Bevölkerungswachstum setzte in manchen europäischen Staaten im 18. Jahrhundert ein, sodass die jetzt mögliche technologische Erschließung neuer Ressourcen und Produktionswege zur Versorgung der Menschen existenznotwendig wurde. In England zum Beispiel stieg die Bevölkerung im 18. Jahrhundert von 5,5 auf 9 Millionen, bis 1806 auf etwa 12 Millionen an; in Deutschland wuchs sie in diesem Zeitraum von 16 auf über 23 Millionen.

Segen der Technik und Umweltprobleme seit der »industriellen Revolution«

Eine auch ökologisch wichtige Zeitmarke stellt die »industrielle Revolution« dar, die in Europa um die Mitte des 18. Jahrhunderts einsetzte und das Industriezeitalter eingeleitet hat. Eine erhebliche Veränderung bedeutet seit dem 18. Jahrhundert und verstärkt seit dem 19. Jahrhundert die Intensivierung der Landwirtschaft. Die traditionelle Dreifelderwirtschaft mit der alle drei Jahre eingeschobenen Brache wurde allmählich aufgegeben. Die Brache wurde mit »Brachfrüchten«, das waren Futterpflanzen wie Klee, aber auch Kartoffeln und Rüben bebaut. Agrarreformen wie in Preußen die Aufhebung der Leibeigenschaft und die Ordnung von Eigentumsverhältnissen führten zu einer neuen Aufteilung des Bodens. Kleinere Parzellen wurden zu größeren Flächen zusammengelegt; viele Büsche, Bäume, Hecken und Gewässer auf den Feldern verschwanden. Es wurden neue Feldgrenzen angelegt. Zugleich wurde noch weiteres Land, etwa Moorgebiet, urbar gemacht und die Bodennutzung allgemein verbessert. Die gesamte Landschaft wurde durch solche Maßnahmen in bleibender Weise verändert.

Einen weiteren Einschnitt bedeutete der Einsatz des fossilen Brennstoffs Kohle anstelle der in Europa durch Übernutzung erschöpften Ressource Holz. Später sind Erdöl und Erdgas, Mitte des 20. Jahrhunderts die Kernkraft hinzugekommen. Während die vorindustriellen Gesellschaften weitgehend auf nachwachsenden Rohstoffen wie Holz, Hanf, Lein (Flachs) beruhten, hat seit Einführung der Kohle die Nutzung nicht erneuerbarer Energiequellen zunehmend an Bedeutung gewonnen. Kohle stellt als Heizmaterial und wichtiger chemischer Rohstoff große Energiemengen zur Verfügung; ihre Verwendung hat jedoch gravierende Auswirkungen auf die Umwelt, denn Kohle setzt beim Verbrennen bedeutend mehr Gase und schädliche Bestandteile frei als Holz. Die Eisenbahn hat Transporte über große Strecken hinweg ermöglicht. Dampfmaschine, elektrische Kraftmaschine, Benzinmotor und die Industriebetriebe markieren einzelne Entwicklungsschritte mit unterschiedlichen Umweltbelastungen, deren Dimensionen von lokalen und regionalen Störungen bis hin zur Gefahr globaler Schäden reichen. In der zweiten Hälfte des 19. Jahrhunderts ist die chemische Industrie aufgekommen, die einen enormen Aufschwung nahm und weit reichende Auswirkungen auch im ökologischen Bereich hat. Abgesehen von Belastungen durch Abwasser und Luftverunreinigungen sind mehrere Innovationen aus ökologischer Sicht folgenschwer. Die Ammoniaksynthese macht das riesige Reservoir der Atmosphäre an Luftstickstoff für die Düngemittelherstellung nutzbar und ermöglicht eine hohe landwirtschaftliche Produktion. Synthetische Schädlingsbekämpfungsmittel (Pestizide) vernichten krankheitsübertragende Insekten und bewahren Menschen vor Krankheiten, sie können aber gleichzeitig andere Lebewesen schädigen; Pestizide dienen in großem Umfang als Pflanzenschutzmittel dem Schutz von Kulturpflanzen vor Schädlingen und konkurrierenden Wildkräutern (»Unkräutern«). Synthetische Düngemittel und Pestizide spielten bei den Produktionssteigerungen der letzten Jahrzehnte weltweit eine wesentliche Rolle, brachten aber zugleich erhebliche Probleme für den Biotop- und Artenschutz sowie beim Schutz des Grundwassers als Trinkwasserressource mit sich.

Ein auffallendes Phänomen des Industriezeitalters ist die rasante Zunahme des Kraftfahrzeugverkehrs seit den 1950er-Jahren. Der Verkehr belastet die Umwelt außer durch Flächenbedarf – weite Landschaften sind inzwischen durch ausgedehnte Straßennetze geprägt – auch durch Lärm und den Ausstoß von Schadstoffen wie Stickstoffoxide und Kohlendioxid in die Luft. Beim Pkw und seinen Umweltbelastungen sollte auch der globale Aspekt beachtet werden. 75 Prozent aller Pkw entfallen auf die europäischen und nordamerikanischen Industrieländer. In Deutschland beispielsweise kommen rund 500 Pkw auf 1000 Einwohner; in China hingegen sind es nur drei und in den weniger entwickelten Ländern Afrikas ist es allenfalls ein Pkw pro 1000 Einwohner. Von den 5,9 Milliarden Menschen (1998) dieser Erde leben nur 1,2 Milliarden in den Industrieländern, 4,7 Milliarden aber in den weniger entwickelten Ländern. Sollten Letztere ihre wirtschaftliche Höherentwicklung in ähnlicher Weise und mit gleicher Technologie gestalten, wie es die heutigen Industrieländer getan haben, käme es zu erheblichen globalen Belastungen des Lebensraums Erde. Beispielsweise würde allein eine weltweite Angleichung des Pkw-Bestands an den Standard der Industrieländer die Bemühungen Europas um Senkung des Ausstoßes von Kohlendioxid in die Atmosphäre unwirksam machen. Überlegungen dieser Art müssen auch bei der Einführung anderer heutiger Technologien in die weniger entwickelten Teile der Welt angestellt werden, wenn regionale und globale Belastungen der Umwelt vermieden oder zumindest in Grenzen gehalten werden sollen.

Krisen im Lebensraum Erde an der Schwelle zum 21. Jahrhundert

Zieht man am Ende des 20. Jahrhunderts eine Bilanz der Jahrmillionen alten Entwicklung der Menschheit im Lebensraum Erde, so ergibt sich ein eher düsteres Bild. Auf der einen Seite stehen gewaltige technologische Errungenschaften und ein jährliches Wirtschaftswachstum, das größer ist als im gesamten 17. Jahrhundert, auf der anderen Seite durch Menschen verursachte Umweltzerstörungen riesigen Ausmaßes. Zugleich ist die Erde gespalten in reiche Industrieländer, wo ein Viertel der Menschheit drei Viertel der nicht erneuerbaren Ressourcen der Erde verbraucht, und weniger entwickelte Länder, wo eine Milliarde Menschen (ein Fünftel der Bevölkerung) in bitterster Armut lebt und nicht genug zu essen hat. Noch größer ist die Zahl der Menschen ohne sauberes Trinkwasser; drei Milliarden leben ohne sanitäre Einrichtungen, zwei Milliarden sind zum Kochen auf Holz, Dung oder Pflanzenabfälle angewiesen.

Die Menschheit steht an der Schwelle zum 21. Jahrhundert vor der Herausforderung, eine Weltwirtschaftsordnung zu entwickeln, die den Grundbedürfnissen der Menschen nach Nahrung, Trinkwasser, Wohnung, sanitären Einrichtungen und Energieversorgung Rechnung trägt und zugleich die langfristige Erhaltung der Ressourcen und den Schutz der Umwelt sicherstellt. Noch besteht weltweit gesehen kein Mangel an materiellen Ressourcen, wohl aber regional aufgrund von Verteilungsproblemen. Bedrohlich zunehmende Schädigungen zeigen sich hinsichtlich der erneuerbaren Ressourcen Wasser, Boden und Fischbestände, der Wälder und der Artenvielfalt von Pflanzen und Tieren. Dabei geht es teils um Ressourcenschutz (Holz), teils um Artenschutz, regional aber auch um den Schutz der Urbevölkerung (Brasilien).

Die angestrebte neue Weltwirtschaftsordnung, die neue Ökonomie, muss die ökologische Tragfähigkeit einzelner Ökosysteme und des globalen Ökosystems insgesamt beachten. Das heißt nicht generell Abkehr vom Wirtschaftswachstum. Es geht nicht darum, auf Wachstum zu setzen oder kein Wachstum mehr zuzulassen, sondern um die Art des Wachstums und darum, wo es stattfinden soll. Wirtschaftswachstum auf der Basis erneuerbarer Energiequellen oder einer Recyclingwirtschaft ist durchaus ökologisch verträglich möglich und es ist sinnvoll bei der Armutsbekämpfung. Aber Wachstum muss abgekoppelt werden vom bisher üblichen gleichzeitigen Mehrverbrauch an nicht erneuerbaren Ressourcen.

Eine ökologisch nachhaltige Wirtschaftsweise ist nur möglich bei demographischer Stabilität, also wenn das heutige hohe Bevölkerungswachstum in den weniger entwickelten Ländern gestoppt wird. Noch leben erst 15 Prozent der Weltbevölkerung in Ländern mit Bevölkerungsstabilität, also mit sogenanntem Nullwachstum. Die Einführung einer neuen Weltwirtschaftsordnung, die das Prädikat dauerhaft umweltgerecht verdient, stellt eine enorme Herausforderung für die Politik dar, wobei Industrieländer und weniger entwickelte Länder unter Hintanstellung von Eigeninteressen eng zusammenarbeiten müssen. Das alles wird nicht möglich sein ohne Veränderung der menschlichen Wertorientierung auf gesellschaftlicher wie individueller Ebene. H. Bick

2 BB MNT 3 C B A

Grundlagen des Lebens auf der Erde

Soweit wir bis heute wissen, leben wir auf einem Planeten, der in den riesigen Weiten des Weltraums einzigartig ist. Zur Einzigartigkeit dieses Planeten gehören das Wasser (Hydrosphäre), der Boden (Pedosphäre) und die Atmosphäre. Die Atmosphäre enthält nicht nur den für Mensch und Tier notwendigen Sauerstoff, sondern sie weist auch günstige Temperaturbedingungen auf. Letzteres beruht auf einem optimalen Abstand zwischen Erde und Sonne und auf dem natürlichen Treibhauseffekt der Atmosphäre, der im Mittel für die Erdoberfläche eine positive Strahlungsbilanz bewirkt. Nur unter diesen Bedingungen konnten sich der Ozean und das Süßwasser der Landgebiete formen, Leben entwickeln und sich der für die Landpflanzen notwendige Boden bilden.
Insgesamt können wir unsere Erde aufgrund ihrer Merkmale in drei Bereiche einteilen:
(1) die Landgebiete, die aus dem Boden (Pedosphäre), den Gesteinen (Lithosphäre) und dem Süßwasser (Hydrosphäre der Landgebiete) bestehen,
(2) die Ozeane (Salzwasseranteil der Hydrosphäre) und
(3) die Vegetation (Flora), die zusammen mit dem Menschen (Anthroposphäre) und den Tieren (Fauna) das Leben auf der Erde bildet (Biosphäre).
Gerade das Leben ist es, das die genannte Einzigartigkeit unseres Planeten ausmacht – dies allerdings in enger Verzahnung mit Boden, Wasser und Luft.

Diese Sphären bilden unsere materielle, natürliche Umwelt. In ihr laufen ständig Prozesse ab, deren viele verschiedenen Regelmechanismen und Wechselwirkungen teils von uns verstanden werden und zum Teil noch nicht verstanden sind. Wissenschaftlich sind dabei die stofflichen und energetischen Flüsse von besonderer Wichtigkeit. Dazu gehören der Wasserkreislauf ebenso wie die atmosphärische und ozeanische Zirkulation. Alles das unterliegt durchaus natürlichen Veränderungen, wie auch das Klima der Erde ständig variiert. Es gibt aber auch Veränderungen aufgrund menschlicher Eingriffe. Der Mensch verändert somit seine Umwelt, von der er stark abhängt – und das keinesfalls immer zu seinem Vorteil. Mit Recht werden daher Umweltbelastungen sowohl in der Fachwelt als auch in der Öffentlichkeit intensiv diskutiert. Diskussion aber setzt Verständnis voraus, und dazu will dieses Buch beitragen. Verständnis ist wiederum die Voraussetzung für verantwortungsvolles Handeln, insbesondere was den Schutz unserer Umwelt und damit unserer einzigartigen Erde betrifft.

C.-D. Schönwiese

Unser Planet kann in **Atmosphäre, Pedosphäre, Biosphäre** und **Hydrosphäre** eingeteilt werden. Die Atmosphäre – die dünne Lufthülle um die Erde – ist für die Existenz von Leben von entscheidender Bedeutung. In der allein sichtbaren Troposphäre spielen sich die physikalischen Prozesse ab, die man »Wetter« und »Klima« nennt. In Wechselwirkung mit der Biosphäre umfasst die Pedosphäre die von Lebewesen besiedelte oberste Schicht der festen Erde. Zur Wasserhülle der Erde, der Hydrosphäre, gehören neben den Meeren auch das Grundwasser, alle Binnengewässer sowie das im Gletschereis gebundene und in der Atmosphäre vorhandene Wasser.

Atmosphäre und Klima

Im Gegensatz zum Wetter umfasst das Klima Langzeitvorgänge in der Atmosphäre der Erde. Die Klimatologie ist somit ein Teilbereich der Meteorologie, der Wissenschaft von der Erdatmosphäre. Die ursächlichen Klimaprozesse bleiben jedoch nicht auf die Atmosphäre beschränkt, sondern spielen sich im Verbundsystem Atmosphäre/Hydrosphäre (Salzwasser des Ozeans und Süßwasser der Kontinente) – Kryosphäre (Land- und Meereis) – Biosphäre (insbesondere Vegetation) – Pedosphäre/Lithosphäre (Boden und Gestein), dem so genannten Klimasystem, ab.

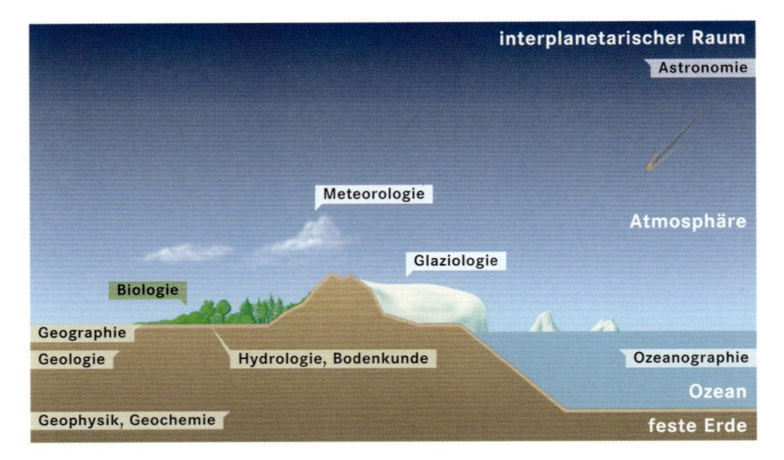

Vertikale Grobgliederung der Erde und Zuordnung der naturwissenschaftlich-geowissenschaftlichen Fachrichtungen.

Diese systemische Betrachtung macht die moderne Klimatologie zu einer interdisziplinären Wissenschaft par excellence. Hinzu kommen die vielfältigen Auswirkungen des Klimas und seiner Variationen in biologischer, ökologischer und sozioökonomischer Hinsicht, sodass unter anderem auch das Wohlergehen der Menschheit von der Gunst des Klimas abhängt. Trotzdem ist der Mensch, in regionaler Hinsicht schon seit Jahrtausenden, in den letzten 100 Jahren aber auch in globaler Hinsicht und mit nunmehr beispielloser Intensität als Klimafaktor in Erscheinung getreten – und dies in erheblichem Umfang zu seinem Nachteil.

Zusammensetzung und Aufbau der Atmosphäre

Häufig werden die Begriffe Luft und Atmosphäre gleichgesetzt, was aber bei genauerer Betrachtung nicht richtig ist. Die Luft ist nämlich nur ein Teil der Atmosphäre, wenn auch ein wesentlicher, der sich aus einer Vielzahl von Gasen zusammensetzt. Dabei ist Stickstoff (N_2) mit etwa 78 % (Volumenanteil) der Hauptbestandteil, den wir in den Atmosphären unserer Nachbarplaneten Venus (4 %) und Mars (3 %) nur in geringen Anteilen vorfinden. Der für das Leben so wichtige Sauerstoffanteil der Erdatmosphäre beträgt rund 21 %, während in den Atmosphären von Venus und Mars noch nicht einmal Spuren davon nachweisbar sind.

Bei den weiteren Bestandteilen der Atmosphäre wird der nicht weniger wichtige Wasserdampf (H_2O), den man in Spuren auch auf der Venus findet, üblicherweise zunächst ausgespart, weil der Gehalt an Wasserdampf räumlich und zeitlich stark schwankt. Er beträgt ungefähr 1 bis 4 % und im Mittel bodennah 2,6 %. Für trockene Luft folgt nach Stickstoff und Sauerstoff das Argon (Ar) mit ewas mehr als 0,9 %. Alle anderen, mit Recht als Spurengase bezeichneten Anteile liegen unter einem Promille (kleiner als 0,1 %). Die Liste dieser Spurengase wird, falls man von Argon absieht, vom Kohlendioxid mit derzeit (1999) 0,0365 % angeführt, was 365 ppm (parts per million, millionstel Anteile) entspricht. Die Spurengase sind trotz ihres geringen Anteils wichtig, da sie in winzigen Konzentrationen, zum Teil schon unterhalb der ppm-Schwelle, giftig und damit lebensgefährdend sein können. Außerdem spielen sie aufgrund ihrer Klimawirksamkeit – wie noch gezeigt wird – eine bedeutende Rolle.

Cumulonimbus (Schauer- und Gewitterwolke) ist eine massige, dichte und stellenweise sehr dunkle Wolke mit extremer vertikaler Ausdehnung, die die Form eines mächtigen Bergs oder hohen Turms annimmt. Häufig fallen aus einer solchen Wolke schwere Regen-, Schnee- und Hagelschauer, die von Sturmböen und Gewittern begleitet sind.

Hydrometeore und Aerosole

Die weiteren, über das als Luft bezeichnete Gasgemisch hinausgehenden Bestandteile der Erdatmosphäre sind die Hydrometeore und Aerosole. Als Hydrometeore werden Wasser- und Eispartikel bezeichnet, die als Wolken in der Atmosphäre schweben oder als Niederschlag die Erdoberfläche erreichen und – im Gegensatz zum (gasförmigen) Wasserdampf – sichtbar sind. Wasserdampf ist damit das einzige Gas der Erdatmosphäre, das unter natürlichen Gegebenheiten sowohl flüssig, in Form von Wassertropfen, als auch fest, in Form von Schnee und Eispartikeln, werden kann. Die Hydro-

Zusammensetzung trockener und aerosolfreier Luft in Bodennähe

Gas (chemische Formel)	Konzentration (Volumenanteile)
Stickstoff (N_2)	78,084 %
Sauerstoff (O_2)	20,946 %
Argon (Ar)	0,934 %
Kohlendioxid (CO_2)	0,0365 % (= 365 ppm)[1]
Neon (Ne)	18,2 ppm
Helium (He)	5,2 ppm
Methan (CH_4)	1,7 ppm[1]
Krypton (Kr)	1,1 ppm
Wasserstoff (H_2)	0,56 ppm
Distickstoffoxid (N_2O)	0,31 ppm[1]
Xenon (Xe)	0,09 ppm (= 90 ppb)
Kohlenmonoxid (CO)	50–200 ppb[2]
Ozon (O_3)	15–50 ppb[3]
Stickoxide (NO_x, $x = 1, 2$)	0,05–5 ppb[2]
FCKW-11 ($CFCl_3$)[4]	0,27 ppb
FCKW-12 (CF_2Cl_2)[5]	0,53 ppb

[1]ansteigender Trend, [2]räumlich stark variabel, in Ballungszentren bis zu etwa 10fachen Konzentrationen möglich, [3]wie [1] und [2], jedoch Rückgang in der Stratosphäre, [4]systematischer Name Trichlorfluormethan, [5]systematischer Name Dichlorfluormethan; ppm (parts per million) steht für den Anteil in Millionstel, ppb (parts per billion) für den Anteil in Milliardstel

Charakteristisch für die Wolkengattung **Altocumulus (grobe Schäfchenwolke)** sind weiße und/oder graue Wolkenbänder oder Wolkenschichten, die im Allgemeinen einen Eigenschatten besitzen. Sie bestehen aus schuppenartigen Teilen, Ballen oder Walzen, die manchmal strukturlos aussehen und zusammengewachsen sind.

meteore haben im Übrigen der Meteorologie den Namen gegeben. Die aus dem interplanetarischen Raum in die Erdatmosphäre eindringenden Meteore werden zur Abgrenzung von den Hydrometeoren auch als Feuermeteore bezeichnet.

Aerosole sind in Luft fein verteilte flüssige oder feste Partikel oder Konglomerate aus beiden, die jedoch nicht aus Wasser bestehen. Beispiele dafür sind Schwefelsäuretröpfchen, die damit verwandten Sulfatpartikel, Ruß, Stäube sowie Pflanzenpollen. In der Meteorologie spielen sie als Kondensations- oder Gefrierkerne bei der Wolkenbildung eine wichtige Rolle. Weiterhin haben sie für die Luftqualität und auch für das Klima eine wesentliche Bedeutung. Feste Aerosolpartikel werden gelegentlich auch Lithometeore genannt.

Die Wolken tragen je nach Erscheinungsform unterschiedliche Namen. In der Grobeinteilung unterscheidet man Haufen- oder cumuliforme Wolken, die vorwiegend durch Vertikalwachstum charakterisiert sind, und Schicht- oder stratiforme Wolken, die sich überwiegend horizontal ausbreiten. Parallel dazu spricht man nach der Höhenlage der Wolken, das heißt nach der Höhe über dem Meeresspiegel, von drei Wolkenfamilien: tiefe, mittelhohe und hohe Wolken. Dabei tragen die mittelhohen Wolken den Vorsatz »Alto-« im Namen (zum Beispiel Altocumulus oder Altostratus), die hohen Wolken heißen entweder Cirrus oder beinhalten den Vorsatz »Cirro-« (zum Beispiel Cirrocumulus oder Cirrostratus). Im tiefen Wolkenstockwerk gibt es neben Cumulus und Stratus noch die Mischform Stratocumulus. Schließlich erstrecken sich die Regenwolken oder Nimbuswolken über mehrere Stockwerke, Nimbostratus über die unteren zwei und Cumulonimbus über alle drei. Cumulonimbus kann mit Schauer und Gewitter verbunden sein und ist daher besonders wetterwirksam.

Die Zusammensetzung der Atmosphäre ist im Laufe der Erdgeschichte nicht immer gleich gewesen, sondern hat tief greifende Wandlungen durchlaufen. Neben dem optimalen Abstand der Erde von der Sonne, der ab etwa 3,2 Milliarden Jahre vor heute die Bindung des Wassers im Ozean erlaubte, war die Evolution des Lebens

Graue oder bläuliche Wolkenfelder oder -schichten von einförmigem Aussehen sind für die Gattung **Altostratus (mittelhohe Schichtwolke)** typisch. Sie bedecken den Himmel ganz oder teilweise und sind manchmal so dünn, dass die Sonne schwach zu erkennen ist (links). Als **Stratus (Schichtwolke)** bezeichnet man eine durchgehend graue, schwadenartige Wolkenschicht mit gleichmäßiger Untergrenze, aus der Sprühregen oder feiner Schnee fallen kann (Mitte). Eine dichte Wolke mit scharfen Umrissen, die sich nach oben in Form von Haufen, Kuppeln oder Türmen entwickeln, wird als **Cumulus (Haufenwolke)** bezeichnet. Die von der Sonne beschienenen Wolkenteile sind strahlend weiß; die Wolkenbasis ist dunkler und verläuft nahezu horizontal (rechts).

Höhe (NN)	Stockwerk	Temperatur	Hydrometeore	Wolkenbezeichnung		
Tropopause						
	oberes	<−35 °C	Eis	Cirrus (Ci) Cirrocumulus (Cc) Cirrostratus (Cs)		Cumulonimbus (Cb)
5–8 km						
	mittleres	−35 °C bis −12 °C	Eis/Wasser	Altocumulus (Ac) Altostratus (As)	Nimbostratus (Ns)	Cumulonimbus (Cb)
2–4 km						
	unteres	>−12 °C	Wasser	Cumulus (Cu) Stratocumulus (Sc) Stratus (St)	Nimbostratus (Ns)	Cumulonimbus (Cb)
Bodenniveau						

Klassifikation der Wolken (Wolkengattungen) nach dem Höhenbereich ihres Auftretens und ihrer äußeren Erscheinungsform. Tiefe Wolken (z. B. Cumulus) bestehen nur aus Wassertröpfchen, mittelhohe (z. B. Altocumulus) aus Wassertröpfchen und Eispartikeln sowie hohe (z. B. Cirrus) nur aus Eispartikeln. Nimbostratus (Regenschichtwolke) und Cumulonimbus (Gewitterwolke) erstrecken sich über mehrere Stockwerke.

für die Zusammensetzung der Erdatmosphäre von großer Bedeutung. Erst durch diese Evolution, und zwar insbesondere durch die Entwicklung der Vegetation an Land, kamen bedeutsame Mengen von molekularem Sauerstoff, der bei der Photosynthese gebildet wird, in die Atmosphäre. Seine heutige atmosphärische Konzentration hat sich vor rund 500 Millionen Jahren eingestellt. Gleichzeitig wurde durch diesen Prozess, aber auch durch Sedimentbildung an Land und am Ozeanboden – über die Aufnahme durch das Ozeanwasser – Kohlendioxid (CO_2) so wirksam der Erdatmosphäre entzogen, dass es allmählich – ganz im Gegensatz zu Venus und Mars – zu einem Spurengas werden konnte.

Vertikaler Aufbau der Atmosphäre

Betrachtet man die Erde aus dem Weltraum, erscheint sie von einem – verglichen mit dem Erddurchmesser – hauchdünnen Saum umgeben. Dieser sichtbare Saum ist keinesfalls die gesamte, sondern vielmehr nur der unterste Teil der Atmosphäre, der als Troposphäre bezeichnet wird. Nur dort treten Dunst, Wolken und Partikel in einer Konzentration auf, die eine merkliche Lichtreflexion und somit ein Sichtbarsein erlaubt. Da sich in dieser Schicht die mit der Bewölkung verknüpften typischen Wettervorgänge abspielen, könnte man auch von der »Wettersphäre« reden.

Die Wolkengattung **Cirrus (Federwolke)** ist durch zarte, weiße Wolken in Form von Fäden, schmalen Bändern oder Flocken gekennzeichnet, die oft seidig glänzen.

Die Troposphäre ist wissenschaftlich als der Bereich definiert, in dem die Lufttemperatur – zeitlich und räumlich gemittelt – nach oben hin abnimmt. Allerdings können kurzzeitig und lokal auch Abweichungen davon, die Temperaturumkehrschichten oder Inversionen, vorkommen. Mit dieser Definition ergibt sich eine Vertikalerstreckung, die über den Polen 6 bis 8 km und über den Tropen konstant 17 km beträgt; der Standardwert, der in etwa für mittlere Breiten gilt, liegt bei 11 km. Im globalen Mittel geht die Lufttemperatur von +15 °C in Meeresspiegelhöhe auf −55 °C an der Tropopause, der Obergrenze der Troposphäre, zurück. Dort betragen die Luftdichte nur noch 30 Prozent und der Luftdruck nur noch 25 Prozent des Werts in Meeresspiegelhöhe. Die vertikale Temperaturabnahme in der Troposphäre beruht auf der Tatsache, dass durch die Sonneneinstrahlung vor allem die Erdoberfläche aufgeheizt wird und von dort aus dann der Wärmetransport nach oben erfolgt.

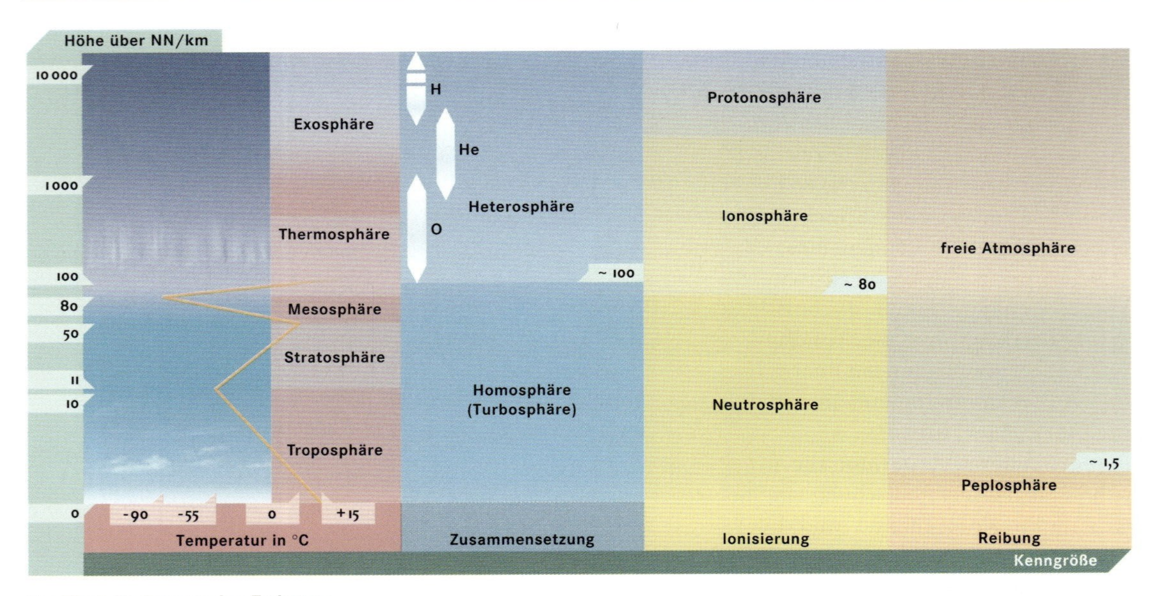

Vertikalgliederung der Erdatmosphäre nach Temperatur, Zusammensetzung, elektrischer Ladung und Reibung.

In der Stratosphäre, die sich oberhalb der Tropopause bis in ungefähr 50 km Höhe erstreckt – gelegentlich unterteilt in die bis 30 km Höhe reichende untere und die darüber liegende obere Stratosphäre –, tritt eine zusätzliche Wärmequelle hinzu. Dort hat sich ein Bereich einer mit etwa 5 bis 10 ppm relativ hohen Konzentration an Ozon (O_3) ausgebildet, der einen Großteil der ultravioletten Sonneneinstrahlung (UV-B) absorbiert und sich dabei erwärmt. Obwohl diese »Ozonschicht« mit ihrer biologisch überaus wichtigen Schutzfunktion in etwa 20 bis 25 km Höhe konzentriert ist, steigt die Temperatur bis zur Stratopause an, um dann erst in der sich nach oben hin bis etwa 80 km Höhe anschließenden Mesosphäre wieder abzufallen.

Oberhalb der Mesosphäre folgt schließlich noch die Thermosphäre, in der die extrem niedrige Luftdichte nur eine geringe Wärmeabstrahlung und einen sehr schlechten Wärmeaustausch mit unteren Luftschichten bewirkt. Maximal wird die Erdatmosphäre bis grob 1000 Kilometer Höhe betrachtet, obwohl schon in einigen Hundert Kilometern Höhe Gegebenheiten herrschen, die einem technischen Hochvakuum, das heißt einem Luftdruck von weit unter 10^{-5} (Hunderttausendstel) Pascal, entsprechen. Dort geht die Atmosphäre kontinuierlich, ohne dass eine festlegbare Obergrenze existiert, in den interplanetarischen Raum über, der in diesem Zusammenhang als Exosphäre bezeichnet wird.

Ionen und Durchmischung

Man kann den vertikalen Aufbau der Atmosphäre auch mit Blick auf andere als thermische Eigenschaften festlegen, beispielsweise anhand der elektrischen Ladung ihrer Bestandteile. Das führt zu einer Gliederung in Neutrosphäre und – ab 80 km Höhe – Ionosphäre, weil sich dort Schichten mit erhöhter Ionenkonzentration befinden. Ionen sind elektrisch geladene Atome oder Moleküle, die in der Ionosphäre durch die Ultraviolettstrahlung der Sonne gebildet werden. Die Ionenkonzentration und damit die Elektronendichte zeigt eine markante Schichtung. Die Schichten werden üblicherweise mit D, E und F bezeichnet, wobei die D-Schicht ihr Konzentrationsmaximum in etwa 80 bis 90 km, die E-Schicht in ungefähr 100 bis 110 km und die F-Schicht in rund 170 bis 220 km Höhe besitzt. Je nach Tageszeit können diese Höhenangaben jedoch erheblich schwanken; zeitweise verschwinden einzelne Schichten oder es kommen andere hinzu. Technische Bedeutung hat die Ionospäre dadurch erlangt, dass sie Rundfunkwellen reflektiert und dadurch Nachrichtenverbindungen über sehr weite Distanzen ermöglicht. In der Ionosphäre treten zudem auch besondere Leuchterscheinungen, die Polarlichter, auf.

Nach ihrer biologischen Wirksamkeit wird die von der Sonne ausgehende **Ultraviolettstrahlung** (UV-Strahlung) in **UV-A** (Wellenlänge 0,315 bis 0,40 Mikrometer, 1 Mikrometer= 1 Millionstel Meter), **UV-B** (0,28 bis 0,315 Mikrometer) und **UV-C** (Wellenlänge 0,01 bis 0,28 Mikrometer) unterteilt. Von einer intakten Ozonschicht in der Stratosphäre wird ein Großteil der UV-B- und die gesamte UV-C-Strahlung absorbiert. Die Wirkung der UV-A- und UV-B-Strahlung auf den Menschen hängt von der Dosis ab. Bei nicht zu hoher Dosis zählen die Zunahme des Hämoglobins, Bildung von Vitamin D und Abtötung schädlicher Bakterien zu den positiven Wirkungen. Die vor allem durch UV-B-Strahlung ausgelöste Bräunung gehört ebenso wie der Sonnenbrand zu den negativen Wirkungen, da beide Anzeichen von Zellschädigung beziehungsweise -zerstörung sind. Die Einwirkung auf das ungeschützte Auge kann zu einer Beeinträchtigung des Sehvermögens und bei starker Exposition auch zu Erblindung führen. Langzeit-UV-B-Bestrahlung kann Hautkrebs auslösen.

Ein weiteres Kriterium für die Vertikalgliederung der Atmosphäre ist die Durchmischung langlebiger Gase, vor allem Stickstoff, Sauerstoff, Kohlendioxid und Edelgase. Bis etwa 100 Kilometer Höhe sind die Gase nahezu gleichmäßig durchmischt, und die Luft ist hier überall nahezu gleich zusammengesetzt. Diese Schicht heißt wegen der weitgehend gleichen prozentualen Gaszusammensetzung Homosphäre oder – wegen der heftigen Durchmischung – auch Turbosphäre. Erst darüber, in der Heterosphäre, werden die Gase nicht mehr durchmischt. Die Erdanziehungskraft zieht »schwere« Moleküle stärker an als »leichte«. Je nach dem Molekulargewicht bilden sich daher Schichten, wobei sich die leichteste Substanz, der atomare oder molekulare Wasserstoff, ganz oben befindet.

Für kurzlebige, weil reaktive und daher auch giftige Gase gilt die gleichmäßige Durchmischung in der Homosphäre jedoch nicht; sie konzentrieren sich im Wesentlichen dort, wo sie auch entstehen. Der Wasserdampf wird auf seinem Weg nach oben durch die Wolkenbildung in der Troposphäre geradezu abgefangen, sodass schon die Stratosphäre extrem trocken ist. Aerosole erreichen die Stratosphäre von unten nur durch explosive Vulkanausbrüche und von oben lediglich durch zerfallende Meteorite. Die einzelnen Partikel können dort jedoch einige Jahre verweilen, während sie aus der Troposphäre schon nach Tagen auf den Boden fallen oder – noch rascher – durch den Niederschlag ausgewaschen werden.

Ein letztes Kriterium, das hier genannt werden soll, ist die Reibung, von der die Luftbewegungen bis in eine Höhe von einigen Hundert Metern über dem Ozean und wenigen Kilometern über dem Gebirge beeinflusst werden. Diese Schicht heißt Reibungsschicht oder Peplosphäre; darüber befindet sich die so genannte freie Atmosphäre.

Meteorologische Grundgrößen

Zum überwiegenden Teil ist die Meteorologie eine spezielle Physik, nämlich die Physik der Atmosphäre. Eine der dabei betrachteten Grundgrößen ist die Lufttemperatur, die in Grad Celsius

Nach der statistischen Theorie der Wärme ist die **absolute** oder **thermodynamische Temperatur** ein Maß für die mittlere kinetische Energie je Freiheitsgrad bei der ungeordneten Wärmebewegung der Bestandteile eines physikalischen Systems, beispielsweise der Moleküle eines Gases. Die thermodynamische Temperatur ist substanzunabhängig und besitzt nur positive Werte. Sie wird nach unten durch den **absoluten Nullpunkt** der Temperatur begrenzt (−273,16 °C = 0 K). Um nicht ausschließlich Temperaturverhältnisse, sondern auch einzelne Temperaturwerte messen zu können, ist die (willkürliche) Festlegung eines (neben dem absoluten Nullpunkt weiteren) Fixpunkts notwendig. In der Kelvin-Skala wird hierfür der **Tripelpunkt des Wassers,** an dem festes, flüssiges und gasförmiges Wasser gleichzeitig in einem stabilen Gleichgewicht vorliegen, gewählt und zu 273,16 Kelvin festgelegt. Die gesetzliche Einheit der thermodynamischen Temperatur, das **Kelvin (K),** ist daher der 273,16te Teil der thermodynamischen Temperatur des Wassers an seinem Tripelpunkt.

(°C) oder in Kelvin (K = °C + 273) an einem Ort mit strahlungsgeschützten Thermometern, beispielsweise in einer Wetterhütte, zu bestimmten Terminen beobachtet und fortlaufend registriert wird. Um Einflüsse der bodennächsten Luftschicht klein zu halten und vergleichbare Temperaturen zu erhalten, wird international einheitlich zwei Meter über dem Boden gemessen.

Eine zweite wichtige Grundgröße ist die Luftfeuchtigkeit, die als Wasserdampfgehalt der atmosphärischen Luft definiert ist. Sie kann unter anderem als Dampfdruck (in Pascal oder Hektopascal) oder als relative Feuchte (in Prozent) angegeben werden. Beim Dampfdruck handelt es sich um den Partialdruck des Wasserdampfs in einem Wasserdampf-Luft-Gemisch, das heißt um den Druckanteil, den der Wasserdampf am gesamten Luftdruck ausmacht.

Da ein Luftpaket bei einer gegebenen Temperatur nur eine ganz bestimmte Feuchtigkeitsmenge aufnehmen kann, hat der Dampfdruck für jede Temperatur einen oberen Grenzwert, den Sättigungsdampfdruck. Dieser steigt mit zunehmender Temperatur an. Die relative Feuchte ist als der Quotient aus dem in der Luft tatsächlich herrschenden Dampfdruck und dem Sättigungsdampfdruck definiert. Beträgt dieser 100 Prozent, ist die Luft mit Wasserdampf gesättigt. Überschüssiger Wasserdampf kondensiert dann zu Tröpfchen oder sublimiert zu Eiskristallen. Ein einfaches Messgerät zur Bestimmung der relativen Luftfeuchtigkeit ist das Haarhygrometer. Bei einem Haarhygrometer wird ausgenutzt, dass Haare ihre Länge in Abhängigkeit von der relativen Feuchte ändern. Die absolute Feuchte kann auch mithilfe eines Psychrometers bestimmt werden, das im Wesentlichen aus einem trockenen und einem feuchten Thermometer besteht. Letzteres gibt aufgrund der Verdunstung Wärmeenergie ab, die zu einer Abkühlung führt, und zwar umso mehr, je trockener die Luft ist. Der Temperaturunterschied zwischen trockenem und feuchtem Thermometer, die psychrometrische Differenz, ist somit ein Maß für die Luftfeuchte: Je kleiner diese Differenz, desto feuchter die Luft.

In der **Wetterhütte** sind der Hygrograph und der Thermograph (links), das Psychrometer (rechts vertikal) sowie das Maximum- und Minimumthermometer (rechts horizontal) vor direkter Strahlung geschützt und genügend belüftet untergebracht.

Gegensätze in der Luft – der Wind

Den Druck, den die Lufthülle der Erde aufgrund der Schwerkraft ausübt, bezeichnet man als Luftdruck. Er wird üblicherweise in Hektopascal (hPa= 100 Pascal) angegeben und entweder mit dem Dosenbarometer, das auch in Ausnutzung der Luftdruckabnahme mit der Höhe als Höhenmesser in Gebrauch ist, oder mit dem genaueren Quecksilberbarometer gemessen. Bei Letzterem führt der auf der Quecksilberoberfläche im Barometergefäß lastende atmosphärische Luftdruck bei Druckanstieg oder Druckabfall zu einem Ansteigen beziehungsweise Absinken der Quecksilbersäule. Im Meeresspiegelniveau herrscht ein Luftdruck von im Mittel rund 1000 hPa.

Bei Luftdruckunterschieden entsteht Wind, der in der Praxis meist als horizontale Luftbewegung definiert wird, obwohl es auch einen Vertikalwind – Hebung oder Absinken von Luft – gibt. Da zur vollständigen Beschreibung eines Windes sowohl ein Betrag, die Windgeschwindigkeit, als auch eine Richtung, die Windrichtung, notwendig sind, ist der Wind eine typische Vektorgröße. Die Windrichtung wird üblicherweise nach den Bezeichnungen der Windrose (beispielsweise N = Nord, NW = Nordwest) oder in Grad (beispielsweise N = 360°, W = 270°) angegeben. Bemerkenswert ist, dass beim Wind immer die Richtung genannt wird, aus der er weht, während sonst bei einem Vektor die Richtung angegeben wird, in die dieser weist. Einfache Instrumente sind zur Messung der Windrichtung die Windfahne und zur Messung der Windgeschwindigkeit das rotierende Schalenkreuzanemometer. Weithin sichtbar werden Windrichtung und Windstärke durch einen Windsack angezeigt.

Zur Bestimmung des aus den Wolken fallenden Niederschlags dienen Totalisatoren. Dabei handelt es sich um Auffanggefäße, bei denen sich die Niederschlagshöhe – ungenau häufig auch als Niederschlagsmenge bezeichnet – ablesen lässt. Sie sind so kalibriert, dass die abgelesene Niederschlagshöhe in Millimeter einer Angabe in Liter pro Quadratmeter entspricht. Fällt Niederschlag in fester Form, beispielsweise als Schnee, gilt als Niederschlagshöhe die Wasserhöhe des geschmolzenen Schnees.

Die **Radiosonde** besteht aus einer Instrumentenkombination von Luftdruck-, Temperatur- und Feuchtefühler. Instrumententräger ist ein gasgefüllter frei fliegender Ballon mit einem Durchmesser von etwa zwei Metern (am Boden). Durch Anpeilen der Radiosonde mit einem Windradar (oder Radiotheodoliten) wird aus der Ballondrift der Höhenwind bestimmt. Die Messwerte von Druck, Temperatur und Feuchte werden durch einen Kurzwellensender zur aerologischen Station, von der aus der Radiosondenaufstieg erfolgt, übermittelt.

Meteorologische Informationserfassung

Es gibt ein weltweites, von der Weltorganisation für Meteorologie (englisch: World Meteorological Organization, Abkürzung WMO) – einer Fachorganisation der UNO mit Sitz in Genf – koordiniertes Beobachtungsnetz zur Erfassung der klassischen meteorologischen Grundgrößen wie Temperatur, Feuchte, Druck, Wind, Bewölkung, Niederschlag und Sichtweite. Dieses Netz umfasst derzeit rund 9600 Bodenbeobachtungsstationen. Hinzu kommen etwa 950 Radiosondenstationen, von denen aus regelmäßig Ballone mit Messgeräten zur Messung von Temperatur, Feuchte und Druck bis in die untere Stratosphäre aufsteigen. Die Messdaten werden zur betreffenden Bodenstation gefunkt (daher der Name Radiosonde) und

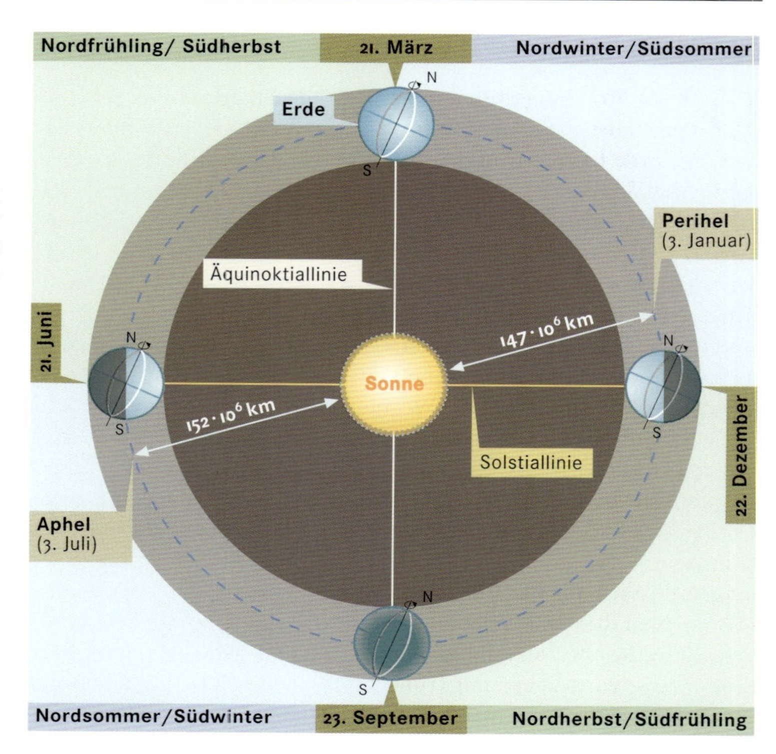

Der **Wechsel der Jahreszeiten** beruht auf der Neigung der Rotationsachse der Erde gegen die Ebene ihres Umlaufs um die Sonne (etwa 23,5°). Da die Richtung der Rotationsachse bis auf kleine langperiodische Schwankungen raumfest ist – ihre Verlängerung über den Nordpol N hinaus zeigt immer zum Polarstern –, findet im Jahresgang ein stetiger Wechsel zwischen maximaler **Sonnenzuwendung** der Nordhalbkugel der Erde (21. Juni) und maximaler Zuwendung der Südhalbkugel (22. Dezember) statt. Zwischen diesen beiden Zeitpunkten der Sonnenwenden (Solstitien) liegen die Zeitpunkte der Tagundnachtgleichen (Äquinoktien). Aphel und Perihel sind die sonnenfernsten bzw. sonnennächsten Punkte der Erdbahn. Die Orientierung der Erdachse ist so gezeichnet, als ob die Ebene der Erdbahn senkrecht auf der Blattebene stände.

das Messgespann wird mittels Radar verfolgt, um aus der Ballondrift den Höhenwind bestimmen zu können. Diese Messnetze werden durch Satelliten und weitere Radarmessungen zur Erfassung von Haufenwolken und Niederschlag, insbesondere von Schauern, Gewitter und Hagel, ergänzt. Schließlich gibt es noch spezielle Messnetze, beispielsweise zur Messung von Ozon, Kohlendioxid oder Schwefeldioxid (SO_2).

Energiehaushalt von Erdoberfläche und Atmosphäre

Der Motor für die atmosphärischen Vorgänge des Wetters und Klimas ist die Sonneneinstrahlung. Sie beträgt am fiktiven äußeren Rand der Erdatmosphäre rund 1370 Watt pro Quadratmeter (W/m^2). Dies entspricht etwa 33,5 Kilowattstunden pro Quadratmeter und Tag ($kWh/m^2 \cdot d$). Zum Vergleich: Der Heizenergiebedarf einer Wohnung in Deutschland beträgt im Jahresdurchschnitt ungefähr 1 $kWh/m^2 \cdot d$.

Diese Sonneneinstrahlung steht jedoch nicht überall und immer in gleicher Größe zur Verfügung. Wegen der Rotation der Erde um ihre Achse gibt es einen Tagesgang (Unterschied Tag–Nacht) und wegen des Umlaufs der Erde um die Sonne sowie der Neigung der Erdachse gegenüber der Ebene dieser Umlaufbahn gibt es einen Jahresgang (Unterschied Sommer–Winter). Außerdem wird durch die atmosphärischen Gegebenheiten die Sonneneinstrahlung wesentlich verändert.

Globale Strahlungsbilanz

Um die Strahlungsverhältnisse an der Erdoberfläche abzuschätzen, muss außer der Sonneneinstrahlung auch die Ausstrahlung der Erde berücksichtigt werden. Diese hat – im Gegensatz zur Sonne, die Wärme, Licht und Ultraviolettstrahlung abgibt – vollständig die Erscheinungsform der Wärme. Da in der Natur immer Gleichgewichte angestrebt werden, ist vom Strahlungsgleichgewicht Sonne–Erde auszugehen. Während die Erde über die gesamte Kugeloberfläche ($4\pi R^2$ mit R = Erdradius) abstrahlt, wirkt die Sonneneinstrahlung nur auf der Querschnittsfläche der Erde (πR^2). Die wirksame Sonneneinstrahlung beträgt daher nur ein Viertel des oben genannten Betrags, also $\frac{1}{4} \cdot 1370\ W/m^2 = 342{,}5\ W/m^2$. Setzt man diesen Betrag gleich 100 % und stellt fest, welcher Anteil davon tatsächlich die Erdoberfläche erreicht, so kommt man auf einen Anteil von durchschnittlich nur 45 % der wirksamen Sonneneinstrahlung. Dieser Betrag besteht wiederum zu 30 % aus direkter Sonneneinstrahlung und zu 20 % von der Himmelsfläche kommender Streustrahlung, abzüglich 5 % Reflexion an der Erdoberfläche. Die restlichen 55 % werden durch die Albedo der Erde (die Erdalbedo) – so nennt man die diffuse Reflexion und Streuung in der Atmosphäre und am Erdboden –, zurückgestrahlt (rund 30 %) oder von der Atmosphäre absorbiert (etwa 25 %). Aus dieser Strahlungsbilanz folgt, dass durch die Sonneneinstrahlung primär die Erdoberfläche geheizt wird.

Berechnet man die Wärme, die die Erdoberfläche abstrahlt, ohne dabei atmosphärisch bedingte Veränderungen zu berücksichtigen, erhält man etwa 390 W/m^2. Dies entspricht – bezogen auf den als 100 % gesetzten Betrag der wirksamen Sonneneinstrahlung von 342,5 W/m^2 – einem Anteil von 114 %. Die Atmosphäre, genauer deren Gase, Hydrometeore und Aerosole, absorbieren und streuen jedoch auch die von der Erde ausgehende Strahlung. Dies führt zu einer Rückstrahlung, der atmosphärischen Gegenstrahlung, von 96 %. Diesen Vorgang nennt man den Treibhauseffekt; er bewirkt, dass die

Setzt man die für die **Strahlungsbilanz** des Erdsystems wirksame Sonneneinstrahlung (342,5 W/m^2) gleich 100 %, so erreichen (im globalen und langzeitlichen Mittel) wegen der Absorptions- und Streuungsvorgänge in der Atmosphäre nur 45 % die Erdoberfläche. Das gesamte Reflexionsvermögen der Erde (einschließlich Atmosphäre und Bewölkung) bezeichnet man als **Erdalbedo (planetare Albedo);** ihr Jahresmittel beträgt etwa 30 %. Die effektive Wärmeausstrahlung der Erdoberfläche beträgt 18 %; sie ergibt sich aus der Differenz zwischen dem ohne Atmosphäre zu erwartenden Wert von 114 % und dem aus der Rückstrahlung (Treibhauseffekt) resultierenden Wert von 96 %. Die unausgeglichene Bilanz zwischen solarer Einstrahlung und terrestrischer Ausstrahlung (27 %) wird durch die Wärmeflüsse kompensiert.

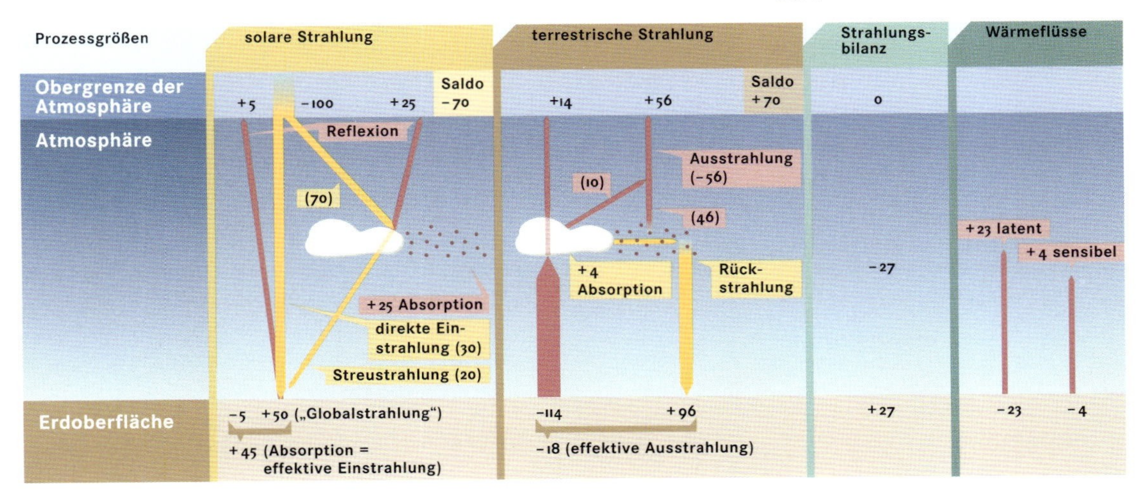

effektive Wärmeausstrahlung der Erdoberfläche lediglich 18% beträgt. Aus der effektiven Einstrahlung von 45% und der effektiven Ausstrahlung von 18% folgen eine positive Strahlungsbilanz von 27% für die Erdoberfläche und der gleiche Betrag, allerdings mit negativem Vorzeichen, für die Atmosphäre.

Um diese Bilanz auszugleichen, existiert ein Wärmetransport von der Erdoberfläche zur Atmosphäre. Er wird zum überwiegenden Teil durch den so genannten latenten Wärmefluss bewerkstelligt. Dabei wird der Erdoberfläche durch Verdunstung von Wasser sowie Schmelzen von Schnee und Eis Wärme entzogen (insgesamt ein Anteil von 23%). Durch Kondensation und Gefrieren – sichtbar als Wolkenbildung – wird diese Energie in der Atmosphäre wieder freigesetzt. Nur zu einem mit 4% wesentlich kleineren Teil geschieht dieser Wärmetransport direkt, das heißt ohne den Umweg von Aggregatzustandsänderungen des Wassers. In diesem Fall spricht man von fühlbarer (sensibler) Wärme, das heißt direkt messbarer Wärmeleitung. Weitere Wärmeflüsse wie zum Beispiel der Wärme-

DER TREIBHAUSEFFEKT

In der Atmosphäre (in der Darstellung maßstäblich stark überhöht gezeichnet) gibt es ein Phänomen, das in Analogie zu der Wirkung der Glasscheiben eines Treibhauses als Treibhauseffekt bezeichnet wird. Dabei ist zwischen dem natürlichen und dem anthropogenen, das heißt vom Menschen verursachten Treibhauseffekt zu unterscheiden.

Der natürliche Treibhauseffekt beruht auf der Tatsache, dass die Atmosphäre einerseits relativ viel solare Strahlung bis zur Erdoberfläche durchlässt, jedoch andererseits einen hohen Anteil der terrestrischen Strahlung, also der Ausstrahlung der Erdoberfläche, durch Absorption, Wiederausstrahlung und Streuung auf die Erdoberfläche zurückwirft. Aus dieser atmosphärischen Gegenstrahlung resultiert im örtlichen und zeitlichen Mittel eine positive Strahlungsbilanz der Erdoberfläche von 27% und eine ebenso große, aber negative Strahlungsbilanz der Atmosphäre, die durch Wärmeflüsse kompensiert wird. Eine wesentliche Rolle spielen dabei die Absorptionseigenschaften bestimmter Spurengase wie zum Beispiel Wasserdampf (H_2O), Kohlendioxid (CO_2), Methan (CH_4) und Distickstoffoxid (N_2O). Kommt es aufgrund menschlicher Aktivitäten zu atmosphärischen Konzentrationserhöhungen dieser Spurengase oder werden durch den Menschen neuartige Gase, beispielsweise die Fluorchlorkohlenwasserstoffe (FCKW), in die Atmosphäre eingebracht, führt dies zu einer Verstärkung des Treibhauseffekts. Dieser anthropogene Treibhauseffekt kann in Zukunft zu erheblichen Klimaänderungen führen und ist strikt von dem natürlichen Treibhauseffekt, der statt −18°C eine Erdmitteltemperatur von etwa +15°C bewirkt und damit das Leben auf der Erde erst ermöglicht, zu trennen. Die erwähnten FCKW spielen darüber hinaus auch beim stratosphärischen Abbau von Ozon (O_3) eine Rolle, der wiederum eine verstärkte solare UV-B-Strahlung auf der Erdoberfläche zur Folge hat.

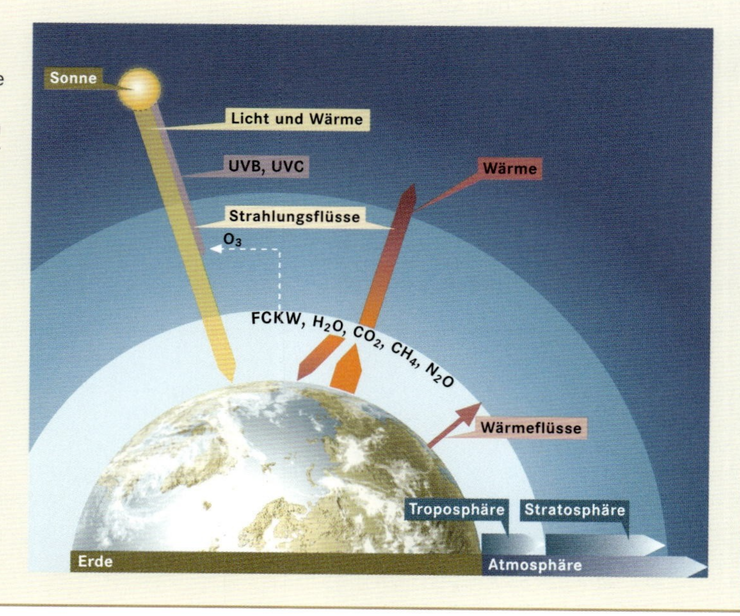

nachschub aus dem Erdinneren zur Erdoberfläche, der Bodenwärmefluss, oder die mit der Assimilation – im Wesentlichen bei der Photosynthese – verbundene Energienutzung der Vegetation sind demgegenüber mit Werten unter 1 % quantitativ unbedeutend, qualitativ allerdings für das Leben auf der Erde von größter Wichtigkeit.

Der bereits erwähnte Treibhauseffekt ist noch eine nähere Betrachtung wert: Ohne Atmosphäre und somit ohne atmosphärische Rückstrahlung – allerdings unter den gegenwärtigen Reflexionsbedingungen für die solare Einstrahlung, das heißt einer Erdalbedo von 30 % – würde sich eine Erdoberflächentemperatur von −18 °C einstellen. Da der tatsächliche Wert +15 °C ist, beträgt der natürliche Treibhauseffekt somit +15 °C – (−18 °C) = 33 °C. Bei dieser Betrachtung ist jedoch nicht berücksichtigt, dass die Erde kein (im physikalischem Sinne) Schwarzer Körper ist; dieser Fehler angesichts einer »grauen« oder farbigen Erde ist allerdings ziemlich klein.

Wärmeumsatz an der Erdoberfläche

Die Wärmeausstrahlung der Erde und die daraus resultierende atmosphärische Rückstrahlung sind bei verschiedenen Wellenlängen des elektromagnetischen Spektrums sehr unterschiedlich. Das diesbezügliche Spektrum umfasst etwa den Wellenlängenbereich von 3 bis 60 Mikrometer. Die Absorption in der Atmosphäre und die daraus resultierende Rückstrahlung sind im Einzelnen darauf zurückzuführen, dass ganz bestimmte Spurengase in ganz bestimmten Wellenlängenbereichen absorbieren, den Absorptionsbanden. Dabei dominiert Wasserdampf, gefolgt von Kohlendioxid, Ozon, Lachgas (Distickstoffoxid, N_2O), Methan (CH_4) und anderen Spurengasen, die mengenmäßig in diesem Zusammenhang nur eine geringe Bedeutung besitzen. Wasserdampf absorbiert aber auch im Wellenlängenbereich der solaren Einstrahlung (ungefähr zwischen 0,1 und 10 Mikrometer) und schwächt somit die Sonneneinstrahlung. Aber die Absorption im Bereich der terrestrischen Ausstrahlung überwiegt erheblich, sodass Wasserdampf eines der effektivsten Treibhausgase darstellt. Dies bedeutet, dass sein Vorhandensein die Erdoberflächentemperatur oder die bodennahe Lufttemperatur rechnerisch um rund 20 °C erhöht, Kohlendioxid zusätzlich um etwa 7 °C. In den Wellenlängenbereichen der terrestrischen Wärme-

Wichtige natürliche Treibhausgase und deren thermische Wirkung (unter der Annahme eines natürlichen Treibhauseffekts von 33 °C)

Treibhausgas	derzeitige atmosphärische Konzentration	derzeitiger Erwärmungseffekt
Wasserdampf (H_2O)	1–4 %[1]	19,8 °C (60 %)
Kohlendioxid (CO_2)	365 ppm	8,6 °C (26 %)
bodennahes Ozon (O_3)	0,03 ppm	2,4 °C (7 %)
Distickstoffoxid (N_2O)	0,3 ppm	1,4 °C (4 %)
Methan (CH_4)	1,7 ppm	0,7 °C (2 %)
weitere Treibhausgase		etwa 0,3 °C (1 %)
Summe		etwa 33 °C[2]

[1]*stark variabel,* [2]*alternative Schätzungen 15–20 °C*

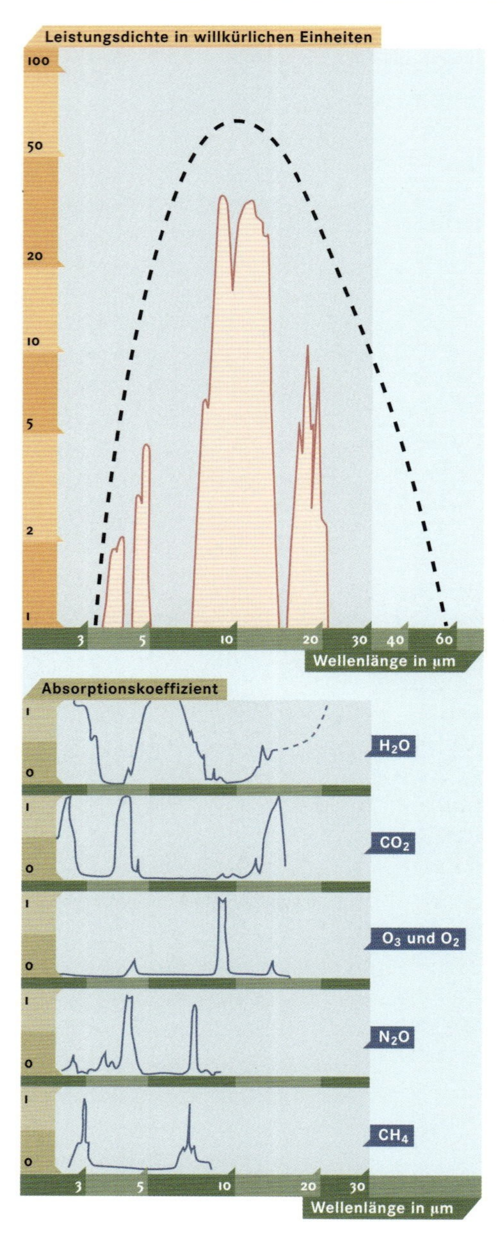

Theoretische **Ausstrahlung der Erdoberfläche** ohne Treibhauswirkung (gestrichelte Kurve) und tatsächliche Ausstrahlung in Bodennähe (rötlich unterlegte Kurve). Darunter ist für die einzelnen Treibhausgase aufgetragen, in welchen Wellenlängenbereichen sie zur Reduzierung der terrestrischen Ausstrahlung beitragen. Der Absorptionskoeffizient gibt dabei die Intensität der Absorption an. Die Wellenlänge ist jeweils in Mikrometer (µm) angegeben.

abstrahlung, die von den Wasserdampfabsorptionen nicht überdeckt werden – diese Wellenlängenbereiche (ungefähr 4 bis 5 Mikrometer beziehungsweise 7 bis 20 Mikrometer) werden als kleine und große Wasserdampffenster bezeichnet – liegen die Absorptionsbereiche des Kohlendioxids (4,5 und 14,7 Mikrometer). Generell sind Treibhausgase umso effektiver, je mehr sie in den vom Wasserdampf nicht oder nur schwach beeinflussten Wellenlängenbereichen absorbieren. Aus dieser Betrachtung wird außerdem deutlich, dass atmosphärische Konzentrationsanstiege dieser Gase den Treibhauseffekt verstärken.

Neben den schon erwähnten zeitlichen Variationen, im Wesentlichen Tages- und Jahresgang, haben auch die räumlichen Unterschiede der Strahlungsprozesse wichtige Konsequenzen. Den zeitlichen Variationen der Strahlungsbilanz folgen, erheblich modifiziert durch die jeweiligen Wettersituationen, entsprechende relative Temperaturvariationen. Im Laufe des Tagesgangs treten die niedrigsten Werte kurz vor Sonnenaufgang und die höchsten Werte am frühen Nachmittag auf – vorausgesetzt, es sind keine Bewölkungs- und horizontalen Luftströmungseinflüsse vorhanden. Räumlich treten die höchsten Werte der Strahlungsbilanz und somit auch die höchsten zeitlich gemittelten Temperaturen in den Tropen, die tiefsten Werte in den Polarzonen auf. Die räumlichen Unterschiede, die unter anderem auch durch die Land-Meer-Verteilung beeinflusst werden, haben Konsequenzen vor allem für die Zirkulation der Atmosphäre.

Atmosphärische Zirkulation und Klima

Die räumlich unterschiedliche Strahlungsbilanz der Erdoberfläche mit einem Energieüberschuss in den Tropen und einem Defizit in den Polargebieten und die sich daraus ergebenden Temperaturunterschiede setzen sowohl in der Atmosphäre als auch in den Ozeanen ein weltweites Strömungssystem in Gang, das diesen Unterschieden entgegenwirkt: die Zirkulation. Es wird somit Energie von den Tropen polwärts transportiert. Außerdem sind mit solchen Energietransporten auch Massentransporte verbunden. Der Wasserkreislauf der Atmosphäre ist ein wesentlicher Teil davon. Die globale atmosphärische Zirkulation wird auch allgemeine Zirkulation (englisch: general circulation) genannt.

Innertropische Konvergenzzone

In der Atmosphäre steigt in den Tropen die Warmluft aufgrund ihrer gegenüber Kaltluft geringeren Dichte in die Höhe, wo sie auseinander strömt und polwärts abfließt. Bodennah strömt die Luft von beiden Halbkugeln der Erde in Richtung der inneren Tropen nach und bildet dort die innertropische Konvergenzzone (ITK). Die bodennahe Strömung selbst wird wegen der Corioliskraft auf der Nordhemisphäre nach rechts, auf der Südhemisphäre nach links abgelenkt, sodass daraus der Nordost- beziehungsweise Südostpassat entsteht.

Jede Hebung und Strömungsdivergenz in der Höhe führt zur Abnahme des Luftdrucks in der betreffenden Luftsäule, die man sich an jeder Stelle der Erde über einer bestimmten Bezugsfläche vorstellen kann. In Meeresspiegelhöhe oder in der Nähe der Erdoberfläche entsteht infolgedessen ein Tiefdruckgebiet. In den Tropen spricht man in diesem Zusammenhang von der äquatorialen Tiefdruckrinne. Wenn eine Hebung großräumig genug abläuft, hat sie eine Abkühlung der betreffenden Luftmasse und Wolkenbildung zur Folge, bei ausreichender Intensität auch Niederschlagstätigkeit. Da dies in den Tropen sehr ausgeprägt der Fall ist, kommt es dort zur Ausbildung üppiger Vegetation: dem tropischen Regenwald.

Schema der **bodennahen allgemeinen Zirkulation** der Erdatmosphäre mit einer Grobeinteilung der Klimazonen und der potentiellen natürlichen Vegetationszonen.

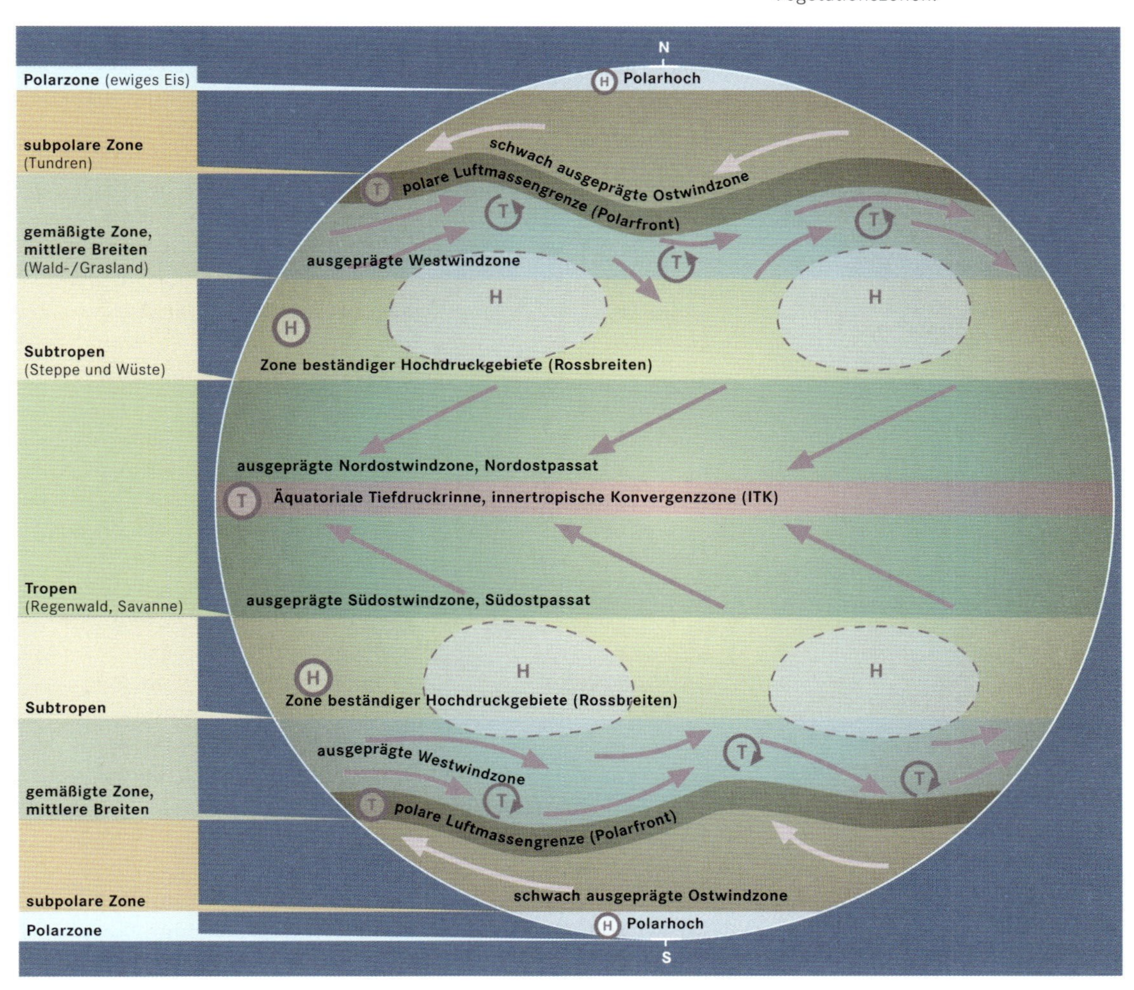

Etwa um 30° geographischer Breite herrscht in beiden Hemisphären Absinken vor, das für Hochdruckgebiete typisch ist. Diese subtropischen Hochdruckgebiete, zu denen auch das Azorenhoch gehört, sind nicht thermisch, sondern dynamisch bedingt. Sie bilden zusammen mit der ITK auf jeder Hemisphäre ein vertikales Zirkulationsrad, die so genannte Hadley-Zelle. Dagegen sind die polaren Hochdruckgebiete, die eine Folge der dort absinkenden relativ schweren Kaltluftmassen sind, wiederum thermisch verursacht. Da Hochdruckgebiete immer niederschlagsarm sind, kommt es in den Subtropen zur Wüstenausbildung oder Versteppung.

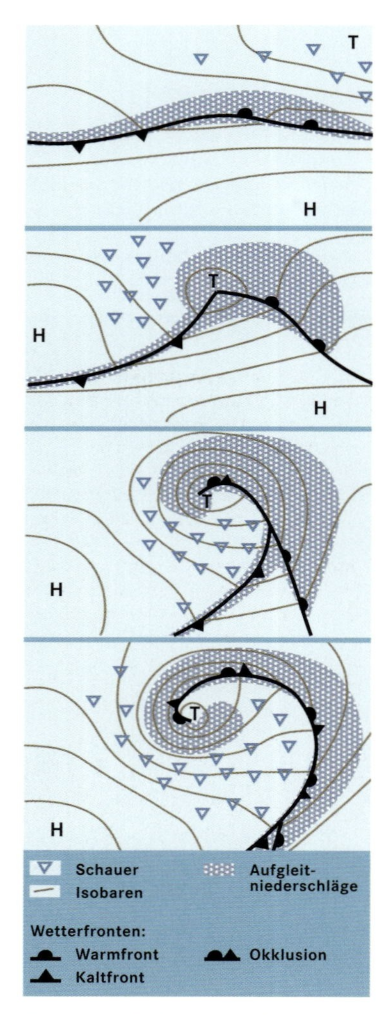

Schema des **Lebenslaufs einer Polarfrontzyklone** mit Isobaren, Wetterfronten, großräumigen Aufgleitniederschlägen und Schauern.

Grenze zwischen warm und kalt – die Polarfront

Besonders kompliziert sind die Gegebenheiten in mittleren Breiten, die eine »Kampfzone« zwischen der von den Polar- und Subpolarregionen äquatorwärts ausfließenden Kaltluft und der subtropischen Warmluft darstellen. In dieser Kampfzone, der Polarfront, kommt es zur Bildung von Tiefdruckwirbeln, den Polarfrontzyklonen, die sich meist mit der dort vor allem in der Höhe vorherrschenden Westwinddrift ostwärts verlagern. Im Einzelnen sind die Strömungsbedingungen in der gemäßigten Klimazone sehr variabel, sodass sich Hochdruckeinfluss und Tiefdrucktätigkeit mit variierenden Strömungsausprägungen häufig abwechseln.

Auch die Polarfrontzyklonen selbst weisen sehr unterschiedliche Gegebenheiten auf, die wegen der Zyklonenbewegung zu entsprechenden Wettervariationen führen. So herrschen vor der Warmfront – genauer vor dem Bereich, in dem diese die Erdoberfläche erreicht – Aufgleitvorgänge mit Schichtbewölkung und anhaltendem Niederschlag vor. Im Warmsektor zwischen Warm- und Kaltfront existiert dagegen im Allgemeinen aufgelockerte Bewölkung, während die hinter der Kaltfront anstehende Kaltluft zu Schauern aus sich auftürmenden Haufenwolken neigt. Manchmal bilden sich entlang der Kaltfront oder auch in Staffeln parallel zur Kaltfront regelrechte Schauer- und gegebenenfalls Gewitterlinien aus. Gerade das Kaltfrontwetter weist einen deutlichen Tagesgang mit besonderer Wetterwirksamkeit am Nachmittag bis in den Abend auf.

Regionale Zirkulationsmuster

Die Zirkulation der Atmosphäre unterliegt einem Jahresgang, der beispielsweise im Nordsommer die innertropische Konvergenzzone nach Norden verschiebt und dabei unter anderem in Indien die heftigen, durch Stau an den Gebirgen verstärkten Monsunniederschläge auslöst. Außerdem gibt es eine ganze Reihe von regionalen Zirkulationsmustern, die sich der allgemeinen (globalen) Zirkulation überlagern. Eines davon ist das sich bei Schönwetter ausbildende Land-Seewind-System im Küstenbereich. Es ist am Tag durch ein von »Schönwetter-Cumulus-Wolken« markiertes thermisches Tiefdruckgebiet über Land und ein thermisches Hochdruckgebiet über dem sich wesentlich langsamer erwärmenden Ozean charakterisiert. Die Folge ist ein Wind vom Meer aufs Land, der See-

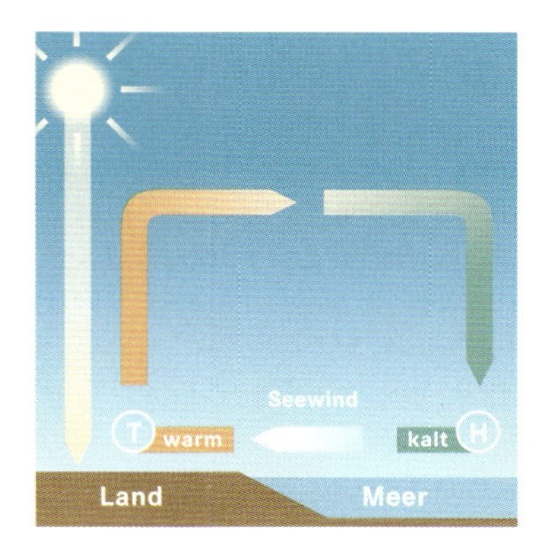

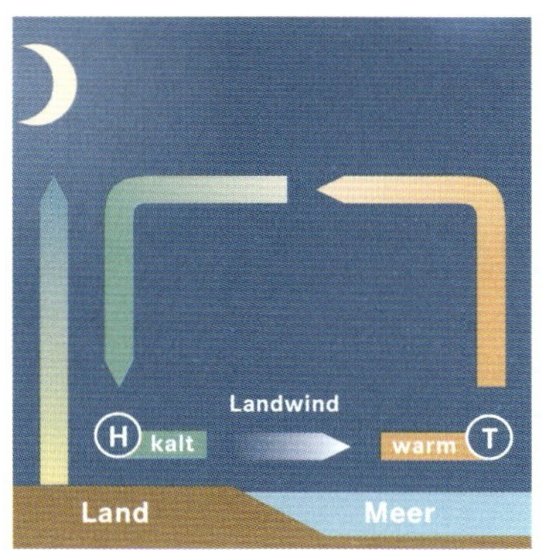

Schema des **Land-Seewind-Systems,** wie es bei Schönwetter im Küstenbereich auftritt (links Tag, rechts Nacht). Die Pfeile geben die Strömungsrichtung an; sie stellen Zirkulationsräder dar, deren jeweils unterer Teil der See- bzw. Landwind ist. (T = Tiefdruck, H = Hochdruck)

wind. Nachts kehrt sich dieses Strömungssystem aufgrund der sich rascher abkühlenden Landflächen um, ist dann aber im Allgemeinen nicht so intensiv wie am Tag. Eine ganz ähnlich hervorgerufene, aber schwächer ausgeprägte Strömung ist der Flurwind, der tagsüber auf die städtischen Wärmeinseln zuströmt.

Im Bereich der Gebirge ist die regionale atmosphärische Zirkulation besonders vielfältig. So besteht bei Schönwetter eine Neigung zu Hangaufwinden tagsüber und Hangabwinden nachts. Letztere können in Mulden- und Tallagen regelrechte Kaltluftseen bilden. Daraus resultieren tagsüber ein Talwind, der aus tieferen Lagen entlang der Täler in Richtung des ansteigenden Geländes weht, und nachts ein Bergwind. Dieses Bergwind-Talwind-System ist mit den Hangwindsystemen unter Zeitverzögerungen in recht komplizierter Weise verzahnt. Hinzu kommen Fallwinde, wie zum Beispiel der Föhn der Alpen. Dieser entsteht, wenn Luft ein Gebirge überströmt und dabei zunächst durch Hebung trockenadiabatisch abgekühlt wird. Da kältere Luft weniger Wasserdampf aufnehmen kann als wärmere, wird nach einer bestimmten Hebungsstrecke der Sättigungszustand der Luft an Wasserdampf erreicht. Weitere Hebung erfolgt daher nur noch unter feuchtadiabatischer Abkühlung und führt zu Kondensation und Wolkenbildung, die für die Stauerscheinungen an der Luvseite, das heißt der windzugewandten Seite, eines Gebirges typisch sind. Ist die Gipfelhöhe des Gebirges erreicht, so stürzt die Luft als Föhn abwärts, wobei sie sich auf der gesamten Strecke trockenadiabatisch erwärmt. Dies hat zur Folge, dass die Luft in der gleichen Höhe der Leeseite, das heißt der windabgewandten oder Föhnseite, eine höhere Temperatur annimmt, als sie am Ausgangspunkt auf der Luvseite hatte. Zu dieser typisch hohen Temperatur der Föhnluft kommt noch eine geringe Feuchte, da die Luft auf der Luvseite durch

Schema einer **gebirgsüberströmenden Zirkulation** mit Staubewölkung auf der Luv- oder windzugewandten und **Föhn** auf der Lee- oder windabgewandten Seite. Im Bereich A erfolgt eine trockenadiabatische und bei B eine feuchtadiabatische Abkühlung; im Bereich C findet nur eine trockenadiabatische Erwärmung statt. Die untere Abbildung gibt den Temperaturverlauf für das oben beschriebene Zirkulationssystem in Abhängigkeit von der Höhe wieder. Gegenüber der Ausgangsluft ergibt sich eine deutliche Temperaturerhöhung.

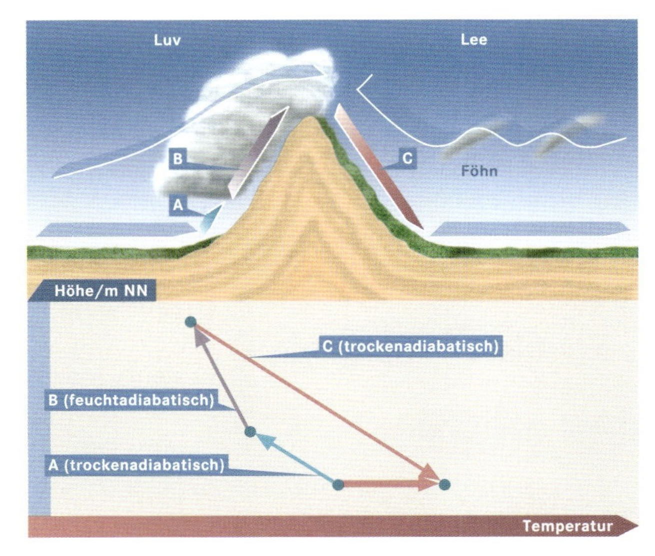

Wolkenbildung Wasserdampf verloren hat. Schließlich ist für den Föhn eine starke Turbulenz charakteristisch, die auf eine Wellen- und Rotorbildung der Leeströmung sowie auf unterschiedliche Reibungseffekte zurückzuführen ist. Auf ähnliche Weise wie der Föhn in den Alpen entsteht beispielsweise auch der Fallwind an der Ostseite der Rocky Mountains in den USA, der so genannte Chinook.

ADIABATISCHE ZUSTANDSÄNDERUNGEN

Der Zustand der atmosphärischen Luft wird mithilfe bestimmter Messgrößen wie zum Beispiel Temperatur, Druck, Feuchte und Dichte beschrieben. Dementsprechend äußern sich Zustandsänderungen der Luft auch in Änderungen dieser Größen. Sie werden adiabatisch genannt, wenn sich für diese Änderungen ein Luftpaket definieren lässt, dem weder Wärme zugeführt noch entzogen wird; andernfalls spricht man von diabatischen Zustandsänderungen.

Von besonderer Bedeutung sind adiabatische Zustandsänderungen der Luft im Zusammenhang mit Vertikalbewegungen, wie sie beispielsweise beim Überströmen von Gebirgen oder an Wetterfronten auftreten. Laufen solche Vorgänge näherungsweise adiabatisch ab, so lässt sich zum Beispiel die Änderung der Lufttemperatur berechnen, die nach Hebung über eine gewisse Strecke eintritt. Dabei gerät ein Luftpaket mit zunehmender Höhe in Bereiche immer tieferen Luftdrucks, dehnt sich dabei aus, verliert wegen dieser Ausdehnungsarbeit innere Energie und kühlt sich folglich ab. Für streng adiabatische Hebung gilt ein Abkühlungswert von rund 1°C pro 100 Meter. Aus Gründen der Energieerhaltung tritt beim Absinken eine Erwärmung um genau den gleichen Temperaturbetrag ein.

Treten keine Aggregatzustandsänderungen des Wassers auf, wird der beschriebene Vorgang als trockenadiabatische Hebung oder trockenadiabatisches Absinken bezeichnet. Es gilt der genannte Abkühlungsgrad, den man dann als trockenadiabatischen vertikalen Temperaturgradienten bezeichnet. Wird beispielsweise ein Luftpaket mit einer Temperatur von 23°C trockenadiabatisch von Garmisch (Höhe 700 m NN) bis zur Zugspitze (knapp 3000 m) gehoben, kühlt es sich bei einem Höhenunterschied von 2300 m unter Ausdehnung auf 0°C ab. Umgekehrt erwärmt sich ein Luftpaket, das auf der Zugspitze eine Temperatur von 0°C hat, beim trockenadiabatischen Absinken bis Garmisch unter Zusammenziehung auf 23°C (linker Teil der Abbildung).

Bei der feuchtadiabatischen Hebung setzt dagegen Kondensation und somit Wolkenbildung ein, wobei latente Wärme freigesetzt wird. Der feuchtadiabatische vertikale Temperaturgradient ist daher keine einheitliche Größe. Er beträgt bei hohen Temperaturen etwa 0,5°C pro 100 Meter und nähert sich bei sehr tiefen Temperaturen dem trockenadiabatischen Gradienten. Das Luftpaket, das in Garmisch in 700 m Meereshöhe beispielsweise eine Temperatur von 23°C hat, wird gehoben und kühlt sich zunächst trockenadiabatisch bis zum Kondensationsniveau ab, das in 1400 m über Grund (= 2100 m NN) erreicht wird. Seine Temperatur beträgt jetzt 9°C. Das bisher gleich gebliebene Mischungsverhältnis aus Wasserdampf und trockener Luft wird hierbei zum Sättigungsmischungsverhältnis, sodass es zu Kondensation und somit Wolkenbildung kommt. Der weitere Aufstieg des Luftpakets erfolgt nun feuchtadiabatisch mit einem Temperaturgradienten von 0,5°C pro 100 Meter. Es erreicht den Gipfel der Zugspitze nach weiteren 900 m mit einer Temperatur von 4,5°C (rechter Teil der Abbildung). Würde das Luftpaket die gesamte Höhendifferenz bis Garmisch trockenadiabatisch herabstürzen – wie das bei Föhn der Fall ist –, hätte es dort eine Temperatur von 27,5°C.

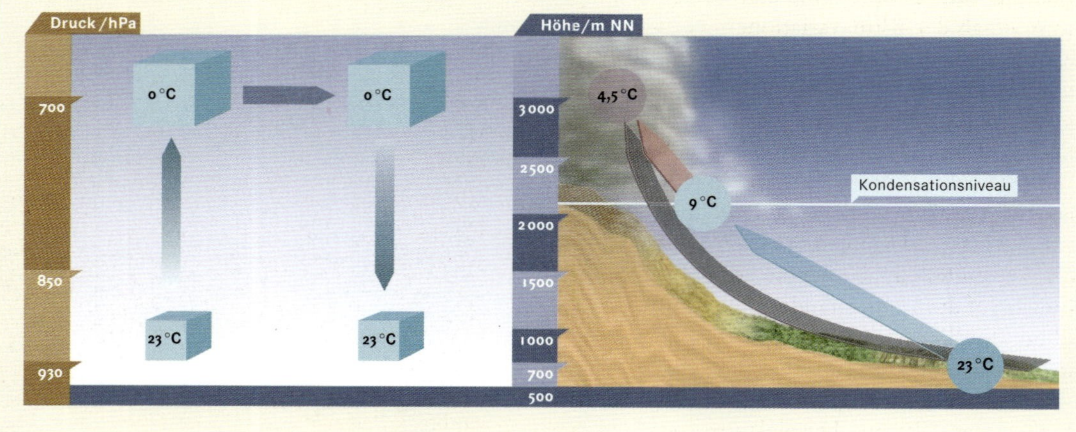

Unterschied zwischen Wetter und Klima

Da sowohl Wetter als auch Klima mit den gleichen meteorologischen Grundgrößen verknüpft sind, werden sie in der Öffentlichkeit häufig verwechselt. Der wesentliche Unterschied zwischen beiden besteht darin, dass Wetter ein Kurzzeit- und Klima ein Langzeitprozess ist. Spielen sich nämlich atmosphärische Prozesse in zeitlichen Größenordnungen von Stunden bis Tagen ab, sprechen wir von Wetter, handelt es sich jedoch um Betrachtungen über mindestens einige Jahre – nach Definition der WMO mindestens 30 Jahre–, so handelt es sich dagegen um Klima. Dazwischen liegt zumindest im deutschen Sprachgebrauch noch der Witterungsbegriff. Einige Beispiele sollen diese Begriffsbestimmungen verdeutlichen: Entsteht und vergeht an einem Tag am Himmel eine Wolke, so ist das ein Wettervorgang. Das Auftreten eines einzelnen milden oder auch strengen Winters ist ein Witterungsphänomen. Schließlich ist der Rückgang der Alpengletscher in unserem Jahrhundert ein Indiz für einen Klimatrend. Auch das Kommen und Gehen der Eiszeiten mit Zykluszeiten von rund 100 000 Jahren ist ein Klimavorgang.

Diese Unterschiede sind deswegen wichtig, weil Wettervorgänge im Allgemeinen ganz andere Ursachen haben als Klimavorgänge, die Entstehung einer Wolke also ganz andere als die Eiszeiten. Andererseits spiegeln sich in der Häufigkeit, nicht jedoch in ihrem isolierten, vielleicht einmaligen Auftreten, in den Klimatrends durchaus auch Wettervorgänge wider. Wird beispielsweise das Klima im Winter wärmer, so äußert sich das in einer Häufigkeitszunahme milder, in Deutschland auch regenreicherer Tage. Somit liegt bei Klimabetrachtungen immer eine Art von zeitlicher Integration, zum Beispiel eine zeitliche Mittelung, vor. Das Ausmaß der Klimavariationen, beispielsweise bei der Temperatur, ist jedoch meist viel geringer als das der Wettervariationen, sodass häufig nur der Meteorologe in der Lage ist, sie vom Wettergeschehen zu trennen und exakt zu analysieren.

Die Annahme, die quantitativ meist relativ gering ausgeprägten Klimaänderungen seien weniger wichtig als die Wetteränderungen, ist freilich ein Fehlschluss. Von Extremfällen abgesehen reagiert unser Planet nämlich auf die Langzeitänderungen des Klimas meist viel empfindlicher als auf die Wetteränderungen. Die Alpengletscher können als Beispiel herangezogen werden: Ihre Ausdehnung wird von Temperaturunterschieden des Wetters, beispielsweise im Tag-Nacht-

Dokumentation des **Gletscherschwunds** am Beispiel des Vernagtferners in den Ötztaler Alpen (Österreich). Die Aufnahmen stammen aus den Jahren 1912, 1938 und 1974 (von oben).

Rhythmus, von 10 °C oder 15 °C und mehr nicht wesentlich beeinflusst, während einigen zehntel Grad Temperaturanstieg als Langzeittrend in unserem Jahrhundert schon etwa die Hälfte des alpinen Gletschereises zum Opfer gefallen ist. Ähnliches gilt auch für die Verlagerung von Vegetationszonen einschließlich der Steppen und Wüsten, den Wasserhaushalt des Bodens, die Verbreitung von Insekten, Krankheitserregern und vieles mehr.

Klimaprozesse

Die Grundlagen für das Zustandekommen des Klimas sind der Strahlungs- und Energiehaushalt von Erdoberfläche und Atmosphäre sowie die atmosphärische Zirkulation. Alle Faktoren, die diese Gegebenheiten langzeitlich, das bedeutet mindestens mehrjährig, beeinflussen, sind klimawirksame Mechanismen oder Klimaprozesse. An diesen ist jedoch nicht nur die Atmosphäre beteiligt, sondern das ganze Verbundsystem aus Atmosphäre, Hydrosphäre (Ozean und Landgewässer), Kryosphäre (Land- und Meereis), Pedosphäre (Boden), Biosphäre (insbesondere Vegetation) und Lithosphäre (Gesteinsuntergrund der festen Erde).

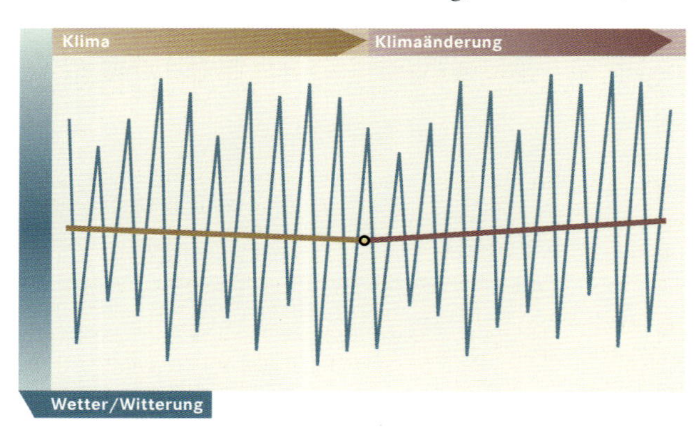

Wetter und Witterung schwanken sehr ausgeprägt um den Klimagrundzustand (linkes Teilbild). Tritt eine **Klimaänderung** ein (rechtes Teilbild), so ist diese zunächst nur schwer zu erkennen, da sie gewissermaßen hinter den **Wetter- und Witterungsänderungen** versteckt ist. Wird das Klima aber allmählich wärmer, so zeigt sich das darin, dass die kalten Wetter- und Witterungsereignisse seltener, die warmen dagegen häufiger auftreten.

Dieses Klimasystem ist durch interne Wechselwirkungen geprägt, wozu neben allen Zirkulationsmechanismen beispielsweise auch ozeanisch-atmosphärische Wechselwirkungen gehören wie das El-Niño-Phänomen. Dieses äußert sich in episodischen Erwärmungen der tropischen Ozeane, insbesondere des Pazifiks vor der Küste von Peru, die im Abstand von einigen Jahren verstärkt hervortreten und als El-Niño-Ereignisse (EN) bezeichnet werden. Diese EN sind mit typischen Luftdruckvariationen der Südhemisphäre, der Southern Oscillation (SO), gekoppelt, sodass zusammenfassend vom ENSO-Mechanismus gesprochen wird. Ein anderes Beispiel ist die vermutlich rein atmosphärische Nordatlantikoszillation (NAO). Diese ist als meridionaler, das heißt in Nord-Süd-Richtung betrachteter Luftdruckgradient zwischen den Azoren und Island definiert und äußert sich auch bei uns in Deutschland in den Variationen der Westwindintensität. Als letztes Beispiel sei die Schnee- und Eisbedeckung genannt, die – zum Teil verstärkt durch die für das Klima so wichtigen Rückkopplungsprozesse – einen immensen Einfluss auf die Temperaturen von Ozean und Atmosphäre hat.

Eine weitere mindestens genauso wichtige Klasse von Klimaprozessen beruht auf externen, jedoch nicht notwendigerweise extraterrestrischen Einflüssen auf das Klimasystem. Sie stellen definitionsgemäß keine Wechselwirkungen dar und sind praktisch immer als Änderungen der atmosphärischen Strahlungsprozesse identifizierbar, sodass in der Fachsprache von Strahlungsantrieben die Rede ist. Beispiele dafür sind die indirekte Variation der Sonneneinstrahlung

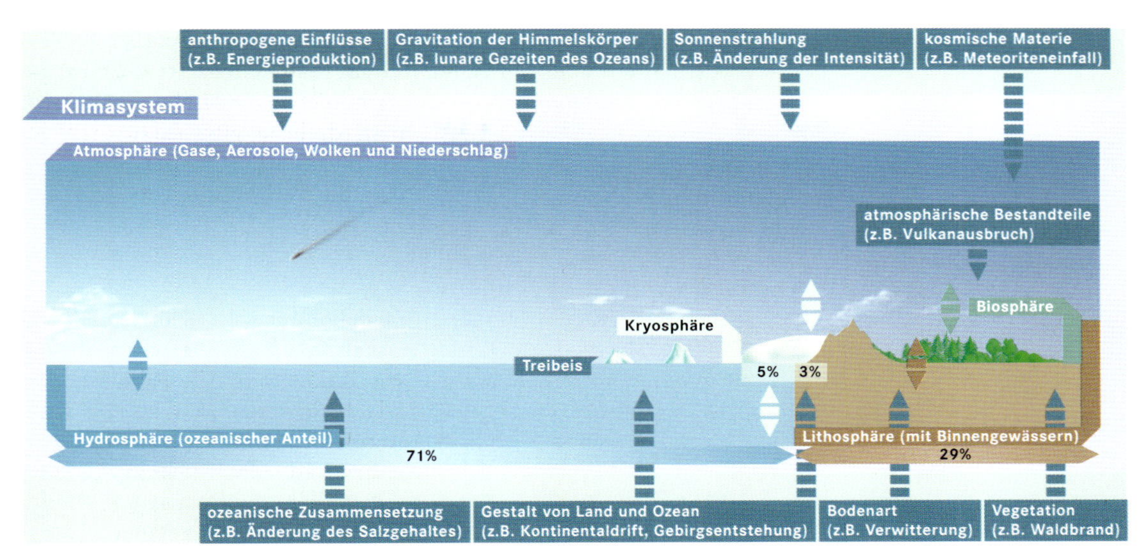

Schematische Darstellung des **Klimasystems,** das aus den Komponenten Atmosphäre, Hydrosphäre (Salzwasser des Ozeans und Süßwasser der Kontinente), Kryosphäre, Pedosphäre (Boden), Lithosphäre (Gesteine des Festlands) und Biosphäre (insbesondere Vegetation) besteht. Innerhalb dieses Systems spielen sich vielfältige **interne Wechselwirkungen** ab, die schon für sich allein Klimavariationen erzeugen. Hinzu kommen noch **externe Einflüsse** (äußere Pfeile), die definitionsgemäß keine Wechselwirkungen, jedoch sehr wirksame Klimafaktoren darstellen.

durch Änderung der Erdumlaufbahn um die Sonne, die beim Kommen und Gehen der Eiszeiten eine Rolle spielt, und die direkte Änderung durch Sonnenaktivität. Ein anderes Beispiel ist der explosive Vulkanismus, der in der Stratosphäre zur Ausbildung von Partikelschichten führt. Dadurch kommt es dort zur erhöhten Absorption von Sonneneinstrahlung und folglich zur Erwärmung, in der bodennahen Atmosphäre dagegen durch Abschwächung der Sonneneinstrahlung zur Abkühlung. Auch die anthropogenen Klimaänderungen werden der externen Beeinflussung des Klimasystems zugerechnet.

Alle diese externen Einflüsse oder Strahlungsantriebe sind mehr oder weniger gut in ihren Temperaturreaktionen erfassbar. Sie beeinflussen auch die Zirkulationen im Klimasystem, zumindest der Atmosphäre, was stets Rückwirkungen auf die Temperatur hat. Aus dem gleichen Grund treten Temperaturänderungen niemals allein auf, sondern es ändert sich stets der Verbund aller Klimaelemente – einschließlich der Meeresspiegelhöhe –, kurz das gesamte Klima.

Derzeitiger Klimazustand

Zur Ermittlung des derzeitigen Klimazustands wird für verschiedene Stationen, von denen Messdaten vorliegen, eine mehrjährige Statistik der wichtigsten Klimaelemente erstellt. Dieser Klimazustand dient dann als Basis für verschiedenste Betrachtungen, unter anderem auch für die Analyse von Klimaänderungen. Davon ausgehend können auch die regionalen Unterschiede erfasst und in Isoliniendarstellungen, bis hin zu entsprechenden Weltkarten, dargestellt werden. Gerade in dieser globalen, räumlich differenzierten Betrachtung sind Klimazustände ein Spiegelbild der mittleren Zirkulation der Atmosphäre.

An dieser Stelle soll noch ein zusammenfassender Blick auf die vieljährigen Jahresmittel der bodennahen Lufttemperatur und Jahressummen der Niederschlagshöhen geworfen werden. Erstere bewegen sich zwischen weniger als –25 °C in der Antarktis und etwa +28 °C in Nordostafrika, Letztere zwischen 3000 Millimeter in Nordwestbrasilien, im angrenzenden Peru und in Indonesien sowie weniger als 50 Millimeter in der inneren Antarktis.

Klimageschichte

Seit die Erde existiert, ist ihr Klima im Wandel, und das wird auch in Zukunft so bleiben. Dabei handelt es sich in der weitaus meisten Zeit seit der Entstehung der Erde vor etwa 4,6 Milliarden Jahren um natürliche Klimaänderungen. Erst in historischer und verstärkt in industrieller Zeit greift auch der Mensch in das Klimageschehen ein. An dieser Stelle geht es zunächst darum, einen Überblick über die natürliche Klimageschichte zu gewinnen. Angesichts der überwältigenden Fülle der dafür zur Verfügung stehenden Daten kann es sich aber nur um eine äußerst grobe Übersicht handeln, die sich weitgehend an der großräumig gemittelten, bodennahen Lufttemperatur orientiert.

Die Messdaten der Klimaelemente, möglichst nach noch heute angewendeten Messprinzipien, stellen die verlässlichste Datenquelle dar. Beim Weg in die Vergangenheit geht die Bedeckung der Erde mit meteorologischen Messstationen immer mehr zurück. Ausgehend von heute rund 9600 Bodenbeobachtungsstationen waren es vor 100 Jahren rund 300 und vor 200 Jahren lediglich etwa 40. Die längste in kontinuierlicher Form aufbereitete Messreihe betrifft die Monatsmittelwerte der bodennahen Lufttemperatur der Region Zentralengland, die seit 1659 vorliegt. Für die Landgebiete der Nordhemisphäre existiert ein gewisser Überblick seit etwa 1850/60 und in sehr eingeschränktem Maß (ohne Antarktis) fast ebenso lange auch für die Südhemisphäre. Solche Rekonstruktionen und Übersichten sind für den örtlich-zeitlich viel variableren und mit weit höheren Messfehlern belasteten Niederschlag erheblich schwieriger. Das gilt in ähnlicher Weise für die wenigen säkularen, das heißt mindestens 100 Jahre umfassenden, Messreihen von Wind und Sonnenscheindauer. Günstiger ist dagegen die Datenverfügbarkeit und räumliche Repräsentanz hinsichtlich des Luftdrucks.

Grobeinteilung der Köppen-Geiger-Klimaklassifikation

	Klimagürtel		Klimagebiet
A	tropisches Regenklima (alle Temperaturmonatsmittel >18°C)	Af	tropisches Regenwaldklima (feucht)
		Aw	Savannenklima (wintertrocken)
B	Trockenklima	BS	Steppenklima
		BW	Wüstenklima
C	warmgemäßigtes Klima (minimale Temperaturmonatsmittel ≤ 18°C, jedoch ≥–3°C)	Cs	Etesienklima (sommertrocken)
		Cf	feuchtgemäßigtes Klima
		Cw	sinisches Klima (wintertrocken)
D	boreales Schneewaldklima der Nordhemisphäre (minimale Temperaturmonatsmittel <–3°C, maximale Temperaturmonatsmittel >10°C)	Df	feuchtwinterkaltes Klima
		Dw	transbaikalisches Klima (wintertrocken)
E	Schneeklima (alle Temperaturmonatsmittel <10°C)	ET	Tundrenklima
		EF	Klima des ewigen Frosts

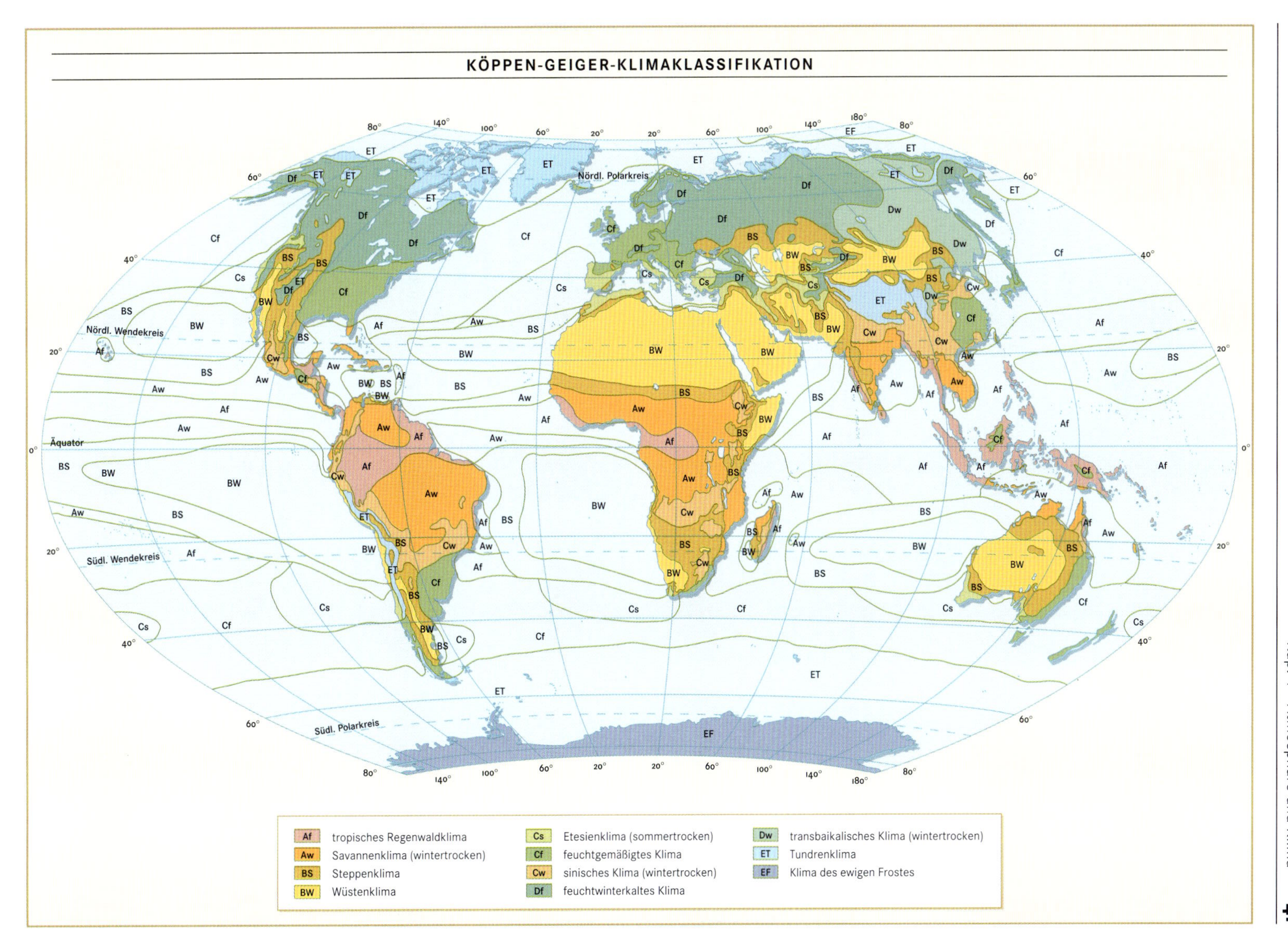
KÖPPEN-GEIGER-KLIMAKLASSIFIKATION
Nördl. Polarkreis
Nördl. Wendekreis
Äquator
Südl. Wendekreis
Südl. Polarkreis
Af tropisches Regenwaldklima
Aw Savannenklima (wintertrocken)
BS Steppenklima
BW Wüstenklima
Cs Etesienklima (sommertrocken)
Cf feuchtgemäßigtes Klima
Cw sinisches Klima (wintertrocken)
Df feuchtwinterkaltes Klima
Dw transbaikalisches Klima (wintertrocken)
ET Tundrenklima
EF Klima des ewigen Frostes

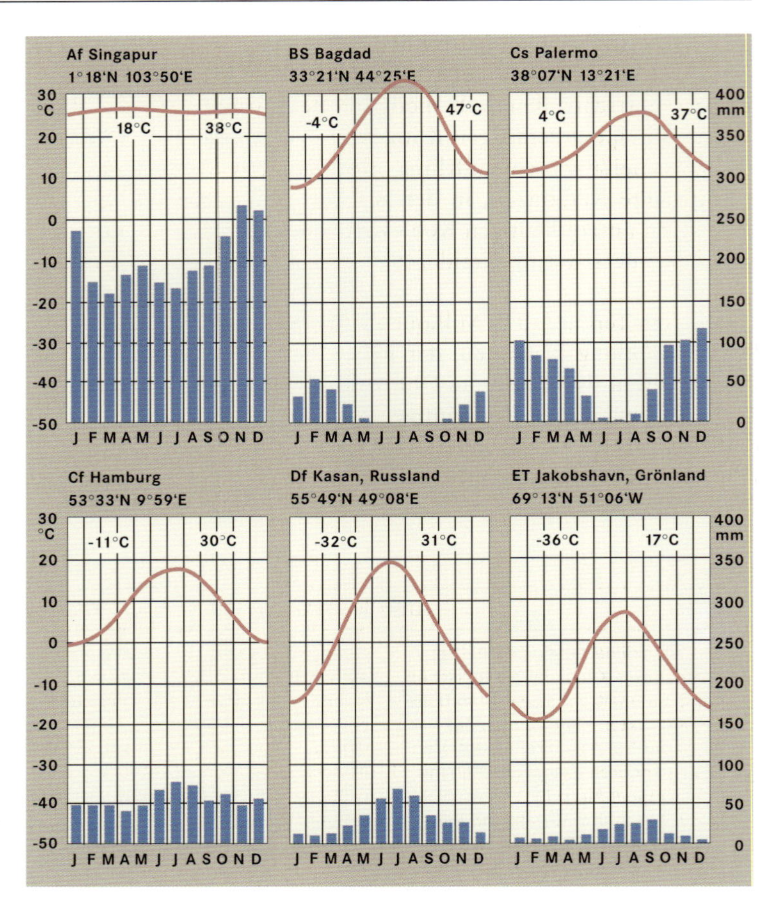

Ausgewählte **Klimadiagramme** zur Köppen-Geiger-Klimaklassifikation. Für die jeweiligen Stationen sind die mittleren Jahresgänge der Temperatur (Kurven) und des Niederschlags (Säulen) sowie die Temperaturextrema (im oberen Teil der Diagramme) angegeben.

Zu diesen direkten Datenquellen treten noch viele historische Aufzeichnungen, beispielsweise Witterungsberichte, Flusspegelmessungen und Aufzeichnungen über Weinqualität, sowie vor allem die überaus vielfältigen Techniken der Paläoklimatologie. Für die Frühzeit der Klimageschichte ist im Wesentlichen nur noch festzustellen, ob es Eisbewegungen und somit Eisvorkommen auf der Erde gegeben hat oder nicht. Die Zeit von 4,6 bis 3,8 Milliarden Jahre vor heute ist allein über geo- und astrophysikalische Modellvorstellungen zugänglich. Aus solchen Modellvorstellungen ergibt sich, dass die Erde in den ersten Jahrmilliarden relativ rasch abkühlte. Beginnend vor etwa 3,2 Milliarden Jahren konnten so die Ozeane entstehen und vor etwa 2,3 Milliarden Jahren die ersten Eisbildungen auf der Erdoberfläche einsetzen.

Eiszeitalter und Eiszeiten

Als Eiszeitalter bezeichnet man einen Klimazustand, der Eisbildungen an der Erdoberfläche zulässt, wie das offenbar auch heute der Fall ist (Quartäres Eiszeitalter). In der geologischen Vergangenheit und so auch in der letzten Jahrmilliarde aber sind Eiszeitalter nur episodisch aufgetreten, was in dieser Zeitskala allerdings jeweils einige Jahrmillionen Dauer bedeutet. Über diese letzte Jahrmilliarde und erst recht über die gesamte Klimageschichte herrschte demnach meist ein sehr warmes Klima. Man spricht bei einem derartigen Klima von einem akryogenen Warmklima, das heißt von einem Klima ohne Eis. Beispiele dafür sind die warmfeuchte Karbonzeit, in der aus der damals überaus üppigen Vegetation unsere heutigen Kohlevorräte entstanden sind, oder die ganz besonders warme Kreidezeit (135 bis 65 Millionen Jahre vor heute).

Mit dem Tertiär (ab 65 Millionen Jahre vor heute) hat eine merkliche Abkühlung begonnen, der neben vielen anderen Tier- und Pflanzenarten wohl auch die Dinosaurier zum Opfer gefallen sind. Ab 38 Millionen Jahre vor heutiger Zeit könnte allmählich die Vereisung der Antarktis begonnen haben, die dann ab 2 bis 3 Millionen Jahre vor heute zum bereits genannten Quartären Eiszeitalter geführt hat.

DER KLIMAGESCHICHTE AUF DER SPUR

Die Paläoklimatologie beschäftigt sich mit dem Klima der geologischen Vergangenheit. Sie versucht mithilfe von indirekten Klimazeugen das Klima der Vorzeit zu rekonstruieren und zu erklären. Dabei nehmen mit wachsendem Alter der erdgeschichtlichen Abschnitte Anzahl und Verlässlichkeit der Klimazeugen ab.

Eine der wichtigsten paläoklimatologischen Methoden beruht auf der Temperaturabhängigkeit des Verhältnisses der Sauerstoffisotope ^{18}O und ^{16}O im atmosphärischen Wasserdampf. Chemisch verhalten sich die beiden Sauerstoffisotope völlig gleich; physikalisch unterscheiden sie sich vor allem in ihrer Masse. Natürlich vorkommender Sauerstoff besteht zu mehr als 99% aus dem Isotop ^{16}O und zu nur 0,2% aus ^{18}O. Aufgrund ihrer höheren Masse verdunsten Wassermoleküle, die das schwerere Isotop ^{18}O enthalten, weniger leicht als ^{16}O-haltige Wassermoleküle. Je tiefer die Temperatur, desto kleiner wird der ^{18}O-Gehalt im verdunsteten Wasser. Daher nimmt dieser in den aus Schnee allmählich entstandenen polaren Eisablagerungen mit sinkender Temperatur ebenfalls ab. Mit großem technischen Aufwand werden vor allem in der Antarktis und auf Grönland Bohrungen durchgeführt, die mehrere Meter lange Eisbohrkerne zutage fördern. Die Aufnahme links unten zeigt Glaziologen des British Antarctic Survey, die einen elektromechanischen Eisbohrer benutzen, um Eisbohrkerne aus dem antarktischen Eisschild zu gewinnen. Dieser Bohrer erreicht Tiefen bis zu 300 Meter. Das Sauerstoffisotopen-Verhältnis kann in den in Scheiben zersägten Bohrkernen massenspektrometrisch bestimmt werden und gibt Auskunft über die Temperatur bei der Eisentstehung (Aufnahme rechts oben). Das Alter kann aus der Bohrtiefe ermittelt werden: Je tiefer die Schicht liegt, desto älter ist sie.

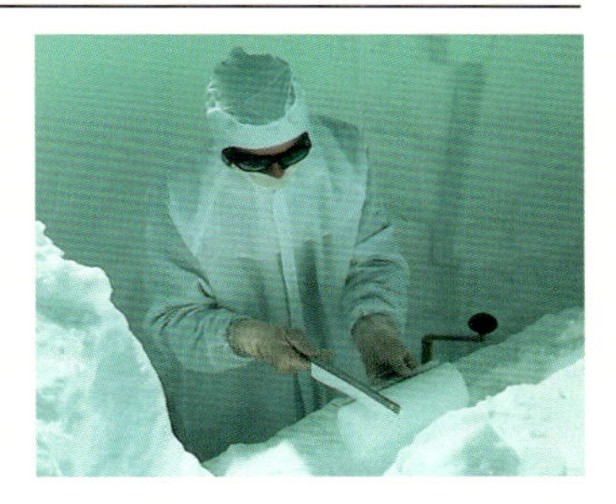

Bei Eisbohrungen kann auf diese Weise die Temperatur bis zu rund 200 000 Jahre zurückermittelt werden.

Auch bei Tiefsee-Sedimentbohrungen wird die Sauerstoffisotopen-Methode angewandt, in diesem Fall hinsichtlich der in den Sedimenten eingeschlossenen Kalk bildenden Mikroorganismen. Die zeitliche Reichweite dieser Methode beträgt bis zu 100 Millionen Jahre. Als weitere wichtige paläoklimatische Rekonstruktionsmethoden seien noch erwähnt: die Analyse von Baumringdaten (Dendroklimatologie), die Pollenanalyse von Bodenproben früherer Zeit und die Interpretation von Erdoberflächenformen, die auf frühere Gletscherbewegungen zurückgehen. Damit ist dann auch die Grenze solcher Rekonstruktionen erreicht: 3,8 Milliarden Jahre.

Vom Begriff des Eiszeitalters ist strikt der Begriff Eiszeit oder Glazial zu unterscheiden; denn damit ist ein relativ kalter Klimazustand innerhalb eines Eiszeitalters gemeint, der im Wechselspiel mit relativ wärmeren Epochen innerhalb der Eiszeitalter, den Zwischeneiszeiten oder Interglazialen, auftritt.

Vor 125000 Jahren hat das letzte Interglazial, nämlich die Eem-Warmzeit, mit einem etwas höheren Temperaturniveau als heute ihr Maximum durchlaufen. Die letzte Eis- oder Kaltzeit, die Würm-Eiszeit, ist vor 11000 Jahren zu Ende gegangen. An ihrem Tiefpunkt vor 18000 Jahren war es im nordhemisphärischen wie globalen Mittel etwa 4 bis 5 °C kälter als heute. Die dadurch bedingte etwa dreimal so große Ausdehnung der Eismassen erfasste unter anderem das ganze heutige Kanada, fast die gesamten Britischen Inseln und Skandinavien. Durch diese kilometerdicken Eismassen sank unter anderem der Meeresspiegel um 135 Meter, sodass zum Beispiel die südliche Nordsee verschwunden und die Themse ein Nebenfluss des Rheins war.

Der jüngste Zeitraum der Erdgeschichte, das **Quartär,** begann nach geologischer Zeitzuordnung vor 1,8 Millionen Jahren und ist klimatologisch deckungsgleich mit dem Quartären Eiszeitalter. Es wird untergliedert in das **Pleistozän,** das alle früheren Kalt- und Warmzeiten (Glaziale und Interglaziale) umfasst, und in das **Holozän,** die Neowarmzeit (Postglazial). Letztere begann vor rund 10000 Jahren und ist durch die kulturelle Entwicklung und Differenzierung der Menschheit, aber auch durch die Veränderungen der natürlichen Umwelt durch den Menschen geprägt.

Während es über das Eem-Interglazial, die Würm-Eiszeit und den letzten Eiszeit-Warmzeit-Übergang neue Befunde über kurzzeitige und heftige Klimavariationen gibt, ist unsere derzeitige Warmzeit, die auch als Neowarmzeit oder Postglazial bezeichnet wird, bemerkenswert stabil. Nordhemisphärisch oder global und über jeweils mindestens einige Jahrzehnte gemittelt ist die Temperatur um kaum mehr als 1 bis 1,5 °C von der derzeitigen Weltmitteltemperatur von rund +15 °C abgewichen. Dabei war es vor etwa 1000 Jahren relativ warm – man spricht daher vom »Mittelalterlichen Klimaoptimum« –, während in der Zeit von ungefähr 1400 bis 1900 eine kältere, etwas übertrieben als »Kleine Eiszeit« bezeichnete Periode eingetreten war. Diese war aber keinesfalls einheitlich kalt, sondern erreichte um 1600 und zuletzt um 1850 ihre unter anderem durch große Ausdehnung der Alpengletscher belegten Tiefpunkte. Die seitdem feststellbare globale Erwärmung wird sehr intensiv im Zusammenhang mit der Frage diskutiert, ob daran nicht der Mensch als immer wichtiger werdender zusätzlicher Klimafaktor beteiligt sein könnte. Dies schließt auch die stets vorhandenen, regional-jahreszeitlich sehr unterschiedlichen Ausprägungen der Klimaänderungen ein.

Ursachen für natürliche Klimaänderungen

Bei den Ursachen für die natürlichen Klimaänderungen handelt es sich um sehr viele Steuerungsmechanismen, die noch nicht alle geklärt sind. Sie stehen im Zusammenhang mit den bereits behandelten Klimaprozessen, insbesondere den externen Strahlungsantrieben auf das Klimasystem, den internen Wechselwirkungen in diesem System sowie der atmosphärisch-ozeanischen Zirkulation. In der Zeitskala von Jahrmilliarden bis Hunderte von Jahrmillionen spielt unter anderem die Kontinentaldrift eine Rolle. Eiszeitalter treten nämlich nur ein, wenn sich größere Landmassen an den geographischen Polen oder in der Nähe davon befinden. Es können sich dann größere Schnee- und Eisbedeckungen bilden und über Rückkopplungen, das heißt eine stärkere Reflexion der solaren Einstrahlung, sehr wirksame Abkühlungen herbeiführen. In der Zeitskala von etwa 20 000 bis 100 000 Jahren, dem Zyklus der Eis- und Warmzeiten innerhalb eines Eiszeitalters, rufen die Variationen der Erdumlaufbahn um die Sonne – wiederum von der Kryosphäre aufgeschaukelt – über dadurch indirekt verursachte Variationen der Sonneneinstrahlung Klimaänderungen hervor. Schließlich überwiegen in der Zeitskala von Jahrhunderten bis Jahrtausenden vermutlich die

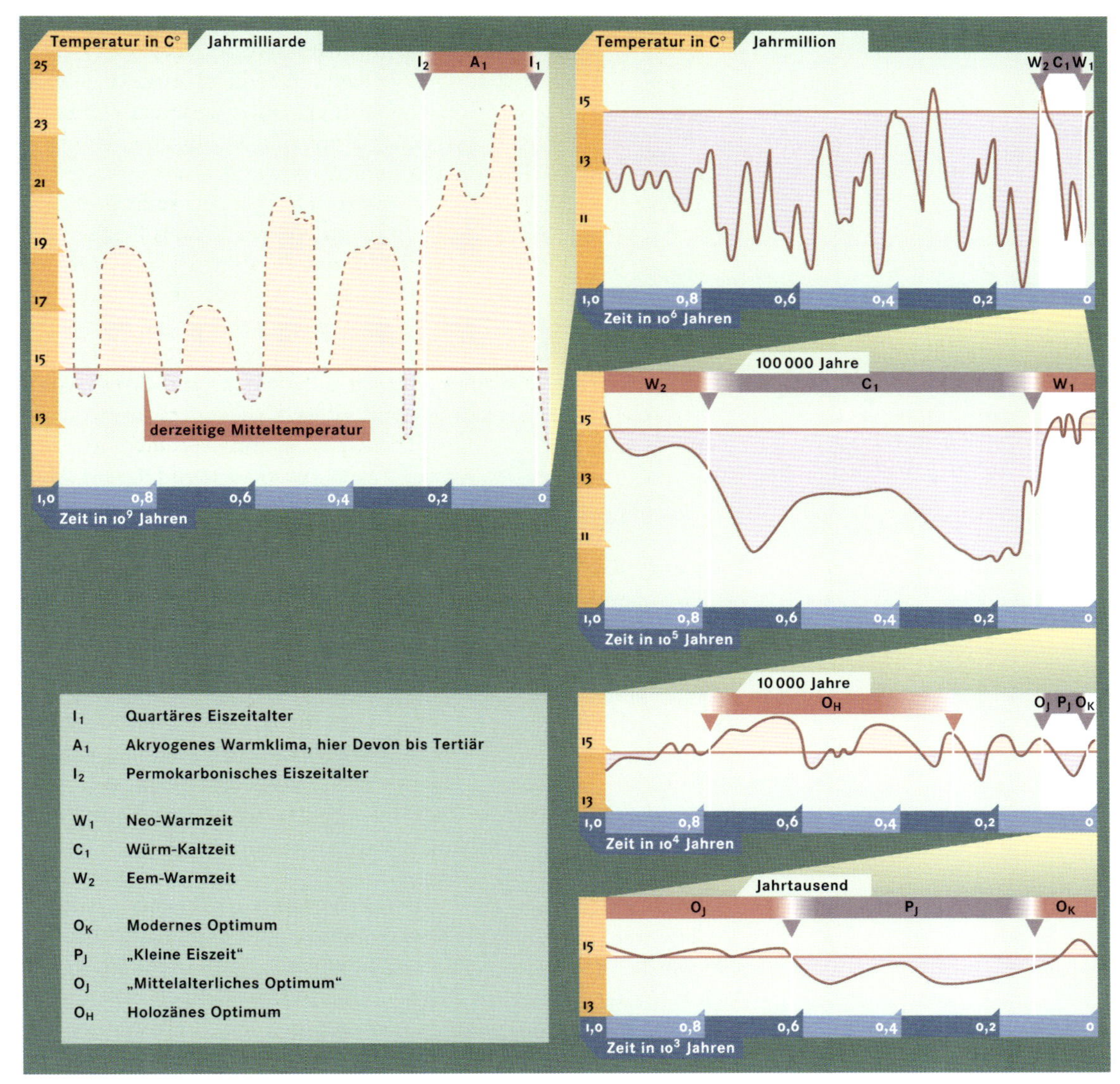

Rekonstruktion der bodennahen Mitteltemperatur auf der Nordhemisphäre während der letzten Jahrmilliarde (links), der letzten Jahrmillion (rechts, ganz oben), der letzten 100 000 Jahre, der letzten 10 000 Jahre und in den letzten 1000 Jahren (rechts, ganz unten). In der letzten Jahrmilliarde war ein akryogenes Warmklima vorherrschend, das für jeweils einige Jahrmillionen von den Eiszeitaltern unterbrochen wurde. Innerhalb dieser Eiszeitalter haben Kalt- oder Eiszeiten mit Warmzeiten abgewechselt. Die derzeitge Warmzeit des Quartären Eiszeitalters hat zuletzt vor rund 1000 Jahren mit dem »Mittelalterlichen Klimaoptimum« und dem derzeitigen Klimazustand relativ warme Epochen hervorgebracht, während es dazwischen in der »Kleinen Eiszeit« deutlich kälter war.

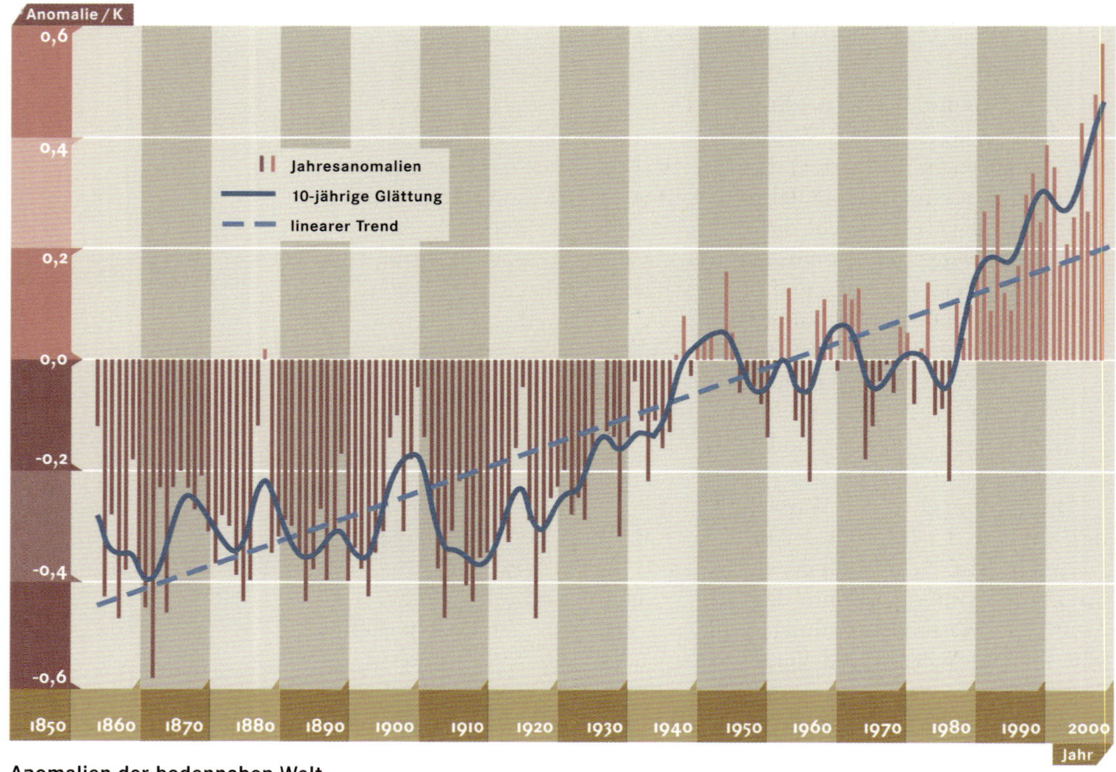

Anomalien der bodennahen Weltmitteltemperatur seit 1854 in Jahresdarstellung (Säulen) und zehnjähriger Glättung (blaue Kurve) sowie als linearer Trend (gestrichelte Linie). Die Anomalien beziehen sich auf den Referenzmittelwert für den Zeitraum von 1961 bis 1990 und beruhen auf direkten Messungen. Es ist zu erkennen, dass die langfristige globale Erwärmung von erheblich kürzerfristigen Temperaturvariationen überlagert ist.

Einflüsse des Vulkanismus und der Sonnenaktivität (also direkte Variationen der Sonneneinstrahlung) sowie ozeanische und atmosphärische Zirkulationsphänomene.

Zum Schluss ist hervorzuheben, dass Klimavariationen nie regional einheitlich ablaufen und dass gerade aus diesem Grund Niederschlags- und Windvariationen klimatologisch sehr viel schwerer erfassbar sind als Temperaturvariationen. Der Niederschlag variiert nicht immer im gleichen Sinn wie die Temperatur, auch wenn Eiszeiten wohl überwiegend recht trockene Epochen waren und es aus der Zeit des »Mittelalterlichen Klimaoptimums« einige Berichte über katastrophale Überschwemmungen gibt. So sind im Jahr 1352 in Deutschland viele steinerne Brücken einem gewaltigen Sommerhochwasser zum Opfer gefallen. Auch Berichte über Sturmfluten an den Küsten der Nordsee häufen sich für diese Zeit. Die Abtrennung der heutigen Friesischen Inseln ist endgültig erst um 1362 erfolgt, nachdem sich die Sturmfluten dort vor allem im 12. und 14. Jahrhundert gehäuft hatten. Es spricht einiges dafür, dass es am Ende des 20. Jahrhunderts, nach Jahrhunderten relativer Ruhe, erneut eine Tendenz zu häufigeren Stürmen gibt, vielleicht als Nebeneffekt der globalen Erwärmung.

C.-D. Schönwiese

Unsere Erde – der Wasserplanet

Mehr als drei Viertel der Erdoberfläche sind ständig von Wasser bedeckt. Allein das Weltmeer nimmt über zwei Drittel (362 Millionen Quadratkilometer) der Oberfläche unseres Planeten ein. Aber erst gegen Ende des 18. Jahrhunderts setzte sich die Erkenntnis durch, dass die Meeresfläche die des Landes erheblich übertrifft. Für sämtliche Zweige der Geowissenschaften war diese Erkenntnis von herausragender Bedeutung und ist es bis heute geblieben. Die Land-Meer-Verteilung der Nord- und Südhalbkugel ist recht unterschiedlich: Die Meeresfläche nimmt auf der Nordhalbkugel über 60% ein und auf der Südhalbkugel mehr als 80%. Wird der Land- eine Wasserhalbkugel gegenübergestellt, dann überwiegt bereits auf der Landhalbkugel das Meer (rund 51%) und herrscht auf der Wasserhalbkugel mit etwa 91% vor.

Die Hydrosphäre, die Wasserhülle, und der Wasserkreislauf bildeten sich in der Frühzeit der Erde. Weil in dieser Zeit noch keine Ozonschicht als Schutz vor der im Übermaß tödlich wirkenden UV-Strahlung existierte, konnte das Leben nur im Wasser entstehen. Sämtliche Wasseransammlungen blieben ständigen Veränderungen – einem Werden und Vergehen und neuem Werden – unterworfen.

Da der Einzelne wie die Gesellschaft infolge ihrer mit der Erdgeschichte verknüpften Entwicklung ohne Wasser nicht existieren können und weil Wasser mit der Mannigfaltigkeit seiner Erscheinungsformen im menschlichen Leben und in der Umwelt allgegenwärtig ist, ist die Lehre vom Wasser eine mit anderen Wissenschaften eng verflochtene Disziplin. Kurzum: ohne Wasser kein Leben.

Links die Darstellung der rechnerisch ermittelten **Landhalbkugel** der Erde; ihr Gegenstück, die **Wasserhalbkugel,** die den größten Wasseranteil aufweist, ist rechts dargestellt.

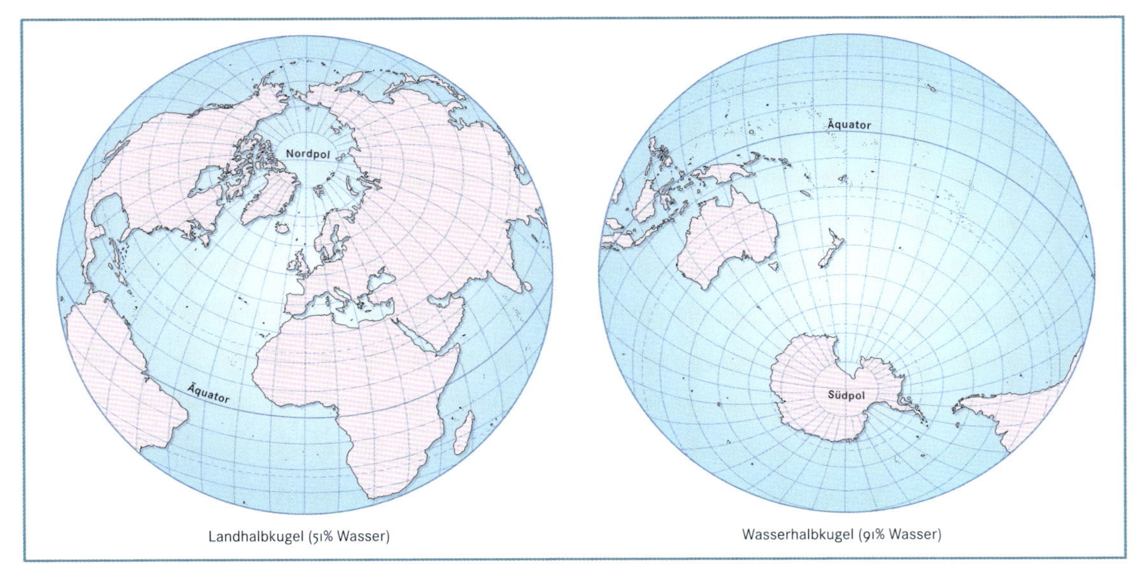

Der Wasserhaushalt

Wasser kommt auf der Erde in drei Aggregatzuständen vor: fest, flüssig und gasförmig. Reines Wasser ist ohne Geschmack, geruch- und farblos, bei größerer Tiefe zeigt es sich bläulich. Unverschmutztes (Regen)wasser ist nur in sehr geringem Maß ionisiert und leitet daher elektrischen Strom kaum. Für medizinischen und auch chemischen Bedarf wird über Destillation das sehr reine destillierte Wasser (aqua destillata) gewonnen. Es verfügt über eine besonders geringe elektrische Leitfähigkeit und wird Leitfähigkeitswasser genannt. Spuren von Salzen, Basen oder Säuren können die elektrische Leitfähigkeit des Wassers enorm erhöhen. Gewöhnlich ist Wasser nicht frei von Beimengungen: In ihm sind geringe Mengen gasförmiger und fester Stoffe gelöst, beispielsweise verschiedene Atmosphärengase, Kochsalz, Calcium- und Magnesiumsalze.

Die Erdwissenschaft, die sich mit dem Wasser beschäftigt, heißt **Hydrologie.** Sie lässt sich als Lehre vom Wasser, von seinen Eigenschaften und Erscheinungsformen sowie seinen Wechselbeziehungen zur verschiedenartigen Umgebung über, auf und unter der Erdoberfläche beschreiben. Unter diesem Oberbegriff ordnen sich sowohl die Meereskunde (auch Ozeanologie, Ozeanographie oder Hydrologie des Meeres genannt) als auch die Gewässerkunde als Hydrologie des Festlandes ein.

Wasser wäre ohne den Wasserkreislauf – den hydrologischen Zyklus – mineralisiertes Wasser, im Wesentlichen also Salzwasser. Nur die Zufuhr von Sonnenenergie verwandelt im Wasserkreislauf Salzwasser, vor allem riesige Mengen von Meerwasser, durch Verdunsten und nachfolgende Kondensation in Süßwasser. Die Schwerkraft schließlich bewirkt, dass das zu Süßwasser gewordene Wasser als Niederschlag auf die Erdoberfläche fällt.

Wasser – eine Substanz mit außergewöhnlichen Eigenschaften

Wasser zeichnet sich durch besondere Eigenschaften aus. Diese Eigenschaften lassen sich grundsätzlich auf den asymmetrischen Bau des relativ kleinen Wassermoleküls (H_2O) zurückführen. Das doppelt negativ geladene Sauerstoffatom ist nicht gradlinig mit den beiden positiv geladenen Wasserstoffatomen verknüpft; vielmehr ist das Wassermolekül gewinkelt: Die beiden O–H-Bindungen bilden einen Winkel von etwa 105°. Der Abstand zwischen den Kernen der Wasserstoffatome beträgt 0,163 Nanometer, derjenige zwischen dem Kern je eines der Wasserstoffatome und dem Sauerstoffatom 0,101 Nanometer.

Wie andere Moleküle ist auch das Wassermolekül nach außen elektrisch neutral. Die Schwerpunkte der negativen und positiven Ladungen sind jedoch räumlich getrennt; das Wassermolekül ist somit ein starker elektrischer Dipol. Deswegen gehen vom Wassermolekül trotz seiner elektrischen Neutralität Kraftwirkungen aus. Noch wichtiger aber sind anziehende Kräfte zwischen zwei H_2O-Molekülen, die durch Wasserstoffbrückenbindungen zustande kommen. Sie bewirken, dass sich mehrere Wassermoleküle zusammenlagern können (unter Normbedingungen durchschnittlich etwa 40). Diese Zusammenlagerung führt dazu, dass anomal hohe Energien nötig sind, um die Moleküle rascher zu bewegen. Daher sind die thermischen Grundwerte des Wassers so außergewöhnlich groß. Wasser ist infolge seiner hohen spezifischen Wärme ein sehr guter Wärmespeicher. Aus eben diesem Grund erschwert die benötigte hohe Verdunstungswärme das Verdunsten und die hohe Schmelzwärme das Gefrieren.

So werden beim Wasserdampftransport im Rahmen der planetarischen Zirkulation aus den Subtropen in mittlere bis höhere Breiten bei der Kondensation des Wasserdampfes erhebliche Mengen Wärme frei, die diesen Regionen zugute kommt. Ohne solche Wärmetransporte wären die meridionalen Temperaturunterschiede größer.

Auf der Dipoleigenschaft der Wassermoleküle beruht auch der Prozess der Hydration. Hierbei können sich Wassermoleküle beispielsweise an die Grenzflächenkationen von gesteinsbildenden Mineralien anlagern, wodurch das Gefüge gelockert und das Gestein zerstört werden kann (Hydrationsverwitterung).

Als Anomalie des Süßwassers werden dessen ungewöhnliche Eigenschaften beim Abkühlen von +4 °C auf 0 °C bezeichnet. Beim Süßwasser ist die Dichte des Wassers im Wesentlichen von der Temperatur abhängig. Süßwasser besitzt seine größte Dichte (Dichtemaximum) bei +4 °C. Im Wasser treten etliche verschiedene Typen von Molekülaggregaten auf, in denen die Wassermoleküle ähnlich wie in einem Kristallgitter verknüpft sind. Es kommen Aggregate mit verschieden vielen Molekülen vor. Bei einer Temperaturabnahme verschiebt sich die Zusammensetzung zu größeren Aggregaten hin, die

DER URSPRUNG DES WASSERS

Letztendlich stammt das Wasser auf der Erde aus dem Weltraum. Sein Vorkommen auf unserem Planeten muss als ein Entwicklungsstand angesehen werden. Im Entstehungsprozess unserer Erde schmolz das zusammengeballte Primärmaterial (die verdichtete Urnebelmaterie) des werdenden Erdkörpers auf. Mit der Zufuhr von Energie – zum Beispiel durch den Einschlag kosmischer Körper, deren kinetische Energie in Wärmeenergie umgesetzt wurde, sowie durch radioaktive Elemente im Innern – erhielt dieser Vorgang seine Anstöße. Falls sich die Differenzierung der Materie nach der Schwere nicht bereits während der Kondensation des vorplanetaren Nebels vollzogen hat, könnte im Prozess des Aufschmelzens durchaus der Hüllen-Schalen-Bau der Erde durch gravitative Differentiation erfolgt sein. Während der Abkühlung sonderte sich ein innerer schmelzflüssiger Bereich von einem äußeren dampfförmigen ab, wobei der Erdkörper unterhalb der dampfförmigen Hülle an seiner Oberfläche zur Erdrinde erstarrte. Über die magmatische Differentiation gelangte Wasser in die äußere Hülle, wie es bis heute geschieht.

Seit rund vier Milliarden Jahren besteht eine feste Erdrinde. Nach weiterer Abkühlung konnte Wasserdampf endlich kondensieren. Schließlich regnete es. Jedoch war die Erdrinde noch so heiß, dass das Wasser wieder und wieder rasch verdampfte. Endlich ermöglichte es

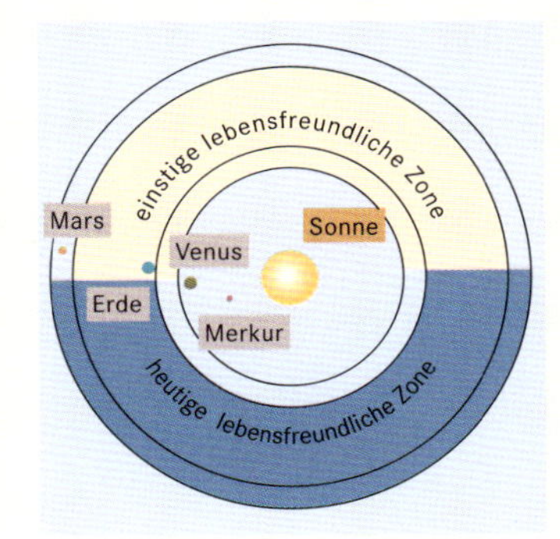

die weitere Abkühlung der Erdrinde, dass Wasser auf ihr in flüssiger Form beständig blieb. Die Wasserhülle der Erde, die Hydrosphäre, war entstanden. Entsprechend der Schwerkraft sammelte sich das Wasser in Hohlformen. In riesigen Vertiefungen, die durch geologische Prozesse entstanden waren, bildeten sich die Meere. Auf geneigten Flächen höherer Erdrinde entwickelten sich Flüsse, in Vertiefungen Seen. Wasser in flüssiger Form kann auf der Oberfläche eines Planeten nur dann bestehen, wenn der Planet einen optimalen Abstand zur Sonne einhält (lebensfreundliche Zone). Ist er zu gering, bildet sich wie bei der Venus nach dem Verdampfen der dort in der Frühzeit ebenfalls vorhandenen Ozeane eine trockenheiße Wüste. Der in einer weiter entfernt liegenden Bahn kreisende Mars dagegen wurde zu einer lebensfeindlichen kalten Wüste. Er kühlte allerdings wegen seiner geringeren Größe in seinem Innern viel schneller ab als die Erde.

ihrerseits einen besonders großen Raum beanspruchen. Deshalb überlappen sich bei der Erniedrigung der Wassertemperatur zwei Prozesse. Einerseits stellt sich bei Temperaturabnahme die übliche Volumenverminderung ein, wie sie bei jedem Stoff auftritt, andererseits ergibt sich jedoch eine Volumenzunahme, weil der Anteil der größeren Aggregate wächst. Bei einer Wassertemperatur von +4 °C tritt, da sich der Effekt beider Vorgänge gegenseitig aufhebt, das Volumenminimum beziehungsweise Dichtemaximum auf. In der Spanne zwischen +4 °C und 0 °C vergrößert sich das Volumen langsam wieder, bis bei 0 °C am Gefrierpunkt das Volumen sprunghaft um neun Prozent zunimmt, wenn sich sämtliche Wassermoleküle zur Kristallstruktur des Eises zusammenschließen. Aus diesem Verhalten der Wassermoleküle lässt sich nicht nur die gewaltige Sprengkraft des gefrorenen Wassers erklären, sondern auch die Tatsache, dass Eis leichter als Wasser ist und auf dem Wasser schwimmt. Dies ist speziell für das Überwintern von Flora und Fauna in Seen und Flüssen wichtig, auf denen sich eine Eisdecke bildet.

Im Salzwasser (Meerwasser) bleiben die Anomalien im Wesentlichen erhalten, wobei sie in unterschiedlichem Maße abgewandelt werden. Einige bei reinem Süßwasser geringfügige Eigenschaften wie elektrische Leitfähigkeit und Osmose treten erst bei Salzwasser verstärkt auf, während andere wie die Erniedrigung des Gefrierpunktes und die Erniedrigung der Temperatur des Dichtemaximums sich gegenüber dem Süßwasser auffallend und einschneidend ändern.

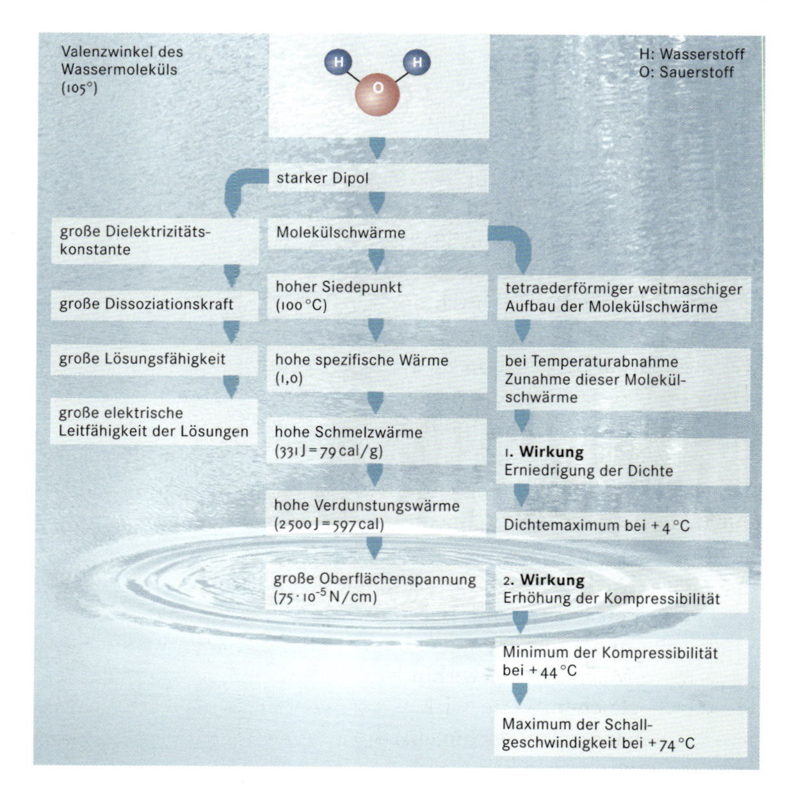

Die Übersicht zeigt die Auswirkungen des anomalen Baus des **Wassermoleküls** auf wichtige physikalische Eigenschaften des Wassers. Als »Molekülschwärme« werden in der Grafik die Molekülaggregate bezeichnet.

Einige Folgen des **Salzgehalts im Meerwasser** (angegeben in ‰). Dazu gehören die Zunahme des osmotischen Drucks gegenüber Süßwasser und das Fortdauern der Konvektion in den Ozeanen bis zum Erreichen des Gefrierpunkts.

Auch in der Schallgeschwindigkeit und der Komprimierbarkeit, außerdem in der Wärmeleitfähigkeit, der spezifischen Wärme, der Verdunstungswärme, der Siedepunkterhöhung, der Lichtabsorption, der Oberflächenspannung und der Viskosität (Zähigkeit) unterscheiden sich Salz- und Süßwasser.

Dichte und Farbe

Die Dichte ist bei Salzwasser von der Temperatur, vom Salzgehalt und in sehr geringem Maß auch vom Druck abhängig. Sie nimmt deutlich zu bei sinkender Temperatur und wachsendem Salzgehalt. Dies spielt für den Gefrierprozess und die vertikale Durchmischung im Weltmeer einschließlich des Sauerstoffeintrags und des Hochbringens von Nährstoffen eine bedeutende und entscheidende Rolle. Im Gegensatz zu einem tieferen Süßwassersee, bei dem die vertikale Durchmischung durch eine Änderung der Wasserdichte unterbunden wird, wenn sich nach der Zirkulation bei Temperaturen bereits unter +4 °C wieder eine Decke leichteren Wassers über schwererem ausbildet, bleibt im Meer die vertikale Durchmischung bis zum Gefrierpunkt bestehen (bei Meerwaser von 35 Promille Salzgehalt bis –1,91 °C). Wird der Gefrierpunkt im Salzwasser mit einem Salzgehalt von 35 Promille bei –1,91 °C erreicht, so liegt das Dichtemaximum bei gleichem Salzgehalt sogar erst bei –3,53 °C.

Leichte Deckschichten salzarmen Wassers verhindern wegen ihrer geringeren Dichte eine tief greifende Durchmischung – so beispielsweise in der Ostsee, in den norwegischen Fjorden oder auch im Schwarzen Meer. Ebenso verhindern Eisdecken den vertikalen Austausch. In gleicher Weise wirken sich salzreiche, aber sehr warme und deshalb insgesamt leichte, mächtige Wasserschichten in den subtropischen und tropischen Gewässern aus.

Wassermassen unterschiedlicher Dichte können im gleichen Höhenniveau nicht nebeneinander in Ruhestellung bleiben. Jeder Wasserkörper strebt nach dem Tiefenbereich, der seiner Dichte entspricht. Infolge von Dichteänderungen setzen vertikale und horizontale Bewegungen im Weltmeer ein, die für die Dynamik des Meerwassers eine erhebliche Rolle spielen.

Die **cobaltblaue Farbe** des Meerwassers (»Wüstenfarbe«) weist auf einen sehr geringen Anteil an Nährstoffen hin.

Aus der Farbe des Wassers lassen sich Rückschlüsse auf seine Produktivität ziehen. Sauberes Süß- und Meerwaser erscheint in größerer Mächtigkeit – bei Ausschluss von Reflexen von Himmel und Wolken – blau. Gestreut wird vorwiegend das kurzwellige Licht, die kurzwellige Strahlung des blauen Spektralbereichs. Langwellige Strahlung (gelber und vor allem roter Spektralbereich) wird absorbiert, wobei die zugeführte Energie in Wärmeenergie umgewandelt wird. Cobaltblaues, also sauberes Meerwasser zeigt »wüstenhafte« Verhältnisse an; es handelt sich um Meeresbereiche mit wenigen Nährstoffen und folglich geringster (biologischer) Produktivität.

Wasser als Lösungsmittel

Allgemein bekannt ist die Eigenschaft des Wassers, zahlreiche Stoffe leicht oder weniger leicht zu lösen. Zeitweilige (temporäre) Härte zeigt das Wasser, wenn in ihm Calcium- und Magnesiumhydrogencarbonat gelöst sind. Ständige (permanente) Härte weist das Wasser auf, wenn in ihm Calciumsulfat gelöst ist. Regenwasser oder auch enthärtetes Wasser wird weiches Wasser genannt. Unter Wasserhärte wird in Deutschland die Summe der im Wasser gelösten Calcium- und Magnesiumsalze verstanden. Die Gesamthärte wird durch die Summe aus Carbonat- und Nichtcarbonathärte charakterisiert. Der deutsche Härtegrad (1 °dH = 10 mg/l CaO oder 7,19 mg/l MgO) ist dabei die Konzentrationseinheit (mg/l steht für Milligramm pro Liter). Bei sehr hartem Wasser liegt die Härte über 30 °dH, bei hartem zwischen 18 und 30 °dH, bei ziemlich hartem zwischen 12 und 18 °dH, bei mittelhartem zwischen 8 und 12 °dH, bei weichem zwischen 4 und 8 °dH und bei sehr weichem unter 4 °dH.

Der bittere Geschmack des Meerwassers rührt von Magnesiumsalzen her, der salzige von Kochsalz. Der Salzgehalt des Meerwassers ist gewöhnlich als Salzkomplex konstant zusammengesetzt. Er wird in Promille (‰), also in Gramm Meersalz pro Kilogramm Meerwasser, angegeben. Der mittlere Salzgehalt des Meerwassers liegt bei 35 ‰, er schwankt im offenen Weltmeer zwischen 32 und 38 ‰. Im Roten Meer wächst der Salzgehalt bis auf 41 ‰, während er in der Nähe von Flussmündungen auf 0 ‰ zurückgeht.

Wichtig für den Stoffhaushalt des Wassers sowie für die Entwicklung und Aufrechterhaltung des Lebens sind die gelösten Gase. Der Gasaustausch zwischen Atmosphäre und Hydrosphäre verläuft über einen relativ dünnen Oberflächenraum.

Zusammensetzung des Meerwasser-Salzkomplexes

Komponente	Anteil in %
Natriumchlorid ($NaCl$)	77,758 %
Magnesiumchlorid ($MgCl_2$)	10,878 %
Magnesiumsulfat ($MgSO_4$)	4,737 %
Calciumsulfat ($CaSO_4$)	3,600 %
Kaliumsulfat (K_2SO_4)	2,465 %
Kaliumcarbonat ($CaCO_3$)	0,345 %
Magnesiumbromid ($MgBr_2$)	0,217 %

Wassermengen

Wie bei der Wasserfläche auf der Oberfläche unseres Planeten gibt es auch für die auf der Erde vorkommenden Wassermengen keine exakten Werte. Näherungswerte und Schätzungen müssen die Lücken füllen. Die Schätzwerte unterschiedlicher Wissenschaftler differieren beträchtlich. So soll die gewaltige Wassermenge im Weltmeer nach Werten von 1974 (Mark I. Lwowitsch) 1370323000 Kubikkilometer betragen. In einer Studie, die im Rahmen der UNESCO ausgearbeitet wurde und ebenfalls 1974 erschien (Wladimir A. Korzun u.a.), wird »nur« ein Wert von 1338000000 Kubikkilometer angegeben. Die Differenz von 32323000 Kubikkilometer entspricht etwa dem 65fachen der im Wasserkreislauf jährlich umlaufenden Wassermassen beziehungsweise den Wassermengen, die in 65 Jahren im Wasserkreislauf zirkulieren. 1975 gaben zwei deutsche Forscher für das Wasservolumen des Weltmeeres 1248000000 Kubikkilometer an (Albert Baumgartner und Eberhard Reichel).

Dagegen erscheint die Süßwassermenge recht klein: Sie beträgt nur 35029210 Kubikkilometer oder 2,53 Prozent der Gesamtwassermenge. Dabei sind Inlandeise und Gletscher die größten Süßwasserspeicher der Erde. In ihnen sind rund 85 Prozent des Süßwassers gespeichert. Sollte im Rahmen einer Erwärmung der Erde das Gletschereis insgesamt abschmelzen, so reichte es aus, den Meeresspiegel um 66,7 Meter ansteigen zu lassen. Ein Meeresspiegelanstieg von 50 Meter ließe beispielsweise Brüssel, Köln und Magdeburg zu Küstenstädten und Berlins höher gelegene nördliche Bereiche zu einer Küstenstadt auf einer Insel werden. Für die Niederlande würde ein Meeresspiegelanstieg von nur einem Meter eine unglaubliche Katastrophe bedeuten. Rund ein Viertel des Landes (etwa 27 Prozent) liegen gegenwärtig unter dem Meeresspiegel. In diesem Bereich wohnen zur Zeit etwa 60 Prozent der niederländischen Bevölkerung.

Süßwasservorkommen der Erde

Vorkommen	Wasser-volumen in km^3	Anteil in %
Eis, Schnee	24364100	69,554
Antarktis	21600000	61,663
Grönland	2340000	6,680
Arktische Inseln	83500	0,238
Gebirge	40600	0,116
Grundwasser	10530000	30,061
bis 100 m Tiefe	3600000	10,277
über 100 m Tiefe	6930000	19,783
Bodenfeuchte	16500	0,047
Süßwasserseen	91000	0,260
Moore, Sümpfe	11470	0,033
Flüsse	2120	0,006
Organismen	1120	0,003
Atmosphäre	12900	0,037
insgesamt	35029210	100

Wasservorräte der Erde

	Wassermenge in km^3	Anteil in %	Tiefe[3] in m
Wasser im Weltmeer	1370323000	93,96	2687
Grundwasser	60000000	4,12	117,6
davon im Bereich des aktiven Wasseraustauschs	4000000	0,27	7,8
Wasser im Gletschereis	24000000	1,65	47,1
Wasser in Salz- und Süßwasserseen	280000[1]	0,019	0,55
Bodenfeuchte	85000[2]	0,006	0,17
Wasser in der Atmosphäre	14000	0,001	0,0275
Wasser in Flußläufen	1200	0,0001	0,00235
Gesamtwassermenge	1454193000	100,0	2851

[1] *Staubeckenanteil etwa 5000 km^3*
[2] *Bewässerungswasseranteil etwa 2000 km^3*
[3] *bei gleichmäßiger Verteilung über einen eingeebneten Erdkörper*

Von dem im Vergleich zum Salzwasservolumen kleinen, aber doch noch sehr ansehnlichen Wasservolumen des Süßwassers ließen sich ohne großen Aufwand nur etwa 200 000 Kubikkilometer nutzen. Gäbe es den Wasserkreislauf nicht, so wäre das Wasser bei einer gegenwärtigen Nutzung von rund 5000 Kubikkilometer pro Jahr in 40 Jahren verbraucht.

Der Wasserkreislauf

Der Erlanger Geologe Friedrich Pfaff schrieb 1870: »Den Lauf der Wasser von den Bergen zu den Thälern, von dem Lande zum Meere sehen wir unaufhörlich vor unseren Augen sich vollziehen, und dennoch wird das Meer nicht voller und die Quellen und Ströme versiegen nicht«.

Merkwürdigerweise blieb der hydrologische Zyklus, der Kreislauf des Wassers, außerordentlich lange im Dunkeln. Thales von Milet (um 625–547 v. Chr.) erkannte, dass das Wasser die wichtigste Voraussetzung für alles Leben auf der Erde ist. Selbst Aristoteles (384–322 v. Chr.) stieß nicht auf die Abläufe des Wasserkreislaufs in der wirklichen Form. Erst Leonardo da Vinci (1452–1519) erkannte die realen Zusammenhänge. Doch dauerte es noch einige Jahrhunderte, bis die Erkenntnis des Wasserkreislaufs Gemeingut wurde. Richtungweisend für spätere Forschungen ist die erste textlich einwandfreie Darstellung des Wasserkreislaufs für die gesamte Erde aus dem Jahre 1887 (J. Murray). Erst zu Beginn unseres Jahrhunderts gelang es, den Wasserkreislauf mathematisch darzustellen und erstmals für die gesamte Erde mengenmäßig zu erfassen.

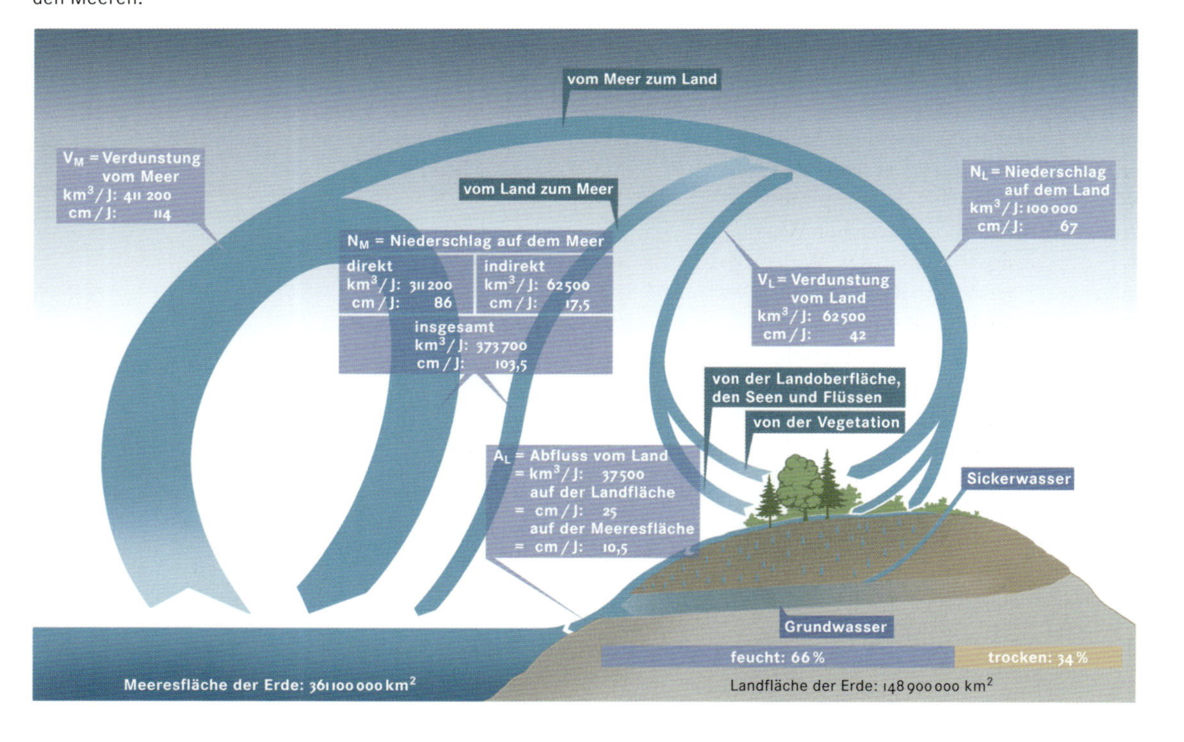

Schema des natürlichen **Wasserkreislaufs** auf der Erde mit geschätzten Mengenangaben. Der Hauptumsatz, der auch mit Änderungen des Aggregatzustandes verbunden ist, erfolgt über den Meeren.

SCHNEE UND EIS

Neben den heißen Erdräumen faszinieren immer wieder die Polarregionen und vergletscherten Gebirge unseres Wasserplaneten. Aber auch die Meere in den Polarbereichen liegen weithin ständig unter einer Eisdecke. Obwohl diese Eisdecke nur wenige Meter dick ist, erstreckt sich Meereis durchschnittlich über eine riesige Fläche von rund 26 Mio. km^2, das sind etwa 7% der Weltmeerfläche. Nochmal um das Zweieinhalbfache größer ist die von Treibeis (Eisbergen und Eisschollen) beeinflusste Weltmeerfläche (rund 64 Mio. km^2 oder etwa 18%).

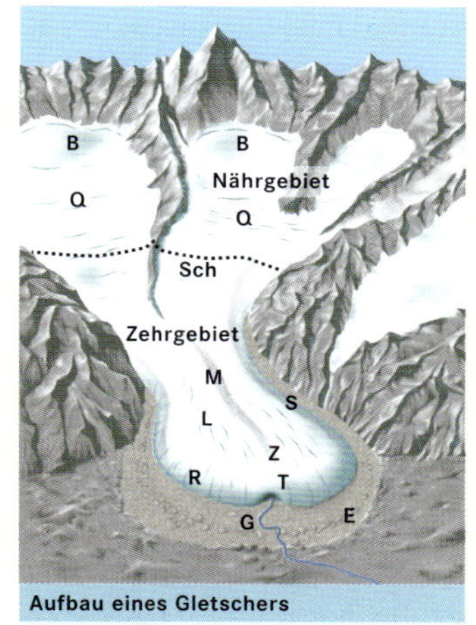

Aufbau eines Gletschers

B	Bergschrund	E	Endmoränen
Sch	Schneegrenze	S	Seitenmoränen
Q	Querspalten	Z	Gletscherzunge
R	Randspalten	T	Gletschertor
L	Längsspalten	G	Gletscherbach
M	Mittelmoränen		

Auf dem Land besitzt das körnige Gletschereis eine Ausdehnung von ungefähr 16 Mio. km^2 – somit auf rund 11% der Festlandfläche. Die andere, der Kälte in den eisfreien Gebieten entsprechende Erscheinung ist der Dauerfrostboden oder Permafrost, das Phänomen weiter Bereiche Sibiriens und Kanadas. Diese vom Bodeneis geprägten Gebiete umfassen 21 Mio. km^2 (rund 14% des Festlands). Wieder handelt es sich bei beiden um ein Viertel der Landfläche der Erde. Folglich beherrscht das Eis insgesamt ein Viertel der Erdoberfläche.

Schnee hüllt zeitweise völlig die Gletscher, den Dauerfrostboden und weite Land- sowie Meeresflächen ein. Fast ein Viertel der Landflächen sind länger als vier Monate im Jahr von einer Schneedecke verhüllt (etwa 35 Mio. km^2). Schnee ist das Ausgangsmaterial für die Metamorphose, für die Umwandlung zu Gletschereis. Im Metamorphoseablauf tritt eine Verdichtung ein. Nicht nur Überlagerungsdruck, sondern auch dynamische Vorgänge führen zur Metamorphose, wobei diese unter feuchten und kühlen Bedingungen rascher als unter trockenen und kalten vor sich geht. Insgesamt ist die Metamorphose eindeutig abhängig von der Temperatur. Geraten nun der metamorphosierte Schnee, Firn, Firn- sowie Gletschereis in Bewegung, so ist aus der mehrjährigen Schneeakkumulation ein Gletscher geworden. Die Abbildung zeigt den Aufbau eines Talgletschers.

Inlandeise und Gletscher breiten sich fast nur in den Polargebieten und höheren Gebirgen aus. Die größte Mächtigkeit, die größte Dicke, erreicht das antarktische Inlandeis mit 4776 m (rund 300 m höher als das Matterhorn). Dagegen wurden für den Aletschgletscher, den längsten Alpengletscher, 792 m als größte Mächtigkeit gemessen. Im grönländischen Inlandeis schwillt das Gletschereis auf rund 3400 m Mächtigkeit an.

Der Wasserkreislauf wird in der DIN 4049, Teil 1, vom September 1979 als »ständige Folge der Zustands- und Ortsänderungen des Wassers mit den Hauptkomponenten Niederschlag, Abfluss, Verdunstung und atmosphärischer Wasserdampftransport« beschrieben. Aus der riesigen Fläche des Weltmeeres (362 Millionen Quadratkilometer) greift der Kreislauf des Wassers über auf den kleineren Festlandsbereich (148 Millionen Quadratkilometer). Das Festland der Erde ist in das Gesamtgeschehen einbezogen, und der Kreis schließt sich durch den Abfluss in den Flüssen und die Verfrachtung von Wasserdampf in der Atmosphäre vom Land zum Meer. Die Wasser- oder Wasserhaushaltsbilanz wird als »mengenmäßige Erfassung von Komponenten des Wasserkreislaufs und der Vorratsänderung des Wassers in einem Betrachtungsgebiet während einer Betrachtungszeitspanne« beschrieben (DIN 4049).

Für das Festland der Erde gilt folgende Wasserhaushaltsgleichung: $N_L = V_L + A_L(R - B)$. N = Niederschlag, V = Verdunstung, A = Abfluss, R = Rücklage, B = Aufbrauch, (R – B) = Vorratsänderung, L = Land, M = Meer, E = Erde. Für die Erde sind die nachstehenden Gleichungen bei ausgeglichenen Verhältnissen gültig:

Das Fallen oder Ansteigen des Meeresspiegels **(Regression** oder **Transgression)** in Abmessungen um 100 Meter Vertikalunterschied ist in der jüngeren Erdgeschichte nichts Ungewöhnliches. In der Riß- oder Saale-Eiszeit sank der Meeresspiegel um rund 115 Meter. Diese Wassermenge war zeitweise auf dem Land in riesigen Inlandeismassen in Nordamerika und Nordeuropa sowie in Gletschern gebunden. In der bisher jüngsten Kaltzeit, der Würm- oder Weichsel-Eiszeit, die von vor rund 115 000 Jahren bis vor etwa 10 000 Jahren dauerte, lag der Absinkbetrag bei rund 100 Metern. Danach stieg der Meeresspiegel wieder an und erreichte vor etwa 6000 Jahren das heutige Niveau.

(1) für die Landflächen: $N_L = V_L + A_L$
(2) für die Meeresflächen: $N_M = V_M - A_L$
beide Gleichungen nach A_L aufgelöst, ergibt
(3.1) für die Landflächen: $A_L = N_L - V_L$
(3.2) für die Meeresflächen: $A_L = V_M - N_M$
Die Gleichsetzung beider nach A_L aufgelösten Gleichungen lautet:
(4) $V_M - N_M = N_L - V_L$, daraus folgt
(5) $V_M + V_L = N_L + N_M$, hieraus ergibt sich
$V_E = N_E$
als Grundgleichung für die Wasserbilanz der Erde.

Mit den im Wasserkreislaufschema angegebenen Werten kann man abschätzen, dass im Durchschnitt jährlich rund 475 000 Kubikmeter Wasser am Wasserkreislauf beteiligt sind.

475 000 Kubikkilometer entspechen etwa 630 Milliarden Güterzügen zu je 50 Güterwagen mit je 15 Kubikmeter Inhalt – kaum vorstellbar! Neben diesem gigantischen Transportunternehmen stellt der Wasserkreislauf ein riesiges und effektives Reinigungssystem dar, das sowohl im Niederschlag die untere Atmosphäre von unterschiedlichen Substanzen freiwäscht, in Flüssen, Seen und Meeren ein gewaltiges Selbstreinigungspotential besitzt als auch unterhalb der Erdoberfläche über weitere Reinigungsmöglichkeiten verfügt.

Schließlich stellt der Wasserkreislauf eine Riesendestillationsanlage dar. Jedes Jahr werden – angetrieben durch die Energiezufuhr von der Sonne – rund 410 000 Kubikkilometer Salzwasser zu Süßwasser, wobei nur etwas mehr als ein Viertel des Süßwassers als Niederschlag auf die Landflächen der Erde fällt. Von diesem Viertel fließen etwa 35 Prozent als Flüsse ins Meer. Diese rund 35 000 Kubikkilometer, von denen bereits der Eisbergausstoß und das Schneefegen von Antarktika und Grönland abgezogen sind, stellen die Menge dar, die die Menschheit jährlich zum Gebrauch zur Verfügung hat. Davon nutzt sie jährlich bereits 5000 Kubikkilometer. Falls keine Abwasserreinigung erfolgt – und sie ist global gesehen nicht übermäßig verbreitet –, wird etwa das Zwölffache zur Verdünnung für den

Aktivität des Wasseraustauschs

	Wassermenge (in km³)	Wasserhaushaltsgröße (in km³)	Mittlere Verweildauer = Aktivität des Wasseraustauschs (in Jahren)
Wasser im Weltmeer	1 370 000 000	411 200[3]	3 300
Grundwasser	60 000 000	12 000	5 000[1]
davon im aktiven Austauschbereich	4 000 000	12 000	330[2]
Wasser in Inlandeisen und Gletschern	24 000 000	2 500[3]	9 600
Wasser in Süß- und Salzwasserseen	280 000	35 000[3]	8
Bodenfeuchte	80 000	80 000	1
Wasser in der Atmosphäre	14 000	473 700[3]	0,0295 (10,8 d)
Wasser in Flussläufen	1200	35 000[3]	0,0343 (12,5 d)

[1] *unter Berücksichtigung des unteriridischen Abflusses in das Meer, abzüglich Abfluss der Flüsse, 4200 Jahre*
[2] *unter Berücksichtigung des unterirdischen Abflusses in das Meer, abzüglich Abfluss der Flüsse, 280 Jahre*
[3] *gegenüber Lwowitsch veränderte Wasserhaushaltsgröße*

Historische Darstellung der **Kontinente und Meere** auf einer Manuskriptkarte von Henricus Martellus (um 1490).

Wiedergebrauch benötigt. Die Menschheit hat also in Bezug auf das Wasser große Probleme zu lösen. Über die geographische Differenzierung wird für große Regionen die Lösung des Problems Wasser zur Überlebensfrage.

Das Meer

Historisch gesehen ist das Überwiegen der Meeres- über die Landflächen eine relativ junge Erkenntnis. Ausgehend von antiken griechischen Auffassungen über die Harmonie sollten Land- und Meeresflächen auf der Erde mehr oder minder gleich groß sein. Mercator (1594) und Varenius (1650) nahmen unter Rückgriff auf die Ansichten aus der Antike und aus Gleichgewichtsvorstellungen ebenfalls Flächengleichheit an. Auch der französische Geograph Philippe Buache äußerte sich noch 1772 in diesem Sinn. Zu dieser Zeit konnten die Erdumseglungen von James Cook (zwischen 1768 und 1779) schon die Ausdehnung der sagenhaften »terra australis« ganz erheblich einschränken, sodass sich mehr und mehr die Erkenntnis vom Überwiegen der Meeresflächen durchsetzte.

Gliederung eines Riesenraums

Einen ersten Gliederungsvorschlag für das Weltmeer legte 1845 eine Kommission der Royal Geographical Society in London vor. Durch ihn sollten fünf Ozeane ausgegliedert werden: Atlantik,

Indik (Indischer Ozean) und Pazifik, voneinander getrennt durch die Meridiane von Kap Hoorn, Kap Agulhas und von dem Südkap von Tasmanien, sowie Arktischer und Antarktischer Ozean, die vom nördlichen und südlichen Polarkreis abgegrenzt werden sollten. Häufig werden die Polarmeere und hier besonders das Arktische Mittelmeer als eigenständige hydrographische Erscheinung ausgesondert.

1907 schlug der deutsche Ozeanograph Otto Krümmel eine Gliederung vor, die den natürlichen Verhältnissen besser entsprach. Neben drei Ozeanen sonderte er eine Reihe von Nebenmeeren als unselbstständige Einheiten ab. Als Randmeere fasste er nur unvollständig abzugliedernde Meeresbereiche auf, die in ihren ozeanographischen Merkmalen weitgehend denen des jeweiligen Ozeans glichen. Die Mittelmeere erhielten ihren Status vorwiegend aus ihren Lage-

Fläche, Inhalt, mittlere und größte Tiefe der Ozeane und ihrer Nebenmeere

Meer	Fläche in Mio. km²	Inhalt in Mio. km³	mittlere Tiefe in m	maximale Tiefe in m
Ozeane ohne Nebenmeere				
Pazifischer Ozean	166,24	696,29	4188	11034[1]
Atlantischer Ozean	64,11	322,98	3844	9219[2]
Indischer Ozean	73,43	284,34	3872	7455[3]
insgesamt	323,78	1303,51	4026	–
Mittelmeere, interkontinental				
Arktisches Mittelmeer	12,26	13,70	1117	5449
Australasiatisches Mittelmeer	9,08	11,37	1252	7440
Amerikanisches Mittelmeer	4,36	9,43	2164	7680
Europäisches Mittelmeer[4]	3,02	4,38	1450	5121
insgesamt	28,72	38,88	1354	–
Mittelmeere, intrakontinental				
Hudsonbai[5]	1,23	0,16	128	218
Rotes Meer	0,45	0,24	538	2604
Ostsee	0,39	0,02	55	459
Persischer Golf	0,24	0,01	25	170
insgesamt	2,31	0,43	184	–
Randmeere				
Beringmeer	2,26	3,37	1598	4096
Ochotskisches Meer	1,39	1,35	971	3372
Ostchinesisches Meer	1,20	0,33	275	2719
Japanisches Meer	1,01	1,69	1673	3742
Nordsee	0,58	0,05	93	725[6]
Sankt-Lorenz-Golf	0,24	0,03	125	549
Golf von Kalifornien	0,16	0,11	720	3127
Irische See	0,10	0,01	60	175
übrige	0,29	0,15	470	–
insgesamt	7,23	7,09	979	–
Ozeane mit Nebenmeeren				
Pazifischer Ozean	181,34	714,41	3940	11034
Atlantischer Ozean	106,57	350,91	3293	9219[2]
Indischer Ozean	74,12	284,61	3840	7455[3]
Weltmeer	362,03	1349,93	3729	11034

[1] *Witjastiefe im Marianengraben* – [2] *Milwaukeetiefe im Puerto-Rico-Graben* – [3] *Planettiefe im Sundagraben* – [4] *einschließlich Schwarzes Meer* – [5] *eigentliche Meeresbucht 637000 km²* – [6] *im Skagerrak gelegen*

merkmalen, wobei einmal interkontinentale (zwischen Kontinenten liegende) und zum anderen Mal intrakontinentale Mittelmeere (innerhalb von Kontinenten liegende Mittelmeere, im Deutschen oft Binnenmeere genannt) ausgegliedert werden. Damit ergibt sich nachstehende Abfolge:

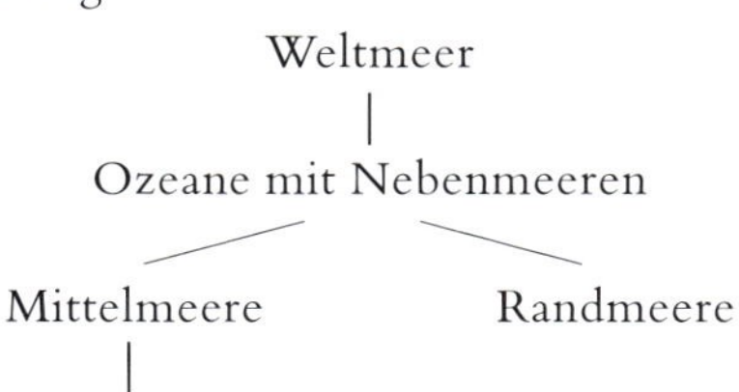

Auf diesem Aufbau fußt auch die hier vorgestellte Übersicht des deutschen Meereskundlers Günter Dietrich. Im Gegensatzzu ihr ist in den meisten anderen Übersichten noch ein Arktischer Ozean ausgeschieden. Seine Grenzen zum Atlantik sind kompliziert.

Die Fläche des Weltmeeres, jene zusammenhängende riesige Wasserfläche, wird im Großen durch Kontinente, im Kleinen durch Inselketten und untermeerische Schwellen sowie dort, wo sich keine natürlichen Ansätze zeigen, durch Abmachungen untergliedert.

Die Namen von Nebenmeeren und weiteren Teilbereichen entstammen überwiegend geographischen Benennungen, zum Beispiel Europäisches Nordmeer, Golf von Mexiko, Japanisches Meer, Südchinesisches Meer und Persischer Golf. In den Polargebieten sind es die Namen der Seefahrer, die in diese Gebiete vordrangen. So heißt die Barentssee nach dem Holländer Willem Barents, der dieses Meer durchfuhr und dabei auch Nowaja Semlja entdeckte. Das Bering-

Verteilung der **Meeresablagerungen** in den heutigen Meeren. Die marinen Sedimente bestehen v. a. aus verwitterten Gesteinsmaterialien, abgestorbenen Organismen und chemischen Ausfällungen.

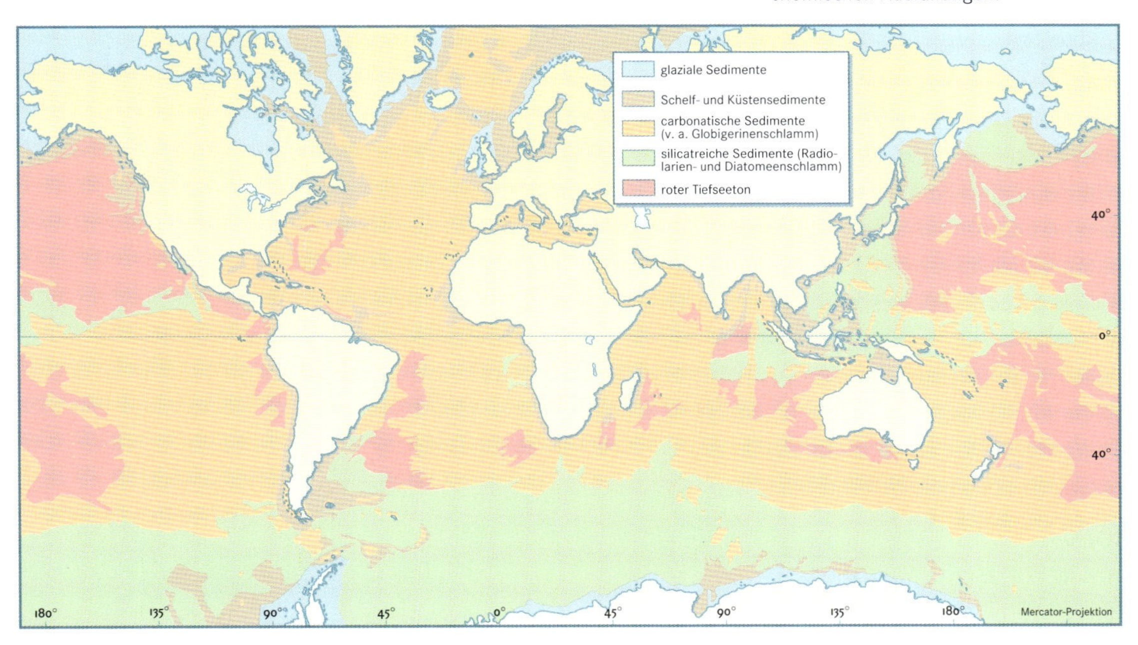

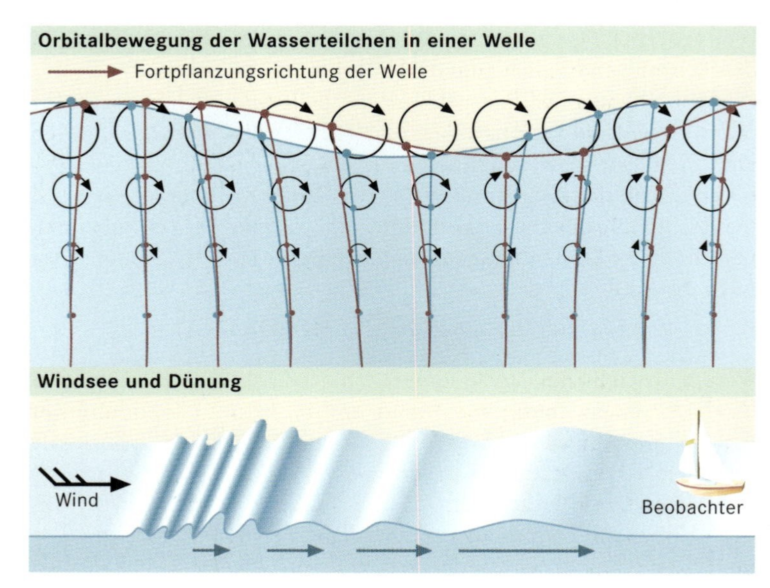

Die Orbitalbahnen, auf denen sich die Wasserteilchen einer **Welle** bewegen, sind Kreisbahnen, die sich bilden, wenn die Wassertiefe im Verhältnis zur Wellenlänge recht groß ist. Ihr Durchmesser wird mit zunehmender Wassertiefe geringer. Die untere Abbildung zeigt die Umwandlung von **Windsee,** das ist die durch den Wind unmittelbar und sofort hervorgerufene Bewegung der Wasseroberfläche, in **Dünung.**

meer trägt den Namen des Dänen Vitus Bering, der 1741 in dieses Randmeer vorstieß. Andere Meeresgebiete führen Namen nach ihrer Wasserfarbe: Rotes Meer, nach der durch Algenblüte bewirkten Rotfärbung in einzelnen Buchten, Gelbes Meer, nach dem Löss, den der Hwangho hineinbringt, oder Schwarzes Meer (mare axeinos, später mare euxeinos), das den Griechen der Antike im Vergleich zur Ägäis vielleicht wegen häufigen Nebels und bewölkten Himmels unwirtlich und dunkel erschien.

Wellen

Sichtbarster Ausdruck der Meeresdynamik sind die Wellen. Wellen kommen überall vor, wo auf natürliche oder künstliche Weise Anstöße gegeben werden. Im Meer treten nicht nur an der Wasseroberfläche die Oberflächenwellen auf, sondern auch interne Wellen, Wellen als Grenzflächen zwischen Wasserkörpern unterschiedlicher Eigenschaften. Entsprechend unterschiedlich sind die Eigenschaften der Wellen wie etwa die Wellenlänge.

Oberflächenwellen kommen als kurze Wellen vor, wenn die Wasserteilchen auf Kreisbahnen rotieren, die nach unten relativ rasch erlöschen. Lange Wellen sind hingegen etwa gradlinige Hin- und Herbewegungen der Wassermassen. Wellenhöhen von über 20 Metern (vom Wellental bis zum Wellenkamm) sind nicht selten. Die größte Wellenhöhe im Meer soll 45 Meter betragen haben! Die Wellenlängen reichen aus dem Millimeterbereich bis über 1000 Kilometer und die Perioden liegen zwischen Bruchteilen von Sekunden und mehreren Tagen.

Bei kurzen Seegangswellen setzen bereits bei schwacher Luftbewegung erste Kräuselungen ein. Wird der Seegang dem Einfluss des Windes entzogen, bildet sich die langperiodische Dünung aus (mit Wellenperioden bis zu 25 Sekunden Dauer und Wellenlängen bis zu

1000 Metern). Fern vom Ursprungsgebiet verursacht die Dünung an den Küsten gewöhnlich eine starke Brandung.

Zu den langen Wellen gehören beispielsweise stehende Wellen oder Seiches, die in ganz oder fast gänzlich geschlossenen Becken entstehen. Der schweizerische Naturforscher François Alphonse Forel beschrieb sie 1869 erstmalig für den Genfer See. Böen geben hier die Anstöße. In der Ostsee kommen einknotige Seiches mit Perioden von rund 27,5 Stunden vor. Anstiege bis zu etwa 2 Meter über Mittelwasser sind möglich.

Im Kraftfeld zwischen sich drehender Erde, Mond und Sonne

Die periodischen Veränderungen der Wasserhöhe, die durch die Massenanziehung von Mond und Sonne in Verbindung mit der Erdumdrehung hervorgerufen werden, sind die Gezeiten. Die täglichen Schwankungen werden von 14-tägigen Rhythmen überlagert. Letztere erklären sich aus dem Zusammenwirken von Erde, Mond und Sonne. Wenn Mond und Sonne von der Erde aus gesehen im rechten Winkel zueinander stehen, folglich bei Halbmond, ist der Unterschied zwischen Ebbe und Flut, der Tidenhub, minimal. Er wird Nipptide genannt. Bei Neu- und Vollmond, wenn sich Sonne, Erde und Mond in einer Linie befinden, führt diese Stellung zu einem Maximum des Höhenunterschieds, zur Springtide. In relativ stark abgeschlossenen Meeren wie beispielsweise dem Europäischen Mittelmeer, der Ostsee oder dem Schwarzen Meer erreichen die Gezeitenunterschiede nur wenige Zentimeter.

Auch die Gezeitenwellen gehören zu den langen Wellen. Besonders eindrucksvoll sind Gezeiten in Trichtermündungen, schmalen Buchten, aber auch an Flachküsten wie an der deutschen Nordseeküste. Ihr Kommen und Gehen ist in Buchten wie der kanadischen Fundybai oder an der deutschen Nordseeküste, wo ganze Landstriche bei Ebbe trockenfallen, deutlich merk- und sichtbar. Die Dockhäfen, nicht nur an den englischen Küsten, waren die Antwort der Menschen auf die Gezeiten. Mit großem finanziellem Aufwand lassen sich die Höhenunterschiede von bis zu 15 Metern zwischen Ebbe und Flut in Gezeitenkraftwerken zur Stromerzeugung ausnutzen, wie es in einigen Buchten schon geschieht.

Das **Gezeitenkraftwerk** an der Rancemündung bei Saint-Malo in der Normandie nutzt die hier enorme Änderung des Meeresspiegels bei Ebbe und Flut zur Energiegewinnung.

Küstenlandschaft bei **Flut** (links) und bei **Ebbe** (rechts). An der Küste von Alaska treten große Tiedenhübe auf. Im Gebiet des Cool Inlet erreichen sie bis 11 m.

Meeresströmungen

Oberflächenströmungen wirken unauffälliger aber nachhaltiger als Wellen. Primäre Kräfte wie vor allem die Schubkraft möglichst stetiger, in möglichst einer Richtung wehender Winde (Triftströme), aber auch gezeitenerzeugende Kräfte, Luftdruckänderungen, Druckkräfte – hervorgerufen durch Anstau des Wassers durch den Wind (Druckgefälleströme) – und nicht zuletzt Veränderungen der Dichte des Wassers verursachen Meeresströmungen. Sekundäre Kräfte wie Reibung und Corioliskraft, die ablenkende Kraft der Erdrotation, beeinflussen die Strömungen.

Die Wasserkörper der Ozeane werden nicht nur an der Oberfläche in Strömung versetzt. Angetrieben vor allem vom Wind und von Dichteänderungen wirkt sich der Anstoß auch in Wasserzirkulationen in die Tiefe aus, die bis zum Meeresgrund reichen. Unter Oberflächenströmungen lassen sich daher die Wasserströmungen bis 100, in den Tropen auch bis 200 Meter Tiefe verstehen.

Sämtliche polwärts gerichteten Meeresströmungen sind an der Oberfläche warm, die äquartorwärtigen dagegen kalt. Inseln werden im Uhrzeigersinn umströmt. Die Strömungsgeschwindigkeiten liegen durchschnittlich bei 0,2 Meter pro Sekunde; sie erreichen jedoch in raschen Strömungen zuweilen bis zu 2 Meter pro Sekunde.

Passate als Antrieb

In den mittleren, vor allem aber in den niederen geographischen Breiten steht die Windwirkung im Vordergrund. Die Passate beider Halbkugeln treiben die Meeresströmungen besonders an; sie

Die globalen **Meeresströmungen**. 29 Oberflächenströme prägen die Ozeane der Erde.

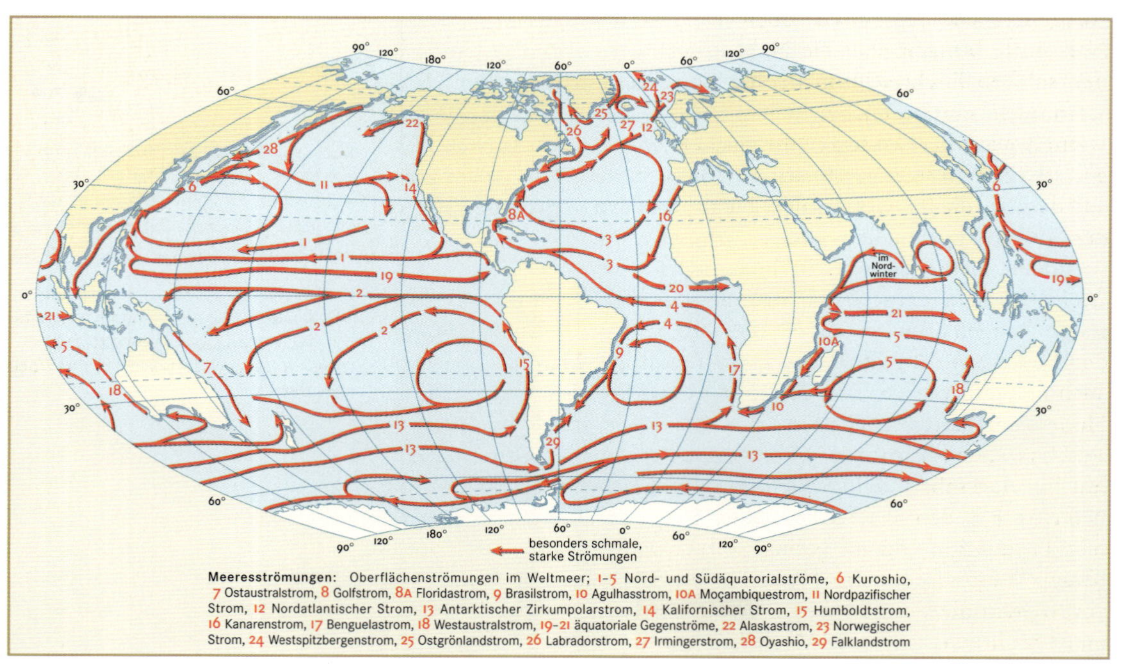

Meeresströmungen: Oberflächenströmungen im Weltmeer; 1–5 Nord- und Südäquatorialströme, 6 Kuroshio, 7 Ostaustralstrom, 8 Golfstrom, 8A Floridastrom, 9 Brasilstrom, 10 Agulhasstrom, 10A Moçambiquestrom, 11 Nordpazifischer Strom, 12 Nordatlantischer Strom, 13 Antarktischer Zirkumpolarstrom, 14 Kalifornischer Strom, 15 Humboldtstrom, 16 Kanarenstrom, 17 Benguelastrom, 18 Westaustralstrom, 19–21 äquatoriale Gegenströme, 22 Alaskastrom, 23 Norwegischer Strom, 24 Westspitzbergenstrom, 25 Ostgrönlandstrom, 26 Labradorstrom, 27 Irmingerstrom, 28 Oyashio, 29 Falklandstrom

Kliffküste an der Südostspitze von Madeira. Die Küstenfelsen auf der Atlantikinsel zählen zu den höchsten der Erde (bis zu 580 m hoch).

sind die Hauptursache aller Strömungen. Aus den Passatwinden entwickeln sich die Passatstromregionen. Zu den Passatstromregionen mit äquatorwärts gerichteter Komponente gehören im Nordatlantik der Portugal- oder Kanarenstrom, im Südatlantik der Benguelastrom, im Nordpazifik der Kalifornien- und im Südpazifik der Humboldt- oder Perustrom und schließlich im Indischen Ozean der Westaustralstrom. In diesen Gebieten schiebt der Passat das Wasser weg, sodass kaltes und nährstoffreiches Auftriebswasser nachquillt. Im Kalifornienstrom wird umgerechnet monatlich etwa eine Wassersäule von rund 80 Meter durch den Passatwind weggeschoben. Die nach oben beförderten Nährstoffe bringen über die Nahrungskette einen solchen Fischreichtum hervor, dass Sauerstoffmangel eintreten kann.

In der kleinen Hochseefischerei und in der Küstenfischerei werden Fischkutter für den **Fischfang** verwendet. Das gefüllte Netz wird gerade auf das Deck gehoben.

Im Äquatorbereich setzen die vom Passat ausgelösten Strömungen westwärts ein und werden auf der Nordhalbkugel zu den Nord- und auf der Südhalbkugel zu den Südäquatorialströmen. In diesen Gebieten herrscht eine bedeutende Gleichförmigkeit von Wind, Strömung und Wetter. In der Zeit der Entdeckungen erhielten diese leicht zu durchquerenden Meeresteile den Beinamen »El golfo de las damas« (Golf der Frauen), auf denen auch Frauenhände das schwere Ruder eines Schiffs führen konnten. Hohe Temperaturen, Niederschlagsarmut und starke Verdunstung sind Ursachen für warmes Wasser mit einem hohen Salzgehalt, mithin für eine sehr stabile Schichtung. Infolgedessen gelangen keine Nährstoffe in den oberflächennahen Bereich. Damit ist die organische Produktion überaus gering, sodass das Wasser die tief kobaltblaue »Wüstenfarbe« des Meeres zeigt, und somit die Fischarmut vorprogrammiert ist. In diesen Regionen entwickeln sich jährlich meist mehrmals tropische Wirbelstürme, die Taifune Südost- und

Ostasiens, die Mauritiusorkane nordöstlich Madagaskars und die Hurrikane im Nordatlantik.

Äquatoriale Gegenströme

Infolge der riesigen Wassermengen, die von den Passatwinden gegen die Ostseiten der Kontinente geschoben werden, entwickeln sich ostwärts gerichtet die Äquatorialen Gegenströme als Druckgefälleströme. Nur im Indischen Ozean tritt der Äquatoriale Gegenstrom ausschließlich im Südsommer und südlich des Äquators auf. Im Nordsommer verschmilzt er mit der durch den Südwestmonsun erzeugten Trift. An der ostafrikanischen Küste nördlich des Äquators entsteht dabei mit einem kalten Auftriebsbereich der Somalistrom. Im Atlantik und Pazifik laufen die Äquatorialen Gegenströme ganzjährig nördlich des Äquators. Der Bereich dieser Ströme fällt mit dem Kalmengürtel, dem Gebiet der Windstillen, zusammen. Reichliche Niederschläge führen zu einem relativ leichten Oberflächenwasser, damit zu einer deutlichen Sprungschicht in geringer Tiefe, die kaltes, nährstoffreiches Wasser nicht aufdringen lässt. Nur an beiden Flanken, am Äquator und an der Nordflanke, gelangt nährstoffreiches Wasser an die Oberfläche, was zu Fischreichtum (besonders an Thunfisch) führt.

Die Äquatorialen Gegenströme können auch nicht zusammen mit den Cromwell- oder den Äquatorialen Unterströmungen die gewaltigen, von den Passaten an die Ostseiten der Kontinente gedrückten Wassermassen zurückführen, sodass als weitere Abflüsse die Freistrahlströme entstehen. Diese das ganze Jahr starken gebündelten Strömungen heißen im Nordatlantik Golf- und im Südatlantik Brasilstrom, im Nordpazifik Kuroshio und im Südpazifik Ostaustralstrom sowie im Indischen Ozean Agulhasstrom. Mit dem Golfstrom, der ähnlich dem Kuroshio eine riesige Wasserführung besitzt, werden enorme Wärmemengen polwärts transportiert. Der eigentliche Golfstrom, der aus dem Golf von Mexiko strömt und die Floridastraße passiert, reicht über rund 3500 Kilometer bis zur Neufundlandbank. Sein Stromband besitzt circa 50 Kilometer Breite, mäandriert und verwirbelt sich. In Abschnürungen werden gewaltige Wasserringe vom Stromband gelöst. In alten Karten wurde er zuweilen wie ein Fluss im Meer dargestellt.

Als **Sprungschicht** bezeichnet man die Grenzschicht zwischen zwei übereinander liegenden Wassermassen unterschiedlicher Dichte, die durch verschiedene Temperaturen (thermische Sprungschicht), verschiedenen Salzgehalt (haline Sprungschicht) oder durch beide Faktoren (thermohaline Sprungschicht) verursacht werden kann.

Im Reich der Westwinde

Aufsteigendes nährstoffreiches Wasser an den den Kontinenten zugewandten Stromflanken der Freistrahlströme lässt die Gewässer an den Ostseiten der Kontinente sehr fischreich werden. Im Bereich der Westwindzonen biegen die Freistrahlströme ostwärts ab. Der Wind übernimmt nun wieder dominant den Antrieb, sodass vorwiegend ostwärts setzende veränderliche Strömungen gebildet werden, deren Bereiche als Westwinddriftregionen bezeichnet werden.

Im Nordatlantik heißt die Strömung Nordatlantischer Strom, der sich an der Westküste Europas einerseits in den polwärts gerichteten, deshalb warmen Norwegenstrom (Golfstromtrift) und andererseits

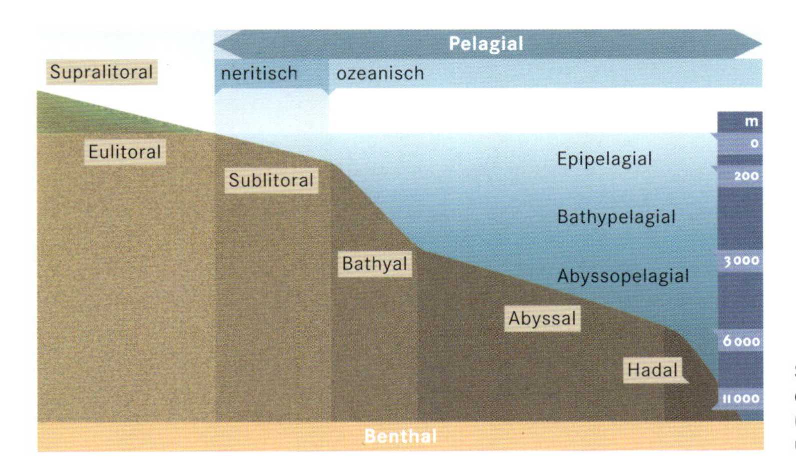

Schematische Untergliederung der einzelnen **Lebensräume** im Meer (im Küstenbereich, in der Schelfzone und in der Tiefsee).

äquatorwärts als kalte Strömung in den Portugal- oder Kanarenstrom aufspaltet. Damit ist der antizyklonale Strömungskreis geschlossen. Zum Ausgleich strömen an der nördlichen Ostseite Amerikas Ostgrönland- und Labradorstrom äquator- oder südwärts. Im Nordpazifik setzt der Nordpazifische Strom ostwärts verlaufend den Kuroshio fort und verzweigt sich an der Westküste Nordamerikas polwärts in den warmen Alaska- und äquatorwärts in den kalten Kalifornienstrom.

Auf der Südhalbkugel läuft die Westwinddrift im geschlossenen Wasserring um den ganzen Globus. Die Westwinddriftregionen weisen eine besondere Sturmhäufigkeit auf, erhalten Niederschlag in allen Jahreszeiten und werden im Winter bis auf den Meeresgrund durchmischt. Somit gelangen reichlich Nährstoffe an und in die Nähe der Oberfläche, die diese Gewässer insgesamt sehr fischreich machen.

Besonders fischreich sind die Gewässer im Berührungsbereich warmer und kalter Strömungen, so im Atlantik bei der Berührung

Heute noch aktive **Salzgewinnung** bei Guérande in der Bretagne, nördlich der Loiremündung. Nach dem Mosaikmuster der einzelnen Verdunstungsbecken wird die Landschaft auch die »Äuglein der Guérande« genannt.

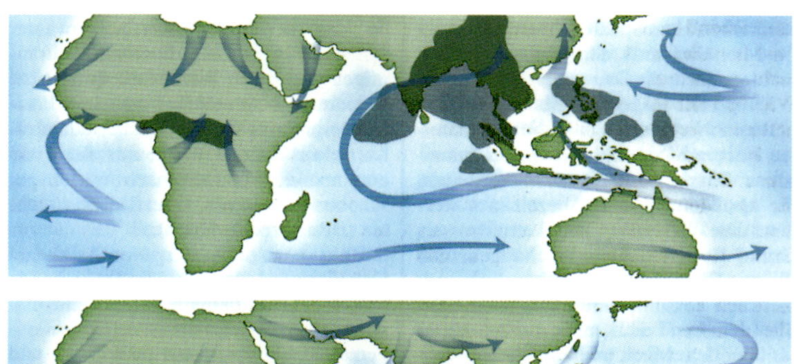

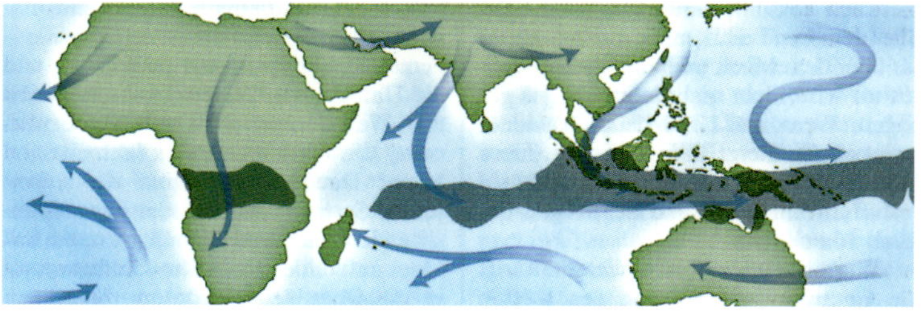

Die **Monsunströmungen** im Sommer und im Winter. Im Sommer verursachen die feuchten Winde (blaue Pfeile) in großen Teilen Afrikas und v. a. Asiens heftige Regenfälle (in der Abbildung oben dunkel dargestellt). Im Winter (unten) herrscht ein umgekehrtes Windmuster; die Niederschläge fallen jetzt in weiter südlich gelegenen Gebieten Afrikas, Indonesiens und Australiens.

von Golf-, Labrador- und Ostgrönlandstrom und im Pazifik bei der Berührung von Kuroshio und Oyashio.

Die ozeanische Polarfront oder Konvergenz trennt eine äquatoriale von einer polaren Unterregion. Sie ist die Grenze zwischen der Warm- und Kaltwassersphäre an der Weltmeeroberfläche und sowohl auf der Nord- als auch auf der Südhalbkugel anzutreffen. An dieser Grenze weisen die Wassertemperaturen 8 bis 10 °C Unterschied auf.

In den großen antizyklonalen Strömungskreisen liegen die Rossbreitenregionen. In ihnen sind zeitweilig bis ganzjährig schwache veränderliche Strömungen anzutreffen. Diese windschwachen Regionen zwischen etwa 25 und 35 Grad nördlicher und südlicher Breite nehmen die Übergangsräume zwischen stetigem Passat im Süden und wechselhaften Westwinden ein. Mit der Verschiebung der Zirkulationssysteme infolge der Schiefstellung der Erdachse befinden sich im Sommer die äquatorwärtigen Bereiche im Passat und im Winter die polwärtigen in der Westwindzone. Der Kernraum der Rossbreitenregionen besitzt nur unbeständige schwache Wasserbewegungen. In diesen Regionen bedingen die hohen Temperaturen eine sehr starke Verdunstung und sehr hohe Salzgehalte. Außerdem fallen nur geringe Niederschläge. Somit bedeckt relativ leichtes Wasser die Oberfläche, wodurch eine stabile Schichtung hervorgerufen wird. Infolgedessen führt die extreme Nährstoffarmut zu einem Produktionsminimum. Dabei zeigt die Sargassosee wohl das absolute Minimum an Produktion. Äquatorwärts ist das Wasser tief cobaltblau und klar. Selten fegen Stürme über diesen Raum. Das Klima ist mild und ausgeglichen. In der Rossbreitenregion des Nordatlantiks liegen die Kanarischen Inseln (Insulae Fortunatae, lateinisch: Glückliche Inseln), Madeira und die Bermudas. Die Hawaii-Inseln sind die Zierde der Rossbreitenregion im nördlichen Pazifischen Ozean.

Als letzte Stromregion müssen wir noch die Monsunstromregion betrachten. In ihr lässt sich regelmäßig eine Umkehr, mindestens jedoch eine starke Richtungsänderung im Meerwasser antreffen. Daher erfolgen Umstellungen in der Temperatur, im Salzgehalt und in der Schichtung in den obersten Wasserbereichen bis 200 Meter. Dabei sind die Prozesse in den südasiatischen Gewässern mit dem tropischen Monsun verknüpft, im ostasiatischen Raum mit einem monsunalen Zyklonalklima, also mit den Verlagerungen der Polarfront.

DIE FREIHEIT DER MEERE

Die Entdeckungen Spaniens und Portugals in der zweiten Hälfte des 15. Jahrhunderts führten zu solchen Spannungen zwischen diesen Staaten, dass Papst Alexander VI. eine Einigung vermitteln musste. Am 2. Juli 1494 wurde im Vertrag von Tordesillas (bei Valladolid) festgelegt, dass östlich einer Nord-Süd-Linie, die etwa über 46° Westlänge verlief, alles entdeckte und zu entdeckende Land portugiesisch und westlich dieser Linie spanisch sein sollte. Dass zwei Jahre zuvor ein neuer Kontinent entdeckt worden war, dessen Ausmaße damals noch unbekannt waren, blieb deshalb außer Acht. Infolgedessen wurde fast ganz Amerika bis auf das hervorspringende Horn Südamerikas (Brasilien) spanisch. Die zweite Kollision zwischen Spanien und Portugal im Raum der Molukken führte am 22. April 1529 zum Vertrag von Saragossa. Diese Abmachungen bedeuteten spanische und portugiesische Einflusssphären auf dem Meer und auf dem Land, in denen keine anderen Mächte Ansprüche besaßen. Damals gab es kein freies Meer, kein »mare liberum«, sondern ein aufgeteiltes, geschlossenes Meer, ein »mare clausum«. Niederländer und Briten mussten sich ihre Ansprüche erkämpfen und machten schließlich aus dem »mare clausum« ein »mare liberum«.

Über mehrere ereignisreiche Kämpfe und Kriege wurde das Meer schließlich zum einzigen exterritorialen Raum auf der Erde. Bis in unser Jahrhundert hinein blieb das Seerecht uncodifiziert; es galt als Gewohnheitsrecht. Die Seerechtskonvention der 3. Seerechtskonferenz von 1982 bestätigte als erstes grundlegendes Prinzip einerseits die Freiheit der Meere, andererseits jedoch die Pflichten der Staaten, von denen die für Schifffahrt, Fischerei und Abbau von Bodenschätzen besonders wichtig sind.

Die Küstengewässer dürfen laut Konvention auf 12 Seemeilen (sm) ausgedehnt werden (1 Seemeile = 1852 m). Fast sämtliche Staaten haben die Ausdehnung ihrer Küstengewässer vollzogen. Eine Reihe von Meerengen fallen in diesen Ausdehnungsbereich, sodass laut Konvention 120 Meerengen von der internationalen Schifffahrt frei benutzt werden können. Wichtigstes Ergebnis ist nach dem Kabeljaukrieg zwischen Großbritannien und Island sowie weiteren Konflikten die Einführung der 200-sm-Wirtschaftszone, der Ausschließlichen Wirtschaftszone (AWZ). Wegen der enormen Bedeutung der wirtschaftlichen Nutzung wäre aus dem »mare liberum« beinahe wieder ein »mare clausum« geworden. Überall dort, wo ein Festlandsockel (Schelf) vor der Küste liegt, können die Rechte der Küstenstaaten über 200 sm bis auf 350 sm vor der Küste oder 100 sm seewärts der 2500-m-Tiefenlinie ausgedehnt werden.

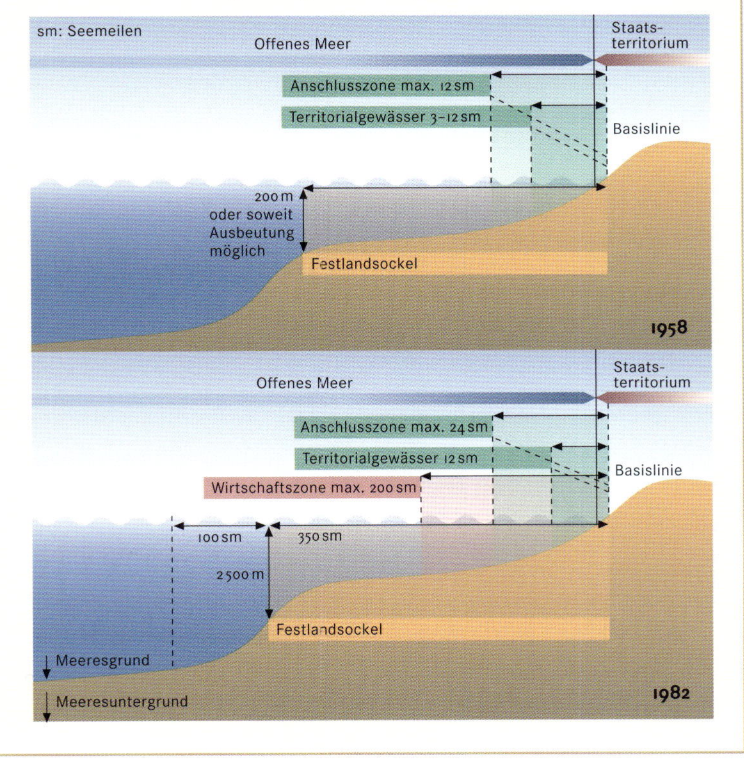

In den Polarregionen wird das **Eis** zum hydrographischen Faktor, welches zeitweilig oder ganzjährig das Meer bedeckt. Die Innere Polarregion liegt das ganze Jahr über unter **Meereis** – mit Ausnahme der Eisschelfe der Antarktis, auf denen selbst noch Gletscher entstehen können, die etwas irritierend als Meergletscher bezeichnet werden. In der Äußeren Polarregion ist das Meer im Winter und Frühjahr immer oder meistens mit **Packeis** und Eisbergen bedeckt. Die Region ist wegen der tiefgründigen Durchmischung im eisfreien Gebiet und Zeitraum nährstoff- und folglich auch fischreich.

Die tropische Monsunregion im Nordindischen Ozean zeigt im Gegensatz zur gemäßigten Region Ostasiens nur relativ geringe Jahresschwankungen in der Oberflächenwassertemperatur. Im Nordwinter verhält sich der Indische Ozean wie eine Passatstromregion. Der vom Südwestmonsun hervorgerufene Somalistrom entwickelt sich jedes Jahr nur im Nordsommer. Während der Südostpassat das Wasser gegen die ostafrikanische Küste treibt und anstaut, schiebt der Südwestmonsun das Wasser ostwärts. Am Horn von Afrika entsteht daher ein Auftriebsbereich mit kaltem Wasser, Dunst und Nebel. Deswegen bauen Korallen dort keine Riffe.

In der gemäßigten Monsunregion lassen sich die größten Jahresschwankungen der Oberflächenwassertemperatur finden. Die Schwankungen betragen über 10 °C, häufig über 15 °C, in einigen Gebieten sogar über 25 °C. Jahresschwankungen der Oberflächenwassertemperatur von über 20 °C werden in keinem anderen Meeresbereich erreicht. Besonders im Bering- und Ochotskischen Meer herrschen im Winterhalbjahr Eis und im Sommer weithin Nebel vor. Deshalb sind diese Meere bei Seeleuten wenig beliebt.

Das Süßwasser der Erde

Wasser ist eine wesentliche Naturressource, die die Grundlage allen Lebens auf der Erde bildet. Alle heute auf der Erdoberfläche existierenden Organismen hatten ihren Entwicklungsursprung im Wasser. Das lebenswichtige Süßwasser ist eine erneuerbare Naturressource – eine Folge des durch die Sonne angetriebenen Wasserkreislaufs. Dennoch gibt es weltweit Probleme mit dem Süßwasser.

Neben der Hydrologie beschäftigen sich mit dem Wasser noch andere Wissenschaftsgebiete: die **Hydrobiologie** (Lehre des Lebens im Wasser) und die **Hydrogeographie** (eine Teildisziplin der Geographie, die sich mit den Wechselbeziehungen zwischen den Landschaftsfaktoren und dem Wasserhaushalt des jeweiligen Einzugsgebietes befasst). Die Hydrobiologie ist in zwei große Hauptrichtungen unterteilt. Die eine ist ein Teilgebiet der Ozeanographie und beschäftigt sich mit den Organismen und den ökologischen Bedingungen des Meeres. Forschungsgegenstand der anderen Hauptrichtung der Hydrobiologie, der Limnologie, sind die Organismen des Süßwassers. Daneben gibt es eine Vielzahl von weiteren Wissenschaftsgebieten, die sich mit geologischen, ökonomischen oder ökologischen Fragestellungen, bei denen das Wasser im Mittelpunkt der Betrachtung steht, auseinander setzen.

Gewässernutzung

Das »Jahrzehnt des Trinkwassers und der Hygiene, der Abwasserreinigung«, seinerzeit von der 35. UNO-Vollversammlung am 10. November 1980 proklamiert, ging 1990 zu Ende. Trotzdem leidet über die Hälfte der Menschheit weiter unter dem Mangel an einwandfreiem Trinkwasser. Rund 80 Prozent aller Krankheiten werden durch den Gebrauch verunreinigten Wassers übertragen. Jährlich sterben deswegen viele Menschen. Schätzungen gehen von 10 bis 25 Millionen aus.

Wasser steht nicht auf allen Erdteilen ausreichend zur Verfügung. Zu den trockensten Regionen der Welt zählt die Ostküste Patagoniens in Südamerika. Es gibt in dieser Region Gebiete, in denen in den letzten 100 Jahren kein Niederschlag mehr gefallen ist. Selbst in Europa ist die Verteilung des Wassers sehr variabel. Zu den trockensten Regionen zählt Südostspanien. Dagegen weisen die Hochgebirgslagen der Alpen, die Westküsten Irlands, Schottlands und der südliche Teil Norwegens Niederschlagsmengen auf, die weit über 2000 Millimeter liegen.

Das Süßwasser ist ein bedeutender Lebensraum für Tiere und Pflanzen. In einem Milliliter können mehr als eine Million Einzelorganismen leben. Das Süßwasser ist auch ein entscheidener Wirtschaftsfaktor. Siedlungsgeographische Untersuchungen haben ergeben, dass sich seit dem Mittelalter vor allem die Städte überaus schnell entwickelt haben, die an einem Fluss oder See gelegen sind. Dies hat seine Gründe in dem großen Nutzungspotential der Gewässer (mit den wesentlichen Nutzungsarten: Trinkwasser, Erholung, Fischerei, Natur- und Biotopschutz, Schifffahrt, Brauch- und Bewegungswasser sowie Energiegewinnung).

Die **Stadt Hamburg** an der trichterförmig erweiterten Flussmündung der Elbe in die Nordsee. Die Lage an den Flüssen Alster und Elbe begünstigte die Stadtentwicklung.

Umweltbelastungen – Bedrohung der Ressource Wasser

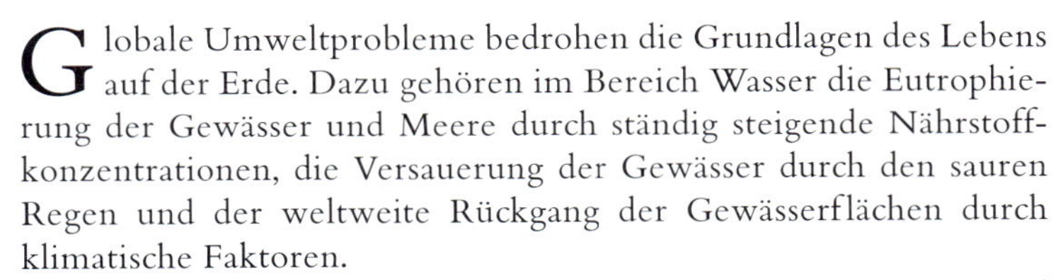

Globale Umweltprobleme bedrohen die Grundlagen des Lebens auf der Erde. Dazu gehören im Bereich Wasser die Eutrophierung der Gewässer und Meere durch ständig steigende Nährstoffkonzentrationen, die Versauerung der Gewässer durch den sauren Regen und der weltweite Rückgang der Gewässerflächen durch klimatische Faktoren.

Mit der Verbrennung der fossilen Energieträger Kohle, Gas und Erdöl, die in Hunderten von Millionen Jahren entstanden sind und in nur einigen Hundert Jahren von wenigen Generationen verbraucht werden, kam es zu Veränderungen in der Zusammensetzung der Atmosphäre. Die starke Zunahme der Kohlendioxid-Konzentration und der Eintrag von Staub in die Atmosphäre sind die wichtigsten Steuergrößen für einen Treibhauseffekt. Hierdurch können Temperaturerhöhungen eintreten, die zu verheerenden Auswirkungen auf der Erde führen würden, insbesondere zum Anstieg des Meeresspiegels.

Eine effektive Gegenmaßnahme wäre der schrittweise Umstieg zu regenerierbaren Energiequellen. Eine davon ist die Wasserkraft. Weltweit gibt es große Wasserkraftreserven (schätzungsweise 15 000 Milliarden Kilowattstunden, kWh), von denen die meisten noch ungenutzt sind. Weltweit werden zurzeit nur etwa 2270 Milliarden kWh genutzt. Die größten natürlichen Potentiale existieren in Südamerika (4000 Millionen kWh) und in Asien (7190 Millionen kWh). Für Deutschland wird das noch nutzbare, derzeit aber noch ungenutzte Wasserkraftpotential mit etwa 7 bis 15 Milliarden kWh angegeben.

Durch die ständige Weiterentwicklung reiften die Wasserkraftanlagen zum Kraftwerkstyp mit dem höchsten Wirkungsgrad und der längsten Nutzungsdauer. Der Energiegewinn liegt gegenüber dem Energieaufwand um etwa 56 Prozent höher. Diese Zahl wird in der Energiewirtschaft als Erntefaktor bezeichnet und gibt das Verhältnis der in rund 20 bis 30 Jahren erzeugten Energie zum Energieaufwand an. Der Erntefaktor ist ein Indiz für die Effektivität.

Binnenfischerei

Der Fischfang zählt zu den ältesten Erwerbsquellen im Bereich der Nahrungsgüterwirtschaft. Fischereiwirtschaft in Süßwassergebieten wird entweder extensiv als Seen- und Flussfischerei mit Netzen, Reusen, Angeln oder Elektrofischereigeräten betrieben oder intensiv in Teichwirtschaften oder Rinnenanlagen. Mit dem weltweiten Absinken der Fischbestände in den Weltmeeren gewinnt die Binnenfischerei an Bedeutung. Wurden 1950 weltweit 2,5 Millionen Tonnen Fisch im Rahmen der Binnenfischerei gefangen, so erhöhte sich diese Zahl im Jahr 1993 auf 17,2 Millionen Tonnen. Bei einer Verdopplung der Erdbevölkerung wurde die Gesamtfangmenge fast verfünffacht: Die Erträge der Seefischerei konnten in diesem Zeitraum nahezu vervierfacht, die der Binnenfischerei jedoch nahezu versiebenfacht werden.

Fischfang gehört zu den traditionellen Erwerbsquellen. Auf diesem Bild werden im seichten Uferwasser Netze eingeholt.

Die größten bewirtschafteten Binnenfischereiflächen besitzt Asien mit 77,5 % Weltanteil, gefolgt von Afrika mit 10,4 %, Nordamerika mit 3,4 %, Europa mit 2,8 % sowie Australien und Ozeanien mit 0,1 %. Der restliche Anteil von 3,5 % entfällt auf das Territorium der ehemaligen Sowjetunion. Während Chinas Anteil am Gesamtfischfang auf Binnengewässern 1993 42,9 % betrug, entfallen auf wesentlich größere Territorien wie Nordamerika (3,2 %) und Südamerika (2,3 %) deutlich geringere Mengen. Diese Zahlen sollen vor allem verdeutlichen, welche Möglichkeiten die Binnenfischerei für die Welternährung bereithält.

Flüsse, Ströme, Kanäle und Seen besitzen auch ein hohes Transportpotential. Sie verbinden wichtige Industriestandorte im Landesinnern mit den Weltmeeren. Selbst wenn in der Binnenschifffahrt heute etwa gleiche Mengen umgeschlagen werden wie in der Seeschifffahrt, so sind in diesem Bereich weltweit noch große Steigerungsraten möglich. Die Binnenschifffahrt ist hinsichtlich energetischer Gesichtspunkte das Transportmittel, das mit dem geringsten Treibstoffverbrauch je Kilometer und Tonne Ladung auskommt. Die Umwelt könnte somit weiter entlastet werden.

Die Flüsse

Wichtigste Voraussetzungen zur Entstehung von Flüssen sind zum einen ein Überschuss des Niederschlagswassers gegenüber der Verdunstung und Versickerung, zum anderen ein Gefälle, damit das Wasser strömen kann.

Fließgewässer können auch in Regionen auftreten, in denen der Niederschlag die Verdunstung und die Versickerung nur jahresperiodisch oder episodisch übertrifft. Dementsprechend lassen sich die Flüsse unterscheiden in perennierende oder permanente Flüsse (ständig oder andauernd Wasser führend), periodische Flüsse (regelmäßig zeitweilig Wassser führend) und episodische Flüssse (un-

Die **Binnenhafenanlage von Duisburg** ist gemessen am Umschlag die größte der Erde. Der Rhein-Ruhr-Hafen verfügt über 30 Hafenbecken.

regelmäßig Wasser führend). Das Flusssystem wird durch Wasserscheiden begrenzt. Hierbei werden die Grenzen des Niederschlagsgebietes und des unterirdischen Einzugsgebietes unterschieden.

Die Flüsse unterteilen sich hinsichtlich des Flussverlaufs in Quellregion, Oberlauf, Mittellauf, Unterlauf und Mündung. Die meisten Flüsse besitzen eine Quelle, die durch Grund- oder Sickerwasser gespeist wird. Es gibt aber auch andere Quellregionen, wie etwa Seen, Sümpfe, Inlandeis oder Gletscher.

Die Flüsse der gemäßigten Breiten münden in der Regel in das Meer, in einen See oder in einen anderen Fluss. In den Trockenregionen der Erde treten häufig nur periodische Flusssysteme auf. Dabei unterscheidet man autochthone (eigenbürtige, bodenständige) und allochthone (fremdbürtige, nicht bodenständige) Flüsse.

Autochthone Flüsse sind solche, deren Wassernachschub gewährleistet ist und deren Durch- und Abfluss in der Regel von der Quelle zur Mündung zunimmt. Die allochthonen Flüsse oder Fremdlingsflüsse entspringen in humiden oder nivalen Räumen, fließen in die Trockengebiete hinein und enden in ihnen oder sie fließen durch sie hindurch (zum Beispiel Nil und Niger) und münden dann in das Meer. Die hindurchfließenden Flüsse können durch die Trockengebiete fließen, weil sie sehr große Wassermengen transportieren und/oder der Gesteinsuntergrund sehr dicht ist.

Der **Mittellandkanal** quert bei Minden auf zwei Brücken die Weser. Er ermöglicht die **Binnenschiffahrt** zwischen dem westdeutschen Fluss- und Kanalsystem und der Weser sowie der Elbe und wird größtenteils durch Pumpwerke mit Wasser aus der Weser gespeist.

Die Lebensgemeinschaften (Biozönosen) eines Fließgewässers werden durch die Gefälleverhältnisse, die damit verbundene Fließgeschwindigkeit, die Wassermenge und die Schleppkraft des Wassers geprägt. Das Flussgefälle wird in Promille angegeben und resultiert aus der Höhendifferenz zwischen der Quellregion und der Mündung. Hierbei werden das Wasserspiegel- und das Sohlgefälle voneinander unterschieden. Die Gefällesituation ist eine der wesentlichen Einflussgrößen für die Biozönosen. Die Organismen sind an unterschiedliche Stömungsgeschwindigkeiten angepasst. So unterscheidet man den Flussverlauf von der Quelle bis zur Mündung nach dem Auftreten von Hauptfischarten in eine Forellenregion, Äschen-

Die größten Ströme der Erde hinsichtlich ihrer Einzugsgebietsgröße und ihres mittleren Abflusses (MQ)

Flussgebiet	Station	Einzugsgebiet in km^2	Beobachtungszeitraum	MQ in m^3/s
Amazonas	Mündung	5594000	–	106000 bis 124000
Paraná	Rosario	2341750	1912–1948	14837
Paraguay	Mündung	1097000	–	4550
Uruguay	Concordia	227500	1902–1941	3960
Niger	Mündung	1091000	1924–1937	7000
Kongo	Kinshasa	3747320	1902–1954	41400
Lualaba	Lowa	963080	1918–1923	5978
			1932–1954	
Ubangi	Bangi	615330	1910–1952	4306
Kassai	Muschie	875880	1932–1954	10000
Nil	Mündung	2881000	1912–1942	1584
Nil	Assuan	2881000	1912–1947	2627
Viktorianil	Riponfälle	259000	1912–1942	667
Bahr el-Djebel	Mongalla	466000	1912–1942	839
Weißer Nil	oberhalb der Sobatmündung	1104800	1917–1947	450
Weißer Nil	Mogren	1685000	1912–1947	798
Blauer Nil	Khartum	324530	1912–1947	1618
Bahr el-Ghasal	Mündung	507600	1923–1940	20
Indus	Gesamtgebiet	960000	1901–1931	6150
Indus	Kotri	940000	1901–1931	3848
Indus	Sukkor	900000	1901–1931	4515
Indus	Kalabagh	268448	1923–1942	3404
Ganges	bis pakistanische Grenze	975580	–	15521
Ganges	Hardinge Bridge	934900	1935–1946	10085
Ganges	Faracca	865000	–	–
Brahmaputra	Transhimalajagebiet	340454	–	7434
Brahmaputra	Amingaon	ca. 420000	–	–
Brahmaputra	Gesamtgebiet bis pakistanische Grenze	506046	–	12076
Jangtsekiang	Nanking	1700000	–	30000
Jangtsekiang	Datong	1670000	–	–
Jangtsekiang	Yichang	1010000	–	16000
Hwangho	Luokou	771574	1919–1937	1340
Hwangho	Shenxian	715184	1919–1944	1357
Jenissej	Igarka	2576000	1877–1945	19700
Lena	Kjussjur	2289000	1877–1945	17630
Wolga	Wolgograd	–	–	8300
Ob	Selechard	–	–	11400
Amudarja	Kerki	–	–	2060
Sankt-Lorenz-Strom	bei Ogdensburg	764568	1860–1899	7075
			1900–1956	6537
Mississippi	Mündung	3248000	–	19000
Mississippi	Vicksburg	2960000	1817–1941	17000

region, Barbenregion, Brachsenregion und eine Kaulbarsch-/Flunderregion (Brackwasser).

Ein weiterer wichtiger Begriff aus der Flussmorphometrie ist die Flussdichte. Sie ist das Verhältnis der Länge aller Wasserläufe eines Einzugsgebietes zu dessen Flächengröße. Die Flussdichte vermittelt so einen Überblick über die Verteilung und Entwicklung der fließenden Gewässer eines Einzugsgebietes. Sie ist abhängig von den klimatischen, geologischen, geomorphologischen sowie pedologischen Verhältnissen.

Ein Blick auf den Globus zeigt, dass die Fließgewässer auf der Erde nicht gleichmäßig verteilt sind und sich hinsichtlich ihres Aufbaus gravierend voneinander unterscheiden. 31,12 Millionen Quadratkilometer der Festländer haben keinen Abfluss zum Meer. Da kaum Niederschläge fallen, sind sie wie beispielsweise große Teile der Sahara und Namib gänzlich flusslos, oder die Fließgewässer münden in Endseen wie beispielsweise dem Aralsee, dem Tschadsee oder dem Kaspischen Meer.

Zu den wüstenhaften Gebieten zählt man auch die Teile der Landflächen, deren Klima durch Schnee und Eis geprägt wird. Hier übernehmen die Gletscher die Funktion der Wasserläufe, bis sie von der Verdunstung und Ablation aufgezehrt werden. Unter der Gletscherzunge tritt Schmelzwasser aus und vereint sich zu subglazialen

Eine **Wasserscheide** ist die Trennungslinie der Einzugsgebiete von Gewässern. Das **Einzugsgebiet** eines Flusses ist der von dem Fluss und all seinen Nebenflüssen ober- und unterirdisch entwässerte Raum. Das oberirdische Einzugsgebiet entspricht dem Niederschlagsgebiet; mit diesem stimmt das unterirdische Einzugsgebiet, die Ausdehnung der Wasser speichernden Gesteine, nicht unbedingt überein.

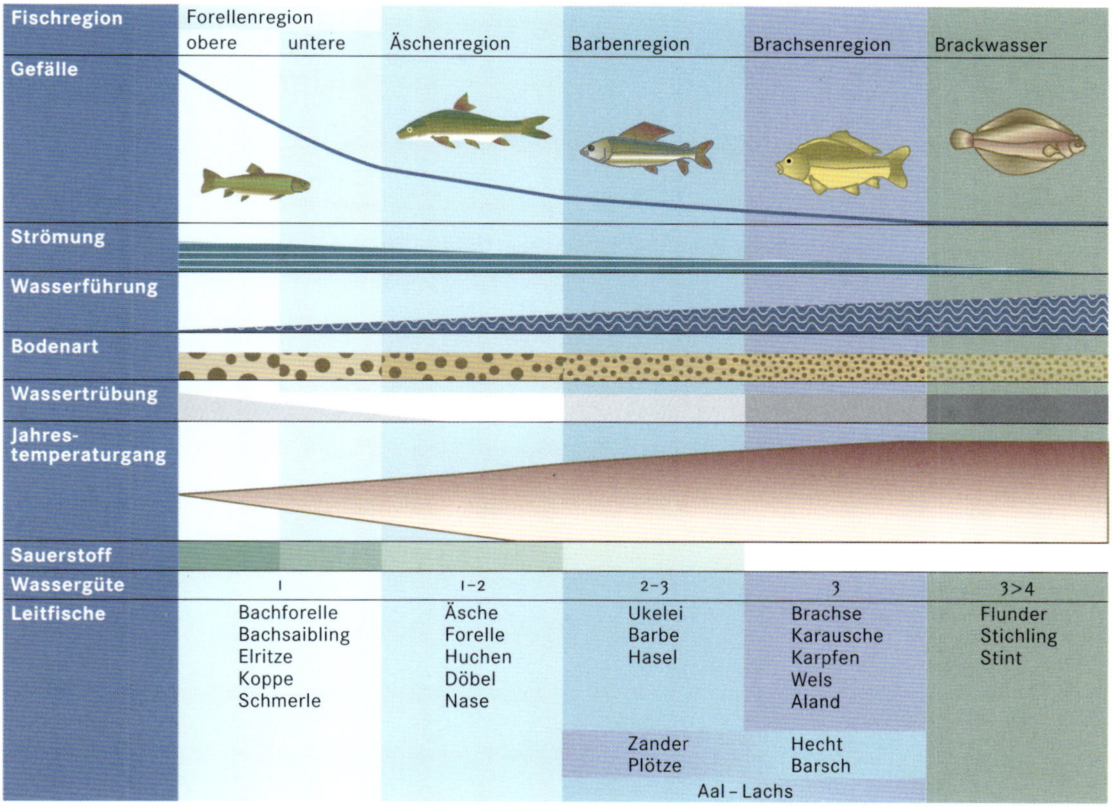

Fischregionen der Fließgewässer und ihre Beziehung zu einigen wichtigen physikalischen und chemischen Parametern.

Fischregion	Forellenregion obere	untere	Äschenregion	Barbenregion	Brachsenregion	Brackwasser
Gefälle						
Strömung						
Wasserführung						
Bodenart						
Wassertrübung						
Jahres-temperaturgang						
Sauerstoff						
Wassergüte	I		I–2	2–3	3	3>4
Leitfische	Bachforelle Bachsaibling Elritze Koppe Schmerle		Äsche Forelle Huchen Döbel Nase	Ukelei Barbe Hasel Zander Plötze	Brachse Karausche Karpfen Wels Aland Hecht Barsch	Flunder Stichling Stint
				Aal – Lachs		

Gerinnen, die sich später zu Gletscherbächen vor dem Gletscher vereinen. Damit bestimmen in diesem Gebiet die Gletscher den jahreszeitlichen Verlauf der abfließenden Wassermengen.

Demgegenüber stehen die Gebiete mit einem humiden Klima, in denen die jährliche Niederschlagsmenge größer als die jährliche Verdunstung ist. Sie weisen in Abhängigkeit von klimatischen und geologischen Faktoren hohe Flussdichten auf.

Abflusstypen

Die Fließgewässer selbst werden nach ihrer Größe, dem mengenmäßigen Abfluss, der Größe des Einzugsgebietes, der Flusslänge und der Genese unterschieden in Gerinne, Bäche, Flüsschen, Flüsse, Ströme, Riesenströme, Gräben und Kanäle. Der weltweit dominierende Flusstyp ist der Normaltyp, bei dem das Flusssystem hierarchisch aufgebaut und durch seine zunehmende Verästelung zu den Rändern des Einzugsgebietes hin gekennzeichnet ist. Bekannte Flüsse mit solch einem baumartig verzweigten Aufbau sind beispielsweise Amazonas, Kongo, Elbe, Rhein.

Wichtige Typen sind daneben der Trockengebiets- und der Karsttyp. Der Trockengebietstyp existiert vor allem in den Wüstenregionen der Erde und grenzt an humide oder nivale Regionen an. Die in die Trockengebiete hineinströmenden Flüsse unterliegen einem zweifachen Schicksal. Entweder versiegen sie unter den ariden Verhältnissen oder sie durchströmen diese Gebiete und verlieren dabei große Wassermengen. Der Übertritt von Flüssen aus humiden bis nivalen Regionen (in denen Niederschläge überwiegend oder ausschließlich als Schnee fallen) in die Trockengebiete zeigt folgende Merkmale: Ein zunehmender Mangel an Nebenflüssen führt zu einer geringeren Flussdichte; die Zahl der Nebenflüsse, die den

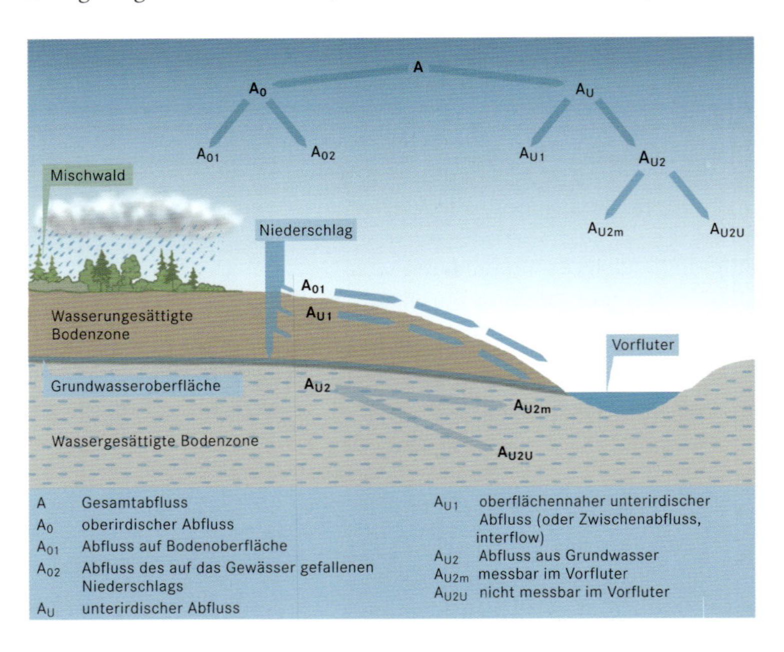

Grafische Darstellung des **Abflussverhaltens** in einer gemäßigten Klimazone. Die verschiedenen Abflüsse mit ihren jeweiligen Abflusskomponenten stehen in einem engen Zusammenhang.

Hauptstrom nicht mehr erreichen, nimmt zu; schließlich kommt es zu einem Fehlen jeglicher Nebenflüsse.

In durchlässigen und zugleich löslichen Gesteinen, vor allem in Kalkgebieten, existiert der Karsttyp. Klüfte und Risse im Gestein werden durch Lösungsprozesse erweitert und zerfurcht. Das Wasser kann in diesen schnell versickern oder versinken. Solche Gebiete heißen Karst. Oberflächlich gesehen existieren im Karst nur sehr wenige Fließgewässer. Im Gegensatz dazu weisen die tief liegenden unterirdischen Hohlräume im Karst eine große Wasserfülle auf. Ein bekanntes Beispiel für den Karsttyp befindet sich in Europa im Dinarischen Karst.

Abflussschwankungen

Ein wichtiges hydrologisches Kennzeichen ist der Abfluss. Er ist als Produkt aus dem Flussquerschnitt und der mittleren Fließgeschwindigkeit definiert. Die Fließgeschwindigkeit unterliegt dabei jahreszeitlich meteorologisch-klimatisch bedingten Schwankungen. In der Regel führen die Flüsse der humiden Klimaregionen im Frühjahr zur Schneeschmelze Hochwasser und zur Sommerzeit bei hohen Verdunstungswerten Niedrigwasser. Zu den Regionen mit der höchsten Hochwassergefahr zählen vor allem die Flussunterläufe und Mündungsgebiete, da das umgebende Land in der Regel nur noch wenig über dem Meeresspiegel liegt und das Gefälle sehr niedrig ist.

Verheerende Überschwemmungskatastrophen treten fast jährlich im Mündungsgebiet der großen Ströme, wie etwa des Brahmaputra, Ganges, Mississippi und Missouri, auf. Aber nicht nur die Riesenströme werden von Hochwasserereignissen heimgesucht. Extreme Hochwassersituationen von fünf bis acht Metern über normal führten Weihnachten 1994 zu verheerenden Situationen am Mittel- und Niederrhein. Ein weiteres bedeutendes Hochwasserereignis trug sich im Juli 1997 an der Oder zu. Der Pegelwasserstand in Eisenhüttenstadt erreichte 715 Zentimeter und lag damit über dem 2,5fachen des Mittelwasserstands von 278 Zentimeter. Die maximalen Abflussmengen betrugen über 2700 Kubikmeter pro Sekunde.

Überschwemmungen sind zum einen natürliche Vorgänge, die auch sehr wichtig sind für die Verbesserung der Bodenqualität und Düngung der angrenzenden terrestrischen Räume (zum Beispiel Niltal und -delta). Zum anderen sind Hochwasserereignisse in der jüngsten Vergangenheit in Europa vor allem vom Menschen beeinflusst. Durch die Begradigung und die Kanalisierung der Fließgewässer, den Verbau der Uferbereiche und die Melioration der Feuchtgebiete gibt es immer weniger Überflutungsflächen, sodass die Ströme und Flüsse auf immer neue Rekordmarken ansteigen und so zu großen Zerstörungen von Städten und Landschaften führen.

Ökologische Grundprinzipien in Fließgewässern

Sauerstoffgehalt, Fließgeschwindigkeit, Schleppkraft und Lichtdurchlässigkeit nehmen vom Ober- zum Unterlauf eines Flusses kontinuierlich ab. Dagegen nehmen die Summe der oxidierbaren

Die Havel bildet bei Ketzin in Brandenburg eine der letzten unverbauten, naturnahen **Flusslandschaften** in Mitteleuropa. Die Torfstiche sind ideal in die ökologisch wertvolle Flusslandschaft eingebaut.

Stoffe, der pH-Wert, die Dichte der pflanzlichen Organismen, die Temperaturamplitude und die Schlammablagerung zu.

Die Lebenswelt des Flusses wechselt von Kilometer zu Kilometer, vom Ufer zur Flussmitte und von den Stillwasserbereichen zu den Altwassern. Sowohl Arten der Bachfauna und -flora als auch solche des Sees leben im Mittel- und Unterlauf eines Flusses in geringem Abstand nebeneinander. Die drei wichtigsten Lebensräume sind der Gewässergrund (hier lebt das Benthos, das sind die fest sitzenden oder im Substrat eingegrabenen pflanzlichen und tierischen Organismen), das Freiwasser (vor allem der Lebensraum für die höheren Organismen wie Fische und für das Flussplankton) und die Uferzone oder Litoral (hier leben vor allem Wasserpflanzen, Schnecken und Muscheln).

Fließgewässer waren in der Vergangenheit ein wichtiger Standortfaktor für die Anlage und die Entwicklung von Siedlungen. Eine Ursache dafür war das hohe Selbstreinigungspotential, das die Fließgewässerökosysteme aufweisen. Wenn organische, fäulnisfähige Abwässer in einen Fluss eingeleitet werden, entwickeln sich Millionen von Bakterien, Protophyten und Protozoen, die ohne Zutun des

Gewässergüte in Fließgewässern (Saprobiestufen)

Güteklasse	Grad der organischen Belastung	Saprobiestufe	Saprobienindex
I	unbelastet bis sehr gering belastet	Oligosaprobie	1,0–<1,5
I–II	gering belastet	Übergang zwischen Oligosaprobie und Betamesosaprobie	1,5–<1,8
II	mäßig belastet	Betamesosaprobie	1,8–<2,3
II–III	kritisch belastet	alpha-betamesosaprobe Grenzzone	2,3–<2,7
III	stark verschmutzt	Alphamesosaprobie	2,7–<3,2
III–IV	sehr stark verschmutzt	Übergang zwischen Alphamesosaprobie und Polysaprobie	3,2–<3,5
IV	übermäßig verschmutzt	Polysaprobie	3,5–<4,0

Menschen die Belastung eliminieren. Sie oxidieren organische Verbindungen mithilfe des im Wasser gelösten Sauerstoffs, andere Verbindungen werden ausgeflockt und anschließend sedimentiert. Sonnenlicht und Wärme sind die Motoren für die biologische Selbstreinigung.

Nach einem Gesetz von Justus von Liebig beschleunigen sich die Umsatzprozesse, wenn die Temperatur zunimmt. Solange die Abwasserlast und die Selbstreinigungskraft in einem günstigen Verhältnis zueinander stehen, gelingt es den Fließgewässern immer wieder sich zu regenerieren. Dieses Prinzip der Selbstreinigung hat dazu geführt, dass die Flüsse bis zum Beginn unseres Jahrhunderts in Europa und Nordamerika in der Regel nur gering belastet waren, obwohl es noch keine Kläranlagen gab. Erst die immer schneller voranschreitende Industrialisierung und die Entwicklung von Ballungsräumen führten zu viel zu hohen Einleitungskonzentrationen und damit zu einem der größten Umweltprobleme unserer Zeit – der Eutrophierung und der Saprobisierung (Ansteigen der Fäulnisstoffe) der Gewässer.

Neben der Beurteilung der Gewässergüte steht heute die ökomorphologische Strukturvielfalt im Mittelpunkt der Fließgewässerklassifkation. Mit dem Ausbau, den meliorativen Eingriffen in den Landschaftswasserhaushalt und der Begradigung von Fließgewässern sind eine Vielzahl von Strukturen im Gewässerbett zerstört worden. Wichtige Flusselemente, wie beispielsweise Flussmäander, sind begradigt worden, Altwasser wurden zugeschüttet, Retentionsflächen (Rückhalteflächen) sind versiegelt, Sand- und Kiesbänke sind aus der Gewässersohle entfernt worden. Damit sind wertvolle und ökologisch wichtige Lebensräume in der Vergangenheit durch anthropogene Eingriffe vernichtet worden. Ein ökologischer Rückbau der Fließgewässer und die damit verbundene Renaturierung und Revitalisierung ist heute in einigen Landschaften schon unumgänglich.

Die Seen

Seen entstehen in ringsum geschlossenen Hohlformen, die gänzlich oder teilweise, ständig oder zeitweilig mit Wasser gefüllt sind. In geologischem Sinn sind sie kurzlebige, vorübergehende Gebilde. Die Wissenschaft, die sich mit den Seen beschäftigt, ist die Limnologie. Das Wort Limnä stammt aus dem Griechischen und bedeutet See. Die Limnologie als Wissenschaftsdisziplin ist erst knapp 100 Jahre alt. Der Name von August Thienemann als einem der Väter der Limnologie ist untrennbar mit der Entwicklung dieser neuen Wissenschaftsdisziplin verbunden.

Wie viele Seen gibt es auf der Erde? Diese Frage gehört zu den vielen noch ungeklärten. Selbst die Anzahl der Seen Deutschlands ist noch nicht genau bekannt. Hierbei spielt auch das Werden und Vergehen der Seen eine Rolle. Dahinter verbirgt sich die Tatsache, dass die Seen einer natürlichen Alterung unterliegen und nicht immer auf natürliche Art und Weise entstehen.

Die Größe und Tiefe der Seen kann sehr unterschiedlich sein. Die Ursache dafür liegt in der Regel bei der Entstehungsgeschichte. Der größte See ist das Kaspische Meer. Die Flächenangaben in der Literatur schwanken zwischen 371000 und 436400 Quadratkilometer. Ursache für solche Differenzen sind die großen Seespiegelveränderungen, die durch klimatische und anthropogene Eingriffe entstanden sind. So hat zum Beispiel der Aralsee durch die Bewässerung der Wüste Karakum schon mehr als ein Drittel seiner Gesamtfläche in den letzten 50 Jahren verloren. Die größte zusammenhängende Süßwassermenge bilden die großen Seen in Nordamerika. Ihre Gesamtfläche beträgt rund 242000 Quadratkilometer.

Der tiefste See der Erde ist mit 1620 Metern maximaler Tiefe und 730 Metern mittlerer Tiefe sowie einem Volumen von 23000 Kubikkilometern der Baikalsee. Er ist zugleich auch der älteste See der Erde. Seine Entstehungsgeschichte begann bereits im Präkambrium. Er ist als tektonischer See durch Auseinanderdriften zweier Erdschollen entstanden.

Die größten Seen der Erde

See	Fläche in km²	Seespiegel in m ü. M.	größte Tiefe in m	Abfluss
Kaspisches Meer (Westasien)	etwa 400000	–28	etwa 1030	ohne Abfluss
Oberer See (Nordamerika)	82100	184	405	Saint Mary's River
Victoriasee (Ostafrika)	68000	1134	85	Victorianil
Huronsee (Nordamerika)	59596	176	229	Saint Clair River
Michigansee (Nordamerika)	57800	177	281	Straits of Mackinac
Aralsee (westliches Mittelasien)	39500[1]	40	etwa 55	ohne Abfluss
Tanganjikasee (Ostafrika)	34000	773	1435	Lukuga
Baikalsee (Südsibirien)	31500	456	1637	Angara
Großer Bärensee (Nordamerika)	31153	156	413	Great Bear River
Malawisee (Südostafrika)	30800	472	706	Shire

[1] *ständiger Rückgang des Seespiegels seit 1960 (damals 64100 km²)*

Am Beispiel des Neusiedler Sees in Österreich und Ungarn kann gezeigt werden, dass die Seen sich hinsichtlich ihrer Fläche und Tiefe in relativ kurzer Zeit entscheidend verändern können. So war der Neusiedler See 1868 ausgetrocknet. Heute besitzt er wieder eine mittlere Tiefe von 1,5 Metern und eine Fläche von 183 Quadratkilometern.

Seen treten in allen Klimazonen der Erde auf. Sie sind aber meist nicht gleichmäßig verteilt. In der Regel finden sich die Seen zu mehr oder weniger großen Seengruppen zusammen. Sie prägen häufig ganze Landschaftseinheiten, die dann nach ihnen benannt werden. Zu den Ländern und Regionen, in denen die Landschaft vor allem durch die Vielzahl der Seen geprägt wird, zählen zum Beispiel Finnland, Schweden, Kanada und Norddeutschland. Nur die großen Endseen wie das Kaspische Meer oder der Aralsee sowie große tektonische Seen wie der Baikalsee oder der Balchaschsee kommen als einzelne Seen vor.

Seen treten in der Gebirgsregion genauso auf wie in den Mündungsgebieten der großen Ströme. Selbst in den Hochgebirgen findet man Seen – häufig als Karseen in Höhen von über 3000 Metern. Zu den bedeutendsten Hochgebirgsseen zählt der in 3812 Meter Höhe gelegene Titicacasee in Südamerika.

Nach der Lage im Flussnetz lassen sich vier verschiedene Seenarten unterscheiden: Flussseen (sie werden direkt von Flüssen durchflossen), Quellseen (am Beginn von Flussläufen auftretende Seen), Endseen (am Ende von Flussläufen befindliche Seen) und Landseen (oberirdisch abflusslose Seen). Ein weiteres Kriterium zur Unterscheidung der Seen ist die Wasserfüllung. Hierbei wird unterschieden zwischen perennierenden Seen, periodischen Seen und episodischen Seen. Die Flussseen in den Tiefländern prägen ebenso deutlich ganze Landschaftseinheiten (etwa die Wolgaflussseen, die Flussseen der Havel) wie andere, etwa glaziär entstandene Seen.

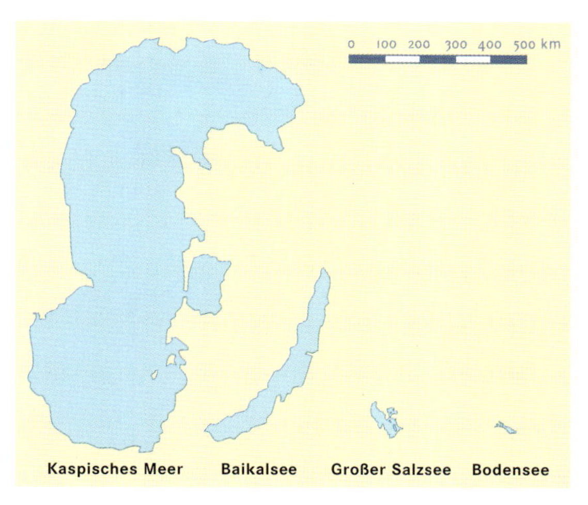

Flächenvergleich einiger bekannter Seen. Der größte See Deutschlands, der Bodensee, ist verschwindend klein im Vergleich zum größten See der Erde, dem Kaspischen Meer.

Die Entstehung von Seen

Die Genese der Seebecken kann sehr unterschiedlich sein. Prinzipiell unterschiedet man zwischen anthropogen und natürlich entstandenen Seen. Zu den wichtigsten anthropogen angelegten Seen gehören die Stauseen, die Bergbaufolgeseen und die Teiche. Bergbaufolgeseen entstehen vor allem durch den Abbau von Braunkohle, Sand, Kies, Ton, Torf und Steinen.

Es gibt mehrere Typen von Seen. Weltweit am weitesten verbreitet ist der glaziale See. Seen dieses Typs entstanden in den Abtragungs- und Aufschüttungsgebieten der letzteiszeitlichen Vergletscherung und Inlandeisbedeckung. Kennzeichnend für die Gebirgsvergletscherungsräume sind kesselförmige, heute wassergefüllte Karbecken, die von Gletschereis und damit verbundenen Vorgängen ausgearbeitet wurden (beispielsweise die Karseen der Alpen, des Kaukasus, der Pyrenäen).

Ein weiterer bekannter Seetyp ist der Fjordsee. Für Karelien und Nordamerika typisch ist der Glintsee. Hier sind durch den Eisschurf Wannen in Festgesteinsbereichen angelegt worden. Ihre Becken liegen im Verlauf der Grundgebirgsgrenze der alten Schilde, wie zum Beispiel des Fennoskandischen und Laurentischen Schildes, in den flach aufgelagerten, nicht gefalteten Sedimenten (Ladogasee, Onegasee).

Vielgestaltig und in ihrer Anzahl einmalig sind die glazialen Seen im Aufschüttungsbereich der letzteiszeitlichen Inlandvergletscherung. Von Schottland über Dänemark, Norddeutschland, Nordpolen, die baltischen Republiken, Weißrussland bis nach Karelien erstreckt sich ein weltweit einmaliges Band von Seenlandschaften des Tieflandes. Die Seebecken bildeten sich durch die Wirkung des

Schmelzwassers und durch unebene Aufschüttung von Material, das die Gletscher mitführten.

Ein in Europa ebenfalls verbreiteter Seetyp sind die Subrosionsseen. Sie entstehen durch Auslaugungsvorgänge im Untergrund vor allem über Salzstöcken (Salzdiapiren) oder in Karstgebieten. Diese so entstandenen Hohlformen können sich ständig, episodisch oder periodisch mit Wasser füllen. Hierbei spielen Abdichtungsvorgänge oder vorübergehende Verstopfungen eine große Rolle. Bekannte Subrosionsseen sind die Dolinenseen im Dinarischen Karst sowie in Deutschland der Arendsee und der Süße See. Seen dieses Typs können sehr jung sein.

Seen entstehen, Seen vergehen. **Verlandender See** in Skandinavien.

Tektonisch und vulkanisch entstandene Seen zählen zu den größten und tiefsten Seen der Erde. Auf tektonische Aktivität gehen die Seenkette im südlichen Teil Afrikas (Tanganjikasee, Njassasee) und der Baikalsee in Sibirien zurück. Durch vulkanische Eruptionen und Explosionen (Krater und Maare) oder durch nachträglichen Einsturz über Ausbruchszentren (Calderen) entstehen meist kreisrunde, verhältnismäßig kleine und tiefe Hohlformen. Bekannte Calderenseen befinden sich auf den Azoren und in Mittelamerika. In Deutschland sind die unweit von Bonn liegenden Maare der Eifel recht bekannt.

Ökosystem See

Das Ökosystem eines Sees wird durch die Gesamtheit aller biotischen und abiotischen Einflüsse, die in dem jeweiligen Raum vorhanden sind und gemeinsam ein Gefüge bilden, geprägt und beeinflusst. Zu den biotischen, also durch Lebewesen bedingten Parametern gehören die Gesamtzahlen und die Populationsdichten von Pflanzen, von Tieren und von Mikroorganismen (Bakterien und Pilze), die häufig in enger Wechselwirkung miteinander stehen, sich gegenseitig beeinflussen und auf diese Weise ein System bilden. Die biotischen Größen hängen in ihrer Gesamtheit mehr oder weniger stark von den abiotischen Einflüssen ab. Zu diesen zählen vor allem die geographische Lage, die Größe, die Tiefe und die Gestalt des Seebeckens, die zufließende Wassermenge aus dem Einzugsgebiet, die klimatisch-meterologischen Verhältnisse, die Nährstoffsituation und – nicht zu vernachlässigen – die anthropogenen Einflüsse.

Noch vor hundert Jahren gingen die Limnologen davon aus, dass die Seen ein in sich geschlossenes reproduzierbares System darstellen, das zu seiner Erhaltung nur der Sonnenenergie bedarf. Als einer der ersten Wissenschaftler erkannte François A. Forel (1901), dass die Seen nicht als autark betrachtet werden dürfen, sondern dass es Verbindungen zwischen den See-Einzugsgebieten und der Atmosphäre gibt. Heute sind auch die Wechselwirkungen zwischen den See-Einzugsgebieten und dem Gewässer selbst unbestritten.

Nährstoffgehalte von Seen

Die Bioproduktion der Algen und der – mit bloßem Auge deutlich erkennbaren – Makrophyten in einem Gewässer ist außer von der Sonnenenergie, der Temperatur und den morphologischen Gegebenheiten vor allem von dem Angebot an Nährstoffen abhänging. Zu den wichtigsten Pflanzennährstoffen gehören Phosphor und Stickstoff, beide in chemisch gebundener Form. In den meisten Seen Europas wirkt der anorganisch gebundene Phosphor als »Minimumfaktor«, also als der das Wachstum der Algen begrenzender Faktor. Man unterscheidet natürliche Nährstoffquellen und anthropogene Quellen. Zu den Letzteren zählen insbesondere Abwassereinleitungen.

Die Nährstoffe gelangen auf verschiedenen Wegen in das Gewässer: Entweder durch externe Einträge, die diffus oder punktuell sein können, über die Atmosphäre, das Grundwasser oder das Einzugsgebiet – oder aber durch die heute immer bedeutender werdenden internen Einträge durch Rücklösungsprozesse aus den Sedimenten. Die Sedimente kann man sich als das Gedächtnis eines Sees vorstellen – abgelagerte Phosphorfrachten können wieder aufgelöst werden. Solche Nährstoffrücklösungen sind für den Kreislauf des Phosphors von großer Bedeutung.

Diatomeenblüte auf dem brandenburgischen Wesensee. Diatomeen sind Kieselalgen, ihre »Blüte« entsteht durch Überdüngung (Eutrophierung). Die **Eutrophierung** ist eines der größten Umweltprobleme in Mitteleuropa.

Die größten Phosphorfrachten stammen aus den unzureichend geklärten Haushalts- und Industrieabwässern sowie aus der Überdüngung der landwirtschaftlichen Nutzflächen. Phosphat kann aber aus dem Nährstoffkreislauf eines Sees eliminiert werden, da es sich an Sedimentteilchen anlagert oder mit Eisen und Calcium reagiert und ausfällt. Im Sediment abgelagert stehen die Phosphorverbindungen für Algen und Wasserpflanzen nicht mehr zur Verfügung.

Einteilung der Seen in Trophieklassen

Um die Gewässergüte in Seen zu beurteilen, wurde der Begriff der »Trophie« eingeführt. In diesem Zusammenhang meint Trophie die Intensität der phototrophen Produktion. Ihre Bestimmung ist sehr zeit- und kostenaufwendig, sodass es sich in der wasserwirtschaftlichen Praxis durchgesetzt hat, den Chlorophyll-a-Gehalt als Biomassegegenwert zu bestimmen. Der Chlorophyll-a-Gehalt ist heute die zentrale Größe für die Trophiebestimmung. Chlo-

Gewässergüte in Seen (Trophieklassen)

Trophietyp	Chlorophyll-a-Gehalt in mg/m³	Sichttiefe (m)	Gesamtphosphor zum Frühjahr in mg/m³
oligotroph	<3	>6	<15
mesotroph	3–10	2,5–6	15–50
eutroph	10–30	1–2,5	50–75
polytroph	30–100	0,5–1	75–100
hypertroph	100	<0,5	>100

6 BB MNT 3

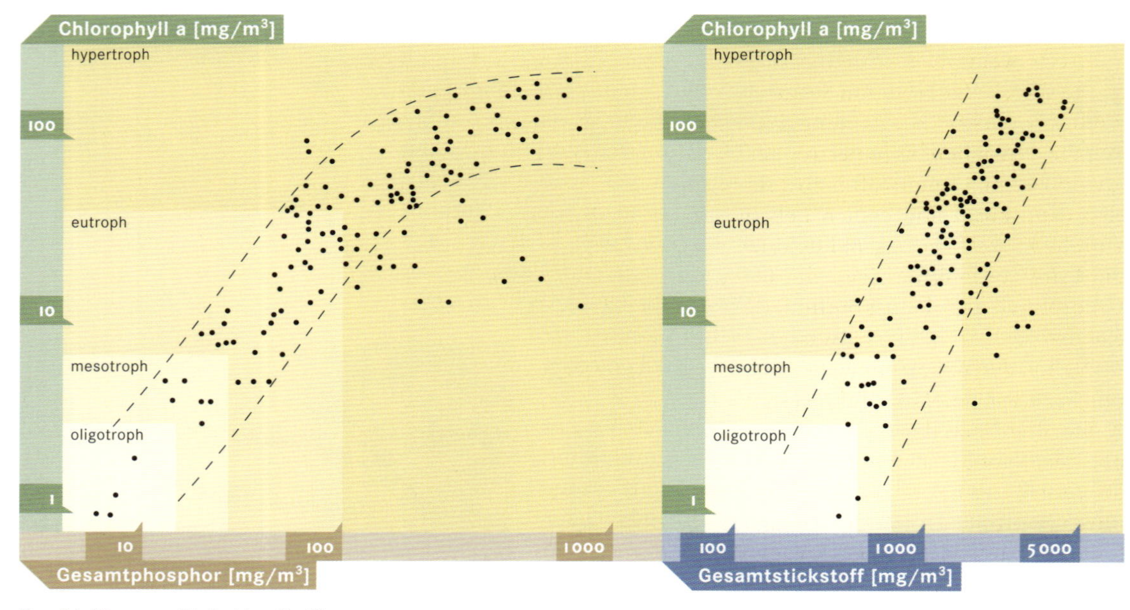

Trophieklassen. Die beiden Grafiken zeigen den Zusammenhang zwischen dem Gehalt an Chlorophyll-a und dem Gehalt an Phosphor bzw. Stickstoff.

rophyll-a ist der grüne Pigmentfarbstoff der Pflanzen, der für die Photosynthese unerlässlich ist.

Die Sichttiefe, gemessen mit einer weißen Secchischeibe, gibt die Eindringtiefe des für die Photosynthese wichtigen Lichtes an. Sie ist somit ein physikalisches Maß, das aber sehr stark durch die Algenproduktion und den Huminstoffanteil im Gewässer geprägt wird. Sichttiefenmessungen lassen sich sehr einfach durchführen und haben den Vorteil, dass die Messergebnisse relativ unkompliziert gewonnen werden können und sich zudem weltweit miteinander vergleichen lassen. Die Sichttiefen schwanken zwischen wenigen Zentimetern (Steinhuder Meer) und über 40 Metern im Crater Lake (Oregon).

August Thienemann entwickelte in seinen Untersuchungen an den Eifelmaaren unter anderem die Typisierung der Standgewässer anhand ihrer trophischen Beschaffenheit. Danach unterscheidet man heute die fünf Trophieklassen oligotroph, mesotroph, eutroph, polytroph und hypertroph. Die Seenklassifikation ist noch heute ein Katalysator für die Entwicklung der angewandten Gewässerökologie. Der Wunsch, die Seen weltweit zu vergleichen und nach länderübergreifenden Überwachungssystemen zu schützen, setzt sie voraus. Dabei besteht die Schwierigkeit darin, die Vielzahl der Einflussfaktoren auf ein Seeökosystem richtig zu verknüpfen und zu quantifizieren.

Zu den weltweit bedrohten Ökosystemen gehören die oligotrophen Seen. Sie sind durch ihre Nährstoffarmut gekennzeichnet. Das Phytoplankton kann sich deswegen nur spärlich entwickeln. Die geringe Produk-

Calderensee auf den Azoren. Der Kraterrand des 600 m hohen Cagon de Fogo steigt im Norden über 300 m steil an.

tion insgesamt führt dazu, dass die absterbenden Phytoplankton- und Tierreste während der Sommerstagnation nicht den Sauerstoffvorrat in der Tiefe aufzehren. Am Seegrund lebt eine artenreiche Fauna, die auf den Sauerstoff zur Atmung angewiesen ist. Demgegenüber besitzen die eutrophen bis hypertrophen Seen zum Ende der Sommerstagnation keinen Sauerstoff mehr; sie bieten dem komplexen Ökosystem dann kurzzeitig keinen Lebensraum mehr. Vom oligotrophen zum hypertrophen Zustand nehmen die Nährstoffkonzentrationen, die Primärproduktion (also die Erzeugung von Biomasse) und die Chlorophyll-a-Gehalte kontinuierlich zu sowie die Sichttiefe und der Sauerstoffgehalt im Tiefenwasser signifikant ab.

Neben den oligotrophen Seen gibt es einige wenige ultraoligotrophe Seen wie den Lake Tahoe (an der Grenze zwischen Nevada und Kalifornien) und den Crater Lake in Oregon. Weitere ultraoligotrophe Seen gibt es daneben noch in Nordamerika, Finnland und Karelien. Auch der tiefste See der Erde, der Baikalsee in Sibirien, gilt als ultraoligotroph. Durch die Zunahme der Abwässer aus der Celluloseindustrie und das mit der Veränderung der politischen und wirtschaftlichen Verhältnisse in Russland einhergehende mangelnde Umweltbewusstsein zählt er heute zu den besonders bedrohten Ökosystemen der Erde.

Die ökologischen Probleme der stehenden und fließenden Gewässer sind weltweit sehr vielfältig. Sie reichen von der Versauerung über die Vergiftung, die Eutrophierung, die Veränderung der hydrologischen Situation, die Versalzung bis zum völligen Verschwinden. Die wesentlichen Problemfelder in Mitteleuropa sind die Eutrophierung, sprich das Überangebot von Nährstoffen (Phosphor und Stickstoff) in Seen und die Saprobisierung (Zunahme der Fäulnisstoffe) in Fließgewässern.

LEBENSRÄUME IM SEE

Der See besteht aus den drei großen Lebensräumen Pelagial (Freiwasserraum), Benthal (Bodenregion) und Litoral (Uferregion). Die Abbildung zeigt einen Schnitt durch einen mitteleuropäischen See, auf der die Sukzessionsstufen der einzelnen Lebensgemeinschaften, also die Aufeinanderfolge von Pflanzengesellschaften, dargestellt sind. Diese lauten vom Ufer aus: Erlenbruchwald, Großseggenzone, Röhrichtgürtel, Schwimmblattgürtel, Zone der submersen Unterwasserpflanzen, Zone der Charawiesen, Zone der toten Muschelschalen, Benthalregion und Profundalregion. Diese Abfolge entspricht der in einem idealisierten See. Häufig tritt auch anstelle des Erlenbruchwaldes eine Streu- oder Uferwiese auf. Die Uferzone wird auch als Gelegestreifen bezeichnet. Sie ist ein wichtiger Lebensraum der Fauna, vor allem für die Jungtiere.

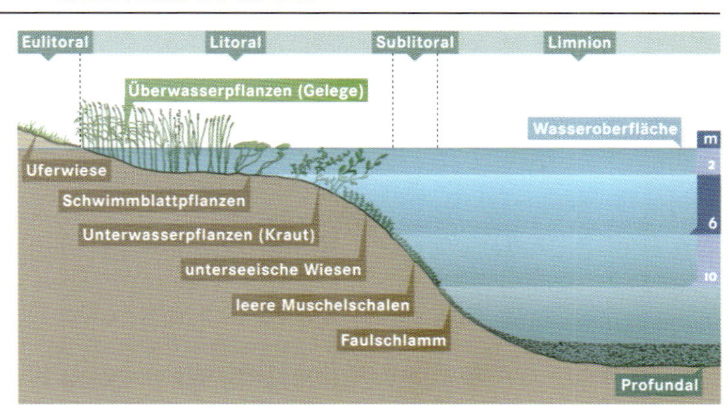

Grundwasser

Nach M. I. Lwowitsch beträgt der Grundwasservorrat der Erde 60 Millionen Kubikkilometer. Davon lassen sich aber nur 4 Millionen Kubikkilometer uneingeschränkt nutzen. Das Grundwasser füllt definitionsgemäß als frei bewegliches Wasser zusammenhängende Hohlräume im Untergrund und seine Bewegung unterliegt nur der Schwerkraft. Es tritt nach mehr oder weniger langem unterirdischem Fließweg in Quellen zutage oder strömt unmittelbar in oberirdische Gewässer ein. Ein Teil des Niederschlagswassers, das auf die Erdoberfläche der Kontinente fällt, versickert in den Untergrund. Die Geschwindigkeit der Versickerung hängt im Wesentlichen vom geologischen Untergrund ab.

Herkunft des unterirdischen Wassers

Unterirdisches Wasser kann verschiedene Ursprünge haben; sein Vorhandensein lässt sich auf unterschiedliche Ursachen zurückführen: auf den Aufstieg juvenilen, also aus dem Erdinnern stammenden Wassers, die Kondensation von Wasserdampf im Boden, die Versickerung der Niederschläge, die Infiltration aus Oberflächengewässern und die vom Menschen bewirkte Anreicherung des Grundwassers. Unterirdisches Wasser kommt in mehreren Erscheinungsformen vor; Grundwasser ist *eine* Form von unterirdischem Wasser. Die Versickerung von Niederschlagswasser ist dabei wesentlich von der Speicherfähigkeit und der Durchlässigkeit der Gesteine abhängig. Aus der Art der Hohlräume und ihrer Verbindung untereinander ergibt sich die Formung der unterirdischen Wasserwege und das Ausmaß der Wasserführung in den unterschiedlichen Gesteinen. Dabei sind die Gesteinshohlräume, also alle nicht mit festen Substraten ausgefüllten Bereiche, wichtig. Hierzu zählen insbesondere Poren, Klüfte, Spalten, Höhlen sowie künstliche Aufschlüsse unterhalb der Erdoberfläche.

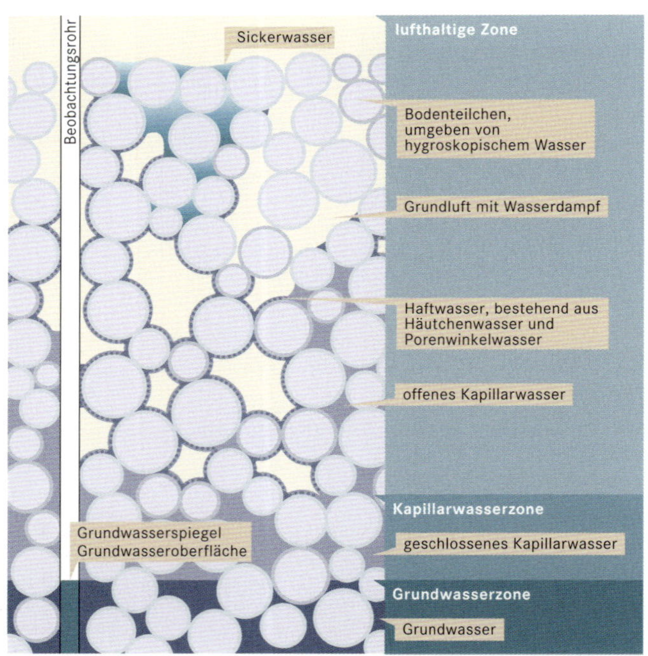

Vom Sickerwasser zum Grundwasser – **unterirdisches Wasser** tritt in verschiedenen Erscheinungsformen auf.

Neben den oben genannten Herkunftsvarianten des Grundwassers gibt es noch bedeutende fossile Grundwässer. Sie sind vor einigen Zehntausenden von Jahren aus dem Wasserkreislauf ausgeschieden worden.

Grundwasser kann letztlich nur dann entstehen, wenn der Niederschlagsgewinn den Verdunstungsverlust überwiegt. Selbst das mit rund 60 Milliarden Kubikmetern größte Süßwasservorkommen der Erde unter der Sahara wurde durch versickertes Niederschlagswasser gebildet. Der Grundwasserspeicher erreicht dabei mehr als 1000 Meter Tiefe.

Dass auch in anderen Teilen der Wüstenregionen trotz geringer Niederschläge und hoher Verdunstungsverluste Grundwasser vorkommt, ist in erster Linie auf die Kondensation des in das Erdreich eindringenden Wasserdampfes zurückzuführen.

Bedeutung des Grundwassers

Aufgrund der weltweiten Verschmutzung der Oberflächengewässer gewinnt der Schutz des Grundwassers immer größere Bedeutung – dies um so mehr, da der Wasserbedarf in den letzten 50 Jahren sehr stark angestiegen ist. 1930 wurde ein mittlerer Wasserverbrauch von 80 Liter/Tag für Europa angegeben, heute sind es 300 Liter/Tag. Die benötigte Wassermenge ist also in einem knappen halben Jahrhundert auf das Vierfache angestiegen. In Ballungsräumen wie dem Ruhrgebiet kann der tägliche Wasserbedarf auch 600 Liter pro Tag und Einwohner betragen.

Das Grundwasser spielt eine zentrale Rolle in der öffentlichen Wasserversorgung Deutschlands. Seine Bedeutung wird deutlich, wenn man die Struktur der Wasserförderung der öffentlichen Wasserversorgung betrachtet. Die Daten lauten für 1993: 67% Grundwasser, 10% angereichertes Grundwasser, 8% Quellwasser, 6% Talsperren, 5% Uferfiltrat, 4% Seewasser und 1% Flusswasser.

Heute herrscht in vielen Ländern der Erde bereits ein akuter Wassermangel, zum Beispiel in Ägypten, Saudi-Arabien oder Libyen. Ein »akuter Wassermangel« liegt dann vor, wenn weniger als 1000 Kubikmeter Süßwasser pro Einwohner und Jahr zur Verfügung stehen. Die Ursachen für das zunehmend existenzbedrohende Problem sind Bevölkerungswachstum, Umweltverschmutzung und Verschwendung.

Grundwasserneubildung

Den wichtigsten Beitrag zur Grundwasserneubildung liefert die Versickerung. Damit möglichst viel Wasser in möglichst kurzer Zeit versickert und damit der Anteil der Verdunstung und der Anteil des oberirdisch abfließenden Wassers so gering wie möglich

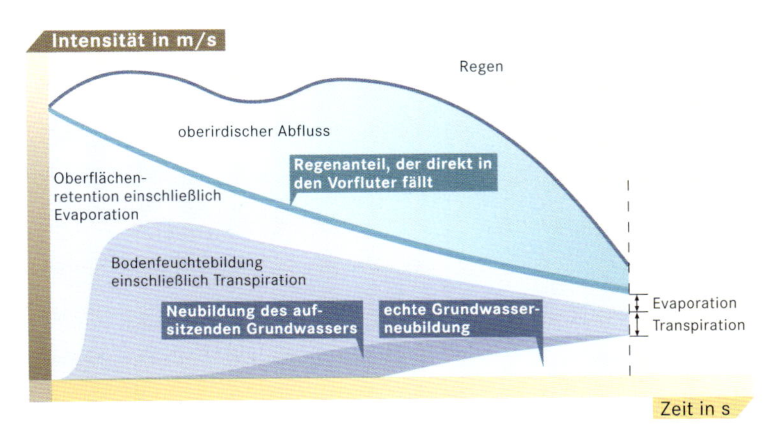

Die schematische Darstellung zeigt die Verteilung der Abflüsse nach einem länger anhaltenden Niederschlag. Die Fähigkeit des Bodens, Wasser entgegen der Schwerkraft zu speichern, bewirkt eine zeitliche Verschiebung zwischen dem Niederschlagsereignis und der **Grundwasserneubildung.**

bleibt, müssen oberflächennahe Bodenschichten wenig wassergefüllt sein und eine hohe Durchlässigkeit aufweisen. Daneben ist die Art und Intensität des Niederschlags von großer Bedeutung. In der Regel führen länger anhaltende Dauerregenereignisse zu höheren Versickerungsraten als Starkregenereignisse, bei denen die überwiegende Niederschlagsmenge oberirdisch abfließt.

Auch die geologische Situation hat starken Einfluss auf die Grundwasserneubildung, insbesondere die Verteilung und Anordnung von wasserdurchlässigen und -undurchlässigen Gesteinen. Speicherfähige und durchlässige Gesteine werden als Grundwasserleiter bezeichnet. Demgegenüber stehen die undurchlässigen Gesteine als Grundwasserstauer. Zwar kann auch ein Grundwasserstauer Wasser speichern, aber die Poren sind so klein, dass sich das Wasser nicht mehr gerichtet bewegen kann. Grundwasserleiter und Grundwasserstauer wechseln sich mit zunehmender Tiefe häufig ab. Man spricht daher von Grundwasserstockwerken. Die Grundwasserstockwerke werden von der Erdoberfläche nach unten gezählt. Die Oberkante des Grundwasserspiegels stellt sich in derjenigen Tiefe ein, wo der atmosphärische Druck dem des Wasserdrucks in den Kapillarräumen gleicht. Unterschieden wird das Grundwasser in ungespanntes Grundwasser, an dessen Oberfläche Wasserdruck und atmosphärischer Druck (einander engegengesetzt) gleich groß sind, und gespanntes Grundwasser, das unter einem höheren Wasserdruck steht und daher in Brunnen oder Beobachtungsrohren über der oberen Begrenzung eines Grundwasserleiters liegt.

Neben der Versickerung liefert die Infiltration von Oberflächengewässern den zweitwichtigsten Beitrag zur Grundwasserneubildung. Liegt der Seespiegel oder der Fließgewässerpegel über der Höhe des Grundwasserspiegels, so tritt Wasser, dem Gesetz der Schwere folgend, in den Untergrund ein. Dieser Prozess ist wiederum vom Gewässeruntergrund abhängig. Aufgrund ihres hohen

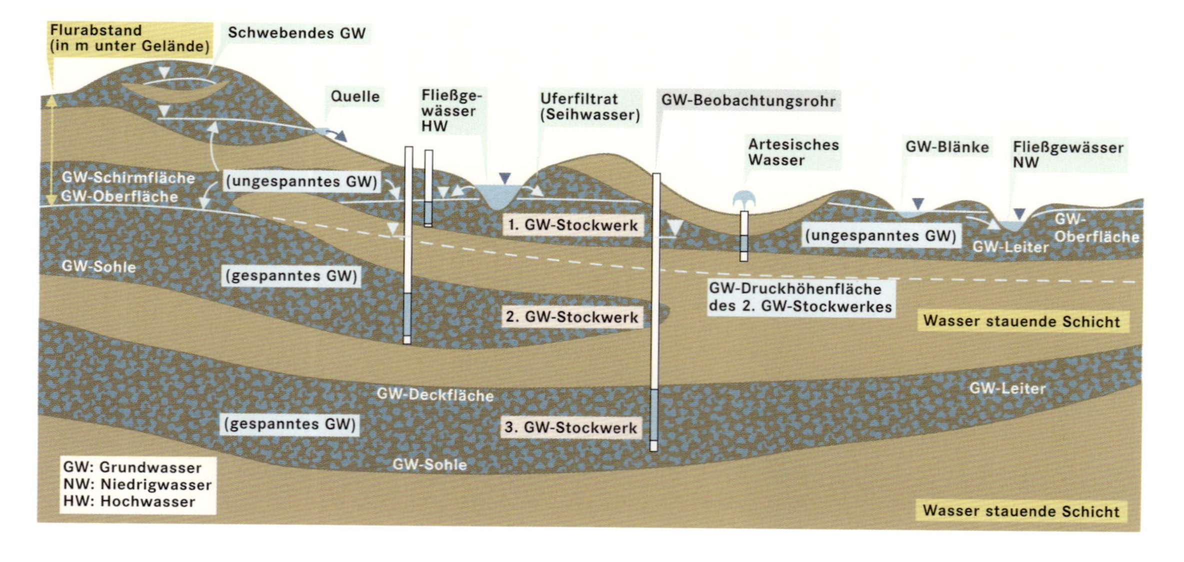

Darstellung der wesentlichen **geohydrologischen Grundbegriffe.**

Eutrophierungsgrades sind viele Oberflächengewässer durch Schadstoffe abgedichtet worden, sodass kein Austausch mit dem Grundwasser erfolgen kann. Die höchsten Infiltrationsraten treten in Flussauen auf, da diese periodisch überflutet werden und die Flussschotterstrukturen hohe Filtrationsraten aufweisen.

Wege des unterirdischen Wassers

Der Aufbrauch des Grundwassers wird als Zehrung bezeichnet. Unterirdisches Wasser geht auf vielfältige Weise wieder in den oberirdischen Bereich des Wasserkreislaufs über – es kann beispielsweise an Quellen aus dem Boden treten, es kann in Flüsse übertreten, verdampfen; auch die künstliche Grundwasserentnahme durch den Menschen gehört dazu. Im Sinne einer ökologischen Bewirtschaftung des Grundwassers nach dem Kreislaufprinzip darf nur so viel Grundwasser als Trink- und Brauchwasser entnommen werden, wie sich Grundwasser wieder neu bilden kann.

Heiße, unter Druck stehende **Quellen** auf den Azoren.

Das Grundwasser bewegt sich in Abhängigkeit von der Gefällesituation der Grundwasserstauer, dem Gefälle der Grundwasseroberfläche und der Gesteinsdurchlässigkeit. Daneben spielen die Korngrößenverteilung der Substrate und die Größe der Hohlräume eine entscheidene Rolle. In der Regel führen kleinere Hohlräume zu geringeren Fließgeschwindigkeiten.

Für die Grundwasserneubildung ist die Menge des Substratwassers von entscheidender Bedeutung. Das Substratwasser ist derjenige Teil der Niederschläge, der in unterschiedlicher Menge und Art in den Untergrund eindringt. In Abhängigkeit von Klima, Boden, Vegetation und Ausbildung des Grundwasserleiters (des Aquifers) beträgt sein Anteil in Mitteleuropa etwa 10 bis 20 Prozent des Gesamtniederschlags. Aufgrund der klimatischen Bedingungen erreicht in Mitteleuropa der Grundwasserspiegel im April, also nach der Schneeschmelze, begünstigt durch die relativ geringe Temperatur und die daraus folgende geringere Verdunstung, seinen höchsten Stand. Das oberflächennahe Grundwasser zeigt in unseren Breiten einen deutlichen jahreszeitlichen Gang. Die Differenzen zwischen dem Höchst- und Tiefststand können dabei bis zu zwei Meter betragen.

Im Gegensatz zu den natürlichen Grundwasserstandsschwankungen treten immer häufiger Schwankungen anthropogenen Ursprungs auf. Ursächlich dafür verantwortlich sind zum einen die zu hohen Grundwasserentnahmemengen und zum anderen die Umgestaltung der Landschaft, insbesondere die Verringerung der Rückhalteflächen, die Melioration, die Begradigung von Flüssen, die Versiegelung von Flächen und die Verfestigung des Bodens durch nicht angepasste Landwirtschaftstechnik. J. Marcinek und O. Mietz

Der Boden – Lebensgrund der Menschen

Auf den ersten Blick scheint es ganz einfach zu sein, den Boden zu beschreiben oder zu definieren, handelt es sich doch dabei offensichtlich um das Verwitterungsprodukt festen Gesteins. Obwohl diese Beschreibung nicht falsch ist, stellt sie nur eine Teilwahrheit dar. Betrachtet man eine Hand voll Boden mit der Lupe, dann erkennt man neben mineralischen Bestandteilen unterschiedlicher Größe auch organische Reststoffe, die von abgestorbenen Pflanzen oder Tieren stammen. Man stößt auf kleine Bodenlebewesen wie Regenwürmer, Springschwänze, Pilze und viele andere mehr. Die Bodenprobe lässt sich zwischen den Fingern zusammendrücken, das heißt, zwischen den Bodenpartikeln befinden sich Hohlräume, in denen Luft und Wasser gespeichert werden können. Noch genauere Untersuchungen fördern weitere, wichtige Bodeneigenschaften zutage: So finden beispielsweise im Boden Verlagerungs- und Durchmischungsvorgänge statt, die nicht nur durch Bodentierchen, sondern auch durch wässrige Lösungen vermittelt werden, die im Boden emporsteigen oder nach unten versickern. Weiterhin unterliegen die Bodenbestandteile allmählich voranschreitenden chemischen und physikalischen Veränderungen, was unter anderem dazu führt, dass mineralische Pflanzennährstoffe freigesetzt werden. Böden filtern Regenwasser und lassen so sauberes Trinkwasser entstehen. Sie sind meist in der Lage, saure Niederschläge zu puffern. Viele Stoffe, die in den Boden gelangen, können sie speichern. Durch ihre Fähigkeit, verschiedene chemische Reaktionen ablaufen zu lassen, tragen sie maßgeblich zur Entgiftung vieler Fremdstoffe in der Natur bei.

Als **Pedon** bezeichnet man den kleinsten einheitlichen Bodenkörper mit einer Größe von etwa einem Kubikmeter. Er umfasst einen dreidimensionalen, etwa hexagonal umgrenzten Ausschnitt aus der **Pedosphäre,** dem Bereich der Erde, in dem sich Lithosphäre, Hydrosphäre, Atmosphäre und Biosphäre überschneiden. In der Vertikalen reicht er vom Ausgangsgestein bis zu den oben aufliegenden Vegetationsrückständen, also vom mineralischen bis zum organischen Ausgangsmaterial.

Bereits diese Aufzählung einiger wichtiger Eigenschaften lässt erkennen, dass Böden dynamische Gebilde darstellen, die sich im Lauf der Zeit und in Abhängigkeit von den jeweils herrschenden Umweltbedingungen verändern.

Verwitterung und Bodenbildung

Die feste Gesteinshülle unseres Planeten entstand, als sich die zunächst glutflüssige Erde abkühlte. Dieser Erstarrungsprozess verlief nicht einheitlich. Bei raschem Erkalten, zum Beispiel unter dem Einfluss von Niederschlägen aus der Atmosphäre, erstarrte das glutflüssige Gestein zu einer nicht kristallinen, glasartigen Masse.

Dort, wo sich die Oberfläche allmählich abkühlen konnte, etwa unter einer bereits erstarrten Außenhaut, konnte die Schmelze langsam auskristallisieren. Dabei kam es, je nach der Abkühlungsgeschwindigkeit, zu mehr oder minder ausgeprägten Entmischungen verschiedener Mineralien, zum Beispiel von Feldspat, Quarz und Glimmer, wie sie für Granitgestein charakteristisch sind. Neben Granit gehören zu den grobkristallinen Erstarrungsgesteinen oder Magmatiten mit granitischer Struktur der Diorit, der Gabbro und der Peridotit. Zu den feinkristallinen bis glasartigen Gesteinen mit porphyrischer Struktur zählen vor allem Rhyolith, Dacit, Andesit, Pikrit und Basalt. Die Bildung solcher Magmatite kann man noch heute bei der raschen Erstarrung von Magmen an der Erdoberfläche nach Vulkanausbrüchen oder beim langsamen Erkalten in größerer Tiefe feststellen.

Aufbau der Erdkruste

Die verschiedenen Magmatite unterscheiden sich in ihrer mineralischen Zusammensetzung. Im Diorit geht der Quarzanteil im Vergleich zum Granit stark zurück, der Feldspatanteil nimmt dagegen zu, der Peridotit enthält keinen Quarz, dafür neben sehr wenig Feldspat hauptsächlich Olivin. Ebenso unterscheiden sich die feinkristallinen Magmatite in ihrem Mineralbestand, wobei der Rhyolith viel Quarz und Feldspat enthält, während der Pikrit vorwiegend aus Olivin besteht.

Erkaltete **basaltische Lava.** Basalt gehört zu den Effusivgesteinen oder Vulkaniten, die wiederum den **Magmatiten** zugeordnet werden.

In den die Magmatite aufbauenden Mineralien sind alle chemischen Elemente, die wir heute in unseren Böden vorfinden, enthalten. Quarz besteht, von Verunreinigungen durch andere Mineralien abgesehen, aus Kieselsäure (SiO_2). Feldspäte bilden dagegen ein Grundgerüst aus aluminiumhaltigen Silicaten (Alumosilicaten). In dieses Gerüst können Natrium (beim Albit), Kalium (beim Orthoklas) oder Calcium (beim Anorthit) eingebaut sein, oder es können Mischungen von Natrium- und Kaliumfeldspäten entstehen, die Plagioklase. Die meist dunkel gefärbten Pyroxene und Amphibole, zu denen auch der Glimmer gehört, besitzen kein durchgehendes Alumosilicatgerüst, vielmehr bilden hier die Alumosilicate zu Schichten vernetzte Kettenmoleküle. Zwischen diesen Schichten können verschiedene Ionen eingelagert werden. Als Beispiele seien der Augit ($(Ca,Mg,Fe,Al,Ti)_2(Si,Al)_2O_6$) und die Hornblende

Zusammensetzung einiger Magmatite in Volumenprozent

	Granit	Gabbro	Rhyolith	Basalt
Plagioklas	30	56	25	50
Kalifeldspat	35	–	40	–
Quarz	27	–	30	1
Amphibol	1	32	2	–
Pyroxen	–	1	–	40
Olivin	–	–	–	3
Biotit	5	–	2	–
Magnetit und Ilmenit	2	–	–	–
Apatit	0,5	0,6	–	–

Die **Bodenkunde** oder **Pedologie** befasst sich mit der Entstehung und Zusammensetzung der Böden, den in ihnen ablaufenden Prozessen, ihrer Verbreitung und den Möglichkeiten ihrer Nutzung und Verbesserung. Die Bodenkunde als naturwissenschaftliche Disziplin tangiert verschiedene Nachbardisziplinen, vor allem die Klimatologie, die Hydrologie, die Biowissenschaften und die Agrarwissenschaften. Böden sind offene dynamische Systeme, die sich entsprechend den bestimmenden Faktoren Klima, Ausgangsgestein, Relief, Vegetation, Wasserhaushalt, Tier und Mensch ständig wandeln.

($Ca_2(Mg,Fe,Al)_5(Si,Al)_8O_{22}(OH)_2$) genannt. Die bereits erwähnten Olivine sind Magnesium-Eisen-Silicate. Schließlich finden sich in nahezu allen Magmatiten wechselnde Mengen weiterer, oft schwermetallhaltiger Verbindungen, die häufig die Gesteinsfärbung beeinflussen. Beispiele dafür bieten der Turmalin (Bor-Aluminium-Silicat), Pyrit (FeS_2), Magnetit (Fe_3O_4), Ilmenit ($FeTiO_3$) und andere, sodass sich auch die bisher noch nicht erwähnten Elemente in den verschiedenen Magmatiten finden.

Während der weiteren Entwicklungsgeschichte der Erdkruste können aus den primär entstandenen Mineralien – meist unter hohem Druck und erhöhter Temperatur – stark veränderte Mineralien und Gesteine entstehen. Sie werden als Metamorphite bezeichnet. Ein typisches Beispiel sind die Gneise. Außerdem können sich durch Verwitterung und Umschichtung der primären Magmatite Sedimente bilden. Je nach der Löslichkeit der einzelnen Mineralien in Wasser und nach deren Reaktionsfähigkeit können dabei wieder neue Mineralien und Gesteine entstehen.

Verwitterung durch mechanische Prozesse

Die an der Erdoberfläche primär entstandenen Magmatite unterlagen in der Folgezeit Druckdifferenzen, Temperaturänderungen sowie anderen Witterungseinflüssen. Dadurch zerfielen die Ursprungsgesteine im Lauf der Zeit, sie verwitterten. Bei der Verwitterung werden besonders folgende Einflüsse wirksam: Ergeben sich rhythmische Temperaturänderungen, beispielsweise im Tag-Nacht-Rhythmus oder im Wechsel der Jahreszeiten, dann dehnen sich in kristallinen Gesteinen die einzelnen Mineralien unterschiedlich stark aus und ziehen sich wieder zusammen. Die dabei auftretenden Spannungen lassen grobkristalline Gesteine zu scharfkantigem Gesteinsschutt oder Grus zerfallen, der Korngrößen zwischen Sand und Kies einnehmen kann. Auch nicht kristalline Gesteine können der Temperatursprengung unterliegen, wenn beispielsweise Regen auf erhitztes Gestein fällt oder wenn ausgeprägte Temperaturdifferenzen zwischen Tag und Nacht auftreten. Temperaturänderungen an sich führen im nicht kristallinen Gestein zu Spannungen,

Abstammung einiger Metamorphite

Metamorphit	Ursprungsgestein
Gneise	siliciumreiche Magmatite, silicatreiche Sedimente; meist > 20 % Feldspäte
Grünschiefer, Amphibolite	siliciumarme Magmatite
Glimmerschiefer, Phyllite	Tone, tonreiche Sandsteine, Grauwacken; < 20 % Feldspäte
Marmor	Kalksteine
Talk-, Chlorit- und Kalkglimmerschiefer	Mergel
Hornfels	Mergel (im Kontakthof mit glutflüssiger Magma)

Zusammensetzung einiger Sedimentgesteine

	Zusammensetzung	Bedeutung für die Bodenbildung
Sandsteine	> 75 % Quarz	nährstoffarm
Quarzite und Grauwacken	> 12 % Phyllosilicate	nährstoffreich
Arkosen	< 12 % Phyllosilicate	nährstoffreich
Kalksteine	75–100 % Kalk	nährstoffarm
Mergel	25–75 % Kalk	nährstoffarm
Dolomit	> 50 % Ca-Mg-Carbonat	nährstoffarm
Löss	bis 35 % Kalk, Tonmineralien	nährstoffreich
Flugsand	Talsande aus Urstromtälern oder Küstenrändern	nährstoffarm
Geschiebemergel, Geschiebelehm	glaziale Ablagerungen mit erhöhtem Ton- und Silicatgehalt, Kalkgehalt variabel	nährstoffreich

in deren Gefolge Risse und Spalten entstehen. Besonders drastische Temperatursprünge treten in Wüstenregionen auf, wo an Gesteinsoberflächen tagsüber Temperaturen von 60 bis 80 °C erreicht werden können, während in der Nacht die Temperaturen unter 0 °C sinken. Wird der Gesteinsschutt abtransportiert, dann wird das darunter liegende Gestein entlastet und kann sich ausdehnen. Entsprechend den unterschiedlichen Ausdehnungskoeffizienten der verschiedenen Mineralien in diesem Gestein können sich Risse und Klüfte bilden.

In Gesteinsrisse und Spalten eindringendes Wasser dehnt sich beim Gefrieren etwa um zehn Prozent aus. Dabei entstehen Drücke bis über 2000 bar. Solchen Kräften hält langfristig kein Gestein stand, es werden Stücke abgesprengt. Diese Frostsprengung wird auch an bereits zerkleinerten Felsstücken fortgesetzt, sodass schließlich sehr feine Partikel entstehen, wie beispielsweise der Schluff mit einem Korndurchmesser zwischen 0,063 und 0,002 Millimeter. In wärmeren Klimaten kann sich aus dem Wasser auskristallisierendes Salz an der Gesteinssprengung beteiligen oder auch Salze im Gestein selbst, die beim Befeuchten Kristallwasser aufnehmen und dadurch ihr Volumen vergrößern. Bei solchen Salzsprengungen werden Drücke von zehn bar und mehr erreicht. Das genügt, um bereits rissig gewordenes Gestein zerfallen zu lassen.

Verwitterung durch chemische Prozesse

Während diese Arten der Gesteinssprengung bereits nach Jahren oder Jahrzehnten deutliche Spuren der Zerkleinerung erkennen lassen, verläuft die Gesteinsverwitterung durch Auswaschung langsamer. Zunächst wäscht Wasser die am leichtesten löslichen Bestandteile aus dem Gestein. Dazu gehören viele Chloride, Sulfate und Phosphate, wie etwa Steinsalz, Gips und Apatit. Im Verlauf genügend langer Zeiträume werden auch schwer lösliche Verbindungen wie Silicate ausgespült. Dieser Lösungsvorgang ist bereits mit gewissen chemischen Umsetzungen verknüpft: Wasser enthält

Ordnungsschema der Korngrößen verwitterter Mineralien

Name	Korndurchmesser in mm
Blöcke	> 200
Steine	63–200
Kies	2–63
Sand	0,063–2
Grobsand	0,63–2
Mittelsand	0,2–0,63
Feinsand	0,063–0,2
Schluff/Silt	0,002 –0,063
Grobschluff	0,02–0,063
Mittelschluff	0,0063–0,02
Feinschluff	0,002–0,0063
Ton	< 0,002
Grobton	0,00063–0,002
Mittelton	0,0002–0,00063
Feinton	< 0,0002

Die gebräuchliche Maßzahl für die in Lösungen enthaltene Konzentration an Wasserstoffionen (H^+), das heißt für den sauren oder basischen Charakter einer Lösung, ist der **pH-Wert.** Er kennzeichnet die saure, neutrale oder alkalische Reaktion des Bodens. Da die H^+-Ionenkonzentration über mehrere Zehnerpotenzen mit negativen Exponenten variiert, wird ein negativer Potenzexponent angegeben ($pH = -\log c_{H^+}$). Allgemein bezeichnet man Lösungen mit einem pH-Wert <3 als stark sauer, zwischen 3 und 7 als schwach sauer, zwischen 7 und 11 als schwach alkalisch und >11 als stark alkalisch.

stets H^+- und OH^--Ionen. H^+ ersetzt zunächst die an den Silicaten außen ansitzenden Alkali-Ionen (Na^+, K^+). Da das auf die Gesteine einwirkende Wasser ständig wieder abfließt oder versickert und immer wieder durch frisches Niederschlagswasser ersetzt wird, stehen stets H^+-Ionen für diesen Vorgang zur Verfügung. Enthält das Wasser viele H^+-Ionen, reagiert es deutlich sauer (etwa ab pH 4). Können die H^+-Ionen über lange Zeiträume hinweg einwirken, dann werden auch Aluminium (Al^{3+}) und andere mehrwertige Ionen (zum Beispiel Eisen und Mangan) abgelöst. Dabei zerfallen die ursprünglich kompakten Silicate zu kleinkörnigen Quarzpartikeln mit nur noch geringem Aluminiumgehalt. Aus den Endprodukten dieser sauren Hydrolyse kann Kaolinit gebildet werden, ein wichtiges Rohprodukt für die keramische Industrie.

Herrschen bei der Verwitterung alkalische Bedingungen, überwiegen also im Wasser OH^--Ionen, dann werden die im Ursprungsgestein vorliegenden Kieselsäureketten gespalten. Kieselsäure geht dabei in Lösung, während die (häufig farbigen) Metall- bzw. Metalloxidbestandteile erhalten bleiben. Dadurch ist das so gebildete, ebenfalls sehr feinkörnige Verwitterungsprodukt oftmals intensiv gefärbt. Es kann jedoch auch nahezu farblos sein, wenn es hauptsächlich Aluminium enthält. Als Verwitterungsprodukt einer alkalischen Hydrolyse kann unter anderem Bauxit entstehen, das Ausgangsprodukt der Aluminiumgewinnung.

Anders als Silicate verwittern Carbonate besonders in kohlensäurehaltigem Wasser, das sich stets bildet, wenn Regentropfen in der Luft Kohlendioxid lösen. Die Kohlensäure des Regenwassers bildet mit Carbonaten Hydrogencarbonate, die sich im Wasser leicht lösen. Die Carbonatverwitterung gehört zu den sehr schnell ablaufenden Verwitterungsformen.

Bauxitabbau in der Gove-Mine in Australien. Das Sedimentgestein Bauxit ist ein Endprodukt der allitischen Verwitterung. Bei diesen Verwitterungsvorgängen in tropischen oder subtropischen Räumen, in denen unter basischen Bedingungen Kieselsäure gelöst wird, kommt es zur Bildung von Aluminiumhydroxid und zur Anreicherung von Eisenoxid. Es entstehen lateritische Roterden, Laterit und schließlich Bauxit.

Mineralien, die Eisen, Mangan oder andere leicht oxidierbare Metalle enthalten, können langsam zerfallen, wenn sie beispielsweise im Verlauf von Gesteinssprengungen der Luft ausgesetzt werden. Diese Form der Verwitterung fand in großem Umfang statt, als im Verlauf der Entwicklungsgeschichte der Erde eine sauerstoffhaltige Atmosphäre entstand. Bei der Oxidation von Fe^{2+} zu Fe^{3+} oder von Mn^{2+} zu Mn^{4+} entsteht ein Überschuss an positiven Ladungen, der dadurch ausgeglichen wird, dass ein Teil der oxidierten Ionen oder andere Kationen (H^+, K^+, Na^+, Mg^{2+}) aus dem ursprünglichen Kristallgitter austreten. In jedem Fall verliert das Kristallgitter an Stabilität und zerfällt leichter bei der weiteren Verwitterung. Im Fall von eisenhaltigen Mineralien bilden sich bei der Oxidation rotbraune Verwitterungsprodukte, im Fall manganhaltiger Mineralien werden sie braun bis schwarz. Werden Sulfide oxidiert, dann bilden sich die entsprechenden Sulfate, die unter geeigneten Bedingungen Schwefelsäure freisetzen können.

Zu einem viel späteren Zeitpunkt, wenn die mineralischen Verwitterungsprodukte mit abgestorbenem organischen Material angereichert werden, können sich auch organische Säuren an der weiteren Verwitterung der Mineralien beteiligen: Citronensäure, Weinsäure, Äpfelsäure und andere Hydroxycarbonsäuren können viele Metalle komplex binden und damit aus dem Kristallgitter der Mineralien entfernen, die dadurch leicht zerfallen.

Verfrachtung des Verwitterungsschutts

Das durch Verwitterung gebildete, zerkleinerte Material wird meist durch Schwerkraft, Eis, fließendes Wasser und Wind mehr oder minder weit vom Entstehungsort abtransportiert. Das verfrachtete Material kann entweder am Ablagerungsort als Lockermaterial einen Boden bilden oder aber zunächst zu einem Sekundärgestein verfestigt werden, das erst nach erneuter Verwitterung einen Boden bildet.

Bei der Verfrachtung durch die Schwerkraft rutscht das Verwitterungsmaterial an Berghängen zu Tal, wo sich tiefgründige Böden entwickeln, während an den Berghängen meist nur dünne Schichten von Lockermaterial verbleiben. Fließendes Wasser vermag dagegen den Gesteinsschutt über Hunderte von Kilometern mitzuschleppen. Rollbewegungen von Steinen am Gewässergrund, die gegenseitige Reibung der Lockersedimente aneinander sowie die Reibung des Wassers an den Steinen und nicht zuletzt Lösungsvorgänge und Hydrolysen an den Geröllоberflächen zerkleinern das Material derart, dass schließlich nur Feinmaterial übrig bleibt – teils als Sand, teils als Schluff- oder Tonpartikel. Die im Fluss mitgeführten Partikel werden zum Teil bei Überschwemmungen auf dem Festland deponiert. Zum größten Teil werden sie aber im Meer abgelagert, wodurch sich im Lauf der Zeit sehr mächtige Sedimente bilden. Im Meerwasser gelöste Kieselsäure, Bicarbonate oder Metalloxide können die abgelagerten Partikel wieder zu kompaktem Gestein verfestigen.

Während lang anhaltender Kälteperioden kann auf dem Festland der Verwitterungsschutt mit dem Gletschereis wandern. Das mit der Gletscherzunge verschobene Material bleibt schließlich als Endmo-

Die räumliche Anordnung der einzelnen Bodenbestandteile bezeichnet man als **Bodengefüge.** Beim Grund- oder Primärgefüge herrschen gleichförmige Bindungskräfte, eine Aggregierung ist nicht zu erkennen. Die Bodenpartikel liegen entweder isoliert nebeneinander (Elementargefüge) oder sie haften aneinander und bilden eine dichte Masse (Kohärentgefüge). Beim Sekundär- oder Aggregatgefüge entstehen aus den Bodenteilchen zusammengesetzte Aggregate, die nach Größe und Form unterschieden werden.

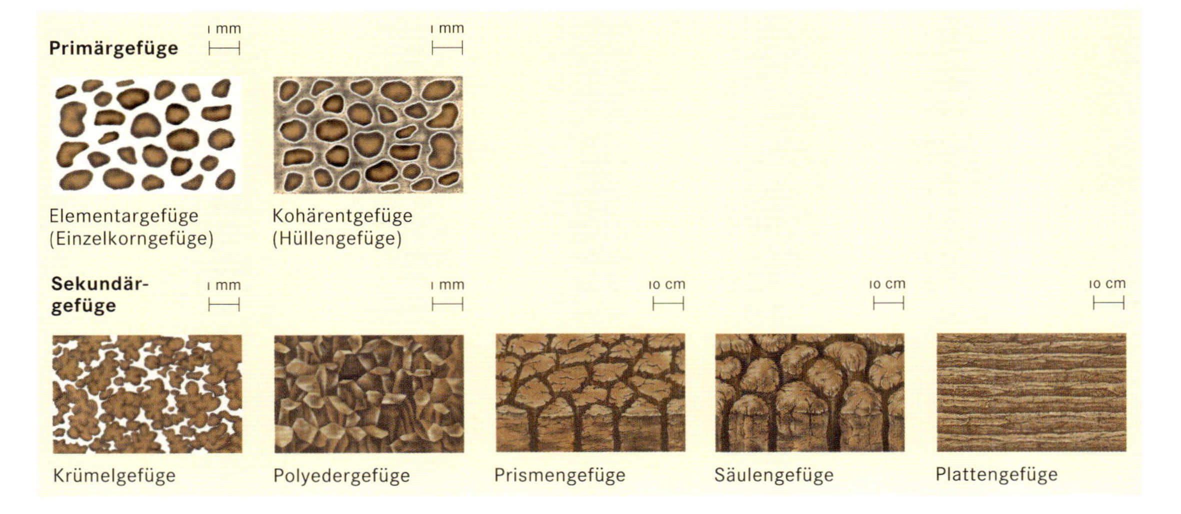

räne liegen, das auf dem Rücken der Gletscher mitgeführte Material nach dem Abschmelzen des Eises als Grundmoräne. Das mit dem Eis verfrachtete Material ist unterschiedlich stark zerkleinert und abgeschliffen, sodass sich in den Moränen von feinen Tonteilchen bis hin zu zentnerschweren Geröllen alle Korngrößen finden.

Schließlich kann Wind feinen Verwitterungsschutt (Sand, Schluff und Lehm) verlagern. Dabei werden die bewegten Teilchen durch gegenseitige Reibung nochmals kleiner. Beispiele für Windverfrachtung stellen die bis zu 30 m mächtigen Lössablagerungen dar.

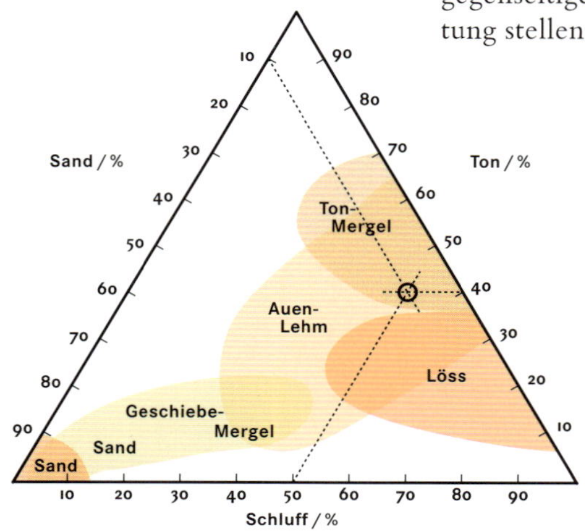

Im Diagramm ist die Einteilung einiger wichtiger Bodenarten dargestellt, die aus Sedimenten entstanden. Die in diesem dreidimensionalen Koordinatensystem durch einen Punkt ausgewiesene **Bodenart** besteht zu 50 % aus Schluff, zu 40 % aus Ton und zu 10 % aus Sand.

Ordnung der Lockersedimente nach Korngrößen

Die Korngröße der Lockersedimente – sie reicht von der Größe von Gesteinsblöcken bis hinab zu feinsten Tonpartikeln – ist ein wichtiges Charakteristikum für Böden: Die Korngröße bedingt nämlich das Porenvolumen zwischen den mineralischen Partikeln, das wiederum Durchlüftung und Wasserhaltevermögen eines Bodens prägt. Außerdem nimmt mit kleiner werdender Partikelgröße die Gesamtoberfläche des mineralischen Bodenmaterials zu, womit sich die weitere Verwitterung, also die Freisetzung pflanzenverfügbarer Verbindungen, verbessert. Die chemische Zusammensetzung der Mineralien entscheidet darüber, welche Elemente freigesetzt werden können. Bei gleicher mineralischer Zusammensetzung wird also der Nährstoffgehalt eines Bodens mit abnehmendem Korndurchmesser steigen. Da andererseits das Porenvolumen des Bodens für das Pflanzenwachstum wichtig ist, muss ein Boden eine möglichst optimale Mischung von Sand und Ton darstellen. Nach ihrer Zusammensetzung hinsichtlich der Korngrößen teilt man die Böden in verschiedene Bodenarten ein. Die Korngrößen unterhalb von zwei Millimeter fasst man oftmals als »Feinboden« zusammen, diejenigen von mehr als zwei Millimeter Durchmesser als »Skelettboden«. In grober Näherung kann man die Bodenarten durch Reiben einer Bodenprobe zwischen zwei Fingern bestimmen (Fingerprobe). Dabei gelten als Kriterien für Ton: formbar, beschmutzend und eine glatte, glänzende Oberfläche bildend. Schluff verhält sich wenig formbar, mehlig, zerbröckelnd, nicht beschmutzend; er bildet raue Gleitflächen. Sand ist nicht formbar, körnig und nicht beschmutzend.

Humusbildung

Nach der Bildung eines mehr oder minder feinkörnigen Verwitterungsmaterials wird dieses im Lauf der Zeit zunächst von Pflanzen und anschließend auch von Tieren besiedelt. Abgefallenes Laub, abgestorbene Pflanzen und tote Tierkörper bilden allmählich eine Schicht organischen Materials auf dem zunächst rein mineralischen Untergrund. Nun siedeln sich Bodenlebewesen an, die die organischen Reststoffe mechanisch zerkleinern und zum Teil verdauen. Die schwer abbaubaren Komponenten werden zunächst im

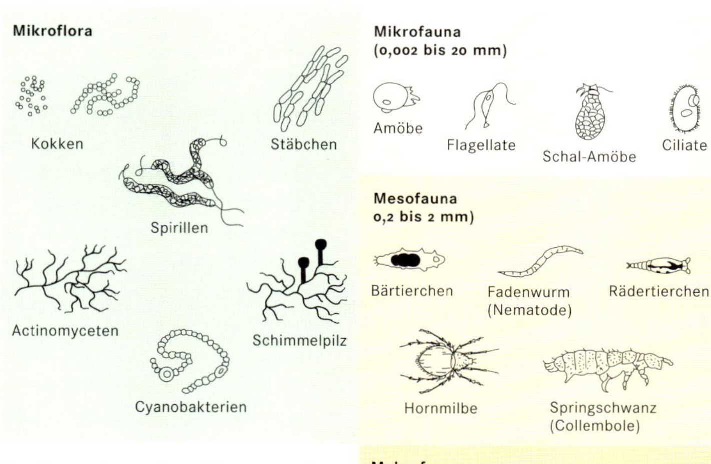

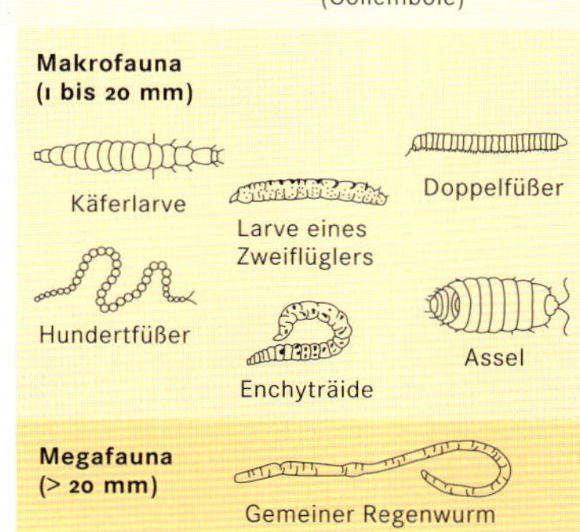

Bodenbewohnende Organismen beeinflussen die Bodenbildung ganz wesentlich. In der **Bodenfauna** am häufigsten anzutreffen sind einzellige Protozoen wie etwa die Amöben. Wichtige Vertreter der **Bodenflora** sind Actinomyceten (Strahlenpilze), die zu den Bakterien zählen. Sie sind wesentlich am Prozess der Zersetzung und Humifizierung beteiligt und verantwortlich für den typischen Erdgeruch, eine chemische Verbindung mit Namen Geosmin.

Darm bodenbewohnender Tiere zu Huminstoffen umgebaut und ausgeschieden. Ganz allmählich unterliegen auch diese Rückstände einer vollständigen enzymatischen Zersetzung, wobei die Abbaugeschwindigkeit auch von Umweltfaktoren wie Feuchtigkeit des Bodens und Temperatur mitbestimmt wird. Am Abbau der organischen Reststoffe beteiligen sich eine Vielzahl von Bakterien, Pilzen und Kleintieren. Alle bodenbewohnenden Organismen fasst man unter dem Sammelbegriff »Edaphon« zusammen. Unter den bodenbewohnenden Tieren nehmen die Regenwürmer insofern eine Sonderstellung ein, als sie durch die Röhren, die sie im Boden anlegen, erheblich zur Belüftung und zur Wasserdurchlässigkeit des Bodens beitragen. Außerdem durchmischen sie organische und anorganische Bodenbestandteile. An dem Durchmischungsprozess beteiligen sich allerdings auch die Pflanzen, indem sie mit ihrem Wurzelwerk meist in den mineralischen Bereich des Bodens eindringen. Nachdem die Pflanzen abgestorben sind, verbleiben die Wurzeln an Ort und Stelle. Aus der organischen Auflageschicht wandern langsam Bakterien und Pilze in die abgestorbenen Wurzeln ein und zersetzen sie.

Entwicklung des Bodens

Wesentliche Elemente, die zur Bodenentwicklung beitragen, sind das Ausgangsgestein, das Klima, die physikalischen Gesetze der Schwerkraft, die Morphologie der Landschaft (das Relief), die Pflanzen- und Tierwelt, oft auch das Grund- und Oberflächenwasser. Diese Faktoren bedingen ständige Stoffumwandlungen und -verlagerungen im Boden, die schließlich zur Ausbildung typischer Bodenhorizonte führen.

Humusstoffe und -formen

Obwohl der Humus aus abgestorbenen Pflanzen und Tieren hervorgegangen ist, hat sich sein Chemismus gegenüber den Ausgangsstoffen völlig verändert. Durch die Tätigkeit der Bodenlebewesen entsteht eine Fülle neuer Stoffe, die dennoch gewisse Gemeinsamkeiten im Aufbau erkennen lassen. Sie setzen sich zum großen Teil aus Molekülen mit aromatischen Ringen zusammen, die durch Kohlenstoffketten unterschiedlicher Länge miteinander verknüpft sind. Die Vernetzungen erfolgen über Sauerstoff- und Sulfidbrücken, über Imidogruppen und andere Brückenbindungen. Verschiedene funktionelle Gruppen wie Carboxylgruppen, Hydroxylgruppen und Carbonylgruppen befähigen die Huminstoffe zu einer

Vielzahl von chemischen Reaktionen mit geeigneten Reaktionspartnern.

Beim Abbau der ursprünglichen organischen Ausgangsstoffe und beim Umbau zu Huminstoffen werden diejenigen Elemente freigesetzt, die zuvor in den organischen Stoffen gebunden waren – beispielsweise Stickstoff, Schwefel, Phosphor – und eine Vielzahl von Metallen. Unter den vorzugsweise aeroben, also bei Anwesenheit von Sauerstoff ablaufenden, Abbaubedingungen werden diese Elemente in einer für lebende Pflanzenwurzeln resorbierbaren Form freigesetzt. Im Zug der Humifizierung gelangen all jene Elemente in den Boden zurück, die ihm früher durch die Pflanzen entzogen wurden.

Die im Boden verbleibenden Huminstoffe gliedert man gewöhnlich in drei Gruppen: (1) Humine, die in kalter Natronlauge unlös-

CHEMISCHE BINDUNGEN

Organische Moleküle verdanken einen Großteil ihrer chemischen Bindungseigenschaften speziellen Seitengruppen, die an den Grundgerüsten der Kohlenwasserstoff-Verbindungen hängen. Diese Seitengruppen, wie sie nachfolgend zusammengestellt sind, bezeichnet man als funktionelle Gruppen (rot dargestellt: Sauerstoff O, schwarz: Kohlenstoff C, blau: Wasserstoff H, grün: Stickstoff N, gelb: Schwefel S).

Solche funktionellen Gruppen befähigen Huminstoff-Moleküle dazu, nicht nur mit gleichartigen Molekülen, sondern auch mit anderen Stoffen, beispielsweise mit Tonmineralien, vielfältige chemische Bindungen einzugehen. Diese universellen Bindungsmöglichkeiten machen Huminstoffe zu wichtigen chemischen Reaktionspartnern im Boden, die Tonpartikel miteinander vernetzen, Wassermoleküle anlagern, Pflanzennährstoffe speichern, aber auch Eiweiße, Zucker, Pflanzenschutzmittel und vieles andere mehr binden und gegebenenfalls entgiften.

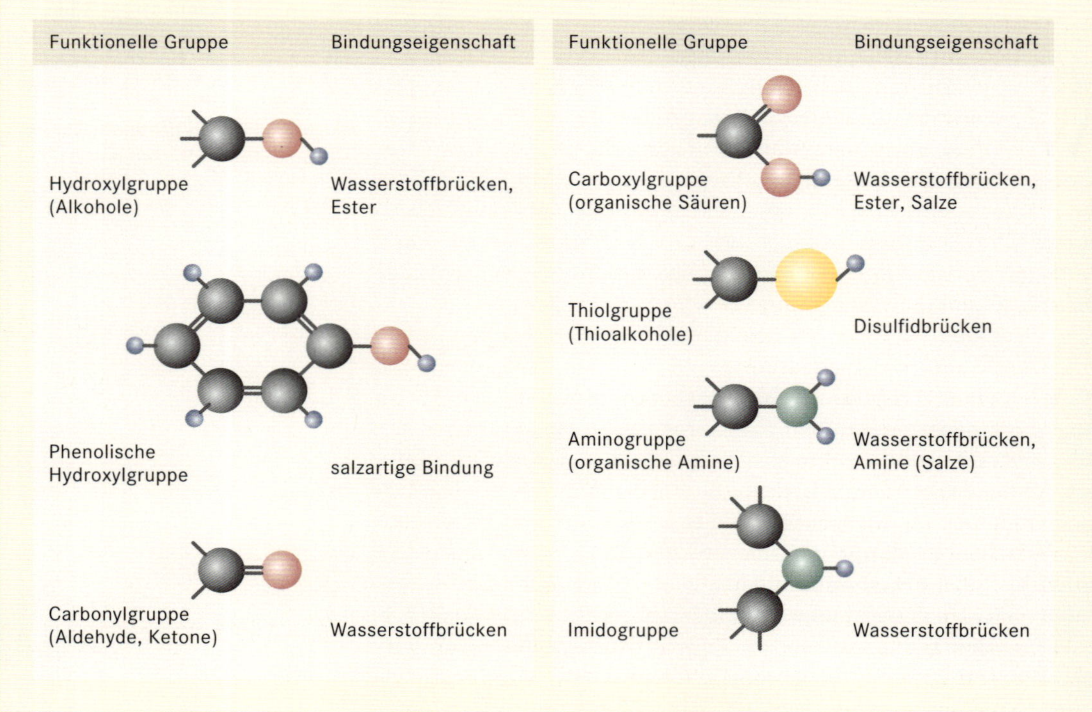

lich sind und wohl hochmolekulare Stoffe darstellen. (2) Huminsäuren, die sich in kalter Natronlauge lösen und mit Säuren wieder ausgefällt werden können. Huminsäuren verfügen über eine Reihe von schwach sauer reagierenden funktionellen Gruppen. Sie bilden Partikel mit einem Durchmesser von 20 bis 40 Nanometer (ein Nanometer ist ein Milliardstel Meter). (3) Fulvosäuren, die sich ebenfalls in kalter Natronlauge lösen, jedoch nicht mit Säuren ausgefällt werden können. Sie besitzen ein geringeres Molekulargewicht als Huminsäuren, zeichnen sich aber durch einen höheren Gehalt an Carboxylgruppen aus. Im Boden werden sie häufig an Tonmineralien oder Metalloxide adsorbiert.

Alle Huminstoffe stellen keine Endprodukte dar, sondern werden weiter chemisch umgesetzt. Dabei nimmt die Zahl ihrer Carboxyl- und phenolischen OH-Gruppen zu, wodurch sie viele organische und anorganische Moleküle binden und wieder abspalten können. Das gilt auch für Metallionen, die als Pflanzennährstoffe dienen. Somit sind Huminstoffe ähnlich wichtig für die Bodenfruchtbarkeit wie Tonmineralien, die ebenfalls Metallionen reversibel binden.

Während der Humifizierung werden Säuren wie Salicylsäure, Gallussäure und Citronensäure freigesetzt. Diese im Boden mobilen Säuren werden mit dem Niederschlagswasser aus der Humusschicht in das darunter liegende anorganische Verwitterungsmaterial gespült. Hier können sie Metalle komplex binden. Die leicht wasserlöslichen Verbindungen werden mit dem Regenwasser dann tiefer in den Boden transportiert, sodass die oberen Bereiche des mineralischen Bodens langsam an Metallen verarmen. In den tiefer liegenden Bodenschichten fallen die Metalle wieder aus, färben den Boden an und bilden mitunter feste Gesteinsmassen (Ortsteinbildung). Die für die Bodenstruktur so bedeutsame Säurebildung im Humus läuft umso intensiver ab, je weniger Sauerstoff Zutritt zum Humus findet, also besonders in vernässtem und verdichtetem Humus, in dem Mikroorganismen die Säurebildung forcieren.

Bodenhorizonte

Die Überlagerung des mineralischen Lockermaterials durch Humus und die Umlagerungen im mineralischen Anteil des Bodens bedingen im Lauf der Zeit eine ausgeprägte Schichtung des Bodens, die auch optisch deutlich zutage tritt, wenn man einen vertikalen Schnitt durch den Boden legt. Diese Schichten bezeichnet man als Bodenhorizonte.

Zuoberst liegt die Laubstreu, die man noch nicht den Bodenhorizonten zuordnet. Diese Bodenauflage bezeichnet man mit dem Buchstaben L, mitunter auch mit OL. Unter der Laubstreu bauen Bodenfauna und Mikroorganismen das organische Material enzymatisch ab, wobei sich Humus bildet. Dieser Abbau schreitet nach unten hin immer stärker fort. Der Humus bildet den obersten Bodenhorizont, den organischen Horizont oder O-Horizont. Gewöhnlich untergliedert man ihn in eine obere Schicht Of, in der neben noch weitgehend unzersetztem organischen Material bereits Feinmaterial entstanden ist, und in eine untere Schicht Oh, in der der Abbau bereits so weit fortgeschritten ist, dass der Anteil des Feinmaterials mindestens 70 Prozent beträgt.

Auf den Humushorizont folgt der mineralische Oberboden oder A-Horizont, der seinerseits eine deutliche Schichtung aufweist. Die oberste Zone, der Ah-Horizont, kann bis zu 15 Prozent Humus aus dem O-Horizont enthalten, der durch Bodenwühler und mit dem Regenwasser eingetragen wurde. Dieser Horizont ist deshalb dunkel gefärbt. Bei einem lehmreichen A-Horizont und nur mäßiger Versauerung kann aus dem unter dem Ah-Horizont liegenden Al-Horizont Ton ausgewaschen werden, wodurch sich dieser Horizont deutlich aufhellt. Liegt ein tonarmer A-Horizont vor und herrscht ein gemäßigt feuchtes Klima, dann können durch Huminsäure Eisen und andere Kationen ausgewaschen werden. Es resultiert dann ein sehr hellfarbiger Al- oder Auswaschungshorizont. Besonders deutlich ausgeprägt ist diese Erscheinung, wenn die Humusschicht von Rohhumusbildnern stammt, etwa von Koniferen und Heidekraut, oder wenn die Humusschicht schlecht belüftet ist.

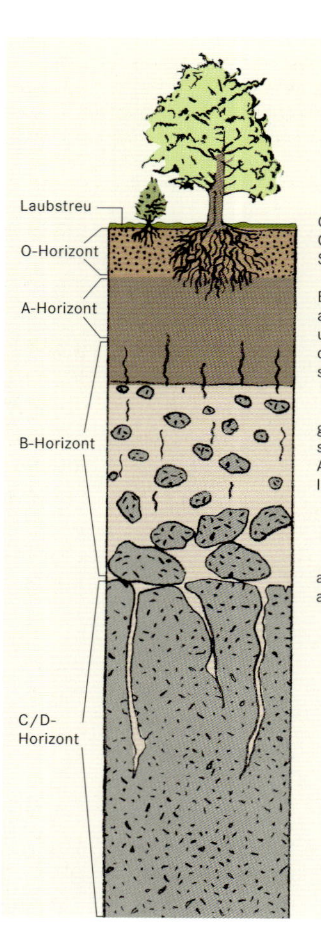

Bodenprofil mit folgender Horizontabfolge (von oben nach unten): O = organischer Horizont, A = mineralischer Horizont, B = mineralischer Unterbodenhorizont, C = mineralischer Untergrundhorizont des Bodenausgangsgesteins, D = mineralischer Untergrundhorizont, aus dem der Boden nicht entstanden ist.

Auf den A-Horizont folgt der mineralische Unterboden oder B-Horizont. Farbe und Aufbau dieses Horizonts sind entweder durch die Verwitterung des Bildungsgesteins oder durch eingewaschene Mineralien aus dem Oberboden charakterisiert. Entsprechend den örtlichen Gegebenheiten kann man deshalb verschiedene Ausprägungen unterscheiden. So steht das Kürzel Bv für einen Horizont, der durch fortschreitende Verwitterung des Ausgangsgesteins braun und lehmig geworden ist. Mit Bt bezeichnet man dagegen einen B-Horizont, der durch Einwaschungen aus dem Oberboden mit Lehm angereichert ist, mit Bh, wenn Humus aus dem Oberboden eingelagert wurde, und mit Bs, wenn Metalle ausfallen, die im Oberboden mithilfe von Säuren (beispielsweise Humin- oder Fulvosäuren) gelöst wurden. In einen solchen Horizont werden also farbige Metallverbindungen eingeschwemmt (»eingewaschen«). Daher nimmt dieser Einwaschungs- oder Illuvialhorizont – wie er auch genannt wird – in jedem Fall eine entsprechende charakteristische Färbung an.

Schließlich folgt der noch wenig verwitterte Untergrund. Handelt es sich dabei um das Ausgangsgestein des Bodens, dann spricht man von einem C-Horizont. Wurde auf einem Gestein Fremdmaterial abgelagert, das einen Boden bildete, dann bezeichnet man ihn als D-Horizont. Mitunter steht der mineralische Untergrund unter dem Einfluss von Grundwasser. In einem solchen Fall spricht man von einem G-Horizont. Schwankt der Grundwasserstand und hinterlässt er dadurch rostfleckige Bereiche im Gestein, dann heißt er Go-Horizont. Liegt dagegen der Gesteinsuntergrund dauerhaft im Grundwasserbereich und stellt sich eine graugrüne bis fahlblaue Färbung ein, die auf Reduktionsprozesse zurückgeht, dann wird er als Gr-Horizont bezeichnet. Handelt es sich um einen Gesteinsuntergrund, der das Sickerwasser nur schwer ablaufen lässt und deshalb häufig sauerstoffarm ist, sodass sich marmorartige Farbbänder zeigen, dann handelt es sich um einen Stauwasser- oder S-Horizont.

Umweltbedingungen und Bodenbildung

Die Bodenbildung wird nicht nur durch das Ausgangsgestein und die Humusbildung geprägt, sie hängt auch vom Klima, vom Grundwasserstand und nicht zuletzt von der Zeitspanne ab, die dem Boden für seine Entwicklung zur Verfügung stand. So können an unterschiedlichen Standorten aus dem gleichen Ausgangsgestein Böden mit verschiedenen Eigenschaften entstehen.

Häufige Frosteinwirkung führt zur Frostsprengung oder Kryoklastik. Sie reicht so weit in die Tiefe wie der Vorgang des Auftauens und des Wiedergefrierens. Die dabei stattfindenden starken Durchmischungsvorgänge (Kryoturbation) führen zur Entstehung von Frostmusterböden. Hohe Temperaturen bei gleichzeitig hoher Niederschlagstätigkeit lassen das Gestein tiefgründig verwittern – typisch für Böden in den Tropen. Alkali- und Erdalkalimetalle sowie Silicate werden dabei in die Tiefe transportiert, während das verwitterungsbeständigere Eisen- und Aluminiumoxid sowie Kaolinit, ein Aluminiumsilicat, zurückbleiben. Ein solcher ferralitisierter Tropenboden ist intensiv rotbraun gefärbt. Bei der weniger intensiven Niederschlagstätigkeit der gemäßigten Breiten, den dort herrschenden milderen Temperaturen und pH-Werten unter 7 führen die bei der Verwitterung freigesetzten Eisenoxide zum Verbraunen der Böden, wobei ein intensiv braun gefärbter Bv-Horizont entsteht. Diese Böden sind nicht so nährstoffarm wie Tropenböden und enthalten mehr Ton oder Lehm.

Die Art der Streu beeinflusst die Humusbildung. Unter kühlfeuchten Klimabedingungen und unter dem Einfluss einer Streu von Laub- und Nadelbäumen entsteht Moder, der seinen Namen einem charakteristischen Modergeruch verdankt. Er enthält Huminstoffe und Fulvosäuren. Mull entsteht aus einer Streu mit hohem Anteil an Abfällen krautiger Pflanzen und unter Klimabedingungen, die einen rascheren Abbau als unter den Bedingungen der Moderbildung erlauben. Der pH-Wert

Steinring-, Girlanden-, Steinnetz- und Steinstreifenböden zählt man zu den **Frostmusterböden** oder Strukturböden. Sie sind Erscheinungsformen der Bodenoberfläche mit ungleichkörnigem Bodenmaterial. Sie entstehen durch Solifluktion (Bodenfließen) und Kryoturbation, daher findet man sie v. a. in den Polar- und Subpolarregionen sowie in Gebirgszonen oberhalb der Waldgrenze. Die Fotografie darunter zeigt einen **Steinringboden** im Norden von Spitzbergen. Die geomorphodynamisch stabilen Steinringe sind mit Tundrenvegetation bewachsen.

Steinringböden

Girlandenböden

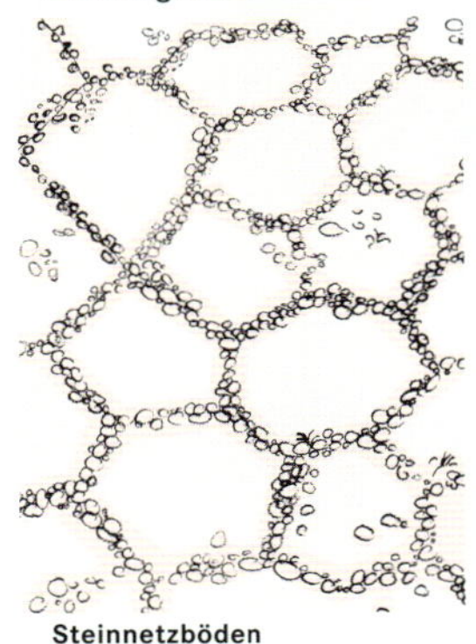

Steinnetzböden

Steinstreifenböden

HUMIFIZIERUNG UND ABBAU DER PFLANZENSTREU

Das Edaphon (die Gesamtheit aller im Boden lebenden Organismen) muss alljährlich die auf den Boden fallenden organischen Reststoffe in Huminstoffe umwandeln und im Lauf der Zeit vollständig abbauen oder mineralisieren. Ohne diese biologischen Umwandlungsprozesse wäre die Erde bald mit einer meterdicken Abfallschicht bedeckt, denn alljährlich gelangen beträchtliche Mengen abgestorbenen Materials von Pflanzen und Tieren auf den Boden. Wälder der gemäßigten Breiten produzieren pro Jahr etwa 4 bis 20 Tonnen Biomasse pro Hektar (t/ha), von denen ungefähr 60 %, das sind 2,4 bis 12 t/ha, in Form von Laub, Nadeln und abgestorbenen Zweigen auf den Boden rieseln. Auf Tierkadaver entfällt nur ein ganz kleiner Anteil der gesamten abgestorbenen Biomasse. Nach dem Absterben der Bäume gelangt der Rest der insgesamt produzierten Biomasse auf den Boden.

Die auf den Boden gelangenden organischen Reststoffe werden zum größten Teil durch das Edaphon vollständig abgebaut oder mineralisiert. Ein kleinerer Anteil unterliegt einer chemischen Umwandlung, der Humifizierung. Erdfresser wie Springschwänze, Regenwürmer und andere Kleintiere nehmen Pflanzenreste, Tierkot und Bodenbakterien auf, bauen sie in ihrem Verdauungstrakt zu kleineren organischen Stoffen ab und setzen anschließend diese Teilabbauprodukte wie Aminosäuren, Phenole und Zucker zu neuen organischen Stoffen, den Huminstoffen, zusammen. In einem gewissen Umfang beteiligen sich auch Bodenbakterien an diesen Umsetzungen. Günstige Voraussetzungen für die Humifizierung bilden pH-Werte im schwach sauren und im schwach alkalischen Bereich. Im stark sauren Bereich und unter anaeroben Verhältnissen wird die Humifizierung dagegen gehemmt.

Da die Abbaugeschwindigkeit der organischen Reststoffe stark von der herrschenden Temperatur und von der Bodenfeuchte abhängt, weisen die Böden der verschiedenen Klimazonen der Erde unterschiedliche Humusgehalte auf. Ganz allgemein nimmt mit steigender Temperatur die Abbaugeschwindigkeit der organischen Reststoffe im Boden zu, sofern es der Feuchtigkeitsgehalt des Bodens zulässt. Ein ausreichender Feuchtigkeitsgehalt des Bodens ist für Humifizierung und Mineralisierung der Laubstreu unerlässlich, doch sobald das Bodenwasser zu viel Luft aus den Bodenporen verdrängt und weitgehend anaerobe Verhältnisse schafft, bildet sich nur noch Torf, das heißt, die organischen Abfälle werden so unvollständig abgebaut, dass die ursprüngliche Pflanzenstruktur häufig noch erkennbar bleibt. Deshalb haben etwa nasskalte Tundrenböden trotz relativ geringer Streuproduktion sehr hohe Gehalte an organischem Material, während in gut durchlüfteten, warmen und feuchten Tropenböden trotz hoher Streuproduktion der Gehalt an organischer Substanz sehr schnell schwindet. Unter günstigen Abbaubedingungen bestimmt die Art der Pflanzenbedeckung weitgehend den Humusgehalt im Boden. So erzeugen Wälder mit ihrer umfangreichen Streubildung weitaus höhere Kohlenstoffgehalte im Boden als etwa Kartoffeln. Der Humusgehalt stellt ein wertbestimmendes Merkmal der Böden dar: Humus erhöht die Speicherfähigkeit von Böden für Wasser und Mineralstoffe und seine Huminstoffe verkleben kleine anorganische Partikel zu größeren Aggregaten, was die Durchlüftung verbessert und Bodenverdichtungen entgegenwirkt.

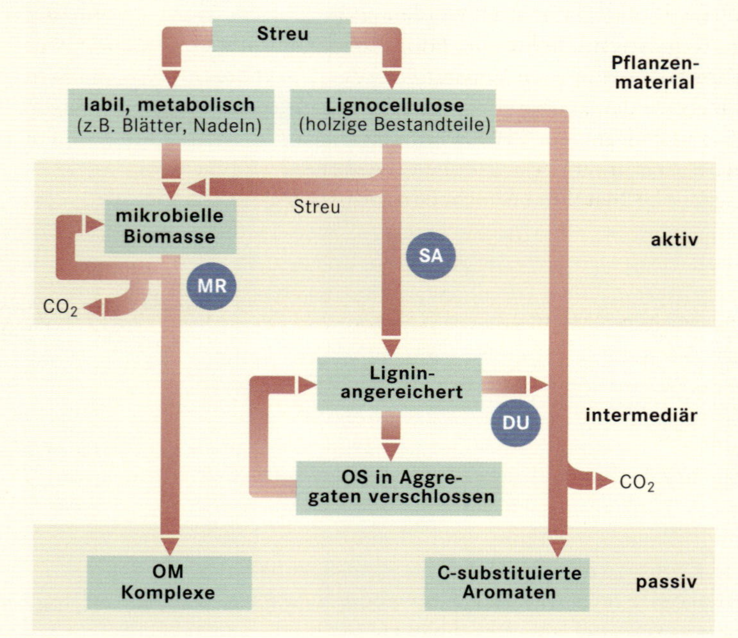

SA = selektive Anreicherung
DU = direkte Umwandlung
MR = mikrobielle Resynthese

OS = organische Substanz
OM = organo-mineralischer Boden
C = Kohlenstoff
CO_2 = Kohlendioxid

liegt wegen des höheren Gehalts an Huminstoffen höher als beim sauren Moder. Rohhumus entsteht dagegen aus schwer abbaubarer Streu von Rohhumusbildnern wie Koniferen, Zwergsträuchern und zum Teil aus Rotbuchenstreu. Die schwere Abbaubarkeit führt zur vermehrten Bildung von Fulvosäuren, die dem Rohhumus pH-Werte um 3 bis 4 verleihen. Die Säuren können aus dem A-Horizont reichlich Kationen auswaschen, die im B-Horizont wieder deponiert werden. Unter Rohhumusauflagen entstehen auf diese Weise Bleicherden oder – wie sie auch heißen – Podsole.

Stehen Böden ganzjährig mit dem Grundwasser in Verbindung, sodass sie schlecht belüftet werden, dann wird der Abbau organischer Stoffe gehemmt. Fehlt eine Humusauflage und stammt organisches Material lediglich von Wassertieren und Mikroorganismen, wird ein solcher Boden als Anmoor bezeichnet. Existieren dagegen vernässte Humusauflagen aus Pflanzenmaterial, dann spricht man von einem Moor. Das unter den anaeroben Bedingungen kaum noch abgebaute organische Material bezeichnet man als Torf.

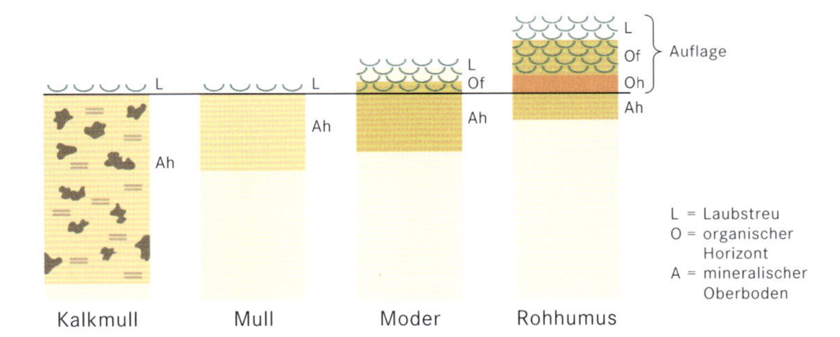

Humusformen. Kalkmull bildet sich vorwiegend auf tonreichen Kalken. Es ist ein stark humoses, lehmiges Substrat, das mit Kalkbrocken durchsetzt ist. Mull mit einem hohen Gehalt an Huminstoffen zeichnet sich durch eine besonders schnelle Abbaubarkeit aus. Moder ist eine Zwischenform zwischen Mull und Rohhumus. Typisch ist der charakteristische Modergeruch. Rohhumus liegt dem Boden als nur schwer abbaubare saure Auflage auf.

Sauerstoffmangel durch Wassersättigung des Bodens beeinflusst auch mineralische Bodenschichten. Die durch den Sauerstoffmangel hervorgerufenen reduzierenden Bedingungen führen unter anderem zur Bildung von zweiwertigen Eisen- und Manganverbindungen, die dem Boden eine charakteristische graugrüne Farbe verleihen. In trockenwarmen Regionen, in denen die Böden mehr Wasser durch Verdunstung abgeben als ihnen durch Niederschläge zugeführt wird, können an der Bodenoberfläche Salze oder Kalk ausgeschieden werden. Dann bilden sich mehr oder weniger mächtige Krusten von Gips, Kalk oder Steinsalz. Versalzungen des Oberbodens drohen auch bei künstlicher Bewässerung in Trockengebieten.

Bodentypen und Bodenzonen

Die unter verschiedenen Umweltbedingungen sich entwickelnden Böden versucht man systematisch zu erfassen und zu klassifizieren, wobei man unterschiedliche Klassifizierungskriterien heranziehen kann. Im deutschen Klassifikationssystem unterscheidet man nach der Einwirkungskraft des Wassers verschiedene Bodenabteilungen – Landböden (terrestrische Böden), Grundwasserböden (semiterrestrische Böden), Unterwasserböden (subhydrische Böden), Moore, anthropogene Böden – oder entsprechend der Reihenfolge der Bodenhorizonte die Bodenklassen. Zum wichtigsten Klassifizierungsprinzip gehören die Bodentypen, für die die Abfolge charakteristischer Bodenhorizonte das wichtigste Einteilungskriterium darstellt. Weitere bekannte Klassifikationssysteme sind das als »soil taxonomy« bekannte amerikanische Konzept, außerdem das System der seit 1961 von der FAO (der Ernährungs- und Landwirtschafts-

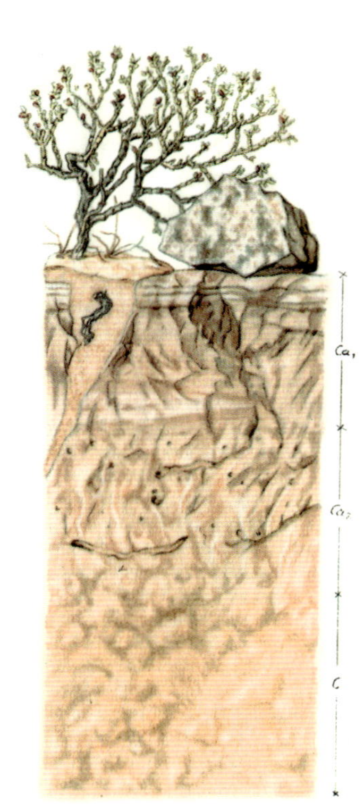

Dieses Profil eines **Kalkkrusten-Yerma** stammt aus Südspanien. Der Halbwüstenboden entstand über lockerem Mergel. Über dem mit Windsedimenten gefüllten Spalt auf der linken Seite hat sich eine Oberflächenrinde gebildet, rechts oben das Bruchstück einer Kalkkruste. In den Spalten gedeiht nur spärliche Wüstenvegetation, hier das Gänsefußgewächs Bagel.

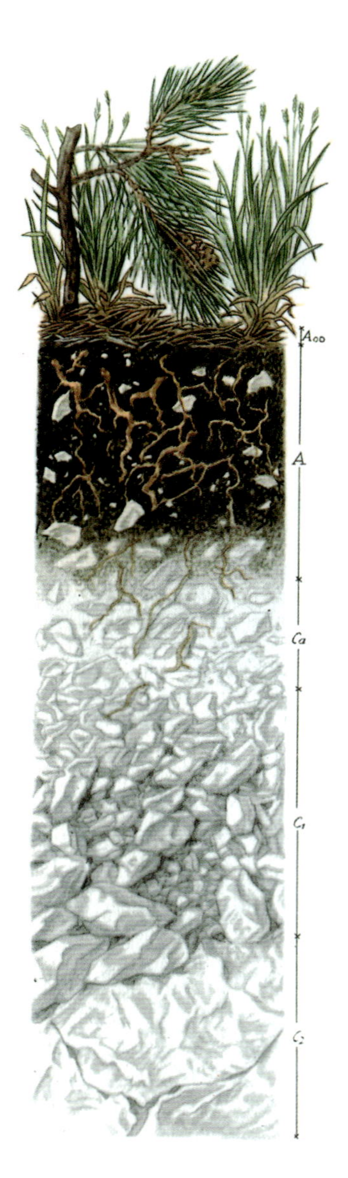

Unter einem Schwarzkiefernwald hat sich auf Dolomit eine mullartige **Rendzina** gebildet. Der Boden ist mineralreich, aber tonarm. Dieses besonders gut entwickelte Profil stammt aus dem südlichen Wienerwald.

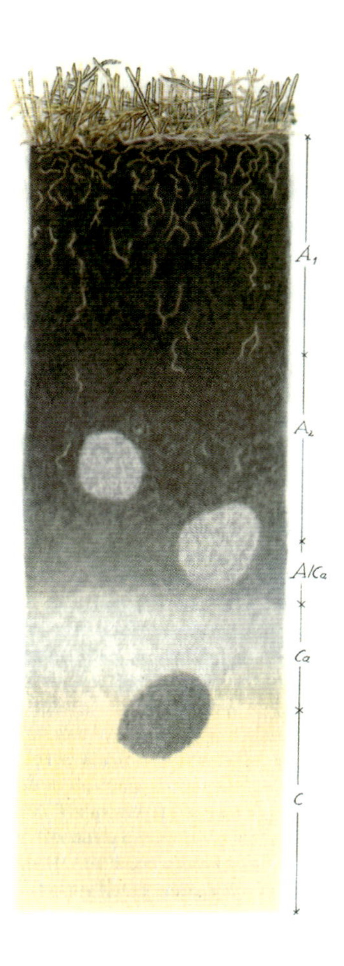

Zu den wertvollsten Böden gehört das **Tschernosem.** Dieses Profil einer Steppenschwarzerde auf Löss entstand in Niederösterreich. Die Böden sind meist tiefkrumig, bräunlich grau bis schwarz und nur wenig kalkhaltig und eignen sich besonders gut für den Getreide- und Zuckerrübenanbau.

organisation der Vereinten Nationen) erstellten Weltbodenkarte und eine erst 1994 von der World Reference Base for Soils (WRB) vorgeschlagene internationale Bodensystematik.

Europäische Böden

Rohböden, die sich im Anfangsstadium der Bodenbildung befinden, sind der Syrosem der gemäßigten Klimazone, der Råmark der kalten Dauerfrostgebiete und der Yerma der Wüsten und Halb-

Dieses Profil zeigt einen **Pseudogley,** hier das Beispiel eines Gleypodsols aus dem Elbsandsteingebirge. Er entstand auf Verwitterungssedimenten von Sandstein unter Fichtenwald. Der Oberboden steht nur teilweise unter dem Einfluss von Staunässe und hat einen hohen Grobsandgehalt.

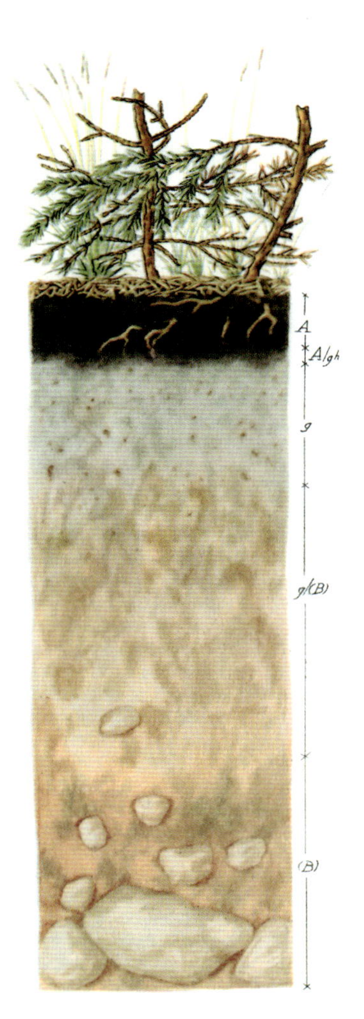

Ein extrem saurer und basenarmer **Podsol** ist dieser Humuspodsol, der sich auf Dünensand unter Callunaheide (Nordseeküste bei Bremen) gebildet hat. Deutlich sind die zwei hellen Ortsteinschichten zu sehen, im unteren Teil eine Serie von Bändern. Podsolböden sind nährstoffarm und eignen sich ohne Bodenverbesserungsmaßnahmen kaum für den Ackerbau.

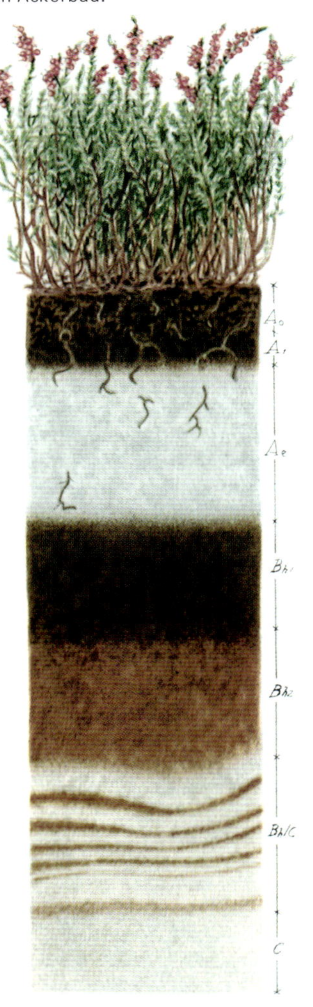

Zu den **Vertisolen,** Böden der Subtropen und der wechselfeuchten Tropen, gehört auch die schon in gemäßigten Zonen auftretende Smonitza. Dieser schwarzerdeähnliche Auenboden hat sich auf dem Kalkschotter des Wiener Beckens gebildet. Er trägt hier ein Buchweizenfeld. Der im Winter und Frühjahr sehr feuchte, im Sommer trockene Boden ist gut zersetzt und sehr fruchtbar.

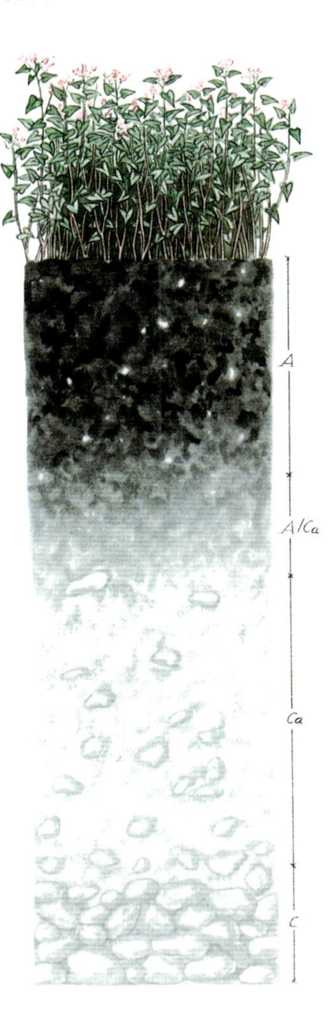

wüsten. Wüstenböden bilden sich in heißtrockenen Klimaten, in denen die Wasserverdunstung die Niederschlagsrate bei weitem übertrifft, sodass aufsteigende Wasserbewegungen in den Böden dominieren. Im Bodenwasser mitgeführte Mineralstoffe – Salze oder Kalk – fallen an der Bodenoberfläche aus und können ihn grau anfärben. Da Wüstenböden wegen der Trockenheit kaum oder gar nicht mit Pflanzen bewachsen sind, bildet sich praktisch kein Humus, es entstehen nahezu reine Mineralböden mit dem Profil A–C. Fallen an der Oberfläche zu viele Sulfate oder Chloride aus, dann entstehen unfruchtbare Salz- oder Natriumböden (Solontschak oder Solonez). Fehlt jedoch eine für Pflanzen toxische Versalzung, dann können Wüstenböden bei ausreichender Wasserzufuhr sehr fruchtbar sein, weil keine Nährstoffe ausgespült wurden.

Der Ranker ist ein sehr junger, flachgründiger, kalkarmer und oftmals steiniger Boden mit noch geringem Nährstoffgehalt. Man findet ihn meist an Berghängen, wo stete Erosion die ungestörte Weiterentwicklung des Bodens verhindert. Trotzdem besitzt er eine dünne Schicht von Laubstreu. In typischer Ausbildung liegt ein Ah–C-Profil vor. Ackerbaulich ist der Ranker kaum nutzbar, er kann jedoch Wiesen und Baumbewuchs tragen.

Die Rendzina ist ein spezieller Bodentyp, der sich aus kalk- oder gipsreichem Ausgangsmaterial entwickelt. Die kalk- und gipshaltigen Bestandteile werden teilweise ausgewaschen. Es entsteht ein flachgründiger, immer noch kalk- und nährstoffreicher Boden, dessen Humusauflage stets dünn bleibt, weil die ständige Neutralisierung der Säuren den mikrobiellen Humusabbau beschleunigt. Der Humus wird zum Teil in den Oberboden eingewaschen und bildet neben einem dunkel gefärbten Ah-Horizont einen charakteristischen steinigen und lehmigen A/C-Horizont, der auf dem kalkhaltigen, weißgrauen Untergrund (R) ruht. Das Bodenprofil – also die Abfolge der Horizonte – lautet daher Ah–A/C–R. Sind die Rendzinen tiefgründig genug, dann eignen sie sich sehr gut als Ackerböden.

Von Pararendzinen spricht man, wenn kalkhaltige Böden aus Löss, kalkhaltigem Sand, Schotter oder Geschiebemergel hervorgehen und mit Humus angereichert werden. Wegen ihrer Tiefgründigkeit eignen sie sich hervorragend als Ackerböden. Unter Laubwald geht die Pararendzina nach fortschreitender Entkalkung in Braunerden und Parabraunerden über, in Steppengebieten bildet sich Schwarzerde.

Beim Podsol, der Bleicherde, wird der A-Horizont durch Humin- und Fulvosäuren ausgewaschen. Dadurch bleibt ein nährstoffarmer, weißgrauer Ae-Horizont zurück, über dem eine meist mächtige Humusauflage liegt. Im mineralischen Unterboden fallen die ausgeschwemmten Mineral- und Huminstoffe wieder aus. Damit entsteht in typischer Ausbildung das Profil O–Ae/Bh–Bs/C. Bei ausreichender Düngung eignen sich Podsole gut als Ackerböden.

Braunerden und Parabraunerden entstehen, wenn die Böden weniger sauer reagieren als im Fall der Podsole und wenn die Humusschicht weniger Fulvosäuren abgibt. Für die Braunerden typisch ist ein durch Gesteinsverwitterung braun gefärbter Bv-Horizont. Bei den Parabraunerden oder Fahlerden hat dagegen eine gewisse Verlagerung von Ton und Eisenoxiden aus dem mineralischen Oberboden (Al) in den mineralischen Unterboden (Bt) stattgefunden. Sie nehmen also eine Zwischenstellung zwischen Podsolen und Braunerden ein. Das Profil der Parabraunerden lautet deshalb: Ah–Al/Bt/C. Braunerden besitzen das Profil Ah/Bv/C. Beide Böden stellen wegen ihrer dicken Humusschicht und ihres relativ hohen Nährstoffgehalts für Pflanzen gute Ackerböden dar. Plastische Böden aus Carbonatgestein sind die gelbbraun bis rotbraun gefärbte Terra fusca und die Terra rossa der Subtropen, die der Braunerde nahe stehen.

Schwarzerde (Tschernosem) entsteht, wenn sich Niederschlag und Verdunstung etwa die Waage halten, wenn also keine ausgeprägte Wasserbewegung in die Tiefe auftritt. Ist außerdem das Verwitterungsmaterial locker und kalkhaltig, wie beispielsweise beim Löss, dann bildet sich ein humusreicher schwärzlicher Boden mit sehr hohem Gehalt an Pflanzennährstoffen. Schwarzerden besitzen das Profil Ah–C. Sie stellen die ertragreichsten Böden dar.

Wenn Eingriffe des Menschen einen natürlichen Boden völlig verändern oder ein Bodenprofil vollkommen neu geformt wird, spricht man von anthropogenen Böden oder **Kulturböden.** Durch jahrzehnte-, manchmal sogar jahrhundertealte Gartenkulturen in oder bei Siedlungen entstehen so genannte **Hortisole.** Durch die intensive Bearbeitung ist der ursprüngliche Bodentyp nicht mehr erkennbar. Besonders verbreitet sind Hortisole in Gartenbaugebieten, etwa der Reichenau im Bodensee, und in alten Klostergärten. Eine Besonderheit in Nordwestdeutschland, auch in Irland und den Niederlanden sind die **Plaggenböden.** Bei der bis ins 19. Jh. ausgeübten Plaggenwirtschaft wurden die abgestochenen Plaggen (Narben von Heide- oder Grasflächen) als Stallstreu verwendet, kompostiert und als Dünger den nährstoffarmen Geestböden zugeführt. Die dadurch künstlich entstandene Humusschicht konnte 50 bis 120 Zentimeter betragen.

Außereuropäische Böden

Zu den tropischen und subtropischen Böden zählen die Vertisole und die Kastanoseme. Der dunkelgraue, im feuchten Zustand fast schwarze, tonmineralreiche Vertisol mit A–C-Profil bildet sich in Ebenen und Senken, die in der Regenzeit gut durchfeuchtet sind, in der Trockenzeit aber vollständig austrocknen. Der Boden wird durch diesen ständigen Wechsel gründlich durchgearbeitet und eignet sich gut für den Anbau von Pflanzen. Die Kastanoseme oder kastanienfarbenen Böden sind Bodentypen der Kurzgrassteppe, die unter stärkerer Trockenheit als die angrenzenden Schwarzerden entstanden und weniger wertvoll sind.

Tropenböden (Latosole, Ferralsole) entwickeln sich im feuchtheißen Tropenklima. Silicate werden weitgehend ausgewaschen, sodass hauptsächlich Oxide von Eisen und Aluminium übrig bleiben. Der A-Horizont bildet meist nur eine dünne Schicht, während der gelb bis tiefrot gefärbte B-Horizont im Verlauf mehrerer Millionen Jahre bis zu 50 Meter mächtig werden kann. Trotz üppigen Pflanzenbewuchses besitzen die Tropenböden nur einen dünnen O-Horizont, weil unter den tropischen Klimabedingungen der mikrobielle Humusabbau besonders rasch voranschreitet. Wegen der intensiven Auswaschungsvorgänge stellen Tropenböden sehr nährstoffarme, wenig fruchtbare Böden mit den Horizonten O/A/B dar. Nach dem Abholzen der tropischen Regenwälder können diese Böden nur vier bis fünf Jahre landwirtschaftlich genutzt werden, dann sind ihre Nährstoffvorräte erschöpft.

Böden der Niederungen

Alluviale Anschwemmungsböden und Auenböden sind noch am wenigsten von Umweltbedingungen geprägt, weil sie erst im Verlauf der vergangenen 8000 Jahre aus Flussablagerungen hervorgegangen sind. In der Regel enthalten sie deshalb noch viele Nährstoffe. Häufig stehen diese Böden in Verbindung mit sauerstoffreichem Grundwasser. Teilweise werden sie noch regelmäßig überschwemmt, sodass sie keine Säuren anreichern können. Stets handelt es sich um Böden mit einem A–C-Profil, die als Weide- oder Ackerböden nutzbar sind, auch in den Tropen. In jüngerer Zeit können Auenböden durch anthropogene Schadstoffe aus den Flüssen, wie etwa Schwermetalle, belastet sein.

Lokal können Böden sehr stark durch hoch anstehendes Grundwasser beeinflusst werden, wobei der hohe Grundwasserstand auf wasserundurchlässige Bodenschichten zurückgehen kann, aber auch auf anthropogene Einflüsse, die den Ablauf des Grundwassers verhindern. Unabhängig von Klimaeinflüssen verhindert ein hoher Grundwasserstand die Durchlüftung des Bodens. In solchen Böden laufen bevorzugt reduzierende chemische und biochemische Prozesse ab, und es findet keine Wasserbewegung nach unten statt, die Ionen aus dem Oberboden in den Unterboden transportieren könnte. Ein echter B-Horizont fehlt deshalb. Stattdessen entsteht ein durch das Grundwasser beeinflusster G-Horizont, wobei man einen graugrünen bis bläulichen Gr-Horizont (Reduktionshorizont), der mindestens 300 Tage im Jahr unter dem Grundwasserspiegel liegt, von einem rostfleckigen Go-Horizont (Oxidationshorizont) unterscheidet, der im Schwankungsbereich des Grundwassers liegt. Böden mit dem Profil Ah/Go–Gr bezeichnet man als Gley. Wird ein Boden nicht durch Grundwasser, sondern durch angestautes Niederschlagswasser vernässt, dann heißt er Pseudogley. Gley und Pseudogley tragen von Natur aus Bruch- und Auwälder, gelegentlich auch Feuchtwiesen. Eine ackerbauliche Nutzung ist in der Regel erst nach ausreichender Drainage möglich. Den Gleyen verwandt sind die Böden der Marschen in Küstenregionen. Auch sie weisen das typische Ah/Go–Gr-Profil auf, doch sind Marschböden in aller Regel kalkreich und reich an feinkörnigen Sedimenten.

Sind Böden bis zur Oberfläche vernässt und weisen sie außerdem eine völlig durchnässte Schicht organischen Materials auf (Torf), dann spricht man von Moorböden. Das unter der immer mächtiger werdenden Torfschicht liegende mineralische Material betrachtet man meist nicht mehr als zum Moorboden gehörend. Zu den Unterwasserböden, also den Böden des Gewässergrunds, gehören unter anderem der Dy (in sauren, nährstoffarmen Seen), der Sapropel (am Boden nährstoffreicher Gewässer) und die Gyttja (in nährstoffreichen, aber gut durchlüfteten Gewässern).

Tauglichkeit und Güte des Bodens

Die bei den verschiedenen Bodentypen angegebenen ackerbaulichen Nutzungsmöglichkeiten stellen nur eine grobe Orientierungshilfe dar. Zur genaueren Charakterisierung der Bodengüte (in Mitteleuropa) bedient man sich der Bodenzahl, die sich zwischen 7 und 100 bewegt. Bei der Festlegung der Bodenzahl berücksichtigt man folgende Kriterien: (1) die Bodenart, gegliedert nach Korngrößen (Sand, Lehm, Ton), (2) die Zustandsstufe (wie Bodengefüge

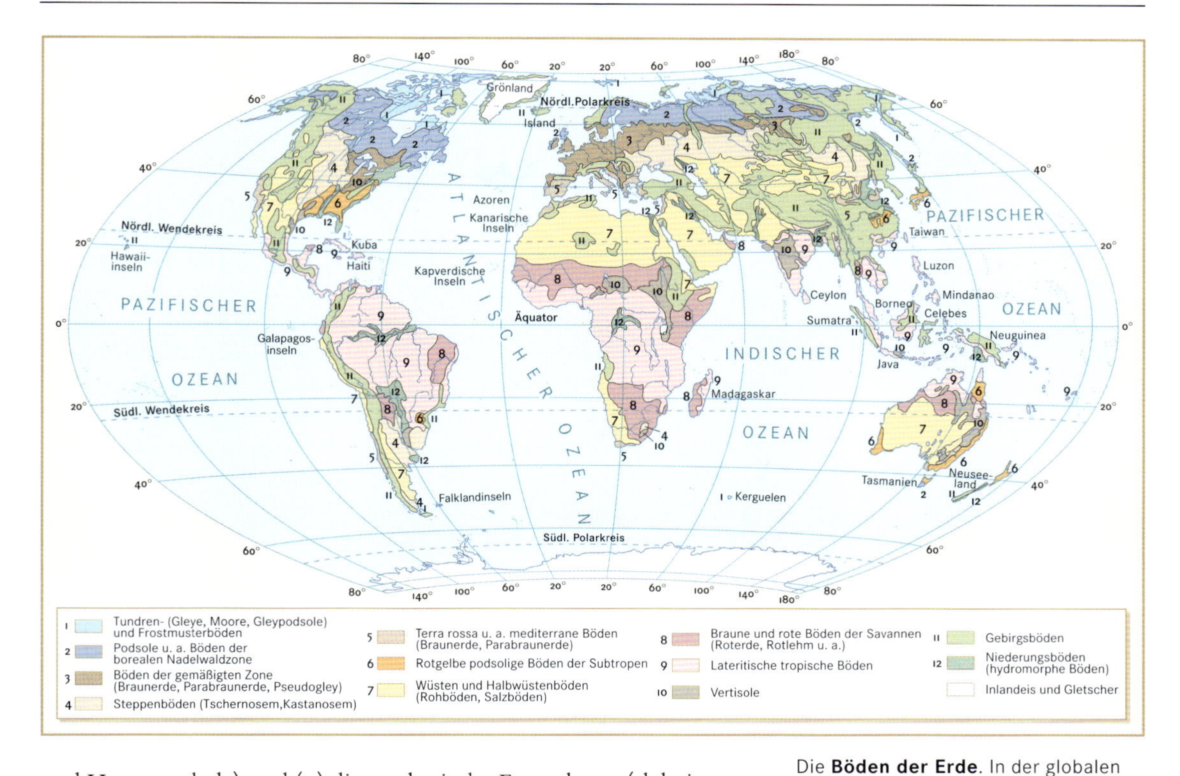

Die **Böden der Erde**. In der globalen Übersicht wird die zonale Anordnung der Böden deutlich.

und Humusgehalt) und (3) die geologische Entstehung (dabei unterscheidet man unter anderem zwischen Sediment, verwittertem Festgestein, Löss). Ein und derselbe Bodentyp kann somit je nach Bodenart und Entstehungsgeschichte recht unterschiedliche Bodenzahlen erhalten. Beispielsweise können für einen Lössboden die Bodenzahlen zwischen 25 und 92 variieren.

Durch die ihm eigene Fruchtbarkeit ist der Boden der Träger allen Lebens auf dem Festland. Allerdings weisen 40% der Festlandsfläche unfruchtbare Böden auf (Tundren, Wüsten und Halbwüsten, Gebirge). Nur etwa 6% aller Böden sind von mittlerer Güte und etwa 20% von Natur aus fruchtbar. Erst durch Bodenbearbeitung werden weitere Böden agrarisch nutzbar.

Unter Bodenzonen versteht man die geographische Verteilung der Bodentypen im Zusammenhang mit den Klimazonen der Erde und mit den landschaftlichen Gegebenheiten. Sie sind Grundlage für die kleinmaßstäbige Bodenkarte, die die regionale Verbreitung der Böden zeigt. Dabei werden mehrere Hauptbodengruppen und Bodeneinheiten zu Bodenzonen zusammengefasst. Die wichtigsten Bodenzonen der Erde sind in der Bodenkarte dargestellt.

Bodeneigenschaften

Ihr komplexer Aufbau und der reichhaltige Besatz mit Bodenlebewesen verleiht den Böden einige bemerkenswerte Eigenschaften: Böden können Pflanzen mit Nährstoffen versorgen, Wasser speichern, als Filter wirken und – im begrenzten Maß – Schadstoffe abbauen.

Kultursubstrat für Pflanzen

Um Pflanzen als Kultursubstrat zu dienen, muss der Boden den Pflanzenwurzeln nicht nur ausreichenden mechanischen Halt bieten, er muss außerdem noch genügend locker sein, um den Wurzeln das Durchwachsen zu ermöglichen. Die Größe der Partikel und ihre Packungsdichte muss so beschaffen sein, dass dem Wachstumsdruck der Wurzeln kein unüberwindlicher Widerstand entgegengesetzt wird. Die Angaben über die Höhe des entsprechenden Grenzwerts schwanken zwischen etwa drei und fünf Megapascal. Für ihren Weg durch den Boden nutzen die Wurzeln vor allem die Grobporen, nur die Wurzelhaare können bis in die weitesten Mittelporen einwachsen. Für das Wurzelwachstum eignet sich am besten die Krümelstruktur, die durch das Verkleben feiner Mineralpartikel durch Huminstoffe entsteht. Diese Struktur bietet die günstigsten Voraussetzungen für das Wurzelwachstum hinsichtlich Lagerungsdichte und Porosität des Bodens sowie seiner Versorgung mit Luft, Wasser und Pflanzennährstoffen. Diese Voraussetzungen sind am besten im A-Horizont oder genauer gesagt im Ah-Horizont gegeben, also in dem mit Humus angereicherten, mineralischen Oberboden. Die Nährstoffversorgung der Pflanzen wird durch die Zersetzung des Humus ebenso gewährleistet wie durch die ständig voranschreitende Verwitterung der mineralischen Bodenpartikel, sodass sowohl die chemische Zusammensetzung der Bodenmineralien als auch deren Korngrößen – besonders die Anzahl von Tonpartikeln in einer Bodenportion – die Bodenfruchtbarkeit maßgeblich mitbestimmen.

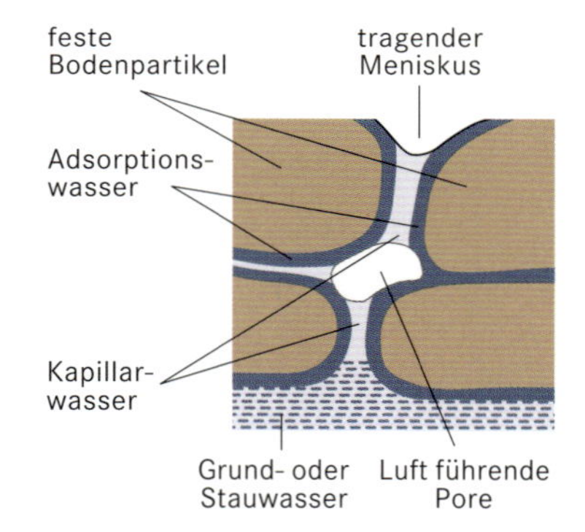

Haftwasser im Boden, das an Oberflächen fester Bodenpartikel festgehalten wird, bezeichnet man als **Adsorptionswasser.** In Kapillaren und Poren wird das **Kapillarwasser** festgehalten. Die kapillaren Kräfte führen zur Ausbildung von Menisken mit Oberflächenspannung.

Boden als Wasserspeicher

Sowohl für das Pflanzenwachstum als auch für den Wasserhaushalt ganzer Landschaften ist die Wasserspeicherung des Bodens wichtig. Für das Wasserfesthaltevermögen eines Bodens sind verschiedene Faktoren verantwortlich. Beispielsweise kann Wasser chemisch gebunden werden, etwa in Form von Hydroxiden oder in Form von Kristallwasser. Auch das Festhalten durch Quellung ist eine Form der chemischen Wasserbindung. Bei schichtförmig aufgebauten Silicaten (wie beispielsweise dem Montmorillionit) wird Wasser zwischen den Silicatschichten eingelagert und festgehalten, wodurch das Kristallgitter erheblich aufgeweitet wird (Quellung).

Große Mengen von Wasser werden an den Grenzflächen zu den Feststoffen des Bodens durch Nebenvalenzbindungen festgehalten. Es wird als Kapillarwasser in Feinporen und zumindest vorübergehend auch in weiteren Zwischenräumen der Bodenpartikel fixiert. Für die praktische Beurteilung des Wasserhaltevermögens der Böden dienen vor allem drei Größen: Wassersättigung, Feldkapazität und permanenter Welkepunkt. Die Wassersättigung ist erreicht, wenn alle Bodenporen mit Wasser gefüllt sind, der Boden also kein zusätzliches Wasser mehr aufnehmen kann. Böden mit dem größten

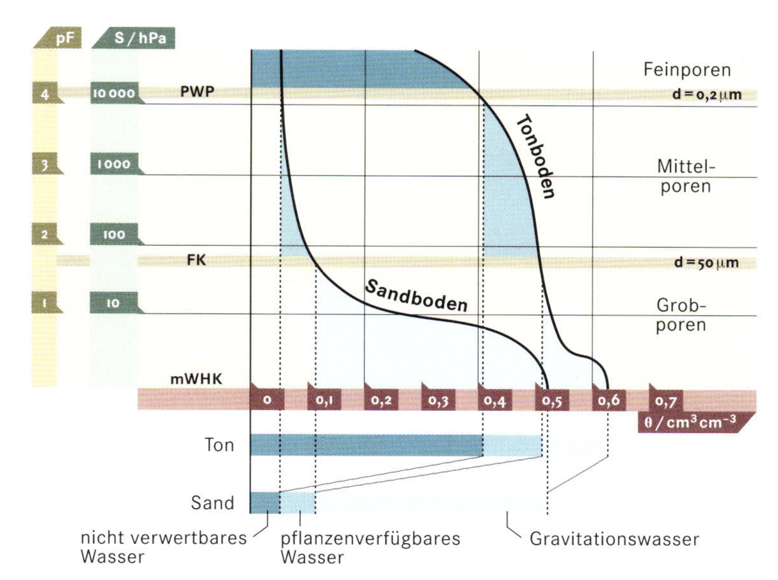

Die bei kontinuierlicher Entwässerung (Desorption) durchlaufene Kurve der Beziehung zwischen Matrixpotential und Wassergehalt wird als **Desorptionskurve** bezeichnet. Die Zeichnung zeigt die Desorptionskurven eines Sand- und eines Tonbodens mit Wasserverfügbarkeitsbereichen und Porenklassen. pF = Wassergehalt als Funktion des negativen Logarithmus des Matrixpotentials (negative Steighöhe), S = Saugspannung, PWP = permanenter Welkepunkt, FK = Feldkapazität, mWHK = maximale Wasserhaltekapazität, θ = Wassergehalt.

Gesamtporenvolumen verfügen deshalb über die größte Wasseraufnahmefähigkeit. Diese Größe ist für Grundwasser führende Bodenschichten sehr wichtig. Bezüglich des Pflanzenwachstums ist die Feldkapazität eines Bodens wichtiger. Mit Feldkapazität bezeichnet man die Fähigkeit des Bodens, Wasser gegen die Wirkung der Schwerkraft festzuhalten, sodass das Wasser nicht in die Tiefe sickern kann. Dieses Bodenwasser (Gravitationswasser) steht den Pflanzen jedoch nicht vollständig zur Verfügung. Sowohl Wasser, das von den Feinporen kapillar festgehalten wird, als auch Quellungswasser, das zwischen Silicaten eingelagert wird, und anderweitig fest gebundenes Wasser vermögen die Pflanzenwurzeln nicht aufzunehmen. Verfügt ein Boden nur noch über derart festgelegtes Wasser, dann ist er – physiologisch betrachtet – für eine Pflanze trocken. Pflanzen beginnen zu welken, auch wenn der Wassergehalt des Bodens hoch ist wie beispielsweise bei Ton mit seinem hohen Gehalt an Feinporen. Wird bei fortschreitendem Wasserverlust eines Bodens der Punkt erreicht, an dem die Pflanzen zu welken beginnen, dann spricht man vom permanenten Welkepunkt. Demnach ergibt sich der pflanzenverfügbare Wassergehalt eines Bodens aus seiner Feldkapazität minus dem Wassergehalt beim permanenten Welkepunkt. Sehr viel Wasser können stark humose Böden aufnehmen und dieses sowohl an das Grundwasser als auch an Pflanzen abgeben, während Tonböden nur wenig Wasser abgeben können. Naturbelassene Waldböden bilden deshalb hervorragende Zwischenspeicher für Niederschlagswasser.

Boden als Wasserfilter

Böden stellen vorzügliche Filteranlagen für Oberflächenwasser dar, das heißt, naturbelassene Böden führen dem Grundwasser stets gereinigtes Wasser zu. Die Filterung geht hauptsächlich auf drei verschiedene Reinigungsprinzipien zurück. Zunächst stellt der Boden ein engmaschiges Sieb dar, in dem grobe Partikel hängen bleiben. Außerdem können Böden viele Stoffe adsorbieren oder binden: Beispielsweise können Tonpartikel elektrisch geladene Teilchen (Ionen) durch Ionenbindung festhalten. Darüber hinaus können Ton- und Humuspartikel festere chemische Bindungen eingehen, wenn

BODENVERDICHTUNG

Zu den modernen Problemen der Bodenbelastung gehören weiträumige Bodenverdichtungen, beispielsweise durch Baumaßnahmen, durch Straßen- und Schienenverkehr, durch das Befahren von Ackerböden mit landwirtschaftlichen Maschinen und Traktoren, aber auch durch Fußgänger, die abseits der Wege über Rasenflächen und andere offene Bodenbereiche gehen. Stets werden die Poren zwischen den Bodenpartikeln mehr oder weniger stark zusammengepresst, sodass der Boden dichter wird.

Die Bodenporen gliedert man gewöhnlich in Feinporen mit einem Durchmesser von weniger als 0,2 µm, in Mittelporen mit 0,2–10 µm und Grobporen mit mehr als 10 µm Durchmesser. Durch Bodenbelastungen werden besonders die Grob- und Mittelporen komprimiert. Dadurch nehmen Durchlüftungsfähigkeit, Wasserdurchlässigkeit und Wasserspeicherfähigkeit der Böden ab. Als Folge davon erwärmen sich verdichtete Böden im Frühjahr langsamer als unverdichtete Böden.

Verdichtete Böden lassen Niederschlagswasser nur noch sehr langsam versickern oder sie lassen einen Großteil des Niederschlagswassers an der Oberfläche ablaufen. Beispielsweise dringt Wasser in den Boden häufig frequentierter Liegewiesen zwanzigmal langsamer ein als in einen nicht betretenen Boden. Auf ungepflasterten Straßen, die nur durch Walzen verfestigt wurden, fließen etwa 50 % des Niederschlagswassers an der Oberfläche ab. Sogar bei Spiel- und Sportplätzen dringt ein merklicher Anteil, nämlich rund 25 % der Niederschläge, nicht in den Boden ein.

Die mangelhafte Durchlüftung begünstigt besondere chemische Bodenprozesse, denn sauerstoffabhängige Mikroorganismen verschwinden und sauerstoffunabhängige, anaerob lebende Bakterien vermehren sich nun stärker. Dadurch werden Reduktionsprozesse in Gang gesetzt, die in gut belüfteten Böden nicht ablaufen. Beispielsweise werden Sulfate in unlösliche Sulfide überführt. Dagegen verbessert sich die Löslichkeit von Eisen- und Manganverbindungen, weil dreiwertiges Eisen (Fe-III) zu zweiwertigem Eisen (Fe-II) reduziert wird und vierwertiges Mangan (Mn-IV) zu zweiwertigem Mangan (Mn-II). Die unter reduzierenden Bedingungen verbesserte Löslichkeit dieser beiden Elemente kann unter Umständen zu Eisen- beziehungsweise Manganvergiftungen der Pflanzen führen.

Eine künstliche Lockerung und Belüftung verdichteter Böden durch Pflügen, Hacken oder Fräsen stellt den ursprünglichen, unverdichteten Zustand nur sehr unvollständig wieder her, denn bei den Lockerungsarbeiten wird das verdichtete Bodenmaterial lediglich zu kleineren, nach wie vor verdichteten Bodenaggregaten zerbrochen. Luft und Wasser können zwar wieder entsprechend der Lockerungstiefe in den Boden eindringen, doch die verbliebenen, kleinen, verdichteten Bodenaggregate behalten die Eigenschaften verdichteter Böden, wenn auch in abgemilderter Form. Bodenverdichtungen wirken sich stets weniger dramatisch aus, wenn der Boden zum Zeitpunkt der Belastung trocken ist, oder wenn er einen hohen Humusgehalt besitzt, der ihn elastisch reagieren lässt.

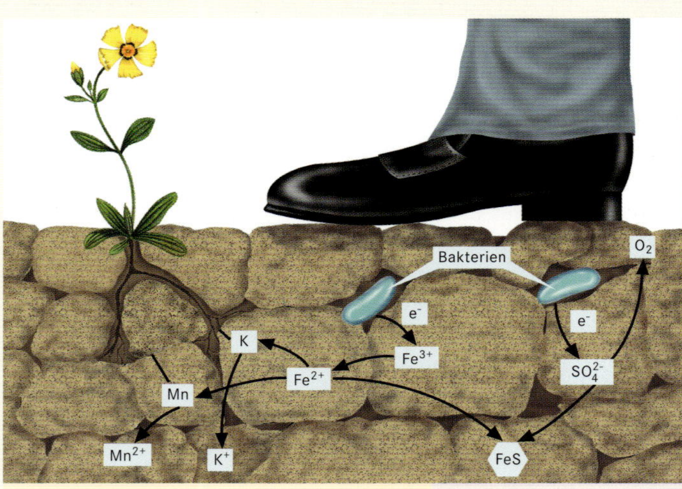

Auswirkungen:
- Mechanische Barriere für Wurzeln und Bodenwühler
- Ausspülung von Kationen
- Reduktion von Kationen wie Eisen, Mangan usw.
- Bildung unlöslicher Sulfide

Fe: Eisen
K: Kalium
Mn: Mangan
O: Sauerstoff
S: Schwefel

die im Wasser mitgeführten Stoffe über entsprechend reaktionsfähige Seitengruppen verfügen, wie Aminogruppen, Thiolgruppen, Carbonylgruppen, alkoholische oder phenolische Seitengruppen. Auf diese Weise können sogar viele Pflanzenschutzmittel fest an Humuspartikel gebunden werden. Schließlich beteiligt sich das Edaphon des Bodens an der Wasserreinigung, teils durch vollständigen, teils durch partiellen enzymatischen Abbau organischer Stoffe, die im Wasser mitgeführt werden. In ungestörten, dicken Humusschichten findet dabei ein Wechsel von aerobem Abbau nahe der Bodenoberfläche und zunehmend anaerobem Abbau in tiefen Lagen der Humusschicht statt. Da die Geschwindigkeit enzymatischer Reaktionen stark von der Temperatur abhängt und ein humoser Boden in der Regel ein kühles Substrat darstellt, geht der enzymatische Abbau von Fremdstoffen im Boden meist langsam vonstatten.

Versiegelte Böden sind überbaute bzw. mehr oder weniger überdeckte Böden. Die Art der Überdeckung sowie deren Durchlässigkeit für Wasser und Luft bestimmen den Grad der Isolierung des Bodens von Atmosphäre, Hydrosphäre und Biosphäre. Totale Versiegelung liegt bei mit Gebäuden, Asphalt oder Beton bedeckten Flächen vor. Bei Pflaster- und Schotterbedeckung kann noch ein gewisser Wasser-, Gas- und Stoffaustausch stattfinden. Die Bodenversiegelung führt unter anderem zu einer Verringerung der Grundwasserneubildung.

Boden als Schadstoffentgifter

Besonders die Adsorption von Fremdstoffen an Bodenpartikel und deren enzymatischer Abbau durch das Edaphon machen Böden zu den wichtigsten Entgiftungszentralen für viele anthropogene Schadstoffe. Dazu gehören auch Abgase, die über die Luft in die Böden gelangen. Beispielsweise erfolgt die Entgiftung von Methan und Kohlenmonoxid über eine mikrobielle Oxidation im Boden. Außerdem ist inzwischen hinlänglich bekannt, dass in den Boden gelangtes Erdöl mikrobiell abgebaut werden kann, wobei der Abbau von Leichtöl rascher vonstatten geht als derjenige von Schweröl. Stets vollzieht sich der Abbau umso rascher, je wärmer der Boden ist und je besser er durchlüftet wird. Die maximale Abbaugeschwindigkeit wird in aller Regel erst nach einer gewissen Anlaufphase erreicht, weil sich die für den Abbau eines Fremdstoffes erforderlichen Mikroorganismen entsprechend dem plötzlich erhöhten Substratangebot zunächst vermehren müssen. Es gibt allerdings auch eine Reihe von künstlichen organischen Stoffen wie Tetrachlormethan, Pentachlorphenol und verwandte Verbindungen, die sich im Boden einem mikrobiellen Abbau weitgehend entziehen. Einige dieser halogenierten Kohlenwasserstoffe können sogar die Tätigkeit der Mikroorganismen hemmen oder diese ganz abtöten. Auch ein Teil der hochpolymeren, synthetischen organischen Stoffe wie Perlon oder Polyvinylchlorid lässt sich mikrobiell nicht abbauen. Überfordert werden kann die Entgiftungsfunktion auch durch eine Überlastung der Böden mit solchen Stoffen, die an Bodenpartikel chemisch gebunden werden. Sind alle freien Bindungspositionen besetzt, dann passieren die Schadstoffe den Boden unverändert und können bis in das Grundwasser vordringen. G. Fellenberg

Die belebte Natur

Wenn man sich mit der belebten Natur beschäftigt, stößt man früher oder später auf die Frage, wie das Leben entstanden sein mag. Es gibt keine direkten Beweise für diesen Entwicklungsprozess, und die Forschung ist deshalb darauf angewiesen, Schlussfolgerungen aus verschiedenen fossilen Überlieferungen, aus Modellexperimenten im Labor und gedanklichen Verknüpfungen heute bekannter Fakten zu ziehen.

Die ältesten mit Sicherheit identifizierten Organismen sind die einfach gebauten Cyanobakterien in den 1,9 Milliarden Jahre alten Gunflint-Kieselschiefern, einer Formation nordwestlich des Oberen Sees (USA/Kanada). In den 2,8 Milliarden Jahre alten Fig-Tree-Sedimenten des nordöstlichen Südafrika kommen einzellige Lebewesen vor, die wahrscheinlich ebenfalls Cyanobakterien sind. Bis in die Zeit vor etwa 3,4 Milliarden Jahren lassen sich Stromatolithenkalke zurückverfolgen. Man nimmt an, dass diese riffartigen Kalkablagerungen aus lamellenförmigen Schichten auf Cyanobakterien zurückgehen, denn sie enthalten teilweise noch Chlorophyllabbauprodukte wie Pristin und Phytan. Ältere Belege für die Existenz von Lebewesen sind derzeit nicht bekannt.

Von der Entstehung der Erde vor etwa 4,6 Milliarden Jahren bis zum Auftreten der ersten einfach gebauten Zellen, wie wir sie heute noch bei Bakterien und Cyanobakterien kennen, müssen die organischen Stoffe entstanden sein, aus denen sich erste primitive, zellartige Gebilde formten, die so genannten Protobionten oder Protocyten. Solche Selbstaggregationen organischer Moleküle zu zellähnlichen Lipidtröpfchen kann man heute im Labor nachahmen. Allerdings wissen wir nicht, welche Ereignisse dazu führten, dass sich selbst vermehrende Protocyten mit einem der Selbsterhaltung dienenden, einfachen Energiestoffwechsel entstanden.

Mithilfe von Modellversuchen im Labor wird versucht, die Bedingungen herauszufinden, die zur Bildung solcher Protocyten und deren Weiterentwicklung zu ersten echten Zellen in einer sauerstofflosen Uratmosphäre der Erde geführt haben könnten. Die ersten Zellen müssen sich von abiotisch entstandenen organischen Substanzen ernährt haben, denn der komplizierte Photosyntheseapparat zur Nutzung des Lichts für die Energiegewinnung kann sich erst geraume Zeit nach der Entstehung der ersten Zellen entwickelt haben. Als es ihn schließlich gab, produzierten die mit ihm ausgestatteten Organismen als Abfallprodukt aus der Wasserspaltung Sauerstoff, den sie an ihre Umwelt abgaben. Dieser wurde dort zunächst von oxidierbaren anorganischen Stoffen, so zum Beispiel von Metallen,

Die **Farben- und Formenvielfalt** der Pflanzen und Tiere vieler Lebensräume ist überwältigend. Die Aufnahme zeigt Grünflügelaras und Hellrote Aras im Regenwald Amazoniens.

gebunden. Erst nach der Oxidation dieser Substanzen reicherte sich Sauerstoff in der Atmosphäre an.

Vor etwa 1,5 Milliarden Jahren dürfte der Sauerstoffgehalt der Atmosphäre erst circa ein Volumenprozent der Erdatmosphäre ausgemacht haben. Ungefähr von diesem Zeitpunkt an konnte sich eine Ozonschicht in der Atmosphäre bilden, die die Erdoberfläche vor der UV-Strahlung der Sonne zu schützen begann. Aber erst im Silur, vor etwa 430 Millionen Jahren, war der Ozongehalt in der oberen Atmosphäre vermutlich so hoch, dass die frühen Lebewesen nicht mehr den Schutz der tieferen Meeresschichten vor der UV-Strahlung benötigten und das Land erobern konnten. Der heutige Sauerstoffgehalt der Atmosphäre von knapp 21 Prozent besteht seit etwa 200 Millionen Jahren.

Die Weiterentwicklung der Lebewesen von den ersten echten Zellen bis zu den heute existierenden Arten ist zwar keineswegs lückenlos durch Fossilien belegt, aber die Lücken werden immer kleiner, je weiter wir uns der Gegenwart nähern. Wir können daher mit Fug und Recht von einer Evolution der Lebewesen auf der Erde sprechen. Diese Evolution äußert sich unter anderm in einer breiten Auffächerung der ursprünglich existierenden Arten, durch die ganze Stammbäume untereinander verwandter Arten entstanden sind.

Die Evolution der Organismen war mit einer Fülle von Anpassungsvorgängen verknüpft, so zum Beispiel an die unterschiedlichsten Klima- und Bodenbedingungen auf der Erde. In ein und demselben Lebensraum gemeinsam existierende Organismen mussten sich auch an ihre Mitbewohner anpassen, wodurch sich vielfältige, wechselseitige Abhängigkeiten ergaben. Solche Abhängigkeiten begegnen uns in Form von Symbiosen, Parasitismus und andern Wechselwirkungen. Durch das Zusammenleben der unterschiedlichsten Arten in einem Lebensraum entstanden charakteristische Ökosysteme.

G. Fellenberg

Die Großlebensräume der Erde

Nach welchen Kriterien lässt sich die Erde in Großlebensräume gliedern? Die Beantwortung dieser Frage ist keine einfache Aufgabe angesichts der Vielfalt der Lebensräume und der sie bestimmenden Parameter. Die Geographie unterscheidet zum Beispiel Regionen, die durch ein eigenständiges Klima sowie durch eine spezifische Bodenbildung und Oberflächenbeschaffenheit charakterisiert sind, und bezeichnet sie als Landschaftsgürtel. Bei einer solchen Gliederung der Erdoberfläche können gewisse Verallgemeinerungen nicht ausbleiben, denn tatsächlich herrschen in jedem Lebensraum oder Landschaftsgürtel recht unterschiedliche Verhältnisse, die beispielsweise durch verschiedene Höhenlagen, unterschiedliche Verteilung von Land und Wasser sowie von Mineralstoffen in der Erdkruste und von verschiedenartigen erdgeschichtlichen Vorgängen hervorgerufen wurden. Außerdem treten zwischen verschiedenen geographischen Breiten keine scharfen Klimagrenzen auf, sondern es handelt sich um gleitende Übergänge. Wenn dennoch eine solche Gliederung Bestand hat, dann vor allem, weil in weiten Gebieten innerhalb der einzelnen Lebensräume, abgesehen von Berg- und Gebirgslagen, viele Umwelteigenschaften und viele Eigenschaften der Lebewesen große Ähnlichkeiten untereinander aufweisen. Deshalb kann man in sehr vielen Fällen von der Art des Lebensraums auf eine Reihe von Eigenschaften der dort angesiedelten Lebewesen

Die **terrestrischen Großlebensräume** der Erde.

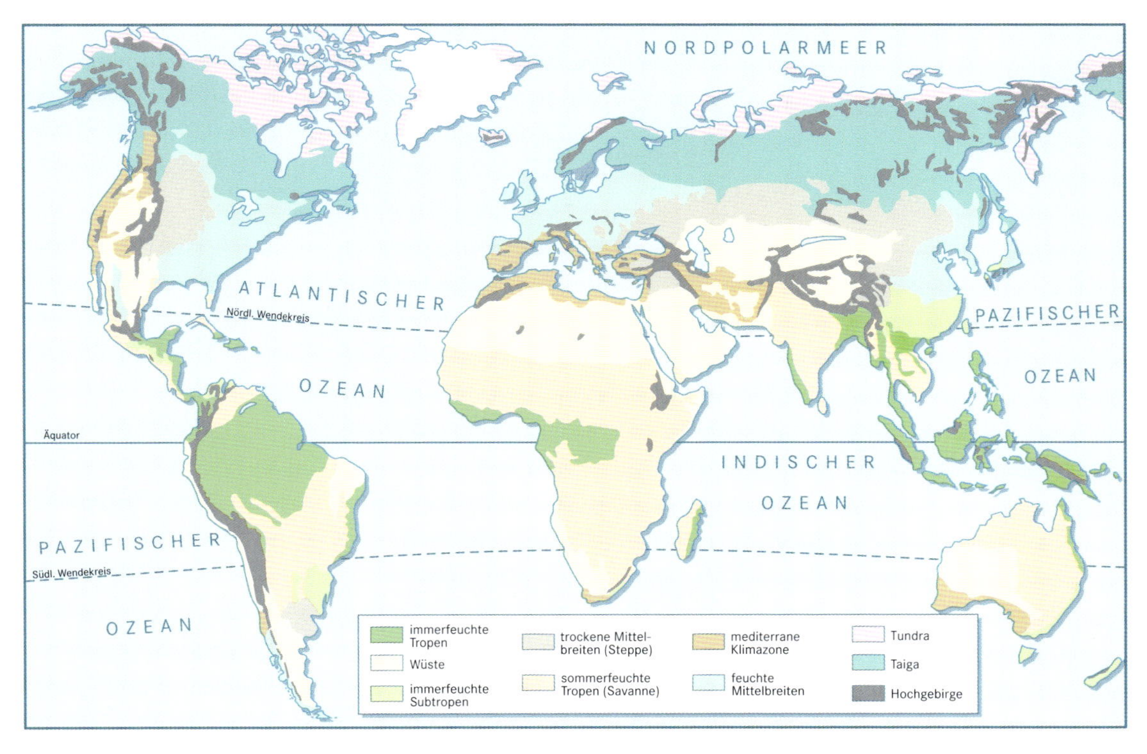

schließen, beispielsweise auf deren Biomasseproduktion, auf Einrichtungen zur Regulation des Wasserhaushalts und auf die Stoffwechselaktivität von Bodenorganismen bei der Zersetzung der Laubstreu. Somit gibt uns eine solche Gliederung der Erdoberfläche in Landschaftsgürtel und Lebensräume eine nicht zu unterschätzende Orientierungshilfe für das Verständnis der Lebensvorgänge, die in diesen Regionen zu erwarten sind.

Die Grundlage einer näheren Bestimmung der Lebensräume wird durch Messgrößen wie Temperatur, Niederschlagstätigkeit, Strahlungsintensität der Sonne, Wasserverdunstung, sowie Daten über typische Lebensformen der Pflanzenwelt und die Länge der Vegetationsperiode gebildet. Nach solchen Kriterien lässt sich eine Reihe von Lebensräumen auf dem Festland unterscheiden, die auch als terrestrische Lebensräume bezeichnet werden. Wenn sich bei dieser Gliederung keine gleichmäßig auf der Erdoberfläche umlaufenden Ringe ergeben, dann liegt das vor allem daran, dass die Lagen von Gebirgszügen oder unterschiedliche Entfernungen zum Meer das Klima nachhaltig beeinflussen und damit die theoretisch zu erwartende Ringform der Lebensräume verzerren. In der Praxis ist die Verteilung der Ökozonen auf der Erde deshalb weniger übersichtlich als in theoretischen Überlegungen.

Von den Lebensräumen des Festlands müssen die Lebensräume im Wasser, die aquatischen Lebensräume, unterschieden werden, bei denen ganz andere Umwelteinflüsse wirksam werden. Diese machen eine gleichartige Zonierung wie im Falle des Festlands unmöglich.

Wo der Winter herrscht

Von den Polargebieten der Erde, Arktis und Antarktis, sind etwa 22 Millionen Quadratkilometer Land. Ungefähr 14 Millionen Quadratkilometer dieser Fläche entfallen auf die Antarktis, die größtenteils von Eis bedeckt ist, wohingegen nur etwa die Hälfte des arktischen Festlands dauernd unter Eis liegt. Die Wintertemperaturen fallen häufig bis auf –40 °C, vereinzelt wurden sogar bis –90 °C gemessen. An die Vereisungszone schließt sich auf der nördlichen Halbkugel eine polumfassende, baumlose Kältesteppe an, die Tundra. Deren südliche Grenze bildet die Taiga, ein hauptsächlich von Nadelhölzern geprägtes Waldland.

Die Tundra

Die Tundra ist ein vergleichsweise junger Lebensraum, da sie erst nach der letzten Eiszeit vor rund 10 000 Jahren entstanden ist. Die warme Jahreszeit dauert hier etwa von Ende Mai bis Ende August. Nur während dieser kurzen Zeitspanne mit durchschnittlichen Lufttemperaturen zwischen +2 °C und +10 °C können Pflanzen überhaupt wachsen. Allerdings ermöglicht der fast fehlende Tag-Nacht-Rhythmus in diesem Zeitraum täglich nahezu 24 Stunden Photosynthese, ein kleiner Ausgleich für die fast achtmonatige Kältephase, in der der Stoffwechsel der Pflanzen weitgehend ruht. So kann das winterliche Dauerdunkel nicht zum primär wachstumsbegrenzenden Faktor werden. Während des kurzen Sommers taut der Boden bis zu einer Tiefe von 30 bis 100 Zentimetern auf. In tieferen Schichten herrscht Dauerfrost (Permafrost), der verhindert, dass das Schmelzwasser im Boden versickert. Der deshalb wassergesättigte Boden in den oberen Schichten kann in unebenem Gelände allmählich talwärts gleiten, was man als Bodenfließen oder Solifluktion bezeichnet.

Die **Tundra,** hier in Zentralisland, ist im kurzen arktischen Sommer ein Blütenmeer.

Unter den extremen Klimabedingungen und in der vergleichsweise kurzen Zeitspanne, die seit der letzten Vereisung verstrichen ist, konnten sich nur Rohböden mit einem mächtigen Humus- oder A-Horizont entwickeln sowie dauerhaft vernässte Gley- und Moorböden. Abgestorbenes Pflanzenmaterial wird besonders durch Pilze abgebaut, die das saure Milieu im Humus besser ertragen als viele Bakterienarten. Regenwürmer fehlen hier völlig. Ihre Funktion übernehmen Springschwänze, Fliegenlarven und Amöben. Etwa 100 Jahre vergehen, bis die Streu zu 95 Prozent zersetzt ist, sodass sich trotz des bescheidenen Pflanzenwuchses dicke Humusschichten bilden. Das hat jedoch zur Folge, dass die durch Streuzersetzung frei werdenden Mineralstoffe erst nach vielen Jahrzehnten erneut den Pflanzen als Nährstoffe zur Verfügung stehen und somit der Nährstoffkreislauf in der Tundra extrem langsam abläuft. Aufgrund dieser äußerst zögerlichen Mineralstofffreisetzung aus der Streu und der mangelhaften Mineralstoffversorgung aus tieferen Bodenschichten, verursacht durch den Permafrost, können mitunter Phosphate zum begrenzenden Nährstofffaktor für die Lebensgemeinschaften in der Tundra werden. Trotz dieser lebenswidrigen Umweltbedingungen bevölkern bis zu mehrere Hundert Pflanzenarten und über tausend Tierarten die Tundra, wobei natürlich die Artenzahl in Richtung der besonders extremen Standorte abnimmt.

Pflanzen der Tundra

Windexponierte, im Winter schneearme Hanglagen werden vorzugsweise von Flechten bedeckt, während an windgeschützten Hängen und in Tälern viele Moose, Gräser und Zwergsträucher wachsen, die tiefer Schnee im Winter vor dem scharfen Frost schützt. Einjährige Pflanzen trifft man in der Tundra sehr selten, weil der kurze Sommer das Ausreifen der Samen meist nicht zulässt. Ebenso findet man nur wenige Pflanzen mit unterirdischen Überdauerungsorganen, weil Bodenfrost zu lange während des Jahres die Entwicklung vieler Zwiebeln und Rhizome (Wurzelstöcke) hemmt. Dagegen können sich neben Flechten und Moosen viele ausdauernde Gräser und krautige Pflanzen behaupten und eine mehr oder minder geschlossene Vegetationsdecke bilden, die im Sommer bunt blüht. Daneben gibt es viele Zwergsträucher, die im Winter ebenfalls unter der Schneedecke Schutz finden, wie Zwergbirken und Heidelbeeren. Bemerkenswert ist, dass die ausdauernden Arten oft ein recht hohes Alter erreichen. Zwergsträucher werden bis 200 Jahre alt, und der ausschließlich in der Arktis verbreitete immergrüne Zwergpolster (Diapensia lapponica) kann sogar über 500 Jahre alt werden. Lang anhaltender Bodenfrost erschwert die Wasserzu-

WIE ÜBERLEBEN PFLANZEN UND TIERE EXTREME KÄLTE?

Niedere Temperaturen, etwa in Gefrierpunktnähe oder sogar weit darunter, bedeuten für Lebewesen meist eine besondere Stresssituation. Die Kälteempfindlichkeit der Lebewesen hat vor allem zwei Gründe: Zum einen verlangsamt sich die Geschwindigkeit des Stoffwechsels mit sinkender Temperatur und kommt schließlich ganz zum Erliegen, zum andern können sich am Gefrierpunkt oder darunter Eiskristalle in den Zellen bilden, die lebensnotwendige Zellbestandteile zerstören. Beide Ursachen führen zum Tod nicht angepasster Lebewesen.

Alle Formen der Kälteanpassung werden in der Regel erst im Verlauf einer Adaptions- oder Gewöhnungsphase erworben, wobei allerdings entsprechende Erbanlagen vorhanden sein müssen. Während der Kälteadaption können in artspezifischer Weise unterschiedliche physiologische Prozesse ablaufen. So kann das Isoenzymmuster an niedere Temperaturen angepasst werden, sodass die Enzyme auch bei diesen Temperaturen ihre Aktivität nicht völlig einbüßen. Isoenzyme sind solche Stoffwechselkatalysatoren, die die gleiche Stoffwechselreaktion steuern, aber unterschiedliche Struktur und Aminosäurezusammensetzung aufweisen. Eine andere Form der Anpassung ist die vermehrte Bildung von Phospholipiden (Bausteine der Zellmembranen) mit einem höheren Anteil ungesättigter Fettsäuren, die auch bei niederen Temperaturen stabil bleiben. Im Stoffwechsel werden vermehrt Alkohole (z. B. Glycerin bei arktischen Insekten), Zuckeralkohole, einfache Zucker wie Glucose (Süßwerden der Kartoffel bei Frost) und Glycoproteine (bei arktischen und antarktischen Fischen) gebildet, die den Gefrierpunkt des Cytoplasmas herabsetzen und damit vor Eisbildung schützen. Um einer Eiskristallbildung vorzubeugen, können das Cytoplasma und – bei Pflanzen – die Zellwände entwässert werden. Um die Gewebe nach außen hin vor Frosteinwirkung zu schützen, legen ausdauernde Pflanzen derbe Knospenschuppen und dicke Borken an oder sie werfen das frostempfindliche Laub oder sogar alle oberirdischen Teile ab.

Miesmuscheln ändern die Eigenschaften des Zellwassers derart, dass bei Gefrieren der extrazellulären Flüssigkeit der osmotisch bedingte Ausstrom von Wasser aus der Zelle zumindest stark verringert wird. Der Wasserpfeifer, ein nordamerikanischer Laubfrosch, schützt seine Zellen durch spezielle Proteine und einen hohen Glucosegehalt vor dem Einfrieren, während sein Blut und die extrazelluläre Flüssigkeit den Winter über gefroren sind. Warmblütige Tiere legen Fettschichten unter der Außenhaut an und bilden durch Fell oder Federn dicke, mit Luftpolstern versehene Schutzüberzüge auf der Körperoberfläche.

fuhr aus dem Boden. Deshalb besitzen viele Pflanzen der Tundra Einrichtungen, die die Wasserverdunstung einschränken, wie etwa ledrige oder nadelförmig aufgerollte Blätter. Für die Fortpflanzung ist vor allem die Windbestäubung wichtig, aber auch Bestäubung durch Insekten spielt eine gewisse Rolle.

Der immergrüne **Zwergpolster** ist in seiner Verbreitung auf die arktische Tundra beschränkt. Wie viele die Tundra bewohnende Arten kann er sehr alt werden.

Zusammen mit der dicken Humusauflage bildet die Pflanzendecke eine wirksame Isolierschicht auf dem Boden. Würde diese fehlen oder würde sie durch Eingriffe der Menschen zerstört, dann wäre ein viel tieferes Auftauen des Permafrostbodens im Sommer die Folge, und da Wasser ein geringeres Volumen einnimmt als Eis, würde auch die Bodenoberfläche absinken.

Nur wenige Tiere leben ganzjährig in der Tundra

Die Tierwelt der Tundra zeichnet sich vor allem dadurch aus, dass kaum wechselwarme Tiere vorkommen, weil die niedrigen Umwelttemperaturen sie zu stark in ihrer Bewegungs- und Fortpflanzungsfähigkeit einschränken würden. Hier dominieren warmblütige Arten, deren konstante Körpertemperatur sie von Außenbedingungen unabhängig macht. Zu den charakteristischen Pflanzen- und Flechtenfressern der Tundra gehören unter anderen Moschusochsen, Lemminge, Schneehasen und Schneehühner. Den langen Winter können diese Tiere überleben, weil die im Herbst rasch hereinbrechende Kälte Laub und Früchte der Pflanzen konserviert. Den Pflanzenfressern folgen einige Räuber wie der Eisfuchs und der Raufußbussard, die während des langen Winters stets aktiv bleiben. Fell und Gefieder werden für die kalte Zeit besonders dicht angelegt, kleine Tiere bleiben auch unter der Schneedecke aktiv. Neben den ausschließlich in der Tundra lebenden Tieren pflegen einige Arten zwischen der Tundra und der sich südlich anschließenden Taiga zu wechseln. Dazu gehören das Rentier, das Karibu, der Braunbär, der Luchs sowie viele Singvögel und Raubmöwen. Zu den wenigen wechselwarmen Tieren der Tundra gehören verschiedene Fliegenarten, Käfer, Kleinschmetterlinge und vor allem Stechmücken, die in großen Schwärmen auftreten können.

Der **Eisfuchs,** ein typischer Bewohner der arktischen Tundren, zeigt charakteristische Anpassungen an seinen kalten Lebensraum: dichtes Fell, runde kleine Ohren und eine gedrungene Schnauzenpartie.

Hochgebirgsfluren

Viele Ähnlichkeiten mit der Tundra weisen Hochgebirgsfluren auf, die sich zwischen Baumgrenze und Schneegrenze erstrecken, und deshalb auch alpine Tundren genannt werden. Allerdings unterscheiden sich die Hochgebirgsböden häufig von den polaren und subpolaren Tundrenböden. Im Hochgebirge bilden sich meist

Schematische Darstellung der **Vegetationsgliederung** in den Alpen.

dünne Ranker oder, bei kalkreichem Untergrund, Rendzinen. Auch der extreme jahreszeitliche Hell-Dunkel-Wechsel tritt in den polfernen Regionen nicht auf. Dafür kann häufig Nebelbildung die Lichtintensität reduzieren. Die Vegetation der alpinen Tundra folgt vorzugsweise einer Gliederung entsprechend der Höhenlage, wobei diese, abhängig von der geographischen Breitenlage der Hochgebirge, sehr unterschiedlich sein kann.

Steigt man aus der Bergwaldregion bergan, so betritt man zunächst eine Zwergstrauchheide, deren Artenzusammensetzung mit der geographischen Breite variiert. In den Alpen trifft man in dieser Region unter anderen auf Rhododendron, Alpenheide, Heidekraut und Zwergweiden. In subtropischen und tropischen Regionen können auch verschiedene Sukkulenten vorkommen. Meist besitzen die Pflanzen der Zwergstrauchheiden Einrichtungen zum Verdunstungsschutz, weil sie in besonderem Maß dem Wind ausgesetzt sind, wodurch die Wasserabgabe forciert wird. An den Zwergstrauchgürtel schließt sich gipfelwärts eine Grasheidezone mit vielen Gräsern und Seggen an. Sie stellen die Hauptnahrungsquelle für die Pflanzenfresser dieser Zone dar. Den Übergang zur ständig verschneiten Region bildet ein Gürtel von Polsterpflanzen. Die immer dünner werdenden Böden tragen neben Moosen vor allem Rosettenpflanzen, die sich dem Boden eng anschmiegen. Felsen und Steine sind mit Flechten bedeckt. Einzellige Algen können bis in die Schnee- und Eisregion vordringen.

Die recht enge Nachbarschaft verschiedener Vegetations- und Klimazonen im Hochgebirge erleichtert Tieren den Übergang von einer Zone zur anderen, was einen größeren Artenreichtum zur Folge hat, als er von der polaren und subpolaren Tundra bekannt ist. Wirbeltiere passen sich an die alpinen Höhenlagen insofern an, als sie vermehrt rote Blutkörperchen bilden, um den verminderten Sauerstoffpartialdruck der Atmosphäre auszugleichen. Bei entsprechender Anpassung können die Tiere bis in Höhen von 6000 Metern leben. Auf wirbellose Tiere wie beispielsweise Insekten oder Schnecken wirkt sich das verminderte Sauerstoffangebot der Luft physiologisch nicht aus.

Um in mehreren 1000 m Höhe überleben zu können, müssen sich Pflanzen mehr als Tiere den dort herrschenden Umweltbedingungen physiologisch und strukturell anpassen. Meist weisen Pflanzen eine große **Kälteresistenz** auf, um den starken tages- und jahreszeitlichen Temperaturschwankungen Rechnung zu tragen. Der Photosyntheseapparat der Hochgebirgspflanzen ist aufgrund kälteresistenter Enzyme noch bei sehr viel niedrigeren Temperaturen aktiv als bei entsprechenden Tieflandpflanzen. Die Wuchsform beschränkt sich in der Regel auf niedrige Horste und Polster oder auf Zwergsträucher. Entgegen der früher verbreiteten Meinung, bei den **Hochgebirgsformen** der Pflanzen handle es sich lediglich um umweltabhängige Modifikationen der im Tiefland wachsenden Formen, sind die Unterschiede zwischen Hochgebirgs- und Tieflandformen meist erblich fixiert.

Besonders in der Grasheideregion leben Hasen, Murmeltiere, Wühlmäuse und Großsäuger wie Alpensteinbock, Mufflon und andere kletterfähige Säugetiere. Für viele kleine Amphibien und Reptilien sind diese Regionen wichtige Rückzugsgebiete. Die Artenzahl von Käfern, Schmetterlingen und anderen Insekten ist weitaus größer als in der Tundra. Darüber hinaus gehören zur Bodenfauna der Hochgebirgsfluren auch Regenwürmer, die sich in erheblichem Umfang an der Humifizierung der Laubstreu beteiligen.

Endlose Wälder

Die subarktische Tundra geht im Süden allmählich in einen lichten, von Nadelhölzern dominierten Wald über, den man als Taiga oder borealen Nadelwald bezeichnet. Dieser bildet einen 700 bis 2000 Kilometer breiten Waldgürtel, der ausschließlich auf der Nordhalbkugel vorkommt. Den Übergang von der Tundra zur Taiga bildet eine im Durchschnitt etwa 100 Kilometer breite Waldtundra-Zone mit zunächst vereinzelten Baumgruppen, die allmählich in den sehr lichten Wald übergehen. Insgesamt nimmt die Taiga eine Fläche von rund 20 Millionen Quadratkilometern ein.

Neben Nadelbäumen kommen in manchen Bereichen der **Taiga** auch Pappeln, Birken und Erlen vor. Hier ein Kiefern-Birken-Mischwald im nördlichen Finnland bei Kevo.

Entsprechend der geographischen Lage kann in der Taiga drei bis sechs Monate im Jahr eine mittlere Temperatur von mehr als +5 °C herrschen, sodass während dieser Periode Pflanzenwachstum möglich ist. Allerdings müssen auch hier die Pflanzen noch eine sehr lange winterliche Ruhephase durchlaufen mit Tiefsttemperaturen von regelmäßig −40 °C, mitunter sogar bis unter −60 °C. Die jährliche Niederschlagsrate erreicht durchschnittlich 250 bis 500 Millimeter. Von diesen Niederschlägen verbleibt etwa ein Drittel in den Baumkronen und etwa 14 Prozent nimmt die Moos- und Krautschicht am Boden auf. Der Rest gelangt in den Boden und steht dort den Pflanzenwurzeln zur Verfügung. Tritt stellenweise ein Wasserüberschuss auf, der nicht von den Pflanzen aufgenommen werden kann, so steigt der Grundwas-

boreal, von griechisch boréas »Nordwind«; Eigenschaftswort für die kaltgemäßigten Klimazonen und für die dort vorkommende Fauna und Flora
Symbiose, von griechisch sym für »zusammen« und bíos für »Leben«; das Zusammenleben artverschiedener, aneinander angepasster Organismen zum gegenseitigen Nutzen
Mykorrhiza, vom griechischen rhíza für »Wurzel« und mýkēs für »Pilz«; eine Symbiose zwischen Pilzen und den Wurzeln höherer Pflanzen

serspiegel an und lässt Moore entstehen. Die Intensität der Sonneneinstrahlung ist in den hohen Breitenlagen noch relativ gering, doch fällt die Wachstumsperiode mit den ausgedehnten Langtag-Bedingungen zusammen, sodass die Pflanzen trotzdem die Strahlung recht gut ausnutzen.

Die Bodenbildung in der Taiga wird durch ihre Pflanzendecke maßgeblich geprägt. Die Baumschicht wird von Nadelhölzern beherrscht, die Zwergstrauchschicht von Heidekraut und Preiselbeeren; dazu gesellen sich Farne und Moose. Die Laubstreu dieser Pflanzen und abgestorbene Moose werden nur langsam abgebaut. Dadurch entsteht ein säurereicher Rohhumus, an dessen Bildung sich in erster Linie kleine Gliederfüßer und die Mykorrhizapilze der Baumwurzeln beteiligen. Man rechnet mit einem 95-prozentigen Abbau in etwa 14 Jahren. Obwohl die Abbauzeit gegenüber derjenigen in der Tundra bereits deutlich kürzer ausfällt, sammelt sich dennoch eine dicke Humusauflage auf dem Boden an. Durch den sauren Humus werden Metallionen aus dem mineralischen Oberboden ausgewaschen, sodass Bleicherden (Podsole) entstehen. In grundwassernahen Bereichen bilden sich auch Gley- und Moorböden.

Nadelbäume, Seen und Moore

Noch in den kältesten Regionen der Taiga wachsen die im Herbst ihre Nadeln abwerfenden Lärchen. An Standorten mit weniger extremen Wintertemperaturen gedeihen Fichten, Kiefern und Tannen. Eingestreut zwischen diese Nadelbäume behaupten sich einige kälteresistente Laubgehölze wie Zitterpappeln, Erlen, Weiden und Birken, die an nach Süden gerichteten Berghängen sogar dominieren können. Bäume bleiben in der Taiga meist kleiner als in den gemäßigten Breiten. Zu den häufigen Zwergsträuchern der Taiga gehören Preiselbeeren, Heidelbeeren, Krähenbeeren und Moltebeeren, deren Überwinterungsknospen unter der winterlichen Schneedecke verschwinden. Zwischen den Zwergsträuchern siedeln sich krautige Pflanzen an, die ihre Überwinterungsknospen dem Boden eng anlegen, sowie Moose und Flechten. Landschaftprägend wirken die vielen Flach- und Hochmoore. Dadurch bilden sich in der Taiga große Torflagerstätten, die beträchtliche Mengen photosynthetisch gebundenen Kohlenstoffs enthalten.

Die **Moltebeere,** eine in der Taiga häufig vorkommende Brombeere, ist ein Relikt aus der Eiszeit.

Trotz der gegenüber der Tundra bereits deutlich verstärkten Sonneneinstrahlung bleibt die Primärproduktion der Pflanzen im Jahr auf etwa vier bis acht Tonnen Biomasse pro Hektar beschränkt. Hingegen gibt es keine nennenswerten Engpässe bei der Mineralstoffversorgung der Pflanzen, weil die Laubstreu bereits sehr viel rascher mineralisiert wird als in der Tundra. Zudem beschleunigen natürlich entstehende Waldbrände die Umsetzung der Biomasse, und sie führen gleichzeitig zu einer Verjüngung des Baumbestands. Trotz der kurzen Sommer können sich einige Baumschädlinge in manchen Jahren massenhaft vermehren, wie der Spanner, der dann beträchtliche Schäden an den Baumbeständen verursacht. Die niederen Temperaturen begrenzen die Fortpflanzungsrate aber so weit, dass die Wälder nicht völlig vernichtet werden können, ganz im Unterschied zum wesentlich wärmeren mitteleuropäischen Bereich.

Karibus pendeln jahreszeitenabhängig zwischen der Tundra, in der sie sich im Sommer aufhalten, und der Taiga.

Wie bereits erwähnt, pendelt eine Reihe von Säugetieren und Vögeln jahreszeitenabhängig zwischen Taiga und Tundra. Deshalb trifft man in der Taiga wiederum auf Rentiere, Karibus und Schneehasen, Lemminge, Eichhörnchen und Mäuse sowie Elche und Hirsche als reine Pflanzenfresser, Bären als Allesfresser und als typische Räuber Wölfe und Füchse. Reptilien und Amphibien fehlen hier ebenso wie in der Tundra, dagegen besiedeln viele Gliederfüßer diesen Lebensraum.

Die langen Winterperioden zwingen viele Tierarten zu ausgedehnten Ruhephasen. Gliederfüßer verfallen in eine Kältestarre, Bären halten einen mehrmonatigen Winterschlaf. Kleinsäuger bleiben häufig in Gängen unter der Schneedecke den ganzen Winter über aktiv. Diese und Vögel, die ebenfalls keine Ruhephase durchlaufen, können die tiefgekühlten Blätter und Früchte als Nahrung nutzen. Großtiere wie Elche und Rentiere leben dagegen monatelang von Zweigen und von der Borke der Bäume sowie von ausgegrabenen Flechten.

Obwohl der meiste Niederschlag im Sommer fällt und zudem die Böden ausreichend durchfeuchtet sind, kann die Taiga im Sommer durch hohe Sonneneinstrahlung und Tageserwärmung so trocken werden, dass durch Blitzschlag leicht **Brände** ausgelöst werden, die zum Teil riesige Ausmaße annehmen. Die Brände verändern nicht nur die Waldbestände durch Verjüngung, sondern beeinflussen auch den Boden: Ein Brand kann den Boden erwärmen, dadurch zum Auftauen des Permafrosts und in der Folge zu Muldenbildung oder Solifluktion führen.

Lebensräume, in denen die Kälte nicht vorherrscht

Wie wir gesehen haben, dominieren in den polaren und subpolaren Bereichen eindeutig die sehr langen und kalten Winter. Auch in den äquatorwärts an die boreale Zone angrenzenden Regionen zwingt der auch dort immer noch kalte und mehrere Monate dauernde Winter Pflanzen und Tieren einen Rhythmus auf, der ausgeprägte Anpassungen an die kalte Jahreszeit erfordert, zum Beispiel Laubfall bei Pflanzen und bei Tieren Winterstarre beziehungsweise Winterschlaf oder saisonale Wanderungen wie der Vogelzug. Je weiter man sich dem Äquator nähert, desto geringer werden die jahreszeitlichen Temperaturunterschiede, Fröste kommen schließlich bestenfalls noch episodisch vor. Stattdessen sind die Jahres- und damit die Vegetationszeiten in weiten Bereichen durch deutliche Wechsel zwischen niederschlagsreichen und trockenen Monaten gekennzeichnet.

Die feuchten Mittelbreiten

An den Südrand der borealen Zone schließen sich in den meisten Regionen die feuchten Mittelbreiten an. Ausnahmen sind die zentralkontinentalen Gebiete, die dafür zu trocken sind. Feuchte Mittelbreiten finden sich auch auf der Südhalbkugel, sodass nicht mehr ein einziges geschlossenes Areal vorliegt, wie im Fall der borealen Nadelwaldzone. Man begegnet ihnen in Europa, in den USA, in Westkanada, in Teilen Chinas und Japans sowie in Chile, Australien und Neuseeland. Die feuchten Mittelbreiten bilden den Landschaftstyp der sommergrünen Laubwälder: die Silvaea.

In dieser Landschaftszone findet zwar der saisonal bedingte Jahreszeitenwechsel von Sommer und Winter noch statt, aber die winterliche Kälteperiode wird kürzer und die Wintertemperaturen fallen im Allgemeinen nicht mehr so tief wie in der borealen Zone. Die Vegetationsperiode erstreckt sich deshalb über sechs bis sieben Monate. Die Höhe der Niederschläge liegt meist zwischen 500 und 1000 Millimeter pro Jahr. Mit Ausnahme der Sommermonate, in deren Verlauf der Boden mehr Wasser durch Verdunstung verliert, als ihm durch Niederschläge zugeführt wird, ist die Wasserbilanz ausgeglichen oder die Niederschläge übersteigen sogar die Verdunstungsverluste, sodass im Sommer verloren gegangenes Grundwasser wieder ersetzt wird. Die recht regelmäßige Niederschlagsverteilung während des ganzen Jahres schafft günstige Voraussetzungen für das Pflanzenwachstum.

In den Wäldern der feuchten Mittelbreiten überwiegen Laubhölzer gegenüber den Nadelbäumen. Daher wird eine Streu gebildet, die besser humifiziert und mineralisiert werden kann als eine Streu, die nur aus Koniferennadeln besteht. Darüber hinaus tragen ein artenreicheres Bodenleben und die höheren sommerlichen Bodentemperaturen zu einem rascheren Abbau organischer Reststoffe bei. Auch in der Zone der sommergrünen Laubwälder beeinflusst die Pflanzendecke die Bodenbildung. Artenreiche Laubmischwälder produzieren eine Streu, die zu nähr-

Typische **Laubwälder** der feuchten Mittelbreiten im Frühjahr (oben) und im Herbst (unten).

stoffreichem Mull abgebaut wird, der arm an Fulvosäuren und reich an Bodenlebewesen ist. Unter solchen Mullauflagen bilden sich in den feuchten Mittelbreiten Braunerden und Parabraunerden. Über Kalkuntergrund können Rendzinen entstehen und in grundwassernahen Regionen Gleyböden.

Reine Buchenwälder oder Buchen-Nadelholz-Mischwälder bringen dagegen einen viel stärker von Fulvosäuren geprägten Rohhumus hervor, der zur Bildung typischer Podsole führt. Ein 95-prozentiger Abbau der organischen Reststoffe wird in der feuchtgemäßigten Klimazone bereits nach durchschnittlich etwa vier Jahren erreicht. Das bedeutet, dass der Stoffumsatz in diesem Ökosystem drei- bis viermal so schnell abläuft wie in der Taiga. Bedingt durch das nahezu immerfeuchte Klima und die gegenüber der borealen Zone um circa 30 Prozent erhöhte Globalstrahlung während der Vegetationsperiode kann die Produktivität der Pflanzen auf etwa zehn Tonnen Biomasse pro Hektar und Jahr ansteigen. Gerade diese günstigen Wachstumsbedingungen führten dazu, dass man die Wälder der Silvaea größtenteils in Nutzwälder umwandelte oder dass an ihrer Stelle Ackerland geschaffen wurde.

Silvaea, pflanzengeographischer Fachbegriff für die sommergrünen Laubwälder, leitet sich ab von lateinisch silva »der Wald«

Fulvosäuren, gelblich gefärbte, stickstoffarme saure Huminstoffe, die vor allem in sauren nährstoffarmen Böden mit geringer biologischer Aktivität (z.B. in Podsolen) vorkommen

Vielfältige Anpassungen zur Überdauerung der Winterkälte

Die winterliche Kälteperiode, verbunden mit gelegentlicher Schneebedeckung, erzwingt eine Ruhephase, die von den verschiedenen Pflanzen auf unterschiedliche Weise überstanden wird. Einjährige Pflanzen (Therophyten) sterben im Herbst ab und überwintern ausschließlich mit ihren Samen, wie beispielsweise der Klatschmohn. Mehrjährige oder ausdauernde Pflanzen können den Winter mit unterirdischen Zwiebeln, Knollen oder Rhizomen (Wurzelstöcken) überdauern, wie man es vom Maiglöckchen kennt (Kryptophyton). Die so genannten Hemikryptophyten (Oberflächenpflanzen) legen von Laubstreu bedeckte, bodenständige Überwinterungsknospen an, die samt Wurzelwerk den Winter überstehen, zum Beispiel der Wegerich als eine Rosettenpflanze. Zwergsträucher, etwa das Heidekraut, legen ihre Überdauerungsknospen nicht höher als 50 Zentimeter über dem Erdboden an, und Phanerophyten (Holzpflanzen mit in die Luft ragenden Trieben, zum Beispiel Bäume) können ihre durch derbe Knospenhüllen geschützten Überwinterungsknospen in jeder beliebigen Höhe am Spross bilden. Die Wälder der Silvaea zeichnen sich durch eine relativ große Artenvielfalt aus, die jedoch regional großen Schwankungen unterliegen kann. So lassen sich selbst noch im verhältnismäßig artenarmen Mitteleuropa 40 bis 50 Laubwaldtypen unterscheiden.

Besonders die Eiszeiten haben tief in den Artenbestand dieser Lebensgemeinschaften eingegriffen. Den größten Artenreichtum weisen naturgemäß die von den Vereisungen verschonten Regionen auf, wie beispielsweise Gebiete in Ostasien. Die Vereisung Mitteleuropas ließ dagegen viele Arten aussterben, weil hohe, in Ost-West-Richtung verlaufende Gebirgszüge wie die Alpen ein Ausweichen der vom Eis bedrohten Arten in wärmere Regionen verhinderten. Eine

Verbreitung der **Zwergweide** (Salix herbacea) in Europa in der Gegenwart und in früheren Kaltzeiten.

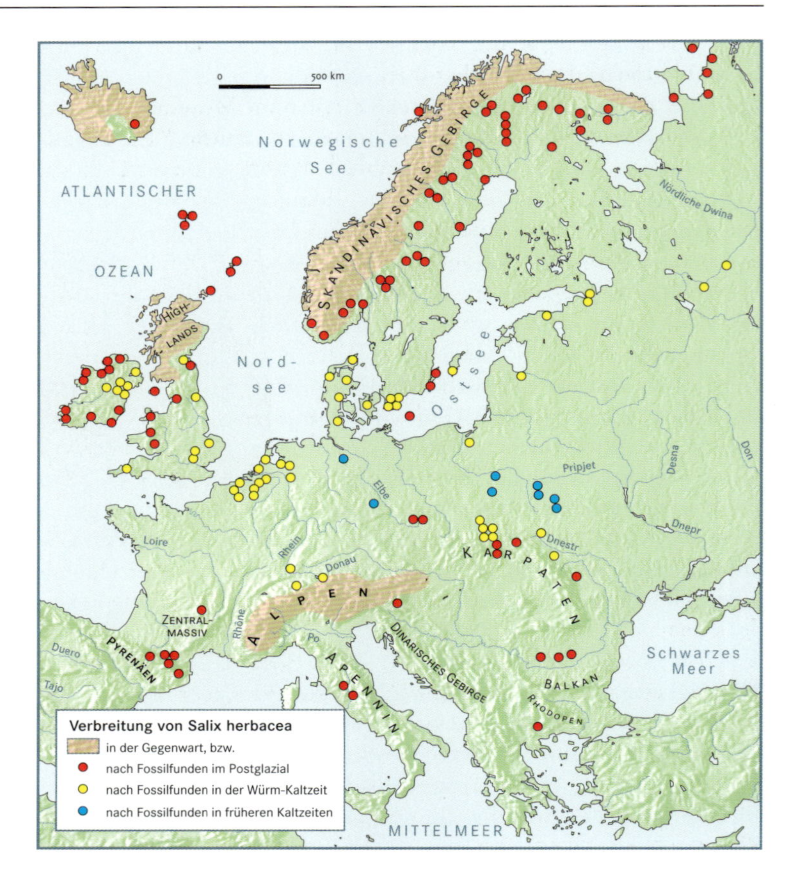

Zwischenstellung zwischen diesen Extremen nimmt Nordamerika ein, wo die vom Eis bedrohten Arten zumindest zum Teil nach dem Süden ausweichen und nach dem Abschmelzen des Eises wieder in ihre ursprüngliche Heimat zurückkehren konnten.

Steppen prägen das Bild der trockenen Mittelbreiten

Speziell in den zentralen Regionen der Kontinente schließen sich äquatorwärts an die feuchten Mittelbreiten die so genannten trockenen Mittelbreiten an, deren dominierender Landschaftstyp Steppen sind. In besonders trockenen Gebieten können diese auch in Halbwüsten oder Wüsten übergehen. Meist liegen jedoch die Jahresmittelwerte der Niederschläge bei 500 Millimetern. Trockene Mittelbreiten finden sich vor allem in Zentralasien, von der Ukraine bis in die Region östlich von Tibet. Sie treten auch im mittleren Westen der USA, in den Great Plains, sowie auf der Südhalbkugel zwischen Ostpatagonien und der Pampa Argentiniens auf.

Steppenlandschaft im Tal von Uspallata, Argentinien.

Vor allem in den USA und in der argentinischen Pampa sind die ursprünglichen Steppengebiete in weiten Teilen in Ackerland (vor allem zum Anbau von Getreide und Sonnenblumen) umgewandelt worden.

Obwohl das Klima gegenüber den feuchten Mittelbreiten wärmer ist, existiert noch immer eine kurze, winterliche Kälteperiode mit weniger als +5 °C im Monatsmittel. Während dieser Zeit stagniert das Pflanzenwachstum. In den feuchtesten Gebieten kommen noch aufgelockerte Waldformationen vor. Mit sinkender Niederschlagstätigkeit verschwindet der Wald jedoch völlig und macht dafür einer geschlossenen Grasbedeckung Platz. Sinken die jährlichen Niederschläge unter 100 Millimeter, entstehen schließlich Halbwüsten und Wüsten mit nur noch sporadischem Pflanzenwuchs, beispielsweise im Hochland von Turan und in der Gobi. In allen Bereichen der trockenen Mittelbreiten fällt der Regen unregelmäßig, sodass ausgeprägte Trockenzeiten auftreten. Die Bodenbildung wird in dieser Klimazone maßgeblich durch die Ergiebigkeit der Niederschläge beeinflusst: Während in der Ukraine die besonders fruchtbare Schwarzerde mit Humusdecken bis zu einem Meter Mächtigkeit entstand, bildeten sich mit zunehmender Trockenheit Steppen- und Wüstenböden aus, deren Humusdecke entsprechend der Trockenheit immer dünner wird.

Die weiten Prärien in den USA sind überwiegend in endlose **Weizenfelder** umgewandelt worden.

Gräser und Wermut

Gräser, die charakteristischsten Steppenpflanzen, erreichen in den feuchtesten Steppengebieten noch eine Höhe von 40 bis 60 Zentimetern. Zwischen ihnen wachsen verschiedene Korbblütler und Schmetterlingsblütler, die spezielle Anpassungen an die Trockenperioden zeigen, etwa Blätter, die sich bei Trockenheit zusammenrollen, reduzierte Blattspreiten oder filzige Überzüge von toten Haaren. Das Wurzelwerk dieser Pflanzen ist meist flach unter der Bodenoberfläche ausgebreitet und sehr stark verzweigt. Nur an sehr feuchten Stellen, meist dort, wo nach Niederschlägen Wasser zusammenfließen kann, behaupten sich Baumgruppen, die ebenfalls an Trockenstandorte angepasst sind.

In besonders trockenen Regionen erreichen die Gräser nur noch eine Höhe von 20 bis 40 Zentimetern, Bäume treten nicht mehr in Erscheinung. In dieser so genannten Kurzgrassteppe gibt es auch kaum noch zweikeimblättrige Kräuter. In den noch trockeneren Halbwüsten oder Wüstensteppen sind einige extrem trockenresistente Hartgräser und Kräuter beheimatet, wie etwa der Wermut. Eine geschlossene Pflanzendecke kommt hier nicht mehr vor. Mit fortschreitender Trockenheit werden die Blätter der Pflanzen immer stärker reduziert, um die Wasserverdunstung einzuschränken, und bei vielen Arten werden sie ganz durch Dornen ersetzt. Die Photosynthese wird dann in kleine Nebenblätter, verbreiterte Blattstiele oder Sprosse verlagert, die durchweg weniger Wasser an die

Die **Federgräser** der Gattung Stipa gehören zu den charakteristischen Grasarten der Steppe.

Luft abgeben als Laubblätter. Mitunter werden Blätter oder Sprosse zu Wasserspeichergeweben umgebildet. Die Biomasseproduktion der Steppen wechselt naturgemäß je nach Wasserversorgung sehr stark zwischen 0,7 und 6,3 Tonnen pro Hektar und Jahr.

Steppen sind Landschaften, in denen durch Blitzschlag immer wieder Vegetationsbrände verursacht werden. Allerdings sind Grasbrände nicht sehr heiß und sie bilden keine lang andauernden Glutherde auf ein und derselben Stelle, sodass bereits wenige Zentimeter unter der Bodenoberfläche praktisch keine Auswirkungen des Feuers spürbar werden. Deshalb bleiben die Bodenlebewesen, das Edaphon, von solchen Bränden weitgehend verschont. Auch unter der Erdoberfläche sitzende Überwinterungsknospen von Pflanzen werden durch das Feuer nicht zerstört. Unter den Bäumen der Feuchtsteppe oder Savanne haben vor allem diejenigen Arten die besten Überlebenschancen, die ebenfalls Erneuerungsknospen unter der Erdoberfläche anlegen können, wie die Akazien. Sie können nach einem Regenguss ohne nennenswerte Verluste wieder austreiben.

Als **Edaphon,** vom griechischen édaphos »Boden«, bezeichnet man die Gesamtheit der ständig frei im Boden lebenden Pflanzen, Tiere und Mikroorganismen. Haupttätigkeit dieser Lebensgemeinschaft sind Abbau und Mineralisierung toter organischer Substanz (z. B. Falllaub).

Bisons, die charakteristischen Großtiere der nordamerikanischen Prärien, bevölkerten diese einst in riesigen Herden. Nachdem sie fast ausgerottet waren, ist ihre Zahl wieder auf rund 50 000 angewachsen. Sie leben überwiegend in Schutzgebieten in den USA.

Lange Wanderungen

In der Tierwelt der Steppe finden sich viele Pflanzen fressende Insekten, wie Käfer, Fliegen und Heuschrecken. Daneben leben auch Reptilien, Vögel und Säugetiere in der Steppe. Viele der dort lebenden Kleintiere können sich in den Boden eingraben. Die Großtiere der Steppe hingegen müssen zur Nahrungssuche oft lange Wanderungen in Kauf nehmen. Dabei schließen sie sich meist zu Herden zusammen. Die Pflanzen fressenden Tiere beherbergen in ihrem Verdauungstrakt oft symbiontische Bakterien oder Flagellaten zur Celluloseverdauung. Im Gefolge des Weideviehs treten viele Dungkäfer und andere Kot vertilgende Insekten auf. Entweder fressen sie den Kot selber oder sie vergraben ihn als Nahrung für ihre Brut. Dies erweist sich als besonders nützlich für die Vegetation, denn Sickersäfte aus dem Kot würden die Pflanzen schädigen, so als würde man sie mit unverdünnter Gülle besprühen.

Sukkulenten, vom lateinischen succus »Saft« bzw. spätlateinischen succulentus »saftreich«; in Trockengebieten verbreitete Pflanzen (u. a. Agaven, Aloen, Kakteen, Wolfsmilchgewächse), die Wasser über lange Dürreperioden hinweg in besonders großzelligen Speichergeweben speichern können

Skleraea, vom griechischen skleros »hart«; der Landschaftstyp der Trockenwälder und Trockenstrauchheiden, in denen Hartlaubgewächse dominieren

Durch die Kotbeseitigung wird auch die Gefahr eingeschränkt, dass Parasiteneier, beispielsweise von Eingeweidewürmern, verbreitet werden. Neben Kotbeseitigern treten im Gefolge der Pflanzenfresser auch Räuber auf, die jedoch die Herdengröße der Weidetiere praktisch nicht dezimieren, da nur kranke und schwache Tiere eine leichte Beute für sie sind.

Ein lebendes Fossil ist die ausschließlich in der Namib vorkommende **Welwitschia mirabilis,** die nachweislich bis etwa 1000 Jahre alt werden kann. Welwitschia gehört zu den Nacktsamern wie die Nadelhölzer, wird aber einer anderen Klasse zugeordnet und ist daher mit diesen nicht näher verwandt. Wie viele Dickblattgewächse verfügt sie über einen besonderen Stoffwechselweg, mit dem sie nachts Kohlendioxid aufnehmen und speichern kann. Dadurch können tagsüber die Spaltöffnungen der Blätter geschlossen bleiben, die Verdunstungsverluste an Wasser werden minimiert.

Wüsten und Halbwüsten

Große Ähnlichkeit mit den trockenen Mittelbreiten weisen die subtropischen und tropischen Trockengebiete auf, die etwa ein Fünftel des Festlands der Erde einnehmen. Man begegnet ihnen in Zentralaustralien, in der Sahara und der Namib-Wüste Afrikas, auf der arabischen Halbinsel und im Iran, in Mexiko und an der Westabdachung der Anden Südamerikas. Die Jahresniederschläge entsprechen etwa denjenigen der trockenen Mittelbreiten, die Intensität der Sonneneinstrahlung ist jedoch wegen des wolkenärmeren Himmels und wegen des höheren Sonnenstands intensiver. Die Böden sind typische Halbwüsten- und Wüstenböden mit extrem geringem Humusgehalt.

Man unterscheidet auch hier Steppen, das heißt Grasland, von Savannen, die vereinzelt Bäume tragen. Charakteristisch für die trockenen Subtropen und Tropen sind allerdings viele Wasser speichernde Pflanzen oder Sukkulenten und mit Dornen bewehrte Gehölze, Sträucher und Kakteen. Während der Trockenzeit verlieren die Bäume ihr Laub, und Gräser lassen ihre Blätter vertrocknen. Auch in den trockenen Subtropen und Tropen können Vegetationsbrände wie in den trockenen Mittelbreiten auftreten.

Die mediterrane Klimazone

Die niederschlagsarmen Sommer dieser häufig an den Westküsten der Kontinente gelegenen Gebiete haben die auch als winterfeuchte Subtropen bezeichneten Regionen zu begehrten Urlaubsgebieten für sonnenhungrige Touristen werden lassen. Das im engeren Sinn als mediterrane Klimazone bezeichnete Gebiet erstreckt sich vor allem rund um das Mittelmeer. Daneben treten mediterran geprägte Klimazonen in Südafrika, an der Südwestküste von Australien, in Kalifornien und an einem schmalen Küstenstreifen von Chile auf. Das Klima wird durch eine etwa fünfmonatige winterliche Regenzeit geprägt, während der gelegentlich Frost auftritt. Im Sommer kann Wassermangel das Pflanzenwachstum begrenzen, obwohl die Monatsmitteltemperaturen bei durchaus gemäßigten 18 bis 20 °C liegen. Hauptvegetationszeit ist deshalb das Frühjahr.

Für den **Mittelmeerraum** charakteristische Landschaft in der Provence, Südfrankreich.

Über einen einheitlichen Bodentyp verfügen diese Landschaften nicht, vielmehr wird die Bodenbildung maßgeblich von den örtli-

Sumpfwald in den **Everglades,** Florida (USA).

chen geologischen Bedingungen geprägt. In der Pflanzenwelt herrschen hier immergrüne hartlaubige Gehölze vor, wie die immergrüne Steineiche, die Korkeiche und der Ölbaum, die dieser Klimazone ihren Namen gaben: Skleraea. An besonders trockenen Standorten kommen dazu Pinien, Zedern und Zypressen. In der heute meist stark entwickelten Strauchschicht stehen unter anderen Buchsbaum, verschiedene Schneeballarten, Rosen sowie Faulbaumarten, und in der Krautschicht fallen besonders der Mäusezahn, die Färberröte und viele Seggen auf. Diese ursprüngliche Vegetation wurde jedoch besonders im Mittelmeerraum durch die jahrtausendelange menschliche Besiedlung sehr stark verändert. Außerhalb des Mittelmeerbereichs können ganz andere Pflanzenarten in diesem Landschaftstyp auftreten. In Australien bilden Eukalyptusbäume mit ihren hängenden Blättern die landschaftprägenden »schattenlosen« Wälder. Das Chaparral in Mittel- und Südkalifornien ist ebenfalls ein Skleraea-Typ. Dabei handelt es sich um Trockenlandschaften im Lee der Berge, deren Vegetation regelmäßig im Verlauf von ein bis zwei Jahrzehnten durch natürlich entstandenes Feuer abbrennt. Die Biomasseproduktion der Skleraea beträgt jährlich etwa drei bis sechs Tonnen pro Hektar.

Die Tierwelt umfasst viele Arten, die aus benachbarten Halbwüstengebieten eingewandert sind. Dabei spielen große Säugetiere eine untergeordnete Rolle. Größere Verbreitung erfahren dagegen in diesem Landschaftstyp Gliederfüßer, Schnecken und Vögel.

Eukalyptuswälder werden vielfach **schattenlose Wälder** genannt. Die lang gestreckten, ledrigen, mit einer Wachsschicht überzogenen Blätter dieser Bäume stehen nicht seitlich von den Zweigen ab, sondern hängen nahezu senkrecht nach unten. So kann die hoch stehende Mittagssonne nicht im rechten Winkel auf die Blätter einstrahlen. Die dadurch erzielte Verminderung der Strahlungsabsorption trägt einerseits zur Verringerung der Wasserverdunstung bei, andererseits verhindert sie eine Überhitzung des Photosyntheseapparats der Blätter. Wälder aus Eukalyptusbäumen beschatten wegen ihrer besonderen Blattstellung jedoch kaum den Boden. Da der Boden in solchen Wäldern viel stärker austrocknet, als das normalerweise in einem Wald der Fall ist, pflanzt man bestimmte Eukalyptusarten (z. B. den Blaugummibaum, Eucalyptus globulus) gezielt zum Trockenlegen von Sümpfen an.

Tropisches Klima mit gelegentlichen Frösten

Nahezu auf gleicher geographischer Breite wie die winterfeuchten Subtropen liegen die immerfeuchten Subtropen, nur finden sich diese Klimazonen an den östlichen Rändern der Kontinente. Dazu gehören Florida und Texas in Nordamerika, in Südamerika der sich von den südlichen Staaten Brasiliens bis zur östlichen Pampa erstreckende Bereich, der Südosten Afrikas, weiterhin Mittelchina, Teile von Südkorea und Südjapan sowie das südöstliche Australien und die Nordinsel von Neuseeland. In den immerfeuchten Subtropen fehlt eine echte Trockenzeit, doch das Temperaturniveau entspricht etwa demjenigen der winterfeuchten Subtropen. Die Niederschläge können im Jahresmittel durchaus 1500 Millimeter erreichen und sogar übersteigen. In den feuchtesten Regionen haben sich Böden und Regenwälder wie in den immerfeuchten Tropen entwickelt. In trockeneren Bereichen gehen die Wälder dagegen eher in einen Savannentyp über, das heißt in eine mit vereinzelt stehenden Bäumen durchsetzte Graslandschaft.

Feuchtheißes Klima und große Artenvielfalt

Herausragendes Kennzeichen der tropischen Klimazone sind die während des gesamten Jahres gleich bleibend hohen Temperaturen. Es gibt dort also kein Jahreszeitenklima, sondern ein Tageszeitenklima mit täglichen Temperaturschwankungen von sechs bis zwölf Grad Celsius. Jahreszeitenunterschiede können in den äquatorialen Randzonen allerdings durch Regen- und Trockenzeiten verursacht werden. Diese so genannten sommerfeuchten Tropen (sommerfeucht ist streng genommen falsch, da in den Tropen weder Sommer noch Winter existieren) erstrecken sich beiderseits des Äquators etwa zwischen dem zehnten und dem dreißigsten Breitengrad. Gemessen an ihrer Flächenausdehnung gehören diese Regionen zu den bedeutendsten Großlebensräumen der Erde. Auch ist kaum eine andere Klimazone in sich so heterogen wie diese. Die jahreszeitlichen Unterschiede der Niederschläge machen sich auf verschiedene Weise bemerkbar. So kann, entsprechend der örtlichen Niederschlagshäufigkeit, die Landschaft von einem nur mit Sträuchern besetzten Grasland, der Strauchsavanne, bis zu einer nahezu geschlossenen Waldlandschaft, wie zum Beispiel den südostasiatischen Monsunwäldern oder den Miombowäldern im südlichen Kongo, variieren. In der Trockenzeit werfen die Bäume ihre Blätter ab und durchlaufen eine durch Trockenheit erzwungene Ruhephase, der Unterwuchs ist verdorrt.

Die Bäume dieses **Monsunwalds** bei Islamabad in Pakistan sind während der vier bis fünf Monate dauernden Regenzeit grün, werfen aber in den trockenen Wintern ihre Blätter ab (»trockenkahle Wälder«).

Wegen der tiefgründigen Verwitterung des Bodens kam es im Lauf der Zeit zu ausgedehnten Flächenabspülungen, die weiträumige Ebenen entstehen ließen (Peneplains), aus denen Inselberge aufsteigen, meist Relikte härteren, nicht verwitterten Gesteins.

Die Savanne – ein empfindliches Gleichgewicht

Allen Erscheinungsformen der Savannen ist gemeinsam, dass der Boden stets mit Gräsern bedeckt ist, unter denen die so genannten C_4-Pflanzen dominieren. Dabei handelt es sich um Pflanzen, die sich mithilfe eines sehr effektiven Typs der Photosynthese besonders gut trockenen und strahlungsintensiven Klimabedingungen angepasst haben. In den feuchten Regionen der Savanne können die Gräser weit über einen Meter hoch werden, maximal sogar bis zu sechs Metern. In das Grasland sind Bäume eingestreut, deren Bestandsdichte und Artenzusammensetzung außer von der örtlichen Niederschlagsmenge auch von den am jeweiligen Standort vorkommenden Gräsern abhängt, da diese die für die Bäume verfügbare Wassermenge während und nach der Regenzeit beeinflussen. Regelmäßig auftretende Flächenbrände spielen wie in anderen Graslandschaften auch in Savannen eine bedeutende Rolle für die Lebensweise der Pflanzen. Als spezielle Anpassungen legen sie unterirdi-

Termitenbauten sind in den **Savannen** mitunter so zahlreich, dass sie dort das Landschaftsbild mitprägen.

Unter den Gräsern der Savanne dominieren Arten, die einen speziellen Photosyntheseweg beschreiten, den **C_4-Dicarbonsäureweg.** Dessen Mechanismus ist an einen besonderen Bau der Blätter gebunden. C_4-Pflanzen besitzen zwei Typen photosynthetisch aktiver Zellen: die Bündelscheidenzellen, die die Leitbündel umhüllen, und die sich nach außen anschließenden Mesophyllzellen. In Letzteren wird das Kohlendioxid durch ein spezielles Enzym fixiert. Dabei entsteht eine Dicarbonsäure mit 4 Kohlenstoffatomen (in diesem Fall Malat, ein Salz der Apfelsäure), die in die Bündelscheidenzellen diffundiert. Dort wird Kohlendioxid wieder abgespalten und so für die Photosynthese zur Verfügung gestellt. Aus den Mesophyllzellen wird also Kohlendioxid in die Leitbündelscheide »gepumpt«, wodurch dort stets ein hoher Kohlendioxid-Partialdruck herrscht. Besonders vorteilhaft ist diese Anpassung in den Tropen und anderen heißen Gegenden mit starker Sonneneinstrahlung, wo sich die C_4-Pflanzen auch durchgesetzt haben. Zu den landwirtschaftlich wichtigen C_4-Pflanzen gehören u.a. Zuckerrohr und Mais.

sche Speicher- und Regenerationsorgane an oder entwickeln eine gewisse Hitzeresistenz, wie viele Gräser und bestimmte Baumarten. Einige als Pyrophyten bezeichnete Arten öffnen sogar erst ihre Früchte, wenn sie der Hitze eines Feuers ausgesetzt waren.

Großen Einfluss auf die Savanne Afrikas haben die 44 hier lebenden Pflanzen fressenden Großwildarten wie Elefanten, Flusspferde, Zebras, Gnus, Büffel und Giraffen. Damit das Gleichgewicht zwischen Bäumen und Gräsern erhalten bleibt, ist ein ausgewogenes Verhältnis von Laub- und Grasfressern erforderlich. Zu viele Laubfresser, wie zum Beispiel Elefanten oder Flusspferde, können den Baum- und Strauchbestand drastisch dezimieren oder sogar völlig vernichten. Fehlen Laubfresser dagegen völlig, bildet sich innerhalb weniger Jahre eine geschlossene Waldlandschaft. Außer den Großwildarten gibt es zahlreiche Arten von Kleinsäugern, Reptilien, Amphibien und Vögeln sowie eine unermessliche Zahl von Wirbellosen, unter denen besonders Termiten und Ameisen mit ihren hohen Nestbauten das Landschaftsbild der Savanne prägen.

Auch dieser Lebensraum wird seit langer Zeit vom Menschen stark beeinflusst: Der Mensch entfacht die meisten Vegetationsbrände, und daneben verändert er die Vegetation durch Beweidung, Holzeinschlag und indirekt durch das Bejagen von Pflanzen fressendem Großwild. Langfristig eingerichtete Schutzgebiete zeigen, dass mit zunehmender Dauer des Schutzes vor Eingriffen des Menschen die Bestandsdichte von Bäumen sowie deren Artenvielfalt zunehmen. Es ist allerdings nicht genau bekannt, welche Ausdehnung offene Grasflächen ursprünglich hatten.

Die immerfeuchten Tropen

Zum Äquator hin schließt sich an die Savanne der in der äquatorialen Zone gelegene tropische Regenwald (Hylaea) an, der der Klimazone der immerfeuchten Tropen angehört. Die größten Regenwaldgebiete sind das Amazonasbecken in Südamerika, das Kongobecken in Zentralafrika und der Indomalaiische Archipel. Jahreszeitliche Klimaschwankungen treten hier praktisch nicht auf und können deshalb das Pflanzenwachstum nicht einschränken. Die mittlere Tagestemperatur liegt bei 25 bis 27 °C. Der gleichmäßig auf das ganze Jahr verteilte Niederschlag erreicht mit 2000 bis 3000 Millimeter pro Jahr einen sehr hohen Wert. Unter diesen dauerhaft feuchtwarmen Bedingungen haben sich im Lauf von vielen Millionen Jahren tiefgründige (20 bis 50 Meter tief), jedoch nährstoffarme Tropenböden (Latosole oder Ferralsole) mit gelbbrauner bis rotbrauner Farbe entwickelt. Die intensive Färbung stammt von Eisenoxiden, die bei den Auswaschungsprozessen zurückbleiben. Der Humusgehalt der Ferralsole fällt vergleichsweise bescheiden aus, weil die Streuzersetzung im Tropenklima rasant verläuft: Innerhalb eines halben Jahrs wird die Streu zu 95 Prozent abgebaut und in nur vier bis fünf Jahren wäre nahezu der gesamte Humus des Bodens verschwunden, wenn nicht stets Laubstreu nachgeliefert würde.

Hylaea, abgeleitet vom griechischen hýlē »Wald, Gehölz«, ist ursprünglich der von Alexander von Humboldt stammende Name für das tropische Regenwaldgebiet Amazoniens in Südamerika. Er wird jedoch oft auch als Bezeichnung für den tropischen Regenwald allgemein gebraucht.

Die tropischen Regenwälder sind mit Abstand die artenreichsten Lebensräume der Erde, weil hier außerordentlich viele Lebewesen vor allem aufgrund des Temperaturniveaus und des Wasserangebots optimale Lebens- und Fortpflanzungsbedingungen antreffen. Pro Hektar Waldfläche können allein bis zu 600 verschiedene Baumarten wachsen, das sind 30- bis 60-mal so viel wie in den Laubmischwäldern der gemäßigten Breiten. Die Zahl der verschiedenen Arten von Samenpflanzen in tropischen Regenwäldern geht in die Zehntausende.

Tropischer Regenwald auf den Seychellen.

Dazu gesellen sich Farne und Moose sowie die sehr alten Gruppen der Bärlappe und der Moosfarne, die hier nur deshalb erhalten blieben, weil die Regenwälder sich sehr lange ungestört von Eiszeiten, Vegetationsbränden oder anderen drastischen Eingriffen entwickeln konnten. Die außerordentliche Artenvielfalt hängt aber auch damit zusammen, dass der tropische Regenwald eine Unzahl von Kleinlebensräumen mit den unterschiedlichsten Milieueigenschaften bietet, sodass viele Arten hier ihre ökologischen Nischen finden.

Viele »Stockwerke«

Die Schaffung vieler ökologischer Nischen geht nicht zuletzt auf den stockwerkartigen Aufbau der tropischen Regenwälder zurück. Die höchsten, vereinzelt stehenden Bäume breiten ihre Kro-

Diese Aufnahme des **tropischen Regenwalds** auf Costa Rica zeigt deutlich dessen Stockwerkaufbau.

nen in 50 bis 60 Meter Höhe aus und bilden damit das oberste Stockwerk, das als Stratum 5 bezeichnet wird. Die nächste Etage, Stratum 4 genannt, ist in etwa 25 Meter Höhe angesiedelt, wo sich ein geschlossenes Kronendach findet. Darunter bilden kleinere Bäume mit ihren Kronen in etwa 18 Meter, 12 Meter und 6 Meter Höhe drei weitere mehr oder minder deutlich ausgeprägte Stockwerke, Stratum 3, 2 und 1, allerdings ohne geschlossene Laubdächer. Die Strahlungsintensität der Sonne nimmt zum Waldboden hin drastisch ab. In diesem Dämmerlicht existieren nur noch einige besonders schattenverträgliche Kräuter. Üppiger gedeiht die Bodenvegetation nur in Waldlichtungen, wo umgestürzte Baumriesen eine Lichtschneise in den grünen, mehrlagigen Vorhang der Kronenstockwerke geris-

Regenwälder haben eine typische **Stockwerkbildung.** Diese fördert die Artenvielfalt, da in den einzelnen Stockwerken recht unterschiedliche Bedingungen herrschen können, insbesondere hinsichtlich Luftfeuchte, Temperatur und Lichtintensität.

sen haben. Sogar an der Obergrenze des zweithöchsten Stockwerks erreicht die Lichtintensität nur noch 25 Prozent des Werts, der an der Spitze des obersten Stockwerks gemessen wird.

Besonders in ihrem Bestreben um Lichtgewinn konnten sich im tropischen Regenwald viele Spezialisten entwickeln, die anstelle des Bodens größere Bäume als Unterlage benutzen, wie die Aufsitzerpflanzen (Epiphyten), oder denen die Baumstämme als Kletterstützen dienen, wie den Kletterpflanzen oder Lianen. Besonders die Epiphyten, die vom Boden unabhängig in den Baumkronen leben, besitzen stets Sammeleinrichtungen für Regenwasser und herabfallendes Laub, aus dessen Abbauprodukten sie ihren Mineralstoffbedarf decken. Sie produzieren meist große Mengen an leichten, nährstoffarmen Samen, die damit auf Zweige hoher Bäume verweht oder verschleppt werden können, um sich wieder eine günstige Position für die Photosynthese zu verschaffen. Als Paradebeispiel dafür gelten epiphytisch lebende Orchideen, die in jeder Fruchtkapsel Tausende winziger Samen bilden. Bei Kletterpflanzen, die mit den Wurzeln noch im Boden verankert sind, stellt sich besonders das Problem, Wasser und Nährsalze rasch genug in die belaubte Region der Pflanze, die sich in 20, 30 oder mehr Meter Höhe befindet, zu transportieren. Die verhältnismäßig dünnen Klettersprosse sind deshalb mit besonders weitlumigen Wassertransportbahnen, den so genannten Tracheen, ausgestattet. So haben Lianen mit Transportgeschwindigkeiten um 150 Meter pro Stunde den raschesten Wassernachschub im Pflanzenreich entwickelt. Mitunter bilden Kletterpflanzen, ähnlich wie Epiphyten, zusätzlich Luftwurzeln, die Feuchtigkeit aus der Luft oder Wasser, das von noch höheren Baumkronen tropft, aufnehmen.

Lianen, wie diese Art in den Bergwäldern des Ruwenzori-Gebiets in Uganda, haben oft auffällig schöne Blüten, die mitunter ihren Trägerbaum so überziehen, dass es aussieht, als blühte dieser selbst.

Im tropischen Regenwald fehlen große Säugetiere weitgehend, sofern sie nicht an Flussläufen oder anderen offenen Stellen in der Landschaft leben können. Dafür gibt es eine große Zahl von Baumbewohnern wie Insekten, Spinnen, Vögel und Affen sowie Tiere, die noch im Dämmerlicht am Boden des Regenwaldes aktiv sind. Zu Letzteren gehören unter anderen verschiedene Frösche, Schlangen, Geckos, Nachtaffen und Makis. Wegen der schwierigen Sichtverhältnisse im Innern des Walds haben viele Arten ein besonders gutes Gehör entwickelt. Zu der großen Zahl von Tieren, die ihren Lebensraum auf Baumstämme und Baumkronen verlagert haben, gehören zum Beispiel Blattschneiderameisen, Herkuleskäfer, Frösche, Papageien, Affen und Faultiere. Entsprechend der Vielzahl und Verschiedenheit der ökologischen Nischen, die der Regenwald bietet, ist die Vielfalt der dort lebenden Tiere, insbesondere der Vögel, Reptilien, Amphibien und erst recht der wirbellosen Tiere, ungeheuer groß.

Epiphyten kommen in den tropischen Regenwäldern (hier auf der Karibikinsel Guadeloupe) besonders zahlreich vor.

Abholzung vernichtet den Regenwald unwiederbringlich

Eine Besonderheit der Böden tropischer Regenwälder besteht darin, dass hier Ameisen und Termiten den Hauptbestandteil der Bodenfauna bilden. Dennoch spielen sie keine wichtige Rolle beim

Abbau organischer Reststoffe, weil sie zum großen Teil räuberisch leben. Ihre Bedeutung für den Boden besteht wohl eher darin, dass sie viele Gänge graben und dadurch zur Bodenbelüftung beitragen.

Dieses Gebiet in **Amazonien** war vor der **Abholzung** tropischer Regenwald.

Den Abbau der Laubstreu besorgen vor allem Bakterien, Strahlenpilze und besonders die Mykorrhizapilze der Baumwurzeln. Sie sorgen besonders dafür, dass die bei der Zersetzung der Laubstreu frei werdenden Mineralien sofort wieder resorbiert und in organische Stoffe der Bäume eingebaut werden. Eine Speicherung und Freisetzung der Mineralien im Boden, wie in den gemäßigten Klimazonen, findet hier praktisch nicht statt. Der tropische Regenwald lebt also hauptsächlich unmittelbar von seiner eigenen Laubstreu und er verfügt damit über einen kurzgeschlossenen Stoffkreislauf.
Diese Eigenschaft hat zur Folge, dass sich ein abgeholzter Regenwald nicht regenerieren kann, weil mit dem Kahlschlag dieser Stoffkreislauf unterbrochen wird.

Kulturlandschaften

Abgesehen von Eis- und Sandwüsten gibt es wohl keinen Landschaftstyp auf der Erde, der nicht vom Menschen genutzt würde. Sogar die Tundra dient als Jagdgebiet, und Trockensteppen sowie Halbwüsten können noch immer einer spärlich betriebenen Viehzucht ein Minimum an Tierfutter gewähren. Allerdings können Landschaftsformen im Grenzbereich pflanzlichen Wachstums durch Überbeanspruchung irreversibel zerstört werden und damit für immer aus jeglicher Nutzung ausscheiden. Dagegen lassen sich Naturlandschaften der Mittelbreiten sehr gut in Kulturland umwandeln und intensiv nutzen, ohne dass diese Gebiete dadurch sofort einer

Endlose Feldfluren sind typisch für die **Kulturlandschaften in Mitteleuropa.**

ökologischen Katastrophe entgegengehen. Dennoch vollzieht sich auch hier die Umwandlung von Naturlandschaften in Kulturland nicht ohne Rückwirkungen auf die Natur.

Der Humusgehalt bestimmt die Bodenfruchtbarkeit

Mit dem Ersatz der natürlichen Vegetation durch Nutzpflanzenkulturen, seien es nun Viehweiden oder Äcker, unterbricht man den natürlichen Stoffkreislauf zumindest teilweise, denn die Nutzpflanzen werden alljährlich ganz oder teilweise abgeerntet. Im Lauf der Zeit muss deshalb der Humusgehalt des Bodens abnehmen, wenn er nicht künstlich ergänzt wird. Humusverlust führt zu

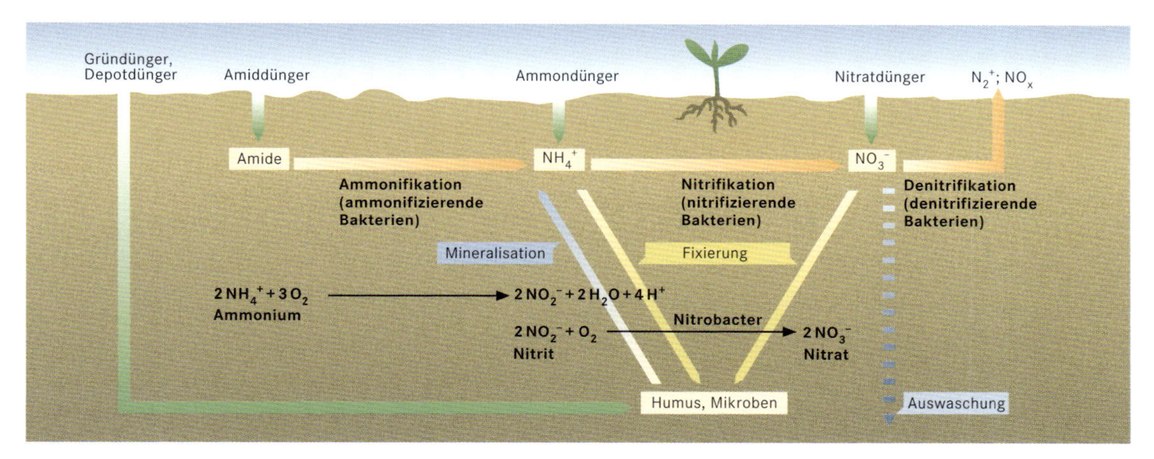

Die Grafik zeigt die Umsetzung verschiedener **Stickstoffdünger** im Boden.

einer Strukturverschlechterung des Oberbodens, denn die Humusteilchen kleben mineralische Partikel zu größeren Aggregaten zusammen (Krümelstruktur), die unter anderem eine bessere Bodendurchlüftung gewährleisten. Da Huminstoffe Ionen adsorptiv binden können, nimmt mit sinkendem Humusgehalt die Adsorptions- oder Festhaltefähigkeit des Bodens für Pflanzennährstoffe ab, sofern dieser nicht über einen ausreichend hohen Tongehalt verfügt, der das Manko ausgleichen kann. Humusarme, dem Wind und dem Regen ausgesetzte Böden erodieren ungleich schneller als humusreiche Böden, die durch eine dichte, geschlossene Pflanzendecke ganzjährig geschützt sind. Besonders augenfällig treten solche Bodenverluste in hügeligem oder in bergigem Gelände auf. Durch zu große Bodenverluste wurde in der Vergangenheit auch immer wieder wertvolles Ackerland vernichtet. In trockeneren Gebieten leisten solche Bodenverluste der Wüstenbildung Vorschub.

Neben dem Verlust der Fruchtbarkeit durch Bodenerosion und Unterbrechung des natürlichen Stoffkreislaufs tragen die aus wenigen oder nur einer einzigen Pflanzenart bestehenden Nutzkulturen zu einer einseitigen Mineralstoffausbeutung der Böden bei. Um gleich bleibende Erträge über lange Zeiträume hinweg zu sichern, müssen verloren gegangene Pflanzennährstoffe den Böden durch Düngung wieder zurückgegeben werden. Für die Kulturpflanzen gelingt das mithilfe gut wasserlöslicher Mineraldünger sehr schnell und zuverlässig. Dennoch können die Böden im Lauf der Zeit an Spurenelementen verarmen, weil mit den rein mineralischen Düngemitteln dem Boden in der Regel nur die Hauptnährstoffe der Pflanzen (Stickstoff, Kalium und Phosphor, gelegentlich auch Calcium und Magnesium) zurückgegeben werden. Bei langjähriger rein mineralischer Düngemittelzufuhr setzt sich der Humusschwund mit allen seinen negativen Begleiterscheinungen fort. Deshalb sollten immer Mischdüngungen mit Mineraldünger und Stallmist oder mit Mineraldünger und frischem Pflanzenmaterial (Gründüngung) durchgeführt werden. Eine verstärkte Düngung erzwingen auch die modernen Kulturpflanzensorten, die ihre hohen Erträge erst bei exzessiver Stickstoffdüngung erbringen. Damit wächst jedoch die Gefahr der Einspülung von Stickstoffverbindungen in das Grundwasser. Darüber hinaus führt die Düngung zu einer Selektion der Wildpflanzen in der Umgebung der Kulturböden und damit zu einer Ausdünnung der natürlichen Artenvielfalt.

Monokulturen bringen Probleme

In der Regel werden Felder mit nur einer Art von Nahrungsmittelpflanzen bestellt (Monokulturen). Die Kulturpflanzen sind oftmals im Anbaugebiet nicht heimisch und außerdem werden sie durch fortgesetzte Zuchtwahl und durch ertragsorientierte Kreuzungen von ihren wild lebenden Ursprungsstämmen so weit weg entwickelt, dass sie inzwischen neue Unterarten oder sogar neue Arten bilden. Solche Züchtungen führt man isoliert von anderen Pflanzen und Tieren durch. Die Auswahlkriterien, die man während der Züchtungsarbeit anlegt, sind allein auf qualitative und quantitative Ertragsoptimierungen hin ausgerichtet. Allenfalls spielen noch Eigenschaften eine Rolle, die die Pflanzen für den maschinellen Anbau geeignet machen, sowie Resistenzeigenschaften gegenüber einigen besonders hohe Ernteausfälle verursachenden Pflanzenschädlingen. Im Wesentlichen führt jedoch eine solche Züchtung zu Lebewesen, die der Natur in gewisser Weise entfremdet sind, denn eine gemeinsame Entwicklung in unmittelbarer Gesellschaft mit verschiedenen Tieren und Pflanzen wird auf diese Weise ausgeschlossen. Daher können beispielsweise keine Fähigkeiten entwickelt werden wie Resistenz gegenüber Parasiten oder hohe Vitalität, die nötig sind, um sich in der Konkurrenz mit anderen Organismen zu behaupten. Nicht zuletzt deshalb werden Kulturpflanzen durch Schädlinge stark dezimiert, wenn man sie nicht durch geeignete Maßnahmen schützt. Eine andere Ursache für die Schutzbedürftigkeit der Kulturpflanzen gegenüber Schädlingen ist sicher die Monokultur an sich, da sie eine ungehinderte Vermehrung und Ausbreitung von Schädlingen fördert. Sogar in von Natur aus artenarmen Gesellschaften wie der Taiga, die vom Menschen

Dieser Birkenwald in Nordfinnland ist einem **Kahlfraß** durch den Birkenspanner zum Opfer gefallen.

noch nicht wesentlich beeinträchtigt wurden, können Schädlinge große Ausfälle verursachen, wie etwa an der nördlichen Waldgrenze Europas, wo der Birkenspanner den Birkenbestand zurückdrängt.

Anpassung der **Blüten-** und **Fruchtbildung** von Löwenzahn, Gänseblümchen und Herbstzeitloser an die Termine der **Mahd.**

Periodische Bearbeitung und Ernte mindern die Artenvielfalt

Da Äcker alljährlich neu bestellt werden, können sich keine Pflanzensukzessionen entwickeln. Ökologisch gesehen, werden hier jedes Jahr neue Pioniergesellschaften, nämlich die Kulturpflanzen, angebaut, die dementsprechend einen besonders hohen Netto-Biomasseüberschuss erzeugen, den der Mensch als Ernte für sich nutzen will. Bedingt durch diese Kulturform können sich nur noch bestimmte Unkräuter auf den Äckern ansiedeln. Die beste Anpassung an den Rhythmus von alljährlicher Saat und Ernte bringen einjährige Pflanzen mit, die spätestens bei der Ernte große Mengen an Samen freisetzen, wie etwa der Klatschmohn, die Kamille oder der Löwenzahn. Daneben können sich auch Pflanzen behaupten, die wegen ihres hohen Regenerationsvermögens aus Spross- oder Wurzelstücken oder aus Teilen von Ausläufern wieder ganze Pflanzen austreiben lassen. Zu dieser Gruppe gehören ebenfalls der Löwenzahn sowie der Huflattich, die Ackerkratzdistel oder der Kriechende Hahnenfuß.

Auf Weiden können Kräuter nur dann überleben, wenn sie sich dem Viehfraß und der regelmäßigen Mahd anpassen, das heißt, wenn sie sich entweder vegetativ über Ausläufer vermehren, wie beispielsweise der Wiesenklee, oder wenn ihre Blüten- und Fruchtbildung zwischen den Terminen der Mahd liegt, wie zum Beispiel bei Bärenklau, Herbstzeitlosen oder wiederum Löwenzahn. Auf Wiesen, die nur als Viehweiden genutzt werden, können sich so genannte

Weideunkräuter halten, zu denen unter anderen der Hauhechel und die Zypressenwolfsmilch gehören. Die Fauna der Kulturflächen beschränkt sich wegen der immer wiederkehrenden Bearbeitung vorzugsweise auf Gliederfüßer. Vögel und größere Wirbeltiere wandern nur aus benachbarten Lebensräumen, beispielsweise Wäldern oder Hecken, periodisch ein.

Hecken erfüllen wichtige Aufgaben

In Mitteleuropa wird oftmals parallel zur Maschinisierung der Landwirtschaft eine Flurbereinigung durchgeführt. Mit diesem Sammelbegriff umschreibt man alle Maßnahmen, mit deren Hilfe man zerstreut liegende Ländereien zusammenfasst, um sie wirtschaftlicher, das heißt kosten- und zeitsparender, bearbeiten zu können. Dazu gehört insbesondere die Zusammenlegung schmaler Ackerstreifen durch die Beseitigung trennender Feldraine, das Abholzen kleinerer Gehölzgruppen oder Hecken sowie von Gehölzsäumen an Fluss- und Bachufern, um die Wirtschaftsflächen zu vergrößern. Angesichts solcher Eingriffe in die Landschaft ist es erforderlich, sich die ökologische Bedeutung flurgliedernder Gehölze klarzumachen.

Hecken können aus Sträuchern und niederen Bäumen bestehen, wobei in der Regel viele verschiedene Straucharten miteinander vergesellschaftet sind, wie Schlehen, verschiedene Schneeballarten, Weißdorn, Hundsrose, Pfaffenhütchen, Feldahorn, Eberesche und andere mehr. Die Heckenränder werden von verschiedenen Gräsern und Kräutern gesäumt und an den Gehölzen ranken sich mitunter Kletterpflanzen empor, wie Hopfen, Waldrebenarten und Zaunrübe. Hecken bilden somit sehr vielgestaltige Lebensräume für Tiere und Pflanzen. Darüber hinaus beeinflussen sie das Kleinklima ihrer Umgebung. Bedeutsam ist vor allem ihre Windschutzwirkung, die sich in Bodennähe bis zu einer Entfernung, die der zwanzigfachen Heckenhöhe entspricht, auswirken kann. Dadurch vermindern Hecken das Austrocknen des Bodens ebenso wie dessen Ausblasen während der Brache nach der Ernte. Nachts führen Hecken zu vermehrter Taubildung, tagsüber reduzieren sie die Verdunstung, besonders an der windabgewandten Seite. Trotz einer gewissen Konkurrenz um das Bodenwasser mit benachbarten Kulturpflanzen wirken sich Hecken ertragssteigernd auf die Nutzpflanzen aus.

Die Tatsache, dass Hecken Unterschlupf für eine Reihe von Tierarten bieten, mindert diesen Effekt keineswegs. Vielmehr wurde festgestellt, dass gewisse Schädlinge durch Hecken sogar in ihrem Bestand eingeschränkt werden. Beispielsweise bleiben in einer Heckenlandschaft, wie sie in Ostholstein üblich ist, Massenvermehrungen der Feldmaus aus. Auch Schwarmbildungen der Saatkrähen sind nicht zu beobachten, wenn Hecken in Abständen von weniger als 500 Metern die Landschaft gliedern, weil dadurch den Tieren die Sicht auf fressende Artgenossen genommen wird. An Gewässern unterdrückt die Beschattung durch ufernahe Gehölze das Verkrauten der Bach- und Flussläufe.

Aquatische Lebensräume

Der größte Teil des Meerwassers gehört zum ozeanischen Pelagial, der **Hochsee.**

Bei weitem den größten Lebensraum der Erde stellen die Ozeane zur Verfügung, denn sie nehmen etwa 70 Prozent der Erdoberfläche ein, also mehr als doppelt so viel wie das Land. Meeresströmungen, die durch Temperaturunterschiede auf dem Erdball und durch Wind angetrieben werden, sorgen für einen steten Stoffaustausch zwischen den einzelnen Meeresteilen und führen zu einem Temperaturausgleich kalter und warmer Regionen. Durchmischungen des Meerwassers erfolgen aber nicht nur in horizontaler Richtung, sondern auch vertikal, sodass auch Oberflächen- und Tiefenwasser durchmischt werden. Allerdings vollzieht sich dieser Mischungsvorgang im Bereich der Tiefsee außerordentlich langsam.

Die Mehrzahl der Hochseetiere lebt in den oberen Wasserschichten

Die Ozeane sind nicht über alle Tiefenbereiche gleichmäßig mit Lebewesen besetzt. Beispielsweise können photosynthetisch tätige Organismen nur bis zu einer Meerestiefe vorkommen, in der noch genügend Licht vorhanden ist. Gewöhnlich liegt die Grenze für die Photosynthese bei etwa 30 bis 40 Meter Tiefe. Nur im besonders klaren Wasser äquatorialer Regionen ist Photosynthese noch bis zu 100 Meter Tiefe möglich. Die Lichtintensität in diesen Tiefenregionen entspricht etwa derjenigen am Boden tropischer Regenwälder. Konsumenten, also Tiere, die sich von Algen oder Wassertieren ernähren, können noch in Tiefen bis zu mehrere Tausend Meter vorkommen und einzelne Bakterienarten sind bis 11 000 Meter unter der Wasseroberfläche lebensfähig. Verschiedene Tierarten, die in größerer Tiefe leben, führen oft regelmäßig Vertikalwanderungen durch, um Wasserschichten mit besonders hohem Nahrungsangebot aufzusuchen.

In der Hochsee, die meist mehrere Kilometer tief ist, konzentrieren sich die meisten Lebewesen auf die oberste, etwa 100 Meter tief reichende Wasserschicht. Zumindest in der oberen Hälfte dieser Zone ist Photosynthese möglich, sodass sich in diesem Bereich vor allem frei schwebende Algen aufhalten, die in ihrer Gesamtheit auch als Phytoplankton bezeichnet werden. Die überwiegende Menge des Phytoplanktons hält sich in 10 bis 50 Meter Tiefe auf. Daneben kommen im Oberflächenwasser frei schwebende Kleintiere vor, die in ihrer Gesamtheit Zooplankton genannt werden.

Lebensgrundlage des Zooplanktons bildet das Phytoplankton. Dieses dient wiederum gemeinsam mit dem Zooplankton vielen Fischen, Walen und anderen Tieren als Nahrung. Die Planktonfresser bilden ihrerseits die Nahrungsgrundlage für räuberisch lebende Fische wie Thunfische und Makrelen, aber auch für Robben. Die Nahrungsketten setzen sich weiter fort zu großen Räubern, wie den verschiedenen Arten von Zahnwalen, die sich von Delphinen und

---

Als **Pleustal** bezeichnet man den Lebensbereich an der Wasseroberfläche; die hier lebenden Organismen werden unter dem Namen **Pleuston** zusammengefasst. Dazu gehören u. a. an der Wasseroberfläche treibende Algen und Wasserschnecken. Die dicht unter der Wasseroberfläche treibenden Pilze, Algen und Kleinkrebse heißen **Neuston.**
Der gesamte Lebensraum zwischen Wasseroberfläche und Gewässergrund heißt **Pelagial.** Diejenigen Lebewesen, die sich praktisch ohne Eigenbewegung von der Wasserströmung treiben lassen, nennt man **Plankton.** Dazu gehören sowohl Algen als auch viele Kleintiere. Fische, Wale, Seehunde, Tintenfische und alle andern sich selbstständig fortbewegenden Tiere fasst man als **Nekton** zusammen. Der Lebensraum, den der Gewässergrund bildet, ist das **Benthal.** Die dort lebenden Tiere wie Muscheln, Seesterne, Schnecken sowie auch Würmer und andere sich im Gewässerboden eingrabende Tiere bezeichnet man als **Benthos.**

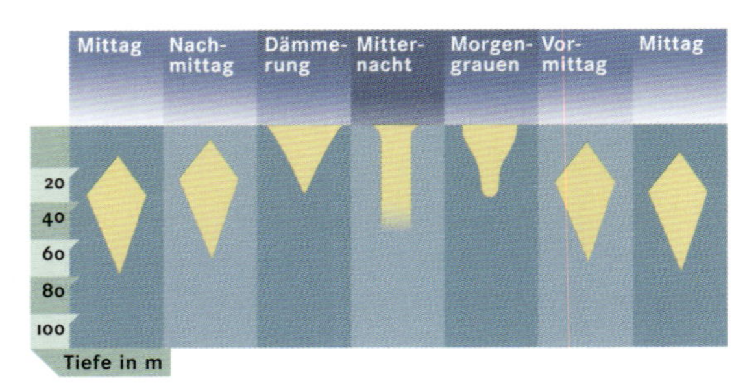

Viele Arten des Zooplanktons und des Nektons unternehmen **tageszeitenabhängige Vertikalwanderungen:** Bei Nacht verteilen sie sich im Oberflächenwasser, am Morgen sinken sie wieder in die Tiefe zurück, wo sie den Tag verbringen. Ob sie mit diesem Verhalten potentiellen tagaktiven Räubern ausweichen oder ob der Ortswechsel Vorteile für die Nahrungsbeschaffung bringt, ist bislang nicht bekannt.

Tintenfischen ernähren. Ebenso wie Robben und See-Elefanten zur Brutzeit an Land gehen, kehren Hochseevögel, beispielsweise Albatrosse oder Fregattvögel, zur Brutzeit an Land zurück.

Der Stoffkreislauf der Hochsee vollzieht sich sehr langsam. Zunächst verstreicht geraume Zeit, ehe abgestorbene Lebewesen bis auf den mehrere Tausend Meter tiefen Meeresboden absinken werden. Bei den niederen Temperaturen gehen Zersetzung und Mineralisation dort entsprechend langsam vonstatten. Schließlich werden die Zersetzungsprodukte durch Meeresströmungen verteilt und stehen dann erneut den Lebewesen zum Einbau in körpereigene Stoffe zur Verfügung.

Tiere der Tiefsee zeigen besondere Anpassungen

In der Tiefsee unterhalb von 800 bis 1000 Metern, wo kein Sonnenlicht mehr sichtbar ist, erlischt auch die Nahrungsquelle Plankton. Außerdem nimmt der Wasserdruck pro zehn Meter Tiefe um etwa ein Bar zu und das Wasser ist kälter als in den oberflächennäheren Bereichen. Deshalb leben in dieser Zone in der Regel kältestenotherme Tiere, das sind Organismen, deren Stoffwechsel an die dauerhaft niedrigen Temperaturen von etwa 0,5° bis 3,5 °C angepasst ist. Oftmals besitzen diese Tiere auch eigene Leuchtorgane. Ihre Ernährung bestreiten viele von ihnen als Jäger, andere leben von Partikeln organischer Stoffe, die im Wasser schweben und von abgestorbenen Organismen aus den oberen Wasserschichten stammen.

Die in der Tiefsee lebenden **Laternenfische** besitzen perlenartig aufgereihte Leuchtorgane, deren Muster art- und geschlechtsspezifisch ist. Dementsprechend dienen diese Leuchtorgane insbesondere als geschlechtliches Erkennungszeichen, aber auch dem Schutz vor Raubfischen, indem diese durch plötzliches Aufblitzen der Lichter kurzzeitig geblendet werden.

Erstaunlicherweise stellt der Sauerstoffgehalt des Tiefseewassers nicht den begrenzenden Faktor für das Leben in mehrere Tausend Meter Tiefe dar. Der Grund dafür ist folgender: Das Oberflächenwasser der Polarregionen ist weitgehend mit Sauerstoff gesättigt. Wegen seiner starken Abkühlung sinkt es nach unten, wo es durch Grundströmungen weit verfrachtet wird, sodass das Tiefenwasser an den meisten Stellen reichlich Sauerstoff enthält. Am schlammigen Tiefseeboden, dem Abyssal, leben so genannte Sedimentfresser und Filtrierer, also Tiere, die sich von herabgesunkenen organischen Schlammpartikeln ernähren. Hier können Polypenstöcke existieren, verschiedene Krebse, Seegurken und Schlangensterne sowie Würmer, Seeigel und Weichtiere. In extremen Tiefen wird allerdings die Artenzahl äußerst gering.

Die Schelfmeere beherbergen ein breites Artenspektrum

Eine ganz andere Situation herrscht in den Schelfmeeren, das heißt auf den vom Meer überfluteten Festlandsockeln. Diese Meeresbereiche sind bis zu 200 Meter tief und werden deshalb noch vollständig in die vertikalen Wasserströmungen einbezogen, sodass

Oberflächen- und Tiefenwasser ständig zirkulieren. Die Temperaturen der Schelfmeere polarer Regionen unterscheiden sich von denjenigen äquatorialer Regionen deutlicher, als sich die Temperaturen der offenen Tiefsee in beiden Regionen unterscheiden. Darüber hinaus erfolgt der Stoffkreislauf der Schelfmeere wesentlich schneller, denn abgestorbene Lebewesen sedimentieren rasch und werden wegen des oftmals höheren Temperaturniveaus schneller mineralisiert. Mit der vertikalen Wasserzirkulation gelangen die Abbauprodukte organischer Stoffe wieder an die Oberfläche, wo sie erneut von Produzenten (Algen) aufgenommen werden können. Plankton wird lediglich an den tiefsten Stellen der Schelfmeere knapp. Bis zu einer Tiefe von 50 bis 100 Meter ist stets genügend Plankton vorhanden, weshalb Schelfmeere als relativ nährstoffreich gelten. In den oberen Wasserschichten kommen besonders Grünalgen vor, in tieferen Schichten dagegen Braunalgen und Rotalgen, sofern das Wasser

KORALLENRIFFE – BESONDERS ARTENREICHE LEBENSRÄUME DER SCHELFMEERE

Korallenriffe werden von kleinen Polypen gebildet, die nach außen ein Kalkgehäuse abscheiden, das häufig gefärbt sein kann. Neben diesen Hartkorallen siedeln sich auch Weichkorallen ohne starres Kalkgehäuse an. Korallenriffe können sich nur in relativ flachen, bis zu etwa 50 m tiefen Meeresteilen bilden, wobei der Untergrund felsig sein muss, um den Tieren eine solide Verankerung zu ermöglichen. Die Wassertemperatur muss stets deutlich über 20 °C liegen. Entsprechend ihrer Lage und Gestalt werden Korallenriffe in drei Typen untergliedert: Saumriffe verlaufen parallel zum Küstenstreifen und liegen stets in dessen unmittelbarer Nähe, Barriereriffe bilden sich mehrere Kilometer von der Küste entfernt und Atolle entstehen als ringförmige Riffe rund um Bergspitzen unter der Meeresoberfläche.

Das kräftige Wachstum der Korallen bis an die Meeresoberfläche wird durch Symbiose mit Algen ermöglicht, die sich an den Korallenstöcken festsetzen. Die Algen fixieren das durch Atmung freigesetzte Kohlendioxid, nehmen andere Stoffwechselendprodukte der Polypen als Nahrung auf und haben darüber hinaus eine gute, lichtexponierte Unterlage. Die Polypen nutzen Photosyntheseprodukte der Algen sowie den bei der Photosynthese freigesetzten Sauerstoff. Ohne die symbiontischen Algen wachsen Korallen ungleich schlechter. Die in jedem Korallenriff auftretenden Hohlräume und Lücken werden durch andere Kalkschalen bildende Kleintiere besiedelt, wie beispielsweise Muscheln und Foraminiferen (Einzeller mit porösen Kalkschalen).

Die günstigen Wassertemperaturen und das symbiosegestützte Korallenwachstum, verbunden mit einem extrem kurzen Stoffkreislauf, lassen Korallenriffe zu den produktivsten Lebensräumen der Meere werden. Entsprechend reichhaltig ist ihre Artenzusammensetzung. Neben einer Vielzahl verschiedenartiger Korallen finden sich hier Schwämme, Seeigel, Seesterne, Krebse, Schnecken, Borstenwürmer und eine Vielzahl von Fischen. Ein Teil der Fische, die es zu den Korallenriffen zieht, ernährt sich von Algen und Plankton. Ein anderer Teil vertilgt diverse Kleintiere oder organische Reststoffe (Detritus) und wieder andere betätigen sich als teilweise außerordentlich gefräßige Räuber, wie die Muränen, die unter dem Korallengeäst auf Beute lauern. Große Papageifische brechen ganze Stücke der Korallen ab, Algen und Polypen werden verdaut und der unverdauliche Kalk wird mit dem Kot als feiner Kalksand wieder ausgeschieden. Trotz solcher Eingriffe in die Struktur der Korallen, wachsen diese so üppig, dass sie die Schäden stets ausbessern können und insgesamt noch einen steten Zuwachs verzeichnen.

nicht zu stark mit Abfallstoffen belastet ist. Die drei genannten Gruppen können sowohl frei im Wasser schwimmen als auch am Boden festgewachsen sein. Größere festgewachsene Braunalgen (Tange) werden von vielen Fischen und Schnecken als Laichplätze aufgesucht. Ferner halten sich viele Klein- und Jungtiere zum Schutz vor Räubern im Dickicht der Tange auf.

Schelfmeere verfügen über ein reiches Artenspektrum, was sowohl für die frei im Wasser schwimmenden Tiere als auch für die am oder im Meeresboden lebenden Organismen gilt. Pelagial und Benthal sind in den Schelfmeeren durch viele Nahrungsketten ökologisch eng miteinander verflochten.

Meeresküsten, Watt und Mangroven

An den Küstenstreifen herrschen wiederum andere Verhältnisse, denn hier wirkt zum einen die Brandung auf die Lebewesen ein, zum andern sind die Lebewesen größeren Temperaturunterschieden ausgesetzt als im freien Wasser. In den Gezeitenzonen müssen sie zudem in der Lage sein, bei Ebbe im angespülten Meeresschlick zu überleben, bis die Flut das Meerwasser zurückbringt. Ebbe und Flut verursachen darüber hinaus Änderungen im Salzgehalt des Lebensraums der küstenbewohnenden Meerestiere. Außerdem sind sie der Sonneneinstrahlung viel stärker ausgesetzt als die Tiere im freien Wasser. Typische Küstenbewohner, wie viele Schlickwürmer, diverse Muscheln und Seepocken, müssen an diese stets wechselnden Umweltbedingungen speziell angepasst sein, um hier überleben zu können. Zwei Typen von Lebensräumen spielen in diesem Zusammenhang eine besondere Rolle, nämlich die Wattenmeere und die Mangroven der warmen Klimazonen. Bei aller Verschiedenheit ist beiden Küstenformationen gemeinsam, dass sie bei Flut mit Meeresschlick versorgt werden, der reich an organischen Reststoffen ist und somit ein reichhaltiges Leben unterhalten kann. Beide Lebensräume zeichnen sich deshalb durch eine besonders hohe Biomasseproduktion aus, die geeignet ist, auch Tiere anderer Lebensräume zumindest zeitweise mit zu ernähren, wie beispielsweise die Zugvögel.

Diese Aufnahme aus dem **Watt** bei Sylt zeigt die geringelten Kothäufchen als typische Spuren des Köder- oder Wattwurms.

Ein Watt bildet sich an Flachküsten und Flussmündungen, meist im Schutz vorgelagerter Inseln, die die Hauptwucht der Meeresbrandung auffangen. An solchen Küstenstreifen lagert die Flut Schlick ab, von dessen organischen Materialien sich Muscheln, Krebse und Würmer in großer Zahl ernähren. Außerdem können sich Algen ansiedeln, die eine zusätzliche Nahrungsquelle für viele Tierarten darstellen. Manche Vogelarten haben sich auf einzelne der vielfältigen Nahrungsquellen des Watts spezialisiert. Beispielsweise bedienen sich Brandenten besonders bei den Algen, während der Austernfischer mit seinem langen Schnabel im Schlick nach Würmern herumstochert. Auf nicht mehr regelmäßig vom Wasser überfluteten Küstenstreifen siedeln sich salzverträgliche Kräuter und Gräser an, die die Palette des Nahrungsangebotes noch erweitern. So bilden das Watt und die angrenzende Verlandungszone, die auch Marschland genannt wird, für viele Zugvogelarten Rast- und Futterplätze.

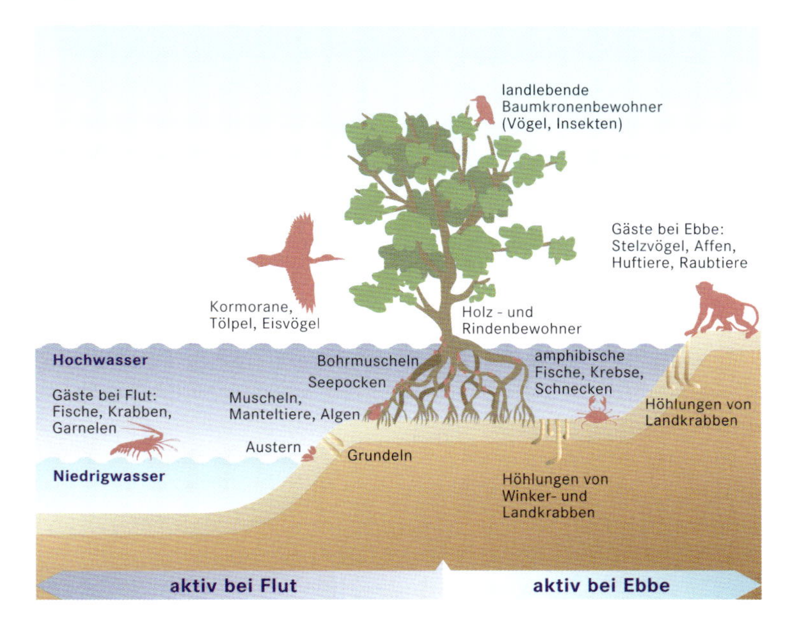

Mangroven beherbergen eine artenreiche Fauna, deren Zusammensetzung und Aktivität sich zum Teil periodisch mit dem Gezeitenwechsel ändern. Die Grafik zeigt eine Auswahl der Land- und Meeresbewohner, die hier aufeinander treffen.

Mangroven sind Waldtypen der Subtropen und Tropen, die bis in den Überflutungsbereich der Meere hineinwachsen. Auch Mangroven können sich nur dort entwickeln, wo Inseln oder Korallenriffe die Meeresbrandung auffangen. Die Mangroven fallen zunächst durch ihre Bäume mit vielen Stelzwurzeln auf. Diese besonderen Wurzeln sollen die Bäume einerseits im weichen Schlick verankern, andererseits können sie besonders bei Niedrigwasser Luftsauerstoff aufnehmen und an die im Schlick steckenden Wurzelabschnitte weiterleiten, denn der Schlick enthält praktisch keinen Sauerstoff. Bei einigen Arten wird die Sauerstoffversorgung durch zusätzliche Atemwurzeln verbessert, die ständig über dem Wasserspiegel liegen. Um eine übermäßige Salzaufnahme aus dem Meerwasser zu verhindern, verfügen diese hoch spezialisierten Wurzeln über einen Unterdruckfiltrationsmechanismus, der durch den Transpirationssog in den Wasserleitungsbahnen in Gang gesetzt wird. Reichern sich dennoch im Lauf der Zeit zu viele Salze in den Blättern an, so werden sie mit dem Laubfall wieder beseitigt. Ähnlich wie im Watt findet sich auch hier im Schlick eine artenreiche Fauna, die viele Formen von Muscheln, Würmern und Krebsen umfasst. Mitunter gesellen sich dazu spezielle Fische, die sich im Schlamm eingraben können, die Schlammspringer. Doch nicht nur im Schlick, sondern auch an den Stelzwurzeln siedeln sich Austern, Manteltiere und andere Organismen an, die in anderen Meeresbereichen auf Felsuntergrund leben.

Nur bei Flut können diese Tiere Nahrung aus dem Meer aufnehmen. An den Stämmen oberhalb des Wasserspiegels und in den Baumkronen etablieren sich typische Tiergesellschaften des Festlands. Dazu gehören viele Vogelarten, Bienen, Ameisen, Blattläuse und andere Waldbewohner. Damit bilden die Mangroven eine einzigartige Überlappungszone von Land- und Wassertieren, die noch durch eine Reihe von Amphibien, zum Beispiel Frösche, ergänzt werden.

Flüsse und Auwälder

Ebenfalls zu den aquatischen Lebensräumen gehören schließlich noch Flüsse und Seen, wobei wir uns hier auf die Flüsse konzentrieren. Die ebenso wie Seen Süßwasser führenden Flüsse unterscheiden sich von jenen hauptsächlich durch die Wasserbewegung, die jegliche stabile Wärmeschichtung des Wassers unterbindet. Wenn dennoch Temperaturdifferenzen in einem Flusslauf auftreten, dann sind sie geographisch bedingt. So ist das Quellwasser im Gebirge in der Regel kälter als das Wasser im Unterlauf der Flüsse.

Algen und Samenpflanzen gedeihen in Flussläufen nur dort, wo sie ausreichend Sonnenlicht erhalten. Bei Beschattung durch Ufergehölze wird das Pflanzenwachstum im Fluss oder Bach gehemmt. Der dadurch bedingte Mindererträg an Pflanzenmasse im Wasser wird durch herabfallendes Laub der Bäume mehr als wettgemacht. Daher ist, von den Quellbereichen der meisten Flüsse abgesehen, im Mittel- und Unterlauf stets genügend Pflanzenmasse vorhanden, zum Teil in Form von Detritus, um eine artenreiche Fauna zu ernähren. In Flüssen und Bächen trifft man auf Krebse, Insektenlarven, Plattwürmer, Wassermilben und eine Vielzahl von Süßwasserfischen. Je nach Strömungsgeschwindigkeit und Sauerstoffgehalt des Wassers können in ein und demselben Flusslauf verschiedene Kleinlebensräume mit unterschiedlichem Artenbesatz entstehen. Die Veränderlichkeit der Lebensbedingungen in Flüssen, bedingt unter anderm durch die Erosionswirkung des Wassers, hat viele Flussbewohner dazu veranlasst, Wanderungen in Kauf zu nehmen, um bei Verlust eines speziellen Lebensraums einen neuen aufzusuchen.

Forellen in einem **See** der Cottonwood Lakes, High Sierras (USA).

Solche Veränderungen ergeben sich häufig, wenn beispielsweise Uferbereiche abbrechen, grobes Geröll im Flussbett verschoben wird, oder auch bei Hochwasserstand. Daher ändert sich bei einem naturbelassenen Flusslauf der Wasserstand im Verlauf eines Jahrs immer wieder, und in gleichem Maß ändert sich damit der Grundwasserstand. Da das Grundwasser normalerweise parallel zum Fluss abwärts fließt, bilden sich in den Uferregionen in der Regel keine Gley- oder Pseudogleyböden aus. Auf den durch Überschwemmungen stets gedüngten Böden kann sich eine typische Auwaldvegetation ausbilden, deren Gehölze im Wurzelbereich Stauwasser ertra-

Auwälder wie dieser Wald im Naturschutzgebiet Taubergießen in Baden-Württemberg sind in Deutschland nur noch selten zu finden.

gen. Zu den charakteristischen Baumarten dieser Standorte gehören unter anderen verschiedene Weidenarten, Schwarzerlen und Espen. An etwas trockeneren Standorten kommen Eschen und Ulmen hinzu, die von Eichen und andern feuchteverträglichen Bäumen durchsetzt werden. Verschiedene Kletterpflanzen verleihen den Auwäldern oftmals ein urwaldähnliches Aussehen. Die Tierwelt der Auwälder entspricht weitgehend derjenigen wechselfeuchter Laubmischwälder.

Der Stoffumsatz in Auwäldern läuft rascher ab als in den üblichen Laubmischwäldern, weil Asseln, Tausendfüßer, Schnecken und Regenwürmer in großer Zahl auftreten und das abgefallene Laub vertilgen. Der Kot der Bodenfauna kann durch Bakterien und Pilze im Auwaldboden viel schneller mineralisiert werden als die unverdaute frische Laubstreu. G. Fellenberg

Unsere Mitbewohner

Wer sich mit dem Leben auf der Erde beschäftigen will, steht vor einer so großen Fülle von Lebensformen, dass es fast unmöglich erscheint, einen gewissen Überblick erlangen zu können. Die Spannweite der Lebewesen reicht von primitiv organisierten einzelligen Bakterien über mehrzellige Algen bis hin zu Vielzellern mit hochspezialisierten Geweben und Organen. Ähnlich breit angelegt sind die Ernährungsformen der Organismen. Es gibt Lebewesen, die sich nur von anderen Lebewesen ernähren können, solche, die abgestorbenes organisches Material verwerten, und viele Pflanzen schließlich können alle körpereigenen Substanzen aus anorganischen Stoffen mithilfe der Sonne als geeigneter Energiequelle selber aufbauen.

So verschiedenartig sich die Lebewesen ernähren, so unterschiedlich können auch die Umweltbedingungen sein, unter denen sie leben. Die von Lebewesen bewohnten Lebensräume reichen von heißem Quellwasser bis zu kaltem Gletschereis, von der Tiefsee bis zum Hochgebirge und von trockenen Wüsten bis hin zu Mooren. Doch trotz aller Verschiedenheiten verbindet alle Lebewesen eine Reihe von gemeinsamen Eigenschaften. Diesen Gemeinsamkeiten wollen wir zunächst nachspüren.

Gemeinsame Merkmale aller Lebewesen

Gemeinsame Eigenschaften der Lebewesen, so meint man, müssten sehr leicht zusammenzutragen sein, sind sie doch durch ganz besondere Merkmale wie Wachstum oder Stoffumsetzungen charakterisiert. Erstaunlicherweise begegnet man aber gerade diesen Eigenschaften auch in der unbelebten Natur. So können beispielsweise Kristalle in geeigneter Umgebung wachsen und dabei sogar ganz bestimmte Strukturen, die Kristallgitter, einhalten. Ebenso laufen Stoffumsetzungen regelmäßig in der unbelebten Natur ab. Viele zweiwertige Eisenverbindungen etwa oxidieren an feuchter Luft zu einer Mischung aus Eisenoxiden und Eisenoxidhydraten, die den meisten besser bekannt ist als Rost. Verschiedene Tonminerale lagern Metallionen (Kationen) an oder sie geben im Austausch für Protonen (Wasserstoffionen) Metallionen ab und verändern dabei sogar ihre Gestalt. Das Phänomen Leben kann also nicht mithilfe von ein oder zwei charakteristischen Eigenschaften hinlänglich erklärt werden, vielmehr bedarf es eines ganzen Bündels von Eigenschaften, um Leben oder Lebewesen von der unbelebten Natur abgrenzen zu können.

Ein Kennzeichen allerdings ragt heraus: Der hohe Ordnungsgrad, den Lebewesen in ihren Strukturen aufweisen. Er ist in einem hierarchischen Aufbau verschiedener Strukturebenen begründet, wobei jeweils eine einfache Struktur die nächsthöhere aufbaut. Die Hierarchie beginnt auf ihrer niedersten Stufe bei den Atomen und setzt sich fort über die Moleküle, den zellulären Aufbau, über einzelne Lebewesen bis hin zum Ökosystem. Jeder Übergang zum nächsthöheren Strukturelement, aber auch die wechselnde Zusammensetzung einzelner Strukturen bringen neue, bis dahin nicht da gewesene Eigenschaften hervor. Hieraus resultiert letztlich die überaus große Vielfalt der Lebewesen.

Die stoffliche Zusammensetzung stützt sich auf relativ wenige Elemente

Lebewesen bestehen meist aus 60 bis 95 Prozent Wasser. Die verbleibenden fünf bis vierzig Prozent bilden die Trockenmasse, die sowohl organische (kohlenstoffhaltige) als auch anorganische Stoffe umfasst. Zu den lebensnotwendigen anorganischen Bestandteilen gehören die Kationen Kalium (K^+), Natrium (Na^+), Calcium (Ca^{2+}), Magnesium (Mg^{2+}), Eisen (Fe^{2+} und Fe^{3+}) sowie viele Spurenelemente wie Zink (Zn^{2+}), Mangan (Mn^{2+}), Kupfer (Cu^{2+}) und Cobalt (Co^{2+}). Unter den Anionen (Säurerestionen) sind besonders Nitrat (NO_3^-), Sulfat (SO_4^{2-}), Carbonat und Hydrogencarbonat (CO_3^{2-} und HCO_3^-), primäres, sekundäres und tertiäres Phosphat ($H_2PO_4^-$, HPO_4^{2-}, PO_4^{3-}), Chlorid (Cl^-) und Iodid (I^-) wichtig. Daneben können noch einige seltener vorkommende Elemente auftreten. Jedoch darf nicht jedes Element, das man in den Zellen der Lebewesen findet, als lebensnotwendig angesehen werden. Denn kein Lebewesen kann die Aufnahme nicht benötigter Elemente oder Ionen völlig ausschließen, es kann höchstens deren Aufnahme reduzieren.

Unter den organischen Stoffen dominieren Proteine (Eiweiße), Kohlenhydrate, Fette, Nucleinsäuren und Phospholipide. Allein die Proteine bilden 50 bis 70 Prozent der Trockenmasse. Sie fungieren als Strukturelemente (beispielsweise in Form von Actin- und Myosinfibrillen, den kontraktilen Elementen des Muskels), als Enzyme (Reaktionsbeschleuniger) im Zellstoffwechsel oder als Transportmoleküle (Carrier). Kohlenhydrate können in Form von Cellulose und Hemicellulose ebenfalls als Strukturelemente dienen; ein Beispiel dafür sind die Zellwände der Pflanzen. Als Stärke bilden die Kohlenhydrate Speicher für die Gewinnung von Stoffwechselenergie und als einfache Zucker können sie rasch Energie für die Zellen freisetzen. Sie können aber ebenso gut Kohlenstoffgerüste für den Aufbau anderer organischer Stoffe bereitstellen. Fette, genauer gesagt Neutralfette (Triglyceride), dienen besonders als langfristige Energiespeicher und außerdem häufig der Wärmeisolierung. Nucleinsäuren speichern die Erbeigenschaften der Lebewesen meist in Form von Desoxyribonucleinsäure (DNA). Diese Information leitet die Ribonucleinsäure als Träger zu den Proteinbildungsorten weiter. Phospholipide sind die Bausteine der Zellmembranen, die die Zellen vollständig einhüllen und den Zellinnenraum in einzelne Teilräume, die Zellkompartimente, gliedern. Neben den hier aufgezählten organischen Stoffen verfügen Lebewesen über eine Fülle weiterer organischer Verbindungen mit vielfältigen Funktionen, wie beispielsweise Steroide, Terpene, Phenole und Alkaloide.

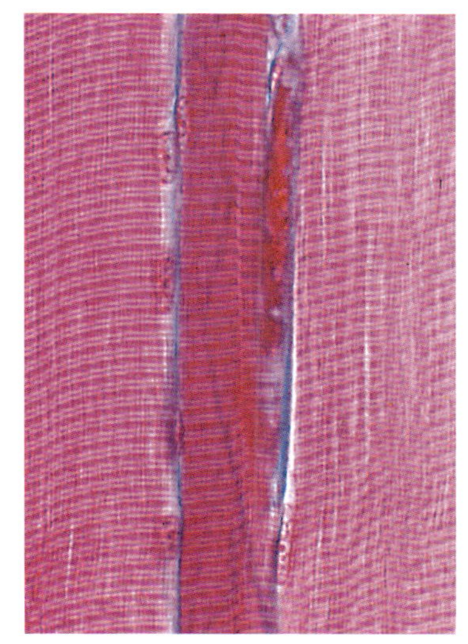

Ein wichtiges Kennzeichen lebender Organismen ist ihr **hoher Ordnungsgrad**, wie diese Beispiele zeigen. Oben ein Ausschnitt aus einem Skelettmuskel, darunter die Schale einer Art der zu den Kopffüßern gehörenden Gattung Nautilus im Querschnitt.

Alle Lebewesen sind aus Zellen aufgebaut

Die kleinste Funktionseinheit der Lebewesen ist die Zelle. Wird diese Einheit zerstört, bleibt kein selbstständig lebensfähiges Gebilde mehr übrig. Die einzelnen Kompartimente und damit auch die einzelnen Reaktionsräume innerhalb der Zelle sind mit einer bestimmten Garnitur von Enzymen ausgestattet, sodass in jedem Typ von Zellkompartimenten nur ganz bestimmte Stoffwechselreaktionen ablaufen können. Der Speicher für die Erbeigenschaften (DNA) ist bei den Eukaryoten (alle höheren Organismen) in einem Zellkern (Nucleus) untergebracht. Bei Prokaryoten (Bakterien) bildet die DNA einen Ring, der innen an die Zellmembran angeheftet ist. Im Unterschied zu den aus Zellen aufgebauten Lebewesen verfügen Viren und Bakteriophagen über keinen zellulären Aufbau, obwohl auch sie einen Speicher ihrer Erbeigenschaften besitzen. Sie sind nur dann zu Lebensleistungen befähigt, wenn sie in eine funktionsfähige Zelle eindringen und sich deren Einrichtungen für Stoffwechselprozesse bemächtigen. Viren sind deshalb definitionsgemäß keine selbstständigen Lebewesen.

Einzellige Lebewesen (Bakterien, viele Algen und Protozoen) sind so organisiert, dass eine einzige Zelle alle Lebensleistungen erbringen kann, auch die Fortpflanzung. Bei Vielzellern wiederum sind die einzelnen Zellen für ganz bestimmte Leistungen spezialisiert; man sagt, die Zellen sind differenziert. Diese Arbeitsteilung der Zellen hat meist eine höhere Leistungsfähigkeit zur Folge. Besonders hoch entwickelte Vielzeller können aus sehr vielen, stark

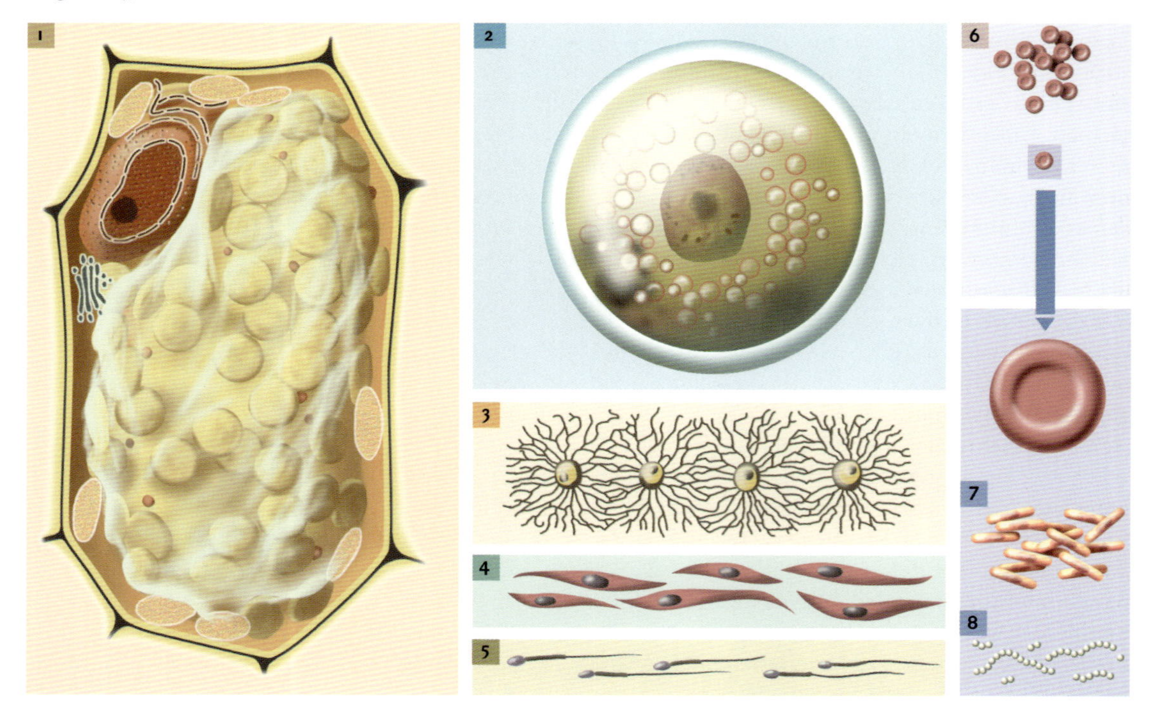

Diese kleine Auswahl unterschiedlicher **Zellen** gibt einen Eindruck von der **Größen-** und **Formenvielfalt** von Zellen: 1 Pflanzenzelle, 2 menschliche Eizelle, 3 Knochenzellen, 4 glatte Muskelzellen, 5 menschliche Spermien, 6 Erythrozyten (rote Blutkörperchen), 7 Stäbchenbakterien (stark vergrößert), 8 Mikrokokken.

spezialisierten Zellen aufgebaut sein. So besteht der Mensch aus circa 250 bis 300 Billionen Zellen.

Stoff- und Energieaustausch zwischen Lebewesen und Umwelt

Alle Zellen nehmen Stoffe aus dem sie umgebenden Milieu auf, setzen daraus im Rahmen der Zellatmung die chemisch fixierte Bindungsenergie frei oder bauen sie zu körpereigenen Stoffen um. Eine ständige Energieversorgung ist zur Aufrechterhaltung der Lebensvorgänge und der Zellstrukturen unerlässlich. Da die Zellstrukturen einem ständigen enzymatischen Auf- und Abbau unterliegen, dürfen die (Energie verbrauchenden) Aufbauprozesse nie gänzlich zum Stillstand kommen, weil sonst die (Energie freisetzenden) Abbauprozesse überwiegen, was zur Zerstörung der Zellstrukturen führt. Man spricht deshalb von einem ständigen Verschleiß der Zellstrukturen, der durch fortwährende Energiezufuhr aufgehalten werden muss. Neben diesem »Erhaltungsstoffwechsel« muss ständig Energie für Bewegungsvorgänge, Thermoregulation, Transportvorgänge und andere Lebensleistungen bereitgestellt werden.

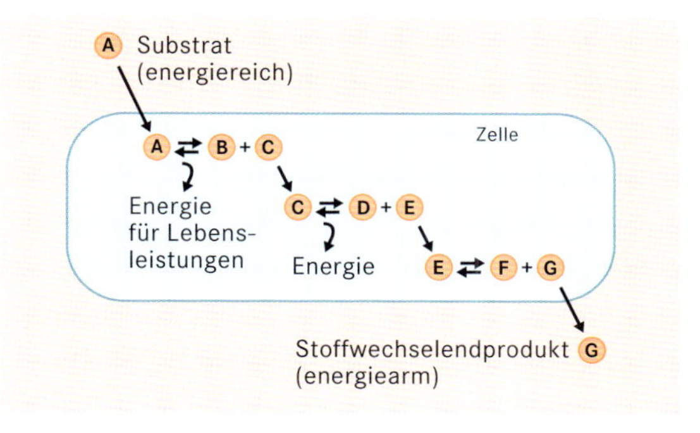

Prinzip eines Fließgleichgewichts in offenen Systemen wie der Zelle **(katabolischer Stoffwechsel).**

Die meisten Stoffwechselreaktionen sind umkehrbar (reversibel). In einem geschlossenen System, wie beispielsweise im Reagenzglas, würde sich bei solchen Reaktionen bald ein Gleichgewicht einstellen, bei dem sich die Konzentrationen der Ausgangsstoffe und Endprodukte nicht mehr verändern, obwohl kein Reaktionsstillstand eintritt. Eine Zelle wäre unter diesen Bedingungen bald tot. Damit dieser Zustand nicht eintritt, werden in den Zellen viele Gleichgewichtsreaktionen hintereinander geschaltet, wobei die Endprodukte einer Reaktion als Ausgangsstoffe einer Folgereaktion verwendet werden und somit einer Gleichgewichtseinstellung entzogen werden. Am Ende solcher aneinander gereihter Gleichgewichtsreaktionen, die man als Fließgleichgewicht bezeichnet, werden die Endprodukte aus der Zelle oder aus dem ganzen Organismus ausgeschieden, wie Kohlendioxid, oder sie werden in Form von schlecht wasserlöslichen Makromolekülen deponiert, wie etwa Stärke, die nicht mehr ohne weiteres in die Gleichgewichtsreaktionen eingreifen können. Zellen stellen somit offene Systeme dar, die ständig durch energiereiche Substrate aus ihrer Umwelt gespeist werden und dafür energiearme Endprodukte an ihre Umwelt abgeben. Fließgleichgewichte sind ein wesentliches Merkmal des Lebens.

Lebewesen können auf Außeneinflüsse reagieren. Dies geschieht unter anderem mittels des Stoffwechsels. Beispielsweise scheiden Säugetiere bei der Nahrungsaufnahme vermehrt das Enzym Amylase ab, das der Stärkeverdauung dient. Andere Reaktionen sind Bewegungen und ein uns allen bekanntes Beispiel die Verengung der Pupille im Auge bei starkem Lichteinfall. Menschen und hoch entwickelte Tiere sind in der Lage, bestimmte Vorgänge zu lernen und sich an vergangene Ereignisse zu erinnern.

Auch Pflanzen können in vielfältiger Weise auf ihre Umgebung reagieren, so zum Beispiel auf einseitig einfallendes Licht, auf die Wirkung der Schwerkraft, auf allmählich einsetzende Kälte, auf Kurz- und Langtagbedingungen und vieles andere mehr. Verallgemeinernd ausgedrückt, dienen solche Reaktionen auf Umweltreize im weitesten Sinn der Aufrechterhaltung des normalen Gleichgewichts der Körperfunktionen (Homöostase).

Die Sprosse dieser Kresse wachsen zum Licht hin, indem sich die Zellen auf der lichtabgewandten Seite stärker strecken als auf der lichtzugewandten Seite, ein Beispiel für eine durch Lichtreize ausgelöste gerichtete Wachstumsbewegung (**Phototropismus**).

Die Fortdauer des Lebens beruht auf der Zellteilung

Lebende Zellen können sich, zumindest während eines bestimmten Entwicklungszustands, teilen. Dabei werden alle lebensnotwendigen Stoffe und Zellstrukturen auf die aus der Teilung hervorgehenden Tochterzellen verteilt. Die Zellteilung dient sowohl dem Aufbau vielzelliger Organismen aus einer einzigen, befruchteten Eizelle im Rahmen des Wachstums als auch der Fortpflanzung der Lebewesen.

Wie bereits erwähnt, werden alle Erbeigenschaften der Lebewesen in der DNA gespeichert. Bei Zellteilungen wird deshalb normalerweise jeder Tochterzelle eine Kopie der DNA mitgegeben, sodass eine weitgehend konstante Fortführung der Erbeigenschaften gewährleistet ist. Dennoch ereignen sich regelmäßig, wenn auch in relativ geringer Zahl, kleine Änderungen der Erbeigenschaften (Mutationen), die im Verlauf langer Zeiträume eine Veränderung und damit eine Weiterentwicklung der Organismen mit geänderten Eigenschaften ermöglichen. Darüber hinaus schafft die sexuelle Fortpflanzung durch die jeweils stattfindende Neukombination von mütterlicher und väterlicher DNA Variabilität unter den Nachkommen und fördert somit – wie die Entstehung von Mutationen – den Prozess der Evolution.

Im Verlauf der Entwicklung eines Lebewesens von der befruchteten Eizelle (Zygote) zum erwachsenen Lebewesen werden die in der DNA gespeicherten Eigenschaften Zug um Zug realisiert, was sich unter anderem in der heranreifenden Gestalt und deren Stoffwechseleigenschaften äußert. Bei Vielzellern führt die Realisierung der Erbeigenschaften zur Ausbildung unterschiedlicher Gewebe und Organe mit spezialisierten Aufgaben im gesamten Körperverband. Eine solche Differenzierung ist nur möglich, wenn einzelne Erbanlagen stillgelegt und andere aktiviert werden, wie es die Entwicklungsphysiologen inzwischen an vielen Beispielen zeigen konnten. Nur so ist es möglich, dass aus einem spezialisierten Organ, wie beispielsweise einem Laubblatt, unter bestimmten Bedingungen wieder eine vollständige neue Pflanze mit Blättern, Sprossen, Blüten und Wurzeln hervorgehen kann.

Während Einzeller potentiell unsterblich sind, da bei jeder Zellteilung aus einer erwachsenen Zelle zwei identische, jugendliche Tochterzellen hervorgehen, wird die Lebensdauer der Vielzeller durch Alterungsvorgänge begrenzt. Die im Verlauf der Differenzierung nicht mehr zur Zellteilung befähigten spezialisierten Zellen unterliegen einem fortwährenden Verschleiß, der schließlich zum

Zelltod führt. Sobald viele lebensnotwendige Zellen abgestorben sind, stirbt damit der gesamte Organismus. Nur seine Fortpflanzungszellen waren zuvor noch in der Lage, neue Individuen entstehen zu lassen.

Urahnen aller Lebewesen

Weil die Erbeigenschaften von einer Generation zur nächsten normalerweise im Wesentlichen unverändert weitergegeben werden, gleichen die Nachkommen eines Lebewesens ihrem Vorgänger. Über einen gewissen Zeitraum hinweg bleibt eine Art deshalb konstant. Deutliche Unterschiede treten lediglich zwischen verschiedenen Arten und Gattungen auf. Doch die sich immer wieder einstellenden Mutationen können im Verlauf längerer Zeiträume schließlich diese Konstanz durchbrechen: Durch die Häufung von Mutationen können sich allmählich neue Arten mit deutlich veränderten Eigenschaften ausbilden. Die Evolutionsforschung fahndet nach solchen Eigenschaftsänderungen, um daraus Rückschlüsse auf die verwandtschaftlichen Beziehungen verschiedener Arten zueinander zu gewinnen. Geringe Unterschiede zwischen zwei Arten deuten auf enge verwandtschaftliche Beziehungen hin. Je umfangreicher allerdings die Verschiedenheiten ausfallen, desto mehr Mutationen müssen stattgefunden haben und desto weiter haben sich diese beiden Arten inzwischen genetisch voneinander entfernt.

Drei von insgesamt 13 Arten der auf den Galápagosinseln lebenden **Darwinfinken.** Vermutlich stammen alle von einer Stammform ab, die sich nach Besiedlung unterschiedlicher Lebensräume weiterentwickelten und spezielle Anpassungen, insbesondere des Schnabels, zeigen (von links nach rechts): Der Großgrundfink knackt harte Samen, der Kaktusfink frisst Früchte und saugt Nektar und der Waldsängerfink ernährt sich von Insekten.

Man geht davon aus, dass die heute lebenden Organismen auf primitiv gebaute Vorläufer zurückgehen, letzten Endes sogar auf einen oder einige primitiv organisierte Vorfahren, die jedoch im Prinzip über den gleichen Mechanismus der Speicherung von Erbeigenschaften und deren Weitergabe in der Proteinsynthese verfügt haben müssen. Eine solche Evolutionstheorie wird vor allem durch Fossilienfunde gestützt, das heißt durch versteinerte Vorfahren der uns heute bekannten Arten. Anhand solcher Fossilien konnten ganze Entwicklungsreihen rekonstruiert werden, die von einfacheren Vorfahren bis hin zu den Vertretern unserer Flora und Fauna reichen.

Die Vielfalt der Lebewesen

Wir haben gesehen, dass Lebewesen eine ganze Reihe von Gemeinsamkeiten besitzen, die sie als solche definieren. Doch soll das nicht darüber hinwegtäuschen, dass die verschiedenen Grup-

ARCHAEBAKTERIEN – DIE EXTREMISTEN UNTER DEN LEBEWESEN

Archaebakterien wurden erst in den 1970er-Jahren als eigene Lebensform entdeckt. Diese Bakterien besiedeln Lebensräume, die in den meisten Fällen für alle anderen Organismen unbewohnbar sind. So lebt beispielsweise das zu den Thermophilen, den »Hitzeliebenden«, gehörende Archaebakterium Sulfolobus acidocaldarius in bis zu 100 °C heißen Solfataren. Solfatare sind Stellen ausklingender Vulkantätigkeit, an denen schwefelhaltige Gase (vor allem Schwefelwasserstoff) aus dem Boden treten. Dieses Archaebakterium gewinnt seine Energie, indem es Sulfide mit Sauerstoff zu Schwefelsäure oxidiert. Andere Vertreter der Thermophilen wurden in der nächsten Umgebung der Blacksmoker in der Tiefsee gefunden. Auch sie wachsen bei Temperaturen von über 100 °C, den Rekord hält zurzeit die Art Pyrolobus fumarii mit 113 °C. Zu einer anderen Gruppe, den Methanogenen (»Methanbildnern«), gehörende Archaebakterien wurden in bis zu 1500 m tiefen Basaltschichten gefunden. Eine Kohlenstoffquelle als Nahrungsgrundlage konnte bisher nicht gefunden werden. In Kalksteinhöhlen in Rumänien wurden Kalk abbauende Bakterien entdeckt, die ihren Kohlenstoff aus dem Kalkstein (überwiegend Calciumcarbonat) der Höhle beziehen und den im dortigen Grundwasser gelösten Schwefelwasserstoff als Energiequelle nutzen. Die Halophilen (»Salzliebenden«) wiederum wachsen in Salzwasser erst ab einem Salzgehalt von 15 bis 20 Prozent. Sie gedeihen zum Beispiel in flachen, der Salzgewinnung dienenden Meerwasserbecken, die bei dichtem Wachstum der Bakterien in kräftigen Rot- und Gelbtönen gefärbt sein können. Acidophile, also »Säureliebende«, schließlich wachsen bei extrem niedrigen pH-Werten, manche haben ihr Wachstumsoptimum bei pH 0,5. Zum Vergleich: Eine ca. 3,6-prozentige Salzsäure – das entspricht einer Konzentration von einem Mol pro Liter – hat einen pH-Wert von 0. Acidophile leben also in starken Säuren.

pen von Lebewesen zum Teil recht unterschiedliche Baumerkmale und Stoffwechseleigenschaften entwickelt haben und dass dadurch eine unglaubliche Vielfalt entstanden ist. Immerhin sind bislang rund 1,5 Millionen Arten beschrieben worden, davon über 260 000 Pflanzen, knapp 50 000 Wirbeltiere und mehr als 750 000 Insekten. Dies stellt jedoch nur einen Bruchteil der auf der Erde lebenden Arten dar; Schätzungen über die tatsächliche Artenzahl schwanken zwischen fünf und dreißig Millionen.

Prokaryoten – die Urform zellulärer Organisation

Prokaryoten sind die ursprüngliche Form der heute bekannten Lebewesen und gleichzeitig die am einfachsten gebauten Lebewesen: Eine Membran aus Phospholipiden umgibt ein wenig gegliedertes, flüssiges Cytoplasma; von Membranen umhüllte Zelleinschlüsse existieren noch nicht. Ein geordneter Stoffwechsel wird dadurch gewährleistet, dass an der Zellmembran Enzyme für bestimmte, zusammenhängende Stoffwechselwege, wie beispielsweise für die Glycolyse, befestigt sind. Die für die Bindung von Enzymen zur Verfügung stehende Fläche der Zellmembran ist verhältnismäßig klein. Um dennoch eine um das Vielfache vergrößerte Oberfläche zu erzielen, wird die Membran ins Innere der Zelle eingefaltet und bildet dabei Membranstapel. Bei photosynthetisch aktiven Bakterien werden diese Membranstapel Thylakoide genannt. Die zur Speicherung der Erbinformation notwendige DNA bildet einen geschlossenen Ring, der innen an die Zellmembran angeheftet ist. Die Prokaryotenzellen werden meist zusätzlich von einer Zellwand umgeben, die aus Murein, einem Aminoglucopeptid, besteht, das in seiner Grundstruktur bereits Ähnlichkeiten mit Chitin und Cellulose aufweist. Einige Gruppen von Prokaryoten besitzen Enzyme und Farbstoffe für die Photosynthese. Die nicht zur Photosynthese befähigten Formen nehmen Nährstoffe durch die gesamte Zelloberfläche auf.

Die Ursprünglichkeit der Prokaryoten wurde durch Untersuchungen von sehr alten Stromatolithenkalken und Kieselschiefern belegt, in denen kugelige und fädige Organismen gefunden wurden, die den heute noch lebenden Bakterien und Cyanobakterien stark ähneln. Entsprechend dem Alter der untersuchten Sedimentgesteine existieren die aufgefundenen Prokaryoten seit etwa 1,9 bis 3,8 Milliarden Jahren auf der Erde. Bei den Prokaryoten werden zwei Hauptzweige unterschieden: die Eubakterien, zu denen die meisten Prokaryoten gehören, und die Archaebakterien (Archaea), die sehr extreme Lebensräume besiedeln, in denen nur wenig andere Organismen überhaupt existieren können. Die Cyanobakterien sind mit einem Photosyntheseapparat ausgestattet und ernähren sich autotroph.

Eukaryoten besitzen einen membranumgrenzten Zellkern

Die Eukaryoten gliedert man gewöhnlich in drei Organismenreiche: Pilze oder Fungi, Tiere beziehungsweise Animalia und Pflanzen oder Plantae. Im Vergleich zu prokaryotischen Zellen sind eukaryotische Zellen sehr stark strukturiert und im Allgemeinen wesentlich größer. Der von einer Membran umschlossene Zellkern beinhaltet eine kettenförmige DNA, die zusammen mit speziellen Proteinen, insbesondere basischen Histonen, ein Gerüst bildet, das Chromatin. Dieses wird vor einer Zellteilung stark verdichtet und bildet dann die Chromosomen. Die Eukaryotenzelle enthält außer dem Kern eine Reihe weiterer, von Membranen umschlossener Kompartimente, die spezifische Strukturen aufweisen. Diese auch Zellorganellen genannten Kompartimente enthalten jeweils eine bestimmte Gruppe von Enzymen. Ihre Membranen sind nur für bestimmte Stoffe durchlässig, sodass in

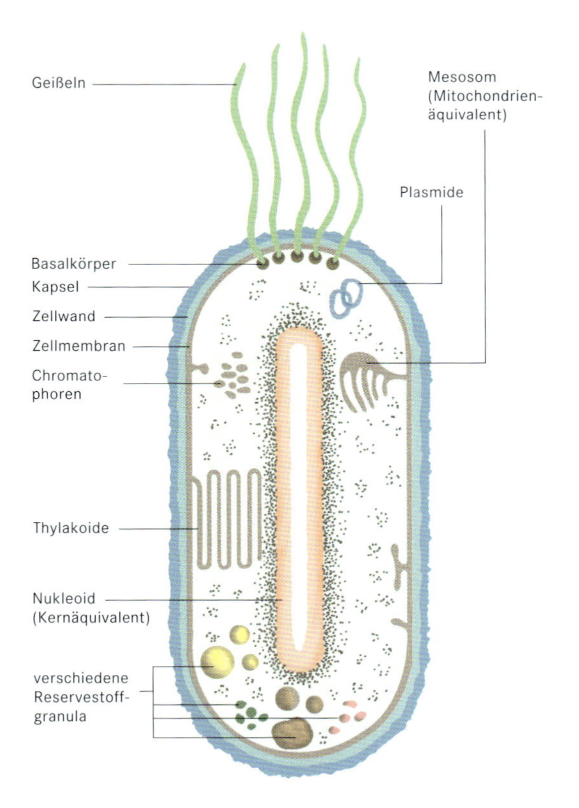

Schema einer **prokaryotischen Zelle.**

den einzelnen Organellen nur ganz bestimmte Stoffwechselvorgänge ablaufen.

Die wichtigsten dieser Kompartimente neben dem Zellkern sollen im Folgenden genannt werden: Mitochondrien werden häufig als die Kraftwerke der Zelle bezeichnet, da sie den größten Teil der für die Stoffwechselleistungen erforderlichen Energie bereitstellen. Sie werden von zwei unterschiedlichen Membranen umschlossen, wobei die innere Membran Cristae genannte Membranstapel im Innern des Mitochondriums bildet. An den Membranstapeln in den Chloroplasten von Pflanzen, den Thylakoiden, laufen die Reaktionen der Photosynthese ab. Ein weiteres wichtiges Kompartiment bildet das endoplasmatische Reticulum (ER), ein verzweigtes Membransystem der äußeren Zellmembran, das gleichsam wie ein Kanalsystem die Zelle durchzieht. Ebenfalls aus Membranstapeln besteht der Golgi-Apparat, der Substanzen aus dem endoplasmatischen Reticulum aufnimmt, umbaut und an ihre Bestimmungsorte weiterbefördert. Mikrosomen sind eine Gruppe kleiner, von einer einfachen Membran umgebener Bläschen, die je nach ihrer Ausstattung mit Enzymen unterschiedliche Funktionen im Stoffwechsel erfüllen. Beispielsweise kommt den zu den Mikrosomen zählenden Peroxysomen eine wichtige Rolle bei der Lichtatmung der Pflanzen (C_4-Pflanzen) zu. Bei Pflanzenzellen finden sich noch die mit Zellsaft gefüllten Vakuolen, die wiederum von einer einfachen Membran umgeben sind. Sie sind Speicherorganellen, die Stoffwechselprodukte speichern können (so zum Beispiel die Apfelsäure bei gewissen Sukkulenten) und darüber hinaus an der Regulation des Wasserhaushalts der Zelle beteiligt sind sowie eine wichtige Funktion beim Streckungswachstum der Zellen ausüben. In älteren Zellen können sie nahezu den gesamten Zellinnenraum einnehmen.

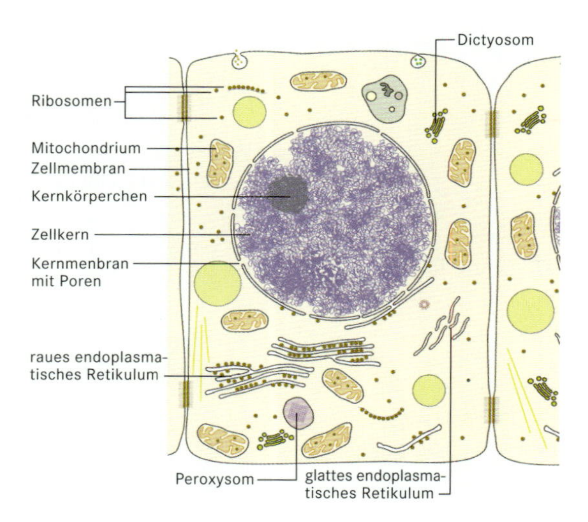

Schema einer **tierischen Zelle.**

Nicht zu den Kompartimenten gehören die Ribosomen, die aus RNA und einer Reihe von Enzymproteinen bestehen, die die vielen Teilschritte der Proteinsynthese katalysieren. Es handelt sich also um Multienzymkomplexe der Proteinsynthese, die häufig an Membranen des ER gekoppelt vorkommen.

Versteinerungen oder Fossilien von Eukaryoten sind seit etwa 700 Millionen Jahren, also seit dem Erdzeitalter des Proterozoikums, nachgewiesen. Bisher wurden noch keine Fossilien gefunden, die Hinweise zur Entstehungsweise der Eukaryoten liefern, sodass man zur Erklärung dieses wichtigen Entwicklungsschritts auf Schlussfolgerungen angewiesen ist, die man aus heute noch existierenden Zellen ziehen muss.

Besonders interessant für die Entstehung der Eukaryoten ist die Tatsache, dass auch Mitochondrien und Plastiden, zu denen auch die Chloroplasten gehören, DNA enthalten. Die weitgehend anerkannte Endosymbiontentheorie schließt aus biochemischen Befunden der doppelten Membranhüllen, der DNA-Struktur und der Ribosomen von Mitochondrien und Plastiden, dass diese Kompartimente aus kleinen Prokaryoten hervorgegangen sind, die von einer größeren Zelle eingeschlossen wurden und mit ihr zunächst in Symbiose zusammenlebten. Nach und nach verloren die eingeschlossenen Prokaryoten jedoch ihre Unabhängigkeit. Isolierte Mitochondrien und Plastiden sind nicht lebensfähig, unter anderem deshalb, weil ihre DNA unter der Kontrolle der DNA des Zellkerns steht. Es muss also ein Informationsverlust in der Mitochondrien- beziehungsweise Plastiden-DNA stattgefunden haben. Inzwischen konnte für verschiedene Gene der dauerhafte Übergang aus den Mitochondrien beziehungsweise Plastiden in den Zellkern nachgewiesen werden. Um die Entstehung einer Eukaryotenzelle verständlich zu machen ist ein weiterer Hinweis wichtig: Die Zellmembran heute existierender Bakterien ist undurchlässig für den wichtigen Energieüberträger Adenosintriphosphat (ATP), diejenigen von Mitochondrien und Plastiden sind es jedoch nicht, was auf eine biochemische Veränderung der Membran im Laufe der Entwicklung hindeutet.

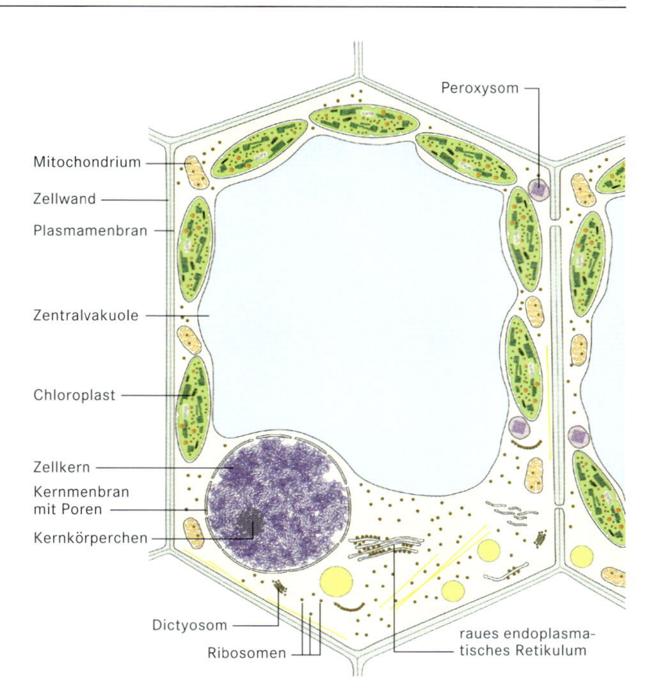

Schema einer **pflanzlichen Zelle.**

Die Ernährungsweise – ein weiteres Charakteristikum der Lebewesen

Die Vielfalt der Lebewesen kommt auch in ihren ganz unterschiedlichen Ernährungsformen zum Ausdruck, wobei sich der Begriff Ernährung darauf beziehen soll, welche Energie und Kohlenstoffquellen für den Aufbau körpereigener Stoffe genutzt werden.

Heterotrophie ist eine Ernährungsform, bei der ein Lebewesen bereits existierende organische Verbindungen, die es aufnimmt, in körpereigene Stoffe umwandelt. Hingegen bedeutet Autotrophie, dass Organismen aus anorganischen Kohlenstoffverbindungen, beispielsweise Kohlendioxid, zusammen mit Wasser, verschiedenen anorganischen Ionen und unter Mitwirkung einer geeigneten Energiequelle körpereigene organische Stoffe aufbauen.

Die ursprüngliche Ernährungsform dürfte die Heterotrophie sein. Diese Annahme erwächst aus der Vorstellung, dass zur Zeit, als auf der Erde Leben entstand, Urozeane und Seen eine Fülle von einfach aufgebauten organischen Stoffen enthielten, die unter den damals herrschenden Umweltbedingungen spontan entstehen konnten, so wie es heute im Labor nachvollzogen werden kann, wenn man Wasserdampf und Wasserstoff, Kohlendioxid, Schwefelwasserstoff, Stickstoff und Methan im Glaskolben erhitzt und elektrischen Entladungen aussetzt. Aus der so entstandenen und in ihrem Gehalt an organischen Stoffen immer wieder ergänzten »Ursuppe« konnten sich die

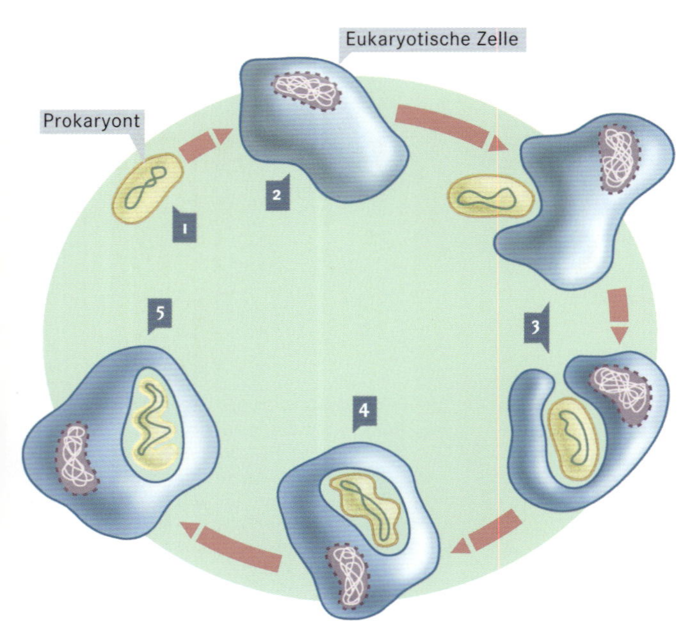

Die Grafik verdeutlicht die **Evolution der Mitochondrien** in der eukaryotischen Zelle nach der **Endosymbiontentheorie.** Eine eukaryotische Zelle (2) nimmt aerob lebendes Bakterium auf (1) und (3), das zur oxidativen Phosphorylierung, dem der Atmungskette nachgeschalteten Prozess der Synthese von ATP (Energiespeicher der Zelle), befähigt ist. Nunmehr ein Endosymbiont, gibt die prokaryotische Zelle einen Teil ihrer DNA an das Genom im Zellkern der eukaryotischen Zelle ab (4). Der Endosymbiont behält die Atmungskette und die Fähigkeit zur oxidativen Phosphorylierung, eben die Aufgaben eines Mitochondriums in der eukaryotischen Zelle (5).

ersten Zellen stets bedienen, um ihren noch primitiven Stoffwechsel aufrechtzuerhalten. Später, als genügend abgestorbene Lebewesen zur Verfügung standen, konnten auch sie als Nahrung verwendet werden. Es ist nicht bekannt, wie lange es gedauert hat, bis die ersten autotrophen Organismen entstanden. Als sicher gilt lediglich, dass vor rund zwei Milliarden Jahren solche »Photosynthetiker« bereits weit verbreitet waren, wie man durch chemische und elektronenoptische Analysen entsprechend alter Kalkstein- und Kieselschiefer ersehen kann. Vermutlich traten Photosynthese betreibende Organismen bereits vor 3,6 oder sogar vor 3,8 Milliarden Jahren auf. Auf jeden Fall weisen die heute lebenden Organismen noch immer diese beiden Prinzipien der Ernährung auf, wenngleich beide Ernährungsformen bis zur Gegenwart mannigfache Modifikationen erfuhren.

Heterotrophie hat viele Spielarten

Die heterotroph lebenden Organismen können auf recht unterschiedliche Weise die zum Leben benötigten organischen Verbindungen erlangen. So nutzen Saprobionten (Fäulnisbewohner) organische Stoffe von abgestorbenen Lebewesen, die bereits in Zersetzung übergegangen sind, oder sie verwenden die ebenfalls organische Stoffe enthaltenden Ausscheidungsprodukte lebender Organismen. Zu den Saprobionten gehören viele Bakterien und Pilze. Beim Abbau der organischen Reststoffe werden die darin gebundenen Elemente und Mineralien wieder freigesetzt und können nun erneut von autotroph lebenden Organismen aufgenommen werden. Diese Fähigkeit, verbrauchte organische Stoffe in eine wieder verwertbare Form zu bringen, weist den Saprobionten eine Schlüsselstellung im Stoffkreislauf der Ökosysteme zu.

Dienen speziell tote Tiere als Nahrung, dann spricht man von Aasfressern. Zu dieser Gruppe von Tieren gehören Käfer ebenso wie eine Reihe von Wirbeltieren. Von Räubern spricht man, wenn lebende Tiere zum alsbaldigen Verzehr getötet werden. Bei dieser Er-

Die Blattspreiten der **Venusfliegenfalle** sind zu einer Klappfalle umgewandelt. Sobald ein Insekt auf dem offenen Blatt eine Fühlborste berührt, klappt die Falle über ein osmotisch gesteuertes Scharniergelenk zu (links). Selbst große Insekten werden von den wie Tellereisen gezähnten Blatthälften festgehalten und verdaut (rechts).

BRUTPARASITISMUS UND WIRTSWECHSEL – ZWEI VARIANTEN DES PARASITISMUS

Eine besondere Art des Parasitismus stellt der Brutparasitismus dar, wie er vom Kuckuck praktiziert wird. Das Weibchen legt im Lauf der Brutzeit etwa zwölf Eier, von denen jedoch stets nur eins in das Nest eines Wirtsvogels gelegt wird, das gerade ein frisches Gelege enthält. Das in der Regel ähnlich gefärbte, aber etwas größere Kuckucksei wird von den Wirtseltern mit ausgebrütet. Der frisch geschlüpfte Nestling wirft die Eier oder sogar die Nestlinge des Wirtsvogels aus dem Nest und lässt sich von den Wirtseltern allein aufziehen. Da der Kuckuck häufig größer wird als seine Wirtseltern (wie zum Beispiel Wiesenpieper, Teichrohrsänger, Heckenbraunelle, Hausrotschwanz), müssen die Wirtseltern zum Füttern häufig auf dem Rücken des jungen Kuckucks landen.

Eine ganz andere Variante des Parasitismus findet sich bei parasitisch lebenden Saugwürmern, zu denen beispielsweise der Leberegel und der Erreger der Bilharziose gehören. Diese durchlaufen während ihrer Entwicklung einen Wirtswechsel, ehe sie ihren Endwirt erreichen. Beim Saugwurm Leucochloridium macrostomum entwickeln sich aus den Eiern zunächst Larven, die in die in Feuchtgebieten lebende Kleine Bernsteinschnecke eindringen. In diesem Zwischenwirt entwickeln sich Sporozysten, das sind Kapseln, in denen die Anlage des fertigen Wurms gebildet wird. Um nun in den Endwirt, einen Vogel, zu gelangen, in dem der Wurm schlüpfen und geschlechtsreif werden kann, bildet die Sporozyste wurstförmige, farbig gebänderte Auswüchse in einen Schneckenfühler hinein, durch den die bunte Färbung durchschimmert. Von diesem Fühler werden Vögel angelockt, die den vermeintlichen Wurm fressen und damit den Parasiten in den eigenen Darm aufnehmen, wo er dann ausschlüpfen kann.

nährungsform kommt es darauf an, dass die organischen Stoffe der Beutetiere noch nicht in Verwesung übergegangen sind. Räuberisch verhalten sich auch Pflanzen, die Tiere fangen, selbst wenn diese lediglich eine Zusatzernährung darstellen. Entsprechend den Lebewesen, die vom Tierfang leben und deshalb als zoophag bezeichnet werden, gibt es phytophage Organismen, die sich von lebenden Pflanzen ernähren.

Parasiten und Symbiosepartner

Das Bedürfnis nach organischen Verbindungen in unzersetzter Form hat dazu geführt, dass sich einige Lebewesen direkt an den Stoffwechsel so genannter Wirtsorganismen anschließen. Solche Lebewesen heißen Parasiten. Sie können dem Wirt fortwährend die benötigten Stoffe entnehmen, um daraus Energie freizusetzen oder

Assimilation, nach dem lateinischen assimilare »angleichen, ähnlich machen«, in Bezug auf die Biologie im engeren Sinn die Photosynthese von Kohlenhydraten und im weiteren Sinn die Bildung körpereigener Proteine und anderer organischer Stoffe

Assimilate, die aus der Assimilation, im engeren Sinn aus der Photosynthese, stammenden Stoffe

Bei den **Anglerfischen,** wie diesem Riesenangler, besitzen die Weibchen ein Angelorgan, dessen Ende aus einem schwammigen Gewebe besteht, das symbiontische Leuchtbakterien enthält. Dieses Angelorgan wird von den Fischen wie ein Köder genutzt.

sie in körpereigene Stoffe umzubauen. Normalerweise wird der Wirt dabei nicht getötet, denn dies würde auch den Tod des Parasiten bedeuten. Speziell bei Pflanzen unterscheidet man zwischen Halb- und Vollparasiten. Vollparasiten sind nicht grün und müssen deshalb alle wichtigen Assimilate vom Wirt beziehen, wie beispielsweise die Kleeseide oder die Sommerwurz. Halbparasiten dagegen sind grün und zur Photosynthese fähig. Sie beziehen deshalb nur einige, im Einzelfall recht verschiedene Stoffe vom Wirt. Zu den Halbparasiten gehören etwa die Mistel, der Wachtelweizen oder der Augentrost.

Werden bei einem Zusammenschluss zweier Organismen Stoffe zum wechselseitigen Nutzen ausgetauscht, spricht man von einer Symbiose. Solche Symbiosen sind außerordentlich weit verbreitet und es können die unterschiedlichsten Arten von Pflanzen, Tieren, Pilzen und Bakterien daran beteiligt sein. Wir begegnen ihnen beispielsweise beim Zusammenleben von Schmetterlingsblütlern mit Stickstoff fixierenden Bakterien, bei dem als Mykorrhiza bezeichneten Zusammenleben von Baumwurzeln mit Pilzen oder bei der gegenseitigen Abhängigkeit von Pflanzen mit Blüten und den sie bestäubenden Insekten. Eine Trennung von Symbiosepartnern schränkt deren Vitalität drastisch ein oder führt sogar zu deren Tod.

Autotrophe Organismen

Ein grundsätzlich anderes Ernährungsprinzip haben, wie bereits erwähnt, die autotrophen Lebewesen entwickelt. Am weitesten verbreitet ist das Prinzip der Photosynthese. Bestimmte Farbstoffe wie Chlorophylle bei allen Pflanzen oder Phycobiline bei Cyanobakterien und Rotalgen, die mitunter durch blaue oder rote Farbstoffe überdeckt sein können, absorbieren Lichtquanten und können dadurch Elektronen in einen angeregten Zustand überführen. Die angeregten Elektronen werden von speziellen Enzymen (Elektronenüberträger oder Redoxenzyme) übernommen und weitergeleitet. Das so entstandene Elektronendefizit des Farbstoffs wird mit Elektronen aus Wassermolekülen aufgefüllt, wobei die Wassermoleküle zu Protonen (Wasserstoffionen), Sauerstoff und zwei Elektronen gespalten werden. Nach chemischer Zwischenspeicherung werden die zuvor aus den Farbstoffen freigesetzten Elektronen und die Protonen aus dem Wasser zur Reduktion von Kohlendioxid verwendet. Nur einige wenige Spezialisten unter den Bakterien sind in der Lage, anstelle von Licht die Oxidation anorganischer Stoffe – etwa Schwefelwasserstoff, Ammoniak, Nitrit, Wasserstoffgas oder zweiwertige Eisenverbindungen – als Energiequelle für die Synthese organischer Verbindungen zu nutzen (Chemosynthese).

Die **Sommerwurz** kann als Vollparasit auf das für die Photosynthese wichtige Chlorophyll verzichten, da sie alle wichtigen Assimilate von ihrem Wirt erhält.

Versorgung von Körperzellen mit Nährstoffen und Sauerstoff

Speziell bei größeren Vielzellern mit spezialisierten Geweben und Organen stellt sich das Problem der Versorgung aller Körperzellen mit Nährstoffen und mit Sauerstoff. Geeignete Bahnen für den Ferntransport müssen vorhanden sein, um dieses Problem zu lösen. Lediglich große Algen, bei denen noch fast alle Zellen zur Photosynthese befähigt und die zudem allseits von Wasser umgeben sind, können das Außenmedium als Transportmittel für Mineralstoffe nutzen. An Land lebende vielzellige Tiere und Pflanzen mussten jedoch leistungsfähige Transportsysteme entwickeln, die bei Tieren und Pflanzen durch je völlig verschiedene Antriebssysteme in Gang gesetzt werden.

Bei Tieren zirkuliert, angetrieben durch einen Herzmuskel, eine Blutflüssigkeit im Körper, wobei geschlossene oder offene Kreislaufsysteme vorkommen können. Die Blutflüssigkeit (Serum) enthält die Nährstoffe in gelöster Form. Mit dem Nährstofftransport ist bei den meisten Tierarten der Sauerstofftransport verbunden, wobei der Sauerstoff an einen Farbstoff (beispielsweise Hämoglobin, Chlorocruorin, Hämerythrin oder Hämocyanin) vorübergehend gekoppelt wird, um das Blut stärker mit diesem beladen zu können, als es bei einer einfachen Lösung des Sauerstoffs im Blutserum möglich wäre. Lediglich die durch Tracheen atmenden Insekten bilden ein System feiner Ventilationsröhrchen im gesamten Körper aus, um die Atemluft an alle Körperorgane heranzuführen.

Bei Pflanzen wird dagegen der Gastransport grundsätzlich vom Transport gelöster Stoffe getrennt. Gase diffundieren durch miteinander in Verbindung stehende Zellzwischenräume (Interzellularen). Wasser und die darin gelösten, vorzugsweise mineralischen Stoffe werden spitzenwärts in den Wasserleitungsröhren des Holzteils (Xylem) der Sprossachse transportiert. Die treibende Kraft ist vor allem der Sog, den das an der Blattoberfläche verdunstende Wasser auf die Wasserleitungsbahnen ausübt; er wird Transpirationssog genannt. Eine gewisse Unterstützung erfährt der Transpirationssog durch den Wurzeldruck, das heißt durch eine aktive, Energie verbrauchende Wasserabscheidung durch die Wurzelrinde in die Wasserleitungsbahnen. Assimilate wie Zucker, Aminosäuren und andere organische Verbindungen werden vorzugsweise im Siebteil oder Phloem transportiert. Dabei handelt es sich um Bündel von lang gestreckten

Dieser **Vergleich** zwischen **Photosynthese** und **Chemosynthese** zeigt, dass beide zu den gleichen Endprodukten führen, die genutzte Energiequelle jedoch bei der Photosynthese die Sonne ist und bei der Chemosynthese chemisch gebundene Energie.

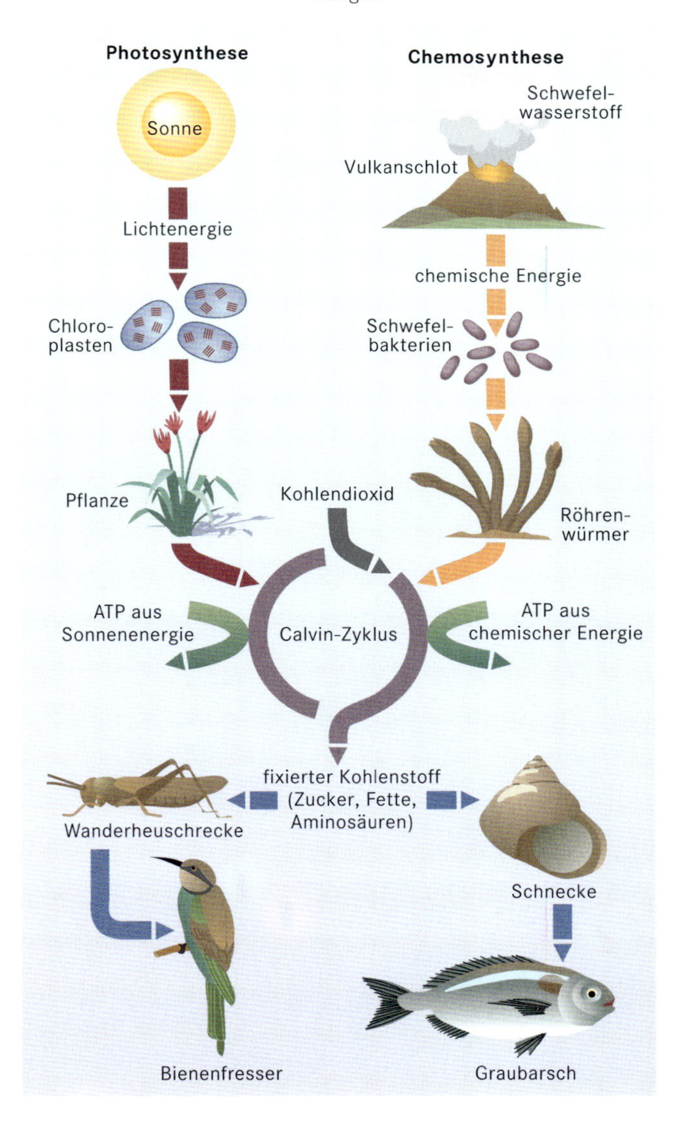

(prosenchymatischen) lebenden Zellen, die die Zellstränge des Holzteils begleiten. Der Transport im Siebteil umfasst drei wichtige Teilschritte: In einem ersten Schritt werden an den Produktionsorten, den assimilierenden Blättern, die Siebröhren unter Energieverbrauch mit Assimilaten beladen, wodurch ein hoher osmotischer Druck in den entsprechenden Zellen entsteht. Als Folge davon wird aus der Umgebung Wasser in die beladenen Zellen gesaugt. In einem weiteren Schritt lässt der so aufgebaute Druck die Lösung zu Orten geringeren Drucks fließen. Bereiche mit geringerem Druck in den Siebröhren sind Bereiche hohen Assimilatverbrauchs, wie zum Beispiel Früchte, Wachstumszonen oder Speichergewebe. Im letzten Schritt werden nun an derartigen Assimilatverbrauchsorten die organischen Stoffe unter Energieverbrauch aus den Siebröhren in die Verbraucherzentralen gepumpt, wodurch sich trotz ständigen Zustroms frischer, osmotisch aktiver Assimilate für die Zeitdauer des Assimilatverbrauchs ein niedriger osmotischer Druck einstellt. Auf diese Weise kommt eine dauernde Sogwirkung auf die Beladungsorte zustande.

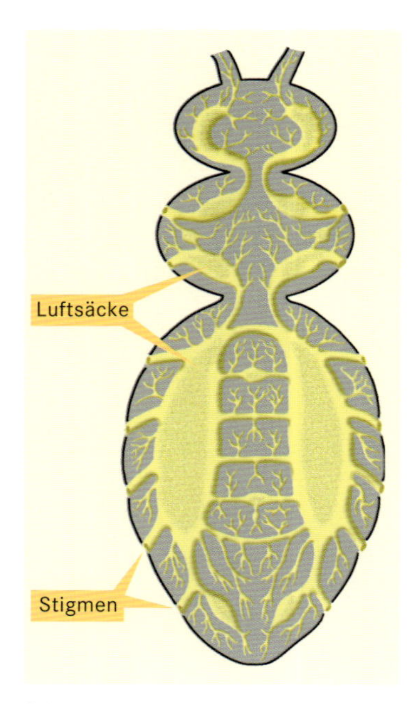

Schematische Darstellung des Systems der großen **Tracheenstämme** und der **Luftsäcke** (gelb) im Körper einer Honigbiene.

Die Exkretion

Tiere und Pflanzen scheiden Stoffwechselendprodukte, die nicht verwendbar sind, aus. Dies wird als Exkretion bezeichnet. Der Begriff Exkretion bezieht sich *nicht* auf die Abgabe unverdauter Nahrungsbestandteile. Sauerstoff, ein Abfallprodukt der Photosynthese, verlässt ebenso wie Kohlendioxid als Endprodukt der Atmung die Pflanze über Spaltöffnungen in den Blättern. Tiere geben Kohlendioxid zusammen mit der Atemluft ab. Wasser können Pflanzen genauso wie Tiere durch Transpiration verlieren. Einige schwer lösliche Verbindungen, wie Oxalate, werden von Pflanzen in speziellen Kristallzellen deponiert. Stickstoffverbindungen stellen für Pflanzen kein Ausscheidungsproblem dar, weil sie in der Regel eher ein Mangel- denn ein Überschussprodukt darstellen.

Zum Exkretionsproblem werden hingegen überschüssige Stickstoffverbindungen für Tiere, die mit der Nahrung mehr Stickstoffverbindungen aufnehmen, als sie zum Aufbau zelleigener Substanzen benötigen. Knochenfische, Amphibienlarven (Kaulquappen) und wirbellose Wassertiere (zum Beispiel Wasserschnecken) können Ammoniumionen herstellen, die über die Kiemen oder die gesamte Körperhülle an das umgebende Wasser abgegeben werden. Schwieriger gestaltet sich die Stickstoffausscheidung bei Landtieren. Nicht mehr benötigte Stickstoffverbindungen aus Abbauprodukten des Proteinstoffwechsels überführen sie entweder in Harnstoff, der dann mit dem Urin abgegeben wird (Säugetiere, Amphibien), oder sie bilden Harnsäure, die in fester Form ausgeschieden wird (Vögel, Reptilien). Im Prinzip verläuft die Harnstoff- oder Harnsäureabscheidung so, dass zunächst aus dem Blut durch eine Druckfiltration ein Primärharn hergestellt wird, der praktisch alle Blutinhaltsstoffe mit einem Molekulargewicht von weniger als 70 000 Dalton enthält. Im Primärharn befinden sich also auch – abgesehen von den

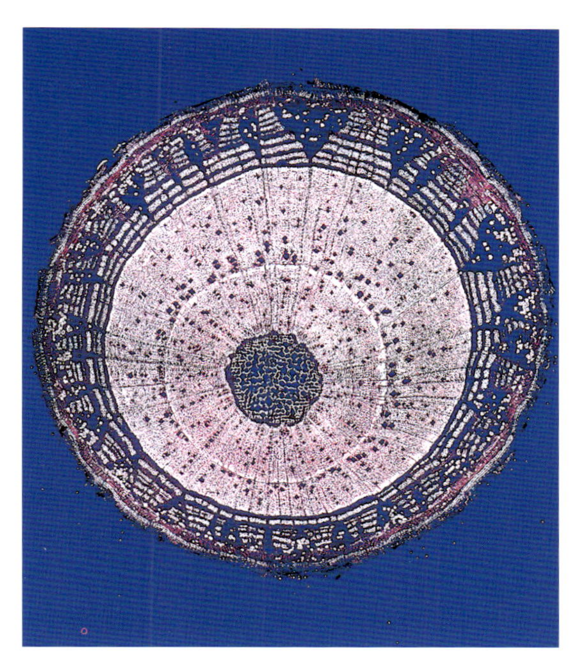

Die linke Abbildung zeigt einen Querschnitt durch den Stamm einer Hibiskus-Art; die kleinen dunkelblauen Stellen sind die Zellen des Xylems, die Wasser von den Wurzeln in die Blätter transportieren. Welche Strecken beim Wassertransport im Xylem überwunden werden, zeigt eindrucksvoll das daneben stehende Foto eines über 100 Meter hohen Küstenmammutbaums (Gattung Sequoia).

Proteinen – alle lebensnotwendigen Bestandteile, wie Glucose, Aminosäuren und anorganische Ionen. Den erforderlichen Druck für diese Filtration liefert der Blutdruck. Aus dem Primärharn werden sodann in einem dafür geeigneten Kanälchensystem die lebensnotwendigen Stoffe in das Blut zurückresorbiert, was durch Energie verbrauchende Transportmechanismen bewerkstelligt wird. Zurück bleibt schließlich ein konzentrierter Endharn, der ausgeschieden wird.

Sinnesorgane und Reaktionen auf Umweltreize

Jeder Organismus ist einer Fülle unterschiedlicher Signale und Reize aus seiner Umwelt ausgesetzt, die dann im Organismus eine Reaktion provozieren. Die Reizphysiologie untersucht alle jene physiologischen Vorgänge in einem Organismus, die ihn dazu befähigen, auf bestimmte Signale zu reagieren. Hier sollen beispielhaft diejenigen beschrieben werden, die dem Organismus eine Orientierung in seiner Umwelt ermöglichen.

Tiere verfügen über verschiedene Sinnesorgane, die in der Lage sind, ganz bestimmte Umweltreize wahrzunehmen, wie Licht, Schwerkraft, Magnetfelder sowie chemische und mechanische Reize. Die Reize werden in Sinneszellen in elektrische Impulse umgewandelt und in dieser Form an das zentrale Nervensystem weitergeleitet, wo schließlich die Reize auf eine noch weitgehend unbekannte Weise analysiert und bewertet werden. Erst hier entsteht der Sinneseindruck, nicht im Sinnesorgan. Auf diesem Weg erhält ein Lebewesen gewisse Informationen über seine Umwelt und kann gegebenenfalls darauf reagieren. Oftmals sind zur Wahrnehmung nur geringe Reizenergien erforderlich, weil die Reizum-

In der Kernphysik und der Chemie wird häufig noch die ältere (nichtgesetzliche) Masseneinheit **Dalton** verwendet, die nach dem englischen Physiker und Chemiker John Dalton benannt wurde. Ein Dalton ist definiert als die Masse eines hypothetischen Atoms vom Atomgewicht 1 in der chemischen Atomgewichtsskala. Für die Umrechnung in die Masseneinheit Gramm gilt: 1 Dalton = $1{,}66018 \cdot 10^{-24}$ g. Anstelle des Daltons wird heute allgemein die vereinheitlichte **atomare Masseneinheit u** verwendet. 1 u ist der zwölfte Teil der Masse eines Atoms des Kohlenstoffnuclids ^{12}C: 1 u = $1{,}6605655 \cdot 10^{-27}$ kg.

wandlung in einen elektrischen Impuls häufig mit einer Verstärkung verbunden ist.
Für uns am leichtesten verständlich sind die Sinnesorgane der Säugetiere und des Menschen. Wir nehmen mit den Augen Licht wahr, das heißt elektromagnetische Wellen etwa im Bereich von 380 bis 750 Nanometer, und mit den Ohren Schall, das heißt Druckwellen im Frequenzbereich von circa 20 bis 20000 Hertz. Mithilfe entsprechender Sinneszellen in Zunge und Mundhöhle können wir Substanzen nach Geschmack unterscheiden und spezielle Sinneszellen in der Nase ermöglichen uns zu riechen. Die Haut dient als Tast- oder Drucksinnesorgan. Bei Säugetieren können diese Sinne jedoch unterschiedlich stark ausgeprägt sein, sodass sich die einzelnen Tierarten jeweils ein ganz spezielles Bild von ihrer Umwelt machen.

Doch damit ist die Bandbreite des Wahrnehmungsvermögens im Tierreich noch nicht erschöpft. Viele Insekten, beispielsweise Bienen, aber auch Vögel und Fische sehen ultraviolettes Licht mit Wellenlängen von weniger als 380 Nanometer. Insekten nehmen polarisiertes Licht wahr, das heißt, sie können die Schwingungsebene der elektromagnetischen Wellen analysieren und sie als Orientierungshilfe verwenden. Einige Schlangenarten registrieren – ähnlich wie Infrarot-Nachtsichtgeräte – Infrarotstrahlen. Diese Fähigkeit versetzt jene Arten in die Lage, nachts Warmblüter aufzuspüren und zu fangen. Auch das uns geläufige Hören kann erheblich modifiziert werden. Beispielsweise hören Hunde Ultraschall mit einer Frequenz von mehr als 20000 Hertz und Fledermäuse erzeugen selber Ultraschallwellen, deren Reflexionen sie registrieren. Damit können sie sich auch bei Dunkelheit im Raum orientieren, etwa so wie ein Flugzeugführer mithilfe seines Radarortungsgeräts beim Blindflug. Eine ganz andere Sinnesleistung, zu der auch der Mensch befähigt ist, stellt die Wahrnehmung der Schwerkraft dar, die ebenfalls zur Orientierung im Raum erforderlich ist. Verschiedene Insekten und Vögel erkennen außerdem das Magnetfeld der Erde. Und einzelne Fischarten erzeugen elektrische Felder, mit deren Hilfe sie ihre Umgebung erkunden.

Kompasspflanzen richten ihre Blätter so aus, dass die Blattflächen näherungsweise nach Osten und Westen weisen und die Blattkanten dementsprechend nach Norden und Süden. Diese vermutlich durch Wärmestrahlung induzierte Orientierung soll das Blatt vor zu intensiver Sonneneinstrahlung schützen. Zu den Kompasspflanzen gehören beispielsweise der Kompasslattich sowie verschiedene Akazien- und Eukalyptusarten. Ein zuverlässiger Ersatz für den Magnetnadelkompass zur menschlichen Orientierung können diese Pflanzen trotz ihres Namens jedoch nicht sein.

Sinnesleistungen der Pflanzen

Auch Pflanzen sind in der Lage, verschiedene Reize aufzunehmen, wie etwa Lichtreize (Lichtintensität und verschiedene Spektralbereiche des Lichts), Berührungsreize, Erschütterungen, Schwerkraft, Temperatur und verschiedene chemische Reize. Hingegen sind sie nicht dazu befähigt, auf Schall zu reagieren, weder auf unterschiedliche Schallpegel noch auf verschiedene Frequenzbereiche. Bei Pflanzen hat die Sinneswahrnehmung nicht zur Ausbildung hochkomplizierter Sinnesorgane wie im Tierreich geführt und außerdem fehlt ihnen ein zentrales Nervensystem, das die Umweltreize aufwendig analysieren und bewerten könnte. Die verschiedenen Umweltreize werden ohne zentralnervöse Bewertung einfach an die nächstgelegene Position im Pflanzenkörper weitergeleitet, die zu einer entsprechenden Reaktion befähigt ist. Beispielsweise erzeugt Licht nicht ein Bild der Umwelt in der Pflanze, sondern es verursacht lediglich eine Orientierung der Blätter oder der Chloroplasten in den Zellen zum Licht, sodass der Photosyntheseapparat optimal arbeiten kann. Allerdings wird auch bei Pflanzen der Umweltreiz von spezialisierten Zellen oder Zellgruppen aufgenommen und dort in einen elektrischen oder in einen chemischen Impuls umgeformt, um die primäre Reizwirkung transportabel zu machen. Die Reaktionen der Pflanzen auf bestimmte Umweltreize beschränken sich meist auf einfache Bewegungsformen einzelner Organe. Verlaufen diese Bewegungen in Bahnen, die durch den Bau der Organe festgelegt sind, und erfolgen sie unabhängig von der Reizrichtung, dann spricht man von Nastien. Ein Beispiel ist das Öffnen und Schließen von Blüten beim Sonnenaufgang oder beim Sonnenuntergang. Stehen die Bewegungsreaktionen in einer Beziehung zur Reizrichtung, so spricht man von Tropismen, etwa wenn ein Spross sich zum Licht hinwendet oder wenn eine Hauptwurzel senkrecht in den Boden hineinwächst. Bei freien Ortsbewegungen schwimmfähiger Algen spricht man von einer Phobotaxis, wenn eine Ortsveränderung zwar durch einen Reiz ausgelöst wurde, jedoch nicht in Beziehung zur Reizrichtung erfolgt. Von Topotaxis spricht man dagegen, wenn eine Bewegung in Beziehung zur Reizrichtung steht, das heißt, wenn eine Alge beispielsweise zum Licht hin schwimmt.

Die Blüten dieser Art der Gattung Portulaca sind ein Beispiel für eine **Photonastie:** Sie öffnen sich bei Sonnenaufgang (oben) und schließen sich bei Sonnenuntergang (unten).

Pflanzen und Tiere haben unterschiedliche Wachstumssysteme

Einer der vielen Parameter, in denen sich Lebewesen deutlich voneinander unterscheiden, ist das Wachstum. Bei Pflanzen existieren bestimmte Wachstumszonen, die Meristeme, in denen Zellteilungen ablaufen und an die sich in der Regel Zellstreckungszonen anschließen. Diese Meristeme können zwar Ruhestadien durchlaufen, doch nach Aufhebung der Ruhephase wachsen sie stets weiter. Lediglich mit zunehmendem Alter der Pflanzen kann die Wachstumsaktivität nachlassen. Aus diesem Grund ist eine ausdauernde Pflanze selbst nach vielen Jahrzehnten oder Jahrhunderten niemals ganz »ausgewachsen«. Man spricht bei Pflanzen von einem »offenen« Wachstumssystem.

Anders liegen die Verhältnisse bei Tieren. Während ihrer Embryonal- und Jugendphase wachsen alle Organe, wenn auch zum Teil mit unterschiedlicher Geschwindigkeit, sodass die innere und äußere Gestalt eines Lebewesens während der frühen Jugendzeit und im

Die Vergrößerung des Fruchtknotens (links) bis zum reifen Kürbis (rechts) geht allein auf **Zellstreckung** (Zellerweiterung) zurück, ein Vorgang, der bei Tieren nicht möglich ist.

ausgewachsenen Zustand Unterschiede aufweisen kann (allometrisches Wachstum). Beispielsweise besitzt ein Rehkitz ganz andere Proportionen als ein erwachsenes Reh. Während der Wachstumsphase können sich durchaus Zonen starken Wachstums bilden, niemals aber entstehen organisierte Meristeme, die die einzigen Bereiche für Zellteilungen darstellen. Tiere verfügen auch nicht über Zellstreckungszonen. Meist kommt das Wachstum mit Erreichen der Geschlechtsreife zum Erliegen: Das Lebewesen ist dann ausgewachsen (erwachsen). Dennoch stellen Tiere die Zellteilungen nicht vollständig ein, sobald sie erwachsen sind. Einzelne teilungsfähige Zellen oder ganze Bildungsgewebe, so beispielsweise die Unterhaut, dienen nunmehr dem Ersatz verloren gegangener Zellen, wie etwa bei einer Regeneration nach Verletzungen oder bei der Umstrukturierung von Knochen als Folge sich ändernder Beanspruchungen. Damit erhalten sich ausgewachsene Tiere neben einer begrenzten Regenerationsfähigkeit auch eine gewisse Anpassungsfähigkeit an sich ändernde Umweltbedingungen. Das Wachstumssystem der Tiere wird als »geschlossenes« System bezeichnet.

Generationswechsel der Ohrenqualle. Bei dieser, in die Klasse Scyphozoa gehörenden Art der Nesseltiere ist die Meduse, die geschlechtliche Generation, dominierend. Die meisten Medusen leben als »Quallen« im Plankton. Die Meduse bildet Keimzellen, aus denen nach Vereinigung eine Planulalarve entsteht. Diese entwickelt sich zu einer festsitzenden Larve, dem Scyphopolypen. Der Scyphopolyp wiederum verwandelt sich ungeschlechtlich in einen Stapel winziger Medusenlarven, ein Vorgang, der Strobilisation genannt wird. Schließlich lösen sich die Medusenlarven und schwimmen als Ephyra einige Zeit im Plankton, bis sie sich zur Qualle wandeln und der Kreislauf von vorn beginnen kann.

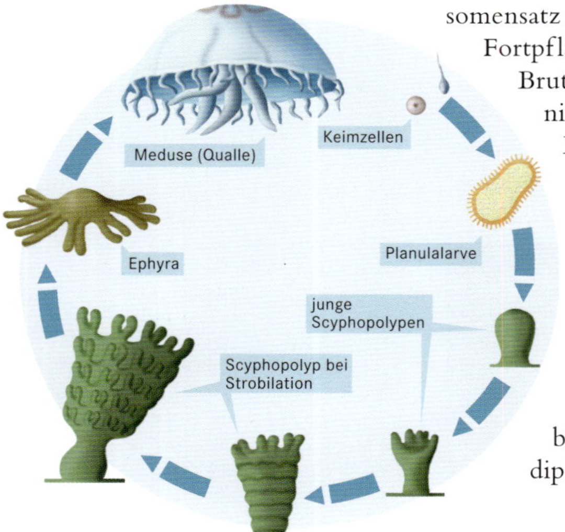

Meduse (Qualle)
Keimzellen
Planulalarve
Ephyra
junge Scyphopolypen
Scyphopolyp bei Strobilation

Vielfältige Fortpflanzungsstrategien sichern das Fortbestehen der Arten

Auch bei der Produktion von Nachkommen werden von den einzelnen Organismengruppen zum Teil recht unterschiedliche Wege eingeschlagen. Grundsätzlich unterscheidet man zwischen sexueller und asexueller beziehungsweise vegetativer Fortpflanzung. Für die sexuelle Fortpflanzung sind spezielle Fortpflanzungszellen, die Keimzellen oder Gameten, zweier Sexualpartner erforderlich, deren Bildung von einer Meiose (Reifeteilung) abhängig ist, bei der der diploide (doppelte) Chromosomensatz auf den haploiden (einfachen) Chromosomensatz reduziert wird. Dabei kommt es zur Neukombination der vorhandenen Erbanlagen, sodass die Nachkommen niemals absolut identisch mit den Eltern sind. Diese Neukombination von Erbanlagen stellt eine wichtige Triebfeder für die Evolution der Organismen dar. Die vegetative Fortpflanzung verläuft dagegen über Zellen, die mitotisch entstehen, das heißt, der vorhandene Chromosomensatz wird zunächst identisch verdoppelt und die Kopien an die Fortpflanzungszellen (zum Beispiel Sporen, Initialzellen für Brutkörper) weitergegeben, sodass mit dem Ursprungsorganismus völlig identische Nachkommen entstehen.

Bei Pflanzen findet ein steter Wechsel von sexueller und asexueller Fortpflanzung statt, den man als (primären) Generationswechsel bezeichnet. Damit ist ein Kernphasenwechsel verbunden, wobei die sich asexuell fortpflanzende Generation diploid und die sich sexuell fortpflanzende Generation haploid ist. Bei Pflanzen mit Blüten läuft dieser Generationswechsel verdeckt ab, das heißt, die sich sexuell fortpflanzende Generation bildet keine selbstständigen Individuen, vielmehr verbleiben sie in Form von Blütenorganen in der Obhut der diploiden Mutterpflanze.

Im Tierreich kommen Generationswechsel wesentlich seltener vor, so beispielsweise bei Einzellern, bei denen der Generationswechsel jedoch nicht mit einem Kernphasenwechsel fest verknüpft ist. Bei Vielzellern tritt ein so genannter sekundärer Generationswechsel nur bei wenigen Tiergruppen auf, so zum Beispiel bei Hohltieren, Blattläusen und Bienen.

»Steckbriefe« wichtiger Organismengruppen

Wie bereits erwähnt, führten Anpassungsvorgänge an unterschiedliche Klima- und Bodenbedingungen sowie an andere Lebewesen im gleichen Lebensraum zur Differenzierung der Organismen in viele, verschiedenartig gebaute Gruppen. Dabei stellt sich jedoch die Frage, weshalb die Anzahl der Organismengruppen nicht wesentlich geringer ausfällt, als es tatsächlich der Fall ist. Verständlich wird dieser Sachverhalt erst, wenn man berücksichtigt, dass die Entwicklung der Lebewesen niemals gezielt auf eine bestmögliche Anpassung an die herrschenden Umweltbedingungen abläuft, sondern dass alle Erbänderungen Zufallsereignisse darstellen. Jede Mutation, die ihren Träger nicht in seiner Lebensfähigkeit (Vitalität) einschränkt, bleibt erhalten und wird weitervererbt. Lediglich die vitalitätsmindernden Mutationen verschwinden wieder mit ihren Trägern aus den Populationen. So entstehen viele genetische Ausgangspunkte für weitere Mutationen und Auslesevorgänge. Dies führt notwendigerweise zu einer außerordentlich großen Formenvielfalt, wobei jede Form für sich mehr oder minder gut zu den gegebenen Umweltbedingungen passt.

Protozoen als einfach gebaute Eukaryoten

Zu den am einfachsten gebauten Eukaryoten gehören die Protozoen, die häufig in vier Gruppen unterteilt werden: Flagellaten, Rhizopoden, Sporozoen und Ciliaten. Protozoen leben stets in Feuchtbiotopen, und zwar sowohl im Süß- als auch im Salzwasser. Dabei handelt es sich – von Bau und Lebensweise her betrachtet – um eine sehr heterogene Gruppe. Kleinere Formen besitzen meist einen Zellkern, größere dagegen zwei und mehr Kerne, die unterschiedliche Funktionen erfüllen: Beispielsweise besitzen die Wimpertierchen oder Ciliaten zusätzlich zum großen Zellkern (Makronucleus) einen kleinen Kern (Mikronucleus) für die Steuerung des Zellstoffwechsels. Der Zellmembran ist eine Schicht aus Mucopolysacchariden aufgelagert, die teils flexibel wie bei den Amöben, teils aber recht fest ist. Der Fortbewegung dienen längere Geißeln oder viele kurze Wimpern. Bei manchen Protozoen ist die Zelloberfläche glatt und so flexibel, dass die Zelle Ausstülpungen bilden kann, die so genannten Rhizopodien. Mit deren Hilfe sind Kriechbewegungen möglich, wie beispielsweise bei den Amöben. Andere Protozoen, so etwa die Foraminiferen und Radiolarien, können ihre Zellhülle durch Einlagerung von Kieselsäure oder Kalk in eine starre Schale verwandeln.

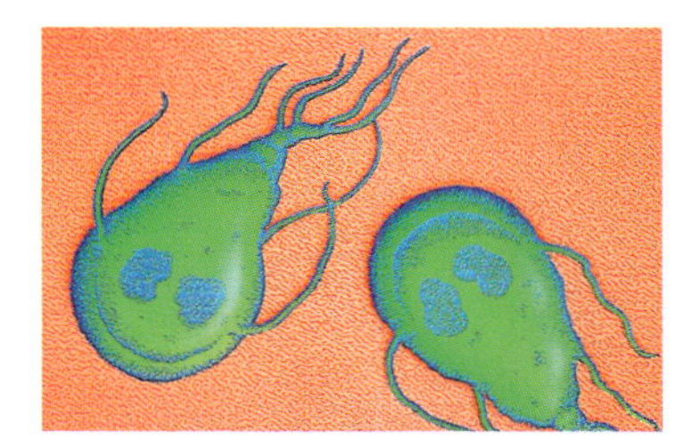

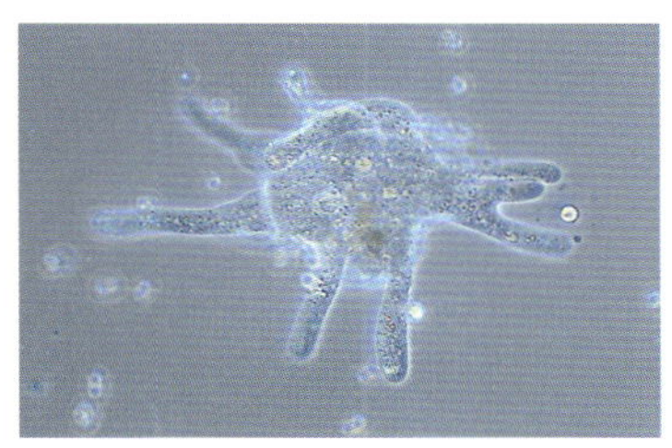

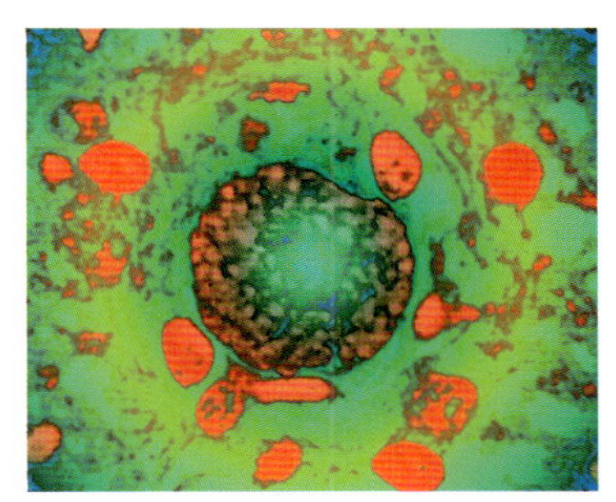

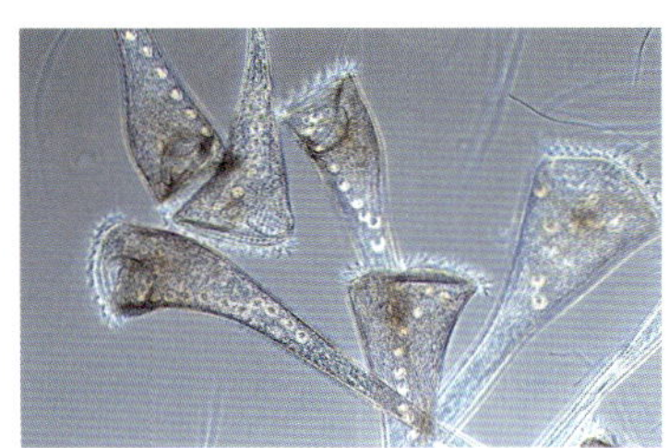

Diese Auswahl gibt einen Eindruck von der Vielfalt der zu den **Protozoen** gehörenden Arten (von oben): Die zu den **Flagellaten** gehörende Art Giardia lamblia ist ein Parasit im Dünndarm des Menschen, bei dem sie Durchfallerkrankungen verursacht. Bei der zu den **Rhizopoden** gehörenden Art Amoeba proteus sieht man sehr gut die der Fortbewegung dienenden Rhizopodien. Zu den **Sporozoa** gehört Toxoplasma gondii (im Bild eine Zyste), der Erreger der Toxoplasmose. Das Trompetentierchen (Gattung Stentor), ein meist festsitzender Vertreter der **Ciliaten,** zeigt den für diese Gruppe typischen Wimpernkranz.

Normalerweise ernähren sich die Protozoen heterotroph. Nicht verdauliche Bestandteile können sie auf unterschiedliche Art und Weise wieder ausscheiden. Unter den Flagellaten aber, die sich mit einer Geißel fortbewegen, gibt es Formen, die ähnlich wie Pflanzen einen Photosyntheseapparat besitzen und sich dementsprechend autotroph ernähren. Sie werden deshalb auch als Phytoflagellaten bezeichnet. Diese Form der Ernährung taucht bei vielzelligen Tieren (Metazoen) nie auf.

Die Fortpflanzung der Protozoen kann durch Zellteilung erfolgen und zusätzlich durch – keineswegs einheitlich ablaufende – sexuelle Vorgänge. Teilweise beobachtet man einen Wechsel von sexueller und asexueller Fortpflanzung (homophasischer Generationswechsel).

Pflanzen

Ebenfalls zu den Eukaryoten gehören die Pflanzen; sie besitzen also einen Zellkern und Mitochondrien, und dies gilt auch für die einfach organisierten Formen der Algen. Zusätzlich enthalten ihre Zellen mehr oder minder große Zellsaftvakuolen sowie Plastiden, die in allen grünen Pflanzenteilen zu photosynthetisch aktiven Chloroplasten ergrünen. In farblosen Pflanzenteilen, wie den Wurzeln, oder bei Vollparasiten, etwa bei der farblosen Kleeseide, bilden die Plastiden farblose Leukoplasten, die der Stärkespeicherung dienen. Außerdem sind die Pflanzenzellen von einer Zellwand umgeben, die hauptsächlich aus Cellulose und Hemicellulose besteht und die bei verholzten Geweben auch Lignin enthält. Samenpflanzen entwickeln drei deutlich voneinander verschiedene Organe: Wurzeln zur Verankerung der Pflanze im Boden und zur Aufnahme von Mineralstoffen und Wasser, Blätter mit meist grünen Chloroplasten für die Photosynthese und zur dosierten Wasserabgabe sowie Sprosse, die die Blätter in eine günstige Stellung zum Licht bringen.

Pflanzen verfügen über Leitbündel zum Stofftransport. Sie erstrecken sich von den Wurzelspitzen durch den Spross bis an den Rand der Blätter. Leitbündel sind stets untergliedert in einen Holzteil, das Xylem, und einen

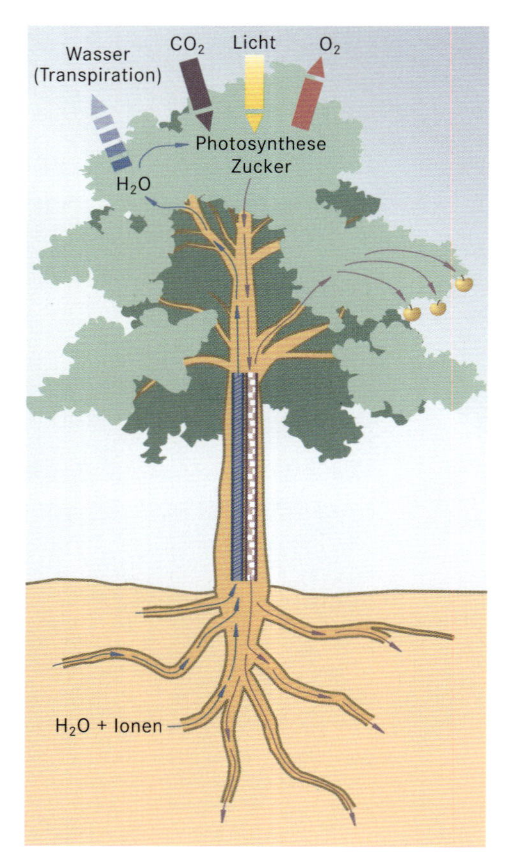

Pflanzen nehmen über die **Wurzeln** Wasser und Mineralstoffe in Form von Ionen auf, die im Xylem zu den Blättern transportiert werden (akropetaler Transport). Das Wasser (H_2O) wird größtenteils durch Transpiration an die Luft abgegeben, wodurch ein Unterdruck im Xylem entsteht (Transpirationssog), der weiteres Wasser aus der Wurzel ansaugt. Ein kleiner Teil des Wassers wird zusammen mit Kohlendioxid (CO_2) aus der Luft unter dem Einfluss von Licht photosynthetisch in Zucker umgewandelt. Dieser wird im Phloem, angetrieben durch ein osmotisches Gefälle, zu den Wachstumszonen der Pflanze transportiert, d. h. zu Wurzel- und Sprossspitzen, Blüten und wachsenden Früchten. Dort wird er teils in Stärke und Cellulose oder nach diversen Umwandlungsprozessen in Proteine, Fette und andere pflanzeneigene Stoffe eingebaut. Der größte Teil des Zuckers wird zur Gewinnung von Stoffwechselenergie wieder zu H_2O und CO_2 abgebaut. Hierzu nehmen die Wurzeln aus der Bodenluft, Sprosse und Blätter aus der freien Atmosphäre Luftsauerstoff auf, der über die Interzellularen (feine Hohlräume zwischen den Zellen) alle Zellen erreicht. Das bei der Zellatmung freigesetzte CO_2 diffundiert ebenfalls über die feinen Zellzwischenwände wieder nach außen.

Siebteil, das Phloem. Der Holzteil besteht aus relativ weitlumigen Röhren, den Tracheen mit einem Durchmesser von circa 30 bis 400 Mikrometer und den Tracheiden mit einem Durchmesser von circa 20 bis 40 Mikrometer (ein Mikrometer ist ein tausendstel Millimeter). Tracheen und Tracheiden befördern Wasser, einschließlich der darin gelösten Stoffe, aus den Wurzeln in die Blätter. Angetrieben wird dieser akropetale Transport durch den ständigen Wasserverlust der Blätter (Transpiration), der sich bis in die Leitbündel fortpflanzt und so den Transpirationssog bildet. Der Transpirationssog wird durch die Fähigkeit der Wurzelrinde unterstützt, Wasser aktiv in die Leitbündel zu pressen, um damit den Wurzeldruck zu erzeugen.

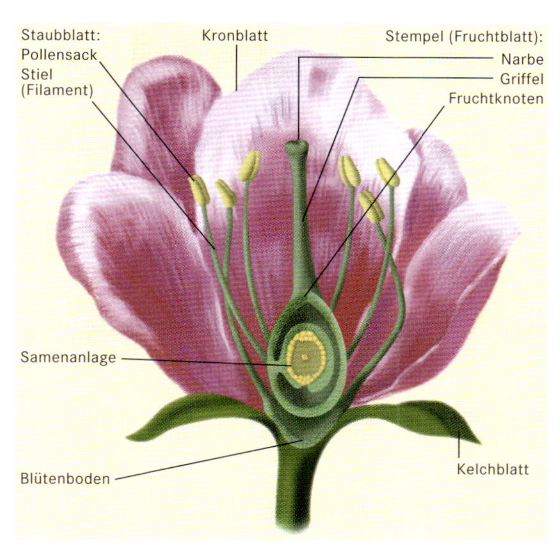

Das Schema zeigt den **Aufbau einer Blüte:** Die Kelchblätter, die meist grün gefärbt sind, wie die Laubblätter, umschließen die Knospe, bevor die Blüte sich öffnet. Die Kronblätter sind meist auffällig gefärbt und locken dadurch Insekten oder andere Bestäuber an. Die Staubblätter sind die männlichen Fortpflanzungsorgane der Pflanze, sie enthalten in den Pollensäcken die Pollenkörner oder männlichen Gametophyten. Das Fruchtblatt ist das weibliche Fortpflanzungsorgan; der weibliche Gametophyt entwickelt sich in der Samenanlage. Die Narbe an der Spitze des Fruchtblatts ist klebrig, sodass die für die Befruchtung nötigen Pollenkörner an ihr hängen bleiben.

Der in den Leitbündeln parallel zum Holzteil verlaufende Siebteil besteht bei Blütenpflanzen aus lebenden, aber kernlosen Zellen, die untereinander durch viele feine Poren (Siebplatten) verbunden sind. Deshalb müssen die Funktionen des Zellkerns von einer Nachbarzelle übernommen werden. Die Zellen des Siebteils transportieren vorzugsweise Assimilate zu all jenen Stellen der Pflanze, die Assimilate verbrauchen, also in die Wurzeln ebenso wie zu wachsenden Früchten und Sprossspitzen. Der Transport im Siebteil wird durch ein Gefälle des osmotischen Drucks in den Siebröhren in Gang gesetzt (Druckstrom), wobei das osmotische Gefälle dadurch entsteht, dass in bestimmten Bereichen der Pflanze Assimilatproduzenten, nämlich die Blätter, und Assimilatverbraucher – also wachsende Sprossspitzen, Wurzelspitzen und Früchte oder Speicherknollen – existieren.

Eine Epidermis oder Außenhaut (in der Wurzel Rhizodermis) übernimmt den Abschluss des Pflanzenkörpers nach außen. Diese kann je nach Wasserversorgung der Pflanze und je nach der Intensität der Sonneneinstrahlung zusätzlich verstärkt oder, bei hohen Stämmen, durch ein verkorktes Periderm oder eine verkorkte Borke ersetzt sein.

Alle Erscheinungsformen der Samenpflanzen gehen auf die drei Organe Wurzeln, Sprosse und Blätter zurück, die in mannigfaltiger Weise modifiziert werden können. So lassen sich auch ein Kugelkaktus oder ein Lebender Stein allein auf diese Organe zurückführen, selbst wenn es auf den ersten Blick nicht so aussehen mag. Auch die Blüten können auf einen Sprossabschnitt mit Blättern zurückgeführt werden. Die Blattstruktur tritt bei Kelch- und Kronblättern noch deutlich zutage. Staubgefäße verraten ihre Abstammung von den Blättern beispielsweise bei vielen gefüllten Rosenblüten, wo mitunter an einem der inneren Blütenblätter eine Staubbeutelkante zu erkennen ist. Dass der Stempel von Blättern abstammt, offenbart sich nur in den seltensten Fällen, etwa wenn eine Blüte in ihrer Mitte plötzlich einen beblätterten kleinen Spross entstehen lässt.

Bei den als **»Lebende Steine«** bezeichneten Arten der Gattung Lithops sind die Blattpaare zu geschlossenen Körperchen verwachsen, die Kieselsteinen ähnlich sehen.

Pilze

Pilze sind Eukaryoten ohne Plastiden, deren Zellen, außer bei den primitivsten Formen, von einer festen Wand aus Chitin oder seltener Cellulose umgeben sind. Während einfachere Pilze, wie etwa die Hefen, einzellig bleiben oder nur kurze Zellfäden entwickeln, sind die Zellen der höheren Pilze zu langen, oft verzweigten Fäden, den Hyphen, zusammengeschlossen. Über diese Hyphen, die sich, dem menschlichen Auge unsichtbar, über eine große Fläche ausdehnen können, nimmt der Pilz Nährstoffe mittels Absorption auf. Durch eine kleine Öffnung in den Trennwänden zweier benachbarter Zellen, den Porus, bleibt eine Cytoplasmabrücke erhalten, durch die Nährstoffe und das Cytoplasma ausgetauscht werden. Da sich das Cytoplasma ständig bewegt, kommt dieser Austausch nicht zum Erliegen. Die Pilzhyphen bilden ein mehr oder weniger dichtes Flechtwerk, das Mycel. Nur zum Zeitpunkt der Sporenbildung kann das lockere Mycel in Fruchtkörpern zu einem festeren Flechtgewebe, dem Plektenchym, zusammentreten, wie es beispielsweise vom Champignon und anderen Hutpilzen bekannt ist.

Bei den höher entwickelten Pilzen, den Ascomyceten (Schlauchpilzen) und den Basidiomyceten (Ständerpilzen), enthalten die Zellen während des größten Teils ihrer Entwicklung zwei Zellkerne, was im Reich der vielzelligen Lebewesen einmalig ist. Um diesen

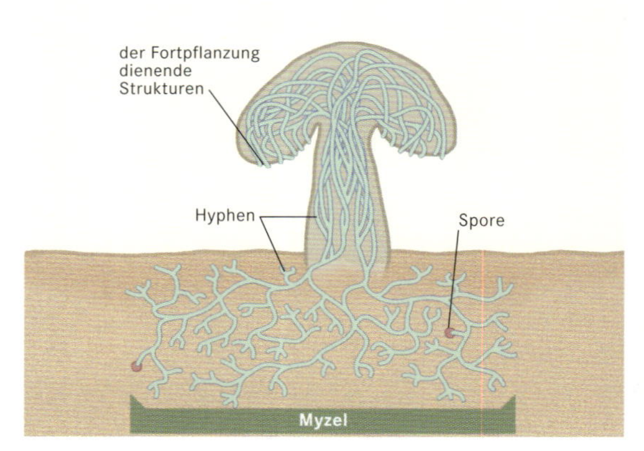

Der Nahrung aufnehmende Teil der Pilze, das von den Hyphen gebildete **Mycel,** lebt im Boden und ist für das menschliche Auge meist unsichtbar. Was wir als Pilz wahrnehmen, ist der **Fruchtkörper,** der meist an der Hutunterseite durch Bildung kleiner Zellen, der Sporen, der Fortpflanzung dient. Die rechte Abbildung zeigt zwei Fruchtkörper des zu den Bovisten gehörenden Flaschenstäublings. Hier entstehen die Sporen im Inneren des flaschenförmigen Fruchtkörpers.

zweikernigen oder dikaryotischen Zustand bei jeder Zellteilung aufrechtzuerhalten, bedarf es komplizierter Teilungsmodalitäten, die je nach der Abteilung der Pilze unterschiedlich ausfallen, was unter anderem als Kriterium für die Klassifikation der Pilze verwendet wird.

Der Ursprung der Pilze liegt bis heute im Dunkeln. Es wird angenommen, dass sie sich schon frühzeitig nach der Entstehung der Eukaryoten neben Tieren und Pflanzen selbstständig entwickelt haben. Pilze ernähren sich immer heterotroph, und zwar überwiegend saprobiontisch, also von abgestorbenem organischem Material. Viele Pilze leben eng in Symbiose mit Pflanzen zusammen. Eine derartige

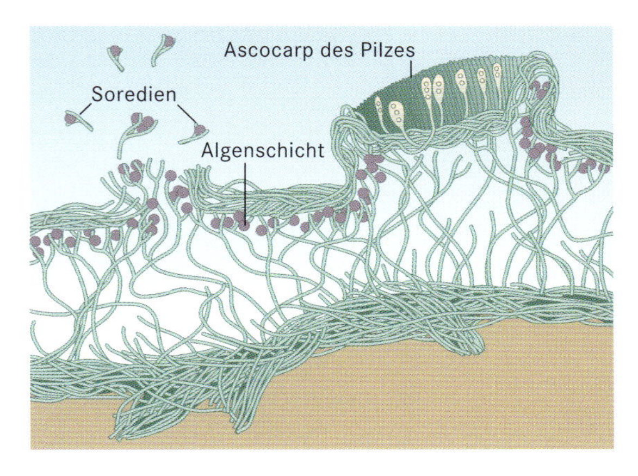

Flechten stellen eine Symbiose aus Pilzen und Algen dar. Der Pilz bildet am oberen und unteren Rand eine schützende, dichte Schicht aus Hyphen. Die Algen siedeln sich nahe der oberen dichten Schicht an, die auch die Fortpflanzungsstrukturen trägt: hier ein der sexuellen Fortpflanzung dienendes **Ascocarp** des Pilzes sowie **Soredien** als gemeinsame, ungeschlechtliche Fortpflanzungsform von Pilz und Alge. Zwischen den beiden begrenzenden Schichten befindet sich meist ein lockeres Hyphengeflecht. Das Foto rechts zeigt eine Flechte aus der Gattung Cladonia mit becherförmigen aufrechten Thalli.

Symbiose sind die Flechten, bei denen meist Schlauchpilze mit niederen Grünalgen oder Cyanobakterien eine strukturelle Einheit bilden, wobei die Pilzhyphen die Algen oder die Cyanobakterien umspinnen und mit Saugorganen (Haustorien) in die zur Photosynthese befähigten Zellen eindringen. Die beiden Symbiosepartner sind nicht nur hinsichtlich ihrer Ernährung voneinander abhängig, sie bilden auch gemeinsam spezielle Stoffe, die so genannten Flechtenstoffe, die keiner der beiden Partner für sich allein herstellen könnte. Die Flechtenpilze sind ohne ihren Symbiosepartner in freier Natur nicht lebensfähig.

Eine andere bedeutende Pilzsymbiose ist die Mykorrhiza bei der die Pilze mit Pflanzenwurzeln vergesellschaftet sind. Bei dieser Symbiose umspinnen die Pilze, meist Ständerpilze, die feinen Saugwurzeln der Pflanzen und dringen in deren Rinde ein (aber niemals in den Zentralzylinder der Wurzeln). Liegt eine Ektomykorrhiza vor, die zumeist bei Waldbäumen vorkommt, durchwachsen die Pilzfäden lediglich die Interzellularräume in der Wurzelrinde. Bei der Endomykorrhiza dringen die Pilze sogar in die Zellen der Wurzelrinde ein, ohne diese allerdings dadurch abzutöten. Auch die Mykorrhiza ist durch eine enge gegenseitige Abhängigkeit der Symbiosepartner voneinander gekennzeichnet, denn die Pflanzen wachsen ohne Pilze nur noch kümmerlich und die Pilze können ohne Pflanzen meist keine Hüte mit Sporen bilden.

Schwämme und Hohltiere – sehr einfach gebaute Vielzeller

Tiere sind Eukaryoten ohne Zellwände und ohne Plastiden. Allerdings wird jede Zelle von einer Phospholipidmembran umhüllt. Nur die niedrigsten Organisationsstufen der Tiere leben ein- oder wenigzellig. Alle höher organisierten Formen bilden stark differenzierte Gewebe und Organe aus. Die Ernährung erfolgt ausschließlich heterotroph. Vielzellige Tiere besitzen einen Verdauungstrakt, in dem die aufgenommene Nahrung zerkleinert und enzymatisch gespalten wird, damit die so vorbereiteten, kleinen organischen Moleküle von einem speziellen Resorptionsgewebe aufgenommen werden können.

Sehr einfach gebaute vielzellige Tiere sind Schwämme und Hohltiere. Schwämme (Porifera) bestehen aus einer vielzelligen Körperhülle (Epithel), die einen Körperinnenraum vom umgebenden Milieu, in diesem Fall Wasser, trennt. Der Körperhohlraum besitzt viele Ein- und Ausströmöffnungen. Echte Muskel- und Nervenzellen fehlen noch, sie sind erst ab der Organisationsstufe der Hohltiere oder Coelenteraten zu finden. Bei diesen besteht die Körperhülle aus zwei Keimblättern, die sich während der Individualentwicklung aus der befruchteten Eizelle bilden: dem innen liegenden Entoderm und dem außen liegenden Ektoderm. Während Schwämme noch gar keine Symmetrie des Körperbaus erkennen lassen, weisen die Hohltiere eine radiäre Symmetrie auf und werden daher auch Radiata genannt.

Schwämme sind festsitzende Tiere ohne Organe und echtes Gewebe; sie filtrieren ihre Nahrung aus dem Wasser, das sie mithilfe spezieller Zellen, der Kragengeißelzellen, durch den Körper pumpen. Ein Schwamm von der Größe einer Teetasse kann bis zu 5000 l/Tag filtrieren. Bei dem abgebildeten, in einem Korallenriff lebenden Schwamm sieht man sehr gut die Ausströmöffnungen.

Diese Radiärsymmetrie wird im Verlauf der weiteren Evolution durch eine bilaterale Symmetrie des Körpers abgelöst. Alle Tiere, die diese Symmetrie besitzen – und das sind die meisten –, werden als Bilateria zusammengefasst. Bei den Bilateria wird zwischen Ektoderm und Entoderm als drittes Keimblatt ein Mesoderm angelegt. Dieses dritte Keimblatt umschließt eine sekundäre Leibeshöhle.

Ringelwürmer und Gliederfüßer

Eine wichtige Entwicklungsstufe auf dem Weg von den einfachen zu den hoch entwickelten vielzelligen Tieren nehmen die bereits zu den Bilateria zählenden Ringelwürmer (Anneliden) ein, deren herausragendes Baumerkmal in einer Segmentierung des Körpers besteht, so wie es beispielsweise vom Regenwurm bekannt ist. Jedes der Körpersegmente enthält eine sekundäre Leibeshöhle, das Coelom. Als Exkretionsorgane für überschüssige Stoffwechselendprodukte dienen Metanephridien, ein Paar pro Segment, die jedoch jeweils erst im folgenden Segment nach außen münden. Das Nervensystem der Anneliden bildet in jedem Körpersegment ein Paar Nervenknoten (Ganglien), die unterhalb des Darms liegen und die von Segment zu Segment durch Nervenstränge, das so genannte Bauchmark, miteinander verbunden sind. Der Darm durchzieht den ganzen Körper, ebenso wie das Blutgefäßsystem, das jedoch pro Segment ein Ringgefäß aufweist, das die oberhalb und unterhalb des Darms liegenden Längsgefäße miteinander verbindet. Die Geschlechtsprodukte der meist zwittrigen Tiere werden durch die Kanälchen der Metanephridien nach außen abgeführt. Den gesamten Körper hüllt ein Haut-Muskel-Schlauch ein, der außen an jedem Segment meist zwei Borstenbüschel trägt. Eine Sonderstellung im segmentierten Wurmkörper nimmt lediglich das kleinere Kopfsegment ein, das einen besonders stark entwickelten Nervenknoten, nämlich das Oberschlundganglion, aufweist. Von hier aus strahlen

Nervenfortsätze zu den primitiven Augen und zu den Kopftentakeln aus.

Der auffälligen Gliederung des Körpers in Segmente begegnet man erneut beim Stamm der Gliederfüßer, den Arthropoden. Allerdings hat hier gegenüber den Ringelwürmern insofern eine Weiterentwicklung stattgefunden, als jeweils mehrere Segmente zusammen strukturelle und funktionelle Einheiten bilden. Sechs Segmente bilden zusammen einen Kopf, das Caput, an dem die segmentale Herkunft oft nur noch anhand der Kopffortsätze, wie Fühler oder Kauwerkzeuge, zu erkennen ist. Drei weitere Segmente formen ein ebenfalls meist starres Bruststück, Thorax genannt, dessen Fortsätze sich zu Fortbewegungsorganen ausgebildet haben. Elf Segmente bilden schließlich den Hinterleib, das Abdomen, wobei die Abdominalsegmente meist noch gegeneinander bewegt werden können. Äußere Segmentfortsätze sind hier in der Regel nicht mehr klar erkennbar, ausgenommen die oftmals vorhandenen Sprungeinrichtungen oder Begattungsorgane. Die Außenhaut (Epidermis) sondert nach außen Chitin ab, das den Tieren eine feste Schale, die auch als Außenskelett bezeichnet wird, verleiht und ein Leben an trockenen Orten ermöglicht.

Regenwürmer sind sowohl äußerlich als auch innerlich in Segmente eingeteilt, wobei sich viele innere Organe in jedem Segment wiederholen.

Insekten – charakteristische Vertreter der Gliederfüßer

Betrachtet man ein Insekt als charakteristischen Vertreter der Gliederfüßer, dann erkennt man auch am inneren Aufbau eine gegenüber den Ringelwürmern stark fortgeschrittene Organdifferenzierung. Der Verdauungstrakt ist in Vorder-, Mittel- und Enddarm gegliedert. Blutkreislauf und Nervensystem hingegen weisen zwar keine prinzipiellen Unterschiede zu denjenigen der Ringelwürmer auf, der Blutkreislauf ist jedoch offen angelegt. Das heißt, ein Herz pumpt das Blut in die Leibeshöhle, wo es durch die Gewebsspalten zirkuliert, ehe es von einer Vene gesammelt und zum Herzen zurückgeführt wird. Komplizierter aufgebaut und weitaus leistungsfähiger sind oftmals die Augen und das wesentlich komplexere Oberschlundganglion. Eine grundsätzlich neue Einrichtung stellt das Exkretionssystem dar. Anstelle der segmental angelegten Metanephridien der Ringelwürmer befinden sich im Hinterleib der Insekten Malpighi-Gefäße, deren Bau dem Anfangsstück der Nephronen bei den Wirbeltieren entspricht. Sie münden nicht nach außen, sondern in den Verdauungstrakt. Grundsätzlich neu ist auch die Sauerstoffversorgung des Körpers über Tracheen. Diese entstehen als Einstülpungen der Außenhaut des Abdomens und durchziehen als feines Kanälchensystem den gesamten Körper einschließlich der besonders sauerstoffbedürftigen Flugmuskulatur. Auf diese Weise wird eine intensivere Sauerstoffversorgung der Muskeln erreicht als bei allen anderen Tierarten. Die Sexualorgane, also die Keimdrüsen (Gonaden) der Insekten, liegen ausschließlich im Hinterleib und münden über eine Pore nach außen.

Der **Gemeine Krake** zeigt Hirnleistungen, die an diejenigen der höheren Wirbeltiere heranreichen. Beispielsweise konnte während eines Experiments beobachtet werden, dass ein Krake eine Glasflasche entkorkte, um an die darin eingeschlossene Beute zu gelangen.

Unter den Weichtieren erreicht das **Zentralnervensystem** der **Tintenfische** den höchsten Entwicklungsstand. Das durch Verschmelzungen entstandene, stark entwickelte Oberschlundganglion fungiert als sensorisches Zentrum, an das die Sinnesorgane ihre Informationen zur Verarbeitung weiterleiten. Das ebenfalls durch Verschmelzung mehrerer Ganglienknoten gebildete Unterschlundganglion dient als motorisches Zentrum, das die Bewegungsvorgänge steuert. Die Feinstruktur des Gehirns und besonders die umfangreichen Verschaltungen, durch die ganze Assoziationsregionen im Gehirn gebildet werden, verleihen den Tintenfischen ein besonders hoch entwickeltes Lernvermögen, das demjenigen der Wirbeltiere ähnelt. Ebenso wie das Gehirn sind die Augen der Tintenfische sehr hoch entwickelt. Trotz einer vom Wirbeltierauge abweichenden eigenständigen Genese treten manche strukturelle Ähnlichkeiten zum Auge der Menschen auf. Dazu gehören eine ausgeprägte Akkomodationsfähigkeit der Linse für Nah- und Fernsicht, bewegliche Pupillen zur Helligkeitsadaptation und eine hohe Dichte von Lichtrezeptoren.

Im äußeren Aufbau fallen die fünf paarigen Kopfextremitäten auf, die dem Zusammenschluss des Kopfes aus sechs Segmenten zu widersprechen scheinen. Bei Krebsen, einer anderen Gruppe von Gliederfüßern, treten allerdings zwei Paar Antennen auf, sodass hier tatsächlich von sechs Kopfsegmenten ausgegangen werden muss. Der Thorax trägt neben drei Paar Laufbeinen auf der Rückenseite zwei Paar Flügel, die als Ausstülpungen der Thorakalsegmente entstehen. Sie besitzen keine eigene Muskulatur. Vielmehr werden die Flügel durch Bewegungen der entsprechenden Thorakalsegmente, die durch Gelenkhäute beweglich miteinander verbunden sind, passiv mitbewegt. Bei manchen Arten kam es im Laufe der Entwicklung jedoch zu einem teilweisen oder völligen Schwund der Flügel, wie beispielsweise bei den Tierläusen oder bei den Schildlausweibchen. Primär flügellos sind die Urinsekten.

Bereits Weichtiere besitzen ein leistungsfähiges Zentralnervensystem

Die Weichtiere (Mollusken) haben sich in ihrer Organisationsform weit vom segmentierten Körperbau entfernt, wenngleich fossile Formen einen solchen Aufbau noch klar erkennen lassen. Bei den heute lebenden Weichtieren ist der Körper jedoch ganz anders gegliedert. Ein Kopffuß, Cephalopodium genannt, dient sowohl als Kopf als auch als Fortbewegungsorgan. Auf dem Rücken des Cephalopodiums bilden sich ein Eingeweidesack und ein Mantel (Pallium), der den Eingeweidesack einhüllt. Zwischen Mantel und Eingeweidesack verbleibt ein Hohlraum, die Mantelhöhle, in die Exkretions- und Geschlechtsorgane münden und die Kiemen für die Atmung hineinragen. Bei den Tintenfischen (Cephalopoden) kann der Fuß in mehrere Arme aufgeteilt werden. Bei den Schalenweichtieren scheidet der Mantel eine Kalkschale ab, die von Art zu Art stark in Größe und Gestalt variieren kann. Der Verdauungstrakt ist wiederum in Vorder-, Mittel- und Enddarm gegliedert, wobei der Vorderdarm meist eine zungenartige Raspel, die Radula, enthält. Mit ihr kratzen viele Mollusken, vor allem die Schnecken, ihre Nahrung von Steinen ab. In den Mitteldarm mündet eine Mitteldarmdrüse, die sowohl Leber- als auch Bauchspeicheldrüsenfunktionen erfüllt. Wie bei den Gliederfüßern ist der Blutkreislauf wiederum offen angelegt. Das Nervensystem zeigt eine Konzentrierung auf vier bis fünf Hauptganglienpaare, die erstmals ein leistungsfähiges Zentralnervensystem bilden. Am weitesten ist diese Gehirnbildung (Cerebralisation) bei den Tintenfischen vorangeschritten. Diese besitzen außerdem hoch entwickelte Augen sowie Schweresinnesorgane.

Chordatiere

Wurde bei den bisher betrachteten Tieren (den Protostomiern) der embryonal angelegte Mund auch beim ausgewachsenen Tier zum Mund und der Gegenpol des Verdauungstrakts zum After, so gehören die Chordatiere zu den Deuterostomiern, bei denen der Urmund später den After bildet, während ein Mund im Verlauf der Embryonalentwicklung neu angelegt wird. Sie bilden rückenseitig, also über dem Darm liegend, einen in der Längsachse des Körpers verlaufenden flexiblen Knorpelstab, die Chorda dorsalis aus.

Alle zu den Chordatieren gehörenden Tierklassen zeigen eine überaus große Variabilität in ihrem Aussehen. Dennoch haben sie wenigstens vier morphologische Merkmale gemeinsam, die zumindest über einen gewissen Zeitraum, oft im Embryonalstadium, vorhanden sind: Dies ist einmal die Chorda dorsalis, die bei den Wirbeltieren zur Wirbelsäule wird. Ein weiteres Merkmal ist das während der Embryonalentwicklung entstehende, ebenfalls rückenseitig gelegene Neuralrohr, das später das Zentralnervensystem bildet. Meist auch nur während des Embryonalstadiums ist der Schlund über Kiemenspalten mit der Außenwelt verbunden und bildet so einen Kiemendarm. Als viertes gemeinsames Merkmal besitzt die überwiegende Zahl der Chordaten einen hinter dem After gelegenen Schwanz; dieser wird noch beim Menschen embryonal angelegt und bildet sich erst im Verlauf der Embryonalentwicklung zurück. Der bedeutendste Unterstamm der Chordatiere sind die Wirbeltiere, zu denen auch wir Menschen gehören.

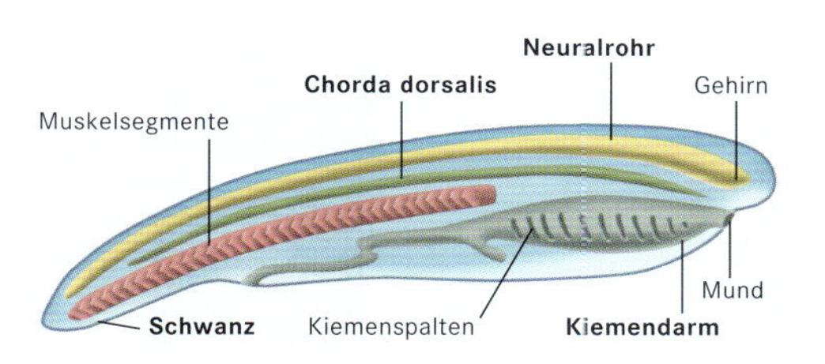

Chordatiere haben vier Merkmale gemeinsam, die zumindest in einem gewissen Zeitraum ihrer Entwicklung auftreten: Chorda dorsalis, Neuralrohr, Kiemendarm und der hinter dem After gelegene Schwanz.

Wirbeltiere

Wirbeltiere zeigen eine besonders große Zahl spezieller Differenzierungen an Außenhaut, Skelett, Nervensystem mit Sinnesorganen, Blutkreislauf und Verdauungstrakt. Um dennoch einen gewissen Überblick über die wichtigsten Bauprinzipien der Wirbeltiere zu erhalten, soll ein Grundbauplan für diesen Unterstamm der Tiere entworfen werden.

Eines dieser grundlegenden Bauprinzipien besteht in der Bildung eines knöchernen Innenskeletts, das zunächst nur in Form von Knorpel (Bindegewebsmasse) angelegt wird. Dazu scheiden die Bindegewebszellen in ihre gemeinsamen Zellzwischenräume (Interzellularräume) eine mehr oder minder steife, gallertige Substanz aus, die vorzugsweise aus Chondroitinsulfat besteht, in das Kollagenfasern eingelagert sind. Dieses Material ist von zähschleimiger Konsistenz und dadurch ein festes und gleichzeitig flexibles Stützmaterial. Später verkalkt das Gerüstwerk durch Einlagerung von Calciumcarbonat und Calciumphosphat und erhält damit erst die charakteristische Festigkeit der Knochen. Den zentralen Bereich des knöchernen Stützskeletts bildet eine Wirbelsäule, die im Unterschied zur Chorda gegliedert und damit flexibel gestaltet ist. Durch die Bildung der Wirbelsäule wird die Chorda bis auf Reste in den Wirbelkörpern verdrängt. Seitlich schließen sich an die Wirbelkörper Knochenspangen an, die Rippen, die besonders im vorderen Rumpfbereich stark ausgebildet sind und den Brustkorb bilden. Von einigen entwicklungs-

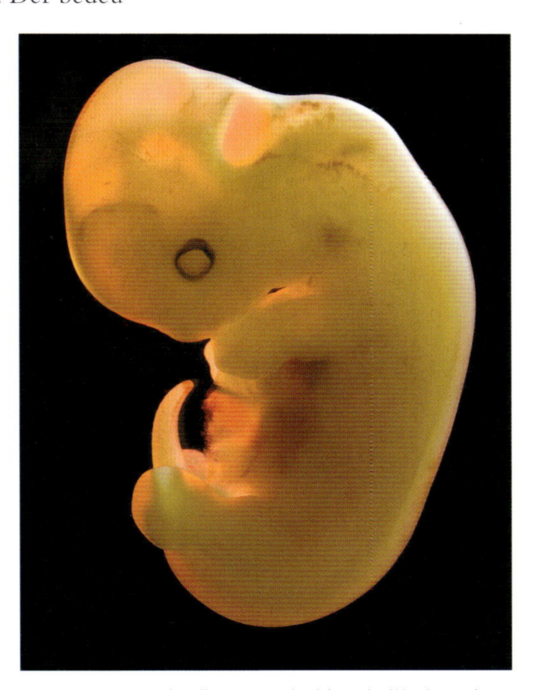

An diesem sechs bis acht Wochen alten **menschlichen Embryo** ist der auch beim Menschen während der Embryonalentwicklung angelegte Schwanz gut zu erkennen.

Die ersten landbewohnenden Wirbeltiere, die **Rhipidistier,** entwickelten sich vermutlich aus einer Ordnung der Quastenflosser, den **Osteolepidiformes,** die sich auf beinartig ausgebildeten und durch ein Tetrapoden ähnliches Innenskelett gestützte Brust- und Bauchflossen an Land schoben und kürzere Strecken gehen konnten. Die ursprünglichen Kiemen wurden zugunsten der außerdem vorhandenen lungenartigen Organe zurückgebildet.

geschichtlich alten Fischen abgesehen, werden außerdem paarige Extremitäten oder Gliedmaßen angelegt. Die Extremitäten gehen ursprünglich auf vielstrahlige Paare von Brust- und Bauchflossen bei Fischen zurück, aus denen sich schließlich die fünffingrigen Extremitäten der Vierfüßer (Tetrapoden) ableiteten, wie anhand von Versteinerungen ausgestorbener Wirbeltiere lückenlos belegt werden kann. Die fünfstrahligen Extremitäten sind allerdings bei Huftieren so weit zurückgebildet, dass äußerlich nur noch ein bis zwei Hufe erkennbar sind. Über Schultergürtel und Beckengürtel, die jeweils aus mehreren Einzelknochen bestehen, sind die Extremitätenpaare beweglich mit der Wirbelsäule verbunden.
Das Knochenskelett stützt nicht nur den Körper, sondern schützt auch das hoch entwickelte Nervensystem der Wirbeltiere, denn dessen zentrale Leitungsbahnen werden in einem Rückenmark zusammengefasst, das innerhalb der Wirbelsäule verläuft. Kopfseitig mündet das Rückenmark in ein aus fünf Elementen bestehendes Gehirn als zentrale Steuereinheit, das in einem knöchernen Schädel geschützt liegt.

Der Verdauungstrakt bietet trotz seiner Vielgestaltigkeit bei den einzelnen Wirbeltierarten prinzipiell wenig Neuerungen. Ein Mund, der der Nahrungsaufnahme dient, geht in einen Schlund oder Ösophagus über. Dieser mündet in einen Magen, der bei verschiedenen Wirbeltiergattungen auch mehrgliedrig angelegt sein kann. An den Magen als zentrales Verdauungsorgan schließt sich der Darm an, der häufig in mehrere, funktionell verschiedene Abschnitte gegliedert ist und schließlich in einem After nach außen mündet. Wichtige Anhangsdrüsen des Darms sind Leber und Bauchspeicheldrüse.

Der Blutkreislauf der Wirbeltiere ist stets geschlossen

Bei Wirbeltieren ist der Blutkreislauf stets geschlossen angelegt. Das Blut wird also nicht in Interzellularräume (in diesem Fall Lacunen genannt) des Körpers gepumpt, sondern bleibt vielmehr in eigenen, röhrenförmigen Blutgefäßen, die den gesamten Körper in einem immer feiner werdenden Maschenwerk durchziehen. Es werden dabei die vom Herzen in den Körper führenden Arterien und die aus dem Körper zum Herzen führenden Venen unterschieden. Angetrieben wird das Blut durch ein muskulöses Herz, unterstützt durch die ebenfalls etwas kontraktionsfähigen Arterien. Das Blut durchströmt zwei Kreisläufe, die im Laufe der Entwicklungsgeschichte immer strikter voneinander getrennt wurden: einen kleineren Lungenkreislauf, in dem das Blut mit Sauerstoff beladen wird, und einen größeren Körperkreislauf, in dem es den Sauerstoff an die einzelnen Organe abgibt und in dem Nährstoffe aus dem Verdauungstrakt aufgenommen und an die verschiedenen Organe weitergeleitet werden.

Weniger einheitlich ist das Atmungssystem der Wirbeltiere organisiert. Während bei Fischen und Amphibienlarven, wie zum Beispiel Kaulquappen, der Gasaustausch zwischen dem Lebensraum Wasser und dem Blut über Kiemen stattfindet, wird er bei den Landbewohnern zwischen der umgebenden Luft und dem Blut über eine im Brustkorb liegende Lunge abgewickelt. Diese stellt keineswegs eine Neubildung der Landlebewesen dar, vielmehr hat sie sich aus der Schwimmblase der Fische entwickelt.

Der Ausscheidung von Stoffwechselendprodukten dienen zwei Nieren, die zwischen Wirbelsäule und Darm angelegt werden und die über einen gemeinsamen Ausfuhrgang, den Harnleiter, nach außen münden. Wegen der engen Nachbarschaft zu den Fortpflanzungsorganen (Gonaden) während der frühen Embryonalentwicklung wird bei vielen Wirbeltieren der Ausfuhrkanal für Urin gleichzeitig für Fortpflanzungszellen (Gameten) mitbenutzt, sodass man von einem Urogenitalsystem spricht.

Kollagen, zu den Gerüsteiweißen zählendes Protein; wichtiger Bestandteil von Bindegewebe, Sehnen, Knorpel sowie der organischen Substanz der Knochen

Chondroitinsulfat, aus Glucuronsäure und N-Acetylglucosamin (dem Baustein des Chitins) oder N-Acetylgalactosamin bestehendes Mucopolysaccharid, das, meist mit Kollagen vergesellschaftet und an Protein gebunden, Hauptbestandteil menschlicher und tierischer Stütz- und Bindegewebe ist

Die Außenhaut der Wirbeltiere zeigt vielgestaltige Ausprägungen

Außerordentlich viele Varianten hat die Außenhaut, das Integument, der Wirbeltiere hervorgebracht, um eine möglichst gute Anpassung an die verschiedensten Lebensräume und die unterschiedliche Lebensweise der einzelnen Tierarten zu erreichen. Meist wird das Integument mehrschichtig angelegt: Die Unterhaut (Subcutis) ist ein Bildungsgewebe, das zeitlebens die Haut durch Zellteilungen erneuert. Darüber liegt eine bindegewebige Lederhaut,

Die **Außenhaut der Wirbeltiere** ist bei den verschiedenen Tiergruppen ganz unterschiedlich ausgeprägt. Die Abbildung zeigt von links nach rechts die Haut eines Elefanten, den Schuppenpanzer eines Nilkrokodils und einen Ausschnitt aus dem Federkleid eines Fasans.

die Dermis, und die äußerste Schicht ist die verhornte Oberhaut (Epidermis), die bei Reptilien periodisch im Rahmen von Häutungen, beim Menschen hingegen kontinuierlich abgestoßen und erneuert wird. Wichtige Differenzierungen der Epidermis sind die Federn der Vögel oder, jenen entsprechend, die Schuppen der Reptilien. Eine ganz andere Möglichkeit stellen Haare dar, deren Haarbalg in der Lederhaut verankert ist und deshalb nicht abgestoßen werden kann. Die Drüsen, die von der Epidermis gebildet werden und meist tief in die Dermis eingesenkt sind, haben verschiedene Ausformungen, die sich nach der Art des Sekrets, das sie abgeben, unterscheiden: beispielsweise Schleimdrüsen, Talgdrüsen, Giftdrüsen oder Schweißdrüsen. Während die Epidermis vielfach verhornte Sonderbildungen hervorbringt, können spezielle Differenzierungen der Lederhaut auch verknöchern, was zur Bildung von Hautzähnen (die Placoidschuppen der Haie) oder von ganzen Knochenpanzern, wie sie bei einigen ausgestorbenen Wirbeltieren vorkamen, führen kann. Durch epidermale Einfaltungen über dem Kieferknochen können sogar ganze Zahnleisten entstehen, aus denen dann die Zähne zur Zerkleinerung der Nahrung hervorgehen.

Die biologische Systematik – eine Verbindung von Klassifikation und Evolution

Die gerade aufgezeigte Vielfalt der Lebewesen auf der Erde führte zu dem Bedürfnis der Forscher, Systeme zu entwickeln, mit deren Hilfe sich die mannigfaltigen und komplexen Beziehungen zwischen den Lebewesen besser überblicken und beurteilen lassen. Im Jahr 1735 erschien Carl von Linnés Abhandlung »Systema naturae«, die ein System der Klassifikation von Organismen bietet. Ein wichtiges Merkmal seiner Taxonomie ist die binäre Nomenklatur: Jede Art hat einen lateinischen Namen, der aus zwei Teilen besteht, wobei das erste Wort die Gattung nennt, der der Organismus angehört, und das zweite die Art bezeichnet. Darüber hinaus schuf Linné ein hierarchisches System, in dem er die Organismen nach dem Bau der Geschlechtsorgane (Staub- und Fruchtblätter), aber auch nach Ähnlichkeiten in immer allgemeinere Kategorien ordnete. Gut hundert Jahre später, im Jahr 1859, veröffentlichte Charles Darwin seine Evolutionstheorie »Die Entstehung der Arten durch natürliche Zuchtwahl«. Zu dieser Theorie veranlassten ihn – ähnlich wie Linné auch – vergleichende Beobachtungen und Untersuchungen von Arten, insbesondere von Finkenarten auf den Galápagosinseln. Darwins Theorie geht von der Vorstellung aus, dass alle heute lebenden Organismen sich von primitiver organisierten Vorfahren ableiten. Im Verlauf dieser Entwicklung kam es immer wieder zur Aufspaltung einer Form in verschiedene andere Formen, sodass sich ein regelrechter Stammbaum der Organismen entwickelte, der die unterschiedlichen Verwandtschaftsgrade der heute existierenden Lebewesen untereinander erkennen lässt. Darwins Theorie, dass die biologische Vielfalt eine Folge der Evolution ist, hat bis heute Gültigkeit und ist von fast allen Biologen anerkannt.

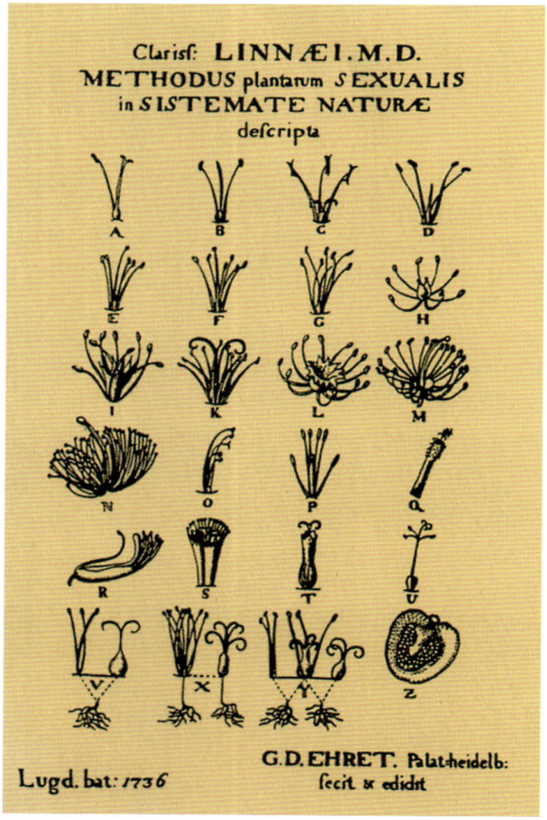

Diese Illustration aus **Carl von Linnés** 1735 erschienenem Hauptwerk **»Systema naturae«** zeigt, wie er die Pflanzen anhand ihrer Blüten einordnet.

Mutationen und umweltbedingte Auslese als Motor der Evolution

Wie ist nun eine solche Weiterentwicklung möglich? Wir wissen heute, dass die Erbanlagen der Lebewesen nicht über lange Zeiträume hinweg völlig konstant bleiben, sondern einem allmählichen Wandel durch Erbänderungen oder Mutationen unterliegen. Nach dem Hardy-Weinberg-Gesetz bleibt das Verhältnis von veränderten zu unveränderten Individuen in einer Population, das ist eine Gruppe von Lebewesen einer Art in einem bestimmten Lebensraum, stets gleich, sofern *nur* die sexuelle Rekombination, also die Vermischung väterlicher und mütterlicher Gene, eine Rolle spielt. Eine solche Population ist im genetischen Gleichgewicht, in ihr findet keine Evolution statt. Wirken jedoch weitere Faktoren ein, die zu Veränderungen der Häufigkeit bestimmter Gene, beispielsweise infolge von Mutationen, führen, tritt eine Verschiebung dieses Gleichgewichts ein, und das ursprüngliche Verhältnis von veränderten zu unveränderten Individuen wandelt sich. Diese Änderung von Genhäufigkeiten ist Evolution im kleinsten Maßstab.

Die wohl häufigste Ursache für eine solche Verschiebung ist in der Auslese (Selektion) von Eigenschaften zu sehen, die die Überlebensfähigkeit ihres Besitzers verbessern. Denn eine spürbar verbesserte Vitalität verleiht dem betreffenden Individuum Vorteile beim Überleben und bei der Fortpflanzung. Damit reichert sich eine solche vitalitätsfördernde Mutation automatisch in einer Population an – im Unterschied zu Mutationen, die ihrem Besitzer keinen Vorteil gegenüber anderen Individuen verschaffen. Auf diese Weise entwickeln sich bevorzugt Formen, die am besten an die gerade herrschenden Umweltbedingungen angepasst sind.

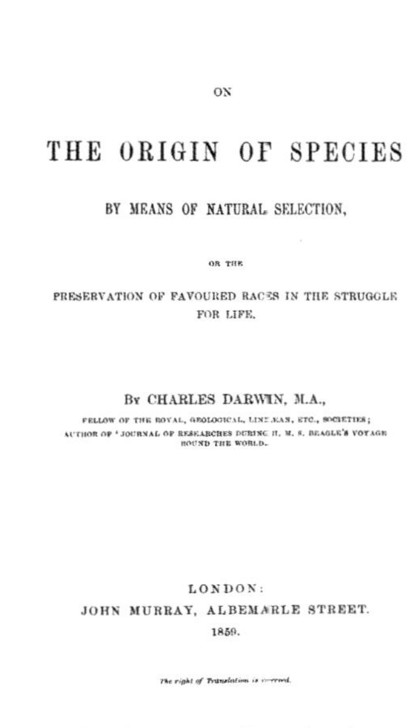
ON

THE ORIGIN OF SPECIES

BY MEANS OF NATURAL SELECTION,

OR THE

PRESERVATION OF FAVOURED RACES IN THE STRUGGLE FOR LIFE.

By CHARLES DARWIN, M.A.,

FELLOW OF THE ROYAL, GEOLOGICAL, LINNÆAN, ETC., SOCIETIES;
AUTHOR OF 'JOURNAL OF RESEARCHES DURING H. M. S. BEAGLE'S VOYAGE ROUND THE WORLD.'

LONDON:
JOHN MURRAY, ALBEMARLE STREET.
1859.

The right of Translation is reserved.

Titelseite der ersten Ausgabe des Hauptwerks von **Charles Darwin: »On the Origin of Species by Means of Natural Selection«**, das im Jahr 1859 erschien.

Auch Neuordnungen des Genbestands treiben die Evolution voran

Neben den oben erwähnten Mechanismen, nämlich Mutation und umweltbedingte Auslese der bestangepassten Formen, gibt es noch einige andere Faktoren, die die Weiterentwicklung (Evolution) der Organismen vorantreiben. Dazu gehören etwa die Einwanderung von Erbanlagen in eine Population oder auch der Verlust von Erbanlagen. Solche Vorgänge werden beispielsweise durch weit verwehte Pollen beziehungsweise durch weit verschleppte Samen oder durch die Wanderung einzelner Tiere über den angestammten Lebensraum hinaus, verbunden mit der Erzeugung von Nachkommen mit Artgenossen anderer Populationen, möglich. Ein weiterer, sehr wichtiger Schritt besteht darin, dass der Erbspeicher eines Lebewesens, das Genom, unter bestimmten Bedingungen größer werden kann, indem sich Teile des Genoms verdoppeln (Duplikationen) und in dieser Form auf die Nachkommen übertragen werden oder indem sich das gesamte Genom, also der ganze Chromosomensatz, verdoppelt. Letzteres nennt man Polyploidisierung. In beiden Fällen wird eine erhöhte Speicherkapazität für Erbanlagen geschaffen, die bei Pflanzen zur spontanen Entstehung neuer Arten führen kann. Schließlich gilt die Umgruppierung von Erbanlagen im

Genom, die Rekombination, als wichtige Triebfeder für die Evolution, denn bei jeder Umgruppierung des Genbestands werden neue Kombinationen von Erbanlagen geschaffen, die sich entweder in der Umwelt bewähren und dann weitergegeben werden oder die sich nicht behaupten können und damit wieder verschwinden.

Derartige Neuordnungen des Genbestands finden bei höheren Organismen – bei Tieren ebenso wie bei Pflanzen – im Zuge der Meiose, die der Bildung der Fortpflanzungszellen (Gameten) stets vorausgeht, regelmäßig statt. Das Genom der Organismen gleicht

DIE SYSTEMATISCHE EINTEILUNG DER ORGANISMEN HAT VIELE VARIANTEN

Ziel der biologischen Systematik ist, die Vielfalt der Organismen nach ihren verwandtschaftlichen Beziehungen zu ordnen. Dabei war traditionell das Reich die höchste Kategorie. Lange Zeit war das von Linné geschaffene Modell der zwei Reiche, Pflanzen und Tiere, gültig. Je mehr man über die Organismen und ihre Eigenschaften, die sie von andern Lebewesen abgrenzen, herausfand, desto fragwürdiger wurde dieses System. Besonders die Einteilung der heterotrophen Pilze und der prokaryotischen Bakterien zu den Pflanzen und diejenige der Protozoen als Organismen, die sich bewegen und Nahrung aufnehmen, zu den Tieren gab immer mehr Anlass zu Diskussionen. Ab Ende der 1960er-Jahre konnte sich ein Fünf-Reiche-Modell durchsetzen. Dieses stellte sowohl die prokaryotischen Organismen (Monera) als auch die Protozoen (Protista) und die Pilze in jeweils eigene, den Pflanzen und Tieren gleichberechtigte Reiche. Die Einteilung wurde aufgrund von Merkmalen der Körperstruktur und des Lebenszyklus vorgenommen.

Wie fast alle systematischen Einteilungen ist diese eine künstliche, die nicht unbedingt den natürlichen Verwandtschaftsbeziehungen entspricht. Vor allem die Möglichkeit, Nucleinsäuren und Proteine molekularbiologisch zu untersuchen und zu vergleichen, führt immer wieder an die Grenzen dieses Fünf-Reiche-Systems. Es blieb also nicht aus, dass man weitere Alternativen der systematischen Einteilungen fand. So wurde, um der Verschiedenheit der Archaebakterien von den Eubakterien gerecht zu werden, das Reich der Monera (prokaryotische Organismen) in zwei Reiche, Eubakterien und Archaebakterien, getrennt. Eine weitere Variante will der Tatsache gerecht werden, dass sich Archaebakterien und Eubakterien in ihrer Entwicklung schon früh differenziert haben. Deshalb werden in diesem System Eubakterien, Archaebakterien und Eukaryoten in drei Domänen eingeteilt, einer Kategorie, die in diesem System noch über dem Reich steht und daher die Ursprünglichkeit dieser Trennung der drei Organismengruppen betont. Im System der acht Reiche wiederum werden die im Fünf- und Sechs-Reiche-System unter Protista zusammengefassten Protozoen nochmals in drei Reiche unterteilt.

Es gibt eine ganze Reihe von Klassifizierungssystemen dieser Art und sie verdeutlichen vor allem eins: Die Diskussion um die stammesgeschichtliche Verwandtschaft der Organismen ist noch lange nicht am Ende und ihre systematische Einteilung ist ein noch unvollendetes Werk.

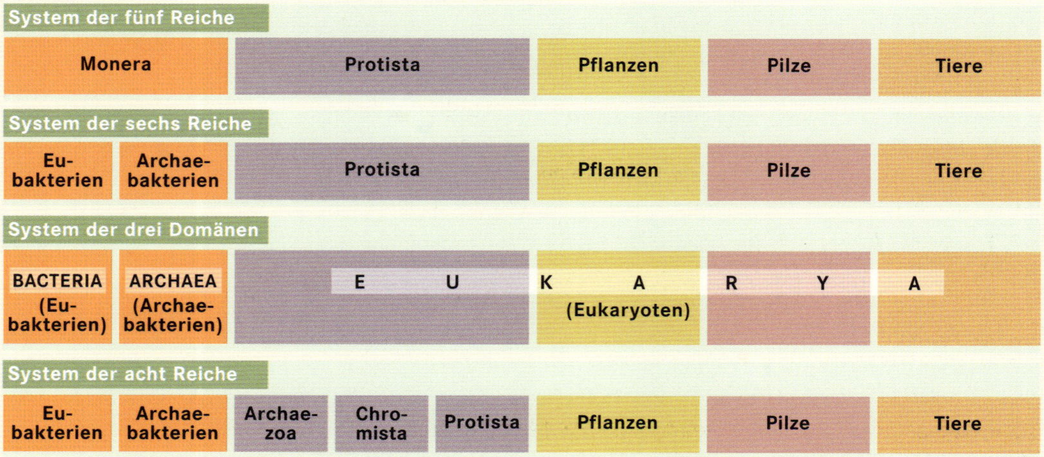

System der fünf Reiche

Monera	Protista	Pflanzen	Pilze	Tiere

System der sechs Reiche

Eubakterien	Archaebakterien	Protista	Pflanzen	Pilze	Tiere

System der drei Domänen

BACTERIA (Eubakterien)	ARCHAEA (Archaebakterien)	EUKARYA (Eukaryoten)

System der acht Reiche

Eubakterien	Archaebakterien	Archaezoa	Chromista	Protista	Pflanzen	Pilze	Tiere

daher einem Kartenspiel, das vor jedem Fortpflanzungsvorgang neu gemischt wird. Bei Bakterien kommen solche Vorgänge viel seltener vor, nämlich nur dann, wenn DNA-Stückchen zufällig von einer Zelle aufgenommen werden (Transformation), wenn Bakteriophagen DNA-Stückchen von einer Bakterienzelle zur nächsten verschleppen, wie bei der Transduktion, oder wenn bei der Konjugation zwei Bakterienzellen vorübergehend eine Cytoplasmabrücke für einen DNA-Austausch bilden.

Die **Polymerase-Kettenreaktion** (meist kurz PCR genannt) ist eine molekulargenetische Methode zur Vervielfältigung von DNA. Zuerst wird die normalerweise in Doppelsträngen vorliegende DNA durch Erwärmen in Einzelstränge zerlegt. Dann gibt man synthetisch hergestellte kurze DNA-Segmente hinzu, die sich bei Abkühlung an diejenigen Stellen der Einzelstränge anlagern, die eine komplementäre Basen- beziehungsweise Nucleotidabfolge aufweisen. Das anschließend zugesetzte Enzym DNA-Polymerase kann nun an den soeben gebildeten, kurzen doppelsträngigen Bereichen ansetzen und von dort aus den DNA-Doppelstrang vervollständigen. Nach etwa 30 bis 40 Wiederholungen dieses Verfahrens ist der ursprüngliche Doppelstrang millionenfach angereichert worden. Der große Vorteil dieser Methode besteht darin, dass die zu vervielfältigende DNA nicht in gereinigter Form vorliegen muss und dass kleinste Mengen an Ausgangsmaterial genügen, um ausreichende Mengen für Untersuchungen an der DNA zu erhalten. Diese Methode hat beispielsweise in der Kriminalistik große Bedeutung gewonnen.

Welcher Methoden bedient sich die Systematik?

Den Formenreichtum der Lebewesen haben wir als Ausdruck einer langen Entwicklungsgeschichte kennen gelernt, in deren Verlauf immer neue Anpassungen an die jeweils herrschenden Umweltbedingungen erzielt wurden und werden. Die heute lebenden Organismen müssen dementsprechend in bestimmten, verwandtschaftlichen Beziehungen zueinander stehen, die man versucht, im »natürlichen System der Organismen« darzustellen. Viele dieser verwandtschaftlichen Beziehungen sind gut belegt, doch es bestehen daneben noch viele Wissenslücken, sodass das natürliche System der Organismen noch nicht als endgültig angesehen werden darf. Vielmehr muss man es als die bislang beste Annäherung an die tatsächlichen Verwandtschaftsbeziehungen der Organismen betrachten.

Mit welchen Methoden lassen sich nun Stammbäume der Entwicklung, aus denen ein natürliches System besteht, rekonstruieren? Die wohl ältesten Methoden, die auch von Linné und Darwin angewandt wurden, bestehen im Vergleich des äußeren (Morphologie) und des inneren (Anatomie) Aufbaus der Lebewesen. Die biologische Art, die es einzuordnen gilt, ist so definiert, dass nur innerhalb der Angehörigen einer Art Paarung und Erzeugung fruchtbarer Nachkommen stattfinden können. Darwin war darüber hinaus über die geographische Verbreitung der Arten, deren jeweils spezifische Ausprägungen und die Tatsache, dass gerade auf Inseln viele endemische – auf engem Raum begrenzt vorkommende – Arten leben, auf das Phänomen der Evolution gestoßen.

Relativ neu ist die Anwendung molekularbiologischer und biochemischer Methoden zur Klärung evolutionstheoretischer Fragen. Zum Beispiel können mithilfe molekularbiologischer Methoden die Nucleinsäuren verschiedener Organismen verglichen werden, denn diese, insbesondere die DNA, sind das direkteste Maß für eine Verwandtschaft. Seit Entwicklung der Polymerase-Kettenreaktion ist man sogar in der Lage, DNA-Spuren aus Fossilien so anzureichern, dass ausreichende Mengen zu ihrer Untersuchung erhalten werden. Interessanterweise hat die Anwendung dieser neuen Methoden, mit deren Hilfe das Erbmaterial direkt verglichen werden kann, das bisherige System weitgehend bestätigt. Sie konnten aber in einer Reihe von Fällen dazu beitragen, Unklarheiten zu beseitigen und damit einige lange und erbitterte Diskussionen zu Ende bringen. Dies bedeutet jedoch nicht, dass durch die neuen Methoden nicht auch neue Fragen aufgeworfen wurden.

Die Ordnungsprinzipien der Systematik

Trotz der unüberschaubaren Vielgestaltigkeit des Lebens auf der Erde folgt nicht jede Art einem völlig eigenständigen Bau- und Funktionsprinzip. Vielmehr ähneln viele Arten einander mehr oder minder ausgeprägt, sie zeichnen sich also durch den Besitz prinzipiell baugleicher Struktureinheiten aus. Ein wichtiges Beispiel dafür stellen die homologen Organe dar, so etwa die fünffingrigen Extremitäten der Wirbeltiere. Man fasst deshalb alle mit ähnlichen Strukturmerkmalen ausgestatteten Organismen zu Stämmen oder Abteilungen zusammen. Doch auch die Vertreter verschiedener Stämme oder Abteilungen weisen gewisse, stets wiederkehrende Bauelemente auf, wie zum Beispiel einen Zellkern und eine Zellmembran. Bei genauerer Analyse der Baumerkmale der Lebewesen ergibt sich ein hierarchisches System von einander stärker oder weniger stark ähnelnden Lebewesen.

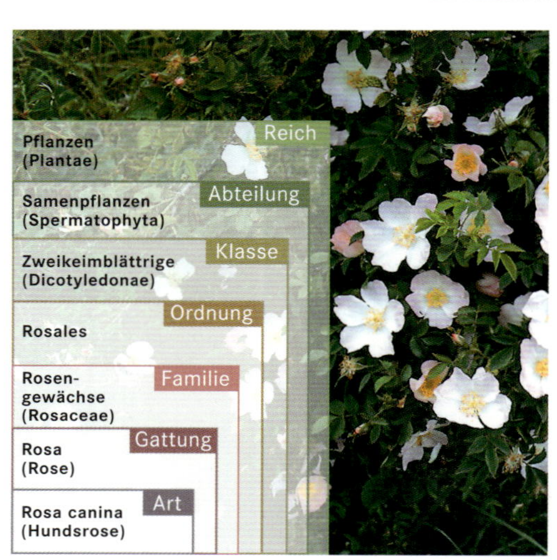

Die Anordnung der Kästen macht die Hierarchie in der Systematik deutlich, hier am Beispiel der **Klassifikation der Hundsrose.**

Die einander am nächsten verwandten Formen fasst man als Arten zusammen. Einander ähnliche Arten bündelt man wiederum zu Gattungen. Dabei bedient man sich der eingangs erwähnten, auf Linné zurückgehenden binären Nomenklatur, die für jedes Lebewesen zwei Namen bereithält, wobei der erste die Gattung (zum Beispiel Rosa für Rose) nennt und der zweite die Art (zum Beispiel Rosa canina für Hundsrose). Damit kann die Art auch als genauere Spezifikation einer Gattung betrachtet werden. Einander ähnelnde Gattungen bilden zusammen eine Familie (beispielsweise Rosaceae oder Rosengewächse) und miteinander verwandte Familien stellt man zu einer Ordnung (in unserem Beispiel Rosales) zusammen. Mehrere Ordnungen fasst man zu Klassen zusammen (beispielsweise Rosopsida, die Dreifurchenpollen-Zweikeimblättrigen) und Klassen zu Abteilungen (in diesem Fall Spermatophyta, die Samenpflanzen) bei Pflanzen beziehungsweise zu Stämmen bei Tieren. Die höchste Kategorie bildet das Reich (hier Plantae, die Pflanzen).

G. Fellenberg

Lebewesen in ihrer Umwelt

Die Eigenschaften der Organismen sind erblich festgelegt, wodurch die Konstanz der verschiedenen Arten verständlich wird. Über lange Zeiträume hinweg verändert sich allerdings das Erbgut einer Art allmählich – eine Folge von Mutationen einzelner Organismen, die durch Fortpflanzung weitergegeben werden, und der Auslese durch die herrschenden Umweltbedingungen. Da die Mutationen niemals zielgerichtet erfolgen, sondern immer nur Zufallsveränderungen darstellen, kann die Entwicklungsrichtung der Organismen hin zu einer Anpassung an die herrschenden Umweltbedingungen nur von der Umwelt selbst herrühren. Der Umwelt kommt also eine entscheidende Bedeutung für die Entwicklung der Organismen zu. Demnach kann man Lebewesen, und damit auch den Menschen, nur verstehen, wenn man die Umwelt kennt, in der sie leben. Die Beziehungen der Lebewesen zu ihrer Umwelt werden in der Ökologie, einem Zweig der Biologie, untersucht.

Die verschiedenen Ebenen der Ökologie

Ökosysteme können auf verschiedenen Ebenen untersucht werden. Auf der untersten Ebene, der Autökologie, werden die Ansprüche der Lebewesen einer Art an ihre Umwelt untersucht und möglichst quantitativ erfasst. Mitunter wird von der Autökologie die Populations- oder Demökologie abgetrennt, in der die Wechselbeziehungen der Individuen einer Art untereinander analysiert werden. Da man sich auch in der Populationsökologie nur mit einer ein-

Die Farben auf diesem Bild, das auf Daten zweier Satelliten über einen Zeitraum von acht Jahren basiert, zeigen die relative **Häufigkeit von Chlorophyll,** die der Biomasseproduktion entspricht: Dunkle Flecken im Ozean kommen von starker Phytoplanktonvermehrung, rote Bereiche entlang der Küsten sind nährstoffreiches Wasser mit vielen Algen, hell- und dunkelgrüne Bereiche sind dichte Wälder und orange sind die vegetationsarmen Gebiete.

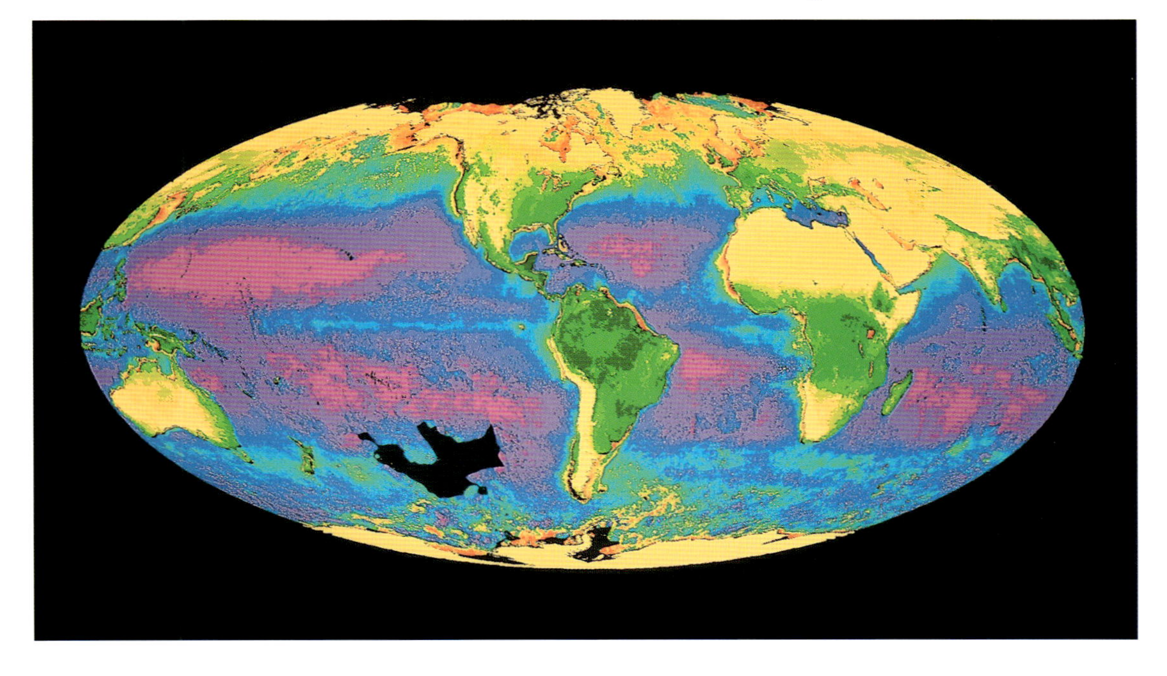

zigen Art beschäftigt, kann sie jedoch auch als Teil der Autökologie aufgefasst werden. Deutlich davon zu unterscheiden ist die Synökologie, die der Untersuchung der Wechselwirkungen aller Arten eines Lebensraums gewidmet ist. Die komplexeste Stufe der Ökologie stellt schließlich die Landschaftsökologie dar, deren Untersuchungsgegenstand die Ökosysteme sind. Hierbei wird versucht, alle Organismen gemeinsam mit den vorgegebenen Bedingungen ihres Lebensraums in Beziehung zu bringen. Betrachten wir nun die verschiedenen Ebenen der Ökologie etwas genauer.

Im Mittelpunkt steht die Untersuchung der Wechselwirkungen zwischen den einzelnen Lebewesen und ihrer unbelebten Umwelt. Dazu gehören beispielsweise der Einfluss der Temperatur und ihrer natürlichen Schwankungen, die Verfügbarkeit von Trinkwasser oder die relative Luftfeuchte. Für Wasserlebewesen spielt darüber hinaus auch die Beschaffenheit des Wassers eine entscheidende Rolle: Wie hoch ist beispielsweise der Salzgehalt? Ist das Wasser mit Torf oder Lehm befrachtet? Enthält es viel oder wenig gelösten Sauerstoff? Stets erweist sich das Angebot an verwertbaren Mineralstoffen als bedeutsam für die Lebewesen; für Pflanzen sind zudem Bodenzusammensetzung und Bodenbeschaffenheit lebensentscheidend. Für Tiere hingegen ist es vergleichbar wichtig, ob sie Unterschlupf und Schutz vor Feinden finden und ob geeignete Brutplätze zur Verfügung stehen. Umweltfaktoren wie Windstärke und Windhäufigkeit können beispielsweise darüber entscheiden, ob und von welchen Arten ein Lebensraum besiedelt werden kann. Diese kurze und höchst unvollständige Aufzählung einiger lebensentscheidender Faktoren der unbelebten Umwelt lässt bereits erkennen, dass die Umweltbedingungen eines Lebensraums eng mit dem Stoffwechsel und mit anderen Lebensvorgängen der Organismen verknüpft sind, sodass bereits auf der Stufe der Autökologie die zu untersuchenden Phänomene ausgesprochen komplex sind.

Das Habichtskraut bildet je nach Standort verschiedene **Ökotypen** aus: oben eine kleinwüchsige, stark behaarte, im Gebirge vorkommende Form, unten die Tieflandform.

Verteilungsmuster von Populationen

In einem größeren Lebensraum lebt niemals nur *ein* Individuum, sondern es sind stets mehrere oder sogar sehr viele. Dadurch ergeben sich zwangsläufig Wechselwirkungen dieser Individuen untereinander, etwa in der Form, dass der vorhandene Lebensraum oder die Nahrung aufgeteilt werden müssen. Die Untersuchung dieser Wechselwirkungen ist das Ziel der Populations- oder Demökologie.

Als Population bezeichnet man alle Individuen einer Art, die in einem bestimmten Gebiet zusammenleben, wobei dieser Lebensraum so beschaffen sein muss, dass sie sich alle ohne Einschränkung untereinander kreuzen und fortpflanzen können. Das bedeutet, dass eine Population über einen einheitlichen Genbestand (Genpool) verfügt. Dieser kann sich von dem Genpool einer anderen Population derselben Art, die beispielsweise in einer anderen Klimazone lebt, unterscheiden, da er von den herrschenden Umweltfaktoren geprägt wird. Man spricht in diesem Fall von verschiedenen Ökotypen einer Art. Beispielsweise unterscheidet sich das im Gebirge wachsende Habichtskraut von dem in der Ebene wachsenden unter anderem in seiner Blütenfarbe. Ein anderes Beispiel ist der Stichling, ein kleiner Fisch, der in Süß- und Brackwasser in verschiedenen Formen mit jeweils unterschiedlichem Salz- und Temperaturbedürfnis existiert. Solche Beispiele für verschiedene Ökotypen einer Art ließen sich beliebig fortsetzen.

Über morphologische, physiologische und genetische Fragen hinausgehend, beschäftigt sich der Populationsökologe auch mit Verhaltensweisen in Populationen. So interessiert ihn unter anderem die Verteilung der Organismen in dem ihnen zur Verfügung stehenden Lebensraum. Zeigen die Individuen einer Population nicht das Bedürfnis, sich zu kleineren oder größeren Gruppen zusammenzuschließen, dann werden sie sich über den verfügbaren Raum zufällig verteilen. Solche zufälligen Populationsverteilungen sind beispielsweise charakteristisch für Stubenfliegen oder auch viele Pflanzenarten, wenn sie sich auf natürlichem Weg ausbreiten können. Schließen sich die Individuen einer Art zu Gruppen zusammen, etwa zum Zweck der Fortpflanzung, wie es während der bei vielen Tierarten üblichen Brutpaarbildung der Fall ist, so spricht man von geklumpter Verteilung. Derartige Zusammenschlüsse können zum Beispiel bei herden- und schwarmbildenden Tieren einen gewissen Schutz vor Feinden bewirken, sie können bei einem Rudel Wölfe den Jagderfolg verbessern oder auch einen Vorteil für andere Lebensbedürfnisse bedeuten. Stets bilden sich zwischen den einzelnen Tiergruppen mehr oder minder ausgeprägte Freiräume, die von verschiedenen Arten sogar aktiv aufrechterhalten werden, weil sich dadurch die Lebensbedingungen der eigenen Individuengruppe verbessern. Bei Pflanzen können solche Freiräume beispielsweise durch den Schattenwurf einer Baumkrone geschaffen werden, der andere Pflanzen daran hindert, groß zu werden. Es gibt aber auch Pflanzen, die aktiv solche Freiräume schaffen, indem sie aus den Wurzeln Stoffe ausscheiden, die das Wachstum von Konkurrenten hemmen. Beispiele sind die Ausscheidung von Juglon durch den Walnussbaum oder von Kampfer und Cineol durch Salbei. Solche durch Stoffausscheidungen bewirkten Wechselwirkungen zwischen verschiedenen Arten bezeichnet man als Allelopathie.

Viele Tierarten schaffen sich Freiräume durch die Abgrenzung von Revieren, die sie beispielsweise durch Kot, Urin oder Gesang markieren und gegebenenfalls auch aktiv gegen Eindringlinge ver-

Die Gruppe von Blaumaskengauklern im Korallenriff ist ein Beispiel für eine **geklumpte Verteilung,** im Unterschied zu den dicht gedrängten Brutkolonien der Basstölpel, in denen eine **gleichmäßige Verteilung** vorherrscht; das jeweilige Revier wird durch Rufen und Hacken verteidigt.

Experimente haben gezeigt, dass bei vielen Vögeln ein großes Territorium von Vorteil ist, und zwar in doppelter Hinsicht: Zum einen stellt ein großes Territorium mehr Nahrung bereit, zum anderen ist die von Räubern ausgehende Gefahr, vor allem für Gelege und brütende Weibchen, in vielen Fällen umso geringer, je weiter die einzelnen Brutplätze auseinander liegen. Dementsprechend investieren beispielsweise Kohlmeisenmännchen gegen Ende des Winters sehr viel Energie in die **Revierabgrenzung.** Sie setzen dazu ihren Gesang ein, der für andere Männchen ein Signal ist, dass dieses Revier besetzt ist. Viele Vögel haben mehrere unterschiedliche Gesangsstrophen, Kohlmeisen zum Beispiel acht. Es gibt Hinweise darauf, dass durch den Strophenwechsel Eindringlinge schneller verjagt werden, da für sie der Eindruck entsteht, es hielten sich schon mehrere Männchen im Revier auf.

teidigen. In allen diesen Fällen entspricht die Verteilung der Individuen den Abständen, die die Reviergrenzen oder bei Pflanzen die Grenzen der stofflichen Hemmzonen markieren. Ein solches Verteilungsmuster nennt man gleichmäßig.

Reaktionen auf zu hohe Individuenzahlen

Komplikationen entstehen bei der Raumverteilung, wenn die Individuenzahl so groß ist, dass die Individuen mehr Raum benötigen, als bei Einhaltung der Verteilungsregeln eigentlich zur Verfügung steht. In solchen Fällen können recht unterschiedliche Ausgleichsmechanismen wirksam werden. So besteht beispielsweise die Möglichkeit, in benachbarte Lebensräume auszuwandern (Emigration) oder das Populationswachstum zu begrenzen. Verschiedene Arten reagieren bereits auf ein mangelhaftes Nahrungsangebot mit verminderter Fortpflanzungsrate, sodass etwa diejenige Individuenzahl beibehalten wird, die der Lebensraum wirklich ernähren kann. Andere Arten reagieren mit verminderter Fortpflanzungsfähigkeit, wenn die Individuendichte zu groß wird. Oder es sterben erwachsene Lebewesen infolge des zu groß gewordenen Dichtestresses, bis sich die artspezifisch normale Individuenverteilung wieder eingestellt hat. Schließlich gibt es auch Arten, die sich weitgehend unabhängig von der Individuendichte vermehren, sodass die Tragfähigkeit des verfügbaren Areals überschritten wird; dieses Phänomen wird Gradation genannt. Das ist jedoch nur möglich, wenn die Organismen ihre Ernährung umstellen können, wenn es sich also um polyphage (sich von vielen verschiedenen Nahrungsquellen ernährende) Lebewesen handelt und nicht um oligophage, die nur wenige Nahrungsquellen in Anspruch nehmen können. Durchläuft eine solche Population eine Gradation, kommt es zum Kahlfraß in dem betreffenden Lebensraum. Als Folge davon stellt sich Nahrungsmangel ein, der dann zum Massensterben, der Kalamität, führt, die nur noch wenige Individuen überleben. Ein weithin bekanntes Beispiel für diesen Mechanismus liefern die afrikanischen Wanderheuschrecken. Bis sich eine solchermaßen drastisch dezimierte Population wieder erholt, verstreicht meist eine lange Zeit. Zudem geht bei einem solchen Zusammenbruch einer Population deren breites Spektrum an Erbanlagen, der Genpool, weitgehend verloren.

Das Wachstum von Populationen

Neben der Alters- und Geschlechterverteilung der Individuen wird im Rahmen der Populationsökologie besonders das Populationswachstum untersucht. Populationen können einen optimalen Individuenstand und damit eine größtmögliche genetische Vielfalt vor allem dann langfristig sichern, wenn sie ihre Bestandsgröße der in erster Linie durch Nahrungs- und Raumangebot bestimmten Umweltkapazität flexibel anpassen, zumal sich die Umweltkapazität im Lauf der Zeit durchaus ändern kann.

Das Populationswachstum aller Arten von Organismen folgt stets den gleichen Gesetzmäßigkeiten, ebenso das Wachstum von Geweben, Organen sowie isolierten Zellen im Reagenzglas auf künstlichem Nährmedium. Stets kommt das Wachstum zunächst langsam in Gang, um sich allmählich zu beschleunigen. Dieses Stadium wird als Anlaufphase oder Lag-Phase bezeichnet. Im Anschluss an die Anlaufphase verdoppelt sich die Individuenzahl pro Zeiteinheit. Das bedeutet, dass sich die Population nun exponentiell vermehrt. In der Regel nimmt die Individuenzahl bald aber langsamer zu, die Wachstumskurve flacht ab. Wenn trotzdem die Populationen verschiedener Arten von Lebewesen unterschiedlich rasch zunehmen, dann liegt das am unterschiedlich schnellen Wachstum der Populationen

STRESS HAT VIELE AUSWIRKUNGEN AUF DEN ORGANISMUS

Der Begriff »Stress« leitet sich ab vom lateinischen distringere »beanspruchen«. Man versteht darunter den Zustand des Körpers, in dem dieser auf bedrohliche Situationen reagiert, um sie zu bewältigen. Stress kann durch viele Einflüsse ausgelöst werden, wie zum Beispiel durch Feinde, Konkurrenten um die Nahrung, zu tiefe oder zu hohe Temperaturen und unerwünschte Schalleinwirkung. Die Stressfaktoren lösen im Körper eine physiologische Reaktionskette aus, zu der unter anderem eine Aktivierung des Sympathikus und eine vermehrte Ausschüttung von Adrenalin gehören. Dadurch wird der Kreislauf angeregt, der Blutzuckergehalt gesteigert, die Blutgerinnungsfähigkeit erhöht, die Gefäße verengen sich und das Immunsystem verliert an Aktivität. Hat das unter Stress stehende Lebewesen die Möglichkeit, die physiologischen Veränderungen durch Flucht oder andere körperliche Anstrengungen abzubauen und der bedrohlichen Situation zu entkommen, dann kehrt der Körper in seinen physiologischen Normalzustand zurück.

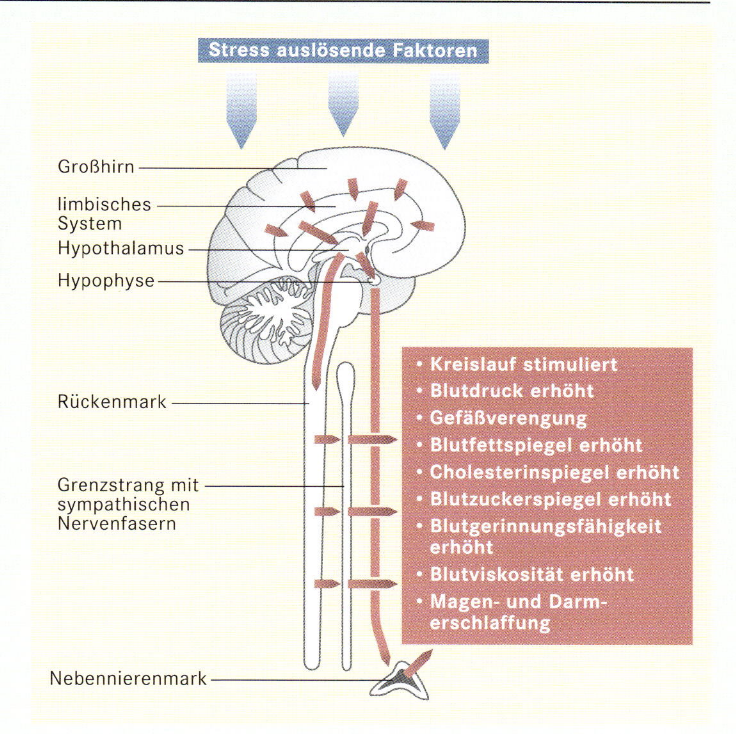

Kann das Lebewesen, Mensch oder Tier, die Stresssituation nicht abwenden, dann bleibt die geschilderte physiologische Alarmsituation erhalten und es stellen sich über kurz oder lang gesundheitliche Schäden ein, die sogar zum Tod führen können. Bei Tieren wurden als Stressschäden eine Verzögerung des Wachstums, Gewichtsabnahme, nachlassende Fortpflanzungsfähigkeit, Kannibalismus, eine Schwächung des Immunsystems und Nierenversagen beobachtet. Bei andauerndem sozialen Stress (zu hohe Individuendichte) können die Tiere innerhalb von ein bis zwei Wochen sterben. Beim Menschen werden als Folge von Dauerstress Konzentrationsschwäche, Schlafstörungen, Bluthochdruck und gesteigertes Infarktrisiko beobachtet. Neben dem zu Erkrankungen führenden Disstress kennt man die für optimale Leistungen erforderliche mildere Form des Eustresses.

Auch Pflanzen können Stressreaktionen zeigen, zum Beispiel gegenüber extremen Klimaeinflüssen, Schadgasen, Schwermetallen, Tierfraß und Parasitenbefall. Im Rahmen ihrer genetischen Anlagen können Pflanzen Resistenz gegen Stress auslösende Faktoren entwickeln. Wird jedoch das Vermögen, Resistenz auszubilden, überbeansprucht, dann können auch sie erkranken und absterben.

in der Phase des exponentiellen Wachstums. Die Verdopplungszeit bei der Fruchtfliege fällt viel kürzer aus als bei Elefanten: Die Wachstumskurve eines Fruchtfliegenschwarms steigt viel steiler an als die einer Elefantenherde. Die Verdopplungszeit stellt also ein artspezifisches Charakteristikum dar – vorausgesetzt, die Wachstumsbedingungen bleiben immer konstant. Sobald die für das Wachstum erforderlichen Ressourcen (zum Beispiel Wasser, Nahrung, Raumangebot) verknappen, klingt das Wachstum in einer Verzögerungsphase langsam aus und schwenkt auf einen konstant bleibenden Wert, den Steady-State-Zustand ein, bei dem sich Geburten- und Sterberate die Waage halten. Wird der gesamte Wachstumsvorgang in Abhängigkeit von der Zeit grafisch dargestellt, dann ergibt sich eine s-förmige (sigmoide) Kurve.

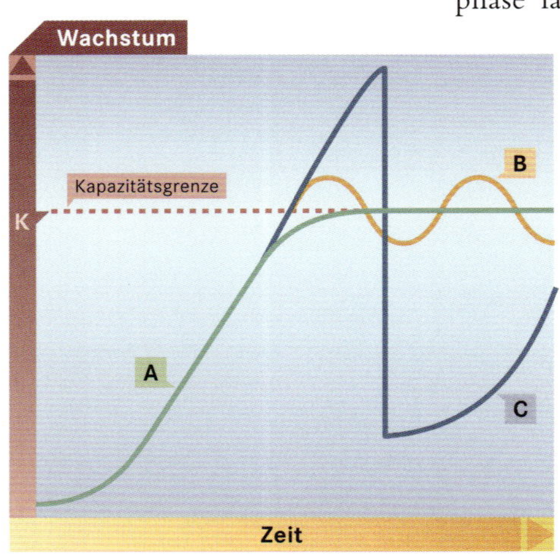

Verläufe von **Wachstumskurven:** A zeigt einen Idealverlauf, bei dem die Kapazitätsgrenze K und die Größe der Population identisch sind. B zeigt Schwankungen um die Kapazitätsgrenze, wie sie bei Lebewesen mit dichteabhängiger Hemmung der Vermehrung auftreten, und C zeigt die Wachstumskurve einer Population mit dichteunabhängiger Vermehrungsrate, bei der eine Gradation mit anschließendem Massensterben eintritt.

Diese s-förmige Wachstumskurve, bei der Kapazitätsgrenze und Größe der Population letztlich identisch sind, ist allerdings eine Idealisierung; man findet sie in der Natur nur höchst selten verwirklicht. Meist schwenkt die Wachstumskurve nicht exakt auf das Niveau der Kapazitätsgrenze ein, vielmehr wird diese oftmals zunächst überschritten, um dann infolge des dadurch verursachten Ressourcenmangels unter diesen Wert abzusinken. In der Regel stellen sich also gewisse artspezifisch unterschiedlich ausgeprägte Schwankungen um die Kapazitätsgrenze ein, die sich entweder ständig in gleicher Weise wiederholen (ungedämpfte Oszillationen) oder allmählich immer geringer werden (gedämpfte Oszillationen).

Es gibt allerdings auch Lebewesen, die nicht nur auf Ressourcenmangel mit vermindertem Wachstum reagieren, sondern erst beim Erreichen einer gewissen Individuendichte ihr Populationswachstum einschränken. Bei solchen Organismen stellt sich ein Dichtestress ein, der sich in lebensverkürzenden Erkrankungen, wie beispielsweise Nierenversagen und Herzinfarkt, oder in hormonellen Störungen äußert.

Biozönosen – die Lebensgemeinschaften eines Ökosystems

Die Untersuchung des Zusammenlebens der verschiedenen Arten, die sich in einem bestimmten Lebensraum angesiedelt haben, ist Aufgabe der Synökologie. Aus der gemeinsamen Nutzung eines begrenzten Lebensraums ergeben sich Wechselwirkungen aller dort lebenden Arten untereinander. Dazu gehören sowohl die Konkurrenz um Nahrung und Lebensraum als auch gegenseitige Ergänzungen, wie beispielsweise die Beseitigung der Kotballen von Weidetieren durch Mistkäfer oder das Vertilgen von Hautparasiten großer Tiere durch bestimmte Vögel. Solche Wechselwirkungen können sich im Lauf der Zeit so eng gestalten, dass daraus Symbiosen oder aber Parasitismen hervorgehen. Eine weitere Form des Zusammenlebens besteht schließlich darin, dass sich verschiedene Arten weitgehend aus dem Weg gehen, indem sie unterschiedliche Ressourcen des Lebensraums nutzen. Man spricht in diesem Fall von einer Koexistenz.

Die Gesamtheit aller Lebewesen eines bestimmten Lebensraums wird als Biozönose bezeichnet. Dieser Begriff wurde erstmals im Jahr 1877 von dem Zoologen Karl August Möbius eingeführt. Der Lebensraum selber heißt Biotop. Biozönose und Biotop zusammen bilden ein Ökosystem.

Die Biozönose eines Ökosystems wird häufig in einzelne Teilbiozönosen gegliedert. Eine solche Untergliederung ist immer dann gerechtfertigt, wenn die Teilbiozönosen in sich geschlossene Lebensgemeinschaften bilden. Beispielsweise existieren in einem Gewässer charakteristische Teilbiozönosen: am Gewässergrund die benthontischen Organismen, im freien Wasser pelagische und planktontische Lebewesen und an der Wasseroberfläche das Pleuston. Natürlich gibt es auch an Land Teilbiozönosen. Eine recht engräumige Schichtung in Teillebensgemeinschaften wird beispielsweise auf Wiesen erkennbar, wo charakteristische Gemeinschaften an Gräser und Kräuter gekoppelt sind, wie die Gemeinschaft aus Blattläusen und Marienkäfern, während andere im Wiesenboden leben, wie Springschwänze, Regenwürmer und Maulwürfe. Sehr viel weiträumiger fallen dagegen Teilbiozönosen in tropischen Regenwäldern aus, die dort den Boden und die verschiedenen Schichten von Baumkronen bewohnen. Sind Teilbiozönosen in ihrem Lebensraum geschichtet angeordnet, spricht man auch von Stratozönosen. Solche horizontalen Schichtungen können sich aus unterschiedlichen Nahrungsangeboten, Verschiedenheiten des Mikroklimas und verschiedenartigen Lebensweisen ergeben, die die einzelnen Schichten erzwingen.

Nahrungsbeziehungen zwischen Arten

Alle Tiere sowie Pilze und die meisten Protozoen und Bakterien sind darauf angewiesen, energiereiche organische Stoffe als Nahrung aufzunehmen, um damit ihren Lebensunterhalt zu bestreiten. Diese Form der Nahrungsgewinnung hat zur Folge, dass die als Nahrung dienenden Organismen in ihrer Entfaltung durch die nahrungssuchenden Lebewesen eingeschränkt werden. Deshalb mussten die als Nahrung dienenden Organismen viele Strategien entwickeln, um sich trotz dieser ständigen Eingriffe in ihre Bestandsentwicklung behaupten zu können. Viele Pflanzenarten zum Beispiel widerstehen diesen Eingriffen durch hohe Vermehrungsraten und ebensolche Regenerationsleistungen nach Verletzungen. Andere Pflanzenarten und viele Tiere, die als Nahrung dienen, entwickelten diverse weitere Strategien, um überleben zu können.

Räuber- und Beutepopulationen – ein dynamisches Gleichgewicht

Bei Tieren kann die Dominanz einer Art dazu führen, dass sich eine Räuber-Beute-Beziehung einstellt, dass also die Individuen der einen Art von denjenigen der dominanten Art (den Räubern) als Nahrung genutzt werden. Obwohl die Räuber die Beutepopulation dezimieren, bleibt deren Gesamtbestand ungefährdet, denn die Beutepopulation reagiert in der Regel auf eine Bestandsverminderung durch entsprechend hohe Nachkommenschaft, sofern es das Nahrungsangebot des Lebensraums zulässt.

Über längere Zeiträume hinweg können die Beutetiere Strategien entwickeln, die den Jagderfolg der Räuber begrenzen, beispielsweise durch den Erwerb einer Schutzfarbe oder dadurch, dass spezielle Verhaltensweisen die Angriffe der Räuber erschweren. So werden häufig nur besonders schwache und kränkelnde Individuen der Beutepopulation erlegt, was für die Beutepopulation insgesamt eine Entwicklung zu einer eher verbesserten Vitalität oder Fitness bedeutet, da auf diese Weise die weniger vitalen Individuen von der Fortpflanzung weitgehend ausgeschlossen werden. Die Größen von Räuber- und Beutepopulationen beeinflussen sich gegenseitig, sodass sich ein dynamisches Gleichgewicht zwischen beiden Populationen einstellt: Nimmt die Beutepopulation im Lauf der Zeit zu, dann folgt mit einer gewissen Verzögerung auch die Räuber- oder Jägerpopulation diesem Wachstum. Diese dezimiert die Beutepopulation so, dass ihr Bestand abnimmt, mit der Folge, dass die Räuberpopulation ebenfalls wieder kleiner wird.

Der mit den Seepferdchen verwandte **Fetzenfisch** lebt im Tang und sieht mit seinen lappenartigen Fortsätzen aus wie eine schwimmende Tangpflanze. Ein Beispiel dafür, wie sich ein Beutetier vor seinen Räubern (hier Raubfische) durch geschickte Tarnung verbirgt.

Solche Bestandsschwankungen fallen minimal aus, wenn die Gruppe der Beutetiere durch die Räuber nicht nennenswert vermindert wird. Ein Beispiel ist die Beziehung zwischen Löwen und einer Herde von Weidetieren, da immer nur einzelne Tiere gerissen werden. Bestände von Populationen können jedoch sehr starken Schwankungen unterliegen, wenn der Jagderfolg der Räuber vorübergehend wesentlich größer ausfällt als die Vermehrungsrate der Beutetiere, wie dies zum Beispiel in den Beziehungen von Marienkäfern zu Blattläusen und von Raubmilben zu Milben der Fall ist. Nur im letzteren Fall (Jagderfolg größer als Vermehrungsrate der Beutetiere) lohnt es sich, natürliche Feinde zur Bekämpfung von Beutetieren einzusetzen, die der Mensch als unerwünschten Schädling empfindet.

Eine besondere Räuberform: tierfangende Pflanzen

Eine Reihe von Pflanzenarten, die auf vernässten oder vermoorten, nährstoffarmen Böden wachsen, sind dazu übergegangen, Kleintiere zu fangen. Deren Proteine werden enzymatisch aufgelöst und die stickstoffhaltigen Abbauprodukte als Nährstoffe verwendet. Durch diese Form der Ernährung sind die Pflanzen in der Lage, auch auf nährstoffarmen Böden normal zu wachsen und sich fortzupflanzen. Die Tiere werden mit ganz unterschiedlichen Fangeinrichtun-

Sonnentau (links) und **Fettkraut** besitzen auf den Blättern Tentakeln, deren Drüsenköpfchen glitzerndes, klebriges Sekret absondern. Dieses lockt kleine Insekten an, die an den Drüsenköpfen hängen bleiben. Die Tentakeln krümmen sich durch den Berührungsreiz und drücken das Insekt gegen die Blattfläche. Dort werden die Weichteile der Insekten durch abgesonderte Sekrete verdaut und in gelöster Form resorbiert.

gen festgehalten. Man unterscheidet Klebfallen, Gleitfallen, Klappfallen und Saugfallen. Klebfallen sind bei Sonnentauarten und beim Fettkraut ausgebildet, deren Blätter über mehr oder minder lange Tentakeln verfügen, die ein mit zähem Fangschleim überzogenes Köpfchen tragen, das zum Festhalten der Beutetiere dient. Der Fangschleim enthält Protein zersetzende Enzyme, die die Weichteile der Beutetiere auflösen. Die Zersetzungsprodukte werden von den Tentakeln resorbiert.

Bei der Ausbildung von Gleitfallen verwachsen Blätter zu Kannen oder Röhren. Der Kannenrand wird mithilfe einer Wachsauflage geglättet, sodass die sich hier niederlassenden Insekten in die Kanne gleiten, in der sich eine Flüssigkeit aus Wasser und Protein abbauenden Enzymen befindet. Manche Pflanzen scheiden zur Verdauung der gefangenen Insekten Ameisensäure in die Kanne ab, andere begnügen sich damit, dass die im Innern der Kanne angesiedelten Bakterien die Abbauarbeit an den gefangenen Insekten vollbringen. Gleitfallen bilden unter anderem die Kannenpflanze, das Schlauchblatt und die Kobrapflanze.

Zur Ausbildung einer Klappfalle sind die Laubblätter der Venusfliegenfalle zu zwei in der Blattmittelrippe beweglichen Klappen umgestaltet, die jeweils drei Tastborsten tragen. Berührt ein Tier beim Umhergehen auf dem Blatt mehrfach diese Borsten, dann wird der Schließmechanismus ausgelöst (Seismonastie) und die Klappe schließt sich in weniger als 0,1 Sekunden; auch Fliegen können nicht mehr entkommen. Über die Blattflächen, die das Beutetier umschließen, sind Verdauungsdrüsen verteilt, die Protein auflösende Enzyme abgeben. Die Zersetzungsprodukte der Tiere werden dann über die Blattflächen aufgenommen.

Während die Venusfliegenfalle ihren Fangapparat durch blitzschnelle Änderung des Zellinnendrucks (Turgor) im Gelenkgewebe des Blattmittelnervs zuschnappen lässt, sind die im Sumpfwasser sitzenden Blättchen des Wasserschlauchs zu kleinen, mit einem Deckel verschlossenen Bläschen umgebildet. Aus den Bläschen wird das Wasser mithilfe von Drüsen herausgepumpt, sodass ein Unterdruck entsteht. Stößt beispielsweise ein Wasserfloh an die am Deckel sitzenden Tastborsten, dann springt der Deckel nach innen auf. Einströmendes Wasser reißt den Wasserfloh in die Blase, die sich nach dem Druckausgleich sofort wieder schließt. Verdauungsdrüsen im Innern des Bläschens zersetzen die Beute und Resorptionshaare nehmen die Abbauprodukte auf.

Die Kannenpflanze (oben) und eine Art der Gattung Cephalotus, zwei Beispiele für **tierfangende Pflanzen** mit als Gleitfallen gestalteten Blättern.

Kommensalen und Parasiten

Kommensalen sind Lebewesen, die vom Nahrungsreichtum anderer Organismen profitieren, ohne dass beide Lebewesen unmittelbar miteinander verbunden sind. Im Pflanzenreich besteht eine solche Beziehung beispielsweise zwischen dem Englischen Raygras und dem Wiesenklee. Das Raygras kann vollkommen selbstständig gedeihen, doch wächst es in einem Kleebestand am besten. Ursache hierfür ist die Symbiose der Kleepflanzen mit Stickstoff fixierenden Bakterien. Dadurch gelangen pflanzenverfügbare Stickstoffverbindungen in den Boden und werden vom Raygras als Zusatznahrung aufgenommen.

Der zu den Rachenblütlern gehörende **Augentrost** ist ein Halbparasit auf den Wurzeln von Gräsern und findet sich häufig auf Wiesen.

Anders als die Kommensalen schließen sich Parasiten unmittelbar an den Stoffwechsel eines lebenden Organismus an. Dabei entwickelt sich eine so enge Abhängigkeit des Parasiten von seinem Wirt, dass Änderungen des aktuellen Lebensmilieus des Wirts zum Absterben des Parasiten führen können. Bei Parasit-Wirt-Beziehungen wird der Wirt vom Parasiten nicht getötet, wohl aber mehr oder minder ausgeprägt geschwächt, da der Parasit ihm diverse Nährstoffe entzieht. Bei stets gleich bleibenden Lebensbedingungen treten jedoch keine ausgeprägten Abhängigkeiten der Populationsgrößen von Parasiten und den Wirtsorganismen auf, wie es bei Räuber-Beute-Beziehungen der Fall ist.

Der Spross der zu den Vollparasiten gehörenden **Kleeseide** wächst mit kreisenden Bewegungen in die Länge, bis er einen geeigneten Wirt erspürt, dessen Spross er umwindet. An den Berührungsstellen dringt der Parasit mithilfe von **Haustorien** (Bild) in das Wirtsgewebe ein, um Xylem und Phloem anzuzapfen.

Bei Pflanzen unterscheidet man Halb- und Vollparasiten. Halbparasiten sind grün und deshalb zur Photosynthese befähigt. Mithilfe von Saugorganen, den Haustorien, entnehmen sie Saft aus dem Holzteil (Xylem) der Leitbündel des Wirts, in dem vorzugsweise anorganische Stoffe transportiert werden. Allerdings sind im Xylemsaft auch einige organische Stoffe enthalten, so beispielsweise eine Gruppe pflanzlicher Hormone, die so genannten Cytokinine, die vor allem die Zellteilung anregen. Beispiele für solche Halbparasiten sind die Mistel, der Wachtelweizen, der Augentrost und der Klappertopf. Obwohl Halbparasiten den Wirten vorzugsweise Mineralstoffe entziehen, können einige von ihnen sehr hohe Wirtspezifitäten entwickeln, wie zum Beispiel verschiedene Rassen der Mistel, die jeweils nur auf ganz bestimmten Laubholzarten parasitieren können. Andere Halbparasiten zeigen diese hohe Wirtspezifität nicht. So kann beispielsweise der Wachtelweizen auf den Wurzeln verschiedener Gräser und Laubbäume parasitieren. Die Ursachen für die unterschiedliche Wirtspezifität der Halbparasiten sind bislang nicht bekannt.

Vollparasiten sind chlorophyllfrei und dementsprechend nicht mehr zur Photosynthese befähigt. Deshalb müssen sie dem Wirt neben Mineralstoffen auch alle lebensnotwendigen organischen Stoffe entnehmen. Ihre Haustorien wachsen deshalb in das Xylem *und* in das Phloem der Wirtspflanzen. Die Laubblätter der Vollparasiten sind zu Schuppenblättern reduziert, doch ihre Blüten sind wohl entwickelt und produzieren meist große Mengen nährstoffarmer und leicht transportabler Samen. Durch die große Anzahl von Samen erhöhen die Vollparasiten die Wahrscheinlichkeit, dass Keimlinge aus diesen Samen baldmöglichst auf einen geeigneten Wirt treffen, denn ohne Wirt können sie nicht lange überleben.

Symbiose – Zusammenleben zum gegenseitigen Nutzen

Nicht selten ziehen beide Partner aus dem engen Zusammenleben zweier Organismen Vorteile. Stellt sich ein mehr oder weniger ausgeprägtes Gleichgewicht gegenseitiger Ausnutzung zum Vorteil beider Partner ein, so spricht man von Symbiose. Pflanzen sind zu Symbiosen mit sehr verschiedenen Gruppen von Lebewesen befähigt.

Symbiosen haben sich offenbar sehr frühzeitig im Verlauf der Evolution der Lebewesen herausgebildet. Es wird sogar davon ausgegangen, dass die Entstehung von Landpflanzen aus Wasserpflanzen im Silur vor etwa 400 Millionen Jahren nur mithilfe von Pilzen möglich war, denn heute ist kaum eine Landpflanze bekannt, die nicht eine Symbiose mit Pilzen eingehen kann. Es wird angenommen, dass Pilze zunächst im Meer abgestorbene Organismen abgebaut haben und zusammen mit dem organischen Schlamm auch an Land gespült wurden. Die Urpflanzen, die zu jener Zeit noch gar keine echten Wurzeln besaßen, sondern Rhizome oder Kriechsprosse, könnten den mit Pilzen durchsetzten organischen Schlamm an den Ufersäumen benutzt haben, um von diesem Substrat die erforderlichen Nährstoffe aufzunehmen, die das damals nahezu sterile Erdreich noch nicht in genügender Menge zur Verfügung stellen konnte. Die in jener Zeit eingegangene Verbindung von Pflanzen und Pilzen hat dann im Verlauf der weiteren Entwicklung viele Spezialisierungen erfahren.

Bakterienknöllchen an der Wurzel der Grauerle.

Schmetterlingsblütler wie Klee, Lupine und Robinie lassen in einer hochspezifischen Wechselwirkung Bakterien einer bestimmten Rhizobienart in ihre Wurzelrinde eindringen. Der Wirt schließt die Bakterien in ein eigens dafür angelegtes Meristem, ein Gewebe teilungsfähiger Zellen, ein, in dem die Bakterien in eine Ruheform als Bakterioiden übergehen. Eingeschlossen in diese Gewebsknöllchen gehen nun die Bakterioiden dazu über, Luftstickstoff zu fixieren und in Aminosäuren einzubauen, die die Wirtspflanze mithilfe von Ausläufern ihrer Leitbündel zum Teil aufnimmt. Nach einiger Zeit degenerieren die Knöllchen, wobei die meisten der eingeschlossenen Bakterioiden von der Wirtspflanze verdaut werden. Einige Bakterien überleben jedoch, gelangen aus den zerfallenden Knöllchen ins Freie und stehen nunmehr für neuerliche Infektionen bereit. Erlen und Sanddorn gehen eine ganz ähnliche Symbiose mit Actinomyceten, den Strahlenpilzen, ein.

Mykorrhiza und Flechten

Insbesondere die Mykorrhiza genannten Symbiosen mit Pilzen haben eine große biologische Bedeutung für Pflanzen erlangt. Bei einer ektotrophen Mykorrhiza umschlingen Pilzfäden die Saugwurzeln der Wirtspflanzen und dringen in die Zellzwischenräume (In-

KO-EVOLUTION IN SYMBIOSEN

Bei Symbiosepartnern kann man in vielen Fällen eine sehr enge gegenseitige Anpassung beobachten, die nur durch langes Zusammenleben in einer gemeinsamen Evolution (einer Ko-Evolution) entstanden sein kann. Geradezu erstaunlich mutet die Symbiose bestimmter Orchideen mit den sie bestäubenden, zu den Dipteren oder den Hymenopteren gehörenden Insekten an: Die Unterlippe dieser Orchideenblüten sieht im UV-Licht, das die Insekten sehen, wie der Hinterleib der Insektenweibchen aus. Zudem produziert die Blüte einen Duftstoff, der dem Sexuallockstoff dieser Insekten gleicht. Von dem Duft und dem optischen Reiz angelockt, versuchen die Insektenmännchen, eine Begattung durchzuführen, wobei der Blütenpollen auf die Insekten entladen wird. Diese nehmen ihn zur nächsten Blüte mit und bestäuben diese.

Eine ganz andere Bestäubungsstrategie hat der Rittersporn entwickelt: An seinem kerzenartigen Blütenstand werden bei den obersten Blüten zunächst die (männlichen) Staubgefäße reif, während die unten stehenden Blüten reife weibliche Blütenorgane (Stempel) besitzen. Außerdem produzieren die unten stehenden Blüten Nektar, wobei die Nektarproduktion nach oben hin abnimmt. Die bestäubenden Hummeln beginnen zunächst an der Basis des Blütenstands mit der Nektarsuche und arbeiten sich dann langsam nach oben vor. Sind sie oben angelangt, so beladen sie sich mit Blütenstaub, den sie beim Besuch der nächsten Pflanze auf den reifen weiblichen Blütenorganen abstreifen.

Wieder anders geht der Aronstab vor, der ebenfalls einen senkrecht stehenden Blütenstand besitzt. Allerdings bildet ein Hochblatt eine Kesselfalle um den Blütenstand herum, in den durch Aasgeruch angelockte Insekten hineinrutschen. Reusenhaare verhindern ein Entkommen der Insekten aus der Falle. Erst wenn sich die Staubgefäße geöffnet und dadurch die eingedrungenen Insekten mit Blütenstaub beladen haben, vertrocknen die Reusenhaare und die Insekten können wieder entkommen. Beim Besuch des nächsten Aronstabs

streifen die in die Kesselfalle rutschenden Insekten den Blütenstaub an den weiblichen Blütenorganen ab und beladen sich erneut mit Pollen, ehe die Pflanze die gefangenen Tiere wieder freigibt.

Derartige enge Abhängigkeiten bestimmter Pflanzenarten von bestimmten bestäubenden Tierarten (es müssen nicht immer Insekten sein) stellen sicher, dass stets artgleicher Blütenstaub auf die Blüten übertragen wird, der dann auch zu einer erfolgreichen Befruchtung führt. Hinter dieser Abhängigkeit verbirgt sich also ein Erfolgsrezept für die Fortpflanzung der Pflanzen.

terzellularräume) der Wurzelrinde ein. Die außerhalb der Wurzeln befindlichen Pilzhyphen zersetzen organisches Material im Boden und nehmen die dabei freigesetzten Mineralstoffe sowie Bodenwasser auf, die die Wirtspflanze dann dem Pilz zum Teil wieder entzieht. Die höhere Pflanze benutzt die Pilzgeflechte im Boden gewissermaßen wie ein besonders weit verzweigtes Netz von feinsten Saugwurzeln. Im Gegenzug entnehmen die Pilze dem Wirt Assimilate, die sie unbedingt zur Hutbildung (Sporenträger oder »Fruchtkörper«) benötigen. Während für viele Pflanzenarten eine solche Mykorrhiza nicht unbedingt zum Überleben notwenig ist (fakultative Mykorrhiza), sondern lediglich die Lebensbedingungen deutlich verbessert, ist sie besonders für Bäume der so genannten Schluss- oder Klimaxgesellschaften, wie zum Beispiel Rotbuche oder Fichte, lebensnotwendig (obligate Mykorrhiza). Bei der endotrophen Mykorrhiza dringen die Pilze in die Zellen der Wurzelrinde ein, ohne sie dabei zu zerstören. Diese Form der Mykorrhiza ist unter anderm bei fast allen Orchideen anzutreffen. Auch hier ist die Mykorrhiza lebensnotwendig, denn ohne diese Form der Symbiose können sich junge Orchideenkeimlinge nicht weiterentwickeln. Die höhere Pflanze begnügt sich nicht damit, dem eingedrungenen Pilz Nährstoffe zu entziehen, sie verdaut alle Pilzfäden, die in tiefere Schichten der Wurzelrinde vordringen. Da die Pilze Nährstoffe aus dem Boden in die Rindenzellen der Wurzeln transportieren, werden sie auch als »Ammenpilze« für die Orchideenkeimlinge bezeichnet.

Eine weitere ökologisch bedeutsame Symbioseform stellen die Flechten dar. Pilzhyphen von Ständerpilzen (Basidiomyceten) umschlingen einzellige Grünalgen (Chlorophyceae) oder auch die ebenfalls zur Photosynthese befähigten Cyanobakterien (»Blaualgen«). Die Pilze senden Haustorien in die Zellen der Symbiosepartner und entnehmen ihnen damit Assimilate. Die zur Photosynthese befähigten Algen beziehen ihrerseits Wasser und Mineralstoffe. Sie werden außerdem durch ein dichtes Flechtwerk, die »Flechtenrinde« der Pilzhyphen, vor dem Austrocknen geschützt. Zwar werden die Grünalgen bei dieser Symbiose so stark beeinträchtigt, dass sie sich nicht mehr sexuell, sondern nur noch vegetativ fortpflanzen können, doch ermöglicht diese Symbiose andererseits die Besiedlung von Extremstandorten, wie Baumstämmen oder Felsen, sodass damit der Lebensraum für Pilze wie für Algen und Cyanobakterien erheblich erweitert wird.

Blüten bestäubende Insekten, wie diese Hummel, helfen, die sexuelle Fortpflanzung der Blütenpflanzen sicherzustellen.

Nicht minder ökologisch bedeutsam ist eine Form der Symbiose, die viele Insekten und einige andere Tierarten mit Blütenpflanzen eingehen, indem sie Blütenstaub (Pollen) von einer Blüte zur anderen übertragen und damit eine Fremdbestäubung bei der sexuellen Fortpflanzung der Blütenpflanzen sicherstellen. Als Gegenleistung entnehmen die bestäubenden Tiere den Blüten zuckerhaltigen Nektar oder andere Blütenbestandteile als Nahrung.

Symbiosen im Tierreich

Viele höhere Tiere beherbergen in ihrem Verdauungstrakt Bakterien, Hefen oder Flagellaten. Alle diese Mikroorganismen werden durch den Wirt, beispielsweise ein Rind oder ein Pferd, ständig reichlich mit Nahrung versorgt. Da diese Kleinlebewesen in der Lage sind, Cellulose abzubauen, was der Wirt mit seinem Verdauungsapparat nicht schafft, können sie die Zellen des gefressenen Pflanzenmaterials aufschließen und ermöglichen damit dem Wirt die Verdauung der so freigesetzten Zellinhalte. In diesen Fällen zie-

Der in einem Schneckengehäuse lebende **Einsiedlerkrebs** Dardanus megistos ist durch die auf dem Gehäuse festsitzenden Seeanemonen perfekt getarnt.

hen also beide Symbiosepartner Ernährungsvorteile aus dem Zusammenleben.

Symbiosen im Tierreich müssen jedoch nicht unbedingt beiden Symbiosepartnern einen Ernährungsgewinn verschaffen. Einer der Partner kann durchaus auch anders geartete Vorteile aus dem Zusammenleben ziehen. Bei der Symbiose von Einsiedlerkrebs und Seeanemone beispielsweise sitzt die Seeanemone auf dem Schneckenhaus, das sich der Krebs als Behausung ausgesucht hat. Während die Seeanemone durch das ständige Umherziehen des Einsiedlerkrebses an dessen Jagderfolg teilhat, genießt der Krebs lediglich den Schutz vor Feinden durch die giftigen Nesselfäden der Seeanemone.

Konkurrenz oder Koexistenz

Das Zusammenleben mehrerer Arten in einem bestimmten Lebensraum kann in Konkurrenz oder in Koexistenz stattfinden. Treten zwei Arten in Konkurrenz um lebensnotwendige Ressourcen in ein und demselben Lebensraum, dann kann sich eine der konkurrierenden Arten als die vitalere erweisen. Diese Art wird dann ihre Konkurrenten zurückdrängen oder in ihrem Bestand dezimieren. Erweisen sich die Vitalitätsunterschiede als sehr groß, dann kann die weniger vitale Art völlig verdrängt werden, sodass die vitalere Art schließlich die volle Kapazität des Lebensraums für sich selbst nutzen kann. Sind dagegen zwei oder mehrere Arten etwa gleich vital, dann stellt sich ein Gleichgewicht zwischen diesen Arten ein, das man als Koexistenz bezeichnet. Die Tragfähigkeit des Lebensraums oder dessen Umweltkapazität begrenzen in diesem Fall das Wachstum der koexistierenden Arten. Dabei muss die Individuenzahl beider Arten keineswegs gleich groß sein, jedoch bleibt das Verhältnis der Populationsgrößen der miteinander vergesellschafteten Arten konstant. Ändert sich die Vitalität einer Art, etwa infolge sich ändernder Umweltbedingungen, kann die Koexistenz aus dem Gleichgewicht gebracht werden. Es entwickelt sich dann ein Konkurrenzverhalten, dem eine der Arten gänzlich zum Opfer fallen kann. Nur wenn es einer der konkurrierenden Arten gelingt, eine ökologische Nische zu besetzen, die durchaus nicht völlig den physiologischen Ansprüchen dieser Art entsprechen muss, kann diese Art in dem für sie bedrängten Biotop überleben.

Ökologische Nischen – meist ein Kompromiss

Weitgehend kollisionsfrei verläuft das Zusammenleben verschiedener Arten stets dann, wenn sie sich bei der Nahrungsbeschaffung, bei der Auswahl von Brutplätzen und hinsichtlich der bevorzugten Aufenthaltsplätze so weit wie möglich aus dem Weg gehen, wenn sie, wie man sagt, ökologische Nischen einnehmen. Der Begriff »Nische« ist dabei nicht unbedingt nur räumlich zu verstehen, vielmehr bezeichnet er das gesamte Wirkungsfeld einer Art. Zum Wirkungsfeld gehören unter anderm die Nahrung, die Art und Weise der Nahrungsgewinnung, die Nutzung abiotischer Faktoren eines Biotops, aber auch die zeitlich unterschiedliche Nutzung eines Lebensraums. Beispielsweise können tag- und nachtaktive Tiere kaum miteinander in Konkurrenz treten oder gar eine Räuber-Beute-Beziehung eingehen, weil es deren unterschiedliche Aktivitätsphasen praktisch nicht zulassen. Die Besetzung verschiedener ökologischer Nischen ermöglicht somit die Ansiedlung vieler Arten in ein und demselben Lebensraum, ohne dass sich die Arten durch zu harte Konkurrenz gegenseitig verdrängen oder vernichten. Darüber hinaus müssen in ökologischen Nischen angesiedelte Arten auch nicht mehr die gleiche Vitalität aufweisen, um sich in derselben Biozönose behaupten zu können.

Im Bestreben, geeignete, das Überleben sichernde ökologische Nischen zu finden, können einigermaßen anpassungsfähige Arten durchaus auf ihre optimalen Lebensgrundlagen verzichten, wenn sie dadurch der Konkurrenz durch andere Arten entgehen. Beispielsweise gedeihen die drei Grasarten Wiesenfuchsschwanz, Glatthafer und Aufrechte Trespe optimal bei gleicher Entfernung zum Grundwasserspiegel. Treten diese drei Gräser im gleichen Lebensraum auf, dann stellt sich eine Umverteilung ein: Der Glatthafer behauptet nach wie vor seine optimale Position zum Grundwasserspiegel. Der Wiesenfuchsschwanz weicht dagegen auf feuchtere Standorte aus, während die Aufrechte Trespe trockenere Bereiche bevorzugt, um der Konkurrenz durch die anderen Gräser auszuweichen. Die drei Gräser haben sich also, trotz gleicher physiologischer Bedürfnisse, in drei verschiedenen ökologischen Nischen angesiedelt. Ein anderes Beispiel sind Ratten, die mit Menschen in einem Haus zusammenleben. Obwohl sie eigentlich Dämmerungstiere sind, verlegen Ratten ihre Hauptaktivitätsphasen in die Nacht, denn abends treffen sie zu oft auf Menschen.

Eine ökologische Einnischung kann also auf ganz verschiedenen Ebenen bedeuten, sich gegenseitig aus dem Weg zu gehen, wobei durchaus gewisse Überlappungen verschiedener ökologischer Nischen möglich sind. Man spricht deshalb auch von fundamentalen und realisierten ökologischen Nischen, wobei die fundamentale Nische dem Gesamtbereich der physiologischen Bedürfnisse entspricht, während die realisierte Nische den tatsächlich eingenommenen Lebensbereich darstellt. Dementsprechend kann ein und dieselbe Art in verschiedenen Lebensräumen unterschiedliche ökologische Nischen einnehmen.

Struktur der Nahrungsbeziehungen

In einem Ökosystem stehen die Organismen hinsichtlich ihrer Versorgung mit Nährstoffen in einem engen Abhängigkeitsverhältnis zueinander. Mineralstoffe werden von Pflanzen, Tieren, Pilzen und Bakterien gleichermaßen für Stoffwechsel und Aufbau körpereigener Stoffe benötigt, doch die Energiezufuhr erfolgt, von seltenen Ausnahmen abgesehen, über eine Fixierung von Sonnenenergie in geeigneten organischen Stoffen. Da nur photosynthetisch tätige Lebewesen Sonnenenergie binden können, hängt die Energieversorgung der Ökosysteme in aller Regel von diesen Organismen, meist Pflanzen, ab, die man als autotroph bezeichnet. Nahrung ist sowohl Baustoff als auch Energiedepot. Beides muss, auch über lange Zeiträume hinweg, in ausreichendem Maß zur Verfügung stehen. Die wichtigste von den Lebewesen nutzbare Energie stammt von der Sonne. Diese Energiequelle stellt auch in geologischen Zeiträumen eine Konstante dar – sie ist eine unerschöpfliche Ressource.

Der Vorrat an Mineralstoffen in Ökosystemen ist begrenzt

Doch wie steht es mit den Baustoffen? Lediglich eine äußerst dünne Schicht der Erdoberfläche kann den Lebewesen die von ihnen beanspruchten Mineralstoffe bieten. Dazu kommen die Lufthülle und das Wasser als Spender für Sauerstoff (O_2) und für Kohlenstoff in Form von Kohlendioxid (CO_2) in der Luft, beziehungsweise Bicarbonat (Hydrogencarbonat, HCO_3^-) im Wasser. Die meist nur bis in einige Zentimeter Tiefe nutzbare Erdhülle stellt zweifellos einen begrenzenden Faktor für die langfristige Mineralstoffversorgung der Lebewesen dar. Dieser Nährstofffaktor bedarf also der Erneuerung oder Rezyklisierung, wenn die Organismen über Hunderte von Millionen Jahren hinweg stets genügend Mineralstoffe zu ihrem Aufbau vorfinden sollen. Ökosysteme müssen deshalb so angelegt sein, dass unter der stets vorhandenen Sonnenenergie der begrenzte Mineralstoffvorrat der äußersten Erdkruste zwar zunächst in die gerade lebenden Organismen eingebaut, nach deren Tod jedoch für die Nachkommen wieder verfügbar gemacht wird.

Dieses seit langer Zeit fest eingespielte System funktioniert nur deshalb, weil sich sonnengetriebene Nahrungsketten gebildet haben, an deren Ende eine Rezyklisierung (ein »Recycling«) der Mineralstoffe durch mikrobielles Zerlegen der organischen Bestandteile der Lebewesen steht. Der Treibstoff dieses Systems, die Sonnenenergie, verlässt diesen Kreislauf Schritt für Schritt in Form von Wärme, sodass eine energetische Überladung des Systems vermieden wird. Derartige Kreislaufsysteme funktionieren folgendermaßen: Autotrophe, das heißt zur Photosynthese befähigte Pflanzen und Mikroorganismen, bilden aus Kohlendioxid und Wasser mithilfe von Sonnenenergie Zucker. Chemisch gesehen handelt es sich dabei um eine Energie verbrauchende Reduktion des Kohlenstoffs. Die zur Reduktion verbrauchte Sonnenenergie kann bei der Rückführung in die stärker oxidierte Kohlenstoffverbindung Kohlendioxid wieder freigesetzt werden, was bei der Atmung geschieht. Die Funktion des Kohlenstoffs lässt sich hier am besten mit einem Akkumulator vergleichen: Die Reduktion des Kohlenstoffs bedeutet die Beladung des Akkumulators Kohlenstoff mit Energie. Einem solchen energiereichen Zustand des Kohlenstoffs begegnet man im Traubenzucker ebenso wie im Erdöl, nur mit dem Unterschied, dass die sauerstoffärmeren (in der Regel sogar sauerstofffreien) Erdölmoleküle einen noch höheren Energiebetrag gespeichert haben als das sauerstoffreichere Traubenzuckermolekül.

Da der Traubenzucker (Glucose) und die daraus aufgebaute Stärke rein mengenmäßig die wichtigsten energiereichen Verbindungen darstellen, die aus der Photosynthese hervorgehen, haben sich die Lebewesen darauf eingestellt, in den meisten Fällen diese Stoffe als Energieträger zu nutzen. Vom Grundgerüst des Traubenzuckers ausgehend, können die autotrophen Organismen, die auch als Produzenten bezeichnet werden, alle anderen benötigten organischen Stoffe bilden. Dabei werden verschiedene Mineralstoffe, wie Nitrate, Sulfate und Phosphate, meist nach vorhergehender chemischer Umwandlung, in die Kohlenhydratketten eingebaut. Dadurch entsteht schließlich die große Vielfalt organischer Verbindungen, die man von den Lebewesen kennt.

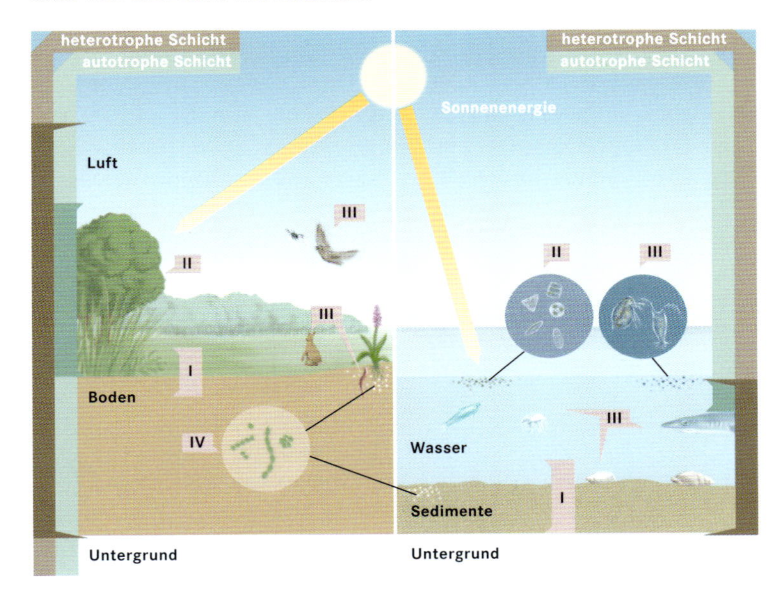

Zwei sonnengetriebene **autotrophe Ökosysteme** im Vergleich: Grasland (links) und Gewässer. I anorganische Nährstoffe oder organischer Detritus (abiotische Substanz), II Pflanzen (Produzenten), III Pflanzen- und Fleischfresser (Konsumenten), IV Zersetzer (Destruenten).

Konsumenten verwerten die von den Produzenten gebundene Energie

Von dem reichen Stoffangebot der autotrophen Organismen, der Produzenten, ernähren sich heterotrophe Organismen, die Konsumenten. Diese gliedert man in der Regel in mehrere Ordnungen: Ernährt sich ein heterotropher Organismus direkt von den Pflanzen, spricht man von Pflanzenfressern oder Konsumenten erster Ordnung. Diejenigen Konsumenten, denen die Pflanzenfresser als Nahrung dienen, heißen Räuber oder Konsumenten zweiter Ordnung. Vertilgt ein Raubtier nicht Pflanzenfresser, wie etwa der Löwe die Antilope, sondern erbeutet es Tiere, die ihrerseits räuberisch leben, dann spricht man von Konsumenten dritter Ordnung. So ist beispielsweise ein Vogel, der eine Spinne fängt, ein Konsument dritter Ordnung – die Spinne lebt ja ihrerseits von Fliegen. Analog kann man die Liste der Ordnungen fortsetzen. In einem Ökosystem bilden sich also regelrechte Nahrungs- oder Fressketten aus, in denen die von den autotrophen Organismen fixierte Sonnenenergie weitergegeben wird.

Der primär von den Produzenten fixierte Energiebetrag nimmt jedoch von Stufe zu Stufe innerhalb einer Nahrungskette ab, denn der Umbau der Nahrung zu körpereigenen Stoffen, die Bewegungsvorgänge, die Aufrechterhaltung der Körpertemperatur und andere Lebensvorgänge verschlingen einen beträchtlichen Anteil der mit der Nahrung aufgenommenen Energie. Man muss deshalb davon ausgehen, dass von Stufe zu Stufe der Nahrungskette jeweils etwa 90 Prozent der Energie, die mit der Nahrung aufgenommen wird, das Ökosystem in Form von Verlustwärme verlassen. Damit muss notwendigerweise auch die Gesamtbiomasse der Konsumenten zweiter Ordnung in entsprechendem Umfang abnehmen und demzufolge auch deren Populationsgröße. In einer solchen Nahrungskette können höchstens bis zu vier oder fünf Glieder hintereinander geschaltet sein. Schließlich ist die von den Produzenten gebundene Sonnenenergie so weit aufgebraucht, dass keine weitere Konsumentenpopulation mehr unterhalten werden kann. Die Endglieder von Nahrungsketten können demnach nur kleine Populationen bilden, wie beispielsweise die Fischadler. Um die Abnahme der Biomasse und damit der fixierten Sonnenenergie in einer Nahrungskette bild-

Da von Stufe zu Stufe einer Nahrungskette jeweils etwa 90 Prozent der primär fixierten Energie verloren gehen, muss bei gleicher Größe der Organismen und bei gleicher Stoffwechselaktivität die Population der Konsumenten mit jeder Stufe abnehmen und es resultiert daraus eine solche **Nahrungspyramide.**

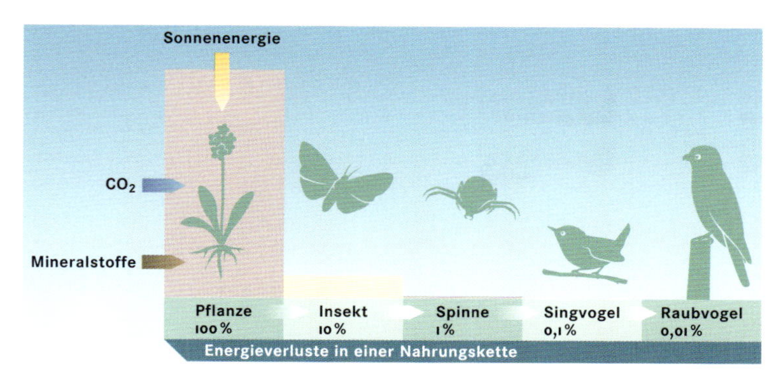

In jeder **Nahrungskette** bilden Pflanzen die Basis, da sie als Produzenten die Sonnenenergie zur Synthese energiereicher organischer Substanzen nutzen können. Von dieser fixierten Gesamtenergie gehen auf jeder folgenden Stufe der Nahrungskette etwa 90 Prozent verloren.

lich darzustellen, bedient man sich häufig einer Pyramidenform, in der die Produzenten die breite Basis bilden und die Endglieder die schlanke Spitze.

Die Destruenten liefern die Ausgangsstoffe für einen neuen Kreislauf

In einem Ökosystem werden jedoch nicht alle Pflanzen von Tieren gefressen und nicht alle Tiere fallen einem Räuber zum Opfer. Viele Organismen sterben an Altersschwäche oder infolge von Krankheiten. Sowohl die Leichen als auch die Fäkalien der Tiere und das abgestorbene Laub der Bäume stellen ein letztes Reservoir an energiereichen organischen Verbindungen dar. Diese als Detritus bezeichneten organischen Reststoffe – ob Leichen, Kot oder abgestorbenes Laub – dienen schließlich Pilzen, Bakterien und anderen Bodenlebewesen, den Destruenten oder Reduzenten, als Nahrung, die sie zu Kohlendioxid, Wasser und Mineralstoffen abbauen. Die organischen Reststoffe setzen damit nochmals eine ganze Nahrungskette in Gang, die so genannte Detritus-Nahrungskette.

Alle diese Verbindungen stehen nun erneut den Produzenten, also den Pflanzen, als Nährstoffe zur Verfügung. Die ehemals in den organischen Stoffen gebundene Sonnenenergie hat dabei vollständig die Nahrungskette verlassen. So kann der gleiche Kreislauf immer wieder von neuem beginnen, ohne dass das System dabei mit Energie überladen wird. Man bezeichnet ein solches System als offenes System. Unterliegen die von den Pflanzen hergestellten organischen Stoffe in Ausnahmefällen nicht einem vollständigen Abbau, dann werden sie in Form von abiotischen Umwandlungsprozessen als Torf, Kohle, Erdöl oder Erdgas im Boden deponiert und damit ebenfalls aus dem Kreislauf ausgeschieden. Da der Abbau organischer Reststoffe in Abhängigkeit von der herrschenden Temperatur unterschiedlich rasch verläuft, wird dieser Kreislauf in warmen Klimazonen schneller vollendet als in kalten Klimazonen.

Der Begriff **offenes System** stammt aus der Thermodynamik, die – ausgehend von der Untersuchung der Wärmeerscheinungen – alle mit Energieumsetzungen unterschiedlichster Art verbundenen Vorgänge und deren Anwendungen untersucht. Ein offenes System kann mit seiner Umgebung Stoffe und Energie austauschen. Ist nur ein Energie-, aber kein Stoffaustausch mit der Umgebung möglich, spricht man von einem **geschlossenen System.** Es gibt auch Systeme, die von ihrer Umgebung vollständig isoliert sind. Solche **abgeschlossenen Systeme** lassen weder Stoff- noch Enegieaustausch mit ihrer Umgebung zu.

Nahrungsketten

Der skizzierte Aufbau von Nahrungsketten bedarf noch einiger Korrekturen: In der Natur gibt es keine völlig isolierten, geradlinig verlaufenden Nahrungsketten, vielmehr sind in der Regel mehrere Nahrungsketten miteinander vernetzt, sodass kompliziert zusammengesetzte Nahrungssysteme entstehen. Die Stellung der einzelnen Glieder einer Nahrungskette ist nicht immer eindeutig festgelegt. Beispielsweise ernähren sich Allesfresser (Omnivoren) wie der Mensch von Pflanzen und Tieren. Besteht die Nahrung eines Menschen zu 80 Prozent aus Pflanzen und zu 20 Prozent aus tierischen Produkten, dann verhält er sich zu 80 Prozent als Konsument erster Ordnung und zu 20 Prozent als Konsument zweiter, dritter oder vierter Ordnung – je nachdem, welche Tiere auf dem Speiseplan stehen (zum Beispiel Rindfleisch, Hecht oder Haifisch). Da Allesfresser meist ihre diversen Nahrungsbestandteile variieren, sind sie somit in der Lage, ihre Stellung in der Nahrungskette zu verschieben, was zumindest bei Nahrungsmangel für den Erhalt der Art von größter Bedeutung ist. Beispielsweise kann sich der Mensch so ernähren, dass er weitgehend einem Konsumenten erster Ordnung entspricht, er ist dann Vegetarier. Er kann jedoch auch überwiegend auf Fisch und Fleisch ausweichen und sich damit wie ein Konsument zweiter und dritter Ordnung verhalten; dies ist beispielsweise charakteristisch für die Ernährungsweise der Eskimos.

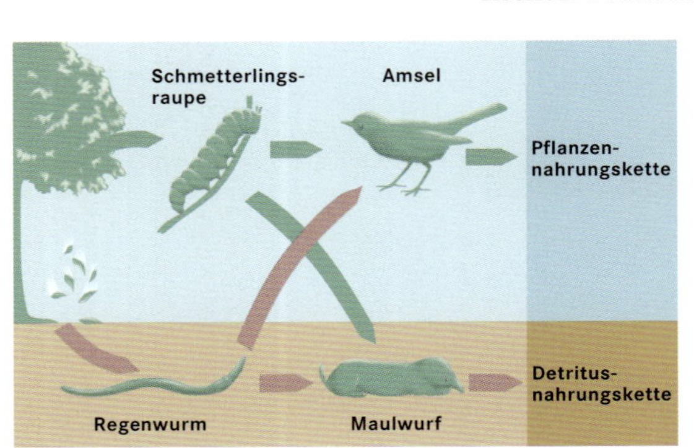

Ein einfaches Beispiel für die Verzweigung und Vernetzung von **Nahrungsketten.** In der Natur sind solche Nahrungssysteme sehr viel komplexer ausgebildet.

Eine ganz andere Bedeutung haben Nahrungsketten in neuerer Zeit erlangt, weil in ihnen Umweltgifte, sofern die Lebewesen sie nicht sofort abbauen oder ausscheiden, weitergegeben werden und sich bei den Endgliedern der Nahrungsketten gegebenenfalls zu toxisch wirkenden Konzentrationen anreichern können. Man spricht von einer Bioakkumulation.

Stoffkreisläufe und der Nährstoffhaushalt der Ökosysteme

In einem Ökosystem sind, wie wir gesehen haben, Pflanzen, Tiere und Saprobionten miteinander vergesellschaftet, und jede der drei Gruppen ist in ihrer Ernährung und der davon abhängigen Fortpflanzungsrate auf die natürlichen Ressourcen des Ökosystems angewiesen. Im Lauf der Zeit muss sich ein Gleichgewicht von Nahrungsangebot und Nahrungsverbrauch einstellen, in das alle Glieder des Ökosystems einbezogen sind. Da eine Landschaft, die ein bestimmtes Ökosystem beherbergt, nur eine begrenzte Menge an Nährstoffen bereitstellen kann, müssen sich Kreislaufprozesse entwickeln, in denen die Vorräte nach Gebrauch, nachdem sie also als Nahrung gedient haben und später als Kot ausgeschieden wurden oder nachdem die Lebewesen gestorben sind, rezyklisiert werden, damit sie anderen Lebewesen erneut zur Verfügung stehen. Diese Aufgabe erfüllen die Nahrungsketten, an deren Ende wieder die Ausgangsstoffe entstehen.

Übersicht über den **Nährstoffhaushalt** in Ökosystemen.

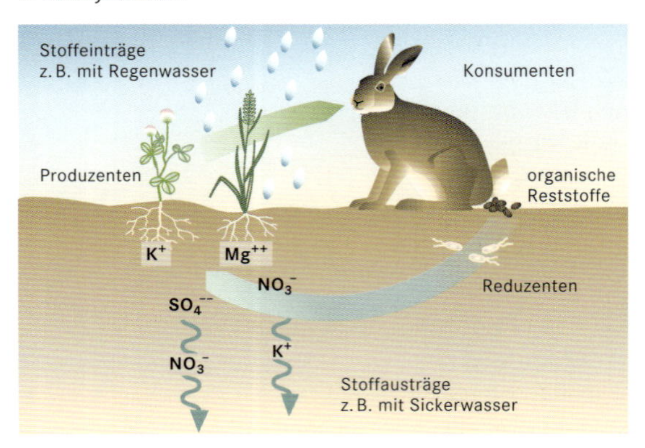

Natürlich können bei solchen Kreisläufen Substanzverluste in einem Ökosystem auftreten, wenn beispielsweise organische Reststoffe mineralisiert werden und ein gewisser Anteil der zurückgewonnenen Mineralien mit dem Regenwasser so tief in den Boden eingespült wird, dass die Pflanzenwurzeln sie nicht mehr erreichen. Ökosysteme können jedoch nicht nur Substanzverluste erleiden (Output), sie können ebenso gut Substanzgewinne verzeichnen (Input), etwa durch Gesteinsverwitterung, durch angewehten Staub oder durch Stoffe, die im Regenwasser gelöst sind. Ein- und Austräge stellen somit zusätzlich zu den Stoffvorräten sehr wichtige Größen für ein Ökosystem dar.

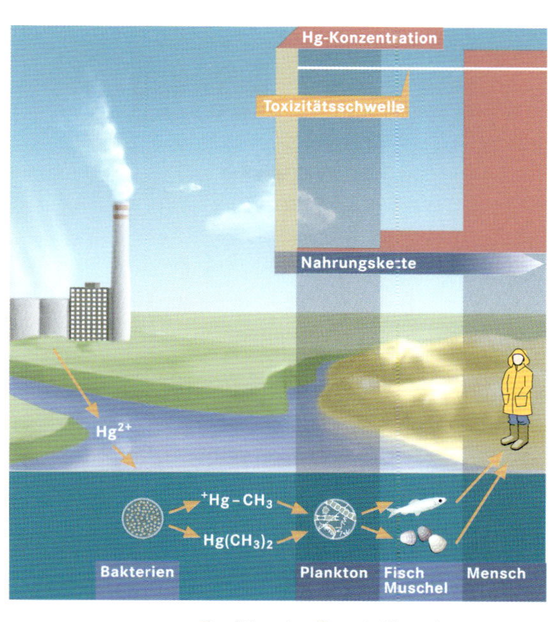

Der Weg des Quecksilbers in Nahrungsketten. Quecksilberionen (Hg^{2+}) werden durch Bakterien im Wasser in metallorganische Verbindungen umgewandelt und dadurch in die Nahrungskette eingeschleust, wo das (fettlösliche) Methylquecksilber angereichert wird (**Bioakkumulation**).

Da an diesen Nährstoffkreisläufen in Ökosystemen sowohl belebte (biotische) als auch unbelebte (abiotische) Komponenten beteiligt sind, werden sie auch als biogeochemische Stoffkreisläufe bezeichnet. Meist setzen sich diese aus verschiedenen Teilkreisläufen zusammen, so beispielsweise einem Kreislauf im Wasser, in der Luft, im Boden oder in einem Lebewesen. Daher sind die Wege eines chemischen Elements durch solche biogeochemischen Stoffkreisläufe je nach Struktur der Nahrungsbeziehungen sehr unterschiedlich. Jedoch gibt es für das Wasser und die wichtigsten Elemente grundsätzliche Schemata ihrer Kreisläufe in verschiedenen Ökosystemen, die in vielen Fällen durch Einsatz radioaktiver Isotope ermittelt werden konnten. Da der Wasserkreislauf bereits an anderer Stelle behandelt wurde, werden im Folgenden die Kreisläufe von Kohlenstoff, Sauerstoff, Stickstoff, Schwefel und Phosphor vorgestellt.

Der Kreislauf des Kohlenstoffs

Die Erde verfügt über mehrere wichtige Kohlenstoffspeicher. Dazu gehört das Kohlendioxid der Atmosphäre, das dort in einer Konzentration von etwa 0,035 Prozent vorliegt. Das entspricht einer Gesamtmasse von etwa $2{,}72 \cdot 10^{12}$ Tonnen (also 2,72 Millionen Megatonnen) Kohlendioxid. Etwa das Siebzigfache des atmosphärischen Kohlendioxidgehalts ruht in den Ozeanen, wo der Kohlenstoff hauptsächlich als Carbonat und Bicarbonat vorkommt. Auf dem Festland bildet Kohlenstoff – in gebundener Form – große Lager von Kalk, Dolomit und anderen Carbonaten. Schließlich ist er in Lagerstätten fossiler Brennstoffe fixiert, wie Kohle, Erdöl und Erdgas. Außerdem bildet der Humus des Bodens ein wichtiges Kohlenstoffreservoir, das rascher in den Kohlenstoffkreislauf einbezogen wird als die anderen Kohlenstoffspeicher des Festlands. Schließlich sind die Lebewesen selbst ein Kohlenstoffspeicher, in dem der Kohlenstoff je nach Art der Lebewesen unterschiedlich lange fixiert ist, zum Beispiel kurz im einjährigen Klatschmohn und lange in jahrhun-

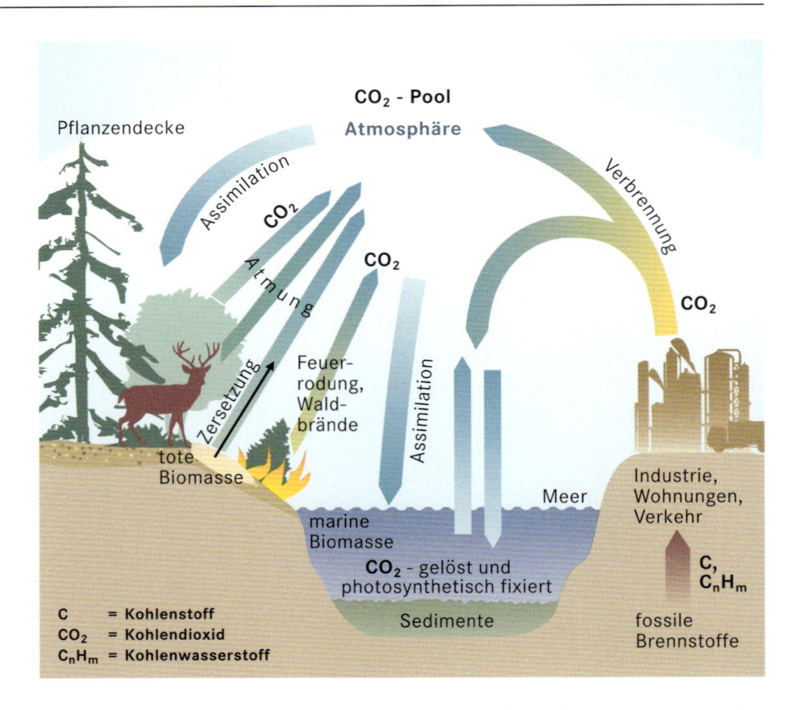

Der **Kohlenstoffkreislauf.**

dertealten Bäumen. Die Lebewesen setzen bei der Atmung ständig Kohlenstoff in Form von Kohlendioxid frei; grüne Pflanzen binden ihn wieder durch Photosynthese.

Neben diesem Kreislauf, der sich vorzugsweise zwischen Landpflanzen und Atmosphäre abspielt, findet ein weitaus größerer Kohlendioxidkreislauf zwischen den Ozeanen mit ihren Algen und der Atmosphäre statt. Der Austausch geologisch gebundenen Kohlenstoffs mit der Atmosphäre fällt demgegenüber bescheiden aus. Gestört wird dieser weitgehend ausbalancierte, globale Kohlenstoffkreislauf besonders durch die zunehmende Verfeuerung fossiler Brennstoffe während des 20. Jahrhunderts sowie durch den Ersatz langlebiger natürlicher Ökosysteme, wie Wälder, durch die kurzlebigen, künstlichen Ökosysteme des Ackerbaus und den damit verbundenen beschleunigten Humusabbau infolge Bodenlockerung.

Der Kreislauf des Sauerstoffs

Die Sauerstoffreservoire der Erde sind ungleich größer als die des Kohlenstoffs. Allein die Luft enthält etwa 21 Prozent Sauerstoff. Die Ozeane enthalten Sauerstoff sowohl in gelöster als auch in chemisch gebundener Form. Schließlich bilden geologische Formationen ein riesiges Sauerstoffreservoir, in dem Sauerstoff in Form von Silicaten und Metalloxiden gebunden vorliegt. Der über die Lebewesen regulierte Sauerstoffkreislauf ist ganz eng an denjenigen des Kohlenstoffs gekoppelt, denn bei der Photosynthese entsteht im gleichen Maße Sauerstoff aus Wasser wie Kohlenstoff gebunden wird. Bei der Atmung wiederum verbrauchen die Lebewesen Sauerstoff, um ihn an Kohlenstoff zu binden.

Im Verlauf der Erdgeschichte wurde sehr viel mehr Sauerstoff durch die Photosynthese von Cyanobakterien und grünen Pflanzen freigesetzt, als die Organismen durch Atmung verbrauchten. Dadurch reicherte sich Sauerstoff in der zuvor sauerstofffreien Atmosphäre an. Nur als Folge davon konnte sich in der Stratosphäre die für alle Landlebewesen so wichtige Ozonschicht ausbilden, die vor zu starker UV-Einstrahlung schützt. Freier Sauerstoff in der Atmosphäre ermöglichte außerdem die Entstehung von Metalloxiden und anderen sauerstoffhaltigen Verwitterungsprodukten der Erdkruste. Der heute durch die Verbrennung fossiler Brennstoffe gesteigerte Sauerstoffverbrauch fällt gegenüber dem gewaltigen Sauerstoffreservoir der Atmosphäre praktisch nicht ins Gewicht, das heißt, der Mehrverbrauch an Sauerstoff beträgt nur einen Bruchteil eines Prozents des atmosphärischen Sauerstoffvorrats.

Der Kreislauf des Stickstoffs

Wegen seiner elementaren Bedeutung für den Aufbau von Proteinen und Nucleinsäuren spielt das Angebot an verwertbarem Stickstoff für Lebewesen eine besondere Rolle. Das größte Stickstoffreservoir bildet die Erdatmosphäre mit einem Gehalt von etwa 78 Prozent. Den Luftstickstoff können jedoch die meisten Lebewesen nicht unmittelbar nutzen, weil sie ihn nur in Form von stickstoffhaltigen Ionen in körpereigene Stoffe einbauen können. Am Beginn des Stickstoffkreislaufs steht deshalb stets die Überführung des Luftstickstoffs in eine für Lebewesen verfügbare Form, vorzugsweise in Ammoniumionen (NH_4^+). Dazu sind verschiedene Bakterienarten befähigt, so zum Beispiel Bakterien der Gattungen Azotobakter und Clostridium sowie die Purpurbakterien, die zum Teil frei im Boden leben, oder solche Bakterien, die mit den Wurzeln höherer Pflanzen in Symbiose zusammenleben, wie etwa Bak-

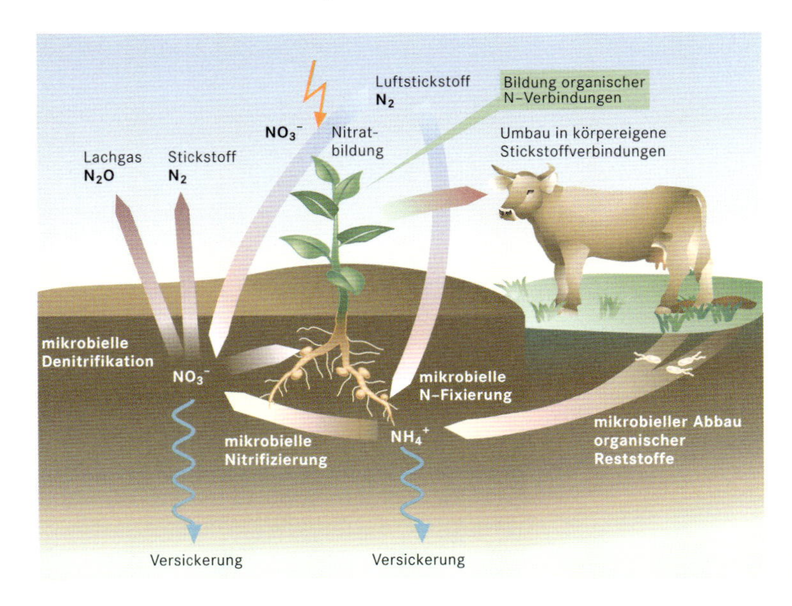

Der **Stickstoffkreislauf** in der Natur.

terien der Gattung Rhizobium sowie die Actinomyceten (Strahlenpilze).

Der durch diese Mikroorganismen reduzierte Stickstoff kann wiederum durch Bodenbakterien in Nitrat umgewandelt werden. Nitrat entsteht jedoch auch bei elektrischen Entladungen in der Luft, von wo aus es mit dem Regenwasser in den Boden gelangt. Sowohl Nitrate als auch Ammoniumverbindungen können von den Pflanzen aufgenommen werden. In den Pflanzenzellen werden Nitrate zunächst reduziert, um dann, ebenso wie Ammoniumionen, zur Bildung von Aminosäuren genutzt zu werden. Heterotrophe Organismen nehmen die organischen Stickstoffverbindungen der Pflanzen mit der Nahrung auf und bauen sie zu körpereigenen Stickstoffverbindungen um. Aus verwesenden Pflanzen, Tieren und Mikroorganismen werden im Boden erneut Ammoniumverbindungen freigesetzt, die wiederum von Pflanzen aufgenommen werden können. Überschüssige wasserlösliche Stickstoffverbindungen im Boden werden mit dem Regenwasser in das Grundwasser gespült, dessen Qualität sich damit verschlechtert. Speziell unter Sauerstoffmangel können denitrifizierende Bakterien die Nitrate durch Reduktion in Lachgas (Distickstoffoxid) oder in elementaren Stickstoff umwandeln, die als Gase den Boden verlassen.

In den natürlichen Stickstoffkreislauf greift der Mensch durch den Anbau moderner Kulturpflanzensorten ein. Deren besonders hoher Stickstoffbedarf zwingt zu extremer Stickstoffdüngung. Dadurch werden nicht selten Oberflächengewässer und Grundwasser mit Stickstoffverbindungen belastet.

Der Kreislauf des Schwefels

Der für den Aufbau bestimmter Aminosäuren (beispielsweise Methionin, Cystein und Glutathion) unverzichtbare Schwefel wird als Sulfat aus dem Boden aufgenommen. Die Blätter überführen das Sulfat in organisch gebundene Thiolgruppen (SH-Gruppen).

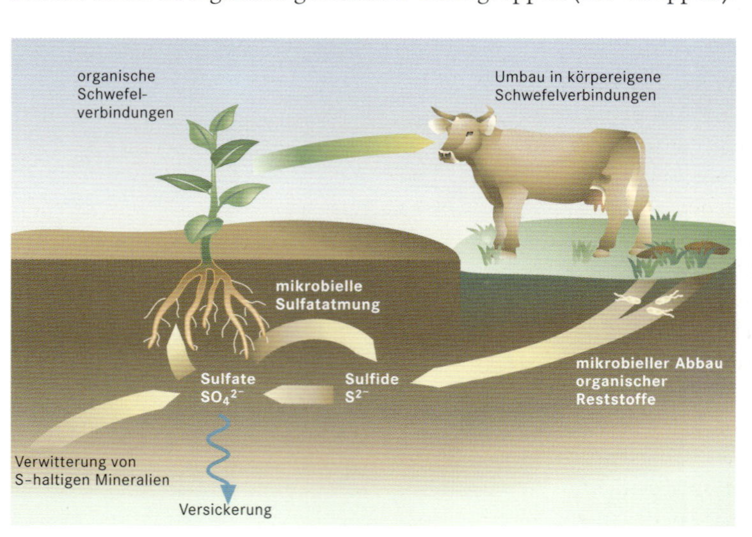

Der **Schwefelkreislauf** in der Natur.

Heterotrophe Organismen nehmen diese schwefelhaltigen Verbindungen mit der Nahrung auf und bauen sie in körpereigene Proteine ein. Aus verwesenden Organismen werden zunächst Sulfide frei, die von Mikroorganismen unter Sauerstoffzutritt zu Sulfaten oxidiert werden. Erst die Sulfate können erneut von Pflanzen aufgenommen werden. Unter Sauerstoffmangel können die desulfurierenden Bakterien Sulfat zu Sulfid reduzieren, das weitgehend wasserunlöslich im Boden verbleibt. Erst erneute mikrobielle Oxidation zu Sulfat lässt den Schwefel wieder in den Stoffkreislauf eintreten.

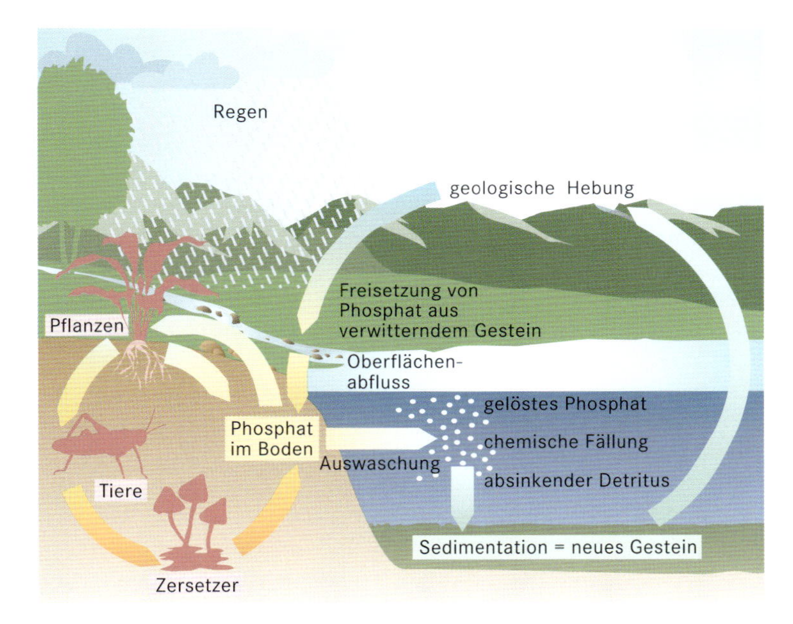

Der **Phosphorkreislauf** in der Natur.

Der Kreislauf des Phosphors

Phosphor nehmen die Pflanzen bevorzugt als primäres Phosphat (Dihydrogenphosphat, $H_2PO_4^-$) auf. In dieser Form können sie es unmittelbar in Nucleinsäuren sowie in Adenosintriphosphat (ATP), den wichtigsten Energieüberträger in den Zellen, einbauen. Heterotrophe Organismen nehmen das pflanzliche Phosphat mit der Nahrung auf und bauen es in körpereigene Stoffe ein. Beim mikrobiellen Abbau organischer Reststoffe wird das Phosphat sofort wieder in seiner ursprünglichen anorganischen Form freigesetzt und steht ohne weitere chemische Umwandlungen zur Aufnahme durch Pflanzen bereit. Ein gewisser Teil des Phosphats kann durch Regenwasser aus dem Boden ausgewaschen werden und gelangt über Bäche und Flüsse in das Meer. In basischen Böden fällt Phosphat als schwer lösliches tertiäres Phosphat aus. In dieser Form kann es nicht mehr am Phosphatkreislauf teilnehmen. Erst die Verwitterung phosphathaltiger Mineralien setzt erneut pflanzenverfügbares Phosphat frei: In diesem Fall sind es also nicht mikrobielle Vorgänge, sondern physikalische und chemische Verwitterungsvorgänge, die das Phosphat wieder in den Stoffkreislauf einschleusen.

Durch Phosphatdüngung, Verwendung phosphathaltiger Waschmittel, Phosphatzusätze bei der Wurstherstellung und andere Prozesse gelangen mehr Phosphate in die Gewässer als im natürlichen Phosphatkreislauf. Phosphate wirken zwar nicht giftig, sie tragen aber ebenso wie Nitrate zur Eutrophierung der Gewässer bei.

Störungen und Regulation in Ökosystemen

Ist ein Lebensraum oder Biotop in viele Bereiche mit unterschiedlichen Umweltbedingungen gegliedert, herrschen also zum Beispiel Unterschiede in Sonneneinstrahlung, Temperatur oder Feuchteangebot, dann können sich dort viele verschiedene Tier- und Pflanzenarten mit ihren unterschiedlichsten Ansprüchen an die Umwelt ansiedeln. Sie werden dort alle die ihnen zusagenden »ökologischen Nischen« vorfinden. Artenreichtum und Individuenzahl (Ökologen bezeichnen beides zusammen als Diversität) sind in reich gegliederten Lebensräumen hoch. Beispiele solch hochdiverser Lebensräume bilden tropische Regenwälder und Korallenriffe. Ist der Lebensraum dagegen einheitlich gestaltet, können sich dort nur wenige Arten mit unterschiedlichen Ansprüchen an ihre Umwelt ansiedeln, weil sonst die Konkurrenz um die vorhandenen Ressourcen zu groß wird. Beispiele für solche vergleichsweise monotonen Lebensräume sind unter anderem die Tundra und die Tiefsee. Der Arten- und Individuenreichtum eines Lebensraums hängt nicht nur von der Vielgestaltigkeit, sondern auch von dessen Produktivität ab, das heißt insbesondere von der Biomasseproduktion der dort lebenden photosynthetisch tätigen Pflanzen (den Produzenten) oder von der Zufuhr organischer Stoffe aus anderen Quellen.

Lebewesen können ihre unbelebte Umwelt verändern

Jedoch wird in einem Ökosystem nicht nur die Artenzusammensetzung durch die unbelebte Umwelt geprägt, die Lebewesen können auch auf die unbelebte Umwelt zurückwirken und sie gegebenenfalls sogar verändern. Diese Eigenschaft wird besonders deutlich, wenn die Lebewesen eines bestehenden Ökosystems durch andere Organismen ersetzt werden. Wird beispielsweise eine ausgedehnte Waldfläche abgeholzt, um Ackerland zu gewinnen, dann verändert dieser Eingriff Bodenstruktur und Wasserhaushalt der Landschaft nachhaltig. Durch die Beseitigung der Pflanzendecke kann nun die Sonne direkt auf den ungeschützten Boden einwirken, der dadurch wesentlich stärker austrocknet, als es zuvor möglich war. Niederschlagswasser kann nun nicht mehr so gut festgehalten werden und läuft zum Teil an der Bodenoberfläche ab. Infolgedessen wird der Grundwasserspiegel sinken. Mit dem Beseitigen der Bäume und mit trockener werdendem Oberboden verschwinden viele Bodenlebewesen, die man normalerweise nur im Waldboden findet, wie zum Beispiel viele Pilzarten. Austrocknung des Bodens, Angreifbarkeit durch den Wind, aber auch der vermehrte Oberflächenabfluss von Niederschlagswasser lassen verstärkt Bodenerosion zu. Da Bäume fehlen, unterbleibt der alljährliche Laub- und Nadelfall, der stets für eine dicke Humusdecke auf dem Mineralboden sorgte.

Durch den schwindenden Humusgehalt des Bodens verschlechtert sich nicht nur dessen Vermögen, Wasser und Pflanzennährstoffe festzuhalten. Vielmehr kommt es dadurch auch zu Strukturveränderungen des Bodens, denn nun können immer weniger Humuspartikel zusammen mit Mineralstoffpartikeln größere Bodenkrümel bilden, die für Durchlüftung und Wasserhaltevermögen des Bodens wichtig sind. Schließlich sinkt auch die relative Luftfeuchte in dem vormals von Bäumen eingeschlossenen Luftraum. Dieses Bündel von Rückwirkungen der Pflanzendecke auf die unbelebte Natur kann unter bestimmten Bedingungen die Abholzung eines Waldes zu einer irreversiblen Landschaftsveränderung werden lassen, so wie man es gegenwärtig bei der Abholzung tropischer Regenwälder beobachten kann. In alpinen Regionen kann die Beseitigung oder auch nur eine Ausdünnung der Pflanzendecke Erdrutsche ermöglichen, die dann die Gebirgstäler mit Schotter füllen. Wird durch solchen Gebirgsschotter der Wasserabfluss aus den Tälern behindert, können sie versumpfen und vermooren.

Geröllrinne in einem **Gebirgstal** in den Alpen nach einem Unwetter.

Ökosysteme: recht stabil, aber nicht starr

Ökosysteme erweisen sich als Ganzes recht stabil in ihren wichtigsten Eigenschaften, wie beispielsweise der Biomasseproduktion. Diese kann man in Gramm Biomasse pro Quadratmeter und Jahr messen ($1\,g/m^2$ entspricht $10\,kg/ha$). Dabei bezeichnet man als Biomasse das Trockengewicht aller Lebewesen eines Ökosystems, also die Trockenmasse von Produzenten, Konsumenten und Reduzenten gemeinsam. Biomasseproduktionswerte stellen für die verschiedenen Ökosysteme so charakteristische, konstante Größen dar, dass man sie zur Einteilung in Systeme mit geringer, mittlerer und hoher Produktivität verwenden kann.

Zu den Ökosystemen mit ausgesprochen geringer Produktivität gehören extreme Trockengebiete, wie Halbwüsten und Wüsten mit einer Biomasseproduktion von 0 bis $200\,g/m^2$ jährlich, sowie Tundren mit einem Wert von 10 bis $400\,g/m^2$. Eine mittlere Produktivität weisen beispielsweise Steppen auf mit einer Biomasseproduktion von jährlich 150 bis $1500\,g/m^2$. Dagegen besitzen Ackerland in den gemäßigten Breiten mit 1000 bis $3000\,g/m^2$ und sommergrüner Laubmischwald mit 600 bis $3000\,g/m^2$ bereits eine hohe Produktivität. Extrem hohe Biomasseproduktion verzeichnen Korallenriffe mit 3500 bis $4000\,g/m^2$ sowie intensiv bewirtschaftetes Ackerland in den Tropen mit mehr als $7000\,g/m^2$. Die Konstanz solcher Ökosystemeigenschaften mag auf den ersten Blick verwundern, denn es können immer wieder Ausfälle im Bereich der Produzenten, der Konsumenten oder der Reduzenten auftreten, etwa durch das Absterben von Organismen oder Minderleistungen infolge ungünstiger Umweltbedingungen. Wenn sich dennoch die Gesamtleistung des Systems vergleichsweise geringfügig ändert, so ist das auf dessen »Plastizität« (Formbarkeit) zurückzuführen.

Um uns diese Plastizität besser vor Augen führen zu können, stellen wir uns eine Wiese vor, aus der man alle Gänseblümchen ausreißt. Misst man am Ende des Jahres die Biomasseproduktion dieser Wiese, dann wird sie trotz des Verlusts einer kompletten Art etwa ebenso hoch liegen wie im Vorjahr, als alle Gänseblümchen noch vorhanden waren, weil die Freistellen auf der Wiese, die durch das Herausreißen der Gänseblümchen entstanden, innerhalb kurzer Zeit von anderen Pflanzen eingenommen wurden. Der Verlust einer Art wurde durch andere kompensiert. Die gleichen Gesetzmäßigkeiten wurden auch für die Gruppen der Konsumenten und Reduzenten mehrfach nachgewiesen. Beispielsweise fing man in Gärten systematisch alle diejenigen Insekten, die als Hauptbesucher der Blüten bekannt waren. Dennoch litt darunter die Blütenbestäubung nicht, weil nun andere Insekten, die sonst von den Hauptblütenbesuchern verdrängt wurden, die Bestäubung übernahmen. Bei der Gruppe der Reduzenten oder Destruenten machte man beispielsweise die Erfahrung, dass nach einer Behandlung mit Pflanzenschutzmitteln, denen verschiedene Bakterien- und Pilzarten zum Opfer fielen, die Gesamtstoffwechselleistungen im Boden etwa konstant blieben. Nach der Vernichtung einiger Arten von Mikroorganismen hatten offenbar andere Arten innerhalb kurzer Zeit die durch die Bekämpfungsmaßnahmen geschaffenen Freistellen aufgefüllt und die Funktionen der vernichteten Arten übernommen.

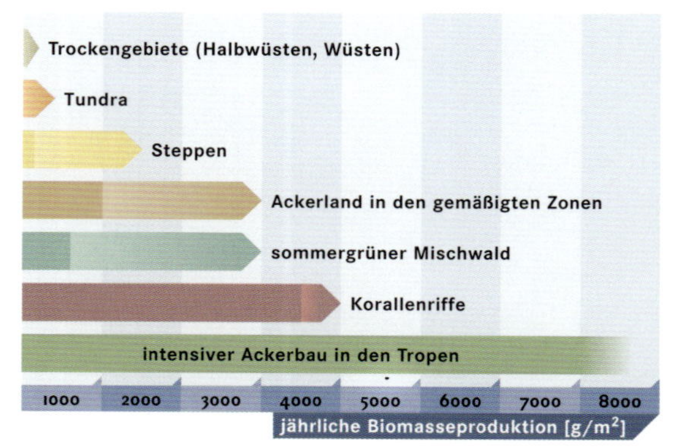

Die Grafik veranschaulicht die unterschiedliche Produktivität von Ökosystemen durch Vergleich ihrer **Biomasseproduktion.**

Innerhalb einer funktionellen Gruppe, wie beispielsweise der der Produzenten, sind kompensatorische Wechselwirkungen der verschiedenen Arten nicht nur möglich, sondern offenbar die Regel. Dies hat folgenden Grund: In jeder Lebensgemeinschaft werden die einzelnen Arten mehr oder weniger stark ausgeprägt in bestimmte ökologische Nischen abgedrängt, weil es das Konkurrenzverhalten der verschiedenen Arten untereinander so erfordert. Wird eine Art ganz oder teilweise beseitigt oder auch nur in ihrer Vitalität eingeschränkt, dann können andere Arten die dadurch frei werdenden ökologischen Nischen mitbenutzen, weil sie ohnehin ihren physiologischen Bedürfnissen entsprechen. Diese Plastizität der einzelnen Arten wurde bereits beim weiter oben gezeigten Verhalten der drei Gräser Wiesenfuchsschwanz, Glatthafer und Aufrechte Trespe deutlich. Würde man aus dem dort beschriebenen Mischbestand den Glatthafer beseitigen, dann könnte dessen Lebensraum sofort durch die beiden anderen Arten eingenommen werden.

Störungen können in Ökosystemen einen Artenwechsel verursachen

Ökosysteme stellen zwar ein wohl eingespieltes Gefüge verschiedener Arten von Lebewesen untereinander dar, doch müssen sie deshalb noch lange keine starren, unveränderlichen Formationen bilden. Man kann das besonders gut beobachten, wenn ein Lebensraum erstmals von Lebewesen erobert wird, wie beispielsweise eine frisch geschüttete Straßenböschung oder Brachland, das durch die Beseitigung einer anderen Lebensgemeinschaft entstanden ist. In solchen Fällen vollzieht sich nach der Erstbesiedlung durch Pioniergewächse im Verlauf einiger Jahre oder Jahrzehnte ein geordneter Artenwechsel, der schließlich in einer Gesellschaft endet, die für geraume Zeit in kaum veränderter Form erhalten bleibt, und die als Schluss- oder Klimaxgesellschaft bezeichnet wird. Ein solcher nach bestimmten Regeln automatisch ablaufender Artenwechsel wird auch als autogene Sukzession bezeichnet. Über sehr lange Zeiträume hinweg bleibt jedoch selbst eine Schlussgesellschaft nicht völlig unverändert erhalten. Sonst müssten viele, sehr alte tropische Regenwälder noch heute den Wäldern des Erdzeitalters Tertiär gleichen. Ganz allmählich durchlaufen auch Schlussgesellschaften Veränderungen, bedingt durch Verschiebungen der Umweltbedingungen und durch evolutionäre Fortentwicklung der Lebewesen. Werden solche Veränderungen nur durch äußere Faktoren erzwungen, so nennt man das eine allogene Sukzession.

Einige allgemeine Eigenschaften von Sukzessionen

Gesellschaft	Artenzahl	Ernährungsform	Nettobiomasse-produktion (Ertrag)	Gesamtatmung
Pioniergesellschaften	gering	autotroph	hoch	wesentlich geringer als Biomasseproduktion
Folgegesellschaften	steigend bis hoch	autotroph, heterotroph, saprobiontisch (Reduzenten)	anfangs hoch, später sinkend	geringer als Biomasse-produktion
Klimaxgesellschaften	meist hoch oder leicht zurück-gehend	autotroph, heterotroph, saprobiontisch	gering, steht im Gleich-gewicht mit Minera-lisation; geschlossene Stoffkreisläufe	Gleichgewicht von Biomasseproduktion und Atmung

Bei autogenen Sukzessionen, etwa im Zuge der Neubesiedlung von Brachland, treten zunächst einjährige Kräuter auf, wie Klatschmohn und Kamille. In deren Gefolge siedeln sich in den folgenden Jahren horstbildende Gräser und mehrjährige Stauden wie etwa der Löwenzahn an, wodurch die Erstbesiedler oder Pionierpflanzen langsam zurückgedrängt werden. Dazu gesellen sich erste Sträucher, wie Holunder und Sanddorn, sowie einige anspruchslose Baumarten, wie beispielsweise die Birke und der Spitzahorn. Handelte es sich bei den Erstbesiedlern ausschließlich um sehr lichtbedürftige Pflanzen, die geringe Nährstoffansprüche an den Boden stellen und deren nahezu gesamte Biomasse am Ende der Vegetationsperiode als Streu auf den

Boden gelangt, so können die in den folgenden Jahren dazu kommenden Folgegesellschaften bereits einen leicht mit organischen Reststoffen angereicherten Boden beanspruchen. Darüber hinaus werden sie einen etwas ausgeglicheneren Temperaturgang infolge der dichter gewordenen Pflanzenbedeckung vorfinden, und es werden sich Wechselwirkungen mit Tieren einstellen, die durch das große Angebot ungenutzter Biomasse angelockt werden. Auf diese Weise wird der zunächst vorhandene Biomasseüberschuss der photosynthetisch tätigen Pflanzen durch die heterotroph lebenden Tiere verbraucht.

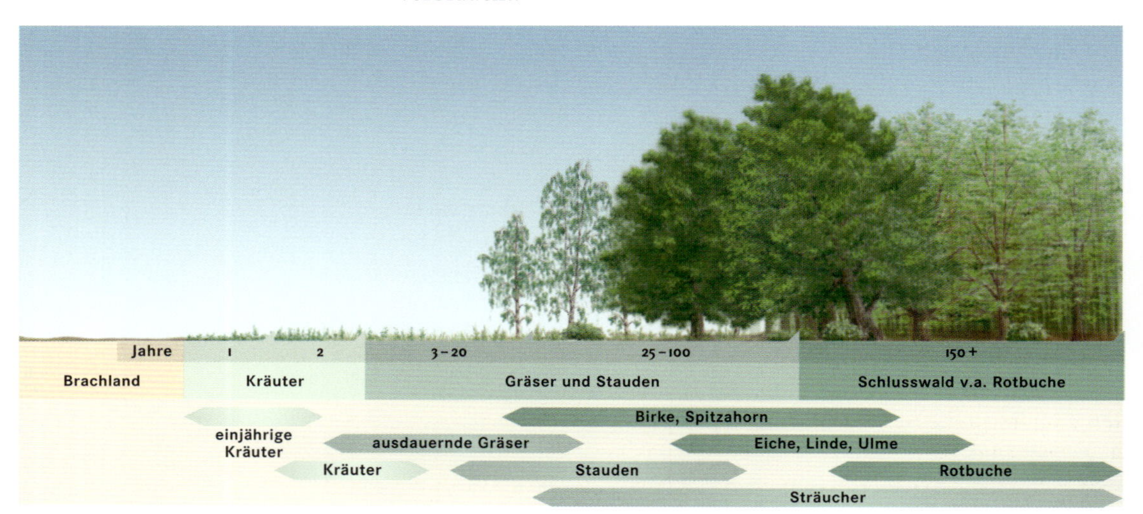

Die Besiedlung von Brachland als Beispiel einer **autogenen Sukzession.**

Der Biomasseüberschuss der Pioniergesellschaften schrumpft also bei den Folgegesellschaften immer mehr zusammen, weil die Atmung der Pflanzen und Tiere den Energie- und Stoffgewinn durch die Photosynthese zunehmend aufbraucht. Abgestorbene Tiere und Pflanzen werden im Boden in zunehmendem Maße durch Reduzenten (Saprobionten) wieder mineralisiert, sodass sich allmählich geschlossene Stoffkreisläufe ausbilden. Auf dem immer stärker mit Humus angereicherten Boden siedelt sich ein Übergangs- oder Zwischenwald an, in dem unter anderem Eichen, Linden und Ulmen stehen. Schließlich geht der Zwischenwald im Verlauf vieler Jahre immer mehr in einen Schlusswald (als Klimaxgesellschaft) über, in dem im flachen mitteleuropäischen Raum häufig Rotbuchen dominieren und in gebirgigen Gebieten Tannen und Fichten. Die Bäume dieser Schlussgesellschaften zeichnen sich meist durch eine obligate (unentbehrliche) Mykorrhiza aus. Die Mykorrhizapilze beteiligen sich an der Zersetzung der Laubstreu und verschaffen damit ihren Symbiosepartnern, den Bäumen, ein reichhaltiges Nahrungsangebot.

Schlussgesellschaften und regressive Sukzession

Am Boden solcher Schlusswälder können meist nur noch sehr schattenverträgliche Kräuter existieren, sodass der Artenreichtum der Schlusswälder in der Regel gegenüber demjenigen der Zwischenwälder wieder etwas zurückgeht. In den Schlusswaldgesellschaften halten sich nun Produktion und Veratmung von Biomasse nahezu die Waage, die photosynthetisch fixierte Sonnenenergie wird also vom ganzen Ökosystem optimal genutzt. Dieser Zustand stellt letztlich immer das Ziel dar, das eine Sukzession anstrebt. Die hier kurz vorgestellten Abfolgen von Lebensgemeinschaften, die ein zuvor unbesiedeltes Gebiet erobern und alle typischen Eigenschaften einer natürlichen Sukzession aufweisen, nennt man Primärsukzessionen. Setzt dagegen eine Sukzession in einem Areal ein, das zuvor bereits eine gut entwickelte Lebensgemeinschaft trug, dann spricht man von einer Sekundärsukzession.

Sekundärsukzessionen entwickeln sich beispielsweise nach einem Kahlschlag von Waldflächen. Hier existiert bereits ein nährstoffreicher, humoser Boden, sodass sich von Beginn an anspruchsvollere Pflanzenarten ansiedeln können, echte Pioniergesellschaften fehlen also weitgehend. Allogene Sukzessionen laufen ab, wenn eine Umweltveränderung eine Sukzession erzwingt, zum Beispiel wenn der Grundwasserspiegel drastisch sinkt, sodass die ursprüngliche Pflanzengesellschaft nicht mehr lebensfähig ist. In einem solchen Fall wird sich eine Artenfolge entwickeln, die in eine Trockenheit ertragende Schlussgesellschaft einmündet. Verursachen die Menschen Umweltveränderungen, dann können bereits existierende Schlussgesellschaften zerstört werden und es stellen sich Ersatzgesellschaften ein, die an die neu geschaffene Situation mehr oder minder gut angepasst sind. Solche Sukzessionen, die von einer bereits bestehenden Schlussgesellschaft wegführen, nennt man regressive Sukzessionen. Man findet sie heute immer häufiger infolge zunehmender Belastung von Luft, Wasser und Boden.

Pulsstabilisierte Entwicklungsstufen von Sukzessionen

Werden in regelmäßigen Zeitabständen Umwelteinflüsse wirksam, die eine Sukzession daran hindern, das End- oder Klimaxstadium zu erreichen, entwickeln sich pulsstabilisierte Entwicklungsstufen dieser Sukzession. Man spricht dann von einer Subklimaxgesellschaft. Solch gravierende Ereignisse können Vegetationsbrände oder Überschwemmungen sein, die sich in regelmäßigen Abständen wiederholen. Infolge derartiger Vorkommnisse, denen die gesamte Vegetation, zumindest deren oberirdische Teile, zum Opfer fällt, haben sich Pflanzen- und Tiergesellschaften entwickelt und behauptet, die in ungestörten Lebensräumen längst verdrängt wurden.

Die regelmäßige Verjüngung solcher Lebensgemeinschaften hat außerdem zur Folge, dass sich Atmung und Photosynthese noch nicht die Waage halten. Deshalb weisen solche Regionen stets einen Überschuss an Biomasseproduktion auf, ähnlich wie Pioniergesellschaften. Derartige Ökosysteme waren deshalb schon frühzeitig im Verlauf der Entwicklungsgeschichte der Menschen begehrte Siedlungsgebiete, wie etwa das Niltal, das früher alljährlich überschwemmt und zusätzlich vom Nilschlamm gedüngt wurde und so zur reichen Kornkammer der antiken Mittelmeerkulturen aufstieg. Ähnlich war – vor der Kanalisierung der Flüsse – auch die Biomasseproduktion mitteleuropäischer, regelmäßig überschwemmter Flussauen viel höher als diejenige benachbarter Lebensräume.

Seine Fruchtbarkeit verdankt das **Niltal** dem fruchtbaren Nilschlamm, den die alljährliche Nilflut (bis 1964) mit sich brachte und der die überschwemmten Felder düngte. Seit dem Bau des 1970 fertig gestellten Hochdamms Sadd al-Ali verbleibt der größte Teil des fruchtbaren Schlamms im durch den Damm gestauten Nassersee.

Schließlich gehören zu den pulsstabilisierten Entwicklungsstufen von Sukzessionen das Wattenmeer flacher Küstenstreifen und Flussmündungen mit ständig wechselndem Wasserstand. Solche pulsstabilisierten Subklimaxgesellschaften tragen deshalb stets dazu bei, Tiere anderer Lebensräume zum Teil mitzuernähren. Ähnlich hohe Biomasseüberschüsse wie pulsstabilisierte Subklimaxgesellschaften erzeugt der Mensch mit seiner Agrarwirtschaft: Ein mit Kulturpflanzen bestelltes Feld überlässt man nicht einer natürlichen Sukzession, vielmehr wird das Feld alljährlich abgeerntet und geackert, damit im nächsten Jahr eine verjüngte Pflanzengesellschaft aufwachsen kann. Wegen des durch Düngung stets nährstoffreich gehaltenen Bodens müssen keineswegs Pioniergewächse wie beispielsweise Lupinen angepflanzt werden, vielmehr kann man sofort anspruchsvolle Pflanzen wie zum Beispiel Zuckerrüben einsetzen.

Pioniergesellschaften und Subklimaxgesellschaften sind empfindlich

Die Überschussproduktion von Biomasse ist eine ökologisch sehr bedeutende Eigenschaft von Pioniergesellschaften und pulsstabilisierten Subklimaxgesellschaften. Doch diesem unbestreitbaren Vorzug für die Ernährung aller heterotrophen Lebewesen steht die Eigenschaft gegenüber, dass solche Gesellschaften mitunter viel empfindlicher auf Umweltveränderungen reagieren als artenreiche Klimaxgesellschaften. So übersteht beispielsweise ein Laubmischwald eine Trockenperiode recht gut, während eine Pioniergesellschaft oder eine Zuckerrübenkultur dabei völlig zugrunde gehen kann. Auch Schädlingsbefall kann eine Pioniergesellschaft häufig stärker in Mitleidenschaft ziehen als eine Klimaxgesellschaft mit ihrem ungleich größeren Artenreichtum. Dieser sorgt für eine viel stärkere Isolierung der Schädlinge auf deren ganz spezielle Nahrungspflanzen, als es in einer Monokultur der Fall ist. Bestimmte

Klimaxgesellschaften entwickeln auch ein gewisses Pufferungsvermögen gegenüber Umwelteinflüssen: So treten in einem dichten Wald beispielsweise wesentlich sanftere Temperaturwechsel auf als auf freiem Feld, und ein Wald ist in der Lage, große Niederschlagsmengen zu speichern, während im Freiland ein beträchtlicher Anteil der Niederschläge sofort abfließt. Allerdings kann nicht jede Klimaxgesellschaft so hohe Pufferungsleistungen erbringen wie ein Wald. Dennoch sollen diese wenigen Beispiele zeigen, dass es nicht angebracht ist, beliebig viele Klimaxgesellschaften gegen Agrarland einzutauschen, weil damit erhebliche ökologische Nachteile einhergehen können.

Ein Ökosystem näher betrachtet: der sommergrüne Laubmischwald

Wir haben die wichtigsten Einzelfakten kennen gelernt, die für die Autökologie, Populationsökologie und Synökologie bedeutsam sind. Außerdem wurden einige Gesichtspunkte herausgearbeitet, die für Wechselwirkungen von Biozönosen mit deren zugehörigen Biotopen wichtig sind. Die Summe dieser Einzelfakten ergibt jedoch noch kein Bild von einem vollständigen Ökosystem, weil die vielfältigen Wechselwirkungen seiner Lebensgemeinschaften untereinander und mit deren unbelebter Umwelt nur am konkreten Beispiel eines Ökosystems zumindest andeutungsweise besprochen werden können. Deshalb soll zum Abschluss noch ein terrestrisches Ökosystem als Beispiel genauer betrachtet werden, das für Mitteleuropa wichtig ist: der sommergrüne Laubmischwald.

Natürliche Laubmischwälder sind in Mitteleuropa selten geworden

Ein natürlicher, sommergrüner Laubmischwald unterscheidet sich in mancherlei Beziehung von den in Mitteleuropa meist forstwirtschaftlich überformten Wäldern. Ein ursprünglicher Laubmischwald besitzt kein einheitlich hohes Kronendach, weil der Wald aus vielen verschiedenen Baumarten unterschiedlichsten Alters gebildet wird. Die Bestandsdichte wechselt erheblich, sodass der Naturwald keinen einheitlich gestalteten Lebensraum darstellt.

Laubmischwald der gemäßigten Breiten mit starkem Unterwuchs.

Auf dem Boden des Naturwalds liegen vermodernde Stämme umgestürzter Bäume, die von Moosen, Pilzen und Flechten überwuchert werden. Je dichter sich die Vegetation im Wald drängt, desto spärlicher sind die Populationen von Großwild. Vögel und andere kleine Tiere, auch die am Boden lebenden Organismen, können dagegen größere Populationen aufbauen als in modernen Nutzwäldern.

Die niedrigen Wintertemperaturen erzwingen auch bei den Gehölzen einen Wachstumsstillstand, der sich bei den oberirdischen und unterirdischen Organen unterschiedlich äußert: Der Spross legt dauerhafte, frostsichere Überwinterungsknospen an, die eine endogen bedingte Ruhepause durchlaufen. Die Wurzeln haben dagegen keine endogen bedingte Ruheperiode, stellen aber das Wurzelwachstum ein, sobald die Bodentemperatur unter den Gefrierpunkt sinkt. Wird es wärmer, können die Wurzeln auch im Winter weiterwachsen. Im Frühjahr, besonders in der Zeit, wenn das Laub der Bäume noch nicht ausgetrieben ist und die Sonenstrahlen noch bis auf den Waldboden gelangen, erwärmt sich die Streuschicht deutlich über die Umgebungstemperatur und ermöglicht damit frühzeitig die Entwicklung krautiger Pflanzen, die mit Knollen oder Zwiebeln (Scharbockskraut, Märzenbecher) oder mit Wurzelstöcken oder Rhizomen (Maiglöckchen, Buschwindröschen) in der Erde überwintert haben. Solche Pflanzen, die man wissenschaftlich als Geophyten bezeichnet, absolvieren bis zum Abschluss der Belaubung der Bäume ihren vollständigen Entwicklungszyklus einschließlich Blüte und Fruchtbildung.

Scharbockskraut (oben) und Buschwindröschen (unten) sind typische **Frühlingsblüher** im Unterwuchs heimischer Laubmischwälder.

Mit zunehmender Belaubung der Bäume wird die Photosyntheseaktivität im Wald von den Bodenpflanzen in die Baumkronen verlagert, womit auch die Hauptnahrungsquelle des Ökosystems vom Boden in die Baumkronen wandert. Dennoch erlischt das Pflanzenleben am Boden nicht völlig. An die Stelle der stärker sonnenbedürftigen Geophyten treten nun ausgeprägte Schattenpflanzen wie der Sauerklee, der selbst noch bei sehr geringen Lichtintensitäten einen bescheidenen Photosyntheseüberschuss erzielt. Diese extreme Anpassung wird durch spezielle Baumerkmale der Blätter im Zusammenspiel mit besonderen stoffwechselphysiologischen Eigenschaften des Photosyntheseapparats und der Zellatmung ermöglicht.

Im Spätsommer wird der Blattfall durch Anlage von kleinzelligen Trennzonen am Blattgrund vorbereitet, sodass im Herbst bei kürzer werdenden Tagen und sinkenden Nachttemperaturen der Laubabwurf und häufig auch der Fruchtfall eingeleitet werden. Innerhalb von vier bis sechs Wochen regnen nunmehr drei bis fünf Tonnen Laub pro Hektar (gemessen als Trockenmasse) auf den Boden, das vom Edaphon in zwei bis drei Jahren in Humus umgewandelt, jedoch noch nicht vollständig abgebaut wird. Während dieser Phase bilden viele Pilze ihre Fruchtkörper aus, womit die oberirdisch sichtbaren Hüte gemeint sind, an deren Unterseite Fortpflanzungszellen in Form von Sporen gebildet werden. In dieser Zeit können immer-

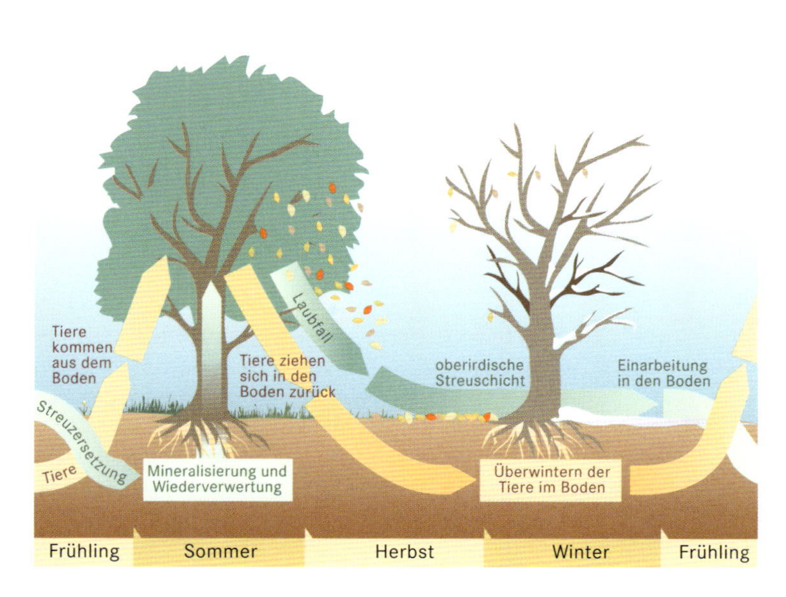

Die Abbildung zeigt die **Umwandlungsphasen,** denen das pflanzliche Material jahreszeitenabhängig unterworfen ist, sowie den Wechsel vieler Tierarten zwischen oberirdischer und unterirdischer Lebensweise im **Jahreszeitenrhythmus.**

grüne Pflanzen wie Efeu und Haselwurz die erhöhte Sonneneinstrahlung am Waldboden für ihr Wachstum nutzen. Der Efeu blüht erst jetzt und lässt seine Früchte während des Winters reifen.

Auch die Tiere passen sich dem jahreszeitlichen Temperaturwechsel an

Dem saisonalen Temperaturwechsel und dem unterschiedlichen Erscheinungsbild der Pflanzen passt sich auch die Tierwelt an. Im Winter halten einige Säugetiere Winterschlaf (wie Igel und Siebenschläfer), andere halten Winterruhe, die aus mehreren längeren Schlafperioden besteht (wie Eichhörnchen und Dachs). Nur wenige Säuger bleiben winteraktiv, so zum Beispiel Reh und Rothirsch. Beide Arten können insbesondere in schneereichen Wintern erhebliche Schäden an Bäumen und Sträuchern verursachen, weil deren feine Zweigspitzen und die Borke der Stämme dann die einzig verfügbare Nahrungsquelle sind. Von den im Wald lebenden Vogelarten zieht der größte Teil, vor allem die Insektenfresser, in mildere Klimazonen (Zugvögel), ein Teil übersiedelt in Städte mit ihren im Vergleich zum Wald höheren Temperaturen und ihren besseren Futterangeboten, und nur wenige Arten halten den Winter im Wald durch (Standvögel) wie zum Beispiel die Meise und der Dompfaff.

Der **Dompfaff** oder Gimpel ist ein typischer Standvogel unserer Breiten.

Schnecken, Spinnen und Insekten sterben entweder im Herbst ab und lediglich ihre Eier, Larven oder Puppen überwintern, oder sie verfallen in eine Winterstarre. Nur im Boden, unter der als Isolierschicht wirkenden Laubstreu, bleiben einige Insekten und Spinnen winteraktiv, wenn auch bei deutlich verminderter Stoffwechsel- und Bewegungsaktivität. Die typische Bodenfauna, wie Springschwänze,

Milben und Regenwürmer, wandert tiefer in den Boden ein, Regenwürmer beispielsweise bis zu einem Meter tief. Ihnen folgen die Maulwürfe. Bei der Einwanderung oberirdisch lebender Tiere in den Boden und beim Einwandern von Bodentieren in tiefer liegende Schichten wird ein Teil der Laubstreu in den Boden eingearbeitet, womit diese Wanderungen eine ökologische Bedeutung für das Gesamtsystem erhalten.

Eichhörnchen halten keinen Winterschlaf, sondern nur Winterruhe. Auch bei strenger Kälte und Schnee sind sie mehrere Stunden am Tag aktiv und suchen nach Nahrung.

Im Frühjahr erwacht der Wald zu neuem Leben

Im Frühjahr aktiviert die sich erwärmende Laubstreu (Frühbeeteffekt) nicht nur die Geophyten unter den Pflanzen, sondern auch die im Boden überwinternden Tiere. Aus Puppen schlüpfen Insekten, die nun den Boden verlassen, um ihre angestammten Lebensräume im Wald einzunehmen. Dabei werden bis zu 70 Prozent der frisch geschlüpften Insekten von räuberisch lebenden Insekten und Spinnen im Boden als Nahrung verwendet. Über der Erdoberfläche warten Insekten fressende Vögel auf die wieder erwachende Bodenfauna. Mit der Belaubung von Bäumen und Sträuchern wandern Pflanzensaft saugende und blattfressende Insekten in die Baumkronen. Verschiedene Milben, Asseln, Käfer und Fliegen können an Baumstämmen den dort häufig austretenden Pflanzensaft aufnehmen. Moos-, Flechten- und Algenbewuchs der Stämme bieten außerdem den darauf spezialisierten Milben und Wanzen Nahrung, in deren Gefolge diverse räuberische Arten auftreten. Durch Wasser, das aus den Baumkronen am Stamm herabläuft und das in Nischen oder Ritzen der Borke haftet, können die Baumstämme meist genügend Feuchtigkeit für die verschiedensten stammbewohnenden Arten zur Verfügung stellen. Baumstämme bieten somit einer verhältnismäßig artenreichen Lebensgemeinschaft Wohn- und Jagdgelände.

Noch reichhaltiger als die Stämme sind die Baumkronen mit Lebewesen besetzt, wo sich neben Pflanzensaft saugenden und blattfressenden Insekten und deren Räubern auch Vögel und Eichhörnchen einfinden. Sogar abgestorbene Baumstämme werden noch vielfältig genutzt. So besiedeln Höhlenbrüter hohle Baumstämme, die häufig bei so genannten Splinthölzern, zum Beispiel Weide und Linde, entstehen. Unter die sich allmählich vom Stamm lösende Borke wandern Holz fressende Käfer und deren Larven ein und der Holzkörper selbst wird in zunehmendem Maße von Fäulnis erregenden Bakterien und Pilzen besiedelt.

Das Waldklima ist ausgeglichener als das der unbewaldeten Umgebung

Der Wald stellt seinen Bewohnern einen gegenüber dem Freiland deutlich gemilderten Klimaablauf zur Verfügung: Die Windgeschwindigkeit wird drastisch reduziert. Windstille und Beschattung lassen den von Bäumen umschlossenen Waldraum nicht mehr so stark austrocknen und die relative Luftfeuchte liegt in der Regel weit über derjenigen des Umlands. Die im Wald lebenden Pflanzen weisen deshalb nur spärliche Einrichtungen zum Verdunstungsschutz auf. Während des Sommers steigt die Temperatur unter dem Blätterdach selten über 20 °C und im Winter sinkt sie nicht so tief wie auf dem freien Feld. Lediglich die obersten Bereiche der Baumkronen müssen mit ihren Blättern und Knospen den schärferen Klimaunterschieden der Umgebung angepasst sein. Hingegen unterliegt die Lichtintensität im Verlauf eines Jahres im Inneren des Waldes erheblichen Schwankungen. Im Frühling und im Herbst können in Bodennähe Lichtintensitäten von 16 000 bis 32 000 Lux erreicht werden, während es im Sommer bei voller Belaubung nur 1000 bis 4000 Lux sind.

Ein sommergrüner Laubmischwald produziert im Durchschnitt jährlich eine Biomasse von etwa 1200 g/m^2. Bei der Nettoprimärproduktion sind die durch Atmung der Pflanzen entstandenen Photosyntheseverluste bereits abgezogen. Die artenreiche Fauna des Walds nutzt von den lebenden Pflanzen nur einen winzigen Bruchteil der Biomasse, wie folgende Zahlen zeigen: Von einem Baum entfallen ein bis zwei Prozent des Gesamtgewichts auf das Laub, der Rest steckt im Stamm und in den Wurzeln. Pflanzenfresser vertilgen jedoch nur fünf bis acht Prozent der Blätter. Dementsprechend bleiben über 99 Prozent der Biomasse der Waldbäume zunächst erhalten und werden erst nach dem Absterben und nach dem Laubfall durch Saprobionten abgebaut und remineralisiert. Das Niederschlagswasser verdunstet etwa zur Hälfte, 0,5 Prozent werden in der Biomasse gespeichert und der Rest, also knapp die Hälfte, versickert im Boden und ergänzt Grundwasserverluste, die während der Vegetationsperiode gelegentlich auftreten. G. Fellenberg

Wie alle **Spechte** ernährt sich der Buntspecht überwiegend von Insekten, die er oft unter der Rinde oder aus dem Holz von Bäumen herausmeißelt.

Mensch versus Natur

Der westliche Wohlstand, der auf steigendem Wirtschaftswachstum in Verbindung mit zunehmendem Rohstoff- und Energieverbrauch beruht, kann nicht zum Lebensstandard von zehn Milliarden Menschen werden. Wird jedoch davon ausgegangen, dass jedem Erdbewohner in etwa die gleichen Verbrauchsmengen zustehen, und wird dabei der Begrenztheit der Umweltgüter ernsthaft Rechnung getragen, so müssen Produktions- wie Konsumstrukturen in den »wohlhabenden« Ländern radikal geändert werden. Eine dauerhaft umweltgerechte Entwicklung, die im Grunde alle wollen und zu der es keine Alternative gibt, ist ohne Restriktionen, also ohne ein spezifisch asketisches Element humaner Daseinsgestaltung, nicht zu realisieren.

Was eine Umstellung auf ein solches »nachhaltiges Wirtschaften« für die Menschen der westlichen Wohlstandsgesellschaft bedeutet, hat die niederländische Sektion der Umweltorganisation »Friends of the Earth« für ihr Land ausgerechnet. So könnte jeder Holländer täglich beispielsweise nur noch etwa 20 Kilometer mit dem Auto, 50 Kilometer mit dem Bus, 65 Kilometer mit der Bahn oder 10 Kilometer mit dem Flugzeug zurücklegen. Eine ähnliche Berechnung ließe sich auch für alle anderen Stoffströme erstellen. Sie zeigte zudem, dass uns unter dem Gesichtspunkt »nachhaltigen Wirtschaftens« jeweils lediglich ein bestimmtes Quantum an Abfall »zusteht«.

Generell kann man davon ausgehen, dass die Nutzung einer Ressource prinzipiell nicht größer sein darf als ihre Regenerationsrate und die Freisetzung von Stoffen nicht die Aufnahmefähigkeit der Umweltmedien übersteigen darf. Dies bedeutet, es ist eine radikale Veränderung des Wirtschaftsstils vonnöten. Statt eines progressiven Wachstums ist ein ausgeglicheneres, moderates Wachstum mit verlangsamten Innovations- und Modezyklen notwendig. Einen solchen Wandel thematisierte der britische Volkswirtschaftler John M. Keynes, wenn er, freilich in anderem Zusammenhang, schon 1956 von einem Übergang zu einer stationären Wirtschaft aufgrund von Sättigungsgrenzen innerhalb eines bestimmten Zeithorizonts ausging. Die Sichtweise kommt auch in der Diskussion um so genanntes »qualitatives Wachstum« oder »sustainable development« zum Ausdruck. Hier wird deutlich, dass die bisherige volkswirtschaftliche Gesamtrechnung die Wertschöpfung stark überzeichnet, da bei der Ermittlung des Bruttosozialprodukts beispielsweise Umweltschäden nicht abgezogen werden. Zudem führt die nachgeschaltete Minderung von wachstumsinduzierten Umweltschäden sogar zu positiven Steigerungsraten. Grundlage ausschließlich quantitativ definierten

Landwirtschaft und **Industrie** sind zwar wesentliche Grundlagen unseres Wohlstands, sie tragen aber auch maßgeblich zur Zerstörung unserer Umwelt bei. Dieses Dilemma kann nur durch ein dauerhaft umweltgerechtes Wirtschaften aufgelöst werden.

Wachstums ist somit häufig eine erhöhte Produktivität, die weder auf den Arbeitsmarkt noch auf die natürliche Umwelt Rücksicht nimmt. Dabei sind negative Begleiterscheinungen solchen Wirtschaftens, wie zum Beispiel die Arbeitslosigkeit, nur noch mithilfe höherem Wirtschaftswachstum auszugleichen.

Einen Ausweg aus diesem Dilemma bieten Ansätze, die verstärkt auf ökologische Effizienzsteigerungen und somit qualitatives »Wachstum« setzen. Sie werden strukturelle Verschiebungen auslösen, die Gewinner, aber auch Verlierer haben werden. Die damit verbundenen ökonomischen und ökologischen Prozesse gleichen sich jedoch auf gesamtwirtschaftlicher Aggregationsebene möglicherweise aus. Bei der Analyse von entsprechenden Maßnahmen empfiehlt es sich daher, unterschiedliche Maßstabsebenen in den Blick zu nehmen. Dazu gehören branchen- und regionalwirtschaftliche Effekte ebenso wie internationale Verflechtungen.

Die Globalisierung der Umweltprobleme und die Internationalisierung der Umweltpolitik haben den traditionellen Ansätzen der volkswirtschaftlichen wie auch der regionalen Umweltökonomie neuen Auftrieb gegeben. Vor allem im Rahmen der jüngsten »Standortdebatte« wird hinsichtlich der Schlüsselgrößen »Wachstum« und »Beschäftigung« verstärkt ein Bezug zur Umweltqualität als Standortfaktor hergestellt. Betrachtet man die zur Verfügung stehenden Instrumente der nationalen und internationalen Umweltpolitik, kann eine Verminderung von Umweltschäden auf verschiedenen Stufen des Schädigungsprozesses ansetzen.

Abschließend ist festzuhalten, dass sich die durch die Technosphäre des Menschen hervorgerufenen Probleme des Ökosystems nicht allein wiederum mit technischen Maßnahmen beheben lassen. Wenn sich mittelfristig nicht die Einstellung des Menschen gegenüber der Natur aufgrund eigener Einsichten nachhaltig ändert, muss die nationale Politik, in enger Abstimmung mit der Völkergemeinschaft und den internationalen Umweltorganisationen, strengere Rahmenvorgaben für umweltgerechtes Verhalten entwickeln.

Die Vision Dennis L. Meadows' von der raschen Endlichkeit unserer mineralischen Ressourcen, die der amerikanische Zukunftsforscher in seinem 1972 erschienenen Buch »Die Grenzen des Wachstums – Bericht des Club of Rome zur Lage der Menschheit« entwickelt, geht zwar an der Wirklichkeit vorbei, denn die Vorräte der meisten Rohstoffe sind sehr viel größer als vom Club of Rome vor drei Jahrzehnten angenommen wurde. Dennoch bleibt die Warnung an die Menschheit bestehen: Heute stehen wir nicht mehr unmittelbar vor der Endlichkeit unserer Rohstoffe, sondern eher vor der Zerstörung des ökologischen Gleichgewichts unserer Erde, das durch die unbedachte Rohstoffausbeutung und die damit verbundene Umweltbelastung in Gefahr gerät. H.-D. Haas

Landwirtschaft und ihre ökologischen Folgen

Im Bericht des Club of Rome zur Lage der Menschheit wird die Nahrungsmittelproduktion als einer von fünf Bereichen, die für die weitere Existenz der Menschheit von entscheidender Bedeutung sind, genannt. Dieser Bericht ist nur eine von mehreren Studien, die sich mit der »agraren Tragfähigkeit« der Erde befassen, und zeigt, dass die Verfügbarkeit potentieller landwirtschaftlicher Flächen und die Ermittlung ihrer Produktivität bei der Beurteilung der Ernährungsgrundlage der Menschen auf regionaler wie auch auf globaler Ebene eine herausragende Rolle spielen.

Zerstörung von Lebensraum durch Landerschließung

Die Landwirtschaft wird als Bewirtschaftung des Bodens zur Gewinnung pflanzlicher und tierischer Produkte für die Bedarfsdeckung der Menschheit definiert. Im Rahmen der Gesamtwirtschaft zählt sie zusammen mit der Forst- und Fischereiwirtschaft sowie dem Bergbau zum primären Sektor. Dieser steht dem sekundären Sektor des produzierenden Gewerbes mit Industrie und Handwerk sowie dem tertiären der Dienstleistungen gegenüber. Hierbei sind die naturgeographischen Grundlagen mit der Wechselwirkung von Relief, Klima, Boden, Pflanzen- und Tierwelt für die Agrarwirtschaft von weit größerer Bedeutung als für die anderen Wirtschaftszweige. Die Landwirtschaft sichert die Nahrung für die Menschheit, sie gefährdet aber auch – wie noch zu zeigen ist – das sensible ökologische Gleichgewicht der Natur. Die Zukunft der Menschheit wird dabei unter anderem sehr wesentlich von der Harmonisierung der menschlichen Bedürfnisse mit den Gegebenheiten und den Ressourcen der Natur abhängen.

Rasante Bevölkerungsentwicklung

Die Diskrepanz zwischen Bevölkerungswachstum und Nahrungsmittelproduktion ist in den Industrie- und Entwicklungsländern unterschiedlich und spiegelt sich im Nord-Süd-Gefälle wider. Das höchste Bevölkerungswachstum weisen die Entwicklungsländer auf. Dort leben fast drei Viertel der Menschheit. Infolge der hohen Zuwachsraten kommen auf die Entwicklungsländer schwere Belastungen zu, da schätzungsweise jedes Prozent Bevölkerungszunahme etwa drei Prozent des Volkseinkommens für Neuinvestitionen erfordert und die Agrarproduktion in aller Regel auch nicht mit dem Bevölkerungswachstum Schritt halten kann. In den wohlhabenden Industrienationen stagniert demgegenüber die Bevölkerungszahl. Die Auswirkungen des rasanten Bevölkerungsanstiegs auf die Umwelt der Entwicklungsländer sind vielfältig. Da eine wachsende Bevölkerung mehr Lebensraum braucht, werden Flächen, die bisher nicht besiedelt oder genutzt waren, »kultiviert« und in den Wirtschaftsprozess einbezogen. Für eine Steigerung der Nahrungsmittelproduktion werden allzu häufig Anbauflächen erschlossen, die für eine intensivere Bodenbearbeitung nicht geeignet sind.

Auf regionaler Ebene zeigt die Bevölkerungsdichte größere Unterschiede als das Bevölkerungswachstum. Die Dichtezentren der Menschheit liegen in Westeuropa zwischen Südostengland und Norditalien, in Süd- und Ostasien (Gangesniederung, Tiefländer Ostchinas, Japan, Java) und an der Ostküste Nordamerikas. Dabei wächst die Bevölkerung in den Dichtezentren der Entwicklungsländer stärker als die in denjenigen der Industrieländer. Bevölkerungsverteilung und -dichte müssen im Zusammenhang mit der lokalen Tragfähigkeit und der weltwirtschaftlichen Verflechtung gesehen werden. In den Industrieländern lassen sich bei hohem Kapitaleinsatz durch Rationalisierung und Mechanisierung mit wenigen Arbeitskräften sehr viel höhere Erträge erzielen als in den Entwicklungsländern, die zwar einen hohen Anteil an landwirtschaftlichen Erwerbspersonen aufweisen, jedoch noch mit veralteten und zeitaufwendigen Methoden arbeiten. Global betrachtet sind etwa 45 % aller Erwerbstätigen in der Landwirtschaft beschäftigt. In den Entwicklungsländern liegt ihr Anteil meist über 60 %, in den Industrieländern dagegen oft unter 20 %.

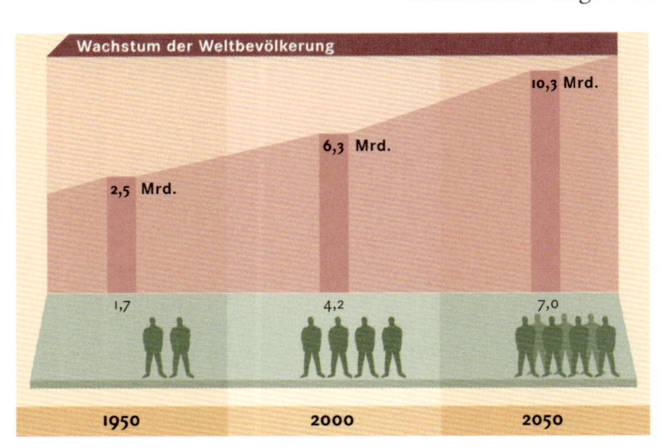

Ein **Hektar Agrarfläche** muss als Folge des globalen Bevölkerungswachstums immer mehr Menschen ernähren.

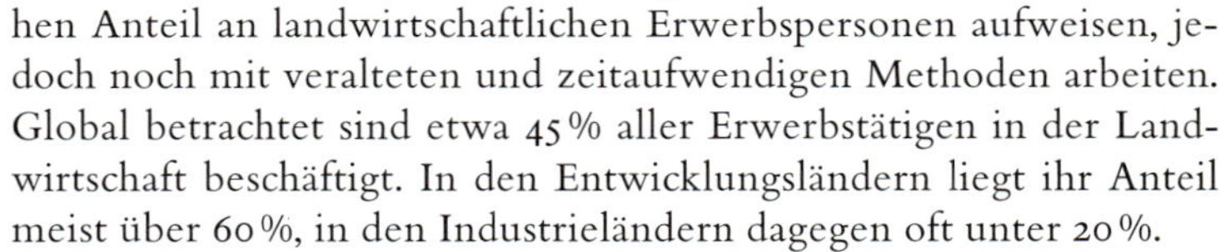

Steigerung der landwirtschaftlichen Produktion

Die gesamte Weltproduktion an Nahrungsmitteln nahm zwischen 1970 und heute jährlich um durchschnittlich gut zwei Prozent zu und wird damit im Jahr 2000 um rund 90 Prozent höher liegen als 1970. Das Problem der Unterernährung ist jedoch weltweit trotz dieser Steigerungsrate bis heute nicht beseitigt worden. Die Ernährungsbilanz, das Verhältnis zwischen Bevölkerungsverteilung und Nahrungsversorgung, weist etwa zwei Milliarden Menschen als unterernährt aus. Sie leben im so genannten Hungergürtel der Erde, der weite Teile Afrikas, Lateinamerikas sowie Vorder-, Süd- und Südostasiens umfasst.

Die agrarische Tragfähigkeit bezeichnet die Anzahl von Menschen, die in einem abgegrenzten Raum unter Berücksichtigung des dort in naher Zukunft erreichbaren Kultur- und Zivilisationsstands auf überwiegend agrarischer Grundlage längerfristig unterhalten werden kann, ohne dass der Naturhaushalt nachteilig beeinträchtigt wird. Dabei ist der letzte Gesichtspunkt von besonderer Wichtigkeit. Die Erhöhung der Nahrungsmittelproduktion durch Expansion der Agrarflächen und Intensivierung der Nutzung findet dort ihre Grenzen, wo der Natur- und Energiehaushalt gestört und überfordert wird.

Vom Jäger und Sammler zum Hochleistungsfarmer

Der entscheidende Übergang von der aneignenden Wirtschaftsweise der Jäger und Sammler zur produzierenden Landwirtschaft mit Anbau, Nutztierhaltung und permanenten Siedlungen fand nach der Würm-Eiszeit vor etwa 12 000 Jahren statt. Die Kerngebiete früher landwirtschaftlicher Nutzung liegen in den Gunsträumen der Tropen und Subtropen, am Rand der Savannen und Steppengebiete. Sie entstanden im südasiatischen Raum, in Afrika am Nordrand des Regenwalds, im südlichen Mexiko sowie im nordwestlichen Südamerika.

Der Ackerbau wurde weiterhin durch die klimatisch günstigen Bedingungen, die während des Neolithikums herrschten, gefördert. Im ersten Jahrtausend vor Christus umfasste der Agrarraum der Erde bereits einen breiten Gürtel, der von Europa nach Nordafrika über Südwestasien bis Südost- und Ostasien reichte und Mittelamerika mit einschloss. In der folgenden Zeit gestaltete sich jedoch die Entwicklung, besonders in Europa, differenzierter. Dort bildeten sich Regionen mit bestimmen Anbauprodukten heraus. Im Mittelalter drang der Ackerbau schließlich auch in Gebiete vor, die an sich ein ungünstiges Relief und Klima sowie schlechte Böden aufwiesen. Eine maßgebliche Phase der Gestaltung des Agrarraums begann gegen Ende des 15. Jahrhunderts mit der europäischen Kolonisation und der damit verbundenen Übertragung europäischer Wirtschaftsformen sowie mit den Auswanderungsbewegungen des 16. und

Der **Hungergürtel** der Erde umfasst Länder, deren Einwohner weniger als 2300 Kilokalorien täglich zu sich nehmen.

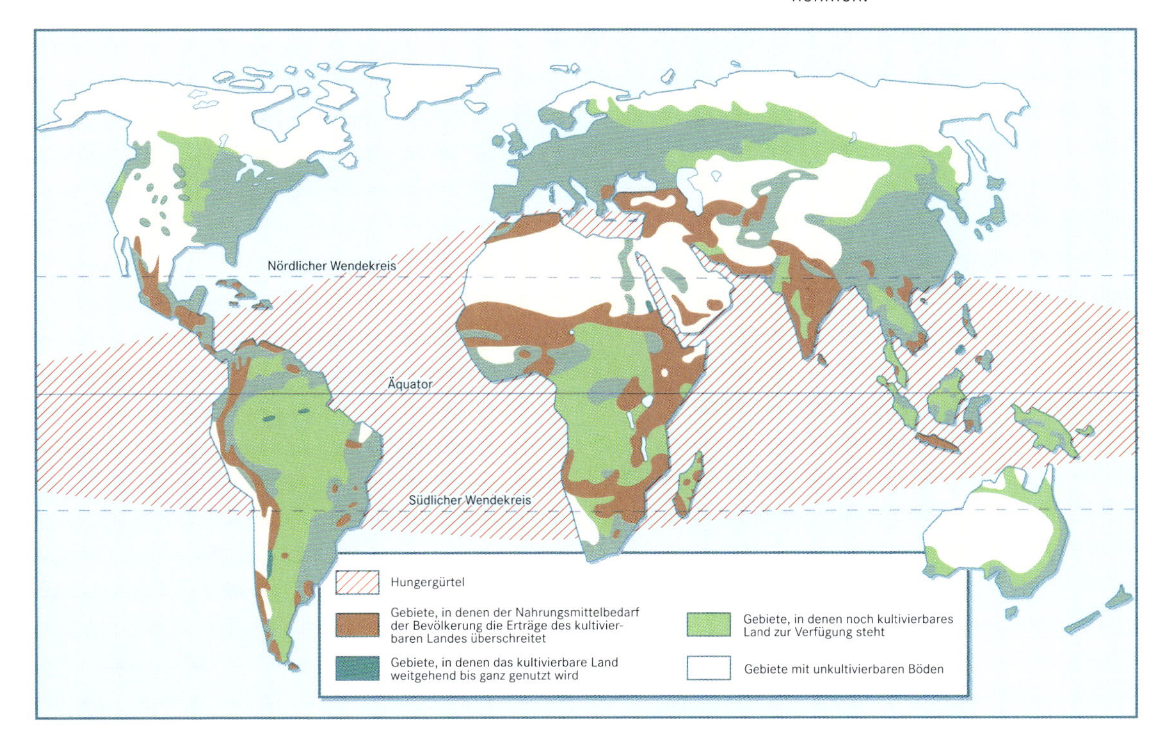

19. Jahrhunderts. Die jüngste Veränderung des Agrarraums hat Mitte des 19. Jahrhunderts eingesetzt. Sie ist durch die Rationalisierung und Technisierung der Agrarwirtschaft gekennzeichnet. Dazu zählen moderne ertragssteigernde und bodenschonende Fruchtwechselsysteme, die Mechanisierung der Landwirtschaft und der Düngemitteleinsatz. Zur Ausweitung der agrarischen Produktionen trug auch die Züchtung neuer Pflanzensorten bei.

Hitze und Kälte setzen der Landnutzung Grenzen

Sowohl ökonomische als auch ökologische Faktoren bestimmen Verlauf, Lage und Ausprägung der Grenzen agrarischer Nutzung. Die Bestimmung der verschiedenen ökologischen Grenzen geht von drei klimatisch bestimmten Grenzen aus: der Polar-, der Trocken- und der Höhengrenze des Ackerbaus.

Die Kältegrenzen liegen dort, wo mit zunehmender geographischer Breite (Polargrenze) oder zunehmender Höhe (Höhengrenze) die Temperaturen für den Feldbau zu niedrig sind. Die Höhengrenze trennt die höheren Gebirgsteile inselartig von den genutzten tieferen Gebieten, geht in hohen Breiten in die Polargrenze über und steigt mit den Temperaturen von den Polen zum Äquator hin an. Im Gebirge kommt zu den klimatischen Faktoren noch das Relief als erschwerender Faktor für den Anbau hinzu. Der zunehmende Bevölkerungsdruck, überwiegend in den Entwicklungsländern, bringt ökonomische und ökologische Gefahren besonders für die tropischen Gebirge mit sich, wie etwa Bodenerosion und Störungen des Wasserhaushalts.

Unterhalb der Trockengrenze erlauben die geringen Niederschläge und die hohe Verdunstung keinen Regenfeldbau mehr. An der klimatischen Trockengrenze beträgt das Verhältnis zwischen Niederschlag und Verdunstung eins zu eins. Die agronomische Trockengrenze beschreibt die Linie ausreichenden Niederschlags für den Anbau bestimmter Nutzpflanzen. Die Niederschlagswerte zur Bestimmung der agronomischen Trockengrenzen liegen höher als die der klimatischen Trockengrenze. Der wachsende Bevölkerungsdruck bewirkte eine ständige Ausweitung der landwirtschaftlichen Nutzfläche in Gebiete jenseits der Trockengrenze und führte durch massive Wasserentnahme aus Flüssen, Seen und Grundwasserreservoirs für die Bewässerung häufig zur Schädigung des Naturhaushalts in diesen Regionen.

Die Feuchtgrenzen hingegen umschließen solche Gebiete, die wegen Überschwemmungen, Moorbildung oder wegen Wasser stauender schwerer Böden eine Nutzung nicht mehr erlauben. Durch Entwässerung, Abflussregelung und Moorkultivierung ist es jedoch möglich, die Feuchtgrenzen zurückzudrängen. Unter dem Sammelbegriff der Nassgrenzen werden vor allem jene Grenzbereiche des menschlichen Lebensraums verstanden, in denen zu große Feuchtigkeit des Bodens seine landwirtschaftliche Nutzung be- oder verhindert. Die Meeresgrenze der Landnutzung kann sich schließlich durch die abtragende Tätigkeit der Meeresbrandung (Abrasion),

Sturmfluteinbrüche, aber auch durch Neulandgewinnung, wie beispielsweise in den Niederlanden, verändern.

Die Landschaftsgürtel als agrarische Gunsträume

Die Landschaftsgürtel der Erde werden durch das Klima, den Boden, die Pflanzen- und Tierwelt bestimmt und geben den regionalen Rahmen für die landwirtschaftliche Nutzung vor.

Die Zone am Äquator unterliegt besonderen Bedingungen. Bodenfruchtbarkeit und Niederschlagsverhältnisse bestimmen die Landwirtschaft in den Tropen maßgeblich. In den feuchten Tropen (Regenwald, Feuchtsavanne) laufen die Bodenbildungsprozesse anders ab als in den trockenen Tropen (Trocken-, Dornsavanne). In den feuchten Tropen werden die Böden durch den Wasserüberschuss stark ausgewaschen. Diese Böden bezeichnet man als Latosole oder Ferallite. Sie sind in der Regel sehr nährstoffarm. Die hohe Produktionskraft des Feuchtwalds erklärt sich nur dadurch, dass der Nährstoffvorrat aus der gerade abgestorbenen Biomasse außerordentlich rasch umgesetzt wird. Die hohe Remineralisierungsrate macht die Nährstoffe im Oberboden für die Pflanzen rasch wieder verfügbar. Durch diesen Nährstoffkreislauf im Oberboden wird die ständige Regeneration des Walds trotz des geringen Mineralgehalts und der schwachen Speicherfähigkeit der Tonminerale in den unteren Bodenhorizonten ermöglicht. Dieser Kreislauf wird jedoch durch die Brandrodung des Regenwalds empfindlich gestört.

Brandrodungsfläche n der Dominikanischen Republik. M thilfe der Brandrodung wird im tropischen Regenwald Neuland für die Landwirtschaft erschlossen. Die verkohlten Reste der Bäume zwischen den Kulturpflanzen sind Zeugen dieser seit Jahrhunderten betriebenen Landerschließungsmaßnahme. Allerdings ist nur eine zeitlich begrenzte Nutz ng der so erschlossenen Flächen möglich.

Die Böden der trockenen Tropen zeichnen sich im Vergleich zu denen der feuchten Tropen durch eine höhere potentielle Fruchtbarkeit aus. Der niedrigere Wassergehalt wiederum beschränkt den Feldbau, der in der Dornsavanne nicht mehr möglich ist. Trotz klimatischer Nachteile werden innerhalb der Tropen bevorzugt die Trockensavannen infolge ihrer guten Bodenqualität landwirtschaftlich genutzt und weisen einen hohen Kulturlandanteil auf.

Oase Douz bei Tozeur in Tunesien. Oasen liegen am Rand oder inmitten einer Wüste. Aufgrund von Wasserverfügbarkeit sind sie Standort reichen Pflanzenwachstums und werden landwirtschaftlich intensiv genutzt. Außerhalb der Oase sind Schutzvorrichtungen gegen das Vorrücken des Sands (Dünenwanderung) zu erkennen.

In den tropischen Gebirgen werden natürliche Vegetation und landwirtschaftliche Nutzung in verschiedene Höhenstufen gegliedert. Der Anbau von tropischen und subtropischen Kulturpflanzen wie Kaffee, Kakao und Bananen geht mit zunehmender Höhe in Kulturarten der gemäßigten Breiten über. In den tropischen Höhenregionen spielt schließlich auch die Viehhaltung auf der Grundlage von Weide- und Feldfutterbau eine wichtige Rolle. Jenseits der Kältegrenze lässt sich nur extensive Weidewirtschaft betreiben.

Die Wüstensavannen und Wüsten schließen sich polwärts an die Dornsavannen an. Sie sind in Nord- und Südamerika, vor allem aber in Nordafrika, Asien und Australien verbreitet. Diese extremen Trockengebiete erlauben nur eine extensive Nutzung durch nomadische Viehhaltung sowie sporadische Jagd- und Sammelwirtschaft. In den Oasen kann jedoch ein intensiver Anbau dank der Bewässerung mit Grund-, Quell- oder Flusswasser betrieben werden. Neben der dort weit verbreiteten Dattelpalme werden insbesondere auch Mais, Weizen, Gerste, Hirse, Baumwolle und Agrumen angebaut.

Die Subtropen, die sich polwärts den Tropen anschließen, sind je nach Niederschlagshöhe in trockene, winterfeuchte sowie sommer- und immerfeuchte Subtropen zu differenzieren. Landwirtschaft in den winterfeuchten Subtropen erfordert zum Ausgleich der Sommertrockenheit Bewässerung. Im Gegensatz zum Bewässerungsfeldbau wird beim Trocken- und Regenfeldbau der Wasserbedarf der Nutzpflanzen vollständig aus den Niederschlägen gedeckt. Im Mittelmeerraum wird Trockenfeldbau bei Weizen, Gerste und Mais betrieben. Die Transhumanz, eine Form der Fernweidewirtschaft im mediterranen Raum, passt sich dem Verlauf der Jahreszeiten an. In den sommer- und immerfeuchten Subtropen bieten Niederschläge und höhere Temperaturen im Sommer die besten Voraussetzungen für die Bodennutzung. Hier werden landwirtschaftliche Produkte wie verschiedene Getreidearten, Baumwolle, Erdnüsse, Tabak, Agrumen und Tee angebaut. Der Viehhaltung kommt keine besondere Bedeutung zu, sie beschränkt sich auf Futterbau oder Weidewechselwirtschaft.

Die **Transhumanz** ist eine besondere Form der **Fernweidewirtschaft,** bei der Viehherden im jahreszeitlichen Wechsel zwischen einer im Winter schneefreien Küsten- oder Talweide und einer sommerlichen Höhenweide im Gebirge wandern. Es kommt kaum zu einer winterlichen Einstallung des Viehs, und im Gegensatz zum Hirtennomadismus wandern nicht die Besitzer der Tiere mit, sondern für diese Tätigkeit werden Fremdhirten bezahlt. Die Transhumanz ist vor allem im Mittelmeergebiet und in Utah (USA) verbreitet.

Optimale Bedingungen in der kühlgemäßigten Zone

Die kühlgemäßigte Zone, die polwärts an die Subtropen angrenzt, ist klimatisch sehr vielfältig und teilt sich in die Unterzonen der ozeanischen, wintermilden Waldklimate und der kontinentalen Schwarzerdesteppen. In der kühlgemäßigten Zone finden sich die ausgedehntesten Feldbaugebiete der Erde dank günstiger

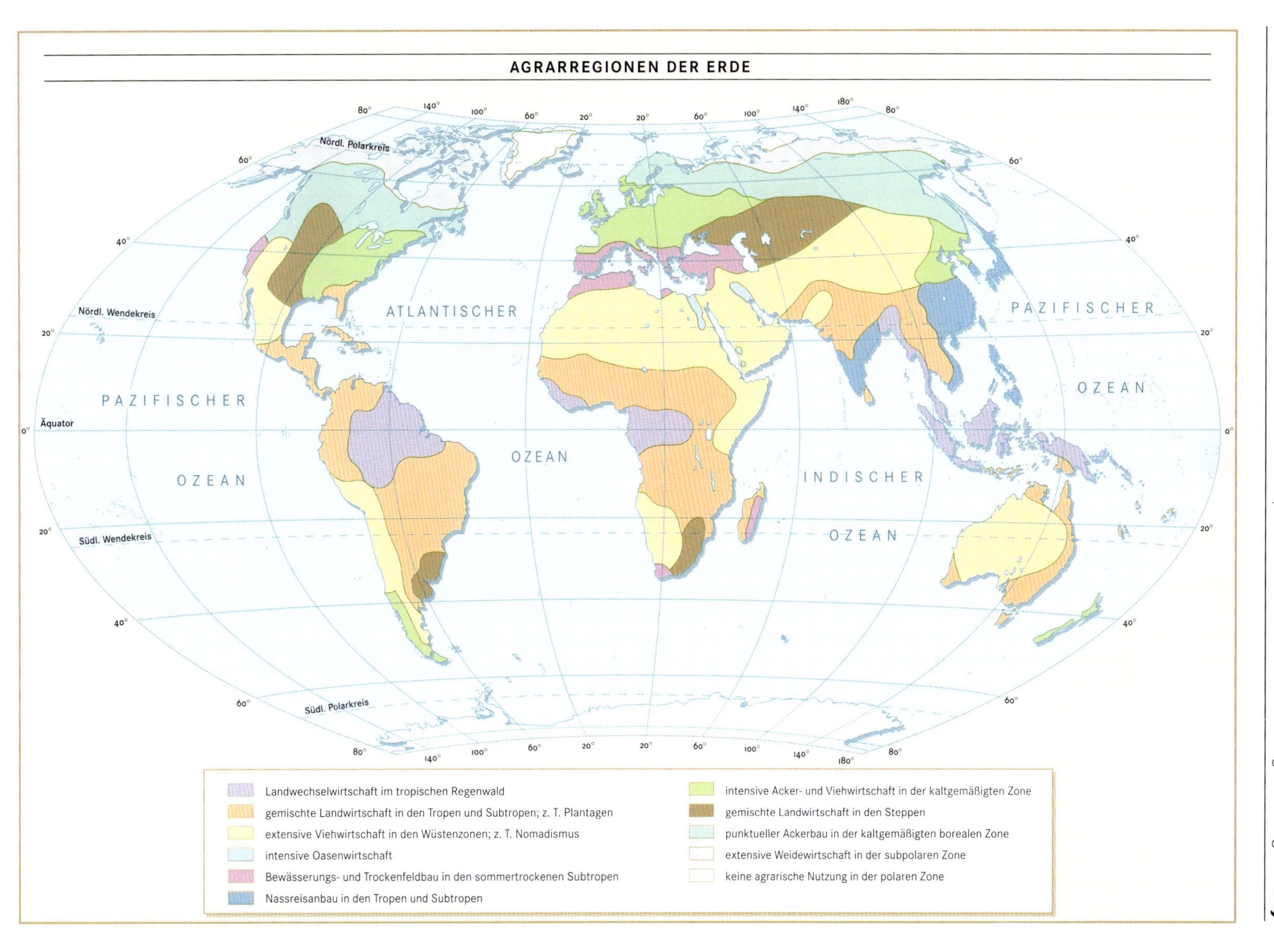

AGRARREGIONEN DER ERDE
Nördl. Polarkreis
Nördl. Wendekreis
Äquator
Südl. Wendekreis
Südl. Polarkreis
ATLANTISCHER
OZEAN
PAZIFISCHER
OZEAN
PAZIFISCHER
OZEAN
INDISCHER
OZEAN
Landwechselwirtschaft im tropischen Regenwald
gemischte Landwirtschaft in den Tropen und Subtropen; z. T. Plantagen
extensive Viehwirtschaft in den Wüstenzonen; z. T. Nomadismus
intensive Oasenwirtschaft
Bewässerungs- und Trockenfeldbau in den sommertrockenen Subtropen
Nassreisanbau in den Tropen und Subtropen
intensive Acker- und Viehwirtschaft in der kaltgemäßigten Zone
gemischte Landwirtschaft in den Steppen
punktueller Ackerbau in der kaltgemäßigten borealen Zone
extensive Weidewirtschaft in der subpolaren Zone
keine agrarische Nutzung in der polaren Zone

Niederschlags- und Temperaturverteilung sowie guter Böden. Diese günstigen natürlichen Voraussetzungen führten zur Entwicklung einer vielfältigen Kulturlandschaft. Neben Getreidearten (Weizen, Gerste, Roggen, Hafer und zunehmend Mais) werden Hackfrüchte und Futterpflanzen (Kartoffeln, Zuckerrüben, Futterrüben, Luzerne, Klee) angebaut. In klimamilden Regionen treten auch Sonderkulturen (Obst, Wein, Feldgemüse) auf. Die Viehwirtschaft ist ebenfalls in diesem Raum sehr ausgeprägt. Die Schwarzerdesteppen besitzen die besten Ackerböden der Erde. So stellen die leicht erschließbaren Steppen Nordamerikas und der GUS-Staaten heute wichtige Produktionsräume für Weizen, Mais, Zuckerrüben und Ölpflanzen dar. Durch Zerstörung ihrer natürlichen Vegetation fielen aber große Flächen der Bodenabtragung durch Wind und Wasser zum Opfer. In den trockensten Teilen der Steppen stößt der landwirschaftliche Anbau allerdings an seine Grenzen und wird von extensiver nomadischer Viehhaltung abgelöst. Mithilfe von Trockenfarmsystemen (englisch: dry farming) und Bewässerungsanlagen kann diese Grenze jedoch weiter in die Trockengebiete verschoben werden. Die klimatischen und naturräumlichen Bedingungen der kaltgemäßigten borealen Zone erlauben den Feldbau nur auf Rodungsinseln im Wald. Während in der subpolaren Zone kein Feldbau, jedoch extensive Weidewirtschaft in Form von Rentierhaltung möglich ist, ist in der polaren Zone jegliche landwirtschaftliche Nutzung ausgeschlossen.

Im Herbst treiben Lappen in Finnmark, Norwegen, die **Rentiere** zusammen. Das Ren dient diesen nordeuropäischen Nomaden als Zug- und Tragtier sowie als Fell-, Leder-, Fleisch- und Milchlieferant. Erste Nachweise für seine Domestikation stammen aus dem dritten vorchristlichen Jahrtausend.

Methoden der Neulanderschließung

Bereits vor Jahrhunderten gehörte es zu den Aufgaben staatlicher Agrarpolitik, neue Nutzflächen für die Landwirtschaft zu erschließen. Die Anlage von Reihendörfern in Rodungsgebieten (Waldhufensiedlungen) in den Mittelgebirgen Mitteleuropas ist ein Beispiel obrigkeitlicher Planung. Aber auch im 20. Jahrhundert wurden Pläne zur Neulanderschließung aufgestellt. Hierzu kann man die Kolonisierung asiatischer Steppengebiete in den GUS-Ländern, die Flüchtlingsansiedlung in Lappland nach dem Zweiten Weltkrieg oder den niederländischen Zuiderzeeplan zur Neulandgewinnung aus dem Meer zählen. Heute werden neue Flächen vor allem in den Steppen- und Savannenzonen und im tropischen Regenwald der Entwicklungsländer erschlossen.

Die Nutzfläche kann durch Rodung der natürlichen Vegetation, durch Kultivierung von Grasland und Mooren, durch Bewässerung oder durch Landgewinnung aus dem Meer erschlossen werden. Heute wird meist mithilfe von Maschinen gerodet. In den Tropen und Subtropen herrscht jedoch noch die Brandrodung vor, auf die in der Regel der Wanderfeldbau (englisch: shifting cultivation) und die Landwechselwirtschaft folgen. Die Erschließung von offenem Grasland erfolgt durch Umbruch zu Ackerland oder durch Beweidung. Im subtropischen Raum werden oftmals Weidebrände am Ende der Trockenzeit gelegt, um in der Regenzeit das Neuausschlagen der Gräser zu beschleunigen. Besonders in Norddeutschland wurde die Moorkultivierung zur Neulanderschließung durchgeführt. Hierbei wird ein Gebiet über Gräben und Kanäle zunächst entwässert und danach durch Tiefpflügen und Düngung urbar gemacht. Auch die Bewässerung hat eine lange Tradition innerhalb der Neulanderschließung. Sie wird nicht nur in Trockengebieten eingesetzt, sondern dient auch der Ertragssteigerung auf bereits erschlossenen Flächen.

Moorhufendorf Twist im Emsland. Entlang der schmalen Hufe ziehen sich Entwässerungskanäle. Die Hufe ist ein historisches Ackermaß, die das Auskommen einer bäuerlichen Familie sichern sollte.

Die Landgewinnung aus dem Meer erfordert ein hohes Maß an Kapital- und Arbeitseinsatz. Die bekanntesten Neulandgebiete befinden sich an den Wattenküstenrändern der Nordsee. Nach Entwässerung und Entsalzung der fruchtbaren Polder- oder Marschböden kann die landwirtschaftliche Nutzung beginnen. In den Niederlanden entstand durch Einpolderung der Zuiderzee eine neue, 1650 Quadratkilometer große Kulturlandschaft.

Ursachen der Neulandgewinnung

Die Grenzen des Agrarraums sind instabil und ständigen Schwankungen unterworfen. Hierfür sind demographische, ökonomische, politische und ökologische Faktoren verantwortlich. Hauptbeweggründe für die Neulanderschließung sind das Bevölkerungswachstum und der dadurch erhöhte Bedarf an Nahrungsmitteln. Aber auch der Preisverfall oder die -steigerung für landwirtschaftliche Produkte beeinflussen die Größe des agrarwirtschaftlich genutzten Raums. In den USA führte unter anderem der Verfall des Weltweizenpreises in den 1930er-Jahren zu einer Verkleinerung der Weizenanbaufläche.

Die Neulanderschließung im Zuge der europäischen Überseekolonisation ab dem 16. Jahrhundert war machtpolitisch motiviert und beruhte auf der Ausdehnung der politischen Einflusssphäre europäischer Staaten. Ökologische Faktoren wie Klimaschwankungen beeinflussten die Anbaugrenzen zum Beispiel in Island und Grönland. Auch anthropogene Umweltschäden wie die Ausdehnung der Sahara (Desertifikation) drängen die Grenzen des Landbaus zurück.

Während in den Industrieländern teilweise Prämien für Flächenstilllegungen gezahlt werden, um die Überproduktion abzubauen, expandieren die Anbaugebiete in den Entwicklungsländern stark. Brasilien ist ein Beispiel für die zum Teil vom Staat geregelte, meist aber unkontrollierte Landnahme. Dort richten Abholzung und Brandrodung große ökologische Schäden an. Ebenso sorgen technische Verbesserungen in der Landwirtschaft sowie veterinärhygienische Fortschritte für eine Ausdehnung des Agrarraums. Der Einsatz von Herbiziden beispielsweise verringert die Arbeitszeiten für das Unkrautjäten, sodass mehr Fläche bewirtschaftet werden kann. Durch eine bessere Verkehrsanbindung kann die Entfernung zwischen Produzent und Absatzmarkt schneller zurückgelegt werden. Die damit verbundenen günstigeren Transportkosten und die Zeitersparnis ermöglichen es, mehr Land zu bewirtschaften.

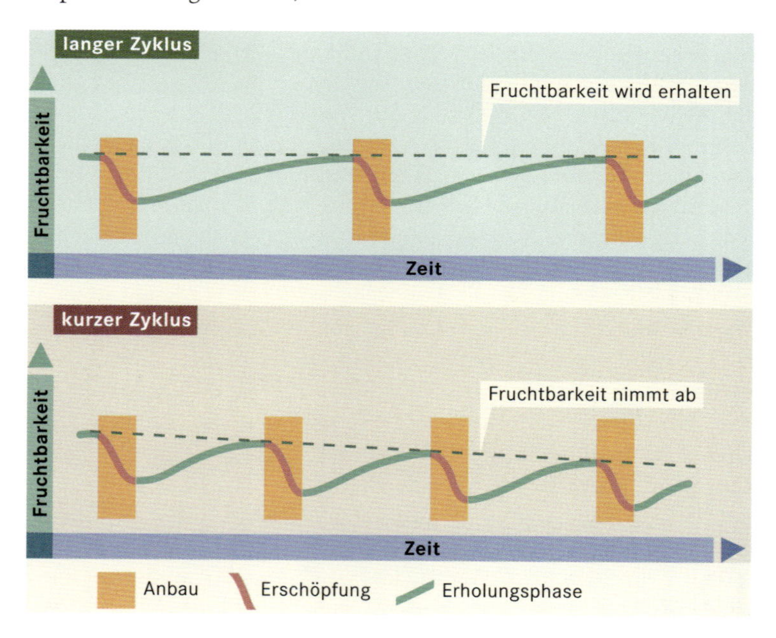

Aufgrund des erhöhten Bevölkerungsdrucks verkürzen sich die **Nutzungszyklen beim Wanderfeldbau.** Der Boden hat nicht mehr genügend Zeit, sich zu regenerieren. Die Folge sind geringere Erträge beim Anbau und auf längere Sicht eine Degradierung des tropischen Regenwalds.

Ägypten – Landwirtschaft in der Wüste

Besonders gravierend ist das explosive Bevölkerungswachstum in Ländern wie Ägypten. Da das Kulturland nur 2,6 Prozent des Staatsgebiets umfasst, ist der rasche Bevölkerungsanstieg kaum zu verkraften. Die kleine Fläche des Niltals und -deltas wird sehr intensiv landwirtschaftlich genutzt und ist gleichzeitig Siedlungsraum der

Mithilfe von Pumpen und Bewässerungskanälen werden in der Wüste Ägyptens außerhalb des Niltals **neue landwirtschaftliche Nutzflächen** erschlossen.

meisten Ägypter. Die restliche Landesfläche ist unwirtliche Wüste. Um die Steigerung der Nahrungsmittelproduktion dem Bevölkerungswachstum anzupassen, kann die Landwirtschaft intensiviert sowie neues Ackerland mittels Wüstenkultivierung erschlossen werden.

Landesweit wurde in der 2. Hälfte des 20. Jahrhunderts insgesamt eine Fläche von 411 000 Hektar neu erschlossen, davon aber bisher nur 259 000 Hektar landwirtschaftlich genutzt. Die Diskrepanz zwischen erschlossenem und tatsächlich genutztem Gebiet hängt damit zusammen, dass in den Neulandgebieten ein langer Zeitraum bis zum Erreichen der Produktivität verstreicht. Grundsätzlich fehlt eine langfristig angelegte Siedlungs- und Entwicklungspolitik, die Neulandprojekte werden übereilt geplant und ausgeführt. Fehlende oder fehlerhafte Infrastruktureinrichtungen führen beispielsweise zum Zusammenbruch der Stromversorgung und in der Folge zu einer Lahmlegung vieler Tiefbrunnen und Pumpsysteme, die zur Bewässerung erforderlich sind.

Ein weiteres Problem stellt die zum Teil große Entfernung zwischen den Neulandgebieten und den Absatzmärkten dar, sodass die landwirtschaftlichen Produkte aufgrund der hohen Transportkosten nicht mehr gewinnbringend vermarktet werden können. Durch Unzulänglichkeiten oder Missmanagement bei der Entwässerung kommt es zu Bodenvernässung und -versalzung. Auch werden Anbaugebiete häufig von Wanderdünen überdeckt. Die abnehmende Leistung vieler Tiefbrunnen und die steigenden Förderkosten beeinträchtigen die Produktivität der Neulandgebiete zusätzlich.

Die Neulandgebiete können – wie in Saudi-Arabien – nur mit Subventionen für den Ackerbau wirtschaftlich genutzt werden. Entwicklungsfähigeren Bereichen der ägyptischen Volkswirtschaft gehen hierdurch staatliche Investitionen verloren. Da die Wasservorräte Ägyptens größtenteils vom Nil abhängen und sich sein Wasser nach heutigem Kenntnisstand deutlich verknappen wird, kommen

Bodenversalzung auf bewässerten Nutzflächen in der Oase Dahkla, in Ägyptens Westwüste. In ariden Gebieten kann infolge der hohen Verdunstung das Bewässerungswasser nicht in die Tiefe versickern, sondern steigt kapillar nach oben auf. Dabei fallen die bei der Verdunstung gelösten Salze aus und lagern sich im Boden und an der Bodenoberfläche als Ausblühungen und Krusten an.

auf die Landwirtschaft im Bereich von Niltal und -delta große Probleme zu. Die Lage spitzt sich unter anderem durch die Wasserentnahme der Nilanrainerstaaten flussaufwärts zu.

China – Nahrungsmittel für über eine Milliarde Menschen

Die Neulanderschließung in bevölkerungsreichen Ländern wie China ist seit Ende der 1930er-Jahre quantitativ bedeutsam. Die Deckung des gewaltigen Nahrungsmittelbedarfs von weit über einer Milliarde Chinesen wird dadurch erschwert, dass zwei Drittel der Gesamtfläche Chinas zu den Trockengebieten und Hochgebirgen gerechnet werden. Mithilfe moderner Bewässerungstechnologie wurden am Rand großer Beckenlandschaften Flussgebiete und Gebirgsfußoasen neu erschlossen. Nachdem jedoch seit den 1950er-Jahren die Anzahl der in Betrieb genommenen Bewässerungsanlagen zunahm, versiegten in den Trockengebieten immer mehr Unterläufe. Daraufhin versuchte man die hohen Verdunstungsraten bei Staubecken und Kanälen durch den Bau unterirdischer Wasserspeicher und baumbestandener Kanäle sowie durch die Instandsetzung unterirdischer Stollensysteme zu verringern.

Zur Entwicklung neuer Bewirtschaftungsmethoden tragen vor allem die Staatsfarmen bei, auf die unter anderem das so genannte Scientific Farming zurückgeht. Hierbei verbesserte man die im Anbau verwendeten Pflanzenvarietäten, erhöhte durch Hybridzüchtungen die Anpassungsfähigkeit der Pflanzen und Fruchtfolgen und erreichte durch die Mechanisierung eine Produktivitätssteigerung. Ebenso wurden Düngeranwendung und Bewässerungstechnik verfeinert. Durch den Einsatz von Drainagesystemen sowie das Anlegen von Grünstreifen versucht man, die Versalzung und Desertifikation in den Griff zu bekommen.

Neben diesen Erfolgen in der Landerschließung gab es aber auch Rückschläge. So wurden in den 1960er-Jahren große Weidegründe (etwa 200 000 Hektar) in der Inneren Mongolei für den Getreideanbau erschlossen, da man davon ausging, dass gute Weideflächen auch für den Ackerbau zu nutzen seien. Nach einiger Zeit stellte man jedoch fest, dass über 92 Prozent für den Ackerbau völlig unbrauchbar waren, und legte die Flächen wieder still. So wurde gutes Weideland zerstört und man musste wegen Futtermangels für die übrig gebliebenen Herden im Winterhalbjahr Futtermittel importieren. Nach diesem Fehlschlag stellte man die Bodennutzung erneut auf Weidewirtschaft um. Nach einer Regenerationsphase darf dieses Gebiet heute wieder zu Recht »Fleisch- und Milchtopf Chinas« genannt werden.

Neulanderschließung um jeden Preis?

Das Beispiel Ägyptens zeigt deutlich, dass hinsichtlich der Erweiterung des Agrarraums in der Dritten Welt vor euphorischer Zuversicht gewarnt werden muss. Eine massive Ausdehnung in Trockengebiete ist ohne sorgfältige Planung und technisches Know-how nicht möglich. Trotzdem gibt es in Ägypten Pläne, die

die Erschließung von 2,7 Millionen Hektar Land vorsehen. Dabei soll unter anderem ein 370 Kilometer langer Kanal vom Nassersee südlich von Assuan bis in die neu zu erschließenden Gebiete gebaut werden.

In China erhöht sich durch die beständig wachsende Bevölkerung auch der Nahrungsmittelbedarf immer weiter. Andererseits erscheinen Neulanderschließungen in den Trockengebieten ökologisch und ökonomisch nicht mehr möglich. Das lässt den Schluss zu, dass in China die Nahrungsmittelproduktion nur noch durch eine Intensivierung des Ackerbaus und der Viehwirtschaft gesteigert werden kann. Auch die chinesische Regierung hat dies erkannt und senkte die Subventionen für Erschließungen von Neuland in den letzten Jahren drastisch.

Nassreisanbau als Monokultur auf der Insel Trinidad in der Karibik. Das Aufstauen von Wasser erlaubt 3 bis 4 Reisernten pro Jahr.

Bodennutzungssysteme in der Landwirtschaft

Dominiert bei der Bodennutzung eines Betriebs oder eines größeren Agrarraums eine Kulturart, spricht man von Monokultur. Die Reisanbaugebiete Südostasiens sind ein Beispiel für diese einseitige Bodennutzung. Die Vorteile der Monokultur liegen im konzentrierten Einsatz der Produktionsfaktoren auf ein Produktionsziel sowie der damit verbundenen Kostenreduktion und Rationalisierung. Nachteilig wirken sich die einseitige Abhängigkeit von Witterung, Absatz und Preisentwicklung sowie Bodenermüdung und Pflanzenkrankheiten aus. Die Polykultur ermöglicht dagegen einen Risikoausgleich. Die Abhängigkeit von Witterung und Markt wird gemildert, die Anpassung an die Bodenverhältnisse lässt sich flexibler gestalten.

Ein Wechsel der Bodennutzung kann eine Bodenerschöpfung verhindern und der Regeneration des Ausgangsmaterials dienen. Es ist zwischen einem Nutzungswechsel mit Flächenwechsel und einem Nutzungswechsel auf der gleichen Fläche zu unterscheiden. Bei den Systemen mit Flächenwechsel wird die Nutzung aufgrund eines nachlassenden Bodenertrags verlagert. Hierbei ist entweder ein Anbauflächenwechsel (englisch: shifting cultivation) oder ein Weideflächenwechsel möglich. Der Anbauflächenwechsel ist die älteste Form der Landnutzung. Beim Weideflächenwechsel bewirken die klimatischen und natürlichen Bedingungen wie etwa mangelnde Niederschläge und Überweidung aufgrund der ungenügenden Futtergrundlage das Aufsuchen neuer Weideflächen. Nomadismus und Transhumanz sind die Hauptformen der Viehwirtschaft mit Flächenwechsel. Während dieser Flächenwechsel im Nomadismus mit einer Verlegung der Siedlung einhergeht, bleiben bei der Transhumanz die Siedlungen stationär.

Bei der **Fruchtfolge** werden verschiedene Ackerfrüchte in einem geregelten, mehrjährigen Rhythmus angebaut. Dieser Fruchtumlauf richtet sich nach den Klima- und Bodenbedingungen sowie der Struktur des landwirtschaftlichen Betriebs und hat das Ziel, die Bodenfruchtbarkeit zu erhalten, den Schädlingsbefall zu minimieren und die Erträge zu optimieren.

Bei den Systemen ohne Flächenwechsel erfolgt der Anbau auf fest abgegrenzten Parzellen. Aufgrund der langen Beanspruchung des Bodens sind Düngung oder Fruchtfolgen zum Erhalt der Ertragfähigkeit erforderlich. Um einer Bodenermüdung entgegenzuwirken, kann ein Nutzungswechsel durch Kombination von Ackerbau, Wald und Grünland oder innerhalb des Ackerbaus durch Fruchtfolgen geschehen. Neben den Bodenverhältnissen hat die Anbauordnung den jährlichen Klimaablauf zu berücksichtigen, das heißt die Höhe und Verteilung der Niederschläge sowie die Temperaturen. Je nach Wasserbedarf der Pflanzen und Speicherkapazität des Bodens ist zu entscheiden, ob Regenfeldbau betrieben werden kann oder ob bewässert werden muss, um die Wasserversorgung zu sichern. Die Dauer der Nutzung beim Regenfeldbau hängt von der jährlichen Niederschlags- und Temperaturverteilung ab. Erlauben die Niederschläge und Temperaturen einen ganzjährigen Anbau, wie zum Beispiel in den Tiefländern der immerfeuchten inneren Tropen, spricht man von Dauerfeldbau; ist ein Anbau nur im jahreszeitlichen Wechsel möglich, spricht man von Jahreszeitenfeldbau.

Formen der Viehwirtschaft

Die Viehwirtschaft lässt sich nach Nutzvieharten (zum Beispiel Rindern, Schweinen und Schafen), Produktionszielen wie Viehzucht und Viehhaltung (Trag-, Zugtierhaltung, Milchvieh-, Jungviehhaltung) und Organisationsformen klassifizieren. Bei den Organisationsformen unterscheidet man zwischen Wanderviehwirtschaft und stationärer Viehwirtschaft.

Die **Alm** ist ein der sommerlichen Weidenutzung dienendes Areal in der Mattenzone von Hochgebirgen, hier der Walliser Alpen. Sie ist Grundlage der Almwirtschaft.

Die Wanderviehwirtschaft vollzieht sich im Nutzungssystem des Weideflächenwechsels und ist mit dem Nomadismus verbunden. Sie stellt die am weitesten in die Randbereiche des menschlichen Lebensraums vorgeschobene agrarische Nutzform dar und vollzieht sich in enger Anpassung an die Naturgrundlagen. Die Agrarbevölkerung wandert mit den Herden zwischen den Weidegründen. Die Tierbestände dienen der Selbstversorgung, in neuerer Zeit aber auch schon zum Teil der Marktversorgung. Heute ist die nomadisierende Weidewirtschaft rückläufig, sie wird nur noch in Teilen West- und Zentralasiens sowie in Nordafrika betrieben. Die Transhumanz ist – entsprechend den klimatischen Bedingungen – vor allem in den subtropischen Randländern des Mittelmeers verbreitet. Die Almwirtschaft unterscheidet sich von der Transhumanz darin, dass sie im Winter eine Einstallung mit Fütterung in den Dauersiedlungen umfasst. Die Höhenweiden (Almen) werden von Frühjahr bis Herbst aufgesucht. Dort befinden sich auch die saisonalen Siedlungen der Hirten. Die Almwirtschaft ist in den Alpen und in vielen Mittelgebirgen Mitteleuropas sowie in Nordeuropa verbreitet.

Die stationäre Viehwirtschaft wird als reine Weidewirtschaft ohne Ackerbau oder in Verbindung mit Stallhaltung betrieben. Diese Form der Weidewirtschaft erzeugt mit geringem Arbeits-, aber hohem Flächenaufwand tierische Produkte für den Markt. Sie findet sich als »Ranchwirtschaft« in den semiariden Steppen- und Savannengebieten Nordamerikas, aber auch in den Nachfolgegebieten der Viehsowchosen und -kolchosen der GUS-Staaten. Die intensive Form der stationären Viehwirtschaft ist mit Ackerbau kombiniert und erzielt bei einem höheren Aufwand an Arbeit und Kapital größere Erträge je Flächeneinheit als die stationäre Weidewirtschaft ohne Ackerbau. Ackerbau und Viehwirtschaft sind durch die Lieferung von Dünger seitens der Viehwirtschaft und von Futter seitens des Ackerbaus voneinander abhängig. Die Umwandlung der landwirtschaftlichen Produkte über den Tiermagen in tierische Produkte wird unter dem Begriff Futterveredlung zusammengefasst. Sie gewinnt in den Industrieländern an Bedeutung und nimmt immer mehr Ackerflächen in Anspruch. Die Massentierhaltung ist die am stärksten technisierte und rationalisierte Form der Viehwirtschaft. Sie kann sich jedoch wegen der großen Abfallmengen auf die Umwelt und die Gesundheit der Tiere nachteilig auswirken.

Der Chemiker **Justus von Liebig** verfasste im 19. Jahrhundert Arbeiten zur technischen und analytischen Chemie. Daneben leistete er wichtige Beiträge auf dem Gebiet der organischen Chemie. So gilt er als Begründer der modernen Düngelehre und der Agrikulturchemie.

Mineraldüngung und Pflanzenschutzmittel

Neben dem Pflanzenschutz und der Pflanzenzüchtung spielt die Düngung mit Mineraldünger eine entscheidende Rolle im modernen Landbau. Eine dauernde landwirtschaftliche Bodennutzung und regelmäßiger Anbau von Nutzpflanzen sind ohne Düngung nicht möglich. Ernte, Beweidung sowie Bodenerosion und Auswaschungen bewirken Nährstoffverluste, die durch Düngung ausgeglichen werden müssen, um gleich bleibend optimale Pflanzenerträge zu gewährleisten.

Die Erfahrung, dass Düngung und Ertragsbildung eng miteinander verflochten sind, machte man schon frühzeitig. Über Jahrhunderte hinweg war es üblich, Mist und Gülle aus der Tierhaltung, so genannten organischen Dünger, möglichst gleichmäßig auf den Äckern auszubringen. In der ersten Hälfte des vorigen Jahrhunderts erkannte Justus von Liebig die komplexen Zusammenhänge beim

Düngevorgang. Er konnte die Düngewirkung der verschiedensten Substrate auf ganz bestimmte Mineralstoffe zurückführen und stellte fest, dass der Pflanzenertrag von demjenigen Nährstoff begrenzt wird, der am geringsten im Boden enthalten ist. Eine Erkenntnis, die man heute als Liebig'sches Minimumgesetz bezeichnet. Doch erst die Entwicklung der mineralischen Handelsdünger aus natürlichen Ausgangsstoffen oder Nebenprodukten anderer Industrien sowie seit 1913 die Ammoniaksynthese aus Luftstickstoff brachten der Landwirtschaft die entscheidende Wende. Nun standen mineralische Pflanzennährstoffe in ausreichenden Mengen und zu günstigen Preisen zur Verfügung. Anorganische Dünger ermöglichen dem Landwirt, organische Nährstoffquellen zu ergänzen und schließlich zu ersetzen. In den meisten Industrieländern liefern sie heute mehr Nährstoffe als organische Quellen.

Rasanter Anstieg des Mineraldüngerverbrauchs

Seit der Entwicklung der mineralischen Dünger hat ihr Einsatz weltweit zugenommen – eine der Ursachen für die heutigen hohen und weitgehend sicheren Erträge. 1995 wurden weltweit etwa 131 Millionen Tonnen Düngemittel verbraucht. Die zunehmende Verbreitung von Düngemitteln setzte in den 1950er-Jahren mit der Übernahme westlicher Anbaumethoden in der Landwirtschaft der Entwicklungsländer ein. Parallel zu diesem Prozess erfolgte in den Industrieländern ein Übergang zu einer stärker exportorientierten landwirtschaftlichen Massenproduktion. Der weltweite Einsatz von Düngemitteln stieg an und erreichte schließlich mit dem Ende der 1980er-Jahre seinen Höhepunkt. Seitdem lässt sich wieder ein Rückgang verzeichnen, der vermutlich größtenteils auf den verminderten Verbrauch von Düngemitteln in der ehemaligen Sowjetunion aufgrund der Einstellung der massiven Subventionen für die landwirtschaftlichen Betriebe zurückzuführen ist.

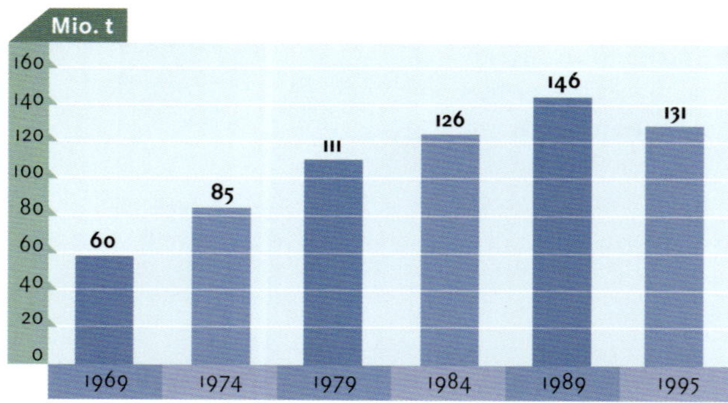

Der **weltweite Düngemitteleinsatz.** In den 1990er-Jahren ist ein leichter Rückgang des Düngemittelverbrauchs festzustellen.

China hatte zu Beginn der 1990er-Jahre mit knapp 30 Millionen Tonnen den höchsten Düngemittelverbrauch der Erde, gefolgt von den USA, Indien, den GUS-Ländern und Frankreich. Diese Rangfolge sagt jedoch nur etwas über den absoluten Verbrauch an Mineraldüngern aus. Weitaus informativer sind dagegen Werte, die den Düngemitteleintrag in Abhängigkeit zur Fläche wiedergeben. Weltweit werden jährlich pro Hektar Getreidefläche durchschnittlich 96 Kilogramm Mineraldünger eingesetzt. In Bezug auf die Verwendung von Mineraldüngern halten die niederländischen Bauern und Gärtner den Rekord: Sie verbrauchen 730 Kilogramm Kunstdünger pro Hektar, mehr als irgendwo sonst auf der Welt. Daraus ergibt sich ein jährlicher Gesamtverbrauch von mehr als 800 000 Tonnen allein für die Niederlande.

Definition und Abgrenzung von Mineraldüngern

Nach dem Düngemittelgesetz sind Düngemittel Stoffe, die dazu bestimmt sind, unmittelbar oder mittelbar Nutzpflanzen zugeführt zu werden, um ihr Wachstum zu fördern, ihren Ertrag zu erhöhen oder die Qualität ihrer Frucht zu verbessern. In der landwirtschaftlichen Praxis lassen sich die Düngemittel nun in zwei Kategorien einteilen. Zum einen in die Wirtschaftsdünger, also tierische Ausscheidungen wie Stallmist, Gülle und Jauche, zum andern in die Handelsdünger, also solche Dünger, die nicht dem landwirtschaftlichen Betrieb entstammen, sondern diesem durch Erwerb von außen zugeführt werden. Im Unterschied zu den Wirtschaftsdüngern mit einer Vielzahl von Nährstoffen in relativ geringen, nicht genau bekannten Mengen, enthalten die mineralischen Handelsdünger einige wenige Nährstoffe in relativ hohen und genau bekannten Konzentrationen. Mineraldünger bestehen im Allgemeinen aus einfachen chemischen Verbindungen, die entweder direkt aus Gesteinen gewonnen werden, aus der Verarbeitung von Mineralquellen stammen oder synthetisch hergestellt werden. In den meisten Ländern enthält die Mehrzahl der anorganischen Dünger Stickstoff, Phosphor und Kalium, zusammen mit Calcium und Magnesium.

Mit zunehmendem Düngeraufwand je Flächeneinheit lassen sich die Roherträge der Feldfrüchte nur bis zu einem bestimmten Punkt steigern, da die Beziehung zwischen Düngeraufwand und Ausnutzung durch die Pflanze nicht linear ist. Jeder weitere Aufwand erhöht den Ertrag nur noch gering, sodass die Spanne zwischen Aufwand und Ertrag immer kleiner wird. Unter rein ökonomischen Gesichtspunkten sind Mehraufwendungen an Düngemitteln zwecks Ertragssteigerungen so lange gerechtfertigt, wie sie durch erzielten Mehrerlös übertroffen werden. Doch gerade hier offenbart sich die ökologische Problematik eines rein ökonomisch orientierten Düngereinsatzes. Der Verbrauch an mineralischen Düngemitteln lag in der Vergangenheit weit über dem Bedarf der Pflanzen. Infolgedes-

Entwicklung des Mineraldüngereinsatzes auf landwirtschaftlich genutzten Flächen in Deutschland in kg/ha (ab 1990/91 einschließlich der neuen Bundesländer)

Jahr	Stickstoff	Phosphor[1]	Kalium[2]
1950/51	26	30	47
1960/61	43	46	71
1970/71	83	67	87
1980/81	127	68	93
1990/91	115	43	62
1996/97	100	23	37

[1] *angegeben als Phosphorpentoxid (P_2O_5).* – [2] *angegeben als Kaliumoxid (K_2O)*

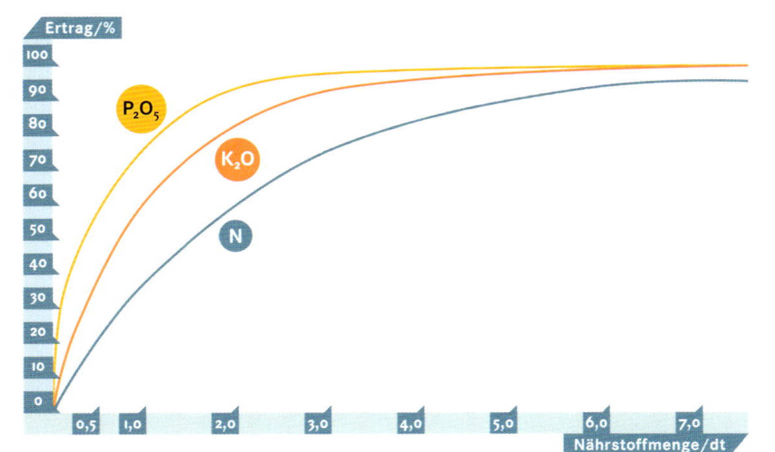

Die **Ertragskurven bei verschiedenen Nährstoffen.** Phosphorpentoxid (P_2O_5) erreicht mit der kleinsten Nährstoffmenge die höchsten Erträge. Kaliumoxid (K_2O) und Stickstoff (N) erreichen ihre maximale Wirkung erst bei höheren Düngergaben.

sen ist es in vielen landwirtschaftlich genutzten Böden durch eine die Aufnahmefähigkeit der Pflanzen teilweise weit überschreitende Düngung zu einer Nährstoffanreicherung gekommen. Hierdurch ergeben sich Probleme, da es aufgrund biologischer, physikalischer und chemischer Gesetzmäßigkeiten unvermeidbar ist, dass mehr oder weniger große Nährstoffmengen aus Agrarökosystemen in benachbarte Ökosysteme entweichen.

Belastung des Grundwassers

An erster Stelle der durch Mineraldüngung verursachten Umweltbelastungen steht die zunehmende Gefährdung des Grundwassers durch den Eintrag von Nährstoffen wie Stickstoff und Phosphor. Allein in Deutschland hat sich von 1950 bis 1990 die durchschnittliche Stickstoffausbringung pro Hektar Agrarland mehr als verfünffacht. Diese weit über die Aufnahmefähigkeit der Pflanzen hinausgehende intensive Verwendung von Stickstoffdüngern führte zu erheblichen Nitratüberschüssen im Boden, denn Nitratstickstoff als landwirtschaftlich bedeutsame Stickstoffquelle wird nicht wie andere Nährstoffe austauschbar an Bodenteilchen gebunden. Was Pflanzen oder Mikroorganismen also nicht sofort aufnehmen, verbleibt in dem mit löslichen Stoffen angereicherten Wasser im Boden (Bodenlösung), von wo Nitrat durch Sickerwasser in tiefere Bodenschichten und ins Grundwasser transportiert werden kann. In welchem Umfang dies geschieht, hängt zum Beispiel von der Menge und der Art des eingesetzten Düngers, der Bodenbeschaffenheit, der Anbaukultur, dem Wasserangebot und der Jahreszeit der Düngung ab. Rund 80 Prozent der Nitrateinträge in das Grundwasser stammen aus der Landwirtschaft, wobei zu beachten ist, dass hier neben der Mineraldüngung auch die organische Düngung eine große Rolle spielt.

Bei der **Nitrifikation** erfolgt in mehreren Schritten eine mikrobielle Umsetzung von stickstoffhaltigen Substanzen zu Nitraten: Stickstoffhaltige Substanzen werden zu Ammonium (NH_4^+), Ammonium zu Nitrit (NO_2^-) und Nitrit schließlich zu Nitrat (NO_3^-) umgesetzt. Maßgeblich für den Prozess ist die Oxidation der jeweils vorhergehenden Ionenverbindung durch bestimmte Bakterien (Nitrifikante). Hohe Stickstoffdüngung landwirtschaftlicher Nutzflächen kann durch Nitrifikation zu einer Anreicherung von Nitraten in Boden und Grundwasser führen. Nitrate an sich sind nicht gesundheitsgefährdend. Sie können bei Menschen im Verdauungstrakt jedoch wieder zu Nitriten reduziert werden, die durch Bildung von Methämoglobolin, dem Oxidationsprodukt des roten Blutfarbstoffs Hämoglobin, giftig wirken und mit sekundären Aminen Krebs erregende Nitrosamine bilden. Aus diesem Grund gibt es Nitratgrenzwerte, die weder im Trinkwasser noch in Lebensmitteln überschritten werden dürfen.

Nitratverseuchung des Trinkwassers

Da in Deutschland das Trinkwasser zu 63 Prozent aus Grundwasser gewonnen wird, gefährdet die Nitratverseuchung die Trinkwasserversorgung erheblich. Erhöhte Nitratkonzentrationen im Trinkwasser gelten als gesundheitsgefährdend: Das Reduktionsprodukt Nitrit kann bei Säuglingen Cyanose (Blausucht) auslösen und steht im Verdacht, Krebs erregende Nitrosamine im Verdauungstrakt des Menschen zu bilden. Aus diesen Gründen empfiehlt die Weltgesundheitsorganisation einen Höchstwert von 45 Milligramm Nitrat pro Liter Trinkwasser. Nach der seit 1985 geltenden EU-Richtlinie über die Qualität von Wasser für den menschlichen Gebrauch beträgt die höchstzulässige Konzentration 50 Milligramm Nitrat pro Liter. Bis zu 20 Prozent der Grundwasservorkommen in den alten Bundesländern überschreiten jedoch den von der Europäischen Union festgelegten Grenzwert. Auch in den neuen Bundesländern werden über eine Million Menschen mit Wasser versorgt, das mehr als 40 Milligramm Nitrat pro Liter – dem in der DDR gültigen Grenzwert – enthält. Allein in Bayern wurden seit 1983 mindestens

	Es sind zu erwarten:	
Faktor	**geringe N-Sickerverluste**	**höhere N-Sickerverluste**
Kultur	wüchsiger Bestand; Düngung zum wachsenden Bestand; Grünland und andere mehrjährige Futterpflanzenbestände sowie Zwischenfruchtanbau;	schwachwüchsiger Bestand oder Brache; Düngung; Ackerland;
Boden	Ton-, Lehmboden; geringe Durchlässigkeit, hoher Humusgehalt, hohe Feldkapazität;	Sandboden; hohe Durchlässigkeit, geringer Humusgehalt, geringe Feldkapazität;
Termin der N-Gabe **Höhe der N-Gabe**	zu Beginn der Hauptwachstumsperiode oder während des intensiven Wachstums; empfohlene Menge oder weniger;	zum Ende oder außerhalb des Wachstums(Herbst, Winter); mehr als empfohlene Menge;
klimatische Wasserbilanz	wenig Sickerwasser.	viel Sickerwasser.

Die **Sickerverluste an Düngerstickstoff (N)** sind von verschiedenen Faktoren abhängig. Geringe und hohe Stickstoff-Sickerverluste sind hier gegenübergestellt.

160 Wassergewinnungsanlagen wegen überhöhter Nitratbelastung geschlossen. In Niedersachsen überschritt die Nitratkonzentration der Wasserproben zwischen 1989 und 1992 an 32,5 Prozent der staatlichen Grundwassermessstellen den EU-Grenzwert von 50 Milligramm pro Liter. Steigende Nitratkonzentrationen im tiefen Grundwasser werden ebenso aus verschiedenen Gegenden Frankreichs, der Niederlande und Großbritanniens gemeldet.

Die mit Nitrat angereicherten Grundwasserleiter sind für einen längeren Zeitraum als Trinkwasserquelle nur sehr bedingt geeignet. Trotz eingeschränkter Düngergaben ist aufgrund der zeitlichen Verzögerung zwischen dem Nitrateintrag in den Boden und der Auswaschung ins Grundwasser mit einem weiteren Ansteigen der Nitratkonzentrationen im Grundwasser zu rechnen. Das Nitrat wieder aus dem Grundwasser zu entfernen, gestaltet sich als äußerst kostspielige und schwierige Angelegenheit. Eine weitere Schadstoffbelastung des Grundwassers infolge der Mineraldüngung ergibt sich aus den so genannten Düngerbegleitstoffen wie Chloriden und Sulfaten, die das Wasser bis zur Unbrauchbarkeit als Trinkwasser aufhärten können.

Belastung der Oberflächengewässer

An zweiter Stelle der Umweltbelastungen durch die Mineraldüngung steht die Beeinträchtigung der Oberflächengewässer. Von den aus dem Bereich der Landwirtschaft in die Oberflächengewässer gelangenden Stoffen haben Phosphor und Stickstoff, die Hauptnährstoffe der Pflanzen, und ihre Verbindungen hinsichtlich ihrer Menge, ihres flächenhaften Vorkommens und ihrer Auswirkungen die weitaus größte Bedeutung. Der Transport der Nährstoffe aus den Böden in die Oberflächengewässer kann durch Auswaschung oder durch Abschwemmung geschehen. Bei der Abschwemmung, dem Transport gelöster oder ungelöster Nährstoffe durch oberflächlich abfließendes Wasser, gelangt eine wesentlich höhere Nährstofffracht in die Oberflächengewässer als bei der Auswaschung über das Bodenwasser. Der Grund

Eutrophierung eines Gewässers. Durch die Belastung des Sees mit stickstoff- und phosphorhaltigen Stoffen kommt es zu einer explosionsartigen Vermehrung der Algen.

hierfür liegt in der geringen Löslichkeit der mineralischen Phosphorverbindungen. Bei der Abschwemmung, die häufig auch mit Bodenerosion einhergeht, finden umfangreiche Nährstoffverlagerungen in die Oberflächengewässer statt. Die ohnehin schon große Nährstoffbelastung der Gewässer wird somit durch die nährstoffreichen Abschwemmungen weiter erhöht. Die Folge dieser Erhöhung ist eine Steigerung des Planktonwachstums. Die sich daraus ergebende Überproduktion an organischer Substanz führt zu einem überhöhten Sauerstoffverbrauch und Faulschlammbildung. Dies hat schließlich eine Verschlechterung der Wasserqualität in Seen und Küstengewässern zur Folge und kann die Existenz von Pflanzen und Tieren gefährden. Eine solche Eutrophierung des Gewässers kann aufgrund akuten Sauerstoffmangels im Extremfall sogar zum Umkippen, zum »Sterben« des Gewässers führen. Schätzungen zufolge stammen rund 46 Prozent der Nitrateinträge in Oberflächenwasser aus der Landwirtschaft. Dabei ist dieser Wert im Wesentlichen auf die Verwendung von Mineral- und organischen Düngern zurückzuführen.

Beeinträchtigung der Atmosphäre durch Stickstoffdüngung

Bei der mikrobiellen Umsetzung von Nitrat im Boden (Denitrifikation) werden global etwa 90 Prozent des gesamten in die Atmosphäre gelangenden Distickstoffoxids (N_2O, Lachgas) gebildet. Das Gas entsteht als Zwischenprodukt bei der unter anaeroben Verhältnissen durch Mikroorganismen vollzogenen Reduktion von Nitrat zu elementarem Stickstoff. Durch den Umstand, dass

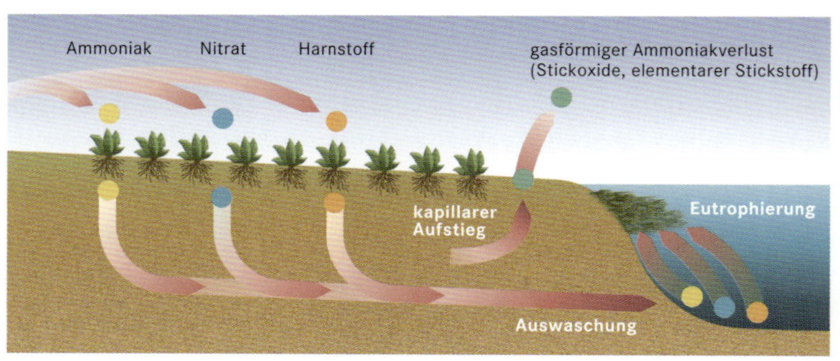

Stickstoffverluste bei Düngung. Durch Mineraldünger und organischen Dünger wird Stickstoff als Nitrat, Ammoniak und Harnstoff in den Oberboden eingetragen. Überschüssige Nährstoffe, die nicht von den Pflanzen aufgenommen werden, werden über die Bodenlösung in die unteren Bodenschichten und das Grundwasser transportiert. Über das Grundwasser gelangen sie in den nächsten Vorfluter, meist einen See oder Fluss. Das erhöhte Stickstoffangebot kann dort ein erhöhtes Algenwachstum (Eutrophierung) hervorrufen. Infolge des kapillaren Aufstiegs entweicht Stickstoff in Form von Ammoniak in die Atmosphäre.

Distickstoffoxid unter atmosphärischen Bedingungen eine sehr stabile Verbindung darstellt, beträgt die Verweildauer in der Atmosphäre etwa 150 Jahre. Distickstoffoxid wird unter den in der Troposphäre herrschenden Bedingungen nicht zersetzt und gelangt deshalb bis in die darüber liegende Stratosphäre. Dort findet dann eine photolytische Zersetzung in Stickstoffatome und Stickstoffmonoxid (NO) statt. Das Stickstoffmonoxid kann seinerseits wiederum die Zersetzung des sich in der Stratosphäre befindlichen Ozons verstärken. Ungefähr 10 Prozent der gesamten terrestrischen Distickstoffoxid-Emission stammen aus gedüngter landwirtschaftlicher Anbaufläche.

Ein mit Kohl bepflanztes Feld wird mit **Pflanzenschutzmitteln** besprüht.

Entwicklung des Pflanzenschutzes

Unter den Faktoren, die die Entwicklung der Landwirtschaft im 20. Jahrhundert entscheidend prägten und zur Erklärung der enormen Steigerung der Flächenerträge und der Arbeitsproduktivität angeführt werden können, kommt dem chemischen Pflanzenschutz besondere Bedeutung zu. Der Kampf der Menschen gegen die Schädlinge der Nutzpflanzen und -tiere ist so alt wie Ackerbau und Viehzucht selbst. Jahrhundertelang wurde er fast ausschließlich mit mechanischen Mitteln geführt, so zum Beispiel durch Absammeln der Schädlinge oder durch Jäten der Unkräuter. Obwohl chemische Mittel zum Schutz von Kulturpflanzen bereits Mitte des vorigen Jahrhunderts angewendet wurden, führte die Schädlingsbekämpfung erst ab etwa 1939 mit der Entwicklung und dem Masseneinsatz chemischer Giftstoffe zur Vernichtung von Schädlingen aller Art zu einem gravierenden Umweltproblem. Heute erstreckt sich die Anwendung von Pflanzenschutzmitteln nicht nur auf die oben angesprochenen Schutzmaßnahmen, sondern hat auch die Einsparung von kostenintensiven Arbeitskräften in der Landwirtschaft zur Folge.

Welche Mengen von Pestiziden weltweit ausgebracht werden, ist nicht genau bekannt, da von zahlreichen Entwicklungsländern keine Angaben verfügbar sind. Das World Resources Institute in Washington (USA) kam schon vor 15 Jahren auf etwa 2,2 Millionen Tonnen. Der Inlandsabsatz der Bundesrepublik Deutschland beträgt heute bei Pflanzenschutzmitteln rund 34 000 Tonnen.

Entwicklung des **Pflanzenschutzmitteleinsatzes** in Deutschland.

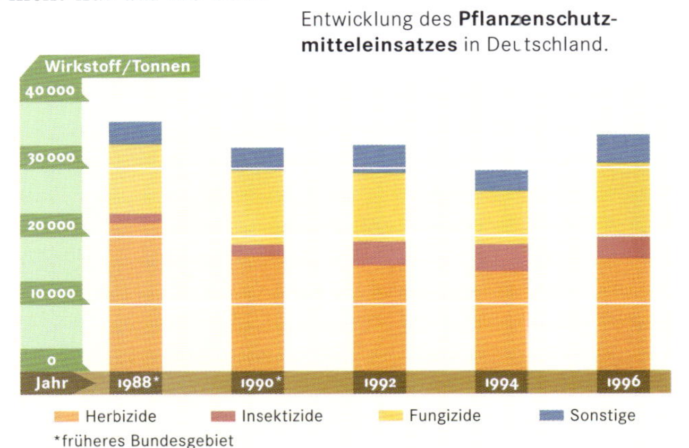

Einteilung der chemischen Pflanzenschutzmittel

Streng genommen handelt es sich bei den »Pflanzenschutzmitteln« um Substanzen, die ausschließlich dem Schutz von Kulturpflanzen dienen und die folglich genauer »Kulturpflanzenschutzmittel« genannt werden müssten. Im internationalen Sprachgebrauch fasst man diese chemischen Schädlingsbekämpfungsmittel unter dem aus dem angelsächsischen Sprachraum stammenden Sammelbegriff Pestizide zusammen. Auch der Begriff Biozide wird häufig verwendet. Man kann nun die Pestizide entsprechend den Schadorganismen, gegen die die verschiedenen Substanzen wirken, in die nachfolgend aufgeführten Wirkungsgruppen einteilen. Man verwendet heute Herbizide gegen Unkräuter, Fungizide gegen Pilze, Insektizide gegen Insekten, Nematizide gegen Fadenwürmer, Akarizide gegen Spinnmilben, Molluskizide gegen Schnecken und Rodentizide gegen Nagetiere. Zu jeder dieser Wirkungsgruppen können chemisch recht unterschiedliche organische Substanzen gehören. Unter der Vielzahl von Pestiziden dominieren die Herbizide,

Sprühen von Schädlingsbekämpfungsmitteln per Hubschrauber über Rebland im kalifornischen Napa Valley, dem qualitativ bedeutendsten Weinbaugebiet der USA.

Fungizide und Insektizide. Der Hauptanwendungsbereich von Herbiziden liegt im Ackerbau, vor allem im Getreide-, Rüben- und Maisanbau. Bereits heute werden auf 70 bis 80 Prozent der Getreideanbaufläche Herbizide eingesetzt. Der Erwerbsobstbau, der Wein- und Hopfenanbau sowie im Ackerbau die Weizen- und Kartoffelkulturen sind die Haupteinsatzgebiete der Fungizide. Der Einsatz von Insektiziden erfolgt in erster Linie in Obstanlagen sowie im Wein- und Hopfenanbau.

Derzeit sind in der Europäischen Union über 600 Wirkstoffe zugelassen und etwa 20 verboten. Anders stellt sich die Situation in der Dritten Welt dar. Aktuellen Schätzungen zufolge wären etwa 75 Prozent der in der Dritten Welt gebräuchlichen Pestizide in den Vereinigten Staaten verboten. Viele in der Landwirtschaft der Dritten

Welt verwendeten Chemikalien unterliegen in der Ersten Welt einem Benutzungsverbot; sie werden jedoch von amerikanischen und westeuropäischen Firmen für den Verkauf im Ausland hergestellt. Ein gutes Beispiel hierfür ist das Insektizid DDT, das in den Industrieländern schon längst verboten ist, aber in den Entwicklungsländern nach wie vor in riesigen Mengen zum Einsatz kommt. Insgesamt gesehen erlangte die weltweite Anwendung von Pflanzenschutzmitteln in den zurückliegenden 50 Jahren wachsende Bedeutung. Der weltweite Verbrauch von Pestiziden stieg allein zwischen 1970 und 1985 um mehr als 60 Prozent. Heute jedoch zeigt der Markt für Pflanzenschutzmittel deutliche Stagnationstendenzen. Alle Anzeichen sprechen dafür, dass der Gesamtabsatz in Zukunft kaum noch steigen wird.

Schon 1962 machte die amerikanische Biologin Rachel Carson mit ihrem Buch »Der stumme Frühling« die Welt auf die Gefahren von Pestiziden aufmerksam: »Wir werden nicht nur mit einer gelegentlichen Dosis Gift zu tun haben, die aus Versehen in ein Nahrungsmittel gelangt ist, sondern mit einer durchgängigen und kontinuierlichen Vergiftung der gesamten menschlichen Umgebung.« Dass vom Einsatz der Pflanzenschutzmittel erhebliche Gefahren für die menschliche Gesundheit ausgehen, dokumentiert die zunehmende Anzahl von Fällen mit schweren Pestizidvergiftungen. Die Weltgesundheitsorganisation schätzt die weltweite Zahl schwerer Pestizidvergiftungen auf jährlich 3 Millionen, wovon etwa 10 Prozent tödlich verlaufen. 99 Prozent der Unfälle entfallen auf die Entwicklungsländer, in denen etwa 20 Prozent aller Pestizide verbraucht werden.

Belastung von Boden und Grundwasser durch Pestizide

Die Pflanzenschutzmittel gelangen entweder direkt in den Boden, indem sie von den behandelten Pflanzen abgewaschen werden, oder sie gelangen nach Aufnahme durch die Pflanzen zusammen mit den pflanzlichen Rückständen in den Boden. Das weitere Verhalten der Pestizide und ihr Einfluss auf die Bodenfunktionen hängen außer von ihrer Menge vor allem von ihrer Persistenz, das heißt ihrem Widerstand gegen Abbau oder Zerfall, ab. Während die Beeinträchtigung der Bodenmikroorganismen durch Pestizide relativ gering ist, ist die Bodenfauna dagegen stärker betroffen. Besondere Aufmerksamkeit gilt hier den schädlichen Wirkungen der Pestizide auf Regenwürmer, die wegen ihrer Bedeutung für die Humusbildung, Bodendurchmischung und -belüftung wichtigste Bodentiergruppe. Auch andere Bodentiere wie Springschwänze, Insektenlarven, Milben und Borstenwürmer werden durch in den Boden eindringende Pestizide erheblich geschädigt und können deshalb ihre wichtigen Aufgaben bei der Humusbildung nicht mehr erfüllen. Eine weitere Belastung des Bodens stellt der Schwermetalleintrag durch Pflanzenschutzmittel dar. Da einzelne Pestizide Schwermetalle enthalten, hat dies stellenweise zu irreversiblen Schwermetallanhäufungen im Boden geführt. Als Beispiel hierfür sind zahlreiche Weinberge und Hopfengärten anzuführen, die durch langjährige Kupferspritzungen gegen Mehltau so stark mit diesem Schwermetall belastet sind, dass dort andere Kulturpflanzen nicht mehr oder nur schwer gedeihen.

Die Belastung des Grundwassers wird im Wesentlichen durch Wirkstoffe gegen Unkräuter (Herbizide) und gegen bodenlebende Fadenwürmer (Nematizide) verursacht. Glaubt man den Beteuerungen der Industrie, so entstehen die Einträge dieser Stoffe hauptsächlich durch Anwendungsfehler der Landwirte. Doch nach neuesten Untersuchungen kommt es auch bei sachgerechter Anwendung von Pflanzenschutzmitteln zu erheblichen Einträgen in das Grundwasser. So wurden laut Umweltbundesamt bei 40 Prozent der untersuchten Grundwasserstandorte sowie bei 34 Prozent des deutschen Trinkwassers der von der Europäischen Union festgelegte Grenzwert für Pflanzenschutzmittel (0,0001 mg/l) überschritten. Diese Pestizidbelastung stellt die Wasserwerke zunehmend vor nahezu unlösbare Probleme. Allein in den alten Bundesländern wenden die Wasserwerke jährlich 260 Millionen DM auf, um das Trinkwasser von Pestizidrückständen zu befreien. Ein Extrembeispiel für die Trinkwasserverseuchung durch Pestizide ist Thailand, wo DDT heute die gesamten Trinkwasservorräte des Landes bedroht.

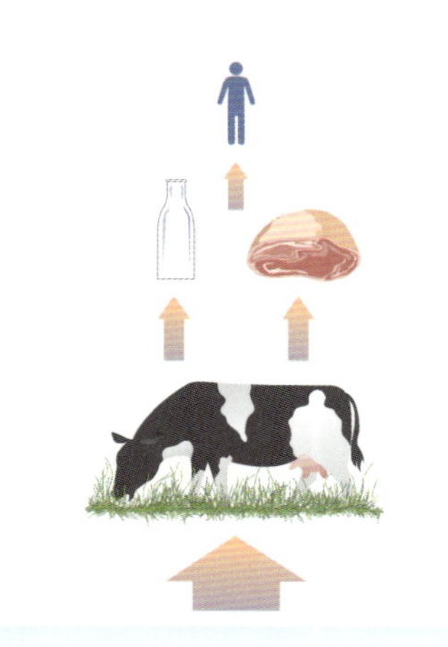

DDT in der Nahrungskette. DDT baut sich in der Natur nur langsam ab und kann sich so in der Nahrungskette anreichern. Der Mensch, der am Ende der Nahrungskette steht, ist dem Schadstoff auf diese Weise auch ohne direkten Kontakt verstärkt ausgesetzt.

Anreicherung von Pestiziden in den Nahrungsketten

Bei der Anwendung von Pflanzenschutzmitteln kommt es zu einer Anreicherung von Pestizidrückständen in den betroffenen Organismen und somit in den Nahrungsketten. Die in diesem Zusammenhang problematischsten Pflanzenschutzmittel sind die chlorierten Kohlenwasserstoffe, die aufgrund ihrer hohen Persistenz in der Nahrungskette von Lebewesen zu Lebewesen weitergegeben werden und sich immer mehr anhäufen. Am Ende der Nahrungskette steht dann häufig der Mensch. Die Anreicherung von chlorierten Kohlenwasserstoffen in pflanzlichen und tierischen Lebensmitteln gefährdet die Gesundheit des Menschen. Ein klassisches Beispiel für diese Problematik ist das DDT. Bei in den USA und in Schweden durchgeführten Untersuchungen wurden in der Milch stillender Mütter DDT-Werte festgestellt, die bis zu 70 Prozent über den amtlich in Nahrungsmitteln zugelassenen Höchstwerten lagen.

Massentierhaltung und industrielle Landwirtschaft

Es gibt heute dreimal so viele Nutztiere auf der Erde wie Menschen. Seit Mitte des Jahrhunderts hat sich die Weltbevölkerung fast verdoppelt, die Zahl der vierbeinigen Nutztiere ist von 2,3 auf 4 Milliarden und die von Geflügel ist sogar von 3 auf 11 Milliarden gestiegen. Die am dichtesten besiedelten Länder der Erde sind oft auch Rekordhalter der Tierproduktion. China besitzt mit 350 Millionen Schweinen ein Drittel des weltweiten Bestands und noch dazu 2 Milliarden Hühner. In Indien gibt es 196 Millionen Rinder, 107 Millionen Ziegen und 74 Millionen Wasserbüffel. Im schwach besie-

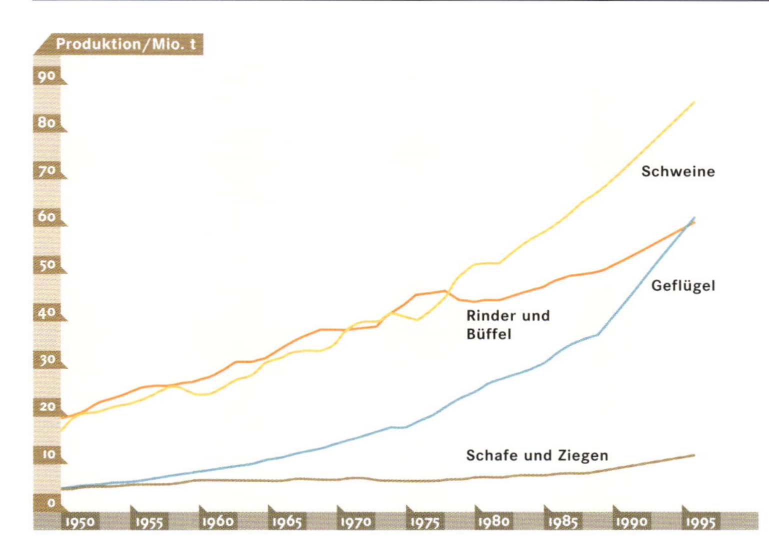

Die **Weltfleischproduktion** stieg seit den 1950er-Jahren bis zum Ende des 20. Jahrhunderts kontinuierlich an. Bei Betrachtung der einzelnen Vieharten ist der überproportionale Anstieg von Schweine- und Geflügelfleisch auffällig.

delten Australien stehen 16 Millionen Einwohnern über 160 Millionen Schafe gegenüber. Die Tierproduktion und der steigende Fleischverbrauch stellen einen immer größeren Wirtschaftsfaktor dar. Heute werden zwei Drittel der landwirtschaftlichen Verkaufserlöse mit tierischen Erzeugnissen erzielt. Die weltweite Fleischproduktion hat sich seit 1950 fast vervierfacht. Neben weiteren Funktionen, die Tiere besonders in den weniger entwickelten Ländern noch haben, ist der Hauptzweck der Viehzucht die Gewinnung von Fleisch, Milch und Eiern.

Entwicklungstendenzen der Massentierhaltung

Massentierhaltung wird seit Anfang des 20. Jahrhunderts betrieben und erlebte Ende der 1950er- und Anfang der 1960er-Jahre einen Aufschwung. Voraussetzungen für diese Entwicklung waren neue Stallanlagen, Arzneimittel und chemische Produkte gegen Infektionsprobleme, neue Züchtungen, flächendeckende Eisenbahnnetze und Kühlwagen zum Transport. Weil der Anbau von Getreide, besonders Mais und Gerste, in den letzten 50 Jahren immer billiger wurde, konnte es in großen Mengen als Futtermittel eingesetzt werden. Viele große Konzerne sind in das Fleischgeschäft eingestiegen: Die chemische und pharmazeutische Industrie, Banken und andere Unternehmen wie zum Beispiel der Ölkonzern BP, die weltweit ein Drittel der Hähnchenmast kontrollieren, sind beteiligt. Sie beherrschen Zucht, Mast, Schlachtung und industrielle Weiterverarbeitung, Futtermittel, Transportwesen, Kühlhäuser, Handelsketten und Anlagenbau. Der Landwirt ist oft nur noch Zulieferer der großen Betriebe und von diesen abhängig.

Batteriehaltung von Legehennen auf der Belden Egg Ranch, USA.

Zudem ist die Situation der Landwirtschaft in Deutschland gekennzeichnet durch eine geringe Flächenmobilität, hohe Pachtpreise und anhaltenden Wettbewerb. Diese Umstände bleiben nicht ohne Folgen für die Tierhaltung: Sie verstärken die Tendenz zur innerbetrieblichen Aufstockung der Viehbestände ohne gleichzeitige Flächenerweiterung und damit zur flächenunabhängigen Produktionsweise. Ein besonders krasses Beispiel dafür ist die Hühnerhaltung, bei der bis zu fünf Etagen Käfigreihen übereinander gestapelt und 32 Hühner pro Quadratmeter gehalten werden. Mit der Tendenz zur flächenunabhängigen Wirtschaftsweise war eine Spezialisierung und eine Konzentration der Tierhaltung auf weniger Betriebe mit größeren Beständen verbunden. Die Anzahl der Betriebe ist in der Bundesrepublik Deutschland seit Anfang der 1970er-Jahre ständig zurückgegangen. Am deutlichsten wird dies bei den Geflügelhaltern, deren Anzahl auf ein Drittel geschrumpft ist. Bei der Rinderhaltung ist ein Rückgang um 45 Prozent und bei der Schweinehaltung um 40 Prozent zu verzeichnen. Die Zahl der Tiere der einzelnen Betriebe ist dagegen gestiegen. Sehr große Tierbestände findet man in Deutschland vorwiegend in der Geflügelhaltung. Mehr als 60 Prozent der Legehennen werden in Beständen von über 10000 Tieren gehalten und sind auf nur 0,25 Prozent aller Betriebe konzentriert. Bei der Masthühnerhaltung konzentrieren sich fast 60 Prozent der Tiere in Beständen über 50000. Der Anteil dieser Betriebe beträgt allerdings weniger als 0,1 Prozent aller Hühnermäster. Probleme entstehen vor allem aus der Konzentration der großen Tierbestände auf bestimmte Regionen. Schleswig-Holstein hat viele Betriebe mit großen Milchkuhbeständen, große Geflügelbestände findet man in Niedersachsen, Hessen, Rheinland-Pfalz und Bayern. Obwohl der Tierbestand in Deutschland geringer ist als im Durchschnitt der EU, führt die regionale Konzentration zu Umweltschäden, insbesondere durch Abfallprodukte der Massentierhaltung.

Haltungsform	1992	1997
Insgesamt		
Betriebe (Anzahl)	1553	1361
Haltungsplätze	43558000	39676000
Käfig-Batteriehaltung		
Betriebe (Anzahl)	1495	1242
Haltungsplätze	41829000	35575000
Bodenhaltung		
Betriebe (Anzahl)	111	166
Haltungsplätze	1400000	2512000
Freilandhaltung		
Betriebe (Anzahl)	32	97
Haltungsplätze	158000	1333000
Volierenhaltung		
Betriebe (Anzahl)	3	12
Haltungsplätze	131000	108000
Intensive Auslaufhaltung		
Betriebe (Anzahl)	4	8
Haltungsplätze	39000	148000

Formen der **Legehennenhaltung** in Deutschland im Vergleich der Jahre 1992 und 1997.

Wohin mit der Gülle?

Gülle kommt aus dem Mittelhochdeutschen und heißt eigentlich »Pfütze«. In Westdeutschland werden jährlich 200 Millionen Tonnen Gülle auf die Felder ausgebracht. Ein Rind produziert täglich etwa 44 Kilogramm Flüssigmist, ein Schwein zwischen 4,5 und 18 Kilogramm. Eine Henne bringt es auf 175 Gramm pro Tag, was einem Zehntel ihres Lebendgewichts entspricht. Durch die Ausbringung der Exkremente auf die Felder, ihre Zwischenlagerung in so genannten Lagunen – das sind mit Folie abgedichtete künstliche Teiche – oder den anaeroben Abbau von Festmist zu Gülle kann eine starke Geruchsbelästigung entstehen. Die Lagerung von Futter und

Mithilfe eines Pralltellers kann **Gülle** bei sachgemäßer Einstellung gut verteilt und bodennah ausgebracht werden.

die mögliche Gärung von Futterresten können ebenfalls zum schlechten Geruch beitragen. Auch die Lärmbelästigung durch Stallentlüftungssysteme, Futter- und Entmistungsanlagen sowie durch die Tiere selbst kann erheblich sein.

War die Bodendüngung durch Gülle einst notwendig zur Verbesserung der Nahrungs- und Futtermittelqualität und zur Produktionssteigerung, so entwickelte sie sich in den letzten Jahrzehnten mit zunehmender Menge zu einem ernsthaften Problem. Eine sinnvolle Gülleausbringung ist schwierig. Außerhalb der Vegetationsperiode wird kein Dünger von den Pflanzen aufgenommen, die Gülle sickert daher in den Boden und gelangt so ins Grundwasser. Den ganzen Winter über sollte daher keine Gülle ausgebracht werden. Die Umverteilung der Gülle in Bedarfsgebiete ist nur bis zu einer Entfernung von 60 Kilometer ökonomisch sinnvoll und außerdem schlecht zu bewerkstelligen. Die Aussicht auf Güllepipelines oder triefende Lastwagenladungen ist darüber hinaus auch nicht sehr verlockend.

Domestikation von Pflanzen und Tieren

In der Übergangszeit vom mesolithischen zum neolithischen Zeitalter, etwa 10 000 Jahre vor Christus, begannen die bis dahin folgenreichsten Eingriffe des Menschen in seine Umwelt: Die Men-

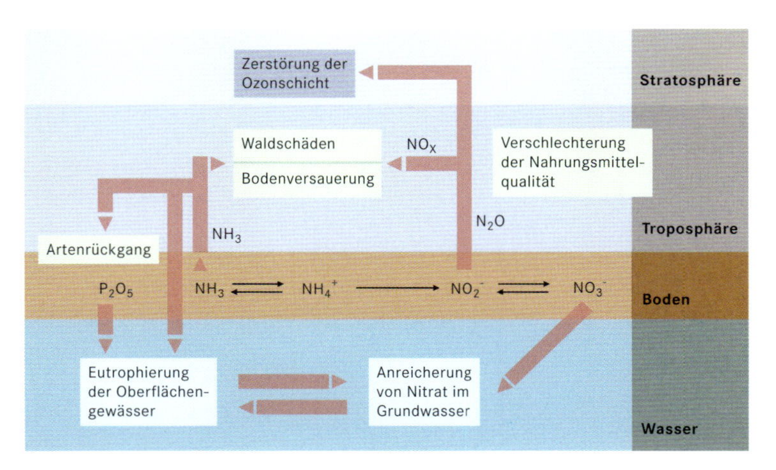

Nährstoffe in der Landwirtschaft als Umweltproblem. Die Anreicherung von Ammonium (NH_4^+), Ammoniak (NH_3), Nitrat (NO_3^-), Distickstoffmonoxid (N_2O) und Stickoxiden (NO_x) in Boden und Wasser sowie in Troposphäre und Stratosphäre führt dort zu Umweltschäden.

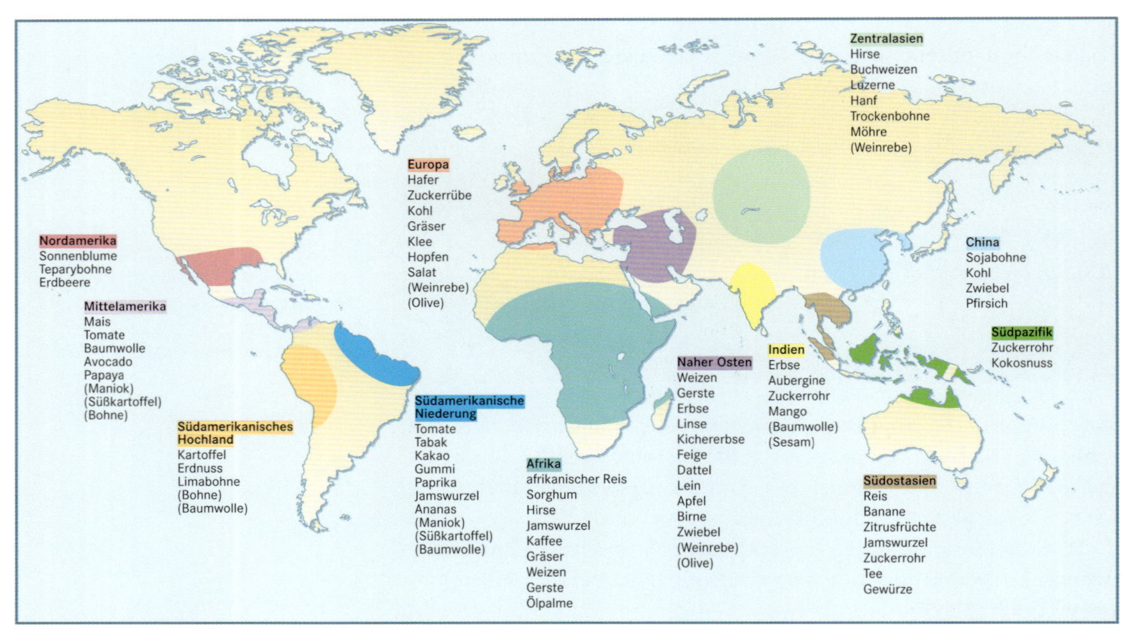

Die **Wawilow'schen Zentren** sind Mannigfaltigkeitszentren, aus denen der größte Teil unserer Nahrungspflanzen stammt. Der russische Genetiker N. I. Wawilow fand auf seinen zahlreichen Forschungsreisen, dass bestimmte geographische Regionen durch eine außerordentliche Mannigfaltigkeit gerade solcher Arten ausgezeichnet sind, die als Wildformen von Kulturpflanzen anzusehen sind.

schen gaben das Jagen und Sammeln auf; sie begannen Pflanzen anzubauen und Tiere zu halten. Bis dahin benötigte jeder Mensch etwa 20 Quadratkilometer, um seine Ernährung sicherzustellen. Als Folge des Sesshaftwerdens verminderte sich der lebensnotwendige Raumbedarf für jedes Individuum um den Faktor 500. Heutzutage würde ein Gebiet dieser Größe für die Ernährung von 6000 Menschen ausreichen. Der Pflanzenbau und die Tierhaltung waren die Basis für die Produktion von Nahrungsmittelüberschüssen und somit Voraussetzung für eine arbeitsteilige Gesellschaft und deren kulturelle Entwicklung. In kurzem Abstand zur Domestikation, der Nutzbarmachung von wild lebenden Pflanzen und Tieren durch Züchtung und Zähmung, folgten demnach auch die ersten Gründungen von größeren Siedlungen und Städten, vornehmlich im Gebiet des Nahen Ostens. Die Domestikation von Pflanzen verlief gleichzeitig mit der der Wildtiere. Das Schaf wurde vor rund 11000 Jahren als erstes Nutztier domestiziert, es folgten vor 8000 Jahren die Ziege, das Schwein und das Rind. Das Angebot an domestizierbaren Wildpflanzen und -tieren ist geographisch nicht gleichmäßig verteilt. Regionen mit besonders großen genetischen Ressourcen werden nach einem russischen Wissenschaftler »Wawilow'sche Zentren« genannt.

Die einzige Züchtungsmethode in dieser frühen Phase war die der Selektion. So wurden vor allem Pflanzen ausgewählt und kultiviert, die unter anderem günstige Merkmale wie angenehm schmeckende Früchte und keine Dornen aufwiesen. Mit vermehrter Auswahl entwickelten sich die Pflanzen schließlich zu Kulturpflanzen. Im Gegensatz zu ihren wilden Vorfahren sind diese durch einen »Gigantismus« und durch eine Verringerung der natürlichen Samenverbreitung gekennzeichnet. Unter Gigantismus versteht man das außergewöhnliche Größenwachstum der für den Menschen verwertbaren Pflanzenbestandteile, wie beispielsweise die extrem verdickte Wurzel bei der Kartoffel. Bei den Wildtieren legte der Mensch Wert auf bestimmte physiologische Eigenschaften (zum Beispiel Milchgabe oder schnelles Wachstum), Anpassungsfähigkeit oder bestimmte Verhaltensmuster (beispielsweise Zahmheit). Die Hauptunterschiede von Wildtieren zu Nutz- und Haustieren sind eine Steigerung der psychischen Toleranz und eine Abnahme der Gehirngröße. Durch die wachsende Mobilität der Menschen entstanden außerdem völlig neue Arten von Pflanzen und Tieren. So bewirkten die Kolonialisierungen in der Frühen Neuzeit einen regen Austausch genetischen Materials zwischen der Neuen und Alten Welt.

Im Gegensatz zur selektiven Züchtung vereinigt die Kreuzungszüchtung genetisch bedingte Merkmale, die zunächst getrennt in verschiedenen Individuen auftraten, in einer neuen Varietät. Die Bedingung der sexuellen Verträglichkeit der Ursprungsindividuen ist bei tierischer Reproduktion stärker ausgeprägt als bei pflanzlicher. So existieren heutzutage viele ertragreiche Artbastarde, so genannte Hybride (zum Beispiel viele Maissorten), die aus verschiedenen Sorten gekreuzt wurden. Bei der Mutantenzüchtung werden Pflanzenzellen durch Chemikalien oder Strahlung zu einer Mutagenese veranlasst, um so aus den entstandenen mutierten Zellen neue und womöglich bessere Varietäten zu reproduzieren. Die Gewebe- und Zellkulturtechnik nutzt die Eigenschaft der Pflanzen, sich selbst aus einer eigenen Zelle wieder vollständig zu reproduzieren. Reinigt man beispielsweise ein Stück Pflanzengewebe in einer Viren abtötenden Lösung und reproduziert es nachher in verschiedenen Nährlösungen, so ist es möglich, Bestände gezielt von Krankheiten zu befreien.

Was ist Gentechnologie?

Unter dem Begriff der Gentechnologie versteht man die Gesamtheit der Methoden zur Charakterisierung und Isolierung genetischen Materials zum Zwecke der Bildung neuer Genkombinationen. Damit verbunden ist deren Wiedereinführung in eine

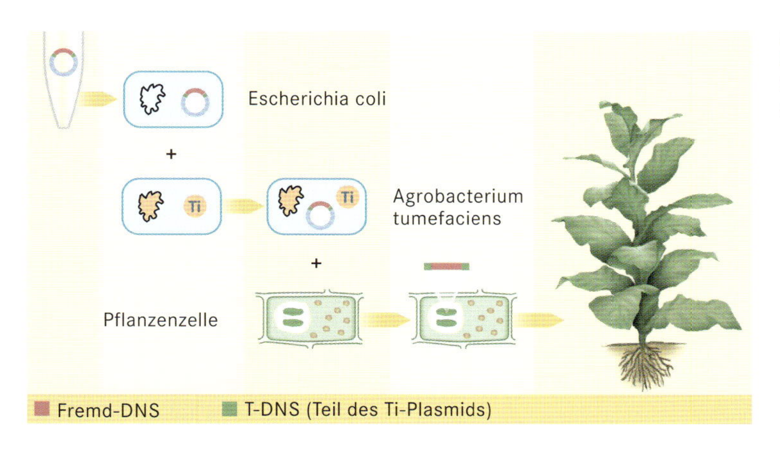

Schematische Darstellung der **Genübertragung (Gentransfer)** unter Einsatz des Bakteriums Agrobacterium tumefaciens.

andere biologische Umgebung mit dem Ziel der Vermehrung. Die wesentlichen Unterschiede zur herkömmlichen Pflanzenzüchtung sind somit die individuelle Isolierung von Genen und deren gezielte Übertragung auf Pflanzen, wobei die Organismen nicht nahe verwandt sein müssen. In der praktischen Züchtung erweist sich die gentechnologische Veränderung höherer Pflanzen als sehr kompliziert. Eine Übertragung von bestimmten Merkmalen gelingt am ehesten bei monogenen, das heißt nur von einem bestimmten Gen geprägten Eigenschaften. Polygene Eigenschaften sind auf mehreren Genen verankert und lassen sich in ihrer Komplexität sehr viel schwerer bestimmen. Zur Übertragung gewünschter Gene dient meist das Bakterium Agrobacterium tumefaciens. Dieses bewirkt bei einer Infizierung Tumore am Wurzelhals der Pflanze. Gelingt es nun, ein fremdes Gen in dem Bakterium zu vermehren, so können durch Infektion der Zielpflanze Wurzelhalsgallen (Tumore) hervorgerufen werden, deren Zellen auch das fremde Gen in ihrer DNA enthalten. Als nächster Schritt wird mittels der Gewebe- und Zellkulturtechnik aus diesen Zellen eine komplett neue Pflanze regeneriert, die dann sowohl ihre eigenen als auch die übertragenen Gene enthält. Eine andere Methode der Übertragung von Genen in die Erbanlagen einer Pflanze ist die der Biolistik. Hierbei werden mittels einer so genannten Genkanone winzige Schrotpartikel aus Wismut oder Gold in die Zellen der Empfängerpflanzen eingeschossen, wobei diese Geschosse mit den gewünschten Erbinformationen bestückt sind.

DNA, Desoxyribonucleinsäure, enthält die genetische Information
Gen, Träger einer Erbanlage
Genom, das gesamte genetische Material eines Organismus

Tierzucht durch künstliche Befruchtung

Die künstliche Besamung ist heutzutage die am häufigsten praktizierte Reproduktionstechnik bei Nutztieren. 1990 wendeten 96 Prozent aller Kühe haltenden Betriebe in Deutschland diese Technik an. Sie wird mithilfe tiefgekühlten Spermas durchgeführt und kann durch gezielten Einsatz von intensiv selektierten Vatertieren zur genetischen Verbesserung einer Population beitragen. In der deutschen züchterischen Praxis birgt die Verwendung von nur 5000 Besamungsbullen für 5,5 Millionen Kühe allerdings die Gefahr der Einschränkung der genetischen Vielfalt. Eine weitere Reproduktionstechnik ist der Embryotransfer, bei dem die nach der künstlichen Besamung entstandenen Embryonen in die Gebärmutter übertragen werden. Technisch machbar sind außerdem Tiefgefrier- und Auftauverfahren, bei denen die Nutztierembryonen in flüssigem Stickstoff auf bis zu –196 °C abgekühlt werden und auf diese Weise über längere Zeit konserviert werden können. Weitere Methoden sind die Erzeugung identischer Zwillinge durch Embryonenteilung oder die Herstellung von Lebewesen mit unterschiedlicher Chromosomenstruktur mittels mikrochirurgischer Techniken.

Einen großen Schritt weiter geht die Technik des Klonens. Mit ihr ist es möglich, aus einem Embryo viele weitere genetisch uniforme Embryonen zu gewinnen. Als Vorteile dieser Methode der Tierpro-

MASSGESCHNEIDERTER NACHWUCHS DURCH KLONEN?

Unter Klonen oder Klonieren versteht man die Erzeugung erbgleicher Zellen oder Organismen, die durch Teilung aus einer einzigen Zelle entstanden sind. Mit dieser Methode ist die Herstellung genetisch identischer Nachkommen eines Individuums in großer Zahl möglich. Sie wurde bisher u. a. in folgenden Bereichen angewandt:

- Vermehrung eines einzelnen Bakteriums,
- Anregung einzelner Lymphozyten des Immunsystems zu Zellteilungen,
- Vermehrung von DNA-Stücken, d. h. Genen,
- Züchtung vollständiger Pflanzen aus isolierten Zellen und
- Ersatz von Zellkernen durch Kerne aus Körperzellen eines anderen Tierembryos.

Das Klonen aus den Körperzellen eines erwachsenen Tiers gelang erstmals 1996 in einem schottischen Labor. Die Vorgehensweise ist in der Abbildung schematisch dargestellt: Dem »genetischen Mutterschaf« wird eine Zelle aus dem Euter entnommen und in die entkernte Eizelle eines zweiten Schafs eingesetzt. Der Embryo wächst in einer speziellen Nährlösung heran und wird einem dritten Schaf, dem Leihmutterschaf, eingepflanzt. Der Nachwuchs ist somit die exakte Kopie der genetischen Mutter.

Das Klonschaf »Dolly« entfachte die Diskussion um die Möglichkeiten und Grenzen des Klonens erneut. Die ungeschlechtliche Vermehrung genmanipulierter Tiere, die Stoffe für Medikamente produzieren oder gegen bestimmte Krankheiten resistent sind, ist gegenüber einer natürlichen Fortpflanzung von Vorteil, da bei Letzterer die gewünschten Eigenschaften häufig wieder verloren gehen. Neben medizinischen könnten auch züchterische Vorteile des Klonens genutzt werden. Das Klonieren menschlichen Erbguts wird besonders kontrovers diskutiert. Ethische Gründe sprechen gegen eine Reduzierung des Menschen auf Gene und Erbanlagen. Menschen mit bestimmten Eigenschaften oder gar als »Organspender« zu züchten, bedeutet für die Gegner des Klonens eine Verletzung der Würde menschlichen Lebens und für die Befürworter das mögliche Ende von Krankheit und körperlichem Leid. In Deutschland sind sowohl das Klonen von Menschen als auch die Forschung auf diesem Gebiet aufgrund des Embryonenschutzgesetzes verboten, in den USA ist dagegen das Klonen menschlicher Embryonen zu Forschungszwecken erlaubt.

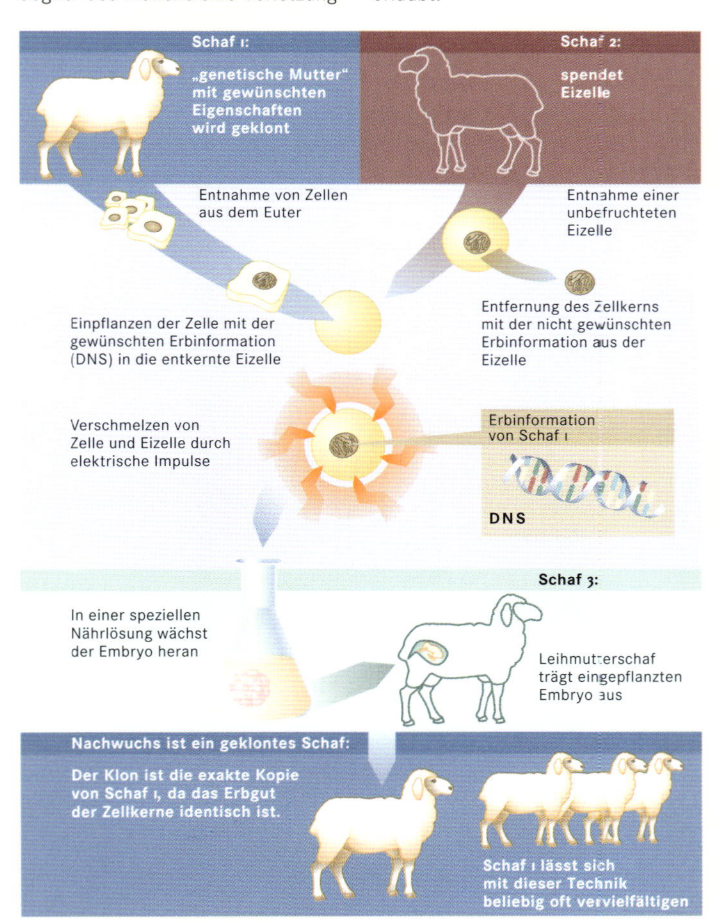

duktion werden eine verbesserte Ausnutzung der weiblichen Reproduktionskapazität, eine Steigerung der züchterischen Effizienz und der internationale Austausch von Zuchtmaterial gesehen. Im Gegensatz zu gentechnischen Verfahren bei Pflanzen gestaltet sich die Genmanipulation bei Tieren wesentlich schwieriger. Eine umfassende Genomanalyse, das heißt die chromosomale Lokalisation und

Sequenzierung aller Gene, ist technisch zwar mittlerweile machbar, wird aber im Nutztierbereich wegen des unverhältnismäßig großen Aufwands nicht durchgeführt. Neben experimentellen Anwendungen an Taufliegen oder Mäusen beschränkt man sich in der tierzüchterischen Praxis auf die gentechnische Manipulierung von Bakterien, die dann dem Nutztier zugeführt werden.

Die Grüne Revolution – Hochertragssorten in der Landwirtschaft

Durch den Erfolg von Pflanzenzuchtprogrammen nach dem Zweiten Weltkrieg prägte sich der Begriff der Grünen Revolution aus. Diese Programme bestanden aus aufeinander abgestimmten Maßnahmen: dem Einsatz von Hochertragssorten und hohen Dosen von Dünge- sowie Pflanzenschutzmitteln, der Ausweitung der Brunnenbewässerung und dem Gebrauch von modernen landwirtschaftlichen Maschinen. Das wichtigste Element war jedoch die Verwendung von Saatgut besonders ertragfähiger Weizen-, Mais- und Reisvarietäten, die in den 1940er- und 1950er-Jahren in den USA, in Mexiko und auf den Philippinen gezüchtet und erprobt wurden. Im Gegensatz zu den traditionellen Varietäten mit ihren großen und langen Blättern, tief und weit verzweigten Wurzelsystemen sowie einem geringen Ernteertrag waren die neuen Varietäten zwergwüchsig, mit stabilen Stängeln und kleinen, aufrechten Blättern. Diese Sorten ermöglichten dichtes Pflanzen, minimale Beschattung und relativ begrenzte Wurzelsysteme. Über dies hinaus besaßen sie eine kurze Vegetationszeit, die Fähigkeit, mit hoher Düngemittelzufuhr hohe Ernteerträge zu erzielen, und waren gegen Tageslichtschwankungen relativ unempfindlich, das heißt, man konnte sie in unterschiedlichen geographischen Breiten anbauen. Außerdem waren sie gegen verschiedene Pflanzenkrankheiten und Insektenbefall resistent und wiesen eine Toleranz gegenüber unregelmäßiger Bewässerung und schlechten Böden auf.

Reisernte in Kolumbien. Bei dem hier angebauten Reis handelt es sich um eine **Hochertragssorte.**

Die Grüne Revolution wird auch als ein Programm zur Lösung von Entwicklungsproblemen im ländlichen Raum verstanden, das durch eine Modernisierung der Landwirtschaft und durch Produktionssteigerungen eine dauerhafte Überwindung von Armut und Hunger anstrebt. Nach etwa 20-jähriger Erfahrung werten einige Experten die Ergebnisse dieser Maßnahmen nicht immer als positiv. Die Produktionserfolge waren eigentlich nur beim Weizen revolutionär. Beträgt beim Reisanbau das Verhältnis von Einsatz (beispielsweise Arbeitskräfte, Maschinen und Dünger) zu Ertrag bei traditionellen Systemen im Durchschnitt noch etwa 1 zu 10, so sinkt dieser Wert unter den Bedingungen der Grünen Revolution auf rund 1 zu 4 und schließlich unter den Bedingungen einer industrialisierten Landwirtschaft auf nahezu 1 zu 1 ab.

Flachs als nachwachsender Rohstoff gewinnt seit den 1990er-Jahren in der Textilindustrie wieder zunehmend an Bedeutung. Im Bild: Flachsernte in einem niederländischen Betrieb.

Nachwachsende Rohstoffe

Die Diskussion um den industriellen Pflanzenanbau, wie die landwirtschaftliche Produktion nachwachsender Rohstoffe auch genannt wird, begann in den 1970er-Jahren mit dem Anstieg der Erdölpreise. Allerdings sind die Voraussagen aus dieser Zeit nicht eingetreten und man geht davon aus, dass die fossilen Rohstoffe noch längere Zeit zur Energieversorgung ausreichen. Ebenso haben die Preissteigerungen nicht das damals prognostizierte Niveau erreicht. Seit dem Anstieg der landwirtschaftlichen Überschussproduktion in den 1980er-Jahren kommt dem Anbau von nachwachsenden Rohstoffen eine neue und erweiterte Bedeutung zu: Dieser soll zum einen zur Energie- und Rohstoffversorgung und zum anderen zur Lösung der Einkommens-, Marktüberschuss- und Haushaltsprobleme im Agrarbereich beitragen.

In vielen Fällen der momentanen Flächenstilllegungen könnte der Anbau nachwachsender Rohstoffe eine Produktionsalternative für die betroffenen Landwirte bieten. Dieser Anbau ist außerdem klimafreundlich, da der Kohlendioxidkreislauf geschlossen ist: Das Kohlendioxid, das bei der Verbrennung von Produkten aus nachwachsenden Rohstoffen wie beispielsweise Biodiesel freigesetzt wird, wurde vorher der Atmosphäre entzogen. Damit wird die Kohlendioxidkonzentration in der Atmosphäre nicht erhöht und der Treibhauseffekt nicht weiter verstärkt. Überdies vermindern Produkte aus nachwachsenden Rohstoffen Abfall- und Entsorgungsprobleme und gelten im Allgemeinen als gesundheitlich unbedenklich. Ebenso positiv ist eine Auflockerung der Fruchtfolge in der Landwirtschaft zu werten. Als Rohstoffe oder Energieträger müssen die Pflanzen allerdings andere Qualitätsanforderungen erfüllen als Pflanzen, die als Nahrungsquelle dienen. So zählt beipielsweise eine möglichst hohe Konzentration der jeweils erwünschten, für die Industrieproduktion oder Energieversorgung im Vordergrund stehenden Inhaltsstoffe zu den wichtigsten Züchtungszielen. Dies kann man sowohl durch die Weiterentwicklung von Pflanzenarten erreichen, die die gewünschten Qualitäten besitzen, als auch durch die biotechnische Veränderung angepasster Hauptfruchtarten.

Biodiesel – eine Alternative?

Ausgehend von den Hauptinhaltsstoffen der Pflanzen, die zur Weiterverarbeitung in den entsprechenden industriellen Produkten genutzt werden können, lassen sich die nachwachsenden Rohstoffe in verschiedene Produktlinien unterteilen: Fette und Öle, Stärke und Zucker, Holz und Fasern sowie Heil- und Gewürzpflanzen. Rapsöl lässt sich durch chemische Prozesse zu einem Dieselkraftstoff (Rapsmethylester, auch Biodiesel genannt) weiterverarbeiten. Die Vorteile gegenüber herkömmlichem Dieselkraftstoff sind ökologischer Natur. Biodiesel gibt weniger Ruß ab, enthält keinen Schwefel und verhält sich weitgehend kohlendioxidneutral. Wesentliches Hindernis der Produktion sind die zu hohen Rohstoffkosten gegenüber dem Konkurrenzprodukt auf der Basis fossiler Rohstoffe. Die Wirtschaftlichkeit des Biodiesels ist trotz der in Deutschland geltenden vollständigen und mengenmäßig unbegrenzten Mineralölsteuerbefreiung für reine Biokraftstoffe sowie der Möglichkeit, auf stillgelegten Flächen trotz Stilllegungsprämie nachwachsende Rohstoffe anzubauen, noch nicht gewährleistet. Daraus ergibt sich die Anforderung an die Pflanzenzüchtung, den Ertrag zu steigern. Der Anbau von Industriepflanzen hat in den 1990er-Jahren aufgrund von subventionierten Flächenstilllegungen erheblich zugenommen. Annähernd 500 000 Hektar Ackerfläche werden für die Erzeugung dieser Rohstoffe genutzt.

Rapsfeld in voller Blüte. Aufgrund des hohen Ölgehalts der Samen wird Raps in verschiedenen Kultursorten angebaut. Rapsöl wird nicht nur als Speiseöl, sondern verstärkt auch als Biokraftstoff verwendet.

Gentechnologie – ein Ersatz für die chemische Schädlingsbekämpfung?

Schätzungen zufolge gehen jedes Jahr circa 15 Prozent der gesamten potentiellen Ernte durch von Viren, Bakterien oder Pilzen verursachte Krankheiten verloren. Besonders Virusinfektionen sind gefährlich, da jede Pflanze – gerade bei monokultureller Anbauweise – von Viren befallen werden kann, aber keinerlei wirksame chemische Bekämpfungsmöglichkeiten bekannt sind. Es ist daher ökonomisch und ökologisch sinnvoll, die Resistenz von Nutzpflanzen gegenüber derartigen Krankheiten zu erhöhen. Ein großes Problem bei der Resistenzzüchtung ist, dass die gezüchteten Resistenzen verhältnismäßig schnell durch die Anpassung des Erregers durchbrochen werden. Bei Pilzen beobachtete man Anpassungszeiten von nur drei bis fünf Jahren. Aus diesem Grund richten sich die

Forschungsbemühungen auf die Immunisierung der Pflanzen, eine Art von »genetischer Impfung«. Bei Tabak beispielsweise konnte ein Erfolg erzielt werden, indem man durch Einbau eines Hüllenproteins des Tabak-Mosaik-Virus einer späteren Infektion vorbeugte.

Pflanzen, die ihre eigenen Insektizide bilden, sind ein weiteres Ziel der Forschung. Wegen der zunehmenden Besorgnis über mögliche schädliche Langzeitfolgen von Pestiziden besteht ein großes Interesse an der biologischen und gentechnisch manipulierten Schädlingsbekämpfung. Von der Anwendung der Gentechnik wird nicht nur eine Verringerung des Einsatzes chemischer Mittel, sondern auch eine Erweiterung des Wirkungsspektrums erwartet. Die erfolgreichsten Resultate wurden hierbei mit dem Bakterium Bacillus thuringiensis erzielt. Es besiedelt Pflanzen und erzeugt ein Gift, das von Pflanzen fressenden Insekten mit der Nahrung aufgenommen wird und in kurzer Zeit die Darmschleimhäute der Insekten zerstört. Daraufhin hören die Tiere auf zu fressen und sterben innerhalb weniger Tage. Das Gen für dieses Gift wurde inzwischen auf Tomaten-, Tabak-, Kartoffel- und Baumwollpflanzen übertragen.

Allerdings sind auch mögliche ökologische Auswirkungen zu bedenken. Durch den Anbau solcher Pflanzen wird ein massiver Selektionsdruck ausgeübt. So können sich die Insekten am besten und schnellsten vermehren, die durch spontane Mutationen eine Resistenz gegen die Wirkung dieser gentechnisch veränderten Pflanzen entwickeln. Dadurch wird nicht nur der Einsatz insektizidresistenter Pflanzen wirkungslos, sondern auch der vieler anderer Präparate (zum Beispiel chemische Pflanzenschutzmittel), die auf Bacillus thuringiensis beruhen. Ebenso könnte der Wegfall einer Schädlingsart anderen Schädlingsarten einen Reproduktionsvorteil bieten, was wiederum den Einsatz neuer Pestizide notwendig machen würde.

Pflanzen für die Industrie. In Deutschland wurden im Jahr 1997 auf einer Fläche von rund 465 200 ha, das entspricht 4% der gesamten Ackerfläche, so genannte nachwachsende Rohstoffe angebaut. Die Verwendungsbeispiele vermitteln eine Vorstellung von den industriellen Nutzungsmöglichkeiten dieser Rohstoffe.

Außerdem würden positive Nebeneffekte wie beispielsweise die Tatsache, dass Schädlinge bevorzugt kranke Pflanzen angreifen und damit zur Auslese gesunder Pflanzen beitragen, wegfallen.

Total- oder Breitbandherbizide sind Herbizide, die fast alle Pflanzen angreifen. Ihr Anwendungsspektrum ist begrenzt, da sie beispielsweise nicht eingesetzt werden können, wenn eine Fruchtfolge von mehreren Nutzpflanzen auf einem Stück Land in kürzeren Abständen geplant ist. Daher sind spezifisch wirkende Herbizide auf dem Markt, die je nach den zu bekämpfenden Unkräutern, der Bodenbeschaffenheit und weiteren Parametern eingesetzt werden. Mithilfe der Gentechnik wird nun versucht, Nutzpflanzen zu züchten, die gegen beide Arten von Herbiziden resistent sind. Ist eine Nutzpflanze gegen ein Herbizid resistent, so kann dieses Herbizid jederzeit, das heißt sowohl vor der Keimung der Pflanze als auch während der Vegetationszeit, ohne Gefahr für die Nutzpflanze nach Bedarf angewendet werden. Da die Resistenz gegen ein Herbizid oftmals nur durch ein einziges Gen ausgelöst wird, ist die Herstellung und Verwendung dieser Pflanzen schon weit fortgeschritten.

Erhöhte Produktivität durch Gentechnik

Ein Produktivitätsfortschritt lässt sich entweder durch Senkung der Produktionskosten pro Ertragseinheit oder durch Steigerung der Erträge bei konstanten Produktionskosten erzielen. Ersteres kann durch Virus-, Insektizid- und Herbizidresistenzen erreicht werden, während die Steigerung von Photosyntheseleistungen und die Anpassung von Pflanzen an ungünstige Standorte eher zur Steigerung der Erträge führen würden. Gentechnische Methoden können zu einer Ertragssteigerung führen, wenn die Pflanzen mehr Proteine, Fette und Kohlenhydrate, die als Grundlage der Ernährung und Äquivalent des Ernteertrages gelten, produzieren. So wurde zum Beipiel versucht, mithilfe eines bakteriellen Gens die Lysinmenge in Maispflanzen zu erhöhen, da Mais diese zur Ernährung wichtige Aminosäure nur in sehr geringen Mengen enthält. Von einem Produktivitätsfortschritt unter dem Aspekt der Weiterverarbeitung kann man auch bei dem Einbau neuer Eigenschaften in Pflanzen sprechen. In den USA wurde beispielsweise ein Gen der Tomatenpflanze verändert, das den Reifeprozess steuert. Die noch grünen Tomaten konnten sich noch wochenlang an den Stauden halten, selbst wenn diese schon verwelkt waren. Erst am Bestimmungsort wird das den Reifeprozess auslösende Gas Ethylen zugefügt, das die Pflanze wegen des veränderten Gens nicht selbst erzeugen kann.

Bakterien können gentechnisch so verändert werden, dass sie das Rinderwachstumshormon BST (Bovines Samatotropin) produzieren. Tägliche Injektionen dieses Hormons bewirken, dass die behandelten Rinder bis zu 30 Prozent mehr Fleisch ansetzen und die Milchleistung um bis zu 45 Prozent steigt. Durch die Hormongaben wird der natürlicherweise sich selbst regulierende Hormonhaushalt beeinträchtigt; dadurch steigt die Krankheitsanfälligkeit und viele

Tiere werden überdies unfruchtbar. Laut EU-Beschluss darf dieses Hormon in der Landwirtschaft nicht mehr eingesetzt werden.

Gene Farming und Schattenseiten der Gentechnik

Unter Gene Farming (auch Drug Farming) versteht man die Produktion bestimmter Proteine im Eutergewebe transgener Säugetiere. Dadurch können Stoffe hergestellt werden, die normalerweise nicht in der Milch vorkommen. Gene Farming wird hauptsächlich über das Darmbakterium Escherichia coli praktiziert, da es menschliche Gene aufnehmen und zu Stoffen weiterverarbeiten kann, die für den Menschen wertvoll sind. So wollen Forscher erreichen, dass mit der Kuhmilch das Enzym Urokinase erzeugt wird, das beim Menschen Blutgerinnsel auflöst. Ebenso soll Insulin auf diese Weise herstellbar werden.

Die Produktion landwirtschaftlicher Nutztiere in den letzten zwanzig Jahren mithilfe von Arbeit und Ressourcen sparender Technologien zum Zwecke der Steigerung der Erträge hat nach Meinung von Veterinären negative Auswirkungen auf die Tiergesundheit und verringert die Lebensleistung der Tiere. Die Lebensleistung einer Kuh zum Beispiel setzt sich aus Milchleistung, Nutzungsdauer und Reproduktionsrate zusammen. Oftmals ist das Zuchtziel zu einseitig auf Leistungsmerkmale wie Milchleistung oder Fleischproduktion ausgerichtet. Dies überfordert den tierischen Organismus und sein Bestreben, die lebensnotwendigen Prozesse und Funktionen im Gleichgewicht zu halten. Auch könnte die heutige Hochleistungszucht ohne die unzähligen Behandlungen mit modernen tiermedizinischen Mitteln nicht bestehen.

Transgene Organismen sind Lebewesen, die künstlich eingeführte Gene in ihren vegetativen Zellen und in der Keimbahn tragen, sodass der transgene Zustand vererbbar ist. Die fremde DNA wird dem frühen Embryo injiziert, fügt sich in die Chromosomen ein und wird so stabiler Bestandteil des Genoms (Chromosomensatz einer Zelle). Der Begriff wird hauptsächlich bei Tieren verwendet, seit es 1976 gelang, über einen infektiösen Retrovirus eine transgene Maus zu züchten.

Freilandversuche mit gentechnisch veränderten Pflanzen

Bei Risikoanalysen von Freilandversuchen werden im Allgemeinen verschiedene Fälle bezüglich des gentechnisch veränderten Organismus und der Bedingungen des Ökosystems unterschieden oder bewertet. Die Wiedereinführung der genetisch veränderten Organismen an den Standort, an dem die nicht modifizierten »Eltern« heimisch sind, zählt zu den häufigsten Anwendungen, da man in diesem Fall auf eine langjährige konventionelle Erfahrung zurückgreifen kann. Bei der Einführung in ein Ökosystem, in dem die modifizierten Eltern nicht beheimatet waren, können allerdings Probleme mit transgenen Pflanzen auftreten. Die Entstehung einer Unkrauteigenschaft, das heißt die starke Ausbreitung der Pflanze durch hohe Samenproduktion oder Anpassungsfähigkeit an verschiedene Standorte, ist unerwünscht. Es ist jedoch unwahrscheinlich, dass die Übertragung eines oder mehrerer Gene zu Unkrauteigenschaften bei Nutzpflanzen führt, denn man geht davon aus, dass dafür sehr viele Gene verantwortlich sind. Ebenso unerwünscht ist die Toxizität für Mensch oder Tier. In der klassischen Züchtung wurde ein Fall bekannt, bei dem man eine insektenresistente Kartoffel züchtete und dabei nicht beachtete, welche Sekundärstoffe man einkreuzte. Das Ergebnis war eine resistente, aber toxische Kartoffel.

In der gentechnischen Praxis lassen sich allerdings schon von vornherein Aussagen über die Giftigkeit des zu transferierenden Gens treffen, sodass die Bildung toxischer Stoffe im Allgemeinen nur dann möglich ist, wenn der genetische Hintergrund, auf den das übertragende Gen trifft, nicht bekannt ist. Dieses Risiko kann jedoch durch vorbeugende Prüfungen minimiert werden.

Besonderes Interesse gilt bei Freilandversuchen der unkontrollierten Verbreitung von transgenen Pflanzen. Doch muss hier zunächst zwischen Nutzpflanzen und Wildpflanzen unterschieden werden, denn meistens sind Nutzpflanzen auf die Kultivierung des Menschen angewiesen und ohne ihn nicht überlebensfähig. Sie sind daher als wesentlich risikoärmer zu bewerten. Auch die Tatsache, ob eine Pflanze mehr- oder einjährig ist, spielt eine Rolle. Bereits bekannte Fälle unkontrollierter Ausbreitung von Pflanzen sind in erster Linie bei mehrjährigen Pflanzen wie Bäumen oder Büschen beobachtet worden. Dagegen sind die meisten unserer landwirtschaftlichen Nutzpflanzen einjährig. Ein weiteres Risiko ist der sexuelle Gentransfer auf die nachfolgende Generation, beispielsweise durch Pollenflug. Dazu muss jedoch eine verwandte Pflanze als Empfänger vorhanden sein. Dies ist bei unseren Nutzpflanzen eher selten, da sie überwiegend aus den Wawilow'schen Zentren stammen. Bei der

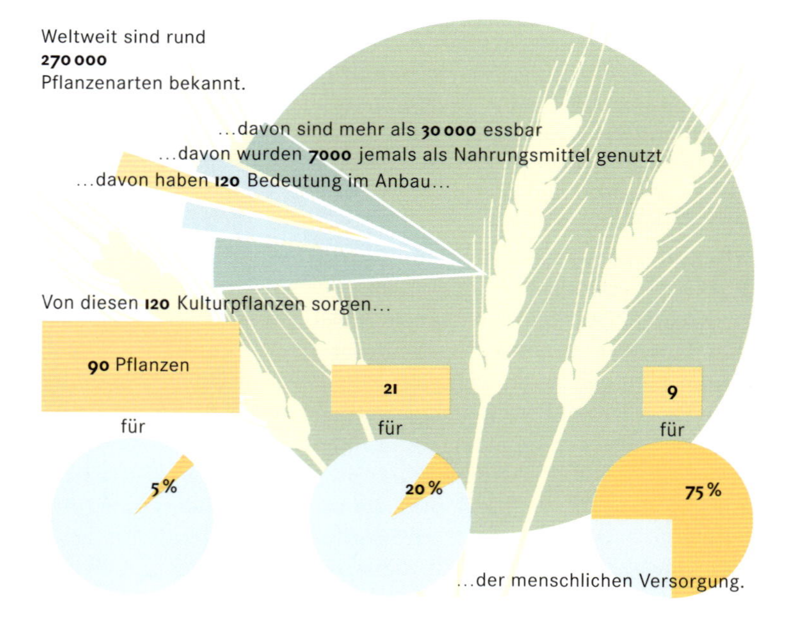

Die schmale **Nahrungsbasis der Menschheit.** Nur neun Kulturpflanzen tragen 75% zur menschlichen Ernährung bei. Angesichts von mehr als 30 000 essbaren Pflanzen weltweit ist dies ein verschwindend geringer Teil unserer Flora. Durch diese Nahrungseinfalt besteht die Gefahr des Verlustes der genetischen Vielfalt.

Anwesenheit artverwandter Empfänger kann es zu einer Stärkung von Unkräutern kommen, wenn zum Beispiel Gene für Resistenzen auf diese übergehen. Auch bestehen Risiken durch den nicht sexuellen Gentransfer, der über die Zwischenschaltung anderer Organismen wie Viren und Bakterien möglich ist. Bei den Auswirkungen auf die Umwelt ist allerdings zu beachten, dass sichtbare Schäden erst nach längerer Zeit auftreten. Die durchschnittliche Verzögerung zwischen dem ersten Anbau und der Ausbreitung von Gehölzen liegt etwa bei 150 Jahren, bei ausdauernden Pflanzen bei knapp 40 und bei einjährigen Pflanzen bei 20 Jahren. Von 1987 bis 1992 wurden in den Ländern der OECD rund 850 Freisetzungen durchgeführt. Im gleichen Zeitraum muss man jedoch weltweit von einer erheblich höheren Zahl ausgehen.

Zu den Auswirkungen der Freisetzung von gentechnisch manipulierten Tieren gibt es noch keine praktischen Erfahrungen. Sie können aber mit den Auswirkungen der Einführung von Arten aus entfernten Biotopen verglichen werden, die in Einzelfällen beträchtlichen ökologischen Schaden angerichtet haben. Eine Freisetzung gentechnisch veränderter Tiere ist daher nur zu verantworten, wenn die Ausbreitung der Tiere kontrollierbar bleibt, diese also gleichsam rückholbar bleiben.

Regeneration einer Pflanze aus einer Zelle. Ein Blattstück wird einer Pflanze entnommen und auf einem Nährboden kultiviert. Die Zellen des Blattes teilen sich und bilden ein undifferenziertes Gewebe. Diese Zellen werden in Kulturflüssigkeit vereinzelt, aus jeder einzelnen Zelle wächst erneut ein Zellengewebe, das auf einem Nährboden weiter kultiviert wird. Schließlich entwickelt sich eine vollständige Pflanze.

Gefahren für Natur und Landwirtschaft

Folgen eines Anbaus immer gleicher Pflanzenarten sind der verstärkte Einsatz von Mineraldünger und chemischer Pflanzenschutzmittel. Von diesen wenigen Pflanzenarten werden auch immer weniger Sorten angebaut. So entfallen 90 Prozent der Anbaufläche für Roggen in Deutschland auf Winterroggen, wobei es hiervon nur drei Sorten gibt. Des Weiteren ist die genetische Uniformität eines Pflanzenbestands durch Züchtungsmethoden wie Gewebe- und Zellkulturtechnik oder gentechnische Methoden problematisch. Mögliche Folgen hieraus sind die schnellere Ausbreitung einer Krankheit oder Seuche innerhalb des Pflanzenbestands, die einfachere Entstehung und Verbreitung von Erbfehlern sowie die Beeinträchtigung des Landschaftsbilds durch die Uniformität des Pflanzenbestands. Pauschal gesagt ist die Resistenz eines Ökosystems gegen Schädlinge und Schadstoffe umso wirksamer, je vielfältiger es ist. Auch die Züchtung herbizidresistenter Pflanzen ist bedenklich, da sie den systematischen Einsatz von Totalherbiziden nach sich zieht. Dies schadet dem meist schon labilen Ökosystem Acker und führt zu einer weiteren Reduzierung der ökologischen Komplexität und somit auch zur Schwächung dieses Ökosystems.

In der Tierzüchtung mit ihrem immensen Aufwand an medizinischen Hilfsmitteln und Verfahrenstechniken wird scheinbar die momentane landwirtschaftliche Situation vergessen. Viele der laufenden Forschungsprojekte befassen sich zu sehr mit einer Quantitätssteigerung statt mit einer Qualitätssteigerung. Obwohl der Fleischbedarf der EU-Länder mehr als gedeckt ist, steigt die Fleischproduktion weiter an. Außerdem werden 67 Prozent des gesamten Getreideverbrauchs an Tiere verfüttert, während in anderen Ländern Mangel an diesem Nahrungsmittel herrscht. Ebenso sollte die Tiergesundheit im Vordergrund stehen und nicht nur die Abwesenheit von Krankheit. Viele Tiere sind mittlerweile durch Zucht zur Hochleistung gezwungen und besitzen meist keine Selbstregulationsmechanismen mehr. Der Grat zwischen Produktivität und Tod ist häufig schmal.

Monokulturen

Traditionell wurde der Fruchtfolge in der Landwirtschaft eine große Bedeutung beigemessen. Dies resultierte aus den praktischen Erfahrungen der Landwirte in den gemäßigten Breiten. Mit der fortschreitenden Entwicklung von technischen und chemischen Hilfsmitteln sowie neuen Sorten und der Effizienzsteigerung durch Arbeitsteilung kristallisierte sich im Lauf der Zeit jedoch die Monokultur als Alternative zur herkömmlichen Polykultur heraus. Sie ist gekennzeichnet durch das Vorherrschen einer bestimmten Bodennutzung in reinen Beständen auf überwiegend großflächigen Feldern, ohne dass dabei die Kulturpflanzen gewechselt werden. Solche Monokulturen sind sowohl im Feldbau als auch in der Forstwirtschaft üblich.

Wirtschaftliche Vorteile einer Monokultur

Die praktizierte Monokultur ist nicht in jedem Fall gleichzusetzen mit einer Betriebsspezialisierung, doch stellt sie aus ökonomischer Sicht deren Idealfall dar. Denn aus einzelbetrieblicher Perspektive liegen die Vorteile der Spezialisierung auf möglichst wenige Produkte durchaus auf der Hand: Der hoch spezialisierte Betrieb stellt organisatorisch geringere Anforderungen an den Betriebsleiter, Kenntnisse können effektiver eingebracht, Investitionen für Maschinen und Ausrüstungen optimiert und Arbeitskräfte produktiver eingesetzt werden als bei Bewirtschaftung mit Fruchtwechsel. Zudem können vornehmlich jene landwirtschaftlichen Produkte angebaut werden, deren Vermarktung größte Gewinne bringt, und im Falle von Plantagen bietet die Monokultur darüber hinaus Flächenvorteile. So ging mit der Spezialisierung der Landwirtschaftsbetriebe nicht von ungefähr ein Trend zur Konzentration einher, der mit einer Vergrößerung der jeweiligen Betriebsfläche sowie einer

Ananasplantage auf Puerto Rico. Ananas, ursprünglich in Südamerika heimisch, wird heute im gesamten Tropengürtel auf großen Plantagen in zahllosen Kultursorten angebaut. Die Hauptanbaugebiete liegen in Thailand, auf den Philippinen, in Indien, Brasilien, Florida und auf Hawaii.

Baumwollmonokultur in der Dominikanischen Republik. Die Baumwollpflanze gehört zu der Gattung der Malvengewächse mit bis zu 6 m hohen, strauchartigen Pflanzen. Ihr ölhaltiger Samen ist mit einem Büschel bis zu 4 cm langer Samenhaare, der Baumwolle, versehen. Die heutigen, zahlreichen Kultursorten bevorzugen ein warmes, trockenes Klima, wobei während der Frühentwicklung ausreichend Wasser vorhanden sein und bei der Ernte Trockenheit herrschen muss.

starken Abnahme des landwirtschaftlichen Arbeitsplatzangebots verbunden war. Die Arbeitskräfte sind zunehmend durch Kapital substituiert worden, was bei einem hohen Lohnniveau und gleichzeitig relativ niedrigen Maschinenkosten ökonomisch sinnvoll ist.

Daneben haben marktpolitische Maßnahmen Auswirkungen auf die Produktionsweise der Landwirte. So richten die Landwirte der Europäischen Union ihren Anbau zeitweise in besonderem Maße auf die preisbegünstigten Marktordnungsprodukte, auf Getreide und Zuckerrüben, aus: Während beispielsweise in der Bundesrepublik Deutschland Anfang der 1950er-Jahre nur knapp 60 Prozent der Ackerfläche für den Anbau von Getreide und Zuckerrüben genutzt wurden, waren es 30 Jahre später schon 75 Prozent.

Die zeitweise sehr niedrigen Preise von Erdöl und dessen Folgeprodukten taten ein Übriges, um die Betriebsspezialisierungen zu begünstigen, die selbst von den zwischenzeitlichen Preisschüben bei Stickstoff-, Phosphat- und Kalidünger kaum gestoppt worden sind. Die künstliche Düngung ersetzte vielmehr zunehmend den ehedem durch Fruchtwechsel gewährleisteten Nährstoffausgleich zwischen Stickstoff zehrenden und Stickstoff mehrenden Kulturpflanzen, zwischen kalianspruchslosen und kalihungrigen sowie Kalk fliehenden und Kalk liebenden Feldfrüchten. Müssen für Pflanzungen in der unter Umständen ertragslosen oder ertragsarmen Jugendperiode hohe Anfangsinvestitionen erbracht werden, so ist der fortdauernde Anbau derselben Frucht sinnvoll, da sich die Kosten erst bei allmählich ansteigender Leistung amortisieren. Bei der Ölpalme tritt eine Kostendeckung nach etwa vierjähriger, bei Kautschuk bei sechsjähriger und bei Kakao bei etwa achtjähriger Pflanzung ein.

Räumliche Zuordnung typischer Monokulturen

In Mitteleuropa sind Monokulturen selten und nur etwa als reine Wein- oder Obstbaubetriebe sowie reine Grünlandbetriebe zu finden. In Deutschland sind sie bestenfalls typisch für Regionen, in

Zuckerrübenmonokultur in der Niederrheinischen Bucht, Deutschland. Die Zuckerrübe ist eine relativ junge Kulturpflanze. Sie wurde seit Ende des 18. Jahrhunderts aus der Gemeinen Runkelrübe gezüchtet. Die Zuckerrüben enthalten 12 bis 21% Rübenzucker. Ihr Anbau erfolgt in der gemäßigten Zone mit ausreichend warmem, nicht zu feuchtem Klima.

denen Flurbereinigungen in großem Ausmaß durchgeführt wurden, was besonders in den landwirtschaftlichen Gunsträumen der Fall gewesen ist. Die Flurbereinigungen haben die heutige Kulturlandschaft insofern geprägt, als diese manchmal großflächig durch Monokulturen und eine weitgehende Verarmung der ursprünglichen Naturlandschaft gekennzeichnet ist.

In den Subtropen und Tropen sind Monokulturbetriebe zahlreicher verbreitet und wirtschaftlich bedeutender. So wird in wichtigen Gebieten des kontinentalgemäßigten bis subtropischen Klimas Baumwolle bei stark konzentriertem Anbau vielfach annähernd in Monokulturen produziert. Ihr kommt als Cash Crop besondere Bedeutung zu, wurden doch in den vergangenen Jahren beispielsweise bis zu 70 % der Gesamtexporterlöse des Tschad, 52% der Exporte des Sudan, 28 % der ägyptischen und immerhin noch 22% der türkischen Exporterlöse mit dem Verkauf von Baumwolle erzielt. In manchen Gegenden Indiens und Australiens werden die Pflanzen zweijährig in großen Monokulturen genutzt und im semiariden Nordosten Brasiliens wird die Baumwolle sogar fünf- bis zehnjährig angebaut. Die Erträge sind im ersten Jahr relativ gering, im zweiten Jahr gewöhnlich recht gut. Ab dem dritten oder vierten Jahr nehmen sie jedoch infolge von Pflanzenverlusten und stärkerem Schädlingsbefall wieder ab.

Wirtschaftliche Risiken der Monokultur

Mit der Entscheidung für die Monokultur macht sich ein Landwirtschaftsbetrieb in hohem Maß abhängig von Markt und Marktpreis. Der Verzicht auf weitere Anbauprodukte kann so zwar im günstigen Fall eine außergewöhnliche Rendite, aber im Falle unvorhersehbarer Katastrophen auch den wirtschaftlichen Bankrott bedeuten. National betrachtet schmälert das bevorzugte Bewirtschaften von Monokulturen überdies das Angebot landwirtschaftlicher Produkte und führt möglicherweise zu einer Belastung der Märkte durch agrarische Überschüsse. Vor allem in Ländern der tropischen Regenwaldklimate werden große Gesamtexportanteile mit Produkten erzielt, die in Monokulturen angebaut werden. Auf Mauritius entfallen so auf Zucker und Rum bis zu 90%, auf Kuba auf Rohrzucker 83%, in Ghana auf Kakao und seine Produkte 76% und in Kolumbien auf Kaffee 66% der Gesamtexporterlöse. Dabei verfügen diese Länder nicht über eine diversifizierte Exportpalette, sondern hängen in starkem Maß von einem landwirtschaftlichen Produkt ab. Der Preisverfall durch Überangebot oder das Aufkommen alternativer Produkte auf dem Weltmarkt wirkt sich damit drastisch auf ihre Volkswirtschaften aus, da sie den finanziellen Ausfall nicht durch den Export anderer Produkte kompensieren können.

Ähnlich stark gefährdet sind Volkswirtschaften wie Einzelexistenzen, wenn natürliche Faktoren wie etwa Klimaschwankungen den Erfolg des Monokulturanbaus beeinträchtigen. Im Süden Malis zum Beispiel wurden Bauern in den 1980er-Jahren von Regierungsvertretern dazu gedrängt, Mais in Monokultur anzubauen. Die Regenzeit des Jahres 1984 war jedoch durch ein extremes Niederschlagsdefizit gekennzeichnet. Es kam zu einem vollkommenen Ertragsausfall und enormen finanziellen Verlusten der Landwirte, die sich nur auf den Anbau von Mais konzentriert hatten. Ein Landwirt dieser malischen Region hatte weiterhin auf die Polykultur gesetzt und neben Mais auch Sorghum und Hirse angebaut. Zwar erntete auch er keinen Mais, brachte aber Ende Oktober eine gute Sorghum- und Hirseernte ein, da diese Produkte nicht so sehr von der anhaltenden Trockenheit betroffen waren.

Cash Crop, landwirtschaftliches Produkt, das für den Verkauf und nicht für die Eigenversorgung bestimmt ist; für manche Entwicklungsländer wichtige Grundlage für Devisen

Ökologische Risiken der Monokultur

Manche landwirtschaftlichen Produkte können bei günstigen natürlichen Bedingungen wie fruchtbarem Boden und mildem Klima durchaus in Monokulturen angebaut werden. Baum- und Strauchkulturen lassen dabei die klassische Monokultur eher zu, als dies bei den meisten Feldfrüchten der Fall ist, weil sie keinen alljährlichen Fruchtwechsel erfordern. Zudem lässt sich insbesondere in den feuchten Tropen die Bodenfruchtbarkeit unter dem Laubdach der Bäume und Sträucher gut erhalten, da dessen ganzjähriger Schutz die erosive Kraft der intensiven Niederschläge mindert. Aus ökologischer Sicht steht diesem Bodennutzungssystem demnach zunächst nichts im Wege.

Einseitige Fruchtfolgen, in Extremfällen Monokulturen, können sich allerdings nachteilig auf den Humusgehalt und die Mikro- und Makrofauna des Bodens, den Unkrautbesatz, die Nährstoffverfügbarkeit sowie die Pflanzengesundheit auswirken. Hohe Pflanzendichten begünstigen überdies die gleichmäßige Verteilung relativ großer Schädlingspopulationen, noch ehe intraspezifische Konkurrenz und Immigration von Räubern wirksam werden können. Langfristige Monokulturen verschlimmern diese Probleme noch, von denen Pflanzen mit einer langen Reifungsphase und hoher genetischer Uniformität vor allem betroffen sind und die durch die schnelle Evolution insektizidresistenter Organismen verschärft werden. Hinzu kommt, dass sich die Zucht schädlings- und krankheitsresistenterer Pflanzen ihrerseits stimulierend auf die Entwicklung virulenter Krankheitserreger und Schädlinge auswirkt. Schädlinge vernichten noch vor Beginn der Ernte weltweit nahezu 50 Prozent der Erträge. So können einige der ökonomisch bedeutsamsten tropischen Nutzpflanzen (zum Beispiel Baumwolle, Kakao und Kaffee) von schätzungsweise 500 bis 700 Schädlingsarten befallen werden, die insgesamt etwa 15 Prozent der gesamten Welternte zerstören.

Kokospalmen an der Nordküste Jamaikas. Die Palmen sind von einer Blattkrankheit, der »Yellow Disease«, befallen, die sich häufig in Monokulturen ausbreitet.

Monokulturen schaffen für Tiere, die nahrungsmäßig genau auf die angebaute Pflanze spezialisiert sind, beste Voraussetzungen für

Kaffeeplantage in Brasilien. Kaffee gedeiht in den Tropen bis 28° nördlicher und südlicher Breite. Der immergrüne Kaffeestrauch wird 4 bis 8m hoch. Aus seinen roten, kirschenähnlichen Steinfrüchten werden die Kaffeebohnen gewonnen.

eine starke Vermehrung. Zugleich finden die Feinde dieser Tiere, beispielsweise der Tauben oder Saatkrähen, in den meist einförmigen Kulturflächen keine geeigneten Lebensbedingungen, wie etwa Nistplätze oder Verstecke. Daher steht der Massenvermehrung der tierischen Schädlinge und einem damit verbundenen Kahlfraß der Monokultur häufig nichts mehr im Weg. Auf diese Weise kann schließlich auch eine Art, die in ihrer angestammten Lebensgemeinschaft durch natürliche Feinde immer in einer für den Gesamtbestand der Biozönose ungefährlichen Individuendichte gehalten wurde, in der Monokultur zum Schädling werden.

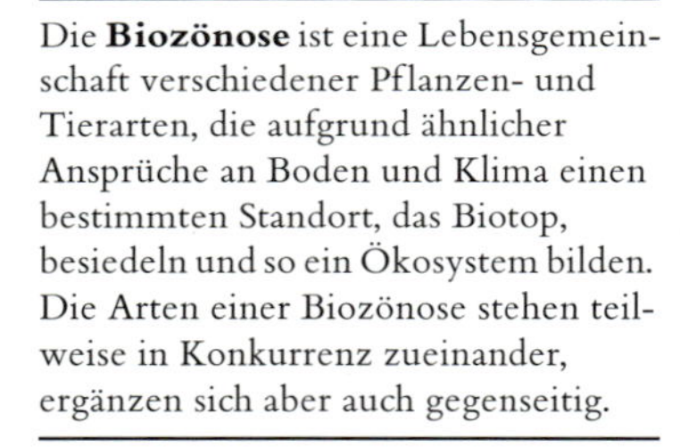

Die **Biozönose** ist eine Lebensgemeinschaft verschiedener Pflanzen- und Tierarten, die aufgrund ähnlicher Ansprüche an Boden und Klima einen bestimmten Standort, das Biotop, besiedeln und so ein Ökosystem bilden. Die Arten einer Biozönose stehen teilweise in Konkurrenz zueinander, ergänzen sich aber auch gegenseitig.

Verstärkter Wuchs von Unkräutern gefährdet die Ernte

Der vermehrte Monokulturanbau hat das Wachstum von Unkräutern verstärkt, das die Entwicklung der Nutzpflanzen zunehmend gefährdet. So musste sowohl in deutschen als auch in englischen Monokulturversuchen der Anbau primär wegen der erdrückenden Verunkrautung unterbrochen werden. Dabei verursachen Grasunkräuter höhere Schäden und Verluste als andere Unkrautarten. Denn Gräser haben einen kurzen Lebenszyklus und reifen deshalb schneller als die Nutzpflanzen heran, deren Wachstum sie damit beeinträchtigen. Die Samen der Gräser graben sich unter Umständen in den Boden ein und bleiben sehr lange, in Ausnahmefällen bis zu neun Jahren, keimfähig. Um sie zu bekämpfen, greift man im Fall sehr wertvoller Kulturen aus diesem Grund auf die aufwendige Bodendesinfektion zurück, wie etwa in Gewächshäusern oder bei der Produktion von Anzuchterde für Gemüse- und Weinbau. Doch auch vormals harmlose Unkräuter können einen einseitigen Bestand von Kulturpflanzen gefährden. In Mitteleuropa zum Beispiel gibt es Regionen intensiven Ackerbaus mit guten Böden, einseitigen Fruchtfolgen, hoher Düngung und starkem Herbizideinsatz. Hier finden sich nur noch wenige Ackerwildkrautarten, die sich an diese moderne Bewirtschaftung angepasst haben. Durch massenhaftes

Auftreten können diese Arten so dominant werden, dass sie die Erträge der Kulturpflanzen ernsthaft gefährden.

Befall durch Krankheiten und Schädlinge

Da in Monokulturen Hindernisse wie etwa Hecken zumeist fehlen, fördert diese Form der Bewirtschaftung die Verbreitung von Schädlingen wie Mehltaupilzen, Sattelmücken, Gallmücken und Blattläusen, die vom Wind weitergetragen werden. Insekten können so nur wirksam durch einen Fruchtwechsel bekämpft werden, denn nur er verspricht eine erhebliche Befallsminderung. Schwerer aber noch wiegt die Vermehrung pathogener Organismen, der Pilze, Bakterien, Viren und Nematoden, die durch hohe Pflanzendichten und von Monokulturen mit ständigem Getreideanbau besonders gefördert wird. Getreide beispielsweise wird in den gemäßigten Breiten durch die Erreger der »Schwarzbeinigkeit« und der »Halmbruchkrankheit« geschädigt, wobei sich allerdings der so genannte »Decline-Effekt« einstellen kann, das heißt, nach einem anfänglich starken Ertragsrückgang wird trotz der fortgesetzten Monokultur wieder ein akzeptables Ertragsniveau ohne weitere Bekämpfung des Befalls erzielt. Als weitere Krankheiten sind Fußkrankheiten, Typhula-Fäule der Wintergerste und Getreidezystenälchen zu nennen. Im Allgemeinen wird der Ertrag direkt durch den Früchtefraß von Schädlingen gemindert. Indirekte Schädigungen gehen von einer Verringerung der Blattgröße und einer Minderung der Photosyntheserate aus.

Die **Schwarzbeinigkeit bei Weizen** zeigt eine Verfärbung und Zersetzung des Wurzelhalses durch den Pilz Ophiobolus graminis (Halmtöter). Die Erreger haften dem Samen an oder infizieren vom Boden aus.

Um dem Ertragsausfall vorzubeugen, wird die Landwirtschaft chemisiert. Schädlingsbekämpfungsmittel und krankheitsresistente Kultursorten allerdings haben ebenso viele neue Probleme geschaffen wie sie lösten, zumal die schnelle Fortpflanzungsrate sowie Evolution resistenter Schädlinge und Krankheitserreger die Lage weiter verschärften. Pestizide beispielsweise können nicht nur die Zielorganismen töten, sondern auch deren natürliche Feinde. Toxische Stoffe vergiften Grund- und Oberflächengewässer, und einige Chemikalien gelangen schließlich in die Nahrungskette.

Die größte Anzahl und Diversität von **Pflanzenkrankheiten** wird von Pilzen verursacht, während nur wenige Erkrankungen auf Bakterien zurückzuführen sind, die gleichwohl zum Teil gravierende Schäden anrichten können. Viren können beinahe alle höheren Pflanzen infizieren. Zu den schlimmsten Krankheitserregern aber gehören die Nematoden. Sie können den Boden bei fehlender Fruchtfolge sehr schnell verseuchen, sodass Monokulturen nur möglich sind, wenn ein Nematodenbefall ausgeschlossen werden kann.

Fortschreitende Bodendegradierung

Neben den Schädlingsbekämpfungsmitteln hat der verstärkte Einsatz größerer Maschinen, wie er mit einer zunehmenden Intensivierung verbunden ist, schwerwiegende ökologische Beeinträchtigungen zur Folge. So mindert er die Bodenqualität erheblich, denn bei einer immer wiederkehrenden und gleichen Pflugtiefe entstehen deutlich ausgeprägte Pflugsohlen und Überschiebungen des Bodens. Der Einsatz von schwerem Gerät führt außerdem zur Oberflächenverdichtung und folglich auch zu einer Abnahme der Permeabilität und Einsickerungskapazität des Untergrunds. Überdies kann der Anteil organischen Materials im Boden auf Minimalwerte sinken, wenn zu wenig Humus oder Stallmist aufgetragen wird, womit durch die Verdichtung des Substrats und fehlende organische Düngung die Strukturstabilität des Bodens und die nachhaltige Bo-

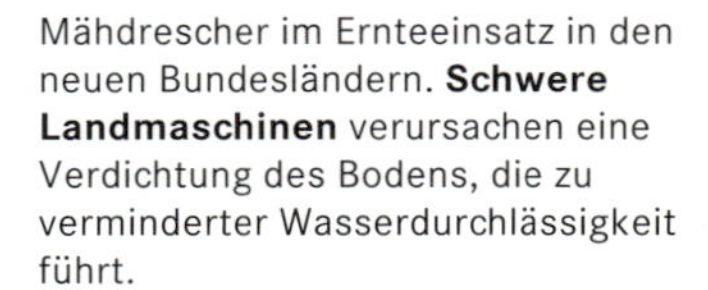

Mähdrescher im Ernteeinsatz in den neuen Bundesländern. **Schwere Landmaschinen** verursachen eine Verdichtung des Bodens, die zu verminderter Wasserdurchlässigkeit führt.

denfruchtbarkeit auf dem Spiel stehen. In der Folge wächst das Risiko der Bodenerosion, bei schweren Böden gefördert durch Oberflächenabfluss, bei leichten Böden durch Wind. Durch sie aber geht wiederum humus- und nährstoffreiches Material verloren.

Zudem werden dem Boden bei jeder Ernte Nährstoffe entzogen, die dann im natürlichen Kreislauf fehlen. Beim Monokulturanbau ist dieser Nährstoffentzug einseitig, weshalb die Bewirtschaftungsform in besonderem Maße den Einsatz von Mineraldünger erfordert. Langfristig jedoch birgt das die Gefahr eines Nährstoffaustrags in ober- und unterirdische Gewässer durch Überdüngung. Des Weiteren kommt es bei Monokulturen häufig zu einem verstärkten Humusabbau, einem Rückgang der Artenvielfalt der Bodenorganismen sowie einer Abschwemmungsgefahr bei spät schließenden Reihenkulturen in erosionsgefährdeten Gebieten, zum Beispiel bei Anbau von Mais und Zuckerrüben. Dauernder Hackfruchtanbau führt zu hohen Verlusten der organischen Substanz, während dauernder Getreidebau nachhaltige Gefügeschädigungen des Bodens nach sich zieht. Dauerfutterbau auf Ackerland hingegen kommt einer nicht nutzbaren, unwirtschaftlichen Humusspeicherung gleich.

Selbstverträgliche Pflanzenarten, Arten, die in beliebig langer Folge unter gleich bleibenden ökologischen Bedingungen bei allgemeiner Pflanzengesundheit angebaut werden können

Selbstunverträgliche Pflanzenarten, Arten, deren körpereigene Stoffausscheidungen einen mehrjährigen Anbau hemmen oder unmöglich machen

Ökonomie und Ökologie – in der Landwirtschaft unvereinbar?

Monokulturen in reinem Bestand kommen in der Natur genau besehen nicht vor; werden sie aber vom Menschen eingeführt, so besteht die Gefahr, dass sie das natürliche Gleichgewicht stören. So hat sich die Fruchtfolge vor allem in der gemäßigten Zone seit Jahrhunderten als wichtigste Grundlage des Ackerbaus bewährt, weil sie nicht nur den Ertrag der einzelnen Frucht, sondern die Bodenfruchtbarkeit selbst beeinflusst. Dabei hängt das Anbauintervall durchaus von der Kulturpflanze und den natürlichen Gegebenheiten des Standorts ab. Denn unter bestimmten klimatischen Rahmenbedingungen sind auch Monokulturen einiger Kulturpflanzen ökologisch gerechtfertigt. Selbstverträgliche Arten wie zum Beispiel Reis, Mais, teilweise auch Baumwolle und Zuckerrohr lassen auch Daueranbau zu, für den Baum- und Strauchkulturen besonders geeignet sind. In Nigeria gibt es Böden, die seit 70 Jahren Ölpalmen tragen, ohne dass sie etwas von ihrer natürlichen Fruchtbarkeit verloren hätten, und Kautschuk- und Kakaoplantagen schädigen die Bodenfruchtbarkeit ebenso wenig wie viele Nassreismonokulturen. Gleiches gilt für Dattelpalmen, die an manchen Stellen schon 100 Jahre offensichtlich ohne Probleme Früchte tragen. Die entsprechenden Arten sind »selbstverträglich«, im Gegensatz etwa zu Weizen oder Gerste, die auch auf besten Böden schon nach achtjährigem Daueranbau rund die Hälfte ihres Ertrags einbüßen, oder zur Zuckerrübe, deren Monokulturanbau gegenüber dem Anbau mit Fruchtwechsel schon nach viermaligem Anbau über 50 Prozent niedrigere Erträge bringt.

Unter ökonomischen Gesichtspunkten stellt sich dabei die Frage, inwieweit jene betriebswirtschaftlichen Gründe, die für eine Spezialisierung der Landwirtschaft sprechen, die zum Teil erheblichen Mehraufwendungen aufwiegen, die für den Monokulturanbau von »selbstunverträglichen« Pflanzen erforderlich sind. Verstärkter Einsatz von Schädlings- und Unkrautbekämpfungsmitteln sowie große Düngergaben bedeuten einen höheren Kapitalaufwand für den landwirtschaftlichen Betrieb. Ein alarmierendes Signal ist es in diesem Zusammenhang auch, dass in der modernen Landwirtschaft ein Vielfaches der später in Form der Ernte zurückgewonnenen Energie für Treibstoffe und Kunstdünger aufgewendet werden muss. Diese Rechnung kann, zumindest global betrachtet, auf Dauer jedoch nicht aufgehen. Wenn Monokulturen oft nur bedingt mit ökonomischen Vorteilen verbunden sind und sie zudem das natürliche Gleichgewicht empfindlich stören sowie irreversible Schäden hervorrufen, muss grundsätzlich im Vorfeld geklärt werden, ob auf den dauerhaften Anbau von Pflanzen in Monokulturen nicht verzichtet werden sollte.

Nachhaltigkeit oder **nachhaltige Entwicklung** sind als Übersetzungen des englischen Begriffs **Sustainable Development** spätestens seit dem so genannten Umweltgipfel von Rio de Janeiro 1992 oft gebrauchte Schlagwörter. Sie kennzeichnen eine Form des Wirtschaftens, die die Lebensbedingungen zukünftiger Generationen bewahrt und neben dem Schutz der natürlichen Ressourcen auch sozioökonomische Komponenten wie die Bekämpfung der weltweiten Armut sowie die Befriedigung der Grundbedürfnisse umfasst.
Von Nachhaltigkeit wurde im deutschen Sprachraum erstmals in der Forstwirtschaft gesprochen, was freilich zunächst nur einen dauerhaften und hohen Holzertrag der Wälder meinte, bis neben gewinnmaximierenden Motiven auch für das Allgemeinwohl wichtige Schutzfunktionen des Waldes in die Zielvorgaben nachhaltiger Forstwirtschaft einbezogen wurden. In der nachhaltigen Landwirtschaft steht die Fähigkeit des Agroökosystems im Vordergrund, bei landwirtschaftlicher Nutzung und anschließendem Ausgleich der Verluste durch Dünger dauerhaft die gleichen Erträge zu erbringen. Das rein ökonomische Verständnis der Nachhaltigkeit gehört damit der Vergangenheit an.

Brache – agrarpolitisches Instrument der Jahrtausendwende

Der Begriff »Brache« hat seine Wurzel im althochdeutschen Wort »brâhha«, das Brechen, und bezeichnete zunächst speziell das erste Umbrechen des Bodens, wie es für die traditionelle Dreifelderwirtschaft typisch war. Ein Drittel der Flur blieb nach der Ernte, etwa als Stoppelweide, liegen und wurde erst im darauf folgenden Juni umgepflügt und für die Wintersaat vorbereitet. Daher wird der Juni in manchen Gegenden auch Brachet oder Brachmonat genannt.

Die Entwicklung der Brachen

Rotationsbrachen der Dreifelderwirtschaft waren noch bis in die 1950er-Jahre ein fester Bestandteil der mitteleuropäischen Landwirtschaft. Sie dienten einer auf Eigenversorgung abzielenden Bewirtschaftung zur Sicherung der Bodenfruchtbarkeit sowie zur Kontrolle von Schädlingsbefall und Verunkrautung. Mit dem zuneh-

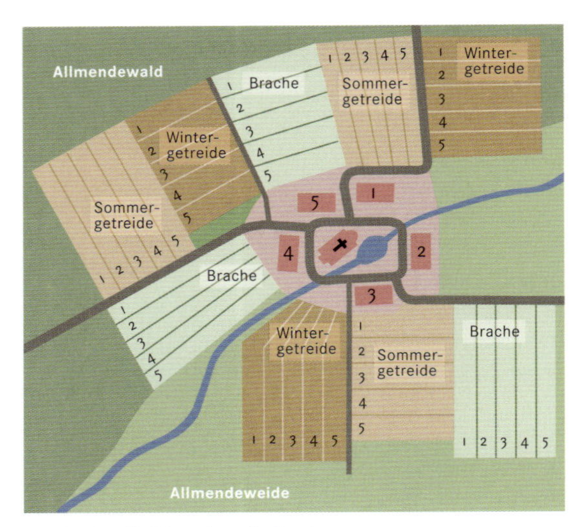

Bei der **Dreifelderwirtschaft** mit Flurzwang wird eine Ackerfläche im dreijährigen Wechsel bewirtschaftet. Ursprünglich handelte es sich um eine Folge von Wintergetreide, Sommergetreide und Brache. In der schematischen Darstellung entspricht den Höfen jeweils ein Feld (schmaler Streifen) in den einzelnen Flurteilen.

menden Düngereinsatz, der Verwendung von Pflanzenschutzmitteln, der Verbesserung der Sorten und dem ökonomischen Zwang zur Rationalisierung und Intensivierung verloren die Rotationsbrachen in den Industrieländern jedoch an Bedeutung.

Ab den 1960er-Jahren lagen Flächen aus primär ökonomischen Gründen brach. Denn ursprünglich landwirtschaftlich genutzte Flächen konnten unter den gegebenen volks- und betriebswirtschaftlichen Bedingungen nicht mehr kostendeckend bewirtschaftet werden, sei es aufgrund ungünstiger Standortbedingungen, wie zum Beipiel Hanglagen oder schlechte Böden, sei es, dass der Besitz zersplittert oder zu klein für eine rationelle Bewirtschaftung war. Allerdings blieben solche Grenzertrags- und Strukturbrachen, das heißt aufgrund strukturbedingter Nutzungserschwernisse entstandene Stilllegungsflächen, bis Anfang der 1970er-Jahre eine Randerscheinung. Die Kulturlandschaft Mitteleuropas wurde nahezu vollständig genutzt, und nur schmale Streifen oder Winkel am Rande der bewirtschafteten Flächen lagen brach. Ab Mitte der 1970er-Jahre änderte sich das Bild, als sich außerhalb des Agrarsektors zunehmend sowohl lukrativere als auch weniger mühsame Beschäftigungsmöglichkeiten boten, was zur Aufgabe der Bewirtschaftung und damit zur Entwicklung von so genannten Sozialbrachen führte. In Stadtnähe wurde die agrarische Nutzfläche zudem zu Bauerwartungsland.

Die Tendenz zur Flächenstilllegung unter Rentabilitätsgesichtspunkten ist schließlich noch einmal durch den Wegfall der Schutzzölle im Agrarbereich als Resultat der GATT-Verhandlungen und durch die Kontrolle der Welthandelsorganisation verstärkt worden. In der Folge hat sich die EU gezwungen gesehen, nun auch politisch

Flächenstilllegung in der deutschen Mittelgebirgsregion. Das Ackerland wird nicht mehr bestellt und die Brache wird von wild wuchernder Vegetation bewachsen.

die Aufgabe von Agrarflächen zu forcieren, da in der EU produzierte Agrargüter größtenteils zu teuer und deshalb nicht mehr konkurrenzfähig waren. Gleichzeitig ist die Überproduktion von vielen Agrargütern in der EU heute immer noch so hoch, dass Flächenstilllegungen auch ein Mittel zum Abbau großer Vorräte agrarischer Güter sind.

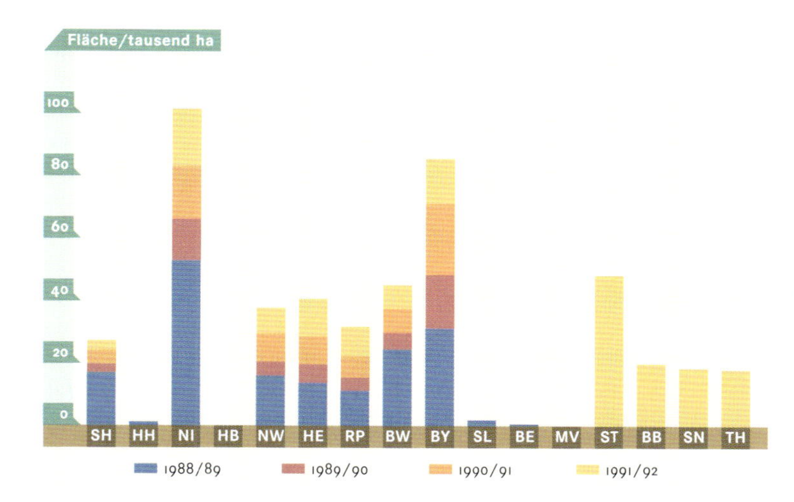

Die fünfjährige **Flächenstilllegung in den Bundesländern,** angegeben in tausend ha, zeigt, dass in den großen Flächenstaaten Niedersachsen und Bayern die Agrarflächen im größten Umfang stillgelegt wurden. (SH = Schleswig-Holstein, HH = Hamburg, NI = Niedersachsen, HB = Bremen, NW = Nordrhein-Westfalen, HE = Hessen, RP = Rheinland-Pfalz, BW = Baden-Württemberg, BY = Bayern, SL = Saarland, BE = Berlin, MV = Mecklenburg-Vorpommern, ST = Sachsen-Anhalt, BB = Brandenburg, SN = Sachsen, TH = Thüringen)

So hat der Brachflächenanteil in der EU in den letzten Jahren erheblich zugenommen. Dabei ist die Flächenstilllegung regional unterschiedlich ausgefallen. Dies hängt mit der regionalen Verschiedenheit der Ertragsfähigkeit der Böden und den regional unterschiedlichen Klimaten zusammen. In landwirtschaftlichen Ungunstgebieten in Deutschland prognostiziert man einen Rückgang der Agrarflächen um 50 Prozent und mehr. Dies wirft mit Blick auf die ländlichen Räume viele neue Fragen auf: Welche Erwerbsmöglichkeiten haben die ehemals von der Landwirtschaft lebenden Menschen jetzt? Wie kann man die Infrastruktur in diesen Gebieten verbessern? Welche Auswirkungen hat das dauerhafte Brachfallen der ehemals landwirtschaftlichen Nutzflächen auf die Bodenbeschaffenheit und das Landschaftsbild? Sind Brachen letztlich ökologisch sinnvoll?

Veränderung der Bodenqualität

Die zunehmenden Flächenstilllegungen sollen nun nicht nur zu einer Reduzierung der Produktion von Agrargütern dienen, sondern es soll auch eine weitere Schädigung unserer natürlichen Lebensgrundlagen verhindert werden. Brachen sind damit auch zu verstehen als umweltpolitische Maßnahme angesichts der Negativfolgen einer zunehmenden Intensivierung der landwirtschaftlichen Produktion für die Umwelt: Es kommt auf den landwirtschaftlich bewirtschafteten Acker- und Grünlandflächen zu starken Abflussschwankungen; die Düngung belastet die Gewässer und das Grundwasser zum Teil erheblich. Die Bewirtschaftungsformen führen zu einer Dezimierung sowohl der Artenvielfalt der Tiere wie auch der Pflanzen; zudem werden Ackerflächen vergleichsweise stark erodiert.

Unterbleiben Bodenbearbeitung und Düngung jedoch, so tritt eine Zunahme des Humusvorrats ein, denn beim Abbau der Streu wird generell das Gleichgewicht zwischen Mineralisierung und Humifizierung zugunsten Letzterer verschoben. Unter ungünstigen Bedingungen wie einem sauren pH-Wert der Erde oder Luftmangel schreitet die Entwicklung zum Auflagehumus, dieser an der Bodenoberfläche angereicherten Lage von abgestorbenem und mehr oder weniger zersetztem und umgewandeltem Pflanzenmaterial, allerdings sehr langsam voran. Wenn Acker- oder Grünflächen brachliegen, vermehrt sich in der Regel die organische Substanz im Boden, weil die gesamt gebildete Biomasse am Standort verbleibt und die Abbauprozesse sich ohne Bodenbearbeitung verlangsamen. Im Fall von Dauerbrachen kann eine Zunahme der organischen Kohlenstoffvorräte sowie ein Anstieg des Stickstoffgehalts der Böden beobachtet werden, wobei sich diese Tendenz bei natürlicher Begrünung der Brachflächen noch verstärkt.

Entwicklung des pH-Werts und der Nährstoffverfügbarkeit

Wenn die Böden nicht regelmäßig gekalkt werden, ist nach wenigen Jahren damit zu rechnen, dass der pH-Wert sinkt. Dies ist insbesondere dann der Fall, wenn die eingetragenen und intern produzierten Säuren nicht mehr durch Kalk und Silicatverwitterung gepuffert werden, sondern es durch eine Kationenauswaschung, vor allem von Calcium und Magnesium, zu einer Anreicherung von Wasserstoffionen in der Bodenlösung kommt. So wurde zum Beispiel nach 20-jähriger Brache im Oberboden von Braunerden ein Rückgang der beiden Elemente in der Bodensättigung von 60 auf 36 Prozent festgestellt; analog lagen die pH-Werte der Böden junger Brachen bei 4,9, die der ältesten bei 3,6. In stau- und grundwassergesättigten Böden ist die Auswaschung verlangsamt, weshalb allenfalls eine verzögerte Absenkung des pH-Werts eintritt, die sich auf die Humusdynamik, aber auch auf die Mobilisierung von Schwermetallen, insbesondere von Cadmium und Zink, auswirkt.

Die Veränderungen des Säure- und Nährstoffstatus von brachliegenden Böden ist bislang fast ausschließlich für Dauerbrachen untersucht worden, da in Fruchtfolgesystemen mit Rotationsbrachen die regelmäßigen Kalk- und Düngergaben die Bracheeffekte kompensieren. Bleibt die Kalkzufuhr jedoch aus, so führt die damit verbundene Versauerung der Böden nicht zuletzt zu einer Mobilisierung von Mangan, Aluminium, Eisen, Kupfer und anderen Spurenelementen. In der Folge nimmt die Phosphatverfügbarkeit im Boden ab, da die Phosphate mit Aluminium, Eisen und Mangan schwer lösliche Verbindungen eingehen und überdies durch die akkumulierenden organischen Substanzen immobilisiert werden. Diese Abnahme von verfügbarem Phosphat ist einer der stärksten Effekte bei der Brachlegung von Acker- oder Grünland.

Eine relativ kurzzeitige Bodenversauerung kann auch durch den Anbau von Leguminosen (Hülsenfrüchtler) als Zwischenfrucht auftreten. Denn bei der Mineralisation des eingearbeiteten Pflanzenmaterials durch Nitrifikation und eine anschließende Nitratauswaschung werden große Säuremengen freigesetzt. Noch stärkere Versauerungen sind nach Grünlandumbrüchen zu beobachten. Dabei entstehen durch Nitrifikation und Oxidation organische Schwefelsäureverbindungen, deren Auswirkungen auf den pH-Wert teilweise jedoch wieder durch die beim Abbau der organischen Substanz frei werdenden Basen abgepuffert werden oder durch Kalkungen neutralisiert werden können.

Der Wasserhaushalt der Brachen

Die Wasserbilanz der Böden hängt, gleiche Standortbedingungen vorausgesetzt, wesentlich von ihrem Pflanzenbestand ab. Denn mit schwindender Vegetationsbedeckung nehmen Oberflächenabfluss und Versickerung zu. Betrachtet man allein Ersteren, so verstärkt sich dieser vom Nadelwald über den Mischwald, das Grünland, die selbstbegrünte Brache und die Äcker bis hin zur Schwarzbrache, wodurch die Gefahr erosiver Prozesse steigt. Zudem ist kurzzeitig mit einer zunehmenden Verschlämmung des Oberbodens und dessen Verkrustung zu rechnen, da die Bodenbearbeitung und der Einsatz von Maschinen bei der Brache entfallen. Längerfristig aber führt die Bodenruhe zu einer Verminderung der Bodenverdichtung und einer Verbesserung des Bodengefüges bei gleichzeitiger oder bald folgender intensiver Durchwurzelung, die sich, isoliert betrachtet, positiv auf die Wasserbilanz auswirkt.

Schwarzbrache, Brachfläche wird durch mehrfaches Umpflügen »schwarz«, das heißt vegetationslos gehalten
Grünbrache, Brachfläche ist sich selbst überlassen und verunkrautet

Was die Sickerwasserbildung betrifft, so wird häufig nach dem Brachlegen von Acker- oder Grünland erwartet, dass sich diese erhöht. Denn der Wasserverbrauch der Brachevegetation ist geringer als der der Kulturpflanzen auf intensiv bewirtschafteten Feldern. Die Forschung spricht sich deswegen beispielsweise für einen Erhalt der Almweiden aus, da man befürchtet, dass sich bei einem Brachfallen der Weiden nicht nur die Erosions-, sondern auch die Hochwassergefahr verschärfen würde, zumal es bei feuchten Wiesen in Hanglagen nach dem Brachfallen zu einer Erhöhung der Vernässung kommt. Dies würde wiederum eine Verstärkung des Oberflächenabflusses nach sich ziehen, der bei einer Hangneigung von acht Grad und mehr zu einer Erosion führen kann, die tiefe Rinnen in den Untergrund schneidet.

Allerdings verstetigt sich der Wassereintrag unter Brachland, was sich wiederum positiv auf den Hochwasserschutz auswirkt. Auch die Trinkwassergewinnung profitiert von dieser Entwicklung, die sich freilich bei Verbuschung und Verwaldung des Brachlandes längerfristig wieder umkehrt, da mehr Wasser von der Vegetation aufgenommen und gespeichert wird. Unter Verwendung von Felddaten und Simulationsmodellen wurde für sandige Böden einer bestimmten Region sogar eine im Vergleich zum Ackerland um bis zu 90 Millimeter pro Hektar niedrigere Grundwasserneubildung unter Grün-

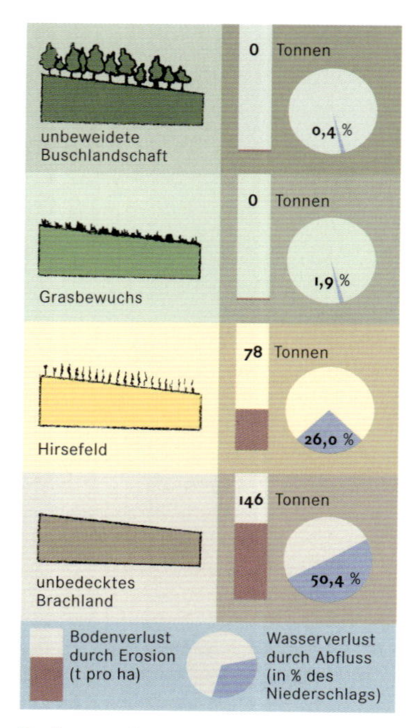

Bodenerosionsversuche bei unterschiedlichem Bewuchs in semiariden Savannengebieten. Mit der Zerstörung der Vegetationsdecke durch Überweidung oder Ackerbau wachsen der Bodenverlust durch Erosion sowie der Wasserverlust durch Oberflächenabfluss, da mit abnehmender Vegetationsbedeckung die Wasserspeicherkapazität des Bodens abnimmt.

land ermittelt, was manche Wissenschaftler unter anderem auf eine erhöhte Interzeptionsverdunstung, das heißt eine größere Verdunstung an den Blättern und Zweigen der Pflanzen, zurückführen. Sie, so die Interpretation der Forscher, sei eine Folge der ganzjährigen Bodenbedeckung. Lysimeter-Versuche bestätigen diese Theorie. Man stellte für einen bestimmten Lehmboden die geringsten Sickerraten unter ungedüngtem, unbeschnittenem Gras fest (43 Prozent); unter Grünland und unter Getreide waren die Sickerraten gleichmäßig höher (47 Prozent). Dabei sind die Unterschiede allgemein betrachtet im Falle grundwassernaher Felder größer als bei grundwasserfernen.

Wann sind Brachen ökologisch sinnvoll?

Als Beitrag etwa zur Humusneubildung, zur Sicherung der Trinkwassergewinnung oder zum Hochwasserschutz können Brachen demnach durchaus eine ökologische Bereicherung darstellen. Dabei sind unter Umweltaspekten nicht mit Gräser- und Buschvegetation bewachsene Flächen, sondern Wälder am vorteilhaftesten. Also läge es nahe, die endgültig brachgefallenen Flächen, das heißt die Flächen, die in absehbarer Zeit nicht mehr landwirtschaftlich bewirtschaftet werden, aufzuforsten, zumal dem Wald aufgrund seiner Wasserspeicherkapaziät in Trockenperioden eine wichtige Bedeutung zukommt. Aus ökonomischer Sicht ist es sinnvoll, die Flächen entweder extensiver zu bewirtschaften als bisher, zum Beispiel als Wiesen, oder sie mit Fichte, Kiefer oder Pappel im Reinbestand aufzuforsten. Dass gerade die Waldmonokulturen allerdings wiederum äußerst anfällig auf Schädlingsbefall reagieren, ist dabei ein sehr großes Risiko.

Mit Blick auf die nur vorübergehend brachliegenden Flächen kann allein standortabhängig entschieden werden, wie die jeweilige Brache angelegt werden muss, um ökologisch wie ökonomisch sinnvoll zu sein. Da bei diesen zeitweisen Brachen zumeist Zwischenfrüchte wie Leguminosen angebaut werden oder Grasflächen entstehen, muss zum Beispiel fallweise festgelegt werden, wie stark man trotz Brache noch von außen eingreift, um während der Stilllegungszeit die sowohl aus der Sicht der Ertragsoptimierung einer späteren Nutzung wie auch aus der Sicht der Umweltentlastung vorteilhafteste Wirkung zu erzielen. Oft wird es dabei eingehender Feldversuche bedürfen, um dieses Optimum zu ermitteln, da zahlreiche spezifische Eigenschaften eines Standorts erst ermittelt werden müssen.

H.-D. Haas

Belastete Landschaften – Besiedlung und Verkehr

Die Weltbevölkerung wächst gegenwärtig alle vier Tage um eine Million Menschen. Bereits 1987 hat die Weltbevölkerung die Fünfmilliardengrenze überschritten und Voraussagen der Vereinten Nationen lassen annehmen, dass sie um die Jahrtausendwende herum die Zahl von 6,1 Milliarden übersteigen wird. 1985 lebten etwa 59 Prozent der Weltbevölkerung in ländlichen Gebieten, wobei dieser Anteil in den Entwicklungsländern am meisten ins Gewicht fällt.

Trotzdem verzeichnet das 20. Jahrhundert einen noch nie da gewesenen Anstieg der in städtischen Siedlungen lebenden Menschen. Dabei weisen gerade die Städte der Dritten Welt das rascheste Wachstum auf. Die Vereinten Nationen prognostizierten für die entwickelteren Regionen der Erde von 1980 bis 2000 eine Zunahme der städtischen Bevölkerung um 211 Millionen Menschen, dagegen einen Rückgang der ländlichen Bevölkerung um 12 Millionen. In weniger entwickelten Regionen würden beide Bevölkerungssegmente um 937 beziehungsweise 595 Millionen Menschen wachsen.

In Anbetracht dieser Zahlen fällt es nicht schwer zu begreifen, dass dieser enorme Bevölkerungsdruck auf der Erde sich zunehmend in Landnutzungskonflikten und Zersiedelungserscheinungen äußert, die einerseits auf den steigenden Bedarf an Nahrungsmitteln, andererseits auf die rasche Ausweitung des städtischen Baugeländes und Infrastrukturmaßnahmen zurückzuführen sind. Gerade in den dicht besiedelten Ländern Europas, aber auch anderer Kontinente, werden ursprüngliche, funktionelle Natur- und Kulturlandschaften durch Zersiedelung zerstört. Inwiefern nun urbane und ländliche Erschließungs- und Siedlungstätigkeiten hierbei eine Rolle spielen, soll im Folgenden geklärt werden.

Landschaft, horizontaler und vertikaler Ausschnitt aus der Geosphäre mit der Gesamtheit an natürlichen und vom Menschen geschaffenen Beständen unter Berücksichtigung aller Wirkungsbeziehungen im Geosystem
Land, Teilmenge der Landschaft; bildet ohne Fließ- und Stehgewässer die Erdoberfläche
Fläche, Landschaftskomponente, die einen beliebigen zweidimensionalen Erdausschnitt (in seiner Ausdehnung) beschreibt, wobei es irrelevant ist, welches Relief, welche Lage, Struktur, Funktion und Genese dieser Erdausschnitt hat
geographischer Raum, typisierender qualitativer dreidimensionaler Ausschnitt der Erdoberfläche; darunter fallen Naturräume (z. B. Gebirgsraum, Küstenraum), Wirtschaftsräume (z. B. Industrieraum, Freizeitraum), andere funktionale Räume (z. B. Sprachraum, ökologischer Ausgleichsraum) oder individualisierende Räume (z. B. Alpenraum, Donauraum)

Anteil der in städtischen Gebieten lebenden Bevölkerung von 1950 bis 2000 in Prozent; die Angaben für das Jahr 2000 sind geschätzt

Gebiet	1950	1975	1995	2000
Welt	29,2	38,4	44,5	46,6
entwickeltere Regionen	53,8	68,8	73,5	74,4
weniger entwickelte Regionen	17,0	27,2	36,3	39,3
Afrika	15,7	24,5	35,8	39,1
Lateinamerika	41,0	61,4	74,6	74,8
Nordamerika[1]	63,9	73,8	74,6	74,9
Ostasien	16,8	27,6	30,9	32,8
Südasien	16,1	23,3	33,2	36,5
Europa	56,3	68,8	74,0	75,1
Ozeanien	61,3	71,7	71,0	71,3
ehemalige Sowjetunion	39,3	60,0	69,4	70,7

[1] *Nordamerika schließt die Bermudas, Grönland, St. Pierre und Miquelon ein*

Landschaftszerstörung durch Zersiedelung

Als Zersiedelung bezeichnet man das unkontrollierte, flächenhafte Wachstum von Siedlungen, vor allem am Rand von Großstädten. Dabei sind Wohnbebauungen mit flächenextensiven Wirtschaftseinrichtungen, zum Beispiel Industriebetrieben und Flughäfen, durchsetzt. Die Zersiedelung hat mit ihren Zerschneidungs- und Verinselungseffekten eine über die negativen Folgen ihres Flächenverbrauchs hinausgehende landschaftszerstörerische Wirkung und ist somit ein wesentlicher Teilbereich des »Landschaftsverbrauchs«. Darunter versteht man die zunehmende Umwidmung von »offenem Land«, das heißt Land mit natürlicher bis naturfremder Vegetation, Wald und landwirtschaftlich genutztem Land, zu Siedlungs-, Erholungs- und Verkehrsflächen. Generell ist der Begriff des Landschaftsverbrauchs jedoch irreführend, da Land nicht »verbraucht« werden kann.

Die für den **Landschaftsverbrauch** verantwortlichen Faktoren.

Dimensionen der Zersiedelung

Der Begriff der Zersiedelung wurde erst in der zweiten Hälfte des 20. Jahrhunderts geprägt; er entstand infolge des flächenhaften Auftretens von Splitter- und Streusiedlungen. Das Problem selbst existierte jedoch bereits im 19. Jahrhundert, nachdem die noch aus dem Mittelalter übernommenen Bauvorschriften aufgegeben wurden und die Städte ungeheuer schnell wuchsen. Zersiedelungserscheinungen treten aber auch im ländlichen Raum auf.

Gerade Deutschland, mit durchschnittlich 228 Menschen pro Quadratkilometer eines der am dichtesten besiedelten Länder der Erde, unterliegt in besonderem Maß der Gefahr einer zunehmenden Zersiedelung. Siedlungen bedecken bereits 12,5 Prozent der Fläche, wobei in dieser Zahl die Verkehrsflächen eingeschlossen sind. In den 1980er-Jahren wurden täglich 165 Hektar freier Landschaft zerstört,

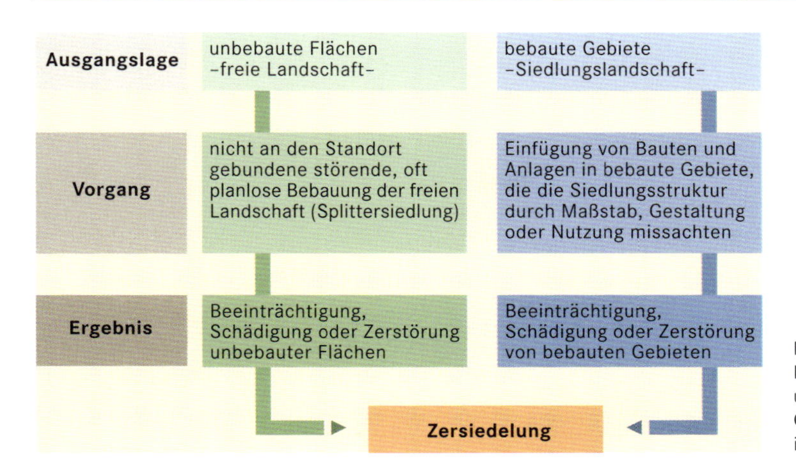

Formen der **Zersiedelung** durch Beeinträchtigung oder Zerstörung unbebauter Flächen in ländlichen Gebieten (links) und bebauter Gebiete im urbanen Bereich (rechts).

jedes Jahr mehr als 60 000 Hektar – eine Fläche größer als der Bodensee.

In allen anderen dicht besiedelten Industrieländern bietet sich ein ähnliches Bild. Besonders existenzgefährdende Auswirkungen aber hat die Zersiedelung in dicht besiedelten Ländern der Dritten Welt, wie beispielsweise Bangladesh oder Indien. Aufgrund der gering entwickelten Wirtschaftsstruktur kann dort nicht annähernd allen Menschen eine ausreichende Nahrungsgrundlage geboten werden. Eine Landbewirtschaftung wird in diesen zersiedelten Gebieten zwar betrieben, doch kann sie dem Bevölkerungsdruck kein ausreichendes

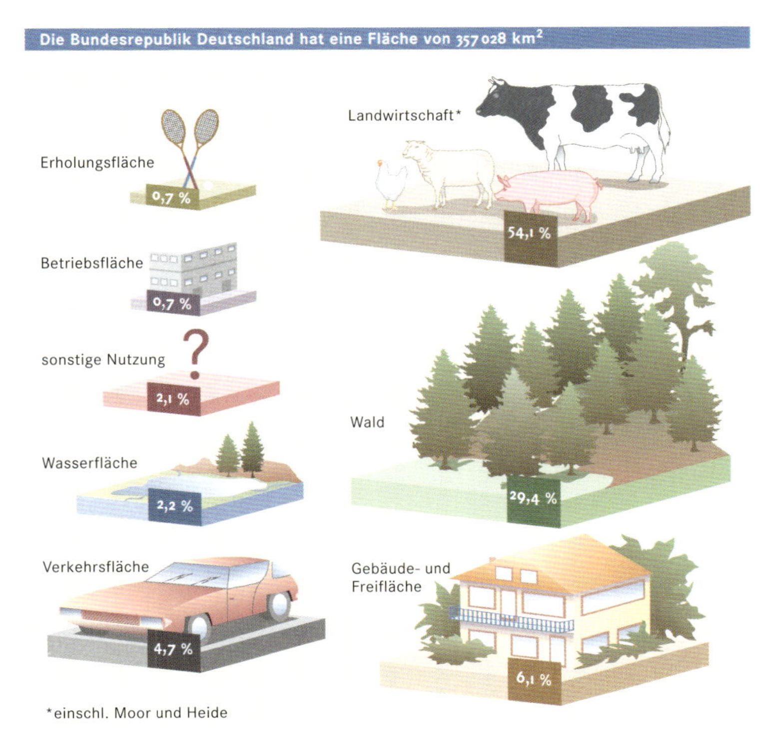

Die **Nutzung der Bodenfläche** in Deutschland.

Gegengewicht bieten. In diesen Ländern wurden jedoch Untersuchungen zu den Auswirkungen von Zersiedelung auf Natur und Landschaft hinter dringendere Probleme zurückgestellt, sodass es an konkreten Ergebnissen mangelt. Daher kann dieser Aspekt hier nicht näher erläutert werden.

Das Umland von Ballungsgebieten

Gerade im Umland der Ballungsgebiete wuchert der Siedlungskrebs besonders schnell. Hier werden Industrie und Großprojekte, wie beispielsweise Flughäfen und Mülldeponien, angesiedelt. Der Raum muss dabei immer mehr Einwohner aufnehmen und soll gleichzeitig noch der Erholung der Stadtbevölkerung dienen. Dies setzt jedoch wiederum ein Restpotential von Naturraumflächen voraus. Die Vielfalt der Nutzungsinteressen in diesem Raum endet zumeist in einem kleinsträumigen Neben- und Durcheinander verschiedenster Funktionen.

Luftaufnahme eines Teils der **Rentnersiedlung** Sun City. Die Stadt im nordwestlichen Vorstadtbereich von Phoenix (Arizona, USA) wurde ab 1960 als Wohnstadt für ältere Menschen planmäßig errichtet.

Die Zersiedelung der Stadtränder und des städtischen Umlands war zunächst die Folge ungelenkter, wenig kontrollierter Bautätigkeit, wobei »Schwarzbauen« und mangelhafte Bauaufsicht eine bedeutende Rolle gespielt haben. Im Folgenden sollen nun einzelne Gesichtspunkte der Zersiedelung im Umland von Agglomerationskernen herausgestellt und deren Beziehungen zueinander aufgezeigt werden.

Die Forderungen unserer Gesellschaft nach Mobilität und Ungebundenheit bringen immer mehr Singlehaushalte und immer weniger große Familien hervor. Dies führt zwangsläufig zu einem gesteigerten Platzbedarf, weil die Anzahl der Haushalte und die damit verbundenen Grundausstattungen zunehmen. Die Wohnfläche pro Person ist allein von 1986 bis 1993 von 34,4 auf 35,4 Quadratmeter gestiegen. Besonders problematisch wirkt sich jedoch die in vielen Städten zu beobachtende flächenhafte Ausbreitung der städtischen Siedlungsweise in das ländlich geprägte Umland aus. Der Wunsch vieler Stadtmenschen nach einem Wohnsitz im Grünen ist zwar durchaus verständlich, doch tragen Einzelhaussiedlungen, vor allem wenn sie abseits der geschlossenen Ortsbebauung liegen, wesentlich zur Zersiedelung der Landschaft bei. Der massenhafte Andrang der Mittel- und Oberschicht auf die Umlandbezirke hat beispielsweise in den USA zu einer extremen Ausdehnung einiger Städte geführt.

Bauspekulationen

Es leuchtet ein, dass das dynamische Umfeld eines Ballungsraums unter Umständen sehr gewinnbringende Geschäfte mit freien und wieder frei gewordenen Flächen ermöglicht. Oftmals erliegen

Spekulanten und öffentliche Hand der gewinnbringenden Ausweisung von Bauland und greifen dabei zu halblegalen oder gar illegalen Mitteln. Ganz neue Stadtteile sind an Stellen entstanden, wo man sie nie vermutet oder erwartet hätte, wenn man die Standortqualität nach rein funktionalen und qualitativen Maßstäben bewertet. Denn nicht selten orientieren sich die Kommunen an den Wünschen privater Grundbesitzer. Aber auch die ganz legale Art der Bauspekulation führt im Umland von Agglomerationskernen zur Beschleunigung der Zersiedelung. Finanzstarke Immobilienfirmen halten dabei schon längst zu Bauland ausgewiesene Flächen extrem lange zurück, bevor sie sie erneut verkaufen. Auf diese Weise wird eine geschlossene Bebauung verhindert und die Gemeinde gezwungen, immer mehr Bauland in der freien Fläche auszuweisen. Auch »Schwarzbauten«, die von den lokalen Behörden häufig jahrelang toleriert werden, tragen in erheblichem Maß zur Zersiedelung bei.

Im ländlichen Raum sind Wohngebäude, die als Wochenendhaus, Zweitwohnsitz oder auch zum ständigen Bewohnen, insbe-

Zersiedelung am Beispiel Rottach-Egern in Oberbayern. Beide Aufnahmen zeigen die am Südufer des **Tegernsees** gelegene Gemeinde vom 1722 m hohen Wallberg aus. Die obere Aufnahme entstand um die Jahrhundertwende, die untere stammt aus dem Jahr 1997.

sondere an landschaftlich besonders schönen Standorten, ohne Rücksicht auf das Siedlungsgefüge errichtet wurden, der gängigste Zersiedelungsfaktor. Am Beispiel des Tegernsees in Oberbayern zeigt sich, wie durch jahrzehntelange Umgehung des Bundesbaurechts ein Landschaftsschutzgebiet letztendlich völlig zersiedelt wurde: Zunächst wirkten hier örtliche Grundeigentümer – zumeist Landwirte –, die das Verkaufspotential ihrer seenahen Flächen erkannt hatten, auf die Gemeinde ein, Baugrund auszuweisen. Der durch die darauf folgende Bebauung neu hinzugekommenen Bevölkerung reichten jedoch schon bald die Erwerbsmöglichkeiten nicht mehr aus. Die Ansiedlung von Gewerbe zog, zusammen mit der sich weiter ausbreitenden Wohnbebauung, eine entsprechende Infrastruktur durch Straßen und Versorgungseinrichtungen nach sich. Da sich diese Einrichtungen aus der Sicht der Gemeinden und Landkreise bezahlt machen mussten, erforderte dies weitere Bautätigkeit.

Die Folgen der Zersiedelung

Eine unkonzentrierte, flächenhafte Siedlungstätigkeit hat, wie gerade geschildert, die Errichtung von Verkehrs- und Versorgungswegen zur Folge. Während sich die landschaftszerstörenden Wirkungen von Versorgungsleitungen, beispielsweise von Hochspannungsleitungen, im Wesentlichen auf optische Beeinträchtigungen beschränken, sind Verkehrswege als Folge von Zersiedelung eine der Hauptursachen für Landschaftsverbrauch und -zerstörung. In Deutschland nehmen allein die Verkehrsflächen 4,7 Prozent der gesamten Bodenfläche ein; das entspricht 1,64 Millionen Hektar oder 16 400 Quadratkilometer, eine Fläche größer als die Gesamtfläche Thüringens. Diese Verkehrsflächen beinhalten neben befestigten Straßen auch Bahngleise, Flughäfen, Grünstreifen, Böschungen, Kanäle, Plätze, Fußgängerzonen sowie Feld- und Waldwege. Der Anteil der befestigten Straßen an der Gesamtbodenfläche beträgt in Deutschland 1,2 Prozent.

Zum Landschaftsflächenverbrauch trägt nicht nur der bloße Flächenverbrauch der Verkehrswege bei. Lärm und Emissionen wirken sich auf breite Belastungsbänder links und rechts des Verkehrswegs aus. Demzufolge beeinträchtigen Abgase die Flora und Fauna auf einem 200 Meter breiten Streifen beiderseits der Fahrbahn, die Lärmteppiche der Autobahnen sind bis zu 1000 Meter breit. Die Auswirkungen einer durch einen Wald verlaufenden Straße erstrecken sich beispielsweise oftmals auf das Hundertfache der reinen Fahrbahnfläche. Ähnliches gilt auch für die Schienenver-

Vergleich der Auswirkungen von **Neubau** (links) und **Ausbau einer Autobahn** (rechts) im Hinblick auf Flächenbedarf und Emissionen. Der Flächenbedarf steigt beim Ausbau von 4 auf 6 Fahrspuren um 0,8 ha/km, während eine neue vierspurige Autobahn mindestens 8 ha/km beansprucht. Beim Ausbau steigt die Belastung durch Abgase, Stäube u. a. zwar in Straßennähe an, reicht aber nur unwesentlich in die Umgebung hinaus. Eine neue Autobahn bringt dagegen ein eigenes Emissionsband mit sich.

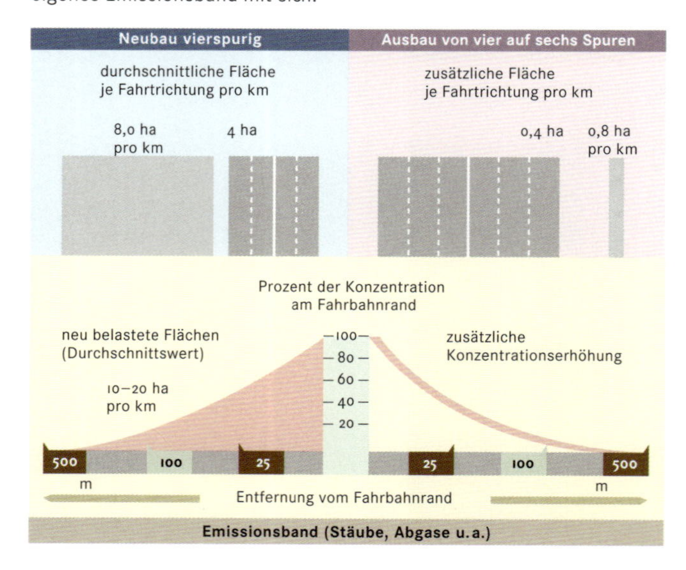

kehrswege, wobei hier die Emission von Abgasen nur eine untergeordnete Rolle spielt. Der in Intervallen kurzfristig auftretende Lärmpegel verursacht allerdings eine starke Beeinträchtigung der Fauna. Während eine relativ konstante Geräuschemission, wie sie meist vom Autoverkehr verursacht wird, für Tiere zur Gewohnheit wird, verursachen rasch heranfahrende Züge immer wieder Fluchtmomente. Dies wirkt sich gerade im Winter negativ auf den Energiehaushalt von Wildtieren aus. Auch Zerschneidungs- und Verinselungseffekte tragen erheblich zur landschaftsschädigenden Wirkung von Verkehrswegen bei.

Besonders bei Landschaftsräumen im Umfeld großer Verdichtungsräume ist bereits abzusehen, wann diese nicht wesentlich mehr als eine von Straßen durchschnittene Superabstandsfläche zwischen den Orten sein werden. Eine solche Landschaft kann den Erholungsdruck des angrenzenden Verdichtungsraums nicht mehr oder nur noch zu einem geringen Teil abfedern. Dies hat wiederum die Erschließung neuer, aber weiter entfernter Erholungsräume und damit wiederum eine gesteigerte Straßenbautätigkeit zur Folge, bis auch hier die eigentliche Erholungsfunktion zerstört ist. Es handelt sich also um einen Teufelskreis, der auf lange Sicht – wie das Beispiel Münchens zeigt – die Wohnqualität in einem Verdichtungsraum reduziert, der ursprünglich wegen seines hohen Freizeitwerts beliebt war.

Einige Experten sehen jedoch den Höhepunkt des Landschaftsverbrauchs durch den Straßenverkehrswegebau bereits überschritten, da sowohl im kommunalen als auch im Fernstraßennetz bereits genügend Potential vorhanden ist, das stärker ausgelastet werden kann. Zudem konzentriert sich der Ausbau von Fernstraßen immer häufiger darauf, die Kapazität bestehender Verkehrswege zu vergrößern und nicht wieder neue Trassen anzulegen, wodurch sich zumindest das Ausmaß der Landschafts- und Biotopzerschneidung in verträglicher Weise verringern lässt.

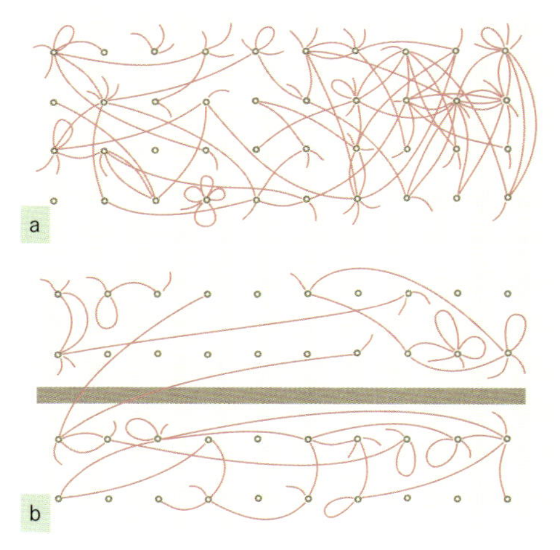

Mobilitätsdiagramm von Kleinsäugetieren in einem Wald ohne (oben) und mit Zerschneidungseffekt eines Forstwegs (unten). Der Forstweg bewirkt eine Zweiteilung des Aktionsraums; die Grenze wird nur zweimal von einem Individuum überschritten.

Zerschneidungs- und Verinselungseffekte

Nicht nur Verkehrswege und Siedlungen tragen zur Minimierung und Verkleinerung der ökologisch relevanten Flächen bei. Auch landwirtschaftliche Intensivflächen und forstwirtschaftliche Monokulturen stellen gerade für Kleinlebewesen oft unüberwindbare Hindernisse dar. Wie auch auf kleinen isolierten Inseln im Meer reduziert sich die Artenvielfalt auf den durch Verkehrs-, Siedlungs-, Erholungs- und Industrieflächen isolierten naturnahen Flächen immer weiter. Die Inselbildung verhindert den Individuenaustausch, führt zu Inzucht und Erbschäden und beschleunigt das Aussterben gefährdeter Arten. In den zu klein gewordenen Biotopen sind keine größeren heimischen Tierarten mit einem größeren Aktionsradius wie etwa Luchs und Fischotter mehr zu finden, wenn auch hierbei noch andere Ursachen eine Rolle spielen.

Das Ziel, durch Naturschutzgebiete größere Flächen naturnah und als Lebensraum für heimische Tiere und Pflanzen zu erhalten, ist heute wegen der bereits eingetretenen Zersiedelung und Zerschneidung kaum mehr erreichbar. Man ist hierbei auf schon vor langer Zeit ausgewiesene Landschaftsschutzgebiete angewiesen, die aber mit der Zeit durch dringliche, aber im Prinzip widerrechtliche Eingriffe ebenfalls immer mehr geschrumpft sind. Die Naturschutzgebiete nahmen in Deutschland 1995 – verteilt auf viele kleine Einzelgebiete – mit 6590,7 Quadratkilometern lediglich 1,8 Prozent der Gesamtfläche ein. Manche dieser Gebiete sind so klein, dass aufgrund der Einwirkung von Störfaktoren aus benachbarten Nutzungsräumen eine Schutzwirkung kaum mehr gewährleistet ist. Zusätzlich werden 52 Prozent davon als Erholungsgebiete genutzt – viele so stark, wie beispielsweise der Tegernsee, dass ihre Schutzwürdigkeit infrage gestellt ist.

Gerichtete Dichte: attraktives Wohnen bei geringem Flächenverbrauch

Eine Möglichkeit, Landschaftszerstörung durch Zersiedelung im Rahmen der Siedlungsstrukturplanung zu verhindern, ist das Konzept der gerichteten Dichte. Darunter versteht man eine behutsame Nachverdichtung im Sinne von Stadterneuerungsmaßnahmen, sodass bei einer höheren Siedlungsdichte eine gesteigerte Wohnumfeldqualität entsteht. Dies ist durch kleinräumige Funktionsmischungen zu erreichen, die es unnötig machen, beispielsweise auf dem Weg zum Arbeitsplatz, zum Einkaufen oder zu Freizeitaktivitäten größere Distanzen zurückzulegen. Kürzere Wege führen vor allem im motorisierten Individualverkehr zu Einsparungen und damit zu einer Verringerung von Verkehrswegen. Erholungsgebiete in Wohnortnähe verhindern außerdem eine Zersiedelung in den ländlichen Gebieten des Umlands. Der Wunsch nach einem Haus im Grünen kann somit durch eine gesteigerte Lebensqualität in der Stadt ersetzt werden.

Stadtökologie

Eine Stadt ist kein einzelnes Ökosystem, sondern ein Ökosystemkomplex. Anders als natürliche oder naturnahe Ökosysteme, wie zum Beispiel der Wald und das Meer, deren Energiezufuhr ausschließlich durch die Sonne gedeckt wird, beziehen anthropogene Ökosysteme, wie beispielsweise Städte, zusätzliche Energie aus Kraftwerken. Wegen des dadurch erforderlichen Imports von Energie und natürlichen Ressourcen kommt es zu Beeinträchtigungen des Umlands. Die importierten Güter werden in der Stadt verbraucht, in der dadurch Abgase, Abfälle, Abwasser und Lärm entstehen. Diese Belastungsfaktoren werden zum großen Teil ins Umland exportiert, das somit als Ausgleichsraum für die Städte dient. Häufig ist das Umland jedoch überlastet und kann diese Ausgleichsfunktionen nicht mehr erfüllen. Stadtökologische Ziele sind deshalb die Verbesserung der Umweltbedingungen in den Städten und die Reduzierung der Import-Export-Beziehungen zwischen dicht besiedelten Räumen und ihrem Umland.

Städtische Ökosysteme haben jeweils spezifische Strukturen und Ausprägungen in Abhängigkeit von den unterschiedlichen natürlichen Bedingungen und infrastrukturellen Verhältnissen. So weisen beispielsweise Städte mit einer Talkessellage andere klimatische Merkmale auf als Siedlungen auf Hochebenen. Hochhaussiedlungen mit asphaltierten Straßen und Plätzen weisen wiederum andere Strukturen auf als Städte mit hohem Grünflächenanteil und vorwiegend Einzelhausbebauung. Dennoch lassen sich allgemein gültige stadtspezifische Ökosystemeigenschaften ableiten, die deutliche Unterschiede zu denen des Umlands aufweisen.

Wohndichte, Kennziffer aus dem Bereich von Städtebau und Stadtplanung, mit der die Verdichtung der Bevölkerung in einem Raum (z. B. Gemeinde, Stadtviertel) ausgedrückt werden soll; errechnet sich aus der Zahl der Einwohner pro Hektar Netto- bzw. Bruttowohnbauland

Nettowohnbauland, Summe der Grundstücke, die mit Wohngebäuden bebaut sind oder bebaut werden sollen; setzt sich aus überbauter Grundstücksfläche, Hof, Garten, grundstückseigenen Zufahrtswegen und Kraftfahrzeugeinstellplätzen zusammen; entspricht der Summe der Grundstücksflächen

Bruttowohnbauland, Nettowohnbauland einschließlich Zubehörsfläche (z. B. Spielfläche) und interner Verkehrsfläche (ruhender und fließender Verkehr des Bebauungsgebiets)

Bebauungsdichte, Verhältnis von unbebauter zu bebauter Fläche in einem Bau- oder größeren Siedlungsgebiet

Stadtklima und Stadtatmosphäre

Der urbane Raum verursacht durch seine Bebauung und Struktur im Vergleich zum nicht bebauten Umland klimatische Veränderungen, die allgemein unter dem Begriff Stadtklima zusammengefasst werden. 1981 legte die Weltorganisation für Meteorologie (WMO) folgende Definition fest: »Das Stadtklima ist das durch die Wechselwirkung mit der Bebauung und deren Auswirkungen, einschließlich Abwärme und Emission von luftverunreinigenden Stoffen, modifizierte Klima.« Faktoren, die das Stadtklima prägen, sind vor allem die Umwandlung der natürlichen Bodenoberfläche in ein überwiegend versiegeltes Stadtgebiet, die Veränderung der Biosphäre durch eine Reduzierung der mit Vegetation bedeckten Fläche und die anthropogene Einwirkung durch technische Einrichtungen. Zu Letzteren zählen die thermischen und lufthygienischen Auswirkungen des Kraftfahrzeugverkehrs, der Industrie, des Gewerbes und des Hausbrands.

Die städtische Strahlungs- und Energiebilanz wird hauptsächlich durch folgende Faktoren beeinflusst: die Veränderung der Globalstrahlung durch die städtische Dunstglocke, das Reflexionsvermögen (Albedo) eines Stadtkörpers hinsichtlich der einfallenden Strahlung, die auf Verbrennungsprozessen unterschiedlicher Art beruhende anthropogene Wärmeproduktion sowie der Einfluss der Bebauungsdichte auf fühlbare und latente (durch Gefrieren, Schmelzen, Verdunsten, Kondensieren oder Sublimieren entstehende) Wärmeströme.

Durch die große Zahl von Stäuben und Aerosolen werden die Sonnenstrahlen teils reflektiert, teils gestreut, sodass der Anteil der direkten Sonnenstrahlung in der Stadt gegenüber dem Umland abnimmt. Demgegenüber steigt der Anteil der diffusen Strahlung. Dies wird in der Stadt als Trübung empfunden, die die Konturen von Gebäuden und anderen Gegenständen unschärfer erscheinen lässt. Die Partikel in der Stadtluft streuen kurzwelliges (blaues) Licht stärker als langwelliges (rotes). Dadurch überwiegt – besonders bei tief stehender Sonne – der Rotanteil gegenüber dem blauen Spektralbereich. Noch größere Strahlungsdefizite als im Blaubereich ergeben sich im ultravioletten Bereich, da hier die absorbierende Wirkung von Ozon, Wasserdampf und verschiedenen Spurenstoffen hinzukommt. So sinkt der UV-Anteil der Sonnenstrahlung im Vergleich zum Umland während des Sommers durchschnittlich um 5 bis 10 %, im Winter sogar um bis zu 30 %. Bei dichtem Smog mit besonders hohem Aerosolgehalt in der Stadtluft ergaben Messungen UV-Verluste von 58 bis 90 %.

Da bei jeder **Reflexion** ein Teilbetrag der Strahlen absorbiert wird, führt die Vielfachreflexion an hohen Bauwerken in der Stadt zu einer größeren Energieabsorption als die einfache Reflexion im flachen Umland.

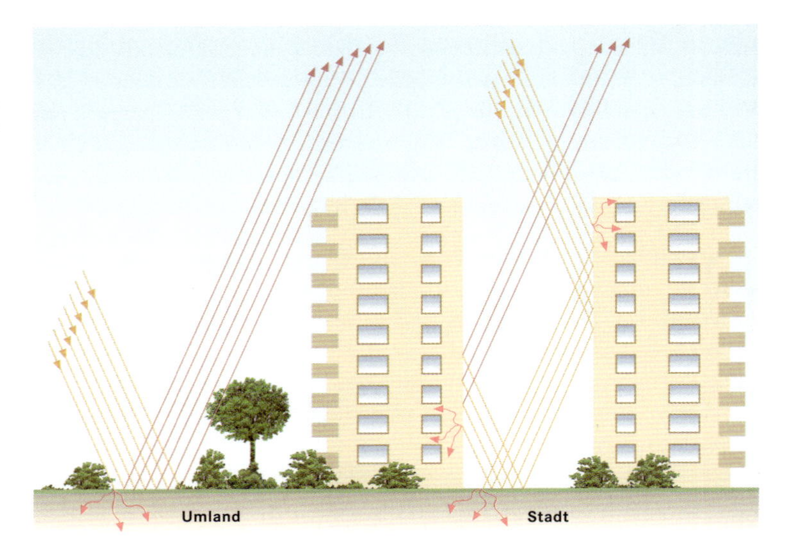

Dem Verlust an Globalstrahlung ist die Energieeinbuße nicht proportional. Dafür gibt es verschiedene Ursachen. Das einfallende Sonnenlicht wird an senkrechten Häuserwänden vielfach reflektiert. Dabei wird jeweils ein kleiner Teil der einfallenden Strahlungsenergie absorbiert. Daraus ergibt sich ein höherer absorbierter Energiebetrag pro Grundflächeneinheit der Stadt gegenüber dem Land. Weiterhin wird der Energieeintrag durch die Tatsache erhöht, dass einige Baumaterialien in der Stadt besonders im kurzwelligen Spektralbereich ein anderes Reflexionsvermögen aufweisen als natürliche Böden oder Vegetationflächen. So weisen Städte im Durchschnitt ein Rückstrahlungsvermögen auf, das bei 15 % liegt und damit gegenüber vielen natürlichen Oberflächen um etwa 10 % niedriger ist.

Einen erheblichen Energiezuwachs erhalten Städte aus der anthropogenen Wärmeproduktion. Dazu zählen die Abwärme aus Kraftwerken, Industriebetrieben, Wohnraumheizungen, Kraftfahrzeugen sowie die Stoffwechselwärme des Menschen. In den gemäßigten Breiten ist die anthropogene Wärmeproduktion im Winterhalbjahr größer als im Sommerhalbjahr. Dazu trägt vor allem der im Winter höhere Elektrizitäts- und Heizölverbrauch bei. Je nach Größe und geographischer Lage der Stadt variieren diese Werte sehr stark.

Die städtische Energiebilanz wird in erheblichem Maß durch die Vegetationsarmut in dicht bebauten Gebieten und durch die weitgehende Versiegelung der Oberflächen beeinflusst. Die überwiegend mit Baumaterialien versiegelten, pflanzenfreien Böden können sehr wenig Wasser speichern. Hinzu kommt ein relativ rascher Regenwasserabfluss. Die Wasserdampfabgabe des Pflanzenbestands an die Atmosphäre, die so genannte Evapotranspiration, wird stark eingeschränkt. So werden in der Stadt durchschnittlich etwa 44 Prozent weniger Energie für die Wasserverdunstung verbraucht als im Umland. Denn je mehr natürliche, Wasser speichernde Oberflächen vorhanden sind, umso geringer ist der Abfluss und umso höher die Verdunstung. Dadurch wird den benetzten Oberflächen etwa 2,5 Kilojoule pro Gramm Wasser Verdunstungswärme entzogen. Damit steht ein entsprechend kleinerer Beitrag zur Erhöhung der Lufttemperatur in Form des fühlbaren Wärmestroms zur Verfügung.

Städtische Überwärmung und innerstädtische Luftbewegungen

Die anthropogene Wärmeproduktion, das verringerte Reflexionsvermögen vieler künstlicher Oberflächen und vor allem die Erhöhung der fühlbaren Wärmeströme führen dazu, dass Städte Wärmeinseln für ihr Umland darstellen. Die zwischen bebauten Gebieten und deren nicht oberflächenversiegelter Umgebung auftretenden Temperaturdifferenzen variieren in weiten Grenzen. In der Regel steigt die Temperaturdifferenz mit zunehmender Einwohnerzahl. Sehr kompakte Baumassen können jedoch schon in kleinen Städten oder Stadtteilen beträchtliche Überhitzungen verursachen. Als Beispiel seien Trabantenstädte genannt, die mit ihren Betonhochhäusern viel Wärme speichern.

Die Wärmeinsel Stadt ist je nach Bebauungsdichte, Grünflächenanteil, Baumaterialien und Farbgebung wiederum aufgeteilt in ein Mosaik wärmerer und kühlerer Bereiche. Die Temperatur nimmt also nicht vom Stadtrand zum Zentrum hin kontinuierlich zu, sie wechselt vielmehr ständig. Die Temperaturdifferenz zwischen Stadt und Umland erreicht meist erst nachts ihr Maximum, weil dann die in den Baumaterialien tagsüber gespeicherte Wärme an die Umge-

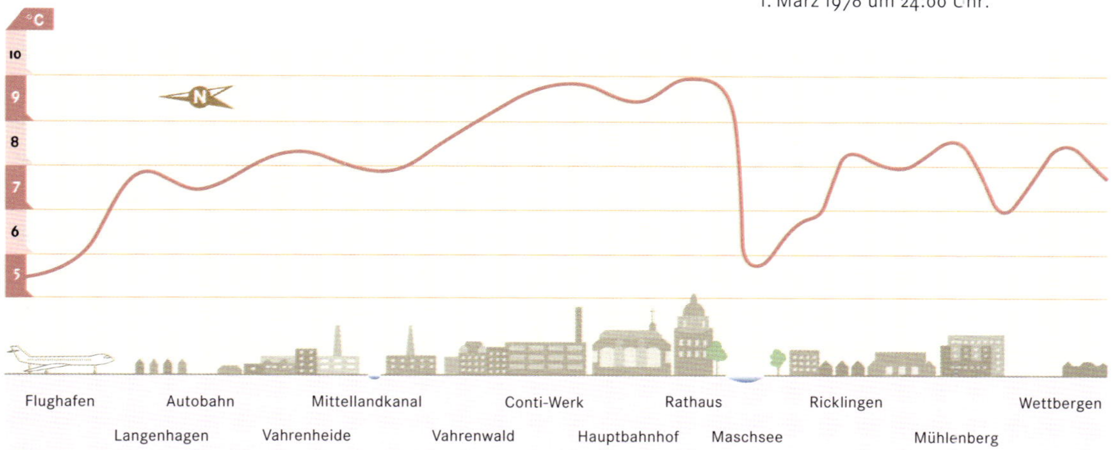

Das **Temperaturprofil** durch Hannover entstand nach mobilen Messungen am 1. März 1978 um 24:00 Uhr.

bung abgegeben wird. Vormittags ist der Temperaturunterschied hingegen am geringsten, da sich die Baumaterialien langsamer erwärmen als das Umland.

Die hohe Bebauungsdichte der Stadt verändert nicht nur den Wärmehaushalt, sondern auch die Luftbewegungen. Die Gebäude stellen sehr wirksame Hindernisse für den Wind dar, sodass ein Teil des Winds von den Gebäuden in die Höhe und zur Seite abgelenkt wird. Die Windenergie wird teilweise auch durch den erhöhten Reibungswiderstand an den Häusern in Wärme umgewandelt. Die Windgeschwindigkeiten sind in der Stadt im Durchschnitt um etwa 25 Prozent gegenüber dem Umland vermindert. Am deutlichsten nimmt die Windgeschwindigkeit zwischen den Häusern in Bodennähe ab. Dies ist vielfach die Ursache für die schlechte Belüftung der Städte, die mit negativen Folgen für die Bewohner verbunden ist. Erst in beträchtlicher Höhe über dem Dächerniveau stellt sich wieder die im Freiland herrschende Windgeschwindigkeit ein.

Innerstädtische Grün- und Wasserflächen

Freiflächen in Innenstadtgebieten können in vielfältiger Weise zu einer Verbesserung der stadtklimatischen Situation beitragen. Dies gilt insbesondere für Städte in südlichen Regionen. Die positive Wirkung von Grünanlagen auf das Klima und die Luftqualität in Städten wird durch deren Größe, Aufbau und Zusammensetzung bestimmt. Besonders hohe bioklimatische Effekte gehen auf das Vorhandensein von Sträuchern und Schatten spendenden Bäumen zurück. Diese bewirken eine Zunahme des latenten auf Kosten des fühlbaren Wärmestroms. Hierdurch und aufgrund der Schatten spendenden Eigenschaften stellt sich eine niedrigere Lufttemperatur gegenüber der Umgebung ein. Ferner bewirken die durch den Kronenraum der Bäume strömenden Luftmassen eine effektive Filterung der Luft. Auch zeichnen sich Grünflächen durch eine höhere relative Luftfeuchtigkeit gegenüber versiegelten Flächen aus.

Breite Schneisen in der Hauptwindrichtung **(Frischluftbahnen),** die frei von Bebauung bleiben müssen, bringen saubere Luft in die Stadt (rechts). **Hangwindzirkulationen** lassen sich außerdem vielfach für die nächtliche Kühlung ausnützen. Die Zerstörung von Frischluftquellen durch Zersiedelung und die Behinderung des nächtlichen Frischluftzuflusses durch größere Bauwerke, die quer zur Hauptwindrichtung errichtet wurden, gehören zu den Sünden der Stadtplaner (links).

Da Grünflächen aus den genannten Gründen insbesondere bei Wetterlagen, die im Wesentlichen durch Strahlungsvorgänge geprägt sind, niedrigere Lufttemperaturen aufweisen als ihre bebaute Umgebung, können lokale Ausgleichszirkulationen zwischen Freifläche und bebautem Gebiet entstehen. Die Stärke dieses Effekts hängt jedoch von der Größe der Grünflächen und der Art der sie umgebenden Bebauung ab, wobei sich die größten Effekte an der windabgewandten Seite von Grünflächen beobachten lassen. Neben der klimatischen Bedeutung der Grünflächen sei hier auch deren Bedeutung als Erholungsraum erwähnt. Diese Funktion kann zur Reduzierung des Tages- und Wochenendreiseverkehrs führen, wenn entsprechende wohnungsnahe Angebote vorhanden sind.

Bezogen auf die Gesamtfläche führt die urbane Nutzung und die damit verbundene Versiegelung zu einer Verringerung der Grundwasserneubildung und der Verdunstung sowie zu einer Erhöhung des Oberflächenabflusses. Kleinräumig sind allerdings beträchtliche Unterschiede bei den einzelnen Beiträgen zum Wasserhaushalt der Städte möglich. So wird die Neubildung von Grundwasser auf bebauten Flächen und bei wasserundurchlässigen Oberflächen vollständig unterbunden. Im Extremfall werden Gewässerabschnitte städtischer Ökosysteme in niederschlagsarmen Perioden trocken, eine Erscheinung, die sonst nur in semiariden oder ariden Gebieten zu beobachten ist. Des Weiteren wird Regenwasser schnell von Straßen und Gebäuden weg- und über Kanäle abgeleitet, um Überflutungen zu vermeiden; das Wasser fließt nicht mehr durch den Boden dem natürlichen Vorfluter zu. Damit verliert aber der Boden wichtige Funktionen bei der Regulierung des Wasserhaushalts. Die Folgen sind eine Zunahme des Hochwasserabflusses und Grundwasserabsenkungen aufgrund der geringeren Grundwasserneubildung.

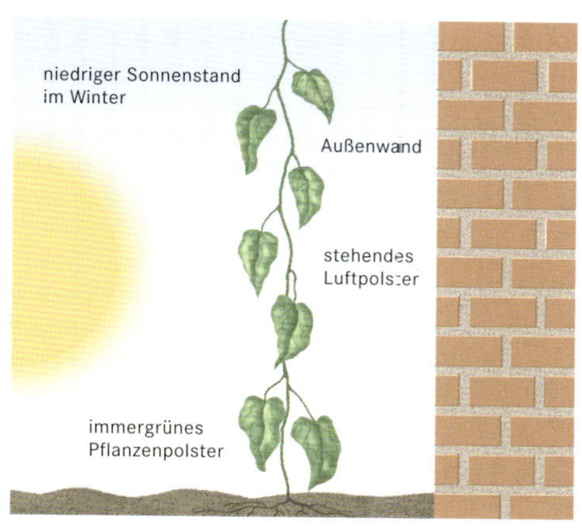

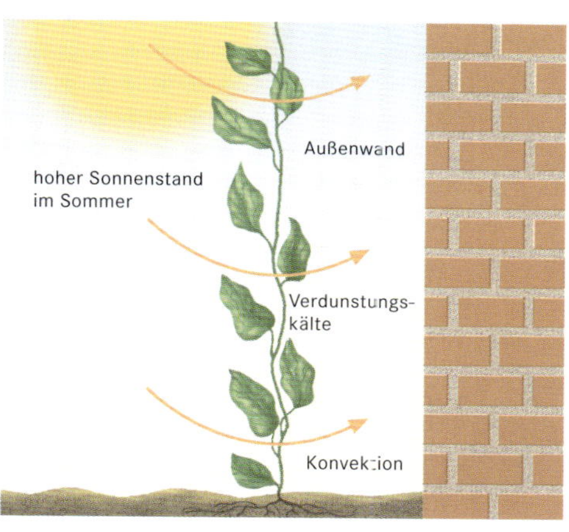

Eine immergrüne **Fassadenbegrünung** sorgt im Winter durch das Luftpolster zwischen Pflanzen und Außenwand für eine Isolierung der Außenwand gegen die Kälte (oben). Im Sommer wird dagegen durch Verdunstungskälte und Konvektion eine Abkühlung der Außenwand erreicht (unten).

Die Bedeutung des Grundwassers

Aber nicht nur die verringerte Versickerungs- oder die erhöhte Abflussrate in Städten beeinflussen das Grundwasser. So wird beispielsweise der Grundwasserspiegel auch durch Tiefbaumaßnahmen abgesenkt, denn der Grundwasserspiegel muss während der gesamten Bauzeit unterhalb der Bausohle gehalten werden. Dies wirkt sich zum einen auf die Pflanzenwelt aus, zum andern aber auch auf Straßen und Gebäude. Der austrocknende Boden kann nämlich nachsacken und dadurch Risse verursachen. Mit neueren Techniken lassen sich diese Grundwasserabsenkungen während der Bauphase jedoch vielfach vermeiden.

Um Trinkwasser in hoher Qualität zu erhalten, entnimmt man Grundwasser meist in der Umgebung und nicht in der Stadt selbst.

Als Folge davon kann auch in Wassergewinnungsgebieten, trotz vergleichsweise ungehinderter Versickerung außerhalb der Großstädte, der Grundwasserspiegel rapide sinken. Im Hessischen Ried kam es beispielsweise in den letzten 15 bis 20 Jahren zu einer Absenkung um 7 bis 8 Meter. Die Grundwasserentnahmen führen zu großräumigen Veränderungen im Wassergewinnungsgebiet, die nicht durch technische Kunstgriffe kompensierbar sind. Abhilfe können nur effektive Wassergewinnung und rigorose Sparmaßnahmen beim Trinkwasserverbrauch schaffen.

Die Wasserversorgung in Städten wird jedoch nicht allein durch Grundwasserabsenkungen beeinträchtigt, sondern auch durch die Schadstoffbelastung von Grund- und Oberflächenwasser. Städte werden aus den verschiedensten Quellen mit Schadstoffen verunreinigt, die unter anderem mit dem Niederschlag ins Grund- und Oberflächenwasser gelangen. Folgende Quellen kommen für die Schadstoffeinträge infrage:

- Straßenverkehr (Abrieb von Reifen, Bremsen und Straßenbelägen, Auspuffgase, Ölverluste sowie Streumaterial);
- Korrosion an Bauten und chemisches Injektionsmaterial für Dichtungswände;
- starker Einsatz von Dünge- und Pflanzenschutzmitteln in Hausgärten;
- unsachgemäßer Umgang und Unfälle mit wassergefährdenden Stoffen;
- unsachgemäße Lagerung von Abfällen, insbesondere von Sondermüll auf Deponien, die teilweise keine Abdichtung an der Deponiebasis haben;
- undichte Kanalisation und Haarrisse in Gas- und Fernwärmeleitungen.

Einträge, die nicht durch Selbstreinigungs- und Filterwirkungen des Bodens abgebaut werden können, wie zum Beispiel Schwermetalle und halogenierte Kohlenwasserstoffe, führen zu nicht mehr umkehrbaren Beeinträchtigungen der Grundwasserqualität. Eine Verringerung der Schadstoffbelastung kann nur an den Quellen selbst ansetzen.

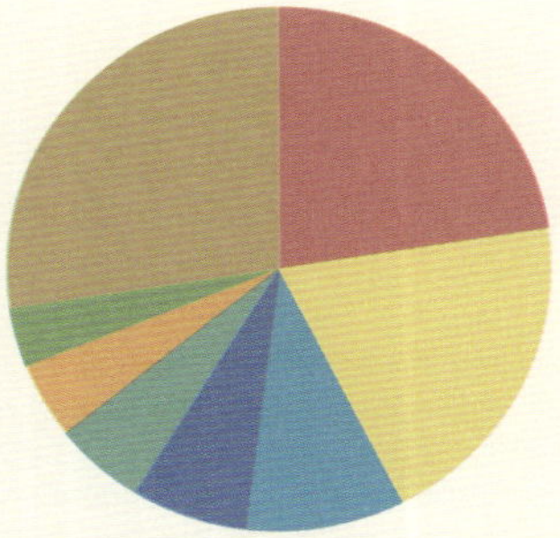

Die Auswirkungen des Straßenverkehrs auf die Umwelt

Der Kraftfahrzeugbestand nimmt weltweit stetig zu und beläuft sich derzeit auf etwa 650 Millionen. Allein in Deutschland sind über 46 Millionen Kraftfahrzeuge zugelassen, davon sind rund 40 Millionen Personenkraftwagen (Pkw), zwei Millionen Krafträder und zwei Millionen Lastkraftwagen (Lkw). Nahezu jeder zweite Einwohner Deutschlands besitzt demnach ein Auto. Bis zum Jahr 2010 soll es in der Bundesrepublik 45,5 Millionen Pkw geben. Nur noch in den Vereinigten Staaten und in Luxemburg ist der Kraftfahrzeugbestand pro Kopf höher.

Durch die Öffnung des Ostblocks wurde Deutschland zum meistgenutzten Transitland der Verkehrsdrehscheibe Europa. Der Ver-

Weltproduktion	52 085
USA	11 796
Japan	10 346
Deutschland	4988
Frankreich	3591
Republik Korea	2813
Spanien	2413
Großbritannien und Nordirland	1924
Sonstige	14 214

Weltproduktion von Kraftfahrzeugen 1996 (in 1000) und Verteilung der Stückzahlen auf die 7 größten automobilproduzierenden Länder.

	Pkw	Lkw (einschl. Kombi)	Busse
USA	138203	66112	701
Japan	47000	22118	244
Deutschland	40988	4173	85
Italien	32789	5719	78
Frankreich	25500	5173	82
Großbritannien und Nordirland	21092	2631	107
Spanien	14754	3152	48
Kanada	13183	6932	64
Australien	8879	2077	52
Mexiko	8607	4287	139
Polen	8054	1523	86
Republik Korea	6894	1991	656
Niederlande	5636	560	12
Österreich	3691	711	10
Schweiz	3268	636	15

Kraftfahrzeugbestand 1996 (in 1000) ausgewählter Länder, aufgeschlüsselt nach der Kraftfahrzeugart.

kehr leistet einen entscheidenden Beitrag zur wirtschaftlichen Entwicklung, insbesondere für den grenzfreien europäischen Binnenmarkt. Alle Kraftfahrzeuge produzieren jedoch Emissionen, die den Menschen und die Umwelt belasten. Außerdem hat der Verkehr Geräusche und Erschütterungen zur Folge. Das Auto gilt daher als Umweltverpester Nummer eins. Für viele Menschen verkörpert das Automobil aber auch Eigenständigkeit und Freiheit, Kraft und Prestige.

Die Entwicklung des Straßenverkehrs in den vergangenen 30 Jahren ist durch den Anstieg der Fahrzeugzahl um das 3,85fache gekennzeichnet. Im gleichen Zeitraum haben die Straßenlängen jedoch nur um das 1,5fache zugenommen. Dies zeigt, dass zwar ein politisches Ziel erreicht wurde, nämlich immer mehr Menschen die Nutzung des individuellen Autoverkehrs zu ermöglichen. Aber die damit verbundene Forderung, Fahrwege zu schaffen, die dem erhöhten Verkehrsaufkommen genügen, wurde nicht erfüllt.

Die wirtschaftliche Entwicklung ist häufig auch mit der Verlagerung von Produktionsbetrieben und damit von Arbeitsplätzen verbunden. Der mobile Mitarbeiter nimmt größere Anfahrtswege in Kauf, um den Umzug zu vermeiden und mit seiner Familie in der gewohnten Umgebung bleiben zu können. Damit steigt die Fahrleistung, aber auch der Zeitbedarf für den Weg von und zur Arbeitsstelle. Im Zeitraum von 1970 bis 1990 stieg die Gesamtfahrleistung aller Kraftfahrzeuge um mehr als das Doppelte. Zusammen mit dem Zuwachs an Automobilen ergeben sich daraus wesentliche Belastungen für die Umwelt.

Die Länge des deutschen Straßennetzes 1997, aufgeschlüsselt nach Straßenarten

Straßenart	Länge/km
Bundesautobahnen	11246
Bundesstraßen	41490
Landes-/Staatsstraßen	86790
Kreisstraßen	91150
Gemeindestraßen (inner- und außerorts)	421000

Luftbelastung

Die Luftqualität spielt für das Wohlbefinden des Menschen eine bedeutende Rolle. Durchschnittlich werden von einem Menschen täglich 10000 Liter Luft eingeatmet. Die lufthygienische Situation wird dabei unter anderem von den Emissionen, dem grenzüberschreitenden Transport von Luftschadstoffen, der topographischen

Lage und dem Witterungsablauf bestimmt. Die Emissionen der Schadstoffe werden zum überwiegenden Teil (rund 75 Prozent) durch Verbrennungsvorgänge in häuslichen, gewerblichen und industriellen Feuerungsanlagen sowie durch Verbrennungsmotoren verursacht. Nicht verbrennungsbedingte Emissionen spielen lediglich bei Stäuben und organischen Verbindungen eine nennenswerte Rolle und sind daher im Wesentlichen auf Produktionsbetriebe beschränkt.

Umwelt, Bezeichnung für die Lebensumwelt von Organismen und damit für den Bereich, in dem sich das Leben (von Tieren, Pflanzen und Menschen) abspielt; schließt die soziale, technische und natürliche Umwelt mit ein
Emission, die von einer (festen oder beweglichen) Anlage oder von Produkten an die Umwelt abgegebenen Luftverunreinigungen (Gase, Stäube), Geräusche, Strahlen, Wärme, Erschütterungen oder ähnlichen Erscheinungen; im Sinn der TA Luft die von einer Anlage ausgehenden Luftverunreinigungen
Immission, Einwirkung von Luftverunreinigungen, Geräuschen, Erschütterungen, Licht, Wärme, Strahlen und Ähnlichem auf Menschen, Tiere, Pflanzen oder Gegenstände (z. B. Gebäude, Kulturdenkmäler)

Der in den Brennstoffen Steinkohle, Braunkohle und Öl enthaltene Schwefel wird bei Verbrennungsvorgängen oxidiert und als Schwefeldioxid (SO_2) mit dem Rauchgas abgeführt. Bis Anfang der 1970er-Jahre, als der rasch steigende Energiebedarf fast ausschließlich aus schwefelhaltiger Kohle gedeckt wurde, war Schwefeldioxid zusammen mit den vorwiegend ebenfalls aus der Verbrennung stammenden Stäuben der maßgebliche Luftschadstoff. Heute hat Schwefeldioxid seine Bedeutung als wichtigster Luftschadstoff weitgehend verloren, da die Emissionen trotz eines steigenden Energiebedarfs nach und nach gesenkt werden konnten. Dafür verantwortlich waren vor allem milde Winter und eine Reihe von technischen Maßnahmen zur Emissionsminderung. Diese Maßnahmen wurden im Rahmen der Gesetzgebung zum Immissionsschutz (Bundesimmissionsschutzgesetz) und den daraus resultierenden Verordnungen, wie etwa der Technischen Anweisung (TA) Luft, ergriffen.

Schwefeldioxid ist ein farbloses, stechend riechendes Gas, das besonders in Verbindung mit Staub auf die Atemwege wirkt. Es reizt die Haut und die Schleimhäute durch die Bildung von schwefliger Säure sowie Schwefelsäure. SO_2 spielt in Verbindung mit Stickstoffdioxid eine bedeutende Rolle bei der Entstehung des sauren Regens und – damit verbunden – auch bei der Boden- und Grundwasserversauerung.

Stickoxide und Kohlenmonoxid

Stickstoff ist neben Sauerstoff der Hauptbestandteil der Luft und findet sich auch in gebundener Form in verschiedenen Brennstoffen wieder. Hauptquelle der Stickoxide (Stickstoffoxide) sind Verbrennungsvorgänge in Anlagen und Motoren. Durch die teilweise Oxidation des im Brennstoff und in der Verbrennungsluft enthaltenen Stickstoffs entsteht zunächst überwiegend Stickstoffmonoxid (NO), das anschließend durch Luftsauerstoff zu Stickstoffdioxid (NO_2) weiter oxidiert wird. Zusätzlich entstehen auch Spuren anderer Stickstoffoxide, zum Beispiel Distickstoffoxid (N_2O). Wie beim Schwefeldioxid konnten die Emissionen aus Kraftwerken und Industrie durch den Einsatz von Entstickungsanlagen in den 1980er-Jahren vermindert werden. Durch die Einführung des Drei-Wege-Katalysators für Pkw mit Benzinmotoren nahmen seit 1990 auch die Stickoxidemissionen des Straßenverkehrs deutlich ab.

Stickstoffmonoxid ist ein farb- und geruchloses Gas, das in Wasser unlöslich ist. Für den Menschen besteht seine Schadwirkung in der Einschränkung der Sauerstofftransportkapazität durch eine Oxidation des roten Blutfarbstoffs (Hämoglobin). Das aus NO gebildete Stickstoffdioxid ist ein äußerst giftiges, braunrotes Gas. Schon geringe Konzentrationen rufen bei normaler Atmung eine Reizung der Schleimhäute hervor. NO_2 ist aber auch für Pflanzen schädlich. Dies gilt insbesondere für solche Pflanzenformationen, die natürlicherweise arm an Stickstoff sind, wie zum Beispiel in Mooren lebende Pflanzen.

Kohlenmonoxid (CO) ist ein farb- und geruchloses, hochgiftiges Gas, das bei der unvollständigen Verbrennung von organischen Verbindungen entsteht. Die bei weitem überwiegende Ursache für die Entstehung von Kohlenmonoxid ist der Kraftfahrzeugverkehr. Obwohl dieser nur mit etwa 25 Prozent am Verbrauch fossiler Energieträger beteiligt ist, erzeugt er über 70 Prozent aller Kohlenmonoxidemissionen. Neben dem Verkehr stellt der Hausbrand eine nennenswerte Kohlenmonoxidquelle dar. Der Anteil des Kraftfahrzeugverkehrs an den Kohlenmonoxidemissionen stieg in den 1970er-Jahren an und stagnierte in den 1980er-Jahren. Die Gesamtemission an Kohlenmonoxid nimmt seit Beginn der 1990er-Jahre trotz gestiegener Fahrleistungen ab, da vor allem bei Haushalten und Kleinverbrauchern durch Umstellung auf Brennstoffe mit erheblich günstigerem Emissionsverhalten eine deutliche Reduzierung der CO-Emissionen erzielt werden konnte.

Emissionen verschiedener Luftschadstoffe in der Bundesrepublik Deutschland für den Zeitraum 1966 bis 1996 in Millionen Tonnen

	1966	1980	1990[1]	1996[2]	Veränderungen zu 1966 (=100%)
Stickstoffoxide (NO, NO_2)	1,95	2,95	2,68	1,86	95
flüchtige organische Verbindungen	2,20	2,50	3,18	1,87	85
Schwefeldioxid (SO_2)	3,35	3,20	5,26	1,85	55
Kohlenmonoxid (CO)	12,40	11,70	10,73	k.A.	54[3]
Staub	1,75	0,69	2,02	0,52	29

[1] Werte für die wieder vereinigte BRD. – [2] vorläufige Angaben (Stand Februar 1998). – [3] Emissionswert liegt nur bis 1994 vor. – k.A. = keine Angabe

Die Schadwirkung des Kohlenmonoxids beim Menschen besteht in der Blockade des Hämoglobins für den Sauerstofftransport, da Kohlenmonoxid rund 240-mal stärker an das Hämoglobin gebunden wird als Sauerstoff. Davon sind besonders die sauerstoffbedürftigen Organe wie Herz und Gehirn betroffen. Bereits ein Anteil von 2% in der Atemluft, wie er beim Aufenthalt im Stadtverkehr auftreten kann, hat Auswirkungen auf das Zentralnerven-, Gefäß- und Atmungssystem. Bei 20 bis 30% treten erste Vergiftungserscheinungen wie Kopfschmerzen, Sehstörungen und Schwindelgefühle auf, 40 bis 50% führen bereits zu schweren Vergiftungen wie Kollaps oder Ohnmacht.

Kohlenmonoxid wird im Körper nicht abgebaut, kann aber in »sauberer« Luft langsam wieder abgeatmet werden. In den Innenstädten ist die Kohlenmonoxid-Konzentration aufgrund der hohen Verkehrsdichte besonders groß. Sie fällt jedoch mit zunehmender Entfernung von der Quelle rasch ab. CO wird relativ schnell zu Kohlendioxid (CO_2) oxidiert, das zwar nicht direkt gesundheitsschädlich ist, aber den Treibhauseffekt verstärkt.

Bis Mitte der 1990er-Jahre wurde Benzin in Deutschland mit organischen Bleiverbindungen, wie zum Beispiel Bleitetraethyl oder Bleitetramethyl, zur Erhöhung der Octanzahl, das heißt der Klopffestigkeit, versetzt. Diese sind fettlöslich und werden daher gut über die Haut aufgenommen. Sie können das Zentralnervensystem angreifen und zu Lähmungen führen. 1991 wurde noch ein Viertel des Otto-Kraftstoffs verbleit, obwohl bleifreier Kraftstoff für nahezu alle Motoren eingesetzt werden kann. Verbleites Normalbenzin ist seit dem 1. Februar 1988 veboten. Der Absatz von verbleitem Kraftstoff betrug 1995 in Deutschland weniger als sechs Prozent. Inzwischen wird verbleiter Kraftstoff nicht mehr angeboten.

Die unmittelbar gesundheitsschädlichen Autoschadstoffe erreichen die höchsten Konzentrationen in den bodennahen Luftschichten von dicht bebauten, verkehrsreichen Straßenschluchten und Ortsdurchfahrten sowie in den Staubereichen vor Ampeln und Kreuzungen. Die Abgase können dort kaum abziehen, da die Luftzirkulation durch die dichte und/oder hohe Bebauung häufig behindert ist.

Lärm und Erschütterungen

Von Menschen verursachter Lärm führt – anders als viele andere Umweltprobleme – primär nicht zu Belastungen oder Verschmutzungen der natürlichen Umwelt, die dann auf den Menschen zurückwirken, sondern beeinträchtigt die Lebensqualität des Men-

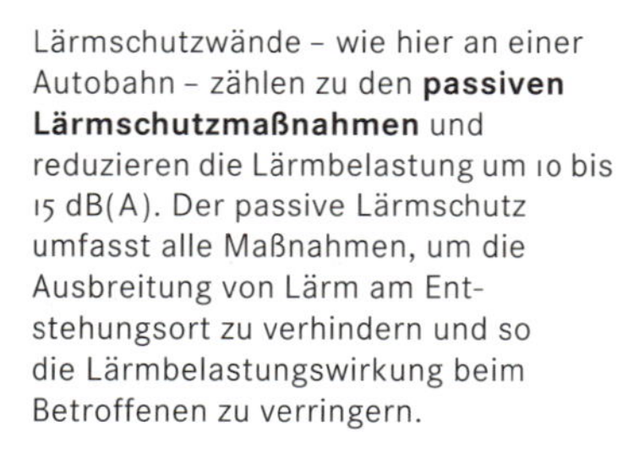
Lärmschutzwände – wie hier an einer Autobahn – zählen zu den **passiven Lärmschutzmaßnahmen** und reduzieren die Lärmbelastung um 10 bis 15 dB(A). Der passive Lärmschutz umfasst alle Maßnahmen, um die Ausbreitung von Lärm am Entstehungsort zu verhindern und so die Lärmbelastungswirkung beim Betroffenen zu verringern.

schen direkt. Lärm wird einerseits subjektiv als störend, vielerorts sogar als erheblich belastend empfunden, andererseits kann die Lärmbelastung auch objektiv erfasst und anhand ihrer negativen gesundheitlichen und psychosozialen Auswirkungen festgestellt werden. Die Hauptbelastungsquelle beim Lärm ist der Straßenverkehr. Eine vom Institut für praxisorientierte Sozialforschung 1994 durchgeführte Studie hat ergeben, dass 68 Prozent der Bevölkerung spontan Autos nennen, wenn sie nach störenden Lebensbedingungen in ihrem Wohngebiet gefragt werden. Vom Umweltbundesamt 1985 durchgeführte Untersuchungen haben gezeigt, dass rund 8,5 Millionen Bundesbürger erst bei geschlossenen Schallschutzfenstern ungestört vom Straßenlärm schlafen können und etwa 8 Millionen Menschen einem erhöhten Gesundheitsrisiko (Beeinträchtigung des Herz-Kreislauf-Systems) durch Straßenverkehrslärm ausgesetzt sind.

Von den ungefähr 46 Millionen Kraftfahrzeugen in Deutschland werden deutlich wahrnehmbare Außengeräusche entwickelt. An der Spitze der Belästigungsskala stehen Krafträder, Mopeds und Lastkraftwagen. Die Pkw stellen zwar die leiseste aller Fahrzeugkategorien dar, aufgrund ihrer großen Anzahl und ihrer Geschwindigkeit sind sie jedoch die Hauptquelle für den Straßenverkehrslärm.

Die von einem Fahrzeug emittierten Geräusche setzen sich im Wesentlichen aus zwei Anteilen zusammen, dem Antriebsgeräusch und dem Rollgeräusch. Die Antriebsgeräusche werden bestimmt durch die Geräuschanteile des Ansaugtrakts und des Auspuffs. Motordrehzahl und Gaspedalstellung beeinflussen die Geräuschentwicklung. Mit höherer Motordrehzahl steigt der nach innen und außen abgegebene Schallpegel. Der Pegel des Rollgeräuschs, das exakter als Reifen-Fahrbahn-Geräusch bezeichnet werden sollte, wird sowohl durch die Reifen als auch durch den Fahrbahnbelag bestimmt und wächst mit der Fahrgeschwindigkeit. Lärmminderungsmaßnahmen an Kraftfahrzeugen führten vor allem in den letzten Jahren zu einer Minderung der Antriebsgeräusche, sodass diese heute nur bei Anfahr- und Beschleunigungsvorgängen und niedrigen Geschwindigkeiten pegelbestimmend sind. Der Straßenverkehrslärm hängt also nicht nur vom Fahrzeug, sondern wesentlich auch vom Fahrverhalten und von den Fahrbedingungen ab. Letztere werden wiederum stark von der Verkehrsdichte beeinflusst: Je dichter der Verkehr, umso öfter müssen die Autofahrer anfahren und bremsen.

Die Lärmbelästigung ist nicht messbar. Ob jemand bestimmte Geräusche als störend empfindet, ist von Mensch zu Mensch verschieden. Der Geräuschpegel kann jedoch mit der logarithmisch aufgebauten Dezibelskala quantitativ angegeben werden. Sie erfasst die Schallintensitität von der Hörschwelle bis zur Schmerzgrenze in Werten von 0 bis 130 Dezibel (dB). Der vom Straßenverkehr verursachte Lärm liegt hauptsächlich im Bereich von 70 bis 90 dB. Rechtsgrundlage für die Lärmvorsorge, die beim Neubau beziehungsweise einer wesentlichen Änderung von Straßen Anwendung findet, sind die Verkehrslärmschutzverordnungen.

Aus praktischen Gründen und zur Anpassung an die Physiologie des Hörens werden zur Angabe der Lautstärke und des Schalldrucks logarithmische Pegelmaße verwendet: der **Lautstärkepegel** L_N und der **Schalldruckpegel** L_p. Der in Dezibel (dB) angegebene Schalldruckpegel ist definiert als das 20fache des dekadischen Logarithmus des Verhältnisses eines aktuellen Schalldrucks p zu einem Bezugsschalldruck p_0, also $L_F = 20 \lg(p/p_0)$. Zur Angabe eines Schalldruckpegels gehört auch die Angabe des Bezugsschalldrucks (meist $p_0 = 2 \cdot 10^{-5}$ Pa) und des Frequenzbereichs, in dem der Schalldruck gemessen wurde. Bei Lärmmessungen müssen außerdem die verwendete frequenzabhängige Bewertungskurve sowie weitere für die Interpretation der Messung wichtige Einzelheiten angegeben bzw. beachtet werden, z. B. die Entfernung zur Schallquelle und die Richtung des Schalleinfalls. Für Geräuschimmissionsmessungen (am Ort des Betroffenen) wird heute praktisch ausschließlich die international genormte Frequenzbewertungskurve A verwendet. Man erhält so den Schalldruckpegel in dB (A).

Verkehrslärm beeinträchtigt auf vielfältige Weise die Gesundheit. Zum Beispiel können Herz-Kreislauf-Krankheiten und sogar Magengeschwüre ursächlich mit einer Verkehrslärmbelastung zusammenhängen. Eine gravierende Auswirkung ist die Beeinträchtigung des Schlafs. Besonders ungünstig sind dabei laute, auffällige Einzelgeräusche während der Nachtzeit. Verkehrslärm beeinträchtigt aber auch die Erholung und Entspannung in der Wohnung sowie im Freien und stört die Kommunikation. Er stört außerdem konzentriertes Arbeiten und beeinträchtigt das Lernen sowie die Sprachentwicklung der Kinder. Schallpegel über 90 dB führen in der Regel bei allen Tätigkeiten zu Leistungseinbußen. Dies äußert sich unter anderem in verminderter Aufmerksamkeit, Ablenkung, Erhöhung der Reaktionszeit, Verlangsamung geistiger Prozesse und Verminderung der Motivation. Der Körper reagiert auf Lärm mit negativen Gemütszuständen wie Verärgerung und Nervosität bis hin zu Aggressivität.

Schwere Fahrzeuge erzeugen nicht nur Lärm, sondern auch Bodenerschütterungen. Aus Forschungen, die unter anderem von der Federal Highway Administration in den USA durchgeführt wurden, geht hervor, dass Bodenerschütterungen vor allem mit dem Fahrzeuggesamtgewicht und der Fahrgeschwindigkeit zusammenhängen. Die Stärke der Bodenerschütterungen wächst proportional zum Fahrzeuggesamtgewicht; wird aber das Gesamtgewicht auf zusätzliche Achsen verteilt, nehmen auch die Erschütterungen ab. Diese verbreiten sich in einem Umkreis von 60 Meter, darüber hinaus sind sie praktisch nicht mehr spürbar.

Straßenverkehr und Grundwasserbelastung

Bei der Boden- und Wasserbelastung handelt es sich um eine Kettenreaktion. Schadstoffe, die in den Boden gelangen, werden oft bis ins Grundwasser weiter transportiert. Bodenverunreinigungen sind von Gebiet zu Gebiet unterschiedlich: Abgelegene

Die auffälligsten Symptome der **Waldschäden** sind die Verlichtung der Baumkronen sowie die Vergilbung der Nadeln und Blätter, bis hin zum Absterben. Die Aufnahmen zeigen Nadelbäume 1988 vor einer Schädigung (links) und 1992 nach einer Schädigung (rechts).

ländliche Regionen werden in der Regel weniger belastet als Stadt- und Industriegebiete. Hierbei spielen jedoch die Faktoren Schadstoffart, Wind und Niederschlag eine bedeutende Rolle. Je nach Aufbau der Böden können Schadstoffe in ihnen festgelegt, gespeichert oder umgewandelt werden. Diese Filter-, Speicher-, Puffer- und Transformatorfunktionen des Bodens werden gegenwärtig oft überbeansprucht. Auffälligste Folge ist die Versauerung von Waldböden, eine wesentliche Ursache für die Waldschäden. Durch die Versauerung, das heißt die Verminderung des pH-Werts, werden Nährstoffe ausgewaschen sowie Aluminium und Schwermetalle freigesetzt. Dadurch besteht die Möglichkeit einer Gefährdung des Grundwassers. Belastungen des Bodens sind vor allem gefährlich, weil zwischen Ursache und Wirkung häufig eine lange Latenzzeit liegt und Schäden oft gar nicht oder nur unter großem Aufwand behoben werden können. Einer der Hauptverursacher der Bodenbelastung ist der Straßenverkehr, der bei einer hohen Straßendichte besonders ins Gewicht fällt.

Ein Beispiel für die Risiken von **Gefahrguttransporten:** Aus einem umgestürzten **Tanklastzug** auf der Autobahn A3 in der Nähe der hessischen Stadt Raunheim liefen am 31. Juli 1993 30 000 Liter Benzin aus. Aufgrund der akuter Explosionsgefahr wurde die A3 an der Unfallstelle für mehrere Stunden in beiden Richtungen gesperrt. Die Flugle tung des Rhein-Main-Flughafens in Frankfurt ließ etwa 25 Flugzeuge nicht über vorgesehene Routen fliegen. Menschen kamen bei dem Unglück nicht zu Schaden.

Die vom Kraftfahrzeugverkehr freigesetzten Stickoxide belasten nicht nur Luft und Vegetation, sie tragen auch zur Versauerung des Grundwassers bei. Allein um Straßen zu bauen und zu erhalten, sind in Deutschland jährlich mehrere 100 Millionen Tonnen Mineralstoffe erforderlich. Dies hat den Abbau von Lagerstätten zur Folge. Ein zunehmender Anteil der Straßenbaustoffe stammt zwar aus industriellen Nebenprodukten und recycelten Materialien, doch muss deren Verwertung nicht zwangsläufig umweltschonend sein. So wurde bis in die 1960er-Jahre für den Straßenbau auch Steinkohlenteerpech, ein Nebenprodukt bei der Verkokung von Steinkohle, verwendet, das Krebs erzeugende organische Stoffe an den Boden und letztendlich an das Grundwasser abgibt.

Jährlich fallen allein auf einem Kilometer Straße 10 Tonnen Gummiabrieb von Autoreifen an. Außerdem werden jährlich rund 10 000 Tonnen Farbstoffe für die Fahrbahnmarkierungen auf die Straße gebracht. Feine Farbstoffteilchen können – adsorbiert an Dieselrußpartikel – über den Fahrbahnrand hinaus in den Boden und von dort ins Grundwasser gelangen. Der Abrieb des Fahrbahnbelags und der Bremsbeläge ist eine weitere Belastungskomponente. In den Wintermonaten werden darüber hinaus Salze als Auftaumittel zum Schutz vor Glatteis verwendet. Der Großteil der Salze wird mit dem Fahrbahnwasser in die Gräben gespült. Dieses Wasser versickert dort entweder im Boden oder gelangt in nahe Entwässerungsanlagen. Im Boden kann das Salz die Pflanzen durch Wasserentzug auf indirektem Weg oder – nach Aufnahme durch die Wurzeln – unmittelbar schädigen. Aber auch die Verschiebung des Nährstoffgleichgewichts belastet langfristig die Vegetation.

In Deutschland werden jährlich über 40 Millionen Tonnen Gefahrgut auf der Straße transportiert. Im früheren Bundesgebiet ereigneten sich pro Jahr weit über 1000 Unfälle mit wassergefährdenden Stoffen, wie zum Beispiel Heizöl, Altöl, Kraftstoff, Säuren oder Laugen, bei der Lagerung und vor allem beim Transport. Etwa 80 Prozent der Unfälle führten zu Folgeschäden durch auslaufende wassergefährdende Stoffe.

Flächenbedarf

Durch den neuartigen Straßenbau der Nachkriegszeit hat der Flächenverbrauch für Straßen stark zugenommen. In Deutschland sollen die Straßen einen hohen Fahrkomfort und ein hohes Tempo garantieren. Dafür baute man breite, möglichst gerade Straßen mit großen Kurvenradien, guten Überholmöglichkeiten, durchlaufenden Regelquerschnitten, nur mäßiger Steigung, vielspurigen Kreuzungen und Einmündungen mit großen Sichtfeldern, weiten Eckausrundungen und großzügigen Stellplatzabmessungen. Hierdurch sollte das gesamte Straßennetz zügig, bequem, ohne unnötiges Abbremsen, ohne Wartezeiten und ohne Rangieren befahrbar werden. Verkehrstempo und -fluss standen im Vordergrund.

Luftaufnahme vom **Autobahnkreuz** Aachen.

1,2 Prozent der Gesamtfläche Deutschlands wird von befestigten Straßen eingenommen. In freier Landschaft kommt jedoch zu den Straßenflächen die sechsfache Fläche hinzu, die in ihrer Nutzbarkeit stark beeinträchtigt ist. Auf einem Kilometer Stadtautobahn könnten leicht 1000 Wohnungen gebaut werden. Ein einziges Autobahnkreuz entspricht flächenmäßig dem Zentrum einer Kleinstadt. Der Flächenanspruch des Autoverkehrs ist tragisch, weil er nach den bisherigen Planungsstrategien als unverzichtbar und mit anderen Flächenansprüchen nicht überlagerbar gilt. Er tritt dadurch immer in Konkurrenz zu anderen Flächennutzungsansprüchen und verdrängt diese. Dies ist ein wesentlicher Unterschied zu vielen früheren

Wegeflächen, die unter anderem gleichzeitig als Verkehrsraum, Aufenthaltsraum, Grünfläche und ökologische Ausgleichsfläche dienten. Heute ist auf den Straßen nur für Autos Platz – und für sonst nichts.

Der Flächenverbrauch für Straßen ist ökologisch gravierend, weil es sich fast ausschließlich um asphaltierte oder betonierte Flächen handelt. Diese Versiegelung hat viele negative Folgen. Sie beschleunigt beispielsweise den Abfluss der Niederschläge. In den Städten fließen 80 Prozent aller Niederschläge oberirdisch ab. Dies vermindert die Grundwasserbildung und Bodendurchfeuchtung und begünstigt Hochwasser in den siedlungsnahen Gewässersystemen. Außerdem erzwingt der schnelle Abfluss Straßenentwässerungs-, Kanal- und Rückhaltesysteme, die die Bauwerke verteuern. Die Versiegelung fördert die Überhitzung der Städte, insbesondere der dicht bebauten Viertel. Sie verringert zudem die Bodenluftfeuchtigkeit und verändert so nachhaltig in negativer Weise das Mikroklima. Jeder Verlust an unversiegeltem Boden bedeutet einen Verlust an natürlicher Regenerationsfähigkeit für die Städte.

Die seit den 1960er-Jahren entstandenen **Stadtautobahnen** von Tokio führen auf Stützen über die Hauptstraßen hinweg.

Siedlungsräume brauchen Straßen als Verbindungsglieder. Fußgänger-, Rad- und Schienenwege, Flüsse oder Bäche müssen dann unter- oder überführt werden. Der freie Blick wird gestört und die Orientierung erschwert. Luft und Wasserströmungen werden geändert und nachhaltig beeinflusst. Stadtautobahnen können abschreckende Beispiele für die Zerschneidung von Städten sein. Kaum 20 Jahre alt, müssen sie heute beispielsweise zu Tunneln umgebaut oder durch Lärmschutzwände mit Fußgängerstegen ergänzt werden.

Gefahr für Mensch und Tier

Straßen erschließen die Landschaft, fördern die Mobilität und die wirtschaftliche Entwicklung. Zusammen mit Siedlungsgebieten prägen Verkehrsachsen das Landschaftsbild; sie gliedern den Raum und schaffen neben Verbindungen auch Grenzen. Als Folge des dich-

Straßenverkehrsunfälle im früheren Bundesgebiet für den Zeitraum von 1970 bis 1997

	1970	1980	1990	1996	1997[1]
mit Personenschaden	377610	379235	340043	294454	302034
mit Getöteten	17472	11911	7089	5561	k.A.
mit Verletzten	360138	367324	332954	288893	k.A.
nur mit Sachschaden	1015000	1305369	1670532	1415498	1386598

[1] *vorläufiges Ergebnis. – k.A. = keine Angabe*

Straßenverkehrsunfälle mit Personenschaden in Deutschland 1996

	Innerhalb und außerhalb von Ortschaften	Innerhalb von Ortschaften	Außerhalb von Ortschaften
Autobahnen	24976	–	24976
Bundesstraßen	84559	44709	39850
Landesstraßen	82054	40106	41948
Kreisstraßen	35493	16743	18750
Gemeindestraßen und andere Straßen	146000	134451	11549

ten Straßennetzes und des hohen Verkehrsaufkommens in Mitteleuropa kommt es zu Zusammenstößen zwischen Tieren und Straßenbenutzern. Auch Tiere haben Raumansprüche und benötigen beispielsweise freien Zugang zu ihren Nahrungsplätzen und Deckungen. Durch den Straßenbau werden Schutzgebiete eingeengt, Populationsräume und Kerngebiete von Wildtieren zerschnitten. Die Erschließung bringt Störungen aller Art selbst in entlegendste Gebiete. Immissionen entwerten die benachbarten Lebensräume von Pflanzen und Tieren. Besonders sind diejenigen Tierarten be-

DER BRENNER – ALBTRAUM ALPENTRANSIT

Der Alpenraum ist unter ökologischen und topographischen Aspekten mit keiner anderen europäischen Region vergleichbar. Den Verkehrswegen sind in den schmalen Tälern enge Grenzen gesetzt; die Straßen und der Luftraum sind bereits überlastet.

Wegen der geringen Höhe von nur 1374 Meter und der ganzjährigen Passierbarkeit ist der Brennerpass seit der Antike genutzt worden. Der neuzeitliche Güterverkehr setzte um 1845 mit der Anlage der Brennerstraße und 1867 mit dem Bau der Eisenbahnstrecke ein. Ihren hohen Verkehrswert erhält die Brennerroute durch die Verknüpfung mit den Autobahnen nördlich und südlich der Alpen. Durch Nachtfahrverbote und eine Höchstgrenze für Lkw von 28 Tonnen Gesamtgewicht in der Schweiz wird der Verkehrsdruck auf den Brenner zusätzlich verstärkt. Dies zwingt beispielsweise viele Spediteure dazu, bei Zielen in Norditalien Umwege über den Brenner zu fahren, statt kürzere Strecken durch die Schweiz zu nutzen. Als Hauptverkehrsader für Touristen und Güter ist die Brennerroute vor allem im Sommer stets überlastet. Täglich rollen im Durchschnitt 3300 schwere Lkw über die Alpenautobahn. Das Frachtaufkommen über den Brenner (Straße und Schiene) ist von 20,1 Millionen Tonnen im Jahr 1990 auf 31,3 Millionen Tonnen im Jahr 1997 gestiegen. Derzeit werden allerdings nur rund acht Millionen Tonnen Güter auf der Schiene über den Brenner transportiert.

Der als Eisenbahntunnel geplante umstrittene Brenner-Basistunnel, der von Innsbruck bis Franzensfeste bei Brixen reicht, soll den Verkehrsdruck verringern. Mit dieser Bahnstrecke versuchen die Alpentransitländer die Hauptmasse des Güterverkehrs von der Straße auf die Schiene zu verlegen. Man nimmt an, dass die dabei geplante Methode des Huckepackverfahrens eine wesentliche Erleichterung für alle Betroffenen mit sich bringt. Derzeit stehen jedoch noch keine Termine für den Baubeginn und die Inbetriebnahme fest. Für die Planungszeit werden fünf und für die Bauzeit weitere acht Jahre veranschlagt.

troffen, die hohe verkehrsbedingte Verluste erleiden, ein ausgeprägtes Wanderverhalten zeigen sowie große Raumansprüche stellen und daher durch Straßen in der Ausbreitung stark behindert werden. Konfliktpotential birgt der Straßenverkehr auch für den Menschen. Damit sich ungleiche Teilnehmer möglichst gefahrlos nebeneinander bewegen können, gibt es die Straßenverkehrsordnung. Obwohl die Unfallraten, jeweils bezogen auf 100 Millionen Fahrzeugkilometer, von 1970 bis 1993 eine deutlich abnehmende Tendenz zeigen, ist der Verkehrsunfalltod die häufigste Todesursache im Kindesalter.

Fahrtzeit
Kraftstoffverbrauch
3,1 Mrd. Stunden
890 Mio. Stunden
360 Mio. Stunden
14 Mrd. Liter
innerorts
außerorts
Autobahn

Die mit Pfeilen markierten Säulenabschnitte geben die durch **Staus** innerorts, außerorts und auf Autobahnen verursachten Verluste an der Fahrtzeit und am Kraftstoffverbrauch wieder. Alle Angaben beziehen sich auf jährliche Durchschnittswerte für Deutschland.

Was kosten Staus?

Die seit langem auseinander laufende Entwicklung zwischen Fahrzeugbestand und Fahrleistungen einerseits sowie dem Straßennetz andererseits muss zwangsläufig zu Verkehrsproblemen aufgrund hoher Verkehrsdichte führen. Der enge Zusammenhang zwischen Mobilität und Wirtschaftsleistung ist seit Jahren bekannt. Die bereits besprochenen Folgen des Straßenverkehrs für den einzelnen Verkehrsteilnehmer und das Straßennetz werden durch einen behinderten Verkehr wesentlich verschärft. Der ungleichmäßige Verkehrsfluss, bis hin zum Stau mit Stillstand, schafft nicht nur Ärger und Verdruss, sondern messbaren Schaden. Wartezeiten von Mensch und Fahrzeug sind Verluste im Sinne nicht erbrachter Arbeitsleistung, aber auch vergeudeter Freizeit. Die skurrile Ausnahme der »Freude am Stau« ist sicher nicht verlustmindernd.

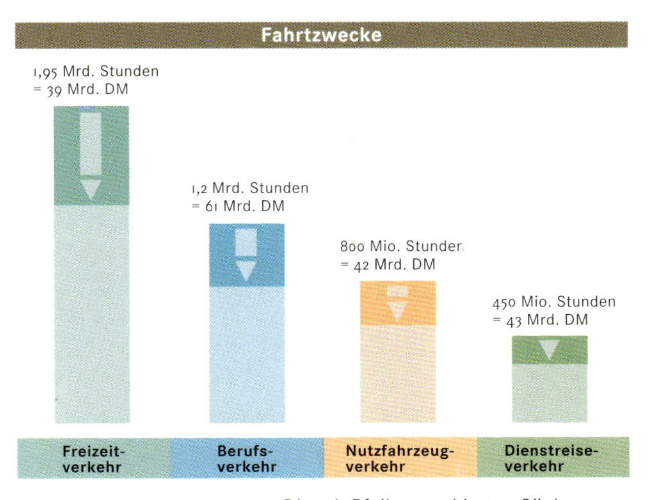

Die mit Pfeilen markierten Säulenabschnitte geben die durch **Staus** verlorenen Stunden und eine Bewertung des entstandenen Schadens in DM für die einzelnen Fahrtzwecke wieder. Alle Angaben beziehen sich auf jährliche Durchschnittswerte für Deutschland.

Staus verursachen für jeden Arbeitnehmer eine Einbuße von rund 6000 DM pro Jahr oder 500 DM pro Monat. Diese Zahlen erheben nicht den Anspruch auf Genauigkeit. Sie haben aber die Qualität einer statistisch fundierten Schätzung. Investitionen zur Verbesserung des Verkehrsflusses sind daher auf lange Zeit volkswirtschaftlich sinnvoll. Die Verbesserung von etwa einem Kilometer hoch belasteter Autobahnstrecke verursacht Kosten von 550 Millionen DM. Verglichen mit den durch Staus verursachten Kosten, sind solche Beträge jedoch marginal.

Autofahren ist trotz gestiegener Lebenshaltungkosten so preiswert wie noch nie. Zwar wird die Anschaffung eines Neuwagens immer teurer und die Versicherungsprämien werden immer höher, doch sind diese Kosten im Grunde nicht an die sonstige Preissteige-

Vergleich der Kosten für ein Kilo Brot und ein Liter Benzin 1955 und 1999.

rung angepasst. Gleichzeitig nehmen Umweltschäden zu, allen technischen Verbesserungen, wie dem Katalysator, zum Trotz. Der Grund hierfür ist das stetig steigende Fahraufkommen. Die Schäden an Luft, Wasser und Boden sowie die Lärmbelastung gehen dabei immer noch zulasten der Allgemeinheit. Das gilt auch für Unfall- und Personenschäden, die die Volkswirtschaft zu tragen hat.

Das Umwelt- und Prognose-Institut (UPI) errechnete bereits für das Jahr 1989 nach Abzug der Kraftfahrzeug- und Mineralölsteuer einen Betrag von knapp 53 Milliarden DM an ungedeckten technischen, ökologischen und sozialen Kosten, die allein durch den Lkw-Verkehr verursacht wurden. Nach dieser Studie schlug der Pkw-Verkehr, ebenfalls nach Abzug der Steuereinnahmen, mit über 216 Milliarden Mark zu Buche, wobei jeweils nur der Verkehr in den alten Bundesländern berücksichtigt wurde. Daraus ergaben sich Gesamtkosten von durchschnittlich 4500 DM pro Kopf und Jahr.

Angesichts solcher Zahlen wurden Forderungen laut, diese »externen« Kosten, die bislang die Allgemeinheit zu tragen hatte, zu »internalisieren«. Das bedeutet, dass jeder, der als Verkehrsteilnehmer die Umwelt nutzt, nach dem Verursacherprinzip auch dafür bezahlen soll. Auf diese Weise würde das Gut »Umwelt« den Gesetzen der Marktwirtschaft unterworfen. Dies ist allerdings problematisch, denn die zweifelsfreie Ermittlung der Schadenverursacher ist kaum möglich. Außerdem müssten alle Schäden genau beziffert werden. Dennoch ist die geschätzte Höhe der entstehenden Umweltbelastungen eine entscheidende Kalkulationsgrundlage für die tatsächlichen Verkehrskosten.

Automüll

Umweltbelastungen ergeben sich nicht nur während der »Lebenszeit« von Autos. Wenn diese ausgedient haben, verursachen sie weitere Umweltprobleme. Das Auto ist das voluminöseste Konsumgut unserer Wohlstandsgesellschaft, das regelmäßig auf dem Müll landet. Es bedarf deshalb einer eigenen Entsorgungsinfrastruktur. Die Schrottplätze müssen eine ausreichende Bodenisolierung aufweisen, da flüssige Schadstoffe wie Batteriesäure oder Altöl in den Boden und in das Grundwasser eindringen und es verschmutzen können.

Autowracks auf einem Schrottplatz. Rund 2,5 Millionen Fahrzeuge werden Jahr für Jahr in Deutschland verschrottet, recycelt oder endgültig stillgelegt. 50 000 bis 100 000 davon werden einfach in der Landschaft abgestellt.

Auch die Entsorgung der Reifen stellt ein großes Problem dar. Jährlich fallen über 320 000 Tonnen Altreifen an. Diese können runderneuert oder als Granulat aufbereitet werden, oder sie werden zur Energiegewinnung verbrannt. Bei der Reifenverbrennung können beträchtliche Schadstoffbelastungen durch Ruß und Kohlenwasserstoffe auftreten, die nur durch spezielle Abgasreinigungsanlagen herauszufiltern sind. Autos bestehen zu etwa einem Drittel aus giftigen oder schwer zu entsorgenden Materialien, die nicht in die Hausmülldeponie gehören. Inzwischen gibt es in Deutschland die freiwillige Rücknahmeübereinkunft der Automobilproduzenten, die in einigen Jahren in eine Rücknahmeverpflichtung für alle Altfahrzeuge übergehen wird. Damit ist gewährleistet, dass bereits bei der Entwicklung neuer Fahrzeuge auf die Recyclingfreundlichkeit geachtet wird.

Gefährdung der Umwelt durch Schiffs- und Flugverkehr

Die Verschmutzung der Weltmeere durch den Schiffsverkehr und die Belastung der Umwelt durch den Flugverkehr lassen sich nur bedingt zusammen abhandeln. Die verbindende Gemeinsamkeit dieser Themen besteht jedoch darin, dass in beiden Fällen die Umweltbelastungen über die Grenzen eines Staats hinausgehen und die Verursacher international aktiv sind. Daher wird in beiden Fällen die Wirksamkeit einer nationalen Umweltschutzpolitik oder -gesetzgebung stark eingeschränkt. Zur Lösung von globalen Umweltproblemen bedarf es dementsprechend auch globaler Maßnahmen. Sowohl die Verschmutzung der Weltmeere als auch die der Atmosphäre wurden lange Zeit nicht erkannt, ignoriert oder toleriert, da man das Ausmaß der Belastungen unterschätzte.

Trends im Seehandel

Prinzipiell lassen sich heute vier Hauptgruppen von Schiffen unterscheiden: Die größte Gruppe bilden die unzähligen Fischereifahrzeuge aller Größen und Typen, gefolgt von den Handelsschiffen zum Transport von Flüssigkeiten oder Stückgut. Daneben befahren diverse Kriegsschiffe und militärische Unterseeboote die Weltmeere. An dieser Stelle sollen jedoch lediglich die Umweltauswirkungen der Welthandelsflotte dargestellt werden. Vor der Erfindung des Flugzeugs und der weltweiten Expansion des Flugverkehrs stellte die Schifffahrt die einzige Transportverbindung zwischen den durch die Ozeane getrennten Kontinenten dar. Aber auch heute kommt dem Weltseegüterverkehr aufgrund der beständigen Zunahme des Welthandelsaufkommens eine dominierende Stellung zu. 1994 bestand die Welthandelsflotte aus 35158 Schiffen mit insgesamt 420806 Millionen Bruttoregistertonnen (BRT) oder 674736 Millionen tons deadweight (tdw).

Die Entwicklung des Seehandels wurde in den letzten Jahrzehnten von mehreren Trends geprägt. Die offensichtlichste Veränderung besteht in einer beständigen Zunahme der Schiffsgrößen, wodurch die Transportkosten erheblich reduziert werden konnten. Vor allem die Ladekapazitäten der Tanker sowie der Massengut- und Erzfrachter erhöhten sich seit den 1950er-Jahren um ein Vielfaches. Die enorme Zunahme der Schiffsgrößen bedeutet aber auch, dass im Falle einer Havarie die lokal auftretenden Umweltschäden durch Ladungs- oder Treibstoffverlust wesentlich gravierender sind. Die größten Frachter haben heute Treibstofftanks an Bord, deren Volumen ebenso groß ist wie die Ladekapazität eines Öltankers von 1960.

Registertonne, bis 1994 gültiges internationales Raummaß zur Größenbestimmung von Seeschiffen; 1 Registertonne = 100 englische Kubikfuß = 2,832 m³; der Bruttoraumgehalt (der gesamte Schiffsraum einschließlich der Räume für Antriebsanlage, Schiffsführung, Betriebsstoffe und Räume für die Besatzung) wird in Bruttoregistertonnen (Abk. BRT), der Nettoraumgehalt (Raum für Ladung und Fahrgäste) in Nettoregistertonnen (Abk. NRT) gemessen

Raumzahl, ersetzt seit 1994 die Registertonne; die Bruttoraumzahl (Abk. BRZ; englisch: gross tonnage, Abk. GT) ersetzt die Bruttoregistertonne und die Nettoraumzahl (Abk. NRZ; englisch: net tonnage, Abk. NT) entsprechend die Nettoregistertonne; BRZ und NRZ sind dimensionslose Vergleichszahlen

Deadweight, Gewicht der gesamten Zuladung eines Schiffs, angegeben in tons deadweight (tdw; 1 ton = 1016 kg), auch in metrischen Tonnen, häufig in beiden; das Deadweight umfasst Ladung, Besatzung, Brennstoff, Proviant und sonstige Verbrauchsstoffe

Supertanker – wie hier die »British Patience« – haben eine Tragfähigkeit von 100 000 bis über 500 000 tons deadweight (tdw).

Eine andere Möglichkeit der Kostenreduzierung sehen viele Reeder der reichen Industriestaaten in der »Ausflaggung« ihrer Schiffe. Dadurch wird es ihnen möglich, unter einer so genannten Billigflagge, vor allem der von Liberia, Panama und Zypern, mit niedrig entlohnten ausländischen Seeleuten zu fahren und das heimische Steuerrecht zu umgehen. 1994 fuhr über die Hälfte des deutschen Schiffsbestands unter ausländischer Flagge. Schiffe, die unter Billigflagge fahren, weisen oft wesentlich niedrigere Sicherheitsstandards auf und sind nicht selten völlig veraltet. Zudem ist die gering entlohnte Besatzung häufig schlecht ausgebildet. Statistisch gesehen sind unter Billigflagge registrierte Fahrzeuge überproportional häufig an Schiffsunglücken beteiligt.

Ein weiterer Grund zur Sorge ist, dass sich das Durchschnittsalter der Tankerflotte in den letzten Jahren beständig erhöht hat. Das zunehmende Alter großer Teile der Welthandelsflotte erhöht das statistische Risiko von Unglücksfällen.

Eintrag von Erdöl durch den normalen Schiffsbetrieb

Die Verschmutzung der Meeresumwelt durch Erdölkohlenwasserstoffe ist wahrscheinlich die bekannteste, weil offensichtlichste Form der Umweltbeeinträchtigung der Ozeane. Sie beschränkt sich heute nicht mehr nur auf die Küstenmeere sowie auf die Tanker- und Schifffahrtslinien, sondern sie überzieht die Ozeane in ihrer gesamten Größe. Auch in den abgelegensten Seegebieten können schwimmende Ölklumpen gesichtet werden. Die Gesamtmenge des ins Meer gelangenden Öls ist schwer abzuschätzen. Die Angaben schwanken zwischen 1,7 und 8,8 Millionen Tonnen pro Jahr, wobei neuere Schätzungen durchweg niedriger ausfallen als ältere. Dies liegt vermutlich nicht nur an einer nennenswerten Verringerung der Einträge, sondern auch an einer Verbesserung der Schätzverfahren. Untersuchungen zu den Quellen der Ölverunreinigung der Weltmeere zeigen, dass lokale Katastrophen bei der Förderung und beim Transport von Rohöl nur einen geringen Anteil an der Gesamtverschmutzung haben. Der diffuse Eintrag durch Flüsse und über die Atmosphäre, der »normale« Schiffsbetrieb sowie Förderplattformen und Ölraffinerien bringen höhere oder vergleichbare Mengen ein. Zudem sickern erhebliche Mengen fossilen Erdöls seit jeher auf natürliche Weise in die Meere.

Unter **Erdöl** versteht man ein flüssiges, natürlich vorkommendes Gemisch aus Kohlenwasserstoffen und Kohlenwasserstoffderivaten, das je nach Herkunft unterschiedlich zusammengesetzt ist. Rohes Erdöl **(Rohöl)** ist dünn- bis zähflüssig, strohfarbig bis schwarzbraun gefärbt und hat meist eine Dichte zwischen 0,78 und 1,0 g/cm^3. Je höher die Dichte ist, umso niedriger ist in der Regel der Anteil an leichtflüchtigen Benzinkomponenten. Erdöl hat eine Doppelfunktion: Es ist weltweit der wichtigste Primärenergieträger und zugleich Rohstoff für die Petrochemie.

Alle Experten sind sich darin einig, dass durch »normale« Betriebsabläufe beim Schiffsverkehr wesentlich mehr Kohlenwasserstoffe in die Meeresumwelt gelangen als durch Unglücksfälle. Diese betriebsbedingten Ölverluste haben mehrere Ursachen: Alle Tanker müssen nach dem Löschen ihrer Ladung Ballastwasser aufnehmen, andernfalls liegt das Schiff zu hoch im Wasser und ist nicht mehr manövrierfähig. Die nötige Ballastmenge kann je nach Schiffstyp und vorherrschender Wetterlage 20 bis 50 Prozent der Ladekapazität des Schiffs betragen. Die früher übliche und auch heute leider noch weit verbreitete Praxis, das Ballastwasser in den Öltanks zu transportieren, führt zu einer Vermischung des Ballastwassers mit dem in den Tanks befindlichen Restöl. Das verschmutzte Ballastwasser wird dann häufig auf hoher See verklappt und durch frisches Wasser ersetzt, das dann im Hafen bei der Aufnahme neuer Ladung abgelassen werden kann. Diese so genannte Ballastroutine ist die Hauptursache der Ölverschmutzung der Meere durch den Schiffsverkehr. Auf ähnliche Weise wird mit dem Ölschlamm verfahren, der sich während des Rohöltransports in den Tanks und Rohrleitungen absetzt.

Es ist schwierig, die Gesamtmenge des ins Meer gelangenden Öls abzuschätzen. Neuere Zahlen schwanken zwischen 1,7 und 8,8 Millionen Tonnen pro Jahr. Die Aufnahme zeigt das Ablassen von ölhaltigem Ballastwasser. Derartige Einleitungen sind zu einem großen Teil für die Verschmutzung des Meers durch **Öleintrag** verantwortlich.

Alle Schiffe kommen von Zeit zu Zeit ins Trockendock, wo sie gewartet, repariert und gereinigt werden. Zuvor müssen aber die Treibstofftanks, bei Öltankern auch die Ladungstanks, geleert und gereinigt werden, um Explosionen bei den Wartungsarbeiten zu vermeiden. Die Reinigung der Tanks wird aus Kosten- und Zeitgründen auch heute noch oft nach dem oben beschriebenen Verfahren durchgeführt. Im Kielraum von motorgetriebenen Schiffen sammelt sich zudem im Laufe der Zeit das so genannte Bilgenwasser. Dieses Wasser ist zwangsweise mit Maschinenöl verschmutzt, das beim Abpumpen mit ins Meer gelangen kann. Im Einzelfall gelangt dadurch zwar wenig Öl in die Umwelt, durch die große Anzahl der Schiffe ist die Gesamtmenge jedoch beträchtlich. Eine weitere ständige Gefahrenquelle ist menschliches und technisches Versagen bei den Be- und Entladevorgängen im Hafen.

Technische Optionen zur Reduzierung des Öleintrags

Heute stehen mehrere technische Lösungen zur Verfügung, um den Öleintrag durch die Ballastroutine zu minimieren. Gemeinsames Manko dieser Optionen ist aber, dass Umbaukosten oder

Opportunitätskosten durch den Verlust an Laderaum anfallen. Beim so genannten Load-on-top-System werden die geleerten Öltanks mit Wasserstrahlen gereinigt. Das verunreinigte Waschwasser verbleibt in den Tanks, bis das Öl aufgeschwommen ist, dann wird das Wasser nach unten abgelassen und das verbleibende Öl in den so genannten Sloptank geleitet. Anschließend kann der gereinigte Tank mit sauberem Ballastwasser gefüllt werden. Die neue Ölladung wird dann auf das im Sloptank befindliche Restöl gepumpt. Auf diese Weise kann man den Öleintrag durch Ballastwasser verringern, aber nicht vermeiden. Zudem hängt die Wirksamkeit dieser Maßnahme von der Sorgfalt der Mannschaft während der Ballastfahrt ab und ist daher sehr schwierig zu kontrollieren.

Ein effektiveres Verfahren besteht darin, das an den Tankwänden anhaftende Öl während des Löschens der Ladung mit Rohöl abzustrahlen. Dieses so genannte crude oil washing lässt sich außerdem im Hafen besser überwachen. Die wirksamste, aber kostspieligste Methode ist der Einbau separater Ballasttanks. Dadurch kommt das Ballastwasser mit dem Öl erst gar nicht in Kontakt. Durch das MARPOL-Abkommen wurde die Verwendung des crude oil washing oder der Einbau separater Ballasttanks für neue Tanker über 20000 tdw und alte Tanker über 40000 tdw ab 1987 verpflichtend. 1990 wiesen geschätzte 89 Prozent der Tankertonnage diese Ausrüstung oder Umbauten auf. Durch die zunehmende Verbreitung der genannten Technik wird in Zukunft mit einem deutlichen Rückgang der Meeresverschmutzung mit Erdöl gerechnet.

Eintrag von Erdöl durch Unglücksfälle

Wesentlich bekannter als die schleichende Vergiftung der Weltmeere durch den »normalen« Schiffsverkehr sind Schiffsunglücke, bei denen unmittelbar große Mengen Erdöl in die Umwelt gelangen und Menschen direkt zu Schaden kommen. Die medienwirksame Geschichte der Havarien von Großtankern begann 1967 mit der unter liberianischer Flagge fahrenden Torrey Canyon, die mit fast 120000 t Rohöl vor Land's End, dem westlichsten Punkt Englands, verunglückte, wobei rund 40000 t des Öls die Küsten Cornwalls und der Bretagne erreichten. Mit dem Auseinanderbrechen des liberianischen Tankers Amoco Cadiz vor der bretonischen Küste im März 1978 mit 223000 t Rohöl an Bord wurde ein trauriger Rekord hinsichtlich der Meeresverunreinigung durch Öl erreicht. Auch in den 1980er- und 1990er-Jahren kam es zu zahlreichen spektakulären Ölkatastrophen. 1989 lief der amerikanische Supertanker Exxon Valdez vor der Westküste Alaskas auf ein Riff. Das auslaufende Öl verseuchte 15000 Quadratkilometer ökologisch hoch empfindliche Küstengewässer. Im April 1991 sank der ursprünglich mit 143000 t schwerem Heizöl beladene zypriotische Tanker Haven im Ligurischen Meer. Obwohl ein großer Teil der Ladung verbrannte oder verdunstete, gelangten mindestens 50000 t Öl ins Meer.

Statistisch gesehen ereignen sich die meisten Tankerunfälle in denjenigen Seegebieten, die an die nautische Ausrüstung der Schiffe und an das seemännische Können der Besatzung gesteigerte Anforderungen stellen. Weltweit kommt es zu einer Häufung von Havarien in der Straße von Malakka, im Persischen Golf, am Kap der Guten Hoffnung, vor der Westküste Afrikas und an der amerikanischen Ostküste. Das unfallträchtigste Seegebiet überhaupt ist der Ärmelkanal und die angrenzenden Gewässer. Dies bedeutet leider auch, dass sich die meisten Tankerunglücke nahe einer Küste ereignen, die daher fast immer von einer Verschmutzung betroffen ist.

»DER TAG, AN DEM DAS WASSER STARB«

Am 24. März 1989, vier Minuten nach Mitternacht, läuft der amerikanische Supertanker Exxon Valdez auf das Bligh-Riff im Prince William Sound an der Südküste Alaskas. Der Kapitän, Joseph Hazelwood, ist zu diesem Zeitpunkt nicht auf der Brücke. Er hat das Kommando über die Exxon Valdez einem dritten Offizier überlassen. Der Supertanker hatte erst kurz vor Mitternacht den Hafen von Valdez verlassen. Dort endet die 1285 Kilometer lange Trans-Alaska-Pipeline, durch die Öl vom arktischen Meer quer durch Alaska an die Pazifikküste fließt. Innerhalb von wenigen Tagen verliert die Exxon Valdez ein Fünftel ihrer Ladung – etwa 40 Millionen Liter Rohöl. Die Havarie löst die schlimmste Ölpest in der Geschichte Nordamerikas aus: Zwischen 1800 und 2200 Kilometer Küste werden verseucht, etwa 250 000 Seevögel, 2800 Seeotter, 300 Robben und 150 Weißkopfseeadler sterben. »Der Tag, an dem das Wasser starb« nennen die Fischer von Valdez den 24. März. Das Bild zeigt die Ölschlammemulsion (Mousse) nach der Havarie.

Der Eigner des havarierten Supertankers, der amerikanische Ölkonzern Exxon, investierte gleich nach der Katastrophe zwei Milliarden US-Dollar in die Reinigungsarbeiten und entschädigte die ansässigen Fischer mit 300 Millionen US-Dollar. Im Frühjahr und Sommer 1989 waren 10 000 Menschen im Einsatz, um die Strände vom angeschwemmten Öl zu reinigen. Zweieinhalb Jahre nach der Havarie, im Oktober 1991, zahlt Exxon – nach einer Einigung mit der Regierung von Alaska und der amerikanischen Bundesregierung – 900 Millionen US-Dollar in einen Restaurationsfond. Dieser wird vom »Exxon Valdez Oil Spill Trustee Council« verwaltet. Mit dem Geld wurden unter anderem im Küstenbereich 260 000 Hektar Gelände aufgekauft und unter Schutz gestellt. Außerdem konnte die Meeresforschung finanziell unterstützt werden. In einem Schadenersatzverfahren wurde 1994 30 000 Klägern, darunter Fischer, Landbesitzer und Ureinwohner, eine Entschädigung von 5 Milliarden US-Dollar zugesprochen. Gegen dieses Urteil hat Exxon Revision eingelegt. Der Rechtsstreit dauert bis heute an. Der Prince William Sound ist heute, 10 Jahre nach der Katastrophe, zwar wieder Lebensraum für Vögel, Fische und Meeressäuger, aber das Ökosystem hat sich noch nicht vollständig erholt. Während sich beispielsweise die Bestände an Weißkopfseeadlern, Buckellachsen und Trottellummen weitgehend regeneriert haben, scheinen sich jedoch unter anderem die Seehund-, Kragenenten- und Heringsbestände nicht zu erholen.

Die Ölindustrie rechnet damit, dass sich im statistischen Mittel ein Unfall beim tausendsten Anlaufen eines Hafens oder nach 50 Jahren regelmäßiger Fahrt eines Öltankers ereignet. Dies bedeutet durchschnittlich den Verlust von 87 Gramm pro Tonne transportierten Erdöls. Fast alle Tankerunfälle auf See und im Hafen werden durch menschliches Versagen verursacht, das sich aber weder durch wirkungsvollere Gesetze noch durch höhere Sicherheitsstandards vollständig vermeiden lässt. Daher wird die Umwelt auch in Zukunft von schweren Tankerhavarien nicht verschont bleiben.

Die Folgen für die Meeresumwelt

Ausgelaufenes Öl breitet sich zunächst auf der Meeresoberfläche aus und bildet dort einen dünnen Film, den Ölteppich. Ausbreitungsgeschwindigkeit und Dicke des Ölteppichs hängen von der Wassertemperatur und den Eigenschaften des Öls ab. Die Zusammensetzung eines Ölteppichs ändert sich mit der Zeit: Niedermolekulare Kohlenwasserstoffe verdunsten, andere Bestandteile lösen sich im Wasser, unlösliche Anteile werden fein verteilt und bilden eine Öl-Wasser-Emulsion. Die zähe Ölschlammemulsion, auch Mousse genannt, bildet nach einiger Zeit große klebrige Fladen, aus denen nach mehreren Wochen bis Monaten Teerklumpen entstehen. Der Ölfilm wandert mit der Meeresströmung und dem Wind. Dadurch kommt ständig frisches Meerwasser mit dem Öl in Kontakt, das dann wieder Ölbestandteile lösen kann.

Nach der **Havarie der Exxon Valdez** im Prince William Sound (Alaska, USA) am 24. März 1989 wurden die Strände vom angeschwemmten Öl gereinigt.

Die Säuberung ölverschmutzter Küsten ist ein schwieriges, kostspieliges und nicht immer erfolgreiches Unterfangen. Es ist daher zweckmäßig, im Unglücksfall einen Ölteppich, der an Land zu treiben droht, schon auf See zu bekämpfen. Dazu stehen mehrere Techniken zur Verfügung, durch die eine Verschmutzung der Küste aber selten vollkommen verhindert werden kann. Die gängigste Methode besteht darin, den Ölteppich mit Emulgatoren zu besprühen, die den natürlichen Prozess der Emulgierung beschleunigen. Dadurch zersetzt sich der Ölteppich in winzige, im Wasser schwebende Tröpfchen. Dies bedeutet aber nicht, dass das Öl aus der Meeresumwelt entfernt wird, sondern dass es sich lediglich im Wasser verteilt. Emulgatoren wirken aber nur bei frischen Ölteppichen; sie sind außerdem toxisch und führen selbst zu Umweltschäden. Die überstürzte Anwendung von hochtoxischen Emulgatoren führte 1967 nach der Havarie der Torrey Canyon zu größeren Schäden als durch ausgelaufenes Öl. Heute geht man dazu über, verschmutzte Küstenabschnitte nur mechanisch zu reinigen oder vollkommen der natürlichen Regeneration zu überlassen. An touristisch genutzten Badestränden haben allerdings ökonomische Interessen Vorrang. Deshalb entscheidet man sich dort meist noch immer für umfangreiche chemische Reinigungsmaßnahmen.

Prinzipiell unterliegen alle in die Meeresumwelt eingebrachten Kohlenwasserstoffe der natürlichen Verwitterung. Bis zum vollständigen natürlichen Abbau von Erdölverschmutzungen können jedoch Jahrzehnte vergehen. Die physikalischen, chemischen und biologischen Prozesse, die zu einem Abbau der Kohlenwasserstoffe führen, hängen von den örtlichen Bedingungen, wie Wasser- und Lufttemperatur, Windgeschwindigkeit, Lichtintensität, Wellenhöhe, Nährstoff- und Substratangebot für Mikroorganismen, aber vor allem von der Zusammensetzung des Öls ab. Der Umweltschaden nach Ölverlusten lässt sich daher nicht ausschließlich an der Menge des ausgelaufenen Öls messen.

Besteht ein Stoffsystem aus zwei oder mehreren Phasen und ist ein Stoff in einem anderen in feinster Form verteilt, spricht man von einer Dispersion. Eine Dispersion, bei der eine Flüssigkeit in Form feiner Tröpfchen (Durchmesser 10 Nanometer bis 0,1 Millimeter) in einer nicht mit ihr mischbaren anderen Flüssigkeit verteilt ist, bezeichnet man als **Emulsion.** Zur Herstellung einer Emulsion **(Emulgierung, Emulgieren)** ist Energie (z. B. für Rührwerke) und meist auch der Zusatz von **Emulgatoren** erforderlich. Diese erniedrigen die Grenzflächenspannung zwischen zwei Flüssigkeiten und damit die Energie, die beim Zerteilen einer Flüssigkeit in kleine Tröpfchen gegen die Grenzflächenspannung aufgebracht werden muss. Als Emulgatoren wirken Tenside sowie bestimmte Naturstoffe (z. B. Lecithine, Wachse) und anorganische Stoffe (z. B. Bentonite) mit geringer Grenzflächenaktivität.

Öl wirkt in zweifacher Weise auf die kontaminierte Flora und Fauna ein. Die großflächige Bedeckung führt zum Erstickungstod vieler Organismen. Pflanzen und Phytoplankton können wegen des verminderten Lichteinfalls keine Photosynthese mehr betreiben. Kleine, wirbellose Tiere wie Muscheln, Schalentiere und Würmer verenden, weil das Öl ihre Organe verklebt. Fische und haarlose Meeressäuger haben, auch aufgrund ihrer Mobilität, bessere Chancen, eine Ölverschmutzung zu überstehen. Säugetiere mit Fell, beispielsweise Robben und Otter, befinden sich jedoch in größter Gefahr, da ihr Fell mit Öl verklebt. Die am schlimmsten betroffenen Opfer sind Seevögel. Das Öl zerstört ihr wärmeisolierendes und Wasser abweisendes Gefieder. Dies bedeutet meist den Tod durch Ertrinken oder Unterkühlung. Selbst kleine Ölflecken, die auf Ansammlungen schwimmender Vögel treffen, können schwere Verluste verursachen. Es ist nicht möglich, die genaue Anzahl der aufgrund der Ölverschmutzung verendeten Vögel zu bestimmen; zuverlässige Zahlen gibt es lediglich über die Individuen, die – lebend oder tot – verölt an Strände getrieben werden. Möglicherweise werden mit den Zahlen über die angetriebenen Individuen bis zu 90 Prozent der Ölopfer nicht erfasst.

Erdöl enthält aber auch giftige Substanzen. Viele höhere Tiere verenden, da sie beim Reinigungsversuch ihres Fells oder Gefieders toxische Verbindungen aufnehmen. Die wasserlöslichen Komponenten des Rohöls und ihre Reaktionsprodukte enthalten ebenfalls viele schädliche Stoffe. Vor allem die polycyclischen aromatischen Kohlenwasserstoffe (englisch: polycyclic aromatic hydrocarbons, PAH), wie zum Beispiel Benzpyren, haben Krebs erregende und mutagene Wirkungen. Manche Organismen, vor allem Sedimentbewohner, können PAH in ihrem Fettgewebe anreichern. Durch eine PAH-Anreicherung in Fischen und Muscheln kann sich indirekt auch für den Menschen eine Gesundheitsbeeinträchtigung ergeben. Dieser Aspekt verdeutlicht, dass nicht nur die akute Belastung der Meere durch spektakuläre Unglücksfälle, sondern auch die Hintergrundbelastung mit Öl und seinen toxischen Komponenten umweltrelevante Auswirkungen hat.

Am Strand der Nordseeinsel Amrum liegen gebliebener oder angeschwemmter **Müll.**

Allein in die Nordsee fließen weit über 10 Millionen Tonnen flüssige Abfälle pro Jahr. Der Fischbestand – wie z. B. die hier abgebildeten **Schollen** – leidet unter Dünnsäure und Tankeröl, PCB und Dioxinen, Schwermetallen und Lösungsmitteln. Geschwüre, Missbildungen, Flossenfäule und andere Krankheiten sind die Folge. Genutzt werden die kranken Tiere dennoch – als Fischmehl und Fischstäbchen.

Verschmutzung mit festen Abfällen und chemischen Produkten

Durch den Schiffsverkehr werden seit jeher erhebliche Mengen fester Abfallstoffe in die Meeresumwelt eingetragen. Durch die zunehmende Verwendung von langlebigen Kunststoffen wurden während der letzten Jahrzehnte die Ozeane, vor allem aber der Nordatlantik, mehr und mehr mit Plastikabfällen verunreinigt. Besonders weit verbreitet sind schwimmfähige und nur extrem langsam zersetzbare winzige Pellets aus Polyethylen und Polystyrol. Bei diesen kleinen Plastikpartikeln handelt es sich vermutlich um Rohmaterial der Kunstoff verarbeitenden Industrie, das beim Umladen verloren geht und sich zunehmend weltweit verteilt. Selbst in küstenfernen Regionen wurden bis zu 1500 dieser Pellets und 10 000 andere Plastikteilchen pro Quadratkilometer abgeschöpft. Die zu beobachtende Zunahme der Plastikabfälle wird verständlich, wenn man die lange Aufenthaltszeit von festen Abfällen im Meer bis zu ihrem Abbau berücksichtigt. Auch größere Plastikteile, meist Verpackungsmaterial, kommen in großer Menge im Meer vor. Ein hoher Anteil davon stammt von Schiffen. Schätzungen zufolge fallen pro Person und Tag 1,1 bis 2,6 Kilogramm Plastikmüll an, der nach wie vor fast vollständig über Bord geht.

Über das Ausmaß der Belastung der Meere mit chemischen Produkten durch den Schiffsverkehr liegen keine verlässlichen Daten vor. Prinzipiell kann man jedoch davon ausgehen, dass sämtliche gehandelten chemischen Produkte durch Havarien oder Ladungsverluste auch in die Meeresumwelt gelangen. Besonders problematisch ist hierbei die Verschmutzung durch persistente Verbindungen, die entweder gar nicht durch Mikroorganismen angegriffen oder abgebaut werden können oder so extrem schlecht abbaubar sind, dass sie praktisch als dauerhaft angesehen werden können. Zu den umweltrelevanten persistenten Stoffen gehören insbesondere:

- Schwermetalle wie zum Beispiel Quecksilber, Cadmium und Blei,
- halogenierte Kohlenwasserstoffe, darunter Insektizide wie DDT und Dieldrin sowie
- Chemikalien aus der Gruppe der polychlorierten Biphenyle (PCB).

Schwermetalle und halogenierte Kohlenwasserstoffe, die vom Organismus nicht mehr ausgeschieden werden können, verbleiben unverändert im Körper und sammeln sich im Laufe des Lebens an. Durch diesen Prozess der Bioakkumulation reichen oft geringste Hintergrundkonzentrationen eines Schadstoffs, um schädliche Konzentrationen in den aufnehmenden Organismen zu erreichen. Diese Stoffe werden außerdem innerhalb der Nahrungskette weitergegeben und zunehmend konzentriert; diesen Prozess bezeichnet man als Biomagnifikation. Handelt es sich um toxische Substanzen, wie beispielsweise das berüchtigte Insektizid DDT, kann jedes Glied der Nahrungskette geschädigt werden. Das größte Risiko besteht dabei für die Endglieder, und somit auch für den Menschen.

Eine jahrelang unterschätzte Belastungsquelle sind fäulnishemmende Schutzanstriche im Unterwasserbereich von Schiffen, die als abtötende Mittel gegen pflanzliche und tierische Meeresorganismen wirken. Diese Lacke enthalten als Wirkstoff zumeist giftige Kupferverbindungen oder hochtoxische organische Zinnverbindungen. Vor allem im Bereich von Yachthäfen und in Gebieten mit reger Küstenschifffahrt kommt es durch erhöhte Konzentrationen dieser Substanzen zur Schädigung der Schalentierbestände.

ÜBEREINKOMMEN ZUM SCHUTZ DER MEERESUMWELT

Für die Regelung der Verschmutzung durch Schiffe ist die International Maritime Organization (IMO), eine Sonderorganisation der Vereinten Nationen mit Sitz in London (Bild), zuständig.

Das »Internationale Abkommen zur Verhütung der Verschmutzung der See durch Öl« (OILPOL) aus dem Jahr 1954 war ein erster Versuch, die Verschmutzung der Weltmeere durch das Ablassen von betriebsbedingt angefallenem Öl durch Schiffe zu beschränken. Zunächst erfasste es nur die Ölverschmutzung durch Tankschiffe, bei späteren Revisionen wurde es auch auf andere Schiffstypen ausgedehnt. Eine Ölverschmutzung infolge einer Havarie ist jedoch grundsätzlich nicht strafbar. OILPOL schreibt im Wesentlichen vor, dass die einbezogenen Schiffe, die eine bestimmte Mindestgröße aufweisen müssen, eine ölhaltige Flüssigkeit nur unter Einhaltung einer näher bestimmten Entfernung vom nächstgelegenen Land und nur bestimmte Höchstmengen pro Seemeile ablassen dürfen. Zur Dokumentation dieser Vorgänge ist jedes Schiff verpflichtet, ein Öltagebuch zu führen. Gleichzeitig verpflichtet OILPOL die Unterzeichnerstaaten, Verschmutzungen des Meeres durch Öl durch im Inland registrierte Schiffe unter Strafe zu stellen. Es enthält jedoch zu viele Ausnahmen vom strikten Verbot Öl abzulassen. Zudem sind die Überwachungsmaßnahmen nur schwach ausgebildet, insbesondere verfügen die Küstenstaaten über keine wirksamen Kontrollbefugnisse. So sind Verstöße gegen die Vorschriften nur nach den Regeln des Flaggenstaats strafbar; bei der großen Anzahl von Tankern unter Billigflagge können diese also praktisch nicht geahndet werden.

OILPOL wurde durch das »Internationale Übereinkommen zur Verhütung der Meeresverschmutzung durch Schiffe« (MARPOL) aus den Jahren 1973 und 1978 abgelöst. MARPOL gilt wie OILPOL weltweit. Es regelt jedoch nicht nur die Verschmutzung durch Öl, sondern bezieht auch andere schädliche Stoffe sowie Schiffsmüll und -abwässer mit ein. Die Emissionsgrenzwerte für Öl wurden gegenüber OILPOL verschärft, zudem enthält MARPOL konkrete Design- und Ausrüstungsvorschriften, die den Routineeintrag von Öl durch Tanker vermindern sollen. Problematisch ist jedoch, dass die Kontrolle der Ausrüstung der Schiffe durch die Flaggenstaaten erfolgt. Das Interesse an einer Minderung der Einträge liegt bei den Küsten- und Hafenstaaten, diese haben aber nur ein begrenztes Recht auf Einsicht der Zertifikate und Inspektion der Tanker. Durch nationale Unterschiede im Aufwand der Kontrollen findet eine Verlagerung der Belastung von den Küsten der Industrieländer zu denen der ärmeren Länder statt.

Der **Luftraum über den Alpen** ist von Kondensstreifen des Flugverkehrs gekennzeichnet. Etwa 500 000 Transitflüge pro Jahr queren die Alpen, dazu kommen noch weit mehr Flüge in niedrigeren Höhen, z. B. durch Hubschrauber, Militärflugzeuge und Hobbyflieger.

Entwicklungen im Flugverkehr

Fliegen – ein uralter Traum der Menschheit – wurde vor gut 200 Jahren mit den Ballonflugversuchen der Gebrüder Montgolfier Realität. Weitere Meilensteine in der Entwicklung der Luftfahrt stellten die Gleitflüge von Otto Lilienthal und der erste Motorflug der Gebrüder Wright im Jahr 1905 dar. Seitdem fand eine rasante Entwicklung statt. Fliegen wandelte sich von einem bestaunten Phänomen zu einer selbstverständlichen Erscheinung des Alltags.

Kaum ein anderer Wirtschaftssektor weist derart hohe und beständige Zuwachsraten auf wie der Flugverkehr. Allein von 1972 bis 1988 hat sich der Weltluftverkehr verdreifacht! Weltweit wurden 1997 2,45 Milliarden Personen befördert. Die Zahl der Passagiere auf den deutschen Verkehrsflughäfen überschritt 1994 erstmals die 100-Millionen-Marke. Am Luftverkehr sind die Industrienationen überproportional beteiligt: 72 Prozent der international geflogenen Passagierkilometer, das ist die Anzahl der beförderten Passagiere pro zurückgelegtem Kilometer, entfielen 1988 auf Nordamerika und Europa.

Die Prognosen für die zukünftige Entwicklung des Luftverkehrs gehen von einer Verdoppelung der Passagierkilometer bis zum Jahr

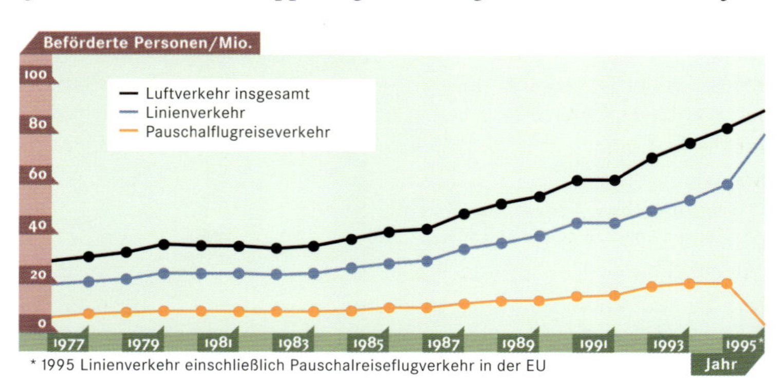

Entwicklung des **Passagieraufkommens** im Luftverkehr (in Millionen) von 1977 bis 1995.

2000, bezogen auf das Basisjahr 1987, aus. 1997 betrug die Beförderungsleistung 28 Milliarden Passagierkilometer. Die prognostizierten jährlichen Wachstumsraten liegen – je nach Studie – zwischen 5 und 7%. In den einzelnen Regionen der Welt wird das Wachstum unterschiedlich dynamisch verlaufen. Die höchste Wachstumsrate (gemessen in Passagierkilometer) wird mit 9,5% der asiatisch-pazifische Raum aufweisen. Den Transpazifik-Routen wird schon bald eine größere Bedeutung zukommen als den Nordatlantik-Routen. Für Europa wird mit jährlichen Zuwachsraten zwischen 4,5 und 5,8% gerechnet.

Das Verkehrsmittel Flugzeug

Wenn im Folgenden vom Flugverkehr die Rede ist, so bezieht sich der Begriff auf den »zivilen Instrumentenflug«. Hierunter versteht man den kommerziellen Passagier- und Frachtflug mit mehr oder minder großen Maschinen, meist Jets (Strahlflugzeuge). Der »zivile Sichtflugverkehr«, der überwiegend aus Sportflugzeugen besteht, spielt mengenmäßig nur eine untergeordnete Rolle.

Boeing 747-400 **(Jumbojet)** beim Start. Die Boeing 747-400 Jets sind Großraumpassagierflugzeuge (je nach Version mit bis zu 390 Passagiersitzen) mit großer Reichweite (bis zu 11 000 km) und zum Teil zusätzlicher Frachtkapazität im hinteren Hauptdeck.

Abgesehen von lokalen Lärmbelastungen sind die Umweltauswirkungen vergleichsweise gering. Der militärische Luftverkehr über der Bundesrepublik Deutschland, der beispielsweise 1984 einen Anteil von 43 Prozent am Gesamtkraftstoffverbrauch des Flugverkehrs hatte, belastet die Umwelt dagegen mehr. Zudem sei an dieser Stelle auf die besondere Lärmproblematik militärischer Tiefflüge hingewiesen.

Flugzeuge weisen im Vergleich zu anderen Verkehrsträgern einen sehr hohen spezifischen Energieverbrauch auf. So verbraucht ein Düsenflugzeug durchschnittlich pro Stunde je nach Größe und Ladung zwischen 3500 und 20 000 Liter Kerosin (ein Jumbojet 16 000 Liter pro Stunde). In Litern pro 100 Passagierkilometer liegt der Kerosinverbrauch eines Flugzeugs je nach Typ, Baujahr und Verwendung zwischen 3 und 12 Liter. Diese enorme Spannweite erklärt sich durch technische Verbesserungen bei neueren Maschinen, aber auch durch die äußerst energieintensiven Starts, die vor allem bei Kurzstreckenflügen ins Gewicht fallen. Beim Güterverkehr schneidet das Flugzeug im Vergleich zu anderen Transportmitteln noch wesentlich schlechter ab. Das Fliegen zählt demnach mit zu den energieintensivsten Fortbewegungs- und Transportarten.

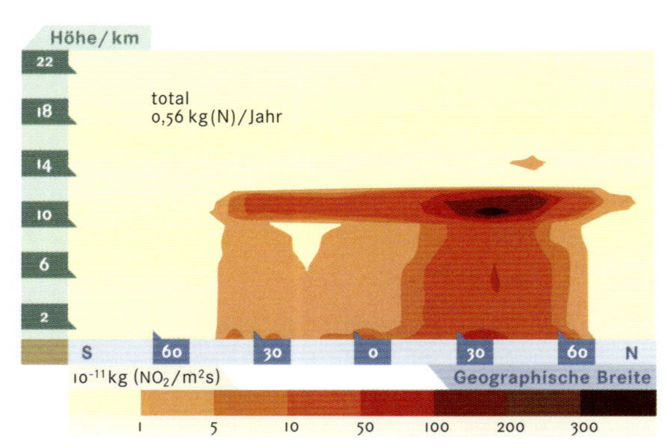

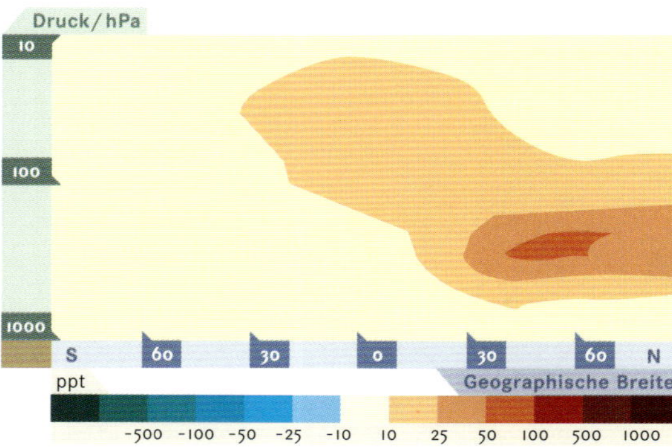

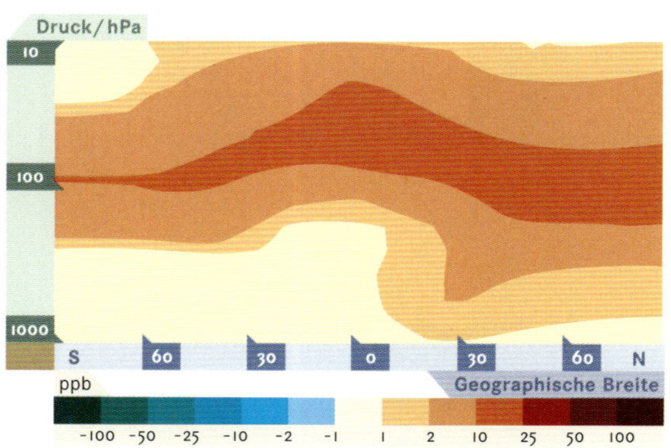

Emissionsrate von Stickoxiden (in kg Stickstoffdioxid pro Quadratmeter und Sekunde) aus dem Luftverkehr (oben), Zunahme der **Stickoxidkonzentration** (Mitte; ppt = parts per trillion, 1 Teil auf 1 Billion Teile) und Zunahme der **Ozonkonzentration** (unten; ppb = parts per billion, 1 Teil auf 1 Milliarde Teile). Die Stickoxide aus den Triebwerken der Verkehrsflugzeuge (oben) bewirken, dass die Stickoxidkonzentration regional um bis zu 30 Prozent (Mitte) und die Ozonkonzentration in der oberen Troposphäre und unteren Stratosphäre in mittleren nördlichen Breiten (wo die meisten Flugzeuge fliegen) um einige Prozent zunehmen (unten). Die Ozonsäule wächst dadurch um bis zu 0,5 Prozent. Entsprechend wird die am Boden ankommende UV-Strahlung von der Sonne geringfügig vermindert.

Emissionen des Flugverkehrs

Der Energieträger Kerosin – der Kraftstoff für Jets, also Flugzeuge mit Turbinenantrieb – wird aus Erdöl gewonnen und ist demnach ein fossiler Brennstoff. Etwa 6 Prozent aller Erdölprodukte werden weltweit für Flugkraftstoffe verbraucht. Der globale Kraftstoffverbrauch des Luftverkehrs lag 1990 bei 176 Millionen Tonnen. Bei einer vollständigen Verbrennung der Kraftstoffe werden Kohlenwasserstoffe zu Wasser und Kohlendioxid umgesetzt. In der Praxis findet jedoch in den Triebwerken keine vollständige Verbrennung statt. Kerosin enthält außerdem diverse Verunreinigungen, wie zum Beispiel Schwefel, und chemische Additive, die unterschiedlichste Aufgaben erfüllen. Die Abgase von Düsentriebwerken bestehen neben Kohlendioxid (CO_2) und Wasserdampf (H_2O) auch aus Kohlenmonoxid (CO), unverbrannten Kohlenwasserstoffen (englisch: unburnt hydrocarbons, UHC), Schwefeldioxid (SO_2) und Stickoxiden (NO_x).

Die Entstehung von Kohlenmonoxid und UHC als Folge der unvollständigen Verbrennung äußert sich vor allem bei startenden Jets durch weithin sichtbare Rauchfahnen. Seit den 1970er-Jahren bemühte man sich mit Erfolg, diese offensichtliche Umweltverschmutzung zu vermindern. Es gelang den Triebwerksingenieuren, durch verbesserte Verbrennungsprozesse die CO- und UHC-Emissionen unter Berücksichtigung der Nennleistung um 85 bis 95 Prozent zu reduzieren. Diese Maßnahmen lagen auch im Interesse der Fluggesellschaften, da der spezifische Verbrauch an Kraftstoff gesenkt werden konnte.

Dieser äußerlich sichtbare Erfolg führte aber zu einem neuen, unsichtbaren Problem. Die Verbesserung des Verbrennungsprozesses wurde durch eine Erhöhung der Verbrennungstemperaturen und -drücke erzielt. Dadurch kam es aber zu einem sprunghaften Anstieg der Stickoxid-Emissionen. Stickoxide, primär meist Stickstoffmonoxid (NO), entstehen, wenn sich bei hohen Temperaturen atomarer Stickstoff mit atomarem Sauerstoff verbindet. Unsichtbare Schadstoffe waren lange Zeit kein Thema; erst in jüngster Zeit nimmt die Emission von Stickoxiden eine dominierende Stellung in der Umweltdiskussion ein. Bei der Entwicklung umweltfreundlicherer Flugzeugtriebwerke fand seit den 1970er-Jahren eine ähnliche Entwicklung statt wie beim Auto. Während jedoch im Kraftfahrzeugbereich die Emission von Stickoxiden durch den Einbau von Katalysatoren gemindert werden konnte, ist für Flugzeugmotoren bis heute noch keine technische Lösung verfügbar.

Der **Flughafen Frankfurt am Main** ist der größte deutsche Verkehrsflughafen. Das Passagieraufkommen betrug 1998 rund 43 Millionen, das Frachtaufkommen lag bei 1,36 Millionen Tonnen. Durchschnittlich konnten 1998 pro Tag 1141 Flugbewegungen gezählt werden.

Der Schwefeldioxidgehalt der Abgase hängt allein vom Schwefelgehalt des Kerosins ab. Nach den international gültigen Spezifikationen darf Kerosins bis zu 0,3 Prozent Schwefel enthalten, meist liegt der Schwefelgehalt jedoch deutlich niedriger. Beispielsweise ergaben Analysen der Lufthansa im November 1994 für den Flughafen Frankfurt einen durchschnittlichen Schwefelgehalt im Kerosin von lediglich 0,03 Prozent. Im Vergleich zu anderen Emissionsquellen erscheint zunächst die Belastung durch den Luftverkehr als vernachlässigbar gering. Heute weiß man jedoch, dass es nicht zulässig ist, Schadstoffmengen am Boden mit Emissionen in der Höhe zu vergleichen.

Lärmproblematik

Unter den Umweltfolgen des Flugverkehrs ist die Lärmbelastung in der Umgebung von Flugplätzen sowie durch Tiefflieger bisher am stärksten in das öffentliche Bewusstsein gerückt. Lärm ist die offenkundigste Form der Umweltbeeinträchtigung durch den

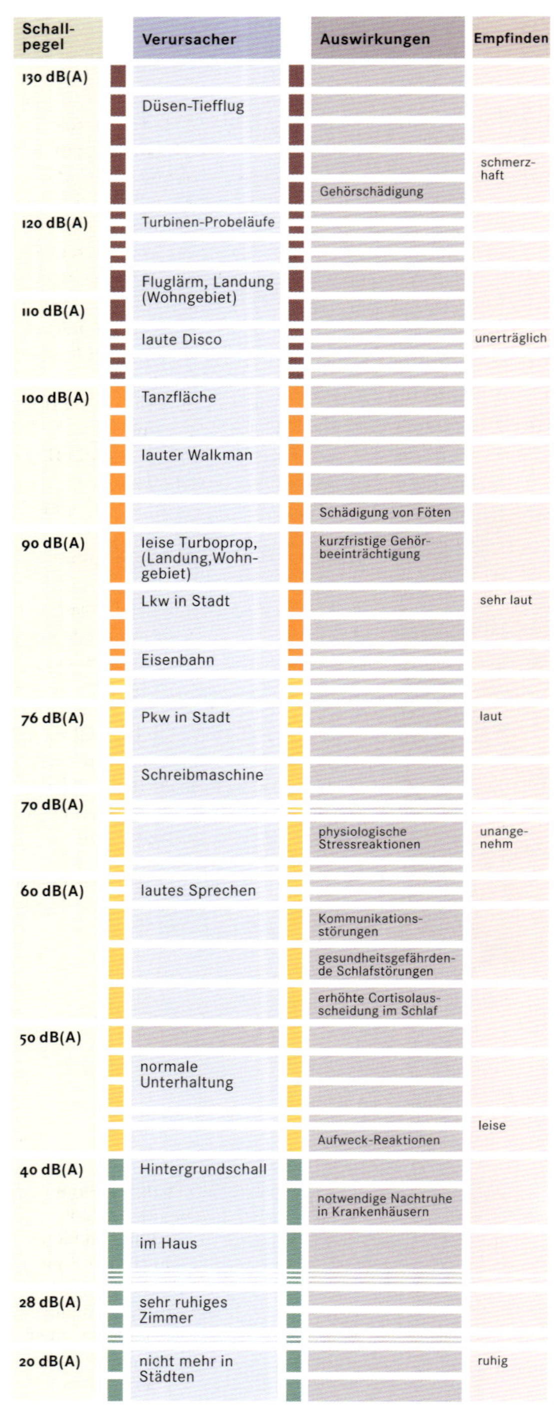

Typische **Pegelbereiche** für verschiedene Lärmereignisse und deren Auswirkungen auf den Menschen.

Luftverkehr. Seine Auswirkungen sind zwar auf die unmittelbare Umgebung der Flughäfen beschränkt; da jedoch alle großen deutschen Verkehrsflughäfen in Ballungsgebieten liegen, ist ein großer Teil der Bevölkerung davon betroffen. 1987 fühlten sich 37 % und 1989 sogar 53 % der Bundesbürger durch Fluglärm jedweder Art belästigt. Obwohl die objektiv messbare Lärmbelastung in den letzten 20 Jahren erheblich reduziert werden konnte, blieb die subjektiv empfundene Schallbelastung bestehen und wird mit der Erhöhung der Zahl der Flugbewegungen auch weiterhin ansteigen. Die Lautstärke der einzelnen Lärmereignisse ging zwar beständig zurück, dafür nahm aber ihre Häufigkeit zu. Prinzipiell bestehen drei Möglichkeiten, das Fluglärmproblem zu verringern: (1) technische Maßnahmen zur Reduzierung der Lärmemission der Flugzeuge, (2) technische Maßnahmen zur Reduzierung der Lärmimmission bei den Betroffenen und (3) dirigistische Maßnahmen.

Seit 1972 legt die Internationale Zivilluftfahrtorganisation (englisch: International Civil Aviation Organization, ICAO), eine Unterorganisation der Vereinten Nationen, international gültige Lärmzulassungsnormen für Strahlflugzeuge fest. 1977 wurden die Grenzwerte durch das strengere Kapitel III ergänzt, das 1989 nochmals verschärft wurde. Insgesamt sind fast die Hälfte der Maschinen, die bundesdeutsche Flughäfen anfliegen, lediglich gemäß Kapitel II zertifiziert. Bei einigen Flugzeugtypen, die bereits die Kapitel-III-Norm erfüllen, konnte der Triebwerkslärm sogar fast auf die Höhe des aerodynamischen Eigenlärms reduziert werden. Gerade die Flugzeugeigengeräusche sind jedoch nur noch sehr schwer zu vermindern. Die technischen Möglichkeiten zur Fluglärmvermeidung sind daher wohl bald ausgeschöpft.

Unter technischen Maßnahmen zur Verminderung der Lärmimmission versteht man passive Schallschutzmaßnahmen, wie zum Beispiel der Einbau von doppelt verglasten Fenstern in Häuser. Solche Maßnahmen führen aber nicht zu einer umfassenden Lösung des Problems, da ein wirkungsvoller Schutz nur in geschlossenen Gebäuden möglich ist. Am effektivsten ließe sich das Lärmproblem durch dirigistische Maßnahmen reduzieren. Hierzu gehören unter anderem verschärfte Nachtflugbeschränkungen, flugbetriebliche Maßnahmen (wie beispielsweise die Optimierung des

Flugwinkels bei Start und Landung), eine zeitliche Beschränkung der Triebwerksprobeläufe, verschärfte ordnungsrechtliche Maßnahmen zur Verdrängung lauter Flugzeuge und nach Lautstärke gestaffelte Landegebühren. All diese Maßnahmen stellen aber für die Fluggesellschaften erhebliche Reglementierungen dar und stoßen daher in ihrer Durchsetzbarkeit auf Grenzen. Zudem wäre es wirtschaftlich und politisch nicht wünschenswert, wenn es dadurch im internationalen Wettbewerb zu einer verkehrspolitischen Benachteiligung Deutschlands käme. Eine zufrieden stellende Lösung des Problems der Lärmbelastung durch den Flugverkehr ist daher nicht in Sicht.

Forderungen bezüglich der **Lärmemissionen von Luftfahrzeugen** werden international von der ICAO festgelegt. In Deutschland sind die gültigen Forderungen in den »Lärmschutzforderungen für Luftfahrzeuge« (LSL) definiert. Für Strahlflugzeuge gelten die Kapitel II und III der LSL. Hinsichtlich ihrer Lärmemissionen können Strahlflugzeuge in drei Kategorien eingeteilt werden:
(1) Die Forderungen nach Kapitel II werden nicht erfüllt (»laut«),
(2) die Forderungen nach Kapitel II werden erfüllt (»relativ laut«; so genannte Kapitel-II-Flugzeuge) und
(3) die Forderungen nach Kapitel III werden erfüllt (»leise«; so genannte Kapitel-III-Flugzeuge).
In der Bundesrepublik Deutschland dürfen zivile Flugzeuge mit Strahlantrieb nur noch dann starten oder landen, wenn sie mindestens die Lärmgrenzwerte nach Kapitel II erfüllen und nicht älter als 25 Jahre sind. Im Übrigen werden Kapitel-II-Flugzeuge in Deutschland nicht mehr zum Verkehr zugelassen, das heißt, sie werden nicht mehr im nationalen Register eingetragen.

Schadstoffbelastung der Böden

In der Nähe von Flughäfen kommt es auch zu Schadstoffbelastungen der Böden und des Grundwassers. Sie werden hauptsächlich durch chemische Enteisungsmittel, aber auch durch versickernde Flugkraftstoffe und absinkende Flugzeugabgase verursacht. Im Winter müssen die Startbahnen, Rollwege und natürlich auch die Flugzeuge selbst von Schnee und Eis befreit werden. Die mechanische Schnee- und Eisräumung durch Kehrgebläse hat heute zwar Vorrang, häufig ist aber der Einsatz von Chemikalien nötig. So wurden beispielsweise im relativ harten Winter 1986/87 am Flughafen Frankfurt 2603 Tonnen Enteisungsmittel verbraucht.

Das gebräuchlichste Mittel zur Rollbahnenteisung ist technischer Harnstoff, der als Granulat ausgebracht wird. Als flüssige Enteisungsmittel finden außerdem Propylenglycol und Diethylenglycol Verwendung. Die Abbauprodukte des technischen Harnstoffs führen zu einer Boden- und Grundwasserbelastung durch Nitrite und Nitrate. Der Nitrateintrag durch den Betrieb von Flughäfen ist zwar insgesamt nicht vergleichbar mit den riesigen Mengen, die beispielsweise durch Gülle in das Grundwasser gelangen, trotzdem reicht die Menge zur Bildung von lokalen Belastungsschwerpunkten. Diethylenglycol und Propylenglycol sind nach Angaben der Lufthansa voll-

Die **stationäre Enteisungsanlage** (Portalenteisungsanlage) auf dem Franz-Josef-Strauß-Flughafen in München besteht aus einem 70 m breiten und 25 m hohen Portal mit beweglichen Sprühbalken. Diese benetzen Rumpf, Tragflächen und Leitwerk aus geringer Entfernung mit der Enteisungsflüssigkeit (hauptsächlich ein Gemisch aus Glycol und Wasser). Der Enteisungsvorgang erfolgt automatisch, wobei alle erforderlichen Daten (z. B. Flugzeugtyp, Enteisungsprogramm) vorher eingegeben werden.

ständig biologisch abbaubar; dieser Abbau ist aber sehr sauerstoffzehrend. Beim Winterdienst sollte daher so weit wie möglich auf mechanische und abstumpfende Mittel zurückgegriffen werden. Außerdem sollte der besonders stark belastete Wasserabfluss von der Start- und Landebahn über ein geschlossenes Wasserauffangsystem gesammelt und entsorgt werden. Eine weitere Maßnahme ist die Einrichtung von stationären Enteisungsanlagen für Flugzeuge, die dann die gesammelten Abwässer einer Recyclinganlage zuführen. Auf dem neuen Flughafen München II ist eine solche Anlage in Betrieb, mit der etwa die Hälfte der eingesetzten Enteisungsflüssigkeit zurückgewonnen werden kann.

Flughafenspezifische Infrastruktur

Der neue Flughafen München II im Erdinger Moos soll als Beispiel für die Auswirkungen der Infrastruktur, die ein Flughafen notwendigerweise benötigt, dienen. Der Flughafen wurde in einem vergleichsweise wenig vorbelasteten Gebiet errichtet. Die Planfeststellungsbehörde erkannte zwar den Wert von Landschaft und Natur im Erdinger Moos, kam aber dennoch zu folgendem Ergebnis: »... Die notwendigen Eingriffe in die Landschaft, die wesentlich durch die in diesem Planfeststellungsbeschluss angeordneten Ausgleichsmaßnahmen gemildert werden, hindern die Planfeststellung nicht.«

Eine Fläche von 1600 Hektar wurde direkt für den Flughafen verbraucht. Mindestens 100 Hektar waren für die infrastrukturelle Anbindung des Flughafens erforderlich. Rechnet man noch den prognostizierten Flächenbedarf im Bereich von Gewerbe und Siedlung hinzu, kommt man insgesamt zu einer geschätzten Flächenbilanz von 3000 Hektar. Den gravierendsten ökologischen Eingriff stellte jedoch die großflächige Grundwasserabsenkung dar. Wegen der geologischen Situation in der Münchner Schotterebene war eine punktuelle Absenkung des Grundwassers auf dem Gelände des Flughafens nicht möglich. Insgesamt wurden daher im Erdinger Moos mindestens 5000 Hektar entwässert. Dieser Eingriff führte jedoch zu einer erheblichen Änderung der naturräumlichen Gliederung und des Artengefüges. Vor allem für die Vogelwelt lassen sich die Auswirkungen quantifizieren, da hier detaillierte Untersuchungsreihen vorliegen. Das Erdinger Moos gehörte mit 134 Vogelarten zu den artenreichsten Gebieten in ganz Bayern. Seit 1982, dem Beginn der Entwässerung, sind von ehemals 88 Brutvogelarten 10 Arten völlig verschwunden, 46 Arten weisen einen abnehmenden Bestand auf.

Empfehlungen für einen umweltverträglicheren Flugverkehr

Die möglichen globalen Umweltauswirkungen des Flugverkehrs, nämlich der Abbau der lebenswichtigen Ozonschicht und die Verstärkung des Treibhauseffekts, sind in ihrer Konsequenz derart gravierend, dass es nicht vertretbar ist, mit Taten zu warten, bis detailliertere wissenschaftliche Erkenntnisse vorliegen. Im Rahmen einer vorsorgenden Politik gilt es bereits heute, Maßnahmen zu ergreifen, um diesen Prozessen entgegenzusteuern. Die Tatsache, dass der Luftverkehr die Umwelt massiv beeinflusst, lässt sich nicht mehr leugnen. Das seit Jahrmillionen eingespielte atmosphärische Gleichgewicht wird durch den hoch fliegenden Luftverkehr wortwörtlich »durcheinander gewirbelt«. In der Praxis sind kurzfristige Lösungen nur durch dirigistische Maßnahmen zu erwarten. Gemeinsames Manko der meisten möglichen Maßnahmen ist jedoch, dass sie internationalen Konsens voraussetzen, da nationale Alleingänge nicht zu erwarten sind und auch nicht sinnvoll wären.

Die Beurteilung, inwieweit folgende Maßnahmen vertretbar oder durchsetzbar sind, soll dem Leser selbst überlassen werden.

(1) Reduzierung der Flughöhe auf Höhen unterhalb der Tropopause. Dies führt jedoch zu einem offensichtlichen Zielkonflikt, da dadurch mehr Treibstoff verbraucht werden würde.
(2) Maßnahmen zur Reduzierung von Kurzstreckenflügen.
(3) Verkehrspolitische Förderung umweltverträglicherer Verkehrsmittel.
(4) Einführung von strengeren Emissionsgrenzwerten, um Anreize zu technischen Weiterentwicklungen zu schaffen.
(5) Versteuerung von Flugbenzin (dem Treibstoff für Propellermaschinen) und Kerosin (dem Treibstoff für Strahlflugzeuge).
(6) Abbau der staatlichen Subventionen für den Flugzeugbau.
(7) Einführung eines »Vollauslastungsgebots«. Die durchschnittliche Auslastung aller Flugzeuge betrug beispielsweise 1994 nur 58 Prozent.
(8) Einführung einer »Umweltabgabe« für den einzelnen Fluggast.
(9) Intensivierung der klimatologisch-meteorologischen Forschung.
(10) Aufklärung der Bevölkerung über mögliche Umweltrisiken des Flugverkehrs.

Die Verantwortung ausschließlich der Politik zuzuschieben, würde aber eine grobe Vereinfachung des Problems bedeuten. Ein wichtiger Grund für die beständige Expansion des Luftverkehrs ist schließlich ein auf Bequemlichkeit und Zeitersparnis ausgelegtes Individualverhalten. Die Verantwortung der Konsumenten wird besonders deutlich, wenn man die Tourismusbranche betrachtet. 1992 betrug der Anteil des deutschen Privatreiseverkehrs am gesamten Flugverkehr 55 Prozent. Beispielsweise flogen 1994 allein 4,4 Millionen deutsche Urlauber im Charterverkehr nach Spanien.

Doch auch indirekt trägt das Einkaufsverhalten vieler Konsumenten zur Steigerung des Luftverkehrsaufkommens bei. Eine Vielzahl von Frischwaren erreichen unsere Geschäfte heute auf dem Luftweg. Hierzu gehören nicht nur exotische Produkte, wie Orchideen aus Kenia, sondern auch Lebensmittel, wie Äpfel aus Neuseeland sowie Erdbeeren und Trauben aus Südafrika. Ob der Genuss dieser Produkte die Kosten, die er verursacht, wert ist, erscheint fraglich. Letztendlich sind es die Konsumenten, die aufgefordert sind, ihr Verhalten kritisch zu überprüfen und gegebenenfalls zu ändern.

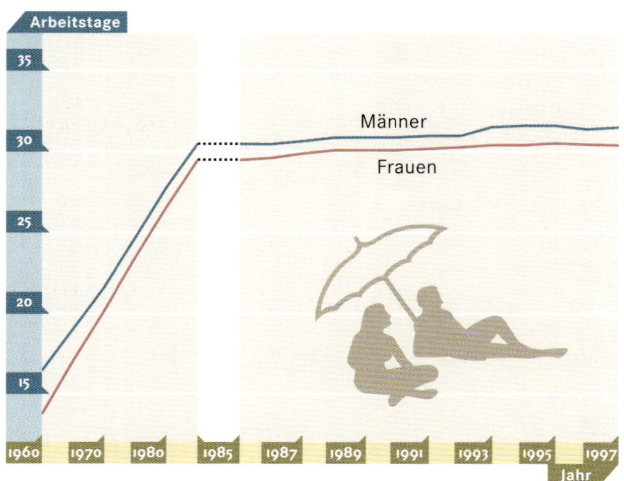

Entwicklung des durchschnittlichen **Jahresurlaubs** für Männer und Frauen im früheren Bundesgebiet von 1960 bis 1997. Im Anstieg des tariflichen Jahresurlaubs spiegelt sich die Arbeitszeitverkürzung im selben Zeitraum wider.

Tourismus und Umwelt

In den gesamten westlichen Industrienationen zeichnet sich die eindeutige Tendenz zu einer immer mehr freizeitorientierten Gesellschaft ab. Durch fortlaufende Spezialisierung, Rationalisierungs- und Automatisierungsmaßnahmen sowie Arbeiten im Schichtbetrieb ändert sich das persönliche Freizeitverhalten. Diese Änderungen reichen von einer Verschiebung der Freizeit innerhalb der Woche bis hin zu einem allgemeinen Anstieg der Freizeitmenge.

Die gravierenden Veränderungen im Arbeits- und Freizeitverhalten der Menschen haben starke Belastungen für die Landschaft sowie für die Pflanzen- und Tierwelt nach sich gezogen. Der mittlerweile erreichte Wohlstand, die Zunahme der Freizeit und die zuvor nicht gekannte Mobilität machen es möglich, die entlegensten Räume zu erschließen. Mancher Naturraum stößt mittlerweile an die Grenzen seiner Belastbarkeit oder überschreitet diese sogar.

Von 1950 bis heute nahm die Wochenarbeitszeit um etwa 25 Prozent ab, demgegenüber stieg der durchschnittliche Jahresurlaub um das 2,5fache. Hinzu kommt eine Verkürzung der Lebensarbeitszeit, zum Beispiel durch Vorruhestand, und ein Anstieg der Lebenserwartung. Die Freizeit hat – nach ihrer stetigen Zunahme – einen besonderen Stellenwert in unserer Gesellschaft erlangt. Verstärkt wird dieser Aspekt durch die Trennung von Arbeits- und Wohnwelt, die mit dem nötigen alltäglichen Ortswechsel ein zusätzliches Stresspotential beinhaltet, sowie durch die steigende Monotonie im Arbeitsbereich und eine körperliche Unterauslastung, die sich aus einer überwiegend sitzenden Tätigkeit ergibt. Diese Alltagseffekte müssen zusätzlich in der Freizeit kompensiert werden.

Steigende Mobilität

Das Freizeitverhalten wird maßgeblich auch durch die gestiegene Mobilität der Bevölkerung beeinflusst. So stieg der Pkw-Bestand beispielsweise von 4,5 Millionen im Jahr 1962 auf heute über 40 Millionen an. Die enorme Zunahme des Kfz-Bestands hatte auch den Ausbau des Verkehrswegenetzes zur Folge: Seit 1960 wurden etwa 120000 Kilometer Straßen gebaut. Der Siegeszug des Automobils, der die private Mobilität für fast jedermann brachte, gilt als Hauptursache für die lawinenartig angewachsene Freizeitmobilität. Hierzu gehören neben Tages- und Wochenendausflügen auch Kurzreisen bis zu vier Tagen. Der Reiseverkehr in Deutschland erfolgt zu 60 Prozent mit dem Auto. Die Vorteile für den Urlauber sind unter anderem Ladekapazität, Flexibilität, Unabhängigkeit und niedrigere Kosten bei Familienreisen im Vergleich zu anderen Verkehrsmitteln.

Die Eisenbahn hatte in den 1950er-Jahren eine große Bedeutung für die Personenbeförderung. Rund 56 Prozent der Urlaubsreisenden im Jahre 1954 bevorzugten die Bahn als Transportmittel. Mittlerweile hat die Bahn an Attraktivität stark eingebüßt. Heute bevorzugen nur noch 11 Prozent der Urlaubsreisenden die Bahn. Noch bis in die 1960er-Jahre war der Schiffsverkehr, vor allem für die Verbindung zwischen Europa und Amerika sowie häufig als einzige Verbindung von Inseln mit dem Festland, wichtig. Doch auch in diesem Bereich ist ein großer Bedeutungsverlust zu verzeichnen, da die Transatlantikroute mit dem Flugzeug sehr viel schneller zurückzulegen ist. Heute spielt das Schiff als Personenbeförderungsmittel nur noch bei Fährdiensten, beispielsweise im Mittelmeer, und bei Kreuzfahrten eine Rolle.

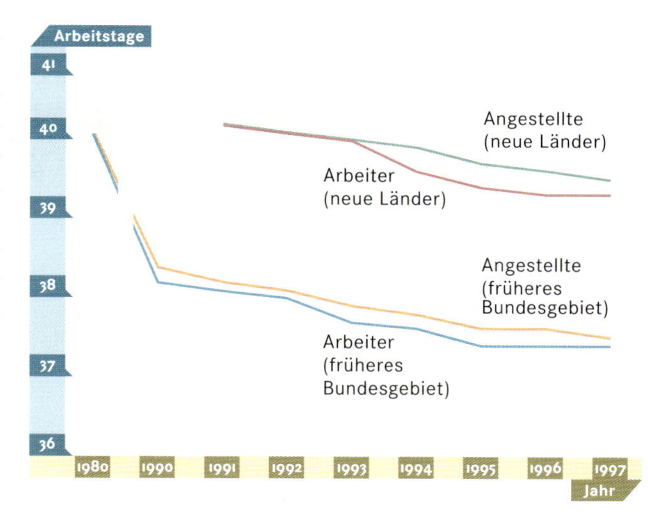

Entwicklung der durchschnittlichen tariflichen **Wochenarbeitszeiten** für Arbeiter und Angestellte im früheren Bundesgebiet von 1980 bis 1997 und in den neuen Ländern von 1991 bis 1997.

Das Reisen ist schon lange ein Phänomen der Menschheit. In den unterschiedlichen Zeitepochen spielten dabei jedoch sehr verschiedene Motive eine entscheidende Rolle. So waren anfangs bei Phöniziern, Griechen und Römern so genannte Mussmotive, wie zum Beispiel Handelsreisen und Landunterwerfungen, der Anlass zum Reisen. Im Laufe der Zeit wandelten sich diese Motive jedoch in freiwillige Motive. Es lassen sich folgende vier Phasen des Reisens unterscheiden:

(1) die Vorphase (bis 1850),
(2) die Anfangsphase (1850–1914),
(3) die Entwicklungsphase (1915–1945) und
(4) die Hochphase (seit 1945).

Der Beginn der Hochphase nach dem Ende des Zweiten Weltkriegs war mit großen Problemen verbunden. Die Zerstörung der Verkehrswege und eines Großteils der Fremdenverkehrsorte sowie der Grenzcharakter der Besatzungszonen hatten zur Folge, dass sich der

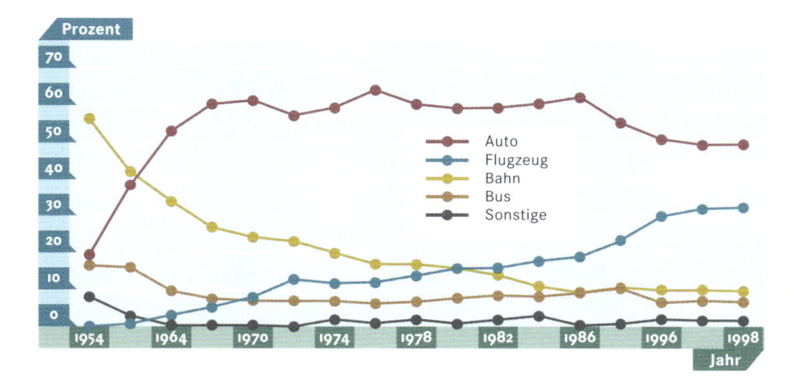

Entwicklung des prozentualen Anteils der verschiedenen, für Urlaubsreisen genutzten **Verkehrsmittel** von 1954 bis 1998.

Epoche	Zeit	Transportmittel	Motivation	Teilnehmer
Vorphase	bis 1850	zu Fuß, Pferd, Kutsche, z.T. Schiff	Pilgerreise, Kriegszüge, Geschäft, Entdeckung, Bildung	Elite: Adel, Gebildete, Geschäftsleute
Anfangsphase	1850–1914	Bahn, Schiff	Erholung	Neue Mittelklasse
Entwicklungsphase	1914–1945	Bahn, Auto, Bus, Flugzeug	Kur, Erholung	Wohlhabende, Arbeiter
Hochphase	ab 1945	Auto, Flugzeug	Regeneration, Erholung, Freizeit	alle Schichten

Die vier **Phasen des Reisens.**

Tourismus nur allmählich entwickeln konnte. Demgegenüber stand allerdings ein dringendes Erholungs- und Urlaubsbedürfnis der kriegsgeplagten Bevölkerung. Durch den wirtschaftlichen Aufschwung und den Gewinn an Freizeit durch Arbeitszeitverkürzung etablierte sich das Reisen als wichtiger Bestandteil unserer Gesellschaft. Urlaub und Urlaubsreisen werden immer mehr zum Inbegriff von Freizeit und Freizeitordnung.

Gefährdung von Flora und Fauna

Die Schäden an der Pflanzenwelt, die durch die Freizeitgestaltung und den Tourismus oft auch ungewollt entstehen, gehen schleichend und für den Verursacher nicht sichtbar vonstatten. Am meisten betroffen sind dabei Fels- und Gehölzbiotope, Wiesen, Moore und Gewässer mit ihren Uferzonen sowie die darin lebenden Wasserpflanzen. Ein weiteres Problem ergibt sich für die Bodenflora unter der Trittbelastung der Erholungsuchenden. Die steigende Zahl von Querfeldeinläufern führt zu Trampelpfaden, die durch vegetationslose Oberflächen charakterisiert sind. Diese Oberflächen werden durch Regen verstärkt abgespült.

Es findet zudem auch eine Verschiebung der natürlichen Vegetation statt. Entlang den Wegen mit hoher Besucherfrequenz bilden sich unempfindlichere Pflanzengruppen – wie zum Beispiel Wegerich und Rispengras – aus, die eine hohe Gewebefestigkeit und eine starke Regenerationsfähigkeit besitzen. Die sensiblere Vegetation hingegen verschwindet aus diesem Bereich und die Pflanzenwelt verarmt. Eine weitere Folge des zu hohen Besucheransturms ist die Eutrophierung, die oft mit der Trittbelastung gekoppelt ist. Als Indikator für Flächen, die von zu hoher Stickstoff- und Phosphorzufuhr geprägt sind, gelten Stickstoff liebende Pflanzen, wie beispielsweise Löwenzahn und Brennnessel.

Sport als Freizeitaktivität kann zu massiven Beeinträchtigungen der Vegetation bis hin zu ihrer völligen Zerstörung führen. Der Skisport mit seinen Begleiterscheinungen gilt als bestes Beispiel für eine Sportart, die zu Pflanzenzerstörungen führt. Dennoch kann und darf man nicht die negativen Auswirkungen des Skisports pauschalisieren. So muss man beispielsweise zwischen einer naturbelassenen oder einer planierten Piste unterscheiden und prüfen, ob Schneekanonen verwendet werden oder nicht. Ebenso ist die Höhenlage entscheidend, um zuverlässige Aussagen über die Auswirkungen des Skifahrens hinsichtlich der Pflanzengefährdung zu machen.

Wiederbegrünungsmaßnahmen auf planierten Pisten in einer Höhe über 1500 Meter sind durch die entstandene Bodenverdichtung und Abspülung weniger erfolgversprechend als bei naturbelassenen Pisten. Der Einsatz von Pistenraupen birgt bei einer Schneehöhe von weniger als 40 Zentimeter ein hohes Gefährdungspotential für die Zwergstrauchvegetation und die Vegetationsdecke allgemein. Ebenso führt der scharfe Skikantenschliff zu einer Zerschneidung

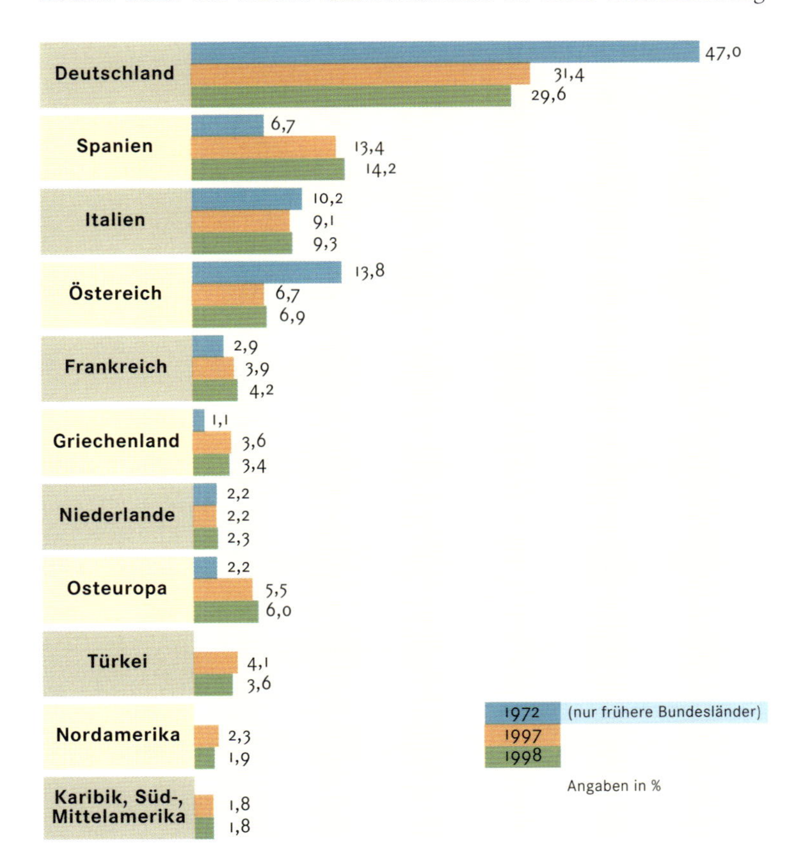

Die beliebtesten **Urlaubsziele der Deutschen** in den Jahren 1972, 1997 und 1998.

Der **skigerechte Berg:** planiert, geschliffen, abgetragen, aufgeschüttet, weggebaggert. Zwölf Monate Zerstörung für drei Monate Saison. Aussicht auf Regeneration des natürlichen Bewuchses: nahe null. Die Aufnahme entstand im italienischen Sestriere in den Cottischen Alpen.

der Oberfläche, sodass sich eine neue Angriffsfläche für die Erosion bietet. Veränderungen im Mineralhaushalt des Bodens sind ebenfalls auf die Einrichtung von Pisten zurückzuführen: Durch den schütteren Pflanzenwuchs auf den Pisten ist der Boden dort einer erhöhten Sonneneinstrahlung ausgesetzt, die erhöhte Mineralisierungsraten bewirkt. Die Minerale werden durch Niederschlag ausgewaschen und der Boden verarmt. Eine weitere Auswirkung des Einsatzes von Pistenraupen ist die Dezimierung von Futterpflanzen durch Erstickung und Fäulnisbildung, die aus der Verfestigung und Vereisung der Schneedecke resultiert. Ferner führt eine verfestigte Schneedecke zu verkürzten Vegetationszeiten. Der zunehmende Individualismus spiegelt sich auch beim Ski- und Snowboardfahren wider. Heliskiing und das Variantenskifahren abseits der Piste bewirken eine Beeinträchtigung am Jungwuchs von Pflanzen und Sträuchern und führen zu Belastungen in bisher relativ unberührten Regionen.

Rücksichtsloses **Heliskiing** in nahezu unberührten Höhen, die ohne Helikopter nie erreichbar wären. In der Schweiz gibt es offiziell 43 Gebirgslandeplätze für Helikopter, davon 16 in über 3000 Meter Höhe. Man vermutet einen hohen Anteil an illegalen Flügen.

Auch die Tierwelt ist in Erholungsgebieten und in touristisch erschlossenen Regionen einem großen Stresspotential ausgesetzt. Zu hoher Besucheransturm löst bei Tieren Fluchtreaktionen aus. Diese lassen den Energieverbrauch der Tiere drastisch ansteigen, sodass das im Winter knappe Futtervorkommen noch stärker beansprucht wird. Diese Wirkungskette kann sich bis zur existentiellen Gefährdung der Tiere fortsetzen.

In den Monaten Februar bis April, also der zweiten Phase des starken Ansturms von Wintertouristen, beginnt die Balzzeit mancher Tierarten, wie zum Beispiel des Auerwilds. Eine starke Frequentierung der Nistregionen durch Urlauber führt oft zu unbefruchteten Gelegen sowie Störungen im Brutverhalten und somit zu einer Reduzierung des

Bestands. Darüber hinaus verursachen Verinselungs- und Zerschneidungseffekte – eine Folge des Anlegens von Pisten, Loipen, Straßen und Wegen – einen starken Isolationseffekt und schränken damit die Mobilität der Tiere ein.

Die Sammlertätigkeit von Waldbesuchern beeinflusst die Fauna und Flora in nicht geringem Maße. Untersuchungen haben gezeigt, dass die Hälfte aller Sammler sich etwa 200 Meter vom Weg ins Waldinnere bewegen und somit die Ruhephase wild lebender Tiere erheblich stören. Im Nationalpark Bayerischer Wald werden jährlich schätzungsweise etwa 90 Tonnen Beeren und Pilze gesammelt. Dies hat vor allem für bestandsarme Pflanzen gravierende Folgen, da der Ausleseeffekt zu einer enormen Dezimierung im Pflanzenbestand führt und damit die natürliche Entwicklung erheblich beeinträchtigt.

Das Spektrum der Wasserverschmutzung in touristischen Baderegionen ist sehr vielfältig. Es reicht von der Einleitung der Abwässer über die Verschmutzung durch motorbetriebene Wasserfahrzeuge bis hin zur Verunreinigung durch die Sonnenschutzmittel der Badegäste. Für den Mittelmeerraum bedeutet der jährliche Ansturm der Touristen eine starke Zunahme der Wasserverschmutzung, die dort grundsätzlich schon durch Industrie und Ballungsräume gegeben ist. Oftmals versagen die spärlich betriebenen Kläranlagen und die Abwässer fließen absolut ungereinigt ins Meer. Einschließlich der Industrieabwässer, die direkt oder durch die großen Flüsse, wie beispielsweise Po, Rhone und Ebro, eingeleitet werden, gelangen jährlich etwa 650 000 t Öl, 430 000 t Abwässer, 360 000 t Phosphate und 65 000 t Schwermetalle ins Mittelmeer.

Ein weiteres Problem stellt der enorme Wasserverbrauch der Touristen dar. In den Oasen Tunesiens ist beispielsweise ein europäischer Standard in der Wasserversorgung selbstverständlich. So werden aus den Grundwasserreservoiren pro Tourist täglich etwa 600 Liter Wasser gepumpt und verbraucht. Senkungen des Grundwasserspiegels, Versandung der Brunnen, verdorrte Vegetation und sozioökonomische Nachteile für die Einheimischen sind die Folgen.

Poolanlage des Luxushotels Dar Cherait in der **Oasenstadt Tozeur** im Südwesten Tunesiens. In der 20 000 Einwohner zählenden Oase stieg der tägliche Wasserverbrauch durch die Zunahme des Tourismus allein im Zeitraum von 1983 bis 1985 von etwa 500 000 auf 1,2 Millionen Liter an.

Landschaftsfresser Tourismus

Jährlich fallen Unmengen von Freizeitmüll an, die entsorgt werden müssen. Nach Schätzungen werden beispielsweise etwa 28 Millionen Einwegdosen unachtsam weggeworfen. Das Abfallproblem ist besonders in den Bergen, aufgrund der zunehmenden Anzahl von Touristen und Freizeitbergsteigern, ausgeprägt. Die Hochlagen der Alpen sind jedoch eine labile Region, die besonders

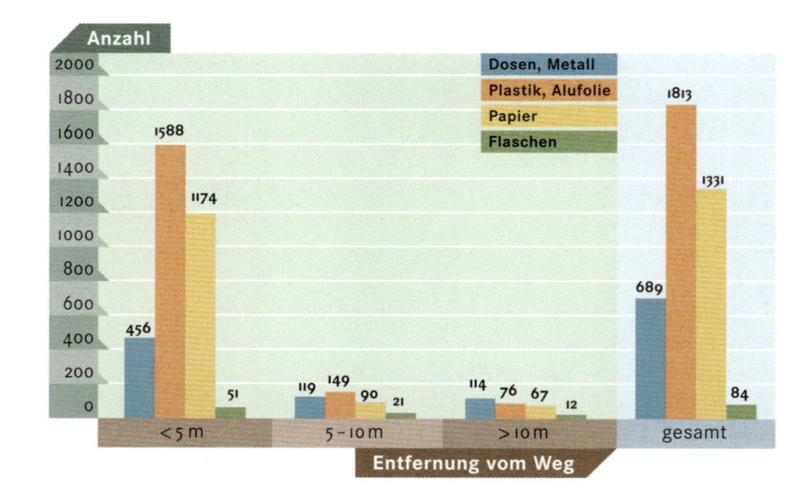

Umfang und Verteilung der **Abfälle** entlang der Wege im Jennergebiet in den Berchtesgadener Alpen.

sensibel auf Zivilisationsmüll reagiert. Aber nicht nur der Freizeitmüll sorgt für eine große regionale Umweltbelastung, auch der Abfall, der beim Aufrechterhalten der Infrastruktur anfällt, ist problematisch. So rosten zum Beispiel Fässer mit Benzin oder mit Schmierstoffrückständen der Pistenraupen in größeren Höhen vor sich hin, ohne dass jemand an die entsprechende Entsorgung denkt.

Die extrem landschaftsfressende Streubauweise von Tourismus- und Erholungsanlagen, wie beispielsweise Hotels, Ferienwohnungen oder Campingplätzen, aber auch von Infrastruktureinrichtungen, wie Sportanlagen, Freizeitparks oder Yachthäfen, führt zu einer Landschaftszersiedelung. Mit dem Landschaftsverbau kommt ein Teufelskreis in Gang, der sehr schwer zu durchbrechen ist. Anfangs entstehen in einem neu zu erschließenden Gebiet Hotels und andere Übernachtungsmöglichkeiten. Anschließend wird der Bau von großzügigen Infrastruktureinrichtungen forciert. Um für deren Auslastung zu sorgen, werden erneut Unterkünfte gebaut. Die entstandenen Aufnahmekapazitäten können allerdings nur in der Hochsaison gedeckt werden. Eine derartige einseitige Auslastung der Bettenkapazität bezeichnet man auch als »Saisonfalle«. Nach Saisonende sind diese »Millionendörfer« wie leer gefegt und ähneln Geisterstädten.

Das Ferienzentrum **La Grande-Motte** an der Küste des Languedoc bei Montpellier wurde 1967–77 nach Plänen des französischen Architekten Jean Marie Balladour für den Massentourismus erbaut.

Die allmähliche Übererschließung der Fremdenverkehrsregionen hat eine dramatische Änderung des Landschaftsbilds zur Folge. Im Alpenraum führte beispielsweise die starke Konzentration in den Ortskernen der Fremdenverkehrszentren zu Bautätigkeiten auch außerhalb der Siedlungskerne – teilweise auch in naturkatastrophengefährdeten Gebieten. Lawinenunglücke, Vermurungen und Überschwemmungen sind die Folge.

»Überbevölkerung auf den Gipfeln«

Mit dem Errichten des ersten Skilifts in den Alpen im Jahr 1936 in Lech am Arlberg begann ein neues Skizeitalter. Österreichs Berge sind mehr als ein halbes Jahrhundert später durch rund 3250 Anlagen, davon allein 312 Seilbahnen, »erschlossen«. Die Betreiber der Aufstiegshilfen streben einen maximalen Umsatz in einem möglichst kurzen Zeitraum an. Daher werden Liftanlagen modernisiert und ausgebaut, um hohe Kapazitäten zu erreichen. 15 000 beförderte Skifahrer pro Stunde sind keine Seltenheit. Diese »Überbevölkerung auf den Gipfeln« verursacht jedoch starke Störungen in den labilen Hochlagen. Allein in der Wintersaison 1997/98 wurden von den österreichischen Seilbahnunternehmen 500 Millionen »Beförderungsleistungen« erbracht. Die Gesamtlänge von Pisten, die durch Aufstiegshilfen erschlossen sind, werden für Österreich mit 22 000 Kilometer angegeben. Pro Tag und Region befanden sich im Winter

Planierter und asphaltierter **Parkplatz** an der Talstation der Stubaier Gletscherbahnen in Tirol (Österreich).

1997/98 durchschnittlich 1940 Skifahrer auf den Pisten Österreichs. Die Ausweitung der Attraktivität der Angebotsseite bewirkt natürlich eine Expansion auf der Nachfrageseite, da die ausgebauten und für die Skiläufer verbesserten Infrastruktureinrichtungen neue Interessengruppen ansprechen – eine Teufelsspirale beginnt.

Neben dem Ausbau der Liftanlagen sind auch die Eingriffe im Pistenbereich durch einen starken Flächenverbrauch gekennzeichnet und haben große Auswirkungen auf Boden, Flora und Fauna. Um neue Pisten anzulegen oder vorhandene auszubauen, müssen oftmals Rodungen durchgeführt werden. Dieser Wegfall von Schutzwäldern fördert durch das fehlende Wurzelwerk den Bodenabtrag. Um eine gleichmäßige Hangneigung zu erreichen und den Einsatz von Pistenraupen zu ermöglichen, müssen Begradigungen am Hang durchgeführt werden. Weiterhin führt die Landschaftsversiegelung durch planierte Parkplatzanlagen, Straßen und Wege oder gar die Errichtung von befestigten Hubschrauberlandeplätzen auf den Bergen, die nicht den Rettungshubschraubern dienen, sondern erlebnishungrige Skifahrer auf die Gipfel befördern, zu einer nachhaltigen Schädigung der Umwelt und zur Zerstörung der Landschaft.

Die Umweltverträglichkeitsprüfung

Die Umweltverträglichkeitsprüfung (UVP) stellt eine Möglichkeit dar, den Umweltauswirkungen des Tourismus zu begegnen. Die Umweltverträglichkeitsstudie, der Kernpunkt der UVP, erhebt und bewertet alle von einem Bauvorhaben ausgehenden Umweltauswirkungen. Seit 1990 gibt es in Deutschland ein Gesetz, das die UVP verbindlich regelt. Von dieser Überprüfungsmaßnahme sind jedoch nur Großprojekte wie Industrie- und Ferienanlagen oder Abfalldeponien betroffen. Inzwischen ist jedoch von einzelnen Kommunen eine kommunale UVP entwickelt worden, die schon über 200 Städte und Kommunen übernommen haben.

Der Aufwand zur Durchführung einer UVP ist relativ gering und kann problemlos in andere planerische Untersuchungen über das Projekt einbezogen werden. Die UVP ist jedoch lediglich ein Instrument zur Entscheidungsfindung und weist auf die Auswirkungen für die Umweltqualität hin, die von einem Projekt ausgehen. Sie erläutert außerdem Kompensierungsmaßnahmen für diese projektbezogenen Umweltauswirkungen und stellt eine Entscheidungshilfe für den Standort aus ökologischer Sicht dar. Die UVP ist daher ein geeignetes Instrumentarium, um zu umweltschonenden Standortentscheidungen und ökologischen Durchführungsmaßnahmen zur Fertigstellung von Bauvorhaben zu gelangen. Obwohl Investoren nicht verpflichtet sind, ein vorgesehenes Projekt einer UVP zu unterziehen, wird mit zunehmender Umweltsensibilisierung – auch im Bereich des Tourismus – der Umweltaspekt vermehrt in unternehmerische Entscheidungsprozesse einbezogen. Es besteht daher die Hoffnung, dass die UVP gerade im Fremdenverkehrsbereich vermehrt zum Einsatz kommen kann.

H.-D. Haas

Industrie – Segen und Fluch

Als Reaktion auf die Erkenntnis, dass wir auf einem Planeten mit begrenzten Möglichkeiten leben, wurde das »Nullwachstum« als anzustrebendes Ziel vorgeschlagen. Das herrschende Wirtschaftssystem setzt jedoch Wachstum als grundlegendes Prinzip voraus.

Die Industriegesellschaft beutet die nicht regenerierbaren mineralischen Rohstoffe in unverantwortlicher Weise aus. Sie zerstörte riesige Gebiete einst fruchtbaren Landes. Große Mengen von Rohstoffen werden für militärische Zwecke genutzt, und ein nicht unbeträchtlicher Teil von ihnen wird in Kriegen zerstört. Die jährlichen Gesamtausgaben für die Rüstungsindustrie auf der Erde schätzt man auf etwa 250 Milliarden Dollar – das ist doppelt so viel wie die Ausgaben aller Regierungen für Erziehung und das Dreifache der Weltausgaben für Gesundheitszwecke.

Die Endlichkeit von Rohstoffen

Eine ausgeglichene Gesellschaft sollte einen zufrieden stellenden Lebensstandard im materiellen Sinn bieten. Die Entwicklung einer derartigen Gesellschaft wird von einer entsprechenden Wirtschaftsstruktur getragen, die die natürlichen Ressourcen verantwortlich und damit in größtmöglicher Harmonie mit der Natur nutzt.

Um eine Vorstellung vom Umfang des zukünftigen Versorgungsproblems zu gewinnen, sollte man sich vergegenwärtigen, dass die erwartete Verdopplung der Erdbevölkerung innerhalb der nächsten 30 bis 40 Jahre einen Umfang an Arbeitsleistungen, an Maschinen und Konsumgütern erfordert, der dem entspricht, was im Verlauf

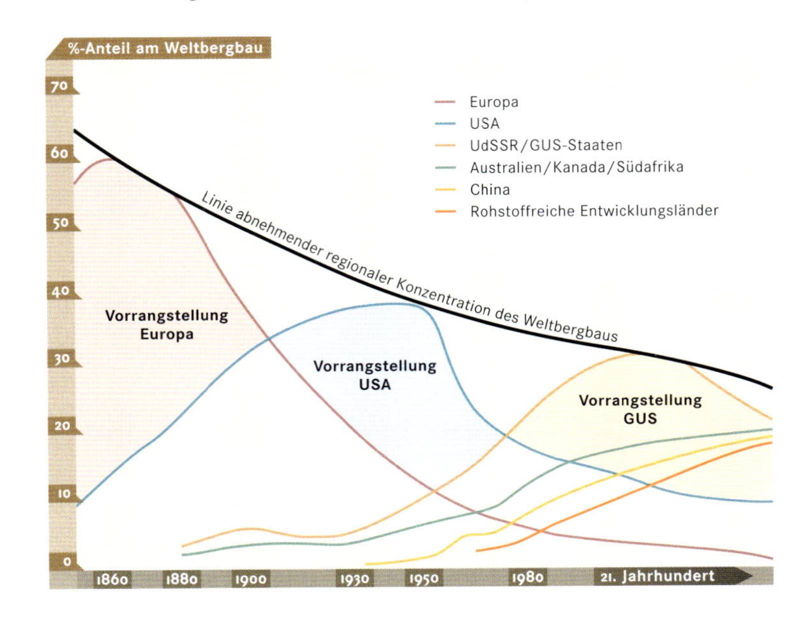

Entwicklung der **regionalen Konzentration des Bergbaus** in der Welt.

der gesamten bisherigen Geschichte der Zivilisation überhaupt je hervorgebracht worden ist.

Verbreitung der Rohstoffe und Produktionsschwerpunkte

In dem weiten Feld der mineralischen Rohstoffe nehmen nur sechs Staaten oder Staatengruppen hinsichtlich ihres Anteils an der Weltproduktion, der Vielfalt der von ihnen gewonnenen Rohstoffe sowie der Reserven eine Spitzenposition ein. Die GUS-Staaten, die USA, Australien, Kanada, die Volksrepublik China und die Republik Südafrika verfügen mit 60% fast über eine Zweidrittelmehrheit im Weltbergbau. Allein Südafrika verfügt über 45 bis 75% der »strategischen Metalle« Mangan, Chrom und Platin, die für die Auto-, Flugzeug- und Waffenproduktion benötigt werden. Auch die Bergwerksförderung von Kalisalzen stammt zu über 80%, bei Eisenerz und bei Bauxit jeweils zu über 60% aus nur fünf Ländern.

Starke Positionen besitzen die Industriestaaten bei folgenden Rohstoffen: Zircon, Ilmenit/Rutil (Titanerze), Uran, Cadmium, Gold, Zink, Vanadium, Blei, Kalisalze, Platin, Bauxit und Molybdän. Die Entwicklungsländer ragen bei Niob, Zinn, Tantal, Cobalt und Kupfer heraus. Fördermengen mit Anteilen von drei bis über zehn Prozent bei einem oder mehreren Rohstoffen haben viele Länder. Reiche Erzlagerstätten kommen besonders in der Dritten Welt vor. Der Markt für Metalle liegt aber in den Industrie- und Schwellenländern. Die entwickelten Länder, besonders Japan und Westeuropa, sind Importeure großen Umfangs, während die weniger entwickelten Länder in Lateinamerika, Asien und Afrika in erster Linie als Exporteure gelten.

Prozentualer Anteil mineralischer Rohstoffe am Export einiger Entwicklungsländer (ohne fossile Energieträger)

Land	1982	1994
Surinam	78,0	91,4
Sambia	99,0	84,3
Gabun	–[1]	89,1
Jamaika	65,0	81,6
Chile	59,0	69,3
Papua-Neuguinea	51,0	62,3
Bolivien	49,0	28,2
Peru	33,0	16,6
Togo	50,0	18,4
Marokko	34,0	10,4

[1] *keine Angabe verfügbar*

Rohstoffe im globalen Entwicklungsprozess

Als Energieträger, Werkstoffe oder Chemievorstoffe stellen Rohstoffe genau wie die Faktoren Kapital und Arbeit die Grundlage jeder Güterproduktion dar. Wegen der ungleichmäßigen Verteilung ihrer Lagerstätten auf der Erde ergeben sich bedeutende wirtschaftliche Abhängigkeiten zwischen Rohstoff exportierenden und Rohstoff verbrauchenden Ländern.

In der Rohstoffwirtschaft hat eine Reihe von Entwicklungen für eine allmähliche Strukturänderung in den weltweiten Rohstoffaustauschbeziehungen gesorgt. Sie zeigt sich in der Auflösung kolonialzeitlicher Besitzstrukturen und einer wachsenden politischen Selbstständigkeit ehemaliger Kolonien. Verbunden damit ist eine erhöhte eigene Einflussnahme auf die nationalen Ressourcen. Außerdem wird eine gerechte Bewertung der Rohstoffe sowie der Einsatz nationaler Ressourcen im Rahmen von Industrialisierungsstrategien, das heißt eine Weiterverarbeitung der Rohstoffe durch eine nationale Grundstoff- und Produktionsgüterindustrie gefordert. Die Rohstoffgewinnung und -verarbeitung soll in die Gesamtwirtschaft integriert und rohstoffwirtschaftsbedingte Infrastrukturen auch durch andere Wirtschaftsbereiche des Landes genutzt werden.

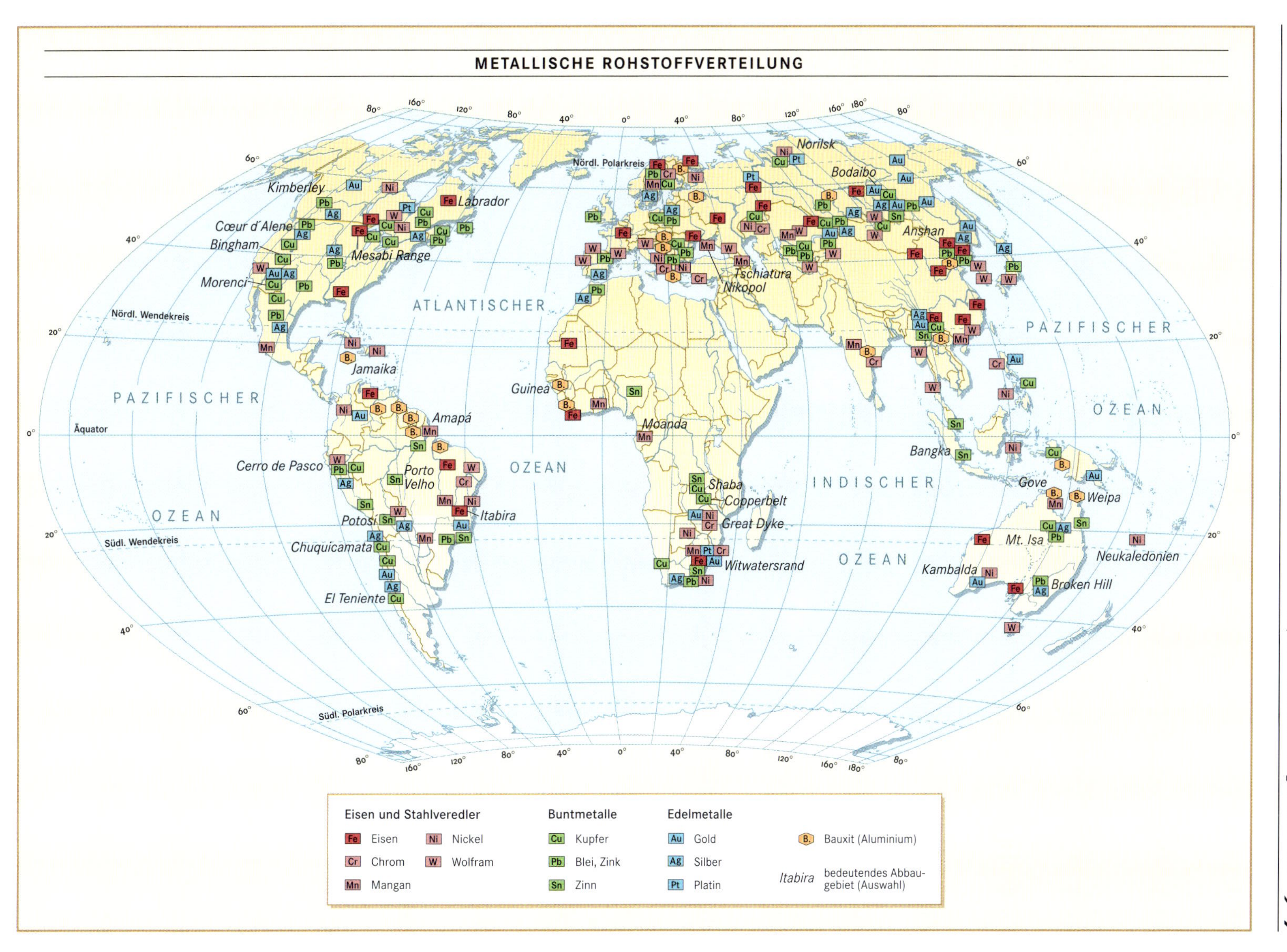
METALLISCHE ROHSTOFFVERTEILUNG
Kimberley
Cœur d'Alene
Bingham
Morenci
Mesabi Range
Labrador
Nördl. Polarkreis
Nördl. Wendekreis
Äquator
Südl. Wendekreis
Südl. Polarkreis
PAZIFISCHER OZEAN
ATLANTISCHER OZEAN
INDISCHER OZEAN
PAZIFISCHER OZEAN
Jamaika
Amapá
Cerro de Pasco
Porto Velho
Itabira
Potosí
Chuquicamata
El Teniente
Guinea
Moanda
Shaba
Copperbelt
Great Dyke
Witwatersrand
Tschiatura
Nikopol
Norilsk
Bodaibo
Anshan
Bangka
Gove
Weipa
Mt. Isa
Kambalda
Broken Hill
Neukaledonien
Eisen und Stahlveredler
Fe Eisen
Ni Nickel
Cr Chrom
W Wolfram
Mn Mangan
Buntmetalle
Cu Kupfer
Pb Blei, Zink
Sn Zinn
Edelmetalle
Au Gold
Ag Silber
Pt Platin
B. Bauxit (Aluminium)
Itabira bedeutendes Abbaugebiet (Auswahl)

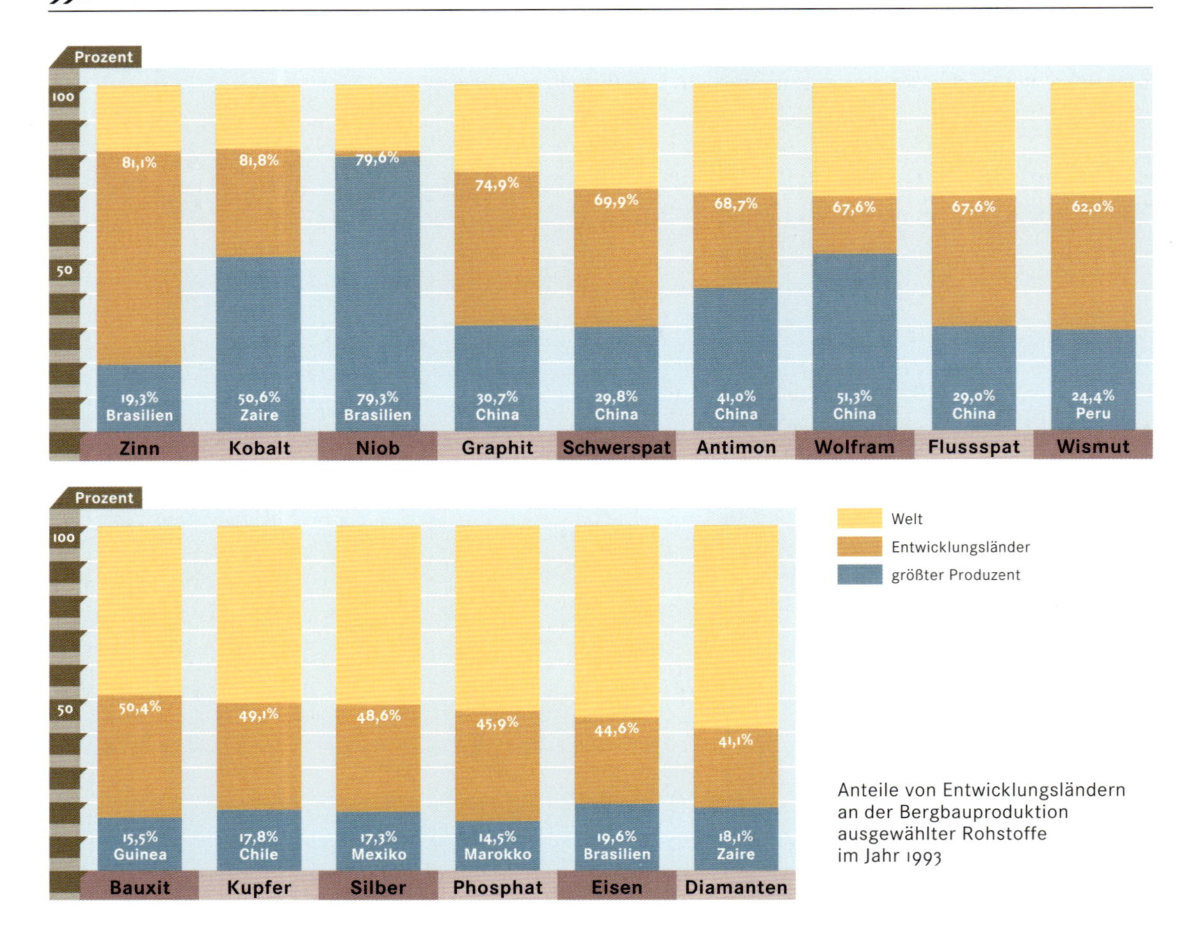

Anteile von Entwicklungsländern an der Bergbauproduktion ausgewählter Rohstoffe im Jahr 1993

Das Scheitern von Rohstoffkartellen

Die Vervielfachung des Ölpreises nach dem ersten Ölschock 1973 beflügelte die Fantasie der Rohstoffländer. Der Erfolg der OPEC (Organisation Erdöl exportierender Länder), die ab 1973 den Industriestaaten den Ölpreis diktierte, veranlasste die Entwicklungsländer dazu, Rohstoffkartelle und eine Besteuerung der Rohstoffe zugunsten der exportierenden Länder nach dem Muster des Ölkartells zu fordern. Der Erfolg blieb jedoch aus, obwohl in den folgenden Jahren die Zahl der Rohstoffkartelle stark anstieg. Bereits 1973 wurde ein Kupferkartell gegründet, ebenso schlossen sich die Zinn-, Eisen-, Bauxit- und Quecksilberproduzenten zusammen.

Eine Gängelung der Industriestaaten, wie das beim Erdöl möglich war, ließ sich bei den übrigen Rohstoffen nicht wiederholen. Die Forderung der Entwicklungsländer, die nicht nur auf ein Diktat der Preise, sondern auch auf eine Verpflichtung der Industrieländer zum Kauf der Rohstoffe, ja sogar auf ein Verbot des Ausweichens auf andere Erzeugnisse hinausliefen, konnten nicht durchgesetzt werden. Auf der UNCTAD IV (Konferenz der Vereinten Nationen für Handel und Entwicklung) in Nairobi 1976 wurde zwar als Kernstück der neuen Weltwirtschaftsordnung ein integriertes Rohstoffprogramm verabschiedet, eine Einigung in wesentlichen Fragen konnte jedoch erst 1980 erzielt werden.

Auf drei große Themenkreise konzentriert sich die Forderung der Gruppe der 77 (ein politisch-wirtschaftlicher Zusammenschluss von Entwicklungsländern) an die Industrie- und Staatshandelsländer: Stabilisierung der Rohstoffpreise, Verbesserung der Handelsbedingungen und Reformierung der internationalen Währungs- und Finanzsituation mit dem Ziel, den Entwicklungsländern genügend Mittel für die Erfüllung ihrer dringendsten Bedürfnisse zu verschaffen.

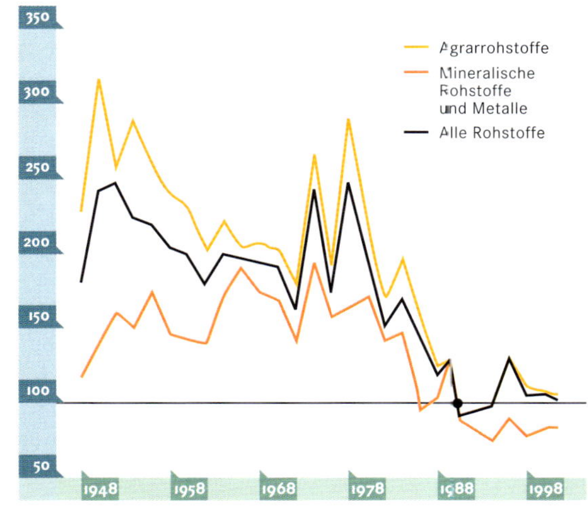

Entwicklung der **Rohstoffpreise** ohne Berücksichtigung des Rohöls. Als Grundlage dient der Wert von 1990, der zu 100 festgelegt wurde und auf den alle Werte normiert wurden.

Sinkender Verbrauch

Je höher die Preise stiegen, umso intensiver wurde nach Ersatzrohstoffen gesucht und umso wirtschaftlicher gestalteten sich die Wiederverwertung und das Recycling der Altrohstoffe. Schon seit Jahren geht der Verbrauch wichtiger Industrierohstoffe wie Eisen, Aluminium, Kupfer, Zinn und Blei weltweit zurück. Gleichzeitig sind auch die Preise gefallen, beispielsweise für Aluminium in den letzten Jahren um 25 %, für Blei und Kupfer um 14 %, für andere Rohstoffe wie Kautschuk in noch stärkerem Maß. Die Erlöse reichten teilweise nicht mehr aus, um die Produktionskosten zu decken. Entwicklungsländer wie die Demokratische Republik Kongo und Sambia, für die der Verkauf von Rohstoffen fast die alleinige Einnahmequelle ist, standen mehrfach kurz vor dem Bankrott.

Die wichtigsten Rohstoffe sind nach den neuesten Befunden so reichlich vorhanden, dass selbst mit dem so heftig umstrittenen Tiefseebergbau nicht so bald begonnen werden muss. Für Kupfer, Blei, Zinn und Zink – Rohstoffe, die nach Ansicht des Club of Rome schon demnächst erschöpft sein sollten – hat sich die Lebensdauer bis zur Erschöpfung der bekannten Ressourcen inzwischen mehr als

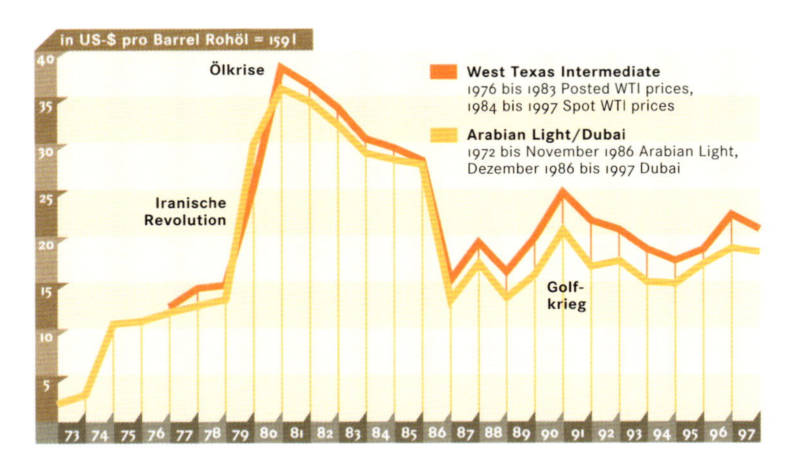

Entwicklung des **Erdölpreises.**

verdoppelt. Es wurden nicht nur neue Vorkommen entdeckt, die Industrie hat diese Metalle auch immer mehr durch andere Materialien ersetzen können. Gegenwärtig geht der Trend in der Industrie dahin, Schwermetalle durch Leichtmetalle wie Aluminium und die Leichtmetalle durch Kunststoffe zu ersetzen.

Strategische Rohstoffe

Mangan, Chrom, Platin und Cobalt, strategische Rohstoffe, bei denen die USA, Europa und Japan zu 100% importabhängig sind, werden aus Ländern geliefert, die man als politisch instabil einstuft: Südafrika, die GUS-Staaten und die Demokratische Republik Kongo. Vor dem Zweiten Weltkrieg legte Präsident Roosevelt den Grundstein für den »Stockpile«, das Vorrätighalten strategischer Rohstoffe. Die Planziele lagen bei fünf Jahren Vorräte für militärische Krisenfälle, heute sind drei Jahre anvisiert. In den USA sind strategische und kritische Rohstoffe diejenigen, die für militärische, industrielle und wesentliche zivile Bedürfnisse in Zeiten eines militärischen Notstands benötigt werden, die in den USA weder gefunden noch in ausreichender Menge produziert werden und deren ungestörte Zulieferung in die USA nicht dauerhaft als gesichert gelten kann.

Die Vorratshaltung an strategischen Rohstoffen in Japan reicht zurzeit für 17 Tage und soll auf 22 Tage aufgestockt werden. Genannt werden Nickel, Chrom, Cobalt, Vanadium, Molybdän und Wolfram, also die Gruppe der »Stahlveredler«.

Beim Blick auf die Vergangenheit zeigt sich, dass politische Ausfallrisiken zwar immer einkalkuliert werden müssen, real aber nur selten auftreten. Beispiele: Einstellung der Lieferung von Chrom und Mangan durch die UdSSR Anfang der 1960er-Jahre (Kuba-Krise); Nickelkrise Ende der 1960er-Jahre, ausgelöst durch Streiks bei dem marktführenden Unternehmen. Die Verknappungen führten zum Teil zu siebenfach erhöhten Preisen, nach Beendigung der Krisen fielen die Preise aber wieder auf das normale Niveau zurück.

Verbrauch von Energierohstoffen

Regionale Unterschiede sind nicht nur in der Rohstoffverteilung, sondern auch im Rohstoffverbrauch zu erkennen: Einem Energiekonsum von 4 Tonnen Steinkohleeinheiten pro Einwohner in Westeuropa stehen nur 0,6 Tonnen in Nordafrika gegenüber. Die unzureichende kommerzielle Energieversorgung führt dort zur Brennholzgewinnung auf Kosten der natürlichen Vegetation.

Allein zwischen 1970 und 1990 wurden 450 Milliarden Barrel Erdöl, 90 Milliarden Tonnen Kohle und 31 Billionen Kubikmeter Erdgas verbrannt. In eben diesen zwei Jahrzehnten fand man allerdings auch neue Lagerstätten dieser fossilen Brennstoffe. Gegenwärtig sind rund 42 000 Erdölfelder bekannt; sie enthielten ursprünglich über 260 Milliarden Tonnen Erdöl. Davon wurden bis Ende 1970 rund 115 Milliarden Tonnen gefördert, die Hälfte davon in den letzten 20 Jahren. Seit 1962 gehen die Neufunde zurück; nur noch ein Viertel des Verbrauchs wird neu gefunden. Ein Viertel der globalen

Erdölproduktion stammt aus dem Nahen Osten und ein Fünftel aus den GUS-Staaten. Diese beiden Weltregionen verfügen zusammen über zwei Drittel der bekannten Reserven.

Die wichtigsten **mineralischen Rohstoffe** der Erde.

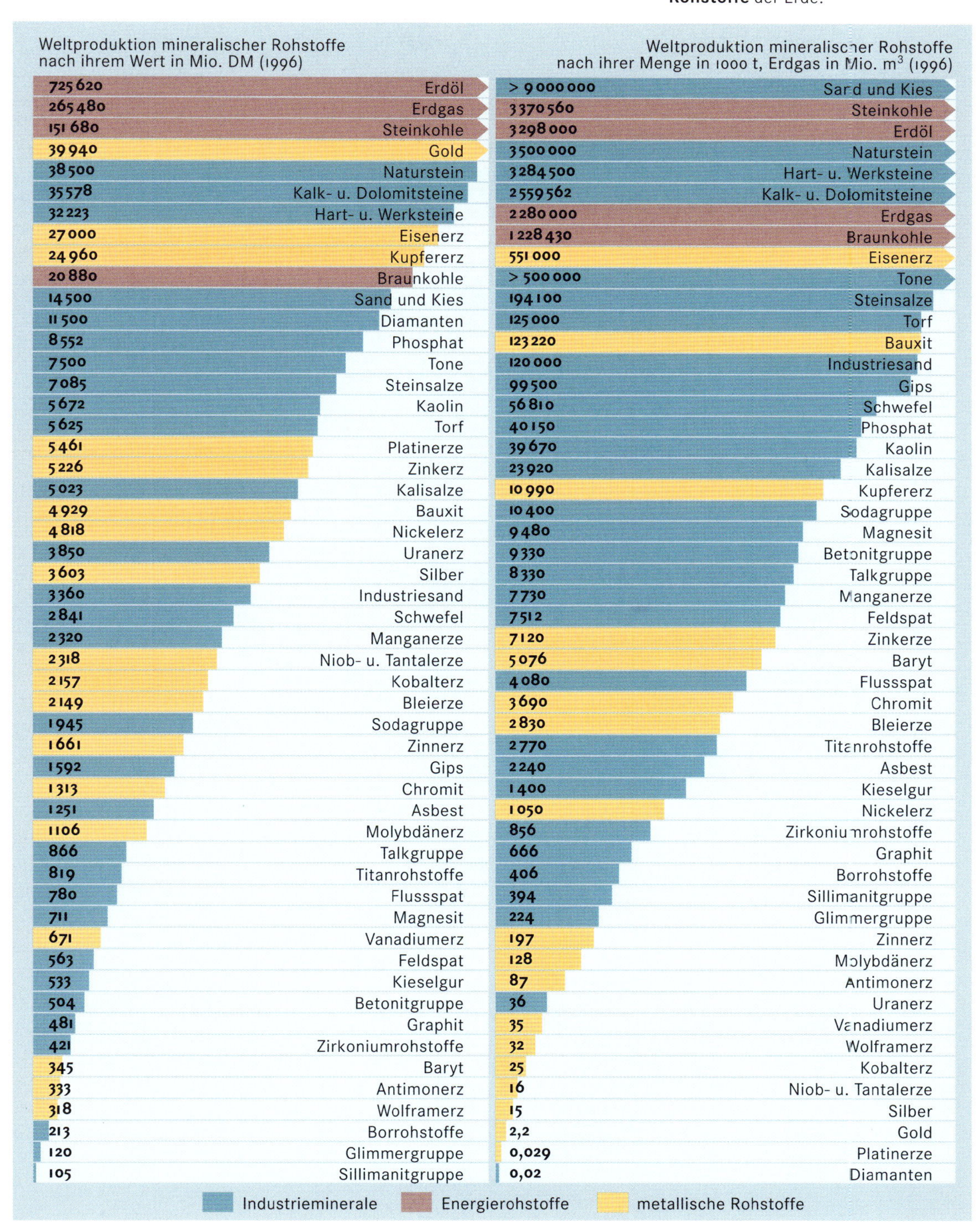

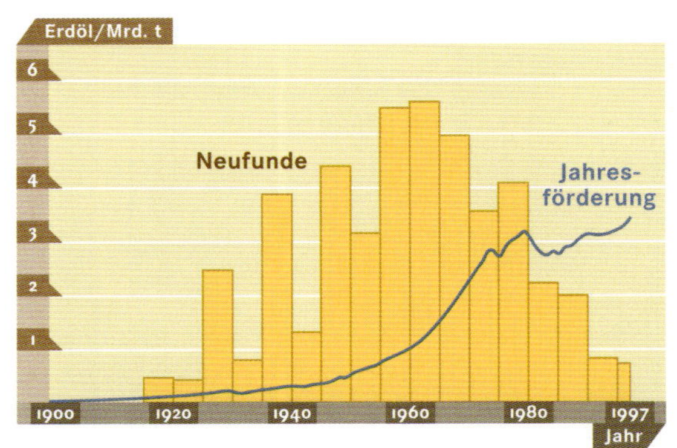

Neufunde (im Fünfjahresmittel) und Jahresförderung von **Erdöl.**

Eine Erschöpfung der Erdölvorräte wird sich nicht als plötzlicher Lieferstopp bemerkbar machen. Zuerst werden Misserfolge bei Prospektionen zunehmen. Schließlich wird es zu einem immer stärkeren Rückgang der globalen Erdölförderung kommen. Die Vereinigten Staaten sind ein Beispiel für diese Entwicklung: Ihre ursprünglich riesigen Schätze an Erdöl sind mehr als zur Hälfte verbraucht, die Förderung hatte schon in den späten 1960er-Jahren ihren Höchststand erreicht.

Innerhalb eines Jahrhunderts ist der Energieverbrauch der Menschheit um das 60fache gestiegen; er kletterte nicht gleichmäßig, aber unaufhaltsam trotz Kriegen, Rezessionen, Inflationen und technischem Wandel. Den größten Teil der Energie beanspruchen die Industrieregionen. Ein Europäer verbraucht bis zu 30-mal mehr kommerziell gelieferte Energie als ein Bewohner eines Entwicklungslands. Die Nordamerikaner bringen es gar auf das 40fache.

Man hat errechnet, dass der Energiebedarf bei einem wie bislang verlaufenden Wachstum der Bevölkerung und des Industriekapitals bis zum Jahr 2020 um 75 Prozent steigen wird. Die wichtigsten Energieträger werden die fossilen Brennstoffe Kohle, Erdöl und Erdgas bleiben. Gegenwärtig decken sie global vier Fünftel der kommerziell gelieferten Energie.

Zyklen der Materialiennutzung

Der Pro-Kopf-Verbrauch in den Industriestaaten ist bei den meisten Metallen acht- bis zehnmal höher als in einem Entwicklungsland. Wollten in absehbarer Zeit die prognostizierten 12,5 Milliarden Menschen Material in dem Umfang verbrauchen wie heute die Amerikaner, müssten die globale Stahlproduktion auf das Siebenfache, die Kupfergewinnung auf das Elffache und die Aluminiumerzeugung auf das Zwölffache gesteigert werden.

Die Industrie muss ständig ihre Produktion erweitern, um wettbewerbsfähig zu bleiben. Die Steigerung der Nutzungszeit von Produkten, erreichbar durch bessere Konstruktion, Instandsetzung und Wiedergebrauch wie etwa bei Pfandflaschen, ist effektiver als Recycling, weil dabei das Zerlegen, Zerkleinern, Schmelzen, Reinigen und die Neufabrikation, die das Recycling erfordert, reduziert werden. Die Verdopplung der durchschnittlichen Nutzungszeit der Produkte bedeutet halben Energieverbrauch, die Halbierung der Abfälle und der Umweltverschmutzung bei der Herstellung sowie eine verzögerte Erschöpfung der Materialquellen. Auf vielen Verarbeitungsstufen der traditionellen Herstellung fallen große Abfallmengen an. So können ungefähr 1,5 t Grundmaterial erforderlich sein, um 1 t kaltgewalzter Bleche, Träger oder

Bisherige und prognostizierte Entwicklung der dem Gebrauch zur Verfügung stehenden Wasservorräte **(Wasserdargebot)** für die Jahre 1970 bis 2020. In Afrika und Asien könnte das Dargebot in naher Zukunft unter die Grenze des **Wasserstresses,** 2000 m³ pro Kopf und Jahr (a · c), sinken. Die Werte gelten jeweils für den gesamten Kontinent; einzelne trockene Gebiete können durchaus unter Wassermangel (unter 500 m³) leiden.

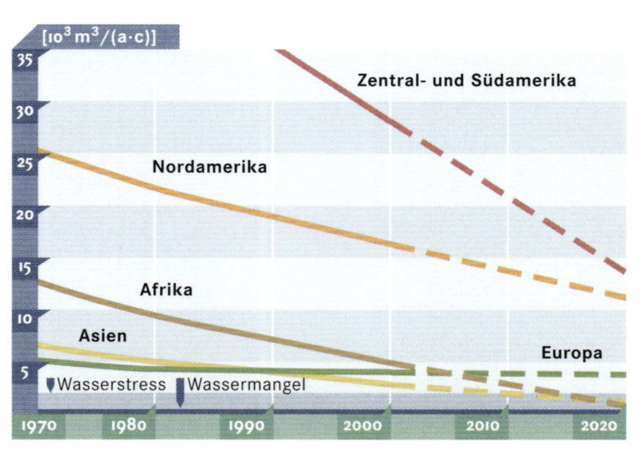

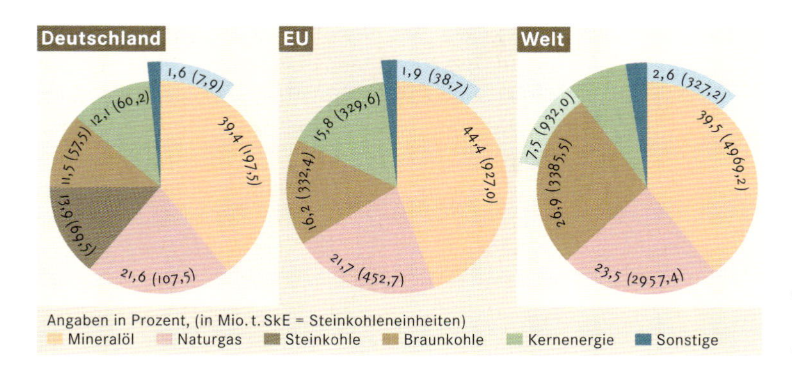

Verbrauch der verschiedenen **Primärenergienträger** in Deutschland, der EU und weltweit 1996.

Rohre zu erzeugen, und bis zu 2 t Stahl sind zur Herstellung von 1 t Schmiedestücken erforderlich.

Nachwachsende Rohstoffe

Die Nutzung der sich regenerierenden Lebensgrundlagen wie Nutzböden, Wasservorkommen und Wälder darf nicht die Rate ihrer Regeneration überschreiten. Sich regenerierende Rohmaterialien für den industriellen Bedarf können sein: Produkte der Forstwirtschaft (etwa Bauholz, Cellulose und Naturkautschuk), landwirtschaftliche Produkte (Baumwolle, Jute) und Materialien tierischen Ursprungs (Leder, Wolle, Seide). Entsprechend der Definition entstehen bei den sich regelmäßig regenerierenden Ressourcen keine Probleme mit einer dauernden Erschöpfung. Die Erzeugung solcher pflanzlichen Produkte ist global nur durch die verfügbaren Landflächen, die Bodenfruchtbarkeit, das Klima sowie durch Wachstums- und Erntezyklen begrenzt.

Zu deutlichen Verknappungen kommt es heute bereits beim Rohstoff Wasser. Wasser ist von grundlegender Bedeutung für Landwirtschaft, Industrie und das menschliche Leben. Die moderne Industrie benötigt Wasser in riesigen Mengen, in erster Linie zur Kühlung, zur Dampferzeugung, für Waschvorgänge und Lösungsprozesse, als Fördermittel und auch als Inhaltsstoff vieler gefertigter Produkte. Elek-

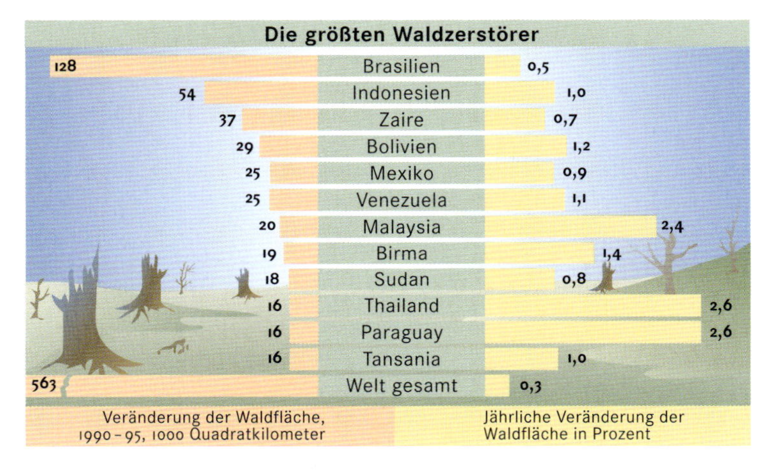

Rodung von Wäldern. In den zwölf Ländern mit der größten Waldvernichtung werden überwiegend tropische Regenwälder gerodet.

trizitätswerke, Stahlwerke, Erdölraffinerien und Papierfabriken sind die Betriebe mit dem größten Wasserverbrauch.

Der Wasserbedarf steigt ständig, während gleichzeitig in vielen Gebieten die Belieferung mit Wasser angemessener Qualität zurückgeht. Die Qualität des benötigten Brauch- und Trinkwassers ist ein entscheidendes Kriterium. Bei Frischwasser von annehmbarem Reinheitsgrad wird es zu Versorgungsengpässen kommen, und es ist zu erwarten, dass die Kosten für die Wasseraufbereitung steigen. Salz- und Brackwasser gibt es zwar im Überfluss, aber die Verfahren zur Wasserentsalzung haben einen so hohen Energiebedarf, dass sich ihre Nutzung in großem Umfang verbietet.

Holz ist einer der bedeutendsten sich regenerierenden Rohstoffe. Es ist das mit Abstand wichtigste Rohmaterial für die Papierherstellung. Metalle und Kunststoffe, sich erschöpfende Materialien, verdrängen jedoch allmählich das Holz in vielen seiner bisherigen Anwendungsbereiche.

Endliche Ressourcen

Endliche Ressourcen dürfen nicht rascher abgebaut werden, als gleichzeitig regenerierbare Quellen gefunden werden. So sollten Erdöllagerstätten nicht rascher ausgebeutet werden, als man die Förderung von Alternativenergien (zum Beispiel Sonnen- und Windenergie) mit derselben Kapazität ausbaut. Die meisten Erze bestehen aus Mischungen verschiedenartiger Mineralien, die getrennt, aufbereitet und verarbeitet werden müssen, um daraus me-

Die weltweiten Transporte von **Erdgas.**

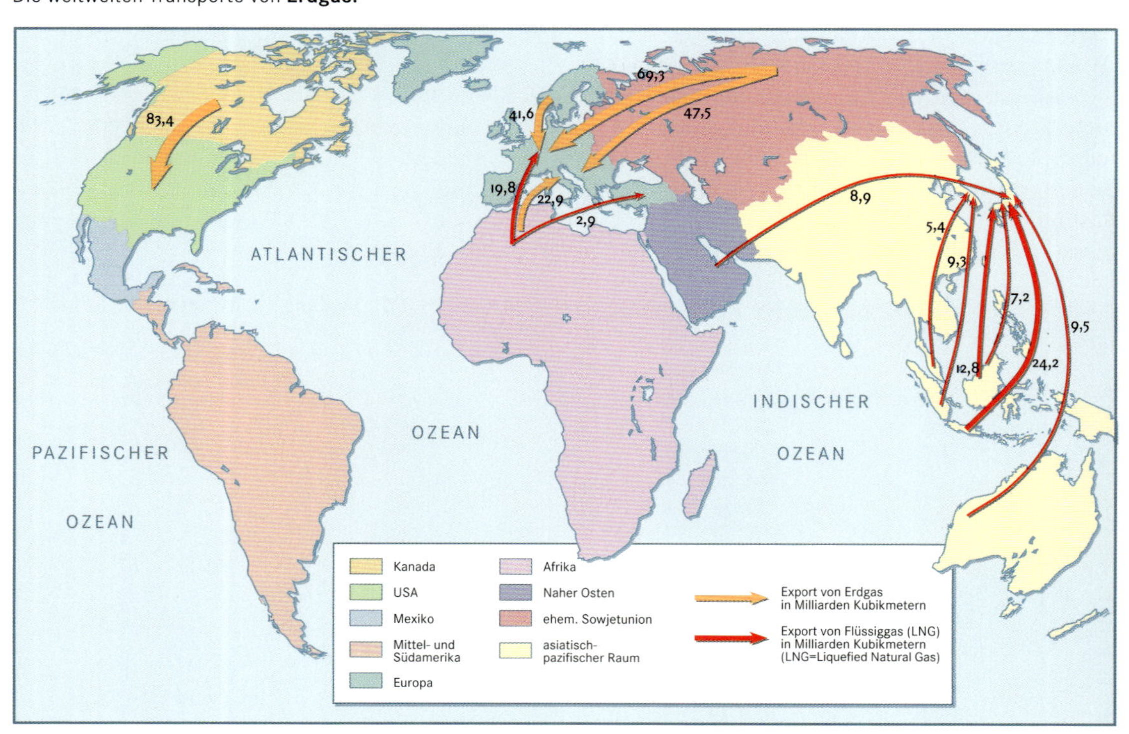

tallische oder nichtmetallische Werkstoffe zu gewinnen. Es ist offensichtlich, dass man bei weniger wertvollen Massengütern (zum Beispiel Sanden) nur diejenigen Mineralien wirtschaftlich nutzen kann, die Grundstoffe in genügender Konzentration und Reinheit enthalten (zum Beispiel Silicium), sodass die Kosten für deren Gewinnung wirtschaftlich tragbar sind. Die potentiellen Vorkommen verschiedener Elemente, wie etwa auch Aluminiumerde, sind noch äußerst umfangreich vorhanden, wenngleich gegenwärtig nicht immer wirtschaftlich abbaubar, aber durch Entwicklung neuer umfassender Technologien potentiell nutzbar.

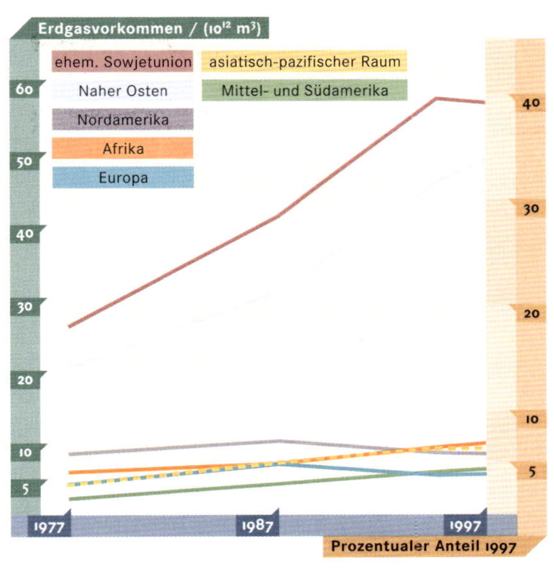

Als sicher nachgewiesene weltweite **Erdgasvorkommen.**

Rohstofflebensdauer am Beispiel von Erdgas

Nach dem Stand der Lagerstättenexploration stand 1990 Erdgas noch für etwa 60 weitere Jahre zur Verfügung. Nehmen wir einmal an, dass so viele erschließbare Gasmengen entdeckt werden, dass sie bei gleich bleibender Verbrauchsrate wie 1990 nicht nur 60, sondern 240 Jahre lang vorhalten, dann fällt unser angenommener hoher Erdgasvorrat innerhalb dieser Jahre linear auf null ab. Wenn jedoch die jährliche Verbrauchsrate so zunimmt wie in den letzten zwanzig Jahren, nämlich um 3,5 Prozent pro Jahr, dann vermindern sich die Vorräte nicht linear, sondern exponentiell. Sie werden folglich statt im Jahre 2230 schon 2054 erschöpft sein und reichen also nur noch 64 Jahre.

Will man weltweit die Umweltverschmutzung vermindern und die Ölvorräte strecken und deshalb statt Kohle und Erdöl immer mehr Energie aus Erdgas einsetzen, dann würde dessen Verbrauchsrate um mehr als 3,5 % jährlich steigen. Bei 5 % jährlichem Verbrauchszuwachs wäre unser hypothetischer 240-Jahre-Vorrat schon in 50 Jahren erschöpft. Die Entdeckungen von Erdgasvorräten müssten sich, um ein stetiges Wachstum des Gasverbrauchs von 3,5 % jährlich zu ermöglichen, alle zwanzig Jahre verdoppeln. In jeweils zwei Jahrzehnten wären dann so viele neue Gasmengen aufzuspüren, wie bereits zuvor insgesamt entdeckt worden sind.

Reduzierung des Verbrauchs

Bedingt durch die beiden Ölkrisen, kam es – unfreiwillig – zu einer Reduzierung des Rohstoffverbrauchs. Zusätzlich brachte die weltweite Rezession Wachstumsbeschränkungen. Der Metallverbrauch der westlichen Welt sank in den Folgejahren erheblich. Es wäre jedoch falsch, daraus generell eine Abnahme des Metallbedarfs abzuleiten. Dieser schwankte zwischen 1973 und 1979 zyklisch. 1983 waren bei Aluminium, Zink und Nickel sogar wieder Zuwachsraten von 6 bis 8 Prozent zu verzeichnen; Kupfer, Blei und Zinn hingegen stagnierten. Gerade in Deutschland weist der Trend auf einen steigenden Verbrauch der aufgeführten Metalle hin.

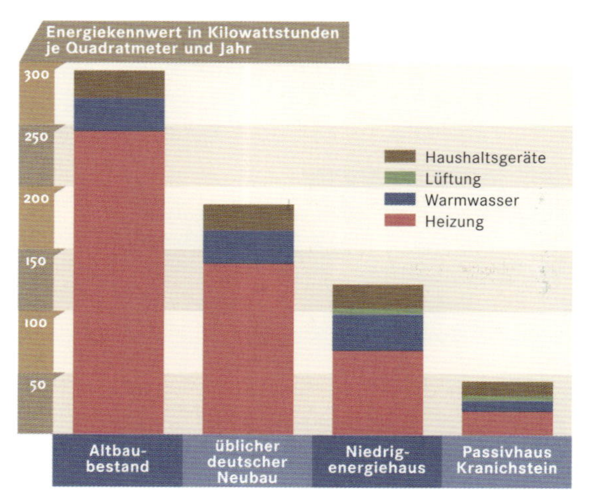

Energiekennwerte von traditionellen und **Energiesparhäusern.** Als Standardtyp für die Energiesparweise gilt das **Niedrigenergiehaus,** das kaum mehr als die Hälfte der Heizenergie von üblichen Neubauten benötigt; im Passivhaus sind es nur 7%.

Verbrauchsreduzierungen sind vor allem auch bei der Energienutzung gefragt. Zwei Optionen stehen zur Verfügung. Die eine, die bessere Energienutzung, lässt sich rasch realisieren. Die andere Option, die Energiegewinnung aus regenerativen Quellen, benötigt mehr Zeit.
Höherer Energienutzungsgrad bedeutet, dass man den gleichen praktischen Nutzen, die gleiche Leistung, etwa Licht oder Raumwärme, aus geringeren Rohstoffmengen gewinnt. Das beinhaltet, dass derselbe oder gar ein höherer Lebensstandard zu niedrigeren Kosten aufrechterhalten werden kann. Auch die Gemeinkosten für die Umweltschäden sind dadurch geringer, und für viele Länder bedeutet das geringere Auslandverschuldungen. Techniken zur Erhöhung des Energienutzungsgrades – von Wärmedämmung bis zu extrem sparsamen Kraftmaschinen – werden gegenwärtig sehr rasch entwickelt. Eine moderne Energiesparlampe braucht nur ein Viertel der elektrischen Energie einer herkömmlichen Glühlampe mit derselben Lichtleistung. Würden alle Gebäude in den USA mit wärmeisolierenden Fenstern versehen, würde nur halb so viel Heizenergie benötigt als bisher.

Alle Kalkulationen über die einsparbaren Energiemengen sind abhängig von der technischen Situation, den politischen Ansichten und den Vorurteilen der Menschen. Der globale Bedarf an Erdöl könnte um 14%, an Kohle um 10% und an Erdgas um 15% geringer sein. Die westeuropäischen Länder und Japan haben die höchste Energieeffizienz auf der Erde, ihre Energieausnutzung könnte aber noch verdoppelt bis vervierfacht werden.

Recycling

Zweifellos hat der Bericht des Club of Rome einen wichtigen Anstoß gegeben, verstärkt Rohstoffe wieder zu verwenden. Die hohe Recyclingrate ist freilich auch aus der damit verbundenen Energieeinsparung um bis zu 95 Prozent gegenüber der Primärproduktion zu erklären; beispielsweise fließen in den USA rund 60 Prozent des Dosenleerguts (Getränke) innerhalb von drei Monaten wieder in den Produktionskreislauf zurück.
Einen Sonderfall des Recyclings stellt die Aufarbeitung alter Abraumhalden dar. In Hessen wurden 1984 aus den Haldenbeständen stillgelegter Gruben 83600 Tonnen Erz mit rund 33500 Tonnen Eisen gewonnen. Nur unzureichend hat man sich bislang mit den Schrottmengen befasst, den Altmaterialien, die die jährliche Bergwerksproduktion der jeweiligen Rohstoffe um ein Vielfaches übersteigen. Man schätzt, dass 50 Prozent des bislang verarbeiteten Kupfers in Zukunft wieder verwendet

Recycling von Kunststoffen. Geschredderte Kunststoffabfälle (Probe im rechten Glas) werden bei einer Temperatur von 400 °C durch eine Sand-Wirbelschicht geschickt, wodurch die langen Molekülketten der Kunststoffe aufgebrochen werden. Die dabei entstehenden gasförmigen Kohlenwasserstoffe werden gefiltert und kondensiert und bilden schließlich eine Substanz von wachsartiger Konsistenz, die wieder als Rohstoff für Raffinerien oder die petrochemische Industrie dient.

werden. Rund ein Drittel der Buntmetalle wird bereits im Durchschnitt zurückgewonnen – dies spiegelt Bedeutung und technische Leistungsfähigkeit der Schrott- und Sekundärwirtschaft wider.

Substitution

Eine weitere Methode, der Rohstoffverknappung entgegenzuwirken, ist die der Substitution. Die Entwicklung von Kunststoffen mit der gleichen Härte wie Stahl, aber geringerem Gewicht und längerer Lebensdauer hat mittlerweile tief greifende Veränderungen, insbesondere im Flugzeugbau, herbeigeführt. Auch beim Automobilbau zeichnen sich ähnliche Entwicklungen ab. Hinsichtlich der Rohstoffe bedeuten diese Neuerungen aber häufig nur die Verlagerung von einer auf die andere Rohstoffbasis; sie schaffen neue Engpässe, zumal bei Kunststoffen ein Recycling bisher nur in Ansätzen stattfindet. Ähnliche Konsequenzen zieht die Verwendung von Glasfasern anstelle von Kupferkabeln und von Fernmeldesatelliten nach sich.

Ein moderner Pkw (Mercedes-Benz) mit den in ihm verwendeten **recycelbaren Kunststoffteilen.**

Eine immer interessanter werdende Art der Substitution ist die der fossilen Energiequellen (Erdöl, Erdgas, Kohle) durch die Sonnenenergie. Die fossilen Energiequellen liefern eine Leistung von rund fünf Terawatt, während die Sonneneinstrahlung an der Erdoberfläche 80 000 Terawatt beträgt. Die Produktion photovoltaischer Solarzellen erforderte 1970 noch Kosten in Höhe von etwa 150 US-Dollar pro Watt Lieferkapazität, heute nur noch 4 US-Dollar pro Watt. Nach Analysen des US Department of Energy könnten in knapp 40 Jahren die Vereinigten Staaten etwa zwei Drittel der heute genutzten Energiemenge aus der Sonneneinstrahlung, aus Windgeneratoren und Wasserkraftwerken sowie geothermal aus der Erdwärme und aus der Biomasse gewinnen.

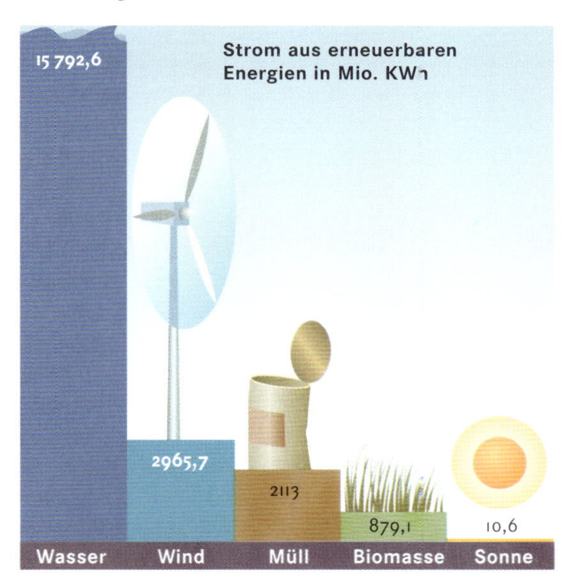

Der **aus erneuerbaren Energiequellen erzeugte Strom** betrug 1997 in Deutschland insgesamt 21 761 Mio. kWh, d. h. knapp 5 Prozent des gesamten Stromaufkommens.

Freilich sind auch die sich erneuernden Energiequellen nicht völlig umweltneutral. Mengenmäßig unbegrenzt sind sie ebenfalls nicht oder ihre regionale Verfügbarkeit ist sehr unterschiedlich. Windgeneratoren benötigen Land- oder Wasserflächen, manche Typen von Solarzellen enthalten giftige Verbindungen, Stauseen für Wasserkraftwerke überfluten kostbares Land und zerstören natürliche Wasserläufe. Die Produktion von Biomasse zur Energiegewinnung setzt landwirtschaftliche Kulturen voraus. Die Verfahren zur Solarenergienutzung liefern nur verhältnismäßig wenig Energie pro Flächeneinheit oder arbeiten nur wirtschaftlich bei Sonnenschein.

Neue Werkstoffe

Motive für eine Nutzung von neuen Werkstoffen sind: ein beschleunigender internationaler Wettbewerb der Kosten, der Verarbeitungsmöglichkeiten, der Energieeinsparung und der Verfügbarkeit von Materialien; eine geminderte Abhängigkeit von knapper werdenden strategischen Metallen durch neue Werkstoffe sowie Gewichts- und damit einhergehende Energieeinsparungen.

Wie so oft ist der militärische Sektor Schrittmacher für zivile Anwendungen gewesen. Für Satelliten, Hochleistungsflugzeuge, Raketen und anderes ist das teuerste Material gerade gut genug, wenn sich dadurch die Eigenschaften des Produkts verbessern lassen. Die Weltproduktion von Kunststoffen war 1960 so hoch wie die von Primär-Aluminium; sie ist heute mehr als dreimal so hoch. Eine extreme Wachstumsphase verlief von 1965 bis 1980. Man rechnet mit einer Sättigung erst gegen Ende des nächsten Jahrhunderts auf einem Niveau von etwa dem Zehnfachen der heutigen Produktion. Die größten Erzeuger sind – wie nicht anders zu erwarten – die USA, Japan und Deutschland, die zwei Drittel der Weltkunststoffproduktion auf sich vereinigen.

Polymerwerkstoffe

Die am häufigsten genannten Gründe für eine Umstellung auf den Einsatz von Polymerwerkstoffen sind die Reduzierung der Herstellungskosten und verbesserte Funktionstauglichkeit. Ein typisches Beispiel, für viele mittlerweile eine Selbstverständlichkeit, sind die Tankverschlusskappen aus Polyamid. Sie ersetzten ein einfaches Bauteil, für das früher Stahlblech verwendet wurde. Wichtige Aspekte bei der Produktion sind heute: Produktvereinfachung, Einsparung von kostenintensiven Einzelschritten, Gewichtsersparnis und Korrosionsbeständigkeit.

Die Integration vieler Funktionen in einem Chemiewerkstoff ist der entscheidende Vorteil gegenüber den Metallen. Für die Polymere sprechen Kratzfestigkeit, Reibungsverhalten, Spannungsrissresistenz, Korrosionsbeständigkeit, Verklebbarkeit und Lackierbarkeit. Polymere mit elektrischen Eigenschaften können in wenigen Jahren, so schätzt man, auch mit Eigenschaften herstellbar sein, die man sonst nur bei Metallen findet. Wenn es gelingt, Verfahren zu finden, wie die Leitfähigkeit verbessert und stabilisiert werden kann, dann erscheint eine Substitution von Metallen in Elektrotechnik und Elektronik durch polymere Werkstoffe langfristig möglich.

Verbundwerkstoffe und Glasfasertechnologie

Bei Verbundwerkstoffen handelt es sich um Faser-, Schicht- oder Teilchenverbundwerkstoffe, die das lang angestrebte Ziel der Materialforscher, komplizierte Strukturen zu erzeugen, wie die Natur sie in bewundernswerter Weise vorgibt, bald erreicht haben. Ihre Eigenschaften sind hohe Festigkeit, Steife, geringes Gewicht, hoher Korrosions- und Verschleißschutz. Einsatzbeispiele sind Sportartikel, Silos, Druckbehälter und Abgasschornsteine. Einen wesentlichen Fortschritt stellen die kohlenstofffaserverstärkten Kunststoffe (CFK) dar, die durch Kombination von hoher Festigkeit und Steife ein breites Eigenschaftsspektrum abdecken. Die CFK haben sich bereits für primäre Strukturbauteile von Flugzeugen bewährt.

Auch hier spielt die militärische Verwendung eine Vorreiterrolle. Ein Ziel der Flugzeugindustrie ist die Gewichtsersparnis, mit der Kraftstoffeinsparung verbunden ist. Das Flugzeug der neuen Generation wird 20 Prozent leichter sein als sein Vorgängermodell. Die Gewichtseinsparung beträgt bei einem großen Verkehrsflugzeug etwa 10 Tonnen.

Eine bekannte technische Entwicklung ist die Einführung von Glasfaserkabeln als Lichtwellenleiter für viele Anwendungsbereiche der modernen Telekommunikation. 1995 waren bereits rund 35 Prozent aller bisherigen Kabelsysteme durch Glasfasern ersetzt.

Braunkohlentagebau mit Schaufelradbagger.

Neue Förder- und Transporttechniken

Sobald Rohstoffe knapper werden, steigen die Rohstoffpreise. Das hat häufig zur Folge, dass Rohstoffquellen rentabel genutzt werden können, deren Abbau bisher unwirtschaftlich war. Größere Geräte für Tagebaubetriebe, neue Aufbereitungsverfahren und leistungsfähigere Transportmittel können die wirtschaftliche Nutzung von Lagerstätten verbessern. Die Entwicklung im Eisenerzbergbau der vergangenen drei Jahrzehnte bietet dafür ein gutes Beispiel.

Die Ausbeutung sehr armer Erze führt zu technischen Schwierigkeiten. Der Energiebedarf für den Abbau, die Zerkleinerung und die Anreicherung der Erze stellt einen zunehmenden Prozentsatz der notwendigen Gesamtenergie dar. Bei der Anwendung von neuen Gewinnungs- und Bearbeitungstechniken geraten wir häufig sehr schnell an die Grenzen nicht nur des Energiebedarfs, sondern auch der Umweltverträglichkeit.

Eiserner Hut, oberflächennaher Bereich von Erzlagerstätten, der durch Luft- und Wassereinwirkung stark verwittert ist; durch Umbildung sulfidischer Minerale entstehen Oxide, Hydroxide, Carbonate und Sulfate u.a. von Eisen, Kupfer, Mangan, Zink, Blei, Molybdän und Antimon

Das Erkunden neuer Lagerstätten

Zur Deckung des langfristig steigenden, wenn auch in Abhängigkeit von der Konjunktur schwankenden Weltbedarfs an mineralischen Rohstoffen ist die laufende Suche nach neuen Lagerstätten (Prospektion) und die Einrichtung neuer Abbau- oder Förderstandorte erforderlich. Die zahlreichen Rohstofffunde der letzten Jahrzehnte führten dazu, dass mengenmäßig zunächst ungenau definierte »Ressourcen« inzwischen nach genaueren Untersuchungen,

Lagerstättenerkundung per Satellit. Bestimmte Farben und Muster werden einem Gesteinsuntergrund zugeordnet, der auf ein Rohstoffvorkommen schließen lässt.

zum Beispiel mithilfe sorgfältiger Probenentnahmen, als »Reserven« – häufig auch bereits als »ökonomisch gewinnbare Reserven« – eingestuft wurden.

Die Ermittlung des Lagerstätteninventars eines bislang unbekannten Gebiets geht von der geologischen Erkundung mit Luftbild (Satellitenfoto) und Karte, der Ermittlung von Erzausbissen, zum Beispiel von »Eisernen Hüten«, und von der Erfassung lagerstättenhöffiger geologischer Strukturen aus. Anwendung finden unter anderem die Schwermineralprospektion, geochemische und geophysikalische Methoden und schließlich Bohrungen sowie andere bergmännische Verfahren.

Wichtig in der Vergangenheit war zum Beispiel die welt- oder kontinentweite Suche nach ganz bestimmten Rohstoffen, etwa nach Uranerzen (nach 1945) oder nach Eisenerzen. Nach vorhandenen Kenntnissen, Karten und Berichten werden höffige Gebiete ausgewählt, beflogen und »aeromagnetisch« untersucht. Die gefundenen erdmagnetischen Anomalien werden dann am Boden überprüft und entdeckte Lagerstätten exploriert. Ab Anfang der 1950er-Jahre wurden damit große neue Eisenerzreserven, so in Labrador, Venezuela und in Liberia erkundet und anschließend bergmännisch erschlossen.

Techniken der Fernaufklärung durch Satelliten (wie etwa durch die technologischen Satelliten LANDSAT zur Lagerstättenforschung) gehören zu den Erfolg versprechenden Innovationen für die Exploration natürlicher Ressourcen.

Meerwasser als Rohstoffquelle

Bei der Suche nach neuen Lagerstätten fand man schon vor längerer Zeit heraus, dass die Ozeane eine riesige Quelle nicht regenerierbarer Materialien sind. Meerwasser ist gegenwärtig die wichtigste kommerzielle Quelle für vier Elemente: Natrium, Chlor, Magnesium und Brom. Mit der Entwicklung neuerer, aber auch teurerer Technologien kann Meerwasser auch eine praktisch unerschöpfliche Ressource für viele andere Elemente werden, die heute noch wirtschaftlich aus der Lithosphäre gewonnen werden. Nicht übersehen werden dürfen die Elemente, deren Lösungskonzentrationen im Meerwasser zwar sehr gering, die aber von großer strategischer Bedeutung sind (zum Beispiel Uran). Außer gelösten Elementen finden sich in den Ozeanen große potentielle Ressourcen am oder unter dem Meeresboden.

Im Meerwasser enthaltene chemische Elemente

Rohstoff	Menge/Tonnen
Chlor	$29 \cdot 10^{15}$
Natrium	$16 \cdot 10^{15}$
Calcium	$600 \cdot 10^{12}$
Brom	$90 \cdot 10^{12}$
Kalium	$600 \cdot 10^{12}$
Phosphor	$110 \cdot 10^{9}$
Iod	$93 \cdot 10^{9}$
Silber	$164 \cdot 10^{6}$
Gold	$8 \cdot 10^{6}$
Molybdän	$800 \cdot 10^{6}$

Wir stehen also nicht vor der Endlichkeit unserer Rohstoffe, sondern in der Tat vor dem Zusammenbruch des ökologischen Gleichgewichts unserer Erde. Dieses Gleichgewicht ist durch unbedachte Rohstoffausbeutung und das damit verbundene Risiko

MEERESBERGBAU

Die Nutzung mineralischer Meeresbodenschätze ist am günstigsten bei spezifisch schweren oder schwer verwitternden Mineralen, die unmittelbar vor den Küsten durch Brandung, Gezeiten oder Meeresströmungen in »Strandseifen« angereichert werden. Zu diesen Mineralen gehören die Schwerminerale Ilmenit und Rutil (Titanerze), Zircon, Monazit (Cer- und Thoriumerz), Zinnstein, Magnetit (Eisenerz), außerdem Gold, Platin und Diamanten.

Erdöl- und Erdgasvorkommen unter dem Schelf, dem bis zu 200 Meter tiefen Flachmeersaum um die Festländer, werden bereits mittels Bohrinseln intensiv ausgebeutet. Sie liefern ein Fünftel des Erdgases und ein Viertel des Erdöls.

Beim Tiefseebergbau geht es vor allem um die Manganknollen – rundliche, kartoffelgroße schwarze Anreicherungen verschiedener Metalle auf dem Meeresboden. Dabei sind neben Mangan (Gehalt 20 bis 30 %) vor allem Kupfer, Nickel und Cobalt (je 1 bis 2 %) interessant. Die Manganknollen wurden unter Beteiligung von Organismen aus dem Meerwasser als konzentrisch-schalige Konkretionen ausgeschieden. Wirtschaftlich wertvoll sind die Vorkommen im Indischen Ozean und im Pazifischen Ozean. Neben den Manganknollen sind mehrere Zentimeter dicke cobaltreiche Mangankrusten weit verbreitet. Versuche haben ergeben, dass Förderung und Aufbereitung der Manganknollen technisch möglich wären. Der Abbau der mit dem Festgestein des Untergrunds verbundenen Mangankrusten wäre erheblich schwieriger.

Dort, wo zwischen auseinander driftenden Platten der Lithosphäre Gesteinsschmelzen (Basalt) am Meeresboden austreten, dringt Meerwasser in den Untergrund und löst aus dem heißen Gestein Metallionen. Diese werden im Basalt oder in überlagernden Sedimenten als Sulfide, Sulfate oder Carbonate ausgefällt, am Meeresboden als Sulfide, Oxide oder Oxidhydrate. Durch Mischung mit lockeren Sedimenten entstehen Erzschlämme. Ähnliche Vorgänge spielen sich in den Kammregionen der mittelozeanischen Rücken, in 2 bis 3 Kilometer Wassertiefe ab. Sulfidische Erze (Kupferkies, Zinkblende, Pyrit) treten hier in hydrothermalen Schloten (»Schwarze Raucher«) und massigen Anreicherungen auf. In andern Regionen wurden auf dem Meeresboden bedeutende Vorkommen von Phosphoritknollen entdeckt, die als Rohstoff für die Düngemittelindustrie dienen könnten.

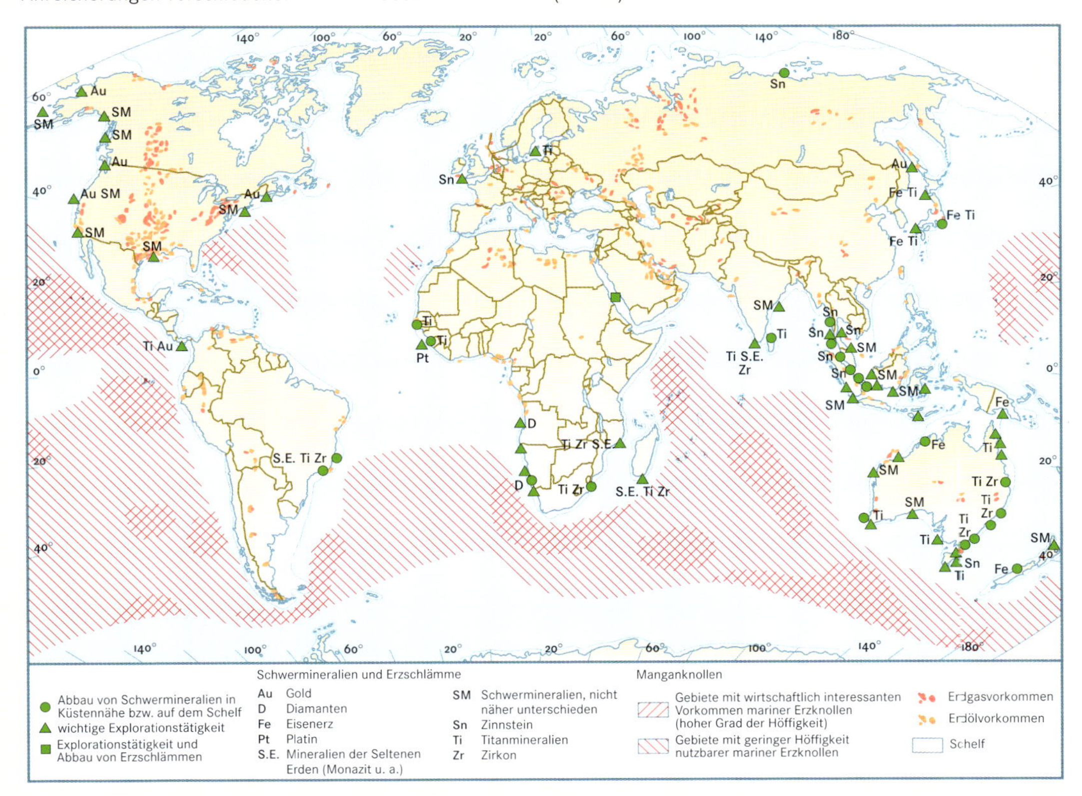

Als **Grundwasser** wird das Wasser bezeichnet, das unterirdische Hohlräume zusammenhängend füllt. Es wird von versickernden Niederschlägen und zusickerndem Oberflächenwasser gespeist und sammelt sich über wasserundurchlässigen Schichten. In seiner Bewegung folgt es in der Regel nur der Schwerkraft und dem hydrostatischen Druck. Hierdurch unterscheidet es sich vom **Bodenwasser,** bei dem Adsorption und Kapillarkräfte eine wichtige Rolle spielen. Der Grundwasserstand hängt vor allem von der Menge der Niederschläge, vom Wasserverbrauch der Pflanzen und von der Entnahme durch die Menschen ab. Die Fließgeschwindigkeit des Grundwassers wird von der Beschaffenheit des Bodens stark beeinflusst. In feinen Dünensanden beträgt sie nur vier bis fünf Meter pro Jahr, in groben Schottern bis fünfzehn Meter pro Tag. Bei größeren Mengen von fließendem Grundwasser spricht man von **Grundwasserströmen.** Bei ausreichender Filterwirkung des durchsickerten Bodens und genügend langer Verweildauer im Untergrund (etwa fünfzig Tage) ist das Grundwasser keimfrei – wenn es nicht anthropogen belastet wird.

einer Umweltbelastung, vor allem in Dritte-Welt-Ländern, in Gefahr. Dies sollte übrigens auch ein Grund sein, weltweit verstärkt Altrohstoffrecycling zu betreiben; eine Strategie, die allerdings den Entwicklungsländern kurzfristig nicht bei ihren Problemen helfen wird. Andererseits werden erneuerbare Energiequellen (Sonne, Wind, Biogas) bislang nur wenig genutzt.

Industriebedingte Schadstoffbelastungen der Umwelt

Die Belastung der Umwelt durch den Menschen hat seit Beginn der Industrialisierung stark zugenommen. Betroffen sind die Umweltmedien Luft, Wasser (Grundwasser und Oberflächenwasser) und Boden. Durch ein gesteigertes Umweltbewusstsein und daraus resultierende Vorschriften haben industriebedingte Umweltbelastungen in den Industrieländern in den letzten Jahren aber erheblich abgenommen.

Neben der Industrie führen noch andere Aktivitäten des Menschen zu Umweltbelastungen. Bei der Luftbelastung sind das in erster Linie der Straßen- und der Flugverkehr. Der Schiffsverkehr führt zu hohen Belastungen der Oberflächengewässer, neben der Verklappung besonders auch durch Ölleckagen und Havarien.

Industrielle Verarbeitungs- und Feuerungsprozesse verursachen die Freisetzung der Schadgase Schwefeldioxid und Stickstoffdioxid. Andere Emittenten sind vor allem Kraftwerke und Fernheizwerke, ferner Haushalte und Kleinverbraucher, die auch bei der Ermittlung der Freisetzung von Schwermetallen nicht zu vernachlässigen sind. Starke Belastungen der Umwelt werden durch Bergbauaktivitäten, kommunale Abwässer, Intensivierung der Landwirtschaft und den Tourismus verursacht.

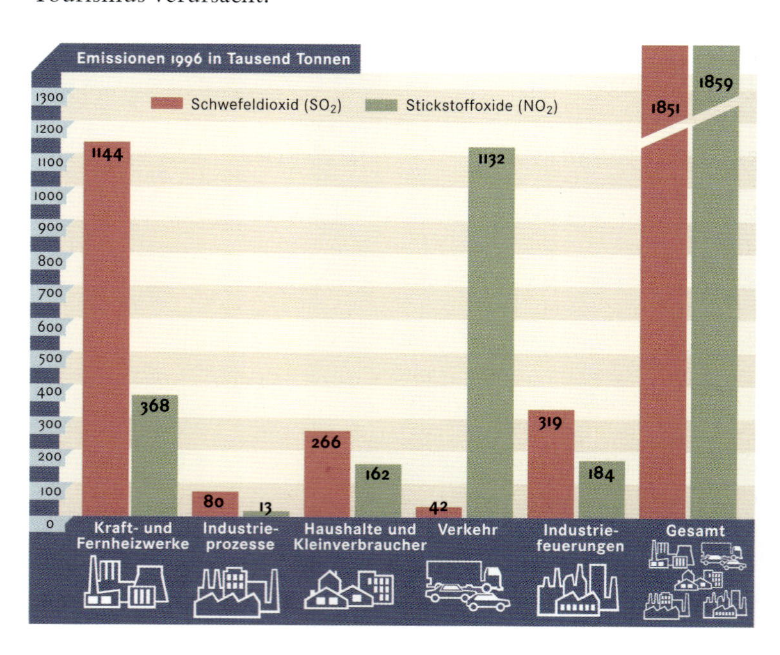

Emissionsmengen von **Schwefeldioxid** und **Stickoxiden** nach Verursachergruppen (1996).

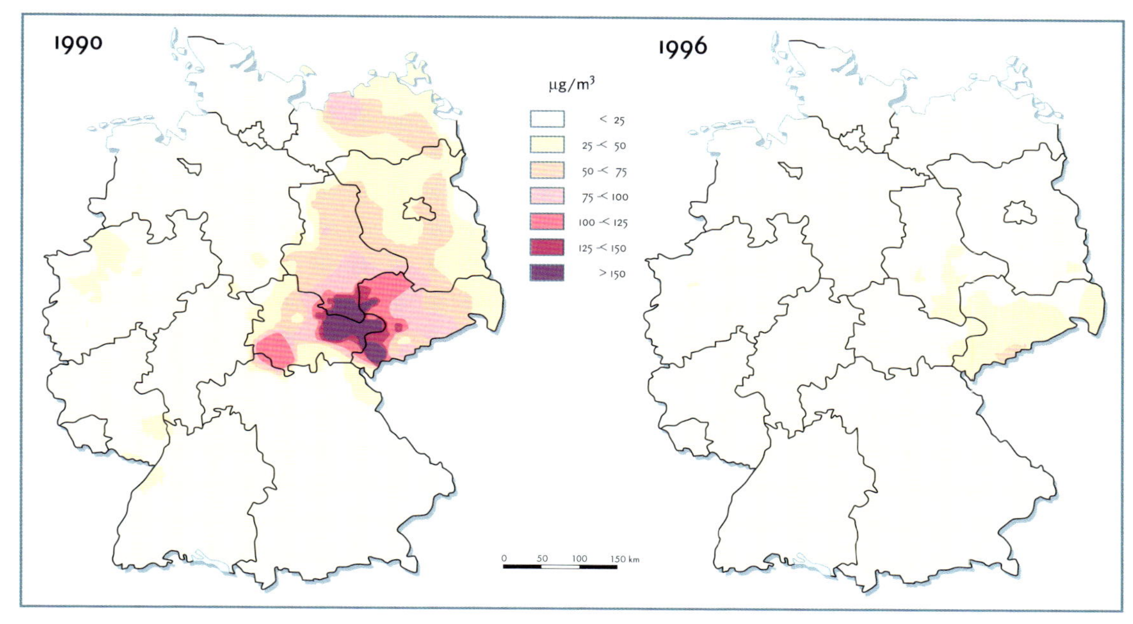

Die beiden Karten zeigen eindrucksvoll den Rückgang der **Luftbelastung durch Schwefeldioxid,** insbesondere auf dem Gebiet der ehemaligen DDR, infolge drastischer Senkung der Emissionen. Werte über 25 µg/m³ wurden 1996 nur noch in den Bundesländern Thüringen, Sachsen-Anhalt und vor allem Sachsen erreicht, aber auch dort lagen sie weit unter dem Grenzwert von 140 µg/m³ der »Technischen Anleitung Luft«.

Belastung der Luft

Bei der industriellen Belastung der Luft durch Schadgase, Stäube und Schwermetalle muss zwischen Primär-, Sekundär- und Tertiäremissionen unterschieden werden. Primäremissionen entstehen direkt durch den Produktionsprozess und werden deshalb auch Prozessemissionen genannt. Hierzu gehören zum Beispiel Staubemissionen aus Stahlwerken und Schwefeldioxid-Emissionen durch Sinterprozesse des Erzes. Sekundäremissionen entstehen durch Umschlagprozesse, das heißt durch das Umladen oder Umlagern von Gütern. Alle übrigen Emissionen, die man nicht besonderen Anlagen zuordnen kann, werden als Tertiäremissionen bezeichnet.

Bei gasförmigen Luftschadstoffen unterscheidet man ebenfalls zwischen primären und sekundären. Primäre Schadstoffe werden direkt emittiert, wie zum Beispiel Schwefeldioxid und Stickoxide, sekundäre Luftschadstoffe, wie zum Beispiel Photooxidantien, werden durch chemische oder physikalische Vorgänge erst in der Atmosphäre gebildet. Nachfolgend werden wir einige wichtige Schadgase benennen und Verbindungen zu den verursachenden Industrien aufzeigen.

Schwefeldioxid (SO_2) – Die fossilen Brennstoffe Erdgas, Erdöl, Torf und Kohle enthalten aufgrund ihrer organischen Herkunft mehr oder weniger Schwefel. Werden sie verbrannt, so entsteht aus diesem das giftige und farblose Schwefeldioxid. Die Hauptverursacher von SO_2-Emissionen sind Kraftwerke und Fernheizwerke, gefolgt von Industriebetrieben. In Deutschland zum Beispiel betrug 1991 der Anteil der Kraft- und Fernheizwerke am gesamten Schwefeldioxidausstoß von etwa 4550 Kilotonnen 72,7 Prozent, derjenige der Industrie (industrielle Prozesse und Industriefeuerungsanlagen)

13,5 Prozent. Den Hauptanteil der Industrie am Schwefeldioxidausstoß verursachen nicht die direkt emittierenden Prozesse selbst, sondern vor allem ihr hoher Energiebedarf und die damit verbundene Notwendigkeit des Betreibens eigener Kraftwerke und Großfeuerungsanlagen. Der Anteil der direkt emittierenden industriellen Prozesse ist mit 1,8 Prozent relativ gering. Zu den Verursachern gehören Röstprozesse bei der Bunt- und Schwarzmetallurgie sowie bei der Kohleveredlung. Weitere SO_2-Emittenten sind die Glas- und die Aluminiumindustrie.

SO_2 wird durch Luftsauerstoff zu SO_3 oxidiert, das heißt, es bilden sich schweflige Säure und Schwefelsäure, was in der Folge zur Entstehung sauren Regens führt, der seinerseits Bodenversauerung verursachen kann.

Stickoxide (NO_x) – Stickoxide sind ebenfalls Produkte der Verbrennung fossiler Energieträger, vor allem wenn diese nicht vollständig ist. Der Hauptanteil wird vom Straßenverkehr verursacht, der Anteil der Industrie ist eher gering.

Kohlenmonoxid (CO) – Auch Kohlenmonoxid entsteht bei der Verbrennung fossiler Energieträger. Der Hauptemittent ist wie bei den Stickoxiden der Straßenverkehr. Im Gegensatz zu SO_2 und NO_x ist Kohlenmonoxid aber für die Vegetation und empfindliche Werkstoffe ungefährlich. Für den Menschen ist dieses farb- und geruchlose Gas extrem giftig, weil es die innere Atmung lähmt.

Im Jahr 1991 betrug die Gesamtemission an Kohlenmonoxid in Deutschland etwa 10000 Kilotonnen. Davon entfielen auf Industrieprozesse 6,0 % und auf Industriefeuerungen 9,0 %. Den Hauptanteil verursachte mit 59,9 % der Straßenverkehr. Industriebedingte Kohlenmonoxid-Emissionen haben in den letzten Jahren stark abgenommen, was sowohl auf die Verbesserung der Feuerungstechnik als auch auf die Umstellung auf sauberer verbrennende Rohstoffe zurückzuführen ist.

Kohlendioxid (CO_2) – Kohlendioxid ist ein Treibhausgas, das bei der Verbrennung fossiler Brennstoffe entsteht und mit dem Kohlenmonoxid in einem temperaturabhängigen Gleichgewicht steht. Den größten Anteil am CO_2-Ausstoß haben Kraftwerke, Haushalte, der Straßenverkehr und Industriefeuerungen. Der Anteil, der direkt durch Industrieprozesse verursacht wird, ist sehr gering.

Kohlenwasserstoffe – Kohlenwasserstoffe sind chemische Verbindungen aus Kohlenstoff und Wasserstoff. Sie sind die Basis vieler organischer Verbindungen. Die Anzahl der verschiedenen von der Industrie emittierten Kohlenwasserstoffe ist fast unüberschaubar. Ihre Aggregatzustände reichen von fest über flüssig bis gasförmig. Kohlenwasserstoffe, die anstelle von Wasserstoffatomen Fluor-, Chlor- oder Bromatome enthalten, werden als halogenierte Kohlenwasserstoffe oder Halogenkohlenwasserstoffe bezeichnet.

Polycyclische aromatische Kohlenwasserstoffe (PAH) – PAH sind feste, meist farblose Verbindungen. Sie kommen in Erdöl, Steinkohle und auch in Lebewesen vor. Ihre Verbreitung geschieht hauptsächlich durch unvollständige Verbrennung bei zu niedrigen

Die Art der **Feuerungssysteme** in Heiz- und Kraftwerken richtet sich zunächst nach der Art und der Beschaffenheit der zu verwendenden Brennstoffe, sodann nach den zu erzielenden Leistungen der Feuerungsanlagen und schließlich nach der Art und der Menge der bei der Verbrennung entstehenden Schadstoffe. In allen Fällen ist prinzipiell ein möglichst hoher Wirkungsgrad erstrebenswert, d.h. eine möglichst vollständige Umwandlung der in den Brennstoffen enthaltenen chemischen Energie in Wärme und deren Einbringung in den jeweiligen thermischen Prozess in größtmöglichem Umfang. Eine relativ schadgasarme Art ist die **Wirbelschichtfeuerung.** Sie wird in Kraftwerken mit einer Leistung bis etwa 200 MW eingesetzt. Der für sie verwendete Brennstoff (meist Kohle) hat eine sehr kleine Körnung und verbrennt bei Temperaturen von etwa 850 °C. Bei solchen Temperaturen – im Gegensatz zu höheren – entstehen relativ wenig Stickoxide. Da diese Feuerung mit einem sehr hohen Ballastanteil brennen kann, ist es möglich, dem Brennstoff Kalk zuzuschlagen, der bereits im Brennraum das dort entstehende Schwefeldioxid zu Gips bindet.

Temperaturen (unter 1000 °C); sie findet weltweit durch Rauch, Flugstaub und Rußpartikel statt. Gewöhnlich vorkommende PAH-Konzentrationen beeinflussen das Ökosystem nicht, doch einige PAH sind Krebs erregend. Die Hauptemittenten sind Verbrennungsvorgänge jeder Art sowie Industriezweige, die sich mit der Herstellung von Farben, Pflanzenschutzmitteln und Pharmazeutika beschäftigen.

Chlorierte Kohlenwasserstoffe (CKW) – Chlorierte Kohlenwasserstoffe sind Halogenkohlenwasserstoffe, bei denen jeweils ein Wasserstoffatom oder mehrere durch je ein Chloratom ersetzt sind. Sie sind leicht flüchtig, überall in der Umwelt vorhanden und werden in den unterschiedlichsten Industriezweigen ein- und damit auch freigesetzt. Auf natürliche Weise sind sie nur sehr langsam abbaubar, sie reichern sich in der menschlichen Nahrungskette an und haben Krebs erzeugende Eigenschaften. Die Verwendung vieler CKW ist daher eingeschränkt oder verboten. CKW besitzen ein hohes Lösungsvermögen für organische Substanzen und dienen deswegen hauptsächlich als Reinigungsmittel, vor allem zur Reinigung von Metalloberflächen. Sie werden oder wurden in fast allen Bereichen der Industrie verwendet. Erst nach dem Bekanntwerden ihres Gefahrenpotentials, besonders für die Ozonschicht, die menschliche Gesundheit sowie das Grund- und Oberflächenwasser, wurden gesetzliche Regelungen für den Umgang mit ihnen beschlossen. Die bekanntesten CKW und ihre Emittenten sind polychlorierte Biphenyle, Dioxine und Furane sowie Fluorchlorkohlenwasserstoff.

Polychlorierte Biphenyle (PCB) – Diese vor allem unter ihrer Abkürzung PCB bekannten chemischen Verbindungen sind sehr beständig, nicht brennbar und kaum oxidierbar. Diese Eigenschaften haben zu vielfältigen Verwendungen in fast allen Industriezweigen geführt. Die Branchen reichen von der Elektro- über die Farben- bis zur Kunststoffindustrie. PCB wurden als elektrische Isolierflüssigkeit in Transformatoren, als Flammschutzmittel, Hydraulikflüssigkeit, Lackzusatz, Wärmeübertrager und als Weichmacher für Kunststoffe verwendet. Erst aufgrund des Bekanntwerdens ihrer giftigen und Krebs erzeugenden Wirkungen wurde ihre Produktion eingeschränkt; in Deutschland sind sie seit Anfang 1984 verboten.

Kohlekraftwerk im oberschlesischen Bergbaugebiet. In vielen Kohlekraftwerken in Osteuropa sind noch keine Abgasreinigungsanlagen eingebaut.

Grenzwerte oder Richtwerte der **Konzentration von PCB** für verschiedene Orte, Umgebungen, Umweltmedien und Lebensmittel.

Medium	Konzentration	Besonderheiten
Luft am Arbeitsplatz BRD MAK-Liste	1 mg/m^3	42 % Cl-Gehalt, Arbeitsplatz
	10 mg/m^3	42 % Cl-Gehalt, 30 min. einmal pro Schicht
	0,5 mg/m^3	54 % Cl-Gehalt, Arbeitsplatz
	5 mg/m^3	54 % Cl-Gehalt, 30 min. einmal pro Schicht
Innenraum BRD BGA-Empfehlung	300 ng/m^3	unbedenklich
	3000 ng/m^3	baldige Sanierung
Boden Holländische Liste	10 mg/kg	
Trinkwasser BRD Trinkwasserverordnung	0,01 µg/l	
Trinkwasser EG Trinkwasserrichtlinie	0,05 µg/l	
Grundwasser Holländische Liste	5 µg/l	
Oberflächenwasser BRD Eignung zur Trinkwasserverordnung	2 mg/l	natürliche Gewinnung oder Aufbereitung
	10 mg/l	physikalisch-chemische Aufbereitungsverfahren
Klärschlämme	0,2 mg/kg TG	
Abfälle	50 mg/kg	
Lebensmittel BRD Höchstmengenverordnung	0,008 µg/kg FG	PCB 28 Fleisch <10 % Fett
	0,08 µg/kg FG	PCB 52 Fleisch <10 % Fett
	0,3 µg/kg FG	PCB 101 Süsswasserfisch
	0,08 µg/kg FG	PCB 180 Seefisch
	0,04 µg/kg FG	PCB 180 Milch
	0,02 µg/kg FG	PCB 180 Ei
	0,01 µg/kg FG	PCB 138 Fleisch <10 % Fett
	0,1 µg/kg FG	PCB 153 Fleisch <10 % Fett
	0,3 µg/kg FG	PCB 153 Süsswasserfisch
	0,1 µg/kg FG	PCB 153 Seefisch
	0,05 µg/kg FG	PCB 153 Milch
	0,02 µg/kg FG	PCB 153 Ei

Die PCB besitzen eine hohe Persistenz und reichern sich über die Nahrungsketten an. Die Halbwertzeit für ihren Abbau liegt zwischen etwa 10 und 100 Jahren. Ihre Freisetzung geschieht heute hauptsächlich bei der Verschrottung alter Transformatoren und Maschinen durch die dabei anfallenden Mengen an Altöl, Kühl- und Isolierflüssigkeit. Werden PCB-haltige Materialien bei der Entsorgung verbrannt, so besteht die Gefahr der Freisetzung hochgiftiger Dioxine und Furane.

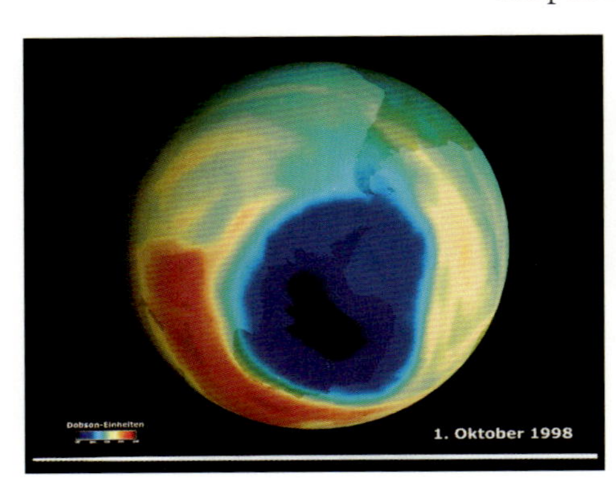

Ozonkonzentration in der Stratosphäre über der Nordhalbkugel.

Dioxine und Furane – Diese Verbindungen gehören zu den giftigsten anthropogenen Substanzen. Sie verursachen Krebs, Missbildungen und Genschäden. Außer durch Verbrennung von PCB ist ihre Entstehung auf vielfache andere Weisen möglich. Durch diverse Branderscheinungen waren sie schon immer vorhanden, allerdings nur in verschwindend geringen Mengen. Emittenten sind Stahlwerke, Heizkraftwerke, Müllverbrennungsanlagen und chemische Industriebetriebe, die sich mit der Herstellung von Pflanzen- und Holzschutzmitteln befassen. Zu den Dioxin emittierenden Prozessen gehören Ziegel-, Baustoff- und Glasherstellung, Metallerzeugung und -verarbeitung sowie chemische Prozesse. Die höchsten Emissionswerte werden bei Sinteranlagen und Aluminiumschmelzanlagen gemessen.

In der breiten Öffentlichkeit wurde Dioxin durch die »Seveso-Katastrophe« bekannt, bei der 1976 aus den Kesseln einer Chemiefabrik im norditalienischen Seveso etwa zwei Kilogramm TCDD (Tetrachlordibenzodioxin) entwichen. Infolge dieser Katastrophe mussten etwa tausend Menschen evakuiert und 50 000 Tiere getötet werden. Die Zahl der Tot- und Fehlgeburten hat sich seither verdoppelt, die Zahl der Missgeburten verzehnfacht. Seveso war jedoch nicht der einzige Ort, an dem es zu einem Unfall mit TCDD kam.

Fluorchlorkohlenwasserstoffe (FCKW) – Diese Bezeichnung ist nicht ganz zutreffend: Genau genommen handelt es sich um Chlorfluorkohlenstoffe. Da die Bezeichnung FCKW aber in der Öffentlichkeit geläufig ist, wollen wir sie auch verwenden. FCKW sind nicht brennbar und nur schwach giftig. Ihre Hauptanwendungsgebiete liegen im Bereich der Kältetechnik (Kühlschränke, Klimaanlagen, Wärmepumpen) und bei der Verwendung als Treibgase für Spraydosen. Ferner sind sie in diversen Reinigungs- und Lösungsmitteln vorhanden und dienen in der Kunststoffindustrie als Verschäumungsmittel. 1989 wurden weltweit 700 000 Tonnen FCKW hergestellt.

Aerosole sind – ähnlich wie Emulsionen – Dispersionen oder disperse Stoffsysteme, bei denen aber – anders als bei den Emulsionen – das Dispersionsmittel ein Gas ist, insbesondere Luft. Die disperse Phase oder dispergierte Komponente der Aerosole kann fest (Staub, Rauch) oder flüssig sein (Nebel), mit Teilchengrößen zwischen etwa 1 nm und 10 µm. Für die Eigenschaften von Aerosolen sind, wie bei Dispersionen überhaupt, **Grenzflächenphänomene** zwischen den jeweiligen Komponenten maßgeblich. Die in der Luft verteilten Teilchen sind z. T. elektrisch geladen und spielen als Kondensationskeime eine wichtige Rolle im Wettergeschehen.

Die FCKW werden durch die Verschrottung von Kühlgeräten, bei der Kunststoffherstellung und bei der Benutzung als Treibgas in die Atmosphäre freigesetzt. Diese »Ozonkiller« haben zwar unter gewöhnlichen Umständen eine lange Lebensdauer, können in der Stratosphäre aber durch die UV-Strahlung der Sonne gespalten werden. Das dabei freigesetzte Chlor greift das in der Stratosphäre vorhandene Ozon an, das als UV-Filter für das Leben auf der Erde außerordentlich wichtig ist. Nach dem Erkennen des Zusammenhangs zwischen der Entstehung des Ozonlochs über der Antarktis und der Verwendung der FCKW kam es zu einer internationalen Übereinkunft, deren Herstellung einzuschränken und in Kürze ganz auszusetzen.

Stäube – Stäube sind Aerosole und bestehen aus festen Teilchen mit Korngrößen unter 200 Mikrometer (µm). Sie werden in Sedimentationsstaub und Schwebstaub unterteilt. Während Sedimentationsstaub mit seiner Korngröße über zehn Mikrometer für den Menschen relativ ungefährlich ist, weil er von den Schleimhäuten der oberen Luftwege weitgehend abgehalten wird, ist der Schwebstaub ungleich gefährlicher, weil er bis in die feinsten Lungenverästelungen vordringen kann.

Staub besteht größtenteils aus Mineralen, Kalk, Asche oder Ruß. Wegen seiner raschen Sedimentation kann er sich gewöhnlich nur in unmittelbarer Nähe eines Emittenten auswirken. Zu den Primäremittenten gehören Stahlwerke, Glashütten, Gießereien, Kalk- und Zementwerke. Weiter entsteht Staub zu einem großen Teil durch den Umschlag von Schüttgut. Zu den Hauptemittenten gehören die Zement- und die Aluminiumindustrie (durch den Umschlag von Bauxit) sowie Hüttenwerke (durch die Anlieferung und den Umschlag von Erz und Kohle). Durch den Einbau entsprechender Filteranlagen sind die Staubemissionen erheblich zurückgegangen. Beispielsweise entstanden 1950 bei der Produktion einer Tonne Rohstahl etwa fünfzehn Kilogramm Staub – heute sind es nur noch zwei Kilogramm.

Durch Sedimentationsstaub werden hauptsächlich Oberflächen oder auch Gewässer verschmutzt. Viel gefährlicher für den Menschen ist der sehr feine Schwebstaub, der, wie bereits erwähnt, bis in die feinsten Verästelungen der Atemwege vordringen kann. Während die mittlere Schwebstaubbelastung der Luft in Mitteleuropa unter zehn Mikrogramm pro Kubikmeter liegt, wird in industriellen Ballungsräumen oftmals das Zehnfache gemessen. Die Gefährdung

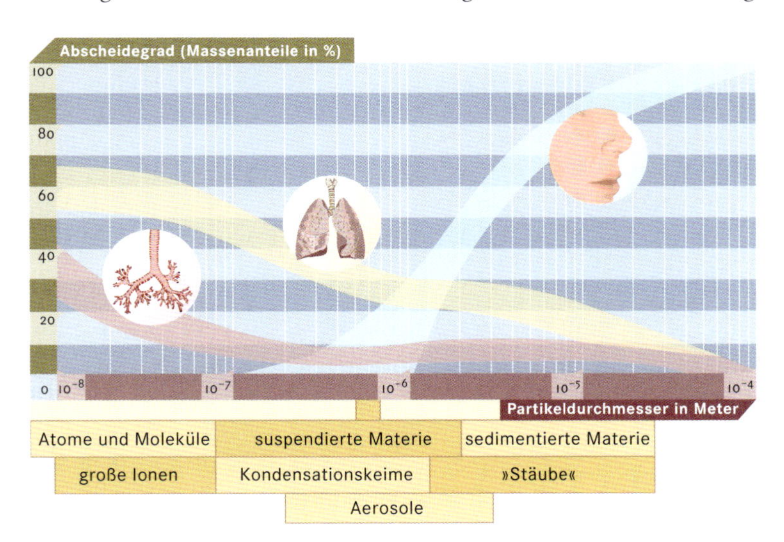

Prozentuale Abscheidung von **Schwebstaub** an verschiedenen Stellen des menschlichen Atemtrakts in Abhängigkeit von der Korngröße des Staubs.

besteht darin, dass die Staubkomponenten die verschiedensten Umweltgifte, darunter auch die sehr giftigen Schwermetalle, anlagern.

Schwermetalle – Darunter versteht man Metalle, deren Dichte größer ist als fünf Gramm pro Kubikzentimeter (Zink liegt bei etwa sieben). Ihre Abgabe an die Luft über den Schwebstaub erfolgt unkontrolliert und als Nebeneffekt der industriellen Produktion. Alle Schwermetalle kommen auch natürlich in der Umwelt vor. Einige sind als Spurenelemente für das Funktionieren von Organismen unerlässlich, andere sind schon in geringen Mengen toxisch. Schwermetalle gehören zu den gefährlichsten Stoffen, weil sie auf natürliche Weise nicht abbaubar sind und den Menschen über die Nahrungskette erreichen. Die drei bekanntesten, deren Wirkung als äußerst toxisch einzustufen ist, sind Blei, Cadmium und Quecksilber.

Blei (Pb) – Der geschätzte Gesamtbetrag der Bleiemission in die Atmosphäre beträgt pro Jahr etwa 400000 Tonnen. Der Hauptverursacher war früher der Straßenverkehr, weil Blei als Antiklopfmittel in Kraftstoffen für Ottomotoren verwendet wurde. Durch die Einführung des bleifreien Benzins und der Katalysatoren für Neuwagen ergab sich hier eine deutliche Verringerung.

Blei wird in vielen Industriezweigen verwendet und dort auch freigesetzt. Zu diesen gehören Farbenherstellung, Metallverarbeitung, Pestizidproduktion, Fertigung elektronischer Instrumente, Batterieherstellung und Verarbeitung von Öl und Kohle. Hauptsächlich wird Blei für die Herstellung von Akkumulatoren, Kabeln und Pigmentfarbstoffen benötigt. In Deutschland liegt sein Gesamtverbrauch bei etwa 350000 Tonnen jährlich. Davon entfallen etwa 50% auf die Akkumulatorenproduktion und 23% auf die Herstellung chemischer Produkte. Die durchschnittliche Bleikonzentration in der Luft von 25 Nanogramm pro Kubikmeter (1990) ist um den Faktor 10 niedriger als 20 Jahre früher. Die größten Bleiemissionen treten bei der Verhüttung von Buntmetallen und bei der Verarbeitung bleihaltiger Erze auf.

Früher war die Herstellung von Werkblei einzig durch die Verhüttung bleihaltiger Erze möglich (Primärbetrieb). Heute wird hauptsächlich Akkumulatoren-Schrott zu Werkblei umgeschmolzen (Sekundärbetrieb); der wesentliche Vorteil der Produktionsweise beim Recycling alter Akkumulatoren ist die Verringerung des Bleiausstoßes in die Atmosphäre.

Cadmium (Cd) – Cadmium stammt hauptsächlich aus Zinkbergwerken; es gehört zu den Krebs erzeugenden Schwermetallen. Sein Hauptverwendungsgebiet ist die Herstellung von Batterien (Nickel-Cadmium-Akkumulatoren). Hauptquellen seiner Emission in die Atmosphäre sind die Verbrennung fossiler Energieträger, die Schrottverwertung sowie Erzabbrände und die Metallverhüttung. In den letzten Jahren ist der Cadmiumverbrauch im Gebiet der alten Bundesrepublik rückläufig. Allerdings sind zwischen den verschiedenen Branchen eklatante Unterschiede zu verzeichnen. Während die industrielle Cadmiumverwendung sonst überall rückläufig ist, hat sie im Bereich der Batterieherstellung stark zugenommen. Der

Rückgang in den andern Industriezweigen beruht auf erfolgreichen Substitutionsbemühungen. Dies gilt insbesondere für den Bereich der Kunststoffherstellung (PVC) und der Bearbeitung von Metalloberflächen. Durch den Erfolg der Substitutionsbemühungen wurde es sogar möglich, die Verwendung von Cadmium bei der Kunststoffherstellung durch das Chemikaliengesetz zu verbieten.

Eine große Gefahr für die Umwelt stellt die zunehmende Verwendung von Nickel-Cadmium-Akkumulatoren dar. Ihre tatsächliche Anzahl ist schwer zu ermitteln, da sie sich häufig in importierten Elektrogeräten befinden und sie deshalb statistisch nicht erfasst sind. Ein großes Problem bezüglich der Luftbelastung besteht in ihrer unsachgemäßen Entsorgung, beispielsweise durch Verbrennung.

Quecksilber (Hg) – Quecksilber besitzt von allen Schwermetallen die höchste Toxizität. Es ist dasjenige Schwermetall, das in den meisten Industriezweigen Verwendung findet. Seine Verbreitung erfolgt in der Regel über die Umweltmedien Boden und Wasser. Bei den Luftbelastungen handelt es sich um vergleichsweise geringe Konzentrationen. Der Anteil der Industrie an der Quecksilberemission ist im Bereich der Industrie-Feuerungsanlagen und der Verarbeitung von Erzen und Gesteinen zu sehen. Weitere Belastungen ergeben sich durch Industrien, in denen Quecksilber verarbeitet wird, wie Metallverarbeitung, Reinigungsbetriebe, chemische und pharmazeutische Industrie, Herstellung von Farben, Pestiziden, elektronischen Instrumenten, Sprengstoffen, Batterien und Papier.

Belastung des Bodens

Einerseits wird der Boden durch die Industrie, durch das Befahren mit schweren Maschinen und die Lagerung verschiedenster Materialien ständig verdichtet, andererseits wird er durch industrielle Aktivitäten kontaminiert. Zum einen kann der Boden durch Schadstoffe belastet werden, die durch andere Umweltmedien auf ihn einwirken, zum andern findet eine Belastung durch direkte Verschmutzung statt. Beispiel der Altlastenproblematik ist insbesondere die Deponierung industrieller Schadstoffe (zum Beispiel Bagger- und Klärschlämme, Schlacken).

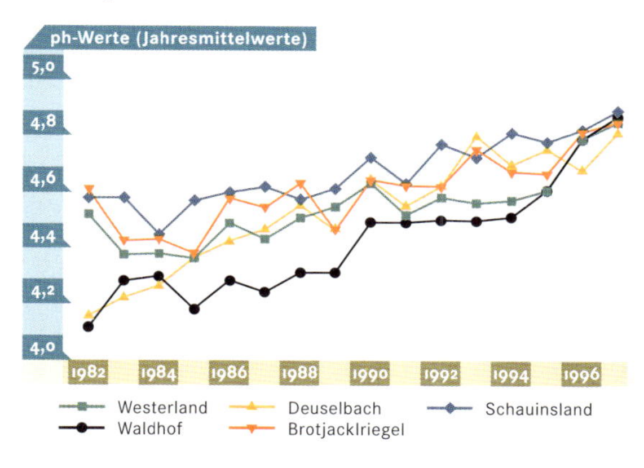

Entwicklung des **pH-Werts der Niederschläge** von 1982 bis 1997 an fünf verschiedenen Messorten.

Atmosphärische Einträge – Die von der Industrie in die Luft emittierten Schadstoffe werden in mehr oder weniger großer Entfernung vom Verursacher auf dem Wasser oder dem Boden abgelagert (deponiert). Sie können fest, flüssig oder gasförmig sein. Gelangen Schadstoffe an Wassertröpfchen gebunden (also mit dem Niederschlag) auf den Boden, so spricht man von einer »nassen Deposition«; geschieht die Bodenkontamination nicht durch flüssige Medien (zum Beispiel Ablagerung von Stäuben), dann handelt es sich um eine »trockene Deposition«.

Eintrag von Säurebildnern – Säurebildner sind Schadgase wie Schwefeldioxid und Stickoxide. Sie werden durch die Verbrennung fossiler Energieträger im Straßenverkehr und in Kraftwerken sowie in einigen Industriezweigen, vor allem im Bereich der Erzverarbeitung und der Aluminium- und Glasindustrie, in die Luft emittiert. Schwefeldioxid oxidiert unter Einwirkung von Luftsauerstoff zu Schwefelsäure. Es gelangt auf dem Weg der trockenen oder auch der nassen Deposition auf den Boden, wobei seine Ablagerung nicht überall gleichmäßig ist. Während es sich bei den Trockendepositionen um Nahimmissionen handelt, gehen bei der Nassdeposition die Schadstoffe nicht in unmittelbarer Nähe des Emittenten nieder.

Besonders betroffen von Schadstoffeinträgen dieser Art sind exponierte Lagen mit Baumbestand. Hierzu gehören vor allem die Mittelgebirge, aber auch hoch industrialisierte Gebiete in nicht exponierten Lagen wie zum Beispiel das Ruhrgebiet können einen Eintrag von etwa 150 Kilogramm Schwefel pro Hektar jährlich verzeichnen. Kalkhaltige Böden können diese Säureeinträge für gewisse Zeit abpuffern oder neutralisieren. Kalkarme, schwach gepufferte Böden dagegen werden auf Dauer nicht mit dieser Schadstofffracht fertig. In der Folge kommt es zu einer Zunahme der Bodenacidität, das heißt zur Bodenversauerung. Die Auswirkungen dieser Prozesse sind sehr vielfältig. Es kommt zu umfangreichen Vegetationsschäden und damit verbunden zur Gefahr großräumiger Bodenerosion. Die Versauerung des Bodens kann zu einer Zerstörung des Bodengefüges und zu einer verstärkten Mobilisierung der Metalle Eisen, Mangan, Aluminium, Cadmium und Blei führen, die in größeren Konzentrationen stark toxisch wirken. Es kommt zur Abnahme der Bodenfruchtbarkeit und zur Gefährdung des Trinkwassers.

Stationen des Umweltbundesamts für die Messung der nassen Deposition von Schadstoffen in Deutschland.

Stäube – Bei der Deposition von Stäuben handelt es sich fast ausschließlich um trockene Deposition, das heißt, die Ablagerung findet stets in der Nähe des Emittenten statt. Zu den Hauptemittenten von Stäuben, die einen mehr oder weniger großen Schwermetallanteil besitzen, gehören vor allem die Aluminium-, die Zement- und die Erzindustrie. Die Staubentwicklung geschieht hier hauptsächlich durch Umschlags-, aber auch durch Produktionsprozesse. Die staubförmigen Emissionen aus der Kalk- und Zementindustrie werden am Boden abgelagert, verbinden sich mit Wasser und werden so zu einer festen Kalkkruste. Das bedeutet eine Zufuhr von Kalk, aber auch von andern Materialien, vor allem von Schwermetallen, für den Boden.

Deposition von Schwermetallen – Die in die Atmosphäre emittierten Metalle werden bevorzugt in einem nicht allzu großen Umfeld um die Emissionsquelle deponiert. Dennoch können die von der Industrie, vor allem der Hüttenindustrie, emittierten Metalle als Staub, Gas oder in gelöster Form durch Niederschlagsdeposition in weitem Umkreis den Boden erreichen. Die Anreicherung der Schadstoffe, deren Zahl und Art von den verarbeiteten Erzen beziehungsweise Metallen abhängt, geschieht meist in Form von Oxiden.

Eine Selbstreinigung des Bodens ist bei Schwermetallen nicht möglich. Weil es deswegen prinzipiell zu einer Anreicherung von Schwermetallen kommt, wird der Boden auch als Senke für Schadstoffe dieser Art bezeichnet. Schwermetalle kommen in geringen Konzentrationen natürlich im Boden vor, durch anthropogene Einflüsse, insbesondere durch die Industrie, werden dagegen große Mengen immittiert. Erst hierdurch entsteht die gefährliche toxische Wirkung. Da Schwermetalle im Boden verbleiben, wenn keine Anstrengungen zu ihrer Beseitigung unternommen werden, kann es zu einer Summation von unbekannten Nebenprodukten kommen. So können beispielsweise Fluor- und Boremissionen aus der Glasfaserindustrie und thalliumhaltige Stäube aus der Zementindustrie zu einer gefährlichen Mischung werden.

Weitere atmosphärische Schadstoffe – Durch die Höhe der von der Industrie verwendeten Schornsteine kann es zu einem Schadstofftransport über 1000 Kilometer und mehr kommen. Vor allem leicht flüchtige Verbindungen können über lange Strecken transportiert und dann ihren Verursachern kaum mehr zugeordnet werden. Eine große Gefährdung des Bodens geht vom Eintrag organischer Chlorverbindungen aus. Die Hauptquelle solcher Verschmutzungen ist die Deponierung, doch muss die Möglichkeit des Eintrags aus der Luft, beispielsweise durch industrielle Feuerungsprozesse, unbedingt berücksichtigt werden. Nach Schätzungen des Bundesgesundheitsamts befinden sich in den alten Ländern der Bundesrepublik Deutschland etwa 40 000 Tonnen PCB im Boden.

Neben dem indirekten Schadstoffeintrag über die Atmosphäre gibt es die direkte Schadstoffaufbringung auf den Boden. Sie liegt bei jeder Art der Deponierung von Abfällen aus der industriellen Produktion vor. Hierzu gehören Nebenprodukte, Hilfs- und Betriebsstoffe, schadhafte Produkte, Chemikalien, taubes Gestein aus der Erzproduktion, Mineralöl und so weiter. Weitere Ursachen für direkte Schadstoffeinträge auf den Boden können Unfälle und Havarien sein. Durch Unfälle beim Transport toxischer Stoffe ist der Boden in erheblichem Maß gefährdet. Auch undichte Rohre und Pipelines können für die Verschmut-

Als **Bodenacidität** bezeichnet man die Fähigkeit eines Bodens, Wasserstoffionen (H^+) an das Bodenwasser abzugeben. Die in diesem tatsächlich enthaltenen Wasserstoffionen bilden die aktive Bodenacidität, während die potentielle Bodenacidität auf den Wasserstoff- und Aluminiumionen beruht, die an den festen Bestandteilen des Bodens adsorbiert sind und die an das Bodenwasser abgegeben werden können. Dabei können die Aluminiumionen Wasserstoffionen freisetzen. Die saure oder basische Wirkung des Bodens, die **Bodenreaktion,** wird durch chemische Reaktionen, Bodenorganismen, Düngemittel, saure Niederschläge, aber auch durch die Zusammensetzung des Ausgangsgesteins eines Bodens bestimmt.

Entwicklung des **Eintrags nasser Depositionen** von 1990 bis 1997 an vier ausgewählten Messorten

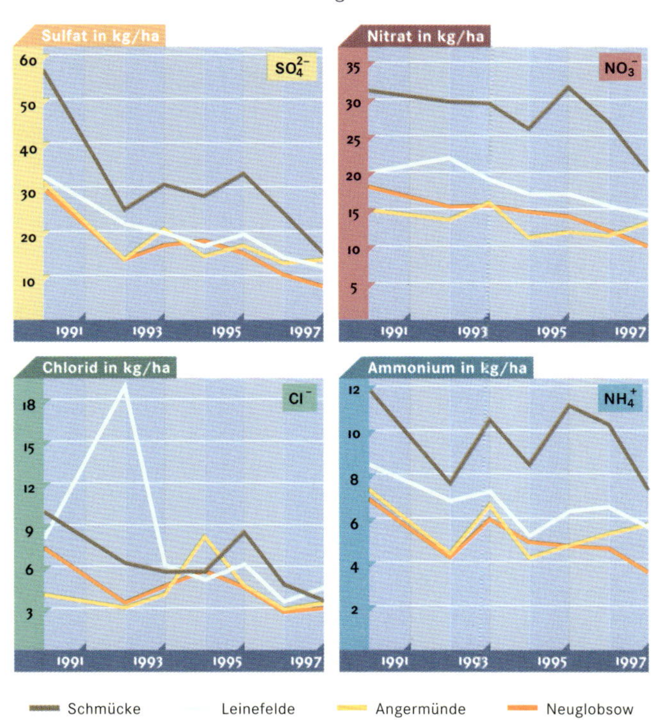

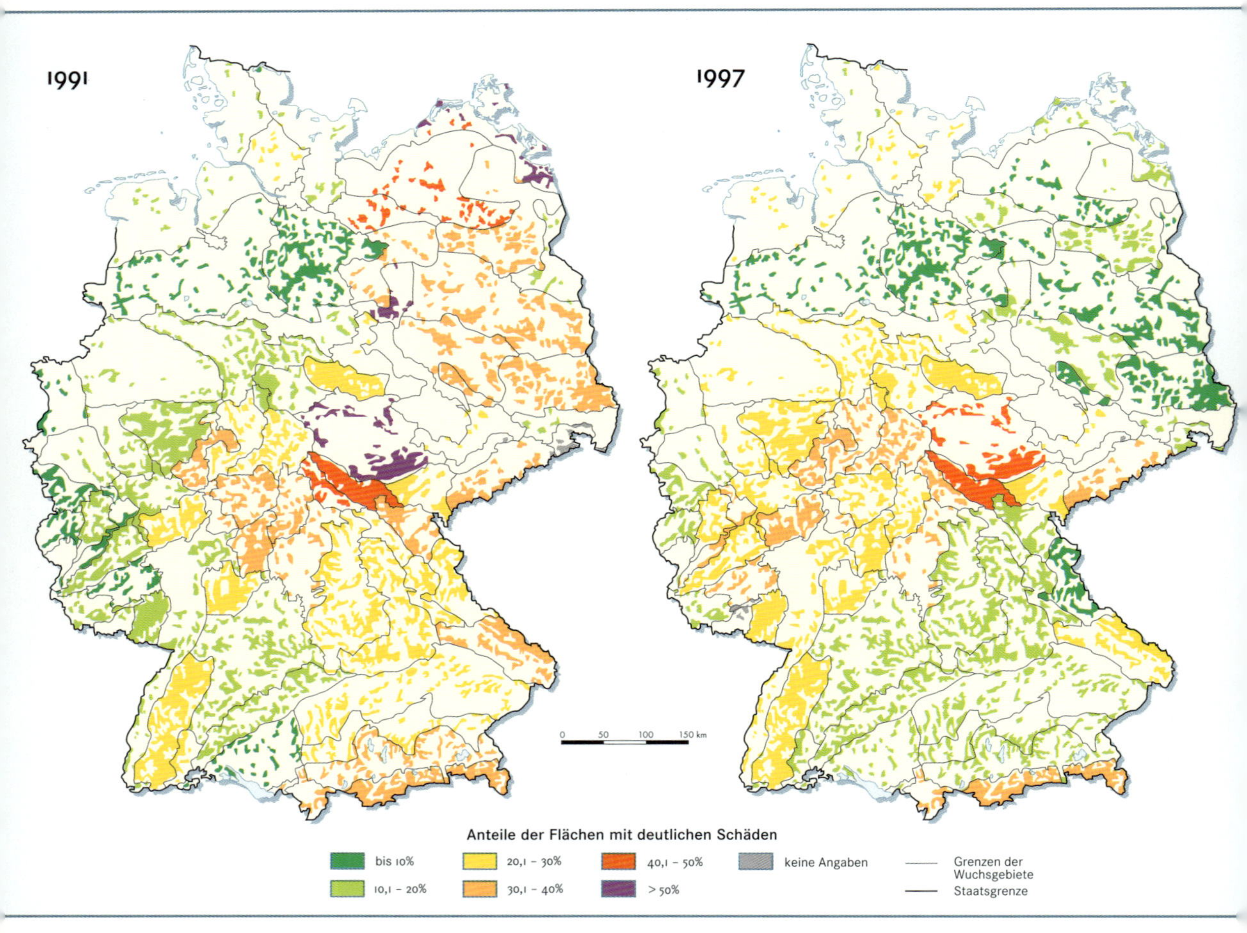

Der Waldzustand in Europa wird seit 1986 von der Wirtschaftskommission der Vereinten Nationen für Europa und der Europäischen Kommission überwacht. Den **Waldzustand in Deutschland** veranschaulichen die beiden Karten. Der deutliche Rückgang von sehr stark geschädigten Wäldern von 1991 bis 1997 ist auch darauf zurückzuführen, dass viele »kranke« Wälder zwischenzeitlich gerodet und neu angepflanzt wurden.

zung verantwortlich sein; sie geschieht hier hauptsächlich durch Mineralöl, das für den Boden eine äußerst toxische Wirkung hat.

Halden und Deponien – Halden dienen der Aufnahme von Materialien aus den verschiedensten Produktionszweigen. Schon aus früher Zeit, praktisch seit Beginn der Metallverarbeitung, ist die Ablagerungsform der Schwermetallhalde bekannt. Bei der Erzverarbeitung fallen viele Nebenprodukte an, die nicht oder erst später weiterverarbeitet werden können und die deswegen nebst großen Mengen tauben Gesteins auf Halde gelegt werden. Während in früherer Zeit das Haldenmaterial allgemein als unbedenklich angesehen wurde, ergaben sich durch die Fortschritte der modernen Analysetechnik erschreckende neue Erkenntnisse. So wurde zum Beispiel neben Kupfer und Blei auch das hochtoxische Thallium gefunden.

Eine Schwermetallhalde, nämlich der Abraumberg eines Zinkbergwerks in Japan, führte zur Entstehung der »Itai-Itai-Krankheit«. Der Abraum enthielt große Mengen an Cadmium, und das gelagerte Material wurde 1960 durch starke Regenfälle durchspült und so dekontaminiert. Das Wasser mit dem ausgespülten Cadmium gelangte in den Fluss Jiutsu, der zur Bewässerung von Reisfeldern genutzt wurde. Daraufhin traten bei Personen, die sich vom Reis dieser Felder ernährten, schwere Formen einer Cadmiumvergiftung auf. Deren Folge war eine mit großen Schmerzen verbundene Auflösung und Entmineralisierung der Knochen.

Altlasten – Ein großer Prozentsatz der industriebedingten Bodenbelastungen besteht in so genannten Altlasten, worunter man Verschmutzungen des Oberbodens durch frühere Produktionsprozesse oder durch Ablagerung von Abfall versteht. Altlasten sind an allen ehemaligen Industriestandorten zu vermuten, und der gesamte Umfang der damit verbundenen Problematik ist kaum abzusehen. Das liegt einerseits daran, dass bei weitem nicht alle Altlastenstandorte bekannt sind, weil man diesbezügliche Aufzeichnungen früher nicht für nötig hielt oder weil es sich um illegale Ablagerungen handelt. Andererseits weiß man auch nur wenig über die Zusammensetzung der Schadstoffe, ihre Konzentration und ihre Mengen.

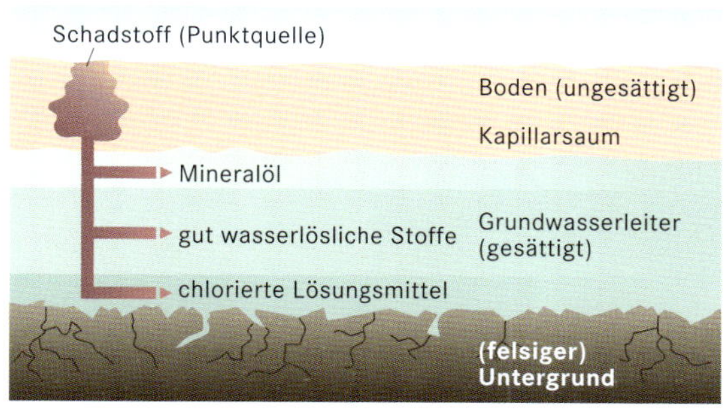

Ausbreitung verschiedener **Schadstoffe im Boden.** Der Darstellung ist zu entnehmen, dass sich die Schadstoffe praktisch nur im mit Grundwasser gesättigten Boden (Grundwasserleiter) ausbreiten.

Belastung der Gewässer

Bei der Untersuchung der Belastung natürlicher Gewässer ist es zweckmäßig, zwischen Oberflächenwasser und Grundwasser zu unterscheiden, obwohl zwischen beiden vielfältige Verbindungen bestehen. Eine Möglichkeit des Schadstoffeintrags besteht in der direkten Einleitung. Weiter können Schadstoffe über andere Umweltmedien ins Wasser gelangen. Zu diesen gehören die Luft und der Boden. Die in die Luft emittierten Schadstoffe werden entweder direkt in Gewässer abgelagert oder sie gelangen in den Boden. Es besteht dann die Möglichkeit, dass sie entweder im Boden verweilen oder dass dieser durch Regenwasser dekontaminiert wird und die Schadstoffe in den Vorfluter und möglicherweise bis ins Meer gelangen.

Oberflächenwasser – Oberflächengewässer sind Bäche, Flüsse, Seen und Meere. Durch die Industrie werden diesen Gewässern Nährsalze, abbaubare organische Stoffe, Salze, Trübstoffe, Detergentien, polycyclische Aromate und vor allem die sehr toxischen Schwermetalle zugeführt. Industrielle Abwässer sind häufig nicht oder nur unzureichend gereinigt. Ihre Menge ist unvorstellbar groß. Mitte der 1980er-Jahre fielen weltweit etwa 237 Milliarden Tonnen Industrieabwässer an, bis zum Jahr 2000 wird sich diese Menge fast verdoppeln, auf 468 Milliarden Tonnen.

In Deutschland war in den 1950er-Jahren die Wasserqualität auf dem Tiefpunkt. Sie hat sich seither aufgrund verschiedener Maßnahmen ständig verbessert. Leider ist das nicht überall der Fall, wie sich an Beispielen aus Indien zeigen lässt: In einen Nebenfluss des Ganges werden täglich etwa 20 Millionen Liter Industrieabwässer eingeleitet, davon allein eine halbe Million aus der DDT-Produktion; in der Industriestadt Kampur besitzen von 647 Industriebetrieben nur

Detergentien oder **Tenside** sind grenzflächenaktive Stoffe, die die Grenzflächenspannung erniedrigen. Sie begünstigen die Emulgierung nicht mischbarer Flüssigkeiten wie Öl und Wasser, die Benetzung von Feststoffoberflächen oder die Stabilität von Schäumen; die ältesten technisch genutzten sind die Seifen. Außer bei Wasch- und Reinigungsprozessen werden Detergentien u. a. bei der Textilveredlung, der Lederzurichtung, der Herstellung von Kosmetika, Kunststoffen und Lacken verwendet. Entsprechend ihrer Anwendung lassen sich Detergentien in Dispergatoren, Netzmittel, Emulgatoren und Waschmitteldetergentien unterscheiden. Von großer Bedeutung sind die **Umwelteigenschaften** der Detergentien. Nach dem deutschen Waschmittelgesetz dürfen nur Detergentien verwendet werden, die zu mindestens 90 % biologisch abbaubar sind.

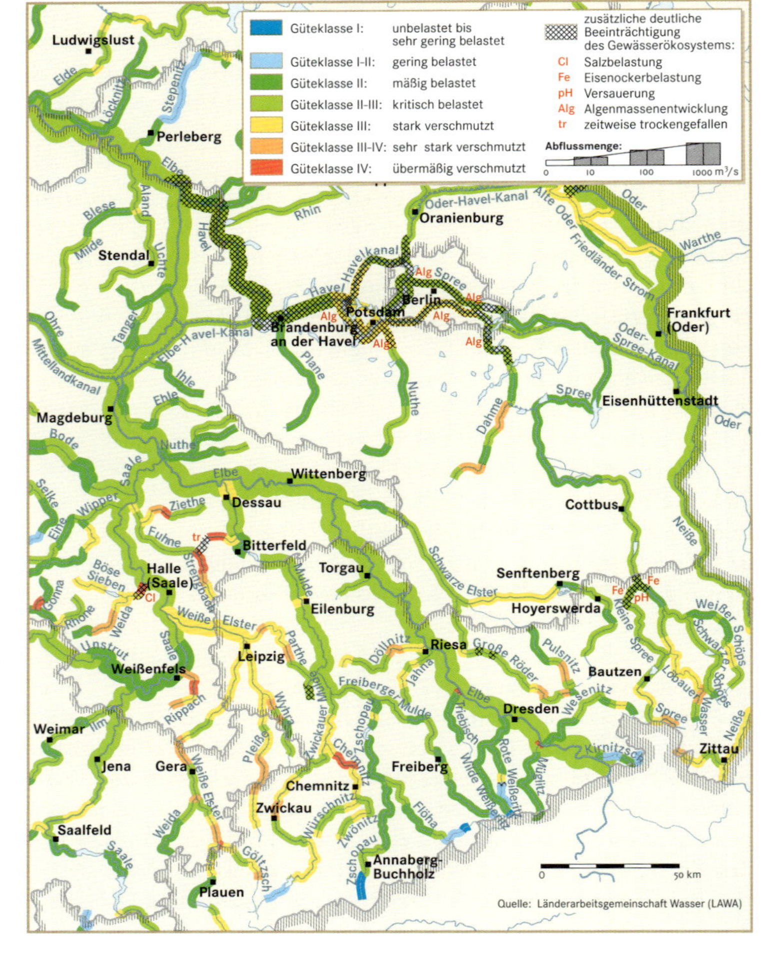

Die biologische **Gewässergüte in Ostdeutschland** hat sich durch den Bau von Kläranlagen und die Stilllegung von Industrieanlagen seit Ende der 1980er-Jahre deutlich verbessert. 1995 treten verschmutzte bis biologisch tote Gewässerabschnitte nur noch in den Bundesländern Sachsen und Sachsen-Anhalt auf. Besonders in großen Verdichtungsräumen wie um Leipzig sowie in der Nähe von Industriestandorten wie Chemnitz oder Bitterfeld zeigen die Flüsse noch starke Verschmutzungen.

drei eine Kläranlage, die restlichen 644 Fabriken leiten täglich 200 Millionen Liter ungeklärter Abwässer in die Flüsse.

Salze – Verschmutzte Oberflächengewässer weisen einen erhöhten Salzgehalt auf. Hier ist vor allem der Gehalt an Chlorid gemeint. Verantwortlich für die hohen Gehalte sind zumeist der Bergbau und seine Abwässer. Eine große Rolle spielen der Kalibergbau und die industrielle Weiterverarbeitung. Zu den durch Chlorid besonders belasteten Fließgewässern in Deutschland gehören die obere Mosel, die Weser, die Werra, die Elbe und der Rhein.

Kohlenwasserstoffe – Kohlenwasserstoffe sind der Hauptbestandteil des Mineralöls. Mineralöl und Produkte daraus gelangen über die Atmosphäre, durch Unfälle beim Transport und auch absichtlich in das Oberflächenwasser. Es bildet sich ein Ölfilm auf der Wasseroberfläche, der den Gasaustausch zwischen Wasser und Luft erheblich behindert. Der übrige Teil des Öls wird durch die Mischung mit Wasser zu einer Emulsion, die stark toxisch auf Organismen wirken kann. Jährlich gelangen – zum Beispiel durch Ausspülen von Tankschiffen und durch Unfälle – etwa 1,5 Millionen Tonnen Öl in die Weltmeere. Hinzu kommen etwa 1,7 Millionen Tonnen, die durch Flüsse und über die Atmosphäre eingetragen werden.

Eine wichtige Rolle bei der Gewässerverschmutzung und auch bei der Gesundheitsgefährdung des Menschen spielen chlorierte Kohlenwasserstoffe. Sie sind sehr langlebig und in der Natur nur schlecht abbaubar. Die Einleitung ins Oberflächenwasser erfolgt konzentriert durch Industriebetriebe und Kläranlagen, diffus durch diverse andere Einleitungen und durch Niederschläge. Zu den bekanntesten chlorierten Kohlenwasserstoffen gehören Hexachlorbenzol (HCB), Hexachlorcyclohexan (HCH), Pentachlorphenol (PCP) und die polychlorierten Biphenyle (PCB).

Schwermetalle – Da Schwermetalle auf natürliche Weise nicht abbaubar sind und sich in organischen Stoffen stark anreichern, gelangen sie bis zu uns Menschen. Die Schwermetalle, die ins Oberflächenwasser gelangen, sind meist in gelöster Form vorhanden. Hauptverursacher sind die Farbenindustrie, die Chloralkalielektrolyse, die Hersteller von Plastikprodukten, die chemische Industrie und Galvanisierbetriebe. Zu den Schwermetallen im Oberflächenwasser gehören vor allem Cadmium, Zink und Quecksilber.

Cadmium kann direkt durch industrielle Abwässer, von kontaminierten Böden oder durch die Atmosphäre ins Wasser gelangen. Es ist im Wasser weniger gefährlich, da mit ihm, im Gegensatz zu andern Schwermetallen, keine organischen Verbindungen entstehen. Dennoch darf man sein Gefahrenpotential im Wasser nicht unterschätzen, wie die Itai-Itai-Krankheit in Japan gezeigt hat. Zink kann einerseits gelöst im Wasser vorkommen, andererseits ist es im Sediment der Flüsse nachweisbar. Die Belastung des Oberflächenwassers mit Zink lässt sich zum großen Teil auf industrielle Abwässer zurückführen, vor allem auf Abwässer aus der Kerzen- und Seifenproduktion und aus der Metallbearbeitung.

Das Schwermetall mit der höchsten Toxizität für aquatische Ökosysteme ist das Quecksilber. Es gelangt mit Abwässern der verschiedensten Industriezweige in das Oberflächenwasser. Seine große Gefährlichkeit besteht darin, dass Mikroorganismen im Wasser anorganische Quecksilberverbindungen in organische überführen können. Solche Verbindungen können durch andere Lebewesen im Wasser aufgenommen und akkumuliert werden. Der Mensch wird über die Nahrungskette erreicht und der Gefahr einer tödlichen Vergiftung ausgesetzt, die sich zunächst in Störungen der Nierenfunktion und des zentralen Nervensystems äußert. Die durch organische Quecksilberverbindungen verursachten Verläufe sind besonders schwer und führen in 30 Prozent aller Fälle zum Tod. Ein Beispiel dafür ist die so genannte »Minamata-Krankheit«. Sie wurde erstmals 1956 im japanischen Bezirk Minamata beobachtet. Die Ursache für die Erkrankungen, die sich in Störungen des Wahrnehmungsvermögens, der Bewegungskoordination und durch angeborene Hirnschäden manifestierten, war eine Vergiftung mit Methylquecksilber: Im Abwasser einer Acetaldehydfabrik befanden sich große Mengen von

Quellen und Transportwege von **Verunreinigungen des Grundwassers.**

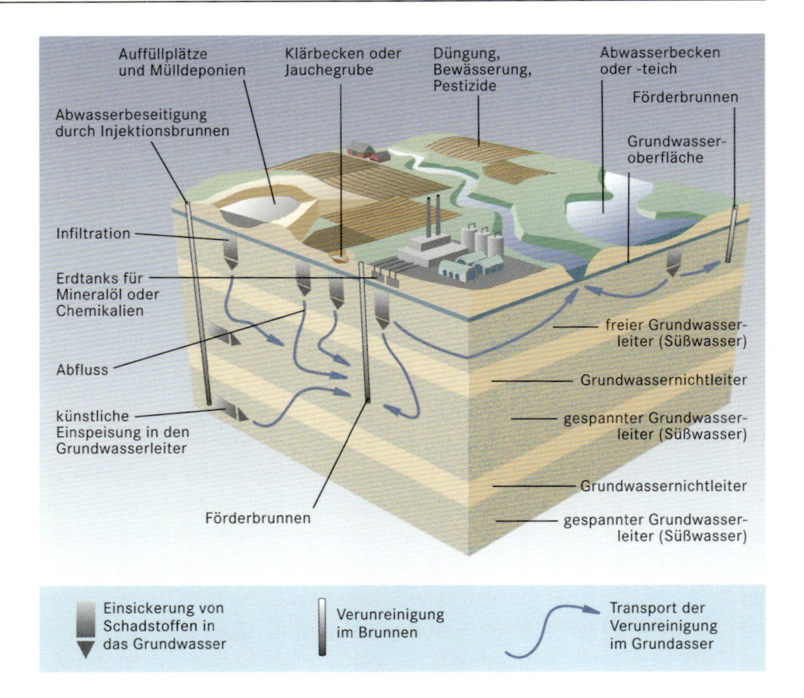

Quecksilber, das in den Vorfluter gelangte. Hier wurde es in Methylquecksilber umgewandelt, durch Fische und Krebse aufgenommen und über die Nahrungskette bis zum Menschen weitergeleitet.

Grundwasser – Grundwasser füllt zusammenhängend Hohlräume der Erdrinde, und sein Transport beruht fast nur auf der Schwerkraft. Es wird durch versickerndes Wasser aus Niederschlägen und sonstigen Bewässerungen gebildet. Auf den gleichen Wegen findet seine Belastung mit Schadstoffen statt, wobei zu den Hauptquellen Sickerwasser aus versauerten Böden und aus undichten Deponiekörpern zählen. Weitere Belastungen entstehen durch verschmutztes Oberflächenwasser, das zum Teil im Boden versickert und zur Grundwasserneubildung beiträgt. Eine weitere Ursache industrieller Grundwasserverschmutzung sind Altlasten. Deren Deponierung wurde oft ohne Schutzmaßnahmen vorgenommen, sodass hier eine Gefährdung des Grundwassers, zum Beispiel durch undichte Behältnisse, besteht. Weitere Gefahrenquellen sind schadhafte Leitungen und auch Unfälle.

Wenn aus einem Brunnen, bezogen auf die Grundwasserneubildung, zu viel Wasser entnommen wird, senkt sich der **Grundwasserspiegel** rund um den Brunnen trichterförmig ab. Der Wasserstand im Brunnen sinkt auf das Niveau des Grundwassers.

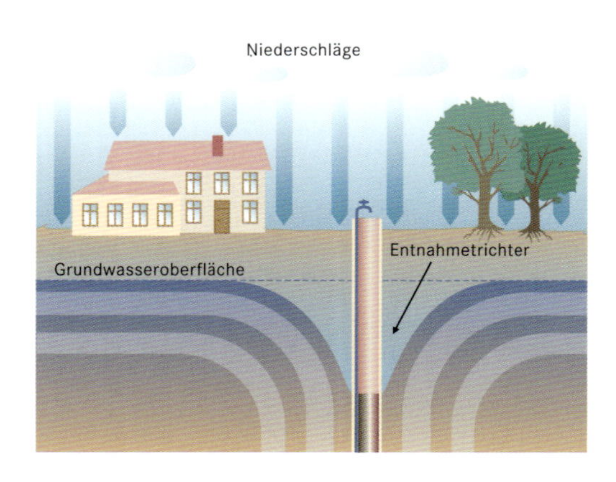

Neben der Verschmutzung darf die Gefahr der Absenkung des Grundwasserspiegels nicht übersehen werden: Die Industrie hat einen hohen Wasserverbrauch, zu dessen Deckung häufig Brunnen angelegt werden. Die Entnahme großer Mengen Wassers kann zu erheblichen Absenkungen des Grundwasserspiegels führen. Die Folge ist dann, dass nicht mehr genügend Grundwasser für die Bereitstellung von Trinkwasser zur Verfügung steht.

Belastete Wassersysteme

Als Beispiele für belastete Wassersysteme sollen der Rhein und die Nordsee dienen.

Der Rhein ist eins der vier internationalen Stromsysteme, die Deutschlands Hydrographie bestimmen. Er hat eine Länge von 1350 Kilometer, seine mittlere Wasserführung beträgt etwa 200 Millionen Kubikmeter täglich, und in seinem Einzugsgebiet wohnen etwa 40 Millionen Menschen. Im Jahr 1985 transportierte er eine Schadstofffracht von 11000000 t Chloriden, 4500000 t Sulfaten, 828000 t Nitraten, 284000 t organischen Kohlenstoffverbindungen, 90000 t Eisen, 30000 t Ammonium, 28000 t Phosphaten, 2500 t organischen Chlorverbindungen, 129000 t Arsen, 10 t Cadmium und 6 t Quecksilber. Täglich werden ihm etwa 3500000 t industrielle Ab- und Brauchwässer zugeführt. Ein großes Problem besteht darin, dass das Trinkwasser für etwa 20 Millionen Menschen aus Uferfiltraten des Rheins gewonnen wird.

Seit Mitte der 1970er-Jahre ist die Qualität des Rheinwassers – abgesehen von der Chloridbelastung durch den elsässischen Kalibergbau – ständig besser geworden. Die Konzentrationen toxischer Schwermetalle nehmen ständig ab, ihr Gehalt im Rhein liegt unter den Grenzwerten für Trinkwasser. Auch in der organischen Belastung ist ein Rückgang zu verzeichnen. Doch kommt es immer wieder zu Störfällen. Großes Aufsehen erregte 1986 der Brand einer Lagerhalle der Baseler Chemiefabrik Sandoz, in der 1200 Tonnen Chemikalien, darunter etwa 900 Tonnen hochgiftige Verbindungen, gelagert waren. Mit Tausenden Kubikmetern an Löschwasser wurden 30 bis 40 Tonnen hochgiftige Substanzen ins Flusswasser gespült. Neben dem in Deutschland verbotenen Pflanzenschutzmittel E 605 waren darunter auch hochgiftige organische Quecksilberverbindungen. Die Folge war ein großes Fischsterben.

Die Nordsee dient als Transportweg, ihre Küsten sind Industriestandort und Erholungsgebiet. Belastet wird sie auch durch Stoffeinträge aus den Anliegerstaaten. Die Stoffe gelangen mit dem Wasser

E 605 ist ein Handelsname für Parathion, ein Insektizid (Pflanzenschutzmittel). Es gehört zur Gruppe der Phosphorsäureester oder **Alkylphosphate,** die für Warmblüter hochgiftig sind. Verwendet werden sie außer als Insektizide als chemische Kampfstoffe (Tabun, Sarin, Soman) und als Weichmacher von Kunststofflacken. Ihre Wirkung besteht in der Blockade von Enzymsystemen, v. a. der **Acetylcholin-Esterase,** des Enzyms, das die Spaltung von Acetylcholin in Cholin und Essigsäure katalysiert. Acetylcholin ist ein Neurotransmitter, und seine Spaltung ist ein Schritt im Acetylcholinzyklus, der bei vielen Prozessen des Nervensystems eine wichtige Rolle spielt. Ein anderer Schritt in diesem Zyklus ist die Synthese des Acetylcholins. Alkylphosphate unterscheiden sich auf zweierlei Weise von chlorierten cyclischen Kohlenwasserstoffen wie DDT: Sie sind biologisch abbaubar und werden weder innerhalb noch außerhalb der Organismen gespeichert. Dem steht entgegen, dass sie außerordentlich hoch akut giftig sind.

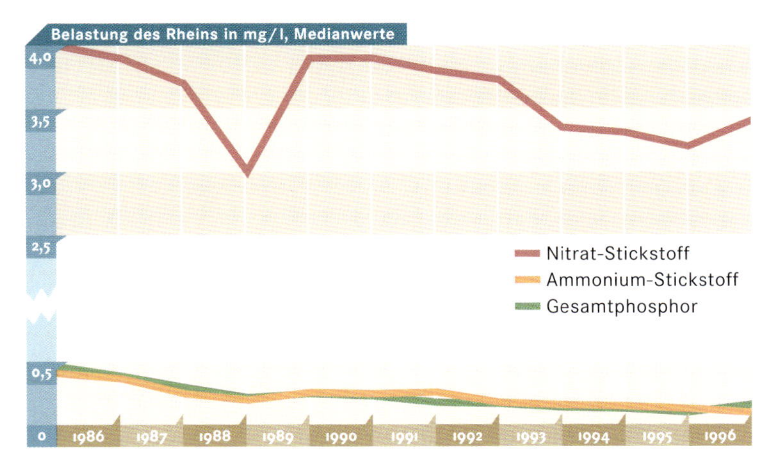

Entwicklung der **Belastung des Rheins** mit verschiedenen Schadstoffen von 1985 bis 1996.

der Flüsse und über die Atmosphäre in die Nordsee. Von besonderer Bedeutung sind Schwermetalle, organische Halogenverbindungen, Öle und radioaktive Stoffe. Die Konzentrationen von Phosphaten und Stickstoffen in küstennahen Zonen haben sich innerhalb kurzer Zeit verdoppelt. Dagegen ist die Belastung durch Quecksilber und Cadmium in den letzten Jahren nur noch schwach gestiegen, weil die Schwermetallfrachten im Rhein um fast 90% zurückgegangen sind. Auch die Belastung durch DDT hat abgenommen, während die durch chlorierte Kohlenwasserstoffe verursachte unverändert hoch ist. Jedes Jahr gelangen etwa 6000 bis 11000t Blei, 25000t Zink, 4200t Chrom, 4000t Kupfer, 1450t Nickel, 530t Cadmium und 50t Quecksilber in die Nordsee. Hinzu kommen etwa 150000t Öl und 100000t Phosphate. Bezogen auf die Größe der Nordsee sind das gewaltige Mengen. Schadstoffe werden auch durch die Verklappung von Dünnsäure und andern industriellen Abfallstoffen eingetragen.

Löschung des Lagerhallenbrands der Chemiefabrik Sandoz in Basel. Dabei gelangten große Mengen des mit Chemikalien belasteten Löschwassers in den Rhein. Die Folge war eine starke Schädigung des Tierbestands im Oberlauf.

Ein stark belastetes Wassersystem hat auch das oberschlesische Industrierevier (Woiwodschaft Katowice). Anders als das Ruhrgebiet ist es ein ökologisches Katastrophengebiet. Die Hauptindustriezweige sind Steinkohleförderung, Eisen- und Stahlproduktion, Buntmetallverhüttung und Energieerzeugung für die Industrie. Die industriellen Umweltbelastungen sind enorm. Hier sind 23% der Gesamtstaubemissionen und 28% aller gasförmigen Emissionen Polens zu verzeichnen, obwohl es sich nur um 2,1% seiner Fläche handelt. Die Bleikonzentrationen sind auf 90% der Fläche der Woiwodschaft überhöht, ebenso wie die Gruppe der schweren Kohlenwasserstoffe, die als Krebs erregend gelten. 1986 fielen etwa 21% aller Abwässer in Polen in diesem Gebiet an. Hiervon wurden lediglich 56% gereinigt. Die Folge ist eine so starke Verschmutzung, dass das betroffene Wasser nicht einmal mehr für Industriezwecke brauchbar ist. In Oberschlesien gibt es 34% mehr Krebsfälle, 47% mehr Atemwegserkrankungen und 15% mehr Kreislaufstörungen als im Durchschnitt in Polen. Die hier lebenden Menschen haben eine geringere Lebenserwartung, und die Säuglingssterblichkeit ist verhältnismäßig hoch. Fast alle Kinder sind anämisch, viele leiden an Rachitis.

Die ökologischen Folgen des Bergbaus

Als Bergbau bezeichnet man die wirtschaftlichen Unternehmungen, die zur Gewinnung und Förderung von Bodenschätzen führen. Die Anfänge des Bergbaus reichen bis in die Jungsteinzeit zurück. In dieser Periode wurde Feuerstein bergmännisch gewonnen. Vor etwa 6000 Jahren begann die Erzgewinnung – zunächst der Abbau von gediegen vorkommendem Kupfer, später auch das Schmelzen von Metallen wie Eisen, die in ihren Erzen nicht in gediegener Form, sondern chemisch gebunden enthalten sind. Die

Metallerzeugung und -bearbeitung ermöglichte letztlich die immer schnellere Entwicklung der menschlichen Zivilisation.

Man unterscheidet metallische und nichtmetallische Bergpauprodukte sowie Brennstoffe. Der Abbau der Rohstoffe erfolgt entweder im Tagebau, im Tiefbau (unter Tage) oder mittels Offshore-Technik im Meer (Offshore Mining). Erdöl und Erdgas werden fast ausschließlich im Bohrlochbergbau (Nonentry-Bergbau) an Land oder offshore gefördert.

Der Bergbau hat sich seit jeher in starkem Maße gestaltend auf die Landschaft ausgewirkt. So findet man noch heute deutliche Spuren steinzeitlicher Bergbautätigkeit wie die etwa 4000 Jahre alte Feuersteinmine Grimes Graves in der Grafschaft Norfolk, England, ein Areal von 450 Meter auf 300 Meter, das dicht mit Halden und Gruben von bis zu 30 Meter Durchmesser überzogen ist.

Salzgewinnung in einer Saline in der Camargue, Südfrankreich.

Bewertung der ökologischen Folgen

Die Bewertung der ökologischen Schäden hängt davon ab, wie die Bevölkerung diese Schäden subjektiv wahrnimmt und wie stark sie gegenüber Umweltproblemen sensibilisiert ist – und beides variiert beträchtlich von Mensch zu Mensch und von Land zu Land.

Ökologische Schäden lassen sich aber auch objektiv beurteilen. Wie stark die Umwelt beeinflusst wird, kann anhand von quantitativen und qualitativen Faktoren bewertet werden, bezogen auf ökologische Folgen des Bergbaus etwa der Umfang des Abbaus, die Art des geförderten Rohstoffs, die Konzentration des Rohstoffs im Ge-

Braunkohle wird in Deutschland im Tagebau gefördert, vor allem im Rheinischen Braunkohlenrevier und in der Niederlausitz. Das Foto zeigt einen **Braunkohletagebau** bei Hambach (Gemeinde Niederzier, südöstlich von Jülich).

Großräumige **Schädigung der Landschaft durch Tagebau,** hier im Lausitzer Braunkohlenrevier.

sümpfen, im Bergbau für »entwässern«
Vorfluter, alle natürlichen und künstlichen Gewässer, die ober- oder unterirdisch zufließendes Wasser (zum Beispiel aus Kläranlagen) aufnehmen und abführen

steinsverbund der Lagerstätte, die Lage des Abbaus (Topographie, Klima und vorherige Landnutzung) und die Abbaumethode.

Bei der Erschließung einer neuen Lagerstätte mit bekanntem Lagerstätteninhalt stellt sich die Frage, ob mit einem umfangreichen Projekt eine relativ kurzzeitige, aber schwerwiegende Umweltbeeinträchtigung oder mit einem klein dimensionierten Abbau eine zwar geringe, aber dafür länger anhaltende Umweltbeeinträchtigung in Kauf genommen werden soll.

Ebenso wichtig ist, welcher Rohstoff gefördert wird. Handelt es sich etwa um ein toxisches Material wie beispielsweise Blei oder Uran, so ist die Möglichkeit einer Schädigung der direkten Umgebung des Abbaus ungleich höher als bei ungiftigen Rohstoffen. Allerdings können auch beim Abbau nichttoxischer Rohstoffe erhebliche Mengen toxischer Substanzen, zum Beispiel Schwermetalle, im Abraum mitgefördert werden und die Umwelt gefährden.

Die Konzentration des geförderten Rohstoffs im Gesteinsverbund wirkt sich auf die Menge des Abraums und folglich ebenfalls auf den Flächenverbrauch aus. Die Konzentration ist in der Regel bei Edelmetallen oder Edelsteinen am geringsten. Da diese aber auf dem Rohstoffmarkt zu hohen Preisen gehandelt werden, lohnt sich – wirtschaftlich gesehen – auch das kostspielige Umsetzen riesiger Abraummengen.

Wenn es um die Beurteilung von ökologischen Problemen geht, spielt auch die geographische Lage eine Rolle. Bergbauliche Erschließung stellt sich im flachen Gelände mit großer Sichtweite und langsamen Fließgewässern völlig anders dar als in Gebirgsregionen, wo Höhen- oder Tallage über Art und Ausmaß von etwaigen ökologisch bedeutsamen Unglücksfällen entscheiden. Klimatische Gegebenheiten wie Niederschlagsmenge, Temperatur und Windverhältnisse bestimmen Intensität und Reichweite der bergbaulichen Emissionen. So können beispielsweise in ariden, wasserknappen Gebieten Abraumhalden und unbefestigte Wege auf Werksgeländen nicht feucht gehalten werden, was zu massiver Staubbildung führen kann.

Riesige **Abraumhalden** entstehen auch bei der Salzförderung, so zum Beispiel bei Ronnenberg in Niedersachsen.

Auch die Form der vorangegangenen Landnutzung ist für die ökologische Bewertung von Bedeutung: Handelte es sich um Agrarland oder um weitgehend unberührte Natur mit schützenswerten Biotopen? Die Frage ist deshalb wichtig, weil sich das Nutzungspotential vormaligen Agrarlands oftmals wieder herstellen lässt, ökologisch wertvolle Biotope dagegen meist unwiederbringlich zerstört sind.

Der Bergbau verändert die Morphologie

Der Bergbau wirkt sich wie kaum ein anderer Wirtschaftszweig gestaltend auf das Relief der Landschaft aus. Weltweit werden jährlich durch die Förderung von Rohstoffen ungefähr 3000 Milliarden Tonnen Fels- und Erdmaterial bewegt. Interessant ist ein Vergleich mit dem Materialtransport durch Flüsse: Alle Flüsse der Welt zusammengenommen transportieren pro Jahr schätzungsweise 24 Milliarden Tonnen Sediment. Insgesamt kann man den Umfang der bergbaubedingten Abtragungen und Massentransporte

Mit einer **Streckenvortriebsmaschine** (links) kann im Steinkohlenbergbau eine höhere Auffahrgeschwindigkeit erzielt werden als beim Sprengvortrieb.

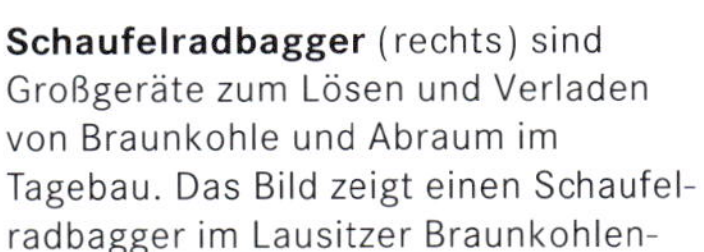

Schaufelradbagger (rechts) sind Großgeräte zum Lösen und Verladen von Braunkohle und Abraum im Tagebau. Das Bild zeigt einen Schaufelradbagger im Lausitzer Braunkohlenrevier. Das Schaufelrad ist rechts vorn. Die Größe des Geräts lässt sich anhand der erleuchteten Steuerkabine im Vordergrund erkennen, in der ein Mann am Steuerpult sitzt.

Abraum, bergbaulich nicht verwertbare Bodenschichten oder Gesteinsmaterialien über oberflächennahen Lagerstätten, die im Tagebau abgebaut werden
degradieren, den Bodenaufbau und die ursprünglichen Bodeneigenschaften ändern
Flöz, bergmännische Bezeichnung für eine Schicht nutzbarer Rohstoffe (beispielsweise von Erzen, Kohle, Kalisalzen, Gesteinen)
Hohlform, ein Begriff aus der Geomorphologie; alle Hänge sind bei einer Hohlform geneigt und fallen auf einen Punkt, eine Linie oder eine Fläche zu (Beispiele: Krater, Tal, Grube)
Geomorphologie, die Wissenschaft von den Oberflächenformen der Erde; beschreibt das Relief von Landschaften und untersucht ihre Entstehung samt dabei wirkenden Kräften

heute durchaus mit dem Umfang natürlicher Abtragungsformen gleichsetzen.

Am auffälligsten ist die morphologische Umgestaltung beim Tagebau. Charakteristisch für den Tagebau ist die Entstehung von Hohlformen durch großflächige Abtragung. Der Kupfertagebau von Bingham Canyon in Utah/USA ist mit einer Tiefe von 774 Metern, einer Fläche von 7,21 Quadratkilometern und einem Aushub von 3355 Millionen Tonnen eine der tiefsten künstlichen Hohlformen der Erde. In Deutschland entstehen die größten Tagebaugruben beim Abbau von Braunkohle. Da heute auch Flöze in Tiefen von mehreren Hundert Metern im Tagebau abgebaut werden, entstehen zumindest während der Abbauphase riesige Abraumhalden. Dem Verlauf der Lagerstätte folgend weitet sich die Tagebaugrube aus, wobei ausgebeutete Grubenbereiche meist wieder mit Abraum aufgefüllt werden.

Nicht nur der Tagebau, sondern auch eine Reihe von anderen Abbautechniken wirkt sich auf die Morphologie aus. So entstehen beim Bohrlochbergbau zwar keine Halden, aber es zeigen sich die für den klassischen Tiefbau charakteristischen Sackungen des Untergrunds. Bei der Erdgas- und Erdölförderung senkt sich der Boden oft großflächig. Die Ausbeutung des Wilmington-Ölfelds führte im Gebiet von Los Angeles zwischen 1928 und 1971 zu einer Absenkung von 9,3 Metern.

Ein gänzlich anderes Problem schafft der Abbau von Flussseifen (»Alluvial Mining«). Flussseifen sind Mineral- oder Erzlagerstätten in Sedimentationsbereichen von Flüssen oder in Schwemmfächern; in ihnen sind dichte (»schwere«) Substanzen wie gediegenes Gold und Edelsteine angereichert. Die Flussseifen werden entweder direkt aus dem Flussbett gepumpt oder zunächst mit Wasser abgelöst und dann mithilfe von Pumpen über Rohre zu den hydraulischen Waschanlagen gefördert. Hier wird der größte Teil des Abraums bereits ausgewaschen. Nur die Feinwäsche geschieht noch per Hand. Wegen der meist sehr geringen Konzentration von Gold oder Diamanten in Flussseifen werden große Abbauflächen einschließlich der Uferbereiche nachhaltig degradiert und sogar natürliche Flussläufe umgeleitet.

Abraumversatz im Tagebau. Der Abbau von mehrere Hundert Meter tief liegenden Flözen führt – zumindest während der Abbauphase – zu riesigen Abraumhalden. Während sich die Tagebaugrube dem Verlauf der Lagerstätte folgend ausweitet, werden bereits ausgebeutete Grubenbereiche meist wieder mit Abraum aufgefüllt.

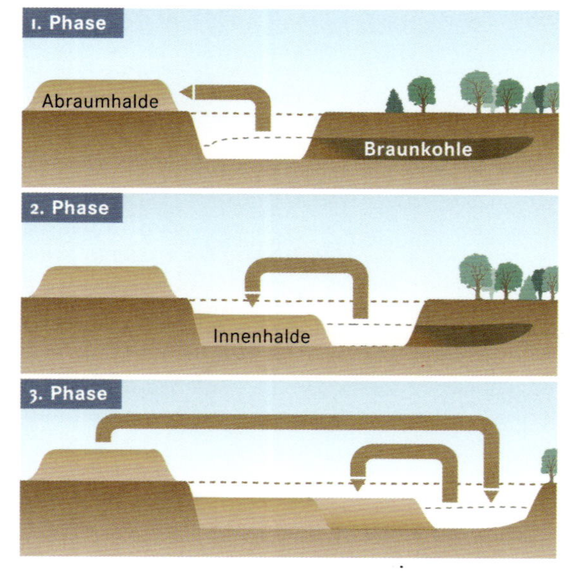

Bergbau und Hydrosphäre – Absenkung des Grundwasserspiegels

Bergbau wirkt sich in drei Bereichen auf die Hydrosphäre aus: Beeinflussung des Grundwasserhaushalts, Störung und Umgestaltung von Oberflächengewässern sowie Verunreinigung und Vergiftung von Grund- und Oberflächenwasser. Sowohl Tagebaugruben als auch Schächte und Stollen im Tiefbau reichen meist bis weit unter den natürlichen Grundwasserhorizont, der daher gesenkt werden muss. Im Tagebau werden dafür meist

Sümpfbrunnen (Entwässerungsbrunnen) angelegt, in denen das Grundwasser gefasst und dann abgepumpt wird; im Tiefbau pumpt man gewöhnlich am Fuß der Förderschächte ab. Als Folge des Abpumpens sinkt der Grundwasserspiegel zum Sümpfbrunnen hin trichterförmig ab. Werden mehrere Brunnen angelegt, erreicht man eine großflächige Absenkung des Grundwasserspiegels. Im Bereich des Abbaus wird der Grundwasserspiegel je nach Abbautiefe und hydrographischen Verhältnissen teilweise mehrere Hundert Meter abgesenkt; die Absenkung erstreckt sich bis weit ins Umland des Abbaus.

Lag der natürliche Grundwasserspiegel in einer Tiefe, die von der Vegetation erreichbar war, wirkt sich eine Absenkung um nur wenige Meter bereits auf die Artenzusammensetzung der Biotope aus. Flora und Fauna verändern sich. Fließgewässer verlieren durch Absenkungen der Grundwasseroberfläche mehr Wasser als vorher durch Versickerung; sie können auch gänzlich versiegen.

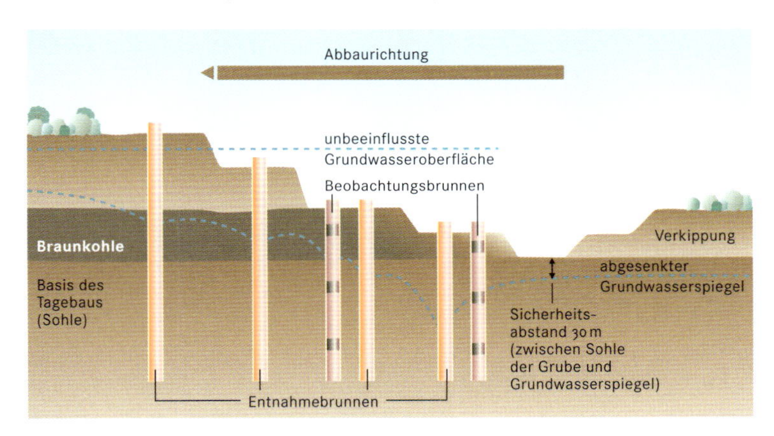

Grundwasserabsenkung beim Tagebau. Mit Entnahmebrunnen (Sümpf- oder Entwässerungsbrunnen) wird vor Beginn des Abbaus die Grundwasseroberfläche so weit abgesenkt, dass sie im Grubengebiet 30 m unter der Sohle liegt. Beobachtungsbrunnen dienen zur Kontrolle.

Sümpfungsmaßnahmen verändern auch die Fließrichtung des Grundwassers, das Abpumpen zwingt die Wasserströme zu den Brunnen hin. Dadurch verschieben sich die Grundwasserscheiden in die entgegengesetzte Richtung, und die Größen der Wassereinzugsgebiete ändern sich. Am stärksten ist jedoch die Wasserwirtschaft betroffen. Im Süden von Mönchengladbach droht beispielsweise die Schließung etlicher dort ansässiger Firmen, da die Trink- und Industriewasserversorgung von den Sümpfungsmaßnahmen der benachbarten Braunkohletagebaue stark beeinträchtigt wird.

Störung und Umgestaltung von Oberflächengewässern

Oberflächengewässer werden im Bereich von Tagebauen stark beeinträchtigt. Seen werden vor Beginn des Abbaus beseitigt, Fließgewässer um die Abbaufläche herumgeleitet wie beispielsweise die Erft beim Braunkohlefeld Frimmersdorf-Süd.

Wenn der Boden als Folge des Tiefbaus absackt, gestalten sich langfristig oftmals die Oberflächengewässer um. Liegt die Senkung im Bereich von Vorflutern, führt sie bisweilen zu einer Unterbre-

Durch eine **Absenkung des Grundwasserhorizonts** können ganze Feuchtbiotope trockenfallen, und Nässe liebende Pflanzen werden verdrängt. Dies betrifft sowohl Gräser und Kräuter als auch Gehölze. Veränderungen der Flora ziehen auch Veränderungen der Fauna nach sich. »Stirbt« zum Beispiel ein Schilfgürtel, so werden dadurch bestimmten Vogelarten die Brutplätze, Nahrungsräume, Schlaf- und Rastplätze genommen. Bei der weitergehenden Verlandung von stehenden Gewässern gehen ganze Tiergruppen in ihren Beständen zurück, die miteinander über die Nahrungskette in Beziehung stehen.

chung des Abflusses, wodurch die Senken auf Dauer geflutet werden. Beispiele hierfür sind die gefluteten Absackungen durch Kohleminen in England in den Tälern des Aire und des Calder bei Castleford/Knottingley und das Anker Valey im östlichen Warwickshire. Im Ruhrgebiet sank das Bett der Emscher bergbaubedingt um mehr als 10 Meter. Dort mussten 355 Kilometer Fluss- und Bachläufe durch Deiche und Betonkanäle über das Niveau der abgesenkten Oberfläche angehoben werden. Die Mündung der Emscher in den Rhein wurde zweimal flussabwärts verlegt, um das Gefälle zu erhöhen.

Im Bergbau wird Grubenluft jeglicher Zusammensetzung als **Wetter** bezeichnet: »Frische Wetter« haben etwa die gleiche Zusammensetzung wie die atmosphärische Luft, »giftige« oder »böse« Wetter enthalten Methan, Kohlenmonoxid, Schwefelwasserstoff oder Stickoxide. **Schlagwetter** sind Gemische aus atmosphärischer Luft und Methan, das sich bei der Kohleentstehung gebildet hat. Es befindet sich in Spalten und Poren der Kohlelagerstätten. Luft mit einem Methangehalt von 4,2 bis 14,5 Prozent ist explosibel. Schlagwetterexplosionen sind äußerst gefährlich. – Alle Maßnahmen und Einrichtungen zur Frischluftzufuhr und Schadgasabfuhr heißen im Bergbau **Bewetterung.**

Verunreinigung und Vergiftung von Grund- und Oberflächenwasser

Der durch Bergbau erhöhte Schwebstoffanteil in Fließgewässern wirkt sich selbst bei ungiftigen Schwebstoffen durch die stärkere Trübung negativ auf die Pflanzen- und Fischbestände aus. Die Verminderung der Lichtdurchlässigkeit behindert die Photosynthese, was wiederum zu einem Rückgang an pflanzlicher Nahrung führt. Die Verwesung von organischem Material, das oft mit dem Sediment abgelagert wird, zehrt von dem gelösten Sauerstoff und vermindert hierdurch das Sauerstoffangebot im Lebensraum der Fische. Das Sediment erschwert auch das Schlüpfen der Fischbrut aus den Eiern. Schließlich behindert die Trübung des Wassers die Fische bei der Nahrungssuche.

So findet man beispielsweise in den Flüssen im Bereich des Porzellanerdenabbaus in Cornwall/England bei einer Trübung von bis zu 5000 Milligramm pro Liter keine Forellen mehr. Bereits ab 400 Milligramm ungiftiger Sedimente pro Liter sind bei der Fischzucht schlechtere Erträge zu erwarten. Gelöste Schwefelverbindungen, Schwermetalle und andere schädliche oder giftige Stoffe stellen allerdings eine weit größere ökologische Belastung dar. Schwefelverbindungen aus Erzen oder Abraum führen zur Versauerung, Schwermetalle aus Abraumhalden und chemische Rückstände aus der Erzanreicherung zur Kontaminierung von Grund- und Oberflächengewässern. Diese Stoffe gelangen beim Bergbau auf vier Wegen in Oberflächengewässer oder ins Grundwasser, nämlich bei der Ausgrabung und Förderung, über die Abraumhalden, durch die Aufbereitung und durch vorsätzliches Einleiten in die Vorfluter.

Methanfackel auf einer Bohrinsel in der Nordsee.

Auswirkungen auf die Atmosphäre

Als wichtigste gasförmige Emission treten beim Bergbau Grubengase in Erscheinung. Beim Kohletiefbau handelt es sich um Erdgas, dessen Hauptbestandteil Methan (CH_4) ist. Der Anteil des Grubengases in der Luft unter Tage wird durch »Bewetterung«, vor allem durch ständiges Absaugen, bei einem Prozent gehalten. Das abgesaugte Methan kann über Tage als Energieträger genutzt werden oder aber es wird einfach abgefackelt. Auch bei der Erdölförderung fallen große Mengen Methan an, die allerdings meist unkontrolliert entweichen oder ebenfalls abgefackelt werden. Insgesamt entweicht der Großteil des Grubenmethans ungenutzt und macht

Rekultivierung im Tagebau des Lausitzer Reviers.

etwa acht Prozent der jährlichen globalen Methanemissionen aus. Auf diese Weise trägt der Bergbau zur Verstärkung des Treibhauseffekts und zum Abbau der Ozonschicht bei.

Bergbaubedingte Staubemissionen stammen vor allem von Halden, offenen Tagebaugruben, Förderanlagen und der Aufbereitung durch Zerkleinerung. Trockenheit und starke Winde begünstigen die Staubemissionen. Besonders in ariden und wechselfeuchten Klimaten mit langen Trockenperioden kommt es zu starken Staubauswehungen. Der beim Bergbau anfallende Feinstaub kann bis in die Lungenbläschen eindringen, was zu ernsthaften Erkrankungen wie etwa der Staublunge führt. Ein besonders hohes Gefährdungspotential geht von Stäuben aus, die mit giftigen Substanzen (wie Schwermetall- oder Schwefelverbindungen) belastet sind – oder gar mit radioaktiven Stoffen, wie sie beim Uranbergbau vorkommen.

Rekultivierung von Bergbaugebieten

Ist der Abbau der Bodenschätze beendet, werden (im Idealfall) die Bergbaugebiete rekultiviert. Ziel der Rekultivierungsmaßnahmen ist letztlich eine Folgenutzung der Flächen, und zwar in der Regel für die Bereiche Landwirtschaft, Forstwirtschaft oder Naherholung. Seit den 1980er-Jahren kommt es auch vereinzelt zu Versuchen der Renaturierung, also der Rückversetzung in einen naturnahen Zustand mit den ursprünglich vorhandenen Biotopen.

Bei einer Rekultivierung werden die Oberflächen bepflanzt, sodass sie durch das Wurzelwerk der Pflanzen stabilisiert werden. Auf diese Weise verhindert eine Begrünung die Staubemissionen, die von Halden und Flächen verfüllter Tagebaugruben ausgehen, oder dämmt sie zumindest ein. Ebenso wird die Erosion, der ungeschützte Oberflächen ausgesetzt sind, verhindert. Als positive Folge wird dadurch die Sedimentfracht in den Vorflutern verringert. Beim Tagebau wird die Rekultivierung in der Regel bereits in der Anfangsphase vorbereitet. Man trägt den Boden im Bereich der geplanten Tagebaugrube ab und lagert ihn getrennt, um bei der Rekultivierung da-

Unter **Rekultivierung** versteht man die Wiederherstellung oder Neugestaltung eines Landschaftsteils, der durch wirtschaftliche oder technische Aktivität des Menschen zerstört oder verschlechtert wurde. Eine Rekultivierung soll eine Folgenutzung der Flächen ermöglichen, also eine Kulturlandschaft herstellen. **Rekultivierungsmaßnahmen** können geotechnischer, landespflegerischer, wasserbaulicher, agrar- und forstökologischer Art sein. In Bergbaugebieten betreffen Rekultivierungen zum einen Tagebaue, Steinbrüche oder Kiesgruben und zum anderen Berghalden und Absetzweiher.

rauf zurückgreifen zu können. Allerdings leidet die Qualität der Böden stark durch die mechanische Belastung beim Wiedereinbringen. Durch das Planieren mit schweren Geräten kommt es oft zu einer starken wachstumshemmenden Verdichtung der Böden. Ein weiteres Problem ist das Absterben fast aller Bodenorganismen, die sich nach der Rekultivierung erst langsam wieder im Boden einfinden. Zudem sinkt der Humusgehalt der Böden durch die Durchmischung in der Regel ab und muss durch starke künstliche Düngung kompensiert werden.

Nutzung der Umwelt immer noch zum Nulltarif?

Die fortschreitende Ausbeutung der Lagerstätten zwingt die Menschheit dazu, immer neue Erz-, Brennstoff- oder Minerallagerstätten zu erschließen. Die Frage, ob im Fall eines Nutzungskonflikts ein wertvoller Naturraum erhalten oder aber die Lagerstätte eines knappen Rohstoffs ausgebeutet werden soll, wird letztlich immer unter wirtschaftlichen Gesichtspunkten entschieden.

Aufwendungen für Rekultivierungen der Rheinbraun AG, Köln, in Millionen DM

1993/94	161
1994/95	181
1995/96	150
1996/97	158
1997/98	145

Die Umweltschäden, die der Bergbau verursacht, sind in der Regel bekannt und werden in Kauf genommen, da ihre Kompensationskosten geringer sind als der Erlös des Rohstoffabbaus. In dieser Rechnung werden allerdings nur volkswirtschaftliche Schäden berücksichtigt, also zum Beispiel der Ertragsausfall der Land- oder Forstwirtschaft vom Anfang der bergbaulichen Flächennutzung bis zum Abschluss der Rekultivierung. Zerstörte Naturgüter gehen in solche Kostenrechnungen nicht ein: Luftverschmutzung und die Verschmutzung der Vorfluter sind in der Regel kostenlos. Abhilfe können nur ein gründliches Umdenken und strenge Umweltschutzauflagen schaffen.

Abfallentsorgung und Recycling

Ein möglichst hohes wirtschaftliches Wachstum gilt als Voraussetzung dafür, neue Arbeitsplätze zu schaffen, die Staatsfinanzen zu sanieren und soziale Absicherungen zu stabilisieren. In Deutschland werden nach dem »Gesetz zur Förderung der Stabilität und des Wachstums der Wirtschaft« aus dem Jahr 1967 Geldwertstabilität, Vollbeschäftigung, außenwirtschaftliches Gleichgewicht und letztlich wirtschaftliches Wachstum als Ziele staatlicher Wirtschafts-

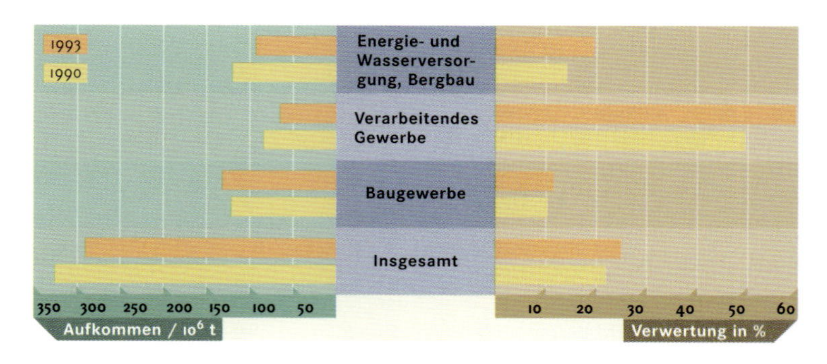

Abfallaufkommen und -verwertung in den Jahren 1990 und 1993 im produzierenden Gewerbe insgesamt sowie bei den drei größten Verursachern. Die Grafik zeigt, dass das Aufkommen allgemein zurückgegangen ist und dass der Anteil des verwerteten Abfalls zugenommen hat.

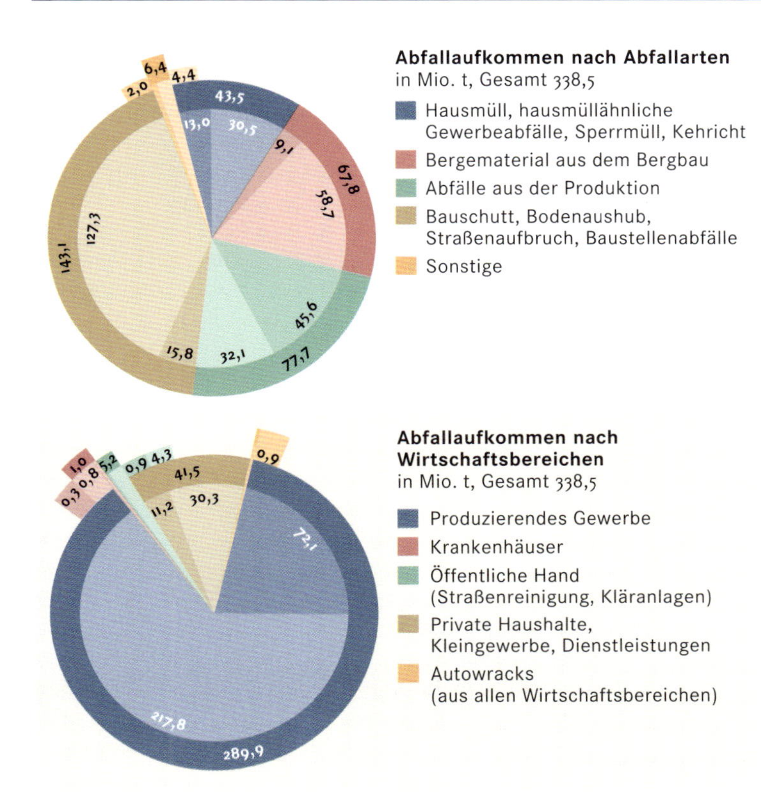

Abfallaufkommen und **Entsorgung** von **Abfällen** in Deutschland 1993, wobei bei der Entsorgung zwischen Verwertung (linkes »Tortenstück« einer Farbe) und Beseitigung unterschieden wird.

politik verstanden. Bestrebungen, dieses »magische Viereck« um ein fünftes Hauptziel, nämlich die Bewahrung einer intakten Umwelt, zu erweitern, sind bis heute gescheitert. Allerdings führt gerade die Ausrichtung der Produktion auf quantitatives Wachstum einerseits zu einem enormen Ressourcenverbrauch und andererseits zu einem stetig wachsenden Abfallaufkommen, sofern keine Gegenmaßnahmen ergriffen werden.

Produktionsspezifische Abfälle

In Statistiken wird das Abfallaufkommen nach Wirtschaftsbereichen in die Sektoren Energie- und Wasserversorgung, Bergbau, verarbeitendes Gewerbe, Baugewerbe, Krankenhäuser, Abfälle aus der öffentlichen Hand (wie Straßenreinigung und kommunale Kläranlagen) und aus privaten Haushalten, Kleingewerbe und Dienstleistungsbetrieben aufgeteilt. Von den 1950er- bis in die frühen 1980er-Jahre haben sich die jährlich anfallenden Abfallmengen in der damaligen Bundesrepublik Deutschland verdoppelt; seit etwa Mitte der 1980er-Jahre sinken die Gesamtmengen. Besonders im gesamten produzierenden Gewerbe zeichnet sich ein deutlicher Rückgang des Abfallaufkommens ab. Diese Zahlen geben allerdings keine Auskünfte darüber, ob der Rückgang aus Veränderungen der Produktionsmenge kam oder ob pro produziertem Produkt weniger Abfall angefallen ist.

Es gibt mehrere Definitionen des Begriffs **Abfall.** Möchte ein Besitzer eine Sache nicht mehr länger haben, wird sie aus seiner Sicht (subjektiv) zu Abfall. Wenn dagegen eine Sache ihren ursprünglichen Zweck nicht mehr erfüllt, ist sie objektiv – unabhängig von der Entscheidung des Besitzers – Abfall geworden. Das deutsche **Kreislaufwirtschafts- und Abfallgesetz** (KrW-/AbfG) definiert Abfall als bewegliche Sachen, derer sich ihr Besitzer entledigt, entledigen will oder muss. – **Müll** sind feste Abfälle. Im alltäglichen Sprachgebrauch werden Abfall und Müll oft synonym verwendet.

Interessant ist, dass nur sechs Industriezweige – insbesondere die chemische Industrie, Gießereien, Straßenfahrzeug- und Maschinenbau – zusammen rund 84 Prozent des gesamten Aufkommens an Sonderabfall des verarbeitenden Gewerbes produzieren.

Recycling

Zwei Probleme der heutigen Gesellschaft werden seit den 1970er-Jahren mehr oder weniger heftig erörtert, nämlich die Erschöpfung nicht regenerierbarer Ressourcen und die zunehmende Belastung von Mensch und Umwelt durch Abfallstoffe. Anfang der 1960er-Jahre tauchte ein Schlagwort auf, das einen dann seit den 1980er-Jahren immer stärker in die Praxis umgesetzten Ansatz beschreibt: Recycling – die Rückführung von Produkten und Materialien in den Kreislauf. Warum wuchs die Bedeutung des Recycling in den letzten Jahren so stark?

Der erste Gund dafür ist die Erkenntnis, dass Rohstoffe knapp und ihre Vorräte begrenzt sind. Dass gewisse Güter knapp sind, ist nichts Außergewöhnliches. Knappe und erschöpfbare Güter sind aber Gegenstand wirtschaftlichen Denkens, da sie mit sinkendem Angebot einen größeren Wert bekommen.

Als zweiten Grund kann man die verstärkte Nachfrage nach einer intakten Umwelt anführen, die stetig abnimmt, da mit zunehmender Industrialisierung und wachsender Produktion die Menge der Emissionen, die an Luft, Wasser oder Boden abgegeben wurde, zunahm. Der steigende Wohlstand und die Veränderung des Konsums ließen auch die Müllberge wachsen.

Bei der Produktion von Gütern wird der Umwelt Material entzogen. Diese Ressourcen werden als Input bezeichnet. Die Rohstoffe werden bei der Produktion umgewandelt und bilden den Ausstoß, den Output. Er enthält sowohl das erwünschte Produkt, den erwünschten Output, als auch Abfälle und Emissionen, den unerwünschten Output, der an das ökologische System abgegeben wird. Diese »Nebenwirkungen«, die bei der Herstellung eines Produkts entstehen, werden Nonprodukte genannt.

Um die Nonprodukte zu verringern, sind prinzipiell zwei Ansätze denkbar. Man kann entweder *während* oder aber *nach Abschluss* der Produktionsphase, in der das unerwünschte Nonprodukt entsteht, eingreifen. Im ersten Fall wird entweder die anfallende Menge des Outputs an Nonprodukt so gering wie möglich gehalten, oder die problemverursachenden Eigenschaften des Nonprodukt-Outputs werden abgeschwächt. Im zweiten Ansatz geht es um den Umgang mit dem entstandenen unerwünschten Output. Allgemein kann

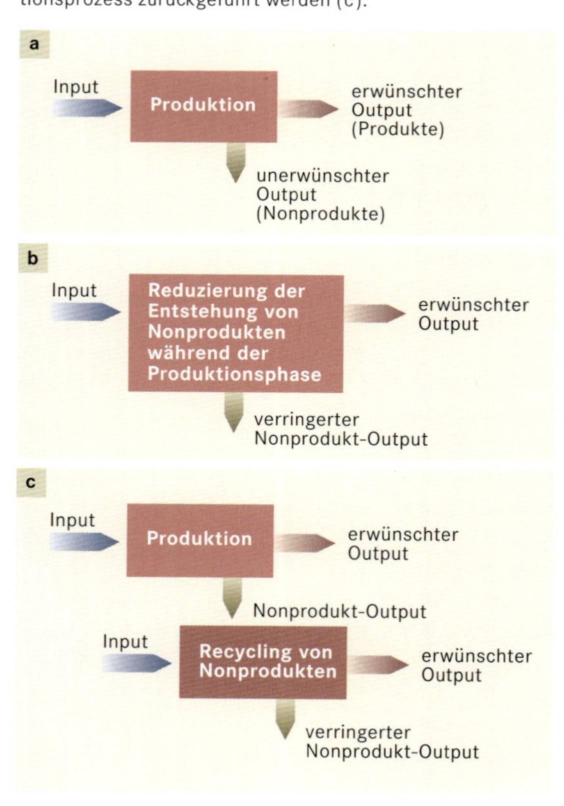

Input- und Output-Ströme beim Produktionsprozess: (a) Neben dem erwünschten Output entsteht bei der Produktion von Gütern auch unerwünschter Output (Nonprodukte). Zur Verringerung des Nonprodukt-Outputs kann entweder dessen Entstehung während der Produktionsphase so gering wie möglich gehalten werden (b) oder das Nonprodukt kann zur weiteren Nutzung in den Produktionsprozess zurückgeführt werden (c).

jedes unerwünschte Material an die Umwelt abgegeben, gelagert, aufbereitet oder aber wieder in einen Nutzungsprozess eingebunden werden. Im letzten Fall spricht man von Recycling oder (Wieder-)Verwertung.

Bei den verschiedenen Recyclingtechnologien versucht man nun, einen Kreislauf herzustellen, bei dem der Nonprodukt-Output derart verarbeitet wird, dass er der Produktion wieder als Input dient. Damit strebt man nicht nur eine Verbesserung der Umweltqualität – insbesondere die Verringerung der Abfallmenge – an, sondern auch eine Schonung der Rohstoffvorkommen. So gesehen sind Ökonomie und Ökologie zwei Systeme, die durch Materialströme (»Stoffströme«), nämlich Input- und Outputströme, miteinander verbunden sind.

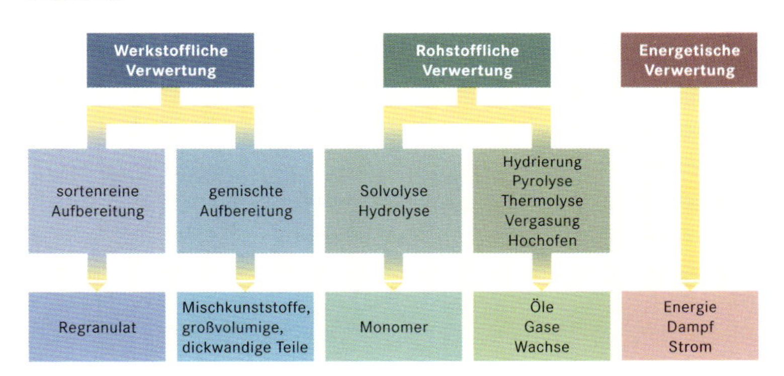

Für das **Recycling von Kunststoffen** gibt es verschiedene Verwertungsverfahren. Welches Verwertungsverfahren eingesetzt wird, ist abhängig von der Kunststoffart und der Reinheit des Kunststoffabfalls (geringe Sortenvielfalt).

Recyclingtechnologien

Man kann primäres, sekundäres und tertiäres Recycling unterscheiden. Beim primären Recycling werden Produktionsrückstände direkt in den Produktionskreislauf zurückgeführt. Dies setzt voraus, dass sie rein anfallen oder getrennt gesammelt werden. Von einem sekundären Recycling spricht man, wenn Stoffe aus einem Abfallgemisch durch Sortierung als Wertstoffe herausgeholt und zurückgeführt werden. Werden Abfälle biologisch, thermisch oder chemisch aufbereitet, spricht man vom tertiären Recycling.

Häufig unterscheidet man auch nach dem Verwendungszweck die drei Recyclingkategorien Wiederverwendung, Wiederverwertung und Weiterverwertung (oder, was das Gleiche ist, Weiterverwendung). Bei der Wiederverwendung wird das Gut für den gleichen Verwendungszweck nochmals genutzt, gegebenenfalls nach Vorbehandlung. Unter Wiederverwertung versteht man die Rückgewinnung und stoffliche Verwendung der Werkstoffe. Der Abfall wird dazu in seine physischen Bestandteile zerlegt, die Materialien werden aufgearbeitet und dann im ursprünglichen Einsatzbereich erneut eingesetzt. Beispiele sind die Aufbereitung von Schrott, Altglas und Altpapier. Dagegen werden die Abfallstoffe bei einer Weiterverwertung nach der Aufarbeitung in einem anderen, technisch niederwertigeren Fertigungsbereich eingesetzt.

Behandlung und Beseitigung von Sonderabfall

Sonderabfall – auch als Sondermüll, Giftmüll, produktionsspezifischer, problematischer, gefährlicher oder besonders überwachungsbedürftiger Abfall bezeichnet – kann aufgrund seiner Zusammensetzung oder Menge nicht zusammen mit den im Haushalt anfallenden Abfällen beseitigt werden, er muss also gesondert gelagert und behandelt werden. Oft ist er in besonderem Maß gesundheits-, luft- oder wassergefährdend, explosibel oder brennbar, enthält Erreger von übertragbaren Krankheiten und erfordert im Hinblick auf Sicherheits- und Schutzvorkehrungen einen besonderen Beseitigungsaufwand.

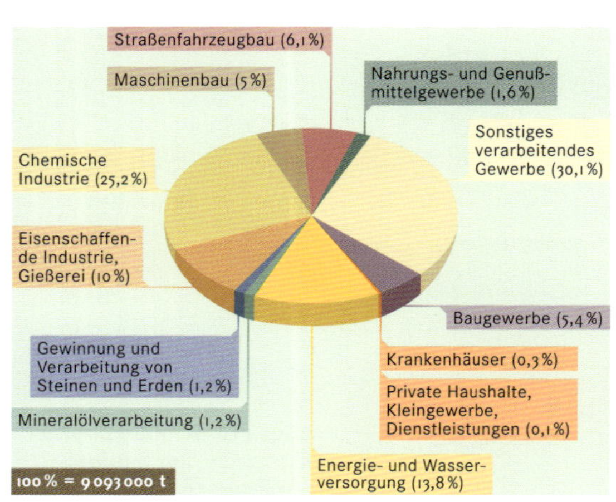

Aufkommen besonders **überwachungsbedürftiger Abfälle** in Deutschland, nach Wirtschaftsbereichen getrennt (1993).

Im günstigsten Fall lassen sich unschädliche Stoffe erzeugen, etwa ungiftige Gase, in Vorfluter oder in eine kommunale Kläranlage einleitbares Abwasser und feste Rückstände, die auf »normale« Deponien gebracht werden können. In den meisten Fällen ist dies aber nicht möglich. Dann bleiben nur Verfahren, die den Sonderabfall chemisch so vorbereiten, dass seine schädlichen Rückstände in geeigneten Deponien, nämlich in Endlagern, abgelagert werden können. Dies sind Untertagedeponien oder oberirdische Hochsicherheitsdeponien, die den vorbereiteten Sonderabfall für sehr lange Zeit zuverlässig einschließen sollen.

Je nach Beseitigungsverfahren kann man Sonderabfälle folgendermaßen einteilen: (1) Abfälle, die ohne Vorbereitung wieder aufbereitet werden können und so in den Wirtschaftskreislauf zurückgeführt werden (wie etwa Lösungsmittel nach Destillation); (2) Abfälle, die ohne Vorbehandlung in Sondermüllverbrennungsanlagen verbrannt werden können. Es handelt sich hierbei in erster Linie um feste, pastöse oder flüssige organische Stoffe mit hohem Heizwert

Arten der Sondermüllentsorgung

Stoffgruppen nach Konsistenz	Art der Beseitigung
stichfeste Sonderabfälle	Verbrennung und Deponierung
ausgehärtete und wasserunlösliche Abfälle	Deponierung mit Hausmüll, ggf. Entgiftung und Entwässerung von Schlämmen
wasserlösliche Abfälle	Verbrennung und/oder Sonderabfalldeponie
Härtesalze	Untertagedeponie
Pflanzenschutzabfälle	Untertagedeponie, ggf. Spezialbehandlung
brand- und explosionsgefährliche Abfälle	spezielle Einzelbehandlung
flüssige Sonderabfälle	Verbrennung, Vorbehandlung, Deponierung, Wiederverwertung
Lösungsmittel, Lacke, Farben	Regenerierung durch Destillation, Verbrennung
mineralölhaltige Abfälle	Emulsionsspaltung, Altölzweitraffination, Verbrennung
anorganische Abfälle (Säuren, Laugen, Salze)	Entgiftung, Neutralisation, Entwässerung, Deponierung
sonstige pumpfähige Sonderabfälle	Hochtemperaturverbrennung
pastöse Sonderabfälle	Eindickung und/oder Deponierung

(zum Beispiel Ölschlamm, Altöle); (3) Abfälle, die ohne Vorbehandlung auf qualifizierten Sondermülldeponien abgelagert werden können (wie Salzschlacken, entgiftete und entwässerte Schlämme, ölverunreinigtes Erdreich); schließlich (4) Abfälle, die sich aufgrund ihrer physikalischen, chemischen oder toxikologischen Eigenschaften nicht einer der vorgenannten Kategorien zuordnen lassen und die einer Vorbehandlung bedürfen, bevor sie deponiert werden können (wie Säuren, Laugen, Galvanikschlämme).

Chemisch-physikalische Verfahren zur Behandlung von Sonderabfällen

Die chemischen, physikalischen und toxikologischen Eigenschaften von Sondermüll lassen sich mit chemisch-physikalischen Verfahren so verändern, dass er oder seine Rückstände deponiert werden können. Wichtig sind folgende vier Verfahren:

(1) Öl-Wasser-Gemische (Emulsionen) werden entmischt, also in Öl und Wasser getrennt. Öl und gegebenenfalls ölhaltiger Schlamm werden verbrannt.

(2) Durch chemische Umsetzung kann man toxische Stoffe eliminieren, wobei oftmals mehrere Behandlungsschritte notwendig sind. Meist erfolgt die Umsetzung in stationären Entgiftungsbecken und -behältern.

(3) Anorganische Flüssigkeiten und Schlämme sind häufig nicht neutral, haben also keinen pH-Wert von 7, sondern sind sauer oder basisch. Deshalb werden Dünnschlämme aus der Industrie oder aus den Entgiftungsanlagen durch gegenseitige Mischung und durch Zugabe von Säuren und Laugen neutralisiert, dazu werden Säuren so lange mit Basen gemischt, bis ein pH-Wert von 7 vorliegt.

(4) Die Bildung fester Niederschläge kann man zum Abtrennen von Substanzen und zur Verfestigung von Schlämmen ausnutzen: Aus Dünnschlämmen kann man durch chemische Fällung (Bildung eines festen Niederschlags nach Zugabe einer Substanz, des Fällungsmittels) und anschließende Entwässerung Schlämme mit einer stichfesten Konsistenz erhalten. Der Wassergehalt beträgt dann rund 60 Prozent. Durch Fällung lassen sich auch Metalle aus wässrigen Lösungen abscheiden. Dazu überführt man sie in unlösliche Verbindungen, häufig in Metallhydroxide, die man anschließend durch Filtration aus dem Wasser abtrennt (entfernt). Die mit diesen Verfahren erzeugten Feststoffe – beispielsweise die Filterkuchen – müssen meistens einer Sondermülldeponie zugeführt werden.

Verbrennt man flüssigen oder pastösen Sondermüll, der nur aus Kohlenwasserstoffen besteht, so wird er fast vollständig in Kohlendioxid und Wasserdampf umgewandelt. Aus vielen anderen Substanzen können sich in Verbrennungsanlagen jedoch Schadstoffe bilden. So kann das entstehende Rauchgas eine Vielzahl an Schadstoffen enthalten – abhängig von der Art des ver-

Sondermüllverbrennungsanlage in Schwedt, Brandenburg; im Vordergrund ein Drehrohrofen, rechts hinten eine Rauchgasreinigungsanlage.

brennenden Sondermülls und den im Verbrennungsraum herrschenden Bedingungen. Es muss daher gereinigt werden.

In Sondermüllverbrennungsanlagen entsteht neben festen Rückständen in der Regel auch Abwasser, das nicht ohne Aufarbeitung in Vorfluter eingeleitet werden darf. Die festen Rückstände müssen in der Regel auf Sondermülldeponien gelagert werden. Es bleibt also letztlich das Problem der zu deponierenden, oftmals gefährlichen Reststoffe. Positiv bei der Verbrennung ist, dass sie die Abfallmenge deutlich reduziert und dass einige im Abfall enthaltenen Schadstoffe durch die Verbrennung vernichtet werden. Die in Müllverbrennungsanlagen erzeugte Wärme lässt sich zum Heizen oder auch zur Stromerzeugung nutzen.

Das **Rauchgas** von Müllverbrennungsanlagen enthält – je nach den Müllbestandteilen und den im Brennraum ablaufenden chemischen Reaktionen – eine Reihe von Schadstoffen: gasförmige Stoffe (vor allem Chlorwasserstoff, Stickoxide, Schwefeldioxid und Kohlenmonoxid) sowie Staub und staubgebundene Stoffe (darunter Schwermetalle wie Cadmium, Blei und Quecksilber sowie organische Stoffe). In modernen Anlagen wird das Rauchgas durch Wäscher und Elektrofilter sehr wirkungsvoll gereinigt.

Beseitigungstechniken

Einige gefährliche Abfälle lassen sich nur dadurch beseitigen, dass man sie in einem Endlager sicher deponiert und auf diese Weise dem ökologischen Kreislauf entzieht. Bei über Tage eingerichteten Hochsicherheitsdeponien werden durch technische Maßnahmen mehrere unabhängige Sicherheitsbarrieren angelegt, die einen Eintritt von Niederschlagswasser (Regen, Schmelzwasser) in die Deponie und den Austritt von Schadstoffen aus der Deponie möglichst zuverlässig verhindern sollen.

Die Ablagerung in Untertagedeponien lässt sich in Deutschland nach dem derzeitigen Erkenntnisstand praktisch nur in einem stillgelegten Salzbergwerk realisieren. Die Kosten sind sehr hoch. In Untertagedeponien werden deshalb nur solche Abfälle eingelagert, die sich nicht mit einem vertretbaren Aufwand in unbedenkliche Stoffe umwandeln lassen, die aber dem ökologischen Kreislauf unbedingt entzogen werden sollen. Auch dürfen aus physikalisch-chemischen Gründen bestimmte Abfälle nicht unter Tage deponiert werden. Der Sondermüll wird zunächst chemisch so aufbereitet (»konditioniert«), dass die gefährlichen Stoffe auch im Fall eines Wassereinbruchs nicht ausgelaugt werden und sich nicht ausbreiten

Das ehemalige **Salzbergwerk Herfa-Neurode** (Hessen) wird heute als Sondermülldeponie (Endlager) genutzt.

können. Der konditionierte Sonderabfall wird in geschlossenen Gebinden verpackt und ins unterirdische Endlager eingebracht.

Sonderabfälle, die in einem Endlager deponiert werden sollen, müssen – auch über sehr lange Zeiträume – in fester Form vorliegen. Ihre (gemeinsam eingelagerten) Inhaltsstoffe dürfen chemisch nicht miteinander reagieren. Die Sondermülldeponie darf auch nicht zur Ablagerung organischer Verbindungen benutzt werden. Extrem wichtig ist, dass die Bestandteile des Abfalls und ihre Zersetzungsprodukte die natürlichen, geologischen Barrieren – etwa den umgebenden Salzstock – und die technischen Barrieren – beispielsweise die Einschlussmaterialien und Gebinde – intakt lassen.

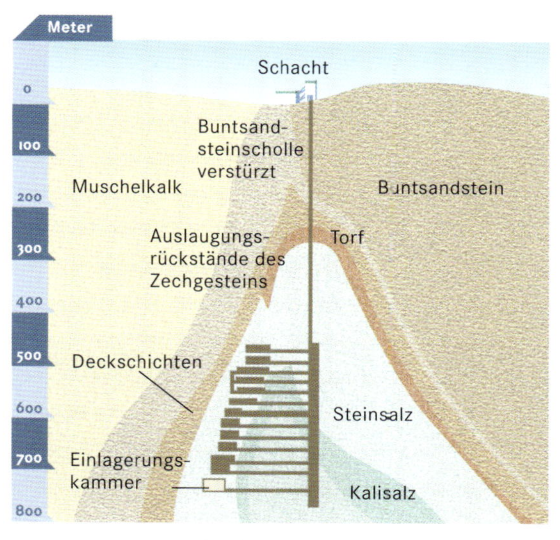

Ein **Salzstock** mit wasserundurchlässigen Deckschichten, erschlossen durch ein Salzbergwerk, kann als **Endlager für Sondermüll** geeignet sein. Die geologischen Verhältnisse müssen hinreichende Langzeitstabilität und sicheren Einschluss gewährleisten.

Die Barrieren müssen so lange stabil und dicht bleiben, wie der eingelagerte Inhalt gefährlich ist – sie müssen also mindestens die »Lebensdauer« der oft sehr stabilen und sich nur langsam zersetzenden gefährlichen Substanzen überstehen. Die technischen Systeme müssen wartungsfrei funktionieren; sollten sie versagen, müssen die natürlichen Barrieren, etwa der Salzstock, eine Schadstoffausbreitung zuverlässig verhindern.

Andere Methoden der Abfallbeseitigung – etwa das Verklappen oder Versenken von Sonderabfall im Meer und die Verbrennung von gefährlichen Abfällen auf hoher See – sind ökologisch fragwürdig, da sie Schadstoffe in die Umwelt (hier: ins Meer) eintragen; zwar stark verdünnt, aber auch weiträumig verteilt. Verklappung und Verbrennung auf hoher See sind in Deutschland eingestellt; einige Staaten praktizieren sie jedoch noch.

Altlasten – tickende Zeitbomben

Auch in alten, längst stillgelegten Deponien und an vielen anderen Stellen findet man im Boden und oberflächennahen Untergrund Schadstoffe. Sie wurden dort vor langer Zeit abgelagert. Solche Altdeponien, meist von Industrie- und Gewerbebetrieben, bilden ein schwerwiegendes Erbe der Vergangenheit, über dessen Tragweite man sich erst Ende der 1970er-Jahre bewusst wurde. Heute werden nicht nur Altdeponien und »wilde« (ungenehmigte) Ablagerungen, sondern auch alle sonstigen alten Bodenkontaminationen unter dem Begriff Altlasten zusammengefasst und als heimtückische »Zeitbomben« im Boden begriffen. Das Ausmaß der Gefährdung kann zurzeit nur erahnt werden, da die Menge, die chemische Zusammensetzung sowie die Wirksamkeit der giftigen Bodensubstanzen auf den Menschen nur unzulänglich bekannt sind.

Ein Umweltgutachten, das der Rat von Sachverständigen für Umweltfragen 1978 veröffentlichte, prägte den Begriff »Altlasten«. »Alt« meint, dass die Anlagen stillgelegt sind, eine Ablagerung von Stoffen heute nicht mehr erfolgt oder dass sie vor In-Kraft-Treten einschlägiger Gesetze betrieben wurden. Der Rat von Sachverständigen für Umweltfragen bezog sich in diesem Gutachten von 1978 vorerst nur auf die Risiken der rund 50 000 Altdeponien und wilden Ablagerungen. Es stellte sich bald heraus, dass nicht nur frühere Missstände bei der Abfallbeseitigung zu Altlasten führen können, sondern auch die wirtschaftlichen Aktivitäten selbst. Zu den von dem Rat 1978 angesprochenen alten Ablagerungsplätzen, den Altablagerungen, kommen die Grundstücke stillgelegter Anlagen der gewerblichen Wirtschaft oder öffentlicher Einrichtungen hinzu, von denen durch die Verunreinigung des Erdreichs eine Umweltgefährdung ausgehen kann. Für derartige Grundstücke hat sich der Begriff »Altstandorte« eingebürgert. Auch Korrosionen von Leitungssystemen, defekte Abwasserkanäle, abgelagerte Kampfstoffe, unsachgemäße Lagerung wassergefährdender Stoffe und andere Bodenkontaminationen können zu Altlasten werden.

Giftmüllentsorgung in Elizabeth im US-Bundesstaat New Jersey.

Die Ursachen für die Entstehung von Altlasten

Die Schadstoffbelastungen des Bodens und der Gewässer sind Folge der Industrialisierung seit Mitte des 19. Jahrhunderts. Durch Unterbewertung des Gefährdungspotentials, oft aber durch sorglosen und leichtfertigen Umgang nicht nur mit Abfällen, sondern auch mit Betriebsstoffen sowie durch undichte Leitungs- und Kanalsysteme und beim Abbruch von Betriebsanlagen kam es häufig zur Verunreinigung von Böden und Untergrund auf dem Betriebsgelände und in dessen Umgebung.

Einen besonders großen Anteil an Boden- und Wasserverunreinigungen haben ehemalige Hausmüll-, Sondermüll-, Industriemüll- und Bauschuttdeponien. Der Grund dafür liegt in der Tatsache, dass bis in die 1970er-Jahre Abfälle – meist ohne die von möglicherweise enthaltenen Schadstoffen ausgehenden Folgen und Risiken zu bedenken – auf Halden, Berghängen oder in natürlichen und künstlich geschaffenen Vertiefungen deponiert oder auf dem betriebseigenen Gelände vergraben wurden. Umweltgefährdende Stoffe aus jenen unsortierten und unkontrollierten Abfällen gelangten in den Boden und in das Grundwasser. Bis 1972 existierten auch wilde Müllkippen, die weder genehmigt noch geduldet waren.

Als altlastenverdächtige Standorte werden angesehen: Steinkohlebergbau, Kokereien, Gaswerke; Gewinnung, Herstellung und Verarbeitung von radioaktivem Material; Nichteisenmetallerzbau, -hütten, -schmelzwerke und -gießereien; Mineralölverarbeitung und -lagerung (einschließlich Altöl); Oberflächenveredelung, Härten von Metallen; Herstellung von Batterien und Akkumulatoren; die gesamte chemische Industrie; die Farben- und Lackindustrie; die Glasindustrie; Säge-, Hobel- und Holzimprägnierwerke; die Verarbeitung und das Färben von Papier, Tapeten, Wolle und Baumwolle; Kunststoff-, Gummi- und Asbestverarbeitung; Erzeugung und Verarbeitung von Leder; Ölmühlen und Herstellung von Nahrungsfetten; Klärwerke; chemische Reinigungen; Güterbahnhöfe und Bahnbetriebsanlagen; Flugplätze; Schrott- und Abwrackplätze; Tierkörperbeseitigung und -verwertung; Herstellung von Waffen und Munition und schließlich ehemalige militärische Liegenschaften.

Zur Erkundung von Altlasten werden anhand alter Akten, Aufzeichnungen, Pläne, Befragungen von Anliegern und Luftaufnahmen Informationen über die Altablagerung oder den Altstandort gesammelt **(historische Erkundung).** Der betreffende Untergrund mitsamt Grundwasser sowie die Luft über der betreffenden Fläche wird physikalisch-chemisch untersucht **(orientierende Erkundung).** Beide Erkundungen führen zu einer Bewertung des Standorts. Bis eine abschließende Beurteilung vorliegt, gilt der Standort als altlastenverdächtig, das Gelände als **Verdachtsfläche.**

Schadwirkungen von Altlasten

Von Altablagerungen und Altstandorten kann eine Gefährdung der Umwelt ausgehen, wenn Schadstoffe (1) die Gesundheit des Menschen gefährden oder sein Wohlbefinden beeinträchtigen, (2) Wasser, Böden, Luft, Pflanzen, Tiere und Ökosysteme schädlich beeinflussen. Altlasten gefährden die Umwelt durch Deponiegas, Sickerwasser (als Oberflächenwasser und als Grundwasser) und Staub.

Die möglichen Gefahren kann man mithilfe von »Gefährdungspfaden« darstellen, die von der Altlast als Quelle über die unterschiedlichen Ausbreitungsmedien zu den Schutzobjekten (wie etwa Grundwasser, Luft, Tiere, Pflanzen und Sachgüter) gelangen.
Besonders wichtige Gefährdungspfade sind:

(1) direkter Kontakt, etwa durch das Verschlucken oder Berühren des kontaminierten Bodens (vor allem durch Kinder);
(2) Einatmen von giftigen Gasen;
(3) Versickerung der Schadstoffe, was zur Vergiftung des Grund- und Trinkwassers führen kann;
(4) Verwehung, Versickerung oder Abschwemmung von Schadstoffen, wodurch das aquatische Ökosystem gefährdet wird und sich Schadstoffe in der Nahrungskette (beispielsweise über den Fisch) anreichern können;
(5) Schädigung der Vegetation (Pflanzentoxizität), wodurch unter anderem die Landwirtschaft in der Umgebung der Altlast durch Ertrags- und Qualitätseinbußen beeinträchtigt wird;
(6) Aufnahme von Schadstoffen durch Pflanzen und Tiere, was zur Schadstoffanreicherung in Nutzpflanzen und pflanzlichen

Produkten sowie über die Nahrungskette in tierischen Produkten führt;

(7) Beeinträchtigung des Filter- und Abbauvermögens des Bodens;

(8) Schädigung von Gebäuden durch Sackung (der Deponieinhalt sackt allmählich zusammen, Gebäude bekommen dadurch Risse) sowie durch Korrosion;

(9) Feuer und Explosion, da Deponiegase brennbar und in Gemischen mit Luft explosibel sein können.

Vor allem folgende für den Menschen toxische Schadstoffe oder Schadstoffgruppen kommen in Altlasten vor: Schwermetalle (wie Cadmium, Blei, Quecksilber, Chrom, Nickel, Kupfer, Zink); Arsen; anorganische Schadstoffe wie Nitrate und Cyanide; einfache Aromaten (Benzol, Toluol, Xylol); polycyclische aromatische Kohlenwasserstoffe (PAH) wie Benzo[*a*]pyren; leichtflüchtige Halogenkohlenwasserstoffe (wie Tetrachlorethen, Trichlorethen, 1,1,1-Trichlorethan) und deren Abbauprodukte; schwerflüchtige chlorierte Kohlenwasserstoffe wie polychlorierte Biphenyle (PCB), Hexachlor-

PFADE DER SCHADSTOFFFREISETZUNG AUS DEPONIEN

Die Inhalte von Deponien unterliegen dem Einfluss von Niederschlägen und sie können sich im Lauf der Zeit chemisch verändern. Außerdem wirken Bodenorganismen auf sie ein und bauen einen Teil ihrer organischen Substanzen ab. Durch solche Veränderungen können Schadstoffe »mobilisiert« werden. Diese können mit dem austretenden Sickerwasser in Oberflächengewässer und auch ins Grundwasser gelangen. Die chemischen Reaktionen und der mikrobielle Abbau führen zur Bildung und Freisetzung von Deponiegasen, die je nach Zusammensetzung des Abfalls neben ungiftigem Methan auch giftige Gase enthalten können. Niederschläge und Wind führen zur Erosion: Aus einer alten, nicht dem Stand der Technik entsprechenden Deponieabdeckung kann schadstoffkontaminiertes festes Material ausgetragen werden.

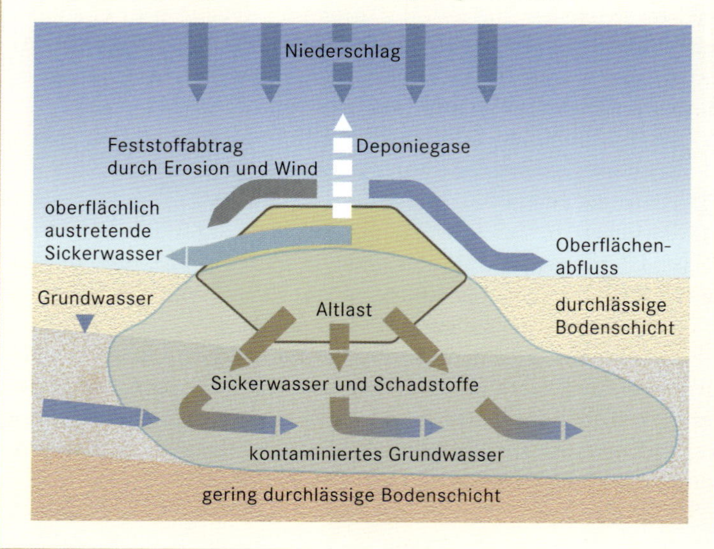

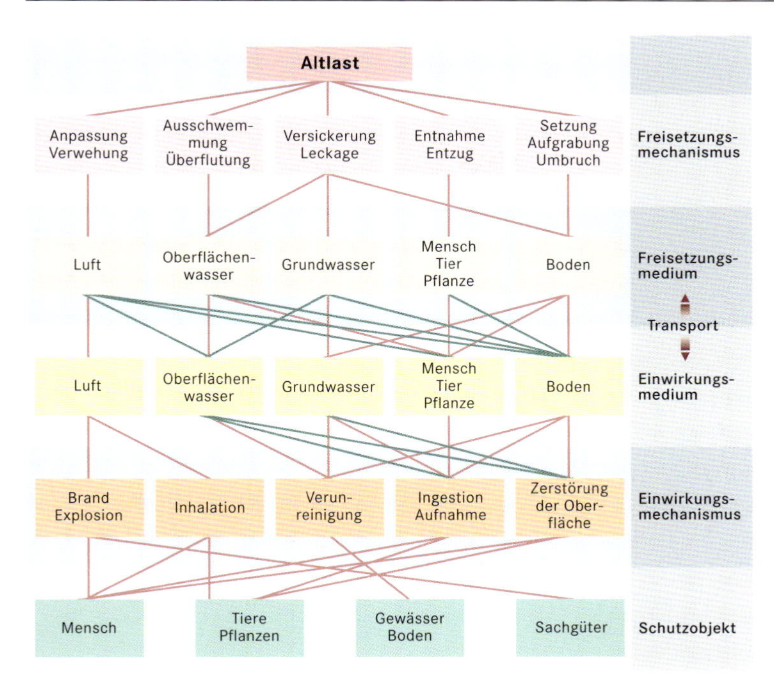

Die möglichen Gefahren bei der Freisetzung, Ausbreitung und Einwirkung von Schadstoffen können mithilfe von **»Gefährdungspfaden«** dargestellt werden. Diese führen von der Altlast als Quelle über die unterschiedlichen Freisetzungs- und Einwirkungsmedien zu den Schutzobjekten.

cyclohexan (HCH), Chlorbenzole, Chlorphenole, polychlorierte Dibenzodioxine (»Dioxine«); Furane und deren Abbauprodukte.
In der Altlastenproblematik spielt der Faktor Zeit eine erhebliche Rolle. Sind etwa giftige Substanzen in Behältern vergraben, dauert es einige Jahre, bis diese undicht werden und die Schadstoffe ins Erdreich eindringen. Ist der Boden direkt mit Schadstoffen kontaminiert, werden sie im Boden transportiert und gefährden schließlich das Grundwasser. Einige Substanzen wandeln sich im Lauf der Zeit chemisch um, andere werden durch Bodenorganismen biologisch abgebaut. Viele Substanzen sind allerdings nur schwer oder überhaupt nicht abbaubar. So verbleiben etwa Chlorkohlenwasserstoffe und Nitroaromaten über Jahrzehnte oder Jahrhunderte ohne nennenswerten biologischen Abbau im Boden oder Grundwasser.

Wirtschaftliche und soziale Auswirkungen von Altlasten

Für die Ermittlung und Bewertung der altlastverdächtigen Flächen und für die Sanierung der als Altlasten eingestuften Flächen ergeben sich volkswirtschaftliche Kosten von mehreren Milliarden DM. Diese finanziellen und personellen Mittel gehen zum Teil zulasten des präventiven Umweltschutzes.

Zu den volkswirtschaftlichen Belastungen kommen die betriebswirtschaftlichen Folgen. Unmittelbar betroffene Unternehmen, denen nach dem Verursacherprinzip eine Schadenshaftung oder eine Verpflichtung zu Abhilfemaßnahmen auferlegt wird, stehen erheblichen finanziellen Forderungen gegenüber.

Schließlich bürdet allein die schiere Existenz schadstoffhaltigen und standortfremden Materials der Gesellschaft bereits eine nur

Die **Altlast** der Firma Boehringer (Hamburg) in **Hamburg-Georgswerder** lässt sich nicht mit vertretbarem Aufwand sanieren; sie wurde daher abgedichtet und abgedeckt (im Bild im Hintergrund). In den 1950er-Jahren wurden hier Pflanzenschutzmittel (Lindan) und Herbizide hergestellt. Das Betriebsgelände, der Untergrund und das Grundwasser sind seitdem mit chlorierten Kohlenwasserstoffen belastet.

schwer einzuschätzende Last auf – regelmäßige Überwachung, Sicherungs- und Sanierungsmaßnahmen, Maßnahmen gegen Gesundheitsbeeinträchtigungen. Die Folgenutzungsmöglichkeiten kontaminierter Standorte sind sehr eingeschränkt. Die gesamte Bauleitplanung und kommunale Bodenpolitik wird damit aufwendiger.

Über hunderttausend Verdachtsflächen in Deutschland

Bis Ende 1995 sind in Deutschland circa 170 000 Altlastverdachtsflächen erfasst worden, davon etwa die Hälfte in den neuen Bundesländern. Der Bearbeitungsstand bei der Erfassung der Altablagerungen, also der stillgelegten Deponien, ist sehr viel weiter fortgeschritten als bei den Altstandorten; allein durch den Nachholbedarf bei der Erfassung der Altstandorte wird die Anzahl der Verdachtsflächen insgesamt noch ansteigen. Schätzungen nennen eine Anzahl von 240 000 Verdachtsflächen in Deutschland.

Die Bewertung von Verdachtsflächen hat sich in den letzten Jahren verändert. Das hat zwei Gründe. Zum einen hat sich das Umweltbewusstsein stark gewandelt. Die Umweltstandards sind angestiegen, was zur Folge hat, dass die Kriterien für eine etwaige Umweltgefährdung sehr viel strenger geworden sind. So werden Flächen, die gestern noch als »sauber« galten, heute als Altlasten eingeschätzt. Zum anderen existierte bis vor kurzem noch keine ein-

Anzahl erfasster und geschätzter altlastverdächtiger Flächen in Deutschland

Bundesland	Stichtag	Ablagerungen	erfasste Altstandorte	Flächen gesamt	geschätzte Flächen
Baden-Württemberg	31. 12. 1995	3916	1086	5002	31000[1]
Bayern	31. 03. 1995	8857	2621	11478	k. A.
Berlin	27. 11. 1995	746	4744	5490	6000
Brandenburg	17. 11. 1995	5794	8402	14196[2]	18500
Bremen	11. 12. 1995	100	3000	3100	k. A.
Hamburg	11. 12. 1995	388	372	760	2500
Hessen	30. 11. 1995	2350[3]	361[4]	2711	13400
Mecklenburg-Vorpommern	30. 10. 1995	4367	6055	10422[5]	14000
Niedersachsen	30. 06.1995	8160	k. A.	8160	k. A.
Nordrhein-Westfalen	31. 12. 1994	15107	6185	21292	k. A.
Rheinland-Pfalz	19. 12. 1995	10578	k. A.	10578	k. A.
Saarland	28. 11. 1995	1801	2432	4233	4800
Sachsen	30. 05. 1995	8752	18428[6]	27180	k. A.
Sachsen-Anhalt	30. 11. 1995	6295	11044	17339[7]	21000
Schleswig-Holstein	30. 03. 1995	3023	6146	9169	k. A.
Thüringen	20. 11. 1995	5911	12956	18867	25000
gesamt		86145	83832	169977	

[1] Davon sind die Altablagerungen (3916) weitgehend erfasst, bei dem überwiegenden Teil der 31 000 Verdachtsflächen handelt es sich um Altstandorte – [2] zusätzlich 11 884 militärische Altlastverdachtsflächen und 468 Rüstungsaltlastverdachtsstandorte sowie 682 noch nicht zu Altablagerungen und Altstandorten zugeordnete Flächen – [3] davon 50 zur Altlast erklärt – [4] davon 183 zur Altlast erklärt – [5] zusätzlich 2764 militärische Altlastverdachtsflächen und 218 Rüstungsaltlastverdachtsstandorte – [6] Tendenz steigend – [7] zusätzlich 673 militärische und Rüstungsaltlastverdachtsflächen

heitliche bundesrechtliche Regelung in Bezug auf die Altlastenproblematik; die Bundesländer wendeten Landesabfall- und -altlastengesetze sowie das Baugesetzbuch an. Erst 1998 wurde das Bundes-Bodenschutzgesetz (BBodSchG) verabschiedet, das das Vorgehen bei altlastverdächtigen Flächen regelt – von der Gefahrenerforschung über die Aufstellung eines Sanierungsplans bis hin zur Haftungsfrage.

Abfalltourismus – der Export von Sondermüll

Unter den Bezeichnungen »Abfalltourismus« oder »Mülltourismus« ist der Export von Sondermüll in der Presse bekannt geworden. Erstmalig aufmerksam wurde die Öffentlichkeit durch einen Skandal im Zusammenhang mit dem Chemieunfall, der sich 1976 im italienischen Seveso ereignete und bei dem eine erhebliche Menge sehr giftiger Dioxine freigesetzt wurde. Im Herbst 1982 verschwanden unter ungeklärten Umständen 41 Fässer mit dioxinverunreinigtem Bodenmaterial aus Seveso; im Mai 1983 tauchten diese Giftmüllfässer nach intensiver Suchaktion in Frankreich wieder auf.

Von der ehemaligen DDR wurden zur Devisenbeschaffung auf der **Deponie Schönberg** im Landkreis Nordwestmecklenburg (Mecklenburg-Vorpommern) bis 1990 mehr als 8 Mio. t Abfälle und Sonderabfälle aus den alten Bundesländern abgelagert. Im Hintergrund ist Lübeck zu sehen.

Sondermüll wird aus Deutschland exportiert und – in geringeren Mengen – nach Deutschland importiert; genauso verfahren andere westliche Industriestaaten. In der zweiten Hälfte der 1980er-Jahre nahm der Transport von deutschem Sondermüll ins Ausland stark zu. Ursprünglich wurde der Abfall vor allem in andere westeuropäische Staaten transportiert und dort entsorgt. Später entdeckte die damalige DDR die Deponierung von Haus- und Giftmüll als willkommene Devisenquelle. Allerdings kümmerte sich die DDR nicht um eine umweltgerechte Entsorgung.

Ein Müllexport muss nicht grundsätzlich verdammt werden, denn alles, was an Müll nicht vermieden werden kann, ist dort am besten aufgehoben, wo es unter ökologischen und ökonomischen Gesichtspunkten am besten entsorgt werden kann – und das ist nicht unbedingt im Herkunftsland des Abfalls gewährleistet.

Die Dritte Welt – Müllkippe der Industriestaaten?

Der grenzüberschreitende Transport von Sondermüll zwischen industrialisierten Ländern kann für alle Beteiligten Vorteile mit sich bringen. Anders ist es allerdings, wenn Sonderabfall in Länder gebracht wird, in denen eine umweltgerechte Entsorgung nicht gewährleistet ist, wenn also ein Land regelrecht als preiswerte Müllkippe missbraucht wird. Das Gefahrenpotential, das vom Giftmüll ausgeht, können oder wollen einige Staaten der Dritten Welt oft nicht erkennen; sie erhoffen sich dringend benötigte Deviseneinkünfte.

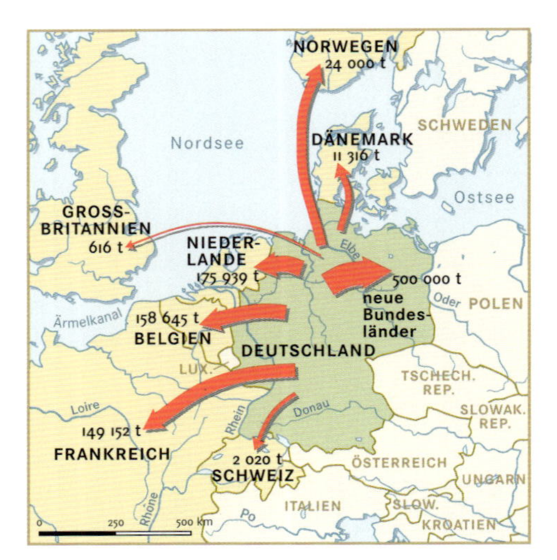

Deutsche **Giftmüllexporte** ins europäische Ausland (1992). In Deutschland sind Abfallexporte nach dem Abfallgesetz nur dann erlaubt, wenn eine Entsorgung im Inland nicht möglich oder sinnvoll ist.

Der **Handel mit Giftmüll** kann ein lukratives Geschäft sein. Die Behandlung einer Tonne Giftmüll kostet in den Industrieländern 3000 US-Dollar, der Export nur 2,50 US-Dollar – eine große Verlockung für illegale Geschäfte: Korruption, gefälschte Papiere oder der Tausch gegen Waffen. An illegalen Geschäften beteiligte Entsorgungs- und Transportunternehmen, Makler und Anlageberater erzielen Gewinne, die mit denen im Drogenhandel zu vergleichen sind. So ist der Handel mit Giftmüll zu einem Tätigkeitsfeld des organisierten Verbrechens geworden.

Die Menge des in Entwicklungsländer exportierten Sondermülls ist in den letzten Jahren gestiegen. Die dortigen Ökosysteme werden dadurch immens belastet. Da ohne wirtschaftliche Entwicklung kein Umweltschutz und keine Verbesserung der Lebensverhältnisse möglich ist, sich aber umgekehrt auch ohne eine intakte Umwelt keine Entwicklung absehen lässt, wurde das Verlangen nach einer globalen Politik laut, die den Transport von giftigen Abfällen verwaltet und die gewährleistet, dass die weniger industrialisierten Länder nicht mehr als Müllabladeplätze missbraucht werden.

Vom exportierten westeuropäischen Müll gehen rund 80% in andere westeuropäische Länder, 15% nach Osteuropa und 5% in Entwicklungsländer. Vor dem allgemeinen politischen Umbruch im Ostblock ging der Hauptteil des Müllhandels von Westdeutschland nach Ostdeutschland, danach orientierte sich der Export – was die östliche Richtung anbetrifft – stärker auf Polen und andere osteuropäische Staaten.

Der Mülltourismus ist mit einer Vielzahl von Fehlentwicklungen und Verbrechen belastet. Viele Länder der Dritten Welt wurden Opfer von skrupellosen Müllschiebern. Auch gibt es kriminelle Giftmüllexporte in mehrere Länder des ehemaligen Ostblocks. Nach Angaben des Bundeskriminalamts (BKA) hat sich die illegale Abfallentsorgung zu einem bevorzugten Tätigkeitsfeld des organisierten Verbrechens entwickelt, wobei besonders Giftmüll über Scheinfirmen »beseitigt« wird.

Interaktion zwischen importierenden und exportierenden Ländern

Der Handel mit gefährlichem Müll kann und soll nicht einfach als ein weiterer Aspekt im internationalen Handel angesehen werden, denn er verstärkt nachhaltig regionale Disparitäten zwischen Industrie- und Entwicklungsländern. Während der Export von Sondermüll eine Verbesserung der Umwelt im Exportland bedeutet, wird die Umweltsituation im importierenden Land verschlechtert. Für das exportierende Land lohnt sich der Handel kurzfristig auf jeden Fall, da es die hohen Kosten der Abfallbehandlung einspart. Selbst hohe Transportkosten fallen wegen der umgangenen ordnungsgemäßen – und teuren – Entsorgung nicht ins Gewicht.

Die Wirksamkeit des Müllexports auf der Basis einer Kosten-Nutzen-Analyse hängt vom Zeitrahmen ab. Auf kurze Sicht lohnt sich der Export von Müll, da das exportierende Land Mittel und Geld, die es für die Beseitigung von Sondermüll ausgegeben hätte, für andere Dinge nutzen kann. Die importierenden Länder sind kurzzeitig ebenfalls begünstigt, da Fremdwährung in ihr Land kommt, das sie für den allgemeinen Ausbau der Infrastruktur verwenden können. Es gibt sogar Abfallhändler, die ihr Geschäft als Entwicklungshilfe sehen und den Müll als karitative Spenden deklarieren.

Langfristig und im globalen Kontext gesehen, sind sowohl der Import als auch der Export nachteilig. Importierende Länder können sich plötzlich über die Wirkung und die Gefahren des Mülls bewusst werden oder feststellen, dass sie mit der Bewältigung des Problems nicht mehr zurechtkommen. Die chemischen Bestandteile des gefährlichen Mülls können das biologische, chemische oder physikalische Gleichgewicht des Ökosystems stören. Dies könnte zu irreparablen gesundheitlichen und ökologischen Schäden führen. Der Versuch, diese Probleme wieder in den Griff zu bekommen, kann ein Vielfaches von dem kosten, was das importierende Land ursprünglich eingenommen hat; das exportierende Land kann unter Umständen von den ökologischen Folgen selbst betroffen sein, wird aber sicherlich mit Schadenersatzforderungen der Importländer rechnen müssen.

Die Diskussionen und Verhandlungen über den Mülltourismus zeigen zwei unterschiedliche Standpunkte auf. Selbstverständlich plädieren Interessenten sowohl in den Industrieländern als auch in den Entwicklungsländern für freien Müllhandel. Gegner dieser Praxis wehren sich gegen jegliche Art des grenzübergreifenden Müllhandels. Sie betonen vor allem die große Diskrepanz zwischen den Müllbeseitigungstechnologien in Industrieländern und der unzureichenden Infrastruktur in den Entwicklungsländern, um den importierten Müll gefahrlos zu entsorgen. Der freie Mülltourismus lässt sich – so die Kritiker – nicht kontrollieren und geht auf Kosten der Entwicklungsländer.

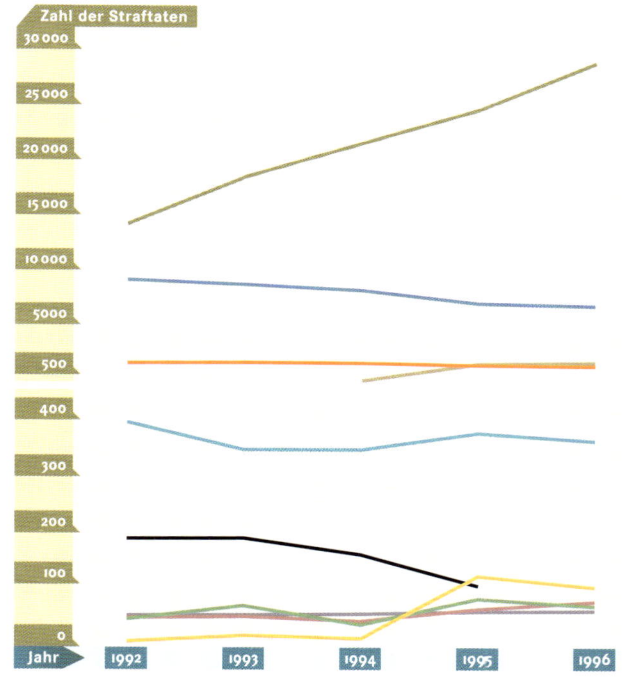

Umweltstraftaten in Deutschland von 1992 bis 1996, aufgeschlüsselt nach der Art der Delikte.

Reaktionen des Gesetzgebers und der Industrie

Der Weltmeister im Export von Sonderabfall ist Deutschland. Wegen der hohen ökologischen Sensibilität der deutschen Bevölkerung und verschärften Umweltauflagen wurde der Export immer stärker ausgeweitet. Um die zunehmende Umweltkriminalität rechtlich wirksamer bekämpfen zu können, hat der Deutsche Bundestag mit dem 31. Strafrechtsänderungsgesetz (StrÄndG) von 1994 auch die verbotene und ungenehmigte grenzüberschreitende Verbringung von gefährlichen Abfällen unter Strafe gestellt.

Der beste Weg zur Lösung des Abfallproblems besteht darin, möglichst wenig Abfall zu erzeugen, also an der Quelle des Problems anzusetzen. Das erklärt den allgemein akzeptierten Grundsatz: Vermeiden oder Vermindern hat Vorrang vor Wiederverwerten; wenn sich Abfall nicht vermeiden lässt, dann ist Wiederverwerten besser als Entsorgen.

Die Industrie hat in vielen Bereichen Schritte in diese Richtung unternommen – einerseits auf Druck des Gesetzgebers und der Öffentlichkeit, andererseits auf der Basis einer Selbstverpflichtung und nicht zuletzt auch aus wirtschaftlichen Gründen. Eine umweltverträgliche Produktion ist nicht automatisch unrentabel; sie kann sogar, beispielsweise durch Recycling, Kosten einsparen.

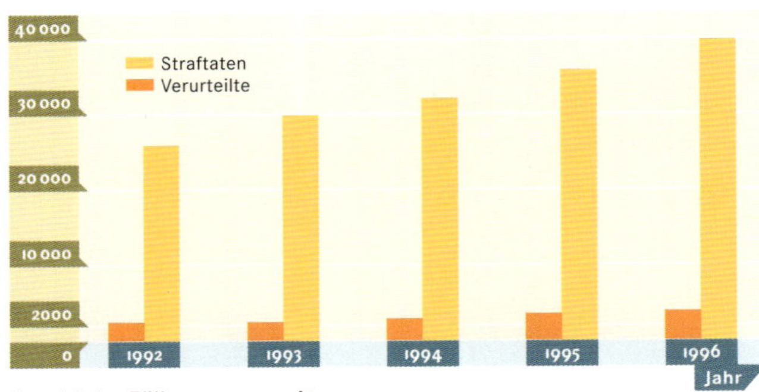

Anzahl der Fälle von **umweltgefährdender Müllbeseitigung** in Deutschland von 1992 bis 1996.

Die deutsche Wirtschaft profitiert inzwischen sogar von den vergleichsweise strengen Umweltauflagen. Sie war zur Entwicklung kostengünstiger Umwelttechnologien gezwungen, was mit dazu beigetragen hat, dass sie heute bei Umwelttechnologien einen Weltmarktanteil von rund 20 Prozent hält. Langfristig gesehen liegt in der Umweltschutztechnik ein großes Potential, das in erheblichem Maße auch zur Sicherung des Wirtschaftsstandorts Deutschland beitragen kann.

Ermittlung von industriebedingten Umweltbelastungen

Zerstörung der Ozonschicht, verstärkter Treibhauseffekt, Verschmutzung von Meeren und Grundwasser, Waldsterben, Bodenerosion, Verringerung der Artenvielfalt und Zunahme giftiger Chemikalien in der Umwelt – das ökologische System der Erde ist bedroht. Immer mehr Menschen erkennen, dass sie mit der Umwelt auch ihre eigene Lebenswelt zerstören. Der Schutz der Umwelt hat große Bedeutung erlangt und genießt Zustimmung über die gesamte politische Bandbreite und in allen Gruppen der Gesellschaft.

Die Aufgabe der Industrie im Umweltschutz sollte es sein, den Ressourcenverbrauch und die Emissionen zu minimieren, um auf diese Weise die Lebens- und Umweltqualität zu verbessern – zumal die Beeinträchtigung der natürlichen Umwelt auch die wirtschaftliche Basis schädigen kann.

Handlungsmöglichkeiten der Industrie – Umweltmanagement

Noch bis vor wenigen Jahren war der Umweltschutz für die meisten Unternehmen in den Industrieländern ein lästiges Muss. Man erkannte zwar die gesellschaftliche Notwendigkeit, verwies aber gleichzeitig auf die damit verbundenen Kosten, die die internationale Wettbewerbsfähigkeit beeinträchtigen könnten. Das hat sich geändert. Viele Industrieunternehmen haben heute die gesellschaftliche Bedeutung des Umweltschutzes erkannt und werben sogar mit der umweltverträglichen Herstellung von Produkten.

In Deutschland ging die Industrie eine Reihe von freiwilligen Vereinbarungen und Selbstverpflichtungen im Bereich des Umweltschutzes ein. Ein Beispiel ist die Selbstverpflichtung der chemischen Industrie zur stufenweisen Einstellung der Produktion aller im Montrealer Protokoll geregelten Fluorchlorkohlenwasserstoffe (FCKW), sodass seit 1994 in Deutschland keine FCKW mehr produziert und (außer für medizinische Sprays) auch nicht mehr eingesetzt werden.

Industrie und öffentliche Hand haben in den letzten zwanzig Jahren hohe Beträge für Maßnahmen zur Luftreinhaltung, für den Gewässerschutz, für die Abfallbeseitigung und die Lärmbekämpfung investiert. Dennoch ist das noch nicht genug. Die Industrie ist gefordert, neue Energie und Ressourcen sparende Herstellungsverfahren und neue umweltgerechte Produkte zu entwickeln, die Umweltbelastung von vornherein vermeiden. Nötig sind Methoden, mit denen sich industriebedingte Umweltbelastungen ermitteln lassen, und Maßnahmen zu ihrer Verminderung oder Vermeidung. Hierbei geht es weniger um technische Verfahren, als vielmehr um Instrumente des Umweltmanagements.

Land	Millionen Dollar	Prozent des BIP*
Niederlande	5 686	2,1
Österreich	2 905	2,0
Schweiz	2 990	2,0
Deutschland	25 260	1,7
USA	106 001	1,6
Frankreich	15 446	1,4
Schweden	1 773	1,2
Großbritannien	10 732	1,1
Kanada	5 616	1,0
Dänemark	853	0,9
Japan	16 170	0,6

In Preisen und Wechselkursen von 1991
* BIP: Bruttoinlandsprodukt

Öffentliche und private **Ausgaben** für den **Umweltschutz** und deren Anteil am Bruttoinlandsprodukt in einigen ausgewählten Ländern.

UMWELTMONITORING

Die langfristige systematische Beobachtung der Natur und die Analyse von Beobachtungsdaten zur Beurteilung der Situation von Natur und Umwelt werden zusammenfassend als Umweltmonitoring bezeichnet. Dazu werden vielfältige Untersuchungen physikalischer, chemischer, toxikologischer, bakteriologischer und biologischer Art herangezogen.

Organismen, die enge Bindungen an bestimmte Umweltfaktoren haben und empfindlich auf deren Veränderung in ihrem Lebensraum reagieren, können hierbei als Bioindikatoren genutzt werden. Sie zeigen durch Zu- oder Abnahme ihrer Populationen die jeweilige Qualität ihrer Umwelt an. Manche Organismen sprechen auf die Summe *vieler* Schadstoffe an, andere reagieren selektiv auf Belastungen durch *einzelne* Schadstoffe. So kann man etwa aus der Abnahme von Flechten auf eine Verschmutzung der Luft durch Schwefeldioxid schließen.

Auch zur Ermittlung der Güte von Fließgewässern, d. h. ihrer Belastung durch abbaubare organische Stoffe (vier Klassen und drei Zwischenklassen), bedient man sich dieser Methode. Dabei werden Art und Anzahl gewisser im Wasser lebender Indikatororganismen registriert. Je nach dem Grad der organischen Belastung eines Gewässers (Saprobität oder Saprobie) überleben

bestimmte Arten, andere dagegen nicht. Das hierzu gehörende Verzeichnis der Pflanzen und Tiere, die als biologische Indikatoren einen bestimmten Belastungsgrad anzeigen, wird als Saprobiensystem bezeichnet. Seine Maßzahl ist der Saprobienindex (Zahlwert zwischen 1,0 und 4,0), der aufgrund der vorgefundenen Indikatorarten berechnet wird. Beispiele für solche Arten sind die Posthornschnecke (Güteklassen II »mäßig belastet« und II-III »kritisch belastet«, Saprobienindex zwischen 1,8 und 2,3 bzw. 2,3 und 2,7) sowie die Wasserassel (Güteklasse III »stark verschmutzt«, Saprobienindex zwischen 2,7 und 3,2).

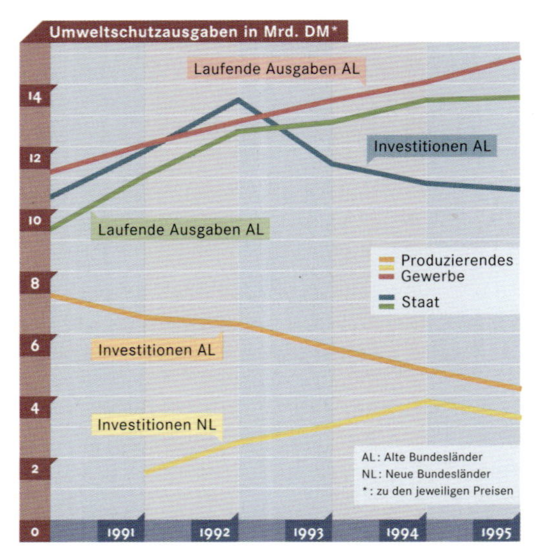

Investitionen und laufende **Ausgaben** (Staat und produzierendes Gewerbe) für den **Umweltschutz** in Deutschland von 1990 bis 1995. Die Schwerpunkte der staatlichen Umweltschutzinvestitionen liegen beim Gewässerschutz und bei der Abfallbeseitigung. Das produzierende Gewerbe investiert hauptsächlich in die Luftreinhaltung und den Gewässerschutz.

Unter dem Begriff Umweltmanagement fasst man sämtliche Aktivitäten eines Unternehmens zusammen, die direkt oder indirekt mit dem Schutz der natürlichen Umwelt in Zusammenhang stehen. Das Umweltmanagement umfasst nicht nur die Planung, Durchführung und Kontrolle von strategischen und operativen Maßnahmen, die der Vermeidung und Beseitigung von Umweltschäden dienen, sondern auch die Ausschöpfung von Marktpotentialen, die sich durch den Umweltschutz eröffnen.

Rahmenbedingungen schafft dazu der Gesetzgeber durch Umweltgesetze und Verordnungen. Unternehmen können auf zwei Weisen reagieren: defensiv im Sinn einer Vermeidung von Kosten, die durch den Umweltschutz hervorgerufen werden, oder aber mit einem offensiven Umweltmanagement, das alle Bereiche des Unternehmens einbezieht – vom Einkauf über die Produktion (etwa durch Einführung von Recycling-Maßnahmen) und die Schaffung eines Angebots von umweltverträglichen Produkten bis hin zur gesamten Organisation des Unternehmens.

Instrumente des Umweltmanagements

Den Unternehmen steht eine Reihe von Instrumenten des Umweltmanagements zur Verfügung: Änderung der Organisationsstruktur, Einbeziehung des Umweltschutzes in die Unternehmensziele, Einführung eines Ökocontrollings, Qualifizierung der Mitarbeiter und Förderung der Motivation im Hinblick auf den Umweltschutz sowie schließlich eine aktive Öffentlichkeitsarbeit, die die ökologisch motivierten Maßnahmen und Erfolge des Unternehmens herausstellt. Das Ökocontrolling ist als Instrument zu verstehen, das betriebliche Maßnahmen auf ihre ökologischen Auswirkungen hin untersucht. Es soll Planung, Steuerung und Kontrolle hinsichtlich ökologischer Aspekte unterstützen und etwaige Probleme und Gefahren der Umweltschädigung rechtzeitig aufdecken und vermeiden helfen. Darüber hinaus bietet es der Betriebsleitung die Möglichkeit, sich über Umweltanforderungen des Staats, der Öffentlichkeit und des Markts zu informieren und rechtzeitig auf Veränderungen zu reagieren. Deswegen wird Ökocontrolling auch als »Steuerinstrument der Zukunft« angesehen.

Allerdings gibt es bislang noch keine standardisierte und allgemein anerkannte Methode des Umweltcontrollings. Die bekanntesten Methoden sind die Aufstellung von Ökobilanzen, die Durchführung einer Produktlinienanalyse und schließlich das Umwelt-Audit.

Als **Controlling** wird der Bereich der Unternehmensführung bezeichnet, der zur Steuerung des Unternehmens Kontroll- und Koordinationsaufgaben wahrnimmt. Das Controlling nutzt Planungsmethoden sowie Methoden der Kostenanalyse und untersucht Schwachstellen. Ziel ist die Steigerung der wirtschaftlichen Effizienz. Analog bezieht sich das **Ökocontrolling** auf ökologische Aspekte, nämlich auf die Planung, Steuerung und Kontrolle aller umweltrelevanten Entscheidungen und Vorgänge – also auf eine Effizienzsteigerung des betrieblichen Umweltschutzes.

Ökobilanzen

Im Rahmen der Ökobilanz eines Unternehmens werden alle umweltrelevanten Daten systematisch in Form einer Input-Output-Bilanz erfasst; sie klammert ökonomische und soziale Aspekte aus.

Der Input erfasst alle eingesetzten Faktoren wie Vorprodukte, Stoffe, Energie, Wasser, Luft, Boden. Der Output setzt sich aus den Produkten, Abfällen, Emissionen (von Stoffen, Strahlung und Lärm) und Abwärme zusammen. Die Ökobilanz lässt sich auf verschiedene Betriebsebenen anwenden – etwa auf Prozesse, Produkte, den gesamten Betrieb oder auf das Inventar des Unternehmens.

Die Betriebsbilanz soll einen Gesamtüberblick geben. Sie stellt auf der Input-Seite Roh-, Hilfs-, Betriebsstoffe und Energien dar, auf der Output-Seite werden alle Produkte und Emissionen erfasst. Die Prozessbilanz beschränkt sich dagegen auf die Herstellungsprozesse und -verfahren. Ihr Ziel ist es, ökologische Schwachstellen und Optimierungsmöglichkeiten im Produktionsbereich kenntlich zu machen. Die nächste Ebene ist die Produktbilanz, die den gesamten ökologischen Produktlebenszyklus untersucht. Darunter fallen sämtliche Ausgangs-, Zusatz- und Zersetzungsstoffe, die über die unterschiedlichen Verarbeitungs- und Konsumschritte hinweg entstehen. Der Unternehmensbestand wird schließlich in der Standortbilanz ökologisch beurteilt. Die Standortbilanz berücksichtigt unter anderem auch strukturelle Eingriffe wie Grundstücksnutzung, Anlagenbau, Lagerbestände und Altlasten.

Der Begriff **Input** steht in seiner allgemeinen Form für »alles, was zugeführt wird«. In der Technik beschreibt Input alle Faktoren, die am Anfang eines Prozesses stehen. In den Wirtschaftswissenschaften steht Input für den Einsatz aller Produktionsmittel, Rohstoffe und zugekauften Produkte. Mit dem Input wird ein bestimmtes Ergebnis am Ende des Prozesses erzielt, ein **Output** (ein Ausstoß); seine Größe lässt sich etwa an der Menge der erzeugten Produkte messen.

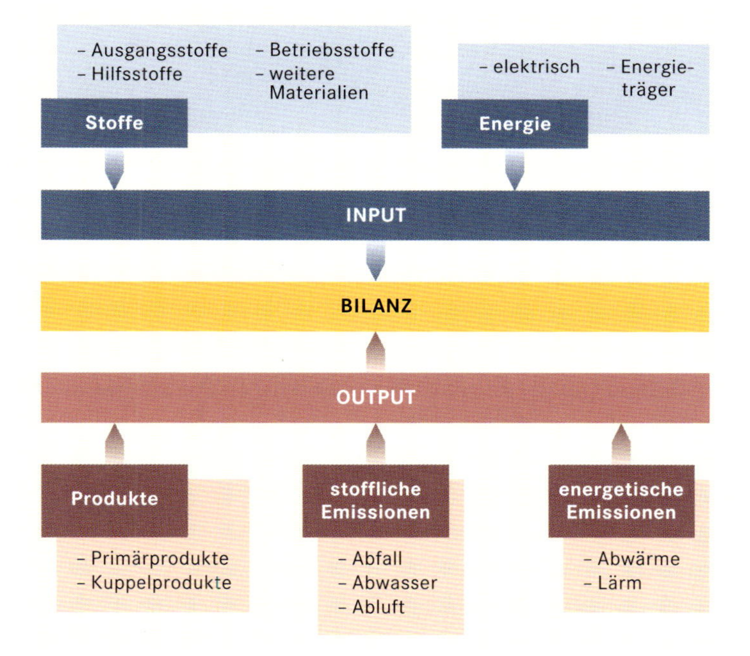

Ein Instrument des Ökocontrollings ist die **Ökobilanz,** in der Input und Output umweltrelevanter Faktoren gegenüber gestellt werden. Auf der Input-Seite werden die eingesetzten Stoffe und Energien dargestellt. Auf der Output-Seite werden sowohl die Produkte als auch die stofflichen und energetischen Emissionen erfasst.

Produktlinienanalysen

Der Ökobilanz verwandt ist die Produktlinienanalyse. Auch sie soll alle ökologisch relevanten Betriebsabläufe erfassen. Im Unterschied zu der Ökobilanz umfasst sie aber auch ökonomische und soziale Aspekte. Sie berücksichtigt alle Entscheidungskriterien,

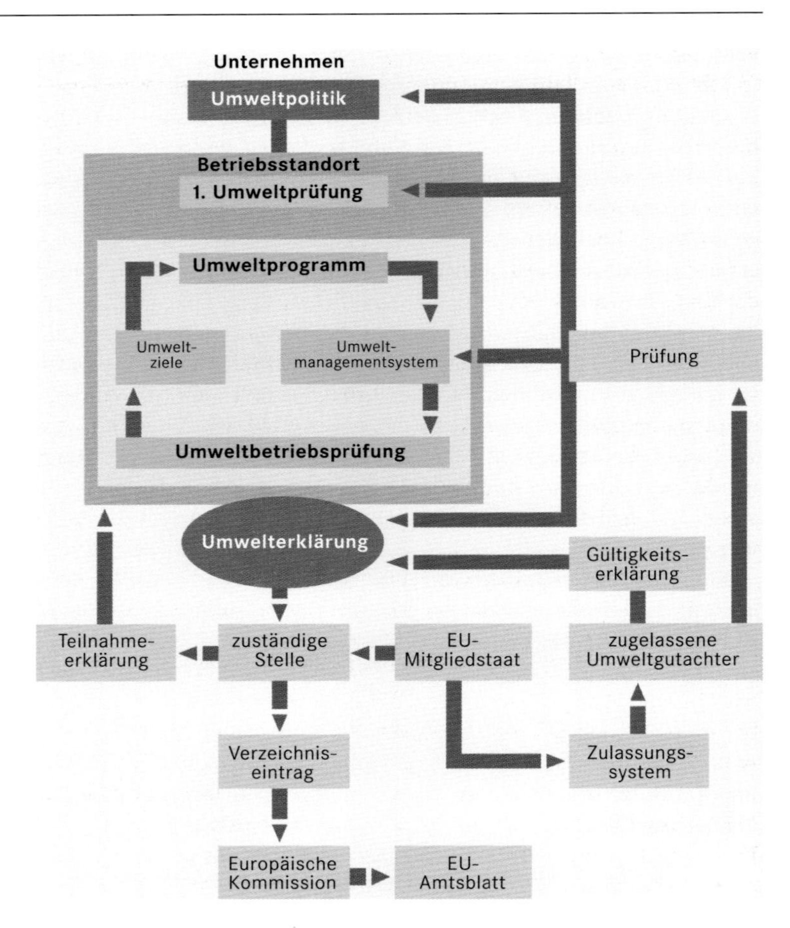

Ablaufschema für die Durchführung eines **Umwelt-Audits.**

Der Begriff **Produktlinie** steht für den gesamten Lebensweg eines Produkts von der Rohstoffgewinnung über Produktion, Verpackung, Transport, Handel bis zu seiner Entsorgung. Alle diese Stationen im Leben eines Produkts können – in unterschiedlichem Ausmaß, teilweise direkt, teilweise auch indirekt – mit dem Verbrauch von Ressourcen und/oder mit Emissionen verbunden sein.

die die Produktpolitik betreffen. Zur Analyse gehören auch Folgenabschätzungen der Fertigung, Nutzung und Entsorgung von Produkten während des gesamten Produktlebenszyklus. Weitere ökonomische Aspekte sind beispielsweise der Verkaufspreis und externe Kosten; soziale Kriterien umfassen etwa Arbeitsschutz sowie Anzahl und Qualität von Arbeitsplätzen.

Bislang ist noch keine Institution in der Lage, eine Produktlinienanalyse unter allen ihren Aspekten durchzuführen. Deshalb konzentrieren sich die Analysen vor allem auf den technischen und naturwissenschaftlichen Bereich.

Umwelt-Audit

Das Wort »Audit« ist die englische Bezeichnung für eine allgemeine Wirtschaftsprüfung. Ursprünglich diente ein Audit zur Überprüfung von Ordnungs- und Zweckmäßigkeit von kaufmännischen Arbeitsvorgängen innerhalb von Unternehmen. Es wurde weiterentwickelt mit dem Ziel, das Unternehmen und die Öffentlichkeit vor untragbaren Gefahren zu schützen. Dazu zählen etwa drohender Konkurs ebenso wie Schutz vor Umweltbelastungen – damit war das Umwelt-Audit (Öko-Audit) geboren. Will man den

Prüfungsvorgang – also die Durchführung des Audits – beschreiben, spricht man vom Umwelt-Auditing.

Heute versteht man unter Umwelt-Auditing die umfassende Prüfung aller innerbetrieblichen Vorgänge und Entscheidungen, von denen Auswirkungen auf die Umwelt ausgehen können. Beim Umwelt-Auditing werden alle Produkte, Verfahren und Dienstleistungen – auch Dienstleistungen für Mitarbeiter des Unternehmens, etwa das Unterhalten einer Kantine – auf mögliche Gefährdungen der Umwelt untersucht.

Die internationale Handelskammer (ICC) entwarf 1988 ein Grundkonzept mit dem Namen »Environmental Audit«. Demnach wird das Umwelt-Audit als ein Managementinstrument bezeichnet, mit dem die Leistung eines Unternehmens im Hinblick auf den Umweltschutz beurteilt wird. Das Auditing soll periodisch, also immer wieder in regelmäßigen zeitlichen Abständen, durchgeführt werden, es soll systematisch und objektiv sein und es soll das Ergebnis dokumentieren.

Die **Teilnahme am Umwelt-Audit** ist freiwillig. Dennoch haben bis Mitte 1998 knapp 1400 Unternehmen in Deutschland an einem Öko-Audit teilgenommen und sich registrieren lassen – das ist deutlich mehr als in anderen Staaten der Europäischen Union. Besonders stark vertreten sind die Branchen chemische Industrie und Ernährung. Die meisten registrierten Betriebe haben mehr als 500 Beschäftigte.

Das Grundkonzept der ICC diente, zusammen mit deutschen und britischen Normen, der Europäischen Kommisssion als Grundlage für eine europäische Öko-Audit-Verordnung (Öko-Audit-VO), die seit April 1995 gilt. In Deutschland wurde die EG-Verordnung durch das Umwelt-Audit-Gesetz (UAG) konkretisiert; es trat im Dezember 1996 in Kraft. Die Teilnahme am Umwelt-Audit-System ist freiwillig. Das Öko-Audit-System basiert auf dem Kooperationsprinzip und soll Unternehmen durch Anreize zur Teilnahme motivieren. Nach Durchführung einer Umweltbetriebsprüfung, Abgabe einer Umwelterklärung, Eintragung in ein Standortregister und Abgabe einer Teilnahmeerklärung darf das Unternehmen im Rahmen seiner Imagewerbung ein Logo verwenden, aus dem die Teilnahme am Öko-Audit-System hervorgeht.

Innerhalb eines Umwelt-Auditings kann man drei Hauptphasen unterscheiden. Zuerst wird die eigentliche Prüfung vorbereitet. Dazu wird ermittelt, welche Vorgaben für das Unternehmen gelten und welche Informationen benötigt werden. In die Vorbereitungsphase fällt auch die Erstellung von Checklisten. Darauf folgt die eigentliche Prüfung vor Ort im Unternehmen. Anhand der Ergebnisse wird schließlich der Abschlussbericht erstellt, der unter anderem auch einen Maßnahmenplan enthalten soll.

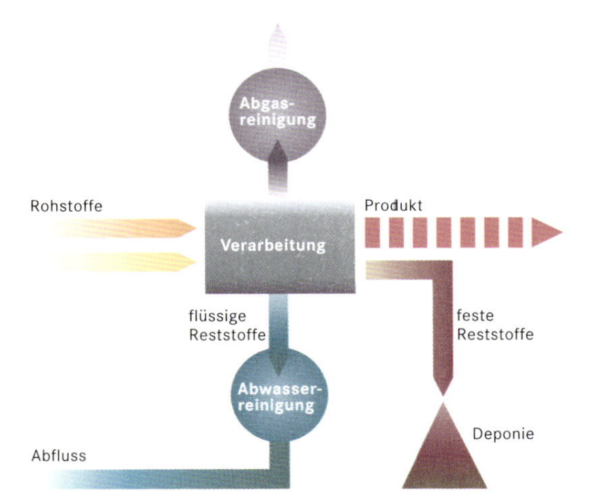

Beim **nachgeschalteten Umweltschutz** werden die während der Produktion entstehenden Schadstoffe (feste und flüssige Reststoffe, Abgase) erst nach der Verarbeitung, beispielsweise durch Abgas- oder Abwasserreinigung, vermindert.

Umweltorientiertes Management

Viele Unternehmen praktizieren heute einen integrierten Umweltschutz. Sie setzen zur Produktion umweltverträgliche Verfahren ein und erzeugen solche Produkte, die sich umweltverträglich nutzen und entsorgen lassen. Der erste Aspekt findet sich im Begriff »produktionsintegrierter Umweltschutz« wieder, im Be-

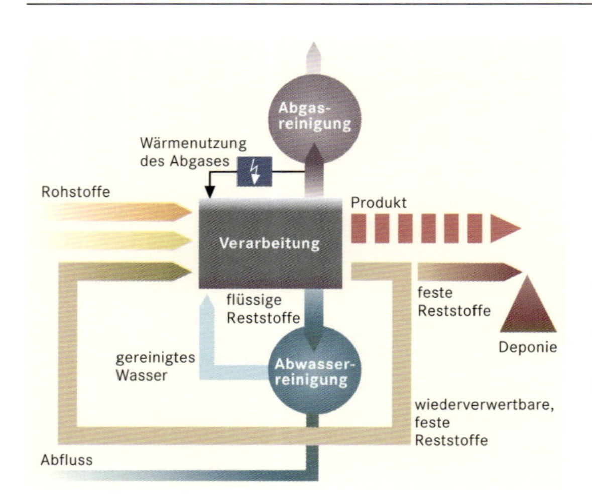

Beim **integrierten Umweltschutz** wird die Produktion so gestaltet, dass die Schadstoffentstehung (flüssige und feste Reststoffe, Abgase) von vornherein vermieden oder vermindert wird oder dass die Reststoffe wieder in den Produktionskreislauf zurückfließen. Die Produkte sind dabei idealerweise so gestaltet, dass ihre Nutzung und Entsorgung die Umwelt möglichst wenig belasten.

reich der Produktion spricht man von einem »produktintegrierten Umweltschutz«. Bei einem integrierten Umweltschutz wird schon bei der Entwicklung neuer Produkte, neuer Produktionseinrichtungen und auch neuer Dienstleistungen der Gesichtspunkt der Umweltverträglichkeit abgeschätzt.
Die Umweltwirksamkeit sollte in jeder Station des Lebenszyklus eines Produkts, Verfahrens oder Prozesses beachtet werden. Ob sich zum Beispiel ein Produkt wieder verwerten lässt, wird durch konstruktive Maßnahmen und die Auswahl der Werkstoffe bestimmt. Innerhalb der Produktion sind es die Zusammenstellung sowie die Anwendung der eingesetzten Grundstoffe und Energien, die Auswirkungen auf die Umwelt haben. Außerdem hängen die Art und Größe der Emissionen und die Wiederverwertbarkeit davon ab, wie das Produkt genutzt und wie mit ihm nach der Nutzung umgegangen wird.

Der integrierte Umweltschutz setzt an allen diesen Punkten an; er versteht sich als eine ständige Überprüfung und Veränderung von Prozessen, Verfahren und Produkteigenschaften. Das unmittelbare Ziel liegt dabei in der Ressourcenschonung, in der Verminderung oder der Vermeidung der Emissionen, in der Verwertung von Reststoffen und schließlich auch in der sicheren Entsorgung von nicht vermeidbaren Abfällen.

Ökomarketing

Die Bevölkerung ist in Deutschland gegenüber der fortschreitenden Umweltverschmutzung sensibler geworden. Auch sind die Verbraucher zunehmend – allerdings abhängig von ihrer finanziellen Situation – bereit, für umweltfreundliche Produkte höhere Preise zu zahlen. Vor diesem Hintergrund bemühen sich Marketing-Abteilungen verschiedener Unternehmen seit längerer Zeit darum, auch diesem Markt zu entsprechen. Seit den 1990er-Jahren haben in diesem Sinn Konzepte des Ökomarketings von sich reden gemacht. Konzipiert wird eine Unternehmens-»Außenpolitik«, die sich sowohl auf Werbung, Absatzförderung und Öffentlichkeitsarbeit als auch auf Design, Entwicklung und Produktion stützt.

Den Begriff **Marketing** kann man als marktorientiertes Denken und Handeln beschreiben. Ziel dabei ist es, alle unternehmerischen Aktivitäten konsequent auf die gegenwärtigen und zukünftigen Marktanforderungen auszurichten. Es sollen einerseits die Wünsche der Konsumenten befriedigt werden, andererseits auch die Unternehmensziele realisiert werden.

Die Haltung der Produzenten gegenüber den Konsumenten ändert sich allmählich. Zunehmend orientiert sich das Marketing an den Verbrauchern und der Unternehmensumwelt, die Wirtschaft wird immer stärker von der Gesellschaft – durch Nachfrage nach entsprechenden Produkten – gesteuert. Wenn die Konsumenten konsequent denken und handeln und wenn die Marktanpassung funktioniert, könnte sich in absehbarer Zukunft sogar eine ökologische Wirtschaft entwickeln.

Erste Anzeichen dafür sind in den Umweltgütezeichen zu erkennen. Ein typisches und bekanntes deutsches Umweltgütezeichen ist der »Blaue Engel«, der seit 1978 vom Umweltbundesamt in Zusammenarbeit mit dem Institut für Gütesicherung und Kennzeichnung e.V., auch unter Beteiligung von Naturschutzverbänden sowie Vertretern der Hersteller und der Verbraucher, vergeben wird. Das Produkt wird auf seine Umweltfreundlichkeit geprüft. Untersucht werden dabei folgende Aspekte: mögliche Gefährdung, Schädigung oder Belästigung von Mensch, Tier und Pflanzen; Umweltbelastung; Ressourcenverbrauch; Lebensdauer; Recyclingfähigkeit sowie Folgewirkungen, die aus dem Gebrauch des Produkts resultieren. Seit 1992 vergibt ein Ausschuss der Europäischen Kommission ebenfalls ein Umweltgütezeichen, die »EU-Umweltblume«. Auch hier sollen die Entwicklung, Herstellung, Vermarktung und Verwendung von Erzeugnissen, die während ihrer gesamten Lebensdauer geringere Umweltauswirkungen als Konkurrenzprodukte haben, gefördert und die Verbraucher besser über die Umweltbelastungen durch Produkte unterrichtet werden. Die Unternehmen dürfen für ihre Produkte mit den Umweltgütezeichen werben.

Das **Umweltzeichen »Blauer Engel«** dient zur Kennzeichnung von Produkten mit vergleichsweise günstigen Umwelteigenschaften (z. B. Reduzierung von Emissionen und Gefahrstoffen, Ressourcenschonung). Es enthält das Umweltemblem der Vereinten Nationen und wird befristet vergeben (i. d. R. für 3 Jahre mit Verlängerungsmöglichkeit). Die Vergabekriterien werden von der unabhängigen »Jury Umweltzeichen« beschlossen.

Die mit dem »Blauen Engel« ausgezeichneten Produkte erfreuen sich einer großen Nachfrage. Wurde ein Produkt damit ausgezeichnet, sind die Erträge oft um 10 und bis zu 40 Prozent höher. Die Gebühren, die ein Unternehmen im Gegenzug entrichten muss, sind moderat: Sie betragen rund 40 Pfennig pro 1000 DM Gewinn.

Kritiker bringen als Einwand gegen Umweltgütezeichen vor, dass sich ein Produkt, das mit einem solchen Umweltgütezeichen ausgezeichnet wurde, nicht unbedingt völlig unbedenklich einsetzen lässt. Hintergrund dieses Einwands ist, dass bei der Prüfung der Vergleich mit Konkurrenzprodukten eine große Rolle spielt. Deshalb kommt es vor, dass auch Produkte ausgezeichnet werden, die nur weniger giftig und nur weniger problematisch als andere sind. Umweltfreundliche Produkte, die keine Vergleichsprodukte haben, können dagegen von vornherein nicht ausgezeichnet werden.

Rechtliche und wirtschaftliche Rahmenbedingungen

Die Politik hat den Industrieunternehmen entscheidende Impulse gegeben. Die umweltpolitischen Ziele sind (1) Schutz und Erhaltung von Leben und Gesundheit des Menschen als oberste Verpflichtung jedes staatlichen Handelns, (2) Schutz und Erhaltung von Tieren, Pflanzen und Ökosystemen als natürliche Existenzgrundlage des Menschen sowie (3) Schutz und Erhaltung von Sachgütern als kulturelle und wirtschaftliche Werte des Einzelnen und der Gemeinschaft. Diese Ziele sollen durch drei Prinzipien erreicht werden, die als Vorsorgeprinzip, Verursacherprinzip und Kooperationsprinzip bekannt geworden sind.

Die **»EU-Umweltblume«** wird als Umweltgütezeichen auf europäischer Ebene vergeben. Die Vergabekriterien sind ähnlich wie die beim »Blauen Engel«.

An erster Stelle des Vorsorgeprinzips steht die Abwehr von Gefahren, die für die Umwelt entstehen. Der Staat muss eingreifen können, wenn Schäden für Mensch und Umwelt zu befürchten sind. Darüber hinaus muss eventuellen Risiken vorgebeugt und die weitere nachhaltige Entwicklung propagiert werden.

MÖGLICHKEITEN DES BETRIEBLICHEN UMWELTSCHUTZES BEI DER PAPIERHERSTELLUNG

Die Papierproduktion belastet die Umwelt, sie benötigt in großen Mengen Holz und Wasser. Beim Produktionsprozess fällt stark verunreinigtes Abwasser an (vor allem durch organische, aber auch durch anorganische Verbindungen aus der Holzaufbereitung und dem Bleichprozess), die Abluft wird mit Schwefeldioxid und Schwefelwasserstoff belastet.

Etliche Papierhersteller haben in den 1990er-Jahren Umweltschutzmaßnahmen in den Produktionsprozess integriert. So wird das Wasser weitgehend im Kreislauf geführt und eine steigende Menge Altpapier durch Wiederaufarbeitung in den Produktionsprozess zurückgeführt. Im Augsburger Werk des Papierherstellers Haindl Papier GmbH wird beispielsweise jeder Liter Wasser mindestens 30-mal genutzt. Dadurch gelang es, den Wasserverbrauch, im Vergleich zu 1970, bei einer Verdopplung der Produktion auf ein Viertel zu senken.

Neue Technologien erlaubten es, den Altpapieranteil kontinuierlich zu erhöhen. So besteht Ende der 1990er-Jahre Zeitungsdruckpapier schon zu rund 85 Prozent aus Altpapier. Dem Produktionsprozess nachgeschaltet sind Anlagen zur Abgasreinigung sowie mehrstufige biologische Kläranlagen, in denen das in sehr viel geringeren Mengen als früher anfallende Abwasser gereinigt wird.

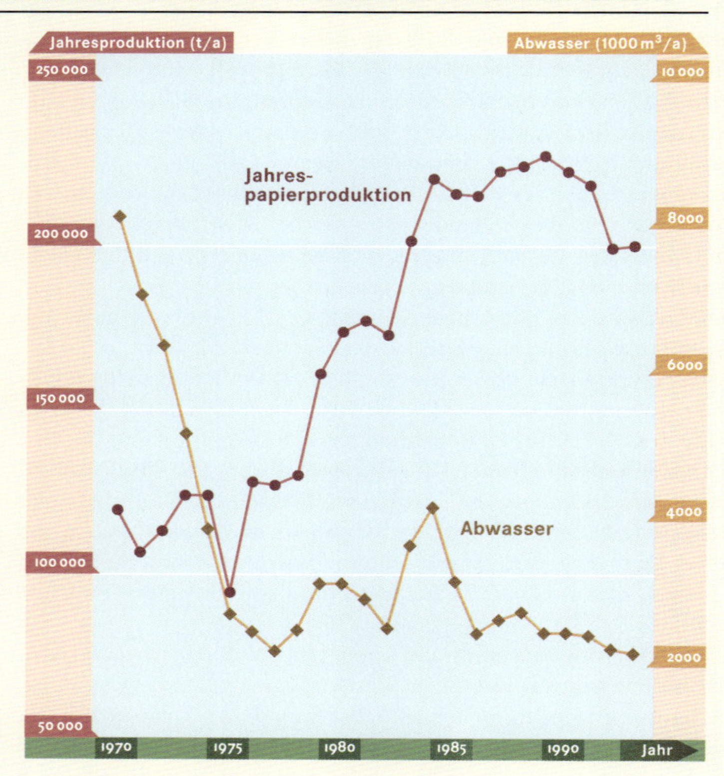

Auch Faserstoffe und andere organische Materialien fallen bei der Papierherstellung an, die sich nicht im Produktionsprozess verwerten, wohl aber zur Energiegewinnung nutzen lassen. Einige Papierhersteller verbrennen die Abfallstoffe in betriebseigenen Kraftwerken. Die dabei entstehenden Rauchgase werden gereinigt, die Asche wird von Bauunternehmen verwendet.

Das Verursacherprinzip will dem Verursacher von Umweltschäden die Kosten für die Beseitigung zurechnen können und so ein Kriterium wirtschaftlicher Effizienz schaffen. Es entspricht somit der Grundidee der Marktwirtschaft.

Das Kooperationsprinzip schließlich fordert eine verantwortungsbewusste Kooperation zwischen Staatsbürgern, Umweltschutzorganisationen, Wirtschaftsunternehmen und der Wissenschaft. Es liegt zum Beispiel dem Umwelt-Auditing zugrunde.

Zur Durchsetzung dieser Prinzipien stehen dem Gesetzgeber vor allem vier Instrumente zur Verfügung, die sich in der Effizienz, ihrer Anfälligkeit für unerwünschte Nebenwirkungen und ihrer Marktkonformität unterscheiden: (1) ordnungsrechtliche Verbote und Gebote, (2) verschärftes Haftungsrecht, (3) Umweltabgaben und Umweltzertifikate sowie (4) die Umweltverträglichkeitsprüfung, mit der größere Vorhaben schon im Planungsstadium durch Behörden, Gutachter, Betroffene und Verbände bewertet werden müssen.

Seit dem In-Kraft-Treten des ersten Umweltschutzgesetzes 1971 wurde vor allem das Instrument des Ver- und Gebots zur Steuerung des Verhaltens im Hinblick auf den Umweltschutz angewandt. Primär fanden hierbei die additiven Umweltschutzmaßnahmen Anwendung: Verfahren, die dem Produktionsprozess nachgeschaltet sind und die bereits entstandene Schadstoffe eliminieren. Seit den späten 1980er-Jahren gewinnt die Vermeidung von Schadstoffen – und somit der integrierte Umweltschutz – an Bedeutung: Schadstoffe sollen möglichst gar nicht erst entstehen.

Meilensteine auf dem Weg der staatlichen Umweltschutzpolitik sind das 1974 in Kraft getretene, inzwischen mehrfach geänderte Bundes-Immisionsschutzgesetz (BImSchG) sowie das Kreislaufwirtschafts- und Abfallgesetz (KrW-/AbfG) von 1996. Im BImSchG wurde zum ersten Mal ein Minimum an unternehmerischen Umweltschutzstandards gesetzlich festgelegt. Der Unternehmensführung wird die Verantwortung für die Umwelt sowie eine Transparenz der Aufbau- und Ablauforganisation des betrieblichen Umweltschutzes vorgeschrieben. H.-D. Haas

Wie viele Menschen erträgt die Erde? – Globale Problemkreise und Lösungsansätze

Wir leben in einer interessanten Zeit. Vermutlich werden neutrale Beobachter später einmal das 20. und 21. Jahrhundert zur Schlüsselphase der Menschheitsentwicklung erklären. Von diesen 200 Jahren nämlich hängt das weitere Schicksal unserer Erde ab (, die immerhin einige Milliarden Jahre alt ist), das weitere Schicksal der Artenfülle auf unserem Globus (immerhin einige Millionen Pflanzen- und Tierarten) und die Zukunft des Menschen selbst. Denn in diesen 200 Jahren kulminiert die Bevölkerungsexplosion des modernen Menschen: 1800 lebte eine Milliarde Menschen auf der Erde, 1930 waren es doppelt so viele. Die nächste Verdoppelung auf vier Milliarden Menschen geschah bereits 45 Jahre später, im Jahr 1987 waren es fünf Milliarden und 1999 schließlich wurde die Sechsmilliardengrenze überschritten. Zwischen den Jahren 2080 und 2100 werden etwa zehn Milliarden Menschen auf der Erde leben. In den dann folgenden 100 bis 200 Jahren wird sich das Wachstum weiter verlangsamen und vermutlich bei elf oder zwölf Milliarden zum Stillstand kommen.

Soweit die rein demographischen Daten. Wie aber sieht eine Welt aus, in der doppelt so viele Menschen leben wie heute? Eine schwierige Frage, denn die einfachste Antwort auf diese Frage wäre ja wohl: »Fortschreibung heutiger Zustände mit dem Faktor 2, also etwa Verdopplung aktueller Verbrauchszahlen.« Doch diese Antwort ist falsch. Nehmen wir beispielsweise die Veränderungen von Atmosphäre und Klima, die sich heute bereits recht deutlich abzeichnen. Sie werden nicht von den sechs Milliarden Menschen verursacht, die derzeit insgesamt die Erde bevölkern, sondern fast ausschließlich von der einen Milliarde in den Industriestaaten, die zu viele Klimagase produziert. Allein die gegenwärtigen Anstrengungen, den Anschluss der Entwicklungsländer an den westlichen Lebensstandard zu ermöglichen, werden diese Klimaeffekte bereits vervielfachen, sodass die gesuchte Antwort nicht im Multiplikationsfaktor 2, sondern womöglich im Multiplikationsfaktor 10, also beispielsweise in der Verzehnfachung heutiger Verbrauchszahlen, liegen könnte.

Auf Eingriffe des Menschen zurückzuführende **globale Problemkreise:** Die Emission von Kohlendioxid, anderen Spurengasen und Aerosolen aus Industrieanlagen trägt erheblich zum Treibhauseffekt und damit zu einschneidenden Klimaveränderungen bei (großes Bild). Natürliche Landschaften werden verschandelt oder zerstört; so kann das mit Beton verbaute Wildwasser in den Alpen bei Schneeschmelze oder Starkregen zu einem unberechenbaren Sturzbach werden (links). Zunehmender Wassermangel in den desertifikationsgefährdeten Wüstenrandgebieten lässt nicht nur die Tiere, wie diesen Kudu in Namibia, verdursten (Mitte). Tier- und Pflanzenarten werden immer weiter in ihrem Bestand dezimiert und ausgerottet; stumme Zeugen der Bedrohung auch geschützter Arten sind diese von kenianischen Behörden beschlagnahmten Trophäen (rechts).

Die vielen Menschen wollen essen und trinken, hierzu wandeln sie die ehemalige Naturlandschaft in Kulturlandschaften um, was nicht ohne Nebenwirkungen bleibt: Biodiversität von Lebensräumen und Arten wird vernichtet, es entstehen öde und entwertete Lebensräume (Stichwort Wüstenbildung), Umweltkatastrophen häufen sich und wir werden verwundbarer durch Naturkatastrophen. Es gibt keine Ausweichräume mehr, überall sind Menschen und alles ist besiedelt, das heißt, jedes Ereignis trifft uns. Dies ist schon heute so. Von den derzeit sechs Milliarden Menschen ist etwa eine Milliarde dauernd hungrig und chronisch unterernährt; Mangelernährung führt zu einer Schwächung gegenüber Parasiten und Infektionskrankheiten, sodass es nicht allzu falsch sein dürfte, anzunehmen, dass bereits heute fast die Hälfte aller Menschen letztlich hungers stirbt. Auch hier geht also die einfache Verdoppelungsrechnung nicht auf: Bei doppelt so vielen Menschen werden mehr als doppelt so viele nicht menschenwürdig leben können.

Die Antwort auf die Frage »Wie viele Menschen erträgt die Erde?« wird demnach nicht erst das 21. Jahrhundert geben, (dann sind es nämlich eindeutig zu viele), sondern sie wurde vom 20. Jahrhundert bereits gegeben: Wenn die Atmosphäre bereits von den Industriestaaten so geschädigt ist, dass die zukünftige Entwicklung unserer Kinder ernstlich gefährdet ist, leben schon zu viele Menschen mit einem solchen Lebensstil und können nicht noch ein paar Milliarden mehr genauso leben. Wenn bereits heute Krieg um Wasser geführt wird und der Kampf ums tägliche Brot die Natur ruiniert, wollen zu viele essen. Wenn unsere Mitgeschöpfe auf der Erde täglich immer weniger werden und die zunehmende Reduktion der Biodiversität droht, uns selbst zu schädigen, ist unser Lebensraum bereits zu intensiv genutzt.

Bereits heute müssen unsere Ansprüche an die Welt gesenkt werden, wenn die vier Fünftel der Weltbevölkerung in den Entwicklungsländern auch nur annähernd so gut leben sollen wie wir. Da wir im reichen Teil der Welt aber die Entwicklung der andern durch einen hohen Lebensstandard auf Kosten unserer Umwelt blockieren, sind wir in den Industriestaaten vorrangig gefragt, unsere Umweltbelastungen zu senken. Vor allem von unserer Bereitschaft hierzu hängt es ab, wie gut die Menschen in den Entwicklungsländern zukünftig leben können. Vor diesem Hintergrund ist es dann nicht mehr wichtig, ob die Erde drei oder vier Milliarden Menschen ertragen kann: Die heutigen sechs Milliarden sind auf jeden Fall zu viel.

Die Weichen zur Verringerung des Bevölkerungswachstums und des Anspruchsdenkens hätten schon von unseren Eltern gestellt werden müssen. Sie haben allerdings genauso versagt, wie wir derzeit versagen. Vielleicht sind unsere Kinder klüger und vorausschauender. Allerdings ist dann der Zug schon ein großes Stück Wegs weiter gefahren, die Geschwindigkeit wurde kaum gedrosselt und der Bremsweg bleibt lang. Fürwahr eine interessante Zeit, in der wir leben.

W. Nentwig

Der Mensch verändert die Atmosphäre

Die Frage, ob der Mensch das Klima verändert, ist zweifellos von besonderer Brisanz und Tragweite. Jedoch darf dieses Problem der anthropogenen Klimaänderungen nicht losgelöst von den Erkenntnissen über natürliche Klimaänderungen betrachtet werden. Seit die Erde existiert, gibt es natürliche Klimaänderungen, und das wird auch in Zukunft so bleiben. Der Mensch ist aus dieser Sicht ein zusätzlicher Klimafaktor. In den Klimabeobachtungsdaten spiegelt sich das natürliche und anthropogene Klimageschehen wider, die beide kaum oder nur schwer voneinander zu trennen sind. Bei den Ursachen ist das ganz anders: Sie lassen sich aufzählen und ohne weiteres in anthropogene und natürliche untergliedern, auch wenn die Klimaprozesse im Einzelnen sehr kompliziert sind. Es ist daher wichtig, zwischen den verschiedenen Ursachen, deren Effekten, den so genannten Signalen, und dem Gesamteffekt zu unterscheiden.

Anthropogene Klimaänderungen

Schon die bloße Existenz der Menschheit, insbesondere der Weltbevölkerungsanstieg, ist ein klimawirksamer Faktor: Menschen atmen Kohlendioxid (CO_2) aus, das als klimawirksames Spurengas den Treibhauseffekt verstärkt. Allerdings kommt es sehr auf die Menge an, denn gemessen an den Milliarden Tonnen Kohlendioxid-Ausstoß pro Jahr durch die Nutzung fossiler Energie fällt das Ausatmen von einigen Millionen Tonnen Kohlendioxid durch die Menschen und übrigens auch durch die Tierwelt kaum ins Gewicht. Bedeutsamer sind dagegen die Veränderungen der Erdoberfläche durch eine ständig wachsende und daher mehr und mehr Raum sowie Nahrung beanspruchende Menschheit. Schon vor Jahrtausenden haben diese anthropogenen Eingriffe ein bedenkliches Ausmaß erreicht, beispielsweise als die Römer vor rund 2000 Jahren große Teile des Mittelmeerraums entwaldeten. Angesichts der heute in noch größerem Ausmaß und vor allem rascher vorgenommenen Waldrodungen – nunmehr vor allem des tropischen Regenwalds, beispielsweise in Brasilien, sowie des borealen Nadelwalds, zum Beispiel in Russland und Kanada – sollte jedoch nicht vergessen werden, dass auf dem Gebiet des heutigen Deutschland zwischen 800 und 1200 n. Chr. die Waldfläche von 90 % auf 20 % abgenommen hat. Heute beträgt sie wieder rund 30 %.

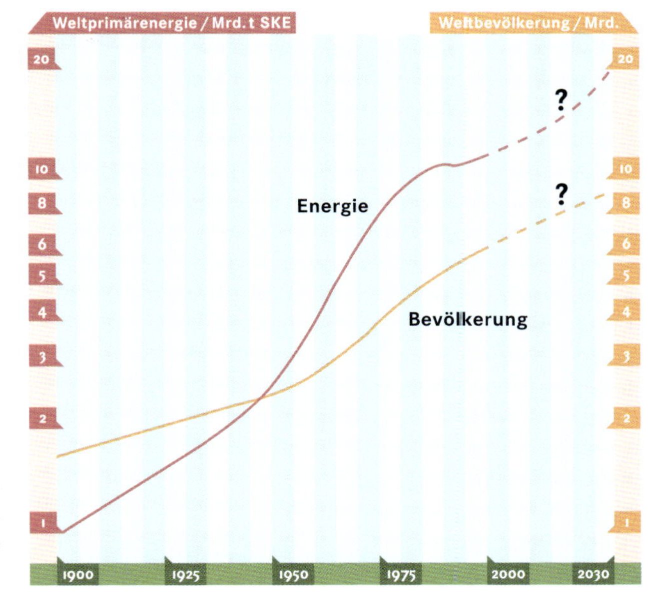

Der Anstieg der **Weltbevölkerung** (Milliarden Menschen) und der **Weltprimärenergienutzung** (Milliarden Tonnen Steinkohleeinheiten, SKE) seit Anfang des 20. Jahrhunderts. Auffällig ist der steile Anstieg beider Linien nach dem Zweiten Weltkrieg; die Energie beschreibt bis zu einem gemeinsamen, leichten Abflachen in den 1980er-Jahren eine steilere Kurve.

Bei der Simulation der **regionalen Klimaänderungen** im Fall einer Gesamtrodung des Amazonas-Regenwalds erhöht sich die mittlere Jahrestemperatur (oben, Isolinien °C). Die Niederschlagshöhe (unten, Isolinien in Millimeter pro Tag) verändert sich ebenfalls, wobei gestrichelte Linien eine Abnahme bedeuten (alle Zahlenangaben sind Jahreswerte).

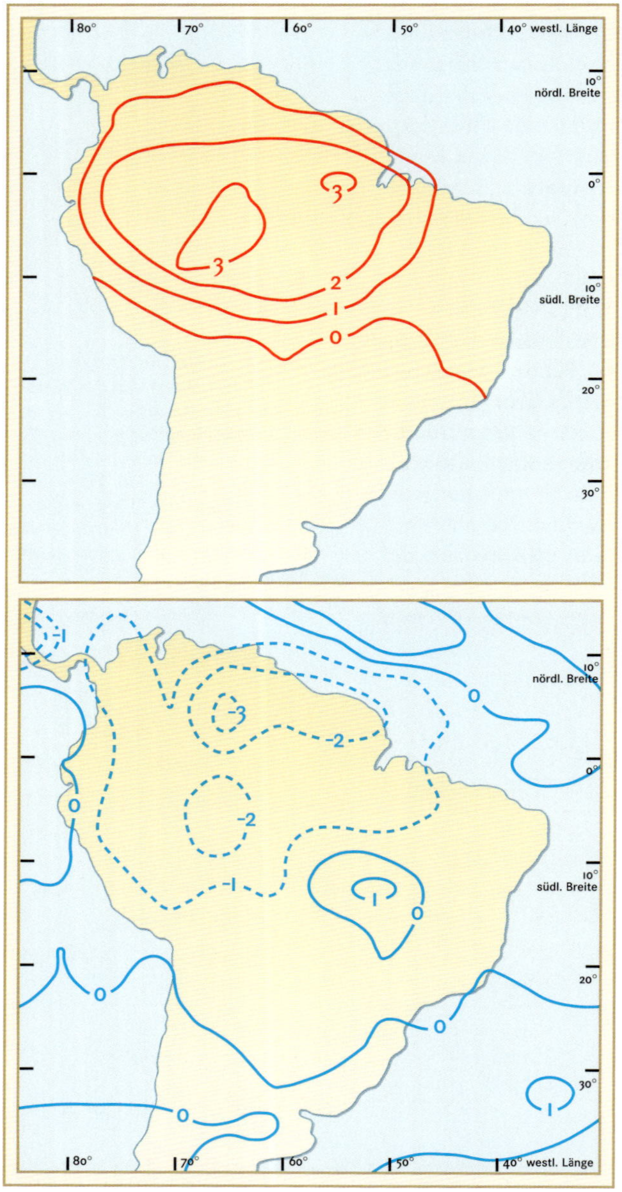

Waldrodungen und die Folgen

Da Wald wie jede Vegetation bei der Photosynthese der atmosphärischen Luft Kohlendioxid entzieht, bedeuten Waldrodungen eine wenn auch indirekte Anreicherung der Atmosphäre mit CO_2. Dies gilt im Fall von Brandrodung noch verstärkt. Wegen des derzeitigen Waldverlustes von noch immer über 10 Millionen Hektar pro Jahr – die Vereinten Nationen geben für 1999 11,3 Millionen Hektar an – wird die dadurch bedingte indirekte jährliche Kohlendioxid-Emission auf etwa 5 bis 7 Milliarden Tonnen geschätzt. Das sind etwa 20 Prozent der derzeitigen gesamten jährlichen anthropogenen CO_2-Emission, die unabhängig vom Emissionsort stets global klimawirksam ist.

Dies ist aber nicht die einzige Konsequenz der Waldrodungen. Es wird dadurch auch der regionale Energie- und Stoffumsatz an der Erdoberfläche verändert. So absorbiert der Wald beispielsweise einen relativ hohen Anteil der Sonneneinstrahlung und erwärmt sich dadurch, ganz im Gegensatz zu den hellen Sand- oder gar Schneeoberflächen, die das Sonnenlicht sehr stark reflektieren. Diese Erwärmung wird jedoch durch die enorme Verdunstung, wie sie für alle Wälder typisch ist, überkompensiert, da der Erdoberfläche dabei Wärme entzogen wird. Ohne Wald fehlt daher die von der Verdunstung hervorgerufene Abkühlung sowie außerdem auch ein Großteil der Wasserspeicherung im Boden und des Wasserdampfnachschubs in die Atmosphäre. Regionale Klimamodellrechnungen, die vom Verschwinden des Amazonas-Regenwalds ausgehen, zeigen für einen solchen Fall daher eine erhebliche Temperaturerhöhung sowie einen Rückgang der Niederschläge an. Nicht zu unterschätzen ist auch die dämpfende Wirkung des Walds auf den Temperatur-Tagesgang, die somit den Temperaturextrema ihre Schärfe nimmt.

Diese Betrachtungen lassen sich verallgemeinern. Jede Veränderung der Erdoberfläche ändert die Energie- und Stoffflüsse und ist somit klimarelevant – seien es die genannten Waldrodungen oder zu intensive Weidewirtschaft im Sahel, die eine der

Ursachen für die Desertifikation ist, oder sei es der Bau von Flugplätzen und Autobahnen. Besonders intensiv sind derartige klimatische Auswirkungen in Ballungszentren wie Industriegebieten und insbesondere Städten.

Die Emission von Spurengasen – ein globales Problem

Während bei allen diesen anthropogenen Eingriffen die regionalen Auswirkungen überwiegen, stellt die Emission langlebiger klimawirksamer Spurengase wie beispielsweise Kohlendioxid und Methan (CH_4) ein globales Problem dar, weil sich diese Gase – unabhängig vom Emissionsort – in der Atmosphäre weltweit ausbreiten. Möglicherweise stellt das den gravierendsten Eingriff des Menschen in das Klimageschehen dar. Neben dem anthropogenen Treibhauseffekt gibt es auch eine Art anthropogenen Kühleffekt, der auf der Bildung von Sulfatpartikeln in der Troposphäre aufgrund der Emission von Schwefeldioxid (SO_2) beruht.

Beschränkt man sich auf relativ kleine Zeitspannen von einigen Jahren bis zu etwa einem Jahrhundert, stehen folgende natürliche Faktoren in Konkurrenz zu den anthropogenen:

(1) Vulkanismus vom explosiven Typ, durch den Partikel und Gase in die Stratosphäre geschleudert werden. Dabei sind vor allem Sulfatpartikel klimawirksam, die sich aus schwefelhaltigen Gasen in der Stratosphäre bilden, dort ungefähr ein bis drei Jahre verweilen und einen Teil der Sonnenstrahlung absorbieren. Dies zieht eine Erwärmung der Stratosphäre nach sich, während in der unteren Atmosphäre wegen der verringerten Sonneneinstrahlung eine Abkühlung erfolgt.

(2) Die Sonnenaktivität, die durch die Anzahl der Sonnenflecken abgeschätzt wird. Die Begleiterscheinungen einer erhöhten Sonnenaktivität, wie Sonnenfackeln und Protuberanzen, sind jedoch der eigentlich klimawirksame Mechanismus, da sie zu einer etwas erhöhten Ausstrahlung führen. Daneben werden auch alternative Hypothesen wie zum Beispiel Sonnenpulsationen diskutiert.

(3) Zirkulationsmechanismen der Atmosphäre und des Ozeans, insbesondere atmosphärisch-ozeanische Wechselwirkungen wie beispielsweise El Niño/Southern Oscillation (ENSO) und Nordatlantikoszillation (NAO).

Übersicht anthropogener und natürlicher Klimafaktoren in der zeitlichen Größenordnung von einigen Jahren bis etwa einem Jahrhundert

anthropogen	natürlich
Stadtklima-Effekte	Vulkanismus
sonstige Veränderungen der Erdoberfläche	Sonnenaktivität/Sonnenpulsationen und Ähnliches
troposphärisches Sulfat (aus Schwefeldioxid-Emission)	El Niño/Southern Oscillation (ENSO)
Treibhausgase	Nordatlantikoszillation (NAO) und andere Zirkulationsphänomene
troposphärische Folgen des stratosphärischen Ozonabbaus	stochastische Prozesse

Alle Einflüsse, seien sie anthropogen, wie zusätzliche Treibhausgase und troposphärische Sulfatpartikel, oder natürlich, wie Vulkanismus und Sonnenaktivität, wirken sich stets auch auf die atmosphärische Zirkulation aus. Dies ist häufig mit komplizierten Rückkopplungen und immer mit einer regional-jahreszeitlich unterschiedlichen Reaktion der einzelnen Klimaelemente verbunden.

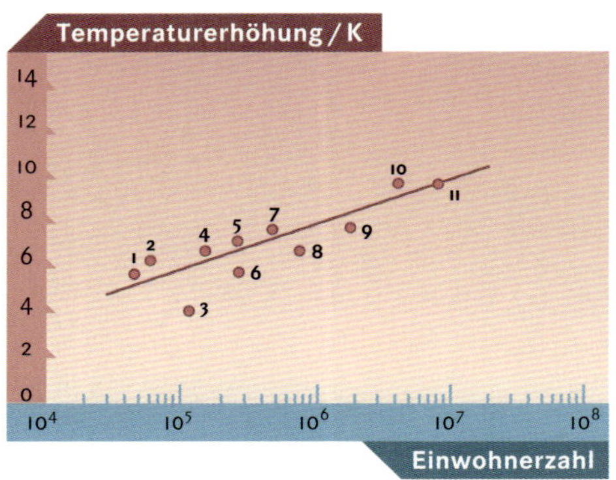

Städtische Wärmeinseleffekte in Abhängigkeit von der Einwohnerzahl. Mit der Zunahme der Einwohnerzahl und der überbauten Fläche kommt es zu einer Temperaturerhöhung in der Stadt gegenüber dem Umland, wobei jeweils die Maximalwerte angegeben sind. 1 Lund (S), 2 Uppsala (S), 3 Reading (GB), 4 Karlsruhe, 5 Malmö (S), 6 Utrecht (NL), 7 Sheffield (GB), 8 München, 9 Wien (A), 10 Berlin, 11 London (GB)

Stadtklima

Die Unterschiede zwischen dem Klima der Städte und dem ihres Umlands sind genau untersucht und seit langem bekannt. Sie nehmen mit dem Umfang der bebauten Fläche und der Einwohnerzahl zu. Am bekanntesten ist die städtische Wärmeinsel, ein Phänomen, bei dem die Temperaturen im Stadtzentrum gegenüber den Temperaturen im Umland, beispielsweise an einem heißen Sommertag, aber auch in einer kalten Winternacht, um mehrere Grad höher sein können.

Gestein weist gegenüber Ackerboden, Vegetationsbeständen und insbesondere Wasser eine relativ geringe Wärmekapazität auf und erwärmt sich daher bei gleicher Sonneneinstrahlung entsprechend stärker. Darüber hinaus verringern Bebauung und Bodenversiegelung die Verdunstung – auch dies verstärkt die Temperaturerhöhung in den Städten im Vergleich zu unbebauten Flächen. Nachts sollte sich – wiederum aus Gründen der Wärmekapazität – die Stadt stärker abkühlen als das Umland. Der latente Wärmeentzug der Erdoberfläche ist jedoch wegen der verringerten Verdunstung behindert oder gar unterbunden. Die Luftverschmutzung durch bestimmte Gase und Aerosole verringert zudem die nächtliche Wärmeabstrahlung der Erdoberfläche. Kommt dann noch, wie zum Beispiel in kalten Winternächten, die Wirkung der Gebäudeheizung hinzu, bleibt auch nachts die städtische Wärmeinsel bestehen. In Sommernächten ist von Bedeutung, ob kühlere Luft aus dem Umland in die Stadt einströmen kann oder ob dies durch die Bebauung behindert ist.

Temperaturverteilung an einem Sommertag in **Karlsruhe** als Beispiel für den städtischen Wärmeinseleffekt. Die Werte der Isothermen, das sind die Linien gleicher Temperatur, zeigen im Bereich der Innenstadt ein deutliches Maximum. Demgegenüber ist die ländliche Umgebung kühler.

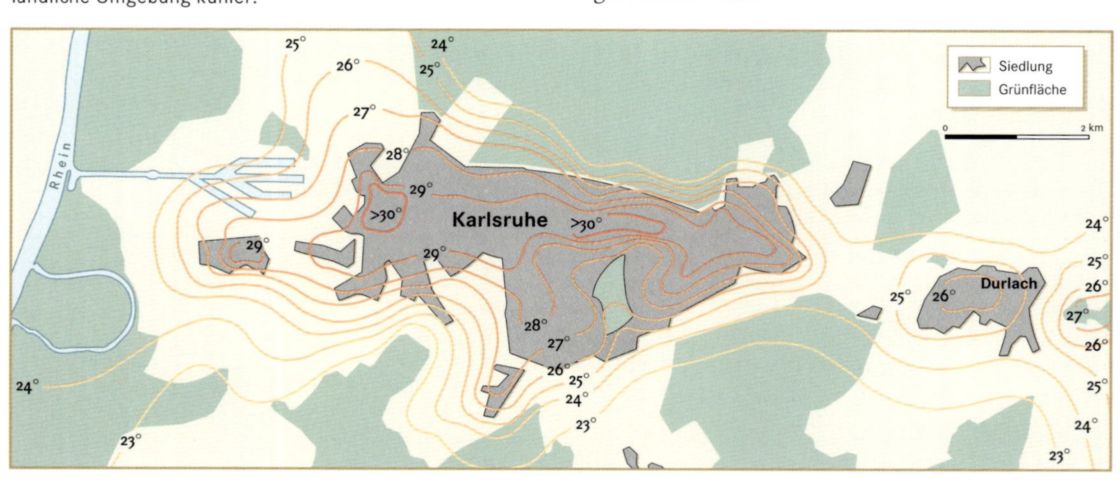

Tagsüber wird durch eine erhöhte Aerosol-Konzentration vor allem der ultraviolette Anteil (UV-Anteil) der Sonnenstrahlung reduziert. Dies kann gesundheitliche Beeinträchtigungen nach sich ziehen, weil ultraviolettes Licht – sofern es nicht zu kurzwellig und intensiv ist – auch positive Effekte auf die Gesundheit hat. So tötet es beispielsweise Krankheitserreger ab. Eine erhöhte Aerosol-Konzentration begünstigt weiterhin die Wolkenbildung, da sich Wolkentropfen bevorzugt an den Aerosolpartikeln bilden; diese nehmen dann die bei der Kondensation frei werdende latente Wärme auf. Dies hat eine, allerdings schwer nachweisbare und vor allem im Windschatten (Lee) der Stadt auftretende, Erhöhung der Niederschläge und eine Herabsetzung der Sonnenscheindauer zur Folge. Die Wolkenbildung wird zum Teil auch vom Wärmeinseleffekt der

Smog über Los Angeles. Der nach der kalifornischen Großstadt benannte Smog-Typ wird u. a. durch atmosphärische Schadstoffe gebildet, die unter dem Einfluss der Sonnenstrahlung – meist mittags – entstehen.

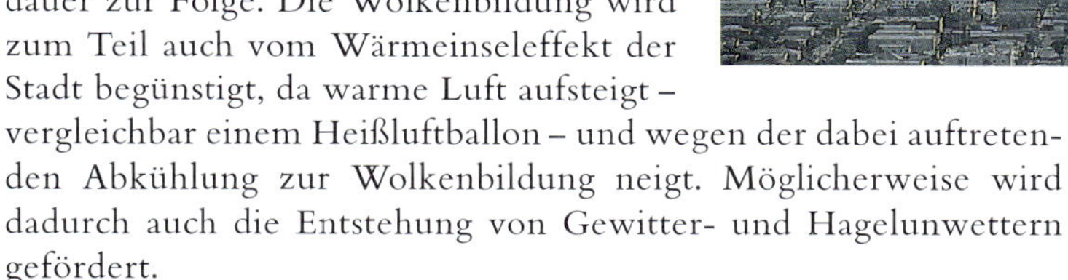

Stadt begünstigt, da warme Luft aufsteigt – vergleichbar einem Heißluftballon – und wegen der dabei auftretenden Abkühlung zur Wolkenbildung neigt. Möglicherweise wird dadurch auch die Entstehung von Gewitter- und Hagelunwettern gefördert.

Der städtische Einfluss auf die Nebelbildung hat sich im Laufe der Zeit geändert. Einerseits fördert die hohe Aerosol-Konzentration die Nebelbildung, da Nebel nichts anderes als eine in Bodennähe auftretende Wolke ist; dies war der früher vorherrschende Effekt. Andererseits wirkt eine Erwärmung der Nebelbildung entgegen, was heute überwiegt, unter anderem auch wegen der Fortschritte bei der Reinhaltung der Luft von Stäuben. Die relativ geringen Windgeschwindigkeiten in der Stadt sind auf erhöhte Reibungswirkungen infolge der Bebauung zurückzuführen. Es sind aber auch gegenteilige Effekte bekannt, zum Beispiel Düsenwirkungen zwischen Hochhäusern.

Partikel in der Troposphäre

Auch wenn Industriestäube mehr und mehr durch Filteranlagen zurückgehalten werden und der Einsatz von Entschwefelungs- und Entstickungsanlagen Fortschritte macht, gelangen doch noch viele Schadgase in die Atmosphäre. Da hier nicht toxische Wirkungen, sondern ausschließlich Klimaeffekte behandelt werden, beschränkt sich die Diskussion auf Sulfat- und Rußpartikel.

Dabei geht es um solche Sulfatpartikel, die durch Umwandlungsprozesse aus anthropogen emittiertem Schwefeldioxid entstehen und sich in der Troposphäre ansammeln. Quellen dafür sind verschiedene Verbrennungsprozesse in Industrie, Haushalten und Verkehr, insbesondere wenn dabei Kohle verwendet wird. Rauchgasentschwefelungsanlagen können aus wirtschaftlichen und technischen Gründen nur in Großkraftwerken eingesetzt werden und arbeiten

---

Fossile Brennstoffe enthalten stets Schwefel in elementarer oder gebundener Form, sodass bei ihrer Verbrennung Schwefeldioxid entsteht. In besonders großen Mengen fällt es in Kohle-, Öl- und Erdgaskraftwerken an. Mit **Rauchgasentschwefelungsanlagen** lässt sich das Schwefeldioxid weitgehend aus den Abgasen (Rauchgasen) der Kraftwerke entfernen. Wegen der hohen Verbrennungstemperaturen wird im Verbrennungsraum der Kraftwerke nicht nur der fossile Brennstoff, sondern auch eine merkliche Menge des Luftstickstoffs oxidiert, wobei sich Stickoxide bilden. Ihre Entfernung aus dem Rauchgas heißt **Rauchgasentstickung** oder kurz Entstickung.

---

selbst bei großem Aufwand nie hundertprozentig. Dies gilt in noch höherem Ausmaß für Entstickungsanlagen.

Die Sulfatpartikel haben allerdings wie alle troposphärischen Aerosole nur mittlere Verweilzeiten von einigen Tagen – ganz im Gegensatz zu ihren stratosphärischen Verwandten. Sie können somit immer nur in einem regional begrenzten Bereich klimawirksam sein und benötigen ständig ausreichenden Nachschub. Klimamodellrechnungen gehen von einer durch die troposphärischen Sulfatpartikel bewirkten Störung des Strahlungshaushalts der Atmosphäre aus, dem Strahlungsantrieb, der allerdings regional sehr unterschiedlich ist. Seit vorindustrieller Zeit, das heißt ungefähr seit 1850, liegt dieser Antrieb etwa im Bereich von –0,5 bis –1,5 Watt pro Quadratmeter. Im weltweiten Mittel sollte daraus eine Abkühlung von bis heute rund 0,5 °C resultieren (Industriezeitalter).

Als **Stickstoffoxide** oder kurz **Stickoxide** bezeichnet man alle Verbindungen des Stickstoffs mit (ausschließlich) Sauerstoff: N_2O, NO, N_2O_3, NO_2, N_2O_4, N_2O_3 und N_2O_5. Unter dem Aspekt der Luftverschmutzung sind vor allem Distickstoffmonoxid (Lachgas, N_2O), Stickstoffmonoxid (NO) und Stickstoffdioxid (NO_2) von Bedeutung. In Verbrennungsanlagen (z.B. Kohlekraftwerke, Otto-Motoren) entstehen vor allem NO und NO_2. Im Zusammenhang mit Verbrennungsprozessen werden diese beiden Gase als Stickoxide bezeichnet und unter der allgemeinen Formel NO_x zusammengefasst.

In Zukunft werden derartige Klimaeffekte – wie auch die entsprechenden toxischen Effekte – in Europa und auch Nordamerika dank der Luftreinhaltungsmaßnahmen nur noch geringe Bedeutung haben. So ist in Deutschland seit ungefähr 1970 die atmosphärische Schwefeldioxid-Konzentration stark rückläufig. Seit Ende der 1980er-Jahre ist auch bei Stickoxiden (NO_x, $x = 1$ oder 2) eine Trendwende zu bemerken. Ganz anders ist dagegen die Situation in Südostasien, wo die Schadstoffbelastung der Luft noch immer stark zunimmt und daher auch weiterhin erhebliche Klimaeffekte durch troposphärisches Sulfat erwartet werden müssen.

Ein Phänomen, das in diesem Zusammenhang nicht unerwähnt bleiben darf, ist der Klimaeffekt, der von arktischen Staub- und Dunstschichten hervorgerufen wird. Da in diesem Fall die Partikel über sehr hellem Untergrund, nämlich Schnee und Eis, auftreten, wird die untere Atmosphäre durch sie gegenüber dem Urzustand dunkler, absorbiert somit vermehrt Sonneneinstrahlung und erwärmt sich. Das quantitative Ausmaß dieses Effekts ist allerdings noch nicht ganz klar.

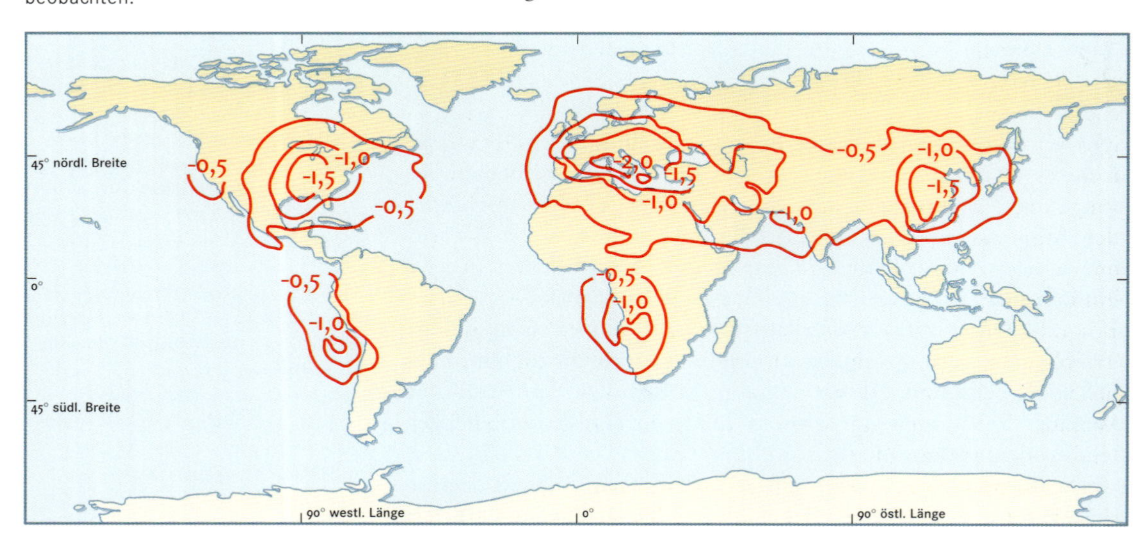

Regionale Verteilung des Strahlungsantriebs (Watt pro Quadratmeter) aufgrund anthropogener Sulfataerosole seit Beginn des Industriezeitalters. Ein verstärkter Kühleffekt ist über den industriellen Ballungszentren zu beobachten.

Brennende Ölquellen in Kuwait während des Golfkriegs 1991. Die Rauchwolken sind durch einen hohen Rußanteil weithin sichtbar.

Ein bisher beispielloses »Experiment« mit troposphärischen Partikeln fand 1991 im Golfkrieg statt, als der Irak einen Großteil der kuwaitischen Ölquellen in Brand setzte. Das dabei freigesetzte Kohlendioxid entsprach allerdings weniger als einem Prozent der durch die weltweite Energienutzung freigesetzten jährlichen Menge. Sowohl nach Klimamodellrechnungen als auch durch Messungen waren Klimaeffekte durch die schätzungsweise insgesamt entstandenen fünf Millionen Tonnen Ruß nicht nachweisbar. Anders wäre das bei einem weltweiten Atomkrieg. Verschiedene Studien gehen von einer Freisetzung von 300 bis 500 Millionen Tonnen Ruß aus, die die Sonneneinstrahlung so stark abschirmen würden, dass bodennah drastische Abkühlungen zu erwarten wären. Doch darf man hoffen, dass die politische Szene den menschenverachtenden Wahnsinn eines solchen »nuklearen Winters« nicht zulassen wird.

Anthropogener Treibhauseffekt – was sind die Ursachen?

Bei der Diskussion anthropogener Klimaänderungen steht die Verstärkung des natürlichen Treibhauseffekts durch menschliche Aktivitäten mit Recht im Zentrum der Beachtung. Dabei ist das ursächliche Prinzip genau das gleiche wie beim natürlichen Treibhauseffekt: die Beeinflussung der atmosphärischen Strahlungsvorgänge durch bestimmte Spurengase mit dem Effekt einer Erhöhung der Temperatur in der Troposphäre sowie allen weiteren Konsequenzen für Atmosphäre und Klima, die aus dieser Temperaturerhöhung resultieren. In welchem Ausmaß und mit welchen regionalen Besonderheiten führen nun die Konzentrationserhöhungen der Treibhausgase und somit die anthropogene Verstärkung des natürlichen Treibhauseffekts zu weltweiten Klimaänderungen? Und: Worauf ist dieser Konzentrationsanstieg, insbesondere beim Kohlendioxid, zurückzuführen?

Die Antwort auf die zweite Frage ist insofern problematisch, als sich auch beim Anstieg der Kohlendioxid-Konzentration anthropo-

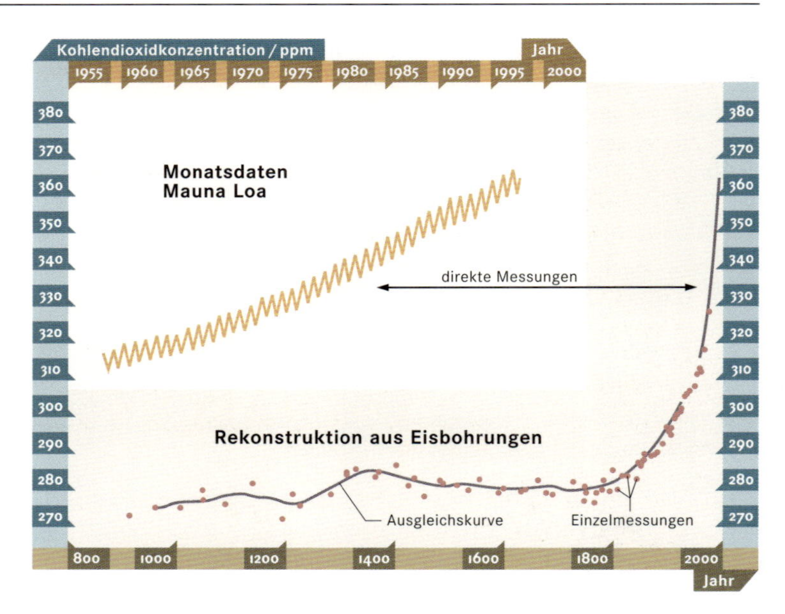

Mithilfe von Eisbohrungen in der Antarktis wurde die **atmosphärische Kohlendioxid-Konzentration** (in parts per million) vergangener Jahrhunderte rekonstruiert. Zahlreiche Einzelmessungen werden in der Ausgleichskurve gemittelt. Direkte Messungen auf dem Mauna Loa, Hawaii, ab Mitte der 1950er-Jahre setzen die Kurve fort. Ihr gezackter Verlauf gibt den Jahresgang der CO_2-Konzentration wieder.

gene und natürliche Phänomene überlagern. So dominiert beim Jahresgang der atmosphärischen CO_2-Konzentration die Natur, nämlich das Wechselspiel zwischen Photosynthese im Sommer – der Atmosphäre wird CO_2 entzogen – und mikrobieller Zersetzung im Winter – der Atmosphäre wird wieder CO_2 zugeführt. Der jährliche Anstieg der Kohlendioxid-Konzentration muss dagegen nach allen gängigen Modellrechnungen vor allem auf menschliches Wirken zurückgeführt werden, auch wenn beipielsweise das El-Niño-Phänomen diesen Anstieg episodisch verstärkt beziehungsweise in seiner Gegenphase, dem La-Niña-Phänomen, abschwächt. In geologischen Zeiträumen ist die Situation wieder anders. So lag zum Beispiel in der letzten Kaltzeit, der Würm-»Eiszeit«, die Kohlendioxid-Konzentration bei nur etwa 180 bis 200 ppm (parts per million, millionstel Anteile). Auf dieser Zeitskala waren jedoch die Temperaturvariationen weitgehend Ursache der CO_2-Variationen und nicht umgekehrt. Die während des Industriezeitalters rekonstruierte oder gemessene Zunahme der atmosphärischen Kohlendioxid-Konzentration geht dagegen eindeutig auf die Nutzung fossiler Energieträger durch den Mensch zurück. Darauf hat übrigens 1896 schon der schwedische Physikochemiker Svante Arrhenius hingewiesen.

Gefährlicher Kohlendioxid-Ausstoß

Ende der 1990er-Jahre beträgt die weltweite Nutzung der gesamten Primärenergie bei einer Bevölkerung von rund sechs Milliarden Menschen jährlich etwa 12 bis 14 Milliarden Tonnen (Gigatonnen, Gt) Steinkohleeinheiten (SKE). Davon beruhen – ohne Berücksichtigung der Holznutzung in den Entwicklungsländern – etwa 90 Prozent auf der Verbrennung von Kohle, Erdöl und Erdgas, einschließlich des Verbrauchs sekundärer Energieträger wie zum Beispiel Benzin im Verkehrsbereich. Im Jahr 1900 ist die Welt bei einer Bevölkerung von etwa zwei Milliarden Menschen noch mit ungefähr einer Gigatonne SKE ausgekommen. Die enorme Steigerung der Weltenergienutzung hat den anthropogenen Kohlendioxid-Ausstoß auf 22 Gt CO_2 hochschnellen lassen – die höchste Emissionszahl, die in der gesamten Umweltdebatte überhaupt auftaucht. Das sind aber erst rund 75 Prozent der gesamten derzeitigen anthropogenen CO_2-Emission, da weitere 20 Prozent über die Waldrodungen und etwa fünf Prozent über die Holznutzung in den Entwicklungsländern hinzukommen.

CHRONOLOGIE DER TREIBHAUSEFFEKT-DISKUSSION

Nachdem der französische Mathematiker und Physiker Joseph Fourier (links) bereits 1827 den natürlichen Treibhauseffekt einschließlich der Rolle des Kohlendioxids korrekt erklärt hatte, war es der schwedische Physikochemiker Svante Arrhenius (rechts), der 1896 erstmalig auf die Gefahren der Freisetzung von Kohlendioxid durch die Nutzung fossiler Energie und somit auf den anthropogenen Treibhauseffekt hinwies. Für die Annahme einer 2,5- bis 3fachen Kohlendioxid-Konzentration in der Atmosphäre berechnete er eine um 89 °C höhere bodennahe Weltmitteltemperatur. Die ersten Klimamodellrechnungen zum Anstieg der Kohlendioxid-Konzentration hat der aus Japan stammende amerikanische Meteorologe Syukuro Manabe 1967 durchgeführt, wobei er ab 1975 zu aufwendigeren (atmosphärischen) Zirkulationsmodellrechnungen überging, die in verbesserter und erweiterter Form auch heute noch üblich sind.

Nach der ersten Umweltkonferenz in Stockholm 1972 haben sich die Vereinten Nationen erstmals 1979 in Genf im Rahmen der ersten Weltklimakonferenz mit dem Treibhauseffekt befasst. Diese Konferenz führte jedoch lediglich zu einem Aufruf an alle Nationen der Erde, das Problem ernst zu nehmen und die daraus folgenden Klimaänderungen zu verhindern. Die öffentliche Aufmerksamkeit ist erst erwacht, als die Medien über das 1984/85 entdeckte »Ozonloch« über der Antarktis berichteten. Im Jahr 1988 wurde von den Vereinten Nationen das Intergovernmental Panel on Climate Change (IPCC) ins Leben gerufen, das neben verschiedenen Spezial- und Zwischenberichten 1990 – zur zweiten Weltklimakonferenz in Genf – und 1996 ausführliche Statusberichte vorlegte. Darin werden die zu erwartenden Klimaänderungen als besorgniserregend beurteilt.

Die 1992 anlässlich der zweiten Umweltkonferenz in Rio de Janeiro von über 150 Staaten unterzeichnete und im März 1994 in Kraft getretene Klimarahmenkonvention schafft für alle Unterzeichnerstaaten völkerrechtlich verbindliche Grundlagen für einen globalen Klimaschutz. Seit 1995 finden jährlich so genannte Vertragsstaatenkonferenzen zur Klimarahmenkonvention statt, von denen sich die Klimatologen eine Konkretisierung der Klimaschutzmaßnahmen erhoffen. Im Dezember 1997 wurde auf der dritten Vertragsstaatenkonferenz das »Kyoto-Protokoll« verabschiedet, in dem erstmals rechtsverbindliche Begrenzungs- und Reduktionsverpflichtungen für die Industrieländer festgelegt wurden. Darin werden die Industrieländer verpflichtet, die Emissionen der festgelegten Treibhausgase – also nicht nur Kohlendioxid – um mindestens 5 Prozent bis spätestens 2012 gegenüber dem Niveau von 1990 zu senken. Diesem Reduktionsziel steht jedoch die Abschätzung von Wissenschaftlern des IPCC gegenüber, die allein beim Kohlendioxid eine Emissionsminderung von 50 oder besser 60 Prozent für notwendig halten, um die anthropogenen Klimaänderungen im Laufe der kommenden Jahrzehnte aufzufangen. Auf der vierten Vertragsstaatenkonferenz in Buenos Aires im November 1998 wurde ein Arbeitsplan erstellt, mit dem die Minderungsmaßnahmen in den folgenden zwei Jahren näher geregelt werden sollen.

Die wichtigste Kohlenstoffsenke ist der Ozean, der etwa die Hälfte der jährlich vom Menschen verursachten Kohlendioxid-Emission aufnimmt. Die andere Hälfte verbleibt in der Atmosphäre, häuft sich dort an und bewirkt den beobachteten Konzentrationsanstieg. Dabei stellt es keine Entlastung dar, dass der anthropogene Kohlendioxid-Eintrag in die Atmosphäre nur etwa fünf Prozent der Gesamtumsätze des Kohlenstoffs im Klimasystem ausmacht. Die natürlichen Kohlenstoffkreisläufe sind nämlich im Gegensatz zu den vom Menschen verursachten Störungen geschlossen und rufen somit zumindest in Zeitspannen, die größer

QUELLEN UND SENKEN

Jeder Materie- oder Energietransport ist mit Quellen und Senken verknüpft. Ähnlich einem Flusslauf entspringen die Materie- oder Energieflüsse bestimmten Quellen, um in bestimmte Senken zu münden. Wenn zum Beispiel der Mensch Kohlenstoff (C) in Form von Kohlendioxid (CO_2) in die Atmosphäre bringt, so handelt er als Kohlenstoffquelle. Aber auch der Ozean und die Vegetation emittieren CO_2 in die Atmosphäre. Sie nehmen dieses Kohlendioxid allerdings auch wieder auf und sind daher nicht nur Quellen, sondern zugleich auch Senken.

Um solche Stoffströme zu verstehen, muss aufgeschlüsselt werden, wann eine Speichergröße jeweils Quelle und wann sie jeweils Senke ist. Ein Baum ist beispielsweise während seiner Wachstumsperiode, im Frühjahr und Sommer, Kohlenstoffsenke, weil er in dieser Zeit bei der Assimilation Kohlendioxid aus der Atmosphäre aufnimmt. Während seiner Ruhezeit, im Winter, finden aber mikrobielle Zersetzungsprozesse statt, die der Atmosphäre wieder Kohlendioxid zuführen und somit den Baum (einschließlich abgeworfener Blätter, abgebrochener Borkenstücke, Fruchthülsen und sonstiger abgefallener Teile) zur Kohlenstoffquelle machen. Senken können Speichergrößen sein, die ihren Speicherinhalt vergrößern, da der Stoffstrom in sie mündet. Man spricht dann von einer physikalischen Senkenfunktion. Finden chemische Umwandlungen statt, die den betreffenden Stoff in einen anderen überführen, liegt eine chemische Senkenfunktion vor.

Die untenstehende Tabelle führt anthropogene Kohlenstoffquellen sowie die daraus resultierenden Senken in Gigatonnen Kohlenstoff pro Jahr (Mittel 1980 bis 1989) auf.

Quellen	C*
Emission aus fossiler Energie und Zementproduktion	5,5 ± 0,5
Nettoemission aus der Landnutzung in den Tropen (einschließlich Waldrodungen)	1,6 ± 1,0
Summe	**7,1 ± 1,5**
Senken	
Ozean (»physikalische und biologische Pumpe«)	2,0 ± 0,8
Wälder der Nordhemisphäre (außertropisch)	0,5 ± 0,5
Zusätzliche Senken (Kohlendioxid- und Stickstoffdüngeeffekt, Klimaänderungen)	1,4 ± 1,5
Verbleib in der Atmosphäre	3,2 ± 0,2
Summe	**7,1 ± 3,0**

*Die Werte für Kohlenstoff können durch Multiplikation mit dem Faktor 3,66 in die entsprechenden Werte für Kohlendioxid umgerechnet werden.

als der Jahresgang, aber kleiner als Jahrtausende sind, keine auffälligen Änderungen hervor.

Kohlendioxid ist keineswegs das einzige Treibhausgas, dessen atmosphärische Konzentration durch menschliches Wirken ansteigt. Betrachtet man einen Zeitraum von 100 Jahren, kommt CO_2 von allen Treibhausgasen allerdings die größte Bedeutung zu. Beim natürlichen Treibhauseffekt überwiegt dagegen die Wirkung von Wasserdampf.

Die Emission von Fluorchlorkohlenwasserstoffen (FCKW) geht auf den Einsatz von Spraydosen und Dämmmaterial sowie auf die Kältetechnik und chemische Reinigung zurück. Wegen des in vielen Industrieländern gültigen weitgehenden Herstellungsverbots ist die FCKW-Emission im letzten Jahrzehnt um etwa zwei Drittel zurückgegangen. Die atmosphärische FCKW-Konzentration ist darüber hinaus seit Beginn der neunziger Jahre nicht mehr angestiegen.

Übersicht der wichtigsten Treibhausgase und deren jährliche Emissionen

Vorgang/Eigenschaft	Kohlendioxid (CO_2)	Methan (CH_4)	Lachgas (N_2O)	Fluorchlorkohlenwasserstoff (FCKW)	Wasserdampf (H_2O)
anthropogene Emission (Mittel 1980 bis 1989)	26 ± 3 Gt	375 ± 75 Mt	15 ± 8 Mt	1 Mt	–
Schätzung für 1998	29 ± 3 Gt	400 ± 80 Mt	15 ± 8 Mt	≪ 1 Mt	–
Anteil an der Gesamtemission	5 %	70 %	40 %	100 %	–
vorindustrielle Konzentration (um 1800)	280 ppm	0,70 ppm	0,28 ppm	0	2,6 %[3]
Schätzung für 1998	365 ppm	1,72 ppm	0,31 ppm	0,5 ppb (FCKW-12)	2,6 %[3]
jährlicher Anstieg (Mittel 1980 bis 1989)	1,5 ppm	13 ppb	0,75 ppm	0,02 ppb (FCKW-12)	–
prozentualer jährlicher Anstieg	0,4 %	0,8 %	0,25 %	4 %	–
mittlere molekulare Lebenszeit	5–10 Jahre[2]	15 Jahre	120 Jahre	102 Jahre (FCKW-12)	10 Tage
Beitrag zum natürlichen Treibhauseffekt	26 %	2 %	4 %	–	60 %
Beitrag zum anthropogenen Treibhauseffekt[1]	61 %	15 %	4 %	11 %	indirekt

[1] betrachteter Zeitraum 100 Jahre – [2] Verweilzeit des anthropogenen Anteils jedoch 50 bis 200 Jahre – [3] bodennaher Mittelwert (Mt = Millionen Tonnen oder Megatonnen; Gt = Milliarden Tonnen oder Gigatonnen; ppm = Volumenanteile auf 1 Million; ppb = Volumenanteile auf 1 Milliarde; FCKW-12 = Dichlordifluormethan, CCl_2F_2)

Kondensstreifen am Himmel

Der direkte anthropogene Wasserdampf-Ausstoß spielt nur in Zusammenhang mit dem Flugverkehr – insbesondere in der oberen Troposphäre sowie der unteren Stratosphäre – eine Rolle, da die Bildung von Kondensstreifen den Treibhauseffekt verstärkt. Ansonsten ist die natürliche Verdunstung, vor allem über den Ozeanen, so hoch, dass der Mensch damit auch nicht annähernd konkurrieren kann. Im Rahmen der durch Klimamodellrechnungen zu berücksichtigenden indirekten Effekte spielt der Wasserdampf, beispielsweise durch die erhöhte Verdunstung der Ozeane bei allgemeiner Erwärmung, eine wichtige Rolle. Als Treibhausgas ist Wasserdampf allerdings relativ kurzlebig und daher mehr von regionaler Bedeutung. Dagegen breiten sich, wie erwähnt, die meisten anderen Treibhausgase aufgrund ihrer langen Lebenszeit unabhängig vom Emissionsort weltweit aus und sind somit stets global wirksam. Der durch die anthropogene Konzentrationserhöhung der Treibhausgase im Industriezeitalter bewirkte Strahlungsantrieb von 2,1 bis 2,8 Watt pro Quadratmeter übertrifft nicht nur den Effekt der anthropogenen Sulfataerosole, sondern auch den der natürlichen, in dieser zeitlichen Größenordnung wirksamen Klimafaktoren.

Quellen für die Emission der Treibhausgase Methan (CH_4) und Distickstoffoxid (Lachgas, N_2O)

Treibausgas	Quelle	Anteil/Prozent
Methan	fossile Energie (»Grubengas« des Kohlebergbaus, Erdgasverluste z.B. bei Förderung, Transport, Nutzung)	27
	Viehhaltung (mikrobielle Zersetzungen im Magen-Darm-Trakt)	23
	Reisanbau	17
	Verbrennung von Biomasse	11
	Landnutzungseffekte, Müllhalden, Abwasser	je 7–8
Distickstoffoxid	Bodenbearbeitungseffekte	44
	Anwendung mineralischer Stickstoffdünger	22
	Verwendung fossiler Energie	10
	Verbrennung von Biomasse	9

Klimamodellrechnungen

Klimatologen versuchen die Frage nach dem Ausmaß anthropogener Klimaänderungen durch eine Kaskade von miteinander verzahnten Problemstellungen und Modellrechnungen zu beantworten. Am Anfang von Modellrechnungen für die Zukunft stehen verschiedene alternative Annahmen, die als Szenarien bezeichnet werden. Dabei liefern Szenarien, die gegenwärtige Trends fortschreiben, die naheliegendsten Ergebnisse. Auf der Grundlage solcher Szenarien werden zunächst Modellrechnungen durchgeführt, um abzuschätzen, welcher Anteil der emittierten Treibhausgase in der Atmosphäre verbleibt und so zu den Konzentrationsanstiegen beiträgt. Derartige Modelle heißen Stofffluss-Modelle, im Fall von Kohlendioxid Kohlenstofffluss-Modelle. Interessiert man sich dagegen nicht für die Zukunft, sondern für die Vergangenheit, sind Szenarien nicht notwendig, da die notwendigen Informationen über die Zusammensetzung der Atmosphäre aus den betreffenden Messungen oder Rekonstruktionen zugänglich sind.

Das **Intergovernmental Panel on Climate Change** (IPCC) hat eine Reihe von **Szenarien** entwickelt, die als Grundlage für entsprechende Klimamodellrechnungen dienen und Aussagen über die vermutlichen Erfolge von Klimaschutzmaßnahmen zulassen. Sie werden mit IS (für IPCC-Szenario), gefolgt von der Jahreszahl der Publikation, bezeichnet. So steht beispielsweise IS90A für ein 1990 veröffentlichtes Trendszenario, das von einem ungehinderten Zuwachs der Treibhausgasemissionen ausgeht (»business-as-usual«). Im Gegensatz dazu beschreibt IS90D ein Szenario umfassender Emissionsminderung (»advanced policies«).

An diese Stofffluss-Modelle schließen sich Klimamodelle im engeren Sinn an. Diese liefern Simulationen der durch Konzentrationsanstiege hervorgerufenen Klimaänderungen. So kann beispielsweise aus der Annahme einer künftigen Verdoppelung der reinen oder der äquivalenten Kohlendioxid-Konzentration gegenüber dem Niveau in vorindustrieller Zeit oder auch ausgehend von der vergangenen Entwicklung die zu erwartende Klimaveränderung (»Klimareaktion«) berechnet werden. Dabei muss man zwischen verschiedenen alternativen Berechnungsmethoden unterscheiden.

Bei der Gleichgewichtsberechnung wird eine abrupte Änderung, zum Beispiel eine Verdoppelung der Kohlendioxid-Konzentration, angenommen und so lange gerechnet, bis sich an der Klimareaktion zeitlich nichts mehr ändert; dieser Endzustand wird dann als die Gleichgewichtsreaktion des Klimas definiert. Mehr der Wirklichkeit entsprechen transiente Berechnungen. So heißen Berechnungen, die – anders als Gleichgewichtsberechnungen – den zeitlichen Verlauf von Einflüssen und somit von Klimareaktionen simulieren. In diesem Fall kommt zu den quantitativen Unsicherheiten der Klimareaktion, die jedem Modell anhaften, auch noch die Unsicherheit hinzu, dass die Zeitverzögerungen zwischen Ursache und Effekt meist nur ungenügend bekannt sind. Bei den am häufigsten verwendeten physikalischen Klimamodellen wird, ausgehend von einem gemessenen oder angenommenen Anfangszustand, ein System physikalischer oder physikochemischer Gleichungen eingesetzt, das für den jeweiligen Problemkreis relevant ist. In den weitaus seltener verwendeten statistischen Klimamodellen werden unter Umgehung – aber nicht Missachtung – der Physik Beziehungen zwischen ursächlichen Daten, zum Beispiel Kohlendioxid-Konzentrationswerten, und wirksamen Daten, beispielsweise Temperaturen, die aus der Beobachtung stammen, abgeschätzt und ausgewertet.

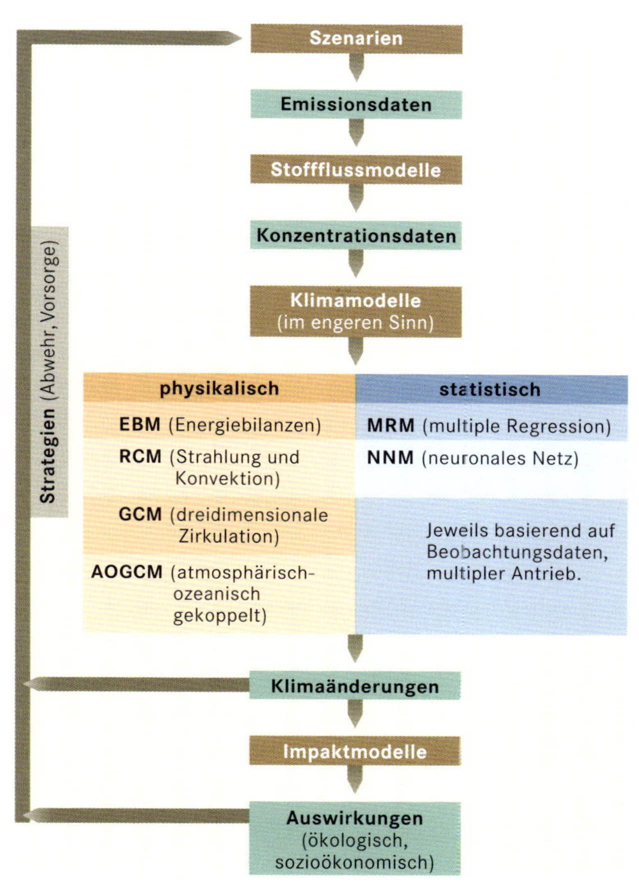

Schematische Übersicht zur **Hierarchie der Klimamodelle.**

Simulation der atmosphärischen Zirkulation

Das Wunschziel vieler Klimatologen ist die möglichst umfassende physikalische oder physikochemische Behandlung des Problems. Diese beginnt im Allgemeinen mit der Berechnung der Bilanz aus der Einstrahlung der Sonne und der Ausstrahlung der Erde, den Energiebilanzmodellen (EBM). Schon wesentlich komplizierter ist die detaillierte Behandlung der atmosphärischen Wärmeflüsse, insbesondere der Konvektion, durch Strahlungskonvektions-Modelle (RCM, von englisch radiative convective models). Die aufwendigste Art solcher Berechnungen ist die Simulation der atmosphärischen Zirkulation durch allgemeine Zirkulationsmodelle (GCM, von englisch general circulation models) in dreidimensiona-

Die **äquivalente Kohlendioxid-Konzentration** der Atmosphäre erhält man, wenn man die thermische Wirkung der einzelnen klimawirksamen Spurengase in (vereinfachten) Klimamodellrechnungen abschätzt, mit der des Kohlendioxids vergleicht und dann in entsprechende fiktive CO_2-Konzentrationswerte umrechnet. Die Summe aus diesen Werten und der atmosphärischen CO_2-Konzentration liefert die äquvialente CO_2-Konzentration der Atmosphäre. Die atmosphärische (»reine«) CO_2-Konzentration betrug beispielsweise 1998 rund 365 ppm. Dies entspricht unter Hinzunahme der klimawirksamen Spurengase einer äquivalenten Kohlendioxid-Konzentration von rund 420 ppm.

ler Auflösung. Nur in solchen GCM-Simulationen können alle wichtigen Klimaelemente – neben der Temperatur zum Beispiel auch Bewölkung, Niederschlag und Wind – simuliert werden. Dabei werden auch die regionalen (horizontalen) und vertikalen Strukturen der Klimaänderungen erfasst. Um für eine detaillierte Erörterung von Klimaproblemen wirklich aussagekräftig zu sein, müssen solche atmosphärischen Zirkulationsmodelle (AGCM) mit entsprechenden ozeanischen Zirkulationsmodellen (OGCM) gekoppelt werden, die dann mit AOGCM bezeichnet werden. Außerdem sollten der Boden und die Eisgebiete der Erde zumindest grob berücksichtigt werden.

Modelle dieser Art erfordern, insbesondere bei transienten, das heißt den zeitlichen Verlauf berücksichtigenden Simulationen, einen enormen Rechenaufwand. Selbst wenn nur ein einziger Einfluss, beispielsweise der Anstieg der Kohlendioxid-Konzentration in der Atmosphäre in den vergangenen oder kommenden 100 Jahren, als veränderlicher Antriebsfaktor Eingang findet, erfordert dies Rechenzeiten von mehreren Monaten an den größten EDV-Anlagen der Welt. Trotz allem Aufwand sind solche GCM-Simulationen nicht ohne Schwächen, insbesondere was den Zyklus aus Verdunstung, Wolken und Niederschlag, den Wind, die ozeanische Vertikalzirkulation und den Einfluss des Meereseises betrifft. Zudem geht die Biosphäre in solche komplizierten Modelle im Allgemeinen nicht ein. Nur in weitergehenden, so genannten Impaktmodellen wird versucht, außer ökologischen auch ökonomische und soziale Folgen möglicher oder schon eingetretener Klimaänderungen zu betrachten.

Neben möglichst vollständigen physikalischen oder physikochemischen Klimamodellen sind auch vereinfachte Modelle notwendig, zum Beispiel um dem Zusammenspiel verschiedener Klimaantriebsmechanismen, und zwar anthropogener wie natürlicher, wenigstens teilweise gerecht zu werden. Das gelingt einerseits mithilfe vereinfachter physikalischer Simulationen (vor allem EBM-Simulationen), andererseits durch statistische Ansätze. Hierbei verwendete Verfahren sind unter anderem multiple Regressionen und neuronale Netze, die anstelle von physikalischen Prozessen allein von Beobachtungsdaten ausgehen. Derartige Vereinfachungen haben zwar den Vorteil kürzerer Rechenzeiten und bieten somit beispielsweise die Möglichkeit, relativ rasch mehrere alternative Zukunftsszenarien zu »entwerfen«. Sie haben aber unter anderem den Nachteil, dass sie meist nur hinsichtlich der Temperatur befriedigende Ergebnisse liefern.

Bei vielen Ereignissen wirken sich die Folgen des Geschehens auf den weiteren Verlauf aus; man spricht von einer **Rückkopplung.** Zu einer solchen Rückkopplung kommt es in vielen natürlichen Vorgängen und technischen Prozessen, beispielsweise dann, wenn eine Größe geregelt wird. So tritt etwa bei der globalen Temperaturerhöhung durch die Zunahme der CO_2-Konzentration eine Rückkopplung auf: Steigt die Temperatur, so verdunstet mehr Wasser und es kommt zu einer erhöhten Luftfeuchte – diese aber erhöht den Treibhauseffekt, hat also eine weitere Temperaturerhöhung zur Folge. Hier wirkt das Ergebnis des Geschehens (die höhere Temperatur) verstärkend auf den Vorgang zurück. Es gibt auch viele Prozesse, bei denen sich das Ergebnis dämpfend auf das Geschehen selbst auswirkt.

Ein typisches Szenario: Die Kohlendioxid-Konzentration verdoppelt sich

In einer Reihe von Gleichgewichtssimulationen wird mithilfe unterschiedlicher Klimamodelle (EBM, RCM, GCM) simuliert, wie die Temperatur auf eine Verdoppelung der Kohlendioxid-Konzentration in der Atmosphäre reagiert. Die Ausgangswerte für die Kohlendioxid-Konzentrationen orientieren sich dabei meist am vorindustriellen Niveau (rund 300 ppm). Alternativ werden auch entsprechende äquivalente Kohlendioxid-Konzentrationen eingesetzt.

Wenn keine Rückkopplungen – beispielsweise durch Verdunstung oder Wolkenbildung – berücksichtigt werden, resultiert bei allen Modellrechnungen eine Erhöhung der bodennahen Weltmitteltemperatur um 1,2 °C. Die Berücksichtigung des Rückkopplungseffekts von Wasserdampf, das heißt eine erhöhte Verdunstung durch steigende Temperaturen, führt – je nach angewandtem Modell – zu einer Temperaturerhöhung um 1,6 bis 2,1 °C.

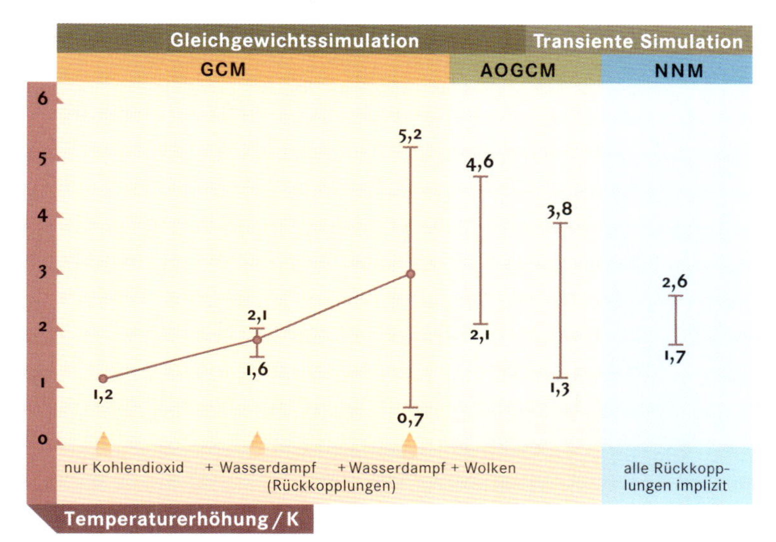

Erhöhung der bodennahen Weltmitteltemperatur im Fall einer Verdopplung der atmosphärischen Kohlendioxid-Konzentration. Bei der Gleichgewichtssimulation werden mithilfe verschiedener Klimamodelle die Temperaturen ohne jegliche Rückkopplung sowie mit verschiedenen Rückkopplungseffekten berechnet. Die transienten Simulationen berücksichtigen darüber hinaus den zeitlichen Verlauf von Einflüssen und Klimareaktionen.
Mit der Berücksichtigung mehrerer Rückkopplungen wächst die Unsicherheit der Berechnungen. Aus diesem Grund sind Temperaturbereiche angegeben (GCM, globale Zirkulationsmodelle; AOGCM, atmosphärisch-ozeanische Zirkulationsmodelle; NNM, neuronale Netze).

Die angesichts des Temperaturbereichs erkennbare quantitative Unsicherheit der Modellergebnisse wird noch deutlicher, wenn auch die durch die Bewölkung hervorgerufenen komplizierten Rückkopplungen berücksichtigt werden. Selbst die Berechnungen mithilfe der fortschrittlichsten Modelle (AOGCM) ergeben eine Temperaturerhöhung, die Werte von 2,1 bis 4,6 °C annimmt. Berücksichtigt man die Zeitverzögerungen bis zum Eintritt der Klimaeffekte (transiente Berechnungen), dann ergibt sich aus Simulationen mit AOGCM für den Zeitpunkt einer Verdoppelung der äquivalenten atmosphärischen Kohlendioxid-Konzentration, die bei Trendfortschreibung um das Jahr 2040 vermutet wird, eine Temperaturerhöhung um 1,3 bis 3,8 °C. Dies ist zunächt weniger als im späteren Gleichgewichtszustand.

Um die Verlässlichkeit derartiger Vorhersagen bewerten zu können, ist es erforderlich, zu prüfen, inwieweit die jeweiligen Modelle den bisherigen, tatsächlich beobachteten Temperaturverlauf reproduzieren können. Wird dies bespielsweise für die bodennahe Weltmitteltemperatur durchgeführt, so erhält man mithilfe verschiedener Modellrechnungen seit ungefähr 1850/1860 einen Temperaturanstieg um rund 1 °C, also deutlich mehr, als tatsächlich beobachtet. Dabei ist aber zu beachten, dass die Beobachtungsdaten keinesfalls nur den anthropogenen Treibhauseffekt widerspiegeln, sondern auch die weiteren anthropogenen und nicht zuletzt auch die natürlichen Einflüsse. Die bisher betrachteten Modellrechnungen simulieren somit nicht das gesamte Klimageschehen, sondern nur den Anteil, der auf bestimmte Einzelursachen zurückgeht. Solche Anteile nennt man Signale, in diesem Fall Treibhaussignale oder genauer Signale des anthropogenen Treibhauseffekts. Dieser sehr wichtige Aspekt ist besonders bei Vorhersagen zu berücksichtigen, da Klimamodelle im Allgemeinen nicht das Klima, sondern nur bestimmte Signale vorhersagen können.

Prognosen der Klimaforscher

Die Haupteffekte der Temperaturreaktion werden jeweils im Winter in den hohen geographischen Breiten – das heißt von mittleren Breiten aus polwärts – erwartet. Dies gilt vor allem oder zunächst im Bereich der Kontinente auf der Nordhalbkugel. In praktisch allen Modellergebnissen steht der troposphärischen Erwärmung eine Abkühlung der Stratosphäre gegenüber, da die Treibhausgase die von der Erdoberfläche ausgehende Wärme hauptsächlich in der Troposphäre absorbieren. Daher wird der Wärmefluss in die Stratosphäre verringert. Dies begünstigt im Übrigen den dortigen Ozonabbau.

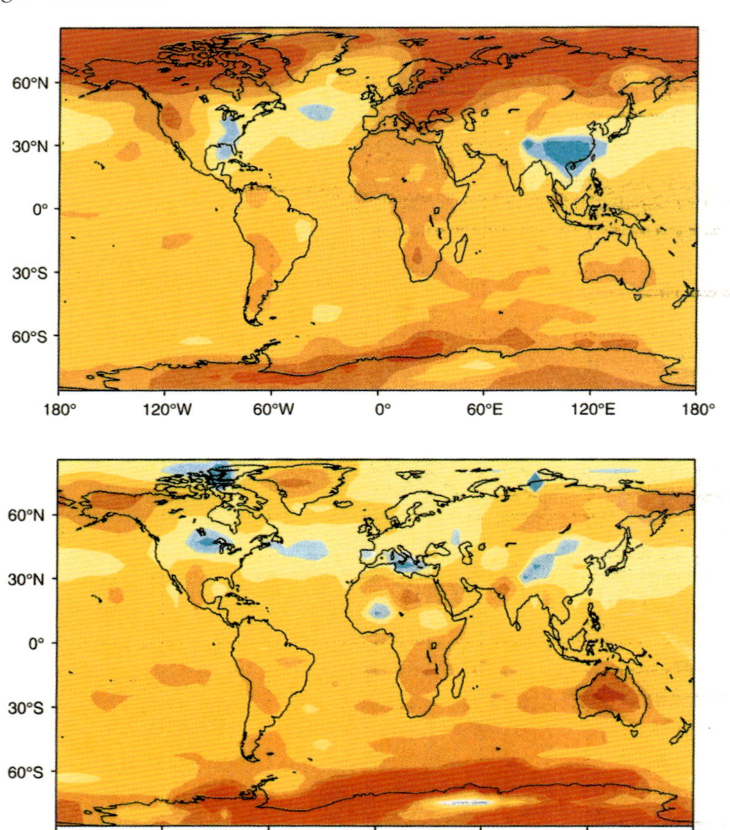

Simulierung der **anthropogenen Klimaänderungen** durch Treibhausgase und Sulfataerosole vom Ende des 19. bis Mitte des 21. Jahrhunderts. Die obere Karte gibt die Temperaturänderungen von Dezember bis Februar, die untere von Juni bis August an.

Trotz erheblicher quantitativer Unsicherheiten sagen die Ergebnisse der Modellrechnungen einheitlich im Übergangsbereich zwischen den Subtropen und der gemäßigten Klimazone, zu der auch das Mittelmeergebiet gehört, einen Rückgang der Niederschläge und in den Polarregionen eine Zunahme voraus. Letzteres hat nach gegenwärtiger Auffassung zumindest in der Antarktis eine verstärkte Eisbildung zur Folge. Für den Fall einer Trendfortschreibung der Treibhausgasemissionen wird in den nächsten 100 Jahren im weltweiten Mittel mit einem Anstieg der Meeresspiegelhöhe um etwa 50 Zentimeter bei einer oberen Risikoschwelle von ungefähr einem Meter gerechnet. Die Meeresspiegelhöhe nimmt dabei zu, weil der Ozean mit einer thermischen Ausdehnung der oberen Wasserschichten auf den anthropogenen Treibhauseffekt reagiert. Hinzu kommt noch das Rückschmelzen von Gebirgsgletschern außerhalb der Polargebiete, wie zum Beispiel in den Alpen.

Für Mitteleuropa zeichnet sich neben der Vorhersage einer Temperaturerhöhung für alle Jahreszeiten im Winter eine Zunahme und im Sommer eine Abnahme der Niederschläge ab. Dies kann, vor allem was die Zunahme der Winterniederschläge betrifft, auch tatsächlich beobachtet werden. Im Zusammenhang mit der bodennahen Erwärmung und der Abkühlung höherer Luftschichten, das heißt mit einer Änderung der vertikalen Temperaturschichtung, ist es denkbar, dass häufiger Starkniederschläge und vielleicht auch Gewitter und Hagel auftreten. Die Vorhersage solcher Extremereignisse ist jedoch besonders unsicher. Bei der Luftfeuchte wird – abgesehen von den Gebieten, in denen die Niederschlagsneigung zurückgeht – überwiegend eine Zunahme erwartet.

Bei den Modellvorhersagen bestehen gerade hinsichtlich der Klimaelemente, deren ökologische und sozioökonomische Auswirkungen besonders wichtig sind, große Unsicherheiten. Das betrifft neben dem Niederschlag und dem Bodenwassergehalt unter anderem auch alle extremen Wetterereignisse einschließlich des Winds.

Vergleichende Klimasignalanalyse

Eine der wichtigsten Fragen der modernen Klimaforschung lautet: Wie wirken die verschiedenen Ursachen im Klimageschehen zusammen? Wie bereits erwähnt, heißen die Klimaeffekte, die sich den Einzelursachen zuordnen lassen, Klimasignale. Zur Beantwortung der Frage müssen die Klimasignale für jede Einzelursache und dann deren Überlagerung simuliert werden, wobei sich diese Überlagerung wegen der nichtlinearen Prozesse im Klimasystem nicht einfach aus der Summe der Einzelsignale ergibt. Erst nach diesen Berechnungen kann ein Vergleich mit den Klimabeobachtungsdaten, die das Ergebnis des Zusammenwirkens der Einzeleffekte sind, durchgeführt werden.

Das Deutsche Klimarechenzentrum in Hamburg und das Hadley Centre for Climate Prediction and Research in Bracknell (in der Nähe von London) veröffentlichten 1995 erstmals Ergebnisse von Simulationen, bei denen der anthropogene Treibhauseffekt

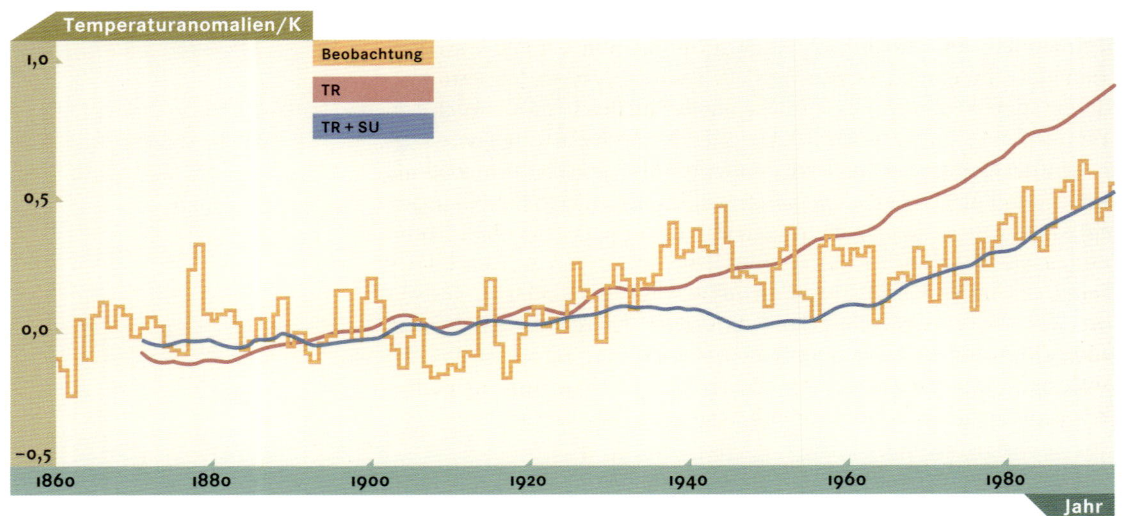

Vergleich der beobachteten Jahresanomalien **der bodennahen Weltmitteltemperatur** mit Temperaturabweichungen durch den Treibhauseffekt (TR) und die Kombination von Treibhaus- und Sulfataerosol-Effekt (TR+SU). Die Werte für TR und TR+SU wurden mit dem atmosphärisch-ozeanischen Zirkulationsmodell (AOGCM) errechnet.

und die durch Sulfataerosole bewirkte Abkühlung der Troposphäre kombiniert berechnet wurden. Berücksichtigt man lediglich den anthropogenen Treibhauseffekt, sollte sich die bodennahe Weltmitteltemperatur seit etwa 1850/60 um rund 1 °C erhöht haben. Unter Hinzunahme des Sulfataerosol-Effekts reduziert sich diese Temperaturerhöhung dagegen auf ungefähr 0,6 °C. Dies entspricht in sehr guter Näherung dem tatsächlich beobachteten Trend. Die Differenz von etwa 0,4 °C kann folglich wahrscheinlich dem Abkühlungseffekt durch die anthropogenen Sulfataerosole zugeschrieben werden. Durch solche kombinierten Simulationen lässt sich die langfristige Entwicklung der bodennahen Weltmitteltemperatur demnach weitaus besser reproduzieren als durch Modellrechnungen, die lediglich den anthropogenen Treibhauseffekt berücksichtigen.

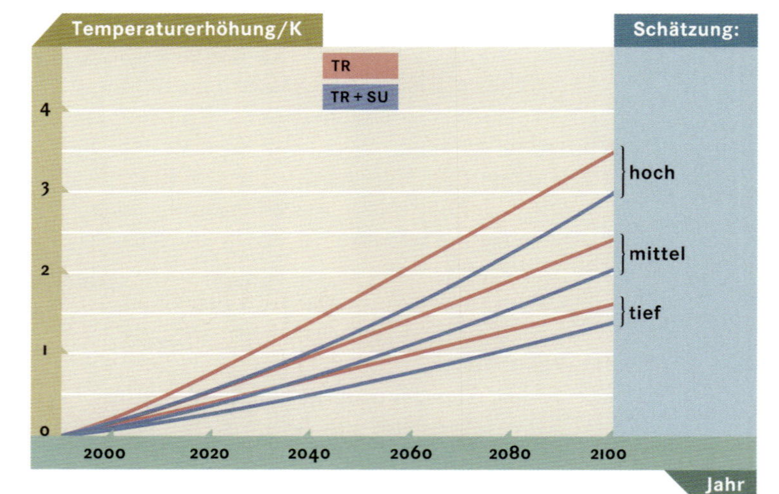

Vorhersage der **Erhöhung der bodennahen Weltmitteltemperatur** gegenüber 1990 für das 21. Jahrhundert bei Trendfortschreibung. Dabei gibt die TR-Kurve den anthropogenen Treibhauseffekt und die TR+SU-Kurve die Kombination des Treibhaus- und Sulfataerosol-Effekts wieder. Bei einer hohen, mittleren oder niedrigen Schätzung erhöht sich die Temperatur in verschiedenem Ausmaß.

Es ist daher nur konsequent, wenn das Intergovernmental Panel on Climate Change (IPCC) solche Berechnungen in seine Klimaszenarien mit einbezieht. Gegenüber 1990 wird bis zum Jahr 2100 bei Trendfortschreibung der anthropogenen Einflüsse ohne Berücksichtigung der Sulfataerosole eine Erhöhung der bodennahen Weltmitteltemperatur um etwa 1,5 bis 3,5 °C, mit ihrer Berücksichtigung um etwa 1,5 bis 3 °C für möglich gehalten. Einschließlich der Vergangenheit muss zu diesen Werten noch der im Industriezeitalter bereits eingetretene Temperaturanstieg um etwa 1 °C – genauer: das betreffende anthropogene Treibhaussignal – addiert werden. In die verwendeten Szenarien geht dabei ein, dass der künftige Schwefeldioxid-Ausstoß vor allem in Südostasien weiter ansteigen könnte, während er in Europa und Nordamerika als Folge von Luftreinhaltungsmaßnahmen bereits erheblich zurückgegangen ist.

Ergebnis mit neuronalen Netzen

Betrachtet man das Ergebnis einer statistischen Klimamodellrechnung mithilfe eines neuronalen Netzes (NNM), so stellt man Ähnlichkeiten mit dem Ergebnis der oben erwähnten AOGCM-Simulation fest, obwohl es sich um völlig verschiedene Verfahren handelt. Die NNM-Simulation zeigt, dass sich die bisherige, den Treibhauseffekt überlagernde Abkühlung durch das anthropogene Sulfa-

INTERGOVERNMENTAL PANEL ON CLIMATE CHANGE (IPCC)

Im Jahr 1988 hat die Vollversammlung der Vereinten Nationen (UN) beschlossen, das Intergovernmental Panel on Climate Change (IPCC; wörtliche Übersetzung: Zwischenstaatlicher Rat zu Klimaänderungen) ins Leben zu rufen. Es wird von der Weltmeteorologischen Organisation (WMO) als einer der UN-Fachorganisationen und vom UN-Umweltprogramm (United Nations Environment Programme, UNEP) getragen und kann als eine Art »Weltklimarat« bezeichnet werden. Das IPCC besteht in seiner wissenschaftlichen Arbeitsgruppe (Arbeitsgruppe I) aus Klimawissenschaftlern vieler Nationen, die die Aufgabe haben, den Vereinten Nationen und damit der Öffentlichkeit ausgewogene Sachstandsberichte zur Klimaproblematik, insbesondere der globalen anthropogenen Klimabeeinflussung, vorzulegen. Die weiteren Arbeitsgruppen II und III befassen sich mit den ökologisch-sozioökonomischen Auswirkungen solcher Klimaänderungen sowie mit Maßnahmenempfehlungen, die auch eine Beteiligung der Politik erfordern.

Die wissenschaftliche Arbeitsgruppe hat ihre beiden wesentlichen Grundsatzberichte 1990 und 1996 vorgelegt, darüber hinaus aber auch verschiedene Zwischenberichte und spezielle Stellungnahmen. Eine wichtige Folge der IPCC-Aktivitäten ist die im Rahmen der UN-Konferenz über Umwelt und Entwicklung (UN Conference on Environment and Development, UNECD) 1992 in Rio de Janeiro formulierte Klimarahmenkonvention (KRK), die 1994 völkerrechtlich verbindlich geworden ist.

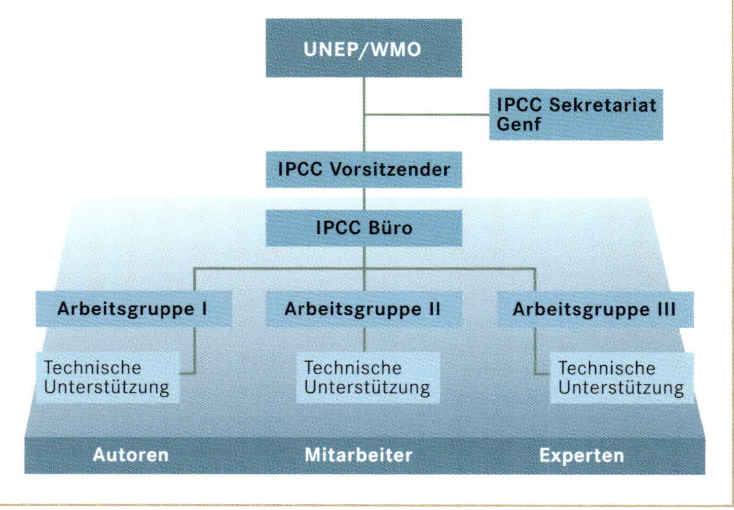

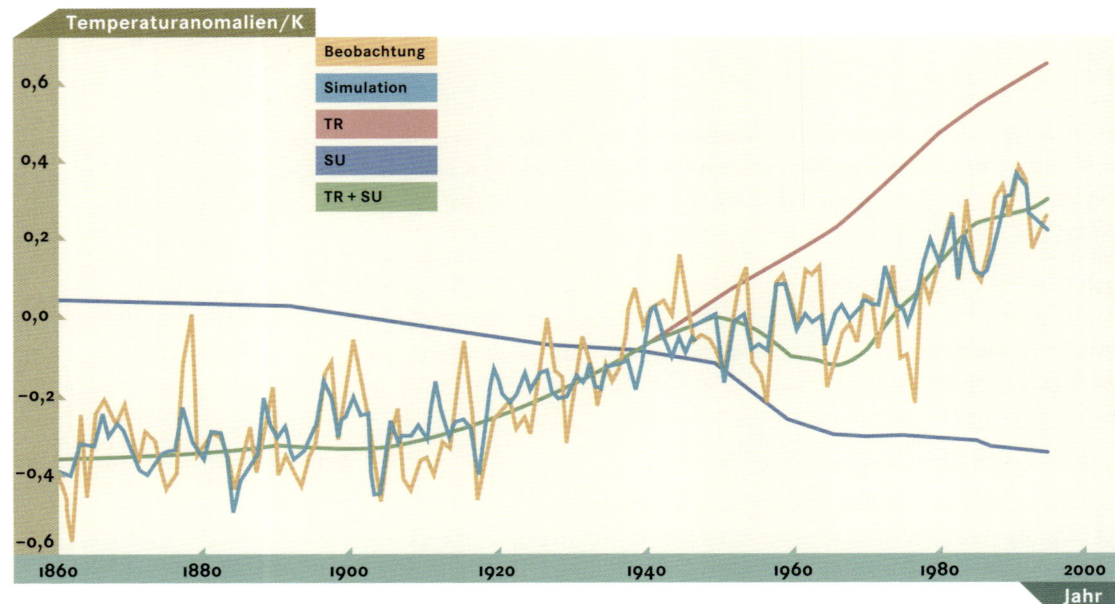

Vergleich der beobachteten Jahresanomalien **der bodennahen Weltmitteltemperatur** mit den durch anthropogenen Treibhauseffekt (TR), Sulfataerosol-Effekt (SU), Kombination des Treibhaus- und Sulfataerosol-Effekts und Simulation mithilfe neuronaler Netzwerke (NNM) modellierten. Die NNM-Simulation geht von Beobachtungsdaten aus und berücksichtigt zusätzlich den Vulkanismus, die Sonnenaktivität sowie das El-Niño-Phänomen.

taerosol-Signal – im Gegensatz zum ständig anwachsenden Treibhaussignal – auf die Zeit der wirtschaftlichen Entwicklung nach dem Zweiten Weltkrieg bis zum Einsetzen von Luftreinhaltungsmaßnahmen in Europa und Nordamerika (etwa um 1970) konzentriert. Mit dem NNM-Modell können auch die kurzfristigen Temperaturvariationen erfasst werden. Danach ist ein Großteil der jährlichen Variationen vermutlich vulkanisch oder durch den ENSO-Mechanismus bedingt und nur ein kleinerer Anteil geht auf die Sonnenaktivität zurück. Wie bei allen Modellrechnungen wird auch hier nicht die ge-

Vergleich der mittleren globalen bodennahen Strahlungsantriebe (seit etwa 1850) mit den entsprechenden statistisch (neuronales Netz) geschätzten Temperatursignalen (1866 bis 1994)

Klimafaktor	Vorzeichen	Strahlungsantrieb/Wm^{-2}	Temperatursignal/°C	Signalstruktur
Treibhausgase	+	2,1–2,8[1]	0,9–1,3	progessiver Trend
Troposphärisches Sulfat	–	0,4–1,5[1]	0,2–0,4	uneinheitlicher Trend
Kombination aus Treibhausgasen und troposphärischem Sulfat	+	1,3–1,7[1]	0,5–0,7	uneinheitlicher Trend
Vulkaneruptionen	–	ca. 1–3[2]	0,1–0,2	episodisch
Sonnenaktivität	+	0,1–0,5	0,1–0,2	fluktuativ
El Niño/Southern Oscillation (ENSO)	+	–	0,2–0,3	episodisch
Kohlendioxid-Verdoppelung (Gleichgewicht)	+	4,4[1]	ca. 2,1	progessiver Trend
Kohlendioxid-Verdoppelung (transient)	+	4,4[1]	ca. 1,7	progessiver Trend

[1] *anthropogen*
[2] *selten, beispielsweise für Pinatubo: 2,4 Wm^{-2} (1991); 3,2 Wm^{-2} (1992); 0,9 Wm^{-2} (1993)*

samte beobachtete Klimavariabilität erfasst und somit erklärt. Diese so genannte Restvarianz ist beim Modell des neuronalen Netzes aber recht klein. Spezielle statistische Interpretationtechniken weisen darauf hin, dass dieser Rest zufallsbedingt ist und daher auch unter Hinzunahme weiterer Einflussfaktoren nicht reduziert werden könnte.

Es ist wichtig, die in der jeweils betrachteten räumlichen und zeitlichen Größenordnung infrage kommenden Strahlungsantriebe der verschiedenen Klimafaktoren mit den zugehörigen Signalen zu vergleichen, wie sie die verschiedenen Modellrechnungen liefern. Dabei kommt die Dominanz des anthropogenen Kohlendioxid-Einflusses auf das Klima der jüngeren Zeit deutlich zum Ausdruck. Dieser Einfluss erklärt auch zusammen mit dem anthropogenen Sulfataerosol-Signal weitgehend den Langfristtrend, während die natürlichen Faktoren in dieser Zeitspanne praktisch nur Fluktuationen um diesen Trend hervorgerufen haben. Dadurch gewinnen die entsprechenden Klimamodellvorhersagen an Brisanz.

Klimasignale treten weder zeitlich noch räumlich einheitlich in Erscheinung. Daher können einer Erwärmung relativ kurzfristige Abkühlungen überlagert sein oder ein globaler Erwärmungstrend kann regional auch von Abkühlungstrends begleitet werden. Dabei kommt zum Tragen, dass die Klimamodelle in ihrer regionalen Aussagekraft wesentlich stärker eingeschränkt sind, als das bei globalen oder hemisphärischen Mittelwerten der Fall ist. Diese qualitativen und regionalen Unsicherheiten betreffen im Übrigen nicht nur die Modellrechnungen, sondern auch die Rekonstruktionen der Klimageschichte.

Das in Analogie zu biologischen Prozessen in der Physik entwickelte Konzept der **neuronalen Netze** hat in der **Klimatologie** bisher nur vereinzelt Anwendung gefunden. Ausgangspunkt für die Idee neuronaler Netze ist, dass Lebewesen äußere Reize über Nervenzellen (Neuronen) an das Gehirn weiterleiten, wo dann die entsprechenden Reaktionen ausgelöst werden. Dabei ist wichtig, dass das Gehirn nicht über zusätzliche Informationen verfügt, sondern allein aufgrund der registrierten Reize lernt, entsprechend zu reagieren.
Dies wird im (physikalischen) Konzept der neuronalen Netze nachgeahmt: Ein Verbund von »Informationseinheiten« nimmt analog der Neuronenschicht die Reize, zum Beispiel Informationen über atmosphärische Spurengaskonzentrationen oder Vulkanaktivität, auf (Eingabeschicht). Diese wird an eine oder mehrere so genannte verdeckte Neuronenschichten weitergeleitet, in denen – entsprechend dem Gehirn – die Informationsverarbeitung erfolgt. Die dort ausgelöste Reaktion, beispielsweise eine Temperaturänderung, wird dann an die Ausgabeschicht übermittelt. Im Fall des überwachten Lernens wird dem neuronalen Netz außerdem das gewünschte Ergebnis, beispielsweise die tatsächlich eingetretenen Temperaturänderungen, mitgeteilt. Dies ermöglicht, die Fehler der Ergebnisse in der verarbeitenden Schicht zu minimieren.

Klimaschutzmaßnahmen

Die Vermittlung und Erörterung von Erkenntnissen der Klimaforschung ist eine Sache, daraus die Konsequenzen in Form von Klimaschutzmaßnahmen zu ziehen, eine andere. Lange genug hat es gedauert, bis das Problem der anthropogenen Klimaänderung von der Öffentlichkeit überhaupt wahrgenommen und auch ernst genommen worden ist. Übertreibungen und Fehlinformationen der teilweise recht kühnen Berichterstattung in den Medien bis hin zur Extremposition der »Klimakatastrophe« haben der Sache des Klimaschutzes eher geschadet. Je konkreter diese Maßnahmen diskutiert und gefordert werden, umso mehr regt sich der Widerstand derjenigen, die darin eine unangemessene Belastung, zum Beispiel bestimmter Wirtschaftszweige, sehen. Es ist daher verständlich und berechtigt, wenn aus dieser Sicht die Aussagekraft der Klimaforschung hinterfragt wird. Das Anzweifeln einfacher, grundlegender Tatsachen und die maßlose Überbewertung der Unsicherheiten bis hin zum andern Extrem des »Klimaschwindels« kann allerdings nicht akzeptiert werden.

Wer jedoch aus Verantwortung gegenüber den jetzigen und künftigen Generationen der Menschheit und darüber hinaus allen Lebens auf der Erde zu der Überzeugung gelangt, dass angesichts wissenschaftlicher Fakten, aber auch angesichts von Wahrscheinlichkeits-

Rahmenübereinkommen der Vereinten Nationen über Klimaänderungen, Rio de Janeiro, Juni 1992

»Das Ziel dieses Übereinkommens ... ist es, ..., die Stabilisierung der Treibhausgaskonzentrationen in der Atmosphäre auf einem Niveau zu erreichen, auf dem eine gefährliche anthropogene Störung des Klimasystems verhindert wird. Ein solches Niveau sollte innerhalb eines Zeitraums erreicht werden, der ausreicht, damit sich die Ökosysteme auf natürliche Weise den Klimaänderungen anpassen können, die Nahrungsmittelerzeugung nicht bedroht und die wirtschaftliche Entwicklung auf nachhaltige Weise fortgeführt werden kann.«

aussagen, gehandelt werden muss, dem bietet sich eine große Palette von Möglichkeiten. Auf nationaler Ebene sind diese beispielsweise in den Berichten der Enquête-Kommission »Vorsorge zum Schutz der Erdatmosphäre« des Deutschen Bundestages in den 1991 und 1995 veröffentlichten Abschlussberichten dargelegt. Darin stehen die Reduzierung der Emission von Treibhausgasen – insbesondere von Kohlendioxid –, aber auch der Vegetationsschutz und landwirtschaftliche Maßnahmen im Vordergrund. Schon vor Jahren hat sich Deutschland beim Kohlendioxid das Reduktionsziel von 25 Prozent gegenüber 1990 bis zum Jahr 2005 gesetzt.

Klimaschutz ist machbar

Viele Experten sind der Ansicht, dass die technologischen Voraussetzungen für Klimaschutzmaßnahmen des gewünschten Ausmaßes durchaus gegeben sind. Sie unterstützen daher die Forderung nach einer Halbierung des gegenwärtigen Kohlendioxid-Ausstoßes bis zur Mitte des 21. Jahrhunderts. Da dies ein weltweites Ziel ist und den Entwicklungsländern im Rahmen ihrer Entwicklung eine höhere Pro-Kopf-Energienutzung zugestanden werden muss, hat beispielsweise die oben genannte Enquête-Kommission daraus für die Industrieländer die Forderung nach einer Reduktion um 80 Prozent abgeleitet.

Abschließend seien die wichtigsten Maßnahmenpakete zum Klimaschutz genannt:

(1) Effizientere und sparsamere Energienutzung insgesamt, beispielsweise durch Erhöhung von Wirkungsgraden, Kraft-Wärme-Kopplung und verbesserte Wärmedämmung.
(2) Verringerung von Raumwärme und Lichtintensität.
(3) Verlagerung der Schwerpunkte innerhalb der Nutzung fossiler Energieträger, beispielsweise durch den verstärkten Einsatz von Gas, das pro Heizwert nur ungefähr halb so viel Kohlendioxid freisetzt wie Kohle, sowie durch die Nutzung innovativer Techniken, zum Beispiel Gas-Dampf-Kombikraftwerke.
(4) Verstärkte Nutzung nicht-fossiler Energieträger unter Berücksichtigung einer Verringerung des Gesamtrisikos sowie der Verstärkung internationaler Energieverbünde. Auf diese Weise könnte zum Beispiel das in Südeuropa gegenüber Deutschland wesentlich höhere Potential der Solarenergie genutzt werden.
(5) Bevorzugung umweltschonender Verkehrsmittel.
(6) Begleitende wirtschaftspolitische Maßnahmen, um diese Ziele durchzusetzen. Hierzu zählen unter anderem eine Verteuerung umweltbelastender und eine Subventionierung umweltschonender Technologien sowie die Berücksichtigung externer Kosten der Energieversorgung, das heißt der durch sie verursachten Schäden.

Weitere Maßnahmen sollten zu einer Beendigung der Waldrodungen zugunsten von Wiederaufforstungen sowie generell zu einem besseren Vegetations- und Bodenschutz führen. Außerdem sind landwirtschaftliche Maßnahmen, unter anderem die Begrenzung der

Anwendung von Kunstdünger sowie generell umweltschädlicher Chemikalien, Beschränkungen im Konsumverhalten und der möglichst baldige weltweite Ausstieg aus der Nutzung von FCKW vonnöten.

C.-D. SCHÖNWIESE

Ozonklimatologie

Das Ozonloch über der Antarktis ist die stärkste Veränderung der chemischen Zusammensetzung der Erdatmosphäre, die diese seit Beginn ihrer regelmäßigen Untersuchungen und möglicherweise auch zuvor je erfahren hat. Es ist ein saisonales Phänomen, das sich jeweils im ausgehenden Winter und beginnenden Frühjahr, in den Monaten September/Oktober über dem Südpol und – in schwächer ausgeprägter Form – in den Monaten Februar/März über dem Nordpol, einstellt und sich danach wieder schließt. Die begleitenden Ozonverluste sind aber auch in mittleren Breiten nachweisbar.

Das Ozonloch über dem Südpol wurde 1985 von den Wissenschaftlern Joe C. Farman, Brian G. Gardiner und Jon D. Shanklin an der britischen Antarktisstation Halley Bay (76° S, 26° W) entdeckt. An dieser Station werden seit 1956, dem Internationalen Geophysikalischen Jahr, regelmäßige Sondierungen der stratosphärischen Ozonschicht durchgeführt. Die Monatsmittelwerte dieser Messreihen zeigten seit über zehn Jahren jeweils im Oktober einen abfallenden Trend, der die Wissenschaftler veranlasste, einen Zusammenhang mit den steigenden FCKW-Konzentrationen herzustellen und auf einen anthropogenen Einfluss hinzuweisen.

Die britische **Antarktisstation Halley Bay** besteht aus drei Plattformen auf stählernen Stelzen Die Forschungsstation des British Antarctic Survey (BAS) wird nur zweimal im Jahr von einem Versorgungsschiff erreicht. Die Ladung muss dabei per Motorschlitten etwa 12 km vom Rand des Schelfeises zur Station transportiert werden.

Die Entdeckung des Ozonlochs

Ozonverluste von diesem Ausmaß und über den kalten, nur schwach beschienenen Winterpolen waren von der Fachwelt nicht erwartet worden. Es war deshalb nicht überraschend, dass die Beobachtungen und Schlussfolgerungen von Farman, Gardiner und

ENTDECKUNG UND NACHWEIS DES OZONS

Das Ozon wurde 1839 von dem Chemiker Christian Friedrich Schönbein (Bild) bei Untersuchungen zur Elektrolyse von Wasser entdeckt. Da die von ihm gefundene Substanz »schweflig« roch, nannte er sie Ozon (von griechisch ózein »riechen, duften«). Schönbein erkannte bereits, dass Ozon in der Luft vorhanden sein muss, denn er konnte den charakteristischen Geruch auch nach Blitzeinschlägen wahrnehmen. Erst nachdem Werner von Siemens 1857 den Ozonisator (Bild), ein Gerät zur stillen elektrischen Entladung in Luft, erfunden hatte, konnte Ozon in größeren Mengen hergestellt und näher charakterisiert werden. Der schweizerische Physiker Jacques-Louis Soret erkannte 1865, dass es sich bei der Substanz Ozon um den Trisauerstoff (O_3) handelt. Wenige Jahre später gelang dem britischen Chemiker Walter Hartley die Messung der Ozonabsorption im Ultraviolettbereich (200 bis 300 Nanometer). Er folgerte 1881 aus der Beobachtung des Sonnenspektrums, dass Ozon in größeren Mengen ständig in der Atmosphäre vorhanden sein müsse. Zur selben Zeit gelang es J. Chappuis, die Ozonabsorption im sichtbaren Bereich des Spektrums zu vermessen. Diese Absorption ist zwar mehr als tausendmal schwächer als die Ultraviolettabsorption, aber ohne sie würde der Abendhimmel nicht rot, sondern grün erscheinen.

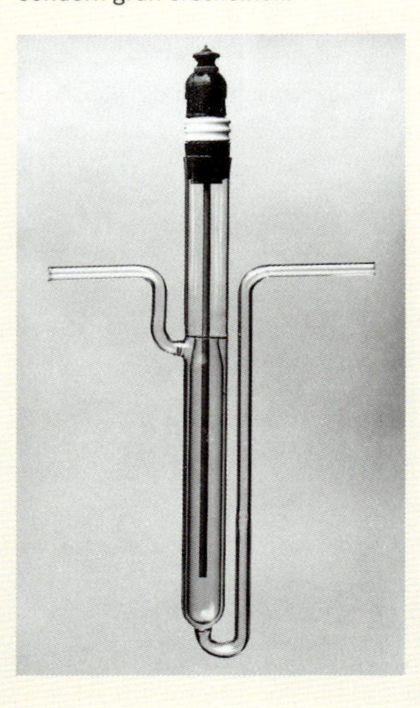

Shanklin zunächst mit einiger Skepsis aufgenommen wurden. Obwohl die Ozon-Konzentration bis 1985 schon sechs Jahre lang regelmäßig von Satelliten registriert worden war, war das Ozonloch bei diesen Messungen unentdeckt geblieben. Derartig niedrige Konzentrationen, wie im Oktober über dem Südpol, waren in den Datenalgorithmen der Messinstrumente nicht vorgesehen. Nach der Veröffentlichung der Beobachtungen an der Antarktisstation Halley Bay wurden die Satellitendaten jedoch neu analysiert. Dabei konnte die von den britischen Wissenschaftlern entdeckte dramatische Abnahme der Ozonschichtdicke bestätigt werden. Die Aufklärung der Ursachen für die Ausbildung des Ozonlochs durch zwei intensive Messkampagnen der NASA führte schließlich dazu, dass auch die von Farman, Gardiner und Shanklin postulierte anthropogene Auslösung wissenschaftlich akzeptiert wurde.

Das Ozonloch über den Polen ist nicht die einzige beobachtete Veränderung der stratosphärischen Ozonschicht. Auch andere geographische Breiten mit Ausnahme der Äquatorialbereiche zeigen negative Trends in der Ozonschichtdicke. In mittleren Breiten der Nordhemisphäre einschließlich der Lage der Bundesrepublik Deutschland beträgt dieser Trend beispielsweise –3 Prozent pro Dekade im Sommer und –6 Prozent pro Dekade im Winter, sodass sich die Ozonschicht auch über unseren Köpfen – bezogen auf die Zeit vor der Emission von FCKW – schon deutlich verringert hat. Obwohl die FCKW-Konzentrationen in der Atmosphäre langsam

Der britische Physiker **Gordon Miller Bourne Dobson** entwickelte von 1924 bis 1928 ein Spektralphotometer, mit dem die Absorption des Ozons im Ultraviolettbereich vom Boden aus – durch die Atmosphäre hindurch – mit der Sonne als Lichtquelle gemessen werden konnte. Damit war eine **quantitative Bestimmung des Ozongehalts** in der Atmosphäre möglich. Dobson erkannte bereits die jährliche Variation der Ozonschicht mit einem Maximum im Frühjahr und starken täglichen Schwankungen. Ab 1926 baute er ein erstes Netz von Ozonmessstationen auf. Nach ihm wird das Maß für die Ozonmenge in der Atmosphäre über einem geographischen Ort pro Flächeneinheit als **Dobson-Einheit** (DU, von englisch Dobson Unit) bezeichnet.

abnehmen, wird sich die Ozonschicht vermutlich erst gegen Mitte des 21. Jahrhunderts wieder erholt haben.

Besorgniserregend an einer abnehmenden Ozonschicht ist vor allem die Zunahme der UV-B-Strahlung (Ultraviolettstrahlung im Bereich von 280 bis 315 Nanometer) in Bodennähe. Diese Strahlung ist schädlich für alle lebenden Zellen, einschließlich ihrer Kernbausteine. Die Intensität der UV-B-Strahlung selbst zeigt aber eine hohe natürliche Variabilität mit der Jahreszeit und der geographischen Breite. Daher ist die Zuordnung von UV-B-Schädigungen zu anthropogenen Ozonveränderungen immer noch schwierig und nur in wenigen Fällen gelungen.

Globale Ozonverteilung

Ozon ist ein Spurengas in der gesamten Atmosphäre von Bodennähe bis in etwa 100 Kilometer Höhe. Seine Hauptmenge befindet sich in der unteren Stratosphäre zwischen 10 und 30 Kilometer Höhe (Ozonschicht) mit einem maximalen Mischungsverhältnis von 5 bis 10 ppm. Die Ausbildung einer geschichteten und nicht gleichförmigen Vertikalverteilung des Ozons ist eine Besonderheit ihres Bildungsmechanismus. Die einfallende Sonnenstrahlung, die die Sauerstoffmoleküle photochemisch spaltet und daraus das Ozon entstehen lässt, wird mit zunehmender Eindringtiefe in die Atmosphäre schwächer. Andererseits nimmt die Sauerstoffmenge in derselben Richtung exponentiell zu. Dies führt zu einer bestimmten Höhe, in der das Produkt von Strahlungsintensität und Sauerstoffmenge und damit die Ozon-Konzentration maximal wird.

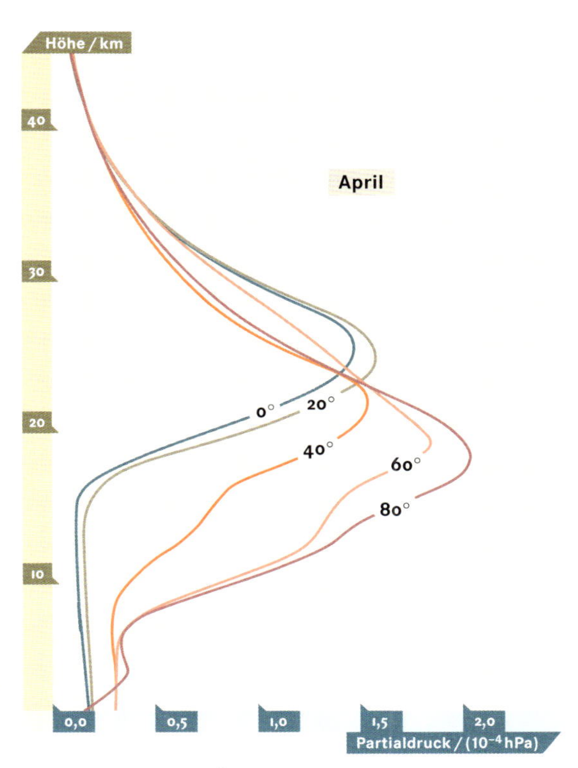

Über einen längeren Zeitraum gemittelte **Vertikalverteilung des atmosphärischen Ozongehalts** für verschiedene geographische Breiten der Nordhemisphäre im Monat April. Die Ozonverteilung hat ein Maximum zwischen 18 und 25 Kilometer, je nach geographischer Breite. Die Ozonmengen sind als Partialdrücke in Einheiten von 10^{-4} Hektopascal (hPa) angegeben (1 hPa entspricht 10^{-3} atm).

Die Ozon-Konzentration ist sowohl vertikal als auch über den Globus nicht gleichförmig verteilt. Die globale Verteilung ist aber nicht willkürlich, sondern entspricht einem bestimmten Muster, das sich mit der Jahreszeit ändert. Für dieses Muster sind die Transportvorgänge in der Stratosphäre verantwortlich. Ozon wird hauptsächlich in der Stratosphäre über den Tropen gebildet, weil dort die Sonne ganzjährig am intensivsten scheint. Von hier aus wird das Ozon in der unteren Stratosphäre zu höheren Breiten transportiert, wo es – wegen der geringeren Sonneneinstrahlung geschützt vor einer photochemischen Zerstörung – zu höheren Konzentrationen anwachsen kann als über den Tropen.

Der Mechanismus dieses Transports ist im Winter/Frühjahr besonders effektiv, sodass zu dieser Jahreszeit die höchsten Ozon-Konzentrationen in höheren Breiten auftreten. Die Ozonmenge zeigt deshalb im Verlauf eines Jahres über einem bestimmten Ort der Nordhemisphäre ein Maximum im Frühjahr und ein Minimum im

Herbst. In der Südhemisphäre ist die Jahreszeitvariation ähnlich, aber um sechs Monate phasenverschoben.

Über den regulären Jahresgang hinaus schwankt die Ozon-Gesamtkonzentration, insbesondere in mittleren Breiten, auf einer Zeitskala von wenigen Tagen auch kurzfristig. Diese Schwankungen werden durch die troposphärischen Wettersysteme verursacht. Die Ausbildung von Tief- und Hochdruckgebieten (Zyklonen und Antizyklonen) ist von einer Veränderung der Höhe der Tropopause und damit der Ozongesamtmenge begleitet. Immer wenn sich die Tropopause senkt, wie über einer Zyklone, erhöht sich die Dichte der lokalen Ozonsäule und umgekehrt. Die Amplituden dieser Variation können bis zu ±20 Prozent betragen, vergleichbar mit der saisonalen Änderung der Ozon-Konzentration im Verlauf eines Jahres.

Die Bedeutung des Ozons in der Atmosphäre ist äußerst vielschichtig. Über die Filterwirkung für die energiereiche Sonnenstrahlung (UV-B-Strahlung) hinaus, ist das Ozon für die Temperaturstruktur der Stratosphäre verantwortlich. Dies beruht auf der Absorption des Sonnenlichts und der daraus resultierenden Aufheizung. Eine wichtige Begleiterscheinung dieser Aufheizung ist die vertikale Stabilität bezüglich der Mischungsprozesse.

Die Troposphäre, in der die Temperatur mit zunehmender Höhe abnimmt (negativer Temperaturgradient), wird vertikal schnell und intensiv durchmischt. Dagegen behindert der positive Temperaturgradient in der Stratosphäre, also die Zunahme der Temperatur mit der Höhe, die Vertikalmischung. Die Stratosphäre ist daher quasi von der Troposphäre entkoppelt. Aus diesem Grund können nur sehr langlebige Stoffe aus der Troposphäre in die Stratosphäre eintreten, die dort auch entsprechend lange verweilen. Dies gilt für die FCKW ebenso wie für andere Spurengase, die die Ozon-Konzentration beeinflussen.

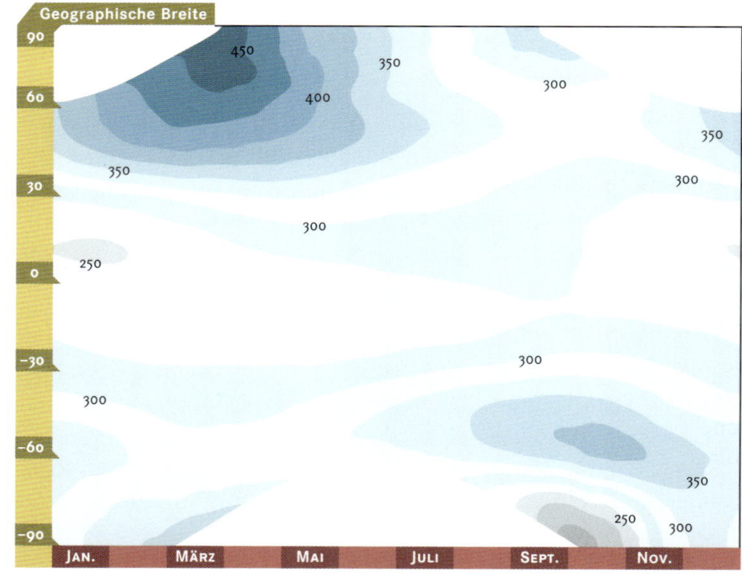

Jahreszeitliche **Variation der Ozongesamtmengen** für verschiedene geographische Breiten. Das Raum-Zeit-Verteilungsmuster wird häufig als **Ozonklimatologie** bezeichnet. Gezeigt sind Linien gleicher Ozongesamtsäulen, angegeben in Dobson-Einheiten (DU). 100 DU entsprechen einer Ozongesamtsäule von 1 Millimeter Höhe, wenn die Ozongesamtmenge auf Atmosphärendruck komprimiert wird. Die dargestellten Ergebnisse stammen aus Beobachtungen der Ozonschicht mit dem Satelliteninstrument TOMS (Total Ozone Monitoring System) in den Jahren 1979 bis 1992 durch die NASA. Die weißen Flächen sind Regionen mit permanenter Dunkelheit am Boden, aus denen das TOMS keine Daten gewinnen kann.

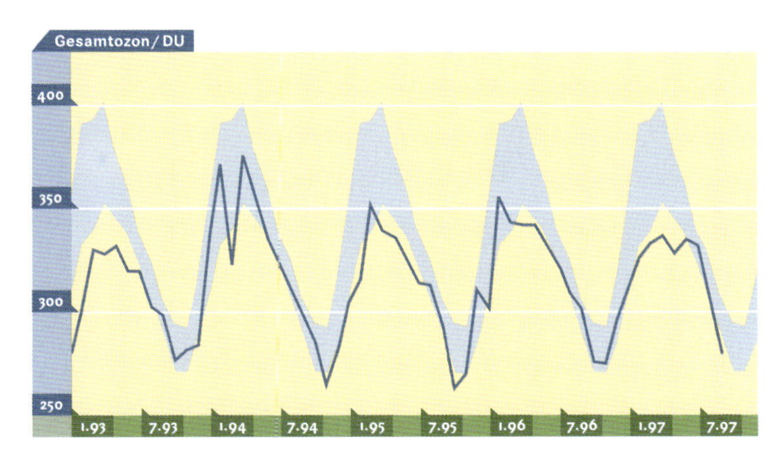

Jahresgänge der Ozonmenge über Deutschland für den Zeitraum von 1993 bis 1997, angegeben in Dobson-Einheiten (DU). Die Beobachtungen zeigen Maxima der Ozonmenge im Frühjahr und Minima im Herbst. Das violette Wellenband gibt das langjährige Mittel des Jahresgangs und seine Varianz wieder. Die Daten stammen vom Observatorium Hohenpeißenberg des Deutschen Wetterdienstes.

Chemische Prozesse in der Stratosphäre

Die Zahl der chemischen Komponenten ist in der Stratosphäre deutlich kleiner als in der Troposphäre, und die Chemie ist auf einfache Verbindungen begrenzt. Dafür ist die Stratosphäre aber einer viel energiereicheren und intensiveren Sonnenstrahlung ausgesetzt, sodass photochemische Prozesse eine größere Rolle spielen.

Die Hauptbestandteile der Atmosphäre (Sauerstoff und Stickstoff) sind unter den gegebenen Bedingungen von Druck und Temperatur in der Stratosphäre chemisch praktisch inert. Die Sonnenstrahlung in der Stratosphäre ist – im Gegensatz zu der in der Troposphäre – aber noch energiereich genug, um Sauerstoffmoleküle (O_2) photochemisch zu spalten. Die dabei entstehenden Sauerstoffatome (O) reagieren mit weiteren Sauerstoffmolekülen zum Ozonmolekül (O_3). Da das Ozon selbst wieder photochemisch in O und O_2 gespalten werden kann, stellt sich ein so genanntes photochemisches Gleichgewicht ein, in dem bei vorgegebener Sonnenintensität ein festes Verhältnis von Ozon zu Sauerstoff vorliegt. Dieses Verhältnis variiert mit der Höhe und der geographischen Breite. Die mittlere Ozonverteilung gibt dieses Verhältnis aber nur annähernd wieder, weil sie außer durch die Photochemie auch durch den Transport des Ozons mitbestimmt wird.

Die Ozon-Konzentration in der Stratosphäre ist viel größer als die aller anderen Spurengase, die das Ozon verbrauchen könnten. Ein Ozonabbau ist daher nur durch so genannte katalytische Zyklen möglich, die erstmals 1950 durch den britischen Mathematiker David R. Bates und den belgischen Atmosphärenphysiker Marcel Nicolet postuliert wurden. In diesen Zyklen wird im Wechselspiel von Sauerstoffatomen und Ozonmolekülen, die beide von Atmosphärenchemikern als »ungerader Sauerstoff« (O_x) bezeichnet werden, mit einem Katalysator (X) die Konzentration von O_x abgesenkt:

$$X + O_3 \rightarrow XO + O_2$$
$$O + XO \rightarrow X + O_2$$
$$\text{netto: } O + O_3 \rightarrow 2\,O_2$$

Der Katalysator X wird dabei nicht verbraucht und kann deshalb wiederholt – bis zu mehrere Tausend Male – denselben Prozess durchlaufen, sodass als Ergebnis die Konzentration von O_x, und damit von Ozon, abnimmt.

Ozonabbau durch katalytische Zyklen

Die Identifizierung der Ozonabbau-Katalysatoren (X) spiegelt die Entwicklung der Atmosphärenchemie seit 1950 wider. Die Entdecker des Katalysemechanismus, Bates und Nicolet, postulierten zunächst nur den so genannten HO_x-Zyklus, der durch den natürlich vorhandenen Wasserdampf in der Stratosphäre ausgelöst wird. In diesem Fall gilt für den Katalysator X = OH und für XO = HO_2. In den 1970er-Jahren wurden die vornehmlich anthropogen induzierten Stickoxid- (NO_x), Chloroxid- (ClO_x) und Bromoxidzyklen (BrO_x) identifiziert. Dies war nicht nur die Folge eines wachsenden Kenntnisstands über die chemische Zusammensetzung der Stratosphäre, sondern auch einer beginnenden Sensibilisierung von Wissenschaft und Gesellschaft für eine möglicherweise bleibende Schädigung der bereits zu diesem Zeitpunkt als verletzlich erkannten Stratosphäre.

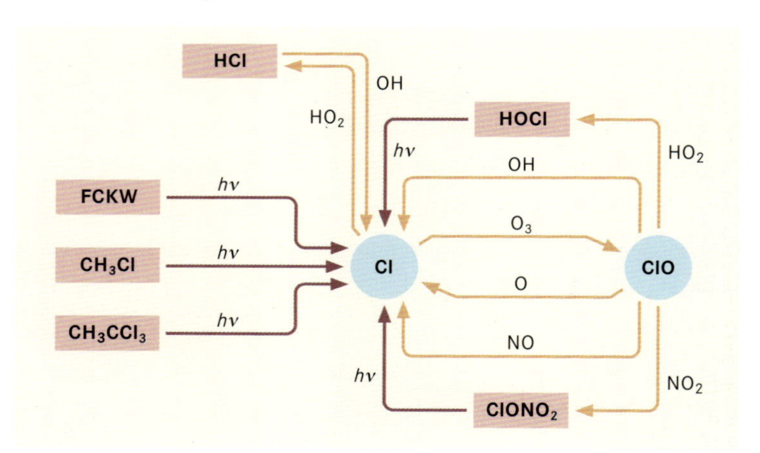

Stratosphärischer **Zyklus des Chloroxid-Katalysators** (ClO_x). Dieser entsteht durch Photolyse der Quellgase FCKW, Chlormethan (CH_3Cl) und 1,1,1-Trichlorethan (CH_3CCl_3). Während im Zentrum der Abbildung der eigentliche Ozonabbauzyklus zu erkennen ist, bestehen wichtige Kopplungen mit den Katalysatoren NO_x und HO_x (x = 1,2), die zu den Produkten Chlornitrat ($ClONO_2$), Chlorwasserstoff (HCl) und Hypochlorige Säure (HOCl) führen. Diese Kopplungen sind so stark, dass die Moleküle HCl und $ClONO_2$ in der mittleren Stratosphäre die häufigsten Chlorverbindungen darstellen. Sie sind Speicher (Reservoire) des aktiven Katalysators ClO_x.

Der Stickoxidzyklus wurde 1970/71 von dem niederländischen Meteorologen Paul Crutzen und von dem amerikanischen Physikochemiker Harold Johnston formuliert, als sich die Wissenschaftler erstmals mit den möglichen Folgen des zivilen Überschallflugverkehrs befassten. Die Zerstörung der Ozonschicht durch die Stickoxid-Emissionen aus solchen Flugzeugen ist heute etabliertes Wissen, allerdings ist es nie zu der damals vorhergesagten beträchtlichen Flotte von Überschallflugzeugen gekommen. Der Zyklus von ClO_x wurde von dem aus Mexiko stammenden amerikanischen Physikochemiker Mario Molina und dem amerikanischen Chemiker F. Sherwood Rowland 1974 erkannt. Aus ersten Messungen der FCKW-Konzentrationen in der Atmosphäre schlossen die Wissenschaftler, dass alle bislang emittierten Mengen noch in der Atmosphäre vorhanden sind und lediglich durch Photolyse, das heißt durch Spaltung mit Licht, in der Stratosphäre abgebaut werden können. Ähnliches gilt für den von Steven C. Wofsy, einem amerikanischen Atmosphärenchemiker, 1975 entdeckten Bromoxidzyklus, der auf den Erkenntnissen über das chemische Verhalten der so genannten Halone, damals praktisch ausschließlich als Feuerlöschmittel verwendeter Halogenkohlenwasserstoffe, in der Atmosphäre beruht.

Alle bekannten Katalysatoren sind freie Radikale, das heißt hochreaktive Spezies mit einem ungepaarten Elektron, die aus natürlichen oder anthropogenen Spurengasen erst in der Stratosphäre gebildet werden. Obwohl die Chemie des Ozonabbaus im Prinzip einfach ist, wird sie dadurch in ihrem Ablauf kompliziert, dass die verschiedenen Katalysatoren miteinander wechselwirken. Seit der Postulierung der katalytischen Zyklen haben sich die Kenntnisse über die photochemischen Prozesse der Stratosphäre enorm erweitert. Heute kann die Ozon-Konzentration als Funktion von Raum und Zeit für verschiedene Szenarien von anthropogenen Spurengas-Konzentrationen mit guter Qualität wiedergegeben werden. Auch bestehen kaum Zweifel, dass die anthropogenen Spurengase für die Ausdünnung der Ozonschicht verantwortlich sind.

Chlor-Reservoirverbindungen, Verbindungen, die unter stratosphärischen Bedingungen die reaktiven Chlorspezies (Cl, ClO) temporär speichern und so als Reservoir für diese Spezies wirken; zu ihnen gehören v.a. $ClONO_2$, HCl und HOCl

Katalysator, eine Substanz, die eine chemische Reaktion beschleunigt, ohne dabei verbraucht zu werden; häufig reaktive Radikale (wie z. B. Cl und ClO); auch die Oberflächen von Partikeln können als Katalysator wirken

Polare stratosphärische Wolken

Mit der Entdeckung des Ozonlochs und der Deutung seiner Ursachen ist zu der bereits sehr komplexen atmosphärischen Gasphasenchemie eine neue, zuvor weder bekannte noch erwartete Komponente hinzugekommen: die Chemie an den Oberflächen von Teilchen der polaren stratosphärischen Wolken (PSC, von englisch polar stratospheric cloud), die durch niedrige Temperaturen ausgelöst wird. Die Stratosphäre über den Polen wird im Winter, wenn sie nicht von der Sonne beschienen wird, durch Abstrahlung von Energie im Infrarotspektralbereich stark gekühlt. Die Temperaturen fallen auf −80 bis −90 °C. Unter diesen extremen Bedingungen bilden sich flüssige und feste Partikel, die aus Schwefelsäure (H_2SO_4), Salpetersäure (HNO_3) und Wasser (H_2O) bestehen. In der Meteorologie sind solche Partikelwolken als Perlmutterwolken bekannt, die beispielsweise in Skandinavien durch Reflexion des Lichts der tief stehenden Wintersonne gelegentlich sichtbar sind.

$$ClONO_2\ (g) + H_2O\ (f) \rightarrow HOCl\ (g) + HNO_3\ (f)$$

$$ClONO_2\ (g) + HCl\ (f) \rightarrow Cl_2\ (g) + HNO_3\ (f)$$

Die Existenz von polaren stratosphärischen Wolken (PSC) ist die Voraussetzung für die heterogene **Aktivierung von Chlor-Reservoirverbindungen** wie Chlornitrat ($ClONO_2$) und Chlorwasserstoff (HCl). Die Buchstaben (g) und (f) geben an, in welcher Phase sich die beteiligten Spezies befinden. Dabei steht (g) für gasförmig und (f) für flüssig. Bei der Photolyse von Hypochloriger Säure (HOCl) und molekularem Chlor (Cl_2) nach Sonnenaufgang entstehen Chloratome, die bei der Reaktion mit Ozon das Chlormonoxid-Radikal (ClO) bilden.

Die Oberflächen solcher Partikel sind – entgegen der ursprünglichen Erwartung – chemisch reaktiv. Sobald Moleküle von Chlor-Reservoirverbindungen wie Chlornitrat ($ClONO_2$) oder Chlorwasserstoff (HCl) auf diese Oberflächen stoßen, werden sie schnell in molekulares Chlor (Cl_2) oder in die Hypochlorige Säure (HOCl) überführt, sodass im Laufe des polaren Winters eine Umverteilung des Chlorgehalts stattfindet. Die Atmosphärenchemiker haben für diesen Vorgang den Begriff »Aktivierung« geprägt. Aktivierung deshalb, weil mit der im Frühjahr mit dem Ende der Polarnacht aufgehenden Sonne die aktivierten Chlorverbin-

$ClO + ClO$	$\Longleftrightarrow$	Cl_2O_2
$Cl_2O_2 + h\nu$	$\rightarrow$	$Cl + ClO_2$
ClO_2	$\rightarrow$	$Cl + O_2$
$2x\,(Cl + O_3$	$\rightarrow$	$ClO + O_2)$
netto: $2O_3$	$\rightarrow$	$3O_2$

Reaktionsfolge bei der **Ozonabbaukatalyse durch Chlormonoxid-Radikale (ClO).** Im Gegensatz zum konventionellen Katalysemechanismus sind in diesem Fall Sauerstoffatome (O) nicht an der Ozonabbaukette beteiligt.

dungen deutlich schneller photolysiert werden – und dabei den Chloroxid-Katalysator (ClO_x) freisetzen – als die stabileren Chlor-Reservoirverbindungen.

Die Photolyse der aktivierten Chlorverbindungen erzeugt extrem hohe Konzentrationen an Chloroxid-Radikalen. In einem neu entdeckten Katalysezyklus wird das Ozon – ohne Beteiligung von Sauerstoffatomen – in bestimmten Höhenbereichen innerhalb weniger Wochen fast vollständig verbraucht. Ein Ozonabbau durch den konventionellen Mechanismus wäre aufgrund der zu dieser Jahreszeit extrem kleinen Konzentration von Sauerstoffatomen nicht möglich. Erst nach ausreichender Erwärmung der polaren Stratosphäre durch die Frühjahrssonne verdampfen die genannten Partikel, die Chlorverteilung geht wieder in die stabilen Reservoirverbindungen über und der Ozonabbau kommt zum Stillstand. Durch das Zuströmen von ozonreicheren Luftmassen aus niederen Breiten wird das Ozonloch wieder aufgefüllt.

Quellen der Ozonabbau-Katalysatoren

Die Quellen der Ozonabbau-Katalysatoren HO_x, NO_x, ClO_x und BrO_x sind Wasserdampf (H_2O), Lachgas (N_2O) sowie chlor- und bromhaltige organische Verbindungen. Während der Wasserdampf in der Stratosphäre im Wesentlichen natürlichen Ursprungs ist, haben die anderen Quellgase stark oder ausschließlich anthropogene Anteile.

Wasserdampf gelangt durch das Verdampfen von Wasser über den Ozeanen und Kontinenten in die Atmosphäre. Während sein Anteil in der Troposphäre sehr variabel ist und bis zu mehrere Prozent betragen kann, macht der Anteil in der Stratosphäre nur einige parts per million (ppm) aus. Der Grund für diese starke Abnahme des Mischungsverhältnisses ist die kalte Tropopause, die wie eine Kühlfalle

Atmosphärische Lebensdauer, Konzentration und Trend von Quellgasen der Ozonabbau-Katalysatoren (Bezugsjahr 1996)

Katalysator	Quellgas	Lebensdauer/Jahre	Konzentration[1]	Trend/(% pro Jahr)
HO_x	Wasserdampf (H_2O)	–	4 ppm (in 20 km Höhe)	≈ 0
NO_x	Lachgas (N_2O)	120	311 ppb	+ 0,25
ClO_x	FCKW-11	50	272 ppt	– 0,2
	FCKW-12	102	532 ppt	+ 1,1
	1,1,1-Trichlorethan (CH_3CCl_3)	5,4	109 ppt	– 13,0
	Chlormethan (CH_3Cl)	1,5	600 ppt	≈ 0
BrO_x	Halon-1211	20	3,4 ppt	+ 3,2
	Halon-1301	65	2,3 ppt	+ 3,0
	Brommethan (CH_3Br)	2	ca. 10 ppt	≈ 0

[1] *in der Troposphäre mit Ausnahme von Wasserdampf*
(FCKW-11 = Trichlorfluormethan, CCl_3F; FCKW-12 = Dichlordifluormethan, CCl_2F_2; Halon-1211 = Bromchlordifluormethan, CF_2ClBr; Halon-1301 = Bromtrifluormethan, CF_3Br)

wirkt und den Wasserdampf auskondensieren lässt. Wasserdampf entsteht aber auch in der Stratosphäre selbst durch die Oxidation von Methan (CH_4). Etwa die Hälfte der Gesamtmenge ist auf diesen In-situ-Bildungsprozess zurückzuführen.

Eine bislang ungeklärte Frage ist, ob der stratosphärische Wasserdampfgehalt und damit die Konzentration des HO_x-Katalysators auch anthropogen beeinflusst werden kann. Während die Methan-Konzentration in der Atmosphäre mit 0,7 Prozent pro Jahr anwächst, ist die mögliche andere anthropogene Quelle – nämlich die Wasserdampf-Emission aus den Triebwerken des konventionellen Flugverkehrs, der auf Langstrecken häufig in der unteren Stratosphäre erfolgt – zurzeit noch nicht quantifiziert.

Das wichtigste Quellgas des NO_x-Katalysators in der Stratosphäre ist Lachgas. Es entsteht in den Ozeanen, in natürlichen und landwirtschaftlich genutzten Böden und bei der Verbrennung von Biomasse. Nach heutiger Kenntnis ist die natürliche Produktion etwa doppelt so groß wie die anthropogene; die Gesamtmenge wächst mit 0,25 Prozent pro Jahr an. Das am Boden gebildete N_2O gelangt aufgrund seiner langen troposphärischen Lebensdauer, die die Zeitkonstante für den Vertikalaustausch in der Troposphäre deutlich übersteigt, in die Stratosphäre.

Die wesentlichen Quellen des ClO_x-Katalysators sind Chlor- und Fluorchlorkohlenwasserstoffe (CKW/FCKW). Mit Ausnahme von Chlormethan (CH_3Cl), das biogen in den Ozeanen gebildet wird, sind alle CKW/FCKW ausschließlich anthropogenen Ursprungs. Dies ist unter anderem an der zeitlichen Entwicklung der atmosphärischen Konzentrationen dieser Gase sichtbar. Während die Konzentrationen aller anthropogenen Komponenten noch Mitte der 1980er-Jahre stark zunahmen, ist die Konzentration von Chlormethan immer konstant geblieben.

Das Montrealer Protokoll

Am 16. 9. 1987 wurde das »Montrealer Protokoll über ozonabbauende Substanzen« verabschiedet. Es trat zum 1. 1. 1989 in Kraft, nachdem es von einer ausreichenden Zahl von Staaten, die mehr als zwei Drittel der globalen FCKW-Produktion repräsentierten, ratifiziert worden war. Das Protokoll war von Anfang an darauf angelegt, jederzeit neue wissenschaftliche Erkenntnisse aufzugreifen und die Vereinbarungen gegebenenfalls zu verschärfen. So wurden die ursprünglich vereinbarten Ausstiegszeiten – nachdem man erkannt hatte, dass durch deren Einhaltung die FCKW-Konzentrationen in der Stratosphäre nicht stabilisiert oder gar deutlich reduziert werden könnten – bereits 1990 in London und 1992 in Kopenhagen verkürzt. Außerdem wurde ein Gesamtverzicht auf die Produktion von Halonen und FCKW in den Industrieländern für den 1. 1. 1994 beziehungsweise 1. 1. 1996 beschlossen. Für die Entwicklungsländer gelten einheitliche Ausstiegstermine für das Jahr 2010. In der Vereinbarung von Wien (1995) wurden schließlich auch Beschlüsse über die Regulierung von Brommethan (CH_3Br) gefasst.

Als chemische Verbindungen sind die **Fluorchlorkohlenwasserstoffe (FCKW)** seit nahezu 100 Jahren bekannt. Sie sind chemisch sehr stabil, kaum reaktiv, ungiftig, unbrennbar sowie geruchs- und geschmacksneutral. Diese Eigenschaften wurden als so günstig und »segensreich« erkannt, dass die Firma DuPont in den USA bereits 1931 die **industrielle Produktion** aufnahm. Der ursprüngliche Produktionszweck der FCKW war, die bis dahin in der Klima- und Kältetechnik verwendeten, stark giftigen Kältemittel Schwefeldioxid (SO_2) und Ammoniak (NH_3) abzulösen. Tatsächlich wurde durch die FCKW die Einführung von Kühlschränken und Tiefkühltruhen in den Haushalten erst ermöglicht. Ihr »Siegeszug« begann in den 1960er-Jahren, als sie auch zur Verschäumung von Kunststoffen sowie als Lösemittel und Treibgase für Aerosole verwendet wurden. In den Jahren maximaler Produktion zwischen 1970 und 1985 betrug die jährliche Gesamtproduktion über eine Million Tonnen. Die gesamte bis heute global produzierte und emittierte FCKW-Menge beläuft sich auf etwa 20 Millionen Tonnen.

Das Montrealer Protokoll vom 16. 9. 1987 formuliert als Ziel:

»... geeignete Maßnahmen zu treffen, um die menschliche Gesundheit und die Umwelt vor schädlichen Auswirkungen zu schützen, die durch menschliche Tätigkeiten, welche die Ozonschicht verändern oder wahrscheinlich verändern, verursacht werden«.

Im Rahmen der nationalen Möglichkeiten, die über die Beschlüsse des Montrealer Protokolls hinausgehen, hat die Bundesregierung 1991 die so genannte FCKW-Halon-Verbotsverordnung erlassen. Danach ist die Verwendung von Halonen als Feuerlöschmittel seit dem 1. 1. 1992 verboten; die Produktion von FCKW wurde im Lauf des Jahres 1994 in Deutschland vollständig eingestellt. Eine Ausnahmeregelung des Montrealer Protokolls, die auch in Deutschland übernommen wurde, ist die Verwendung von FCKW als Treibmittel in medizinischen Inhalationssprays. Die verwendeten Mengen müssen allerdings beantragt und offiziell genehmigt werden.

Als Ergebnis des Montrealer Protokolls hat sich die Zunahme der Konzentration aller anthropogenen Chlorverbindungen in den 1990er-Jahren deutlich verringert; teilweise nehmen die Konzentrationen bereits ab. Für den Gesamtgehalt der Troposphäre an organischen Chlorverbindungen ist 1999 ein Wert von etwa 3,6 parts per billion (ppb) gemessen worden. Dieser Gehalt nimmt – als eindeutig nachweisbare Auswirkung des Montrealer Protokolls – mit einer Rate von einem bis zwei Prozent pro Jahr ab.

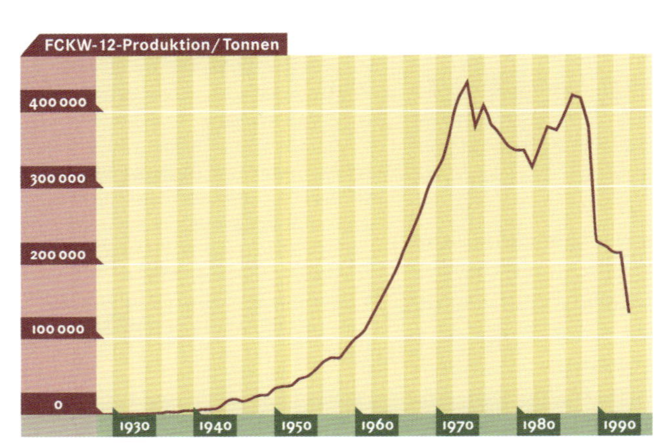

Zeitliche **Entwicklung der globalen Produktion von FCKW-12** (CCl_2F_2, Dichlordifluormethan) seit 1931. Der starke Rückgang nach 1990 ist auf das Montrealer Protokoll zurückzuführen.

Die Quellgase des BrO_x-Katalysators sind die Halone (CF_2ClBr und CF_3Br) und Brommethan (CH_3Br). Während die Halone ausschließlich industriell hergestellt werden, hat Brommethan sowohl anthropogene (Entkeimungsmittel) als auch natürliche (Ozeane, Biomasseverbrennung) Quellen. Im Jahr 1999 wurde für die Gesamtkonzentration von organischen Bromverbindungen in der Troposphäre ein Wert von 16±2 ppt (parts per trillion) ermittelt. Dieser Wert ist damit deutlich kleiner als der der entsprechenden Chlorverbindungen. Der Konzentrationsanstieg ist Ende der 1990er-Jahre aufgrund des Montrealer Protokolls verglichen mit der Situation Mitte der 1980er-Jahre deutlich geringer.

Veränderungen des Ozongehalts der Stratosphäre

Obwohl die Ozon-Konzentration in der Atmosphäre schon seit den 1920er-Jahren gemessen werden kann, bestehen standardisierte Messverfahren und ein entsprechendes Messnetz erst seit 1956. In diesem Jahr wurde die Internationale Ozonkommission durch die World Meteorological Organisation (WMO) eingesetzt. Spätestens seit den 1974 veröffentlichten Ergebnissen von Rowland und Molina über den Einfluss der FCKW auf die Ozonschicht haben diese Messnetze auch die Suche nach dem »anthropogenen Signal« aufgenommen. Seit 1978 kamen die Satelliteninstrumente hinzu, die erstmals, im Vergleich zum Netz der Bodenstationen, eine globale Beobachtung der Ozonschicht ermöglichten.

Die Analyse langjähriger Ozonmessreihen zeigte schnell, dass es aufgrund der hohen natürlichen Variabilität schwierig sein würde, anthropogene Veränderungen zu identifizieren. Erst 1989, nachdem auch eine ausreichend lange Satellitenmessreihe vorlag und die Ozon-Konzentration für alle bekannten natürlichen Variationen korrigiert werden konnte, ist es gelungen, den Trend der anthropogenen Konzentrationsänderung nachzuweisen. Überraschenderweise zeigte sich dabei, dass dieser Trend global keineswegs einheitlich ist, sondern von der geographischen Breite und der Jahreszeit abhängt. Die stärksten Veränderungen der Ozon-Konzentration werden in hohen Breiten während der Winter-/Frühjahrsmonate beobachtet. Das Ozonloch über dem Südpol ist ein regionales Extremereignis.

Globale Trends

Die Ergebnisse der Satellitenbeobachtungen der Ozonschicht erlauben eine genauere Differenzierung der Trends nach der geographischen Breite. Es ist dabei üblich, den Breitenbereich 60° S bis 60° N als globalen Bereich zu definieren und diesem einen »globalen Trend« zuzuordnen. Der globale Trend beträgt −2,9 Prozent pro Dekade im Zeitraum von 1979 bis 1991. In den darauf folgenden Jahren war zunächst eine spontane Verstärkung des Ozonverlusts zu erkennen, die den Folgen einer zusätzlichen Aerosolbeladung der Stratosphäre durch den Ausbruch des Vulkans Pinatubo auf den Philippinen im Sommer 1991 zugeordnet wird, gefolgt von einer leichten Abschwächung der linearen Trends seit etwa 1994.

Ob diese Abschwächung bereits ein Zeichen für eine beginnende Erholung der Ozonschicht als Folge der rückläufigen FCKW-Konzentrationen ist, wird in der Wissenschaft noch sehr kontrovers diskutiert. Sicher ist aber, dass sich die Ozonschicht innerhalb der letzten 20 Jahre im globalen Bereich etwa um fünf Prozent im Jahresmittel verringert hat.

Unter den **Fluorchlorkohlenwasserstoffen (FCKW)** versteht man eine Klasse von Verbindungen, die entweder von Methan (CH_4) oder von Ethan (C_2H_6) abgeleitet sind und durch deren vollständige Halogenierung entstehen. Ihre **Benennung** (Nomenklatur) folgt dem Schema FCKW-*xyz*, wobei x = Zahl der Kohlenstoffatome (C) − 1, y = Zahl der Wasserstoffatome (H) + 1 und z = Zahl der Fluoratome (F). So steht zum Beispiel FCKW-11 ($x = 0$, $y = 1$, $z = 1$) für CCl_3F und FCKW-113 ($x = 1$, $y = 1$, $z = 3$) für CCl_2FCClF_2. Die Anzahl der Chloratome ergibt sich aus der Anzahl der Wasserstoff- und/oder Fluoratome und wird daher nicht ausdrücklich angegeben.
Die einzelnen Spezies dieser Klasse unterscheiden sich durch ihre physikalischen Eigenschaften, insbesondere den Siedepunkt. Während die sich vom Methan ableitenden Verbindungen niedrige Siedepunkte haben und deshalb als Kälte- und Treibmittel geeignet sind, haben die halogenierten Ethane höhere Siedepunkte. Sie werden daher vornehmlich als Lösemittel verwendet.

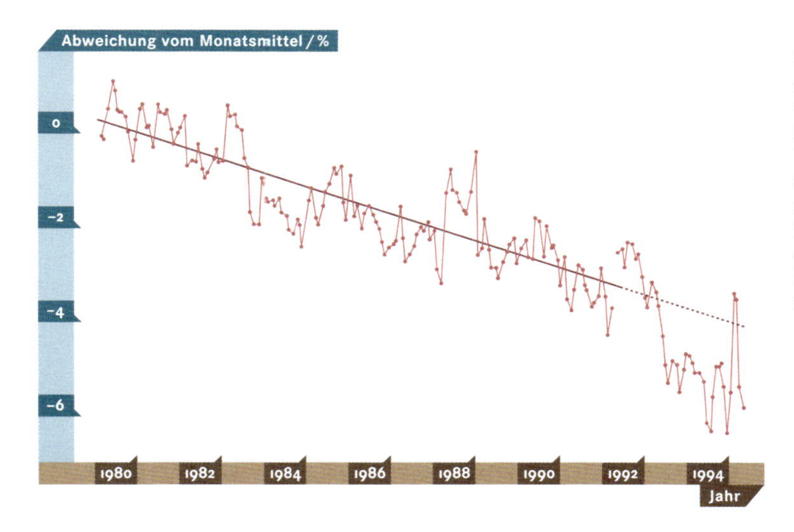

Zeitliche **Entwicklung der Ozongesamtmengen** im Breitenbereich von 60° S bis 60° N seit 1979. Die Regressionsgerade entspricht einem Trend von −2,9 Prozent pro Dekade. Der »Versatz« der Kurve im Zeitraum von 1992 bis 1994 wird der starken zusätzlichen Aerosolbeladung der Stratosphäre durch den Ausbruch des Vulkans Pinatubo auf den Philippinen (1991) zugeschrieben.

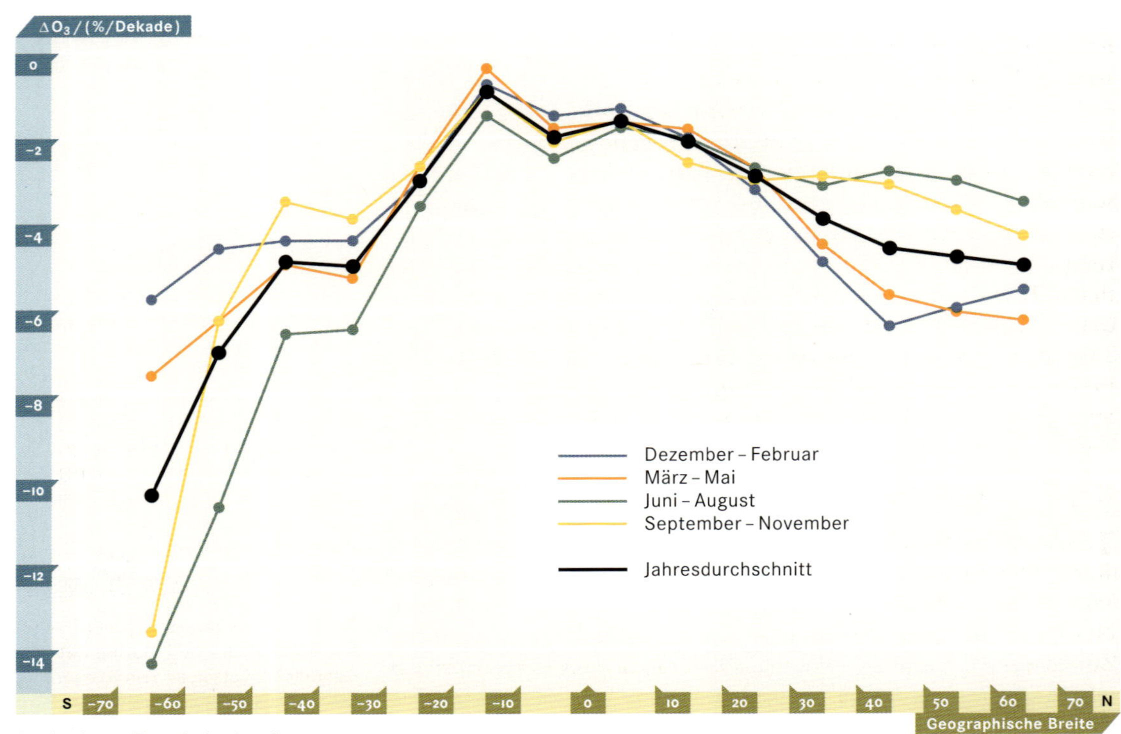

Beobachtete **Trends in der Ozongesamtmenge** (in Prozent pro Dekade) für verschiedene geographische Breiten und zu verschiedenen Jahreszeiten.

Der globale Trend kann räumlich und jahreszeitlich weiter differenziert werden. Er wird hauptsächlich durch die Trends in höheren Breiten während der Winter- und Frühjahrsmonate bestimmt. Während in der Nordhemisphäre diese Trends –6 Prozent pro Dekade nicht überschreiten, werden in der Südhemisphäre Werte von mehr als –10 Prozent pro Dekade erreicht. Die Äquatorialregion zeigt im Gegensatz dazu kaum Veränderungen in der Ozonschichtdicke. Für diese regional und jahreszeitlich sehr unterschiedlichen Ausprägungen gibt es nach heutigem Verständnis zwei Ursachen: zum einen heterogene chemische Prozesse an stratosphärischen Partikeln und zum andern den Einfluss der stärkeren Ozonverluste in den polaren Bereichen im Winter, der sich bis auf die mittleren Breiten auswirkt.

Das Ozonloch über der Antarktis

Die stärkste bislang beobachtete Veränderung der stratosphärischen Ozonschicht ist das jährlich wiederkehrende Ozonloch über der Antarktis. Seit seiner Entdeckung hat sowohl die jeweilige Verringerung der Ozonschichtdicke als auch die räumliche Ausdehnung ständig zugenommen. Die Ozonverluste betragen heute bis zu 60 Prozent der Gesamtsäule über einer Fläche von fast 25 Millionen Quadratkilometer. Rein rechnerisch entspricht dies einer Ozongesamtmenge von fast 40 Millionen Tonnen, die jedes Jahr während eines Ozonlochereignisses über dem Südpol verloren gehen.

Für das Verständnis der Ursachen des Ozonlochs ist die Vertikalstruktur der Ozonverteilung sehr wichtig. Während unterhalb von 13 km und oberhalb von 20 km die Ozonkonzentration so gut wie unverändert bleibt, geht im mittleren Höhenbereich praktisch das gesamte Ozon verloren. In diesem Höhenbereich findet die Bildung der polaren stratosphärischen Wolken (PSC) und die Aktivierung der Chlorverbindungen statt. Bei genügend tiefen Temperaturen und damit starker PSC-Bildung dauert der Aktivierungsprozess nur wenige Tage. Der Ozonverlust tritt aber erst ein, wenn die Frühjahrssonne am Ende der Polarnacht in die Stratosphäre zurückkehrt und der entsprechende Katalysezyklus ablaufen kann.

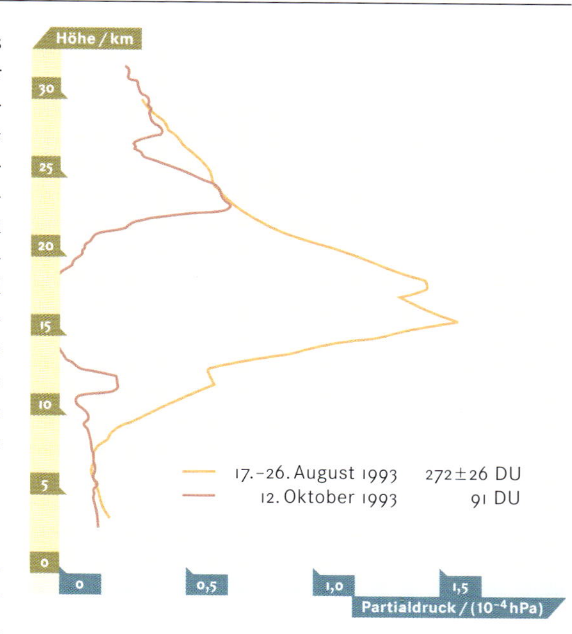

Vertikale **Ozonverteilung** vor (orange) und während der **Ausbildung des Ozonlochs** (rot) über dem Südpol. Während die Gesamtsäule um etwa 60 Prozent reduziert wird, geht in der Höhenschicht von 13 bis 20 Kilometer praktisch das gesamte Ozon verloren. Ein »Ozonloch« bedeutet jedoch nicht, dass überhaupt kein Ozon mehr in der lokalen Säule vorhanden ist.

Gibt es ein Ozonloch über dem Nordpol?

Die Entdeckung des Ozonlochs über dem Südpol hatte zur Folge, dass die Frage aufkam, ob ein solches Phänomen auch über dem Nordpol vorhanden ist oder ob es sich dort jemals einstellen kann. Zur Klärung dieser Frage wurde die Ozonforschung in Deutschland und in anderen europäischen Ländern gegen Ende der 1980er-Jahre deutlich verstärkt. Diese Aktivitäten lassen folgende Schlüsse zu:

Auch die Nordpolarregion zeigt deutlich saisonal verstärkte Ozondefizite, meist während der Monate Dezember bis März. Solche Defizite wurden erstmals im Winter 1992/93 beobachtet und seither in unregelmäßigen Abständen bestätigt. Neben den Ozon-Konzentrationen wurden auch die Konzentrationen anderer Spurengase regelmäßig beobachtet. Diese Messungen zeigen die Veränderungen in der Chlorverteilung, wie sie für die heterogene Chemie an den Oberflächen der PSC-Teilchen typisch sind. Außerdem konnten die hohen Konzentrationsniveaus von Chloroxid-Radikalen, die für den Ozonabbau durch den winterlichen Katalysezyklus

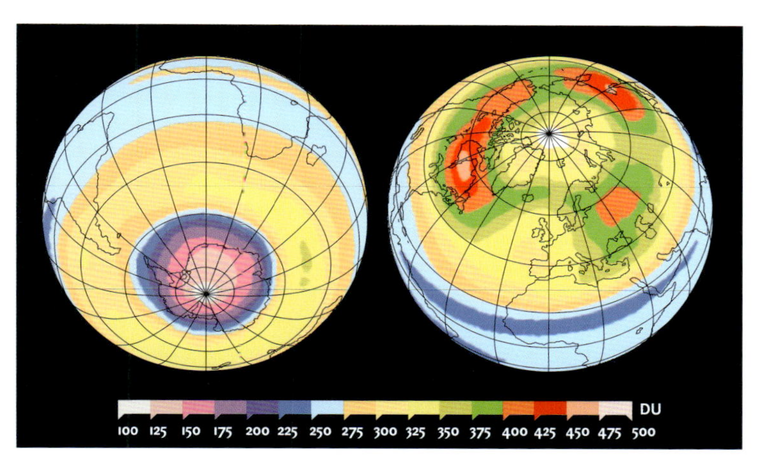

Satellitenbilder der **Ozonverteilung auf der Süd-** (links) **und Nordhalbkugel** (rechts) einschließlich der jeweiligen Polarregionen. Dargestellt sind die Monatsmittelwerte für Oktober (Süd) beziehungsweise März (Nord). Während die Südpolarregion zu dieser Zeit die deutliche Ausbildung des Ozonlochs zeigt, ist in der entsprechenden Darstellung der Nordpolarregion nur ein großer Bereich über dem Nordatlantik und Skandinavien zu erkennen, in dem die Ozongesamtsäulen reduziert sind. Die Ursachen für die Ozondefizite sind aber in beiden Bereichen dieselben.

charakteristisch sind, bestätigt werden. In der Nordpolarregion läuft deshalb grundsätzlich dieselbe anthropogen induzierte Chemie ab wie über dem Südpol.

Warum sind wir dennoch von einem Ozonloch wie über dem Südpol (bislang) verschont geblieben? Die Antwort auf diese Frage liefert die Meteorologie. Während sich über dem Südpol in jedem Winter regelmäßig ein kalter Polarwirbel, das heißt ein stratosphärisches Hochdruckgebiet mit sinkenden Luftmassen in einem abgegrenzten Bereich, einstellt, ist dies über dem Nordpol nur gelegentlich der Fall. Doch selbst wenn ein solcher Polarwirbel entsteht, ist er weniger stark abgegrenzt. Die Luftmassen können sich daher noch mit solchen aus niederen Breiten austauschen. Ein Polarwirbel über dem Nordpol löst sich darüber hinaus häufig im Verlauf des Winters frühzeitig wieder auf. Die Folge ist, dass die Temperaturen im Mittel um etwa 10 °C höher sind als über dem Südpol und sich demzufolge weniger PSC bilden. Die Chloraktivierung und damit der Ozonabbau fallen daher schwächer aus.

Prognosen für die Ozonschicht

Nach heutigem Verständnis sind die Ozonverluste in der Stratosphäre und das Ozonloch über der Antarktis ausschließlich auf die anthropogene Emission von FCKW und Halonen zurückzuführen. Aufgrund der Wirkung des Montrealer Protokolls ist der Konzentrationsanstieg dieser Verbindungen in der Troposphäre gebremst und teilweise bereits rückläufig. Ein ähnlicher Effekt wird in der Stratosphäre erwartet. Damit ist die Ozonschicht aber noch längst nicht auf dem Wege zu einer schnellen Erholung.

Die FCKW haben Lebensdauern von bis zu 100 Jahren. Der Chlorgehalt der Stratosphäre kann sich daher nur sehr langsam verringern. Mit der Rückkehr zu einem Chlorgehalt, der ursprünglich das Ozonloch ausgelöst hat, ist nicht vor 2050 zu rechnen. Ähnliches gilt für die Nordpolarregion: In einem extrem kalten Stratosphärenwinter, dessen Eintreten durchaus in der Varianz der meteorologischen Ereignisse liegt, könnte sich jederzeit innerhalb dieses Zeitraums ebenfalls ein Ozonloch von vergleichbaren Ausmaßen wie über dem Südpol einstellen.

Auch der anthropogene Treibhauseffekt kann zu einem verstärkten Ozonabbau beitragen, da er mit einer Abkühlung der Stratosphäre verbunden ist. Damit würde die Wahrscheinlichkeit der PSC-Bildung zunehmen und die Ozonverluste blieben auch bei rückläufigem Chlorgehalt auf hohem Niveau. Derzeitige Modellrechnungen deuten an, dass sich durch diese Kopplung mit dem Treibhauseffekt die Erholung der Ozonschicht um 10 bis 20 Jahre verzögern könnte.

R. Zellner

Desertifikation

Die naturgegebenen Ressourcen und die Möglichkeiten für den Menschen, sie landwirtschaftlich zu nutzen, sind auf der Erde sehr ungleich verteilt. Dafür ist in erster Linie – soweit es sich um »erneuerbare« Ressourcen handelt – der von der Sonneneinstrahlung bestimmte Energiehaushalt der Erde verantwortlich. Er bedingt, entsprechend dem planetarischen System der atmosphärischen Zirkulation, eine zonale Anordnung der Landschaftsgürtel, wobei die Gliederung der Erdoberfläche in Ozeane und Kontinente entscheidenden Einfluss hat. Den klimatisch und vegetationsgeographisch bestimmten Landschaftszonen entspricht die Anordnung der großen Landnutzungszonen der Erde. Darüber hinaus macht sich die Höhenstufung des Reliefs, besonders in den Gebirgen, als variierender Faktor bemerkbar.

Für die Landnutzung ergeben sich daraus sehr unterschiedliche Möglichkeiten und Zwänge, das von der Natur zur Verfügung gestellte Potential zu nutzen, vor allem es so zu nutzen, dass die natürliche Fähigkeit zur Regeneration in diesen naturgeographischen Zonen und damit in den unterschiedlichen Ökosystemen nicht irreversibel zerstört wird. Die Forstwirtschaft forderte schon im vorigen Jahrhundert für die aufgeforsteten Waldgebiete – nach den großen Rodungsperioden des Mittelalters und der frühen Neuzeit mit ihren weitflächigen Kahlschlägen – eine »nachhaltige« Bewirtschaftung, und dieser Begriff der Nachhaltigkeit fand Eingang in das heute international angestrebte Ziel »Sustainable Development«.

Konturen des Problems

Nun ist die für zukünftiges menschliches Leben notwendige nachhaltig wirksame Regenerierbarkeit der Vegetation, der Böden und des Wasserhaushalts in den Ökosystemen der naturbedingten Zonen sehr unterschiedlich, wobei insbesondere die klimatischen Elemente wie Sonneneinstrahlung (Temperatur), Niederschläge und Winde eine entscheidende Rolle spielen. Dementsprechend ist auch das wirtschaftliche Risiko in den verschiedenen Landschaftszonen der Erde unterschiedlich hoch, besonders bei einer ökologisch nicht angepassten Landnutzung. Zum Beispiel ist es mit sehr unterschiedlichen Risiken verbunden, wenn ein Wald in der feucht-temperierten Zone Mitteleuropas oder im Mittelmeergebiet gerodet oder gar der lockere Baumbestand in Steppen und Savannen und auch tropischer Regenwald vernichtet wird.

Die natürlichen Ressourcen für das menschliche Leben sind vielfältig: Wasser, Böden, Pflanzen und Rohstoffe für die Energieerzeugung sind wichtige Lebensquellen. Viele dieser Ressourcen werden verbraucht, ohne dass sie sich »erneuern« können. Kohle und Erdöl gehören dazu. Deshalb versucht man heute **erneuerbare Ressourcen** zu nutzen und zum Beispiel Energie aus Sonne, Wind oder Wasserkraft zu gewinnen. Die Pflanzenwelt muss sich ebenso wieder erneuern (regenerieren) können, wenn Nachhaltigkeit gewahrt werden soll.

Zu den Gebieten mit erheblichen Risiken für die Regenerationsfähigkeit des Ökosystems gehören generell die Trockengebiete (aride Klimazone), die immerhin etwa ein Drittel der Landoberfläche der Erde ausmachen und Lebensraum für viele Millionen Menschen sind. Die frühen Hochkulturen entwickelten sich vielfach ausgerechnet in Trockengebieten, am Rand der Wüste, so am Nil und in

28 BB MNT 3

Degradierte Trockensavanne im Kaokoveld, Namibia. Während der Dürre zu Beginn der 1980er-Jahre verendeten viele Rinder.

Vorderasien. Voraussetzung dafür war allerdings das Vorhandensein von Wasser, also die Möglichkeit zur Bewässerung von Ackerland. Hier entstanden auch die großen Religionen, das Judentum, das Christentum und der Islam.

In solchen geoökologischen Risikogebieten hat seitdem die Bevölkerungszahl ständig zugenommen, was große Probleme für eine nachhaltige Entwicklung aufwirft. Auch die randtropische Trockenzone der Savannen, wie die dürregeplagte Sahelzone in Afrika, ist davon betroffen. Ist es da verwunderlich, dass Steppen und Savannen teilweise schon zur Halbwüste oder gar zur Vollwüste wurden? Mit diesem Problemkreis des »Wüst-Machens« von Lebensräumen in den Trockengebieten der Erde unter entscheidender Beteiligung der Menschen befasst sich dieser Beitrag, also mit dem Prozesskreis, den man Desertifikation nennt. Dies berührt auch die oft gestellten Fragen: Breiten sich die Wüsten aus? Und wenn ja, welches sind die Folgen für die Zukunft dieser Trockengebiete?

Die UNO hat mehrere Unterorganisationen, die sich mit der Desertifikation befassen. Die Spezialorganisation **Umweltprogramm der Vereinten Nationen (UNEP)** in Nairobi hat ein Programm zur Erhaltung der Umwelt durchzuführen, bei dem die Bekämpfung der Desertifikation eine Hauptaufgabe darstellt. Die Organisation **Entwicklungsprogramm der Vereinten Nationen (UNDP)** in New York unterstützt Entwicklungsprogramme in den Ländern der Dritten Welt. Landwirtschaftliche Entwicklungsprojekte spielen dabei eine wichtige Rolle.
Die UNEP hat in bisher 25 Heften ihrer Publikationsreihe »Desertification Control Bulletin« einen guten Überblick über den gesamten Desertifikationsprozess auf der Erde gegeben.

Was ist Desertifikation?

Der Begriff »Desertifikation« (englisch: desertification) umschreibt den Vorgang des »Wüst Machens« oder besser »Zur-Wüste-Machens«. Er ist aus dem Lateinischen »desertus(a) facere« abgeleitet und betont dabei in dem Suffix -fikation das »Machen«, was auf den Eingriff des Menschen und seine Tätigkeit hinweisen soll. Denn der Mensch ist an dem Vorgang der Desertifikation entscheidend beteiligt. Insofern ist auch eine Gleichsetzung mit dem manchmal noch verwendeten Begriff »Desertisation« nicht sinnvoll, denn solches »Zur-Wüste-Werden« kann auch als alleinige Folge eines klimatisch bedingten Trockenerwerdens erklärt werden, also ohne anthropogenen Einfluss. Ebenso sind Begriffe wie »Wüstenbildung« oder »Wüstenausbreitung«, wie sie in der deutschen Entwicklungspolitik teilweise verwendet wurden, meist nicht sinnvoll.

Geographisch gesehen kann eine Wüste nur dort entstehen, wo die klimatischen Bedingungen dies begünstigen und erlauben. Daher kann auch nur in den trockenen Randgebieten der großen Wüsten

Desertifikation eintreten, jedoch nicht in einem Feuchtklima, wo es gleichwohl zu starken Degradationserscheinungen im Ökosystem kommen kann. Dies sind zum Beispiel schädliche Veränderungen des Wasser- und Nährstoffgehaltes der Böden oder in der Pflanzenwelt. Die Anwendung des Begriffs Desertifikation wird somit auf die Trockengebiete der Erde mit ihren Steppen und trockenen Savannen eingeschränkt.

Das Umweltprogramm der Vereinten Nationen (englisch: UN Environmental Programme, UNEP) in Nairobi und eingeschränkt auch das Entwicklungsprogramm der Vereinten Nationen (englisch: UN Development Programme, UNDP) in New York haben sich seit der UN-Desertifikations-Konferenz (englisch: UN Conference on Desertification, UNCOD) 1977 auch mit der Terminologie dieses ökologisch wichtigen Vorganges befasst. Seit der UN-Konferenz für Umwelt und Entwicklung (englisch: UN Conference on Environment and Development, UNCED) in Rio de Janeiro, Brasilien, 1992, gilt folgende Definition:

Desertifikation ist Landdegradation in ariden, semiariden und trocken-subhumiden Gebieten. Sie beruht auf verschiedenen Faktoren, und zwar sowohl aufgrund von Klimaschwankungen als auch von menschlichen Aktivitäten.

Wichtig ist auch, dass durch Desertifikation nicht sogleich und überall wirkliche Wüsten entstehen, wohl aber wüstenähnliche Verhältnisse (»desertlike conditions«) in Steppen und Savannen der Trockengebiete, die natürlich eine Schädigung der Ressourcen im Naturpotential und damit auch der Umwelt selbst bedeuten. Die Desertifikation kann dabei in verschiedenen Desertifikationsgraden (von leicht bis irreversibel) auftreten, je nach Intensität und Dauer der Degradationsprozesse. Dies führt uns zur jüngsten terminologischen Diskussion.

Landdegradation und Desertifikation

Eine gewisse Verwirrung bei der Verwendung des Begriffes »Desertifikation« hat dazu geführt, dass einige Fachautoren diesen Begriff durch »Landdegradation« ersetzen möchten. Das ist nicht sinnvoll und wäre auch nicht durchführbar, denn der Terminus »Desertifikation« wird heute weltweit von vielen, von fachlichen bis zu politischen Institutionen verwendet.

Dennoch ist es angebracht, wie bisher auch üblich, den Begriff der Degradation im Rahmen des gesamten Themenkomplexes der Desertifikation zu verwenden. Wie in der UNEP-Definition festgelegt wurde, ist Desertifikation auch Landdegradation, und zwar in den Trockengebieten. Landdegradation findet aber auch in nicht ariden Gebieten der Erde statt, ohne dort zur Desertifikation mit wüstenähnlichen Bedingungen zu führen.

Der Prozess der Desertifikation umfasst:

- die Degradation der Pflanzendecke
- die Degradation der Bodendecke
- die Degradation des Wasserhaushaltes

Der Grad der Schädigung des Ökosystems, das heißt des natürlichen Landschaftssystems, hängt ab von der Schwere der einzelnen Degradationsfolgen in der Pflanzenwelt, im Boden und im Wasserhaushalt. Diese machen zusammen den Grad der Schädigung durch den Desertifikationsprozess aus.

Leichte Desertifikationsschäden treten vor allem in der Pflanzenwelt auf und sind zu beheben.

Mittlere Desertifikationsschäden treten zum Beispiel bei verstärkter Bodenerosion durch Schädigung der Pflanzendecke auf.

Schwere Desertifikationsschäden sind durch eine stark zerstörte Pflanzendecke mit Bodenerosion und/oder Übersandung, zum Teil mit Dünenbildung, gekennzeichnet. Diese ökologischen Schäden sind nur schwer zu beheben und bedeuten »Wüstenbildung«. Sie können sogar »irreversibel«, also nicht mehr zu beheben sein.

- folglich Veränderungen im morphodynamischen System
- Veränderungen im mikro- und mesoklimatischen Bereich
- Aridifizierung im gesamten Ökosystem.

Neben diesen geoökologischen Folgen hat die Desertifikation auch sozioökonomische Folgen, die mit dem Begriff der Landdegradation nicht erfasst werden.

Auch wer im **gehölzarmen Wüstenrandbereich** lebt – hier Tuareg in der Sahelzone –, ist auf Holz als Baumaterial angewiesen.

Ein Problem der Vereinten Nationen

Die lang anhaltende Dürre in der Sahelzone (1969–1973) und ihre ökologischen und sozioökonomischen Folgen veranlassten sowohl Fachwissenschaftler als auch die Vereinten Nationen diesem klimatischen Phänomen nachzugehen und dabei auch nach dem anthropogenen Faktor zu fragen: Tragen die Menschen selbst dazu bei, die Dürre zur Dürrekatastrophe werden zu lassen?

Schon lange vorher gab es Untersuchungen über den Anteil des Menschen am Austrocknungsprozess, wobei besonders die Vernichtung des Baumbestandes und die Überweidung angeführt wurden. Noch in den 1950er-Jahren wurde in UNESCO-Berichten die Grenze der Tragfähigkeit der westafrikanischen Savanne für Weidetiere als noch nicht erreicht dargestellt. Doch dann setzte die Dürre in der Sahelzone dieser Theorie ein Ende. Aufgrund des Anteils des Menschen an dieser Dürrekatastrophe (eben diesem »Wüst Machen«) entschlossen sich die Vereinten Nationen 1977 eine Desertifikations-Konferenz in Nairobi zu veranstalten. Aus allen Trockengebietsländern der Welt wurden in Nairobi Berichte über die Desertifikation vorgelegt. Institutionen zur Erforschung und Bekämpfung der Desertifikation wurden ins Leben gerufen. Dass dabei oft Folgen der Dürre und der Desertifikation nicht unterschieden wurden, machte die überall einsetzenden Anstrengungen zur Bekämpfung schwierig, weil Maßnahmen gegen Dürrefolgen andere sein müssen als gegen die von den Bewohnern selbst ausgelöste Verwüstung.

Die UNEP hatte diese Weltkonferenz intensiv vorbereitet, indem sie vier Faktoren der Desertifikationsproblematik hervorhob: Klima, ökologischer Wandel, Technologie sowie soziale und Verhaltens-

Degradation, Degradierung, Verschlechterung des Pflanzenbestands, der Böden oder des Wasserhaushalts, auch durch menschliche Aktivitäten
Landdegradation, Schädigung des (nutzbaren) Lands durch summierende Wirkung verschiedener Degradationsfolgen
morphodynamisch, die Vorgänge (Prozesse) im Relief betreffend, sowohl der Wasser- als auch der Winderosion
mikro- und mesoklimatisch, bezogen auf Auswirkungen im Bodenbereich, zum Beispiel durch erhöhte Verdunstung (mikroklimatisch), oder im Bereich der unteren Luftschichten eines größeren Gebiets (mesoklimatisch)
Aridifizierung, Auswirkung der Desertifikation, die zur Austrocknung in der Landschaft führt
geoökologisch, sowohl die ökologischen als auch die geologischen beziehungsweise geographischen Faktoren betreffend
sozioökonomisch, die Gesellschaft wie die Wirtschaft betreffend

aspekte. Bezogen auf diese Faktoren wurde dann ein Plan zur Bekämpfung der Desertifikation (englisch: Plan of Action to Combat Desertification) zusammengestellt. Seit 1977 fanden mehrere Folgekonferenzen statt, bis 1992 auf der UN-Konferenz für Umwelt- und Entwicklung (UNCED) in Rio de Janeiro in der Agenda 21 die Desertifikation erneut als eine zu bekämpfende schwere Umweltschädigung herausgestellt wurde.

Verbreitung und Ursachen

Betrachtet man eine Karte der Verbreitung der Desertifikation auf der Erde – eine erste Übersichtskarte wurde von der UNEP/UNCOD 1977 für die Weltkonferenz erstellt –, so wird der Zusammenhang zwischen der Verbreitung der klimatisch bedingten Trockenzonen und der Desertifikationsgebiete deutlich. In der Alten Welt, besonders in Afrika, sind diese Gebiete klar zonal angeordnet, die sich nach Zentralasien zu dann zu einem inneren kontinentalen Trockengebiet ausweiten. In Nord- und Südamerika folgen die Trockengebiete der Nord-Süd-Ausrichtung der Kordilleren; zum Teil liegen sie im intramontanen Bereich (zwischen Küstengebirge und Rocky Mountains), zum Teil an der Küste (vor allem die Atacama in Chile), zum Teil im Lee, das heißt an der windabgewandten Seite dieser Hochgebirge. Die Ariditätsgrade reichen dabei von den extremariden über die semiariden bis zu den »dry subhumiden« (UNEP), das heißt trocken-randfeuchten Zonen.

Die vollariden Wüsten sind – da von Natur aus schon wüstenhaft – keine eigentlichen Desertifikationsgebiete (allenfalls in Oasen kom-

Auf der UN-Konferenz für Umwelt und Entwicklung in Rio de Janeiro im Juni 1992 wurde die **Agenda 21** verabschiedet, ein Aktionsprogramm von Umwelt- und Entwicklungsvorhaben, das auch auf die Bekämpfung von Desertifikation und Dürren abhebt. Es wird darin eine internationale Zusammenarbeit gefordert, und zwar auf der Basis von nationalen und regionalen Programmen, deren Vorhaben von der Erforschung der Desertifikationsprozesse über Bodenschutz und Bekämpfung der Desertifikation wie auch der Dürrevorsorge bis zur Aktivierung der Bevölkerung reichen. Die UNEP bietet hierbei an, alle bisherigen Erfahrungen auf diesen Gebieten einzubringen. Eine Koordinierungsstelle aller beteiligten Länder wurde in Genf eingerichtet.

Desertifikationsgefährdete Gebiete der Erde.

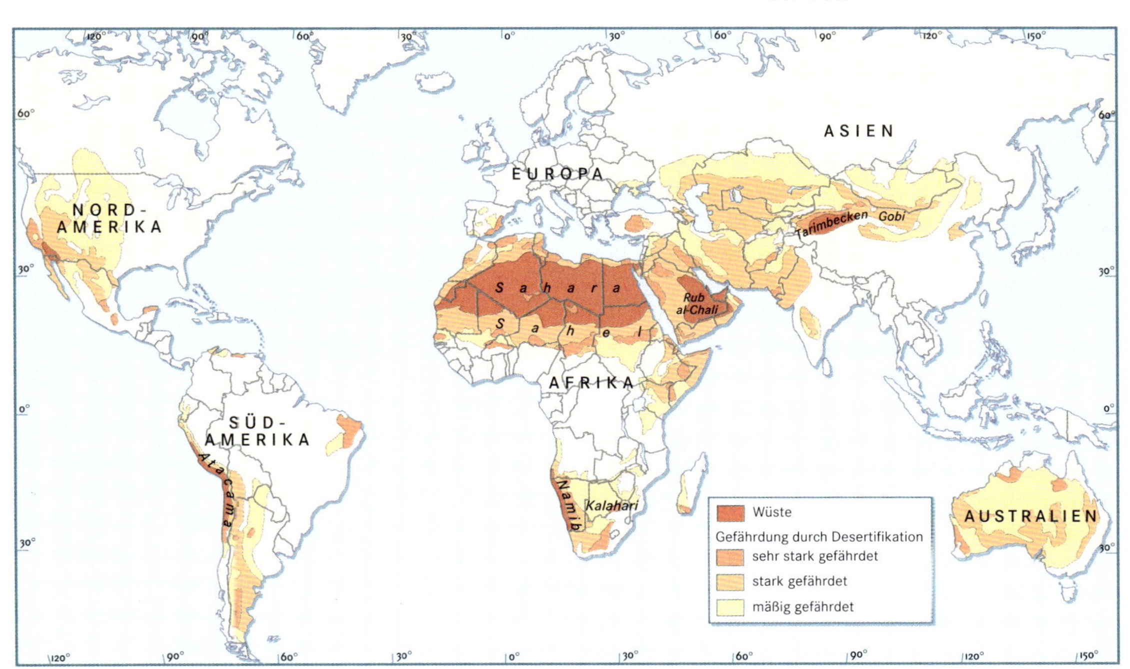

men Desertifikationserscheinungen vor). Diese konzentrieren sich vielmehr auf die randlichen Steppen in den Subtropen und auf die trockenen Savannen in den Randtropen. Diese Zonen sind auch von der Bevölkerung flächenhaft genutzte Weide- und Anbaugebiete.

In Australien ist die Desertifikation weit verbreitet. 75 Prozent des Kontinents sind Trockengebiete mit unterschiedlichen Graden der Aridität, nur die Nordost- und die Ostküste sind feuchter.

Auch wenn Trockengebiete definitionsgemäß durch das aride Klima bedingt sind, so ist doch der Grad der Desertifikation in erster Linie eine Folge des Eingriffs des Menschen in das jeweilige Ökosystem, und zwar sowohl durch die Anbaumethoden als auch durch die Art der Tierhaltung. Die Art und Weise der Landnutzung hat verschiedene Formen der Landdegradation zur Folge, die schließlich zu unterschiedlich ausgeprägter Desertifikation führen. Daher kann die Verbreitung von Steppen und Savannen, von Natur aus meist semiaride Landschaften, an sich noch nichts über die Art und Intensität der Desertifikation aussagen. Erst der Vergleich mit der Bevölkerungsdichte und den Landnutzungsmethoden gibt Hinweise auf die Gefährdung durch Desertifikation.

Die Folgen der Desertifikation sind im Landschaftsbild durch Schädigung der Pflanzendecke und durch verstärkte Erosionserscheinungen auch auf den Satellitenbildern klar erkennbar.

ARIDITÄT

Von Aridität sprechen wir in der Klimatologie dann, wenn – über einen längeren Zeitraum hinweg, etwa einen Monat lang – die Verdunstung größer als der Niederschlag ist, also für Boden und Pflanzen ein Feuchtigkeitsdefizit besteht. Während der Niederschlag relativ leicht mit entsprechenden Messgeräten erfasst werden kann, ist die Bestimmung der Verdunstung schwieriger, aufwendiger und unsicherer. Sie setzt sich zusammen aus der direkten Verdunstung von Boden und Wasserflächen (Evaporation) und der Verdunstung über die Vegetation (Transpiration; zusammenfassend spricht man von Evapotranspiration). Im Einzelnen spielen verschiedene, zum Teil schwer messbare Faktoren eine Rolle. Man hat daher versucht, eine relativ einfache Formel zu finden, um aus dem Verhältnis von Niederschlag (N) und Temperatur (t) einen wenigstens annäherungsweise brauchbaren Wert für die Verdunstung und damit für die Trockenheit berechnen zu können. Vielfach wurde früher für den Ariditätsindex die Formel:

$$i\ (\text{Index}) = \frac{N\ (\text{in mm})}{t\ (\text{in °C}) + 10}$$

verwendet (de Martonne, 1927). Heute werden auch kompliziertere Indexformeln verwendet, bei denen die Sonnenstrahlung einbezogen wird. Auch die Verdunstung wird unterschiedlich berechnet oder gemessen.

Ein Trockenmonat (arider Monat) kann auch (stark vereinfacht) durch folgendes Verhältnis von Temperatur und Niederschlag definiert werden, bei dem die Verdunstung immer höher als der Niederschlag ist:

Temperatur	Niederschlag
10–20 °C	<25 mm
20–30 °C	<50 mm
>30 °C	<75 mm

Bei mehr als sechs ariden Monaten im Jahr bezeichnet man ein Gebiet als semiarid, bei mehr als neun Monaten als vollarid.

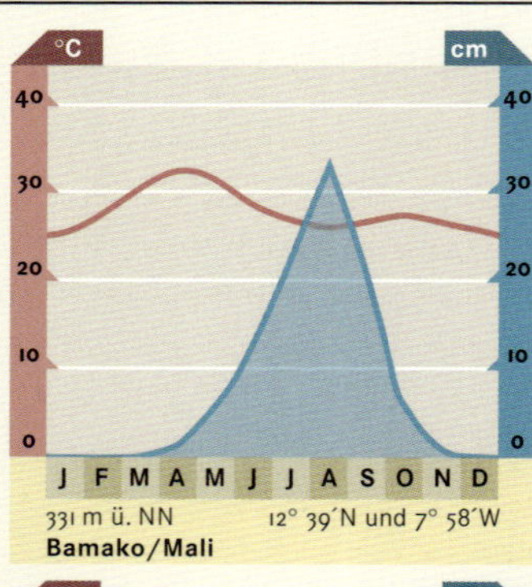

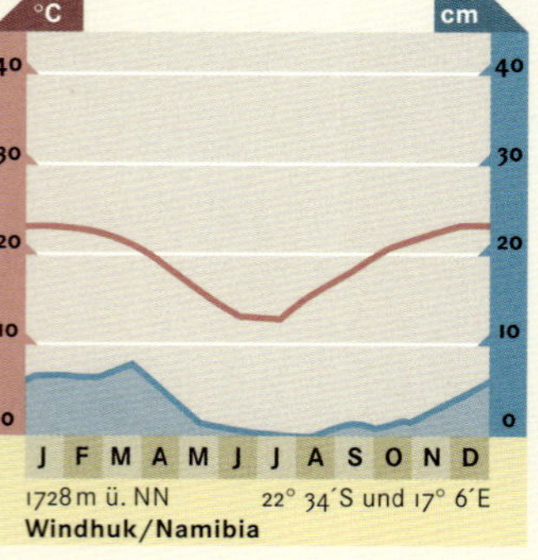

Vor allem die Landnutzungszonen in Trockengebieten Nordamerikas (mit 74%), Afrikas (mit 73%), Südamerikas (mit 72%) und Asiens (mit rund 70%) sind von Desertifikation betroffen. Aber auch die Trockengebiete in Europa (Spanien, Süditalien und Griechenland) sind zu 65% geschädigt und Australien ist mit 54% ebenfalls stark betroffen. In den Trockengebieten der beiden zuletzt genannten Kontinente überwiegt, besonders in Europa, die Desertifikation im Weideland. Am wenigsten ist hier das Bewässerungsland geschädigt.

Diese Datensammlung der UNEP war für den Welt-Umweltgipfel in Rio 1992 (UNCED) zusammengetragen worden und ist in die verabschiedeten Umweltpläne eingegangen, in denen Empfehlungen für die Bekämpfung der Desertifikation ausgesprochen wurden.

In den von der Desertifikation stark betroffenen Gebieten leben heute nach Angaben der UNEP etwa 135 Millionen Menschen. Da viele Entwicklungsländer, besonders in Afrika, in solchen Gebieten der Trockenzone liegen, ist hierdurch auch ihre Nahrungssicherung gefährdet. Infolge der starken Degradierung der Weidegebiete leiden vor allem die Tierhalter unter der Schädigung der Ressourcen. Aber auch die landwirtschaftliche Nutzung durch Regenfeldbau ist gefährdet; etwa die Hälfte der so bewirtschafteten Gebiete sind schon geschädigt.

In Bewässerungsgebieten schreitet oft die Versalzung ganzer Flächen voran, wenn nicht ausreichend Wasser für die Be- und Entwässerung zur Verfügung steht. Die Dürreperioden sind ebenfalls an der Desertifikation in allen diesen Gebieten beteiligt. Dann können mehrere Dürrejahre leicht zu einer Dürrekatastrophe führen.

Klimatische Bedingungen

Die Aridität in den Trockenzonen der Erde, die sich im Wesentlichen aus dem Verhältnis der Niederschlagsmenge zur Verdunstungshöhe, und zwar sowohl der strahlungsbedingten Verdunstung (Evaporation) als auch der über die Pflanzen wirksamen Verdunstung (Transpiration) errechnet, wird in Form eines Ariditätsindex erfasst. Dieser Index weist die graduell unterschiedliche Aridität in extrem bis vollaride, in semiaride Gebiete und in die subhumide Übergangszone aus. Die beiden letzteren Zonen sind infolge ihrer Landnutzungsmöglichkeiten am stärksten durch die Desertifikation gefährdet. Betrachtet man die Verbreitung dieser Ariditätsstufen, so nimmt (nach UNEP) die extrem und vollaride Zone 19,6% der festen Erdoberfläche ein, 17,7% die semiaride und 9,9% die trockene subhumide Zone. Ohne die subhumide Übergangszone umfasst die aride Zone mit 37,3% damit mehr als ein Drittel der festen Erdoberfläche.

Eine andere Möglichkeit der Definition desertifikationsgefährdeter Zonen ist der Ariditätsindex nach Michail Budyko. Er setzt den Nettobetrag der Strahlung in Beziehung zu der Energie, die notwendig ist, um die mittlere Jahresniederschlagsmenge zu verdunsten. Für eine solche Berechnung reicht oftmals die meteorologische Datensammlung nicht aus.

Die geringen Niederschläge in der Trockenzone beschränken die Landnutzungsmöglichkeiten erheblich. Hierbei kommt es nicht nur auf eine ausreichende Menge (mittlere Jahresmenge), sondern besonders auf die von Jahr zu Jahr unterschiedliche Gesamtsumme in ihrer Verteilung innerhalb der Regenzeit an. Diese Variabilität der Niederschläge ist sowohl für den Anbau als auch für das Weideland ganz entscheidend. In dieser »Regen-Unsicherheit« liegt eine der größten Ursachen für Desertifikationsprozesse, weil die Erntemenge durch Dürren sehr gefährdet ist und enorm schwankt. Die sesshaften Getreide(Hirse)-Bauern versuchen in Trockenjahren durch Erweiterung der Anbaufläche ihren Lebensunterhalt (Subsistenz) zu sichern. Dadurch wird das Ökosystem gerade in Dürrezeiten überstrapaziert und die Degradation des Bodens, des Bodenwasserhaushaltes und der Pflanzenwelt so beschleunigt, dass es zu schwerwiegender Desertifikation kommt. Ähnliche Prozesse werden in Perioden geringerer oder ausbleibender Regenmengen auch im Weideland ausgelöst. Die Degradation der Weidevegetation führt zu fortschreitender Desertifikation mit allen ihren Folgen.

Bei den vorherrschenden Landnutzungsarten ist also die klimatische Variabilität eine entscheidende Ursache für die dann anthropogen, also durch menschliche Aktivitäten ausgelösten Desertifikationsprozesse, die oftmals die naturgegebene klimatische Dürre zur Dürrekatastrophe werden lassen. Hieraus geht hervor, dass die Jahresmittelwerte des Niederschlags zur Beurteilung des Landnutzungspotentials oder zur Festlegung seiner ökologischen Grenzen nur wenig geeignet sind. Die Festlegung einer statischen klimatisch-agronomischen Trockengrenze bei etwa 300 Millimeter Jahresniederschlag wird der klimatischen Wirklichkeit nur bedingt gerecht. Man muss berücksichtigen, dass sich diese Grenze von Jahr zu Jahr um mehr als 100 Kilometer verlagern kann. Entsprechend muss eine Anpassung durch Flexibilität im Anbau und in der Bestockung des Weidelandes erfolgen, wenn nicht Dürren durch Desertifikation in ihrer Auswirkung verschlimmert werden sollen.

Wo die Niederschläge nicht mehr für einen flächenhaften Anbau ausreichen, verläuft die **agronomische Trockengrenze.** Sie ist gleichzeitig die Rentabilitätsgrenze des Anbaus, zum Beispiel von Getreide. Diese Trockengrenze des Anbaus schwankt in den semiariden Gebieten beträchtlich von Jahr zu Jahr. Sie ist außerdem von den Böden (Bodenarten) abhängig. Sandböden sind günstiger für einen Anbau in diesem Grenzbereich. In den Tropen wird die Anbaugrenze schon bei sieben ariden Monaten erreicht, in den Subtropen mit Winterregen reichen schon drei bis vier humide Monate – mit Feuchtigkeitsüberschuss (der Niederschlag übersteigt die Verdunstung) – zum Anbau aus.

Das aride Klima ist ein entscheidender Faktor im Ursachenkomplex der Desertifikation. Dennoch kann sich in einem ariden Gebiet ein durchaus stabiles Ökosystem entwickeln, das erst durch den auf die naturräumlichen Gegebenheiten wenig Rücksicht nehmenden menschlichen Eingriff zu einem »fragilen« System werden kann. Die Möglichkeiten der Landnutzung durch den Menschen sind dann immer stärker eingeschränkt.

Anthropogene Ursachen

Jede Nutzung des Ressourcenpotentials (Vegetation, Boden, Wasser) ist mit einem Eingriff in das jeweilige Ökosystem verbunden. Um dabei größere oder irreversible Schäden zu vermeiden und die natürliche Regenerationskraft dieses Ökosystems zu erhalten, muss die Ressourcennutzung ökologisch angepasst sein. Dies bedeutet eine Nachhaltigkeit anzustreben, die auch die zukünftige Nutzung des gegebenen Potentials gestattet.

Es ist daher wichtig, sich gerade in den Entwicklungsländern über die Wirkung von Eingriffen des Menschen klar zu werden, die zur Landdegradation und schließlich zur Desertifikation führen. Welches sind solche anthropogenen Ursachen in den Trockengebieten?

Die Bedeutung der Bevölkerungsentwicklung

In den meisten Entwicklungsländern wächst die Bevölkerung rasch an, was auch für die Trockengebiete der Erde gilt. Die jährlichen Zuwachsraten, die in den einzelnen Ländern zwischen 2,5 und 4 Prozent liegen, geben jedoch keine Auskunft über die unmittelbare Beziehung zu den Desertifikationsgebieten, zumal das Bevölkerungswachstum gerade in diesen Ländern auch von einer verstärkten Bevölkerungsbewegung innerhalb des jeweiligen Landes und in das Ausland abhängt (Arbeiterwanderungen).

Wasserbohrlochstelle am Rand des Omangebirges in Abu Dhabi. Auf der Arabischen Halbinsel werden die unterirdischen Wasservorräte in großem Maßstab angezapft.

Die Bevölkerungsdichte ist in den Trockenräumen viel geringer als in den feuchteren Gebieten. Sie hängt weitgehend vom Nutzungspotential ab, das in den einzelnen Landesgebieten sehr unterschiedlich ist. So kann eine Bevölkerungsdichte von 20 bis 30 Einwohnern pro Quadratkilometern bei manchen Nutzungssystemen schon große Desertifikationsgefahren mit sich bringen. Die Bevölkerungszahl pro Areal kann daher nur im Zusammenhang mit der jeweiligen sozialen und wirtschaftlichen Situation als ursächlich für die Auslösung von Degradierungsvorgängen angesehen werden. Der Zusammenhang von Bevölkerungsdichte und -wachstum und der Desertifikation muss folglich von Region zu Region und auch lokal unterschiedlich bewertet werden.

Generell jedoch birgt die Bevölkerungszunahme in den Trockengebieten der Entwicklungsländer auch die Gefahr einer rascher voranschreitenden Desertifikation.

Das soziale Umfeld der Volksgruppen in Desertifikationsgebieten

Wie wir aus der Situation während der Dürren in den Sahelländern Afrikas gelernt haben, kommt auch dem ethnisch-sozialen Umfeld große Bedeutung als anthropogene Ursache der Desertifikation zu. Ethnische Gruppen mit einem traditional weitergegebenen Kulturgut verwendeten in der Regel den naturräumlichen Gegebenheiten angepasste Methoden der Landbewirtschaftung, die auf Sicherung ihres Lebensunterhaltes ausgerichtet waren. Durch die Bevölkerungszunahme, durch Aufgabe wertvoller Traditionen (zum Beispiel der Vorratswirtschaft), durch Einschränkungen der Wanderungsbewegung der Nomaden, durch Änderung der Bodennutzungsrechte der verschiedenen Volksgruppen im Zuge der europäischen Kolonisierung und schließlich durch deren Auseinandersetzungen bis hin zu kriegerischen Handlungen entstand ein

Rahmen, der eine ökologisch nicht angemessene Landnutzung entscheidend förderte und zur Übernutzung des Naturpotentials führte. Desertifikationsprozesse waren die Folge. Die fortschreitende Verarmung großer Teile der einstigen Traditionsgesellschaften verstärkte diese Prozesse. Vorstellungen über den Erhalt des Naturpotentials auch für zukünftige Generationen traten dabei in den Hintergrund oder wurden verdrängt, denn es ergaben sich neue, von den Kolonialherren mitgebrachte Ziele, wie beispielsweise die rasche Vermarktung der Agrarprodukte, und man erhoffte sich neue Erwerbsmöglichkeiten in anderen Regionen (Abwanderung in die Städte) oder im Ausland.

In der Folge entwickelten die Einheimischen Nutzungsformen und Verhaltensweisen, die die Naturräume überstrapazierten. Dies war bei den nomadischen Volksgruppen Afrikas ganz ähnlich wie bei den durch die Kolonialherren fast vernichteten Indianerkulturen in Südamerika: Auch hier ist die Übernutzung der Naturressourcen überall zu beobachten. Anders verliefen solche Entwicklungen in den späteren Industrieländern mit anteiligen Trockengebieten, wie in Nordamerika oder Australien. Hier ist der Desertifikationsprozess zumeist auf kapitalwirtschaftliches Denken zurückzuführen und hat keine traditionalen Grundlagen.

Die **Bodenerosionskontrolle** hat die Aufgabe, eine verstärkte Bodenerosion, die durch ökologisch nicht angepasste Landnutzungsmethoden ausgelöst wurde, unter Kontrolle zu bringen, das heißt einzudämmen. Dies geschieht durch den Bau von Erd- oder Steindämmen, die den Oberflächenabfluss des Regenwassers in den Tälern und auf den Hängen hemmen und lenken sollen. Terrassierung von bewirtschafteten Hängen, besonders in den Trockengebieten, dient demselben Zweck. Auch kleine Stauwehre können den Abfluss mindern, besonders bei Starkregen.

Politisch-ökonomische Hintergründe

Aus der bisherigen Darstellung anthropogener Ursachen der Desertifikation ging bereits hervor, dass alle genannten Faktoren auch etwas mit der jeweiligen politisch-wirtschaftlichen Entwicklung zu tun haben. So sind etwa die Tierhaltergruppen in Afrika ganz anderen Bedingungen unterworfen als die in Mittel- und Zentralasien mit sozialistischer Gesellschaftsordnung (ehemals Sowjetunion und China) oder aber die Tierhalter und -züchter Australiens. Rein privatwirtschaftliche Interessen stehen staatlichen Planmaßnahmen gegenüber und schaffen zusätzlich zur Verschiedenartigkeit des Naturraums Differenzierungen. So lag zum Beispiel die Weidewirtschaft ehemaliger Nomaden im damals sowjetischen Turkmenistan und Usbekistan in der Hand staatlicher Sowchosenbetriebe. Dennoch ist die Desertifikation überall im Fortschreiten, weil es offenbar schwierig ist, eine rein ertragswirtschaftlich orientierte Bevölkerung an eine ökologisch ausgerichtete nachhaltige Entwicklung heranzuführen und damit den Erhalt des naturgegebenen Potentials zu gewährleisten. Dies wäre zur Bekämpfung der Desertifikation in den Trockengebieten der Erde vor allem erforderlich, und zwar mit Hilfe von Maßnahmen, die über solche wie etwa die Bodenerosionskontrolle hinausgehen, da hiervon ja nur die Symptome dieser Umweltschädigung betroffen sind. Maßnahmen in Bezug auf die Landnutzungsmethoden sind notwendig, wozu auch eine ökologisch ausgerichtete Landnutzungsplanung gehört, die in Gesetzen verankert und in der staatlichen Wirtschaftsordnung integriert sein müssen. Leider ist dieses in den meisten von Desertifikation betroffenen Ländern bis heute nicht der Fall.

Folgen für die Landschaft

Seit langem ist bekannt, dass die Landschaften aller Klimazonen der Erde Schäden aufweisen, die auf ökologisch nicht angepasste Landnutzung zurückzuführen sind. Dazu gehört zum Beispiel die Bodenerosion (»soil erosion«), die ja in Mitteleuropa schon im Neolithikum und dann besonders in den großen Rodungsperioden des Mittelalters ausgelöst wurde und zu den Auelehmablagerungen (und damit zur Hochwassergefährdung) in den Tälern führte. In den Mittelmeerländern sind solche Erosionsschäden von besonderer Art. Sie sind schon seit der griechisch-römischen Zeit zu verzeichnen und werden allgemein auf die starke Entwaldung zurückgeführt.

In den desertifikationsgeschädigten Teilen der Steppen und Savannen zeigt sich jedoch ein Komplex von geoökologischen Schäden, der weit reichende Folgen für das gesamte Ökosystem dieser Trockengebiete hat und das ohnehin beschränkte Ressourcenpotential noch verringert; dies kann dort für große Bevölkerungsteile lebensbedrohend werden. Auch die Maßnahmen zur Bekämpfung der Desertifikation sind hier schwieriger als in den Landschaftszonen mit ganzjährigen Niederschlägen.

Die Degradation der Pflanzendecke

Jede Landdegradation, besonders in den Steppen und Savannen, beginnt mit einem ökologisch schädlichen Eingriff in die Vegetationsdecke, sei es in den Baumbestand oder in die Strauch- oder Grasdecke. Dies hat gravierende Folgen für das gesamte Ökosystem. Besonders folgenschwer ist es, wenn auch die natürliche Regenerationskraft dieser Pflanzenwelt gestört wird. Die ohnehin in Dürrezeiten leidende Vegetation wird gehindert, sich in feuchteren Perioden auf natürliche Weise zu regenerieren, wenn zum Beispiel die Wurzelschicht oder die Samen in der oberen Bodendecke zerstört worden sind.

Im Sahel von Niger, im A¨r. Da der Boden völlig abgeweidet ist, wird das **Blattwerk als Ziegenfutter** von den Bäumen (Akazien) geschlagen.

Zu den wichtigsten Schädigungen des Ökosystems zählen: in den subhumiden Randzonen der Steppen der Kahlschlag des schütteren Waldbestandes sowie in den Steppen selbst die Beseitigung des ohnehin spärlichen Baumbestandes, der kaum noch Nachwuchschancen hat. In den Savannen, die einen dichteren Baumbestand haben, vor allem mit Akazien, wird dieser durch rücksichtslosen Holzeinschlag für Feuerstellen und Abschlagen des Laubs als Ziegenfutter sowie für die Errichtung von Tierschutzzäunen schwer geschädigt. Verschwindet ein Baum, entfällt auch seine Schattenwirkung und schon dadurch ergibt sich eine Austrocknung der niedrigen Pflanzendecke und des Bodens. Die Entstehung der Savannen mit ihrem weitständigen Baumbestand innerhalb von Grasdecken wird ohnehin auf menschliche Eingriffe in eine Waldvegetation bereits in der Frühzeit zurückgeführt. Die wüstennahe Dornbuschsavanne stellt eine bioklimatische Übergangszone zur Wüste dar, in der heute die Desertifikation besonders rasch voranschreitet.

Der **Holzverbrauch** ist besonders in der Sahelzone enorm hoch. Viele Savannenbäume werden hier gefällt. Die Zweige werden zum Bau von Umzäunungen und zur Befeuerung der traditionellen Kochstellen genutzt. Um eine bessere Verwertung des Feuerholzes zu erreichen, versuchte man in einem Projekt der Entwicklungshilfe Kochöfen aus Metall einzuführen. Mit diesen Öfen kam man zwar mit weniger Holz aus, jedoch konnte die arme Bevölkerung selbst den geringen Preis für solche einfachen Geräte nicht bezahlen. Sie wollte sich auch nicht von der alten Tradition trennen, im Freien auf einfachen Feuerstellen zu kochen. Die Erfolge dieser gut gemeinten Entwicklungshilfe blieben deshalb gering.

Die Zerstörung der Vegetationsdecke hat aber besonders im Grasland weit reichende Folgen. Betroffen hiervon sind in der Trockenzone die ausgedehnten Weidegebiete. Welches sind die unmittelbaren Folgen? Zunächst entstehen durch ökologisch nicht angepasste Überweidung infolge zu hohen Viehbesatzes oder auch eingeschränkter Wanderungsmöglichkeiten kahl gefressene Weideareale. Die vegetationslosen Freiflächen werden immer größer und dehnen sich fleckenhaft über die Weidegebiete aus. Daraufhin erhöht sich dort die Ein- und Ausstrahlung mit erhöhter Verdunstung und Austrocknung des Bodens, womit eine Aridifizierung (Austrocknung des Ökosystems) eintritt.

Wie die Beobachtungen zeigen, haben dann nur noch trockenresistente Pflanzen eine Überlebenschance. Da diese zumeist nicht als Futtermittel geeignet sind, ist die Verschlechterung des Weidelandes eine unmittelbare Folge. Dies ist schon in weiten Gebieten der Steppen eingetreten, wie unten ausgeführte regionale Beispiele zeigen.

Die durch den Menschen verursachte Degradation hat aber auch im Ackerland bis zur klimatischen Anbaugrenze, der agronomischen Trockengrenze, Folgen für die Vegetation. In den Randgebieten des Regenfeldbaus, der hier infolge der hohen Niederschlagsvariabilität ohnehin großen Produktionsschwankungen unterworfen ist, werden ebenfalls vegetationslose Freiflächen erzeugt, in denen dann die Aridifizierung rasch voranschreitet. Da in vielen Trockengebieten nach der Ernte die Pflanzenreste (selbst die Wurzelballen) ganz aus dem Boden entfernt werden, wird die Austrocknung weiter gefördert. Dieser Eingriff in den Wasserhaushalt des Bodens bewirkt in Dürrezeiten besonders starke Desertifikation.

In den nachfolgenden Teilabschnitten wird immer wieder der Zusammenhang aller geoökologischen Desertifikationserscheinungen mit der Vegetationszerstörung deutlich. Diese steht daher am Anfang der Folgenkette, die die Eingriffe des Menschen in dieses dann labil werdende Ökosystem mit sich bringen.

Erosionsprozesse und die Veränderungen im Ökosystem

Die Degradation der Vegetationsdecke durch die Desertifikation in den Trockengebieten hat auch Folgen für die morphologischen Prozesse der Erosion, also für die Morphodynamik. Denn durch die Freilegung der Bodenoberfläche infolge der Vegetationszerstörung verändern sich die wirksamen Faktoren dieser Morphodynamik, wie Wasser und Wind, die zusammen die Erosionsvorgänge überwiegend steuern. Natürlich hängt die Wirksamkeit dieser Prozesse außerdem von der Art des Gesteinsuntergrundes und der Zusammensetzung der jeweiligen Verwitterungsschicht (Substrat) ab; ebenso haben die Geländeformen einen Einfluss darauf. In fla-

Erosionslandschaft in Mexiko, in der Sierra Madre del Sur westlich von Oaxaca.

chem Gelände sowie in Senken und Mulden und besonders an den Hügel-, Berg- und Gebirgshängen laufen, durch die Desertifikation ausgelöst, jeweils andere Prozesse ab. Die in der Trockenzone ablaufenden dynamischen Prozesse der natürlichen Oberflächengestaltung werden unter dem Begriff arid-morphodynamisches System zusammengefasst.

Vegetationsfreie Landoberflächen unterliegen bei den oft als Starkregen auftretenden Niederschlägen in erhöhtem Maße der Erosion. Die dünnen Bodendecken in den Trockengebieten werden leicht weggeschwemmt und an den Hängen ganz abgetragen. Das sandige und tonige Feinmaterial gelangt dann in die großen Trockentäler (Wadis) und füllt diese allmählich auf. Es handelt sich bei diesen Abtragungsprozessen also um einen verstärkten Erosionsvorgang, der bei konzentriertem Abfluss des Regenwassers auch zu linienhaften Erosionsformen wie Rinnen und Gräben (Gullies) führen kann. Insgesamt gehen dadurch viele Anbauareale verloren oder sie verschlechtern sich erheblich. Allerdings ist nicht jede Erosion eine Folge von menschlichen Aktivitäten oder dadurch verstärkten Desertifikationsprozessen; denn auch in den Trockengebieten, selbst in den Wüsten, wirkt die natürliche Erosion, die dann, wenn sie anthropogen verstärkt wird, vor allem die Bodendecke betrifft. In vielen verallgemeinernden Darstellungen wird der »Kampf gegen die Erosion« nicht differenziert genug gesehen, sodass manche Erosionsschutzmaßnahmen erfolglos geblieben sind. Indessen kann die durch menschliche Eingriffe verstärkte Erosion in weichen Sedimentschichten zu Geländeformen führen, die keinerlei Nutzung durch den Menschen mehr zulassen. Nach dem berühmten Beispiel im Westen Nordamerikas bezeichnet man diese so entstandenen Erosionsareale als Badlands. Wir finden sie heute weit verbreitet in den Steppen und Savannen. Im Ackerland treten oft einige Meter tiefe Erosionsgräben (spanisch: arroyos) auf, die sich rasch weiter vertie-

Die in der Trockenzone (ariden Zone) ablaufenden dynamischen Prozesse der natürlichen Oberflächengestaltung fasst man unter dem Begriff **arid-morphodynamisches System** zusammen. Er umfasst die Prozesse der Verwitterung des Gesteins, der Abtragung des verwitterten Materials durch Wasser oder Wind sowie des Transports des verwitterten oder abgetragenen Materials (zum Beispiel Boden, Schutt, Schotter, Gesteinsblöcke) durch Fließgewässer.
Alle diese morphodynamischen, auf der Geländeoberfläche ablaufenden Prozesse unterliegen den Auswirkungen des ariden Klimas (Trockenklimas). Durch die Erosionsprozesse wird ein typischer Formenschatz des Reliefs, beispielsweise Trockentäler (Wadis), Pedimentflächen und verschiedene Korrasionsformen, geschaffen. Je länger das Trockenklima besteht, umso ausgeprägter sind die (ariden und semiariden) Oberflächenformen.

Gully-Erosion in Israel, im Randbereich der Negev, eine Folge übermäßiger Beweidung.

fen und im ebenen Gelände auch wieder aussetzen können. Anthropogen verstärkte Erosion erkennt man oft daran, dass restliche Büsche auf Erdsockeln die Erosionsfläche überragen und dadurch die Mächtigkeit der abgetragenen Bodenschichten anzeigen.

Neben der Erosion durch fließendes Wasser (fluviale Erosion) gehört in den Trockengebieten besonders die Winderosion (Deflation) zum arid-morphodynamischen System. Durch die Desertifikationsprozesse mit Vernichtung von Bäumen, Sträuchern und Grasdecken wird die Windenergie erheblich verstärkt. Die Auswirkungen sind auch hier in der Verstärkung der Erosionsprozesse mit Ausblasung der durch Wind transportablen Korngrößen der Bodensedimente, wie Schluff und Fein- bis mittelgrober Sand, zu sehen. Weite Sandüberdeckung auch von Anbauflächen ist die Folge. Es bilden sich kleine Sandhügel um die Strauchvegetation herum, die Nebka (tunesisch-arabische Bezeichnung) genannt werden, ein Terminus, der heute international in der Desertifikationsforschung verwendet wird. Solche Nebkas bedecken in dichter Verbreitung viele Steppenweideflächen und sind erste Zeugen für eine verstärkte Winderosion und Auswehung der in den Böden erhaltenen Samen. Selbst in Ackerbaugebieten erreichen die Nebkas manchmal Höhen von ein bis zwei Metern. Allgemein kann man feststellen, dass in Gebieten mit starker Desertifikation die morphodynamische Windwirkung sich erheblich verstärkt. Oft ist dann auch die Zunahme von Staubstürmen die Folge.

Durch Winderosion bilden sich Nebkas, kleine Sandhügel um die Strauchvegetation herum, die manchmal ein bis zwei Meter hoch werden. Hier **Nebka mit Tamariske** am Nordrand der Sahara, Libyen.

Fasst man diese an der Erdoberfläche sichtbaren Anzeiger (Indikatoren) der Desertifikation im morphodynamischen Wirkungsgefüge zusammen, so erkennt man, dass hier Vorgänge ablaufen, die sich vor allem in einer Verschlechterung der Landnutzungsmöglichkeiten auswirkten. Dies betrifft dabei ebenso die Böden wie den gesamten Wasserhaushalt.

Bodenkundliche Indikatoren der Desertifikation

Agrarwirtschaftlich wirkt sich eine Verschlechterung der Böden sehr schnell als Verringerung der Ernteerträge aus, die bei den gegebenen Verhältnissen ohnehin im Grenzbereich der Rentabilität liegen.

Abgesehen von den genannten Prozessen der Bodenerosion, die mit der Abtragung der oberen Schichten durch Wasser und Wind zugleich den ohnehin geringen Humusgehalt des Oberbodens reduzieren, finden durch die fortschreitende Austrocknung (Aridifizierung) Umwandlungen in der ganzen Bodenschicht statt. Die Aridifizierung fördert den kapillaren Aufstieg der Bodenfeuchtigkeit mit mineralischen Bestandteilen, wie Calcium und Eisen. Durch die Ausscheidung dieser Partikel an der Bodenoberfläche (infolge der Verdunstung) wird diese verhärtet, es kommt zur Krustenbildung. Diese wiederum hat zur Folge, dass das Einsickern des Regenwassers vermindert wird, was wiederum die Austrocknung fördert. Auch der Regenabfluss wird durch die Bodenverhärtung beschleunigt, wodurch die flächenhafte Verschwemmung der Lockersedimente auf der Landoberfläche verstärkt wird. Freiflächen in tonreichen Böden verhärten schneller als in Sandböden, die infolge ihres größeren Porenvolumens schneller und mehr infiltrierendes Wasser aufnehmen. Messungen nach einem Starkregen in der afrikanischen Savanne haben ergeben, dass die Durchfeuchtungstiefe einen Meter in Sandsedimenten, hingegen nur bis zu 30 Zentimeter in tonigen Böden beträgt. Hierauf reagiert natürlich die Pflanzenwelt, weshalb Sandböden immer einen reicheren Pflanzenwuchs aufweisen. Wenn aber diese auf Sand wachsenden Pflanzen der Desertifikation unterliegen, wird die Winderosion erheblich gefördert.

Ein weiterer Vorgang im Boden wird durch die Austrocknung verstärkt. So wird durch die erhöhte Verdunstung ein großer Teil der Bodenporen entwässert, die sich dann allmählich mit Luft auffüllen, was sich negativ auf die Wasserleitfähigkeit im Boden auswirkt. Dadurch entsteht ein Bodenluftpolster, das einerseits als Verdunstungsbarriere (»Evaporationsbarriere«) wirkt, andererseits aber auch das Einsickern des Regenwassers stark behindert. Man kennt diesen Vorgang vom Begießen eines Blumentopfes, in dem die Erde stark ausgetrocknet ist: Das Wasser dringt kaum in die Erde ein.

Insgesamt werden durch die anthropogen beschleunigte Aridifizierung alle biotischen Funktionen im Boden gestört, so auch die bakterielle Lebewelt. Die natürliche Regeneration der Böden, die in der ariden Zone ohnehin sehr langsam verläuft, wird bei solchen degradierten Böden fast ganz unterbrochen, weil zu allen diesen chemischen und biotischen Vorgängen Bodenwasser benötigt wird. Man kann dann auch von einem »toten« Boden sprechen.

Der Grad der Bodendegradation wird an den Auswirkungen auf die landwirtschaftliche Produktivität gemessen, sowohl im Anbau als auch in der Weidevegetation. Von leicht degradierten Böden, das sind Böden, die durch besseres Bodennutzungsmanagement auch wieder verbessert werden können, bis zu starker und extremer De-

BODENAUSTROCKNUNG

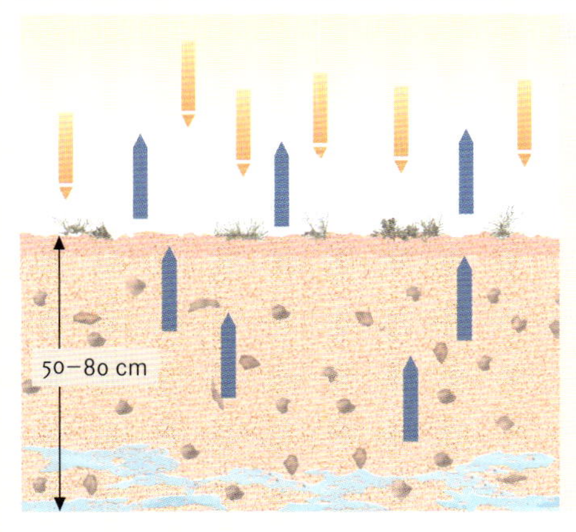

Hohe Einstrahlung in Trockengebieten

Erhöhte Verdunstung durch Zerstörung der Pflanzendecke

Bodenverhärtung

Kapillarer Anstieg des Bodenwassers mit gelösten Bodenmineralstoffen

Sandig-steiniger Boden mit Bodenwasser

Der kapillare Aufstieg des Bodenwassers ist eine Folge der erhöhten Verdunstung, die in Desertifikationsgebieten durch Vegetationszerstörung mit der Entstehung von pflanzenfreien Bodenflächen wirksam oder verstärkt wird. Dies führt zur Austrocknung der Böden und zur oberflächlichen Bodenverhärtung. Es besteht eine Abhängigkeit von der Bodenart (sandig oder tonig), weil das Porenvolumen unterschiedlich groß ist. Tonböden verhärten stärker als Sandböden.

Zu den Faktoren, die bei der Bodennutzung beachtet werden müssen, gehören die Art der Nutzungssysteme im Anbau (Trockenfeldbau oder Bewässerung), Anbaufolgen und Bearbeitungsmethoden sowie Maßnahmen zum Erosionsschutz und damit gegen die Verschlechterung der Böden durch Degradationsprozesse. Ein gutes **Management der Bodennutzung** muss jedoch auch Maßnahmen zum Erhalt der Bodenfruchtbarkeit umfassen, um die geforderte nachhaltige Entwicklung in der Landwirtschaft zu gewährleisten.

gradierung besteht ein allmählicher Übergang. In »UNEP's World Atlas of Desertification« sind folgende Angaben über die Anteile degradierter Böden in den jeweiligen Trockengebieten gemacht: Für Europa (Spanien, Sizilien, Griechenland, Russland, Ukraine) 33 %, für Afrika und Asien 25 %, Australien 13 %, Nordamerika 11 % und für Südamerika 15 %. Die hohen Werte für Europa, Afrika und Asien (es handelt sich natürlich um Näherungswerte) sind nur durch die Intensität und das historische Alter der Inkulturnahme dieser Gebiete zu erklären. Eine Produktivitätssteigerung dieser degradierten Böden durch chemische Düngung ist hierbei nicht berücksichtigt.

Nach der Studie »Global Assessment of Human Induced Soil Degradation« (GLASOD) wird für die Trockenzone der Anteil der Bodendegradierung durch Winderosion mit 60 % angegeben, wohingegen dieser in der trockenen subhumiden Übergangszone immerhin noch 21 % beträgt. Der Anteil der durch Wassererosion betroffenen Degradierungsvorgänge verhält sich umgekehrt, nämlich 63 % in der subhumiden und 29 % in der ariden Zone. Diese Zahlen (ebenfalls nur Näherungswerte) verdeutlichen auch die unterschiedliche Wirksamkeit des arid-morphodynamischen Systems in der Trockenzone.

Hydrologische Veränderungen

Die genannten Veränderungen im Ökosystem zeigen einen Wandel an, der sich durch Verminderung der Regenmenge, die in den Boden infiltriert, insbesondere auf den Wasserhaushalt auswirkt. Mit gleichzeitiger Erhöhung der Verdunstung verringert sich die ökologisch positive Auswirkung des Niederschlags auf die Pflanzenwelt und die Bodenfruchtbarkeit, weil das gesammelte Regenwasser schneller und konzentrierter abfließt und dadurch die Erosionsprozesse verstärkt werden.

Die in ariden Gebieten weit verbreitet auftretenden Bodensalze als Rückstände der Verdunstung, die aus salzreichen oberflächennahen Gesteinsschichten stammen, werden mit dem rasch abfließenden Regenwasser in die zahlreich vorhandenen geschlossenen Mulden und Bodensenken eingespült und führen in deren Salzlagunen zu erhöhter Salzkonzentration. Der anthropogene Eingriff in die Pflanzendecke mit allen seinen Folgen führt damit durch den schnelleren Abfluss des Regenwassers auch zu verstärkter Versalzung in den abflusslosen (endorhëischen) Geländeformen, ein Vorgang, der in allen Trockengebieten der Erde beobachtet werden kann. Die erhöhte aktuelle Verdunstung wirkt sich dabei ebenfalls aus.

Der verstärkte Abfluss des Oberflächenwassers hat auch Folgen für das Abflussverhalten in den Wadis. Auch hier steigert sich der konzentrierte Abfluss nach Starkregen zu Flutkatastrophen, die in den Tälern zu Zerstörungen führen, besonders wenn Anbaukulturen,

Beginnende **Versalzung** auf neuen Bewässerungsfeldern am Stausee von Marib, Jemen.

zum Beispiel auf Talterrassen, bis an das Hochwasserbett heranreichen. Stark betroffen von solchen Flutkatastrophen sind Vorlandtäler am Gebirgsrand, wenn dort eine starke Entwaldung stattgefunden hat, die den verstärkten Abfluss zum Vorland bewirkt. Diese Situation ist in vielen randlichen Trockengebieten, die noch einen natürlichen Wald tragen, gegeben, und zwar in allen Kontinenten. Zerstörungen im Kulturland sind zumeist die Folge, wobei die Schädigung oder Vernichtung der Pflanzendecke hierbei ebenfalls der auslösende Faktor ist.

Auch zwischen Desertifikation und Grundwasserspiegelabsenkungen gibt es enge Beziehungen. Zum einen wird die Ergänzung des Grundwassers durch beschränkten und rascheren Oberflächenabfluss mit gleichzeitig erhöhter Verdunstung vermindert, zum anderen werden durch heutige technische Möglichkeiten mehr Grundwasservorräte »ausgebeutet«, ohne dass diese in den Trockengebieten ausgleichend ergänzt werden können. Eine nachhaltige Entwicklung in der Nutzung des Grundwassers muss hier an Stelle der ökologischen Ausbeutung treten.

Im Zusammenhang mit dem UN-Umweltprogramm (UNEP) wird unter dem Titel **Global Assessment of Human Induced Soil Degradation (GLASOD)** eine weltweite Schätzung der durch den Menschen verursachten Bodendegradation durchgeführt.

Der Ursachenkomplex der Desertifikation und die Aridifizierung

Die geoökologischen Auswirkungen der Desertifikation sind zwar, wie bisher beschrieben, an typischen Indikatoren in den Steppen- und Savannenlandschaften der Trockengebiete erkennbar, bilden aber zusammen ein Wirkungsgefüge (Faktorenkomplex), das insgesamt zur Landdegradierung und schließlich zur Entstehung wüstenhafter Bedingungen führt. Ein quasi irreversibler, das heißt fast nicht mehr zu ändernder Endzustand würde dann erreicht, wenn das Land durch diese geoökologischen Prozesse zur »man-made desert« (vom Menschen gemachten Wüste) wird, die nicht einmal mehr eine Nutzung durch Tierhaltung gestatten würde. Leider ist der Desertifikationsprozess in Teilen der Trockengebiete bereits auf diesem Wege.

Wie schon mehrfach dargelegt, beginnt der Desertifikationsprozess mit einem ökologisch nicht mehr verträglichen Eingriff in die Vegetationsdecke. Dieser verläuft im flächenhaften Anbaugebiet bis zur klimatisch-agronomischen Trockengrenze anders als im semi-ariden Weideland mit Gras- und Strauchbewuchs, wo es auf den Erhalt der natürlichen Regenerationsfähigkeit der Futterpflanzen ankommt. Ist diese durch fortschreitende edaphische, das heißt den Boden betreffende Austrocknung nicht mehr gewährleistet, verschlechtert sich das Weidepotential zunehmend bis zur notwendigen Aufgabe der Tierhaltung.

Das eingezäunte **Weideland** im Rinderzuchtgebiet Namibias ist stark abgegrast; diesseits des Zaunes ein Spießbock.

Die nächste geoökologische Folge ist verstärkte Erosion im Bodenbereich, die gleichzeitig den Wasserhaushalt verändert. Hier tritt die Frage auf, inwieweit dadurch auch die klimatischen Verhältnisse betroffen sind. Sicher sind im mikro- und mesoklimatischen Bereich, insbesondere durch die Erhöhung der aktuellen Verdunstung, ökologische Schäden mit Rückwirkungen auf die Vegetation zu erwarten. Auch die verstärkte Windwirkung beschleunigt den Austrocknungsvorgang. Ob jedoch über den mesoklimatischen und damit über den lokalen Bereich hinaus klimatische Änderungen auftreten, ist auch vom großklimatischen System mit seiner Niederschlagsverteilung abhängig. Zwischen den trockenen Sub- und Randtropen ist hierfür übergeordnet die atmosphärische Zirkulation verantwortlich, die Veränderungen dann unterworfen wäre, wenn großflächige Zerstörungen des semiariden Ökosystems, zum Beispiel in der gesamten Steppenzone, erfolgen würden. Auf diese Gefahr wird häufig in den Medien allzu verallgemeinernd hingewiesen, oft genug ohne genauere Kenntnisse der naturgegebenen Klimabedingungen mit ihrer Variabilität.

Desertifikationsprozesse sind anhand einer Vielzahl von Indikatoren erkennbar. **Das Relief verändernde (morphodynamische) Faktoren:** Verstärkte Bodenerosion durch Wasser- und Windwirkung, verstärkte Abtragung der oberen Bodenschichten durch Winderosion (Deflation), verstärkte Sandabwehung und dadurch Übersandung von Acker- und Weidegebieten, zum Teil Sandanwehungen an Büschen und Sträuchern (Nebkas), junge Dünenbildung auch in Gebieten der Landnutzung. **Bodenkundliche (pedologische) Indikatoren:** Verstärkte Abtragung des oberen Bodenhorizontes (A-Horizont), Ausblasung der mineralreichen oberen Bodenschichten mit Verarmung der Bodennährstoffe, also Bodenverschlechterung. **Hydrologische Indikatoren:** Verschlechterung des Wasserhaushalts der Böden durch Austrocknung infolge erhöhter Verdunstung durch Schädigung der Pflanzendecke, Absinken des Grundwasserspiegels durch Übernutzung. **Aridifikationsanzeiger:** Einwanderung von stärker trockenheitsverträglichen Pflanzen (Indikatorpflanzen einer Austrocknung) als Folge einer Auflockerung der Pflanzendecke durch Mensch und Tier und hierdurch bedingte Erosion.

Welches aber sind die direkten Folgen des geoökologischen Faktorenkomplexes der Desertifikation für die Bewohner der Trockengebiete? Die beschriebenen Indikatoren haben uns bereits gezeigt, dass von der Pflanzendecke bis zum Wasserhaushalt das gesamte Ökosystem betroffen ist. Dies bedingt eine erhebliche Verschlechterung der natürlichen Ressourcen. Die schon vor Jahrzehnten gestellte Frage »Trocknet Afrika aus?« wird durch die Aridifizierung bejaht. Ähnliches gilt für desertifikationsgefährdete Gebiete in anderen Kontinenten. Konsequenzen hieraus werden vor allem hinsichtlich der Bekämpfungsmaßnahmen gezogen werden müssen; denn die Maßnahmen bezüglich nur eines Faktors, wie der Bodenerosion, reichen nicht aus, die Desertifikation zu stoppen.

Die sozialen und wirtschaftlichen Folgen in Entwicklungsländern

Schon bei der Frage nach den Ursachen der Desertifikation musste auch nach der sozialen und wirtschaftlichen Situation der Bevölkerung gefragt werden. Nun ist dabei eine klare Unterscheidung zwischen Verursachern und Opfern nicht immer zu treffen, jedenfalls nicht, soweit es die ärmeren Entwicklungsländer angeht. Die sozioökonomischen Folgen für die Subsistenzwirtschaft der Entwicklungsländer betreffen in erster Linie die Verschlechterung des Nutzungspotentials, sowohl im Regenfeldbau als auch in der Weidewirtschaft. Wenn in Anbaugebieten, vor allem beim Überschreiten der Trockengrenze und zugleich als Dürrefolge, die Produktion etwa im Hirseanbau stark zurückgeht und in extremen Dürrejahren ganz ausfallen kann, ist nicht nur eine Vermarktung, sondern oft die Ernährung selbst gefährdet. Durch Vernachlässigung der Vorratswirtschaft verschlimmert sich diese Situation. Ausreichend Geld zum Kauf von Nahrungsmitteln steht meistens nicht zur Verfügung, zumal in solchen Zeiten auch die Marktpreise steigen. Tierhalter haben dagegen Schwierigkeiten, ihre Tiere zu verkaufen, weil ein Überangebot besteht; die Preise sind zudem sehr niedrig. Andere Erwerbsmöglichkeiten bestehen in den armen Entwicklungsländern zumeist nicht. Hunger breitet sich in solchen Dürrezeiten aus. Davon ist zuerst die ärmere Bevölkerung betroffen. Staatliche Hilfe ist kaum zu erwarten, sodass die internationale Nahrungshilfe einspringen muss. Diese kann allerdings auch zu Missbräuchen führen, wenn die Hilfsgüter die am stärksten betroffenen Bevölkerungsgruppen nicht erreichen, sondern auf den Lokalmärkten verkauft werden. In manchen Desertifikationsgebieten sind auch die lokalen Entwicklungsmöglichkeiten nach einer Dürre eher gestört, besonders wenn Lebensmittel geliefert worden sind, die nicht zur traditionellen Ernährungsweise gehören.

Die sozioökonomischen Folgen für die von Desertifikation betroffene Bevölkerung in staatlichen Anbaugebieten oder auch in großen Bewässerungsgebieten sind anderer Art. Hier fallen durch den Produktionsrückgang Arbeitsplätze weg, die zumeist nicht durch andere Beschäftigungen ersetzt werden können. Staatliche Arbeitslosenhilfe gibt es fast nirgends. Saisonarbeiter müssen in ihre Herkunftsgebiete zurückkehren, ohne dort eine bessere Situation vorzufinden. Sie können dann nicht mehr ihre Familien unterstützen. Die Armutssituation verschlimmert sich.

Im Umkreis eines Brunnens im Kaokoveld, Namibia, ist die **Vegetationsdecke** restlos abgeweidet.

Die Ressourcenschädigung in großen Weidegebieten hat sozioökonomische Folgen für die nomadischen Tierhaltergesellschaften etwa im Sahel Afrikas: Der Tierbestand muss drastisch verringert werden, wobei eine rasche Vermarktung der Tiere an oft wenig aufnahmefähigen Märkten scheitert und weil Kühlhäuser fehlen keine Lagerung von Fleisch möglich ist. Der Tierbestand reduziert sich infolge von Wasser- und Futtermangel drastisch. Abwanderung in weniger betroffene Gebiete ist meistens nicht mehr möglich. Soziale und wirtschaftliche Folge ist dann oft zeitweise oder auch endgültig Sesshaftigkeit mit eingeschränkten Wanderungen des restlichen Tierbestandes. Dies aber führt zu weiterer Überweidung im Umkreis der betroffenen Siedlungen und zur Erweiterung des Desertifikationsringes um diese Siedlungen. Eine allgemeine Verarmung ist auch hier meistens eine Folge.

Soziale Folgen in der traditionalen Gesellschaftsordnung

In vielen altweltlichen Entwicklungsländern ist die soziale Struktur ethnisch geprägt: Stammesverbände, Sippen und Familien sind die wichtigsten Formen des Zusammenlebens. Wurden diese

Lebensformen von Dürren mit Desertifikationsfolgen betroffen, so war früher die gegenseitige Hilfe für das Überleben ausschlaggebend. Heute kommt es fast überall zur Auflösung dieser traditionellen Strukturen. Sowohl externe Einflüsse als auch interne Wandlungen sind daran beteiligt.

Bei Kinderreichtum gibt es Bestrebungen, wenigstens einigen Kindern einen Schulbesuch zu ermöglichen. Dies führt zu neuen Bindungen, erfordert mehr Sesshaftigkeit der nomadischen Familien, was für die traditionellen Nutzungsformen des Landes oft Veränderungen bringt. Das Streben nach mehr Verdienst durch höhere Agrarproduktion, auch in der Tierhaltung, führt oft zur Übernutzung des vorhandenen Potentials und damit zu weiterer Degradierung der Ressourcen: Alles in allem ein Teufelskreis.

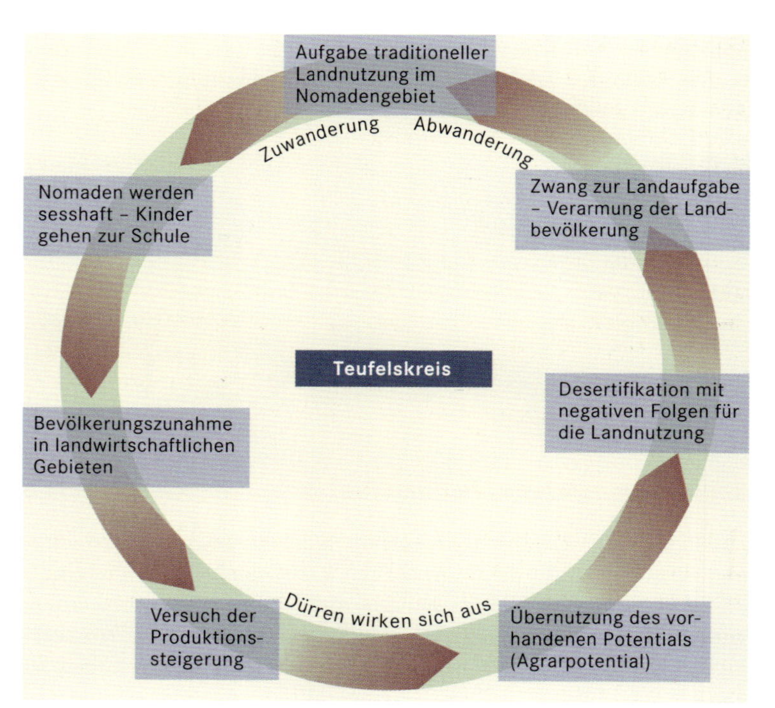

Das **Sesshaftwerden der Nomaden** führt oft zur einer Übernutzung des ökologischen Potentials und einer Landschaftsdegradierung.

Insgesamt sind die sozioökonomischen Folgen in den Entwicklungsländern der Trockengebiete sehr unterschiedlich, sowohl innerhalb der ethnischen Gruppen als auch mit Blick auf die Gesellschaftsschichten; denn die Ärmeren auf dem Land sind immer stärker von den Folgen der Desertifikation betroffen als die Reicheren, die es auch in den Entwicklungsländern gibt.

Sozioökonomische Folgen durch Abwanderung

In vielen Familien, die in den Desertifikationsgebieten der Trockenzone der Alten Welt leben, wird heute versucht, die wachsende Armut durch zeitweise Abwanderung in die Städte auf der Suche nach neuen Verdienstmöglichkeiten zu mildern. Zumeist sind es erwerbslose Männer, die diesen Weg gehen. In solchen Gebieten setzt sich daher die Landbevölkerung überwiegend aus Frauen, Kindern und alten Menschen zusammen. Von den Städten aus soll dann ein Teil des als Wärter, Bote, Hausangestellter oder als Taxifahrer verdienten Geldes den Familien zu Hause zugute kommen, was jedoch meistens nur eine bescheidene Hilfe darstellt. Viele solcher Abwanderer verlieren auch ganz den Kontakt mit ihrer Sippe.

Für die zurückbleibenden Familienmitglieder, besonders für die Frauen, ergibt sich dann die schwere Situation, den Unterhalt selbst zu erwirtschaften. Sie sind gezwungen in der Landwirtschaft alle Arbeiten zu verrichten, was in Dürrezeiten besondere Strapazen mit sich bringt. Insofern sind gerade die Frauen in den Desertifikationsgebieten die Leidtragenden, die zudem noch – oft mit weiten Wegen verbunden – für Wasser, Feuerholz und den Verkauf ihrer wenigen Gartenprodukte sorgen müssen.

Die zeitweiligen und besonders die dauerhaften Abwanderungen aus dem ländlichen Raum in die Städte schaffen Probleme auch im städtischen Bereich, denn infolge der sich verschlechternden Lebenssituation im ländlichen Raum ziehen ganze Familien in die wenigen, schon überfüllten Städte. Es entstehen neue Slums, denen die notwendige urbane Integration fehlt. Die schlechte wirtschaftliche Situation der Zuwanderer und ihre soziale Isolierung bringen somit auch politische Probleme mit sich. Es ist dabei klar, dass die dargestellte Problematik nicht allein als Folge der Desertifikation erklärt werden kann, wenngleich diese an der Verschlechterung der Lebensbedingungen in den Trockengebieten wesentlichen Anteil hat und in Desertifikationsgebieten auslösender Faktor der Abwanderung ist.

Folgen der Veränderungen im Bodenrecht

In den meisten Entwicklungsländern ist die Landnutzung durch traditionelle Bodennutzungsrechte geregelt. Offiziell festgeschriebene Bodenrechte, die in Katastern vermerkt sind, bestehen jedoch nicht überall. Die Entwicklungen der letzten Jahre haben immer wieder nach Dürren und Desertifikation Verschiebungen gebracht, die häufig zu Konflikten zwischen den Landnutzern geführt haben, besonders zwischen Nomaden und sesshaften Ackerbauern. Während der Kolonialzeit gab es neue, staatlich festgelegte Anbaugebiete und neue Regelungen im Beweidungsrecht und für die Wanderungen der Tierhalter. Durch das Sesshaftwerden von vorher mobilen Gruppen traten ebenfalls Konflikte auf. Alte Stammesrechte wurden außer Kraft gesetzt.

Insgesamt brachten Verluste durch Desertifikationsschäden große Einschränkungen auch in den Nutzungsrechten mit sich. Durch staatliche Dekrete wurden Weideareale einiger Stämme für die allgemeine Nutzung freigegeben. Selten wurden dagegen Maßnahmen zu einer neuen Einbindung der nomadischen Tierhalter in das bestehende Wirtschaftssystem ergriffen. In der sozialistischen Nutzungsordnung der ehemaligen Sowjetunion wurde zum Beispiel die nomadische Weidewirtschaft in Turkestan ganz untersagt, stattdessen wurden Staatsbetriebe geschaffen. Staatliche Eingriffe in das traditionelle Nutzungsrecht hatten auch Folgen für den Desertifikationsprozess.

Politische Folgen

Viele der von Desertifikation betroffenen Gebiete in Entwicklungsländern liegen fern von den städtischen Zentren, in denen die politischen Entscheidungen getroffen werden. Die Bevölkerung solcher Gebiete fühlt sich oft mit ihren Problemen bei der Bewältigung von Dürre- und Desertifikationsschäden allein gelassen. Entwicklungshilfe von Industrieländern geschieht vielfach isoliert von der Politik der zuständigen einheimischen Ministerien, für die der Gedanke an Umweltschutz noch fremd ist oder doch weit zurücksteht hinter anderen Entwicklungsbestrebungen des Landes.

Dadurch entstehen häufig politische Instabilitäten, wobei die verschlechterte Lebensqualität infolge der Ressourcenschädigung eine entscheidende Rolle spielt. Nicht selten kommt es dabei zu kriegerischen Auseinandersetzungen. In Südamerika sind es zumeist Indianergruppen, bei denen sich die Landdegradierung stärker auf ihre Eigenversorgung auswirkt und politische Unzufriedenheit schafft.

Insgesamt ist daraus zu folgern, dass auch eine bessere wirtschaftliche Einbindung der betroffenen Bevölkerung in solchen Gebieten innerstaatlich angestrebt werden muss, um der Desertifikation Herr zu werden.

Folgen der Desertifikation in Industrieländern

Während die Ökosysteme der Entwicklungsländer und der Industrieländer mit Trockengebieten in vielem ähnlich sind, sind ihre Nutzungssysteme sehr unterschiedlich. Sowohl die Motivation der Nutzung als auch die sozialen und wirtschaftlichen Voraussetzungen der Nutzergruppen sind verschieden. Deshalb sind auch die Folgen der Desertifikation für die Menschen andere. Betrachten wir – als Exkurs – diese in Nordamerika und in Australien, und sehen wir von den jeweiligen Ureinwohnern, den Indianern und den Aborigines, mit ihren voreuropäischen Nutzungsmethoden ab, so sind die argarwirtschaftlichen Systeme dort ausschließlich ertrags- und verkaufsorientiert. Dürreperioden, die es auch dort gibt, treffen nicht (mehr) die Lebensgrundlage der Bevölkerung insgesamt, allenfalls bedingen sie zeitweise Verdienstausfälle oder zwingen einzelne Farmbetriebe zur Aufgabe.

Dürren und Desertifikationsfolgen werden anders aufgefangen als in den Entwicklungsländern mit vorherrschender Subsistenzwirtschaft, die nur zur Sicherung des eigenen Lebensunterhaltes ausreicht. In der Tierhaltung, die in Australien eine vorherrschende Nutzungsform ist, wird der Tierbestand dann drastisch verringert, und zwar durch Verkauf und Schlachtung der Tiere. Nomadische Tierhaltung ist hier unbekannt und die großen privaten und im Besitz von Agrargesellschaften befindlichen Weideareale sind zudem

Die **Badlands in South Dakota (USA)** sind auf natürliche Weise entstanden. Der Begriff Badlands wurde auch auf Formen der Bodenerosion übertragen, die auf menschliches Einwirken zurückzuführen sind.

fest eingezäunt und überwacht. Allerdings kommen auch hier, besonders in Trockenzeiten, Degradierungsschäden vor, die eine Verringerung des Tierbestandes notwendig machen.

Da in den USA eine externe Wasserzufuhr durch Fremdlingsflüsse und durch Kanalsysteme, zumeist hoch technisiert, gegeben ist, sind ausgedehnte Bewässerungskulturen entstanden. Diese sind ausschließlich ertragsorientiert. Auch die zum Teil stationäre Tierhaltung ist so organisiert.

Im trockenen Westen Nordamerikas kam es zu starker Ausbeutung des auch hier beschränkten Potentials. Die so genannte Dust Bowl (»Staubschüssel«) in den Great Plains und viele Formen von Badlands (»Schlechtes Land«, also zu nichts zu gebrauchen) in den Prärien sind eine Folge davon. In den Dürrejahren von 1930 bis 1935 wurden zum Beispiel 650 000 Farmer mit 400 000 Quadratkilometern Land als ruiniert gemeldet, was natürlich auch sozioökonomische Folgen hatte. Heute sind in den USA mit dem »Soil Conservation Service« (staatlicher Dienst für Bodenerhaltung und Erosionsschutz) und der Einführung des »dry farming«, einer speziellen Landbearbeitung in Trockengebieten unter Erhalt der Bodenfeuchtigkeit, Gegenmaßnahmen gegen die Bodendegradation entwickelt worden. Allerdings erfordert dies einen entsprechenden Kapitaleinsatz, der in Entwicklungsländern nicht zur Verfügung steht.

Auch auf die schwerwiegenden Eingriffe im Weideland Australiens, vor allem durch Vernichtung des Baumbestandes im 19. Jahrhundert, muss hingewiesen werden. Diese ökologische Degradierung hatte natürlich auch hier sozioökonomische Folgen in den ersten Generationen der Siedler, die aus Europa nach Australien gekommen waren.

Der Ursachen-Folgen-Komplex der Desertifikation

Die Desertifikation im weitesten Sinn ist ein komplexes Phänomen, auf dessen Ursachen und Auswirkungen die klimatischen Bedingungen wie auch die verschiedenartigsten vom Menschen ausgelösten Eingriffe in das Ökosystem sich gegenseitig verstärkenden Einfluss haben. Dabei sind sowohl im Ursachenkomplex als auch im Folgenkomplex naturökologische und humanökologische Faktoren eng miteinander verwoben.

Die Landnutzungsressourcen sind in ihrem Potential klimatisch beschränkt, und zwar durch Wassermangel, durch Austrocknung der Böden und durch die in den Trockenmonaten eingeschränkte Regenerationskraft der Vegetation (Dürren!). Jede Art von Übernutzung grenzt die hiervon abhängigen Ressourcen für die Landnutzung weiter ein. Daraus entwickelt sich ein Selbstverstärkungsvorgang, der letztlich zur vom Menschen gemachten Wüste – zur »man-made desert« – führt. Da die vom Menschen ausgelösten Eingriffe in das Ökosystem verschiedengradig intensiv sind, auch in ihrer Dauer, entwickeln sich daraus unterschiedliche Grade der Desertifikation. Die in der Landschaft sichtbaren Indikatoren des Schädigungsgrades zeigen diesen Prozess an.

Auch in der betroffenen Bevölkerung entsteht ein Ursachen-Folgen-Komplex, der sich selbst verstärkt. Verursacher und Opfer der Desertifikation können ja nicht immer getrennt gesehen werden. In den armen Ländern bewirken Desertifikationsfolgen verstärkte Übernutzung der eingeschränkten Ressourcen (Wasser, Boden, Pflanzen), was wiederum den Desertifikationsprozess fördert. Eine weitere Verarmung ist die Folge.

Damit wird deutlich, dass alle hier genannten Beispiele einen Gesamtkomplex bilden, in dem vielfältige Faktoren miteinander verflochten und interaktiv wirksam sind. Bei allen Entwürfen von Gegenmaßnahmen ist dies zu beachten.

Bevor der **australische Kontinent** durch europäische Siedler landwirtschaftlich genutzt wurde, waren in den tropisch-subtropischen Küstengebieten etwa 70 Prozent der Fläche mit Wald und offenem Baumbestand bedeckt, in Südaustralien waren es zwischen 30 Prozent und 70 Prozent. Diese Baumbestände wurden weitgehend beseitigt, um Farmen und Weideland zu schaffen. Es blieben nur noch wenige Flächen ungerodet.
Die Folgen waren überall Erosion mit Bodenverschlechterung. Heute sind der Bevölkerung diese ökologischen Schäden bewusst geworden und man versucht, die Landnutzung dem natürlichen Potential durch Schutzmaßnahmen und einen verminderten Tierbestand anzupassen und sie somit umweltverträglich zu machen. Dies gilt besonders in Dürrezeiten, in denen eine rasche Vermarktung von Weidetieren ermöglicht wird.

Gegenmaßnahmen

Bei der UN-Konferenz in Nairobi 1977, der ersten internationalen Konferenz mit dem zentralen Thema »Desertifikation«, wurde ein Aktionsplan zur Bekämpfung der Desertifikation (englisch: Plan of Action to Combat Desertification) erarbeitet. Darin versuchte erstmals eine große Anzahl von Fachleuten Strategien zu entwickeln, dieser weltweit fortschreitenden Umweltschädigung zu begegnen. Inzwischen liegen mannigfache positive und negative Erfahrungen aus fast allen Trockengebieten darüber vor, ob und wie Desertifikation bekämpft werden kann. Es ist dabei nicht zu übersehen, dass Probleme entstehen, die nicht einfach mit technischen Maßnahmen gegen di Folgen, die zumeist nur Symptome sind, zu lösen sind. Vor allem die anthropogenen Faktoren sind es, die damit nicht beseitigt werden können. Geoökologische Auswirkungen wie Bodenerosion können zwar durch Kontrollmaßnahmen eingeschränkt werden, der Gesamtprozess der Desertifikation aber geht oft weiter, weil die ökologisch nicht angepassten Handlungsweisen der betroffenen Menschen nicht verändert werden konnten. Das Bewusstsein, die eigenen Ressourcen auf Dauer schwer zu schädigen, ist insgesamt nur wenig entwickelt, und zwar sowohl bei den politischen Institutionen als auch bei den agierenden Bauern und Viehhaltern. Hinzu kommt, dass zur Einschränkung oder Beseitigung der Degradierung Kapital erforderlich ist, das zumindest in den meisten Entwicklungsländern von den Betroffenen selbst nicht aufgebracht werden kann. Selbst in den Industrieländern ist die Behebung von Schäden nicht immer einfach; vielfach fehlt bei den Verursachern von Desertifikation der Wille, vorhandenes Kapital für ökologisch verträgliche Maßnahmen einzusetzen und nicht nur in die Produktionssteigerung zu investieren.

Erfassung der Desertifikationsschäden

Für das Gelingen aller Bekämpfungsmaßnahmen ist es unerlässlich, die Verbreitung, die Ursachen und Folgen, die durch Degradationsprozesse bereits entstanden sind, zu kennen. Alle zu treffenden Maßnahmen müssen sich zudem nach dem Grad der Schädigung der Kulturlandschaft richten. Erst mit diesen Kenntnissen besteht Aussicht auf einen Erfolg. Auch die sozioökonomische Bewertung der Schäden und ihrer Folgen für die Landnutzung ist wichtig. Notwendige Landnutzungsplanung ist nur bei Kenntnis der genannten Voraussetzungen erfolgreich.

In den trockenen Entwicklungsländern liegen zwar Erfahrungen der betroffenen Bevölkerung über Landnutzungsschäden vor, sie können jedoch selten dokumentiert oder quantifiziert werden. Dazu sind »Experten« notwendig, die vorhandenes und abzuschätzendes Datenmaterial auswerten können und – wenn möglich – in Dokumenten, auch Karten, zugänglich machen. Bei der Erarbeitung solcher Dokumente sollten von vornherein einheimische Kenner der Situation einbezogen werden, die später bei der Überwachung geplanter Maßnahmen und deren Durchführung mitwirken können.

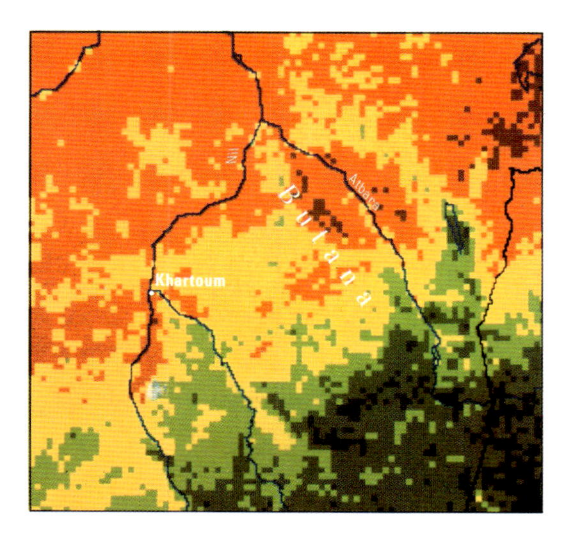

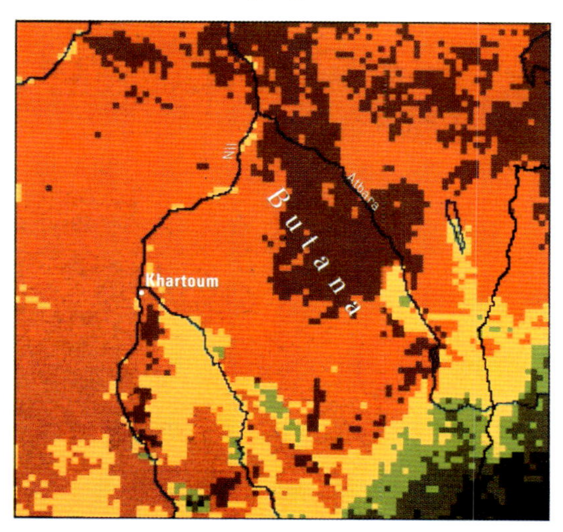

Satellitenbilder der National Oceanic and Atmospheric Administration (NOAA) zeigen die Vegetation der Butana, einer Sahellandschaft östlich des Blauen Nil in der Republik Sudan. Zwischen dem feuchteren Jahr 1988 (links) und dem Dürrejahr 1990 (rechts) hat sich die Grenze der Vegetation (grün) um mehr als 200 km nach Süden zurückgezogen.

Dem dargelegten Ursachen-Folgen-Komplex entsprechend werden Daten gesammelt zur klimatischen Situation (vor allem zur Variabilität der Niederschläge und des Trends in den letzten Jahren), zum Wasserhaushalt und zur ökologischen Situation der natürlichen Pflanzenwelt. Hierbei muss der Desertifikationsbezug im Auge behalten werden, Auswirkungen des menschlichen Nutzungssystems müssen graduell erkannt und fixiert werden. Dabei sind auch die Schädigungsgrade anhand ihrer Indikatoren im Gelände zu identifizieren und festzulegen. Solche Analysen der Desertifikationsprozesse sollten zwar wissenschaftlich korrekt, jedoch immer auch praxisbezogen sein, um Gegenmaßnahmen planen zu können.

Um einen allgemeinen Überblick über den augenblicklichen Stand der Desertifikationsfolgen zu bekommen, ist die computergestützte (digitale) Auswertung von flächendeckenden Satellitenaufnahmen, ergänzt durch die Analyse von Luftaufnahmen von großem Wert. Die graduelle Abstufung kann jedoch nur mit Geländeaufnahmen gekoppelt sein, um eine brauchbare Klassifikation zu erhalten. In dieser Kombination erhält man einen kartographisch dokumentierten Überblick über die unterschiedlich betroffenen Desertifikationsgebiete. Auch längere Entwicklungen lassen sich damit verfolgen. International wird diese Erfassung als Monitoring System bezeichnet, wobei die erfassten Daten zusätzlich in einem Geographischen Informationssystem (GIS) festgehalten werden können. Länder mit verbreiteter Desertifikation sollten über ein solches System verfügen und eventuell mithilfe der Entwicklungszusammenarbeit errichten. Die so erarbeiteten klimatischen und geoökologischen Dokumentationen sollten sodann unmittelbare Grundlage für Planungsmaßnahmen gegen die fortschreitende Landdegradierung sein, denn isolierte, lokale Gegenmaßnahmen können den länderweiten Desertifikationsprozess nicht stoppen.

Im Rahmen der **Desertifikationsbekämpfung** werden auch **agroforstliche Maßnahmen** durchgeführt: In ausgedehnte Ackerflächen bezieht man Baumpflanzungen ein, um vor allem die Windwirkung und damit die Austrocknung des Bodens zu vermindern. Durch windbrechende Bäume können ebenfalls Erosionsschäden verringert werden.

Schutzmaßnahmen im natürlichen Ökosystem

Aufgabe dieser Darstellung von Maßnahmen gegen die Desertifikation ist es, aus dem inzwischen umfangreichen Katalog von Schutzmaßnahmen die wichtigsten und machbaren auszuwählen und ihre Wirksamkeit zu erläutern. Zielgruppen solcher Maßnahmen sind die Betroffenen in den Desertifikationsgebieten, ein wichtiges Ziel ist dabei der Umweltschutz.

Die geoökologisch auffälligsten Schäden im Gelände, sowohl im Ackerland als auch in Weidegebieten, sind die Erosionsschäden. Ihre Bekämpfung in Desertifikationsgebieten muss die Tatsache berücksichtigen, dass infolge der klimabedingten Vegetationsverarmung jede Art von Bodenerosion durch menschliche Tätigkeit in der Landschaft sehr rasch verstärkt werden kann. Erosionskontrolle heißt also, Maßnahmen einzuleiten, um die größere Landdegradierung einzudämmen, damit das natürliche Ökosystem nicht zusammenbricht. Natürliche Erosionsprozesse sind als solche nicht zu beseitigen.

Jemenitischer Bauer bei Timna beim **Anlegen von Erdwällen** um seine Felder. Die Wälle sollen den Abfluss bei starken Regenfällen bremsen und damit der Erosion vorbeugen.

Allgemeine Kontrollmaßnahmen

Wichtiger als Erosionsschutzmaßnahmen in Gebieten mit bereits erodierten Arealen im Gelände sind Kontrollmaßnahmen in den Einzugsgebieten des Oberflächenabflusses, damit schon hier die Erosionsenergie eingedämmt wird. Dies kann durch die Errichtung von Erd- oder Steinwällen geschehen, die den Abfluss bei Starkregenfällen bremsen und die Infiltration wieder fördern. Solche Abflusskontrollsysteme existierten in Tunesien schon seit karthagisch-römischer Zeit, seit arabischer Zeit werden sie Tabias genannt. Auf ebenen Flächen im ehemaligen französischen Siedlungsgebiet erfolgt die Erosionskontrolle mithilfe kleiner Erdwälle (Diguette).

In Hangbereichen sind Terrassierungen wirksame Maßnahmen gegen verstärkte Erosion. Sie sollten in vernünftigem Verhältnis zu dem zu schützenden Ackerland stehen, denn große Terrassenmauern sind meist unangebracht. Bepflanzte Wälle verstärken den Erosionsschutz gegen Bodenabtragung.

Bei größeren Abflusssystemen sind kleine randliche Verbauungen geeignet, flussnahes Ackerland zu schützen, wobei aufwendige Konstruktionen vermieden werden sollten. Stauwerke unterliegen hier oft rascher Auffüllung durch Bodensedimente von den vegetationsfreien Hängen, weshalb diese gleichzeitig durch Bepflanzung geschützt werden müssen. Bei oftmals kurzer Lebensdauer solcher Stauwerke in Desertifikationsgebieten ist der Kapitaleinsatz zu hoch. Hier sind kleine Stauanlagen mit zeitweiser Wassernutzung durch die Bevölkerung wesentlich effektiver. Auch die Abflusssysteme in Tälern sollten in ein umfassendes Abfluss- und Erosionsschutzsystem in den jeweiligen Einzugsgebieten einbezogen werden, was in ariden Entwicklungsländern bisher kaum der Fall ist. Neue geschützte Pflanzungen helfen dabei.

Auch auf den Ackerflächen sind agroforstliche Maßnahmen sinnvoll. Baumpflanzungen in Randstreifen des Trockenfeldbaus, also ohne Bewässerung, sind wirksam gegen die Winderosion. Hierfür werden manchmal Nutzbäume, zum Beispiel der Johannisbrotbaum, verwendet. Sie vermindern die Austrocknung des Bodens und fördern durch ihre Schattenwirkung die Erträge des Anbaus. Agroforst wird heute in der Entwicklungshilfe besonders propagiert.

Da die Weiderareale in Trockengebieten sehr groß sind, lassen sich dort Kontrollmaßnahmen wesentlich schwieriger durchführen. Schädigungen durch Wasser- und Winderosion sind weit verbreitet. Überweidung ist zumeist die Ursache. Abgesehen von lokalen Schutzmaßnahmen für feuchtere Grünflächen durch Wälle ist im Weideland vor allem Schutz durch Bepflanzen erforderlich. Sträucher und Gräser können Areale der Erosions-Ursprungsgebiete am besten schützen. Doch liegt die wirksamste Erosionskontrolle im

BODENVERSALZUNG

Bewässerungslandwirtschaft ist nur dort möglich, wo Wasser entweder am Ort oder durch Zuleitung zur Verfügung steht. Dies kann durch größere Flüsse geschehen, die ihr Wasser aus feuchteren Zonen bekommen und die Trockenzone durchfließen (hier, wo sie kein weiteres Wasser erhalten, sondern nur verlieren, sind sie »Fremdlingsflüsse«), also zum Beispiel Nil, Niger, Indus und Colorado. Auch Kanäle können Wasser für die Bewässerung liefern, ebenso Brunnen traditioneller Art (etwa im Sahel, Westafrika) oder moderne technische Anlagen, die Tiefenwasser fördern (wie etwa in Libyen).

Die Desertifikationsgefahr besteht hierbei darin, dass nicht genügend Wasser für die notwendige Entwässerung zur Verfügung steht und bei der gegebenen hohen Verdunstung die gelösten Salze im Boden zurückbleiben. Diese Versalzung schränkt die Bodennutzungmöglichkeit stark ein und führt schließlich zur Aufgabe des Bewässerungslandes. Die Beregnungsanlagen in Süd-Libyen zeigen diesen Prozess beispielhaft. Dieser Gefahr kann nur begegnet werden, wenn das Wasserangebot und der Wasserverbrauch aufeinander abgestimmt sind. Das heißt, dass ausreichende Wassermengen zur Bodenspülung nach der Bewässerung eingeplant werden müssen, damit eine Salzanreicherung verhindert werden kann. 30 % der Bewässerungsgebiete in den Trockengebieten der Erde sind heute durch Versalzung bereits stark geschädigt.

Vermeiden der Überweidung. Bei einer ökologisch angepassten Beweidung muss ständig darauf geachtet werden, dass sich die Winderosion in Grenzen hält und nicht zur Auswehung von Bodenschichten (Deflation) und Sandüberwehung führt.

Maßnahmen in Bewässerungsgebieten

Bewässerungsgebiete sind besonders wertvoll für die Agrarproduktion in Trockengebieten, jedoch muss die Wasserwirtschaft ständig kontrolliert werden. Die größten Schäden entstehen durch Versalzung der Böden. Dieser Vorgang ist zumeist die Folge eines Wasser-Missmanagements. Be- und Entwässerung sind oft nicht so geregelt, dass die hohe Verdunstung mit kapillar aufsteigendem Bodenwasser eingeschränkt wird und die oft salzhaltigen Schichten ausreichend durchgespült werden können. In desertifizierten Arealen der ariden Zone muss daher bei Bewässerungslandwirtschaft zur Vermeidung von Versalzung des Bodens die Bewässerungskontrolle verbessert werden. Da die meisten größeren Bewässerungsgebiete dem Staat oder Kooperationen gehören, muss auch die Kontrolle von dieser Seite aus erfolgen.

Vorratshäuser der Dogon in Burkina Faso.

Sozioökonomische Maßnahmen

Sozioökonomische Maßnahmen sind in enger Verflechtung mit den geoökologischen Schutzmaßnahmen zu sehen, wenn diese erfolgreich sein sollen. Die betroffene Bevölkerung in den Entwicklungsländern muss zunächst einsehen, dass die Desertifikation ein Prozess der Ressourcenschädigung ist, an dem sie selbst entscheidend beteiligt ist. Damit sie allerdings an den notwendigen Bekämpfungsmaßnahmen unmittelbar mitwirken kann, muss ihr auch der Druck, unter dem sie leidet und handelt, genommen werden. Ohne Hilfe von außen ist dies zumeist nicht möglich.

Einige Beispiele seien herausgegriffen. In klimatisch normalen, das heißt ausreichend feuchten Jahren, kann sich die Bevölkerung in den Trockenzonen der Entwicklungsländer zumeist durch Eigenproduktion im Anbau und in der Tierhaltung selbst ernähren und sogar Überschüsse erzielen. Die vielfach aufgegebene Vorratswirtschaft muss jetzt durch den finanziell zu stützenden Bau von Vorratshäusern gefördert werden. Eine verbesserte Verkehrsanbindung durch den Ausbau des Wegenetzes gehört dazu. Die Förderung des kleinen Handwerks kann Nebenverdienste ermöglichen. Beschäftigung auch bei staatlichen Arbeiten, im Forstbereich, in der Wasserwirtschaft, im Verkehrswesen sowie im gesamten Bereich der Erziehung, einschließlich der Erwachsenenbildung, kann die schlechte wirtschaftliche und soziale Situation verbessern helfen. Schon in den Schulen sollte Umwelterziehung ein Teil des Unterrichts sein, damit der Bevölkerung die Bedeutung der Umwelt für die eigenen Lebensbedingungen bewusst wird.

Eine wichtige Maßnahme im Kampf gegen die Desertifikation sind im sozioökonomischen Bereich wirtschaftliche Hilfsmaßnahmen während der Dürrezeiten, die klimaabhängig immer wieder auftreten. Statt Katastrophenhilfe sollten Maßnahmen zur Ernährungssicherung schon in den ersten Jahren einer Dürre, die bekanntlich zumeist mehrere Jahre hintereinander andauert, eingesetzt werden. Nur so kann eine fortlaufende Steigerung des Desertifikationsprozesses vermieden werden. Der in solchen Ländern landwirtschaftlich nutzbare Lebensraum muss gesichert werden, vor allem, wenn man die rasch wachsende Bevölkerungszahl in diesen Zonen bedenkt.

Von staatlicher Seite muss für Desertifikationsgebiete eine umfassende Landnutzungsplanung erarbeitet und ihre Umsetzung ermöglicht werden. Daran sollten von vornherein auch die betroffenen Bewohner dieser Gebiete beteiligt werden. Das erfordert natürlich eine landesweite wirtschaftspolitische Integration auch der armen Gebiete, was leider in vielen Entwicklungsländern bis heute kaum erfolgt ist. Dabei sind die bestehenden ethnischen und sozialen Unterschiede in vielen solcher Länder zu beachten. Zwangsmaßnahmen oder gar kriegerische Handlungen führen jedenfalls nicht dazu, die ökologisch bereits geschädigten Gebiete zu integrieren.

Desertifikation und Entwicklungszusammenarbeit

Welche Rolle spielt nun bei der Bekämpfung der Desertifikation die von den Industrieländern geleistete Entwicklungshilfe? Wenn man die Publikationen der staatlichen Entwicklungsorganisationen betrachtet, die sich mit der Desertifikation und dem Ressourcenschutz in den Trockengebieten befassen, so könnte man den Eindruck gewinnen, dass auch in der Praxis diesem Umweltproblem in der Dritten Welt mit großem Einsatz entgegen getreten würde. Dem ist aber nicht so.

In der seit jeher wirtschaftlich sehr wichtigen Tierhaltung beschränkte sich die Zusammenarbeit in der Entwicklungshilfe vor allem auf veterinärmedizinische Hilfe durch Impfkampagnen. Die Schwierigkeiten, in der nomadischen Weidewirtschaft Entwicklungsprojekte durchzuführen, liegen zumeist in den Wanderungen der mobilen Tierhalter begründet. Mit zunehmender Sesshaftigkeit bieten sich jedoch Projekthilfen an, vor allem in der Wasser- und Futtermittelversorgung und auch in der Vermarktung der Tiere. Hierbei entstehen durch die immer wiederkehrenden Dürrezeiten besondere Engpässe, in denen die Landbevölkerung Hilfe benötigt. Bezüglich der medizinischen Versorgung der Bevölkerung wurde mit der Errichtung und Ausstattung von Sanitärstationen und Krankenhäusern umfangreiche Hilfe geleistet.

In nur wenigen Projekten wurde mit Hilfsmaßnahmen die Desertifikationsbekämpfung direkt angegangen. Auch wurden die Vorgaben des »Plan of Action« der UN-Desertifikationskonferenz in Nairobi (1977) selten in wirksame Projektmaßnahmen der betroffenen Länder umgesetzt, wohingegen hierzu zahllose Workshops, Meetings und Symposien durchgeführt wurden, die eine Flut von Publikationen erzeugt haben. Allerdings wurden zum Beispiel in den Sahelländern von der Deutschen Gesellschaft für Technische Zusammenarbeit (GTZ) in einem großen Projekt in Burkina Faso Maßnahmen gegen die Landdegradierung im traditionellen Anbau erprobt, und zwar unter Einbeziehung der einheimischen Bevölkerung. In den Steppen Patagoniens erarbeitete ein argentinisch-deutsches Projekt (»Desertifikationsbekämpfung in Patagonien«) umfangreiche Grundlagen für die Desertifikationsbekämpfung im Weideland; die daraus folgenden Maßnahmen sollen jetzt eingeleitet werden.

Im Norden Kenias war die Erfassung aller geoökologischen und humanökologischen Daten durch ein Expertenteam der UNESCO viele Jahre die Hauptaufgabe (auch kenianischer Mitarbeiter), ohne dass es danach zu einer praktischen Umsetzung der gewonnen Erkenntnisse gekommen ist. Ein Projekt deutsch-jordanischer Zusammenarbeit im Einzugsgebiet des Flusses Sarka scheiterte nach vielen Jahren der Erprobung von Erosionsschutz im Acker- und Weideland. Worin liegen diese Schwierigkeiten der Praxis?

Auch die »Experten« aus den Industrieländern mussten bei der Entwicklungshilfe für die von Desertifikation betroffenen Länder erst Erfahrungen sammeln. Dabei gab es natürlich auch politische Schwierigkeiten, wenn die Rangfolge von Entwicklungsprojekten festzulegen war.

Erfolgsaussichten der Desertifikationsbekämpfung

Eine der Hauptschwierigkeiten im Kampf gegen die fortschreitende Desertifikation liegt in der Tatsache, dass zwar einzelne Folgen dieser Landdegradierung angegangen werden können, doch kaum der gesamte Ursachenkomplex. Dieser beruht, wie oben detailliert beschrieben, auf dem Zusammenwirken von klimatischen Gegebenheiten und dem Eingreifen des Menschen in das aride, nur eingeschränkt nutzbare Ökosystem. Die klimatischen Bedingungen sind nicht zu ändern, wohl aber ist eine bessere, ökologisch verträgliche Bewirtschaftung möglich. Diese kann nur dann erfolgreich sein, wenn eine kontrollierte, geregelte Landnutzung erfolgt. Vor allem betreffen diese Regeln die Vermeidung der gebräuchlichen Methoden der Übernutzung sowohl in Anbaugebieten als auch im Weideland. In weiten Bereichen der Trockenzonen sollte einer angepassten Weidewirtschaft der Vorrang vor dem von klimatischen Bedingungen sehr abhängigen Regenfeldbau gegeben werden, der im Grenzgebiet der agronomischen Trockengrenze oft keine Ertragssicherheit garantiert. Dies erfordert auch neue Wege der Nahrungssicherung für die Bevölkerung in solchen Gebieten, wie schon beschrieben wurde. Die Tatsache, dass die Trockengebiete nur eine beschränkte und regional sehr unterschiedliche Tragfähigkeit für Menschen und Tiere besitzen, müsste zudem in das Bewusstsein der dortigen Bevölkerung gelangen. Bereits im Schulunterricht sollten dieses Wissen vermittelt und entsprechende Verhaltensweisen gelehrt werden.

Was die geoökologischen Schutzmaßnahmen (Vegetation, Boden, Wasser) betrifft, so sollten diese eher der Vorsorge dienen als der Schadensbeseitigung. Auch dies erfordert Einsicht extern und intern. Bei allen Projekten gegen die Desertifikation bestehen nur Erfolgsaussichten, wenn das Bewusstsein für die Probleme nicht von außen aufgezwungen, sondern die Projekte von der Bevölkerung mitgetragen werden und der Vorteil einer nachhaltigen Entwicklung auch erkannt wird. Auch das weit verbreitete kurzfristige Profitdenken muss berücksichtigt werden, wenn man bestimmte Umweltmaßnahmen erfolgreicher als bisher durchführen möchte. Solche Voraussetzungen müssen sowohl bei staatlichen Planungen und Projekten wie auch in der Entwicklungshilfe bedacht werden.

Als Letztes bleibt der Zeitfaktor zu bedenken. Die bisherigen Erfahrungen in der Desertifikationsbekämpfung haben gezeigt, dass rasche Erfolge – wenn überhaupt – nur in Teilbereichen zu erreichen sind. Dies bedeutet auch, dass man einen längeren Zeitraum benötigt, wenn eine anzustrebende nachhaltige Entwicklung erfolgreich sein soll. Allerdings muss eine Entscheidung zwischen der schädigenden Ausbeutung und einer ökologisch angepassten Nutzung des Ressourcenpotentials schon möglichst früh getroffen werden. Auch über alternative Erwerbsmöglichkeiten für die betroffene Bevölkerung muss nachgedacht werden, damit die Desertifikationsgebiete sich ökologisch regenerieren können – eine wichtige planerische Aufgabe.

Regionale Beispiele

Sowohl die klimatischen Bedingungen als auch die durch menschliche Aktivitäten, die schließlich zur Desertifikation führen, sind in den Trockengebieten der Erde regional ganz unterschiedlich, sowohl in der Art wie auch der Intensität. Dies wirkt sich insgesamt auf den Ursachen-Folgen-Komplex aus. Es sollen deshalb einige regionale Beispiele beschrieben werden, welche diese Unterschiede erkennen lassen. Begonnen sei mit Beispielen aus der Sahel-Sudan-Zone Afrikas, die mit ihren Dürrekatastrophen die Weltöffentlichkeit auf die Desertifikationsprozesse in den Trockengebieten der Erde aufmerksam gemacht haben.

Der Sahel – Musterbeispiel für Desertifikationsprobleme

Die Sudanzone ist die Übergangszone zwischen der Sahara und den feuchten Tropen, ein Savannengürtel zwischen Wüste und Regenwald. Besonders ihr nördlicher Rand, der Sahel (arabisch: »Ufer«) ist auch eine Risikozone für die Landnutzung zwischen nomadischer Weidewirtschaft im Norden und randtropischem Regenfeldbau von Hirsebauern im Süden. Die einst mobilen Tierhalter mit Kamelen, Schafen und Ziegen, dazu Gruppen mit Rinderhaltung

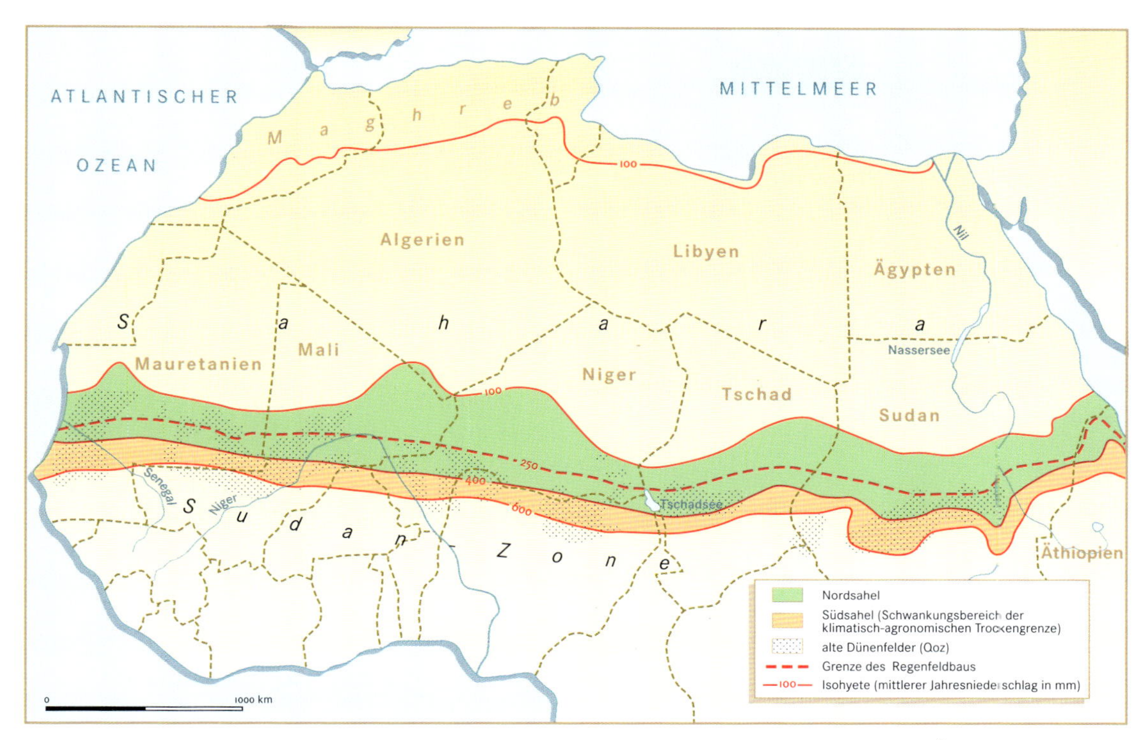

Die **Sahelzone** – Übergangszone zwischen Sahara und Sudanzone. Der Nordsahel ist das Übergangsgebiet zwischen nomadischer Weidewirtschaft und sesshaftem Hirseanbau. Der Südsahel ist von dauerhaftem Hirse- und lokalem Erdnussanbau geprägt. Der gesamte Sahel leidet unter häufigen Dürreperioden. Er ist eine Kontaktzone zwischen arabisch-berberischen und sudanisch-afrikanischen Volksgruppen, in der viele ethnische Konflikte bestehen.

(von den Fulbe/Peul im westlichen bis zu den Baggara im östlichen Sahel) einerseits und viele ethnische Gruppen von Hirsebauern in der etwas feuchteren sudano-sahelischen Zone andererseits sind konkurrierende Landnutzer, zwischen denen viele ethnisch-sozioökonomische Konflikte bestehen.

Schon die Grenzziehung durch die Kolonialmächte hat die großräumige Mobilität der nomadischen Tierhalter eingeschränkt. Die Ausweitung des Regenfeldbaus in den nördlichen trockenen Sahel hinein mit seiner hohen Niederschlagsvariabilität (über 30 Prozent) hat die Anpassung der mobilen Weidewirtschaft an die ökologischen Bedingungen weiter eingeschränkt und die Konflikte verschärft. Dies betraf vor allem die südwärtigen Wanderungen in den feuchteren sudano-sahelischen Teil, in dem sich die Hirsebauern ausbreiteten, und zwar in den Ländern Mali, Burkina Faso, Niger, Tschad und auch in der Republik Sudan. Die feuchten 1950er-Jahre hatten die Hirsebauern dazu verleitet, weit über die agronomische Trockengrenze hinaus ihre Felder nach Norden auszudehnen. Bis zu den Dürreperioden der Siebziger- und Achtzigerjahre verlagerte sich die agronomische Trockengrenze um mehrere Hundert Kilometer. Alle Landnutzer, Bauern und Tierhalter, gerieten dabei unter den Druck, für die Ernährung von Mensch und Tier das beschränkte Naturpotential rücksichtslos auszubeuten. Das hatte weitreichende ökologische Folgen, führte zur Verstärkung der Desertifikation und endete mit den bekannten Dürrekatastrophen und der Errichtung von Flüchtlingslagern.

Bewachsene Dünen (Qoz) mit Cenchrus biflorus (»Cram-Cram«) in der östlichen Sahelzone.

Alte Dünen – neu bewegt

In der Sahelzone breitet sich vom Atlantik bis in die Republik Sudan ein breiter Gürtel alter Dünen, hier »Qoz« (Goos) genannt, aus. Er ist ein Relikt aus klimatisch trockeneren Perioden in den letzten Jahrzehntausenden und zeigt, dass die Saharagrenze zu den Tropen hin weit nach Süden vorgerückt war. Dieser breite sahelische Dünengürtel ist durch den vorrückenden Feldbau und auch durch Überweidung starken Desertifikationsprozessen ausgesetzt worden, wodurch viele früher durch Bewuchs befestigte und jetzt freigelegte Dünen wieder zu wandern begannen und die allgemeine Sandüberwehung der Savannenkulturen verstärkt wurde. Dürrezeiten wirken sich daher hier besonders schwer aus.

Betrachtet man die gesamte Sahelzone, so sind hier die Desertifikationsfolgen in allen Ländern sehr ähnlich, weil sowohl die klimaökologischen Bedingungen als auch die von ihren Bewohnern verursachten Eingriffe durch ökologisch nicht mehr vertretbare Landnutzungsmethoden mit Übernutzung des Naturpotentials etwa die gleichen sind. Auch die historische Entwicklung dieses Raums verlief ähnlich. In einem Gebiet mit mobiler und flexibler Landnutzung wurde mit Ausbreitung des Regenfeldbaus und mit der Errichtung zahlreicher neuer Siedlungen im Grenzbereich der agronomischen Trockengrenze bei wachsender Bevölkerungszahl ein Desertifikationsprozess ausgelöst, der sich ständig verstärkt. Dieser begann mit der Vegetationszerstörung, die bis zum totalen Abschlagen des Baumbestandes der Savanne führte. Untersuchungen haben ergeben, dass im Durchschnitt für eine Familie pro Jahr hundert Bäume zur Gewinnung von Feuerholz geschlagen werden.

Die Verlagerung der **Sahara-Sahel-Grenze** kann mittels Satellitenbildauswertung überwacht werden. Amerikanische Forscher stellen nach den Dürreperioden der 1970er- und 1980er-Jahre fest, dass sich die etwas feuchtere sudanosahelische Zone wieder nordwärts ausgedehnt hatte, denn die Vegetationsdecke war teilweise wieder hergestellt. Dies hängt mit den schwankenden Niederschlagsmengen zusammen. In gewissen Perioden gelangen aus den feuchten Tropen Monsunregen bis in die Sahelzone, sodass sie sich auf natürliche Weise wieder regenerieren kann und die Sahara »schrumpft«, wie dann in der Presse zu lesen ist.

Die Wüste schlägt zurück

Durch die Summe aller dieser Degradationsvorgänge im Pflanzenkleid, im Boden und auch durch Übernutzung der Wasservorräte trat eine Austrocknung jenes randtropischen Ökosystems ein, also eine Beeinträchtigung der Ressourcen und der nachhaltigen Nutzungsmöglichkeit. Manche Autoren bezweifeln die Wirksamkeit der menschlichen Eingriffe in die Regenerationsfähigkeit des Ökosystems. Durch eine genaue Analyse der ursächlichen Faktoren ist sie jedoch eindeutig nachzuweisen. Gerade in den alten Dünengebieten des Qoz werden die Oberflächensande – mit ihren Samenreserven für die nächste Regenzeit – ausgeblasen; dadurch wird die Regeneration der geschädigten Pflanzendecke stark behindert.

Die Tendenz zur Aridifizierung zielt auf die Umwandlung einer Dornbuschsavanne in eine Halbwüste. Die Desertifikation bewirkt auch eine Degradierung des einst dichten Baumbestands der Trockensavanne. Zeugen hierfür sind die weit im nördlichen Sahel noch erhaltenen Reliktbäume des Baobab (Affenbrotbaum), die nur des-

Reliktbäume in der Savanne Westafrikas: **Affenbrotbäume**.

Intakte, wenig zerstörte **Savanne** (links) und degradierte **Savanne** (rechts).

halb erhalten blieben, weil sie nicht geschlagen werden, sondern ihr dicker hohler Stamm sogar zeitweise als Wasserspeicher genutzt wird.

Satellitenaufnahmen zeigen, dass im Sahel um die Siedlungen Desertifikationsprozesse in Ringen mit mehreren Kilometern Durchmesser um sich gegriffen haben. Dies ist ein typisches, auf die Einwirkung der Bewohner hinweisendes Merkmal der Desertifikation, das im ganzen Sahel zu finden ist. Auch die jungen Sandfahnen, die durch die gesteigerte Windwirkung des »Harmattan« genannten Nordostpassats nach der Zerstörung der Pflanzendecke entstehen, sind überall auf den Satellitenbildern des Landsat-Systems gut zu erkennen.

Die erwähnte Auswirkung der Desertifikation mit der Verzögerung einer natürlichen Regeneration des Ökosystems ist besonders im Bereich des alten Dünengürtels zu beobachten. Dies löste nach den Dürrejahren der 1970er-Jahre eine große Südwanderung der nördlichen Sahelbevölkerung aus, sodass beispielsweise die ethnische Gruppe der Zaraoua in Darfur (Westprovinz des Sudan) fast die Hälfte aller Siedlungen verlassen musste. Diese Abwanderung führte dann zu neuen ethnischen Konflikten im Süden.

Die Bekämpfung der Desertifikation in der Sahelzone ist ein schwieriger und langwieriger Prozess. Mit einzelnen Erosionsschutzmaßnahmen ist es nicht getan. Wenn es nicht gelingt, solche Desertifikationsgebiete sozioökonomisch in die Landeswirtschaft zu integrieren und Vorsorge statt Hilfsmaßnahmen in potentiellen Katastrophengebieten durchzuführen, wird die Desertifikation nicht gestoppt werden. Hilfe von außen ist dabei notwendig, wobei die Einbeziehung der betroffenen Bevölkerung in alle Gegenmaßnahmen eine Voraussetzung dafür ist, dass eine Hilfe erfolgreich ist. Auch die Vorstellungen und Wünsche dieser Bewohner, seien sie nun an der Tradition oder an der Zukunft orientiert, müssen berücksichtigt werden, wenn der Lebensraum »Savanne« im Sahel erhalten werden soll. Eine allein gelassene Sahelbevölkerung wird den Desertifikationsprozess nicht vermindern oder gar stoppen.

Das **Landsat-System** war das erste größere Satellitenbildsystem, das von der National Aeronautics and Space Administration (NASA) mittels Satelliten aus über 900 Kilometern Höhe weltweite Aufnahmen digital, also in Ziffern für die Computerauswertung, geliefert hat. Dieses System war lange Jahre die Grundlage für die weltweite Desertifikationsforschung. Heute bestehen daneben noch andere Systeme.

Trockenes Ostafrika

Die trockene und desertifikationsgefährdete Zone des Sahel setzt sich unter Umgehung des äthiopischen Hochlandes nach Kenia fort. Etwa 40 Prozent dieses Landes gehören zur Risikozone im Anbau- und im Weideland. Auch hier wurde die klimatisch-agronomische Trockengrenze des Anbaus, die im tropischen Afrika bei etwa vier ausreichend feuchten Monaten und einer mittleren Jahresniederschlagssumme von 400 Millimeter liegt, überschritten. Denn unter dem Druck des Bevölkerungswachstums (in Kenia über 3 Prozent jährlich) wird Regenfeldbau in Gebieten betrieben, die lediglich 200 bis 300 Millimeter Niederschlag in nur zwei humiden Monaten aufweisen. Damit wird die Anbaugrenze um mehr als 200 Kilometer überschritten, was ein erhöhtes Desertifikationsrisiko bedeutet. In Trockenperioden fällt hier die Ernte ganz aus. Insgesamt gehört jedoch Kenia zu den am weitesten entwickelten Agrarländern Afrikas. Besondere Bedeutung haben dabei die Hochflächen, die während der Kolonialzeit von weißen, vorwiegend englischen Farmern bewirtschaftet und »White Highlands« genannt wurden, sowie auch die Bewässerungsgebiete.

Weidewirtschaft im Trockengebiet Nordkenias. Eine Samburu-Frau treibt die Herde zur Weide.

Im nordkenianischen Trockengebiet hat die UNESCO mit ihrem Projekt IPAL (Integrated Project on Arid Lands) einen nomadischen Lebensraum in jahrelangen Geländestudien detailliert untersucht. Er liegt zwischen Turkanasee, dem Marktort Marsabit und der äthiopischen Grenze. Die in dieser Region lebenden ostafrikanischen Stämme, die Rendille, Boran sowie die Turkana und die Samburu, sind teilweise nomadische, teilweise halb sesshafte Tierhalter und Viehzüchter. Sie züchten Kamele und Rinder sowie Schafe und Ziegen zur Eigenversorgung. Sie zählen zum Teil nur einige Tausend Stammesmitglieder. Ihre Einbindung in den Staat Kenia ist nur ansatzweise gelungen. Sie sind zwar in ihrer Tierhaltung noch mobil, haben aber die Weideflächen bereits so stark überbeweidet, dass die

Desertifikation weit verbreitet ist und die Futterreserven nicht mehr ausreichen. Umfangreiche Veröffentlichungen wurden über dieses Projekt erstellt. Auch veterinärmedizinische Untersuchungen wurden durchgeführt, doch kam es bis heute zu keinem praktikablen Entwicklungsprogramm zur Stützung der nomadischen Weidewirtschaft, weil die Förderung dieses Gebietes in der Prioritätenliste der kenianischen Regierung nicht weit genug vorn rangierte. Vielmehr waren Bestrebungen zum Sesshaftmachen der Nomaden vorhanden. Die Konzentration der Tierhalter um UNESCO-Projektstationen löste auch dort eine verstärkte Desertifikation aus mit Vernichtung der gesamten Vegetationsdecke, die Wasservorräte schrumpften und die letzten Akazien wurden geschlagen. Die Folgen des Sesshaftwerdens in solchen ehemals nomadischen Weidegebieten wurden hier nur allzu deutlich.

Nomadismus und Nachhaltigkeit

Das Beispiel des nordkenianischen Weidegebiets wirft die Frage auf, welche Maßnahmen denn zum Erhalt und zur nachhaltigen Entwicklung nomadischer Weidegebiete überhaupt möglich sind. Die erste Maßnahme wäre, die Tragfähigkeit dieses Dornbuschsavannen- und Halbwüstengebietes nicht durch eine Überzahl von Weidetieren zu mindern. Entsprechende Rotationen der Wanderhirten müssten festgelegt und kontrolliert werden. In den letzten Jahrzehnten wurde dies durch kriegerische Handlungen der verschiedenen Stämme untereinander unmöglich gemacht. Hier müsste der Staat eingreifen.

Um der Bevölkerung einen ausreichenden Verdienst zu ermöglichen, muss auch eine Vermarktung der Tiere und tierischer Produkte gesichert werden, denn die Nomaden wissen, dass der Verkauf in der Hauptstadt Nairobi ein Vielfaches des Preises erzielt, den ihnen die von dort kommenden Händler beim Aufkauf vor Ort bieten.

Insgesamt ist daher die wirtschaftliche Einbindung der nomadischen Weidewirtschaft in die Gesamtwirtschaft des Landes von großer Bedeutung. Dies ist freilich ein schwieriges Problem, nicht nur in Kenia, sondern in allen Staaten Afrikas mit nomadischer Wirtschaft. Es kann nur langfristig gelöst werden, seine Bedeutung sollte aber in der Landesplanung nicht unterschätzt werden. Um die Desertifikation einzudämmen und diese Gebiete ökologisch zu erhalten, ist jedenfalls das zwangsweise Sesshaftmachen der Nomaden keine akzeptable Lösung.

Desertifikation in den Maghrebländern

Nach den Beispielen aus den Tropenländern südlich der Sahara sollen die Desertifikationsprobleme der subtropischen Länder nördlich der großen Wüste analysiert werden. Diese können beispielhaft auch für die semiariden Gebiete der europäischen Mittelmeerländer gelten, so in Spanien und Sizilien.

Im nordafrikanischen Maghreb sind Desertifikationsprozesse in den ausgedehnten Ketten des Atlasgebirges und in den davon um-

Erosionsschutzmaßnahmen durch **Steinwälle** im südtunesischen Dahar-Bergland.

schlossenen Steppen in Marokko und Tunesien sowie den Hochsteppen Algeriens weit verbreitet. Sie finden unter klimatischen Bedingungen statt, die für die Landnutzung die beschriebenen Risiken in sich bergen. Dabei wirkt sich die klimatische Variabilität des Mittelmeerklimas vor allem in der Niederschlagsverteilung mit den Starkregenfällen im Herbst aus. In den waldbedeckten Gebirgsketten des Rif und Tellatlas finden durch Übernutzung des natürlichen Potentials schwere Degradationsprozesse statt, die auch Folgen für die sommertrockenen Vorländer, zum Beispiel in der landwirtschaftlich so wichtigen Sebou-Ebene Marokkos, haben, vor allem durch Schädigung des Wasserhaushaltes.

Rifgebirge und Tellatlas erleben durch starke Waldrodungen und Brandrodungsfeldwirtschaft, bei der im Winter das Land abgebrannt wird, eine fortschreitende Ausbreitung des Getreideanbaus, was Vegetations- und Bodendegradierung zur Folge hat. Durch den Anbau auf Steilhängen mit mehr als 20 Grad Hangneigung vor allem in den trockenen Teilen des Rifgebirges und des algerischen Tellatlas sind alle Formen der Bodenerosion mit Hangrutschungen weit verbreitet und haben ganze Gebirgsareale »verwüstet« (die Vegetation ist vernichtet und der Boden abgespült). Verstärkte Hochwasser bewirken Schäden bis in die unteren Täler hinein. Die Fernwirkung dieser Degradationsprozesse in gebirgigen Waldgebieten ist also zu beachten, denn die Auswirkungen im Vorland müssen im Gebirge selbst bekämpft werden. Erosionsschutzbauten sind bisher nur sehr beschränkt errichtet worden. Sie können auch nur dann erfolgreich sein, wenn sie im Rahmen eines umfangreichen Ressourcenschutzes angelegt werden. Im Hohen Atlas dagegen wirkten die alten Berberkulturen mit traditionellen Terrassenbauten für die Täler lange Zeit erosionsschützend. Erst durch die Ausweitung der Hangnutzung für den Getreideanbau und durch vermehrten Holzeinschlag im Umkreis der höher gelegenen Siedlungen sind auch hier Schäden entstanden. Hochwasserkatastrophen in den Atlastälern südlich von Marrakesch (August 1995) mit vielen Toten sind eine Folge des Raubbaus in der Waldlandschaft. Da diese Gebirgszone mehr zum

Eine weltweit in den Trockengebieten angewandte Methode, den Niederschlag eines größeren Einzugsgebietes für kleine bewässerte Feld- oder Baumkulturen zu nutzen, ist das **Water Harvesting,** das Sammeln und Nutzen von Regenwasser. Dieses wird von den nicht bepflanzten Hängen durch Auffanggräben zu den Niederungen am Fuß der Hänge oder in die Täler geleitet und dort zur Feldbewässerung oder auch für Baumkulturen genutzt.

subhumiden Klimabereich gehört, kann man auch diese Landdegradation als Desertifikation bezeichnen.

Die Ausbreitung von »wüstenhaften« Arealen zeigt sich als Folge der Übernutzung des Naturpotentials durch den Menschen eher in den Steppenregionen: Die maghrebinische Steppe wird zur Wüstensteppe. Dazu gehört vor allem die inzwischen durch ausgedehnten Getreideanbau zur »Kultursteppe« gewordene Mesetalandschaft Marokkos. Am stärksten von der Desertifikation betroffen ist die zentraltunesische Steppe.

Die zentraltunesische Steppe – Desertifikation schon in der Antike

Um Desertifikationsprozesse einzuschränken, sollte der Getreideanbau in der zentraltunesischen Steppe, vor allem der Anbau von Weizen, seine Trockengrenze bei 400 bis 300 Millimeter Jahresniederschlag und einer Variabilität der Niederschläge von 20 bis 30 Prozent finden. Zu berücksichtigen ist, dass auf den mediterranen Steppen Tunesiens ein an die Böden angepasster Übergang vom permanenten bis zum episodischen Getreideanbau, zum Teil auf Regenverdacht, stattfindet. Lokal werden auch Methoden der künstlichen Wasserzufuhr zu den Feldern (Water Harvesting) angewandt, die weit über die agronomische Trockengrenze hinaus sporadischen Anbau gestatten. Dieses ist ökologisch vertretbar, soweit dieser Anbau flächenhaft nicht zu sehr ausgedehnt wird, denn dann werden die vor allem durch den Wind (Deflation) verursachten Erosionsschäden so groß, dass das Ressourcenpotential erheblich geschädigt wird.

Die erste Folge ist dabei das Entstehen von Nebka-Feldern. Diese Sandhügel um Büsche und Gräser überdecken das Anbauareal und wachsen lokal zu kleinen und mittelhohen Dünen, die eine verstärkte, vom Menschen ausgelöste Winderosion in einem risikoreichen Anbaugebiet anzeigen. Eine erste Bildung solcher Nebkas konnte schon für die römische Kolonialepoche vor 2000 Jahren nachgewiesen werden, als der Getreideanbau weit nach Süden vorgerückt war. Auf Satellitenbildern kann man Feldeinteilungen (Zenturiation) aus der römischen Zeit noch heute erkennen. Dadurch wird eine erste frühhistorische Desertifikationsperiode nachgewiesen. In der französischen Kolonialzeit (1830–1955) und danach wurde in dieser Region auch der Pflugbau, teilweise mit Traktoren, gefördert. In solchen Gebieten der südlichen zentraltunesischen Steppe sind die Desertifikationsschäden besonders groß. Die Bodenverschlechterung greift schnell um sich.

Eine weitere Landdegradierung wurde durch das rücksichtslose Schneiden des natürlichen Halfagrases ausgelöst, das zur Cellulose-

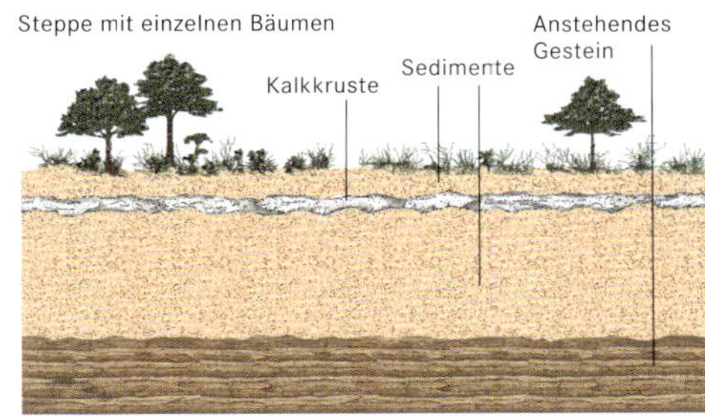

Prärömischer Zustand:
Ökologisches Gleichgewicht

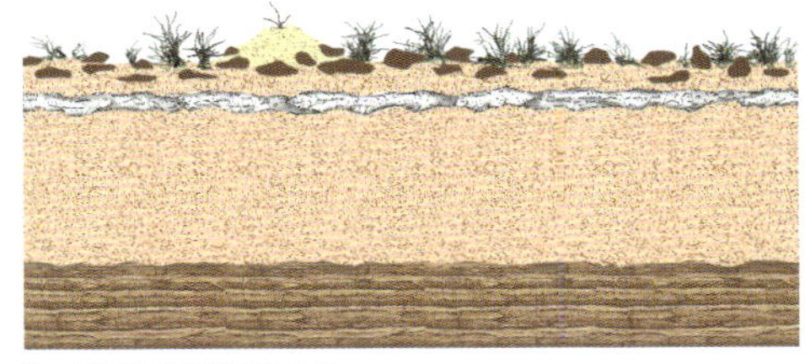

Poströmischer Zustand:
1. Phase der Desertifikation durch Inkulturnahme

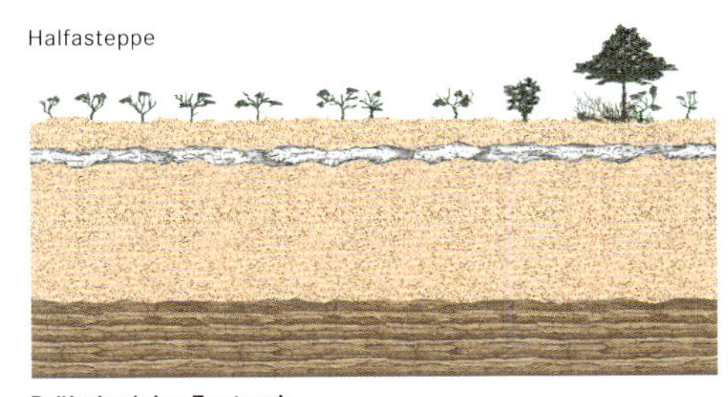

Präkolonialer Zustand:
Nomadismus, geringe Beanspruchung des Bodens

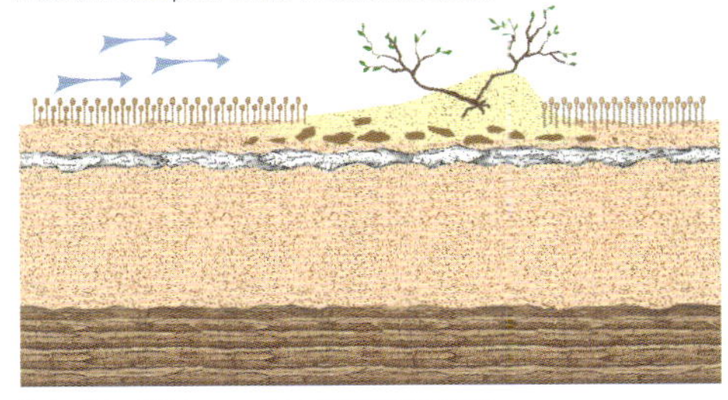

Kolonialzeitlicher und heutiger Zustand:
Flächenhafte Ausdehnung der Kulturfläche; Bildung von Nebkas. 2. Phase der Desertifikation

Phasen der Desertifikation in Zentraltunesien von der Römerzeit bis heute.

herstellung nach Kasserine gebracht und vorwiegend exportiert wurde. Deutliche Schadfolgen sind hier erkennbar, vor allem durch die Ausbreitung von Bodenerosion. Geringere ökologische Schäden richten die vom tunesischen Sahel, der Küstenzone zwischen Sousse und Sfax, weit in die Steppe vorrückenden Olivenbaumkulturen an, wenn nicht gleichzeitig dazwischen noch, etwa mit Traktoren, Getreidefelder gepflügt werden. Insgesamt sind Teile der südlichen Steppe heute bereits zur Wüstensteppe geworden.

Bekämpfung durch Aufforstung und Dämme

Es stellt sich nun die Frage nach den Bekämpfungsmaßnahmen. Hier ist im nachkolonialen Tunesien viel geleistet worden. Im Übergangsgebiet vom feuchteren Norden zur zentralen Steppe wurden umfangreiche Aufforstungen durchgeführt. Alle Hügel wurden terrassiert und dann mit Aleppokiefern, zum Teil auch mit Eukalyptus bepflanzt. Die großen Wassereinzugsgebiete wurden mit Erddämmen (Tabia) versehen, um Erosionsschäden zu vermeiden, wie sie durch Hochwasser, so im Becken von Kairouan 1969, entstanden sind. In diesem Fall waren auch die Desertifikationsschäden im natürlichen Pflanzenkleid verantwortlich. Neben den Tabias werden in der historischen Kulturlandschaft Tunesiens weitere Schutzbauten gegen die Bodenerosion und zur besseren Ausnutzung des Regenwassers errichtet. Im Küstenbereich an der Syrte (»Sahel«) wird zwischen Sousse und Sfax die Wasserzufuhr zu den Olivenbäumen durch kleine Erdwälle und vor allem durch eingeebnete Bodenflächen im Olivenhain vermehrt, sodass den Bäumen Regenwasser zusätzlich zugeführt wird, wodurch auch die Bodendurchfeuchtung verbessert wird. Dies sind die schon seit der Römerzeit errichteten Impluvium-Kulturen (Kulturen mit Zusatzwasser). In Südtunesien werden flache Hänge durch Steinwälle terrassiert, die das Wasser der seltenen Regenfälle dieses Halbwüstengebiets auffangen; gleichzeitig werden vor diesen Dämmen (arabisch: Djussur) die angeschwemmten Bodensedimente zum Anbau von Getreide, Fruchtbäumen und Dattelpalmen genutzt. Durchlässe in den Steinwällen verhindern bei den seltenen, in der Regel aber sehr ergiebigen Regenfällen eine zu starke Bodendurchfeuchtung sowie ein Einreißen der Steinwälle.

Mit einer Maßnahme, die vor einigen Jahrzehnten große internationale Beachtung fand, versuchte man vor allem in Algerien, das allgemein befürchtete Vorrücken der Sahara in den Maghreb zu stoppen. Die Pflanzung eines langen Baumstreifens (»grüne Mauer«) in der Wüstensteppe auf Hügelketten und Bergen des Sahara-Atlas südlich des Hochlandes der Schotts (Salzseen) sollte dies verhindern. Wenn auch Baumpflanzungen grundsätzlich zu begrüßen sind, so sind sie doch keine tauglichen Maßnahmen, das Vorrücken der Wüste aufzuhalten. Ein klimatisch und anthropogen verursachtes Desertifikationsgebiet tritt fleckenhaft auf und wirkt sich anders aus, als wenn klimatische Schwankungen die Wüstengrenze vorrücken lassen.

Desertifikation in Jordanien

Das Beispiel Jordanien steht für die Länder in Vorderasien, die zwischen dem ostmediterranen Klima mit ehemaligem Waldbestand (Aleppokiefer) und einem raschen Übergang zur Wüste liegen, wie es etwa in Israel, Libanon, Syrien und der Türkei der Fall ist. Auch ein klimazonaler Wandel vom Waldgebiet im Norden bis zur vollariden Wüste im Süden ist kennzeichnend. Jordanien gehört zu den althistorischen Kulturländern am Rande der Wüste; hier treffen noch heute Wüstennomaden und sesshafte Bauern mediterraner Prägung und aus den Bewässerungsgebieten im Jordangraben aufeinander.

Erosion und Desertifikation degradierten die früher ackerbaulich genutzten Hänge in der alten Kulturlandschaft Jordaniens nördlich von Amman.

Die Verwüstung begann hier, wie im Maghreb, bereits in frühhistorischer Zeit, als große Teile der mediterranen Wälder zur Holzgewinnung und zur Ausdehnung des Ackerbaus gerodet wurden. Die Böden an den Hängen wurden völlig degradiert und die erodierten Hangsedimente wurden durch die Täler bis zum Toten Meer verschwemmt. Steppe trat an die Stelle der Waldgebiete. So wurde der Steilabfall zwischen dem Hochland und dem Jordangraben zu einer bizarren Erosionslandschaft ohne schützende Vegetation. Die Regenfeldbaugrenze, sowohl klimatisch als auch in der Rentabilität des Anbaus bei etwa 300 Millimeter Jahresniederschlag gelegen, wurde im Risikobereich wenig beachtet, sodass durch Desertifikation die Wüstensteppe nach Norden rückte. Der Baumbestand wurde weitgehend zerstört. Zusätzlich sorgten die von Osten kommenden Beduinen mit ihren Tierherden für Überweidungsschäden bis in die Senkungsebene des Toten Meeres, wo schon vollarides, wüstenhaftes Lokalklima herrscht.

In den Tälern nördlich der Hauptstadt Amman wurde auf den Talterrassen und Hängen Ackerbau zum Teil mit Zusatzbewässerung betrieben. Da Erosionsschutzmaßnahmen fehlten, wurden die höheren Hangbereiche durch Bodenerosion völlig degradiert und die Bodensedimente von den nach Regenfällen entstehenden torrenteähnlichen Flüssen abtransportiert. Die in der Sarka (Nebenfluss des Jordan) kurz vor dem Jordangraben gebaute Stauanlage des König-Talal-Damms zeigte schon nach wenigen Jahren eine hohe Auffüllung mit Bodensedimenten. Es war klar, dass zur Erhaltung des Stausees Erosionsschutzmaßnahmen im gesamten Einzugsgebiet notwendig waren, um diesen schweren Desertifikationsprozess einzudämmen. Maßnahmen wie Aufforstung im Westen, Terrassenbau im mittleren und Schutz des Weidelandes im östlichen Einzugsgebiet wurden geplant, um den ökologischen Degradierungsvorgang zu stoppen. Dieses Projekt der Entwicklungszusammenarbeit mußte jedoch aufgegeben werden, weil die Schutzmaßnahmen auch das Engagement der Landbesitzer und der staatlichen Institutionen verlangt hätte, was nicht zu realisieren war. So muss man damit rech-

Erodierte Böden werden in den König-Talal-Stausee (Jordanien) geschwemmt.

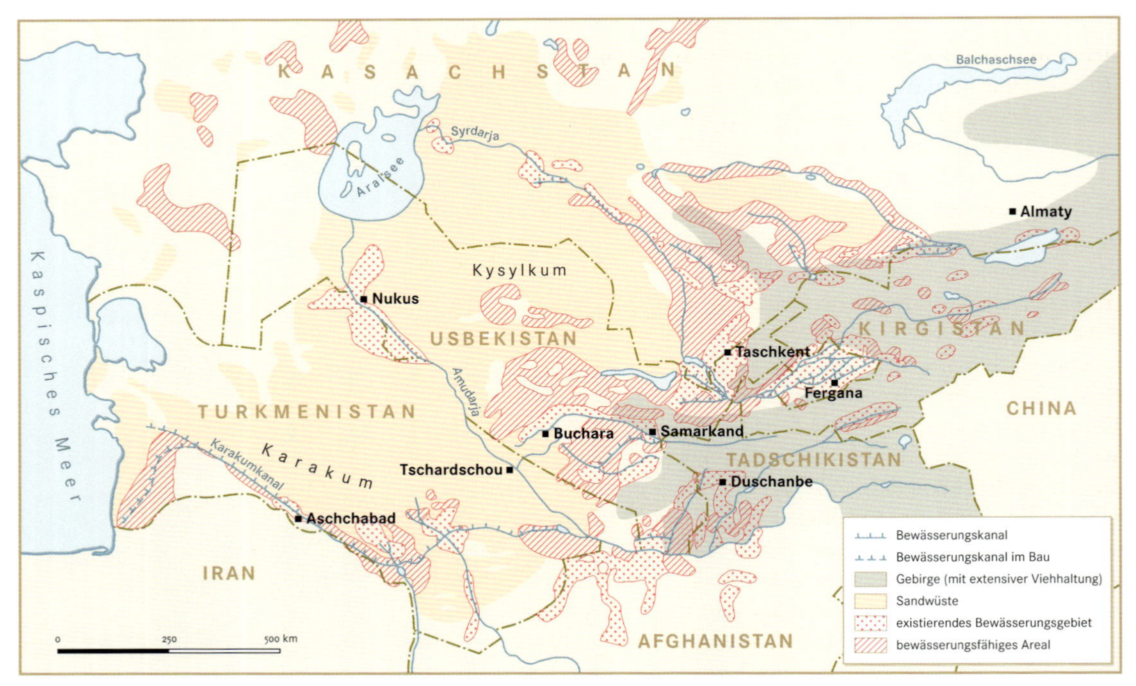

Das **zentralasiatische Trockengebiet** östlich des Kaspischen Meeres mit den Wüsten Karakum und Kysylkum. Es gehört zu den GUS-Staaten Turkmenistan, Usbekistan, Tadschikistan und Kirgisistan.

nen, dass das Stauwerk nur eine kurze Lebensdauer hat und darüber hinaus neben der hohen Sedimentfracht chemische Abwässer einer Phosphatfabrik den Fluss stark belasten.

Beispiele aus Mittelasien

Die Trockengebiete Mittel- und Zentralasiens umfassen das alte Westturkestan (heute die Staaten Turkmenistan, Usbekistan, Tadschikistan, Kirgistan und das südliche Kasachstan) sowie Ostturkestan mit der zu China gehörenden autonomen Provinz Sinkiang. Beide Gebiete haben ein kontinental-arides Klima mit kalten Wintern und heißen Sommern. Zunächst sollen Beispiele der Desertifikation aus dem ehemals sowjetischen Mittelasien vorgestellt werden.

Für die Landnutzung ist wichtig, dass die Vorländer des Himalaja niederschlagsarm sind, wobei 90 Prozent dieser Gebiete weniger als 300 Millimeter Niederschlag im Jahresmittel erhalten bei hoher Variabilität. 20 Prozent sind mit weniger als 100 Millimeter Niederschlag Wüstengebiete wie die Karakum und die Kysylkum. Hier wohnen heute etwa 30 Millionen Menschen. Bis 1927 lebten Teile dieser Bevölkerung von nomadischer Weidewirtschaft; diese wurde dann von der Sowjetmacht abgeschafft und in eine sozialistische Fernweidewirtschaft mit Kolchosen und Sowchosen umgewandelt. Rund 90 Prozent des trockenen Mittelasien wurden früher durch Weidewirtschaft betreibende Nomaden, die teils sesshaft wurden, genutzt. Daneben gab es auch die Transhumanz genannte Form der Tierhaltung, bei der die Herden in klimabedingtem jahreszeitlichem

Wechsel zu weit entfernten Gebirgsweiden getrieben wurden, oft nicht durch die Besitzer, sondern durch für diesen Zweck gedungene Hirten (Transhumanten). Die Überweidung konnte durch die sozialistische Fernweidewirtschaft etwas verringert werden.

Der südliche Gebirgsrand, zum Teil bewaldet und von den Gletschern mit Wasser versorgt, wurde durch Kanalsysteme wie den Ferganakanal in größere Bewässerungsgebiete umgewandelt. Bei 200 bis 300 Millimeter Jahresniederschlag, also im Bereich der Trockengrenze, konnte nur noch beschränkt Regenfeldbau betrieben werden.

Mit zunehmender Entfernung vom Gebirgsrand geht die Landschaft in eine Trockensteppe über, unter anderem in die Hungersteppe, die in Kirgistan und Kasachstan liegt und durch große Dürren bekannt ist. Da in den südlichen Bereichen des Gebirgsvorlandes das Niederschlagsmaximum in der winterlichen Jahreszeit liegt und die Sommer fast ganz regenlos sind, ist außer der Weidewirtschaft nur Bewässerungsfeldbau eine rentable agrarische Nutzungsform. Durch transhumante Weidewirtschaft werden auch Gebirgsweiden bis in große Höhe, über 1500 bis 3000 m, genutzt, wobei allerdings auch Waldschäden entstehen.

Um das Wasserdefizit des ariden Tieflandes für die Bewässerungskulturen auszugleichen, muss deren Wasserversorgung aus den großen Gebirgsflüssen gedeckt werden. Diese münden in große Endseen, die in der vollariden Wüste des zentralen Trockengebietes liegen. Der größte und bekannteste von ihnen ist der Aralsee, in dessen Uferregion ebenso wie in den Mündungsdeltas von Amudarja und Syrdarja Siedlungen und bewässerte Kulturen seit langer Zeit vorhanden waren. In dieses hydrologische System griff die sowjetische Planwirtschaft rücksichtslos ein, sodass große Desertifikationsprozesse gewaltige ökologische Schäden verursacht haben.

Wasserentnahme aus Amudarja und Syrdarja führte zur anhaltenden **Austrocknung des Aralsee.** Von 1960 bis 1991 verkleinerte sich seine Seefläche um 68 000 km² (ohne 2350 km² Inseln) auf 39 500 km².

Das Drama des Aralsees

In der damaligen Sowjetrepublik Turkmenistan wurde zur Ausweitung der Bewässerungskulturen am Fuß der iranisch-afghanischen Randketten des Himalaja ein alter Plan verwirklicht: durch den Bau des Karakum-Kanals vom Amudarja bis zum Kaspischen Meer eine über 1400 Kilometer lange künstliche Wasserstraße zu ge-

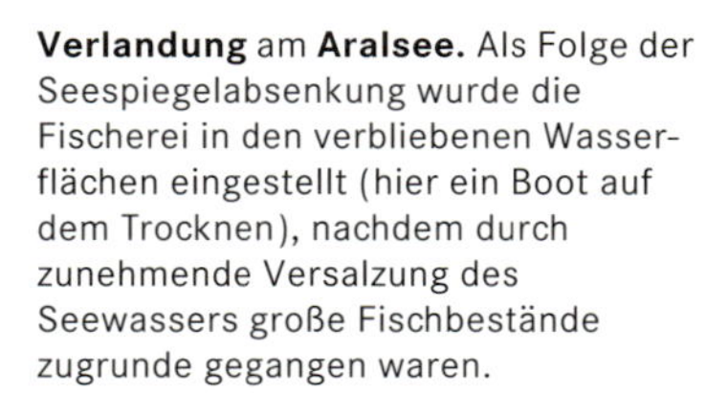

Verlandung am **Aralsee.** Als Folge der Seespiegelabsenkung wurde die Fischerei in den verbliebenen Wasserflächen eingestellt (hier ein Boot auf dem Trocknen), nachdem durch zunehmende Versalzung des Seewassers große Fischbestände zugrunde gegangen waren.

winnen, die jährlich mit 10 bis 11 Kubikkilometer Wasser bis zu einer Million Hektar Land bewässern sollte. Mit der neuen Agrarproduktion sollten die Kosten des Kanalbaus nicht nur gedeckt werden, sondern man hoffte, einen großen Profit zu erwirtschaften, und zwar vorwiegend durch den Baumwollanbau. Um die ökologischen Folgen dem wirtschaftlichen Gewinnvorteil gegenüberstellen zu können, sind noch folgende Angaben wichtig: Neben den vorherrschenden Sandböden kommen verbreitet Salzböden in der Kanalsenke vor, und auch das Grundwasser hat Salzgehalte von 20 bis 30 Gramm pro Liter. Durch die nomadische Weidewirtschaft auf den Wanderrouten entlang der Flussläufe und Talsenken war es zur Sandauswehung mit Bildung von Wanderdünen gekommen. Im Bereich dieser Wanderwege verläuft auch die Trasse des Kanals, dessen Bau 1954 begonnen wurde. Vorteile hat er vor allem in den Oasen gebracht, da er bei größerem Wasserdurchlauf für die Verminderung der Versalzungsgefahr in den Böden sorgt.

Es gibt aber auch nachteilige ökologische Auswirkungen: Wenn dem Amudarja fast 40 Prozent seiner Wasserführung durch den Kanal entzogen werden, dann fehlt das Wasser nicht nur im Mittel- und Unterlauf, sondern auch dem Aralsee. Dessen Wasserspiegel sank bis 1979 bereits um 7 Meter, der Seeumfang schrumpfte und viele Kulturflächen und Siedlungen am Rande des Sees mussten aufgegeben werden. Auch dem Syrdarja wird viel Wasser am Oberlauf entnommen; er erreicht den Aralsee nur noch in regenreichen Jahren.

Eine Aridifizierung des turkmenisch-usbekischen Steppengebietes wird Auswirkungen auf das gesamte Ökosystems dieser Region haben. Schon beim Überfliegen stellt man heute fest, dass ein viele Kilometer breiter Uferstreifen nur noch aus weißen Salzflächen besteht und der See langsam austrocknet. Aus diesen Flächen wehen die starken Nordwinde große Salzmengen zusammen mit Staub aus und transportieren sie südwärts, sodass die Böden im Süden weiter versalzen. Auch die in den Böden vorhandenen Dünge- und Pflanzenschutzmittel werden vom Wind aufgegriffen – für die Bevölke-

Der **Karakum-Kanal** folgt vom Amudarja aus einer alten Flusslaufsenke (Kelif Uzboy) und verläuft die ersten 300 Kilometer in der Sandwüste Karakum. Dort kam es zunächst zu starker Versickerung und einem Ansteigen des Grundwasserspiegels um 10 bis 15 Meter. Die Versorgung der 1959 erreichten Murgab-Oase mit Zusatzwasser war sicher ein erster Vorteil, vor allem in Trockenjahren. 1967 wurde die Oase Tedschen und 1975 Aschchabad, die Hauptstadt Turkmenistans, erreicht, womit der Kanal bereits 1000 Kilometer lang war. Heute führt er, bei einer Gesamtlänge von über 1400 Kilometer, bis zu den Siedlungen und Erdölfeldern des westturkmenischen Tieflands. Die Versickerung hat sich inzwischen verringert.

rung eine gravierende Gesundheitsgefährdung. Die Steppen zwischen Aralsee und dem Gebirgsrand werden stark degradiert, wovon vor allem das Weideland betroffen wird. Die Desertifikation wirkt sich immer stärker aus und lässt eine Ausdehnung der Wüsten Karakum und Kysylkum in den nächsten Jahrzehnten befürchten.

Dünenbefestigung in der Tenggerwüste, China.

Desertifikation an der Seidenstraße

In China sind Desertifikationsprozesse weit verbreitet. Die Überweidung wirkt sich von der Inneren Mongolei bis Sinkiang im trockenen Zentralasien aus, wodurch die Winderosion erheblich verstärkt wird. Von Sandüberwehungen sind auch wichtige Verkehrswege betroffen, wie die Eisenbahnlinie von Lanzhou nach Peking, am Gelben Fluss (Hwangho), am Rande der Tenggerwüste. Hier erprobt eine Forschungsstation spezielle Maßnahmen zur Dünenbefestigung.

Große Auswirkungen zeigt die klimatisch und anthropogen ausgelöste Desertifikation in Sinkiang im Randbereich des Tarimbeckens, in dessen Zentrum die Takla-Makan-Sandwüste liegt. Entlang der alten Seidenstraße am Südrand des Beckens sind in historischer Zeit viele alte Siedlungen vom Sand überweht und zu Ruinen geworden. Die große Sandzufuhr geht von Gebirgsflüssen aus, die, wie der Hotan, Zuflüsse zum Tarim sind. Die Zerstörung der Vegetationsdecke durch Überweidung fördert diesen Sandtransport.

Im Bereich der Abflusssysteme wurden große Bewässerungskulturen angelegt, die mit dem Zuzug von über sechs Millionen Chine-

Das **zentralasiatische Trockengebiet** in Sinkiang, China.

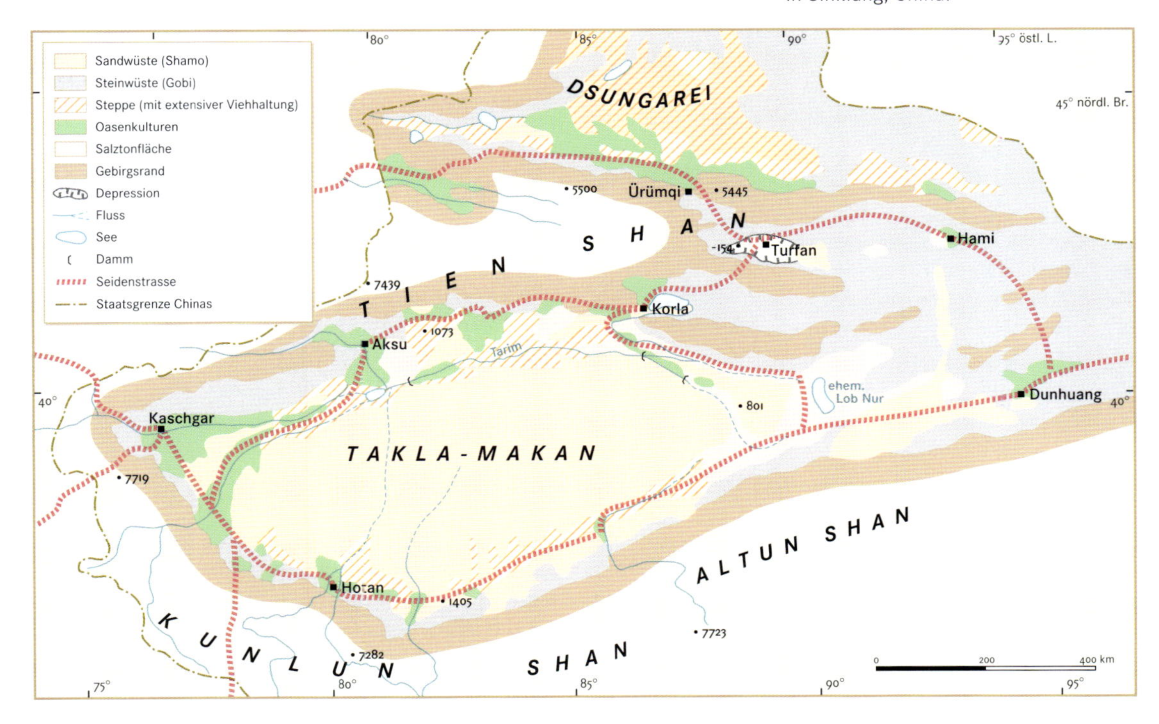

sen in der Mao-Zeit so stark ausgeweitet wurden, dass bei nicht ausreichender Wasserzufuhr großflächig versalzte Felder entstanden sind. Diese zwangen zur Aufgabe von solchen Kulturen, die dem Wasserhaushalt nicht mehr angepasst sind. Hier liegt wieder ein Beispiel von spezieller Desertifikation vor, die eine Folge des Wassermissmanagements darstellt.

Insgesamt wurde der Ursachen-Folgen-Komplex der Desertifikation in China durch die Übernutzung des Naturpotentials infolge wachsender Bevölkerungszahl ausgelöst.

Desertifikation in Südamerika – das Beispiel Patagonien

Die Trockengebiete Südamerikas konzentrieren sich in Anlehnung an die Hochgebirgsketten der Anden, also an der Westseite des Kontinents, auf die so genannte aride Diagonale. Im nördlichen Teil (beginnend südlich des Äquators) liegt die Wüstenzone unmittelbar an der pazifischen Küste und reicht bis zur Atacama-Wüste in Nordchile. Im südlichen Teil reicht das aride Gebiet auf der Ostseite der Anden von Nordargentinien bis zum nördlichen Feuerland und umfasst ganz Patagonien. Auch der Nordosten Brasiliens ist ein Trockengebiet, in dem Desertifikation vorkommt.

Rillen- und Rinnenerosion an den Hängen der patagonischen Anden, Argentinien, sind Folgen langfristiger Überweidung.

Patagonien besteht in Argentinen vom Andenfuß bis zur atlantischen Küste aus einer Steppenregion mit Niederschlägen zwischen 300 und 100 Millimeter im Jahr, ist hier also semiarid bis arid. Im Nordosten Patagoniens breitet sich ein Streifen mit Strauchvegetation (Larrea), Monte genannt, aus, die als Weideland weniger geeignet ist. Nach Norden setzt sich die trockene Diagonale bis in die Provinz Mendoza fort. Dieses Trockengebiet liegt im unmittelbaren Leebereich der pazifischen Westwinde, die im mittleren und südlichen Chile hohe Niederschläge bringen, sodass sich das Waldland in den Anden bis zur Pazifikküste ausdehnen kann.

Die patagonische Steppe ist seit der brutalen Vernichtung der indianischen Bevölkerung gegen Ende des vorigen Jahrhunderts durch die argentinische Armee und die europäischen Siedler zum kolonial-europäisch genutzten Weideland geworden, vor allem durch Schafe, teilweise Ziegen und im Norden Rinder, dazu Pferde. Größere Anbaugebiete liegen nur im Norden in einer Flussoase am Río Negro. Die wenigen größeren Täler, die von den Anden kommend die patagonische Steppe bis zum Atlantik queren, weisen nur lokal bewässerte Talbereiche auf, sind aber größtenteils ackerbaulich nicht genutzt.

Zerstörung durch Schafzucht

Die Desertifikation ist in den patagonischen Provinzen Río Negro, Chubut und Santa Cruz und auch in Feuerland überwiegend im Weideland der Steppe verbreitet. Die Haltung von 22 Millionen Schafen noch vor 20 Jahren auf sehr großen, mittleren und kleinen Farmen (Estancias) hatte eine oft rücksichtslose Ausbeutung des Weidepotentials zur Folge. Die Degradierungsprozesse sind überall in der Landschaft sichtbar.

Es begann mit Zerstörungen in der Pflanzendecke, in der viele kahle Stellen die Erosion sowohl durch ungebremsten Abfluss des Regenwassers als auch durch vermehrte Ausblasung des Bodens verstärkten. Nebka-Sandanwehungen und Dünenbildung sind überall sichtbare Folgen. An den Hängen ist Rinnen- und Gully-Erosion weit verbreitet.

Auch Veränderungen in der Vegetationsdecke tragen zur Degradierung des Ressourcenpotentials bei, denn die als Futterpflanzen beliebten Festuca- und Stipagräser sind stark dezimiert und Steppenpolsterpflanzen wie Mulinum spinosum, eine als Tierfutter ungeeignete Art, sind an ihre Stelle getreten. Trockenresistentere Pflanzen, wie Nassauvia und Azorella, sind Indikatoren für eine verstärkte Aridifizierung des Pflanzenkleides und des Bodens, durch die die guten Weidepflanzen immer weniger geworden sind. Heute, nach 20 Jahren, kann nur noch knapp die Hälfte des damaligen Schafbestandes (Merinoschafe) von dem geschädigten Potential leben.

Steppenvegetation mit Mulinum spinosum.

Die Desertifikationsprozesse haben auch die Böden und das Substrat der Verwitterungsschicht verändert. Durch Auswehung und Bodenerosion sind neben der Übersandung auch schon Steinpflasterdecken, wie sie für die Wüsten typisch sind, entstanden. Die gesteigerte aktuelle Verdunstung führt zur Austrockung der Böden, wodurch sich wiederum die Pflanzenwelt verändert, sodass auch der Bodenwasserhaushalt geschädigt wird. Die weite Verbreitung von Salzlagunen in der Steppe Patagoniens ist auch Ursache für die Verwehung von salzhaltigem Staub und Feinsanden über weite Flächen, die sich als Desertifikationsprozess auswirkt. Diese ökologische Landdegradierung hat zu einem Verwüstungsprozess geführt, der allgemein eine starke Reduzierung des Schafbestandes nach sich zog. Allerdings hat hierzu auch der starke Verfall des internationalen Wollpreises beigetragen. So sind in der südpatagonischen Provinz Santa Cruz bis heute etwa 40 Prozent der Schaffarmen aufgegeben worden.

Im zentralen Patagonien (Provinz Chubut) ist ein anderes Desertifikationsgebiet entstanden. Durch Wassermissmanagement wurde der Wasserhaushalt eines der beiden großen Seen, des Colhué Huapí, derart gestört, dass eine Austrocknung droht und das Gebiet des Sees zu einem riesigen Ausblasungsgebiet wird. Ein größeres Flusstal (Río Chico), das von diesem See gespeist wurde, erhält bereits keine Wasserzufuhr mehr.

Übersandete Weidelandschaft in Patagonien.

Fragt man nach den sozioökonomischen Ursachen und Folgen dieser Desertifikation, so sind sowohl die Großfarmer mit 50 000 Hektar Weideland und mehr in den Blick zu nehmen, als auch die kleinen, zumeist indianischen Tierhalter, die ohnehin unter der Armutsgrenze leben müssen. Viele Großfarmer haben seit langem ihren Wohnsitz in die

Städte verlegt, lassen ihre Farmen verwalten und sind mehr auf Profit als auf Ressourcenschutz bedacht.

Dies alles macht die Bekämpfung der Desertifikation schwierig. Verminderung der Zahl der Weidetiere, eine festgelegte Weiderotation sowie Maßnahmen zur Verbesserung der Weidevegetation wären wichtig. Dies alles kostet Geld, wenn Patagoniens Steppe eine »nachhaltige Entwicklung« im Kampf gegen die Desertifikation erfahren soll.

Ein argentinisch-deutsches Projekt der Zusammenarbeit in der Desertifikationsbekämpfung hat hierfür durch digitale Satellitenbildauswertung die notwendige Kenntnis erarbeitet. Bevor diese in praktikable Maßnahmen für den Erhalt der Steppe Patagoniens ökologisch und ökonomisch umgesetzt werden, sollte bei der Bevölkerung das Bewusstsein für die Notwendigkeit nachhaltigen Ressourcenschutzes geweckt werden. Dies gilt auch für die politischen Institutionen.

Desertifikation auch in Europa?

Degradation der Vegetation, der Böden und des Wasserhaushaltes sind auch in Europa verbreitet. Zu wirklicher Desertifikation führen diese Vorgänge allerdings nur in den Trockengebieten, die auf der Iberischen Halbinsel und auf Sizilien anzutreffen sind. Auch Griechenland und die im östlichen Mittelmeer gelegenen Inseln sind teilweise davon betroffen.

Schon in frühhistorischer Zeit ist die Waldrodung so stark betrieben worden, dass die Degradierung des mediterranen Ökosystems zu wüstenhaften Zuständen geführt hat. Ökologisch hat sich das Landnutzungspotential hangabwärts in die Gebirgsvorländer verlagert, sodass viele Bergregionen heute kaum noch rentabel genutzt werden können.

In den semiariden Gebieten Spaniens und Siziliens sind durch Übernutzung der Steppen als Weideland, aber auch durch den Getreideanbau wüstenähnliche Bedingungen entstanden, sodass dort rentable Landnutzung nur noch in Bewässerungsgebieten (Huertas, Vegas) betrieben werden kann. In solchen Regionen ist dann auch die Landdegradation so weit fortgeschritten, dass man von Desertifikation sprechen kann. Davon sind auch Teile der Meseta und selbst des Ebrobeckens betroffen.

Ein wesentlicher Unterschied zu den großen Trocken- und Desertifikationszonen der Erde besteht jedoch darin, dass Maßnahmen zur Rehabilitation des geschädigten Ökosystems in Europa aus klimatischen Gründen erfolgreicher durchzuführen wären.

Ein weltweites Problem

Es wurde bisher dargestellt, dass es sich bei der Desertifikation um einen Ursachen-Folgen-Komplex handelt, bei dem unter ariden klimatischen Voraussetzungen in den Trockengebieten der Erde ökologische Risiken durch Übernutzung des naturgegebenen

Ressourcenpotentials entstehen, die in mehrfacher Hinsicht eine Schädigung des Ökosystems zur Folge haben. Dadurch wird nicht nur die nachhaltige Nutzung beeinträchtigt, sondern darüber hinaus auch die gesamte Umwelt in den Trockengebieten der Erde gefährdet.

Die **Bárdenas Reales** am Rand des Ebrobeckens in Navarra (Nordspanien), **ehemals Winterweide** für Schafherden, sind durch Übernutzung stark degradiert worden.

Schon die Indikatoren dieser Landdegradation lassen erkennen, dass von der Desertifikation das gesamte Ökosystem der ariden Zonen betroffen ist, und zwar in den Steppen und Wüstensteppen ebenso wie in den randtropischen Savannen. Die Aridifizierung der Trockengebiete fördert die Ausbreitung wüstenhafter Verhältnisse und leistet damit der Vergrößerung von Wüstengebieten auf der Erde erheblichen Vorschub. Umweltschäden werden hervorgerufen, die weit über das, was wir Landdegradation genannt haben, hinausgehen. Diese Umweltdegradierung wird zusammen mit der Vernichtung der tropischen Regenwälder, weit mehr als die Hälfte unseres Planeten betreffen und unseren Lebensraum entscheidend einengen. Wie weit davon auch unser gesamtes Erdklima betroffen sein wird, ist im Augenblick noch nicht voll ergründet, wenngleich damit zu rechnen ist, dass sich zonale Änderungen in den Subtropen und Tropen vollziehen werden.

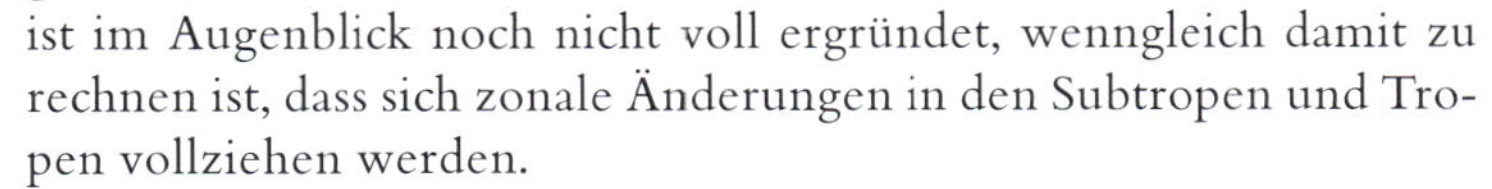

Die Erörterung des Ursachen-Folgen-Komplexes hat gezeigt, dass sozioökonomisch und damit auch humanökologisch mit Auswirkungen zu rechnen ist, die nicht nur die Lebensqualität in weiten Teilen der Trockengebiete beeinflussen, sondern bis zur erheblichen Einschränkung jeder Existenzmöglichkeit führen. Da gerade in diesen Zonen ein großer Teil der armen »Entwicklungsländer« liegt, werden vor allem diese betroffen sein. Dass auch die Verursacher der Desertifikation – abgesehen von externen Zwängen, denen diese Menschen unterworfen sind – in der Desertifikationsrisikozone leben, zeigt die Tragik dieser Problematik an.

Es wird großer Anstrengungen bedürfen, die Desertifikation zu stoppen oder doch einzudämmen. Hier muss sich im Bewusstsein bei der verursachenden und betroffenen Bevölkerung selbst, aber auch bei den Hilfsmaßnahmen der reicheren industrialisierten (»Ersten«) Welt für die Dritte Welt, manches ändern. Aus den vielen »Strategien«, den wissenschaftlichen Erkenntnissen und den Programmen auch der internationalen Organisationen müssen endlich praktikable Bekämpfungsmaßnahmen hervorgehen und erfolgreich in die Tat umgesetzt werden.

H. G. Mensching

31 BB MNT 3

Trinkwasserversorgung und Welternährung

Trinkwasser und Nahrungsmittel bilden die unverzichtbare Grundlage des menschlichen Lebens. Es handelt sich also im engeren Wortsinn um Lebensmittel, die definitionsgemäß dazu bestimmt sind, in rohem oder zubereitetem Zustand getrunken oder gegessen zu werden. Nahrungsmittel bestehen aus Nährstoffen, Vitaminen, Wasser, Salzen, Spurenelementen, Gewürz- und Ballaststoffen und dienen dem Energie- und Baustoffwechsel. Wasser kommt bei allen Lebensprozessen eine zentrale Rolle zu. Das Schlagwort »Ohne Wasser kein Leben« gilt für alle Lebewesen und damit auch für den Menschen. Der Mensch kann aus den Nahrungsmitteln nur einen Teil seines Wasserbedarfs decken, sodass der Trinkwasserzufuhr lebensentscheidende Bedeutung zukommt.

Trinkwasserversorgung einst und jetzt

In der Frühzeit der Sammler- und Jägerkulturen trank oder schöpfte der Mensch das Wasser unmittelbar aus dem jeweils verfügbaren Gewässer. Dabei wählte er, wenn möglich, zweifellos sein Trinkwasser nach Qualitätskriterien wie Geruch, Geschmack, Temperatur oder Klarheit aus. In Trockengebieten dürfte der Mensch früh die Erfahrung gemacht haben, dass durch Anlegen von Löchern an feuchten Stellen oder Vertiefen von trockengefallenen Wasserlöchern Wasser gewonnen werden kann. Für Wildbeuter, die ein großes Gebiet auf der Nahrungssuche durchstreifen, ist in trockenen Klimaten die Kenntnis von Wasserstellen oder die Fähigkeit zum Aufspüren von genießbarem Süßwasser eine Voraussetzung zum Überleben. Diese schon in weit zurückliegenden Zeiten erworbenen Fähigkeiten lassen sich heute noch bei den San (den Buschmännern) der Kalahari im südlichen Afrika beobachten.

Als die Menschen mit Einführung des Ackerbaus (vor etwa 11 000 Jahren) sesshaft wurden, spielte das ausreichende Vorkommen von Süßwasser bei der Wahl des Ansiedlungsortes eine wesentliche Rolle. Pflanzenanbau konnte anfangs nur dort betrieben werden, wo ausreichend Regen für das Pflanzenwachstum fiel oder aus anderen Gründen eine hohe natürliche Bodenfeuchtigkeit vorlag. Andere Süßwasserressourcen mussten also nur für die Trinkwasserversorgung von Menschen und Haustieren in ausreichender Menge verfügbar sein. Genutzt wurden anfänglich Quellen und Oberflächengewässer, aber auch Grundwasser, das mittels Brunnen erschlossen wurde. Niederschlagsarme Gebiete konnten erst nach Erfindung der Bewässerung landwirtschaftlich genutzt werden. Dabei spielten Flüsse für die ersten Hochkulturen der Alten Welt eine entscheidende Rolle: der Nil für Ägypten, Euphrat und Tigris für Mesopotamien, der Indus für die Induskultur auf dem Gebiet des heu-

Wasser übernimmt im Körper vielfältige Aufgaben: Es ist Baustoff von Geweben sowie lebenswichtiges Lösungs- und Transportmittel für Stoffe und Energie. Entsprechend besteht der menschliche Körper im Mittel zu 60% aus Wasser, das Blut als Transportmedium sogar zu 83%. Erhebliche Wassermengen werden zur Ausscheidung von Abfallprodukten des Stoffwechsels (Harnbildung) und zur Regulation des Wärmehaushalts (Schweißabgabe) benötigt. Die **Wasserbilanz** eines erwachsenen Menschen unter mitteleuropäischen Klimabedingungen sieht bei normaler körperlicher Belastung so aus: Wasserabgabe in Form von Harn (1400 ml) und Kot (100 ml) sowie über Verdunstung (900 ml) ergibt insgesamt 2400 ml. Dem entspricht eine Wasseraufnahme von jeweils 1200 ml mit fester Nahrung und als Trinkwasser. Der tägliche Trinkwasserverbrauch erhöht sich mit dem Anstieg von Außentemperatur, Lufttrockenheit und bei körperlicher Belastung.

Der aus römischer Zeit (Ende 1./Anfang 2. Jahrhundert n. Chr.) stammende **Aquädukt** in der zentralspanischen Stadt Segovia hat eine Länge von etwa 17 km. Auf einer Länge von 276 Metern ist er zweistöckig, sein höchster Punkt liegt bei 28,9 Meter. Die Granitblöcke sind ohne Mörtel aufeinander gelegt. Der Aquädukt dient heute noch als Wasserleitung.

tigen Pakistan, Hwangho und Jangtsekiang in China. In Wassermangelgebieten entstanden früh Speicheranlagen, die eine Wasserversorgung in trockenen Jahreszeiten sicherstellen sollten. Mit steigender Bevölkerungszahl und sich verändernden technischen sowie zivilisatorischen Errungenschaften vollzogen sich im Laufe der Menschheitsgeschichte Wandlungen in der Trinkwasserversorgung, die im Folgenden anhand der verschiedenen Wasserressourcen dargestellt werden.

Trinkwasser aus Quellen

Quellen werden von alters her gerne zur Trinkwassergewinnung genutzt. Sie stehen jedoch nicht überall zur Verfügung oder haben im Jahresgang so stark wechselnde Wasserführung, dass die Nutzung schwierig ist. Manche Quellen haben auch unzureichende Wasserqualität; in den Karstquellen von Kalkgebieten beispielsweise tritt Oberflächenwasser wieder zutage, das oft nur wenige Kilometer entfernt in Hohlräume des Gesteins eingedrungen und daher nur eine kurze Strecke unterirdisch geflossen ist. Die Qualität dieses Karstquellenwassers entspricht der eines Oberflächenwassers, da die bei der Entstehung echten Grundwassers zwischengeschaltete Bodenpassage mit ihrer Filterwirkung entfällt. In der besiedelten und genutzten Landschaft wird die Qualität des Quellwassers oft durch im Bereich der Quellfassung oder ihrer näheren Umgebung versickernde Abwässer verunreinigt. Das ist besonders häufig der Fall bei

Trockenflusstal mit Wasserstelle in der Kalahari im südlichen Afrika.

Hangquellen unterhalb von Höhensiedlungen oder von Viehweiden. Die Quellwasserqualität kann bei bestimmten geologischen Gegebenheiten auch natürlicherweise stark eingeschränkt sein, beispielsweise durch Iodmangel (eine Folgeerscheinung ist das Auftreten des so genannten endemischen Kropfes in manchen Alpentälern).

Quellwasserversorgung von Siedlungen hat eine lange Tradition. Das alte Jericho (Siedlungsbeginn vor etwa 9000 Jahren) lag an einer nie versiegenden starken Quelle; die im heutigen Israel liegende befestigte Stadt Megiddo machte sich im 12. Jahrhundert v. Chr. eine außerhalb der Burgmauern liegende Quelle über einen begehbaren Schacht in der Burg und einen Verbindungstunnel nutzbar. Eine ähnliche Konstruktion gab es im alten Jerusalem. Viele römische Städte wurden über lange Wasserleitungen (Aquädukte) mit Quellwasser versorgt.

Bereits die Römer zogen Quellwasser vor

Bemerkenswert ist, dass auch in der damals römischen Stadt Colonia – dem heutigen Köln – nicht der unmittelbar an der Stadt liegende wasserreiche Rhein als Trinkwasserspender genutzt wurde, sondern Quellwasser aus der Eifel über eine rund 95 Kilometer lange Leitung herangeführt wurde. Die Wasserqualität des Rheins war offensichtlich schon vor 1900 Jahren den Römern für ihre Ansprüche zu schlecht; als Kriterien müssen dabei vor allem die Trübstoffführung des Fließgewässers und die hohen Sommertemperaturen gelten. Da die Abwässer römischer Städte wenn möglich in Fließgewässer abgeleitet wurden, könnte auch dies ein Argument gegen die Nutzung von Fließgewässern gewesen sein, natürlich ohne dass die heutigen Kenntnisse über die Ausbreitung von abwasserbürtigen Krankheiten (Krankheiten, deren Erreger durch Abwasser übertragen werden) vorlagen. Die Auswirkungen starker Abwasserbelastung auf Trübung, Geruch und andere allgemeine Merkmale der Wasserqualität kannte man aber sicher aus dem Tiber in Rom.

Die mittelalterlichen europäischen Städte bauten in ihrer Wasserversorgung nicht auf dem römischen Standard auf. Anstelle von Quellwasserfernversorgung trat Flusswasser- und Brunnennutzung. Im ländlichen Raum spielte die Quellwassernutzung zur Versorgung von Dörfern oder kleineren Verbrauchereinheiten eine große Rolle, die in Deutschland erst Mitte des 20. Jahrhunderts stark an Bedeutung verlor. Quellwasser wurde durch eine Quellfassung (Quellstube, Brunnenhaus) gewonnen, die praktisch zugleich einen Vorratsbehälter darstellt. Lag die Quelle im Gelände oberhalb der Siedlung, so konnte das Wasser unmittelbar dem Gefälle folgend zum Verbraucher gelangen. Bei Höhensiedlungen mussten Hebeeinrichtungen zum Wassertransport verwendet werden. Die kleinen Quellwasserversorgungsanlagen im ländlichen Raum hatten in der Regel wenig Wasserdruck, sodass moderne sanitäre Anlagen wie Wasserklosett (WC) oder Dusche nur mit Schwierigkeiten betrieben werden konnten oder darauf verzichtet werden musste. Dies und die zunehmende Verunreinigung des Quellwassers waren Gründe für die Einführung neuer, zentraler Großwasserversorgungsanlagen, zum Beispiel auf der Basis von Trinkwassertalsperren.

Trinkwasserversorgung aus Grundwasser

Fehlen Quellen und geeignete Oberflächengewässer, kann zur Trinkwassergewinnung in vielen Gegenden – jedoch nicht überall – auf Grundwasser zurückgegriffen werden. Steht dieses sehr hoch, das heißt bis nahe der Erdoberfläche, so kann es durch einfache gegrabene Wasserlöcher und wandlose Moorbrunnen erschlossen werden. In diesen Gruben sammelt sich aber auch Niederschlagswasser, sodass es zu störendem Stoffeintrag kommen kann. In den Moorbrunnen ist das Wasser überdies braun gefärbt und oft sauer. Eine bessere Grundwassergewinnung ermöglichen Brunnen, die Grundwasser in größerer Tiefe erschließen.

Ganz allgemein ist ein Brunnen ein Schacht, der von der Erdoberfläche zum Grundwasser führt und dessen Förderung ermöglicht.

Ein **wandloser Moorbrunnen** ist ein Brunnenschacht, der im moorigen Gelände gegraben und nicht ausgekleidet ist. Seine (zeitlich begrenzte) Stabilität verdankt er der kompakten Beschaffenheit des Torfbodens.

Jungsteinzeitlicher Brunnen aus dem Rheinland. Rekonstruktionsversuch von Brunnen und Siedlung, darunter die ausgegrabenen Brunnenteile.

Diese erfolgt durch Herauftragen über Leitern und Stufen, durch Heraufziehen mittels Lederbeuteln, Eimern und dergleichen oder durch eine Pumpe. Auf die technische Entwicklung der Brunnenwasserförderung soll hier nicht eingegangen werden. Der Brunnenschacht wird durch Flechtwerk, Balkenauskleidung oder Mauerwerk vor dem Einstürzen der Wände geschützt; bei modernen Rohrbrunnen ist das Bohrloch mit dem Förderrohr ausgekleidet, mittels dessen das Wasser heraufgepumpt wird.

Die Erfindung des Brunnens liegt schon lange zurück. Ein gut erhaltener Brunnen der Jungsteinzeit, der im Rheinland ausgegraben wurde, ist in seinem ältesten Teil rund 7100 Jahre alt. Er entstand zur Zeit des Sesshaftwerdens der Menschen und der Einführung der Landwirtschaft in Mitteleuropa. Auch bei der Wasserversorgung von Städten spielten Brunnen schon früh eine Rolle. In der ausgegrabenen Stadt Mohenjo-Daro im heutigen Pakistan gab es vor 4000 Jahren zahlreiche Brunnen. In manchen mittelamerikanischen Maya-Städten spielten Brunnen für das Leben in der Stadt eine ähnlich bedeutsame Rolle wie es in mittelalterlichen und frühneuzeitlichen europäischen Städten der Fall war. Auch viele ländliche Gebiete hatten und haben – vor allem in weniger entwickelten Ländern – zum Teil bis heute Brunnenversorgung.

»Der Todesbrunnen«, Zeichnung von George John Pinwell, um 1866.

Brunnenwasser ist oft hygienisch bedenklich

Da sich Brunnen häufig im Haus oder bei Wohnhäusern, Viehställen oder gewerblichen Ansiedlungen befinden, besteht oft die Gefahr einer Verunreinigung des Brunnenwassers mit versickernden Exkrementen von Mensch und Tier sowie mit gewerblichen Abfällen. Tatsächlich war aus hygienischer Sicht die Brunnenwasserversorgung der Städte bis in die Neuzeit sehr bedenklich und es kam wiederholt zum Ausbruch von trinkwasserbürtigen Seuchen.

Mit der Entwicklung der Bakteriologie in der zweiten Hälfte des 19. Jahrhunderts wurde es möglich, die hygienische Untragbarkeit solcher Versorgungssysteme nachzuweisen. Vor allem in den Industrieländern vollzog sich in der Folge rasch der Übergang von der dezentralen Selbstversorgung zur zentralen Gemeinschaftsversorgung aus Großwasserwerken, die hohen hygienischen Standard verwirklichen können. Viele zentrale Wasserversorgungseinrichtungen basieren ganz oder teilweise auf der Grundwassergewinnung, die

Daten aus der Geschichte der Bakteriologie des Wassers

1872–1876	Ferdinand J. Cohn veröffentlicht grundlegende Erkenntnisse über Bakterien und wird zu einem der Begründer der Bakteriologie und zugleich der mikroskopisch-biologischen Wasseranalyse zur Feststellung der Wasserqualität
1883	Robert Koch entdeckt den Erreger der Cholera (Vibrio cholerae)
1888	In Paris wird mit dem Institut Pasteur das erste bakteriologische Forschungszentrum gegründet, das auf den bahnbrechenden Forschungen von Louis Pasteur aufbaut; dieser hatte 1865 erstmalig in Mikroorganismen die Erreger von Krankheiten erkannt

Konkurrierende Nutzung eines ländlichen Speichersees in Indien durch Mensch und Haustiere.

mittels technisch hoch entwickelter Wasserförderung durch ganze Brunnengalerien stattfindet und eine zentrale Aufbereitung des Rohwassers ermöglicht.

Einen Sonderfall der Grundwassererschließung stellt der unterirdische Kanat (Qanat, auch Foggara, Faladj) dar; er ist gewissermaßen ein waagerecht angelegter Brunnen, der als Stollen über größere Entfernung zu einem Berg vorgetrieben wird und dort vorhandenes Grundwasser anzapft. Dieses fließt dann durch den Stollen zu dem Verbrauchsort. Kanate dienten zum einen der Trinkwasserversorgung (in Teheran bis in die 1930er-Jahre), zum andern der Bewässerung. Die Technik ist etwa 3000 Jahre alt und lokal bis in die Gegenwart in Gebrauch.

Trinkwasser aus Flüssen

Die Nutzung von Flüssen zur Trinkwassergewinnung ist uralt; sie begann mit dem Schöpfen des Wassers, das dann nach Hause getragen wurde – ein Verfahren, das in armen Ländern auch heute noch praktiziert wird. Bereits im Altertum wurde Flusswasser in großem Maßstab zur Trinkwasserversorgung von Städten herangezogen. Ein typisches Beispiel ist Ninive in Mesopotamien; der nahe gelegene Tigris reichte zur Versorgung der wachsenden Bevölkerung nicht aus. Ab etwa 700 v. Chr. wurde deshalb Wasser aus bis zu 50 Kilometer entfernten Flüssen und kleineren Fließgewässern in höherem Niveau über Kanäle in die Stadt geführt. Die Ableitung des Flusswassers wurde durch Stauwerke ermöglicht. In Ägypten waren in einigen größeren Städten schon im dritten Jahrtausend v. Chr. Wasserleitungen in Gebrauch. Sie wurden mit Nilwasser gespeist, das zur Entfernung der Trübstoffe über Siebe und Absetzbecken geleitet wurde, ehe es in Vorratsbehälter gelangte. Zum Heben des Rohwassers auf das notwendige innerstädtische Niveau dienten unter anderem Schöpfräder, die durch Strömung oder mittels der Arbeitskraft von Mensch und Zug-

Die **Trinkwassergewinnung** durch **Schöpfen von Wasser,** hier aus einem Fluss, ist in vielen, v. a. armen Ländern bis heute üblich.

Langsamsandfilter, zur Trinkwassergewinnung aus Oberflächenwasser eingesetzter Typ des mit Sand als Filtermittel betriebenen Sandfilters, auf dessen Oberfläche eine biologisch aktive Schicht aus Mikroorganismen und abgeschiedenem Material als Filterschicht wirkt und organische Verbindungen abbaut

Fällungsmittel, Substanzen, die bei Zugabe zu einer Lösung bewirken, dass die gelöste Substanz als Feststoff (Niederschlag) abgeschieden wird, entweder, weil ihre Löslichkeit durch Zugabe des Fällungsmittels verringert wird, oder weil sie durch chemische Reaktion mit dem Fällungsmittel in eine unlösliche Verbindung umgewandelt wird

tier betrieben wurden. Ähnlich waren die mittelalterlichen Wasserversorgungsanlagen europäischer Städte wie Lübeck, Hamburg oder Leipzig: Das Wasser wurde durch eine Hebevorrichtung so weit angehoben, dass es im Gefälle zu den Zapfstellen fließen konnte; in eingeschalteten »Wasserhäusern« wurde die Fließgeschwindigkeit reduziert, sodass sich gröbere Verunreinigungen absetzen konnten. Eine weiter gehende Aufbereitung des Rohwassers gab es nicht.

Die im 19. Jahrhundert als Ersatz für die unzureichende Brunnenwasserversorgung aufkommende zentrale Trinkwasserversorgung benutzte zunächst ebenfalls nur Absetzbecken zur Entfernung gröberer Wasserinhaltsstoffe. Die gesundheitliche Gefährdung der Verbraucher durch die zunehmende Abwasserbelastung wurde dabei vorerst nicht erkannt. Erst nach einer Cholera-Epidemie führte man im Jahr 1852 in London Langsamsandfilter zur weiter gehenden Trinkwasserreinigung ein, eine neue Technik, die bald auch auf dem Kontinent angewendet wurde. Gegen Ende des 19. Jahrhunderts kam in den USA der Gebrauch von Schnellsandfiltern mit vorgeschaltetem Absetzbecken und Fällungsmitteln auf. Um 1900 schließlich begann die Entkeimung des Trinkwassers mit Chlor.

Die Zunahme der Verunreinigung des Flusswassers durch Abwässer macht in dicht besiedelten und stark industrialisierten Gebieten wie Mitteleuropa seine direkte Verwendung zur Trinkwassergewinnung seit den 1960er-Jahren unmöglich. Man hilft sich mit den in den folgenden Abschnitten skizzierten Verfahren der Uferfiltration und der künstlichen Grundwassererzeugung.

Wassergewinnung mittels Uferfiltration

Zur »natürlichen Uferfiltration« werden in einigem Abstand vom Flussufer Reihen von Brunnen (so genannte Brunnengalerien) angelegt und Grundwasser entnommen. In dem Maß, wie Grundwasser abgepumpt wird, sickert verstärkt vom Fluss her Wasser nach. Auf diese Weise wird die natürliche Infiltration von Flusswasser ins Grundwasser gefördert. Das Flusswasser wird bei der Bodenpassage gereinigt. Ist jedoch ein Fluss sehr stark mit organischen Stoffen belastet, können die Poren im Boden verstopfen, die reinigende Wirkung geht verloren. Auch Hochwasser gefährdet Brunnengalerien in ihrer Wirksamkeit. Bei Niedrigwasser geht ihre Leistung stark zurück. Es ist also zur Sicherstellung einer gleichmäßigen Wasserversorgung wichtig, die Wasserführung des Flusses im Jahresgang zu optimieren. Dies kann durch ein System von Talsperren und Flussstauen erfolgen, wie es beispielsweise im Flussgebiet der Ruhr geschehen ist.

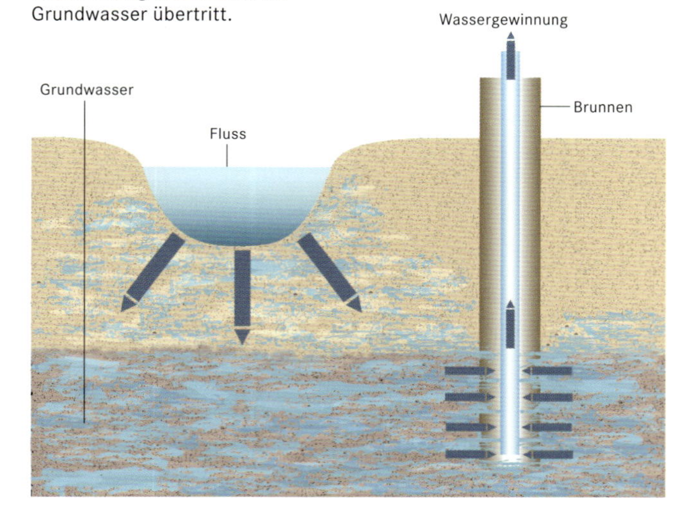

Wassergewinnung mittels **Uferfiltration**. Wenn das Flusswasser wegen starker Verschmutzung keine direkte Wasserentnahme erlaubt, nutzt man die reinigende Wirkung einer Bodenpassage aus. Dazu werden in einigem Abstand zum Ufer Brunnen angelegt und Grundwasser abgepumpt. Als Folge sinkt der Grundwasserspiegel und es versickert mehr Flusswasser im Untergrund, das gereinigt durch die Filterwirkung des Bodens ins Grundwasser übertritt.

Künstliche Grundwassererzeugung

Es gibt auch die Möglichkeit, Grundwasser künstlich zu erzeugen. Das Prinzip dieses Verfahrens besteht darin, verunreinigtes Wasser aus Flüssen oder anderen Oberflächengewässern gut vorzureinigen und dann zur Versickerung in den Boden zu bringen, sodass sich Grundwasser bildet. Praktisch kann man folgendermaßen vorgehen: Flusswasser wird aus einem Flussstau abgepumpt und in Filterbecken eingebracht, die in der Art eines Langsamsandfilters arbeiten; auf der Oberfläche des Filtersubstrats bildet sich ein biologischer Rasen, also eine vor allem aus Mikroorganismen bestehende Lebensgemeinschaft, die zusammen mit den im Filterinneren lebenden Kleinstlebewesen für den Reinigungseffekt verantwortlich ist. Nach Passage des Filterbetts tritt das gereinigte Flusswasser ins Grundwasser über. Diese künstliche Grundwassererzeugung, auch Grundwasseranreicherung genannt, bietet gegenüber der Uferfiltration Vorteile, da sie durch rechtzeitige Auffüllung der Grundwassermenge Vorrat für Wassermangelperioden schafft und auch bei starker Verunreinigung des Flusswassers noch wirksam ist. Bei Funktionsunfähigkeit des Filterbetts wegen Porenverstopfung kann dieses erneuert werden, was bei der Flusssohle natürlich unmöglich ist. Bei extremer Flussverschmutzung mit Stoffen, die im Filterbett nicht beseitigt werden können oder den biologischen Rasen schädigen würden, besteht darüber hinaus die Möglichkeit, das Rohwasser vor Infiltration ins Grundwasser komplett aufzubereiten, um störende chemische Inhaltsstoffe zu entfernen.

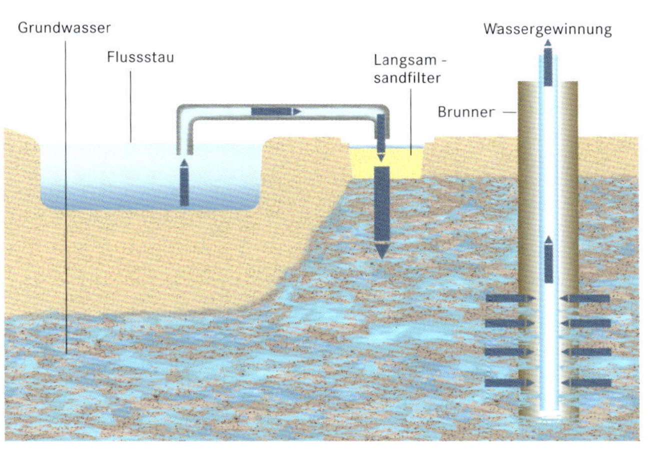

Das Prinzip der **künstlichen Grundwassererzeugung** besteht darin, verschmutztes, unmittelbar nicht zur Trinkwassergewinnung geeignetes Flusswasser mithilfe von Sandfiltern und Bodenpassage zu reinigen. Damit ständig genügend Flusswasser zur Verfügung steht, wird ein Flussstau angelegt, aus dem Wasser in sandgefüllte große Filterbecken gepumpt wird. Beim Durchsickern dieser Langsamsandfilter ergibt sich ein erster Reinigungsschritt, der bei dem nachfolgenden Versickern im natürlichen Bodensubstrat durch einen zweiten ergänzt wird. Das solcherart gereinigte Wasser reichert sich als Grundwasser im Boden an und wird durch Brunnenschächte gefördert und zu Trinkwasser aufbereitet.

Nicht unproblematisch – Trinkwasser aus Seen

Im einfachsten Fall wird Wasser aus Seen wie bei anderen Oberflächengewässern einfach geschöpft – ein Verfahren, das in ärmeren Ländern durchaus noch üblich, aber hygienisch problematisch ist. An Seen gelegene Städte, wie beispielsweise Zürich, leiteten ursprünglich das Rohwasser aus dem See unmittelbar in die Versorgungsleitungen, allenfalls waren Absetzkammern zur Entfernung eventueller Trübstoffe zwischengeschaltet. Im Fall des Zürichsees machte sich Ende des 19. Jahrhunderts die Einleitung von Abwasser in den See nachteilig bemerkbar und zwang zur Aufbereitung des Rohwassers zunächst mit Langsamsandfiltern und später mit einer Kombination der verschiedenen modernen Aufbereitungsmethoden, die vor allem auch Schutz vor der Übertragung abwasserbürtiger Krankheiten bieten sollten. Erst rigorose Maßnahmen zur Fernhaltung von Abwasser beziehungsweise eine nachhaltige Abwasserreinigung haben in jüngster Zeit die zunehmende Verschlechterung der Wasserqualität

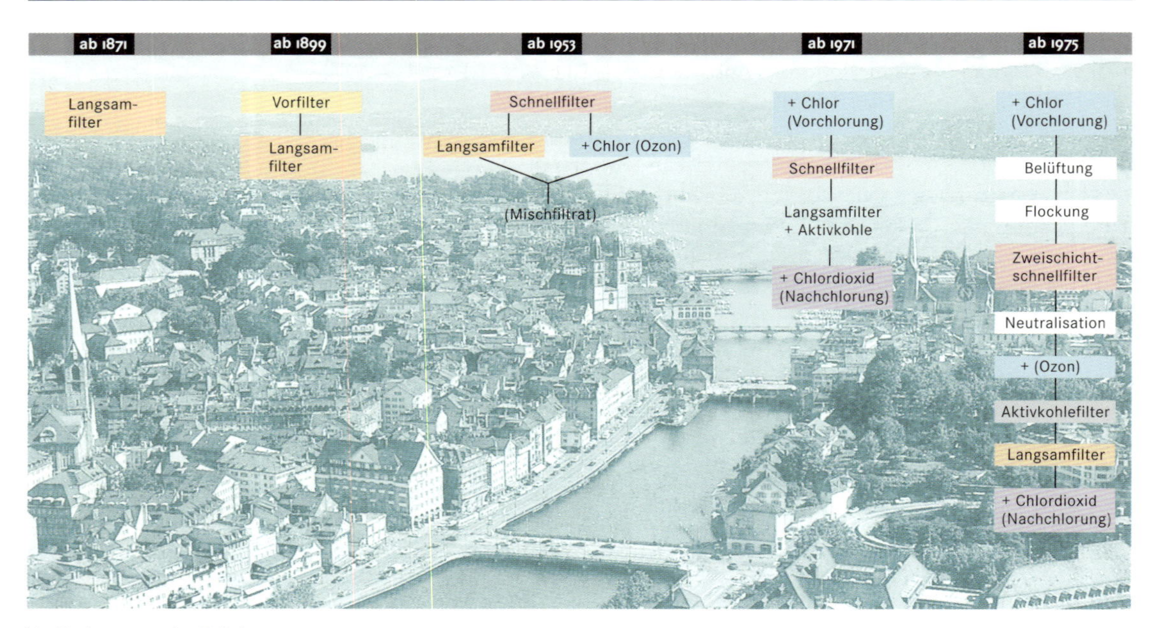

Veränderungen der **Trinkwasseraufbereitung am Zürichsee** zwischen 1871 und 1975 als Folge der zunehmenden Abwasserbelastung des Sees, die erst in jüngster Zeit deutlich zurückgegangen ist.

gestoppt und eine Besserung angebahnt. Das Beispiel Zürichsee kann als typisch gelten für die Entwicklung der Trinkwasserversorgung aus siedlungsnahen, abwasserbelasteten Seen.

Bei einer Verunreinigung von Seen mit häuslichem Abwasser spielen mehrere Aspekte eine Rolle. Wie bei Fließgewässern birgt die Einleitung von Fäkalabwasser auch bei Seen die Gefahr der Übertragung von Krankheitserregern; aus hygienischen Gründen muss also das Abwasser in jedem Fall entkeimt werden (zum Beispiel durch Chlorung). Wesentlich ist ferner die Beeinflussung des Sauerstoffhaushalts von Seen durch die organischen Inhaltsstoffe des Abwassers, denn deren Abbau durch Bakterien verbraucht viel Sauerstoff. Da dieser Vorgang vor allem in Bodennähe abläuft, kommt es in Zeiten temperaturbedingter Schichtungen des Wasserkörpers, wie zum Beispiel in Mitteleuropa im Sommer, im Tiefenwasser zu Sauerstoffmangel. Das wiederum führt zum Auftreten von gelöstem Eisen und Mangan, die im Trinkwasser unerwünscht sind und bei der Aufbereitung entfernt werden müssen. Da nur das Tiefenwasser die für Trinkwasser erforderliche niedrige Temperatur hat, ist ein Ausweichen auf sauerstoffreicheres Oberflächenwasser unmöglich: Es ist zu warm und enthält überdies zu viele Kleinlebewesen.

Die Zunahme der pflanzlichen Produktion (Primärproduktion) aufgrund einer Zunahme der Pflanzennährstoffe (Düngestoffe) wird als **Eutrophierung** bezeichnet. An sich kann das ein natürlicher Vorgang sein; heute versteht man aber darunter einen vom Menschen ausgelösten, also anthropogenen Prozess, der vor allem durch erhöhte Zufuhr von Phosphat mit Fäkalien, Abwasser, abgeschwemmten Düngemitteln aus der Landwirtschaft oder Luftverunreinigungen ausgelöst wird.

Eutrophierung erschwert die Wasseraufbereitung

Als weiterer Aspekt muss noch die Eutrophierung genannt werden, die durch abwasserbürtige düngende Pflanzennährstoffe, aber auch durch Nährstoffe anderer Herkunft ausgelöst wird und zu verschiedenen ökologischen Veränderungen im See führt. Neben Auswirkungen auf den gesamten Stoffhaushalt, insbesondere den Sauerstoffhaushalt und den Organismenbesatz insgesamt, soll hier die Auslösung von Massenvermehrung kleiner pflanzlicher Organismen (Phytoplankton) erwähnt werden. Insbesondere können – neben anderen – verschiedene Cyanobakterien (»Blaualgen«) und Kieselalgen regelrecht zu Schadorganismen werden, da sie die Filter der Aufbereitungsanlagen verstopfen und überdies schwer entfernbare Geschmacks- und Geruchsstoffe ins Wasser abgeben. Insgesamt werden in eutrophen Seen so kostenaufwendige Aufbereitungsmaßnahmen nötig, dass man wo immer möglich auf oligotrophe, also nährstoffarme Gewässer als Trinkwasserspender zurückgreift.

Als Beispiel für einen zur Trinkwassergewinnung hervorragend geeigneten See sei der Bodensee, genauer der Obersee des Bodensees, erwähnt. Hier kommt man mit wenigen Aufbereitungsschritten aus. Aufgrund seiner Größe dient der Bodensee zur Fernwasserversorgung eines großen grund- und oberflächenwasserarmen Gebiets, das den Großraum Stuttgart umschließt und über 2,5 Millionen Menschen versorgt.

Trinkwasserversorgung aus Speicherseen

Schon im Altertum war die Speicherung von Wasser zum Ausgleich jahreszeitlicher Schwankungen der Ressourcen oder auch als Vorrat für befestigte Städte im Belagerungsfall gebräuchlich. Die Trinkwassergewinnung ist in vielen Fällen nur eine von mehreren, oft anteilig überwiegenden Nutzungen eines Speichersees, selten die ausschließliche; ein großer Teil der weltweit vorhandenen Speicherseen dient anderen Zwecken, wie der Bewässerung von Kulturpflanzen oder der Wasserkraftgewinnung. Soweit Speicherseen in Form von Talsperren der Regulierung des Wasserstands von Flüssen dienen, haben sie eine Bedeutung für die Trinkwassergewinnung deshalb, weil so die für eine Uferfiltration notwendige Mindestwasserführung gesichert wird. Konkurrierende Nutzungen von Speicherseen können zur Beeinträchtigung der Trinkwassernutzung führen. Dies zum einen hinsichtlich der verfügbaren Menge, nämlich dann, wenn eine überhöhte Wasserentnahme zu anderen Zwecken erfolgt; zum anderen bezüglich der Qualität, beispielsweise bei Nutzung des Gewässers als Waschplatz zur Körperpflege und zur Reinigung von Kleidung oder anderen Wäschestücken, als Viehtränke und Badeplatz von Haustieren oder als Badegewässer zur Erholung. Die hierbei auftretenden hygienischen Belastungen fallen besonders dann ins Gewicht, wenn das Trinkwasser ohne Aufbereitung, insbesondere ohne Entkeimung, konsumiert wird, wie es auch heute noch in armen Ländern durchaus üblich ist.

Typische Speicherseen sind die Wasserreservoire Indiens, die seit Jahrtausenden der Speicherung der Monsunniederschläge für die lange Trockenzeit dienen. Diese meist als Tank bezeichneten Gewässer stellen zum Teil künstliche Bodenvertiefungen dar, die wie ein Teich aussehen oder mit gemauerter Uferbefestigung versehene rechteckige Becken sind. Zum Teil haben sie Talsperrencharakter: Erddämme, Steinschüttungen oder Mauern fangen den Abfluss eines größeren Wassereinzugsgebiets auf und speichern ihn. Ist das Gebiet landwirtschaftlich genutzt oder besiedelt, kommt es aufgrund von

Wasserblüte, die durch die Burgunderblutalge, eine Cyanobakterienart, verursacht wird und ein Zeichen für die **Eutrophierung** des Stausees ist; links im Bild der Wasserentnahmeturm zur Trinkwassergewinnung. Die untere Abbildung zeigt eine Wasserblüte durch blaugrün gefärbte Cyanobakterienarten, zu denen einige Schadstoff produzierende Formen gehören.

Waschplatz an einem städtischen **Speichersee** in Bhopal, Indien, als Beispiel einer zur Trinkwassergewinnung konkurrierenden Nutzung.

Nährstoffeinträgen oft zur Eutrophierung, deren Stärke und Folgewirkungen durch die herrschenden hohen Temperaturen noch gefördert werden.

Talsperren – eine Sonderform von Speicherseen

Talsperren in unserem heutigen Sinn sind bereits aus dem Altertum bekannt, allerdings dienten nur einige von ihnen der Trinkwassergewinnung; ein Beispiel sind die fast 2000 Jahre alten römerzeitlichen Anlagen von Cornalvo und Proserpina in Spanien, die die Stadt Mérida mit Wasser versorgten. Ebenfalls in Spanien begann im 16. Jahrhundert der Talsperrenbau der Neuzeit, und im 19. Jahrhundert entstand in Großbritannien eine große Zahl von Trinkwasserversorgungssystemen auf der Basis zahlreicher Speicherseen in entlegenen Einzugsgebieten. Hier wie auch in anderen Ländern erwies sich die Staudammtechnik noch als störanfällig: Es kam zu einer Reihe von Dammbrüchen. Bemerkenswert ist, dass schon in dieser Periode in Großbritannien Widerstand gegen Bauvorhaben aus Landschaftsschutzgründen aufkam.

Ebenfalls ab dem 19. Jahrhundert entstanden Talsperren zur Trinkwasserversorgung auch in anderen Ländern, insbesondere in Deutschland. Hier liefern heute zahlreiche Talsperren Trinkwasser. Eine Reihe von ihnen wurde speziell zur Trinkwassergewinnung gebaut, so die Genkeltalsperre bei Gummersbach, die Riveristalsperre bei Trier, die Stevertalsperre bei Haltern oder die Wahnbachtalsperre bei Siegburg.

Ebenso wie Seen sind auch Talsperren nur im oligotrophen Zustand optimal zur Trinkwassergewinnung geeignet. Jedoch kann es

Blick auf die **Stadt Raisen** im indischen Bundesstaat Madhya Pradesh, im Hintergrund das **Wasserreservoir** der Stadt.

selbst unter diesen Bedingungen aufgrund der Nutzungsweise zu Problemen mit der Wasserqualität kommen. In Trinkwassertalsperren wird nämlich in der Regel das Rohwasser im Tiefenwasser (auch als Hypolimnion bezeichnet) abgepumpt, da nur dieses im Sommer die notwendige niedrige Temperatur hat. Aufgrund der Wasserentnahme verkleinert sich entsprechend das Volumen des Tiefenwassers und zugleich der dort vorhandene Sauerstoffvorrat, der im Sommer für den Abbau der aus dem belichteten, warmen Oberflächenwasser zu Boden sinkenden abgestorbenen pflanzlichen

Dieser **Dünensee** an der niederländischen Nordseeküste in Seeland dient der Regenwasserversickerung ins Grundwasser.

Biomasse benötigt wird. Obgleich diese Menge im oligotrophen See vergleichsweise gering ist, kann es bei stark reduzierter Tiefenwassermenge zu Sauerstoffmangel kommen; als Folge treten wie im eutrophen See auch hier gelöstes Eisen und Mangan auf, die aus dem Rohwasser entfernt werden müssen.

Die Nutzung von Regenwasser

Regenwasser wird schon seit langer Zeit zur Trinkwasserversorgung genutzt, wenn Mangel an nutzbarem Oberflächen- oder Grundwasser besteht, jedoch Regen in hinlänglicher Menge fällt. Man sammelt den Regenablauf von Dächern oder von speziell angelegten Auffangflächen im Gelände und speichert das Wasser in Sammelbehältern. Diese Regenwasserspeicher heißen Zisternen. Regenwasser hat allerdings wegen seines geringen Gehalts an gelösten Salzen einen wenig ansprechenden Geschmack.

Regenwassernutzung war unter anderem im Mittelmeergebiet weit verbreitet und hat dort in ländlichen Gebieten auch heute noch Bedeutung. In Mitteleuropa wurde Regenwasser bis um 1950 in solchen Gebieten genutzt, wo sonst nur brackiges, also salzhaltiges Wasser oder braun gefärbtes Moorwasser zur Verfügung steht, so beispielsweise im ostfriesischen und schleswig-holsteinischen Nordseeküstenraum. Regenwassergewinnung wird heute in manchen ländlichen Gebieten weniger entwickelter Länder zur Ergänzung oder als Ersatz von unzureichenden öffentlichen Wasserversorgungsanlagen propagiert und kann in der Tat dort eine Versorgungslücke schließen.

Die an anderer Stelle besprochenen Speicherbecken für oberflächlich abfließendes Niederschlagswasser stellen auch eine Art Regenwassernutzung dar; das Wasser hat hier aber so viel Kontakt mit dem Erdreich, dass die Wasserqualität der von üblichem Süßwasser entspricht. Ein Sonderfall der Regenwassernutzung findet sich im Dünengebiet der deutschen und niederländischen Nordseeküste. Hier lagert im Dünenuntergrund aus versickerndem Regenwasser stammendes Süßwasser über tiefer liegendem, vom Meer stammenden Salzwasser. Um das Schwinden und Versalzen des Süßwasservorkommens infolge starker Trinkwasserentnahme zu kompensieren, legt man zur Speicherung von Niederschlagswasser künstliche Dünenseen an, aus denen eine starke Grundwasserinfiltration stattfindet.

NEUE WEGE DER MEERWASSERENTSALZUNG

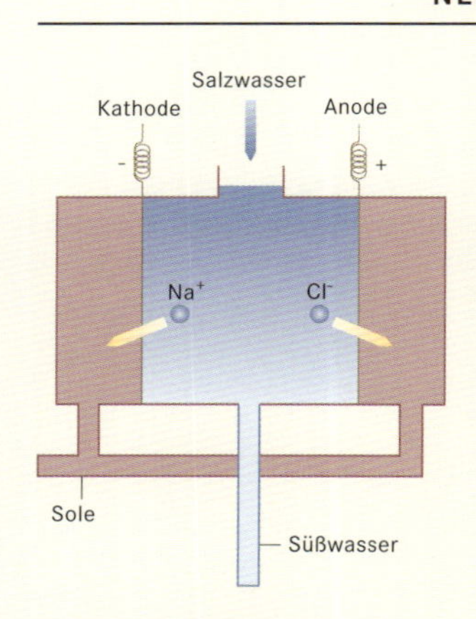

Da Wasser bereits bei einem Salzgehalt von 0,3 g/l salzig schmeckt, Trinkwasser nicht mehr als 0,05 g Salz pro Liter enthalten sollte, Meerwasser aber etwa 35 g Salz pro Liter enthält, müssen bei der Bereitung von Trinkwasser aus Meerwasser erhebliche Salzmengen entfernt werden. Neben der Destillation werden heute in Meerwasserentsalzungsanlagen (rechts unten) zwei weitere Verfahren angewandt. Die Elektrodialyse (links oben) beruht darauf, dass im Wasser gelöste Salze als positiv und negativ geladene Ionen vorliegen. Wird ein elektrischer Strom durch die Lösung geleitet, bewegen sich positiv geladene Ionen zur negativ geladenen Elektrode (Kathode) und negativ geladene Ionen zur positiven Anode. Vor den Elektroden befindet sich jeweils eine für Ionen durchlässige Membran. Die jeweils an den Elektroden entstehende Sole wird abgeleitet, das salzarme Wasser in weitere Entsalzungskammern geleitet. Bei der Elektrodialyse ist also Strom die treibende Kraft. Bei dem zweiten Verfahren, der Umkehrosmose (rechts), wirkt hingegen Druck als treibende Kraft. Salz- und Süßwasser werden in einem Gefäß durch eine Membran getrennt, die nur Wassermoleküle durchlässt. Da ein natürliches Bestreben vorliegt, den Unterschied in der Salzkonzentration auszugleichen, baut sich ein hoher osmotischer Druck (bei Meerwasser rund 23 Atmosphären, atm) auf. Indem von außen ein Druck von rund 70 atm angelegt wird, wird das Wasser in die umgekehrte

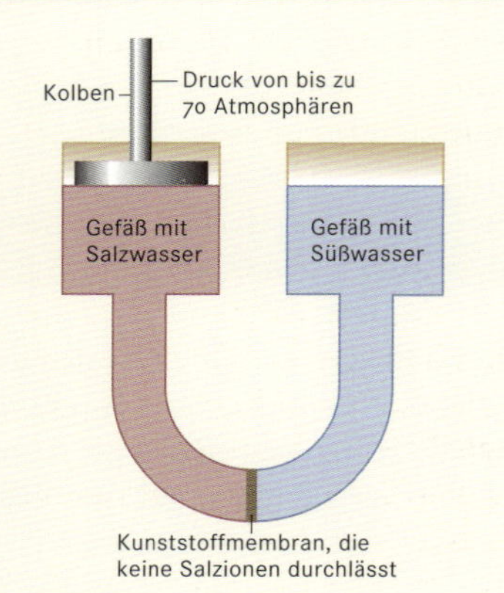

Richtung gezwungen, also in Richtung Süßwasser. Die Membran kann rund 95% des gesamten Salzes zurückhalten.

Entsalzen von Meerwasser – ein relativ junges Verfahren

Meerwasser hat in der Vergangenheit keine Rolle für die Wasserversorgung der Menschen gespielt. Viele Schiffbrüchige sind – obwohl umgeben von unermesslichen Wassermassen – verdurstet: Der hohe Salzgehalt des Meerwassers (im Mittel 35 Gramm pro Liter, davon rund 31 Gramm Natriumchlorid, also Kochsalz) macht es unbekömmlich. Angesichts der Süßwasserknappheit in vielen küstennahen Regionen kommt einer Entsalzung und damit Nutzbarmachung des Meerwassers eine große, zukünftig noch steigende Bedeutung zu.

In der Natur gibt es zwei Entsalzungsvorgänge: Zum einen wird Meerwasser entsalzt, wenn es gefriert; da der Vorgang jedoch unvollständig ist, enthält Meereis noch gewisse Salzmengen. Zum anderen entsteht bei der Verdunstung und der späteren Wolkenbildung salzfreies Wasser, das als Regen oder Schnee in den weltweiten Wasserkreislauf eingeht. Der Mensch hat diese durch Sonnenenergie angetriebene Destillation schon seit längerem nachgeahmt. Solange man aber nur die Sonne als Wärmeenergielieferanten verwendete, ließen sich nur kleinere Süßwassermengen gewinnen. Auf Hochseeschiffen baute man Ende des 19. Jahrhunderts Destillationsanlagen ein, die mit der Abwärme der Motoren arbeiteten. Zunächst gewann man Brauchwasser für die Dampfmaschinen, später dann für Trinkwasser. Um 1950 entstanden die ersten großtechnischen Meerwasserentsalzungsanlagen auf Destillationsbasis (Entsalzung durch Entspannungsverdampfung) an Land, die Siedlungen mit Trinkwasser versorgten. Etwas später kamen zwei weitere Entsalzungstechniken auf: Die Elektrodialyse und die Umkehrosmose (auch Hyperfiltration genannt).

Mit der steigenden Leistungsfähigkeit der Anlagen gingen die anfänglich sehr hohen Wasserpreise auf ein niedrigeres Niveau zurück, sodass heute entsalztes Meerwasser regional auch zur Bewässerung eingesetzt wird. Insgesamt wird derzeit in schätzungsweise 8000 Entsalzungsanlagen jährlich Süßwasser in einer Größenordnung von 5 km^3 (5 Kubikkilometer oder 5 Milliarden m^3) erzeugt. Zum Vergleich: Die jährliche Entnahme von Süßwasser aus den verschiedenen Ressourcen für Haushaltszwecke beträgt 260 km^3 (beziehungsweise 260 Milliarden m^3). Trotz aller Fortschritte sind die Gestehungspreise immer noch so hoch, dass die Meerwasserentsalzung derzeit nur für reiche Länder wie zum Beispiel die Ölförderländer Nordafrikas und Arabiens eine wirklich umfassend anwendbare Technik zur Süßwassergewinnung geworden ist.

Begrenzende Faktoren – Wassermenge und Wasserqualität

Der blaue Planet Erde ist überaus reich an Wasser, wobei es sich überwiegend um salzhaltiges Meerwasser handelt, das 71 % der Erdoberfläche bedeckt. Süßwasserseen und Flüsse nehmen nur knapp 0,5 % der Fläche ein. Auch vom Volumen her gesehen ist der

Süßwasservorrat mit weniger als 3% der Gesamtwassermenge vergleichsweise gering. Überwiegend handelt es sich dabei um Grundwasser sowie Eis der Polargebiete und Hochgebirge. Seen und Flüsse machen nur einen Anteil von etwa 0,01% aus.

Die Landflächen der Erde erhalten im Rahmen des globalen Wasserkreislaufs beträchtliche Niederschlagsmengen (111 000 km³); rein rechnerisch würde das jährlich überall eine Wasserschicht von rund 75 cm ausmachen. Tatsächlich verdunsten aber fast zwei Drittel des Niederschlags wieder, sodass weltweit zur Erneuerung der Süßwasserressourcen pro Jahr nur etwa 40 000 km³ zur Verfügung stehen.

Entscheidend sind die erneuerbaren Wasserressourcen

Allerdings ist diese erneuerbare Wasserressource sehr ungleichmäßig über die Erde verteilt, denn die Niederschläge fallen keineswegs überall auf der Erde in gleicher Höhe. Vielmehr lassen sich großräumig gesehen trockene (aride) und feuchte (humide) Zonen unterscheiden. Darüber hinaus gibt es auch kleinräumig zum Teil erhebliche Unterschiede in der Niederschlagsmenge, beispielsweise aufgrund der Lage und Beschaffenheit von Gebirgen. Für die Wasserversorgung von großer Bedeutung ist auch, dass Niederschläge vielfach ungleichmäßig über das Jahr verteilt sind; häufig lassen sich ausgesprochene Regen- und Trockenzeiten unterscheiden. Oft schwankt auch die Niederschlagsmenge von Jahr zu Jahr sehr stark; in extremen Fällen wechseln Dürre und Überschwemmungen ab.

Songhai-Frauen treffen sich an einer **Wasserstelle** am Fuß einer Felswand in den Hombori-Bergen im Süden Malis. Die Wasserbeschaffung gehört in vielen wenig entwickelten Ländern zu den Aufgaben der Frauen und nimmt in Trockengebieten unter Umständen mehrere Stunden Zeit pro Tag in Anspruch.

Der Jahresmittelwert der erneuerbaren Wasserressourcen pro Person lag im Bezugsjahr 1992 bei 7420 m³; der Wert geht mit wachsender Weltbevölkerung stetig zurück (1998 rund 6700 m³). Unterschreitet der Mittelwert für ein Land oder eine Region 1700 m³ pro Person und Jahr, so muss periodisch mit Wassermangel gerechnet werden, eine regelmäßige ausreichende Versorgung mit Trinkwasser ist also gefährdet. Unterschreitet das Pro-Kopf-Angebot eines Gebietes 500 m³, so wird die wirtschaftliche und politische Entwicklung stark behindert; Wasser beziehungsweise der Mangel daran stellt dann eine Entwicklungsbarriere dar.

Nicht immer ist ein Land nur auf die im eigenen Territorium verfügbaren erneuerbaren Wasserressourcen angewiesen; in einer Reihe von Fällen steht zusätzlich Flusswasser zur Verfügung, das aus mehr oder weniger weit entfernten Niederschlagsgebieten in anderen Ländern stammt. Ferner werden bei fehlenden erneuerbaren Ressourcen in einigen Ländern Grundwasservorräte ausgebeutet, die nicht aktiv am Wasserkreislauf beteiligt sind, was bedeutet, dass sie nicht erneuert werden. Beispiele sind Libyen und Saudi-Arabien, deren jährliche Entnahmen weit über der Gesamtmenge der erneuerbaren Ressourcen liegen; das Wasser dient hier überwiegend der Produktion von Weizen.

Die verfügbaren Wassermengen sind unterschiedlich verteilt

In den einzelnen Ländern der Erde unterscheiden sich die von Natur aus verfügbaren Wassermengen sehr stark. Weltweit betrachtet verfügen derzeit 22 Länder im Mittel über weniger als 1000 m^3 erneuerbare Wasserressourcen pro Kopf; in diesen Ländern leben etwa 4 Prozent der Weltbevölkerung. 18 Länder haben im Mittel zwischen 1000 und 2000 m^3 zur Verfügung; betroffen sind rund 8 Prozent der Menschheit. Die meisten Länder mit Wasserknappheit aufgrund beschränkter erneuerbarer Wasserressourcen liegen im Mittleren Osten (Südwestasien), in Nordafrika und in Teilen Afrikas südlich der Sahara. Dabei handelt es sich um Länder mit hohem Bevölkerungswachstum, sodass in naher Zukunft mit einer Verschärfung der Situation zu rechnen ist. Wassermangel kommt außer in den genannten Erdregionen auch noch in einer Reihe anderer Länder vor; dort handelt es sich aber nicht um ein landesweites Problem, sondern um Versorgungsschwierigkeiten in einzelnen Landesteilen, so zum Beispiel im nördlichen China oder im Westen und Süden von Indien.

Eine Reihe von Ländern verfügt über extrem hohe erneuerbare Wasserressourcen, beispielsweise Kanada mit jährlich 106 000 m^3 pro Kopf oder Brasilien mit 47 600 m^3 pro Kopf; die jeweilige prozentuale Wasserentnahme liegt bei nur zwei beziehungsweise einem Prozent. In den genannten Fällen sind die wasserreichen Flussgebiete Kanadas und das Amazonasbecken Brasiliens sehr dünn besiedelt, sodass nur eine ganz geringe Wasserentnahme durch den Menschen erfolgt und der überwiegende Teil des Flusswassers ungenutzt ins Meer fließt.

Bei einer realistischen Abschätzung der für die Menschheit zur Verfügung stehenden erneuerbaren Süßwasserressourcen ist es also nötig, die geographische Situation zu berücksichtigen und die praktisch nicht nutzbaren Wassermengen von der pauschal errechneten Summe des erneuerbaren Wassers (nämlich rund 40 000 km^3) abzuziehen. Für die oben erwähnten dünn besiedelten Flussgebiete sind dafür rund 7000 km^3 anzusetzen, die zurzeit und zumindest in den nächsten Jahrzehnten nicht genutzt werden können. Die Verfügbarkeit ist darüber hinaus in solchen Gebieten wesentlich vermindert, in denen in relativ kurzer Zeit hohe Niederschläge fallen und große Wassermengen rasch über die Flüsse ins Meer transportiert werden. Dies geschieht besonders stark in den Monsungebieten der Tropen, hin und wieder aber auch in anderen Klimazonen. Dieser zu schnelle Abfluss kann durch Anlage von Reservoiren in Form der verschiedensten Stauhaltungen, insbesondere Talsperren und Flussstaue, zurückgehalten werden. Derzeit sind das rund 3500 km^3 bei schätzungsweise 20 500 km^3 noch ungenutztem Abfluss. Hier ist mit verstärkten Bemühungen zur Wasserrückhaltung zu rechnen, da es sich

Die **Nutzung eines Flusses** durch zwei oder gar mehr Anlieger birgt erhebliche **Konfliktpotentiale.** Der weiter oben am Fluss liegende Nutzer, der Oberlieger, kann dem weiter unten nutznießenden Anlieger, dem Unterlieger, durch extreme Wasserentnahme oder Gewässerverschmutzung erhebliche Probleme bereiten. Konfliktpotentiale dieser Art sind häufig, denn mehr als 200 Flüsse fließen durch mehrere Länder. Zur Regelung der Nutzung gibt es zwar viele Übereinkünfte zwischen einzelnen Anrainerstaaten, aber es fehlen völkerrechtlich bindende Vereinbarungen zwischen allen Ländern der jeweiligen Wassereinzugsgebiete eines Flusses. Die einzelstaatliche Souveränität über das Wasserregime eines Flusses birgt besonders dann ein hohes Konfliktpotential, wenn eine starke Bevölkerungszunahme die Steigerung der Nahrungsproduktion durch Anlage von Bewässerungskulturen nötig macht. Bekannte Beispiele von Nutzungskonflikten bestehen am Nil (Äthiopien, Sudan, Ägypten), an Euphrat und Tigris (Türkei, Syrien, Irak) und am Jordan (Israel und seine arabischen Nachbarn).

Der **Tarbeladamm**, wichtigster Staudamm des Indus in Pakistan, dient der Bewässerung und Energiegewinnung sowie der Abflussregulierung zur Verhinderung von Überschwemmungen im südlichen Industiefland.

in vielen bevölkerungsreichen Ländern, wie beispielsweise Indien oder Pakistan, um die einzigen verfügbaren Reserven handelt.

Konsequenzen der Wassernutzung für den Wasserhaushalt

Zieht man die genannten Summen vom Pauschalwert ab, dann stehen für die Nutzung pro Jahr nur etwa 12500 km^3 an erneuerbaren Wasserressourcen bereit. Stünde diese Menge ausschließlich für die Verwendung im Haushalt zur Verfügung, brauchte man sich keine Sorgen um die Trinkwasserversorgung der wachsenden Weltbevölkerung zu machen, denn die für diesen Zweck genutzte Menge beläuft sich nur auf rund 300 km^3. Aber etwa das Dreifache wird für industrielle Zwecke verwendet und nahezu das Neunfache in der Landwirtschaft zur Bewässerung. Die Entnahme durch alle Nutzertypen zusammen beläuft sich also auf knapp ein Drittel der erneuerbaren Wasserressourcen von 12500 km^3. Bei diesen Dimensionen kann es vor allem in wasserarmen Gebieten zu starker Konkurrenz zwischen den Nutzern und zur Beeinträchtigung der Trinkwasserversorgung kommen. Dabei geht es nicht nur um die Wassermenge, sondern auch um die Wasserqualität.

Die Wassernutzung durch Landwirtschaft, Industrie und Haushalte unterscheidet sich nämlich hinsichtlich der Konsequenzen für den Wasserhaushalt und die verschiedenen Gewässertypen. Das im landwirtschaftlichen Bereich eingesetzte Wasser wird zu einem beträchtlichen Teil im wörtlichen Sinn verbraucht, da bei der überwiegenden Nutzung zur Bewässerung von Kulturflächen viel Wasser verdunstet. Ein Teil des Bewässerungswassers versickert im Boden und trägt zur Stoffverlagerung (vor allem von Nitrat und Pestiziden) ins Grundwasser oder in Oberflächengewässer bei, sodass die Qualität der Wasserressourcen beeinträchtigt wird. Das in Industrie und Haushalt verwendete Wasser fällt überwiegend nach Gebrauch als mehr oder weniger verschmutztes Abwasser an und wird in Gewässer zurückgeführt. Diese müssen eine bestimmte Mindestwassermenge enthalten, damit das eingeleitete Abwasser so stark verdünnt wird, dass ökologische Schäden möglichst vermieden werden. Bei jeder Entnahme von Wasser muss also darauf geachtet werden, dass eine ausreichende Wassermenge (so genanntes Restwasser) im Gewässer verbleibt, um die notwendige Verdünnung und damit weitere erwünschte Nutzungen sicherzustellen. Die benötigte Restwassermenge ist umso geringer, je besser das Abwasser vor der Einleitung gereinigt worden ist. Da weltweit gesehen jedoch Abwasser überwiegend gar nicht oder unzureichend gereinigt wird, beläuft sich der zur Verdünnung des Abwassers erforderliche Bedarf auf schätzungsweise ein Viertel der erneuerbaren Ressource von 12 500 km^3. Allein diese besondere Form der Gewässernutzung führt dazu, dass ein beträchtlicher Teil des Oberflächenwassers mehr oder weniger stark verunreinigt ist und nicht mehr ohne weiteres als Trinkwasser verwendet werden kann. Vielmehr muss die für Trinkwasser notwendige Qualität erst durch einen besonderen Wasseraufbereitungsprozess hergestellt werden.

Aspekte der Trinkwasserqualität

Steht es schon um die Mengen der zur Trinkwassergewinnung verfügbaren Süßwasserressourcen in einer ganzen Reihe von Ländern schlecht, so wird das Bild noch düsterer, wenn man den tatsächlichen Versorgungsgrad der Bevölkerung mit sauberem Wasser betrachtet. Anfang der 1990er-Jahre waren in den weniger entwickelten Ländern rund 1,3 Milliarden Menschen ohne Zugang zu sauberem Wasser, also etwa ein Viertel der Erdbevölkerung; in den am wenigsten entwickelten Ländern war es sogar mehr als die Hälfte der Einwohner. 1996 hatten in 18 von 35 erfassten afrikanischen Ländern südlich der Sahara mehr als die Hälfte der Menschen keinen Zugang zu sauberem Wasser. Extreme Unterversorgung wiesen die Zentralafrikanische Republik (62%), Äthiopien (75%) und die Republik Kongo (66%) auf; wesentlich besser war die Versorgung in Elfenbeinküste und Togo, wo nur 18 beziehungsweise 45% der Bevölkerung ohne Zugang zu sauberem Wasser waren. In Europa gibt es in Ländern wie Deutschland und den Niederlanden kein Versorgungsdefizit, hingegen sind beispielsweise in Portugal oder Polen 42% beziehungsweise 11% der Menschen ohne Zugang zu sauberem Wasser (Zahlen von 1996).

Das Schlagwort »Zugang zu sauberem Wasser« sagt noch nichts aus über die Art der Wasserversorgung und die für den einzelnen Menschen verfügbare Menge. Während beispielsweise in Deutsch-

Zugang zu sauberem Wasser bedeutet im Sprachgebrauch der Weltgesundheitsorganisation, dass den Menschen in zumutbarer Entfernung gesundheitlich unbedenkliches Trinkwasser zur Verfügung steht. Dabei kann es sich um aufbereitetes, d.h. durch Reinigungsmaßnahmen und/oder Desinfektion behandeltes Wasser handeln oder um unbehandeltes, von Natur aus hygienisch einwandfreies Wasser aus Quellen, sauberen Brunnen und geschützten Bohrlöchern, durch die Grundwasser gefördert wird. Die Versorgung der Bevölkerung geschieht über Wasserleitungen mit Hausanschluss oder mit öffentlichen Zapfhähnen, über Pumpen, aber oft auch traditionell durch Schöpfen aus Quellen oder Brunnen. Wasser in zumutbarer Entfernung bedeutet im städtischen Bereich eine Entfernung von nicht mehr als 200 m; auf dem Land heißt es, dass kein Familienmitglied eine unangemessen lange Zeit des Tages mit Wasserholen verbringen muss.

Region	% der Gesamtbevölkerung
Afrika südlich der Sahara	48
Arabische Staaten	21
Südasien	18
Ostasien	32
Lateinamerika und Karibik	23
Weniger entwickelte Länder insgesamt	29
Am wenigsten entwickelte Länder	43

Anteil der **Bevölkerung ohne Zugang zu sauberem Wasser** in ausgewählten Regionen (1990–1996).

Diese Szene aus den 1960er-Jahren in Indien zeigt einen **Dorfbrunnen** an einer Straße außerhalb der Ortschaft.

land eine Leitungswasserversorgung im Haus als selbstverständlich gilt und Wasser im Regelfall unbegrenzt der Versorgungsleitung entnommen werden kann, liegen die Dinge in den weniger entwickelten Ländern völlig anders, insbesondere, wenn es sich um wasserarme Gebiete handelt. Hier bestehen überdies noch erhebliche Unterschiede in der Versorgung innerhalb eines Staats, denn die Städte sind durchweg wesentlich besser versorgt als der ländliche Raum. Allerdings darf hier nicht mit mitteleuropäischen Maßstäben gemessen werden: Selbst in den Städten hat nur ein kleiner Teil der Menschen, die Zugang zu sauberem Wasser haben, einen Leitungswasseranschluss im Haus, ein beachtlicher Teil muss das Wasser von öffentlichen Zapfstellen holen; dabei kann es sich um einen Wasserhahn des Leitungssystems, oft aber auch um eine Pumpe handeln.

Das Vorhandensein eines Leitungsnetzes gewährleistet keineswegs Versorgungssicherheit. In vielen Fällen führen die Leitungen nicht ständig Wasser, was zu Verunreinigungen des Rohrnetzes durch Einsaugen von Schmutzwasser in Lecks der Leitung führen kann. Bei den Landbewohnern mit Zugang zu sauberem Wasser ist die Benutzung öffentlich installierter Rohrbrunnen (Bohrbrunnen) die Regel, wobei Grundwasser meist mit der Handpumpe gefördert wird. Mit dem Grundwasser wird die beste verfügbare Ressource genutzt. Eine Versorgung über Wasserleitungen ist auf dem Land selten. Die Menschen ohne Zugang zu sauberem Wasser müssen ihr Trinkwasser aus Oberflächengewässern oder Brunnen holen und sind damit erheblichen gesundheitlichen Gefährdungen ausgesetzt. In Städten mit unzureichender öffentlicher Wasserversorgung spielen Wasserverkäufer eine wichtige Rolle als Trinkwasserlieferanten; in manchen Städten versorgen sie über 20 Prozent der Bevölkerung. Für den Konsumenten sind diese Dienste sehr teuer, überdies muss mit mangelhafter Qualität des Wassers gerechnet werden.

Untersuchungen der Weltbank ergaben Anfang der 1990er-Jahre, dass die arme städtische Bevölkerung in weniger entwickelten Ländern einen hohen **Wasserpreis** zu zahlen hat und im Vergleich zur besser gestellten städtischen Bevölkerung einen unverhältnismäßig hohen Anteil des Einkommens für das tägliche Wasser ausgeben muss. So wenden in Port-au-Prince (Haiti) die ärmsten Haushalte manchmal 20% ihres Einkommens für Wasser auf. Zum Vergleich: Die Ausgaben für Wasser betragen bei den Haushalten mit hohem Einkommen zwei bis drei Prozent. In Addis Abeba (Äthiopien) liegt die Belastung der Armen bei 9%. Besonders teuer bei oft schlechter Qualität ist der **Wasserkauf** bei Straßenhändlern. Die Preise liegen um das Vier- bis Hundertfache über denen der öffentlichen Versorgung. In Jakarta (Indonesien) kaufen 32% der Haushaltungen Wasser von Straßenhändlern (nur 14% der Haushalte sind direkt an das öffentliche Versorgungssystem angeschlossen); die Preise liegen umgerechnet zwischen etwa 2,25 und 7,80 DM pro m^3.

Wie viel sauberes Wasser braucht der Mensch?

Bei der öffentlichen Trinkwasserversorgung sieht man 20 Liter pro Tag und Kopf als untere Grenze der Mindestwasserversorgung an. Etwa zwei bis fünf Liter davon werden aus biologischen Gründen benötigt, stellen also Trinkwasser im engeren Sinn und Kochwasser dar; der Rest dient hygienischen Zwecken. Aber noch bis zu einer Versorgung mit 50 Liter pro Tag muss mit hygienischen Defiziten gerechnet werden. Diese zeigen sich im gehäuften Auftreten von bestimmten Krankheiten, die durch Mangel an Wasser im Haushalt und bei der Körperpflege gefördert werden und in weniger entwickelten Ländern besondere Bedeutung haben. Allgemein gilt, dass eine mengenmäßig ausreichende Wasserversorgung diese Krankheiten deutlich vermindern kann.

In Ländern mit hohem Einkommen, von denen viele wegen ihrer günstigen geographischen Lage über große Süßwasserressourcen verfügen, liegt die Pro-Kopf-Entnahme für Haushalte um ein Vielfaches höher als in den armen Ländern. Außerdem erreicht die öffentliche Wasserversorgung in der Regel die gesamte Bevölkerung. Der Wasserreichtum führt im Übrigen dazu, dass hochwertiges Trinkwasser vielfach für Zwecke eingesetzt wird, die auch eine geringere Wasserqualität zulassen würden.

Der Zugang zu sauberem Wasser stellt ein wesentliches Stück Lebensqualität dar und dementsprechend wird der prozentuale Anteil der Menschen mit Zugang zu sauberem Wasser als einer der Indikatoren für den Stand der menschlichen Entwicklung in den einzelnen Ländern herangezogen. Der Zugang zu Sanitäreinrichtungen wiederum spiegelt die hygienischen Verhältnisse im Lebensbereich der Menschen wider. Sind diese unzureichend, so wird die Ausbreitung von solchen Krankheiten gefördert, deren Erreger über Kot oder Harn ausgeschieden werden. Wenn diese erregerhaltigen Exkremente in Gewässer gelangen, so kann über daraus gewonnenes Trinkwasser der Krankheitserreger auf andere Menschen übertragen werden. Auch beim Baden in solcherart verunreinigtem Wasser besteht die Gefahr einer Infektion. An trinkwasserbürtigen Durchfallerkrankungen insgesamt leiden etwa 900 Millionen Menschen pro Jahr; um die drei Millionen Menschen, vorwiegend Kinder, sterben daran. Generell kann mangelnde Hygiene im Haushalt und im Wohnumfeld zur Ausbreitung dieser Krankheiten beitragen; der Übertragung auf dem Trinkwasserweg wird aber die größere Bedeutung beigemessen.

Trinken und Kochen	2 - 10
Toilettenspülung	20 - 50
Körperpflege (ohne Baden)	5 - 50
Baden, Duschen	20 - 150
Geschirrspülen	5 - 30
Wäschewaschen, Raumreinigung	10 - 90
Autowaschen	3 - 20
Gesamt	**65 - 400**

Wasserverbrauch in Industrieländern. Deutschland kann mit einem mittleren Verbrauch von 128 Liter pro Kopf und Tag (1997) für Haushalte und Kleingewerbe als Beispiel für ein westeuropäisches Industrieland dienen. Die Angaben bezeichnen Liter pro Kopf und Tag.

Wassermangel allgemein und mangelnder Zugang zu sauberem Wasser sowie zu Sanitäreinrichtungen sind kennzeichnend für viele weniger entwickelte Länder. Diese Einschränkungen der Lebensqualität führen zusammen mit anderen Folgen der Armut zu einer im Vergleich mit entwickelten Ländern deutlich verringerten Lebenserwartung. Besonders häufig sind Kinder von wasserbürtigen Krankheiten betroffen. Auffällig in diesem Zusammenhang sind in vielen Ländern die hohe Sterblichkeit von Säuglingen und von Kindern bis zum fünften Lebensjahr. Ohne Zweifel kann die menschliche Entwicklung in den hier angesprochenen Ländern durch eine verbesserte Versorgung mit Trinkwasser ausreichender Güte wesentlich gefördert werden.

In städtischen Gebieten spricht man von einem **angemessenen Zugang zu Sanitäreinrichtungen,** wenn Spültoiletten mit Anschluss an die öffentliche Kanalisation (mit oder ohne Abwasserkläranlage) oder Haushaltsentsorgungssysteme (wie Klärgruben, Chemotoiletten oder Trockentoiletten mit Kompostierung der Exkremente) vorhanden sind. Im ländlichen Raum gilt als angemessener Zugang z. B. auch die Entsorgung über Latrinen außerhalb des Hauses, wobei es sich um Gemeinschaftsanlagen handeln kann. Da bei Erhebungen in einzelnen Ländern unterschiedliche Definitionen für den Begriff »Zugang zu Sanitäreinrichtungen« benutzt werden, sind Zahlenvergleiche nur mit Vorbehalten anzustellen.

Was versteht man unter Trinkwasser ausreichender Qualität?

Grundsätzlich soll die Qualität des Trinkwassers so beschaffen sein, dass es zum Trinken, zur Körperpflege und für die üblichen Anwendungen in Küche und Haushalt geeignet ist. Ausreichende Güte bedeutet vor allem, dass der Mensch ohne Schaden zu nehmen sein ganzes Leben lang Trinkwasser in der biologisch erforderlichen Menge konsumieren kann. Zur Sicherstellung einer ausreichenden Güte werden Trinkwasserstandards festgesetzt. Diese geben konkrete Anweisungen, wie die Güte überprüft werden kann, wie also beispielsweise die Abwesenheit von Krankheitserregern festzustellen ist, oder welche Inhaltsstoffe in welchen Mengen geduldet werden können, ohne dass die Gefahr einer gesundheitsschädigenden Wirkung besteht.

Bei den Trinkwasserstandards kann man wie bei Umweltstandards allgemein unterscheiden zwischen Richtwerten (empfohlener Wert, der bei der Beurteilung von Umweltbelastungen als Maßstab dient) und Grenzwerten (Umweltstandard, der für den Adressaten zwingende Verhaltensanforderungen festlegt); beide werden als hoheitliche Standards in Rechtsvorschriften verbindlich festgelegt. Ein Beispiel stellt die deutsche Trinkwasserverordnung dar. Sie enthält sowohl Richt- als auch Grenzwerte für Mikroorganismen, die Unbedenklichkeit hinsichtlich Krankheitserregern anzeigen, sowie für chemische Stoffe. Die Standards für chemische Stoffe umfassen zwei Gruppen: Einmal dienen sie dem Schutz vor Stoffen, die der menschlichen Gesundheit Schaden zufügen können, zum anderen dienen sie der Überprüfung der einwandfreien Beschaffenheit des Trinkwassers hinsichtlich der Eigenschaften appetitlich, zum Genuss anregend, farblos, geruchlos und geschmacklich einwandfrei. Die Trinkwasserverordnung enthält auch Bestimmungen zur Trinkwasseraufbereitung und listet die zu diesem Zweck zugelassenen Zusatzstoffe auf.

Weltweit gesehen sind diejenigen **Trinkwasserstandards** am wichtigsten, die sicherstellen sollen, dass Trinkwasser frei von Krankheitserregern ist. Da die Krankheitserreger selbst nicht oder nur mit sehr großem Aufwand zuverlässig im Wasser nachgewiesen werden können, bedient man sich bestimmter **Leitorganismen** (Indikatoren) für Fäkalverschmutzung. Dabei handelt es sich um Bakterien, zum Beispiel Escherichia-coli-Typen, die regelmäßig ohne Schaden zu stiften im menschlichen Darm vorkommen und mit dem Kot abgegeben werden. Man erhält auf diese Weise Hinweise auf die Verschmutzung eines Wassers mit Fäkalien, wobei möglicherweise auch Krankheitserreger eingetragen sein können. Grenzwerte beziehen sich hier auf die in einer bestimmten Wassermenge nachweisbare Zahl von Zellen solcher Indikatorbakterien. Trinkwasser guter Qualität darf beispielsweise Escherichia coli überhaupt nicht enthalten.

Keine Chance für weltweit einheitliche Trinkwasserstandards

Umfassende Regelungen zum Schutz der Trinkwassergüte wie die der deutschen Trinkwasserverordnung sind weltweit gesehen keineswegs die Regel. Das liegt vor allem an den von Land zu Land sehr unterschiedlichen Prioritäten. Viele weniger entwickelte Länder ähneln am Ende des 20. Jahrhunderts in der Qualität der Trinkwasserversorgung den europäischen Ländern am Ende des 19. Jahrhunderts. Zu jener Zeit grassierten in Europa trinkwasserbürtige Krankheiten, insbesondere die Cholera. Die Verbesserung der Trinkwasserqualität durch Filtration und später durch Desinfektion des Rohwassers um 1900 hatte einen revolutionierenden Einfluss auf die Gesundheit der Menschen, was sich bald in der steigenden Lebenserwartung niederschlug. Dieser Sprung nach vorne steht in vielen weniger entwickelten Ländern noch aus, weshalb sich hier das Hauptinteresse auf die Minderung der Krankheitserreger im Trinkwasser richtet.

Im Gegensatz dazu steht die Situation in Deutschland, wo derzeit chemische Inhaltsstoffe wie Pestizide oder Nitrat in der Diskussion um die Trinkwasserqualität im Vordergrund stehen. Die Schwerpunkte bei der Verbesserung der Trinkwasserqualität unterscheiden sich also sehr stark. Bedenkt man noch die erheblichen Unterschiede finanzieller, technologischer oder personeller Art zwischen den Ländern, so wird klar, dass weltweit einheitliche Trinkwasserstandards zumindest derzeit keine Chance haben. Etwas überspitzt ausgedrückt: Für die meisten weniger entwickelten Länder ist es angesichts starker Belastung vieler Wasserressourcen mit Fäkalien und entsprechend hoher Kontamination mit Krankheitserregern dringender, von einer schlechten Wasserqualität zu einer mittleren zu gelangen, als sogleich den hohen Standards der Industrieländer zu genügen.

Diesen verschiedenen Gegebenheiten und nationalen Ansprüchen trägt die Weltgesundheitsorganisation mit ihren »Richtlinien für die Trinkwasserqualität« Rechnung. Hier werden Richtlinienwerte für Qualitätsmerkmale angegeben, die gewährleisten, dass bei lebenslangem Genuss oder Gebrauch des Wassers keine Schäden beim Konsumenten auftreten. Es handelt sich aber bei diesen Richtlinienwerten nicht um verbindliche Standards im Sinn von Grenzwerten, sondern um Leitwerte, an denen sich die nationale Gesundheitspolitik bei der Festlegung eigener Grenzwerte oder Richtwerte orientieren kann. Vor allem in weniger entwickelten Ländern haben die nationalen Standards eine Fülle von länderspezifischen Gegebenheiten zu berücksichtigen, so unter anderem Klima, Wasserhaushalt, Lebens- und Verzehrgewohnheiten, wirtschaftlichen und technologischen Entwicklungsstand.

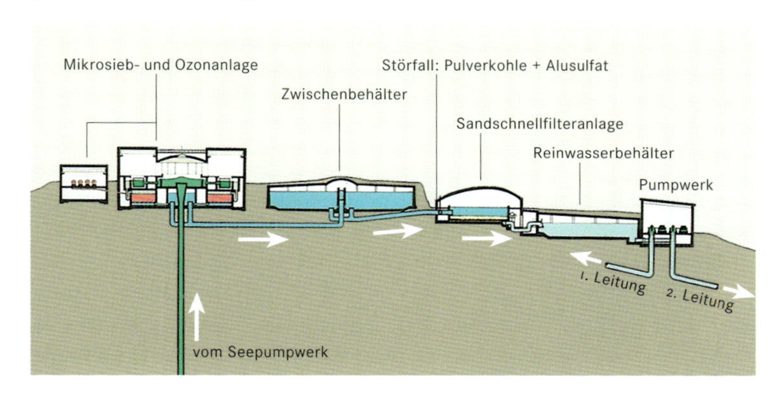

Schema der **Trinkwasseraufbereitung** aus dem Bodensee am Beispiel der Aufbereitungsanlage Sipplinger Berg.

Sicherstellung der Trinkwassergüte durch Wasseraufbereitung

Längst nicht alle heute verfügbaren natürlichen Süßwasserressourcen besitzen, wie wir gesehen haben, die nach Richtlinien und Standards für Trinkwasser erforderliche Güte. Um den Anforderungen der jeweils geltenden Standards zu genügen, muss ein Großteil des den natürlichen Ressourcen entnommenen Wassers vor der Nutzung als Trinkwasser aufbereitet werden. Die schon erwähnten Richtlinien der Weltgesundheitsorganisation enthalten auch hierzu Verfahrenshinweise. Die technische Ausstattung einer Trinkwasseraufbereitungsanlage richtet sich nach der Rohwasserqualität und den national vorgegebenen Güteanforderungen. Der Stand der Technik und die Kosten begrenzen in manchen Fällen die Nutzung von Rohwasser schlechter Qualität.

Die wesentlichen Vorgänge bei der Aufbereitung sind folgende: Mithilfe von Absetzbecken, Filteranlagen in Form meterdicker

Sandschichten oder Mikrosieben werden Schwebstoffe und Lebewesen entfernt. Feinstoffe werden zuvor durch die so genannte Flockung in eine abfiltrierbare Form überführt; das geschieht beispielsweise durch Zugabe von Aluminiumsulfat. Gelöste anorganische Stoffe wie Eisen und Mangan werden ausgefällt und somit ebenfalls in eine abfiltrierbare oder absetzbare Form überführt. Auch Ionenaustauscher finden hier Verwendung. Gelöste organische Stoffe natürlicher (algenbürtige – also von Algen stammende – Geschmacks- und Geruchsstoffe, Humusstoffe) und anthropogener (Pestizide, schwer abbaubare Stoffe aus häuslichen und vor allem industriellen Abwässern) Herkunft versucht man durch Anlagerung (Adsorption) an Aktivkohle, Behandlung mit Chlor, Chlordioxid oder Ozon sowie den kombinierten Einsatz beider Verfahren zu beseitigen. Bestimmte Maßnahmen, so beispielsweise die Entsäuerung, dienen dazu, das Leitungssystem vor Korrosion zu schützen und eine mögliche Stofffreisetzung aus der Rohrwand zu verhindern.

Als Folge der Eutrophierung von natürlichen Seen und von Speicherseen kommt es häufig zur **Massenvermehrung von Kleinalgen** wie Cyanobakterien (»Blaualgen«) und echten Algen vom Typ der Grün-, Gold- und Kieselalgen. Dadurch entstehen bei der Nutzung als Trinkwasserressource erhebliche Probleme für die Aufbereitung: Die Filterleistung wird herabgesetzt, da sperrige Typen wie Kieselalgen das Filterbett rasch verstopfen oder sehr kleine Cyanobakterien und Grünalgen nicht vollständig zurückgehalten werden können, sodass sie ins Reinwasser gelangen. Einige algenbürtige Stoffe hemmen überdies den Flockungsprozess. Dazu kommen Störungen durch Geruchs- und Geschmacksstoffe, die als Stoffwechselprodukte von Vertretern aller genannten Kleinalgengruppen freigesetzt werden oder nach deren Tod entstehen.

Wichtigster Aufbereitungsschritt ist die Entkeimung

Weltweit gesehen muss als wichtigster Aufbereitungsschritt die Entfernung von Krankheitserregern angesehen werden. Ein Teil von ihnen wird durch Flockung und Filtration zurückgehalten. Für Viren und Bakterien reicht das aber nicht aus und das Rohwasser muss entkeimt werden. Das meistgebrauchte Verfahren zur Entkeimung ist die Chlorung, bei der die desinfizierende Wirkung von Chlor und Chlorverbindungen ausgenutzt wird. Voraussetzung für die Wirksamkeit ist, dass Bakterienaggregate (Verklumpungen in schleimiger Grundsubstanz) durch die vorhergehenden Aufbereitungsschritte entfernt werden, da sich im Innern der Aggregate die Chlorwirkung verliert. Viren bleiben vielfach Problemfälle, denn ihre Vernichtung gelingt nur bei technisch aufwendiger Steuerung der Prozesse. Diese Unsicherheiten sind der Grund dafür, dass in vielen tropischen Ländern das normale Leitungswasser zwar formal Trinkwasserqualität hat, aber zumindest für den Europäer zum Trinken und Zähneputzen ungeeignet ist. Die großen Hotels tragen dem Rechnung durch ein zweites, kleiner dimensioniertes Leitungssystem, das speziell desinfiziertes, »sicheres« Trinkwasser führt.

Die Chlorung hat auch die Aufgabe, allgemein das Wachstum von Bakterien in den oft ja sehr langen Leitungssystemen zu verhindern, da von ihnen hygienische Störungen ausgehen können. Wie schwer eine vollständige Desinfektion allgemein ist, zeigt das Problem der Legionellen. Diese für die Legionärskrankheit verantwortlichen Bakterien gelangen in geringer Zahl vom Rohwasser her in die Leitungen und können sich im Warmwasserbereich vermehren. Sie infizieren den Menschen gebenenfalls auf dem Weg über das Einatmen kleinster bakterienhaltiger Wassertröpfchen, wie es beispielsweise beim Duschen geschieht.

Die Chlorung bringt gewisse Belastungen durch den Geruch. Sie kann unter bestimmten Gegebenheiten darüber hinausgehende Probleme bringen. Denn Chlor reagiert mit im Wasser enthaltenen organischen Substanzen, die es dadurch zerstört. Jedoch entstehen dabei mitunter unerwünschte Reaktionsprodukte, so unter anderem Chloroform (Trichlormethan). Dieses fand als Krebs auslösender Stoff Aufnahme in die Richtlinienwerte der Weltgesundheitsorganisation, nachdem es bei unsachgemäßer Aufbereitung in armen Ländern im Trinkwasser aufgetreten war. Es sind keineswegs nur Abwasserkomponenten im Rohwasser, die zu diesen Reaktionen bei der Chlorung führen, sondern vielfach Huminstoffe aus Mooren oder Waldböden. Dieses Problem lässt sich vermeiden, wenn störende Substanzen vor der Chlorung mittels spezieller Ionenaustauscher entfernt werden.

TRINKWASSERAUFBEREITUNG MITHILFE DES SONNENLICHTS

Wissenschaftler aus der Schweiz entwickelten seit 1991 ein einfach anzuwendendes Verfahren der Trinkwasseraufbereitung, das den Namen Sodis (Abk. für *So*lar Water *Dis*infection) trägt. Dieses besonders für den Einsatz in Entwicklungsländern gedachte Verfahren nutzt die Fähigkeit des Sonnenlichts, im Wasser Bakterien und auch Viren abzutöten. Dazu wird das gegebenenfalls vorher gefilterte Wasser in Plastikflaschen oder Plastiksäcken für mehrere Stunden bis Tage an die Sonne gelegt. Durch diese einfache Maßnahme können Bakterien, Viren und Bakteriophagen inaktiviert werden, darunter auch - für diese Länder besonders wichtig - der Cholera-Erreger. Vorteile der Methode sind, dass das Wasser geschmacklich nicht verändert wird und dass kein zusätzlicher Aufwand, z.B. durch Abkochen, betrieben werden muss. Versuche in verschiedenen Ländern haben gezeigt, dass dieses Verfahren von der Bevölkerung überwiegend angenommen und somit auch angewendet wird.

Statt durch Chlorung kann Rohwasser auch durch Behandlung mit Ozon oder Ultraviolettstrahlung (UV-Bestrahlung) entkeimt werden. Diese Verfahren haben derzeit nur in den Industrieländern Bedeutung, jedoch bietet die UV-Bestrahlung auch in Kleinanlagen Chancen. Die technisch aufwendigen Verfahren, die für die Sicherstellung hoher Trinkwasserqualität nötig sind, lassen sich am günstigsten in größeren Anlagen einsetzen, von denen aus eine zentrale Leitungswasserversorgung der Verbraucher erfolgt. Vor allem der Schutz vor Krankheitserregern lässt sich auf diese Weise am besten erreichen. Die Überwachung kleiner Anlagen auf hygienische Unbedenklichkeit ist ebenso schwierig wie im Bedarfsfall deren ständige Desinfektion.

Vermeiden von Verunreinigungen

Trinkwasseraufbereitungsanlagen können aus wirtschaftlichen Gründen nicht jedes stark verschmutzte Rohwasser zu Trinkwasser aufbereiten. Man kann zwar durch Kombination von Abwasserkläranlagen und Trinkwasseraufbereitungsanlagen selbst aus kommunalem Abwasser Trinkwasser herstellen, allerdings lohnt sich dies gegenwärtig nur in extremen Wassermangelgebieten.

All dies zeigt, dass das Sicherstellen der Trinkwassergüte schon beim Schutz der Süßwasserressourcen vor Verunreinigungen beginnen muss. In dünn besiedelten ländlichen Gebieten, wo große, leistungsfähige Trinkwasseraufbereitungsanlagen aus Kostengründen nicht eingesetzt werden können, ist der Ressourcenschutz vielfach der einzig sinnvolle Weg, eine hohe Trinkwasserqualität zu gewährleisten. Effektiven Schutz müssen vor allem Grundwasservorkommen genießen, die von Natur aus frei von Krankheitserregern sind und damit eine wichtige Qualitätsanforderung bereits erfüllen.

Aktuelle und zukünftige Probleme der Trinkwasserversorgung

Im Jahr 1980 riefen die Vereinten Nationen (UN) die »Internationale Dekade der Trinkwasserversorgung und der Hygiene, 1980–1990« aus, die unter der Federführung der Weltgesundheitsorganisation stand. Es ging dabei insbesondere um die Verbesserung des Zugangs zu sauberem Wasser in den weniger entwickelten Ländern.

Das Ziel: flächendeckende Trinkwasserversorgung

Den gewaltigen sozialen und ökonomischen Unterschieden zwischen städtischen und ländlichen Räumen wurde dabei durch verschiedenartige Zielsetzungen hinsichtlich des Versorgungsgrads und der Technologie Rechnung getragen. 1980 hatten in den weniger entwickelten Ländern etwa 46% der Menschen Zugang zu sauberem Wasser (Stadt: 76%, Land: 31%), und man war optimistisch, wesentliche Verbesserungen erzielen zu können. In der Tat schätzte man für den Zeitraum von 1988 bis 1993, dass 69% der Menschen versorgt sein würden (Stadt: 88%, Land: 60%). Die prozentualen Anteile täuschen aber hinsichtlich der Zahl der tatsächlich Versorgten. Zum einen bergen die Zahlen eine gewisse Unsicherheit, da sie vielfach auf zu optimistischen Angaben von Ländern gegenüber der Weltgesundheitsorganisation beruhen. Zum andern verringerte sich aufgrund der starken Bevölkerungszunahme die Zahl der Unversorgten praktisch nicht; 1996 hatten immer noch mindestens 1,3 Milliarden Menschen keinen Zugang zu sauberem Wasser. Zu dieser ernüchternden Feststellung kommt ein anderes unerwartetes Problem hinzu: Wegen hoher natürlicher Zuwachsraten und durch Abwanderungen vom Land in die Städte nahm die Stadtbevölkerung mit 50% Zuwachs innerhalb der Dekade 1980–1990

Zum **Wachstum der städtischen Bevölkerung** tragen in regional und zeitlich unterschiedlichem Umfang drei verschiedene Prozesse bei: der natürliche Zuwachs, die Zuwanderung aus ländlichen Gebieten und Verwaltungsgebietsreformen (zum Beispiel Eingemeindungen von ländlichen Nachbarorten).
Um 1990 wurde weltweit dem natürlichen Zuwachs ein Anteil von 60% am städtischen Bevölkerungszuwachs zugeschrieben. Zum Vergleich: In den europäischen Städten beruhte das rasche Wachstum im 19. Jahrhundert überwiegend auf Zuwanderung. Das Stadtwachstum war aber insgesamt damals geringer als heute in den weniger entwickelten Ländern; nicht zuletzt deshalb, weil gleichzeitig zahlreiche Menschen nach Nordamerika auswandern konnten.

wesentlich stärker zu als die Bevölkerung der ländlichen Räume mit einer Zunahme von 15 Prozent.

Aus diesem Grund stieg die absolute Zahl der Menschen ohne Zugang zu sauberem Wasser in den Städten deutlich an. Auf dem Land verbesserte sich die Versorgungslage, doch ist die Zahl der schlecht Versorgten immer noch sehr hoch.

Das Ergebnis der internationalen Dekade kann als symptomatisch für die aktuelle Situation gelten. Das gegenwärtig und auch in naher Zukunft absehbar starke Bevölkerungswachstum in vielen weniger entwickelten Ländern sowie die rasch zunehmende Verstädterung machen eine flächendeckende Verbesserung der Trinkwasserversorgung sehr schwierig. Abgesehen von dem Zeitaufwand für Planung und Bauausführung ist die Finanzierungsfrage ungelöst; überdies liegen – wie schon gesagt – viele weniger entwickelte Länder in Wassermangelgebieten. Unter diesen Voraussetzungen wird wohl der heute bestehende Gegensatz zwischen den meist gut mit Trinkwasser versorgten Menschen in den entwickelten Ländern (den Industrieländern) und den mehr oder weniger schlecht versorgten Bewohnern der weniger entwickelten Länder noch längere Zeit bestehen bleiben. Entsprechend unterscheiden sich auch die Schwerpunkte einer Trinkwasserversorgungspolitik für die ersten Jahrzehnte des 21. Jahrhunderts in den einzelnen Ländern.

Angaben zur Zahl der Stadtbewohner leiden darunter, dass weltweit gesehen unterschiedliche **Definitionen von »Stadt« und »städtisch«** benutzt werden. So wird manchmal ein Ort mit mehr als 200 Einwohnern schon als Stadt definiert (z. B. in Norwegen, Island); in anderen Fällen gelten 2000 (z. B. Äthiopien, Frankreich, Kenia), 5000 oder 10 000 als Schwellenwert. International anerkannte Definitionen weisen im Regelfall eine Kombination verschiedener Kriterien auf: administrative Einheit, Bevölkerungskonzentration, Verfügbarkeit von Infrastruktureinrichtungen, hoher Anteil nicht landwirtschaftlicher Berufe.

Gewässergütepolitik – erste Aufgabe der Industrieländer

Industrieländer mit reichen Süßwasserressourcen, wie beispielsweise Deutschland, haben in erster Linie eine Gewässergütepolitik zu betreiben; hier ist nicht das Wasser an sich ein knappes Gut, sondern natürliche Süßwasserressourcen mit guter Qualität. Sicherung ausreichender Mengen von Trinkwasser hoher Güte muss beim Schutz der Ressource anfangen, also beim Gewässerschutz. Dabei geht es sowohl um den Schutz von Oberflächengewässern (Flüssen, Seen, Talsperren) als auch von Grundwasser, das beispielsweise in Deutschland den größten Teil des Trinkwassers liefert. Um erfolgreich zu sein, muss der Gewässerschutz in den Gesamtkomplex umweltrelevanter Politik integriert werden. Am Beispiel Grundwasser wird das besonders deutlich: Seine Belastung mit Pestiziden und Nitrat aus der landwirtschaftlichen Produktion bereitet zunehmend Probleme. Dieser Schadstoffeintrag lässt sich nur durch eine umweltverträglich betriebene Landwirtschaft verhindern. Die Integration von Gewässerschutz und Landwirtschaftspolitik ist also unumgänglich.

Auch für einen wirksamen Schutz von Oberflächengewässern müssen die Überlegungen von einem integrierten Ansatz ausgehen. Der Schadstoffeintrag erfolgt dabei grundsätzlich auf zwei Wegen: zum einen durch punktförmige Einleitungen wie Ausläufe von Kläranlagen oder Abwasserableitungen und zum andern diffus über Niederschläge, durch Oberflächenabfluss von landwirtschaftlichen Kulturflächen und über Drainagen. Grundsätzlich sollte der Schadstoffeintrag in beiden Fällen durch Maßnahmen an der Emissionsquelle minimiert oder ganz unterbunden werden, wobei man flächendeckend nach dem Stand der Technik vorgehen müsste. Bei den diffusen Quellen kann dieses Vorgehen nur bei ganzheitlichem Umweltschutz erfolgreich sein, wenn also Gewässerschutz in Land- und Forstwirtschaft, Verkehrspolitik, Siedlungspolitik und andere betroffene Bereiche integriert wird. Bei den punktuellen Quellen sind mehrere Aspekte anzusprechen.

Verringerung des Wasserverbrauchs

Zunächst einmal lässt sich pauschal sagen, dass mit einer Verringerung des Wasserverbrauchs im Haushalt oder in der Industrie auch die Abwassermenge sinkt. Der Idealfall für den Industriesektor ist die wasserschonende Produktion mit geschlossenen Kreisläufen, bei denen überhaupt kein Abwasser anfällt. Auf diese Weise ließe sich die Gewässerbelastung mit chemischen Stoffen deutlich mindern. Im Bereich Haushaltungen ist die Wassersparmöglichkeit insofern begrenzt, als in Deutschland wie in vielen anderen Industrieländern die Schwemmkanalisation das vorherrschende Entsorgungssystem für Fäkalien und Haushaltsabfälle darstellt. Dieses System funktioniert nur dann, wenn ausreichend Wasser als Transportmedium in der Kanalisation vorliegt. Das weit verzweigte Kanalisationssystem stellt im Übrigen wegen zahlreicher undichter Stellen, die vor allem auf das vielfach hohe Anlagenalter zurückzuführen sind, auch eine mögliche Verunreinigungsquelle für das Grundwasser dar. Zum Schutz der Oberflächengewässer vor qualitätsminderndem Eintrag von Abwasserinhaltsstoffen dienen Kläranlagen, die ihre Aufgabe aus der Sicht des Trinkwasserschutzes aber nur dann voll erfüllen können, wenn sie nach dem Prinzip der vierstufigen Anlage arbeiten und damit auch die schwer abbaubaren Substanzen entfernen, die Probleme bei der Trinkwasseraufbereitung machen.

Zwei Wasserqualitäten – ein mögliches Modell

Innerhalb der entwickelten Länder haben, anders als Deutschland, die südeuropäischen Staaten der Europäischen Union (EU) vergleichsweise geringe natürliche Wasserressourcen, die vielfach auch noch in übermäßiger Weise zur Bewässerung genutzt werden. Hier gibt es zunehmend Schwierigkeiten, Trinkwasser in ausreichenden Mengen und guter Qualität bereitzustellen. Die Europäische Kommission hat 1995 den Entwurf einer neuen Trinkwasserrichtlinie erarbeitet, die ein neues Konzept der Wasserversorgung von Haushalten enthält. Während bisher in der Europäischen Union das Prinzip galt, den Haushalten aus Gründen des Verbraucherschutzes stets Wasser in Trinkwasserqualität anzubieten, würde die neue Regelung zwei Wasserqualitäten zulassen: in getrennten Versorgungsleitungen einmal Trinkwasser im engeren Sinn, also mit hoher Güte, und zum anderen eine Art Brauchwasser geringerer Güte, das für solche Zwecke bestimmt ist, die ohne Einfluss auf die Gesundheit sind. Eine solche Lösung wäre für Wassermangelgebiete, aber auch für industrielle oder landwirtschaftliche Schwerpunktregionen mit hohen

KLÄRANLAGEN

Eine Kläranlage ist eine Anlage zur Reinigung von Abwasser. Der Begriff stammt aus der Zeit, als man das Hauptziel der Abwasserbehandlung in der Entfernung der trübenden Abwasserinhaltsstoffe sah, eben in der Klärung des Abwassers. Es gibt sehr unterschiedliche Kläranlagentypen für die verschiedenen Abwasserarten. Bei Anlagen zur Reinigung von häuslichem Abwasser sind in Deutschland mehrstufige Anlagen vorherrschend. Im mechanischen Anlagenteil (1. Stufe) werden zunächst gröbere Abfälle und Sand und dann die partikulären organischen Stoffe (so genannte Sinkstoffe wie Kotpartikel) entfernt. Im biologischen Anlagenteil (2. Stufe) werden die dann noch im Abwasser befindlichen abbaubaren organischen Inhaltsstoffe durch Mikroorganismen abgebaut, d. h. in Kohlendioxid, Wasser und anorganische Substanzen zerlegt. In dem solcherart gereinigten Wasser sind Abbauprodukte wie Phosphate und Stickstoffverbindungen enthalten, die für die eutrophierende Wirkung des auf diese Weise gereinigten Abwassers verantwortlich sind. Partikelförmige Stoffe werden im Faulturm ebenfalls durch bestimmte Mikroorganismen verarbeitet, dabei bleibt Klärschlamm übrig. Moderne Kläranlagen sind dafür eingerichtet, die eutrophierenden Stoffe, in erster Linie Phosphat, zu entfernen (3. Stufe). Das aus einer solchen dreistufigen Kläranlage abfließende gereinigte Wasser enthält aber immer noch störende Inhaltsstoffe in Form schwer abbaubarer chemischer Verbindungen, die bei der Trinkwasseraufbereitung stören. Diese Stoffe lassen sich in einer 4. Stufe entfernen, die als Flockungsfiltrationsstufe bezeichnet werden kann, weil zunächst die Störstoffe durch Flockung in einen abfiltrierbaren Zustand überführt und dann abfiltriert werden. Derzeit allerdings überwiegen in der Praxis die zweistufigen Anlagen. Im Umkreis von Trinkwasserressourcen sind die dreistufigen Anlagen eingeführt, am Zürichsee sind auch vierstufige im Bau.

Trinkwasseraufbereitungskosten hilfreich. Es wäre auch ein Modell für wasserarme, weniger entwickelte Länder. Vorstellungen dieser Art sollten jedoch nicht von der Forderung nach generellem Schutz der Süßwasserressourcen vor Verunreinigung ablenken.

In den weniger entwickelten Ländern muss das vorrangige Ziel einer Trinkwasserversorgungspolitik in den nächsten Jahrzehnten darin bestehen, die Grundversorgung aller Menschen mit sauberem Wasser sicherzustellen. Dabei kommt dem Schutz vor trinkwasserbürtigen Krankheiten nach wie vor eine zentrale Bedeutung zu. Angesichts des anhaltenden starken Bevölkerungswachstums ist die Verwirklichung dieser Zielvorstellung für viele Länder eine schwer zu bewältigende Aufgabe, vor allem deshalb, weil es sich vielfach um wasserarme Regionen handelt. Wegen der Armut vieler Länder werden internationale Finanzhilfen unumgänglich sein.

Technologien müssen der Situation angepasst sein

Wie die Technologie der Wasserversorgung im Einzelnen gestaltet werden könnte, soll hier nicht erörtert werden. Allgemein gilt, dass in städtischen Gebieten zentrale Versorgungssysteme am ehesten die Gewähr für eine hygienisch einwandfreie Versorgung bieten. In ländlichen Räumen mit weit verstreut lebender Bevölkerung ist vor allem aus Kostengründen in der Regel die dezentrale Versorgung vorzuziehen. Wichtig ist die Wahl einer angepassten Technologie, die beispielsweise Eigenleistung der Nutzer beim Bau ermöglicht und so Kosten spart, geringe Anforderungen an die Wartung stellt sowie langlebig und robust ist. Es bedarf der Aufklärung der Bevölkerung hinsichtlich der Zusammenhänge zwischen sauberem Wasser und Gesundheit, vor allem über die Gefahren, die sich aus der Verunreinigung (Kontamination) von Wasserressourcen mit Fäkalien ergeben.

Beispiel eines **Dorfes in einem Entwicklungsland**, das formal hundertprozentig mit **Trinkwasser** (Handpumpe) und Sanitäreinrichtungen (Latrine) versorgt ist, aber aufgrund der Gegebenheiten bei weitem nicht den angestrebten hygienischen und gesundheitlichen Status erreicht hat.

An dieser Stelle muss an das Entwicklungskriterium »Zugang zu Sanitäreinrichtungen« erinnert werden. Im Zeitraum von 1989 bis 1993 hatten in den weniger entwickelten Ländern 64 Prozent der Menschen (das sind mindestens zwei Milliarden) keine Möglichkeit zur hygienischen Beseitigung von Fäkalien, sodass die Gefahr einer Kontamination von Wasserressourcen erheblich ist. Insbesondere dezentrale Wassergewinnungsanlagen wie Quellfassungen und Brunnen können nur dann dauerhaft hygienisch einwandfreies Wasser liefern, wenn das jeweilige Wassereinzugsgebiet vor Fäkalienverunreinigung geschützt wird. 1996 waren rund drei Milliarden Menschen ohne Zugang zu Sanitäreinrichtungen; das Ziel »Sauberes Wasser für alle« ist ohne Beseitigung dieses enormen Defizits im sanitären Bereich nicht erreichbar.

Die Einrichtung einer Wasserversorgung setzt voraus, dass das gebrauchte Wasser hygienisch einwandfrei entsorgt wird. Dazu gibt es mehrere Möglichkeiten, wobei sich Stadt und Land unterscheiden.

Auf dem Land ist es beispielsweise oft möglich, Waschwasser oder Küchenabwasser zur Bewässerung zu verwenden und Fäkalien zu kompostieren. Schwieriger wird die Entsorgung, wenn nach dem Vorbild der Industrieländer die Wasserversorgung zur Anlage von Spültoiletten (WC) genutzt wird, die Fäkalien also weggeschwemmt werden. Systembedingt fallen dann große Abwassermengen an, die allein wegen der möglicherweise darin enthaltenen Krankheitserreger angemessen, also hygienisch einwandfrei, entsorgt werden müssen. Das ist zumindest in Städten nur zentral möglich, das heißt mittels eines großräumigen Kanalisationssystems und Reinigung des Abwassers in Kläranlagen. Auf dem Land können alternativ dezentrale Anlagen wie Abwasserteiche oder Schilf-Binsen-Klärteiche betrieben werden. Das gereinigte Wasser kann zur Bewässerung dienen.

Problemfall Schwemmkanalisation

Die Schwemmkanalisation muss mit großen Vorbehalten betrachtet werden, denn aus Sicht des Gewässerschutzes stellt die Einleitung des Abwassers in Oberflächengewässer eine erhebliche Belastung dieser Ressource dar; das gilt auch bei einer vorhergehenden Reinigung in den herkömmlichen zweistufigen Kläranlagen. Besonders gravierend ist diese Belastung dort, wo die Flüsse aufgrund der klimatischen Gegebenheiten über größere Zeiträume hinweg nur wenig Wasser führen oder gar zeitweilig austrocknen. In diesen Fällen ist die zur Verdünnung der Abwasserinhaltsstoffe notwendige Restwassermenge unzureichend. Bei zweistufigen Kläranlagen sind eutrophierende Stoffe, also das Algenwachstum fördernde Düngestoffe, und schwer abbaubare Stoffe belastend. Algen gedeihen in warmen Ländern nahezu ganzjährig. Sie stören die Trinkwassergewinnung mechanisch, indem sie die Filter verstopfen, oder durch algenbürtige Schadstoffe, deren Entfernung unter den Gegebenheiten der weniger entwickelten Länder technologisch und finanziell schwierig ist. Wie bereits erwähnt, sind aber gerade biologisch schwer abbaubare Stoffe bei einer Desinfektion des Trinkwassers durch Chlorung problematisch: Sie sind die Ausgangssubstanzen, aus denen bei der Chlorung toxikologisch gesehen gefährliche Trihalogenmethane wie Chloroform entstehen.

Zur Gewährleistung eines wirksamen Ressourcenschutzes müssten die dritte (Entfernung eutrophierender Stoffe) und vierte (Entfernung der schwer abbaubaren Substanzen) Reinigungsstufe in die Kläranlagen integriert werden. Da das auf absehbare Zeit die technologischen und vor allem auch finanziellen Möglichkeiten vieler Länder überschreitet, sollte man ernsthaft über Möglichkeiten der Verminderung der Abwassermengen nachdenken. Das würde vor allem bedeuten, dass bei der Neuanlage sanitärer Anlagen nach Alternativen zur Schwemmkanalisation mit ihrem hohen Wasserbedarf und entsprechend hohen Abwasseraufkommen gesucht werden muss. Dabei stellen die städtischen Ballungsgebiete eine der größten Herausforderungen für die weniger entwickelten Länder dar, da sie zur ausreichenden Versorgung der Bevölkerung große Wassermengen benötigen und darüber hinaus eine entsprechend große Abwassermenge entsorgt werden muss.

Nachhaltige Nutzung von Grundwasser

Soweit einzelne weniger entwickelte Länder die Schwelle zur Industrialisierung erreichen, bildet das Industrieabwasser ein erhebliches und in Zukunft sicher zunehmendes Belastungspotential. Zum Schutz der Süßwasserressourcen wäre es erstrebenswert, wenn in den Schwellenländern von Anfang an die Strategien und Reinigungstechniken eingesetzt würden, die in Industrieländern wie Deutschland zum Schutz der Umwelt entwickelt worden sind. Dazu gehören das Prinzip des geschlossenen innerbetrieblichen Wasserkreislaufs ebenso wie die Forderung nach Vermeidung von Schadstoffeinträgen in Gewässer überhaupt. Die Vermeidungsstrategie erspart eine aufwendige und oft auch unvollkommene Entfernung von Schadstoffen bei der Trinkwasseraufbereitung. Unter allen Maßnahmen zur Sicherung der Trinkwasserressourcen kommt in den weniger entwickelten Ländern wie überall auf der Welt dem Schutz des Grundwassers vor Übernutzung und Schadstoffeintrag aus Landwirtschaft und Industrie die zentrale Bedeutung zu. Übernutzung entsteht meist durch starke Wasserentnahme zur Bewässerung landwirtschaftlicher Nutzflächen. Es sollte stets nur so viel Grundwasser entnommen werden, wie sich auf natürliche Weise erneuert (nachhaltige Nutzung). Grundwasservorkommen, die sich nicht oder nur in Jahrtausenden erneuern, sollten von der Nutzung zumindest für Bewässerungszwecke ausgenommen werden. Um Schadstoffeinträge ins Grundwasser zu vermeiden, muss auch in den weniger entwickelten Ländern eine umweltverträgliche Landwirtschaft angestrebt werden. Dem integrierten Schutz der Ressource Süßwasser kommt überall auf der Erde die gleiche hohe Bedeutung zu.

Trinkwasserversorgung und Umweltschutz

Die zukünftige Trinkwasserversorgung der Menschheit hat sowohl mit Mengen- als auch mit Qualitätsproblemen zu tun. Beide Problemkreise lassen sich nur mit umfassendem Umweltschutz bewältigen. Hoffnungsvoll hinsichtlich des Gelingens kann man sein, weil Süßwasser eine erneuerbare Ressource ist: Im natürlichen Wasserkreislauf wird das Wasser gereinigt und der Wasservorrat eines Gebiets erneuert. Entscheidend für die Zukunft ist, ob es gelingt, einerseits Überlastungen oder Störungen des natürlichen Reinigungsprozesses bei Verdunstung und Versickerung zu vermeiden oder zu beseitigen und andererseits den Wasserhaushalt insgesamt intakt zu halten. Da nahezu jede menschliche Tätigkeit, von der einfachsten Wassernutzung für menschliche Grundbedürfnisse über Landwirtschaft bis hin zur industriellen Produktion den Wasserhaushalt beeinflusst, sind Umweltschutzmaßnahmen zur Sicherung der Trinkwasserversorgung in allen Lebens- und Wirkungsbereichen des Menschen nötig.

Kurze Geschichte der Nahrungsgewinnung

Die ältesten Formen der menschlichen Nahrungsgewinnung sind das Sammeln von Pflanzen, Kleintieren und frischem Aas von Großtieren, die Jagd und die Fischerei. Diese Lebensform wird als Sammler-, Jäger- und Fischerkultur oder als Wildbeutertum bezeichnet. Wildbeuter nutzen wild wachsende Pflanzen und wild lebende Tiere, ohne zu deren Vermehrung beizutragen. Diese Form der Nahrungsgewinnung ist die älteste und zugleich die am längsten vom Menschen ausgeübte, nämlich seit mehr als 2,5 Millionen Jahren. Bis vor etwa 11 000 Jahren war es die einzig mögliche Form der Nahrungsgewinnung und auch heute leben einige kleinere Volksstämme noch auf diese Weise. Die typischen Wildbeuter sind in der Regel nicht sesshaft, sondern wandern in kleinen Gruppen, um ausreichend Nahrung zu finden. Sesshaftigkeit gibt es nur in besonders nahrungsreichen Gebieten. Meist wird keine Vorratswirtschaft betrieben; aber auch da gibt es Ausnahmen, zum Beispiel, wenn Reserven für winterliche Notzeiten angelegt werden.

Die großräumigen Klimaveränderungen in der ausgehenden Eiszeit riefen in verschiedenen Regionen der Erde ökologische Bedingungen hervor, die das Entstehen fester Siedlungen ermöglichten. Hier entwickelte sich eine neue Kulturform, deren wesentliche Merkmale Anbau von Pflanzen und Haltung von Tieren zum Zweck der Ernährung waren. Wenn auch die Jagd in dieser als Jungsteinzeit (Neolithikum) bezeichneten Kulturperiode zunächst noch über längere Zeit eine mehr oder weniger große Rolle bei der Versorgung mit tierischem Eiweiß spielte, war der Umbruch in der Nahrungsgewinnung doch so radikal, dass man von einer neolithischen Revolution spricht. Entsprechend der unterschiedlichen natürlichen Ausstattung der einzelnen Weltregionen mit Pflanzen- und Tierarten ergeben sich deutliche regionale Unterschiede zwischen den neu entstehenden Wirtschaftsformen, die durch unterschiedliche Klimabedingungen verstärkt werden. Beim Pflanzenanbau entsteht teils Ackerbau im Sinne von Getreideanbau, teils Gemüse- und Obstanbau in einer Art Gartenkultur.

In der Schlussphase der Eiszeit (etwa vor 30 000 bis 15 000 Jahren) lebten in eisfreien Gebieten Südwesteuropas die **Cro-Magnon-Menschen.** Sie jagten zahlreiche Tierarten wie Wildpferd, Bison, Auerochse, Rentier, Rothirsch, Steinbock, die sie in ausdrucksvollen Höhlenmalereien darstellten. Ihre **Jagdwaffen** waren Speer, Spieß, Pfeil und Bogen, Speerschleuder, Schlagfallen und – im Wasser – Harpunen. Von Bedeutung waren wohl Treibjagden, bei denen Herdentiere durch Steinwälle und andere Hindernisse in reusenartig angelegte Gehege getrieben wurden, wo sie erlegt werden konnten. Das **Angebot an pflanzlicher Nahrung** war in dem damals kälteren Klima spärlicher als das Jagdwild. In Frage kommen einige Beerenarten und Kräuter, wie z. B. die Brutknöllchen des Knöllchen-Knöterichs. Außerdem dürfte der Mageninhalt von Rentieren und anderen Pflanzenfressern gegessen worden sein, der aufbereitetes, für den Menschen in frischem Zustand ungenießbares Pflanzenmaterial und vor allem auch Vitamine enthält. **Nahrungszubereitung** mithilfe von Feuer wie Rösten, Braten oder Räuchern sowie Kochen mittels erhitzter Steine in Fellbeuteln war üblich.

Die Ursprünge liegen in Südwestasien

In Südwestasien begannen Nutzpflanzenanbau und Haustierhaltung vor etwa 11 000 Jahren. Von hier gingen weiträumig wirkende Impulse aus, sodass man von einem wichtigen Ausbreitungszentrum sprechen kann. In der Frühzeit traten sieben Kulturpflanzen regelmäßig auf. Dies waren die Getreidearten Emmer, Gerste, Einkorn, die Hülsenfrüchtler Erbse, Linse, Kichererbse mit eiweißreichen Samen und die Öl- und Faserpflanze Lein (Flachs). Getreidekörner und Hülsenfrüchte eignen sich zur Vorratshaltung. Haustiere waren zunächst Schaf und Ziege, etwas später Schwein und Rind. Die Wildformen aller genannten Arten sind in dieser Region beheimatet. Schon sehr früh entstanden in diesem Gebiet Städte, deren Befestigungen auf die Notwendigkeit eines Schutzes der Bevölkerung und ihrer Vorräte vor feindlichem Zugriff oder vor nicht sesshaften Hirtennomaden, einer in jener Zeit gerade aufkommenden Lebensform, hinweisen. Beispiele sind Jericho (Palästina) im 8. und Çatal Hüyük (Anatolien) im 7./6. vorchristlichen Jahrtausend.

Etwa ab 6500 v. Chr. breiteten sich der Pflanzenanbau und die Tierhaltung von Anatolien nach Griechenland aus und weiter über die Balkanhalbinsel nach Mitteleuropa. Europa wurde in der Neuzeit selbst zu einem Ausbreitungszentrum, als im Gefolge der Entdeckungsreisen und Eroberungen seit dem ausgehenden 15. Jahrhundert die in der europäischen Landwirtschaft üblichen Nutzpflanzen und Haustiere in alle für sie geeigneten Regionen Amerikas und Australiens eingeführt wurden. Gleiches gilt für viele ozeanische Inseln und die Teile der Alten Welt, die vorher keinen Kontakt mit dem südwestasiatisch-europäischen Raum hatten. Weltweite Verbreitung in gemäßigten und subtropischen Zonen erlangten Weizen und Gerste, also Abkömmlinge südwestasiatischer Stammformen. Die in Europa aus Ackerwildgräsern entwickelten Getreidearten Roggen und Hafer wurden ebenso wie die in Europa gezüchtete Zuckerrübe nach Amerika gebracht. Die klassischen Haustiere Rind, Schaf, Ziege und Schwein gelangten ebenfalls über Europa in die Neue Welt und nach Australien. Gleiches gilt für das Pferd, das im

NAHRUNGSGEWINNUNG IN EINER WILDBEUTERKULTUR DER GEGENWART

In der trockenen Savanne der Kalahari in Botswana im südlichen Afrika lebten zumindest bis um 1970 noch einige Gruppen der San (Buschmänner, Buschleute) wie seit Jahrtausenden als Sammler und Jäger. Wegen der geringen Niederschläge in diesem Gebiet gibt es nur einen lockeren Baum- und Strauchbestand, wobei die oberirdischen Teile der krautigen Pflanzen außerhalb der Niederschlagsphasen überwiegend verdorrt sind. Im Boden überdauern aber frische Speicherorgane wie Zwiebeln, Knollen und Wurzeln. Diese spielen als Nahrungsobjekte und Wasserspender eine große Rolle. Eine näher untersuchte Gruppe der San, die !Ko-Buschleute, leben in Horden von 30 bis 60 Personen zusammen, die in Familien gegliedert sind. Diese wandern als Kleingruppe einen Teil des Jahres in der für Wildbeuter typischen Weise innerhalb eines abgegrenzten Hordenterritoriums umher. Dieses Wandern ist aber keineswegs ein planloses Umherschweifen. Vielmehr werden die Lagerplätze regelmäßig verlagert, um an anderer Stelle frische Nahrung zu finden. Nach und nach wird so das ganze Territorium ausgenutzt. Der

© Irenäus Eibl-Eibesfeldt

Flächenbedarf schwankt mit den ökologischen Gegebenheiten, vor allem mit der Niederschlagsmenge und dem Wasserangebot insgesamt. Ein Flächenbedarf von etwa 2,5 km² pro Person wird als realistisch angesehen, eine Gruppe von 30 Menschen würde dann 75 km² beanspruchen.

Pflanzliche Nahrungsobjekte werden von den Frauen gesammelt. Die San können etwa 200 Pflanzenarten unterscheiden und benennen. Je nach Bevölkerungsgruppe werden zwischen 68 und 85 Arten gegessen. Davon sind etwa 9 bis 21 Arten Hauptnahrungspflanzen, bilden also den Großteil der Nahrung. Die Frauen sammeln auch Kleintiere und Vogeleier, während die Jagd auf größere Tiere wie Antilopen und Zebras den Männern obliegt, die Pfeil und Bogen sowie einen kurzen Speer als Jagdwaffen benutzen. Auch Pfeilgifte werden hergestellt und ermöglichen eine erfolgreiche Jagd selbst auf Großtiere wie Giraffen. Der Anteil an tierischer Nahrung liegt zwischen 10 und 30 %. Der Arbeitszeitaufwand zur Gewinnung der Nahrung ist überraschend gering. In Zeiten normaler Niederschläge sind es nur wenige (zwei bis vier) Stunden am Tag; dazu kommt noch der Zeitaufwand für die Wasserbeschaffung, der in Trockenzeiten ins Gewicht fällt.

eurasischen Steppengebiet zum Haustier wurde, um 3500 v. Chr. erstmals im heutigen Südrussland auftrat und sich etwas später in Mitteleuropa und Südwestasien verbreitete. Die Bedeutung des Pferdes als Nahrungslieferant wurde bald übertroffen von seiner Rolle als Reit- und Zugtier, wobei die militärische Nutzung (berittene Krieger, Streitwagen) schon früh im Vordergrund stand.

Sehr früh schon gelangten Impulse aus der südwestasiatischen Landwirtschaft nach Nordafrika und später weiter in den Süden. In Afrika südlich der Sahara ist zwar eigenständig eine Reihe von Pflanzen in Kultur genommen worden, aber kein Wildsäugetier. Die in dieser Region als Haustiere gehaltenen Schafe, Ziegen, Rinder und Schweine stammen letztlich alle aus dem südwestasiatischen Gebiet. Unter den Vögeln wurden hier das Perlhuhn (etwa vor 2500 Jahren) und der Strauß (um 1900) zu Haustieren.

Straußenfarm in der Nähe von Oudtshoorn in der Kleinen Karru, Republik Südafrika.

Weitere asiatische Ursprungsgebiete der Landwirtschaft

Das westpakistanische Gebirgsland am Rande des unteren Industals hatte vor 10 000 Jahren ein ähnliches Arteninventar wie die südwestasiatischen Ursprungsgebiete der Landwirtschaft. Auch hier entwickelten sich bäuerliche Kulturen, denen später im Industal städtische Siedlungen folgten (Induskultur). Dabei ist die Frage, ob und in welchem Ausmaß hier Einflüsse aus Südwestasien wirkten, bislang unbeantwortet. Eigenständige Prozesse waren jedenfalls die Domestikation des Buckelrindes (Zebu), das sich äußerlich von allen anderen Rindern unterscheidet, und die Entstehung des Haushuhns (um 2500 v. Chr.).

In China gab es im leicht hügeligen Umland der Flusstäler von Wei He und Hwangho (Gelber Fluss) bereits vor 7000 bis 8000 Jahren eine entwickelte jungsteinzeitliche Landwirtschaft. Angebaut wurden Kolben- und Rispenhirse und als Haustiere wurden zunächst Schwein und Hund (als Fleischlieferant) gehalten. Erst ab 2500 v. Chr. kamen die übrigen bekannten Haustierformen hinzu, die aus anderen Regionen eingeführt wurden. Im weiter südlich gelegenen Jangtsekiang-Gebiet wurde schon vor 7000 Jahren Reisanbau betrieben; hier wird neben Thailand und Indien ein Entstehungszentrum des asiatischen Reisanbaus angenommen. Im subtropischen Bereich Chinas ist seit mindestens 1000 v. Chr. der Anbau von Sojabohnen bekannt. Auch die Apfelsine (seit 2000 v. Chr.) und die Zitrone (500 v. Chr.) haben hier ihr Ursprungsgebiet. Alle drei Arten sind heute in geeigneten Klimazonen weltweit verbreitet.

Ein wichtiges Entstehungszentrum von Nutzpflanzen, die nicht zur Gruppe der Getreide gehören, bildet der tropische Raum von Indien bis Neuguinea. Von hier stammen Banane, Brotfruchtbaum, Eierfrucht (Aubergine), Mango, Pampelmuse, Taro und Zuckerrohr. Als Lieferanten eiweißreicher Samen sind Urdbohne und Mungo-

Kulturpflanzen sind vom Menschen angebaute (kultivierte) Pflanzen, die gegenüber ihren wild wachsenden Stammarten bestimmte erbliche Eigenschaften aufweisen, die sie zur Nutzung besonders geeignet machen. Die für den Menschen vorteilhaften Merkmale finden sich in gewissem Umfang schon bei den Stammarten, mehrheitlich sind sie aber erst durch Züchtung entstanden. Solche vorteilhaften neuen Eigenschaften können u. a. sein: ein nicht zerfallender Fruchtstand mit fest darin sitzenden Körnern bei Getreide als Voraussetzung für geringe Ernteverluste, verdickte Wurzel (etwa bei Möhre oder Zuckerrübe), ein erhöhter Zuckergehalt und Knollenbildung am Spross etwa bei Kohlrabi.
Der Anbau von Kulturpflanzen setzt eine Bodenbearbeitung und Maßnahmen zum Pflanzenschutz voraus.

Ein Feld mit **Sojabohnen.**

bohne, als Gewürzpflanzen Ingwer und Pfeffer zu nennen. Aus Nordindien stammt die Wildform der Gurke.

Die Entstehungszentren in Mittel- und Südamerika

Im Hochland von Südmexiko lebten vor 13 000 bis 7000 Jahren Wildbeuter, die einfache Pflanzenbauverfahren entwickelten. Aus den damals kultivierten Frühformen des Mais entstand die wichtigste Getreideform der Region, die später weltweite Bedeutung erlangen sollte. Weitere wichtige Nutzpflanzen waren Bohnen und Kürbis, im Hochland auch Amaranth; ferner wurden Avocado, Chilipfeffer, Guave, Tomate und Vanille kultiviert. An Haustieren gab es nur Truthuhn und Hund, der hier auch als Fleischlieferant diente. Nahrung tierischen Ursprungs stand darüber hinaus nur aus Jagd und Fischerei zur Verfügung. Im Hochbecken von Mexiko entwickelte sich auf dieser Basis die aztekische Hochkultur. Von Mittelamerika aus verbreitete sich die Kenntnis des Maisanbaus nach Norden und wurde von sesshaften Indianerstämmen Nordamerikas den dort herrschenden ökologischen Bedingungen angepasst. In Südamerika ist der Maisanbau wahrscheinlich unabhängig entwickelt worden. Die Alte Welt lernte den Mais erst nach der Entdeckung Amerikas kennen.

Im Andenhochland Südamerikas entwickelte sich schon sehr früh eine besondere Landbauform, die ihren Höhepunkt im Inkareich

Die Karte zeigt die wichtigsten Entstehungszentren von **Kulturpflanzen und Haustieren.**

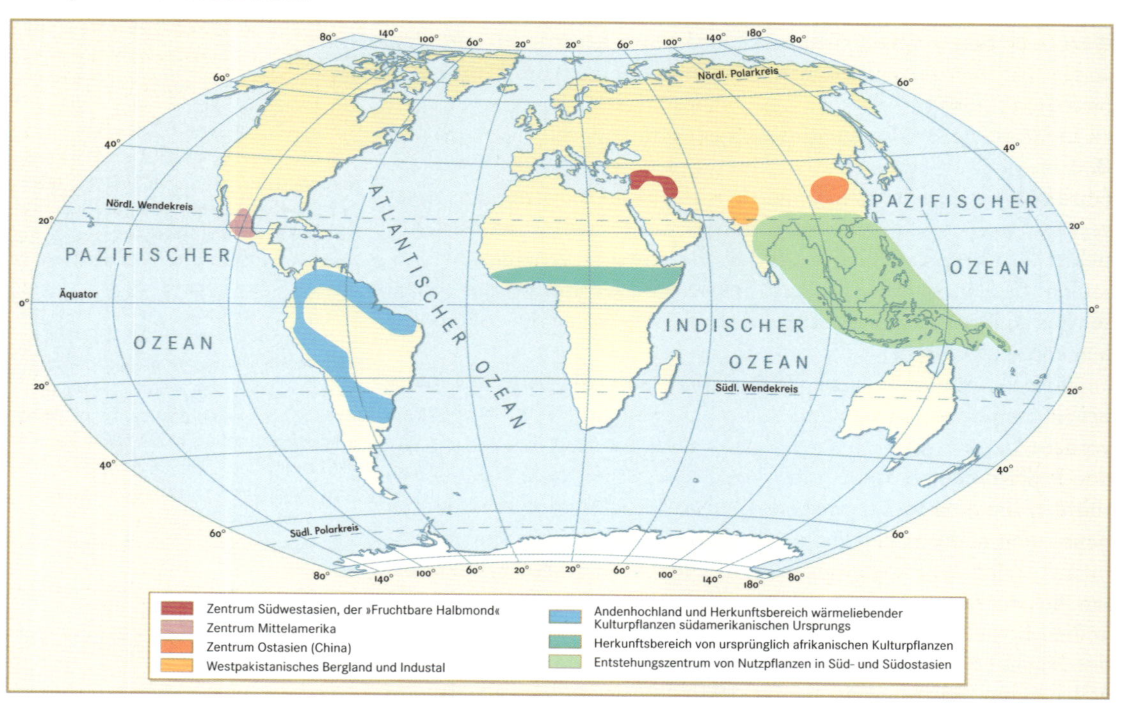

fand, das im 16. Jahrhundert durch die spanischen Eroberer zerstört wurde. Im Gegensatz zu den drei vorher genannten Zentren sind hier nicht Getreidearten die wichtigsten Lieferanten von Kohlenhydraten (Stärke) für die menschliche Ernährung, sondern ebenso wie im übrigen Südamerika Knollenfrüchte. In den kühleren Hochlagen der Anden wurde die Kartoffel zur Kulturpflanze; stärkehaltige Knollen lieferten auch die mit unserem Sauerklee verwandte Oca, sowie Anu oder Mashua, eine mit der Kapuzinerkresse verwandte Art, und Ulluco, deren Knollen gekocht ähnlich wie Kartoffeln schmecken. Neben Mais wurden auch die in der Nutzung dem Getreide ähnlichen Meldengewächse Quinoa und Canihua angebaut. Als Fleisch liefernde Haustiere nutzte man vor allem Meerschweinchen, während Lamas und Alpacas den Inka vornehmlich als Tragtiere und Wolllieferanten dienten. Vom 16. Jahrhundert an traten europäische Getreidearten und Haustiere weitgehend an die Stelle der alten Formen.

Die aus den Tropen stammende **Guave** wird heute weltweit in warmen Klimaten angebaut. Die etwa apfelgroße Frucht hat einen sehr hohen Vitamin-C-Gehalt und wird v. a. zu Saft verarbeitet.

Lieferanten von stärkehaltigen Knollen aus dem tropisch-warmen Bereich Südamerikas sind das Wolfsmilchgewächs Maniok oder Cassava, die zu den Windengewächsen zählende Süßkartoffel oder Batate und die Indianische Jamswurzel. In gemäßigt warmen Klimaten werden seit etwa 8000 v. Chr. Knollenbohnen (Jamsbohne oder Jícama) kultiviert. In Südamerika beheimatet ist darüber hinaus eine Reihe weiterer, anderen Nutzungszielen dienender Kulturpflanzen wie Ananas, Erdnuss, Kakaobaum oder Gartenbohne; Letztere wird im Andengebiet seit rund 10 000 Jahren kultiviert.

Biologische und kulturelle Anpassungen des Menschen an seine Nahrung

Im Verlauf seiner Geschichte passte sich der Mensch dem jeweiligen Angebot an nutzbaren Pflanzen und Tieren an. Dabei sind biologische, also genetisch verankerte, von kulturellen Anpassungen zu unterscheiden. Allgemein haben Letztere eine ungleich größere Bedeutung als die genetischen Anpassungen, da sie in Form von Erfahrungen und Kenntnissen schnell von Mensch zu Mensch weitergegeben werden können. Eine genetische Anpassung hingegen kann sich erst im Verlauf vieler Generationen in einer Bevölkerung durchsetzen. Immerhin sind seit Aufkommen der Landwirtschaft einige solcher genetischen Anpassungen in bestimmten Bevölkerungsgruppen entstanden.

Von dem bis 3 m hohen **Maniokstrauch** werden die bis 5 kg schweren, rötlich braunen, stärkereichen Wurzelknollen geerntet. Sie werden ähnlich wie die Kartoffel verwendet. Die aus Maniok gewonnenen Stärkeprodukte kommen als Tapioka und als Perlsago in den Handel.

Ein Beispiel von genetischer Anpassung bietet die Laktaseaktivität bei Erwachsenen. Um die Milch der Haustiere in frischem Zustand verdauen zu können, benötigt der Mensch das Enzym Laktase, das den Milchzucker (Laktose) der Milch aufschließt. Fehlt Laktase, so führt Milchtrinken zu starken Verdauungsstörungen. Laktase ist beim menschlichen Säugling vorhanden, fehlt aber den Erwachsenen mancher Bevölkerungsgruppen, beispielsweise in Ostasien oder Teilen Schwarzafrikas; diese Menschen vertragen dementsprechend keine Milch. Man geht davon aus, dass vor der Haltung Milch gebender Haustiere alle Erwachsenen keine Laktase hatten und dass die Milchvieh haltenden Völker (Europäer, Hirtenvölker Afrikas) die

BEISPIELE FÜR KULTURELLE ANPASSUNGEN DES MENSCHEN AN SEINE NAHRUNG

Die Kulturgetreideform Mais entstand schon sehr früh in Mittelamerika und im Andengebiet Südamerikas. Vor rund 500 Jahren kam der Mais nach Europa und später nahezu in die ganze Welt. Das Maiseiweiß ist ernährungsphysiologisch gesehen nicht vollwertig, da es arm an bestimmten lebenswichtigen Aminosäuren (Lysin, Tryptophan) ist; außerdem ist das Vitamin Niacin so gebunden, dass es im Verdauungsprozess vom Menschen nicht aufgenommen werden kann. Die amerikanischen Ureinwohner haben Zubereitungstechniken in Form einer Behandlung mit Kalkwasser entwickelt, die das Niacin verfügbar machten und so eine Vitaminmangelkrankheit, die Pellagra, verhinderten. Das Wissen um diese Zubereitung gelangte nicht mit in die Alte Welt, sodass dort bei einseitiger Ernährung mit Mais die Pellagra auftrat. Heute gleicht man durch Zugabe von Sojamehl zum Maismehl die Defizite aus; außerdem werden ernährungsphysiologisch günstigere Maissorten gezüchtet.

Die Sojabohne ist in Ostasien beheimatet und heute eine Weltwirtschaftspflanze. Die Samen enthalten wertvolle Eiweiße und Öl. Wie andere, verwandte Pflanzenarten enthalten die Samen bestimmte Eiweiße, die das Verdauungsenzym Trypsin in seiner Wirkung hemmen. Diese »Trypsin-Hemmer« gelten als Schutz vor Fraßfeinden, da sie den Ernährungswert des Samens für Tiere mindern. Auch beim Menschen führt der Genuss roher Samen zu Gesundheitsstörungen. Längeres Kochen oder Rösten bei hohen Temperaturen zerstört die Schadkomponente, mindert aber auch den Nährwert. Ungenügendes Kochen führt zu Verdauungsstörungen. Ein wirksames traditionelles ostasiatisches Verfahren zur Entfernung des Störfaktors bei Erhalt des Nährwertes ist die Herstellung von Tofu. Dabei wird ein wässriger Sojabohnen-Extrakt, die Sojamilch, mit

Calciumsulfat behandelt und das Eiweiß ausgeflockt. Das quarkartige Produkt wird von der wässrigen Lösung mit dem darin enthaltenen Schadfaktor getrennt. Es handelt sich hier wieder um eine typische kulturelle Anpassung, die lange vor Kenntnis der naturwissenschaftlichen Grundlagen des Schadphänomens entstand.

Fähigkeit zur Laktasebildung im Erwachsenenalter erst im Laufe von längeren Zeiträumen als genetische Anpassung erworben haben.

Beispiele für kulturelle Anpassungen finden sich in großer Zahl bei der Nutzung von Pflanzen. Das hängt damit zusammen, dass Pflanzen mannigfaltige Abwehrsysteme gegen einen Verzehr durch andere Organismen entwickelt haben. Diese können mechanisch wirkende Schutzeinrichtungen wie etwa Dornen sein, oder bestimmte Inhaltsstoffe, die entweder giftig sind, die Verdauung des Fressfeindes stören oder einen schlechten Geschmack verleihen. Die Abwehr richtet sich gegen Pflanzen fressende Tiere und den Menschen. Schutzeinrichtungen gegen Verzehr können sich grundsätzlich an allen Teilen einer Pflanze finden. Ungeschützt sind in vielen Fällen lediglich die reifen Früchte; sie werden sogar oft besonders attraktiv gemacht, denn der Verzehr durch Tiere oder Menschen soll die Verbreitung der in oder an der Frucht befindlichen Pflanzensamen fördern, die dann ihrerseits, wie beispielsweise die Samen der Tomate, gegen Verdauung geschützt sind.

Zubereitungsverfahren machen Nahrungsmittel bekömmlicher

Abwehrsysteme der Pflanzen kann der Mensch durch verschiedenartige Zubereitungsverfahren umgehen. In manchen Fällen genügt Kochen, so unter anderem bei der Kartoffel und bei Gartenbohnen, in anderen Fällen sind noch spezielle Vorbehandlungen nötig, beispielsweise bei Maniok. Die dem Verzehr von pflanzlicher Nahrung vorausgehenden Prozesse dienen nicht nur der Beseitigung störender oder schädlicher Inhaltsstoffe, sondern auch der Verbesserung der Verdaulichkeit beziehungsweise der Verfügbarkeit der nützlichen Inhaltsstoffe. Beispiele hierfür sind das Schroten oder Mahlen von Getreidekörnern vor der Brotherstellung und das Backen selbst. Die Nahrungszubereitung ist dementsprechend unverzichtbar. Dieser Umstand unterstreicht die Bedeutung der Erfindung der Feuernutzung in der Menschheitsgeschichte. Es bedeutet zugleich, dass Heizenergie zum Kochen, Braten oder Backen verfügbar sein muss. Das stellt in Europa kein Problem dar; wohl aber in manchen weniger entwickelten Ländern, wo Holz als lebenswichtiges Brennmaterial zum Mangelfaktor geworden ist.

Der Vollständigkeit halber sei noch angemerkt, dass Abwehrsysteme der Pflanzen nicht nur durch küchentechnische Kunstgriffe überwunden werden können. Vielmehr ist es auch durch Maßnahmen der Pflanzenzüchtung möglich, Kultursorten einer Pflanzenart zu erhalten, die weniger giftige oder störende Inhaltsstoffe aufweisen als die Wildform.

Die heutige Ernährungsbasis des Menschen

Seit eh und je nutzt der Mensch zur Deckung seines Nahrungsbedarfs Pflanzen und Tiere. Das mengenmäßige Verhältnis von pflanzlicher zu tierischer Nahrung unterscheidet sich von Land zu Land zum Teil sehr stark, wofür es mehrere Gründe gibt: ein unterschiedliches Angebot von Nahrungsobjekten in Abhängigkeit von der geographischen Lage, spezielle wirtschaftliche Gegebenheiten eines Landes, die individuelle Einkommenshöhe sowie Nahrungstabus oder Tradition. Arme und reiche Länder weisen beträchtliche Unterschiede auf in der absoluten Menge an Nahrung, die dem einzelnen Menschen zur Verfügung steht. In armen Ländern stellen allgemein Pflanzen die wichtigste Nahrungsquelle dar, oft bilden zwei bis vier kohlenhydratreiche Grundnahrungsmittel die Basis der Versorgung.

Nahrung pflanzlicher Herkunft

Die Zahl der in größerem Umfang als Nahrungsspender dienenden Nutzpflanzen ist relativ klein; vor allem dienen nur wenige Arten der Grundversorgung. Weizen, Reis und Mais spielen weltweit gesehen bei der Versorgung mit Nahrungsenergie und Nahrungseiweiß die größte Rolle. Die ursprüngliche Vielfalt der zur Deckung des Grundbedarfs verwendeten Pflanzen hat zuerst beim Übergang vom Wildbeutertum zur Landwirtschaft abgenommen. Im Verlauf der Agrargeschichte hat sich dieser Vorgang fortgesetzt und in der jüngsten Vergangenheit hat sich auch noch die ursprüngliche Sortenvielfalt dieser Nutzpflanzen stark vermindert. Im Gegensatz dazu nahm, dank der modernen Transportkapazitäten in den

Grundbedarf, die Nährstoffmenge, die zur Verhütung von Mangelerscheinungen nötig ist

FAO, die Sonderorganisation für Landwirtschaft und Ernährung der Vereinten Nationen; die Abkürzung FAO kommt von englisch Food and Agriculture Organization

REIS

Der zu den drei häufigsten Getreidearten gehörende Reis stammt aus Asien, wo er im Raum Südchina, Thailand, Indien seit mindestens 5000 Jahren kultiviert wird. Von dort breitete er sich bald auf Japan und die südostasiatischen Inseln sowie im Westen auf Persien aus. Vor etwa 2800 Jahren erreichte er das Mittelmeergebiet, im 17. Jahrhundert Nordamerika und 100 Jahre später Brasilien. Mengenmäßig überwiegt der Anbau auch heute noch in Asien, wo etwa 90 % des Weltertrags produziert werden. Reis ist in Ostasien und Teilen des südlichen Asien ein Grundnahrungsmittel.

Nach dem Dreschen sind die Körner noch von Spelzen umhüllt, die in besonderen Mühlen entfernt werden müssen. Danach liegt Braunreis vor. Im 19. Jahrhundert kam das Polieren auf, bei dem außer den Spelzen auch Teile des Korns abgeschliffen wurden; dabei gingen

für die Ernährung wichtige Stoffe verloren, sodass bei ausschließlicher Ernährung mit diesem Weißreis eine lebensgefährliche Vitamin-B_1-Mangelkrankheit (»Beriberi«) auftrat. Man wendet deshalb heute ein besonderes Behandlungsverfahren an, bei dem im Weißreis die für den Konsumenten wichtigen Stoffe weitgehend erhalten bleiben.

Der Anbau erfolgt überwiegend als Nassreis (Bewässerungsreis). Dabei wird Reis auf von Natur bodennassen Flächen oder auf von Dämmen umschlossenen Feldern angebaut, die durch Sammeln von Niederschlagswasser oder Wassereinleitung aus Gewässern überflutet werden. Erst zur Zeit der Vollreife wird das Wasser abgelassen. In Westafrika entstand eine zweite Kulturreisart, die auch heute noch in geringem Umfang angebaut, aber zunehmend vom asiatischen Reis verdrängt wird. In Nordamerika gibt es eine weitere als Reis genutzte Art der Süßgräser, die im Flachwasser des Uferbereichs von Seen wächst. Ihre länglichen, schwarzen Körner werden von Indianern als Wildgetreide genutzt und heute als so genannter Wildreis auch in Deutschland vermarktet.

wohlhabenden Industrieländern wie Deutschland, gleichzeitig das Angebot an solchen pflanzlichen Erzeugnissen stark zu, die über den Grundbedarf an Energie und Eiweiß hinausgehen. Heute wird hier ein breites Angebot von Gemüse und Früchten aus anderen Klimaregionen eingeführt, die vor allem zur Versorgung mit Vitaminen einen Beitrag leisten. Parallel zu der Zunahme des Imports exotischer Produkte ist in den letzten 50 Jahren in Deutschland und anderswo die Vielfalt an einzelnen Kulturpflanzensorten stark zurückgegangen, so zum Beispiel bei einheimischen Apfel- und Birnensorten.

Getreide – Spitzenreiter unter den Kohlenhydrat-Lieferanten

In der Weltproduktion von Nahrungspflanzen steht Getreide der Menge nach mit weitem Abstand an der Spitze, vor den Nahrungspflanzengruppen Knollenfrüchte, Gemüse und Melonen sowie Obst. Beträchtliche Anteile, vor allem auch an Getreide, werden aber nicht direkt als Nahrungsmittel genutzt, sondern an Haustiere verfüttert. In den Industrieländern liegt dieser Anteil beim Getreide insgesamt um 60 Prozent, in weniger entwickelten Ländern sind es nur circa 15 Prozent, aber mit steigender Tendenz. Von Land zu Land bestehen zum Teil erhebliche Unterschiede.

Die Weltgetreideproduktion lag 1997 trotz leichten Anstiegs knapp unter der Verbrauchsmenge, sodass auf Lagerbestände zurückgegriffen werden musste. Schwankungen der Erntemenge ergeben sich vor allem aus wechselnden Witterungsverhältnissen. Es gibt aber auch ungewollte Minderungen aufgrund politisch-wirtschaftlicher Probleme, wie beispielsweise in den GUS-Staaten Anfang der 1990er-Jahre, oder gewollte Minderungen, wie sie in den EU-Staaten durch Flächenstilllegungen erreicht werden. Getreide ist ein wesentliches Objekt des Welthandels; die USA, Kanada, die EU-Länder, Australien, Argentinien und – beim Reis – Thailand, Vietnam und Indien waren 1997 die wichtigsten Exportländer; Hauptimportländer waren Japan und die finanzstärkeren Entwicklungsländer. Viele der sehr armen, weniger entwickelten Länder hätten gerne Getreide gekauft, konnten es aber nicht bezahlen; hier ist teilweise mit Spenden geholfen worden. Geringen Anteil am weltweiten Getreidehandel haben die Hirsen. Diese werden zu etwa drei Vierteln in weniger entwickelten Ländern angebaut und auch verbraucht. Sie stellen dort vielfach ein wichtiges Grundnahrungsmittel dar, so in Teilen Indiens und in einigen afrikanischen Ländern. Größere Exporte (USA, Argentinien) gibt es nur bei Sorghum-Hirse.

Die ebenfalls vor allem Kohlenhydrate liefernden Knollenfrüchte sind kein Objekt des großen Welthandels, sondern werden jeweils in enger umgrenzten Gebieten angebaut und genutzt. So wird die Kartoffel außer in Europa vor allem in China, den USA und Indien angebaut. Maniok wird außer im Ursprungsland Brasilien in mehreren afrikanischen Ländern, so unter anderem in Zaire, Nigeria, Tansania sowie im tropischen Asien (Thailand, Indonesien, Indien) genutzt. Die Süßkartoffel wird heute weltweit in den Tropen und Subtropen angebaut und vertritt die Kartoffel in Gebieten, wo diese nicht gedeiht. Die gleichfalls ähnlich der Kartoffel genutzte Jamswurzel kultiviert man in feuchten tropischen afrikanischen Ländern sowie in Brasilien.

Erhebliche weltwirtschaftliche Bedeutung haben die das Kohlenhydrat Saccharose (Rohrzucker) liefernden Pflanzen Zuckerrohr und Zuckerrübe, wobei neben der Speisezuckerherstellung auch technisch anzuwendende Produkte eine Rolle spielen. So kann etwa aus Zuckerrohr Biosprit erzeugt werden.

Die **Sorghum-Hirse** oder **Mohrenhirse** wurde wahrscheinlich im Sudan-Tschad-Gebiet, möglicherweise schon im 6. Jahrtausend v. Chr., zur Kulturpflanze.

Pflanzen, die Eiweiße und Fette liefern

Bohnen, Erbsen, Linsen, Kichererbse und einige weitere, kleinräumig genutzte Hülsenfrüchte enthalten in ihren Samen neben Kohlenhydraten und Fetten vor allem erhebliche Eiweißmengen, die sie zu wichtigen Nahrungspflanzen machen. Die meisten Pflanzen enthalten nur so geringe Eiweißmengen, dass der Mensch bei deren ausschließlicher Nutzung zur Sicherstellung seiner Versorgung auf Verzehr von eiweißreicher Nahrung tierischen Ursprungs angewiesen ist. Hülsenfrüchte hingegen können Mangel an Fleisch weitgehend kompensieren. Allerdings entspricht das Pflanzeneiweiß in den Anteilen lebensnotwendiger Aminosäuren nicht ganz den menschlichen Ansprüchen. Entweder müssen deshalb doch tierische Eiweiße zur Ergänzung aufgenommen werden oder es müssen solche Nahrungspflanzen kombiniert werden, deren Aminosäurespektren sich ergänzen, zum Beispiel Gartenbohne und Mais. Neuerdings versucht man, durch züchterische Maßnahmen oder gentechnische Eingriffe die Eiweißqualität von wichtigen Nutzpflanzenarten den menschlichen Ansprüchen besser anzupassen. Hülsenfrüchte werden heute in größerem Umfang in Indien, China, Frankreich, Brasilien, Russland und in der Ukraine angebaut. Neben der Gartenbohne und anderen neuweltlichen Phaseolus-Arten handelt es sich um altweltliche Vignabohnen (unter anderem Urd- und Mungobohne), Dicke Bohnen, Gartenerbsen, Linsen und Kichererbse, Letztere vor allem in Indien und Pakistan. Die Samen der Kichererbse und der vor allem in Indien angebauten Wicken (Arten der Gattung Lathyrus) enthalten toxische Inhaltsstoffe und können daher bei einseitigem Verzehr zu Gesundheitsstörungen, dem so genannten Lathyrismus, führen.

Einige Hülsenfrüchtler enthalten neben hohen Eiweißanteilen auch viel Fett (Öl) in den Samen. So ist die Sojabohne weltweit die wichtigste Ölpflanze: 1997 betrug ihr Anteil 52 Prozent an den Ölsaaten. Sojaöl wird zur Margarineherstellung genutzt, Sojaschrot dient als eiweißhaltiges Futtermittel für Haustiere. Die aus Ostasien stammende Sojabohne gelangte am Ende des 19. Jahrhunderts nach Europa sowie nach Amerika und ist heute eine Weltwirtschaftspflanze. Zu den Hülsenfrüchtlern mit fettreichen Samen gehört auch die Erdnuss.

Pro-Kopf-Verbrauch von Nahrungsmitteln pflanzlicher Herkunft in Deutschland (kg pro Jahr)

	1984/85	1996/97
Getreide (Mehlwert)	74	74,6
darin Weizen	52	57,1
Reis (Korn)	2	3,2
Hülsenfrüchte	1,2	1,0
Kartoffeln	73	73,3
Zucker	37	33,7
Gemüse	73	89,6
Obst	111	96,1
darin Zitrusfrüchte	26	29,2
pflanzliche Fette (Reinfett)	14	18,5

Eine Reihe von weiteren Pflanzen, die so genannten Ölfrüchte, spielen als Lieferanten von Fett beziehungsweise Öl eine bedeutende Rolle. Raps und die enge Verwandte Rübsen stammen vermutlich aus dem europäischen Raum und werden heute weltweit in der gemäßigten Klimazone, also außer in Europa unter anderem auch in Kanada, China und Indien, angebaut. Rapssaat wird in Europa zu einem erheblichen Teil industriell genutzt, so etwa zur Herstellung von »Biodiesel«. Neue Züchtungen (erucasäurefreie Sorten) machen das Rapsöl für die Margarineherstellung und somit für Ernährungszwecke geeigneter. Die ebenfalls zu den Ölfrüchten zählende Sonnenblume stammt aus Nordamerika, wird heute aber unter anderem auch in Europa kultiviert. Bei der tropischen Ölpalme wird zum einen Palmöl aus dem Fruchtfleisch gewonnen, zum anderen liefern die Kerne das Palmkernfett. Oliven als Frucht des Ölbaums sind ein uraltes Ernteprodukt des Mittelmeergebiets, wo auch heute noch der größte Teil des Olivenöls produziert wird. Besondere Bedeutung unter den Öl liefernden Pflanzen kommt der Kokospalme zu, die heute eine Weltwirtschaftspflanze ist.

Gemüse und Obst liefern Ballaststoffe und Vitamine

Gemüse liefernde Pflanzen tragen gegenüber den vorher besprochenen Gruppen weniger zur Grundnährstoffversorgung bei, denn sie enthalten relativ wenig Kohlenhydrate, Eiweiße und Fette. Hingegen ist Gemüse wichtig zur Versorgung mit Vitaminen, Salzen und Spurenelementen sowie mit Gewürz- und Ballaststoffen. Gemüse wird in gekochtem Zustand oder roh als Salat verzehrt. Statistisch gesehen werden die Fruchtgemüse wie Kürbis, Okra oder

Tomate (die auch als Obst zählen könnte) zum Gemüse gerechnet, ebenso die Melonen.

Als Obst werden Samen und Früchte bezeichnet, die in der Regel im rohem Zustand gegessen werden. Samen enthalten einen hohen Nährstoffgehalt; Beispiele für »Samenobst« sind Haselnuss, Walnuss, Pistazie und Mandel. Bei den Früchten, wie zum Beispiel der Kirsche, werden die Samen nicht mitgegessen oder sie sind, wie beispielsweise bei der Erdbeere oder der Kiwifrucht, sehr klein, sodass sie verschluckt werden. Das eigentliche Nahrungsobjekt ist also das sehr wasserhaltige Fruchtfleisch mit geringem Nährstoffgehalt, aber wichtigen Vitaminen und Salzen. An der Spitze der Produktionsmenge liegen die Zitrusfrüchte, vor allem Apfelsine, Zitrone und Mandarine, es folgen Obstbanane und Äpfel. Auf Einzelheiten soll hier verzichtet werden; erwähnt werden müssen nur noch die Datteln, die ebenso wie die von der Obstbanane zu unterscheidende Mehlbanane regional ein wichtiges Grundnahrungsmittel darstellen, da sie anders als die meisten Obstsorten einen hohen Kohlenhydratgehalt aufweisen.

Haustiere als Nahrungslieferanten

Die Zahl der in irgendeiner Form der Nahrungsgewinnung dienenden Haustiere lässt sich auf 30 Arten beziffern, wenn die Honigbiene als Honigproduzent und die in der europäischen Teichwirtschaft wichtigen Fischarten Karpfen und Regenbogenforelle mit eingeschlossen werden. Unter den weltweit mehr als vier Milliarden größeren Haustieren überwiegen Rinder und Schafe, beim Geflügel stehen die Hühner mit dreizehn Milliarden an der Spitze. Die für die einzelnen Arten genannten Zahlen lassen jedoch nicht unmittelbar auf die produzierten Fleischmengen schließen. Bei einem Teil der Rinder, Wasserbüffel, Schafe und Ziegen steht nicht die Fleischgewinnung, sondern die Milchproduktion im Vordergrund, bei Hühnern die Eiproduktion. Pferde und Esel dienen vorrangig als Arbeits- und Reittiere und werden dann erst bei nachlassender Leistungskraft geschlachtet. Bei Schafen steht vielfach die Wollproduktion an erster Stelle, lokal auch die Pelzgewinnung, wie beim Karakulschaf, das den »Persianer« liefert. Die jeweils am Jahresende vorgenommenen Bestandsschätzungen lassen allgemein keinen Rückschluss auf die Zahl der Schlachtungen zu. So erreichen beispielsweise moderne Schwei-

Die **Kiwifrucht** (»Kiwi«) stellt auf dem Weltmarkt ein sehr junges Produkt dar. Ihre Heimat ist China, daher auch der Name »Chinesische Stachelbeere«. Die Kletterpflanze wurde Anfang des 20. Jahrhunderts nach Neuseeland gebracht und zunächst nur lokal genutzt. Anfang der 1950er-Jahre wurde sie erstmals exportiert. Nur wenig später gelangte eine neu gezüchtete Sorte unter dem Handelsnahmen Kiwi (abgeleitet von dem bekannten neuseeländischen Vogel) in großen Mengen auf den Markt. Heute werden Kiwis u.a. auch im Mittelmeergebiet in Plantagen angebaut. Von der weltweiten Produktion (rund 0,8 Millionen Tonnen) stammt mehr als die Hälfte aus Neuseeland. Der Erfolg der Vitamin-C-reichen Kiwi beruht vor allem darauf, dass die Frucht, in leicht unreifem Zustand geerntet, gut transportierbar ist und sich unter geeigneten Bedingungen monatelang lagern und dann durch Behandlung mit dem natürlichen Reifungspromotor Ethylen (Ethen) gezielt zur Reife bringen lässt.

Weltweite Bestandszahlen (in Millionen) landwirtschaftlich genutzter Haustiere und Vergleichszahlen für Deutschland in Klammern im Jahre 1997. Bestand jeweils am Jahresende

Rinder	1333	(15,2; davon 5,0 Milchkühe)
Wasserbüffel	166	–
Schafe	1064	(2,3)
Ziegen	703	(0,09)
Schweine	936	(25; Schlachtungen: rund 38)
Pferde	61	(0,6)
Esel	43	–
Hühner	13413	(103)

nerassen bei intensiver Mast ihre Schlachtreife in sechs bis sieben Monaten. Entprechend liegt die Zahl der Schlachtungen weit über der Bestandszahl.

Fleischproduktion und Fleischkonsum

Weltweit betrachtet liegt die Produktion von Schweinefleisch an der Spitze, gefolgt von Geflügelfleisch sowie Rind-, Kalb- und Büffelfleisch. Zwischen 1987 und 1997 stieg die gesamte Fleischproduktion um mehr als ein Drittel an; den stärksten Zuwachs (73%) erzielte dabei Geflügelfleisch vor Schweinefleisch (42%). Dabei ist die Situation in den einzelnen Ländern sehr unterschiedlich. China und die USA führen in der Fleischerzeugung, dann folgt mit sehr deutlichem Abstand Brasilien; Deutschland schließlich liegt an sechster Stelle. Während in China, wie auch in Deutschland, die Schweinefleischerzeugung überwiegt, werden in den USA und Brasilien in erster Linie Geflügel- und Rindfleisch produziert. Der Anstieg der Fleischproduktion im betrachteten Zeitraum war in manchen Ländern sehr hoch, so beispielsweise in China mit 175% und vor allem in Indien mit 240%. Letzteres ist umso bemerkenswerter, als im hinduistischen Kulturkreis an sich traditionell wenig oder gar kein Fleisch gegessen wird.

Der Produktionsanstieg weist hier auf eine stärkere Nachfrage im Zusammenhang mit einer Verbesserung des Lebensstandards hin. So lässt sich allgemein feststellen, dass mit steigender Entwicklungshöhe eines Landes der Fleischkonsum zunimmt. In Deutschland hingegen zeigt sich eine gegenläufige Tendenz, denn dort ging in den 1990er-Jahren die Fleischerzeugung zurück; eine Tendenz, die auch in anderen europäischen Ländern festzustellen war. Hier liegt die Ursache vor allem im Abbau einer vorher bestehenden Überproduktion. Seit 1990 war in Deutschland darüber hinaus ein deutlicher Rückgang des Verzehrs von Rindfleisch und – ab 1995 – Schweinefleisch zu verzeichnen. Der sinkende Fleischverbrauch wird auf einen Wandel in der Bewertung des Lebensmittels Fleisch zurückgeführt. Dabei spielen Tierschutzaspekte, insbesondere der Widerstand gegen die Lebendtiertransporte, ökologische Belange wie Umweltverschmutzung durch Tierhaltung sowie die allgemeine gesundheitliche Bewertung von Fleisch eine Rolle. Im Vordergrund stehen jedoch spezielle aktuelle Probleme, wie das Auftreten der BSE-Seuche (»Rinderwahnsinn«), die das Verbraucherverhalten stark beeinflusst haben.

Weltproduktion von Fleisch in Millionen Tonnen

		1987		1997
Fleisch insgesamt		159,0	+39,0%	221,0
davon:	Schweinefleisch	61,9	+41,8%	87,8
	Geflügelfleisch	35,2	+73,0%	60,9
	Rind-, Kalb-, Büffelfleisch	49,4	+15,1%	56,9
	Schaf- und Ziegenfleisch	8,6	+29,1%	11,1
	Pferdefleisch	0,5	+20,0%	0,6

Etwa ein Zehntel der Fleischproduktion geht in den Welthandel. Generell gilt, dass sich die Industrieländer weitgehend selbst versorgen, für den Rest besteht untereinander Handelsaustausch. So importierte beispielsweise Japan im Jahr 1994 etwa 1,5 Millionen Tonnen Rind-, Schweine- und Geflügelfleisch bei einer Eigenproduktion von 3,3 Millionen Tonnen. In den weniger entwickelten Ländern hingegen spielt der Welthandel für die Versorgung der Bevölkerung mit Fleisch keine wesentliche Rolle; der Export ist minimal, für Importe fehlt das Geld. Die relativ geringe Eigenproduktion an sich, aber auch die Armut größerer Teile der Bevölkerung führen zu einer im Vergleich mit den entwickelten Ländern sehr geringen Versorgung mit Fleisch.

		1996	1985
Fleisch (Schlachtgewicht)		91,3	(101)
darin:	Rind	15,3	(23)
	Schwein	54,6	(60)
	Geflügel	14,1	(10)
	Schaf, Ziege	1,2	(0,9)
	Innereien	4,6	(5,7)
Frischmilcherzeugnisse		90,6	(88)
tierische Fette (Reinfett)		11,3	(12)
darin:	Butter (Produktgewicht)	7,3	(7,6)
	Eier (Stück)	226	(280)

Hinweis: Die tatsächlich verzehrte Menge liegt etwa ein Drittel unter dem statistischen Wert Schlachtgewicht

Pro-Kopf-Verbrauch von **Nahrungsmitteln tierischer Herkunft** in Deutschland (kg pro Jahr, bei Eiern Stück pro Jahr; Werte gerundet) für 1996 (1985).

Trockenmilch und Butter

Die Milcherzeugung durch Rinder (Kuhmilch) erreicht etwa den sechsfachen Wert der übrigen Milch gebenden Tiere. An der Spitze der Kuhmilch produzierenden Länder liegen die USA, Russland, Indien vor Deutschland und Frankreich. Büffelmilch und Ziegenmilch werden vor allem in Indien produziert, Schwerpunkte der Schafmilchproduktion sind Türkei, Iran und Italien. Im Welthandel dominieren bei den Milcherzeugnissen Magermilchpulver und Butter, die anteilig etwa sieben beziehungsweise fünf Prozent der Milchproduktion ausmachen. Hauptexportländer von Trockenmilch sind die Niederlande, Deutschland, Frankreich und Neuseeland, wobei rund 60% der etwa drei Millionen Tonnen in die weniger entwickelten Länder gehen. Der größte Anteil am Butterexport entfällt auf die Europäische Union, gefolgt von Neuseeland. Lediglich ein Drittel der gehandelten Menge gelangt in weniger entwickelte Länder. Die Importe in Entwicklungsländer machen bei Magermilchpulver etwa 13 Prozent, bei Butter etwa 5 Prozent von deren Eigenproduktion aus und verbessern die Versorgungslage insgesamt nicht nachhaltig. Milchpulver eignet sich im Übrigen auch nicht besonders als Ernährungshilfe in den ärmsten Ländern, da dort Mangel an gesundheitlich unbedenklichem Trinkwasser zum Auflösen des Pulvers besteht und Brennmaterial zum

Bodenabtrag (Erosion) nach Zerstörung der Pflanzendecke durch übermäßige Beweidung in Südafrika.

Kochen oft knapp ist. Dazu kommt noch das Problem der bereits erwähnten in manchen Ländern verbreiteten Laktoseunverträglichkeit.

Entwicklungsländer brauchen eine Erhöhung der Eigenproduktion bei nachhaltiger Wirtschaftsweise

Insgesamt ist die Fleisch- und Milcherzeugung pro Kopf der Bevölkerung in den weniger entwickelten Ländern um so vieles geringer als in den entwickelten Ländern, dass ein Ausgleich über den Welthandel unmöglich erscheint und der einzig sinnvolle Weg in einer Steigerung der Eigenproduktion zu sehen ist. Auch hinsichtlich des starken Bevölkerungswachstums in den weniger entwickelten Ländern ist dies selbst dann unverzichtbar, wenn man nur die bisherige sehr geringe Pro-Kopf-Versorgungsrate bei Fleisch und Milch sicherstellen will. Und selbst dann wird die Eigenproduktion schon deshalb nicht ausreichen, weil aufgrund steigenden Einkommens und zunehmender Verstädterung in den besser gestellten Entwicklungsländern die Nachfrage nach Fleisch- und Milchprodukten ansteigt.

In diesem Zusammenhang stellt sich die grundsätzliche Frage, wie die Tierproduktion in den weniger entwickelten Ländern aussehen sollte. Kann die moderne Tierproduktion der Industrieländer mit ihrem hohen Einsatz qualitativ hochwertiger Futtermittel als Vorbild dienen oder ist eine Rückbesinnung auf ursprünglichere Haltungsweisen sinnvoller? Das aktuelle Schlagwort von der Notwendigkeit einer nachhaltigen Wirtschaftsweise deutet auf die zweite Alternative hin. Bei der nachhaltigen Wirtschaftsweise geht es letztlich um eine umweltschonende Bewirtschaftung von Ressourcen wie Pflanzenbestand, Boden und Wasser, sodass diese auf Dauer verfügbar bleiben. Dabei kommen der standortgerechten Nutzung, die Klima und Geländestrukturen berücksichtigt, und der Beachtung traditionsbedingter Sozialstrukturen und Verhaltensweisen maßgebliche Bedeutung zu. Aus der modernen Landwirtschaft der entwickelten

Länder sollten andererseits die reichen Erfahrungen insbesondere auf den Gebieten der Züchtung und Tiermedizin übernommen werden.

Eine Verfütterung hochwertiger, auch für die menschliche Ernährung direkt nutzbarer Produkte an Haustiere macht in den Entwicklungsländern angesichts der schmalen Versorgungsbasis mit Grundnahrungsmitteln pflanzlicher Herkunft keinen Sinn. Haustiere sollten nicht zum Nahrungskonkurrenten des Menschen werden, sondern für den Menschen ernährungsphysiologisch ungeeignetes Pflanzenmaterial, wie Raufutter und vor allem Gras, verwerten und in geeignete Nahrungsstoffe umwandeln. In den weniger entwickelten Ländern gibt es große natürliche Weideflächen, die nicht zum Ackerbau geeignet sind und deshalb nur über die extensive Viehhaltung zur menschlichen Ernährung beitragen können. Dabei besteht allerdings die Gefahr der Vegetationszerstörung durch zu hohen Weidetierbesatz, was vielerorts schon die Produktionsbasis gefährdet hat.

Konsumfische, Fische, die der menschlichen Ernährung dienen
Industriefische, Fische die zur Herstellung von Fischmehl und Fischöl gefangen werden (wie Sandaale, Lodde, Sardellen- und Sardinenarten)
Fanggewicht, das Gesamtgewicht der gefangenen oder aus Aquakultur geernteten Organismen einschließlich der bei der Zurichtung für den menschlichen Verzehr entstehenden mehr oder weniger großen Abfallmengen

Fischerei – eine der ältesten Formen des Nahrungserwerbs

Das Aufsammeln von Muscheln oder Schnecken und der Fang von Fischen und anderen Wassertieren gehören zu den ältesten Formen des menschlichen Nahrungserwerbs, der ursprünglich vom Ufer aus oder im Flachwasser betrieben wurde. Später wurden mit Booten Binnengewässer und Küstenmeere für den Fischfang erschlossen. Mit der technischen Weiterentwicklung der Schifffahrt wurde auch die Hochsee zugänglich. Fangtechnischer Fortschritt und moderne Verfahren der Fischverarbeitung und der Haltbarmachung erlauben heute Massenfänge in weit entfernten Meeresgebieten.

	Gesamt	Meer	Binnengewässer
Algen	8,8	8,8	–
Tiere	121,0	97,8	23,2
davon:			
Fische	100,4	78,4	22,0
Krebse	6,7	6,1	0,6
Weichtiere	13,2	12,6	0,6
sonstige Wassertiere*	0,7	0,7	< 0,1

*z.B. Seeigel, Seegurken, Schildkröten, Frösche

Fischereierträge einschließlich Aquakultur 1996 in Millionen Tonnen Fanggewicht (gerundete Zahlen).

Der technische Fortschritt spiegelt sich in den Fangzahlen wider. Im Meer wurden um 1900 etwa sieben Millionen Tonnen Fisch und andere Meerestiere gefangen. Um 1950 waren es etwa 18 Millionen Tonnen und um 1990 etwa 80 Millionen Tonnen. Nach einigen Jahren der Stagnation stiegen die Fänge wieder an, wobei der Zuwachs jedoch vor allem Industriefische und weniger die Konsumfische betraf. Mit der Steigerung der Fischfangmengen im Meer ging eine Verdopplung der Fangflotte an großen Schiffen einher, sodass heute die Kapazität der Fischindustrie etwa doppelt so groß ist, wie

Unter **Aquakultur** versteht die FAO eine kontrollierte Produktion von Wasserorganismen, vor allem von Algen, Krebstieren, Muscheln und Fischen, in natürlichen oder künstlich angelegten Gewässern. Die Wasserorganismen werden regelrecht bewirtschaftet. Dazu gehört die Förderung der Vermehrung bis hin zu züchterischen Eingriffen, wie es bei Landhaustieren der Fall ist, sodass bei manchen Arten (Gemeiner Karpfen, Regenbogenforelle oder Buntbarsch) von wasserlebenden Haustieren gesprochen werden kann. Zur Bewirtschaftung zählt auch das Ausbringen von künstlich aufgezogenen Jungtieren in natürliche Gewässer, die Fütterung und der Schutz vor Raubfeinden. Der Begriff Bewirtschaftung umschließt darüber hinaus den Eigentumsanspruch einer Einzelperson oder einer Körperschaft an dem bewirtschafteten Bestand.

zum Erreichen der aktuellen jährlichen Fangmenge nötig wäre. Die Überkapazität wird durch hohe staatliche Subventionen aufrechterhalten. Diese Situation fördert die Überfischung mit der Folge absinkender Bestandszahlen und damit verringerter oder ausbleibender Fänge. Etwa 70 Prozent der Bestände an Meeresnutzfischen sind entweder bis an die Grenze der bestandserhaltenden Fortpflanzungskapazität genutzt oder überfischt, wenn nicht erschöpft, also unmittelbar in der Existenz bedroht. Neben übermäßiger Befischung gefährdet regional auch die Meeresverschmutzung die Bestände. Internationale Abmachungen und Regelwerke versuchen den Gefährdungen entgegen zu wirken.

Aquakultur – planmäßige Bewirtschaftung von Gewässern

Im Binnenland wurden ursprünglich nur Seen und Fließgewässer befischt. Darüber hinaus gibt es jedoch seit mindestens dreitausend Jahren in China beziehungsweise seit zweitausend Jahren in Europa eine Fischproduktion in künstlich angelegten Teichen, also nach heutigem Verständnis eine Form von Aquakultur. In dicht besiedelten und industrialisierten Gebieten wie in Mitteleuropa ist die Flussfischerei aufgrund von Abwasserbelastung und Gewässerausbau weitgehend zum Erliegen gekommen, teilweise hat auch die Fischerei in Seen Einbußen erlitten. Andererseits hat die Aquakultur weltweit seit 40 Jahren stark zugenommen, sodass 1996 die Binnenfischereierträge insgesamt bei 23 Millionen Tonnen lagen, also sich gegenüber 1950 etwa versechsfacht haben. Den größten Anteil erwirtschaftet China mit 12,4 Millionen Tonnen, von denen 85% aus der Aquakultur stammen.

Aquakultur wird im Süßwasser und im Meer betrieben; der Ertrag an Tieren belief sich 1996 auf rund 26 Millionen Tonnen. Etwa zwei Drittel davon sind Fische; der Rest entfällt auf Krebse (4%) – zumeist Garnelen – sowie Weichtiere (32%), wobei es sich hierbei fast ausschließlich um Muscheln und nur ganz wenige Schnecken handelt. Von den Fischen wird der weitaus größere Teil im Süßwasser produziert. An der Spitze stehen dabei Silberkarpfen, Graskarpfen und Gemeiner Karpfen, die überwiegend in Ostasien gehalten werden. Auf die Aquakultur im Meer (Marikultur) entfällt ein Anteil von 41%, dabei handelt es sich überwiegend um Muscheln. Bei den Fischen dominieren Milchfisch (Ost- und Südostasien) sowie Atlantischer Lachs (vor allem in Norwegen). Insbesondere in Ostasien werden auch Algen, vor allem Braunalgen (Tange), für den menschlichen Verzehr gezüchtet (1996: 7,7 Millionen Tonnen).

Aquakulturproduktion 1996 in Millionen Tonnen Fanggewicht; in Klammern der Anteil der Meeresaquakultur (Marikultur)

Algen	7,7	(100%)
Fische	18,6	(16,5%)
Krebstiere	1,1	(90,9%)
Muscheln	6,7	(99,8%)

Der Aquakultur kommt wachsende Bedeutung zu

Bei der Versorgung der Menschheit mit Fischen kommt der Binnenfischerei, vor allem der Aquakultur, heute eine zentrale Bedeutung zu. Während sich nämlich der Konsumfischfang im Meer von 1990 bis 1996 kaum veränderte und bei knapp 50 Millionen Tonnen lag, stiegen die Gesamtfischerträge im Binnenland in dieser Zeit um rund 55 Prozent auf 22 Millionen Tonnen, wobei der Aquakultur eine entscheidende Rolle zukommt. Insgesamt stand an Fischen zum menschlichen Verzehr also 1996 weltweit eine Fangmenge von 72 Millionen Tonnen zur Verfügung, was rein rechnerisch im Jahr 12,4 kg Fisch pro Kopf bedeutet. (Zum Vergleich: Der Fischverzehr in Deutschland liegt bei 14 kg pro Kopf.) Die Bedeutung der Fischereiprodukte für die Ernährung unterscheidet sich nach Weltregion und Land sehr stark. Nimmt man den prozentualen Anteil von Fischprodukten am gesamten täglichen Eiweißangebot als Maß, dann liegen die Regionen Südasien sowie Ostasien inklusive Pazifik deutlich an der Spitze. Unter den Staaten dominiert Japan.

Aquakultur von Miesmuscheln in der Bretagne. Die Kulturen an den Holzpfählen fallen bei Ebbe trocken.

Die gegenwärtige Ernährungslage und die Welternährung im 21. Jahrhundert

Nach Berechnungen und Schätzungen der FAO stieg von 1993 bis 1994 die Nahrungsmittelproduktion wie in den Vorjahren leicht an und lag um 31 % über dem Mittelwert der Jahre 1979 bis 1981. Wegen der gleichzeitigen Zunahme der Weltbevölkerung stieg die Pro-Kopf-Produktion 1994 aber nur um knapp 4 % gegenüber dem Zeitraum von 1979 bis 1981. Das Jahr 1995 brachte global gesehen einen Produktionsrückgang landwirtschaftlicher Erzeugnisse, sodass in vielen Regionen die Vorräte übermäßig in Anspruch genommen werden mussten und unter den von der FAO zur Gewährleistung der Ernährungssicherheit angenommenen Wert sanken. In den Jahren 1996 und 1997 hingegen stieg die Produktion wieder an und war insgesamt hoch genug, um trotz weiter steigender Bevölkerungszahlen zu einer erhöhten Pro-Kopf-Produktion zu führen. Rein theoretisch hätten demnach Ernte und Vorräte zur ausreichenden Ernährung aller Menschen ausgereicht. Infolge regionaler, nationaler und sozialer Unterschiede ist dieses aber nicht der Fall.

500 Millionen Menschen sind chronisch unterernährt

Pauschal betrachtet hat sich in den weniger entwickelten Ländern die mittlere Pro-Kopf-Aufnahme von Nahrungsenergie von 1970 bis 1995 von 2131 auf 2572 Kilokalorien (kcal) erhöht. Gleichzeitig stieg dieser Wert in den entwickelten Ländern von 3016 auf 3157 kcal, sodass weiterhin ein beträchtlicher Versorgungsunterschied zwischen den beiden Ländergruppen bestehen bleibt. Der Unterschied ist sogar viel stärker, als die Durchschnittswerte erkennen lassen. In den weniger entwickelten Ländern haben mindestens 800 Millionen, möglicherweise sogar eine Milliarde Menschen nicht genug zu essen; etwa 500 Millionen Menschen gelten als chronisch unterernährt. Mehr als ein Drittel der Kinder leidet an Unterernährung. Nicht zuletzt infolgedessen ist die mittlere Sterblichkeitsrate für Kinder unter fünf Jahren mit 95 pro 1000 Lebendgeburten weit

Fehlernährung liegt vor, wenn die aufgenommene Nahrung über längere Zeit nicht mit dem Bedarf übereinstimmt und bleibende Veränderungen im Stoffwechsel und eine Beeinträchtigung der Gesundheit eintritt. Es gibt zwei Formen: **Unterernährung,** vielfach mit Mangelernährung gleichgesetzt (so auch hier) und **Überernährung.** Als Kriterium für den Ernährungszustand wird die Höhe der Nahrungsenergiezufuhr benutzt, die die FAO in Kilokalorien (kcal) angibt. Der kritische Mindestversorgungswert orientiert sich am Grundumsatz, d.h. am Energieverbrauch, den ein entspannt liegender Mensch beim Aufrechterhalten seiner physiologischen Grundfunktionen hat. Da der Energiebedarf von Geschlecht, Arbeitsleistung, Körpergröße, physiologischer Belastung und anderen Einflüssen abhängig ist, wird der kritische Grenzwert als Spanne angegeben. Die Spanne zwischen 1760 und 1985 kcal bezeichnet man als **Mindestversorgung;** darunter liegt Unterernährung vor. Für die Überernährung gibt es keinen festgesetzten kritischen Grenzwert.

Prozentualer Anteil und absolute Zahl (in Millionen, eingeklammert) unterernährter Menschen in ausgewählten Ländern (1990 bis 1992)

Afghanistan	73 %	(12,9)
Somalia	72 %	(6,4)
Haiti	69 %	(4,6)
Äthiopien	65 %	(31,2)
Angola	54 %	(5,1)
Peru	49 %	(10,7)
Dem. Rep. Kongo	39 %	(14,9)
Nigeria	38 %	(42,9)
Namibia	35 %	(0,5)
Bangladesh	34 %	(39,4)
Indien	21 %	(184,5)
Pakistan	17 %	(20,5)
China	16 %	(188,9)

höher als in den Industrieländern. In diesem Zusammenhang muss daran erinnert werden, dass in vielen armen Ländern gleichzeitig Nahrungsknappheit und Mangel an sauberem Trinkwasser besteht und außerdem die Abwasser- beziehungsweise Fäkalienbeseitigung unzureichend ist. Körperliche Schwäche und hohe Infektionsgefahr (vor allem mit Durchfallkrankheiten) kommen so zusammen.

Die weniger entwickelten Länder stellen keine einheitliche Gruppe dar. Das zeigt sich besonders bei der Betrachtung der jeweiligen Eigenproduktion an Nahrungsmitteln. Wenn auch pauschal gesehen die Nahrungsmittelproduktion in den weniger entwickelten Ländern 1996 gegenüber 1980 pro Kopf um 39 % gewachsen ist, so gibt es dennoch in einzelnen Ländern erhebliche Abweichungen nach oben oder nach unten. Beispielsweise vermochten China, Indien, Indonesien und Brasilien ihre Produktion deutlich zu steigern, ohne jedoch die Unterernährung ganz beseitigen zu können. In den am wenigsten entwickelten Ländern hingegen verringerte sich in dem genannten Zeitraum die Pro-Kopf-Produktion um sechs Prozent. Hierbei handelt es sich vor allem um afrikanische und mittelamerikanische Länder.

Zu geringe Eigenproduktion und Armut sind Ursachen für Nahrungsmangel

Der Nahrungsmangel, der zu der erwähnten Zahl von 0,8 bis 1 Milliarde unzureichend ernährter Menschen in den weniger entwickelten Ländern führt, hat mehrere Ursachen. Eine davon ist die zu geringe Eigenproduktion an Nahrungsmitteln, die sich in der sinkenden Pro-Kopf-Produktion vieler dieser Länder widerspiegelt. Verantwortlich dafür ist in erster Linie die zu geringe Leistungsfähigkeit der Landwirtschaft, die vor allem auf das Fehlen moderner standortgerechter Bewirtschaftungsmethoden, geeigneten Saatguts und ausreichender Düngung zurückgeht. Erschwerend für einen Fortschritt sind vielfach traditionelle gesellschaftliche Strukturen in Gestalt von leistungshemmenden Agrarverfassungen, hinderlichen politischen Maßnahmen wie Vernachlässigung ländlicher Räume zugunsten der neu entstandenen und ständig wachsenden städtischen Ballungsgebiete oder wirtschaftlich nicht angemessene Preisfestsetzungen für Nahrungsmittel, die keinen Anreiz für eine Mehrproduktion bieten. Als ernstes Hemmnis für Produktionssteigerungen erweist sich auch der durch lange falsche Bewirtschaftung entstandene, weit verbreitete Rückgang der Bodenfruchtbarkeit. Erhebliche Bedeutung haben darüber

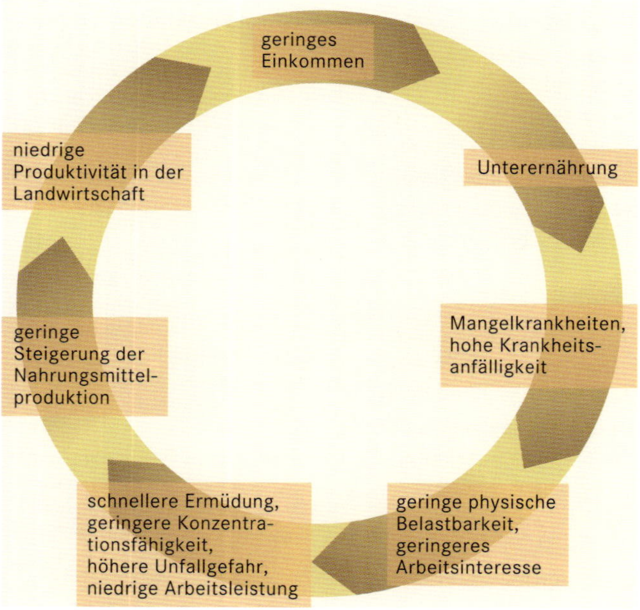

Der **Teufelskreis der Armut:** Zwischen Mangelernährung und Armut besteht eine starke wechselseitige Beziehung.

hinaus die hohen Ernte- und Nachernteverluste aufgrund von Schädlingsbefall und Verderb; auch fehlende oder unzulängliche Lagermöglichkeiten spielen eine Rolle. In manchen Fällen kann infolge fehlender Verkehrsverbindungen nicht einmal ein Ausgleich zwischen Überschuss- und Mangelgebieten erfolgen.

Eine weitere, ganz entscheidende Ursache für Nahrungsmangel ist die Armut. Devisenmangel des Staats macht den Import von Nahrungsmitteln unmöglich. Staatliche Armut verhindert den Aufbau von Transportkapazitäten ebenso wie den Bau zweckmäßiger Lagerräume. Vor allem aber leben große Teile der Bevölkerung unter der so genannten Armutsgrenze, das heißt, sie sind individuell so arm, dass sie sich keine ausreichende Menge an Nahrungsmitteln kaufen können – selbst dann nicht, wenn ein Angebot besteht. Es bedarf also in vielen Fällen nicht nur der Förderung der Landwirtschaft zwecks Steigerung der Nahrungsmittelproduktion, sondern der Schaffung von Arbeitsplätzen allgemein, um den Menschen die Gewinnung von Kaufkraft zum Erwerb von Lebensmitteln zu ermöglichen.

Übersehen darf man nicht, dass Nahrungsmangel besonders in Afrika in den vergangenen Jahrzehnten und bis heute in erheblichem Umfang durch Bürgerkriege oder Machtkämpfe ausgelöst oder verstärkt worden ist, so beispielsweise in Angola, Äthiopien, Burundi, Eritrea, Kongo-Zaire, Liberia, Mosambik, Ruanda, Somalia, Sudan. In diesen Ländern leben viele Menschen unterhalb der Armutsgrenze und leiden an den zum Teil lebensbedrohenden Folgen von Unterernährung.

Der Mangel an Nahrungsprotein hat schwerwiegende Folgen

Besonders häufig ist Nahrungsenergiemangel, der in der Regel mit Nahrungsproteinmangel verknüpft ist. Das liegt zum einen daran, dass die im Vergleich zu Kohlenhydraten immer nur in kleinerer Menge verfügbaren Proteine bei allgemeinem Nahrungsmangel zunehmend knapper werden. Zum andern werden bei zu niedriger Nahrungsenergiezufuhr die Nahrungsproteine auch zur Deckung des Energiebedarfs des Körpers verwendet. Es kommt also zu einer Protein-Energie-Mangelernährung. Bei längerer Dauer des Mangelzustands wird auch das Muskelgewebe, das heißt körpereigenes Eiweiß, zur Aufrechterhaltung der Lebensprozesse herangezogen; die Folgen sind extreme Abmagerung und Schwächung mit hoher Sterblichkeit. Dieses Krankheitsbild, das vor allem bei Kleinkindern auftritt, wird als Marasmus bezeichnet.

Neben dieser schweren Form der Protein-Energie-Mangelernährung, von der schätzungsweise zehn Millionen Menschen betroffen sind, gibt es noch eine mildere Verlaufsform, die bei der Mehrheit der etwa 500 Millionen chronisch unterernährten Menschen anzutreffen ist. Auch hierbei sind die Folgen insbesondere für Kinder schwerwiegend, da ihre geistige und körperliche Entwicklung gehemmt wird. Darüber hinaus sind diese Kinder besonders von Infektionskrankheiten und Parasitenbefall betroffen, denn ein schlechter Ernährungszustand mindert die körpereigene Abwehr. Bei Fieber, das die Infek-

Der Begriff **Agrarverfassung** umfasst die rechtlichen, ökonomischen und sozialen Grundgegebenheiten und Bestimmungsmerkmale der Landwirtschaft in einem enger oder weiter gefassten räumlichen und zeitlichen Bereich. Darunter fallen vor allem Eigentumsverhältnisse, Sozialstruktur, Nutzungsrechte und -arten, Kulturbodenverteilung, Siedlungsform, Betriebsorganisation und Arbeitsverfassung.

Die **Armutsgrenze** orientiert sich an dem Geldwert, den ein Mensch zur Verfügung haben muss, um sich eine angemessene Mindesternährung und bestimmte lebenswichtige Artikel des täglichen Bedarfs kaufen zu können. Steht dieser Mindestgeldwert nicht zur Verfügung, lebt dieser Mensch unter der Armutsgrenze und befindet sich im Zustand der **absoluten Armut.** Dieser Armutsbegriff ist rein materiell definiert und spiegelt die Wertvorstellungen westlicher Gesellschaften wider, während z. B. in Teilen Afrikas der Begriff »arm« sich eher auf den Verlust von Angehörigen und Freunden bezieht. Neben dem hier vorgestellten Begriff, der allen Angaben zu Armut im Text zugrunde liegt, gibt es einige weitere Definitionen von Armut. So bezeichnet der Begriff **relative Armut** die Unterversorgung eines Menschen oder einer Gruppe im Vergleich zu anderen.

Die Industriestaaten leisten seit Jahren **Nahrungsmittelhilfe** für arme Länder, die nicht kommerziellen Charakter hat und eine Schenkung darstellt. Als entwicklungspolitisches Instrument ist die Nahrungsmittelhilfe nicht unumstritten. Gegenwärtig wird sie kurzzeitig Gebieten mit ernstem akutem Notstand zuteil. Das Hauptgewicht einer Hilfeleistung sollte auf die Beseitigung der Ursachen unzureichender Nahrungsmittelversorgung gelegt werden und eine »Hilfe zur Selbsthilfe« darstellen. Die Nahrungsmittelhilfe kann immer nur kurzfristigen Charakter haben. Sie ist nicht geeignet, das Nahrungsmangelproblem in den weniger entwickelten Ländern aus der Welt zu schaffen – so wertvoll auch die Hilfe im Einzelfall sein kann.

tionskrankheiten häufig begleitet, steigt der Energiebedarf wesentlich an, sodass sich das Versorgungsdefizit noch vergrößert. Die häufig vorhandenen Darmparasiten sind entweder Nahrungskonkurrenten und mindern so die Nährstoffaufnahme im Darm oder sie schwächen durch Blutentnahme. Aus dem schlechten Ernährungszustand allgemein und dem erhöhten Krankheitsrisiko im Besonderen erklärt sich die bereits erwähnte hohe Sterblichkeitsrate bei Kindern unter fünf Jahren, die trotz deutlicher Verbesserungen in jüngster Vergangenheit in den weniger entwickelten Ländern im Mittel noch mehr als fünfmal so hoch ist wie in den Industrieländern. In den ärmsten Ländern liegen die Werte sogar noch wesentlich höher.

Eine einseitige Ernährung mit Kohlenhydraten (Nahrungsenergie) bei längerfristigem Mangel an Nahrungseiweißen führt zu der mit einer hohen Sterblichkeit einhergehenden Mangelkrankheit Kwashiorkor, von der – wiederum – vor allem Kleinkinder im ländlichen Afrika betroffen sind.

Mangelernährung mit Spurenelementen und Vitaminen gibt es auch in den Industrieländern

Zur Unterernährung im weiteren Sinn gehören auch Defizite in der Zufuhr von Vitaminen und Spurenelementen. Beispielsweise tritt Mangel an Vitamin A bei unzureichendem Verzehr von Obst und Gemüse mit der Vitamin-A-Vorstufe Carotin sowie von tierischer Nahrung wie Leber, Milch und Milchprodukten auf. Vitamin-A-Mangel führt zu Störungen des Sehvermögens, im Extremfall zur Erblindung (bekannt werden um die 300 000 Fälle pro Jahr). Zahlenmäßig geringer sind Fälle von Vitamin-B_1-Mangel, der bei einseitiger Ernährung mit geschältem Reis auftritt und zu der Mangelkrankheit Beriberi führt, sowie von Niacin-Mangel, Pellagra, der eine Folge von einseitiger Maiskost ist.

Defizite in der Versorgung mit Spurenelementen finden sich vor allem bezüglich Eisen und Iod. Weltweit am häufigsten mit rund 1,5 Milliarden Betroffenen ist Eisenmangel, der zu Blutarmut (Anämie) führt; er entsteht, wenn die Nahrung zu wenig Eisen enthält oder wenn der Körper das im Nahrungsmittel enthaltene Eisen nicht in ausreichender Menge aufnehmen kann, wie es beispielsweise bei Darmkrankheiten der Fall ist. Wichtig für die Eisenversorgung sind Fisch, Fleisch und Milchprodukte und unter den pflanzlichen Produkten unter anderm Sesam- und Hirsekörner. Insgesamt jedoch kann Eisen aus Nahrung tierischen Ursprungs wesentlich besser aufgenommen werden als solches aus Pflanzenkost.

Iodmangelernährung tritt regional in verschiedenen Erdteilen dort auf, wo aus geologischen Gründen Iod im Wasser und in nahrungsliefernden Pflanzen fehlt; in solchen Gebieten lebt etwa eine Milliarde Menschen. Iod ist zum einwandfreien Funktionieren der Schilddrüse nötig. Iodmangel führt zu ihrer Vergrößerung und in schweren Fällen zur Ausbildung eines Kropfes, wovon etwa 200 Millionen Menschen betroffen sind. Ein Iodmangel bei Schwangeren kann zu schweren Störungen der Embryonalentwicklung mit der

Folge körperlicher und geistiger Unterentwicklung des Kindes führen; dieses als Kretinismus bezeichnete Krankheitsbild findet sich bei sechs Millionen Menschen. Für die ausreichende Iodversorgung sind Nahrungsobjekte aus dem Meer wichtig, wie Fische, Muscheln, Algen. Zur Verhinderung einer Unterversorgung mit Iod wird in vielen Ländern iodiertes Speisesalz verwendet.

In den entwickelten Ländern tritt eine Mangelernährung an den Grundnährstoffen – den Kohlenhydraten, Fetten und Eiweißen – praktisch nicht auf; wohl aber gibt es weit verbreitet eine Überernährung, die eine Reihe von ernährungsbedingten Erkrankungen auslösen oder fördern kann. In den meisten Fällen setzt dies zwar eine erbliche, also genetisch begründete Veranlagung voraus, die Zahl der Betroffenen ist aber recht hoch. Ernährungsbedingte Krankheiten nehmen beispielsweise in Deutschland einen hohen Rang in der Todesursachenstatistik ein. Im Gegensatz zu der Versorgung mit Grundnährstoffen gibt es auch in den Industrieländern durchaus eine nennenswerte Mangelernährung mit Spurenelementen und Vitaminen.

Nährstoffe sind energiereiche organische Verbindungen, die für den Energieumsatz im Körper und den Aufbau körpereigener Substanzen benötigt werden. Kohlenhydrate und Fette dienen überwiegend als Energiespender im Betriebsstoffwechsel, Eiweiße hingegen überwiegend dem Aufbau von Substanzen im Baustoffwechsel. **Vitamine** sind organische Stoffe, die lebenswichtige biologische Funktionen erfüllen und die vom Körper nicht selbst hergestellt werden können. Der Körper benötigt aber auch anorganische Stoffe. So werden **Mineralstoffe** wie Natrium, Kalium, Calcium, Magnesium, Chlorid und Phosphat vom Körper insbesondere zu einer störungsfreien Zelltätigkeit benötigt. Als **Spurenelemente** bezeichnet man chemische Elemente, die nur in äußerst geringen Mengen in Nahrungsmitteln und im Organismus vorkommen. Beispiele sind Eisen als Bestandteil des roten Blutfarbstoffs, Iod als Baustein der Schilddrüsenhormone sowie Kupfer, Mangan, Molybdän und Zink als Bestandteile von Enzymsystemen.

Möglichkeiten zur Erhöhung der Nahrungsmittelproduktion

Will man die Nahrungsmittelproduktion steigern, gibt es auf dem agrartechnischen Sektor prinzipiell zwei entscheidende Möglichkeiten: zum einen die Steigerung der Hektarerträge von wichtigen nahrungsliefernden Pflanzen durch Intensivierung des Anbaus, wozu auch die Bewässerung zusätzlicher Flächen gehört, und zum andern die Gewinnung neuen Ackerlands durch Flächenausweitung. Die verfügbare Ackerfläche lässt sich jedoch kaum noch ausdehnen, denn die nach Bodenverhältnissen und Klimabedingungen geeigneten Flächen stehen weitgehend schon in Nutzung. In ungünstigen Gebieten sind sogar durch falsche Bewirtschaftung Flächen verloren gegangen. Darüber hinaus sprechen in einigen Fällen Naturschutzgründe gegen eine ackerbauliche Nutzung. Zudem ist Wasser in vielen Regionen zum Mangelfaktor geworden, sodass auch die Ausweitung der Bewässerungskulturen an Grenzen stößt. Zumindest gilt dies für die herkömmlichen Bewässerungstechniken, die mit hohen Wasserverlusten und somit einem hohen Verbrauch einhergehen. Moderne Bewässerungssysteme wie beispielsweise die Tropfbewässerung erreichen mit vergleichsweise geringem Wasserverbrauch hohe Produktionsleistungen, tragen also zur Intensivierung des Anbaus bei. Der Intensivierung kommt im Vergleich zur Flächenausweitung die entscheidende Bedeutung bei der Produktionssteigerung zu; über sie sind schätzungsweise 80 Prozent der angestrebten Ertragssteigerungen zu erreichen. Außer der effizienteren Bewässerung spielen dabei folgende Maßnahmen eine Rolle: In erster Linie ist es die Pflanzenzüchtung, unter anderem mit den Zielen erhöhte Ertragsfähigkeit, Widerstandsfähigkeit gegen Krankheiten und Schädlinge sowie Eignung für bestimmte Klimabedingungen; dabei werden große Hoffnungen auf moderne biotechnische Verfahren, insbesondere auf die Gentechnik gesetzt. Um eine breite Basis für alle Formen der Pflanzenzüchtung zu haben, strebt man die Erhaltung der Vielfalt der Kulturpflanzensorten als pflanzengenetische Ressourcen an. Weitere Maßnahmen sind Düngung, Einsatz von Pflanzenschutzmitteln und die Optimierung der Anbautechnik.

Vonnöten ist eine »Supergrüne Revolution«

Die Erhöhung der Agrarproduktion zur langfristigen Sicherstellung der Welternährung im 21. Jahrhundert ist jedoch kein rein agrartechnisches Problem, vielmehr spielen politische und soziale Rahmenbedingungen sowie die Verfassung der Märkte, also das handelspolitische Umfeld, eine mindestens ebenso wichtige Rolle. Das zeigt sich in sehr verschiedenen Bereichen. So sind in Mitteleuropa und in den USA aus agrarpolitischen Gründen Anbauflächen aus der Produktion genommen (»stillgelegt«) worden, um Getreideüberschüsse zu mindern. Hier verhindern nationale Agrarpolitik und internationale Handelshemmnisse eine rasche Erhöhung der Produktion. Deutlich andere Probleme bestehen in den weniger entwickelten Ländern. Beispielsweise ist die Einführung neuer Sorten oder Anbautechniken in die bäuerliche Praxis dieser Länder weitgehend abhängig von den herrschenden ökonomischen Bedingungen.

Biotechnologie oder **Biotechnik** ist der Gebrauch von lebenden Organismen oder ihrer Teile (z. B. Zellkulturen) zur Erfüllung praktischer Aufgaben. Biotechnische Verfahren sind uralt. So werden beispielsweise seit mindestens 5000 Jahren Bier oder milchsaure Nahrungsmittel mittels typischer biotechnischer Verfahren hergestellt. In neuester Zeit hat man gelernt, die Gene aus den Zellen zu isolieren und neue, auch artübergreifende Kombinationen von Genen oder Teilen von Genen herzustellen, die zum Teil in dieser Form im natürlichen Organismus nicht vorkommen; diese biotechnischen Spezialverfahren werden unter dem Begriff **Gentechnik** zusammengefasst.

Das war schon bei der Grünen Revolution der 1960er- und 1970er-Jahre so. Die damaligen Erfolge bei der Ertragssteigerung von Weizen, Reis und Mais wurden agrartechnisch gesehen durch geeignete Kombination von Hochleistungssorten, Dünger, Pflanzenschutzmitteln und Bewässerung erzielt. Entscheidend für den Erfolg dieses Technologiepakets waren aber die Fortschritte bei der Vermarktung der Agrarprodukte sowie die Schaffung passender institutioneller und gesamtwirtschaftlicher Rahmenbedingungen. Dazu gehören unter anderem eine angepasste Agrarverfassung, geeignete betriebswirtschaftliche Bedingungen, tragfähige Kreditsysteme und gute Ausbildungssysteme. So hatte die Grüne Revolution in Indien dort Erfolg, wo die zum Anbau von Hochleistungssorten unverzichtbaren Dünge- und Pflanzenschutzmittel dank der wirtschaftlichen Rahmenbedingungen von den Landwirten gekauft werden konnten und wo vor allem genügend Wasser zur Bewässerung verfügbar war. Für trockene Gebiete waren die damals neuen Sorten ungeeignet und auch in feuchten Gebieten gelang der Anbau nur dann, wenn die Mittel zum Kauf der Produktionshilfsmittel zur Verfügung standen; arme Bauern waren also vom Fortschritt ausgeschlossen. Entsprechend gab es keine Grüne Revolution im trockenen und armen Afrika südlich der Sahara.

Für die kommenden Jahrzehnte bedarf es einer »Supergrünen Revolution«, die im Kern aus den gleichen Elementen wie der vorhergehende Entwicklungsschritt bestehen müsste. Neu wäre aber die Anwendung biotechnischer und vor allem gentechnischer Verfahren in der Züchtung. Die Züchtungsarbeit selbst muss außer den bisherigen Standardarten Weizen, Reis und Mais stärker solche Pflanzen berücksichtigen, die ohne Bewässerung angebaut werden können, also beispielsweise Gerste, Hirsearten und vor allem auch Hülsenfrüchte, denen wegen des Eiweißreichtums der Samen ernährungsmäßig besondere Bedeutung zukommt. Verstärkte Züchtungsarbeit sollte auch den Knollenfrüchten gewidmet werden. Wie schon in der Grünen Revolution geht es bei der Pflanzenzüchtung nicht nur um mengenmäßig hohe Erträge, sondern auch um die Qualität der Inhaltsstoffe. Die neuen Techniken machen auch ernährungsphysiologisch ungünstige Inhaltsstoffkombinationen oder schädliche Inhaltsstoffe der Verbesserung beziehungsweise Beseitigung durch den züchterischen Eingriff zugänglich. Weitere mögliche Züchtungsziele sind die Verminderung des Wasserbedarfs der Pflanze, die Fähigkeit zum Ertragen von hohem Salzgehalt des Bodens oder Widerstandsfähigkeit gegen Krankheiten oder Schädlinge.

Die Produktionssteigerung muss ökologisch vertretbar sein

Angesichts der wachsenden Weltbevölkerung und des damit stark ansteigenden Nahrungsbedarfs gewinnt die Frage zunehmend an Bedeutung, ob und wie die vermehrte landwirtschaftliche Produktion auf ökologisch vertretbare Weise realisiert werden kann. Neben Fragen des Arten- und Naturschutzes, die aus dem Blickwinkel eines gut versorgten Mitteleuropäers ganz anders gewichtet werden als aus demjenigen eines Armen aus den weniger entwickelten Ländern, geht es hier vor allem auch um den Ressourcenschutz, insbesondere den Gewässer- und Grundwasserschutz. Diesem kommt weltweit entscheidende Bedeutung für das zukünftige Wohlergehen der Menschheit zu.

Das 21. Jahrhundert wird neben einem zunehmenden Bedarf an Nahrungsmitteln pflanzlichen Ursprungs auch eine ansteigende Nachfrage nach Fleisch und anderen tierischen Produkten aufweisen. Das hängt zum einen mit dem Anstieg der Bevölkerung insgesamt zusammen, zum andern steigt, wie bereits erwähnt, nach bisherigen Erfahrungen mit zunehmendem Einkommen auch der Verbrauch an Nahrungsprodukten tierischen Ursprungs an. Die angestrebte Verbesserung der wirtschaftlichen Lage in den heute weniger entwickelten Ländern lässt also entsprechende Veränderungen im Nahrungsspektrum erwarten. Die Frage, ob der in Deutschland und einigen anderen Industrieländern um 1995 zu beobachtende Rückgang des Fleischkonsums aufgrund ethischer und gesundheitlicher Bedenken anhält, kann bislang nicht beantwortet werden. Die Prognose eines weltweit gesehen steigenden Verbrauchs dürfte davon aber nicht berührt werden. Wenn der gegenwärtige Anstieg der Fleischerzeugung anhält (1987 bis 1997 Steigerung um 39 Prozent), dürfte auch in absehbarer Zukunft die Nachfrage zu decken sein. Im Übrigen besteht ein Steigerungspotential in der Verminderung von Verlusten durch Tierkrankheiten, falsche Haltungsweise der Tiere und Verderb der Produkte. Allerdings sollte die gegenwärtig vor allem in den Industrieländern geübte Praxis der Verwendung hochwertiger Futtermittel in der Tierhaltung aufgegeben werden, denn Haustiere dürfen in der gegenwärtigen Situation keinesfalls Nahrungskonkurrenten des Menschen sein.

Kalorieumsatz von Weizen bei Verwendung für:

Brot direkte Nahrung	1:1
Schweinefleisch	3:1
Eier	4:1
Milch	5:1
Rindfleisch	10:1
Hühnerfleisch	12:1

Werden pflanzliche Nährstoffe (z. B. Weizen) an Tiere verfüttert, die ausschließlich der menschlichen Ernährung dienen, treten große **Verluste an physiologisch nutzbarer Energie** auf, sodass der Energieaufwand für die Produktion ein Vielfaches der Energieausbeute beim Verzehr beträgt.

Alternativen zur Haustierhaltung

Ehe die landwirtschaftliche Haustierhaltung aufkam, hat der Mensch seinen Bedarf an tierischer Nahrung durch Einsammeln von kleineren Tieren oder Eiern sowie durch Jagd und Fischerei gedeckt. Die Nutzung von Insekten, Schnecken, Fröschen, Eidechsen und anderen kleineren Tieren ist regional durchaus noch üblich. Zum Teil haben diese Nahrungsobjekte heute aber den Charakter von Delikatessen, wie beispielsweise Froschschenkel oder Weinbergschnecken, stellen also nur eine zusätzliche Nahrung dar. Auch die Jagd spielt immer noch eine gewisse Rolle bei der Fleischversor-

WILDTIERHALTUNG

Für die Wildtierhaltung (Game farming) eignen sich vor allem Wiederkäuer, und zwar sowohl aus der Gruppe der Rinder (in Afrika beispielsweise mindestens acht Antilopenarten und der Kaffernbüffel, in Nordamerika der Bison) als auch aus der Gruppe der Hirsche (etwa acht Hirscharten aus Eurasien); weiterhin geeignet sind die Wildlamaform Guanako in Südamerika sowie einige Känguru-Arten in Australien. Ein erhebliches Potential für die Wildtierhaltung hat Afrika. In Afrika gibt es nämlich große Gebiete mit geeignetem Pflanzenbestand, die von den herkömmlichen Haustieren nicht oder nur wenig genutzt werden können: Einerseits sind für die Wildtierhaltung krautige Pflanzen (besonders Gräser), Gebüsch und einzeln stehende Bäume günstig – und solche Gebiete gibt es in Afrika reichlich. Andererseits herrscht in vielen dieser Gebiete jahreszeitlich bedingt (Trockenzeit) Futtermangel, sind Trinkwasserstellen knapp, oder es treten für Haustiere gefährliche Krankheiten auf. Dadurch wird Haustierhaltung erschwert, aber das Potential für Wildtierhaltung ist in solchen Gebieten groß. Wirtschaftlich bedeutsam ist die Wildtierhaltung in eingefriedeten, großen Weideflächen. Auf diese Weise genutzt werden z. B. in Namibia die Antilopenarten Springbock und Spießbock, Letzterer ebenfalls in Ostafrika neben Elenantilope und Kaffernbüffel. Die beiden Letztgenannten kann man als im Übergang zum Haustier befindlich ansehen. Gleiches gilt auch für den Damhirsch, der in Mitteleuropa in Gehegen zur Fleischproduktion gehalten wird, und für den Rothirsch (Schottland, Neuseeland).

gung. Sie liefert in den Industrieländern aufs Ganze gesehen eher Delikatessen, in den weniger entwickelten Ländern stellt sie mancherorts eine lebenswichtige Eiweißquelle dar, vor allem bei Volksgruppen mit traditionell geprägter Lebensweise in Südamerika oder Südostasien. Wildtiere könnten auch zukünftig für einige Länder eine nennenswerte Fleischquelle sein. Beispielsweise müssen manche Wildtierpopulationen in räumlich begrenzten Naturreservaten Afrikas zur Vermeidung einer das Schutzziel gefährdenden Überbevölkerung im Bestand reguliert, das heißt bejagt werden. Das anfallende Fleisch steht zur Versorgung der Bevölkerung zur Verfügung. In vielen Teilen der Welt werden Wildtiere planmäßig unter menschlicher Kontrolle gehalten (Game farming) und zur Fleischproduktion genutzt. Wenn auch die Ertragsmengen gegenwärtig global gesehen klein sind gegenüber den mit traditionellen Haustieren erzielten, ist hier doch ein zukünftiges Potential zur Versorgung bestimmter Regionen zu sehen.

Abbau der Überkapazitäten in der Meeresfischerei

Die Fischerei hat sich zu einem eigenen Wirtschaftszweig entwickelt. In der Meeresfischerei sind allerdings, wie weiter oben beschrieben, derartige Überkapazitäten aufgebaut worden, dass es zur Überfischung vieler Meerestierbestände gekommen ist. Wenn es bei der jetzigen extremen Ausbeutung des Meeres bleibt, muss zukünftig mit starken Rückgängen der Fangzahlen gerechnet werden. Eine international akzeptierte und effektiv kontrollierbare Bewirtschaftung des Meeres könnte dies aber verhindern und wahrscheinlich sogar längerfristig eine gewisse Steigerung der Fangmenge ermöglichen. Dazu wären verschiedene bestandserhaltende Maßnahmen nötig, wie zeitweiliger Fangstopp für gefährdete Arten, Fangmengenbegrenzungen zur Sicherung der Fortpflanzungskapazität, Festlegen von Schonzeiten und Schongebieten. Vor allem aber müssten die Überkapazitäten an Fangschiffen abgebaut werden. Und da liegt eine besondere Schwierigkeit, denn hier geht es nicht ohne den politisch schwer durchsetzbaren Abbau von Arbeitsplätzen. Die Versorgung des Menschen mit Fisch lässt sich im Übrigen noch dadurch steigern, dass auf die Verarbeitung verzehrtauglicher Fische zu Fischmehl verzichtet wird. Die Fangmenge an Konsumfisch aus dem Meer ließe sich dadurch um rund 40 Prozent steigern.

Hoffnungsträger Aquakultur

In den Binnengewässern könnten Ertragssteigerungen durch Unterbinden der vielerorts sehr starken Gewässerverunreinigung erreicht werden. Darüber hinaus würde sich die Bewirtschaftung von Fischbeständen mithilfe von Fangreglementierungen und Sicherung der natürlichen Fortpflanzung sowie gegebenenfalls künstlicher Aufzucht von Jungfischen und deren späterem Aussetzen in den Gewässern positiv auswirken. Die besten Chancen für Ertragssteigerungen bietet die Aquakultur; das gilt gleichermaßen für Meer und Süßwasser.

Diese **Raupen** werden von den Korowai im indonesischen Teil von Neuguinea (Westirian) roh und gekocht gegessen. Ein Beispiel für ein **proteinreiches Nahrungsmittel,** das in den Industrieländern absolut ungewöhnlich ist.

Man rechnet mit einer Fortsetzung des Wachstumstrends der 1990er-Jahre auch in naher Zukunft und hofft, dass damit trotz wachsender Bevölkerungszahl die Pro-Kopf-Versorgung mit Fischeiweiß in den nächsten Jahren nicht zurückgeht. Die großen Hoffnungen, die man auf die Aquakultur setzt, gründen sich nicht zuletzt darauf, dass die Züchtung von Fischen noch weit hinter der von Landhaustieren zurückliegt. Futterausnutzung, Wachstumsgeschwindigkeit oder Widerstandsfähigkeit gegen Krankheiten sind einige der produktionsbestimmenden Faktoren, die züchterisch verbessert werden können. Begrenzungen für die Aquakultur ergeben sich im Binnenland aus der Beschränktheit der Ressource Süßwasser und dem Flächenbedarf von Teichen, der mit dem der Landwirtschaft konkurriert. In manchen Fällen ergeben sich auch Konflikte mit dem Naturschutz. Meerwasser hingegen steht praktisch unbegrenzt zur Verfügung. Die Zahl der Tierarten, die in der Marikultur gehalten werden können, ist jedoch verhältnismäßig gering. Auch treten in den für die Aquakultur besonders geeigneten Küstengewässern oft störende Abwasser- und Schadstoffbelastungen auf. Bei einer Ausweitung der Aquakultur sollte vermieden werden, dass für die Ernährung des Menschen unmittelbar verwendbare Produkte als Futtermittel eingesetzt werden.

Die Bedeutung neuartiger Nahrungsmittel

Es ist zu erwarten, dass die Produktion von Großalgen, wie Braunalgen (Tange) und Rotalgen, in der Aquakultur auch in nächster Zeit noch zunehmen wird. Die gewonnenen Algenprodukte zählen allerdings nicht zu den Grundnahrungsmitteln. Jedoch lassen sich mit biotechnischen Verfahren kultivierte Kleinalgen vom Grünalgentyp sowie fädige Blaualgen zur Proteingewinnung und damit zur Herstellung von Grundnahrungsmitteln nutzen. Theoretisch zumindest können Algenkulturen einen Flächenertrag an Eiweißen liefern, der die Leistung von Getreide oder sogar von Hülsenfrüchten wie der Sojabohne um ein Vielfaches übertrifft. Die hohen Erwartungen an diese unkonventionelle Form der Produktion von Nahrungsmitteln haben sich jedoch bislang nicht erfüllt, die Produktionstechnik ist für die Praxis noch nicht hinreichend ausgereift.

Blaualgen, richtig **Cyanobakterien,** d. h. blaugrüne Bakterien, sind Photosynthese treibende Bakterien, keine echten Algen. Die Art Spirulina platensis, die in binnenländischen Salzseen Ostafrikas vorkommt, diente dort früher schon als Nahrungsmittel. Heute versucht man die biotechnische Nutzung dieser und verwandter Arten.

Bei einer Verbesserung des Angebots an Grundnahrungsmitteln in weniger entwickelten Ländern könnten bestimmte neuartige Nahrungsmittel zukünftig Bedeutung erlangen. Basis solcher Produkte sind beispielsweise Eiweiße, die aus Produktionsrückständen gewonnen werden, die bei der Ölgewinnung aus Pflanzensamen anfallen. Möglich ist das vor allem bei Sojabohne und Erdnuss, aber auch bei Baumwolle, Sonnenblume oder Raps. Eiweiße lassen sich auch aus grünen Blättern extrahieren. Die solcherart gewonnenen Proteine werden Getreidemehlen beigemengt, sodass ein preiswertes eiweiß- und energiereiches Lebensmittel entsteht. Auch die Herstellung fleischähnlicher Produkte aus Eiweißen pflanzlicher Herkunft ist möglich, so zum Beispiel auf Sojabohnenbasis. Die Akzeptanz dieser Produkte ist derzeit aber gering, sodass sie noch keinen nennenswerten Beitrag zur Welternährung leisten. Auch aus Schlachtabfällen und Fischabfällen lassen sich Eiweiße extrahieren und in neuartige Produkte einbauen. Hierin liegt ein gewisses Potential für eine zukünftige Verbesserung der Welternährung.

Welternährung im 21. Jahrhundert

Bei allen Planungen für das 21. Jahrhundert muss berücksichtigt werden, dass die Weltbevölkerung in den nächsten Jahrzehnten von 5,9 Milliarden (1998) auf geschätzte 8 Milliarden (2025) anwachsen wird, was eine Zunahme um etwa 2,1 Milliarden Menschen beziehungsweise 36% bedeutet. Die Probleme verschärfen sich noch dadurch, dass dieses Wachstum fast ausschließlich in den weniger entwickelten Ländern stattfindet. In den ärmsten Ländern verdoppelt sich die Bevölkerung bis 2025 nach diesen Schätzungen sogar nahezu und für das Jahr 2050 wird mit einer Bevölkerungszahl von knapp 10 Milliarden gerechnet. Die Schätzungen schwanken in Abhängigkeit von Annahmen über die Entwicklung der Kinderzahl in den einzelnen Ländern erheblich. Entsprechend stark unterscheiden sich auch die Schätzungen für den zukünftigen Nahrungsbedarf und die notwendigen Steigerungsraten der Produktion. Experten halten bis in die Jahre 2025 bis 2030 mindestens eine Steigerung von 40%, möglicherweise sogar von 75% für erforderlich. Hinsichtlich der Möglichkeiten einer derartigen Steigerung gibt es krasse Extrempositionen auf optimistischer wie auf pessimistischer Seite. Die in den Jahren 1981 bis 1997 erzielten Produktionssteigerungen lassen jedoch vorsichtigen Optimismus zu.

Allerdings müssen enorme Anstrengungen unternommen werden um die Zahl der unterernährten Menschen in den nächsten Jahrzehnten zu verringern. Die größten Probleme bestehen in Afrika südlich der Sahara, wo das starke Bevölkerungswachstum zumindest in naher Zukunft noch zu einer Zunahme der Zahl der Unterernährten führen wird. In den übrigen Erdteilen wird mit einem Rückgang der Unterversorgung gerechnet. Es bedarf nicht nur agrartechnischer Fortschritte, sondern vor allem politischer Maßnahmen zur Beseitigung von Kriegen und Armut, wenn das Ziel der Welternährungskonferenz von 1996 in Rom verwirklicht werden soll, bis 2015, möglichst schon bis 2010, die Zahl der unterernährten Menschen zu halbieren. Diese Zielvorstellung macht im Übrigen deutlich, mit welchen Zeithorizonten bei der Lösung der Welternährungsprobleme zu rechnen ist.

H. Bick

Wegen des Rückgangs der durchschnittlichen **Kinderzahl pro Frau** in den letzten Jahrzehnten (1965: 5,1; 1998: 2,8 im Weltdurchschnitt) ist das **Bevölkerungswachstum** in diesem Zeitraum zurückgegangen. Man darf die Geschwindigkeit aber nicht überschätzen, mit der ein Geburtenrückgang die absoluten Zuwachszahlen der Bevölkerung mindert. Selbst unter der völlig unrealistischen Annahme, dass von heute auf morgen weltweit die Kinderzahl auf zwei pro Frau begrenzt werden könnte, würde der »demographische Schwung« noch zu einem Bevölkerungsanstieg um etwa zwei Drittel über dem derzeitigen Bestand führen. Das hängt damit zusammen, dass in den weniger entwickelten Ländern fast die Hälfte der Menschen unter 20 Jahre alt ist.
In der Realität liegt die heutige Durchschnittszahl von lebend geborenen Kindern pro Frau in den weniger entwickelten Ländern bei 3,1 und in den am wenigsten entwickelten Ländern bei 5,3. Bei der für das Jahr 2050 prognostizierten Zahl von rund 10 Mrd. Menschen auf der Erde geht man von einer Verringerung der durchschnittlichen Kinderzahl auf 2,3 pro Frau aus.

Zerstörung des Lebensraums und Ausrottung von Arten

Uns allen ist die biblische Schöpfungsgeschichte gut bekannt. Es dauerte sieben Tage, bis Gott die Erde in aller Schönheit und Vollkommenheit geschaffen hatte. Er war zufrieden mit seinem Werk und sah, dass es gut war. Als Letztes schuf er dann noch den Menschen, was wir wohl so interpretieren, dass dies von allen Schöpfungsleistungen die beste war. Unser gesundes Selbstvertrauen wird noch durch Gottes Abschiedswort gestärkt, an das wir uns gerne erinnern: »Füllet die Erde und machet sie euch untertan!« Die Verantwortung für unseren Besitz haben wir dann schon nicht mehr weiter diskutiert und *unterwerfen* mit *zerstören* verwechselt. Erst recht vergessen wurde die sich anschließende Aufforderung, gegeben im Garten Eden, diesen auch zu bewahren.

Mensch und Natur sind noch eine friedvolle Einheit in diesem **»Paradiesgärtlein«.** Werk eines unbekannten oberrheinischen Meisters, um 1420 (Frankfurt am Main, Städelsches Kunstinstitut).

Es wäre jedoch zu einfach, den Einfluss des Menschen auf die Erde als rein zerstörerisch zu bezeichnen, denn der Mensch ist auch »Schöpfer«. Die von Menschen überall verbreiteten Stadt- und Kulturlandschaften üben auf uns oftmals einen besonderen Reiz aus. Allerdings entstanden sie auf Kosten des zuvor Gewesenen, der natürlichen Systeme. Vielleicht beschreibt man unsere Tätigkeit am besten als eine »nach unten« egalisierende, bei der alle Besonderheiten der Natur verschwinden und weltweit durch eine relativ ähnliche »Kulturlandschaft« ersetzt werden, überall bevölkert von den gleichen Nutzpflanzen, Haustieren, Schädlingen und Kulturfolgern, aber auch überall mit den gleichen Problemen von Abfallhalden bis Umweltchemikalien.

Der Niedergang der mitteleuropäischen Wälder

Jahrhundertelang gab es in Mitteleuropa keine eigentliche Waldwirtschaft. Bei Bedarf wurde abgeholzt und die Naturverjüngung sorgte für das Nachwachsen der Wälder. Bei ursprünglich geringer Bevölkerungsdichte und Nutzungsintensität ergaben sich keine Probleme. Mit zunehmender Bevölkerungsentwicklung wurden aber mehr Flächen zur Nahrungsmittelproduktion benötigt und großflächige Rodungen durchgeführt. Mit beginnender Industrialisierung nahm dann der Holzbedarf vor allem zur Energiegewinnung so stark zu, dass aus den verbleibenden Wäldern mehr Holz entnommen wurde, als nachwuchs. Vor allem die Entwicklung des Hüttenwesens (Erzschmelzen zur Metallgewinnung) und der Glasbläserei, die pro Kilogramm geschmolzenen Glases einen Kubikmeter Holz benötigte, sorgten regional für einen solchen Bedarf an Holzkohle, dass ganze Landschaften entwaldet wurden. Das nacheiszeitlich stark bewaldete Mitteleuropa wurde daher bis etwa Christi Geburt um rund ein Viertel entwaldet, bis in das Mittelalter jedoch so stark, dass vermutlich nur noch zehn Prozent der ursprünglichen Fläche bewaldet waren.

Raubbau am Wald

Die Ausweitung der Land- und Viehwirtschaft verursachte dann eine immer stärkere Nutzung und Ausbeutung der verbleibenden Waldflächen. Mangels geeigneter Dünger wurde die Streu-

Wälder stellen einen zentralen Typ von Ökosystem dar, der, vielfältig mit dem Umland verknüpft, besondere stabilisierende Funktionen erfüllt. **Waldökosysteme** sind ein ungewöhnlich artenreicher und reich strukturierter Lebensraum für Tiere und Pflanzen; sie speichern Kohlendioxid (CO_2) in Form von Biomasse und wirken somit dem Treibhauseffekt entgegen; Wälder absorbieren Luftschadstoffe, dienen der Wasserrückhaltung und Wasserreinigung, vermindern Bodenerosion und binden viele Schadstoffe. Waldökosysteme können jagdlich genutzt werden und liefern ein breites Spektrum an Produkten wie Holz, Früchte, Gerbstoffe, Harze, Öle, Latex und Pharmazeutika. Allein die jährliche Holzproduktion von 30 bis 40 Millionen Kubikmetern stellt in Deutschland einen Produktionswert von drei Milliarden DM dar, die gesamte Holzwirtschaft einschließlich der Papierindustrie beschäftigt fast eine halbe Million Menschen. Mit zunehmender Bevölkerungsdichte gewinnt der Wald auch als Erholungsraum für den Menschen immer mehr an Bedeutung.

»Der Wald in der Romantik«. Dieser Holzschnitt von Ludwig Richter (1803–1848) illustriert die Grimm'schen Märchen und stellt auf den ersten Blick eine stimmungsvoll-pietistisch überladene Momentaufnahme der heilen Welt dar. Bei näherem Hinsehen entlarvt dieser scheinbar friedlich anmutende Holzschnitt jedoch eine **ökologische Katastrophe.** Der Wald besteht nur noch aus einer knorrigen Eiche, die ganze übrige Landschaft ist entwaldet. Der Bach fließt in einer tiefen Erosionsrille, d. h., es gibt Überflutungen und großflächige Erdabschwemmungen. Die zahlreichen Tiere können in diesem »Wald«, der sicherlich auch intensiv bejagd wurde, nicht existieren und dürften eher als Symbole für die Menschen verstanden werden, die angesichts der zerstörten Umwelt nur noch bei Gott Trost suchen können.

Eine geregelte **Brennholzversorgung** ist für die Bevölkerung in vielen Entwicklungsländern so wichtig wie die tägliche Nahrung. Dabei kann es zu gewaltigen **Entwaldungen** und Zerstörungen der Umwelt kommen. Dieses Bild könnte heute in vielen Ländern der Welt aufgenommen worden sein, es stammt jedoch aus einem ländlichen Gebiet in Mitteleuropa (Tessin) und wurde Anfang dieses Jahrhunderts aufgenommen.

schicht der Wälder großflächig und über Jahrzehnte oder Jahrhunderte gesammelt und als Stallstreu beziehungsweise direkt als Dünger für die Äcker verwendet, sodass es zu einer ausgesprochenen Nährstoffverarmung des Waldes kam. Die früher weit verbreitete Waldweidewirtschaft verstärkte diesen Raubbau am Wald, da hierdurch jegliche Naturverjüngung unterdrückt wurde.

Die Wälder wurden also nicht nur in ihrer Fläche reduziert, vielmehr kam es über Jahrhunderte auch zu einer qualitativen Verschlechterung. Der intensive Holzeinschlag förderte lichte Wälder, oft aus schnell wachsenden Baumarten, die mehr aus Stockausschlägen denn aus dicken Stämmen bestanden (»Bauernwälder, Niederwälder«). Die Weidewirtschaft formte hallenartige Wälder mit großen, alten Bäumen, bevorzugt aus Eichen und Buchen, ohne Unterwuchs oder natürliche Verjüngung. Wenn der Beweidung eine völlige Abholzung des Waldes vorausging, konnte sich kein Wald mehr entwickeln. Neben den nachwachsenden Gräsern und Kräutern vermochten sich nur die Pflanzen durchzusetzen, die vom Vieh verschmäht wurden. Unter den Gehölzpflanzen sind dies vor allem Wacholder und Heidekraut, sodass sich damals große Wacholderheiden und Heideflächen bildeten. All diese Prozesse be-

Entwicklung der Waldnutzung in Deutschland

10000 v. Chr.	nacheiszeitliche Erwärmung führt in der Altsteinzeit zur langsamen Waldbildung
1800 v. Chr.	Beginn der Nutzung von Wäldern für die Holzkohleproduktion zum Schmelzen von Erzen (Bronzezeit)
Christi Geburt	bei zunehmend dichter Besiedlung bereits ein Viertel der Waldfläche gerodet
800	anhaltende Rodungstätigkeit auch in ungeeigneten Lagen
1000	Rodungen großen Ausmaßes, Wälder großflächig zerstört
1300	erste obrigkeitliche Forstordnungen versuchen, hemmungslose Holznutzung und planlose Rodungen zu unterbinden
1500	Anfänge einer geregelten Forstwirtschaft
1700	Beginn einer wissenschaftlich begründeten Forstwirtschaft, erste Anbauversuche mit ausländischen Baumarten
1800	erste Meisterschulen, später Fakultäten an Hochschulen
1825	intensive Wiederaufforstungen
1848	während der Revolutionsjahre Verwüstung vieler Waldungen, große Heidegebiete entstehen
1850	Forstwissenschaft und Forstwirtschaft blühen auf, großflächige Waldwirtschaft
1950	Wiederaufforstung der im Zweiten Weltkrieg und infolge der Reparationshiebe entstandenen ausgedehnten Kahlflächen

wirkten eine über Jahrhunderte anhaltende Verarmung der Böden und ernsthafte Störungen des Wasserhaushalts wie Überschwemmungen, Trockenheit und Erosion.

Nachhaltige Waldnutzung beginnt im 16. Jahrhundert

Etwa seit dem 16. Jahrhundert gab es in Deutschland erste Ansätze, eine geregelte Forstwirtschaft einzuführen. Auch wenn es rund 300 Jahre brauchte, bis sie sich flächendeckend durchgesetzt hatte, und Kriegs- und Krisenzeiten stets Rückschläge brachten, wurde hierdurch das Prinzip der nachhaltigen Nutzung eines Ökosystems begründet, welches heute noch anerkannt ist. Ursprünglich umfasste die geregelte Forstwirtschaft großflächige Aufforstungen mit möglichst schnellwüchsigen Baumarten, die zu einem günstigen Zeitpunkt während des Wachstums im Kahlschlagverfahren genutzt wurden. Es handelte sich daher um Altersklassenwälder. Dieses Betriebssystem war ausschließlich produktionsorientiert. Da aber höchstens so viel Holz entnommen werden durfte, wie nachwuchs,

NATURSCHUTZ UND LANDSCHAFTSBILD

Viele heutige Lebensräume, die aus Sicht des Naturschutzes besonders erhaltenswert sind, bestehen aus offenen Landschaften: Magerwiesen und Trockenrasen, Zwergstrauchheiden, Heckenlandschaften, extensiv genutztes Grünland oder Feuchtstandorte stellen für eine große Zahl von bedrohten Arten Lebensräume dar, die nicht ersetzt werden können. Sehr konsequent wird daher heute der Schutz solcher Landschaften angestrebt und drastische Veränderungen, die die Qualität solcher Lebensräume vermindern, unterbleiben in solchen Naturschutzgebieten.

Nur wenige Jahre eines solch totalen Naturschutzes haben aber in vielen Fällen gezeigt, dass die aus jeglicher Nutzung genommenen Gebiete sich verändern. Im Rahmen normaler pflanzlicher Sukzession (d. h. der zeitlichen Aufeinanderfolge von Pflanzengesellschaften) tauchen Gehölzpflanzen auf, wenn die Beweidung unterbleibt. Trockenhänge verbuschen in wenigen Jahrzehnten und der einst schützenswerte Charakter der Gebiete geht verloren. In ähnlicher Weise können Niederwaldbereiche zu Hochwald werden, Hecken sich verändern und Feuchtgebiete verlanden. Die schützenswerten Lebensräume verdanken ihre Existenz also offenbar überwiegend der menschlichen Bewirtschaftung.

Hieraus folgt, dass auch zum Schutz dieser Gebiete ein Minimum an Bewirtschaftung nötig ist. Puristen unter den Naturschützern ist es zwar ein Gräuel, ständig in die Natur eingreifen zu müssen. Andererseits ist es aber inzwischen weitgehend anerkannt, dass die meisten Trockenhänge oder Heidebereiche nur durch gelegentliche Beweidung erhalten werden können, manche Feuchtgebiete nur durch Mahd oder Entbuschung. Pflegepläne bzw. eine Bewirtschaftung stehen also nicht in Widerspruch zum Naturschutz, sondern sind oft dessen Voraussetzung. Dies ist so, weil wir unter Naturschutz heute nicht den Schutz einer Natur verstehen, die sich ohne Zutun des Menschen in Mitteleuropa entwickeln würde (das wären weitgehend Waldökosysteme), sondern eine abwechslungsreichere Kulturlandschaft wünschen, die durch den Menschen geschaffen wurde, also künstlich ist.

sorgte diese Bewirtschaftung zumindest für den flächenmäßigen Erhalt und Ausbau der Wirtschaftswälder.

Während lokale Industrien und die beginnende Industrialisierung allgemein einen starken Nutzungsdruck auf den Wald erzeugten, minderte der anschließende technische Fortschritt den Druck auf den Wald – ein Effekt, der nicht unterschätzt werden darf. Holz und Holzkohle als lokal leicht verfügbare Energieträger konnten nämlich günstig abgelöst werden durch Kohle. Diese wurde zwar zentral gefördert, konnte aber nach der Erfindung der Dampfmaschine und dem Ausbau des Eisenbahnnetzes über weite Strecken transportiert werden. Somit koppelte sich die Energieversorgung der aufblühenden Industrie langsam von der Waldwirtschaft ab. Ähnlich verhielt es sich auch mit der landwirtschaftlichen Nutzung des Waldes, die mit beginnender Verfügbarkeit von synthetisch hergestelltem Dünger und der Intensivierung der Stallwirtschaft seit der zweiten Hälfte des 19. Jahrhunderts zunehmend an Bedeutung verlor.

Folgeprobleme standortfremder Monokulturen

In den meisten Gegenden Mitteleuropas wuchsen ursprünglich Mischwälder, die aus mehreren Laub- und Nadelbaumarten bestanden. Meist erfolgten jedoch großflächige Aufforstungen mit nur einer Baumart (Monokulturen). Da zudem die ursprünglichen Baumarten auf den oft ausgelaugten Böden schlecht gediehen (das heißt zu langsam wuchsen), wurden wegen des schnelleren Zuwachses vor allem anspruchslose Kiefern und Fichten gewählt, sodass überall, entgegen der ursprünglichen Situation, Nadelwälder zum vorherrschenden Waldtyp wurden. Die Fichte, ehemals auf kühlkontinentale Standorte mit guter Wasserversorgung beschränkt, wurde zur häufigsten Baumart. Da die meisten dieser Anpflanzungen somit standortfremd und oft standortungünstig waren, blieben Folgeprobleme nicht aus. Fichtenreinbestände sind wegen der ungenügenden Wurzelentwicklung der Bäume windwurfgefährdet. Stürme verursachen daher regelmäßig große Schäden. Trockenheit, Nassschnee und Eisanhang sorgen in entsprechenden Lagen eben-

Eintönigkeit und erhöhte Anfälligkeit gegen Schädlinge sind charakteristisch für Monokulturen wie die hier abgebildete **Fichtenmonokultur** (links). Blick in einen typischen **Laubwald** (rechts).

falls für beträchtliche Beschädigungen der Bäume. Letztlich hängt auch das gehäufte Auftreten von Pilzkrankheiten mit der ungünstigen Standortwahl zusammen.

Vor allem standortfremde Baumarten in ausgedehnten Monokulturen fördern das Auftreten von Waldschädlingen. Spätestens seit dem letzten Jahrhundert ist daher der Kahlfraß gefürchtet, den beispielsweise die Raupen einzelner Blattwespen und Schmetterlinge bewirken. Borkenkäfer befallen das Holz der Bäume und können in besonderem Maße zur Schädigung großer Flächen beitragen. Wälder sind daher einerseits die ersten Ökosysteme gewesen, in denen es zu einem großflächigen Einsatz von Insektiziden kam. Andererseits förderten die Katastrophen, die für das Bewirtschaftungssystem offensichtlich typisch sind, ein Umdenken zu einer ökologisch fundierten Waldbewirtschaftung.

Hinwendung zu ökologisch orientierter Waldwirtschaft

Zu den Grundsätzen einer ökologisch orientierten Forstwirtschaft gehört der Anbau standortgerechter Baumarten in einem Mischwald. Zudem sollte statt eines Altersklassenwaldes, der nur mit Kahlschlägen genutzt werden kann, ein gestufter Altersaufbau angestrebt werden, in dem die natürliche Versamung letztlich zu einer eigenständigen Verjüngung der Bestände führt. Forstwirtschaftlich können jeweils nur einzelne Bäume genutzt werden, dies aber permanent, anstatt wie bisher in Umtriebszeiten von 80 bis 200 Jahren. Solch eine Waldbewirtschaftung, als Plenterwirtschaft bezeichnet, führt zu naturnahen Waldökosystemen, die auch in der wirtschaftlich neuen Situation von großem Holzangebot, hohen Löhnen und geringer Rentabilität eines intensiven Waldbaus attraktiv sind. Der Umbau von Wirtschaftswäldern zu Naturwäldern wird jedoch erst in einigen Jahrhunderten abgeschlossen sein, da Baumgenerationen meist über 100 Jahre dauern. Es handelt sich hierbei also um ein Vorhaben, von dessen Auswirkung erst unsere Kindeskinder profitieren werden.

Heute ist nur etwa ein Viertel der mitteleuropäischen Wälder als naturnaher Wirtschaftswald zu bezeichnen, die meisten Wälder werden als Altersklassenwald bewirtschaftet, rund die Hälfte sind Nadelwälder. In Deutschland bestanden 1998 die Wälder zu zwei Dritteln aus Nadelbäumen. Vorherrschende Baumarten sind Fichte (35 %), Kiefer und Lärche (31 %); Eichen machen 9 %, Buchen und andere Laubbäume zusammen 25 % aus.

Während die Wälder der Entwicklungsländer immer stärker abgeholzt werden, hält in den meisten europäischen Staaten ein Trend zur Aufforstung an. Von 1970 bis 1988 nahm die Waldfläche der Industrieländer um 1,4 % zu, sodass global wenigstens ein Teil der Rodungen in den Entwicklungsländern kompensiert werden konnte. Die stärksten Veränderungen erfuhren Großbritannien (Zunahme der Waldfläche in 18 Jahren um 25 %), Portugal (+11 %), Italien (+10 %), Spanien (+9 %), Frankreich (+8 %), die Schweiz (+7 %) und Norwegen (+6 %). Leider erfolgen auch heute noch nicht alle Auf-

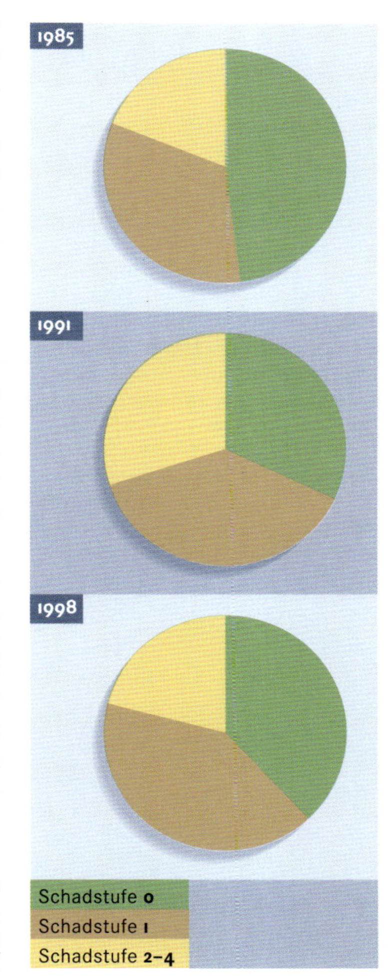

Anteilige Entwicklung der **Waldschäden in Deutschland** nach den Schadstufen 0 (ohne Schadmerkmale), 1 (schwach geschädigt) und 2 bis 4 (mittelstark geschädigt bis abgestorben), 1998 mit neuen Bundesländern.

forstungen nach den oben beschriebenen Grundsätzen. So werden beispielsweise im Mittelmeerraum nach wie vor Eukalyptusbäume bevorzugt, obwohl deren nachteilige Auswirkungen wie starke Grundwasserzehrung oder fehlende Eignung für die einheimische Tierwelt bekannt sind.

Waldsterben – viele Faktoren wirken zusammen

Vor allem die intensive Nutzung fossiler Energieträger führt zu einer Belastung der Atmosphäre mit Stickoxiden und Schwefeldioxid. Diese wandeln sich in Salpeter- und Schwefelsäure um und gelangen mit den Niederschlägen als »saurer Regen« auf die Erdoberfläche zurück. Hier bewirken sie beim Abregnen neben einer direkten Schädigung der Vegetation eine Versauerung des Bodens, welche weit reichende Konsequenzen hat. Saure Böden haben eine geringere Bindungskapazität für die wichtigen Mikronährstoffe, die die Bäume zum Wachstum benötigen (Calcium, Kalium und Magnesium). Gleichzeitig werden toxische Substanzen wie Aluminium und verschiedene Schwermetalle ab pH-Werten unterhalb von 4,2 aus dem Boden gelöst und sind dann pflanzenverfügbar. Diese Stoffe können daher von den Wurzelzellen der Bäume aufgenommen werden und führen zum Absterben der Feinwurzeln oder zur Störung des Wasserhaushalts. Da über den Regen gleichzeitig auch eine unbeabsichtigte Düngung durch stickstoffhaltige Substanzen aus der Landwirtschaft und aus Verbrennungsmotoren erfolgt, stehen den Bäumen mehr Hauptnährstoffe und weniger Mikronährstoffe zur Verfügung. Die Bäume geraten dadurch in einen physiologischen Stress, der je nach Bodenchemismus, Lage, Wasserverfügbarkeit, Baumart und klimatischen Gegebenheiten unterschiedlich stark ausgeprägt ist und zu ganz verschiedenen Symptomen führen kann.

Einzelfaktoren kommt also keine dominierende Bedeutung zu, vielmehr wirken recht viele Faktoren komplex zusammen. Ursächlich kann somit dem sauren Regen neben anderen Faktoren der Luft-

Will man angeben, wie sauer oder basisch eine Lösung ist, greift man auf den **pH-Wert** zurück. Die Abkürzung pH steht für potentia hydrogenii, zu deutsch »Stärke des Wasserstoffs«. Je höher die Konzentration an Wasserstoffionen (H^+) in der Lösung ist, desto saurer ist die Lösung. Der pH-Wert ist ein Maß für die H^+-Konzentration und damit für den Säuregrad einer Lösung. Ist der pH-Wert kleiner als sieben, ist die Lösung sauer; ist er größer als sieben, ist sie basisch. Eine Lösung mit pH = 7 ist neutral.

Der Harz ist eins der besonders von **Waldschäden** betroffenen Gebiete in Deutschland.

verschmutzung eine Schlüsselrolle zugeschrieben werden. Da manche Faktoren synergetisch wirken und das Ausmaß bestimmter Faktorenkombinationen starken Schwankungen unterliegen kann, hat die wissenschaftliche Erforschung der Ursachen des Waldsterbens rund 20 Jahre gedauert. Krankheiten und Parasiten scheiden nach heutigem Wissen als Hauptursache aus, Borkenkäfer spielen erst bei bereits stark geschwächten Bäumen eine Rolle.

Augenfällig ist bei geschädigten Bäumen zuerst ein Vergilben der Nadeln oder Blätter. Dies ist auf eine Schädigung des Enzymsystems der Chloroplasten zurückzuführen, sodass die betreffenden Organe nicht mehr zur Photosynthese fähig sind. In Verbindung mit Nährstoffmangel und Wasserstress werfen die Bäume einzelne Nadeln oder Blätter ab. Hält der physiologische Stress, unter den der Baum immer stärker gerät, über Jahre an, reagiert er mit Wachstumsstörungen wie Kronenverlichtung, und schließlich kann auch der Tod des Baums eintreten.

Die Wirklichkeit kann noch gravierender sein, als uns offizielle Statistiken sagen. Da überall kranke oder abgestorbene Bäume entfernt werden, also nicht mehr mitgezählt werden können, findet immer eine gewisse Beschönigung statt. Und unserem Auge bleibt einiges erspart. Erst Landschaftsaufnahmen oder Luftbilder, die in mehrjährigem Abstand vom gleichen Gebiet gemacht werden, können Unterschiede aufweisen und das **wahre Ausmaß der Waldschäden,** wie hier am Beispiel des Hirschbergs bei Hindelang 1988 (links) und 1995 (rechts) aufzeigen.

Die Hälfte der Wälder Europas weist neuartige Waldschäden auf

In den meisten Gebieten Europas sind diese »neuartigen Waldschäden« seit Ende der 1960er-Jahre festgestellt worden. In Deutschland wurde das Waldsterben in den 1960er-Jahren zuerst an Tannen und Kiefern beobachtet. Vor allem der Zustand der Tannenbestände hat sich inzwischen als ausgesprochen kritisch herausgestellt. Seit den 1980er-Jahren wurden starke Schädigungen bei Fichten beobachtet, möglicherweise zeichnet sich aber bei diesen Bäumen inzwischen auch eine gewisse Entspannung ab. In den letzten zehn Jahren wiesen jedoch Buche und Eiche verstärkt Schädigungen auf und die Eiche ist heute die nach der Tanne am stärksten geschädigte Baumart.

Für Europa einheitliche Schadensstatistiken zeigen seit rund zehn Jahren, dass in den meisten Staaten rund die Hälfte des Walds einer von vier Schadensstufen zugeordnet werden kann. Nahezu ein Drittel der Wälder muss als besonders geschädigt bezeichnet werden. In den letzten Jahren hat sich die Gesamtsituation weiter verschlechtert, sodass noch mit weiteren und deutlicheren Landschaftsveränderungen zu rechnen ist.

Bei den meisten Baumarten sind vor allem die älteren Individuen betroffen, die stärksten Schäden treten dabei in Wäldern höherer Lagen auf. Im Mittelgebirge und im Gebirge üben Wälder jedoch neben ihren übrigen Funktionen die besonders wichtige eines Schutzwalds aus. Großflächiges Absterben dieser Wälder führt zu einem verstärkten Erosionsprozess, die Flüsse führen mehr Sediment ab und Hochwasser nehmen zu. Somit sind auch große Einzugsgebiete außerhalb der Hanglagen betroffen. Ingenieurlösungen wie Hangverbauungen, Staumauern und Dämme sind der recht kostenaufwendige Versuch, die ausfallenden Funktionen des Walds zu ersetzen, können aber letztlich keinen befriedigenden Ersatz bieten.

Der tropische Regenwald – jüngstes Beispiel großräumiger Waldzerstörung

Es gibt viele Parallelen zwischen der Nutzung des tropischen Regenwalds durch die Entwicklungsländer, die besonders in diesem Jahrhundert intensiv betrieben wird, und der Nutzung der europäischen Wälder durch uns in den letzten 2000 Jahren. In beiden Fällen geht es um großräumige Zerstörungen, die durch Rohstoffentnahme (Holz, Bodenschätze) oder landwirtschaftliche Nutzung motiviert sind und überregionale Auswirkungen haben. Aufgrund eines besseren Verständnisses auch globaler Zusammenhänge (und vielleicht auch angesichts der eigenen eher unrühmlichen Geschichte) verfolgen und diskutieren wir daher heute die Handlungsweise der Dritten Welt nicht nur intensiv, sondern manchmal auch mit einem gewissen Verständnis.

Zweifellos gab es auch schon vor der Entdeckung der Tropen durch die Kolonialmächte Phasen einer intensiven Landnutzung durch die ansässige Bevölkerung. Mit dem Eintreffen millionenstarker Auswandererströme aus Europa in der Neuen Welt und mit der Binnenwanderung von Bevölkerungsteilen in einzelnen Entwick-

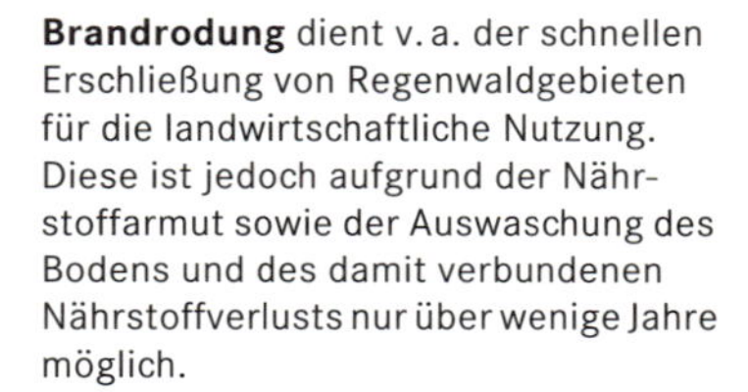

Brandrodung dient v. a. der schnellen Erschließung von Regenwaldgebieten für die landwirtschaftliche Nutzung. Diese ist jedoch aufgrund der Nährstoffarmut sowie der Auswaschung des Bodens und des damit verbundenen Nährstoffverlusts nur über wenige Jahre möglich.

lungsstaaten, durch die lokal sehr hohe Bevölkerungsdichten auf Kosten der kaum bewohnten Regenwälder abgebaut werden sollten, vervielfachte sich jedoch der Nutzungsdruck auf die Tropenwälder. Die hinter allem stehende Ursache ist also letztlich die weltweite Zunahme der Bevölkerung.

Landwirtschaft und Holzeinschlag – Hauptfaktoren der Regenwaldzerstörung

Nach heutiger Einschätzung sind weltweit 85 bis 95 Prozent der Regenwaldzerstörung durch die Landwirtschaft bedingt. Bei der landwirtschaftlichen Nutzung der Regenwaldgebiete wurde jedoch – anfangs unwissentlich – übersehen, dass auf rund 80 Prozent der Tropenböden wegen ihrer extremen Nährstoffknappheit keine Landwirtschaft im üblichen, europäischen Sinn möglich ist. Zudem verursachen die um ein Mehrfaches höheren tropischen Niederschläge eine Bodenerosion und verhindern dadurch eine klassische Nährstoffzufuhr durch Düngung. Als Folge muss der Ackerbau vielerorts nach wenigen Jahren wegen mangelnden Ertrags aufgegeben werden. Diese Flächen werden anschließend entweder für weitere Jahre als extensive Rinderweiden genutzt oder sich selbst überlassen. Es kann sicherlich davon ausgegangen werden, dass sich nach genügend langen Zeiträumen wieder eine dem ursprünglichen Primärwald ähnliche Vegetation einstellen wird. Ob hierzu aber 200 Jahre genügen oder eher 1000 Jahre benötigt werden, ist heute weitgehend unbekannt. Die derzeit kurzfristig orientierten Versuche, den tropischen Regenwald landwirtschaftlich zu nutzen, haben also den Charakter von Raubbau und enden vorerst fast überall mit seiner Zerstörung.

Auf **entwaldeten Flächen** wie hier in Amazonien zeigt der Boden bald starke **Erosionserscheinungen.**

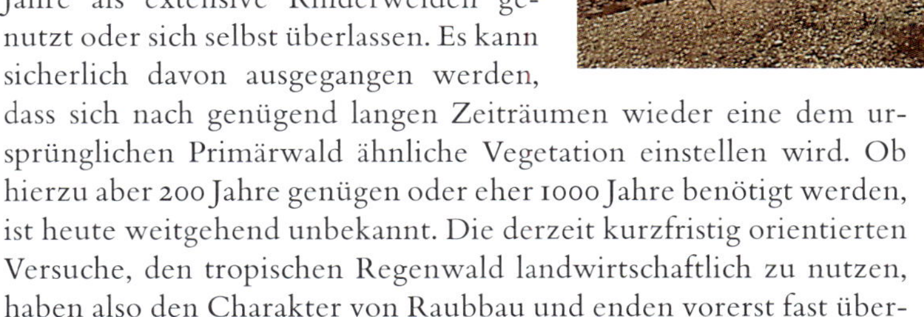

Unselektiver Holzeinschlag hat bereits große Flächen zerstört

Unselektiver Holzeinschlag, also das unterschiedslose Fällen aller vorhandenen Baumarten, diente ursprünglich der Energieversorgung. In einzelnen Regionen hat bei hoher Bevölkerungsdichte somit auch die Brennholzversorgung der einheimischen Bevölkerung wesentlich zur Abholzung beigetragen. Vereinzelt wurden auch lokale Industrien, in Brasilien sogar großindustrielle Verhüttungsanlagen, mit Holzkohle versorgt, sodass im Sinn einer gesicherten Energieversorgung Aufforstungen unumgänglich wurden. Bei derzeitigen Rodungen, besonders im pazifischen Raum, werden alle Baumarten entnommen und vor Ort zu Holzchips zerkleinert. Aus diesen werden dann Papier oder Holzfaserplatten hergestellt. Es handelt sich also um eine materielle Nutzung mit besonders geringer Wertschöpfung. Die nach solchen Rodungen zurückbleiben-

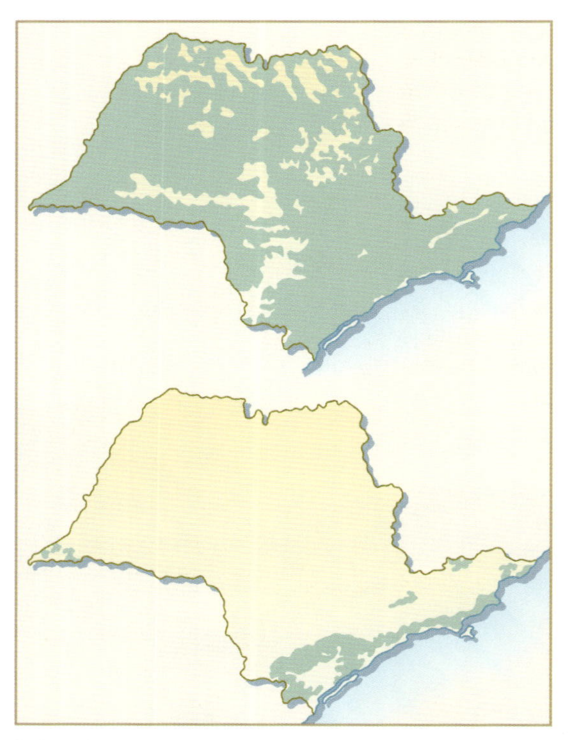

Anfang des 19. Jahrhunderts war der brasilianische Bundesstaat **São Paulo** noch überwiegend bewaldet (grün), durch die Besiedlung mit intensiver Rodung wurde sein **Waldanteil** bis 1973 auf kleine Reste reduziert.

den Kahlschläge werden in der Regel nicht aufgeforstet und die nächsten Regen spülen den Oberboden ab.

In vielen Staaten der Tropen ist es bereits zu irreversiblen Zerstörungen der ehemaligen Waldgebiete gekommen. Die Elfenbeinküste hat fast ihren gesamten Wald verloren. Haiti und Äthiopien haben derzeit weniger als drei Prozent Waldanteil, obwohl sie ehemals großflächig bewaldet waren. Die im Süden Brasiliens früher weit verbreiteten Araukarienwälder sind durch rücksichtslose Nutzung völlig zerstört worden, sodass heute kein nennenswerter Export mehr möglich ist.

Der Nachfrage nach Tropenholz fallen große Flächen zum Opfer

Eine der ursprünglichen Nutzungen der Regenwälder war das selektive Fällen der sprichwörtlich »edlen« Tropenhölzer. Das ganze Land Brasilien wurde sogar nach dem begehrten Brasilbaum benannt. Übermäßige Nachfrage hat jedoch viele der einst häufigen Baumarten fast ganz verschwinden lassen. So gehören der Brasilbaum, das Bahia-Rosenholz, der Palisander und der Brasil-Mahagoni heute zu den sehr seltenen Arten. An sich wäre eine solch selektive Waldnutzung nicht negativ, da jedoch Aufforstungen fast überall unterbleiben und der beim Roden angerichtete Schaden immer deutlich größer ist als die Menge des entnommenen Holzes, kommt es zu gewaltigen Zerstörungen. Wegen der besonderen Struktur tropischer Wälder, insbesondere wegen der relativen Seltenheit der gesuchten Bäume von nur wenigen Individuen pro Hektar, muss ein umfangreiches Erschließungssystem aus Schneisen aufgebaut werden. Durch diese Schneisen und wegen der vielen durch Lianen verbundenen Bäume, die beim Fällen eines Baums ebenfalls umstürzen, ist der trotz selektiven Bäumefällens angerichtete Schaden um ein Vielfaches größer. Das beispielsweise von Deutschland importierte Tropenholz macht zwar in der Menge nur sechs Prozent des im eigenen Land geschlagenen Holzes aus; berücksichtigt man jedoch das in den Tropen zusätzlich zerstörte beziehungsweise nicht genutzte Holz, so entspricht dies etwa der Hälfte des in Deutschland produzierten Holzes.

Mit Abstand der größte Importeur von Tropenholz ist Japan; es führt fast die Hälfte des weltweit gehandelten Tropenholzes ein. In den 1970er-Jahren importierte Japan vor allem indonesisches Holz, bis Indonesien 1985 einen Exportstopp für unverarbeitetes Holz verhängte, um eine eigene Holzindustrie aufzubauen. In den 1980er-Jahren lieferten Sarawak und Malaysia (Sabah) 96 Prozent des nach Japan importierten Holzes, in den 1990er-Jahren wird Papua-Neuguinea ausgeplündert. Japan verarbeitet das Tropenholz bemerkenswert hemmungslos zu Wegwerfprodukten wie Einweg-Essstäbchen oder Sperrholzverschalungen aus Meranti-Holz, die von der Bauwirtschaft meist nur einmal verwendet werden. Auch wegen des im Vergleich zu Europa doppelt so hohen Papierverbrauchs benötigt die japanische Papierindustrie gewaltige Rohstoffmengen.

Eine traurige Bilanz

Die größten Tropenholzproduzenten waren Ende der 1980er-Jahre Malaysia, Indonesien und Brasilien mit zusammen über 50 Prozent des produzierten Tropenholzes. Im Jahr 2000 wird Nigeria keinen Regenwald mehr haben, die Philippinen nur noch in den von Rebellen beherrschten Gebieten. Die Primärwälder von Indien, Bangladesh und Sri Lanka sind bereits weitgehend vernichtet. Thailand und die Philippinen, die in den 1960er-Jahren aufgrund japanischer Bedürfnisse nahezu entwaldet wurden, haben nur noch Reste des ehemaligen Walds. Thailand hat 1989 jeglichen Holzeinschlag verboten und über 300 Konzessionen zurückgezogen. Auslösend waren sintflutartige Regenfälle, die im Süden des Lands entwaldete Berghänge wegspülten und Hunderte von Menschen umkommen ließen. Innerhalb von nur vier Jahren war damals der Waldanteil Thailands von 29 auf 19 Prozent zurückgegangen. Seitdem muss das Land nun selbst Tropenholz aus den Nachbarländern einführen. Von den 33 wichtigsten Exportländern von Tropenholz dürften im Jahr 2000 vermutlich nur noch zehn Staaten Tropenholz exportieren können.

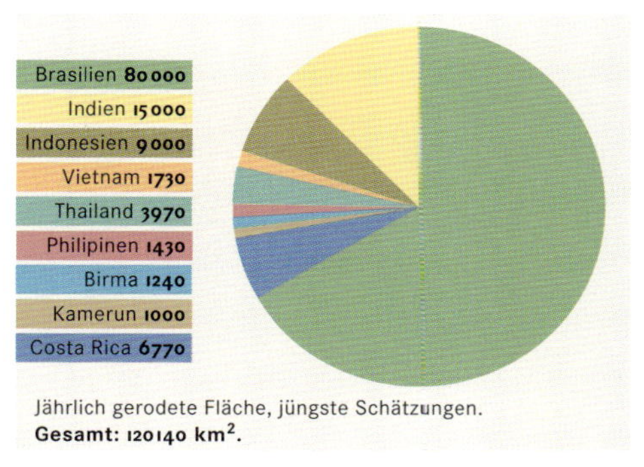

Die flächenmäßig größten **Rodungen des tropischen Regenwalds** finden in Brasilien statt. Sie werden nicht nur zur Holzgewinnung vorgenommen, sondern überwiegend durch Brandrodung zur landwirtschaftlichen Nutzung.

Die größten Importeure von Tropenholz

	Wert in Millionen US-Dollar	Anteil am gesamten Holzimport (in %) des betreffenden Lands
Japan	2652	33
Italien	358	19
Frankreich	347	37
Großbritannien	316	13
Deutschland	292	19
Spanien	226	35
Niederlande	224	27
Portugal	115	62

Nachhaltige Tropenwaldnutzung bringt höhere Erträge

Angemessene Nutzung des Regenwalds ist möglich und erbringt bei vergleichsweise geringem Eingriff höhere Erträge als bei einer klassischen Landwirtschaft. Die kontrollierte Anlage eines Wegenetzes, das Fernhalten zusätzlicher Siedler und gezieltes Anpflanzen einzelner Nutzpflanzen ermöglichen eine kombinierte Nutzung des Walds durch Forst- und Landwirtschaft (»agro-forestry«). Hierbei werden beispielsweise bestimmte Medizinalpflanzen, Früchte, Samen, Fasern, Harze, Öle oder Gummi gesammelt. Da gleichzeitig darauf geachtet wird, diese Pflanzen zu schonen oder sogar zu fördern, können auf diese Weise auch komplexe Ökosysteme wie der tropische Regenwald ohne dauerhafte Schädigung bewirtschaftet werden. Der Gewinn durch solch differenzierte und standortgerechte Nutzungsmöglichkeiten ist fast immer größer als der durch den Anbau nicht standortgerechter Monokulturen.

Auf nur einem kleinen Teil der gerodeten Flächen erfolgen Aufforstungen. Während die durchschnittliche Abholzungsrate vieler Tropenländer zwei bis drei Prozent jährlich beträgt, steht dem eine durchschnittliche Aufforstungsrate von nur rund 0,1 Prozent der Waldfläche gegenüber. Standortgerechte Anpflanzungen mit einer größeren Zahl der ehemals vorkommenden Baumarten gibt es – zu-

TROPENHOLZBOYKOTT?

Nachdem die weltweite Zerstörung der Tropenwälder ins Bewusstsein breiter Kreise gelangt war, wurde als eine vergleichsweise einfache Reaktion zur Rettung des Tropenwalds ein Boykott von Tropenholz gefordert. Da die Holz verarbeitende Industrie der westlichen Staaten und ihre Regierungen aus nahe liegenden Gründen solch einen Boykott ablehnten, sollte es Sache des Konsumenten sein, durch gezielte Kaufverweigerung die Importeure zu zwingen, nicht mehr mit Holz aus tropischen Ländern zu handeln. Den Entwicklungsländern sollte durch den zurückgehenden Absatz der Anreiz genommen werden, ihre Wälder für den Export zu roden und als »Entschädigung« für entgangene Gewinne sollten sie ihre intakte Umwelt behalten.

So einfach und überzeugend diese Argumentation scheint, sie hat nie auch nur ansatzweise funktioniert und ist somit wirtschaftlich unbedeutend geblieben. Andererseits hat der Boykottaufruf, der seit den 1980er-Jahren von vielen Umweltgruppen proklamiert wurde, eine vielschichtige Diskussion in Gang gebracht.

Das zentrale Gegenargument der Holzimporteure zielte immer auf die Förderung der Wirtschaft in den Entwicklungsländern, die durch die üblicherweise praktizierte Kahlschlagwirtschaft erreicht werden sollte. Immerhin zeigte die Auseinandersetzung mit diesem Argument, dass die Schäden, die vielen Ländern durch die raubbauartigen Exporte entstehen, gigantisch sind, ein Nutzen jedoch, etwa im Sinn von dauerhaften Arbeitsplätzen, funktionierender Infrastruktur und intakter Umwelt, in der Regel fehlt. Inzwischen ist diese Praxis als eindeutig umweltschädigend eingestuft, sodass es auch schon erste selbstbewusste Regierungen gibt, die dies nicht mehr akzeptieren. Kleinräumiger Kahlschlag, Aufforstung und anschließende Plantagenwirtschaft kann also ein Bewirtschaftungssystem sein, das möglicherweise in Zukunft selbstverständlich wird.

Beim europäischen Verbraucher hat die Diskussion des Boykottaufrufs auch eine neue Auseinandersetzung mit den eigenen Wäldern bewirkt. Ist es wirklich sinnvoll, Fensterrahmen aus Meranti statt aus Lärche anzufertigen? Warum Türblätter aus Ramin und Limba statt aus Birke, Linde, Kiefer und Pappel? Und Robinie und Douglasie sind genauso witterungsbeständig wie entsprechende Tropenhölzer. Wenn als letztes Argument dann das des Preises bleibt, wird die Diskussion wenigstens ehrlich und konzentriert sich auf die neokoloniale Ausbeutung der Dritten Welt.

Also doch Tropenholzboykott? Angesichts über 100-jähriger Teakplantagen, die in Indonesien nachweislich gut funktionieren, und der langsam verstärkten Aufforstungsbestrebungen vieler Länder kann es sicherlich nicht sinnvoll sein, jedes Holz aus den Tropen zu brandmarken. Vielmehr muss deutlich differenziert und deklariert werden, aus welcher Produktion das betreffende Holz stammt (»Labelproduktion«).

Jährliche Abholzungsrate ausgewählter Staaten (in %) mit Waldgebieten über einer Million Hektar und ihre Aufforstungsrate (in %). Alle Angaben beziehen sich auf einen Jahresdurchschnitt der 1980er-Jahre

	Abholzung	Aufforstung		Abholzung	Aufforstung
Venezuela	0,7	0,1	Guinea-Bissau	2,7	0
Indonesien	0,8	0,1	Nicaragua	2,7	0,02
Kolumbien	1,7	0,02	Nigeria	2,7	0,2
Brasilien	1,8	0,1	Malawi	3,5	0,02
Guatemala	2,0	0,2	Sri Lanka	3,5	0,1
Birma (Myanmar)	2,1	0	Nepal	3,5	0,1
Ecuador	2,3	0,04	Elfenbeinküste	5,2	0,1
Honduras	2,3	0	Costa Rica	6,9	0,06
Indien	2,3	0,3			
Liberia	2,3	0,1			
Thailand	2,5	0,2	Durchschnitt	2,7	0,1

mindest in nennenswertem Umfang – vermutlich nirgends. In der Praxis werden vielmehr vor allem in Asien und Lateinamerika monokulturartige Plantagen angelegt. Sie dienen beispielsweise der Gewinnung von Kautschuk und Ölprodukten aus einheimischen Baumarten, in Einzelfällen auch der Edelholzgewinnung. In diesem Zusammenhang sind Plantagen mit Teakbäumen vorbildlich, die seit 1887 auf Java angelegt werden und heute zwei Millionen Hektar umfassen. Nach 60 bis 80 Jahren werden die dann 40 m hohen Bäume gefällt, daher sind diese Plantagen in 60 bis 80 Parzellen unterteilt, von denen jeweils eine jährlich geschlagen und wieder aufgeforstet wird.

Ähnlich positiv kann sich auch der Aufbau der Rattanindustrie in Indonesien auswirken. Rattan ist eine rankende Palme, die zur Herstellung von Korbwaren verwendet wird. Da Rattan nicht als Monokultur angebaut werden kann, hat man begonnen, die Pflanzen in intakten Wäldern anzupflanzen. Anbau und Ernte hinterlassen keine nennenswerten Schäden und können daher Teile des Walds vor der Zerstörung bewahren.

Meistens aber werden schnellwüchsige, standortfremde Baumarten wie Eukalyptus und Kiefer in Monokulturen angepflanzt, die nach zehn bis fünfzehn Jahren als Bau- oder Brennholz beziehungsweise zur Papierherstellung geschlagen werden können. In Brasilien kam es, gefördert durch steuerliche Anreize, ab 1966 zu solch großflächigen Anpflanzungen von Kiefer und Eukalyptus. In Verbindung mit modernen Klonierungstechniken konnten sogar bereits Eukalyptusbäume gezüchtet werden, die schon nach sieben Jahren hiebreif sind und eine gleich bleibende Holzqualität liefern, sodass Brasilien in den 1980er-Jahren zum weltführenden Exporteur von kurzfaserigem Zellstoff wurde. Vielleicht ist es ja möglich, durch solche Plantagenwälder den Nutzungsdruck auf die verbleibenden naturnahen Wälder zu mindern, zumal wegen der Zusammensetzung aus vielen verschiedenen Baumarten Regenwaldholz nie die Papierqualität ergeben kann wie Plantagenholz. Diese standortfremden Monokulturen sind aber selbstverständlich kein Ersatz für den zuvor vernichteten Regenwald.

Tagebau von Bodenschätzen gefährdet Wälder und Flüsse

Viele Standorte im tropischen Regenwald sind reich an Bodenschätzen. Oftmals ist eine Eisenerz- oder Kupfererzgewinnung sogar im Tagebau möglich, technisch also bedeutend einfacher als in klassischen Untertage-Bergwerken. Für den Regenwald bedeutet solch eine Förderung von Bodenschätzen jedoch meist eine unkontrollierbare Gefahr mit katastrophenartigen Risiken. Oftmals muss der Wald großflächig gerodet werden, und erst nach umfangreichen Erdbewegungen wird das erzreiche Gestein erreicht. Erosionsprobleme und Verschlammung sind daher meistens vorprogrammiert. Häufig werden die geförderten Erze zerkleinert und gereinigt, was meist mit einem großen Wasserverbrauch verbunden ist. Reste der Metalle sammeln sich auch in diesem Waschwasser an. Bei der anschließenden Einleitung in die Flüsse kann sich auf diese Weise – vor allem wenn das geförderte Erz höhere Anteile von Schwermetallen aufweist – sogar eine toxikologisch bedenkliche Belastung eines weiten Gebiets ergeben.

Für **Tagebauminen** wie die Erzmine Carajás in Brasilien werden riesige Tropenwaldflächen verwüstet.

Die Goldgewinnung ist ein Beispiel für eine der rücksichtslosesten Schwermetall- oder Giftbelastungen der Umwelt. In Brasilien benutzen schätzungsweise eine halbe Million Goldsucher das äußerst giftige Quecksilber, um geringste Mengen Gold aus dem Gestein zu lösen. Hierzu wird goldhaltiger Sand mit Quecksilber vermischt, welches das Gold bindet, und überschüssiges Quecksilber wird mit viel Waschwasser weggespült. Wenn dann das Quecksilber aus dem Gold über offenen Feuern abgedampft wird, bleibt elementares Gold übrig. Hierbei werden Mensch und Natur gleich mehrfach belastet: Die Goldsucher bearbeiten das Quecksilber mit den bloßen Händen und atmen beim Verdampfen große Mengen ein. In der Umwelt gelangt das Quecksilber in das Sediment der Gewässer, aus dem es noch über Jahrzehnte die Flüsse belastet. Aus dem Wasser wird es durch viele Organismen aufgenommen und in der Nahrungskette angereichert. Durch die Nahrung, vor allem über Fische, gelangt das Gift dann wieder in den menschlichen Körper. Dort wirkt es als Nervengift, verursacht aber auch Erbschäden und Missbildungen. Die Zahl der Vergiftungserscheinungen beim Menschen steigt ständig. Über die Auswirkungen auf die belasteten Ökosysteme ist noch wenig bekannt, doch sind vor allem in der Nahrungskette hoch stehende Arten beispielsweise durch Fortpflanzungsstörungen betroffen, die bis zum Aussterben der Art führen können.

In der **Goldmine Serra Pelada** im brasilianischen Amazonasgebiet suchen bis zu 15 000 Menschen, u. a. auch Kinder und Jugendliche, unter primitivsten Bedingungen nach Gold.

In Guayana wird zur Goldgewinnung Cyanid eingesetzt (Cyanidlaugung). Als 1995 in einem Goldbergwerk ein Damm brach, flossen über eine Million Kubikmeter stark cyanidbelasteter Abwässer in den größten Fluss des Landes, in dem über weite Strecken alles Leben erlosch. Da dieses sehr starke Gift auch in sehr kleinen, nicht direkt tödlichen Mengen zu dauernden Nervenschädigungen und Hirnschäden führt, ist nebst einer gewaltigen Vergiftung der Umwelt auch mit bleibenden Schäden bei der Bevölkerung zu rechnen.

Tropenwaldverluste durch gigantische Stauseen

Eine besondere Gefahr droht größeren Waldgebieten in den Tropen seit kurzem durch eine intensivere Nutzung der Wasserkraft. So sinnvoll die Nutzung der Wasserkraft als erneuerbarer Energie ist, so kritisch müssen im konkreten Fall die Begleitumstände betrachtet werden. Vor allem im tropischen Tiefland ist das

Im Stausee des **Itaipú-Staudamms**, dem größten Wasserkraftwerk der Erde, versanken nicht nur die Guaíra-fälle oder die Salto das Sete Quedas genannten 18 Wasserfälle und Stromschnellen des Paraná, es mussten auch über 20 000 Menschen aus den nunmehr überfluteten Gebieten umgesiedelt werden.

Naturnahe Flussufer, die von der Dynamik zwischen Niedrigwasser und Hochwasser geprägt sind, finden sich heute nur noch an wenigen Stellen in Deutschland.

Gefälle der zahlreichen Flüsse oft sehr gering. Daher müssen riesige Flächen aufgestaut werden, um den erforderlichen Wasserdruck zu erzeugen. In Amazonien beträgt der Niveauunterschied über weite Strecken auf 100 km nur drei bis vier Meter. So mussten für den Tucurui-Staudamm, der 1991 fertig gestellt wurde, 2500 Quadratkilometer Primärwald geflutet werden. Dies entspricht der Fläche des Saarlands und ist rund 50 Prozent mehr, als für Itaipú gerodet werden musste, das größte Kraftwerk der Welt am Grenzfluss Paraná zwischen Paraguay und Brasilien. Da die Wälder für die Flutung meist nicht gerodet werden und das Holz nicht beseitigt wird, entstehen unter den tropischen Bedingungen riesige, lebensfeindliche Faulseen, die auf Jahre die Umwelt belasten. Nachdem drei solcher tropischen Stauseen verwirklicht wurden, hat Brasilien vor allem aus wirtschaftlichen Überlegungen sein Staudammprogramm für Amazonien gestoppt. In anderen Entwicklungsländern werden gigantische Stauseen aber nach wie vor als sinnvoll betrachtet und gewaltige Flächenverluste akzeptiert.

Flüsse und Meere

In einer Landschaft kommt Flüssen eine besondere Bedeutung zu, da sie Ökosysteme miteinander verbinden. Diese Gewässer stellen also eine wichtige natürliche Kommunikations- und Transportschiene dar, in der beispielsweise Nährstoffe, aber auch Belastungen wie etwa Schadstoffe weitergegeben werden. Die natürliche Dynamik der Flüsse hat darüber hinaus landschaftsgestaltenden Charakter. Diese Dynamik, die beispielsweise dazu führte, dass ein Fluss ständig sein Bett änderte, sich in unzählige Arme aufteilte oder breit mäandrierend durch ein Tal floss, veranlasste die Menschen im Kampf gegen die Naturgewalt, die Flüsse so intensiv umzubauen, dass es heute in Mitteleuropa kaum noch einen naturnahen Flussverlauf gibt. Flüsse sind aber nicht nur durch Eingriffe in den Flussverlauf bedroht, sondern auch durch übermäßige Wasserentnahme (zum Beispiel als Trinkwasser, zur Bewässerung oder für industrielle Zwecke) und durch eine immense Schadstoffeinleitung. Da letztlich alle Schadstoffe durch die Flüsse in das Weltmeer gelangen, ergibt sich hierdurch auch eine zunehmende Belastung der Ozeane, die in Randmeeren wie Nord- und Ostsee oder dem Mittelmeer bereits zu ernsten Umweltkrisen geführt hat.

»Wir wandeln uns. Die Schiffer inbegriffen. Der Rhein ist reguliert und eingedämmt. Die Zeit vergeht. Man stirbt nicht mehr beim Schiffen, bloß weil ein blondes Weib sich ständig kämmt.« Zitat von Erich Kästner aus dem Jahr 1931, angesichts der Loreley. Im Bild der **Rhein bei Bacharach.**

Ziele der Flussbegradigung

Seit Jahrhunderten werden Flüsse in großem Ausmaß eingedämmt und begradigt, wenn die Bevölkerung eine bestimmte Siedlungsdichte erreicht hat, regelmäßig große Ackerflächen oder Siedlungen durch Hochwasser bedroht werden oder es die unzureichenden Schifffahrtsmöglichkeiten erfordern. Dies geschieht beispielsweise durch Uferbefestigungen, Ausbaggern von Schifffahrtsrinnen, Entwässerung von angrenzenden Sumpfgebieten oder Abtrennnung von Seitenarmen. Im Endzustand wird so aus einem dynamischen Fluss in einer reich gestalteten Landschaft ein gerader und monotoner Kanal. Eine Serie von Staustufen zur Schiffbarmachung kann ein Fließgewässer in eine Seenkette verwandeln, sodass sich wie zum Beispiel bei Mosel, Lech oder Isar auch der Charakter einer Landschaft völlig ändert. Vor allem die reduzierte Fließgeschwindigkeit stört das Gleichgewicht zwischen Erosion und Sedimentnachlieferung empfindlich. Dadurch sinkt der Grundwasserspiegel, wovon dann auch weiter entfernte Lebensräume beispielsweise durch Versteppung betroffen sind.

Die Rheinbegradigung – ein drastisches Beispiel

Die Rheinbegradigung in Süddeutschland ist ein besonders drastisches Beispiel für die Intensität der Landschaftsveränderung. Sie wurde durch den badischen Wasserbauingenieur Johann Gott-

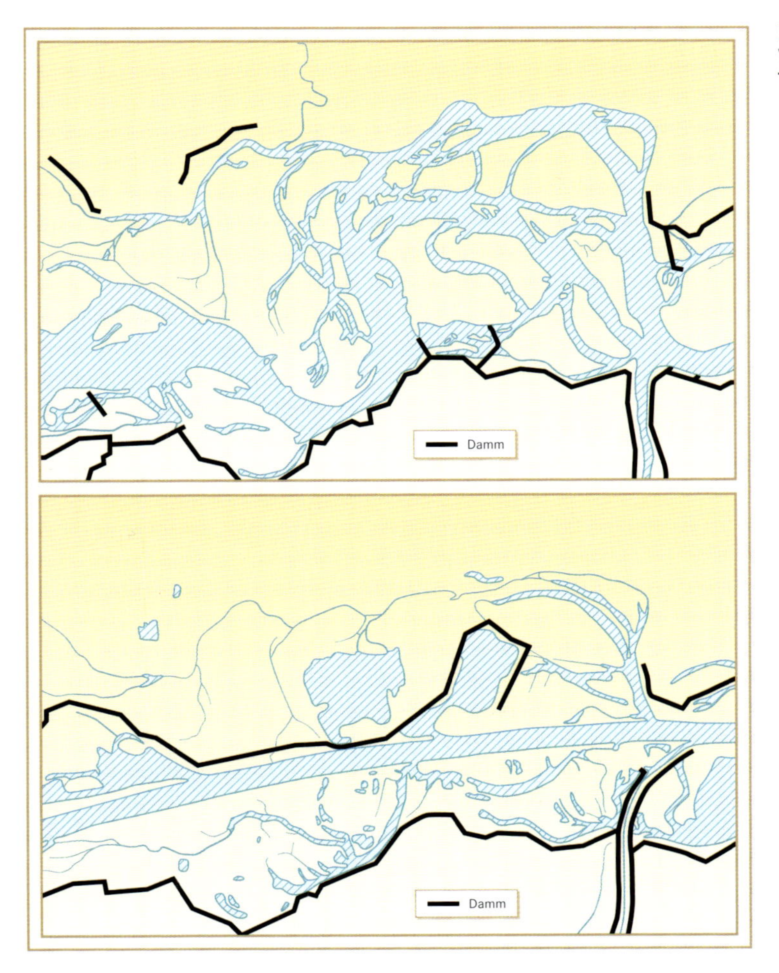

Der Rhein bei Plittersdorf in Baden-Württemberg vor (oben) und nach der **Tulla'schen Rheinkorrektur.**

fried Tulla 1817 begonnen und 1876 beendet. In dieser Zeit wurde die Flusslänge zwischen Basel und Mannheim um ein Viertel verkürzt, sodass sich Gefälle und Tiefenerosion entsprechend verstärkten. In seinem neu eingedeichten Bett von 200 bis 300 Metern Breite grub sich der Rhein stellenweise bis acht Meter tief ein. Die Folge waren dramatische Grundwasserabsenkungen, die ein Austrocknen der ehemals feuchten Auwälder bewirkten. Ferner wurden die meisten Seitenarme durch Dämme abgetrennt und trockengelegt, sodass der zuvor weit verzweigt mäandrierende Fluss nun in einem kanalartigen Bett verläuft.

Diese Maßnahmen erlaubten eine Ausweitung der landwirtschaftlich genutzten Flächen und der Siedlungsbereiche bis an das neue Flussufer, vernichteten jedoch gleichzeitig die meisten Feuchtwiesen, Sümpfe und Auwälder. 1925 wurde mit dem Bau des Rheinseitenkanals begonnen, der den Wassermangel weiter verschärfte und dem Rhein an einzelnen Stellen bis zu 99 Prozent des Wassers entzog. Der Grundwasserspiegel sank erneut großräumig ab und in den ehemaligen Auwäldern sind nun für Trockenstandorte typische Gehölze wie Weißdorn, Schlehe und Sanddorn anzutreffen. Wo Forstwirtschaft betrieben wird, erfolgten in trockenen Bereichen Aufforstungen mit Kiefern, in feuchteren Gebieten mit Hybridpappeln. Heute leiden aber auch viele Landwirtschaftsflächen unter dem tiefen Grundwasserspiegel und müssen daher mit viel Aufwand künstlich bewässert werden.

Auch im Flussbereich selbst zeigten sich unerwünschte Nebenwirkungen der Tulla'schen Rheinbegradigung. In den Folgejahren wurden daher zusätzliche Maßnahmen wie weitere Uferverbauungen, Buhnen, Schwellen und Staustufen nötig. So werden beispielsweise seit 1978 bei Iffezheim jährlich 170 000 Kubikmeter Sediment in den Rhein gekippt, um die Tiefenerosion zu stoppen. Trotzdem beträgt die Erosionsrate im nördlichen Oberrhein noch einen Zentimeter jährlich. Als Abschluss der Rheinbegradigung wurde die gesamte Fahrrinne schließlich in den 1970er-Jahren auf eine Tiefe von 2,10 Metern ausgebaggert, 1978 wurde dann der Rheinausbau offiziell als beendet erklärt.

Die Hochwasser werden flussabwärts verlagert

Ein wesentliches Ziel der Rheinbegradigung war die Bannung der Hochwassergefahr. Wie wir heute wissen, konnte dieses Ziel nicht erreicht werden, denn die Hochwasser wurden nicht beseitigt, sondern nur flussabwärts verlagert, sodass Städte wie Köln, Bonn oder Koblenz nun regelmäßig schwere Hochwasser erleben. In Kenntnis der ökologischen Zusammenhänge wissen wir heute beispielsweise auch, dass einem Fluss bei Hochwasser mehr Raum zum Überfluten zur Verfügung stehen muss. Vereinzelt wurden daher bereits Hochwasserdämme zurückgesetzt und einzelne Flächen zur gelegentlichen Überflutung vorgesehen. Nun zeigt sich aber ein Dilemma, denn Kiefernwälder vertragen die regelmäßigen Überflutungen nicht und nur gelegentliche Hochwasser können die Existenz echter Auwälder nicht ermöglichen. Neuerdings mehren sich daher die Stimmen, die die Renaturierung der alten Rheinauen fordern. Hierbei würden aber weitere Probleme, beispielsweise durch die inzwischen recht dichte Besiedlung und die Landnutzung, auftreten. Vermutlich ist es also heute schon nicht mehr möglich, einen solch einschneidenden Vorgang wie die Tulla'sche Rheinbegradigung auch nur teilweise wieder rückgängig zu machen.

Mehr als die Hälfte der Flüsse sind ausgebaut oder kanalisiert

In Mitteleuropa sind inzwischen fast alle Flüsse reguliert. Als letzter großer Fluss soll nach der deutschen Wiedervereinigung noch die Elbe mit 20 Staustufen bis zur tschechischen Grenze schiffbar gemacht werden; mit ersten Uferverbauungen ist bereits begonnen worden. Ähnlich wie beim Rhein würden Auwälder und andere Feuchtgebiete verschwinden und zahlreiche Nebenwirkungen wären zu erwarten. Berücksichtigt man alle ökologischen Folgekosten, dürfte sich auch kaum ein nennenswerter volkswirtschaftlicher Nutzen ergeben.

Auch wenn dieser letzte Großausbau nicht stattfinden sollte, ist eine Bilanz der Naturnähe unserer Fließgewässer deprimierend. Ende der 1980er-Jahre waren in den alten Bundesländern Deutschlands 63 Prozent der 6500 Kilometer Flusslänge für die Schifffahrt ausgebaut und meist kanalisiert. Bereits in den 1960er-Jahren wurden 25 000 Kilometer Bäche betoniert. In den Alpen ist heute die Mehrzahl der Wildbäche verbaut. Wasserwirtschaftsämter und vergleichbare Institutionen haben hierbei einen ähnlich unheilvollen Einfluss auf die Landschaft gehabt wie die Flurbereinigungsbehörden in der Landwirtschaftszone. Frei fließende Gewässer, die große Gebiete regelmäßig überfluten dürfen, ihr Flussbett verändern können und Kies-, Sand- und Schlammbänke oder Steilküsten gestalten, kommen in Mitteleuropa kaum noch vor.

Die **Verbauung von Wildwasser,** wie hier in den Alpen, führt dazu, dass der Bach bei hohem Schmelzwasseraufkommen oder starken Regenfällen zu einem reißenden, unberechenbaren Sturzbach wird.

Problemkreis Gewässerverschmutzung und Eutrophierung

Schadstoffe, insbesondere Schwermetalle, Biozide und andere organische Substanzen sowie überschüssige Düngemittel, vor allem Stickstoff und Phosphor, gelangen auf vielfältige Weise in unsere Gewässer. Neben direkter Einleitung gibt es fast immer einen diffusen Eintrag aus unterschiedlichen Quellen oder eine Belastung durch die Atmosphäre. Daher kommt der Gewässerbelastung neben der nationalen Verantwortung auch eine wichtige internationale Komponente zu, denn viele in einem eng begrenzten Gebiet abgegebene Schadstoffe wirken sich unkontrollierbar auch bei den Nachbarn aus.

Stickstoff und Phosphor bewirken in den Gewässern eine Eutrophierung, das heißt, das Wachstum der Algen und Wasserpflanzen

Chemische Substanzen, die Organismen abtöten, heißen **Biozide.** Je nach abzutötender Zielgruppe spricht man auch von Insektiziden (gegen Insekten), Herbiziden (gegen Pflanzen) oder Fungiziden (gegen Pilze). Hergeleitet vom englischen Begriff für Schädlinge (pest) hat sich im Deutschen auch der Begriff **Pestizide** eingebürgert.

wird stark gefördert. Diese erhöhte Produktion führt zu mehr Bestandsabfall, der durch Mikroorganismen abgebaut werden muss. Da diese Prozesse Sauerstoff benötigen, sinkt der Sauerstoffgehalt des Wasserkörpers vor allem in tieferen Zonen. Mehr Organismen sterben ab, die organische Belastung erhöht sich und die Sauerstoffzehrung wird noch intensiver. Wenn nun längere Phasen von Sauerstoffmangel auftreten, sind alle Lebewesen der Tiefenzone, später auch des freien Wassers und der oberflächennahen Schichten betroffen und sterben ab. Da sich unter Sauerstoffmangel am Boden anaerobe Mikroorganismen ausbreiten, wird auch noch Schwefelwasserstoff, eines ihrer Stoffwechselprodukte, frei. Dieser ist für alle aeroben Organismen, die Sauerstoff zur Atmung brauchen, hochgiftig. In diesem extremen Fall hat sich also das Gewässer durch übermäßige Belastung mit Düngemitteln von einem aeroben zu einem anaeroben System verändert, in dem Wasserpflanzen und -tiere nicht mehr existieren können: Das Gewässer ist umgekippt, es ist biologisch tot.

Glücklicherweise sind in Mitteleuropa biologisch tote Gewässer selten, stark eutrophierte Gewässer kommen aber vor. In Deutschland hat die Belastung der Gewässer Anfang der 1970er-Jahre Ex-

GEWÄSSERGÜTE

Um die Qualität eines Gewässers möglichst objektiv beurteilen zu können, wurde ein Klassifizierungssystem geschaffen, in das die Gewässer bzw. ihre Abschnitte eingestuft werden können. Als Einteilungsparameter werden die vorhandene Sauerstoffkonzentration, der Sauerstoffbedarf – also die Sauerstoffkonzentration, die benötigt wird, um die vorhandene organische Substanz biochemisch abzubauen – sowie das Saprobiensystem herangezogen. Das Saprobiensystem nutzt bestimmte, in Gewässern vorkommende Lebewesen – die Saprobien – als »Bioindikatoren« für die Gewässergüte: Welche Saprobien im Gewässer vorkommen und welche nicht vorhanden sind, wird als Maß für die Gewässergüte genommen. Denn einige der Saprobien stellen sehr hohe Umweltansprüche, andere sind dagegen im unterschiedlichen Maß toleranter gegen Gewässerbelastungen. Es werden anhand des Auftretens und der Häufigkeit dieser Leitorganismen folgende Zonen der Gewässergüte unterschieden und auf Karten entsprechend farbig dargestellt:

- I: oligosaprob, unbelastet, blau
- I–II: Zwischenstufe, geringe Verunreinigung, hellblau
- II: β-mesosaprob, geringe bis mittlere Verunreinigung, mäßige Belastung, grün
- II–III: Zwischenstufe, kritische Belastung, grüngelb
- III: α-mesosaprob, mittlere bis starke Verunreinigung, starke Belastung, gelb
- III–IV: Zwischenstufe, sehr stark verschmutzt, orange
- IV: polysaprob, stärkste Verunreinigung, übermäßige Belastung, rot

In Deutschland hat sich die Gewässergüte in den späten 1960er- und frühen 1970er-Jahren drastisch verschlechtert und erreichte an vielen Stellen Güteklassen schlechter als III. Durch intensive Umweltschutzbemühungen gelang es in den meisten Gewässern, solch stark belastete Bereiche zu verbessern, sodass heute Güteklassen von II und besser vorherrschen.

tremwerte erreicht, seitdem ist eine spürbare Verbesserung eingetreten. Dennoch sind beispielsweise Teile der Saar, der Emscher oder der Wupper immer noch recht stark verschmutzt.

Auch wirksame Maßnahmen wirken nur langsam

Mittels einer ganzen Reihe von Maßnahmen gelang es in den letzten Jahrzehnten, die Belastung von Seen und Fließgewässern durch Schadstoffe zu senken. Maßnahmen auf Produktionsseite, das Verbot direkter Einleitung, Bau und Ausbau von Kläranlagen, Phosphatverbot im Waschpulver und anderes haben recht viel bewirkt. Eine Reduktion der Düngeintensität hat bei einer der Hauptquellen von Stickstoff und Phosphor, der Landwirtschaft, innerhalb von 20 Jahren zu einem deutlichen (aber noch nicht ausreichenden) Rückgang der Belastung geführt. Da gleichzeitig aber der Autoverkehr, der heute für den größten Teil der Stickoxidfreisetzung verantwortlich ist, dramatisch zunahm, finden sich weiterhin viel zu hohe Konzentrationen von Stickstoff in der Umwelt. Die Nährstoffvorräte in den Böden und im Grundwasser sind überall noch recht hoch, sodass auch wirkungsvolle Maßnahmen nur sehr langsam Veränderungen bewirken werden. Derzeit kann daher einerseits ein langsamer Rückgang der Phosphat-Konzentration in großen Seen, so beispielsweise im Bodensee, festgestellt werden, andererseits steigt die Nitrat-Konzentration überall weiterhin an oder stagniert auf viel zu hohem Niveau.

Algenblüte in einem Kanal in Brandenburg.

Das Meer als Abfalldeponie

Die relative Verbesserung, die sich zumindest für die Gewässer Mitteleuropas in den letzten Jahren ergeben hat, gilt nicht für die Meere. Nach wie vor sammeln sich hier alle Schadstoffe, die über die Fließgewässer vom Festland quasi ausgeschieden werden oder über die Atmosphäre in die Meere gelangen, wie in einer gewaltigen Deponie. Man kann die zunehmend starke Belastung des Weltmeers auch als eine Folge des ungelösten Interessenkonflikts bei der Meeresnutzung sehen. Denn das Meer wird zur Nahrungs- und Rohstoffgewinnung, als Verkehrsweg, als Deponie für viele stark giftige (auch atomare) Abfälle und als Erholungsraum genutzt. Jede dieser Nutzungen beeinträchtigt das Gesamtsystem oder verursacht ihrerseits irgendwelche Nebenwirkungen. So ergibt sich insgesamt ein vielfältiges und einander beeinflussendes Belastungsmuster, das im Grund genommen die vielen sich gegenseitig ausschließenden Nutzungswünsche demonstriert.

Vor allem im Bereich der Küsten dürfte das größte Problem im Eintrag von Düngestoffen liegen, die weltweit sieben bis fünfunddreißig Millionen Tonnen Stickstoff und eine bis vier Millionen

Tonnen Phosphat ausmachen. Diese Eutrophierung führt zuerst in den Schelf- und Seitenmeeren des Weltmeers zu großräumigen Algenblüten. Viele der im Wachstum stark geförderten Algen scheiden toxische Substanzen in das Wasser aus. Die toxischen Substanzen und die Sauerstoffarmut, die beim mikrobiellen Abbau entsteht, verursachen Fischsterben. Solche Algenblüten kommen spätestens seit den 1980er-Jahren immer öfter und in immer mehr Meeresteilen der Welt vor, vor allem in Nord- und Ostsee, in der Adria und im Schwarzen Meer.

Besonders problematisch sind Erdöl und verwandte Substanzen

Weitere wichtige Verschmutzungsquellen sind kommunale und industrielle Abwässer, Biozide aus der Landwirtschaft, Schadstoffe von Schiffen und die Rohstoffförderung im Meer. Heute bestehen bei steigendem Anteil 70 bis 80 Prozent der über sechs Millionen Tonnen fester Abfälle, die jährlich über Flüsse und Küsten in das Meer gelangen, aus Kunststoffen, die erst nach Jahren zu Bruchstücken zerfallen. Auch wenn die Belastung durch solche direkten Einleitungen gravierend ist, gilt es inzwischen als sicher, dass von vielen Schadstoffen (etwa Blei, Cadmium, Kupfer, Eisen, Zink, Arsen, Nickel, polychlorierte Biphenyle) über 90 Prozent durch die Atmosphäre in das offene Meer gelangen.

Ölteppich vor der englischen Küste (Devon). Nach einer solchen Wasserverschmutzung im Küstenbereich dauert es mindestens 2 bis 3 Jahre, bis sich das biologische System einigermaßen erholt hat.

Erdöl und seine Derivate sind im Meer besonders problematisch. Bereits ein bis zwei Milligramm Öl genügen, um in einem Liter Meerwasser die Hälfte aller Kleintiere zu töten. Von tausenden Ölplattformen werden ständig große Mengen ölhaltiger Förderabwässer und etwa 50 000 Tonnen Rohöl in das Meer gepumpt. Mehr als 50-mal so groß ist jedoch die Gesamtmenge an Öl, die jährlich in das Weltmeer fließt, sei es durch Tankerunfälle, Tankspülungen auf See, Lecks in Pipelines und Tanks, als Abwässer aus Raffinerien oder nach Regenfällen, wenn Reste von Autos und Straßen abgewaschen werden.

Viele dieser Stoffe wie Schwermetalle, Biozide, Erdöl oder andere organische Substanzen wirken durch ihre Giftigkeit stark negativ auf das marine Ökosystem ein. Wenn auch in den meisten Fällen die komplexen Wirkungen eines Cocktails weitgehend unbekannter Substanzen nicht abgeschätzt werden können, verursachen viele dennoch sichtbare krankhafte Veränderungen in den Tieren. So lässt neben der Quantität (die durch die Überfischung verursacht wird) auch die Qualität der Fischereierträge, beispielsweise durch vermehrtes Auftreten von Geschwulsten oder durch reduzierte Fruchtbarkeit, weltweit nach. Daneben verursachen viele Substanzen eine allgemeine körperliche Schwächung und setzen die Widerstandsfähigkeit des Immunsystems herab. So sind mit hoher Wahrscheinlichkeit plötzlich ausbrechende Krankheiten zu erklären, die beispielsweise bei Meeressäugern der Nordsee und des Mittelmeers bereits zu verheerenden Populationseinbrüchen geführt haben (Seehund- oder Robbensterben).

Die Ausrottung von Arten

Evolution kann als ein Prozess verstanden werden, in dem neue Arten entstehen und zwangsläufig auch vorhandene Arten aussterben. Beide Prozesse sind natürliche Vorgänge, die sich zum Teil sogar gegenseitig bedingen. Da eine Art nur eine durchschnittliche Lebensdauer von einigen Millionen Jahren hat, muss jede heute lebende Art einige Hundert oder gar Tausend ausgestorbene Vorläuferarten haben. Wegen der zunehmenden Artenaufsplitterung hat sich dabei einerseits die Zahl der jeweils lebenden Arten (von gewissen katastrophenartigen Ereignissen einmal abgesehen) immer weiter erhöht, andererseits kann man aus heutiger Sicht auch annehmen, dass die meisten Arten, die je auf der Erde gelebt haben, inzwischen auch schon wieder ausgestorben sind. Wenn man die Zahl der heute existierenden Arten mit fünf Millionen annimmt, bedeutet dies (bei aller Unsicherheit einer solchen Hochrechnung), dass es bisher bereits eine oder mehrere Milliarden Arten auf der Erde gegeben hat. Veränderungen des Artenbestands, der Biodiversität, sind daher als ein völlig natürlicher Vorgang anzusehen.

Artenausrottung erhält durch den Menschen eine andere Dimension

Ursprünglich nur eine Art wie viele andere Arten auch, wirkte der Mensch bald in besonderem Ausmaß auf die natürliche Artendynamik, vor allem im Sinn einer Artenausrottung, ein. Die moderne durch den Menschen verursachte Vernichtung von Arten schließlich zeichnet sich vor allen bisherigen natürlichen Prozessen durch drei Besonderheiten aus. Einzelne Tiergruppen, zuerst die steinzeitliche Megafauna, dann vor allem jagdbares Wild, bestimmte Großsäuger, gefleckte Großkatzen oder Krokodile, sind besonders betroffen. Durch den gleichzeitigen Zugriff auf große Gebiete werden nicht nur einzelne Arten, sondern ganze Lebensgemeinschaften und Ökosysteme vernichtet. Dies betrifft dann beispielsweise auch Insekten oder sogar der Wissenschaft noch unbekannte Arten, die nie gezielt gejagt worden wären. Die Geschwindigkeit dieser Vorgänge ist 100- oder 1000-mal schneller als die natürliche Aussterberate, eine Kompensation durch die Entstehung neuer Arten ist also nicht mehr möglich, die globale Artenvielfalt (Biodiversität) nimmt daher ab.

Schon Steinzeitjäger rotteten viele Arten aus

Der heutige Mensch, Homo sapiens, stammte wie die vor ihm entstandenen Arten aus Ostafrika und breitete sich von dort auf dem ganzen Kontinent, aber auch über Mesopotamien und Kleinasien nach Südeuropa und Asien aus. Von Südostasien aus begann vor etwa 50 000 Jahren über Indonesien die Besiedlung Australiens und vor ungefähr 20 000 Jahren erreichten die sich stetig ausbreitenden Menschen jenseits der damals trockengefallenen Beringstraße Nordamerika. In der relativ kurzen Zeit von vermutlich nur 1000 Jahren wurde über die Kordilleren und die Anden die Südspitze Südamerikas erreicht, dann die östlich gelegenen Gebiete besiedelt. Somit waren vor etwa 10 000 Jahren alle Kontinente der Erde durch den heutigen Menschen besiedelt, immerhin mindestens ein Drittel der festen Erdoberfläche.

Um sich Nahrung zu verschaffen oder um sich Gefahren vom Leib zu halten, tötete der vordringende Mensch überall das Wild, das er vorfand. Vor allem die 10 000-jährige nacheiszeitliche Ausbreitungsphase des Menschen war mit einem schnellen und gleichzeitigen Aussterben vieler Großsäuger verbunden, das von Paläontologen bereits als »Blitzkrieg« bezeichnet wurde. Während in Ostafrika Menschen eigentlich schon immer zum natürlichen Lebensraum dazugehörten und sich viele Wildarten mit den Menschen entwickeln konnten, gelang dies wegen der sehr schnellen Besiedlung auf den übrigen Kontinenten nicht. Eine Co-Evolution zwischen Mensch und Wild, wie sie in Ostafrika stattfand, gab es andernorts nicht. Nord- und Südamerika wurden in jeweils nur knapp 500 Jahren besiedelt, Madagaskar und Neuseeland vermutlich sogar in noch kürzeren Zeiträumen. Dies alles hat sich katastrophal auf die jeweilige Tierwelt ausgewirkt, viele Arten starben aus. Bevor der Mensch auftrat, mussten etwa Riesenformen (die wegen ihrer Größe auch als Megafauna bezeichnet werden) aufgrund ihrer Stärke oder des Fehlens von Feinden keine Gefahren befürchten, konnten sich vermutlich extrem niedrige Vermehrungsraten leisten. Mit dem Erscheinen des Homo sapiens waren sie den weit reichenden Waffen der Steinzeitjäger ausgesetzt. Möglicher-

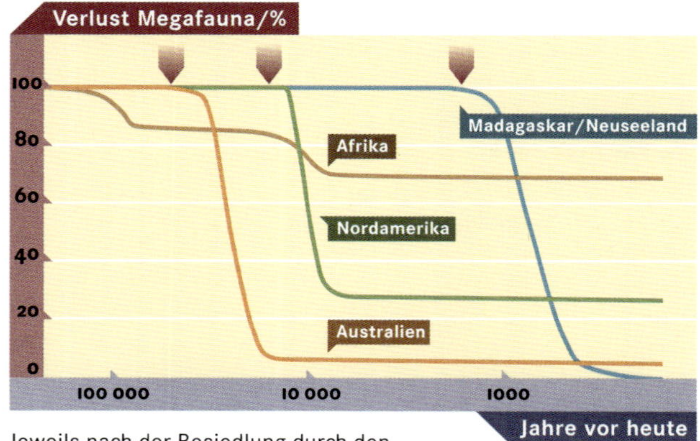

Jeweils nach der Besiedlung durch den Menschen (Pfeile) kam es in Nordamerika und Australien zu starken Verlusten bei besonders großen Tieren, Megafauna genannt. In Madagaskar und Neuseeland wurde die **Megafauna** völlig ausgerottet, in Afrika, dem Herkunftsgebiet des Menschen, am wenigsten.

weise hatten sie auch kein Fluchtverhalten und waren in ganzen Landstrichen leicht und schnell auszurotten. Da vermutlich zumindest zu manchen Zeiten und bei manchen Gegebenheiten recht verschwenderisch mit dem Wild umgegangen wurde, also viel mehr getötet wurde, als gegessen werden konnte, wird auch der Begriff »Overkill« für das Verhalten unserer Vorfahren gebraucht.

Gezielte Bejagung und Ausrottung

Als die Erde zunehmend dichter besiedelt wurde, war die bisherige Lebensweise als Jäger und Sammler nicht mehr möglich und immer mehr Menschen mussten sesshaft werden, um sich als Bauer und Viehzüchter zu ernähren. Die Jagd verlor zwar ihre zentrale Rolle zur Ernährungssicherung, behielt aber meist dennoch eine Funktion als zusätzlicher Proteinlieferant recht lange bei, oft bis es nichts mehr zu jagen gab. Der Druck auf die verbliebenen Wildbestände wurde somit immer größer, denn neben der Bejagung schränkte auch die zunehmende Zahl der Siedlungen den natürlichen Lebensraum vieler Tiere ein.

So könnte die **altsteinzeitliche Jagd** am »Feld der Pferde« in Solutré bei Macon (Frankreich) ausgesehen haben. Am Fuß der Felsnase befindet sich heute eine über fünf Meter dicke Schicht, die aus den Knochenresten von schätztungsweise 100 000 Pferden stammt, die vermutlich im Verlauf einiger 1000 Jahre von den damaligen Menschen in den Tod gehetzt wurden.

Die ersten Viehzüchter hatten im Verlauf vieler Tiergenerationen aus wilden Stammformen die Vorfahren der späteren Haustiere gezüchtet, denen das oft störende »Wilde« ihrer frei lebenden Artgenossen fehlte. Deshalb hatten die Menschen ein großes Interesse daran, Rückkreuzungen mit den wild lebenden Ahnen zu verhindern, da hierdurch ja die ersten züchterischen Errungenschaften gefährdet worden wären. Die Wildformen der späteren Haustiere wurden daher parallel zur beginnenden Domestikation besonders intensiv bejagt und schnell ausgerottet, vielleicht auch weniger bewusst aus züchterischen Gründen, sondern einfach, weil sie gutes Jagdwild waren. So wurde das Wildschaf in Mitteleuropa schon um 2000 v. Chr. ausgerottet. Der Ur oder Auerochse, die Stammform des Hausrinds, war bis zum 14. Jahrhundert in ganz Europa verschwunden. Die letzten Vorkommen der Wildform des Hauspferds, des Przewalski-Pferds, sind Anfang des 19. Jahrhunderts in Zentralasien verschwunden, einige Tiere konnten aber immerhin in zoologischen Gärten überleben.

Vorurteile und Aberglauben fördern die Ausrottung von Wildtieren

Zum weiteren Schutz der Haustiere wurden überall Raubtiere und Greifvögel konsequent ausgerottet. So gab es bereits vor der Mitte des 19. Jahrhunderts in Deutschland keine Luchse und Braunbären mehr. Wölfe waren dann um die Jahrhundertwende ebenfalls ausgerottet, kurze Zeit später auch Wildkatze und Bartgeier. Oft genug wurde die völlige Vernichtung dieser Arten durch fantasievolle Erzählungen, die Märchen und Sagen umfassten oder als Abenteuererzählung oder Tatsachenbericht Anspruch auf Authentizität erho-

Zu der vom Menschen ausgerotteten Megafauna gehörte u. a. das **Mastodon** (links), das mit 2,80 m Höhe und 4,50 m Länge kleiner, aber länger als der heutige Elefant war; die Stoßzähne waren bis 3 m lang. Noch deutlich größer als ein Elefant war das bis 7 m lange **Riesenfaultier,** das ebenso ausgerottet wurde, wie das bis 4,50 m große **Riesengürteltier,** dem aufgrund seines Panzers nur der Mensch gefährlich werden konnte (rechts).

ben, argumentativ abgesichert und somit scheinbar gerechtfertigt. Bartgeier wurden nur noch als »Lämmergeier« bezeichnet, obwohl sie nie lebende Lämmer schlagen. Diese Meinung hält sich allerdings mancherorts bis heute hartnäckig. Vom Fuchs weiß jedes kleine Kind, dass er Gänse und Hühner frisst, obwohl seine Nahrung zum weitaus überwiegenden Teil aus Insekten, Regenwürmern, Fröschen und Aas besteht. Vor allem in Märchen sind Bären als listig und verschlagen, oft auch als hinterhältig und gefährlich beschrieben.

Am deutlichsten wird diese unbewusste Erziehung mit falschen Behauptungen beim Wolf. Noch heute haben viele Menschen panische Angst vor Wölfen, sodass sie ihnen in Albträumen erscheinen. Film und Fernsehen, Romane und Märchen bedienten sich seit jeher dieser angeblichen Urangst, sodass Wölfe eine beliebte Metapher wurden, die wir von Grimm über Hesse bis Prokofjew in unserer Kultur wieder finden. Selbst Mischlinge zwischen Wolf und Mensch kommen seit germanischen Zeiten im Volksglauben vor (»Werwolf«). Sie schüren diffuse Ängste, diesmal vor Wölfen, die in Gestalt eines Mannes Menschen zerfetzen (das althochdeutsche Wort »wer« bedeutet Mann). Dieses schlechte Image hat der Wolf gänzlich zu Unrecht, denn es hat in historischer Zeit in Mitteleuropa vermutlich nie Todesfälle durch frei lebende Wölfe gegeben. Vielmehr meiden Wölfe den Menschen, sodass Angriffe, die der Mensch übrigens auch zum Beispiel durch Waffen, Lärm und Aufrechtstehen leicht abwehren könnte, recht unwahrscheinlich sind.

So manche Art endete als »Reiseproviant«

Die Erkundung und Eroberung der Welt durch den Menschen fand vor allem auf dem Weg der Seefahrt statt. Da bei langen und weiten Fahrten Nahrungsvorräte knapp wurden, nutzte man unterwegs jede Möglichkeit, sich mit Wildtieren zu verproviantieren. Vielen Inselpopulationen von geeigneten Tieren wurde dies zum Verhängnis. So wurde beispielsweise die bis zehn Meter lange, aber vermutlich völlig wehrlose Steller'sche Seekuh an der Küste Kamtschatkas und vorgelagerter Inseln 1741 entdeckt und so intensiv bejagt, dass sie 1768 schon ausgerottet war. Große flugunfähige

Vögel wie die Dronte (auch Dodo genannt) auf Mauritius und der verwandte Solitär auf Rodriguez verschwanden im 17. und 18. Jahrhundert. Auf vielen Inseln und an vielen Küsten wurden Pinguine oder Robben erbarmungslos vernichtet. Riesenschildkröten, die sich besonders gut als lebende Fleischvorräte eigneten, wurden auf mehreren Inseln des Galápagos-Archipels ausgerottet. Im Jahr 1844 starb der letzte Riesenalk der nordatlantischen Inseln.

Rekonstruktion einer Dronte von der Madagaskar vorgelagerten Insel Mauritius. Dronten waren ungefähr so groß wie Schwäne, die Flügel waren zu Stummeln verkümmert und das gesamte Federkleid daunenartig. Beine und Schnabel waren sehr kräftig entwickelt, was den Vögeln eine gewisse Wehrhaftigkeit verlieh. Dronten lebten vermutlich hauptsächlich von hartschaligen Samen und Früchten. Nach ihrer Ausrottung blieb von ihnen nichts als das englische Sprichwort »dead as a dodo – tot wie eine Dronte«.

Durch den Walfang wurden viele Wale fast ausgerottet

Eine besonders zerstörerische Form der Ausbeutung von Ressourcen findet auf den Weltmeeren heute noch beim Walfang und beim rücksichtslosen Fischfang statt. Der Walfang hat in vielen Staaten Tradition und ist eine Jagdform, die durchaus schonend ausgeübt werden könnte. Stattdessen wurden so viele Wale wie möglich gefangen, und als die Bestände bestimmter Arten und in einzelnen Gebieten gegen null reduziert waren, wurde der Fang auf andere Meeresteile und immer mehr Arten ausgedehnt. Zudem wurde die Fang- und Verarbeitungskapazität der Walfangschiffe erhöht: Walfangmutterschiffe sind schwimmende Fabriken, die riesige Wale an Bord ziehen und in kurzer Zeit komplett verarbeiten. Die eigentlichen Fangschiffe sind wendige, kräftige Schiffe mit modernen Ortungssystemen und raketenähnlichen Geschossen mit Explosivkopf. Die begehrten Großwale wie Grauwal und Blauwal, Buckelwal und Glattwal kamen so schnell an den Rand des Aussterbens – auch fast alle anderen Arten wurden auf diese Weise dezimiert –, dass die aufwendige Jagd sich nicht mehr lohnte. 1985 wurde daher auf internationalen Druck der kommerzielle Walfang bis auf weiteres eingestellt.

Bereits 1979 gelang es, ein Schutzgebiet im Indischen Ozean auszuweisen. 1994 wurde es durch den Teil des antarktischen Meers er-

Unmittelbar nach dem Fang werden **Wale auf Walfangmutterschiffen,** die gleichsam schwimmende Fabriken sind, zerlegt und vollständig verarbeitet. Die Aufnahme zeigt japanische Walfänger in der Antarktis, die an Bord ihres Schiffs einen gefangenen Wal zerlegen.

Wie in früheren Zeiten versuchen diese **Inuit** einen **Weißwal** von einem kleinen Boot aus mit einer Harpune zu erlegen.

gänzt, der südlich des 40. Breitengrads liegt. Somit umfassen diese beiden aneinander angrenzenden Gebiete einen großen Teil des Lebensraums der meisten Großwale. Derzeit versuchen Interessengruppen immer wieder, den Walfang erneut aufzunehmen. Einzelne Staaten (vorab Japan und Norwegen) halten sich nicht an das international vereinbarte Moratorium und fangen Wale »zu wissenschaftlichen Zwecken«. Es soll hier nicht unterschlagen werden, dass es mit annähernd der gleichen Legitimation wie bei jeder anderen Form der Jagd durchaus möglich ist, Walfang zu betreiben. Voraussetzung ist jedoch ein international geregeltes Vorgehen, welches genügend große Bestände der Tiere und ihre Lebensräume effektiv schützt.

Treibnetze werden vor allem Delphinen zum Verhängnis

Der Fang mit Treibnetzen stellt in den Weltmeeren ein besonderes Problem dar. Angelleinen mit 130 Kilometern Gesamtlänge, beutelförmige Schleppnetze, in die zwölf Jumbojets passen würden, und wie ein Vorhang senkrecht im Wasser hängende Netze, die 120 Kilometer lang sein können und 100 Meter in die Tiefe reichen, verschonen kein Lebewesen mehr. Ursprünglich zum Fang von Fischschwärmen gedacht, macht der nicht verwertbare Beifang von Delphinen und anderen Walen, Seevögeln, Meeresschildkröten, Haien, Robben und weiteren Tieren manchmal die Hälfte der tatsächlichen Beute aus. Da diese Tiere in den tödlichen Fallen umkommen, erweist sich solch ein unselektiver Fang als ernst zu nehmende Gefahr für den Fortbestand vieler Arten.

Ende 1992 trat eine UNO-Resolution in Kraft, die große Hochseetreibnetze verbot. Es ist jedoch bis heute noch nicht gelungen, dieses Verbot konsequent umzusetzen. Italien, das noch 1995 im Mittelmeer über 600 Schiffe mit Treibnetzen unterhielt, ist nach Angaben der Internationalen Walfangkommission dort jährlich maßgeblich für den Tod von etwa 8000 Walen verantwortlich, die in den Treibnetzen ertrinken. Vor allem Delphine kommen oft in großer Zahl in Treibnetzen um, weil sie mit Thunfischen, dem eigentlichen Ziel des Fangs, vergesellschaftet schwimmen. Um vom schlechten Image der Hochseefischerei wegzukommen, weisen einige Produzenten seit einigen Jahren auf ihren Konservendosen auf die »delphinsichere« Fangweise hin, was vermutlich einen Verzicht auf Treibnetze bedeuten soll.

Wenn große Wale, wie hier am Beispiel des **Finnwals** gezeigt, bejagt werden, erhöht sich ihre **Fruchtbarkeit**, sodass Verluste schneller wieder ausgeglichen werden. Im vorliegenden Fall waren die Weibchen schon mit 8 (statt mit 11) Jahren geschlechtsreif und bekamen alle 2 bis 3 (statt 3 bis 4) Jahre Nachwuchs. Solche Daten unterstützen die Behauptung, dass auch Wale maßvoll bejagt werden können.

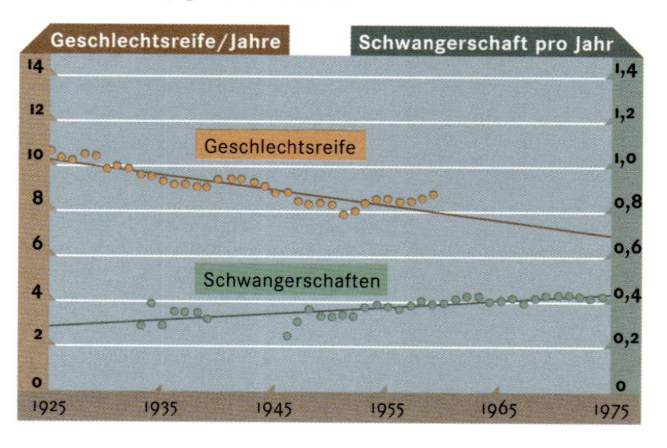

Trotz des Verbots großer **Hochseetreibnetze** seit 1992 kommt immer noch eine große Zahl von **Delphinen** in weiterhin benutzten Treibnetzen um, so wie dieser Neuseelanddelphin (links). Um vom Negativ-Image des **Thunfischfangs mit Treibnetzen** wegzukommen, wird seit einigen Jahren von einigen Produzenten besonders darauf hingewiesen, dass ihr Produkt delphinsicher (dolphin friendly) gefangen wurde. Wer kontrolliert solche Angaben?

Tierknochen als Wundermedizin, Pelze als Statussymbol

In der heutigen Zeit ist Nahrungserwerb in manchen Ländern zwar immer noch ein Motiv für die intensive Bejagung frei lebender Tiere, vermutlich ist die Trophäenjagd (in einem weiten Sinn verstanden) jedoch viel bedrohlicher geworden. Tiere werden wegen ihres Fells oder ihrer Haut getötet, man stellt ihnen nach, weil ihr Horn oder andere Organe als Aphrodisiakum wirken sollen oder angeblich Krebs besiegen.

Die modische Vorliebe für Mäntel aus Fellen gefleckter Raubkatzen führte zu einem bedrohlichen Jagddruck auf Leopard, Ozelot, Jaguar und andere Arten. In Verbindung mit der zunehmenden Lebensraumzerstörung durch die immense Nachfrage nach landwirtschaftlich nutzbaren Flächen wurden diese Tiere in vielen Regionen ausgerottet, in anderen sind sie im Bestand gefährdet. Internationale Proteste und so manche Boykottaktion haben schließlich ein gewisses Umdenken bewirkt, sodass heute das Auftreten eines Stars in einem Jaguarfellmantel nicht mehr als sexy oder chic, sondern eher als unverantwortlich, umweltschädigend und imagezerstörend eingestuft wird. Möglicherweise haben sich im Zeitalter täuschend echter Imitationen die Originale auch überlebt, sodass dank synthetischer Felle oder Farbdrucke auf Kunststoff keine Tiere mehr aus modischen Gründen sterben müssen.

Ursprünglich wurden Tiger wegen ihres Fells und als Trophäe gejagt, inzwischen werden auch ihre Knochen hoch gehandelt, weil sie nach Rezepten der traditionellen chinesischen Medizin gegen alle möglichen Krankheiten helfen sollen. Vor allem China, Taiwan und Korea haben daher maßgeblich dazu beigetragen, dass von den ehemals acht asiatischen Unterarten des Tigers inzwischen drei ausgestorben sind (Kaspi-, Bali- und Java-Tiger). Der chinesische Tiger ist vermutlich der nächste, der aussterben wird, der Amur-Tiger könnte folgen. Lediglich vom indischen Tiger gibt es noch eine größere Population, insgesamt dürfte es aber kaum mehr als 6000 Tiger in Asien geben.

Schlangen- und Krokodilhäute stammen meist von Freilandfängen

Allerdings gibt es von einigen Pelztierarten inzwischen auch Zuchtfelle. Wenn man sich dann jedoch vor Augen hält, unter welch erbärmlichen Umständen diese Tiere oft in knapp körpergro-

Zwar propagieren auch Teile der Modebranche den **Schutz von Pelztieren,** wie eine Erklärung von Fotomodellen Mitte der 1990er-Jahre, nie wieder Pelze vorzuführen, zeigte. Doch dokumentiert diese Aufnahme aus dem Jahr 1997, wie ernst einige Unterzeichnerinnen diese Erklärung nehmen.

Ein **afrikanischer Elefant** wird enthäutet. Das Fleisch und die Haut der im Rahmen der Bestandsregulierung im südlichen Afrika getöteten Elefanten werden der einheimischen Bevölkerung verkauft, sodass diese die Elefanten als kontrolliert nutzbare Ressource erleben.

ßen Drahtkäfigen gehalten werden, kann bezweifelt werden, dass dies eine Verbesserung darstellt. In solch einem Fall ist das beschwichtigende und werbewirksam gedachte Prädikat »Zuchttier« eher ein Alarmsignal. Massentierhaltung ist auch bei manchen Krokodilarten offenbar der einzige Ausweg, eine rücksichtslose Bejagung frei lebender Bestände zu verhindern oder zu reduzieren. Wenngleich auch Zuchtfarmen sicherlich nie die Produktivität wie manche Naturlandschaften haben werden (aus dem brasilianischen Pantanal werden jährlich immer noch über eine halbe Million Kaimanhäute erbeutet), scheint in anderen Regionen der Jagddruck wenigstens etwas nachzulassen. Vielleicht zeigen auch vereinzelt Grenzkontrollen und Importbeschränkungen eine gewisse Wirkung. Bei Schlangen ist die Situation sicherlich anders, denn bei kaum einer Art scheint die Zucht wirtschaftlich möglich zu sein, sodass vermutlich alle gehandelten Häute aus Freilandfängen stammen dürften. Bei all diesen Tieren ist aber eine betrügerische Umdeklaration von Wildfängen zu Gefangenschaftsnachkommen weit verbreitet. Vor allem unter Schlangen und Krokodilen sind daher viele Arten äußerst bedroht.

Elefanten – teils stark gefährdet, teils kontrolliert genutzt

Der afrikanische Elefant ist bedroht, weil seine Stoßzähne wegen der starken Nachfrage nach Elfenbein, beispielsweise für Schnitzereien oder Klaviertasten, sehr begehrt sind. Das Überleben des indischen Elefanten scheint hingegen durch seine Quasi-Haustierhaltung gesichert zu sein, wenngleich diese Bedeutung im ausklingenden 20. Jahrhundert langsam abnimmt. In den meisten afrikanischen Staaten wurden die Elefantenbestände in den letzten 25 Jahren um 90 Prozent (von ehemals fünf Millionen auf etwa eine halbe Million Tiere) reduziert, die verbleibenden Reste sind fast überall stark gefährdet. Schutzbestrebungen haben nur geringen Erfolg, weil gleichzeitig der Lebensraum der Tiere durch eine intensivere Landnutzung der Menschen eingeschränkt wird. Elefantenherden haben recht großräumige Ansprüche und so sind Mensch und Elefant unabhängig von der Elfenbeinjagd direkte Konkurrenten um landwirtschaftlich nutzbare Flächen geworden. Langfristig werden daher Elefanten vor allem in den von Menschen dichter besiedelten Gebieten Afrikas kaum in größeren Beständen überleben können. In West- und Ostafrika war daher die Dezimierung der Dickhäuter besonders stark. Heute leben dort nur noch 20 Prozent des gesamten afrikanischen Bestands.

Im südlichen und zentralen Afrika, wo heute etwa 80 Prozent der Elefanten leben, ist die Situation anders. Vor allem in Südafrika und einigen Nachbarstaaten schien bei deutlich geringerer Besiedlungsdichte durch die Menschen und weniger Wilderern die Vermehrungsrate der Elefanten unbegrenzt. Dort hat man daher bereits früh mit dem kontrollierten Abschuss von Tieren begonnen, man reguliert also die Bestände. Im Rahmen einer regelrechten Bewirtschaftung werden die Tiere jährlich gezählt. Höchstquoten für einzelne Regionen sind so bemessen, dass die Tiere ihren eigenen Lebensraum nicht übernutzen und damit zerstören. Überschüssige Tiere werden getötet, die getöteten Tiere vermarktet: Das Fleisch und die Haut werden der einheimischen Bevölkerung verkauft, die Bevölkerung erlebt auf diese Weise ihre wilden Elefanten als kontrolliert nutzbare Ressource. Das Elfenbein wurde ursprünglich staatlich gehandelt. Dadurch konnten einerseits eine gewisse Nachfrage befriedigt und Einnahmen erzielt werden. Andererseits hat Südafrika auch

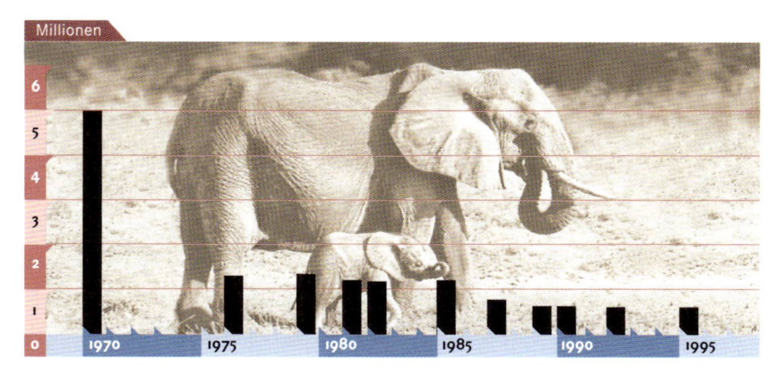

In Afrika wurde der **Bestand an Elefanten** in 25 Jahren auf rund ein Zehntel der ursprünglichen Dichte reduziert. Genaue Bestandszahlen sind sehr schwer zu ermitteln, da Zählungen in Schutzgebieten stattfinden, wo aber nur ein Bruchteil der Elefanten lebt und deren saisonale Wanderungen zudem die Bestandsermittlung erschweren. Definitiv gezählt wurden 1995 268 234 Elefanten, Schätzungen gehen von bis zu 700 000 Elefanten aus.

immer betont, damit illegalen Handel und Wilderei offenbar recht wirkungsvoll unterbinden zu können. Nachdem 1989 jedoch ein totales Handelsverbot für afrikanische Elefanten (inklusive ihres Elfenbeins) verfügt wurde, beschränkt sich die kontrollierte Nutzung der südafrikanischen Elefanten auf diesen nationalen Markt. Angesichts zunehmender Elefantenzahlen haben 1998 jedoch einzelne Staaten im südlichen Afrika erklärt, wieder einen internationalen Elfenbeinhandel aufnehmen zu wollen. Unter staatlicher Kontrolle können die Elefanten somit ihren eigenen Schutz finanzieren.

Aphrodisiaka kosten vielen Nashörnern Horn und Leben

In vielen Ländern haben einzelne Teile von Tieren den Ruf potenzsteigernd zu sein oder sonstwie erotisierend zu wirken. Bei all diesen Mitteln liegen keine medizinischen Wirkungen vor, höchstens ist ein symbolischer oder mystischer Zusammenhang zu sehen. Vor allem das Horn aller Nashornarten, das letztlich nur aus der zusammengewachsenen Haarsubstanz Keratin besteht, gilt in pulverisierter Form als geradezu Wunder bewirkendes Aphrodisiakum, sodass immense Preise dafür gezahlt werden. Nach Angaben des World Wide Fund for Nature (WWF) belief sich der Schwarzmarktwert von einem Kilogramm Horn Ende der 1980er-Jahre auf 20000 DM. Offensichtlich ist das Angebot eher gering, die Nachfrage jedoch hoch, sodass einerseits solche Fantasiepreise entstehen, andererseits die Versuchung sehr groß ist, Tiere zu jagen und den Markt zu beliefern. In Verbindung mit der allgemein schlechten Wirtschaftslage in vielen Entwicklungsländern bildeten sich Wildererbanden, die oft hervorragend bewaffnet sind (Maschinengewehre, Panzerfäuste) und dank ausgezeichneter Ausrüstung (Geländewagen, Schnellboote) regional die letzten Tierbestände abschlachten konnten. Kontrollen sind kaum möglich, oft auch nicht effektiv, oder werden beispielsweise in regelrechten Gefechten mit den wenigen Wildhütern oder paramilitärischen Einheiten ausgeschaltet.

Tierschützer in Simbabwe sägen den **Nashörnern** die Hörner ab, um sie so vor Wilderern zu schützen, die v.a. das Horn erbeuten und verkaufen wollen. Das hier abgebildete Nashorn ist nur betäubt.

In Asien waren die Bestände des indischen Panzernashorns 1995 bis auf etwa 1500 Tiere reduziert. Auf einzelnen Inseln Indonesiens wie beispielsweise Java ist es fast ausgerottet, auf Sumatra leben nur noch wenige Hundert Tiere. Das ostafrikanische Spitzmaulnashorn wurde in den letzten 25 Jahren auf fünf Prozent des Bestands dezimiert. Simbabwe versucht, die Tiere für die Wilderei unattraktiv zu machen, indem man ihnen die Hörner absägt. Vom südafrikanischen Breitmaulnashorn gab es 1920 nur noch 20 Tiere, die sich dank gut bewachter Schutzgebiete bis heute jedoch wieder auf über 6000 vermehren konnten. Daraufhin wurde 1994 wieder ein kontrollierter Handel mit Jagdtrophäen erlaubt. Dieser teuer erzielte Erfolg darf nicht darüber hinwegtäuschen, dass die anderen Nashornarten – so die derzeitige Einschätzung – die nächsten Jahrzehnte höchstwahrscheinlich nicht überleben werden.

Froschschenkel, Schildkrötensuppe, Haifischflossen – verhängnisvolle Delikatessen

Viele andere Tierarten sind im Freiland ebenfalls durch gezielte Jagd im Bestand gefährdet, weil Feinschmecker sie auf ihre besondere Weise mögen. Jährlich werden weltweit immer noch rund 250 Millionen Frösche gefangen, denen in der Regel lebendig die

Beine abgerissen werden. Vor allem in Frankreich, Belgien und den USA werden solche Froschschenkel als Delikatesse gehandelt. Große Gebiete in Indien, Bangladesh und Indonesien wurden inzwischen froschleer gefangen und von Insekten übertragene Tropenkrankheiten wie Malaria nehmen zu. Meeresschildkröten sind weltweit durch Fang und Meeresverschmutzung stark zurückgegangen. Da auch ihre Eier als Delikatessen gesucht sind, gibt es in vielen Regionen kaum noch Nachkommen.

Haie sind als mörderische Bestien gefürchtet. Völlig zu Unrecht, denn weltweit kommen jährlich nur wenige Menschen durch Haie um, viel mehr jedoch beispielsweise durch Bienenstiche. Trotzdem wurden Haie immer verfolgt. Wenn sie sich als Beifang in einem Netz fanden, wurden ihnen meist die als Delikatesse begehrten Flossen abgeschnitten, der noch lebende Torso ins Meer zurückgeworfen. Mit der unhaltbaren Behauptung, Haie bekämen keinen Krebs und ihr Knorpel würde Krebs heilen, intensivierte sich jedoch der direkte Jagddruck auf diese Tiere. In den 1980er-Jahren steigerten die USA beispielsweise ihren Haifang um mehr als das Zehnfache, weltweit werden mehr als 100 Millionen Haie jährlich getötet. Inzwischen schrumpften die Bestände und ein Fünftel der 370 bekannten Haiarten sind selten geworden oder schon dem Aussterben nahe. Zu Letzteren gehören der Walhai, der Riesenhai und der Weiße Hai, welcher 1975 durch Steven Spielbergs gleichnamigen Hollywoodfilm ein völlig falsches Image bekam.

Haie wurden seit jeher als Menschen fressende Bestien angesehen, wie dieser französische Farbdruck von 1906 mit dem Titel »Schreckliches Drama auf dem Meer – Haie greifen Schiffbrüchige an« zeigt (Le Petit Parisien, 18. Jg. 1906, Paris).

Dem illegalen Handel muss die Grundlage entzogen werden

Als Fazit ergeben sich zum Schutz bedrohter Arten zwei wesentliche Forderungen beziehungsweise zwei Strategien zu ihrem Erhalt: Einerseits muss die Bejagung der Wildbestände gestoppt und der Handel mit diesen Tieren eingeschränkt oder verboten werden. Ein wesentliches Instrument hierzu ist das Washingtoner Artenschutzübereinkommen mit den CITES-Listen in seinem Anhang. Andererseits muss versucht werden, dem illegalen Handel die wirtschaftliche Grundlage zu nehmen, indem man beginnt, die Tiere zu züchten. Eine kontinuierliche und sich selbst erhaltende Zucht ursprünglich seltener oder bedrohter Arten ist unter wirtschaftlichen Bedingungen nicht immer einfach. So ist es beispielsweise wegen der aufwendigen Ernährungsweise der erwachsenen Tiere bis heute noch nicht gelungen, Frösche in nennenswertem Umfang zu züchten. Viele Schlangenarten, Krokodile und Meeresschildkröten benötigen zehn bis zwanzig Jahre bis zur ersten Eiablage, sodass eine dauerhafte Haltung bestenfalls langfristig erzielt werden kann und kaum wirtschaftlich sein wird.

Der legale internationale Handel als Bedroher vieler Arten

Eine zentrale Bedrohung von Populationen wild lebender Tiere und Pflanzen geht vom internationalen Handel aus. Von Haustierhaltern und Pflanzenliebhabern, zoologischen Gärten und Versuchslabors, der Fell- und Lederindustrie oder von dubiosen Medikamentenherstellern geht eine permanente Nachfrage aus, die über lukrative Preise Fang und Handel vieler Arten ankurbelt. Nach zuverlässigen Angaben werden derzeit jährlich mehrere 10 Millionen Reptilienhäute und mehrere 100 000 Katzenfelle, 300 Millionen Zierfische, 4 Millionen Vögel, eine Million wilder Orchideen und fast 100 000 Affen gehandelt. Es ist weitgehend unbekannt, wie viele hiervon Fang und Transport nicht überleben. Bei Primaten wird davon ausgegangen, dass bei einigen Arten pro gehandeltem Tier mehrere weitere beim Fang getötet wurden, bei Schimpansen bis zu zehn. Bei Zierfischen und Vögeln gilt es als sicher, dass 50 bis 90 Prozent den Transport nicht überleben; viele von den Tieren, die den Transport überlebt haben, sterben in den ersten Wochen der Gefan-

DAS WASHINGTONER ARTENSCHUTZÜBEREINKOMMEN (CITES)

Am 3. 3. 1973 wurde in Washington ein Artenschutzübereinkommen unterzeichnet, welches durch internationale Handelsbeschränkungen den Schutz von Arten gewähren sollte und 1975 in Kraft trat (Convention on International Trade in Endangered Species of wild fauna and flora, kurz CITES). In ihm bestätigen die unterzeichnenden Staaten, dass Fauna und Flora unersetzbare Teile der Erde und aus ästhetischen, wissenschaftlichen, kulturellen und wirtschaftlichen Gründen wertvoll sind. Man stimmt darin überein, dass der Schutz am besten Aufgabe der jeweiligen Völker und Staaten ist, dass aber internationale Zusammenarbeit wichtig ist, um Raubbau durch internationalen Handel zu verhindern.

Neben den Artikeln der Konvention enthält das Abkommen vor allem drei Listen (Appendices), in denen Tiere und Pflanzen aufgelistet sind, welche weltweit vom Aussterben bedroht sind (Appendix I) oder durch intensiven Handel vom Aussterben bedroht sein könnten (Appendix II) bzw. auf nationaler Ebene gefährdet sind (Appendix III). Die Appendices von CITES (die »CITES-Listen«) enthalten unter den mehr als 8000 aufgelisteten Tierarten vor allem Säugetiere, Vögel und Reptilien, einzelne Amphibien, Fische und Wirbellose. Handel ist verboten bzw. nur mit Ausnahmegenehmigung möglich. Ausgenommen von diesen Beschränkungen sind Nachzuchten in Gefangenschaft, zu denen somit ausdrücklich aufgefordert wird. Die Überwachung von CITES erfolgt durch ein Sekretariat in Genf (Schweiz).

Bis Anfang 1999 hatten bereits über 150 Staaten das Washingtoner Artenschutzübereinkommen unterzeichnet, sodass von einem fast globalen Schutz der betreffenden Arten ausgegangen werden kann. Zwar fehlen heute nur noch wenige im internationalen Handel wichtige Staaten, diese können aber immer noch eine wichtige Mittlerfunktion beim illegalen Handel durch Schmugglerbanden und bei falscher Deklaration erfüllen (beispielsweise Länder wie Oman und Taiwan), sodass die Handelsbeschränkungen von CITES immer noch umgangen werden können.

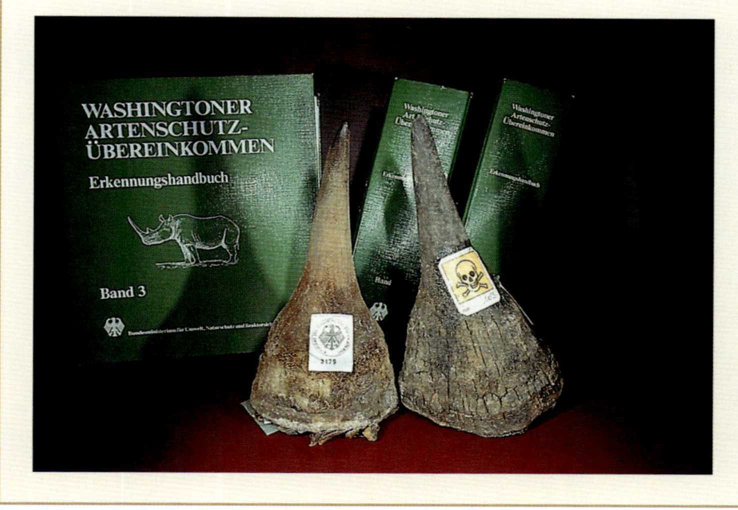

Der an CITES gemeldete Handel mit weltweit geschützten Arten und deren Produkten

	lebende Affen	Katzenfelle	lebende Papageien	Reptilienhäute
Exporte				
Afrika	8879	2272	169238	399256
Amerika	12891	95740	283184	2004103
Asien	24662	72969	126538	6878809
Welt gesamt	51256	192402	618539	10480798
Importe				
Deutschland	714	82241	60564	42813
Großbritannien	5811	16400	34520	551281
Frankreich	1870	7701	18843	755617
Italien	1150	9505	8607	1026928
Niederlande	2786	13	27822	348175
Schweiz	268	6657	3582	201955

genschaft. Meeresfische stammen fast ausschließlich aus Wildfängen und die starke Nachfrage führte bereits zur Plünderung ganzer Korallenriffe. Mit dem Washingtoner Artenschutzübereinkommen wurde vor 26 Jahren versucht, den Handel bedrohter Tierarten zu verbieten. Auch wenn dieses Abkommen inzwischen fast weltweit gilt, so sind Kontrollmöglichkeiten beschränkt und Falschdeklarationen und Schmuggel blühen weiterhin.

Leider scheint es keine brauchbaren Statistiken zu geben, die Auskunft über exotische Tierarten geben könnten, die als Haustiere gehandelt werden. Vor allem unter den Wirbeltieren werden Arten aus praktisch allen Tiergruppen gehalten, in einzelnen Fällen durchaus artgerecht, oft genug aber unter unnatürlichen und unzumutbaren Bedingungen. Solche Tiere leiden unter einer hohen Sterblichkeit und stellen über die stete Nachfrage eine zusätzliche Bedrohung der Freilandbestände dar. Gehandelte Tiere werden zwar oft als Zuchttiere ausgegeben, da Kontrollen aber kaum möglich sind, ist hier ein weites Feld für Irreführung und Betrug. Zusätzlich ergibt sich durch unsachgemäße Haustierhaltung von Exoten ein ernst zu nehmendes Gefahrenpotential, etwa wenn groß gewordene Krokodile oder Schlangen nicht mehr untergebracht werden können oder entkommen, oder aber wenn nicht mehr erwünschte Tiere einfach ausgesetzt werden. Vom direkten Gefahrenpotential abgesehen resultiert hieraus eine mögliche Faunenverfälschung, die in Einzelfällen bereits zu nicht wieder gutzumachenden Schäden geführt hat. Beispielsweise führt das Aussetzen von Goldfischen fast immer zu einem Rückgang der Amphibienpopulationen.

Viele Pflanzenarten sind durch Sammeln gefährdet

Lokale Ausrottung von Populationen durch Sammler ist auch bei Pflanzen häufig, in Einzelfällen sind auch bereits Arten im Freiland völlig verschwunden. Viele Kakteenarten stehen in der Natur unter einem starken Sammlerdruck, da sie nur sehr langsam wachsen und ältere Exemplare aus Nachzucht kaum gehandelt werden. Viele

Orchideen vermehren sich auch heute nur sehr schwer unter Zuchtbedingungen, sodass noch recht viele Wildpflanzen gesammelt werden. Abgesehen von solchen Liebhaberpflanzen, für die zum Teil beträchtliche Summen gezahlt werden, kann auch der normale Handel von gewöhnlichen Ziergartenpflanzen Freilandbestände gefährden. So exportierte beispielsweise die Türkei in den 1980er-Jahren über 70 Millionen Pflanzenzwiebeln (unter anderem Winterlinge, Schneeglöckchen, Märzenbecher) nach Europa. Hierfür wurden ganze Landstriche geplündert und so manche Population hat sich hiervon nicht mehr erholen können.

Artenschutzkonzept und Wiedereinbürgerung

Ein scheinbar einfaches und Erfolg versprechendes Mittel, einzelne im Bestand bedrohte Arten vor dem lokalen Aussterben zu retten, besteht darin, sie unter Schutz zu stellen und gezielte Einzelmaßnahmen zu ihrer Förderung durchzuführen. Gegebenenfalls beinhalten dann solche individuellen Artenschutzkonzepte auch Wiedereinbürgerungsversuche. Solche Schutzmaßnahmen quasi »nur für eine Art« sind nicht unproblematisch und auch wiederholt kritisiert worden.

Im Vordergrund muss die Erhaltung der Lebensräume stehen

Losgelöst von ihrem natürlichen Lebensraum kann eine einzelne Tier- oder Pflanzenart nicht existieren. Eine Haltung ausschließlich in zoologischen oder botanischen Gärten fixiert daher eine naturferne, ja künstliche Situation, die nur ausnahmsweise und vorübergehend gerechtfertigt werden kann. Ziel von Schutzmaßnahmen muss vielmehr der Lebensraum sein, in dem diese Art leben kann, denn nur da kann sie sich auch im Umfeld anderer Arten und der auf sie einwirkenden Lebensraumfaktoren – also im Rahmen des allgemeinen Evolutionsgeschehens – weiterentwickeln. Im Einzelfall müssten nun die Faktoren analysiert werden, die zum Verschwinden der betreffenden Art führten, die Mängel müssten dann behoben werden und theoretisch wäre der Bestand dieser Art danach gesichert. Wenn die Art aus einem Lebensraum bereits völlig verschwunden ist, wäre auch eine Neubesiedlung aus dem nächstgelegenen Vorkommen (Wiedereinbürgerung) möglich. In der Realität sieht es selten so einfach aus, da ganz unterschiedliche Faktoren zum Rückgang einer Art führen können.

Eine sorgfältige Analyse der Faktoren, die die Gefährdung einer Art bewirkt hatten, kann beispielsweise direkte Bejagung oder Sammeln, aber auch Übernutzung von Beständen als Ursachen ergeben. In beiden Fällen können Jagd- und Sammelverbote oder genaue Bewirtschaftungsvorschriften Abhilfe schaffen. Oft ist jedoch die Art erst durch Vernichtung des Lebensraums verschwunden und Artenschutzkonzepte führen nicht weiter. In einem solchen Fall gilt es dann, den gesamten Lebensraum zu schützen (beispielsweise durch die Ausweisung von Naturschutzgebieten), oder durch bestimmte

Bewirtschaftungs- und Nutzungsauflagen zu sichern, dass wichtige Voraussetzungen für die Existenz einer Art erhalten bleiben. Schwierig wird die Situation jedoch, wenn eine Art empfindlich auf bestimmte Umweltchemikalien oder den multiplen Effekt diffuser Belastungen reagiert. Hier ist kurzfristig meist nicht mit Erfolgen zu rechnen. In der Praxis ist es weder möglich, alle 20000 bis 30000 Arten, die in Deutschland im Bestand mehr oder weniger bedroht sind, mit individuellen Artenschutzkonzepten zu erhalten, noch können sie ausschließlich über Lebensraumschutz erhalten bleiben. Kombinationen und Mischformen sind daher sinnvoll. Einzelne Beispiele mögen dies verdeutlichen.

Biber legen ihre recht unterschiedlich gebauten **Burgen** stets so an, dass der Eingang unter Wasser, die Wohnhöhle jedoch etwa 20 cm über dem Wasserspiegel steht. Steigt der Wasserspiegel, wird »aufgestockt«, sodass schließlich solch eine Insel mitten im Wasser entstehen kann.

Der Biber – ein Beispiel erfolgreicher Wiedereinbürgerung

Vormals waren Biber in den meisten Teilen Europas weit verbreitet und stellenweise so häufig, dass ihre Felle als Pelze genutzt wurden und ihr Fleisch ein normaler Bestandteil der guten Küche war. In den letzten Jahrhunderten nahm ihr Bestand aber überall in Europa drastisch ab und die Tiere waren etwa in der Mitte des letzten Jahrhunderts in Deutschland – vermutlich bis auf eine kleine Restpopulation an der Elbe –, aber auch in Schweden, Finnland, weiten Bereichen Russlands und in der Schweiz nördlich der Alpen ausgerottet. Gründe hierfür sind sicherlich in der übermäßigen Bejagung der Tiere, aber auch in der Zerstörung der Lebensräume zu finden. Im letzten Jahrhundert wurde der oft sinnlose Ausbau von Flüssen und Bächen großräumig in Angriff genommen, aber auch die Kultivierung von Mooren, Auwäldern und anderen Feuchtgebieten. Durch Untergraben von Dämmen und Aufstauen von eigentlich zur Entwässerung vorgesehenen Flächen kamen sich Mensch und Biber immer öfter in die Quere, sodass viele Tiere allein deswegen bejagt wurden.

Um Biber wieder neu anzusiedeln, begannen in diesem Jahrhundert an verschiedenen Orten erste Ausbürgerungsversuche, die in den meisten Fällen erfolgreich verliefen. In Deutschland wurden seit 1966 französische, russische und skandinavische Biber ausgesetzt, die sich an vielen Orten gut behaupten und vermehren konnten. Heute leben an vielen Orten wieder wuchskräftige Populationen, die sich zum Teil auch weiterzuverbreiten suchen. Eine konsequente Unterschutzstellung genügt offenbar, da es vielerorts noch ausreichend große Feuchtgebiete gibt. Inzwischen wissen wir auch, dass Biber das Potential zum Kulturfolger haben, das heißt, sie können auch in einer vom Menschen vielfältig genutzten Landschaft stabile Bestände aufbauen, sofern eine direkte Bejagung unterbleibt. Biber stellen also ein erfolgreich verlaufenes Beispiel für Artenschutz und Wiedereinbürgerung dar.

Wiedereinbürgerung von Bartgeiern

Noch vor 200 Jahren kamen Bartgeier in einem fast geschlossenen Verbreitungsgebiet von der iberischen Halbinsel über den Alpenbogen bis zum Balkan und Kleinasien vor. Bis zur Jahrhundertwende hatte die Population dieser stattlichen, auf Knochen und Aas spezialisierten Art aber überall drastisch abgenommen und war im gesamten Alpenraum ausgestorben. Neben direkter Bejagung (»weil die Geier die Schafherden dezimieren« – daher der ältere Name Lämmergeier – »und auch Kleinkinder rauben«) fielen viele Tiere auch den Giftködern zum Opfer, die damals zur Wolfjagd überall ausgelegt wurden. Seit den 1920er-Jahren und vermehrt in den letzten Jahrzehnten wurden Bartgeier immer wieder an mehreren Stellen in Österreich, der Schweiz und Frankreich ausgesetzt, gefüttert und bewacht, sodass sich langsam wieder tragfähige Populationen entwickeln konnten. In einigen Jahrzehnten könnten die Alpen also möglicherweise wieder durchgehend von Bartgeiern bevölkert werden.

Wiedereinbürgerungsversuche des **Bartgeiers** in den Alpen hatten einen gewissen Erfolg, sodass sich an mehreren Stellen wieder tragfähige Populationen entwickelten.

Wichtig für den Erfolg dieser Maßnahme ist neben einem direkten Bejagungsverbot auch die Aufklärung der Bevölkerung, vor allem von Schäfern, über die Harmlosigkeit der Tiere. Ferner hat unser zunehmendes Hygienebewusstsein den Bartgeiern als Kadaververtilgern eine wichtige Nahrungsgrundlage genommen. Denn in übersteigerter Form mussten tote Schafe oder Kühe, die bei der alpinen Weidewirtschaft immer wieder vorkamen, auch in abgelegenen Gegenden veterinärärztlich korrekt entsorgt und notfalls mit einem Helikopter ausgeflogen werden. Genau diese Kadaver waren jedoch die Lebensgrundlage der natürlichen Seuchenpolizei Bartgeier. Hier müssen also offensichtlich noch einige Vorschriften auf ein etwas normaleres Maß zurückgenommen werden. Denn wenn wie in den französischen Gebirgen solche Vorschriften fehlen, erleben die Schäfer schnell direkt die natürliche Funktion von Aasfressern. Tote Tiere werden in Kürze samt aller Knochen vertilgt und stellen daher keine Infektionsmöglichkeit für die restliche Herde mehr dar. Somit gewannen die Schäfer eine neue Wertschätzung für die Bartgeier.

Das Projekt Bartgeier dürfte daher in einigen Jahrzehnten vermutlich als erfolgreich eingestuft werden können.

Bislang wenig erfolgreich: Artenschutzprogramme für Fledermäuse

Die in Deutschland mit rund zwei Dutzend Arten vertretene Ordnung der Fledermäuse zählt hier zu den bedrohtesten Tiergruppen überhaupt. Neben direkter Bejagung und Vernichtung ganzer Kolonien in den Sommer- und Winterquartieren (vor allem wegen diffuser »Vampir«-Ängste vor den Tieren und hygienischer Argumente) leiden Fledermäuse besonders unter einem Rückgang geeigneter Quartiere wie leere Dachstühle, Gebälk, Mauerhöhlen, Baumhöhlen, Felsen und Stollen oder Ähnliches und unter der allgemeinen Vergiftung ihrer – und unserer – Umwelt. Möglicherweise am stärksten zum Rückgang der Fledermäuse beigetragen haben das großräumige Ausbringen von Bioziden in der Landwirtschaft sowie im Haus- und Gartenbereich und auch das Imprägnieren von Dachgebälk. Beide Maßnahmen führen zu einer Anreicherung von toxischen Substanzen in der Nahrungskette der Fledermäuse. Trotz ursprünglich sehr niedriger Konzentrationen können die giftigen Substanzen als Folge der Anreicherung schließlich an der Spitze dieser Nahrungskette, wo sich die Fledermäuse befinden, zu einer unerträglichen Belastung führen. Fledermäuse sind daher ein Beispiel für eine Tiergruppe, für die es zwar inzwischen umfassende Artenschutzprogramme gibt, beispielsweise in Form von Überwinterungshilfen und künstlichen Sommerquartieren, der aber auf diesem Weg allein nicht entscheidend weitergeholfen werden kann.

Da sich Fledermäuse, im Bild ein **Großer Abendsegler**, an der Spitze einer Nahrungskette befinden und daher einer Anreicherung toxischer Substanzen ausgesetzt sind, führten selbst umfassende Schutzprogramme nicht zu einer Bestandserholung.

Fischotter reagieren sensibel auf Umweltverschmutzung

Ähnlich wie Biber sind Fischotter ehemals sehr zahlreich vorkommende Tiere gewesen, die stark bejagt wurden. Nicht nur wegen ihres Fells, sondern auch als Freitagsspeise waren sie (wie die Biber) im kirchlich dominierten Leben des Mittelalters begehrt, denn als im Wasser lebende Tiere wurden sie offiziell als Fische de-

Gedämpfter Biber

Man zerlege den Biber in kleine Stückchen und gibt Schmalz in eine Kasserolle, klein geschnittene Zwiebeln und Zitronenschale, gibt das Fleisch darauf und dämpft es weich, wobei man öfters Essig und Erbsenbrühe, zuletzt noch etwas Mehl, auch fein geschnittene Sardellen und ein Glas Wein dazugibt. Die Brühe muss kurz einkochen. Der Biberschwanz ist am besten, wenn er in Essig und Wasser weich gekocht, dann mit Butter und Semmelbröseln am Roste abgebräunt und oben auf den Biber gelegt wird. Sardellen und Wein kann man weglassen, gibt dann aber kleine eingemachte Gurken an die Brühe.

Gedämpfter Fischotter

Wenn die Ottern zu beliebigen Stücken zerhauen sind, dämpft man sie geradeso wie den Biber. Wenn sie anfangen weich zu werden, legt man ein Stück Zucker mit ein wenig Schmalz in die Pfanne und bereitet davon mit ein paar Löffel voll Mehl eine braune Einbrenne, gibt sie an die Otter und lässt diese Brühe ganz kurz und dicklich einkochen. Vor dem Anrichten gibt man ein wenig Zitronensaft darauf.

Biber und Fischotter waren ehemals weit verbreitet und übliches Wildbret, sodass sie in dem hier zitierten **»Regensburger Kochbuch«** von Marie Schandri noch in der 24. Auflage von 1904 erwähnt sind.

Der **Eurasische Fischotter** ist ein typischer Wassermarder mit einem langen kraftvollen Ruderschwanz und Schwimmhäuten zwischen den Zehen. Er schwimmt und taucht vorzüglich, ist aber auch an Land sehr beweglich.

klariert und waren somit vom freitäglichen Fleischverbot ausgenommen. Zudem galten sie, wie wir heute wissen, weitgehend zu Unrecht als Fischschädlinge, sodass sie auch deswegen intensiv verfolgt wurden. Der starke Jagddruck allein hätte die Fischotterbestände jedoch nicht ernstlich gefährden können, wenn die Tiere nicht im Unterschied zu den Bibern sehr empfindlich auf die in diesem Jahrhundert stark zugenommene Wasserverschmutzung reagiert hätten. Schließlich hat die starke Verbauung der Gewässer und Vernichtung ganzer Habitate die Lebensräume der Fischotter empfindlich eingeschränkt, sodass die nachfolgende Belastung mit Umweltchemikalien den verbliebenen Populationsresten den Todesstoß versetzt hat und der Fischotter heute in weiten Bereichen Mitteleuropas ausgestorben ist.

Es hat nicht an Artenschutzprogrammen und Aussetzversuchen gefehlt, doch haben beide keinen Erfolg gehabt. Inzwischen weiß man, dass der Fischotter höchst sensibel auf bestimmte Umweltchemikalien reagiert. Da er als Raubtier, das sich meist von Wassertieren ernährt, die selbst oft ebenfalls Fleischfresser sind, an der Spitze einer langen Nahrungskette steht, reichern sich diese Substanzen bis zum Fischotter sehr stark an. Vor allem PCB (polychlorierte Biphenyle, die unter anderem in Kondensatoren und Transformatoren, aber

Vorkommen des ehemals in Europa überall verbreiteten **Fischotters** Ende der 1980er-Jahre. Die von Mitteleuropa ausgehende Verbreitungslücke ist auf die intensive Bejagung der Tiere, Gewässerverschmutzung und Lebensraumzerstörung zurückzuführen, vor allem aber auf die Zunahme von Umweltgiften, insbesonere PCB, welche die Vermehrungsfähigkeit der Tiere herabsetzen.

auch als Weichmacher in Kunststoffen weltweit verbreitet sind und bei Halbwertzeiten von zehn bis zwanzig Jahren recht langlebig sind) haben sich inzwischen als für den Fischotter ausgesprochen giftig erwiesen und hemmen, vielleicht in der Wirkung noch durch Biozide und Schwermetalle verstärkt, seine Fortpflanzung schon ab Konzentrationen von 50 mg/kg Körperfett. Werden noch Junge geboren, so sterben sie oft wenige Tage nach der Geburt. Wenn solche Giftkonzentrationen vermieden werden sollen, dürfen die Fischotter nur in Gewässern leben, deren Fische PCB-Konzentrationen unter 0,02 bis 0,05 mg/kg Gesamtgewicht aufweisen. In den meisten mitteleuropäischen Flüssen werden diese Werte jedoch deutlich überschritten. Es ist daher absehbar, dass es auf Jahrzehnte hinaus keine Überlebensmöglichkeit für Fischotter in Mitteleuropa mehr geben wird.

Für 1995 geschätze Bestände von Wölfen und Bären in Europa und Trend ihrer voraussichtlichen Bestandsentwicklung

Land	Wölfe	Trend	Bären	Trend
Norwegen	15	+	125	+
Schweden	15	+	600	+
Finnland	100	=	550	+
GUS (europ. Teil)	15 000	?	32 000	=
Polen	850	+	90	+
Tschechien	5	+	–	
Slowakei	350	+	600	+
Ungarn	50	+	2	?
Rumänien	2500	+	7800	+
Bulgarien	650	+	730	=
Griechenland	400	–	170	–
Albanien	k. A.		490	?
Ex-Jugoslawien	500	–	2100	–
Österreich	k. A.		20	+
Schweiz	k. A.		k. A.	
Deutschland	5	+	–	?
Italien	400	+	75	=
Frankreich	10	+	10	–
Spanien	1700	=	60	–
Portugal	150	=	–	?

+ zunehmend, = gleich bleibend, – abnehmend, ? unbekannt

Artenschutzprogramme für Wolf und Braunbär?

Wie schon oben ausgeführt, wurden Wolf und Braunbär seit Jahrhunderten überall in Europa stark bekämpft und weit zurückgedrängt. In Deutschland, Österreich und der Schweiz waren sie völlig verschwunden, in den Nachbarländern Frankreich, Italien und Polen jedoch noch nicht ganz. Diese Bestände haben sich in den letzten Jahren zunehmend erholt, sodass heute auch eine Wiederbesiedlung von Mitteleuropa möglich erscheint. Aus Osteuropa und vom Balkan her sind bereits Bären bis nach Österreich vorgedrungen, erste Wölfe aus Polen haben Deutschland erreicht. Wölfe aus Italien sind nach Frankreich vorgedrungen und haben vielleicht auch schon die Schweiz erreicht. Mit dem Aufbau größerer Populationen ist daher überall in Mitteleuropa zu rechnen.

Bisher haben Bär und Wolf den Menschen möglichst gemieden und sich daher auf kaum besiedelte Gebiete beschränkt. Dies reduziert den für sie geeigneten Lebensraum beträchtlich. Erfahrungen in Skandinavien, Frankreich, Spanien und Italien haben gezeigt, dass die durch Wölfe und Bären angerichteten Schäden vergleichsweise gering sind. Aus unbeaufsichtigten Herden von Schafen und Rentieren werden Tiere gerissen, gelegentlich überfallen Bären Bienenstöcke. Wenn wie in diesen Ländern der Staat für diese Schäden aufkommt, tolerieren auch die Viehzüchter die neuen Raubtiere und ein gesetzlicher Schutz wird akzeptiert. Die Schäden können verringert werden, wenn die Viehherden durch Schäfer und Hunde bewacht werden, denn dann meidet sie der Wolf. Dies bedingt eine Ablösung der in letzter Zeit immer extensiver gewordenen Alpbeweidung, bei der riesige Schafherden sich selbst überlassen bleiben und nur noch monatlich kontrolliert werden, durch ein personalintensiveres System, wie es früher ja auch schon existierte. Somit kann ein Artenschutzprogramm für Wolf und Bär recht einfach aussehen und wegen des beachtlichen Ausbreitungsvermögens dieser Tiere dennoch wirksam sein.

Das Ende der biologischen Vielfalt?

Bedenklicher als die Ausrottung einer einzelnen Art ist die Vernichtung eines Lebensraums, da hierdurch *allen* Arten, die dort vorkommen, die Lebensgrundlage entzogen wird, sofern sie in ihrer Existenz auf diesen Lebensraum angewiesen sind. Tiere oder Pflanzen, die in der Regel kein direktes Ziel von Jagd- oder Sammeltätigkeit sind, wie niedere Pilze und Moose, Insekten, Kleinkrebse oder Schnecken, können daher auch betroffen sein und aussterben. Die Umgestaltung unserer Umgebung zu einer vom Menschen durch und durch geprägten Kulturlandschaft, die Nutzbarmachung der tropischen Regenwälder, die Belastung mit Umweltchemikalien und die Besiedlung der letzten naturnahen Stellen der Erde führen zu globalen Veränderungen, die die Lebensraummannigfaltigkeit, also die Zahl der verschiedenen Habitate und Ökosysteme, stark vermindern.

Viele Arten verschwinden durch Vernichtung ihres Lebenraums

Es ist nicht einfach, diesen Artenschwund, der sich langsam und oft im Stillen vollzieht, zu dokumentieren. Es bedarf des Fachmanns, um die vielen kleinen, unscheinbaren, wenig bekannten und oft schwer bestimmbaren Arten, darunter immer wieder welche, die auch für die Wissenschaft noch neu, also unentdeckt sind, zu identifizieren. Wenn ein Lebensraum gut untersucht ist, kann für einzelne, gut bekannte Tier- oder Pflanzengruppen in »Roten Listen« dokumentiert werden, wie groß der Bedrohungsgrad einzelner Gruppen ist. Da eine solche Auflistung eine mehrjährige intensive Auseinandersetzung mit einem Habitat und einer bestimmten Tier-

oder Pflanzengruppe voraussetzt, gibt es derzeit für viele Gruppen und leider für die Mehrzahl der Ökosysteme und Länder (darunter nahezu sämtliche Entwicklungsländer) noch keine Roten Listen. Hier können also nur Vermutungen oder Hochrechnungen der aktuellen Gefährdungssituation Auskunft über den derzeitigen Artenschwund geben. Eine solche Hochrechnung ergibt beispielsweise für Mitteleuropa, dass je nach Tiergruppe etwa 30 bis 60 Prozent der

WAS SIND ROTE LISTEN?

Seit etwa 1970 werden in Deutschland Listen erstellt, meist für eine bestimmte Tier- oder Pflanzengruppe und meist mit einem bestimmten räumlichen Bezug (Landschaft, Bundesland, gesamtes Bundesgebiet), um das Ausmaß ihrer Gefährdung zu verdeutlichen.

- 0 ausgestorben oder verschollen
- 1 aktuell vom Aussterben bedroht
- 2 stark gefährdet
- 3 gefährdet
- 4 potentiell gefährdet

Hauptziel einer solchen Auflistung ist es, die Öffentlichkeit, Fachleute und zuständige Behörden über den jeweiligen Gefährdungsgrad zu informieren sowie als Entscheidungsgrundlage beim Schutz von gefährdeten Arten und den Gebieten, in denen sie vorkommen, zu dienen. Langfristig spiegeln Rote Listen auch Erfolg oder Misserfolg von Natur- und Artenschutzprogrammen wider.

Rote Listen können problematisch sein und missbraucht werden. Da die bloße Aufzählung einer Art in der Roten Liste nichts über den Grund ihrer Gefährdung aussagt, muss in jedem Fall nach den Ursachen gesucht werden. Zudem ist Gefährdung prinzipiell etwas anderes als (natürliche) Seltenheit. Für eine korrekte Interpretation solcher Listen muss daher im Einzelnen geklärt werden können, ob die behandelte Art im beurteilten Gebiet am Rand ihres natürlichen Verbreitungsgebiets oder eher im Zentrum lebt, wie gut die Datenlage und wie vollständig der Erfassungsgrad ist. Handelt es sich um eine leicht erkennbare Art oder ist sie schwierig zu identifizieren, vielleicht gar nur von wenigen Fachleuten? Bei Politikern und in der Praxis des Naturschutzes haben Rote Listen heute einen hohen Stellenwert. Fachleute – oft diejenigen, die Daten hierfür liefern – neigen gelegentlich eher zur Skepsis und betonen gerne den geringen Informationsgrad, der für die meisten Artengruppen noch besteht.

Die Abbildung zeigt die Aufgliederung von Pflanzen und Pilzen (rund 7700 Arten), Wirbeltieren (449 Arten) und Wirbellosen (10628 erfasste Arten von geschätzten 40000 Arten) auf die einzelnen Gefährdungskategorien der Roten Liste der Bundesrepublik Deutschland.

- 1413 Arten ausgestorben
- 2963 Arten aktuell vom Aussterben bedroht
- 5499 Arten stark gefährdet
- 6161 Arten gefährdet
- 1824 Arten potentiell gefährdet

Die Berechnungen für die Wirbellosen, für deren meiste Arten es noch keine Roten Listen gibt, erfolgte aufgrund der in Verzeichnissen erfassten Arten, die etwa 25 Prozent ausmachen dürften, wenn man die Gesamtartenzahl der wirbellosen Arten auf 40000 schätzt. Aus den Daten und unter Hochrechnung der wirbellosen Tiere auf die geschätzten 40000 Arten ergibt sich für Deutschland, dass lediglich 32798 Arten nicht gefährdet sind.

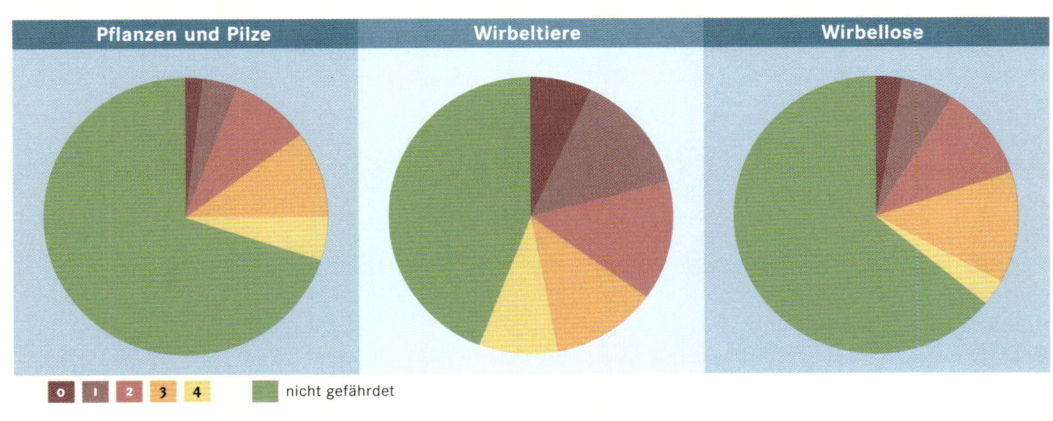

Tier- und Pflanzenarten in irgendeiner Weise in ihrem Bestand gefährdet sind.

Moderne Landwirtschaft und Lebensraumvernichtung

Man kommt nicht umhin, als eine Hauptverantwortliche für diesen Prozess unsere moderne Landwirtschaft zu bezeichnen. In ihrer heutigen, schon seit langem ausgeübten Intensität, die im Rahmen von Bodenbearbeitung und Flurbereinigung ganze Landschaften umpflügt, begradigt und egalisiert, mit Nährstoffen in Form von Dünger und vielen verschiedenen Giften (Bioziden) überflutet, bewirkte sie über Jahrzehnte eine Nivellierung aller Standorte zu monotonen, nährstoffreichen, artenarmen und stark gestörten Lebensräumen. Es gilt als sicher, dass landwirtschaftliche Maßnahmen direkt oder indirekt für zwei Drittel des Artenrückgangs verantwortlich sind. Da Tiere in vielfältiger Weise auf Pflanzen angewiesen sind, dürften die Ursachen hier in ähnlicher Größenordnung liegen. In der uns umgebenden Agrarlandschaft sind beispielsweise heute drei Viertel der Wildkräuter eines Ackers verschwunden. Rebhühner und Wachteln sind vom Aussterben bedroht, die ehemals überaus häufigen Feldhasen haben zunehmend Seltenheitswert. Welches Kind kennt heute noch Weißstörche? Wo gibt es noch Kiebitz, Feldlerche und Neuntöter? Selbst Insekten wie Libellen, Wildbienen und Schmetterlinge werden immer seltener.

Ähnliches gilt für Trockenrasen und Magerwiesen, Feuchtgebiete und viele weitere Lebensräume. Sie alle sind in diesem Jahrhundert stark zurückgedrängt worden und die sie besiedelnden Arten wurden selten. Viele dieser Bereiche wurden durch entsprechende Maßnahmen der Agrarlandschaft einverleibt. In nicht unbeträchtlichem Umfang wurden ehemalige Naturflächen unter anderem aber auch zu Gärten, Parks, Friedhöfen und zu Grünstreifen neben Verkehrswegen. All diese Ersatz- oder Restflächen könnten eine wichtige Ausgleichsfunktion erfüllen, indem sie quasi als Alternative zu den

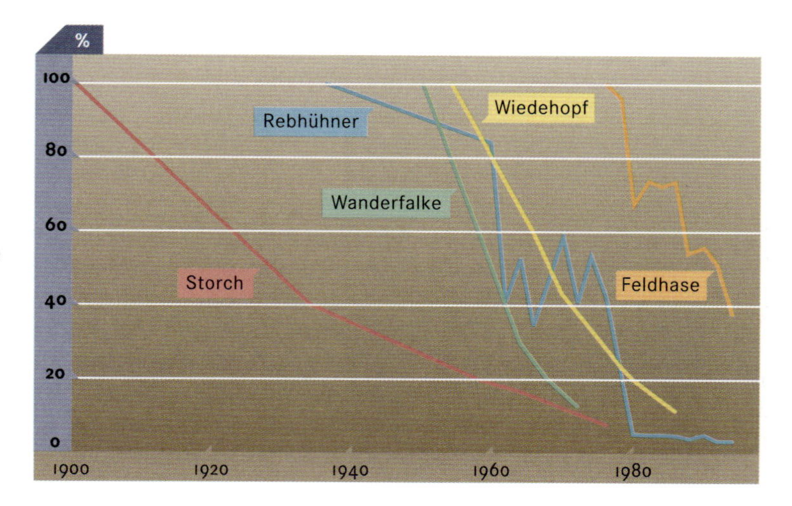

Ehemals häufige **Tiere unserer Kulturlandschaft** werden seltener (prozentualer Rückgang der ursprünglichen Häufigkeit), so beispielsweise Weißstörche in Niedersachsen, Brutpaare der Wiedehopfe in der Schweiz und der Wanderfalken in Nordeuropa. Den gleichen Trend dokumentieren sinkende Abschussquoten bei Feldhase und Rebhuhn.

verloren gegangenen Bereichen verfügbar werden. Umso trauriger muss die Feststellung stimmen, dass in der Realität diesen Ersatzflächen eine solche Funktion nicht zukommt. Angelegt mit vielen fremdländischen Pflanzen und nach einem fragwürdigen Ordnungs- und Sauberkeitsprinzip intensiv gepflegt, werden diese Bereiche meist noch intensiver gedüngt und mit Bioziden behandelt als reine Agrarflächen. Sie sind daher als ökologische Ausgleichsflächen weitgehend wertlos.

Ursachen des Artenrückgangs bei über 700 Pflanzenarten der Roten Liste in Deutschland

Ursachen	Anteil in %	Ursachen	Anteil in %
Änderung der Nutzung	13,1	Sammeln	4,4
Aufgabe der Nutzung	12,2	Gewässerausbau und -unterhalt	2,9
Beseitigung von Sonderstandorten	10,9	Einführung von Exoten	1,8
Auffüllung, Bebauung	10,6	Luft- und Bodenverunreinigung	1,6
Entwässerung	8,6	Gewässereutrophierung	1,5
Überdüngung	7,5	Herbizidanwendung, Saatgutreinigung	1,1
Abbau und Abgrabung	7,0	Verstädterung von Dörfern	0,9
Mechanische Einwirkungen	5,3	Sonstiges	5,8
Entkrautung, Rodung, Brand	4,9		

»Bereicherung« durch Floren- und Faunenverfälschung?

Regelmäßig ist darauf hingewiesen worden, dass es durch die Tätigkeit des Menschen nicht nur zur Gefährdung von Arten oder gar ihrer Ausrottung gekommen ist, sondern Menschen auch stets eine lokale Anreicherung mit fremden Arten bewirkt haben, einem Verlust also auch ein Gewinn gegenübersteht. Diese Argumentation ist völlig falsch und auch ziemlich gefährlich, denn sie zielt darauf hin, einen Prozess, an dem wir tagtäglich beteiligt sind, zu verharmlosen. Die Ausrottung einer Art ist ein unwiederbringlicher Vorgang, bei dem die entsprechenden Organismen ein für allemal für die gesamte Welt verloren gehen. Das bewusste oder unbewusste Verschleppen von Arten in Lebensräume, die diese Arten bisher noch nicht besiedelt haben, ändert hingegen vorerst am Arteninventar der Erde nichts. Diese verschleppten Arten gelangen jedoch, sofern sie sich zu etablieren vermögen, meist in Lebensräume, in denen sie ein zuvor ausbalanciertes Artengleichgewicht empfindlich stören können. Solche Störungen äußern sich beispielsweise in der Verdrängung einzelner Arten der einheimischen Flora oder Fauna, in Extremfällen können einheimische Arten auf diese Weise sogar ausgerottet werden. Eine Verschleppung von Arten in fremde Gebiete, die wir Floren- und Faunenverfälschung nennen, kann also die Ausrottung von Arten fördern beziehungsweise beschleunigen, auf keinen Fall jedoch kompensieren.

Verursacher des Artenrückgangs bei über 700 Pflanzenarten der Roten Liste in Deutschland

Verursacher	Anteil in %
Landwirtschaft	29,2
Forstwirtschaft und Jagd	19,2
Wasser- und Teichwirtschaft	10,9
Tourismus und Erholung	9,2
Rohstoffgewinnung, Kleintagebau	9,0
Gewerbe, Siedlung, Industrie	8,8
Verkehr und Transport	4,0
sonstige Verursacher	9,7

Die expansive Verbreitung des Menschen und seiner Siedlungen auf der Erde schuf Bedingungen für eine Großstadtflora und -fauna, die es heute vielen Arten ermöglicht, in weiten Bereichen der Erde synanthrop, also an den Menschen und seine Gebäude gebunden, vorzukommen. Zusätzlich kommt es durch die menschlichen Aktivitäten (Handel und Verkehr, Migrationen, Kolonisationen) zu einem ständigen Transport von Arten in andere Lebensräume. Zwar kann man schon davon ausgehen, dass der Großteil solcher Verschleppungen nicht zur Etablierung neuer Populationen führt. Angesichts des intensiven Kontakts zwischen fast allen Lebensräumen der Erde deutet dies aber dennoch die Möglichkeit von permanenten Neueinbürgerungen an. Hierdurch wird es zwangsläufig zu einer gewissen Homogenisierung des Artenbestands der Ökosysteme kommen. Es besteht also die Gefahr, dass langfristig und weltweit nur noch besonders anpassungsfähige Arten vorkommen werden. Als Folge der Homogenisierung werden die einheimische Fauna und Flora zum großen Teil in Restareale verdrängt oder gar aussterben, und unter den erfolgreichen Arten werden besonders viele sein, die wir aus landwirtschaftlicher oder medizinisch-hygienischer Sicht als Unkräuter, Schädlinge oder Krankheitserreger bezeichnen werden. Es muss also damit gerechnet werden, dass die weltweite Floren- und Faunenverfälschung sich nicht nur nachteilig auf die Struktur und Stabilität von Ökosystemen auswirkt, sondern darüber hinaus die landwirtschaftliche Produktion und damit die Ernährungssicherung einer wachsenden Menschheit und auch die Gesundheit der Menschen selbst gefährdet.

Neophyten – »Neubürger« verdrängen die einheimische Flora

Nicht einheimische Pflanzenarten, die in den letzten 500 Jahren zufällig oder absichtlich eingeschleppt und eingebürgert wurden, bezeichnen wir als Neophyten (Neubürger). In den vergangenen Jahrhunderten gab es eine mehr oder weniger konstante Rate von Einbürgerungen, die jedoch im letzten Jahrhundert sprunghaft anstieg. Inzwischen sind zu den ursprünglich rund 2100 einheimischen Blütenpflanzenarten 164 vor dem Mittelalter eingebürgerte Arten und anschließend noch einmal 253 Neophyten gekommen, sodass heute ein Anteil von 16 Prozent unserer Flora als ursprünglich nicht einheimisch bezeichnet werden kann. In ehemals abgelegeneren Gebieten kann dieser Anteil noch viel höher sein, so etwa in Kanada oder Neuseeland. Nach Kanada wurden vor allem durch die europäischen Siedler Hunderte europäischer Nutzpflanzen, Zierpflanzen und Unkräuter eingeschleppt, sodass dort heute 28 Prozent der Flora nicht einheimisch sind; in Neuseeland sind es sogar 47 Prozent.

Zahl der pro Jahrzehnt **nach Deutschland eingeschleppten Pflanzenarten** (a) und ihre kumulative Darstellung (b), die die Zunahme der eingeschleppten Arten im Zeitverlauf wiedergibt.

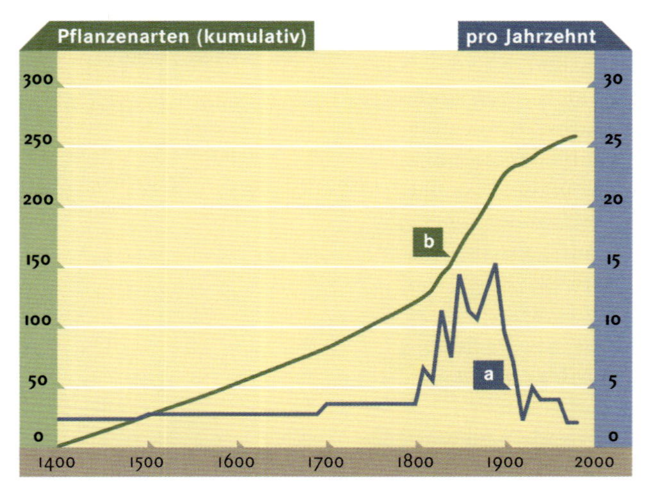

Wenn wir in unsere Gärten und Parks schauen, sehen wir, dass das Potential von (eigentlich unerwünschten) Neubürgern noch viel größer sein kann. In Mitteleuropa werden rund 3600 Arten fremde, aber winterharte Freilandgehölze kultiviert, während es gerade 213 entsprechende einheimische Arten gibt. Die Zahl der bei uns kultivierten Zierpflanzen dürfte bei über 2000 liegen. Zum Glück können die meisten dieser Arten, wenn auch aus unterschiedlichen Gründen, sich ohne stete Pflege des Menschen nicht halten. Sie sind daher nicht in der Lage, einen lebensfähigen Freilandbestand aufzubauen, oder entfernen sich nicht aus dem menschlichen Siedlungsgebiet.

Goldrute, Staudenknöterich und Riesenbärenklau

Als Problemunkräuter bezeichnen wir die Pflanzenarten, die (beispielsweise aus Gärten) in das Umland auswandern, sich gut gegen die einheimische Vegetation behaupten können und zu starken Beeinträchtigungen führen. Weltweit werden etwa 250 besonders problematische Arten aufgelistet, die zusammen einen jährlichen Schaden in der Größenordnung von über einer Milliarde DM verursachen. Die Kanadische Goldrute (insbesondere die Arten Solidago altissima und Solidago gigantea) verdrängt großflächig vor allem im Brachland die vorhandene Vegetation und bildet Reinbestände. In der oberrheinischen Tiefebene gibt es inzwischen riesige Gebiete, die nur noch aus Goldruten bestehen, und manches Naturschutzgebiet ist durch das aggressive Wachstum dieser Pflanze stark entwertet worden. In landwirtschaftlichen Kulturen, die im Frühjahr wärmebedürftig sind und daher erst ab Mai kräftig wachsen können (beispielsweise Mais und Zuckerrüben), sind Amaranth-Arten, die aus Amerika eingeschleppt wurden, ein solches Problem, dass sie mit Herbiziden bekämpft werden müssen, um einen Totalausfall der Kulturpflanze zu verhindern.

Die im Spätsommer blühende **Kanadische Goldrute** überwuchert innerhalb kurzer Zeit große Flächen.

Der Japanische Staudenknöterich, und zwar die beiden Arten Reynoutria japonica und Reynoutria sachalinensis, breitet sich an Waldrändern und lichten Stellen aus, aber auch in feuchten Bereichen und an Fluss- und Bachläufen. In Süddeutschland sind inzwischen einzelne kleinere Flusstäler zum Teil komplett mit dieser aggressiv wachsenden Pflanze zugewachsen und die ursprüngliche Flussufervegetation wurde verdrängt. Da Reynoutria-Arten unter ihren großen Blättern keine Bodenbedeckung aufkommen lassen und Uferzonen schlecht durchwurzeln und befestigen, kommt es überall zu gewaltigen Abspülungen des Erdreichs.

Triebe des **Japanischen Staudenknöterichs** mit Blüten. Vor allem in Süddeutschland sind bereits ganze Flusstäler mit diesem »Neubürger« zugewachsen.

Ähnliche Probleme verursacht der Riesenbärenklau Heracleum mantegazzianum, welcher im letzten Jahrhundert aus Abchasien im Kaukasus eingeschleppt wurde. Er verdrängt ebenfalls die ursprüngliche Vegetation, sodass erhöhte Erosionsgefahr besteht, und außerdem verändert er den Charakter unterschiedlicher Pflanzengemeinschaften, in die er eindringen kann. Da der Riesenbärenklau auch noch Substanzen produziert, die bei Hautkontakt und unter Sonnenbestrahlung zu großflächigen, verbrennungsartigen Hautverletzungen führen, ergibt sich bei zunehmender Verbreitung dieser Pflanzen für den Menschen darüber hinaus noch ein ernstes Gesundheitsproblem.

Die Liste der Pflanzen, die in unserer unmittelbaren Umgebung ohne unser Zutun und oft auch gegen unseren Willen verwildern, ist

So beeindruckend der **Riesenbärenklau** mit seinen großen Blüten aussehen mag, sehr unangenehme Folgen hat der Hautkontakt unter Sonnenbestrahlung: schmerzende, verbrennungsähnliche Hautverletzungen.

fast beliebig lang, und jeder kennt Beispiele aus seiner unmittelbaren Nachbarschaft. Aus Nordamerika stammen Essigbaum (Rhus typhina), Robinie (Robinia pseudoacacia) und Platane (Platanus hybrida), aus Ostasien der Schmetterlingsflieder (Buddleia davidii) und der Flieder (Syringa vulgaris). Die aus China stammende Glycine (Wisteria sinensis) hat sich gelegentlich eingebürgert, und der ebenfalls aus China stammende Götterbaum (Ailanthus altissima) breitet sich vor allem in wärmebegünstigten Großstadtbereichen aus. Im Süden können meist aus Afrika stammende Akazien-Arten verwildern. Die meisten dieser Neophyten scheinen keine (erkennbaren) Nachteile oder gar Schäden zu verursachen, sodass wir sie vor allem aus ästhetischen Gründen als positiv einstufen.

Mitunter helfen nur natürliche Fressfeinde

In einem mindestens genauso starken Ausmaß, wie Europa durch fremde Pflanzenarten überflutet wird, haben europäische Pflanzen in anderen Kontinenten Probleme und Schäden verursacht. Bekannt wurden die Brombeeren und Waldreben, die in Neuseeland riesige Flächen überwuchern und die Flächen dadurch jeglicher Nutzung entziehen, aber auch die einheimische Vegetation ersticken, wodurch bis heute ungelöste Probleme entstanden. Das europäische Johanniskraut (Hypericum perforatum) wurde nach Ostkanada verschleppt, wo es die Weideflächen mehrerer Staaten überwucherte. Wegen seiner zum Teil giftigen Inhaltsstoffe wird das Johanniskraut vom Vieh gemieden, sodass diese Flächen der Weidewirtschaft verloren gingen. Erst als aus Europa mehrere Blattkäfer, die an Johanniskraut leben und es recht stark zu dezimieren vermögen, nach Kanada nachimportiert wurden, konnten die riesigen mit Johanniskraut überwucherten Flächen langsam wieder für die Weidewirtschaft zurückgewonnen werden.

Der Name sagt es schon: Der stark duftende **Schmetterlingsflieder** wird von Schmetterlingen bestäubt.

Ähnlich dramatisch verlief die Verbreitungsgeschichte der Opuntien. Diese an Trockenheit gut angepassten Kakteen kamen 1839 als Zierpflanzen von Mittelamerika nach Australien, wo sie innerhalb von 80 Jahren 24 Millionen Hektar überwiegend besten Weidelands, immerhin eine Fläche in der Größe der alten Bundesländer Deutschlands, völlig überwucherten. Der Schaden für die Viehwirtschaft Australiens war gewaltig, bis es 1925 gelang, aus der Heimat der Opuntien, Mexiko, einen dort verbreiteten Kleinschmetterling ebenfalls nach Australien einzuführen. Seine Raupen legten Fraßgänge in den Kakteen an, sodass nachfolgende bakterielle Fäulniserreger die Pflanzen zum Absterben brachten. In vergleichsweise wenigen Jahren war dann das Opuntienproblem beseitigt. Solche Beispiele gelten heute als Lehrbuchbeispiele für eine erfolgreiche biologische Unkrautkontrolle durch eine nachträgliche Einfuhr von natürlichen Fressfeinden aus dem Herkunftsgebiet des Problemunkrauts. Bei den vielen noch Schäden verursachenden

Problemunkräutern hofft man heute, durch ähnlich wirksame Gegenspieler, das heißt importierte Fressfeinde, in den nächsten Jahren brauchbare Lösungen zu finden.

Durch Verschleppung weltweit verbreitet

Besonders intensiv haben die Menschen bei ihrem geschäftigen Treiben rund um den Globus Tiere aktiv – absichtlich, beispielsweise als Nutz- und Haustiere – oder passiv – unbeabsichtigt, zum Beispiel im Gepäck oder im Ballast von Schiffen – über den Globus verteilt. In den menschlichen Siedlungen kommen heute weltweit Kellerasseln und Milben, bestimmte Spinnenarten, Silberfischchen und Staubläuse, verschiedene Schaben und Heimchen, Mehlkäfer und andere vorratsschädigende Käfer oder Motten, diverse Holzkäfer, Schmeißfliegen und Flöhe vor.

Unter den Säugetieren haben sich verschiedene Rattenarten besonders erfolgreich mit dem Menschen verbreiten können. Die aus Indochina stammende Hausratte (Rattus rattus) war vermutlich bereits in vorgeschichtlicher Zeit weltweit verbreitet und hat beispielsweise im Mittelalter zur Verbreitung der Pest in Europa maßgeblich beigetragen; der Pesterreger Yersinia pestis, ein Bakterium, lebt in Flöhen, die vor allem durch Ratten verbreitet werden. Erst in den

Eine **Wanderratte** verlässt ihren Fressplatz. Wanderratten sind sehr anpassungsfähig und vertilgen fast alles Genießbare, auch Abfälle.

letzten Jahrhunderten wurde speziell in Europa diese Art, die auf das Innere von Gebäuden und trockene Bereiche angewiesen ist, vermutlich durch bauliche und hygienische Maßnahmen bedingt, relativ selten. Gleichzeitig breitete sich jedoch die Wanderratte (Rattus norwegicus) vermutlich aus Südchina weltweit aus. Die Wanderratte ist deutlich anpassungsfähiger als die Hausratte und lebt beispielsweise auch auf Müllhalden und in der Kanalisation. Die Kulturlandschaft des Menschen, vor allem aber die Siedlungsbereiche, sind für diese Art ein geradezu idealer Lebensraum. Ratten haben daher bis heute trotz ständiger Bekämpfungsaktionen weltweit stetig zugenommen: Die Umwelt wird für sie immer geeigneter. An Holz- und Kunststoffverkleidungen, Verpackungen, Kabeln und anderen Gegenständen richten sie durch ihre Nagetätigkeit einen kaum zu beziffernden Schaden an. Zusätzlich vernichten sie durch Fraß oder

Verschmutzung menschliche Nahrungsmittel, die für jährlich rund 200 Millionen Menschen ausreichen würden.

Manche Neubürger entpuppen sich als gefährliche Schädlinge

Die Raupen des **Schwammspinners** ernähren sich von verschiedenen Laub- und Nadelhölzern und können bei Massenbefall ganze Bestände kahl fressen. Das bräunlich gefärbte Männchen des Schwammspinners (unten) ist deutlich kleiner als das weißlich gelb gefärbte Weibchen.

Ein weiteres Beispiel von Tierverschleppung mit besonders gravierenden Auswirkungen stellt eine ursprünglich auf Australien beschränkte Schildlaus dar, die jetzt seit 100 Jahren weltweit verbreitet ist und Zitruskulturen so sehr schädigt, dass die Bäume ganzer Landstriche absterben. Auch der ursprünglich in Europa beheimatete Kohlweißling lebt heute in vielen Teilen der Welt. Seine Raupen leben von Kohl, und er ist mehr oder weniger überall dahin verbreitet worden, wo Kohl angebaut wird, unter anderem nach Nordamerika, Hawaii, Australien und China.

Zum Zweck wissenschaftlicher Untersuchungen wurden um die Jahrhundertwende einige Schwammspinner in die USA gebracht, wo sie aus dem Labor entkamen und sich in den folgenden Jahrzehnten zu einem der gefürchtetsten Forstschädlinge Nordamerikas entwickelten. Einen starken Schaden erlitt die europäische Bienenzucht, die seit den 1970er-Jahren durch die Bienenmilbe Varroa jacobsoni stark beeinträchtigt wird. Diese schmarotzende Milbe war zuvor durch Züchter und wissenschaftlichen Austausch von Indien über die damalige Sowjetunion nach Westeuropa gelangt. Im Getreideanbau Nord- und Südamerikas sind heute die Hessenmücke, der Getreideblattkäfer und eine Getreidehalmwespe bedeutende Schädlinge. In diesen Beispielen stammen die Tiere ursprünglich allesamt aus Europa und richten in Übersee großen Schaden an. Es gibt aber auch Beispiele für viele andere Verschleppungsrichtungen und Verbreitungswege. So gelangte 1891 mit Kaffeetransporten die gefährliche argentinische Feuerameise in die nordamerikanischen Südstaaten, von wo aus sie weitere große Gebiete besiedelte. Das in Südamerika weit verbreitete, oft tödlich verlaufende Gelbfieber kam ursprünglich mit Sklaventransporten aus Westafrika.

Australiens Kampf gegen die Kaninchenplage

Das wohl bekannteste Beispiel für die absichtliche weltweite Verschleppung einer Art ist das europäische Kaninchen, das die europäischen Kolonialisten überallhin mitnahmen. Als Haustier entkam es den Käfigen und als Jagdwild wurde es gezielt ausgesetzt. So gelangten 1859 zwei Dutzend dieser Tiere nach Australien, weil ehemalige englische Auswanderer dort auf die traditionelle Kaninchenjagd nicht verzichten wollten. Da es zuvor auf diesem Kontinent aber nie Kaninchen gegeben hatte, hatten die Tiere keinerlei echte Feinde und vermehrten sich in atemberaubender Geschwindigkeit. Große Gebiete wurden verwüstet und unfruchtbar, weil die Nager alle Pflanzen gefressen und den Boden unterhöhlt hatten. Nachdem die Hälfte des Kontinents besiedelt war, führte man erst europäische Füchse ein, dann Wiesel und Marder, die es aber allesamt vorzogen, die einheimischen Beuteltiere, Vögel und Reptilien zu jagen, und einige von ihnen fast ausrotteten. Berühmt wurden gewaltige Zaunanlagen mit einer Gesamtlänge von 11 000 Kilometer, mit denen man vergeblich versuchte, das noch kaninchenfreie Gebiet sicher abzutrennen. Intensive Bejagung führte zu keiner spürbaren Reduktion der Plage, obwohl über Jahre hinweg bis zu 80 Millionen Felle und eingefrorene Körper jährlich exportiert wurden. 1950 versuchte man es mit biologischer Kriegführung und infizierte die Wildbestände mit dem Myxomatose-Virus, das verheerend unter den Tieren wütete. Obwohl der größte Teil der Tiere an dieser Infektion starb, wurden sie dennoch nie ganz ausgerottet. Überlebende Tiere erholten sich rasch und verbreiteten sich erneut. Resistenz gegen die Krankheit entstand, sodass heute diese Krankheit für Kaninchen keine besondere Gefahr mehr darstellt. Nach verschiedenen anderen Versuchen, die allesamt wenig erfolgreich waren, wurden 1995 Calici-Viren, ebenfalls tödlich für Kaninchen, auf ihre Eignung zur Kaninchenbekämpfung untersucht. Es kam zu einer unbeabsichtigten Freisetzung, da die Viren versehentlich aus einer Quarantänestation verbreitet wurden. Seitdem sind bereits einige Millionen Kaninchen gestorben, es muss jedoch abgewartet werden, ob wieder Resistenz auftaucht.

Kaninchenzaun an der Hauptstraße von Perth nach Kalgoorlie-Boulder, Westaustralien. Über das Gitter auf der Straße können zwar Autos fahren, nicht jedoch Kaninchen laufen.

Die Förderung einzelner Tier- und Pflanzenarten belastet den Naturhaushalt zusätzlich

Genauso wenig wie die »Bereicherung« von Lebensräumen durch absichtlich oder zufällig eingeführte zusätzliche Arten den durch den Menschen verursachten Artenschwund kompensiert, kann die Förderung einzelner Arten die verminderte Artendiversität wieder herstellen. Die unbeabsichtigte oder gezielte Förderung einzelner Arten als Haus- und Nutztiere beziehungsweise -pflanzen als Kulturfolger oder als Jagdwild bewirkt in der Regel lediglich eine zusätzliche Belastung des Naturhaushalts mit an den Menschen besonders gut angepassten Arten. Diese führen über Verdrängung der vorhandenen Arten zu einem weiteren Artenschwund in der Natur

Diese aus dem 3. Jahrtausend v. Chr. stammende kunstvolle sumerische **Darstellung eines Ziegenbocks** aus Gold und Lapislazuli wurde in den Königsgräbern von Ur gefunden. Sie belegt, dass Ziegen, die auf Bäume klettern und diese abfressen, offenbar schon damals die Landschaft zerstörten.

und gleichzeitig zu einer weiteren Homogenisierung der Ökosysteme.

Der Mensch hat seine wichtigsten Nutztiere inzwischen weltweit verbreitet. Hühner, Rinder und Schafe sind mit Abstand am häufigsten und kommen in Milliardenzahl vor. Diese immensen Mengen verursachen vielfältige Nebenwirkungen. Kot und Urin aus der Massentierhaltung führen zu Entsorgungsproblemen und Eutrophierung von Gewässern, Methan aus der Rinderzucht ist ein bedeutendes Klimagas (Treibhauseffekt). Vor allem Rinder, Schafe und Ziegen zerstören bei extensiver Freilandhaltung viele Lebensräume, bei intensiver Stallhaltung verbreiten sich trotz strenger Hygienevorschriften immer wieder Seuchen, die wie BSE auch für den Menschen gefährlich werden können.

Verwildernde Haustiere können verheerende Schäden anrichten

Viele heute vegetationslose und verkarstete Flächen zeugen im Mittelmeerraum von jahrhundertelanger Übernutzung, die oft schon vor Jahrtausenden anfing. Meist begann eine verhängnisvolle Entwicklung mit der Abholzung von Wäldern, im Römischen Reich etwa um Schiffe für die Flotten oder – später – Paläste für Venedig zu bauen. Das Nachwachsen der Wälder wurde verhindert, weil Ziegen das Buschwerk abfraßen und Regenfälle das Erdreich abspülten. Heute noch treiben Nomaden ihre Herden regelmäßig über die kahlen Hänge und verhindern so eine Erholung der Vegetation. Ähnlich verhalten sich Ziegen auf unzähligen ozeanischen Inseln, wo sie freigelassen wurden, um zukünftig vorbeikommenden Schiffen als Proviant zur Verfügung zu stehen. Meist hat die einheimische Vegetation stark unter diesen gefräßigen Tieren gelitten, oft genug wurde auch die Lebensgrundlage der dortigen Tierwelt existentiell eingeschränkt. Auf den Galápagos-Inseln beispielsweise ist ein konsequenter Schutz der Galápagos-Schildkröten, anderer Tierarten und einer zum Teil einmaligen Vegetation nur möglich, wenn die gewaltige Zahl verwilderter Ziegen ausgeschaltet werden kann. Wegen der Größe und Unzugänglichkeit der Gebiete ist dies aber mit einem

Nomaden vom Stamm der Kaschgai im Iran treiben wie in biblischen Zeiten ihre Viehherden über die fast vegetationslosen Hänge.

gewaltigen Aufwand verbunden und wegen fehlender finanzieller Mittel erst auf wenigen, kleinen Inseln gelungen.

In Australien wurden Pferde, Esel, Dromedare und Wasserbüffel ursprünglich als Haustiere eingeführt, sind aber schnell verwildert. In Neuseeland rotteten europäische Hauskatzen, die rasch verwilderten und sich überall verbreiteten, mindestens fünf Vogelarten aus. Auch nach Europa wurden immer wieder »exotische« Haustiere importiert. Wasserbüffel aus Asien, Strauße aus Afrika, Bisons aus Nordamerika und Lamas aus dem andinen Südamerika sind Beispiele für Versuche, andernorts erfolgreiche Nutztiere auch hier in die Viehzucht einzuführen.

Der Wunsch nach exotischen Haustieren – Tiere in Gefahr

Im Unterschied zu den eigentlichen Nutztieren begleiten Haustiere die Menschen auch in die Ballungszentren der Großstädte. Ja es scheint sogar so zu sein, dass wir uns umso mehr Wildtiere in unsere Wohnungen nehmen, je naturferner unsere direkte Umgebung ist. Hieraus resultieren Gefahren für die Tiere selbst, gegebenenfalls für ihren Herkunftslebensraum und für die Menschen und ihre Umgebung. Etwa in jedem zweiten Haushalt Mitteleuropas gibt es Haustiere und am beliebtesten sind – etwa in dieser Reihenfolge – Hunde, Wellensittiche, Katzen, Singvögel und Papageien, Hamster, Meerschweinchen und andere Nagetiere, Schildkröten und Fische. Daneben werden aber auch viele ungewöhnliche Tiere gehalten, vor allem Exoten, so beispielsweise unterschiedliche Eidechsen, Leguane, Krokodile, Schlangen, Wildkatzen, Affen, Kleinbären, Frösche, Vogelspinnen, Skorpione. Leider finden es manche chic, besonders gefährliche oder giftige Tiere zu halten. Seltenheit ist ein ähnlich dubioses Kriterium für die Beliebtheit eines Tiers, welches dazu führen kann, dass die Roten Listen beziehungsweise die Anhanglisten im Washingtoner Artenschutzübereinkommen leicht als Einkaufsliste missbraucht werden können. Über den Handel ist fast alles lieferbar, was gewünscht wird. Das bedeutet aber auch, dass fast alles im Freiland gefangen wird, was gewünscht wird beziehungsweise verkauft werden kann. Hieraus ergibt sich bei entsprechender Nachfrage ein großer Druck auf die Freilandpopulationen, die oft genug arg dezimiert oder lokal sogar ausgerottet werden. Man darf nicht vergessen, dass in vielen Fällen durch Wildfang und Transport auf jedes lebend verkaufte Tier ein Mehrfaches an toten Tieren kommt. Wenn dann auch noch die Lebensdauer in Gefangenschaft kurz ist, beispielsweise wegen zu komplizierter Haltungsbedingungen, ist eine permanente Ausplünderung des ursprünglichen Lebensraums vorprogrammiert. Tierfang, Tierhandel und viele Tierhalter tragen also deutlich zum Verschwinden vieler Arten im Freiland bei!

Für viele Tiere ist ihr Gefangenschaftsdasein eine Qual und sie sterben mehr oder weniger schnell dahin. Lediglich ihrer sehr robusten Konstitution ist es oft zu verdanken, dass Vogelspinnen oder Schildkröten erst nach mehreren Jahren sterben, obwohl sie nie art-

Alles ist käuflich, ob Wildfang oder Nachzucht, ob mit Haltebewilligung oder schnöde nur gegen Bargeld. Ob Spinnen, Vögel, Schlangen oder Affen, Exoten oder Einheimische, in der Tageszeitung zwischen Automarkt und Immobilienbörse oder im Kleintierzüchtermagazin. Der **Handel mit Tieren** boomt.

gerecht gehalten wurden. Für höher stehende Tiere wie Vögel und Säugetiere kann die Gefangenschaft im wahrsten Sinn des Worts todlangweilig sein, wenn ihnen sinnvolle Beschäftigungsmöglichkeiten fehlen. Dies gilt in besonderem Maß, wenn es sich um sozial lebende Tiere handelt, denen ihr Familienverband fehlt. In den Fällen, in denen sich einzelne Arten gut an den Menschen anpassen und sich gut fortpflanzen, kann ihnen die Experimentierfreudigkeit des Menschen zum Verhängnis werden, der sie in Zuchtrichtungen drängt, die unter natürlichen Bedingungen nicht stattfinden würden, ja hinderlich wären. Hierunter fallen Hunderassen, die unter Skelettdeformationen und Arthrose leiden (beispielsweise Boxer), Tauben, die nicht mehr richtig fliegen können (Tümmler) oder Schnabeldeformationen aufweisen, sodass sie kaum noch fressen können. Solche Extremzüchtungen (Krüppelzüchtungen) entsprechen hingegen leider oft einem krankhaften züchterischen Rassenideal und werden prämiert.

Die Liebe zur Jagd treibt seltsame Blüten

Prinzipiell wird Jagdwild bejagt, also getötet. Damit aber immer genügend Wild verfügbar ist, gilt die Hauptsorge jedes Jägers der Förderung hoher Wildbestände beispielsweise durch ein geregeltes System von Jagd- und Schonzeiten, bei Bedarf auch durch Winterfütterung, Käfignachzucht und Aussetzen von neuen Tieren. Diese »geregelte Jagd« hat in Mitteleuropa fast überall zu stark überhöhten Beständen geführt, die zwar die Jagd an sich lohnend machen, jedoch auch starke Schäden durch Verbiss am Wald bewirken. Während die natürliche Wilddichte beispielsweise bei ein bis zwei Rehen pro 100 Hektar Wald liegt, kommen in den meisten mitteleuropäischen Wäldern fünf- bis zehnfach überhöhte Dichten vor. Durch permanenten Verbiss verhindern diese viel zu vielen Tiere eine Naturverjüngung der Wälder, sodass keine artenreichen und naturnahen Wälder mehr entstehen können. Es gab vermutlich noch nie so viel Wild in Mitteleuropa wie heute.

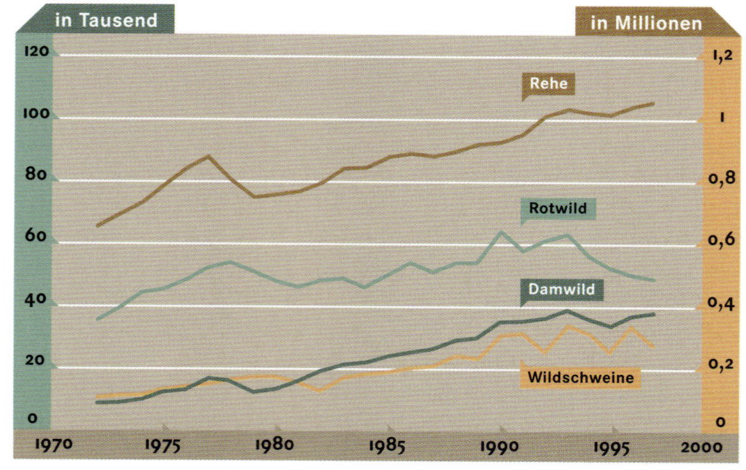

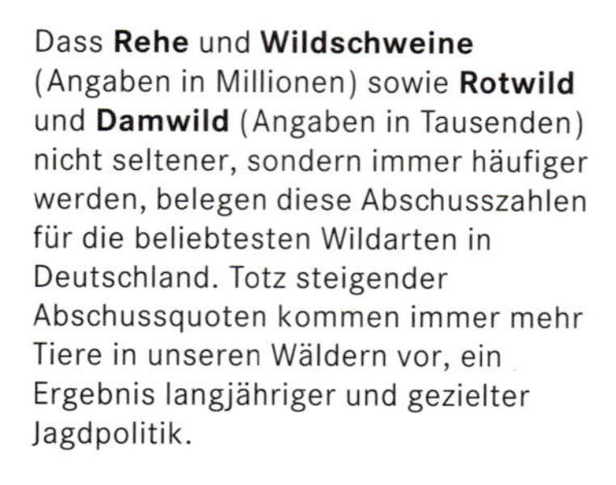
Dass **Rehe** und **Wildschweine** (Angaben in Millionen) sowie **Rotwild** und **Damwild** (Angaben in Tausenden) nicht seltener, sondern immer häufiger werden, belegen diese Abschusszahlen für die beliebtesten Wildarten in Deutschland. Totz steigender Abschussquoten kommen immer mehr Tiere in unseren Wäldern vor, ein Ergebnis langjähriger und gezielter Jagdpolitik.

Die sehr einseitige Liebe zum Wild hat immer wieder dazu geführt, dass neue, jagdbare Tiere von andernorts eingeführt wurden oder europäische Aussiedler ihr aus Europa gewohntes Wild fast weltweit mitnahmen. Die ursprünglich asiatischen Fasane werden seit römischen Zeiten überall in Europa immer wieder neu ausgesetzt, da sie strenge europäische Winter nicht überleben, die Jäger sie aber offensichtlich nicht missen wollen. Um die Jahrhundertwende wurde aus Japan der Sikahirsch eingeführt, weil sein Geweih besonders schön ist. Das korsische Mufflon, ein Wildschaf, wurde etwa zur gleichen Zeit in Deutschland ausgesetzt und mit dem Hausschaf gekreuzt, um eine attraktivere Jagdtrophäe, ein imposanteres Gehörn, zu erhalten. Nordamerikanische Waschbären sind aus deutschen Pelztierfarmen entwichen, haben sich dann aber so gut vermehrt, dass sie heute in vielen Regionen zum Jagdwild zählen.

Waschbären sind sehr anpassungsfähig und daher vielerorts zu Kulturfolgern geworden. Man schätzt ihren Bestand in Europa auf rund 100 000 Tiere.

Die Auswirkungen der Kaninchen auf Australien sind schon beschrieben worden. Darüberhinaus leben dort heute noch europäische Wildschweine und sechs verschiedene Hirscharten. In Neuseeland kommen heute neben dem europäischen Wildschwein auch Gämsen und Elche vor, zudem europäische Rothirsche und Damwild, indische Axishirsche, südasiatische Sambarhirsche, ostasiatische Sikahirsche sowie nordamerikanische Wapiti und Virginiahirsche. Im Unterschied zu solch einer möglichst gleichmäßigen Verteilung weniger als geeignet erscheinender Jagdtiere, die sich dann in den nicht mit ihnen entstandenen Lebensräumen oft sehr nachteilig auswirken, hat sich die Nutzung einiger einheimischer Großsäuger in Freiland- oder Halbfreilandhaltung durchaus bewährt. Ein solches »game farming« gilt auch als ernst zu nehmende Alternative zum Import europäischer Hochleistungsnutztiere, wie etwa von Kühen, in tropische Lebensräume.

Auch die Nachfrage nach Versuchstieren gefährdet Freilandbestände

Versuchstiere werden in modernen Industriestaaten in großer Zahl benötigt; sie werden »verbraucht« und daher auch zahlreich produziert. Vor allem bei den heute überwiegend verwendeten Mäusen, Ratten, Meerschweinchen und Kaninchen handelt es sich inzwischen um echte Haustiere, die so selektiv gezüchtet wurden, dass sie kaum noch Ähnlichkeit mit den Wildformen haben. Daneben werden, wenn auch mit abnehmender Tendenz, auch Wildtiere eingesetzt. Neben Amphibien und Reptilien sind dies vor allem verschiedene Säugetiere, unter ihnen mehrere Affenarten. Da gerade unter ihnen viele Arten sind, die sich nicht oder nur schwer in Gefangenschaft vermehren, hat der Bedarf an diesen Versuchstieren zu einem zusätzlichen Druck auf die Wildbestände geführt. Beispielsweise galten und gelten Schimpansen wegen ihrer großen Ähnlichkeit zum Menschen als für die biomedizinische Forschung unersetz-

Prozentualer Anteil der in Deutschland 1997 für Tierversuche verwendeten Tiere

Mäuse	49,0
Ratten	26,8
Meerschweinchen	3,5
andere Nager	1,3
Kaninchen	3,2
Hunde	0,3
Katzen	0,1
Rinder	0,2
Schafe, Ziegen	0,1
Schweine	0,7
Affen	0,1
Vögel	5,1
Reptilien, Amphibien	0,9
Fische	8,6
andere Tiere	0,1
Gesamtzahl 1 495 741	100,0

TIERVERSUCHE

In Deutschland wurden 1997 knapp 1,5 Millionen Tiere für Tierversuche benötigt, 1991 waren es noch 2,4 Millionen. Bei den meisten Tieren handelt es sich um Mäuse, Ratten und andere Nagetiere, aber es werden jedes Jahr auch Hunderte oder Tausende Hunde, Katzen und Affen benötigt und »verbraucht«. Etwa 35% der Tierversuche 1997 wurden durchgeführt, um neue Medikamente zu entwickeln und zu prüfen, 5,4% dienten der Entwicklung von Bioziden und anderen Substanzen, 28% aller Einsätze fanden statt, um die entwickelten und einsatzbereiten Substanzen nach gesetzlichen Vorschriften zu testen. Etwa 15% der Tierversuche dienten der Grundlagenforschung und 4% der Erkennung von Umweltgefahren. Bei den meisten dieser Versuche handelt es sich um den Nachweis einer Gefährdung oder Nichtgefährdung des Tiers durch die betreffende Substanz, d.h., es sind Vergiftungsstudien, Tests zur Reizung, Krebsentstehung oder zu anderen Nebenwirkungen. Somit sind viele Studien für die Versuchstiere schmerzhaft oder unangenehm und enden tödlich, sei es aufgrund direkter Wirkung oder wegen Entnahmen von Gewebe oder Organen, die näher analysiert werden müssen.

Der oft unkritische Einsatz von Tierversuchen und der hohe Tierverbrauch haben in der Vergangenheit diese Versuche in Verruf gebracht. Hierzu hat besonders die Verwendung von Affen, Hunden und Katzen, aber auch die Durchführung von grausamen oder schmerzhaften Versuchen beigetragen. In der Öffentlichkeit wurde die chemisch-pharmazeutische Industrie sicherlich etwas einseitig an den Pranger gestellt, die Wirtschaftsverbände haben sich allerdings auch genauso leichtfertig hinter gesetzlichen Auflagen, Sicherheitsdenken der Konsumenten oder dem Ruf nach neuen Medikamenten versteckt. Immerhin hat diese Diskussion über die Jahre hinweg einen deutlichen Druck aufgebaut, Tierversuche allgemein bzw. die Zahl der verbrauchten Tiere zu reduzieren, sodass es heute neben sinnvolleren gesetzlichen Bestimmungen auch eine Reihe von alternativen Testverfahren gibt. Hierdurch ergab sich seit Ende der 1980er-Jahre bereits eine Reduktion der verbrauchten Tiere auf weniger als die Hälfte, und eine weitere Verminderung ist absehbar, wenn auch nicht damit zu rechnen ist, dass in naher Zukunft völlig auf Tierversuche verzichtet werden kann.

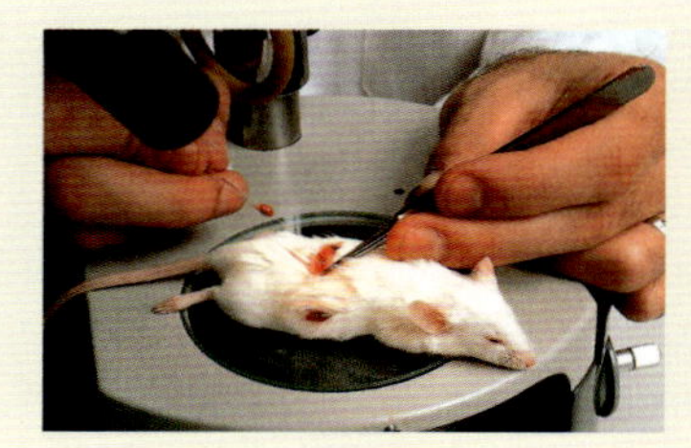

Eine sinnvolle Verringerung der Zahl durchzuführender Tierversuche ist dank vielfältiger Alternativen bei den Testverfahren möglich. So gibt es inzwischen viele Tests, die statt mit Wirbeltieren mit Wirbellosen, Einzellern oder Bakterien durchgeführt werden können. Zu immer mehr Fragestellungen konnten Methoden entwickelt werden, die ganz auf Zellkulturen basieren (Mutagenitätstests, Prüfung von Impfstoffen und Körperpflegemitteln). Computersimulationen, gegenseitige Anerkennung von Versuchsdaten auf internationaler Basis und ein stärkerer Einbezug von statistischer Datenverarbeitung haben zusätzlich dazu beigetragen, die Zahl der benötigten Versuchstiere zu verringern.

bar. Versuchen mit diesem uns nächst verwandten Menschenaffen verdanken wir beispielsweise die Nierendialyse und das künstliche Herz. Derzeit sind Schimpansen für die Aidsforschung als unverzichtbar erklärt, sodass angesichts ihrer problematischen Gefangenschaftszucht erneut die ohnehin stark verkleinerten Freilandbestände gefährdet sind.

Artenschwund in der Landwirtschaft

Im landwirtschaftlichen Bereich laufen in diesem Jahrhundert komplexe Prozesse ab, die sich überwiegend nachteilig für die Artenfülle der gesamten Kulturlandschaft auswirken. Einerseits werden ausgewählte Kulturpflanzen auf großen Flächen angebaut und somit durch den Menschen in ihrer Verbreitung massiv gefördert. Andererseits wird die Naturlandschaft aber hierdurch zurückgedrängt und zumindest regional ernsthaft in ihrem Bestand gefährdet. Nutzpflanzen werden also auf Kosten der ursprünglichen Flora verbreitet, wodurch die Vegetation insgesamt verarmt.

Aber auch innerhalb der Kulturfläche hat eine einschneidende Veränderung stattgefunden, denn die Zahl der in Mitteleuropa kultivierten Nutzpflanzen nahm nach einem Maximum im letzten Jahrhundert stetig ab. Seit Beginn des 18. Jahrhunderts wurde unter dem Druck zunehmender Nahrungsknappheit die Viehhaltung immer mehr in die Ställe verlagert, sodass weniger Weideflächen benötigt wurden, die nun zur Nahrungs- und Futtermittelproduktion genutzt werden konnten. Das bis dahin obligate dritte Brachejahr der klassischen Dreifelderwirtschaft entfiel. Neue Nutzpflanzen wie die Kartoffel aus dem andinen Amerika verbreiteten sich, aber auch Mais, Zuckerrüben und Sonnenblumen. Vom Futterpflanzenanbau wurden weiße und gelbe Lupine, Rotklee und Luzerne entdeckt. Wahrscheinlich war die Vielfalt an Kulturpflanzen in Mitteleuropa nie größer als im letzten Jahrhundert.

Die Verarmung an Sorten führt zu »genetischer Erosion«

Aus ganz unterschiedlichen Gründen, die aber alle mit der Industrialisierung unserer Landwirtschaft zusammenhängen, verschwand in diesem Jahrhundert der Anbau so genannter »Arme-Leute-Nahrung« wie Buchweizen und Kohlrüben, von Faserpflanzen (Hanf und Flachs), von Ölfrüchten (Mohn, Lein, Hanf) und von einzelnen Futterpflanzen (Wicken, Lupinen, Serradella). Übrig bleibt seit einigen Jahrzehnten nur noch eine monotone Agrarlandschaft, in der Getreide, Zuckerrüben und Mais vorherrschen.

Darüber hinaus werden von einer Nutzpflanzenart immer weniger Sorten angebaut. Dies hat zur Folge, dass zunehmend größere Bereiche mit einer einzigen Sorte – und damit genetisch einheit-

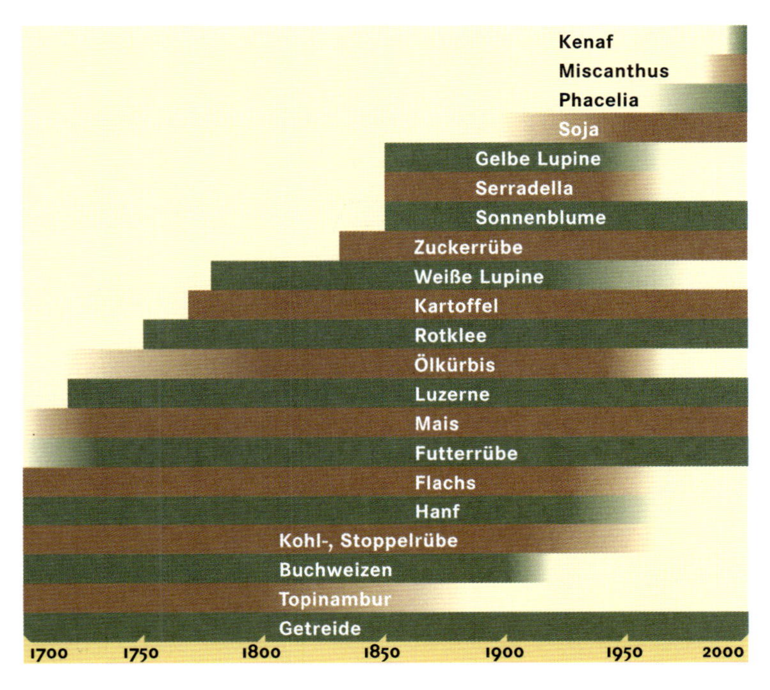

Unsere Agrarlandschaft ist gekennzeichnet durch ein Kommen und Gehen von Kulturpflanzen. Leider ändert sich diese Dynamik nach einem Maximum der **Biodiversität von Kulturpflanzen** Mitte des letzten Jahrhunderts derzeit zu einem Minimum.

Buchweizen braucht für eine gute Ernte ein warmtrockenes Klima, deshalb ist sein Anbau in Deutschland nur begrenzt möglich. Das abgebildete Feld in beginnender Fruchtreife befindet sich bei Wilsede in der Lüneburger Heide.

Im **Reisanbau Indonesiens** kam es in den 1970er-Jahren zu gewaltigen Ertragsausfällen, weil eine bis dahin unbekannte Krankheit auftrat und sich in dem genetisch einheitlichen Material einer überall angebauten Hochleistungssorte schnell ausbreiten konnte. In der Annahme, dass es unter den in abgelegenen Orten noch verbreiteten Lokalrassen möglicherweise eine gegen das Grassy-Stunt-Virus resistente Reissorte gäbe, wurden alle erreichbaren Sorten getestet. Nachdem fast 6300 Sorten oder Herkünfte entsprechend überprüft waren, fand man einen Wildreis aus Nordindien, der die ersehnte Resistenz besaß. Er konnte in die verbreitet angebauten Hochleistungssorten eingekreuzt werden und das Problem war gelöst. Was aber wäre gewesen, wenn es dieser Sorte so wie vielen Tausend anderen ergangen wäre, die von den ertragreicheren Züchtungen verdrängt wurden und einfach verschwanden?

lichem Material – angepflanzt werden. Schädlinge oder Krankheitserreger, die sich dann zu etablieren vermögen, können sich schier unbegrenzt verbreiten und immensen Schaden anrichten. Heute erfolgt beispielsweise auf rund 90 Prozent der Getreideflächen der Anbau von jeweils nur drei oder vier Sorten, während Hunderte andere Sorten nicht mehr genutzt oder vergessen werden und verschwinden. Hierdurch geht auch ihre genetische Information verloren, das heißt, die genetische Basis der betreffenden Kulturart wird schmaler. In diesem Zusammenhang wird daher auch gerne von genetischer Erosion gesprochen.

»Neue« Nutzpflanzen als Lieferanten nachwachsender Rohstoffe

Der quasi gegenläufige Prozess von allerdings deutlich geringerer Intensität findet derzeit in Form einer gewissen Rückbesinnung auf die ehemals vielfältigen Funktionen der Landwirtschaft statt, von der ja fast nur noch Nahrungs- und Futtermittelproduktion übrig blieb. So wird inzwischen vielerorts versucht, beispielsweise die vergessenen Faserpflanzen (wie Hanf oder Lein) oder Ölpflanzen – neben Raps und Sonnenblumen auch Lein, Mohn, Leindotter, Ölrettich und andere – und auch Energiepflanzen – neben Holzlieferanten auch Chinaschilf, ölhaltige Pflanzen oder Biomasseproduzenten, die über Vergärung Alkohol oder Biogas liefern – wieder anzubauen. Da hier versucht wird, eine Alternative zum Verbrauch der begrenzten fossilen Energieträger wie Erdöl zu finden, spricht man auch von der Nutzung nachwachsender Rohstoffpflanzen. Eine konsequente Ausweitung entsprechender Programme könnte somit zu einer gewissen Anhebung des Artenreichtums in der Agrarlandschaft führen und damit ein wenig die früheren Verluste kompensieren.

Ein Versuch von Bilanz und Prognose

Wie viele Arten gibt es auf der Welt? Welchen Einfluss übt der Mensch auf die Artenfülle, die Biodiversität der Erde aus? Wie ist die Tätigkeit des Menschen zu bewerten und welche möglichen Folgen hat dies? Dies sind ganz zentrale Fragen, die derzeit kaum korrekt beantwortet werden können. Einige Ansätze hierzu sollen jedoch gebracht werden.

Kann die Zahl der Arten wirklich erfasst werden?

Seitdem der schwedische Naturforscher Carl von Linné ab 1735 ein nomenklatorisches System aufgestellt hat, in dem Pflanzen- und Tierarten eindeutig beschrieben und benannt werden können, haben Biologen weltweit versucht, die gewaltige Fülle an Tieren und Pflanzen zu erfassen. Bei auffälligen Arten ist dies leicht möglich und hat inzwischen zu einer beachtlichen Vollständigkeit der Erfassung geführt. So kann beispielsweise davon ausgegangen werden, dass es neben den etwa 4000 bekannten Säugetieren nicht mehr sehr viele unentdeckte geben wird. Bei kleinen, schwer zu fangenden und womöglich noch schwieriger zu erkennenden oder unterscheidenden Arten wie etwa vielen Insekten, Krebstieren, Spinnen und Milben ist die Situation jedoch umgekehrt. Vermutlich kennen wir erst einen Bruchteil der vorhandenen Arten, und die weitere wissenschaftliche Aufarbeitung des Schatzes Biodiversität (Artenvielfalt) wird noch Jahrzehnte, wenn nicht Jahrhunderte dauern. Daneben gibt es aber leider die oben ausführlich beschriebenen, gegenläufigen Prozesse, die vor allem über Lebensraumzerstörung zum Aussterben von Arten, also zum Verlust von Biodiversität führen. Die Arbeit der Naturwissenschaftler ist also quasi ein Wettlaufen gegen die Zeit. Es ist daher bereits seit längerem absehbar, dass wir nie alle jetzt auf der Erde lebenden Arten kennen lernen werden. Deshalb wird sich auch die Gesamtzahl der Arten nie ermitteln lassen und wir werden uns auf lange Zeit mit Schätzungen oder Hochrechnungen über Ausmaß und Verlust der Biodiversität zufrieden geben müssen.

Derzeit sind weltweit knapp zwei Millionen Arten bekannt. Dies sind zu etwa einem Viertel Pflanzen, zu rund drei Vierteln Tiere; Mikroorganismen machen nur einen sehr kleinen Teil aus. Unter den Tieren ist die mit Abstand artenreichste Gruppe die der Insekten. So gibt es beispielsweise viel mehr Rüsselkäfer oder Schmetterlinge auf der Welt als Wirbeltiere zusammen genommen. Gerade bei solch artenreichen Gruppen ist daher noch mit einem immensen Artenzuwachs zu rechnen. Fachleute schätzen, dass es weltweit insgesamt bis zu 100 Millionen Arten geben könnte, die glaubwürdigsten Schätzungen liegen allerdings zwischen fünf und 30 Millionen. Davon wären dann heute – je nach Schätzung – etwa 33 beziehungsweise nur 6 Prozent bekannt.

Die erstmals 1735 erschienene Abhandlung »Systema naturae« des schwedischen Naturforschers **Carl von Linné** (1707–1778) ist die Grundlage der modernen biologischen Systematik.

Wie stark ist die Abnahme der Artenfülle?

Es ist bekannt, dass viele Arten in festen Gesellschaften leben, beispielsweise Pflanzen fressende Insekten nur an einer ganz bestimmten Pflanze und Parasiten nur in ihrem Wirt. So sichert die Ackerkratzdistel rund Hundert Insektenarten das Überleben, die Brennnessel mindestens 20 Schmetterlingsarten und die Eiche gleich mehreren 100 Insektenarten. Wird nun ein ganzer Lebensraum, beispielsweise der tropische Regenwald auf einer Insel, einer Gebirgskuppe oder in einem Tal durch Rodung vernichtet, so werden Dutzende Pflanzen, die nur dort vorkamen, aussterben – und mit ihnen alle auf sie angewiesenen Mikroorganismen und Tiere. Der Artenverlust vervielfacht sich, obwohl die Tiere im betrachteten Beispiel nie direkt bedroht wurden.

Eine hierauf aufbauende interessante Berechnung geht auf E. O. Wilson (1992) zurück. Unter der Annahme von nur fünf Millionen Arten weltweit, davon die Hälfte im tropischen Regenwald, führt die jährliche Vernichtung von 0,7 Prozent des tropischen Regenwalds zu einem jährlichen Verlust von etwa 17500 Arten. Nehmen wir zehn Millionen Arten an, würden wahrscheinlich 75 Prozent davon in den Tropen leben und die Verluste wären dreimal so hoch. Diese durch den Menschen verursachte Rate des Artensterbens ist um ein Vielfaches höher als bisher angenommen; das Artensterben verläuft also

Anzahl der bis heute beschriebenen Arten lebender Organismen

Viren	1 000
Bakterien, Mykoplasmen, Cyanobakterien	5 000
Pilze, Flechten	100 000
Algen	30 000
Moose	17 000
Farne	12 000
zweikeimblättrige Pflanzen	190 000
einkeimblättrige Pflanzen	60 000
sonstige Pflanzen	1 000
einzellige Tiere	31 000
diverse Gruppen von »Würmern«	45 000
Mollusken (Weichtiere)	130 000
Arthropoden (Insekten, Spinnen, Milben, Krebse usw.)	975 000
sonstige wirbellose Tiere	25 000
Fische	20 000
Amphibien	5 000
Reptilien	7 000
Vögel	9 000
Säugetiere	4 000
gesamt	1 667 000

mit viel höherer Geschwindigkeit, als vermutet wurde. Es spricht nichts dagegen, dass dieser Vorgang schon seit vielen Jahrzehnten oder gar seit einigen Hundert Jahren läuft. Wenn das so ist, dann sind mehrere 100 000 Arten wahrscheinlich in jüngster Zeit bereits ausgerottet worden. Es spricht leider auch nichts dagegen, dass dieser Vorgang in den nächsten Jahrzehnten so weiterlaufen wird, sodass insgesamt mit einer Halbierung der Biodiversität in wenigen Jahrhunderten gerechnet werden muss.

Große Artensterben traten auch in der Vergangenheit auf

Paläontologische Untersuchungen haben gezeigt, dass es in den letzten 600 Millionen Jahren, in denen die meisten Arten des höheren Lebens entstanden und in denen dann auch das Land durch diese besiedelt wurde, keine stetige Zunahme der Artenzahl gab. Neben einer natürlichen Aussterberate, die jedoch stets sehr klein war und vermutlich um ein Vielfaches durch die Zahl der neu entstehenden Arten kompensiert wurde, gab es mehrfach katastrophenartige Ereignisse. Diese bewirkten dann in sehr kurzer Zeit jeweils einen geschätzten Verlust von zehn bis fünfzig Prozent der damaligen Biodiversität.

Wenn man sich auf die besonders gut dokumentierten Meerestiere konzentriert – diese Aussagen dürften im Prinzip auch für alle anderen Arten gelten –, so begann die rapide Zunahme der Formenmannigfaltigkeit vor 600 Millionen Jahren und erreichte ein Maximum vor etwa 450 Millionen Jahren. Bis vor etwa 150 Millionen Jahren hat sich, sieht man von gewissen Einbrüchen ab, nichts Wesentliches geändert, dann begann die Zahl der Gruppen erneut stark zuzunehmen und bis vor kurzem mehr oder weniger kontinuierlich anzusteigen. Die erwähnten Einbrüche ereigneten sich jeweils zum Ende von Ordovizium, Devon, Perm, Trias sowie Kreide und bewirkten einen beachtlichen Rückgang der damaligen Biodiversität. Die größte

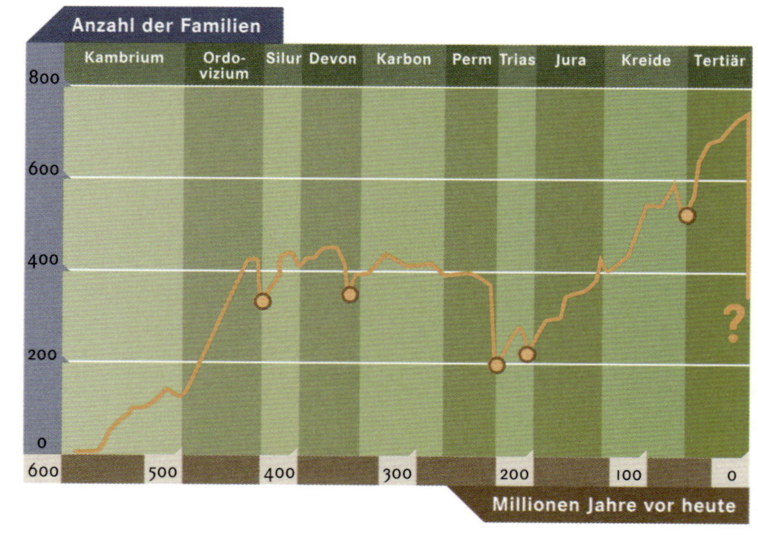

Am Beispiel von Meerestieren wird gezeigt, dass die **Biodiversität** (hier Zahl der Familien) im Verlauf der letzten 600 Millionen Jahre erst stetig zunahm, dann über längere Zeit annähernd konstant blieb, allerdings öfter von kurzen, katastrophenartigen Rückschlägen unterbrochen wurde. Nach einer drastischen Reduktion am Ende des Perm gab es eine stete Diversitätszunahme, die auch durch das große Sauriersterben am Ende der Kreide nur kurz unterbrochen wurde. Der aktuelle, durch den Menschen verursachte Biodiversitätsverlust ist in seiner Tragweite noch nicht abschätzbar.

Katastrophe ereignete sich vor 240 Millionen Jahren, gegen Ende des Perm. Damals verschwanden – allerdings während eines Zeitraums von mehreren Millionen Jahren – über die Hälfte der Familien und vermutlich 80 bis 96 Prozent aller Arten. Das Leben auf der Erde war offenbar nur knapp der völligen Ausrottung entronnen und brauchte mindestens fünf Millionen Jahre, um sich langsam wieder zu erholen. Es ist noch nicht ganz geklärt, wie es damals zu diesen Ereignissen kam, doch finden sich die überzeugendsten Argumente bei Veränderungen des Weltklimas. Wahrscheinlich kam es damals über längere Zeiträume zu einer drastischen Abkühlung der Erde, sodass die meisten der zuvor an wärmere Lebensbedingungen angepassten Arten ausstarben.

Das bekannteste Artensterben ereignete sich vor 65 Millionen Jahren, als im Verlauf von mehreren Millionen Jahren viele Tiergruppen, unter ihnen auch alle Saurier, ausstarben und das Zeitalter der Säugetiere begann. Für diese Veränderung wurden verschiedene Gründe gesucht. Bekannt wurden dazu zwei Erklärungsversuche: Ursache könnte ein riesiger Meteoriteneinschlag oder gewaltiger Vulkanismus gewesen sein. Jedoch dürfte auch damals eine globale Klimaabkühlung zum Artensterben beigetragen haben.

Das aktuelle Artensterben hat der Mensch zu verantworten

Das aktuelle Artensterben, das wir erst seit wenigen Jahren als solches erkannt haben, dürfte vermutlich mit seinen ersten Anfängen vor 10 000 bis 100 000 Jahren begonnen haben. Das Ausmaß dieses Verlusts an Biodiversität ist unabsehbar, wird jedoch aller Wahrscheinlichkeit nach noch dramatischere Dimensionen als das letzte Ereignis Ende des Jura annehmen und möglicherweise eher mit den Ereignissen am Ende des Perm verglichen werden können. Während in der Vergangenheit jedoch immer klimatische Ursachen, die letztlich vermutlich auf astrophysikalische Ereignisse im Weltraum zurückzuführen sind, diskutiert wurden, wird das aktuelle Artensterben eindeutig irdische Ursachen haben und auf die Vormachtstellung einer einzigen, besonders aggressiven Art, des Menschen, zurückzuführen sein.

»Der Regenwaldnutzer«, Karikatur von Horst Haitzinger.

Welchen Wert haben die vielen Arten für unsere Welt und speziell für den Menschen? Lässt sich dieser Wert konkreter fassen, vielleicht in DM oder Dollar abschätzen? Es hat in der Tat nicht an Versuchen gefehlt, den finanziellen Wert einer Art zu schätzen. In günstigen Fällen kommen zwar hohe Summen über den potentiellen Wert einer Tier- oder Pflanzenart zustande, diese Zahlen können aber nicht auf alle Lebewesen hochgerechnet werden. Zudem haben solche und ähnliche Berechnungen bis heute noch keine Art vor der Vernichtung bewahrt. Auch andere Versuche, den Vorteil einer hohen Biodiversität beispielsweise ethisch-moralisch zu begründen, sind nicht generell überzeugend. Ferner ergeben sich immer dann Probleme, wenn es um den scheinbaren Vorrang wirtschaftlicher Interessen geht.

Aber in den meisten Fällen geht es einfach nur um die zu vielen Menschen auf der Welt, die sich neuen Lebensraum erobern wollen. Bei der Interessenabwägung steht dann meist etwas für die lokale Bevölkerung direkt Nutzbares, zum Beispiel Ackerland, um Nahrung zu produzieren, Wälder, deren Holz verkauft werden kann, Tiere, die man essen kann, einem möglichen oder späteren Nutzen für relativ abstrakte Personen oder Gruppierungen gegenüber – ein ausländischer Pharmakonzern, die nächste Generation, die Menschheit. Das Argument einer nachhaltigen Nutzung durch Verhinderung des Raubbaus zählt dann in der Regel nicht, vielmehr kommt regelmäßig der Vorwurf von Einmischung in innere Angelegenheiten, von Bevormundung, kurz von Neokolonialismus. Aus europäischer Sicht ist es schwer, fast unmöglich, solche Vorwürfe zu entkräften.

Notlösung Zoo – für manche Arten die letzte Zuflucht

Die einfachste Art, das Artensterben zu stoppen, wäre, die Lebensraumvernichtung zu beenden. Da dies jedoch kaum möglich ist, werden alle möglichen Artenschutzkonzepte ausgeschöpft.

BIODIVERSITÄTS-NEOKOLONIALISMUS?

Hunderttausende Pflanzen- und Tierarten enthalten Inhaltsstoffe – Verteidigungssubstanzen, Gifte und andere Substanzen –, die wegen ihrer möglichen Wirkung z. B. als Medikament sehr gesucht sind. Alle großen Pharmakonzerne haben daher begonnen, dort, wo die größte Artenfülle vorkommt – also im tropischen Regenwald –, nach viel versprechenden Substanzen zu suchen. So sammelt das Institut für biologische Vielfalt in Costa Rica gegen ein Honorar von zwei Millionen Dollar Tiere und Pflanzen und schickt deren Extrakte an den US-Pharmakonzern Merck, der Tests auf bestimmte Wirkungen hin durchführt. Ähnlich gibt es einen Exklusiv-Nutzungsvertrag mit einem schwedischen Pharma-Unternehmen, der die australischen Regenwälder und Riffe umfasst. Bereits erfolgreich war das amerikanische Unternehmen Eli Lilly, das in einem madegassischen Immergrün (Bild) Alkaloide fand, die gegen zwei Krebserkrankungen wirken. Der Staat Madagaskar ist jedoch nicht am Gewinn beteiligt. Das Gen für die Produktion von Thaumatin, einem begehrten Süßstoff aus einer Pflanze der Elfenbeinküste, wurde patentiert und verspricht Milliardenumsatz, allerdings nicht zum Vorteil des tropischen Herkunftslandes. Die Biodiversität der Entwicklungs-

länder, also der natürliche Schatz an Tieren und Pflanzen, wurde bereits als pharmakologische Goldgrube bezeichnet, die mehr wert ist als die Rohstoffvorräte dieser Länder. Allerdings profitieren die Entwicklungsländer nur in relativ geringem Maß von ihrer Goldgrube. Kritiker sprechen daher von einem Biodiversitäts-Neokolonialismus.

So spielen auch zoologische Gärten eine wichtige Rolle für den Erhalt einzelner Arten. Der Davidhirsch und das Wisent konnten beispielsweise nur dort überleben. Von vielen Tierarten leben inzwischen mehr Individuen in Zoos als im Freiland. Andererseits sollte nicht übersehen werden, dass der zoologische Garten nur eine Notlösung für wenige Tierarten bieten kann und kein verallgemeinerbares Patentrezept für alle bedrohten Tiere ist. Bei einigen bedrohten Arten gibt es nach wie vor ungelöste Fortpflanzungsprobleme wie etwa beim Großen Panda. Auch darf bei kleinen Zuchtgruppen die Gefahr der genetischen Verarmung beziehungsweise der Inzucht nicht unterschätzt werden. Schließlich sollte bei den in Gefangenschaft erfolgreich vermehrten Arten die Freilassung in den ursprünglichen Lebensraum im Vordergrund stehen. Aber auch hier ergeben sich in den meisten Fällen Probleme, etwa wie im Fall der Fischotter, die im Freiland wegen Umweltchemikalien nicht überleben können, oder wie bei Geparden oder Nashörnern, die dort zu schnell Wilderern zum Opfer fallen, oder einfach, weil der ursprüngliche Lebensraum nicht mehr existiert.

Der vom Aussterben bedrohte **Große Panda,** als Wappentier des WWF weltweit Symbol für Natur- und Artenschutz, ist ein ausgesprochener Nahrungsspezialist: Er frisst ausschließlich Bambus.

Für umfassenden Lebensraumschutz gibt es keine Alternative

Gelegentlich klingt es in aktuellen Diskussionen so, als könnten Gen- oder Samenbanken oder moderne gentechnische Methoden im Kampf gegen den Verlust der Biodiversität wirkungsvoll eingesetzt werden. Allerdings kommt man an folgender Tatsache nicht vorbei: Ist es einmal zum Verlust einer Art gekommen, kann der Verlust nicht mehr rückgängig gemacht werden, auch modernste Techniken helfen nicht weiter. Schließlich können Sammlungen von Tieren und Pflanzen, Organsystemen, Reproduktionseinheiten oder Genen die funktionierende Art, wie sie in Populationen unter natürlichen oder naturnahen Bedingungen und im angestammten Lebensraum existiert und interagiert, nicht ersetzen. Somit gibt es keine Alternative zu einem modernen, umfassenden Lebensraumschutz.

Das Segregationsmodell

Will man funktionierende Artengemeinschaften – also Ökosysteme – schützen, muss man konsequenterweise große und wertvolle Gebiete ausweisen, die jeglicher menschlichen Nutzung entzogen werden, also auch nicht besiedelt sein sollten. Dieser Schutzstatus sollte nicht nur vor direkten Eingriffen wie Rodung, Beweidung, landwirtschaftlicher Nutzung oder Straßenbau bewahren, sondern auch vor indirekten Eingriffen wie Grundwasserabsenkung, Eintrag von Umweltgiften durch die Fließgewässer oder aus der Atmosphäre. Idealerweise sollten solche Schutzgebiete nicht allzu klein sein (zwischen 1 und 100 Quadratkilometer) und durch ein System von Korridoren verbunden sein. Etwa zehn Prozent des Gebiets eines Staats oder einer Region sollten auf diese Weise geschützt sein. Um diese Gebiete müssten sich Pufferzonen erstrecken, die nicht besiedelt, aber extensiv genutzt werden können, beispielsweise durch Land- und Forstwirtschaft.

Eine unübersehbare **Menschenmenge** drängt sich sonntags in der Ginza, Tokios Hauptgeschäftsstraße. Symbolisch kann dieses Bild für die **hohe Besiedlungsdichte** vieler Staaten gelten.

Das hier beschriebene Naturschutzmodell entspricht dem Segregationsmodell, bei dem geschützte Naturgebiete soweit irgend möglich konsequent vor jedem menschlichen Einfluss bewahrt werden. Dieses Modell gilt als relativ extrem und wirklichkeitsfremd. Dennoch sollte es bei entsprechenden Überlegungen als erstrebenswertes Ideal oder als Vision nicht aus den Augen verloren werden. Es ist offensichtlich, dass ohne gewaltige Einschränkungen, die die betroffene Bevölkerung nicht akzeptieren wird, solch ein System von großen Naturinseln in Europa nicht mehr realisiert werden kann. Immerhin beträgt die Besiedlungsdichte der meisten europäischen Staaten über 200 Einwohner pro Quadratkilometer. Auch viele Flächenstaaten unter den Entwicklungsländern sind ähnlich dicht besiedelt (beispielsweise Indien, Vietnam, Philippinen) oder haben sogar noch viel höhere Besiedlungsdichten (Bangladesh hat 830 Einwohner pro Quadratkilometer). Weltweit gesehen beträgt die Bevölkerungsdichte 41 Menschen pro Quadratkilometer (54 in den Entwicklungsländern, 22 in den Industrieländern, Angaben für 1992). Der für die Natur und den Menschen dringlich benötigte Schutz größerer und zusammenhängender Gebiete ist daher heute schon nicht mehr möglich.

In Zukunft wird sich Naturschutz allerdings noch weniger realisieren lassen. Man braucht sich nur vergegenwärtigen, dass die Ende 20. Jahrhunderts auf der Erde lebende Zahl von 6 Milliarden Menschen weiterhin um etwa 1,5 Prozent jährlich wachsen wird und in 50 Jahren sehr wahrscheinlich die Zehn-Milliarden-Grenze überschreiten wird. Da gegenwärtig schon große Teile der Bevölkerung unterversorgt sind, wird der Nutzungsdruck auf die verbliebenen naturnahen Räume immer stärker werden. Es erscheint daher in Zukunft kaum mehr möglich, auch die derzeit bereits in irgendeiner Weise geschützten Flächen weiterhin richtig zu bewahren.

Die zweitbeste Lösung

Als Alternative zum Segregationsmodell drängt sich daher das Integrationsmodell auf. Hierbei handelt es sich eigentlich nicht um eine echte Alternative, sondern um eine Art zweitbester Lösung mit deutlichem Kompromisscharakter. In diesem Modell wird Na-

»Finger an der Hand des Waldes« bei Arolsen, Hessen. Die Artenvielfalt in den Wäldern ist zu 60 % auf den Waldrand konzentriert. Die Hecke fungiert in vielerlei Hinsicht wie ein Waldrand; sie belebt so die Landschaft, der »Finger« vernetzt die Landschaft mit dem Wald (links).
Diese **Heckenlandschaft** im Weserbergland zeigt, dass nicht unbedingt nur ein ausgedehnter Heckenzug, sondern auch Einzelgebüschreihen oder eine lückige Hecke eine überraschend hohe Artenvielfalt aufweisen (rechts).

turschutz mit menschlicher Nutzung der Lebensräume verknüpft, das eine also in das andere integriert. Es entspricht dem Integrationsmodell, wenn eine europäische Agrarlandschaft durch blühende Wegränder, Ackerkrautstreifen, Hecken und Bachläufe mit Feuchtvegetation aufgelockert wird, also viele kleinräumige Bereiche, die zusammen etwa fünf Prozent der Landschaft ergeben, so weit wie möglich aus der Nutzung der sie umgebenden Äcker ausgenommen bleiben. Gelegentliche Störungen durch Überfahrung, Biozid- und Düngemittelabdrift sollten zwar minimiert werden, lassen sich aber in der Praxis leider nicht immer vermeiden. Eine solche Landschaft wird immer noch deutlich mehr Tier- und Pflanzenarten ein Überleben ermöglichen als eine zu 100 Prozent intensiv genutzte Agrarlandschaft. Andererseits sind aus solch einer Landschaft auch viele Arten ausgeklammert, weil sie aus unterschiedlichen Gründen dort nicht mehr existieren können.

Wenn nun eine solche Landschaft in sich stärker vernetzt wird, kann sie zusätzliche Qualitäten erhalten und für viele Arten besser genutzt werden. Solch ein Habitatverbund kann durch Grüngürtel (Alleen, Ufervegetation, Hecken), aber auch durch eingestreute, größere Flächen erreicht werden, in denen die Schutzintensität höher ist. Dies können beispielsweise die klassischen Naturschutzgebiete und Nationalparks sein. Es ist aber auch denkbar, dass zum Beispiel wegen Vermeidung von Überproduktion nicht mehr benötigte landwirtschaftliche Nutzflächen oder sonstige Brachflächen der Natur zurückgegeben werden und sich unbeeinflusst durch den Menschen weiterentwickeln dürfen. Sinngemäß gelten diese Überlegungen auch für Wälder, Feuchtgebiete und andere Lebensräume.

W. Nentwig

Naturkatastrophen

Da wir uns daran gewöhnt haben, dass die Medien mit großer Detaildichte und Häufigkeit über »Naturkatastrophen« berichten, wird uns die Fragwürdigkeit dieses Begriffs gar nicht mehr so recht bewusst. Extreme Naturereignisse mögen zwar immer wieder irgendwo stattfinden, aber wenn sie sich in menschenleeren Räumen ereignen, werden sie nicht zu einer Katastrophe.

Eine Katastrophe kommt ausschließlich dann zustande, wenn die menschliche Gesellschaft von einem solchen extremen Naturereignis betroffen wird. Die dabei entstandene Katastrophensituation ist somit nicht nur eine Naturerscheinung, sondern zugleich Ergebnis der jeweiligen gesellschaftlichen, wirtschaftlichen, technischen und kulturellen Bedingungen, die erst aus dem an sich neutralen Ereignis eine Katastrophe entstehen lassen. Solche konkreten Randbedingungen »machen« die Katastrophe. Sie äußert sich nicht nur in Toten und Verwundeten, sondern auch in Massenflucht, Evakuierung, Obdachlosigkeit, Erschöpfung, Ernährungsmangel, Seuchengefahr, Krankheit und schließlich in der schwierigen Aufgabe eines Wiederaufbaus an derselben oder an anderer Stelle.

Der Begriff **Hazard** (ursprünglich aus dem Arabischen: Hasard = Glücksspiel) bedeutet allgemein Gefahr oder Risiko. Er soll hier auf Naturereignisse (Naturrisiken) angewandt werden, bei denen es zu Wechselwirkungen zwischen dem System Umwelt und dem System Mensch/Gesellschaft kommt, und zwar zum Nachteil des Menschen.
Die Hauptfragen der Hazardforschung sind:
Wie werden vom Hazard bedrohte Gebiete genutzt? Welche Gegenmaßnahmen sind möglich, werden von der Gesellschaft akzeptiert und lassen sich praktisch durchführen?

Diese Begleiterscheinungen würden so oder ähnlich auch auf einen Bürgerkrieg in Ruanda, Afghanistan oder im Kosovo, auf eine Atomkatastrophe wie in Tschernobyl oder eine chemische Katastrophe wie in Bhopal zutreffen. Zur Abgrenzung zwischen solchen Risikoformen spricht man auch von Man-made Hazards im Gegensatz zu den Natural Hazards, dem Gegenstand dieses Beitrags. Aber die Beispiele dürften klargemacht haben, wie groß der Überschneidungsbereich ist.

Am 17. Januar 1995 ereignete sich in Kobe die größte Naturkatastrophe Japans seit dem großen Kanto-Erdbeben von 1923; damals waren Tokio und Yokohama zerstört worden. 1995 starben 6336 Menschen in Kobe, 34900 wurden verletzt, die geschätzten Schäden beliefen sich auf eine Summe von 100 Milliarden US-Dollar. Bessere Vorhersagetechniken, präzisere Warnzeiten, gewissenhaftere Einhaltung von ingenieurtechnischen Baunormen bei Gebäuden und Verkehrseinrichtungen, Verschärfung der Baugesetze oder Nachrüstung alter Gebäude hätten helfen können, den Schaden zu verringern. Im katastrophenerprobten Wunderland der Hochtechnologie versagten aber auch die Informationskanäle zwischen der betroffenen Millionenstadt und der Regierung in Tokio. In einem Kommentar der Süddeutschen Zeitung vom 24. Februar 1995 wurden Stimmen aus Japan zitiert: »Nach Auffassung von Professor Sasaki von der Universität Tokio hat das ›Killer-Beben‹ von Kobe die Schwächen der japanischen Gesellschaft aufgezeigt. Hinter der Maske einer modernen, flexiblen Industriegesellschaft verbirgt sich nämlich geistig das japanische Mittelalter. Nippon ist so lange stark, wie die Dinge auf lange Sicht planbar sind – die Nation ist wie gelähmt, wenn etwas außerhalb der geübten Ordnung geschieht.«

Mehrere Wochen nach dem Erdbeben dauerte die katastrophale Versorgungslage der rund 300 000 Obdachlosen noch immer an. Sie war auch aus der Just-in-time-Strategie bei der Lagerhaltung entstanden, einer sonst hoch gelobten Innovation. Wenn man aufgrund der dichten Siedlungsweise die Lagermöglichkeiten auf ein Minimum reduziert und sich erst einmal auf tägliche, ja stündliche Vorratsergänzung eingelassen hat, dann fällt diese aus, wenn die Straßen unpassierbar sind. Die Bevölkerung einer erdbebenbetroffenen Großstadt in einem der reichsten Länder der Welt hungert nicht, weil etwa eine Nahrungsmittelverknappung im Land eingetreten wäre, sondern weil die Verteilungsmechanismen nicht funktionieren. Eine solche Erscheinung lässt sich übrigens auch bei manchen Hungerkatastrophen in der Dritten Welt immer wieder beobachten.

Just-in-time-Strategien versuchen, Produktion und Lagerhaltung in der Regel durch Vernetzung der Informationssysteme so aufeinander abzustimmen, dass ein benötigtes Teil (zum Beispiel bei der Kfz-Montage) gerade rechtzeitig in der Fabrik am Fließband eintrifft, wenn es eingebaut werden soll. Dadurch werden Lagerhaltungskosten beim Produzenten wie beim Zulieferer reduziert. Statt in Regalen in der Autofabrik oder beim Hersteller zu lagern, werden Zulieferteile nach der Produktion sofort ausgeliefert und »lagern« nur noch im Lastkraftwagen auf der Zubringerstraße. Gegen diese Strategie steht die verkehrsbedingte Störanfälligkeit des Systems.

Das Beispiel soll die Wechselwirkung zwischen extremen Naturereignissen und der Gesellschaft aufzeigen. Deren Verletzlichkeit ist letztlich das entscheidende Kriterium für das Ausmaß einer Katastrophe. Da eine Gesellschaft in der Regel umso verwundbarer ist, je ärmer die Mehrheit ihrer Mitglieder ist, wirken sich extreme Naturereignisse hinsichtlich der Menschenverluste in den weniger entwickelten Ländern stärker aus als in den reicheren, während sich hier mehr zerstörungsgefährdeter Wohlstand und eine störungsanfälligere Infrastruktur angesammelt haben.

Bei dem **Erdbeben in Kobe** von 1995 kippte die angeblich erdbebensichere Hochstraße der Hanshin-Autobahn auf etwa 500 Meter Länge um; die tragenden Stützen wurden über mehrere Kilometer hinweg so stark beschädigt, dass die gesamte Konstruktion abgerissen werden musste. Dagegen blieben zahlreiche mehrstöckige Gebäude unmittelbar daneben unbeschädigt – ein Hinweis darauf, dass gegenüber diesen Beanspruchungen eine wirklich angepasste Bauweise durchaus Sicherheit bieten kann.

Verstärkte Wahrnehmung von Naturrisiken

Hochwasser gehört zu den ältesten dokumentierten extremen Naturereignissen. Es ist an den flusszugewandten Toren mittelalterlicher deutscher Städte seit Jahrhunderten mittels Hochwassermarken vermerkt worden. Auch in den Chroniken chinesischer Dynastien kann man darüber lesen. Die moderne Untersuchung von Naturrisiken begann kurz nach dem Zweiten Weltkrieg mit dem Hochwasser und ist mit dem Namen des Chicagoer Geographen Gilbert White verbunden. In den 1930er-Jahren hatte der »New Deal« Roosevelts mit Arbeitsbeschaffungsmaßnahmen die Arbeitslosigkeit der Weltwirtschaftskrise einzudämmen versucht und dabei auch Hochwasserbekämpfung betrieben. Energiegewinnung, Hochwasserschutz und Verkehrsausbau gingen Hand in Hand. Am bekanntesten wurde neben dem Hoover Dam im Westen der USA das Projekt der Tennessee Valley Authority (TVA), das nach dem »Flood Control Act« (einem Gesetz aus dem Jahr 1936) mit ingenieurtechnischen Großmaßnahmen Hochwasserschutz betrieben hatte. Bei der Erfolgskontrolle solcher Projekte stellte White nun fest, dass die Schäden höher statt niedriger geworden waren. Im vermeintlichen Schutz der Dämme und Deiche hatten die Anlieger von Flüssen unbekümmert investiert, sodass eine »Jahrhundertflut« weit höhere Schäden verursachte, als wenn sie im ungeschützten und daher weniger genutzten früheren Hochwasserbereich aufgetreten wäre. Ob nicht vielleicht Gesetze zur Landnutzungsbeschränkung und bessere Aufklärung der Bevölkerung billiger und vor allem wirksamer gewesen wären als die monumentalen Großbauten, weithin sichtbare Denkmäler tüchtiger Politiker? Seit dem »Flood Insurance Act« (einem Gesetz aus dem Jahr 1969) gibt es in den USA eine staatliche Hochwasserversicherung. Die klimatisch oder witterungsbedingten und sich häufenden Katastrophen der letzten Jahre haben – auch durch die Präsenz der Medien – das Thema Hochwasser ständig im Bewusstsein der amerikanischen Gesellschaft verankert.

In vielen deutschen Städten finden sich nahe dem Flussufer **Hochwassermarken** zur Erinnerung an frühere stark erhöhte Pegelstände.

Dürren bedrohen die Landwirtschaft

Als zweites Naturrisiko wurde wenig später die Dürre aufgegriffen. Zwanzig Jahre nach der berüchtigten »dust bowl« (Staubschüssel) in den Great Plains der USA, die zu einer Massenflucht von Farmern geführt hatte, herrschte in den 1950er-Jahren eine erneute Dürre und gab Anlass, sich allgemeiner mit ihrer Erforschung zu befassen und dabei ein historisches mit einem aktuellen Ereignis zu vergleichen. Dürre wurde definiert als eine Periode, in der Wasser lange genug in einem Umfang fehlt, um ernsthafte Ernteschäden in einem größeren Gebiet hervorzurufen.

Das zyklische Auftreten von Dürren, in den USA 1930, 1950, 1974, trifft in den wohlhabenderen Ländern auf immer raffiniertere Abwehrtechniken und macht die Agrargesellschaft entsprechend widerstandsfähiger. Die Fortschritte zwischen den drei genannten Dürreperioden lagen zwischen 1930 und 1950 in bodenerhaltenden

---

Aus der Hagelabwehr ist bekannt, dass man sich darum bemüht, hagelträchtige Gewitterwolken mit künstlichen Gefrierkernen (meist Silberiodid) zu impfen **(Cloud Seeding),** um sie vor dem Erreichen wertvoller Sonderkulturen (Wein, Hopfen) zum Abregnen zu bringen. Ähnliches wird auch bei Regenwolken versucht. Aber der so verursachte Niederschlag führt zu einem rechtlichen Problem, denn er fehlt dann in der Regel an anderer Stelle (»Wolkendiebstahl«?).

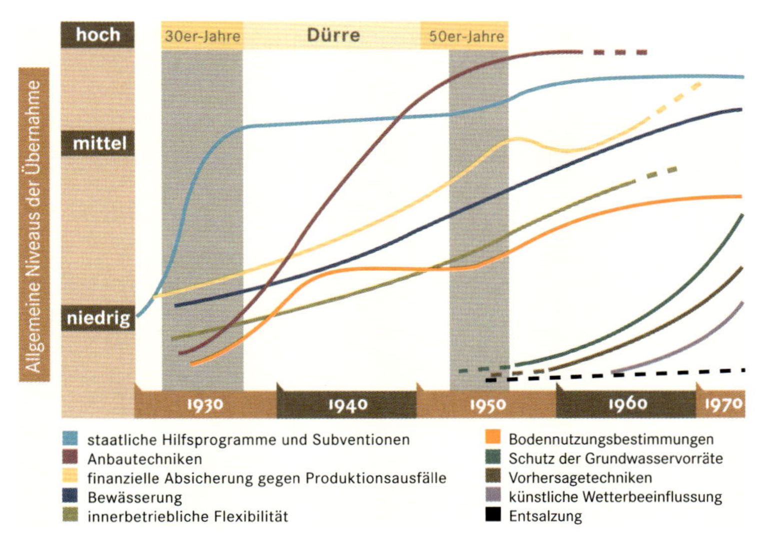

Die Grafik zeigt, wie man durch **Anpassung** oder **Gegenmaßnahmen** (Adjustments) auf die Dürreperioden im Mittleren Westen der USA seit den 1930er-Jahren reagiert hat. Zunächst versuchte man den Farmern durch staatliche Zahlungen zu helfen. Danach wurden vor allem die Anbautechniken verbessert. Seit der Dürre der 1950er-Jahre begann man mit Maßnahmen vor allem zum Schutz der Wasserversorgung und zur Wettervorhersage oder -beeinflussung.

Maßnahmen wie hangparallelem Pflügen (contour lining), Bewässerung, Einschaltung von Brachejahren (dry farming), Anbaudiversifikation (weg von der Getreidemonokultur des Mittleren Westens), höheren Betriebsgrößen (Risikoausgleich), dürreresistenterem Saatgut, Einsatz von Kunstdünger, besserer Ausbildung der Farmer, einer bundesstaatlichen Ernteausfallversicherung (Federal Crop Insurance Program), höheren Agrarpreisen und einer gesünderen Gesamtwirtschaft.

Zwischen 1950 und 1974 wurde wiederum ein verbessertes Instrumentarium zur Dürre-Abwehr geschaffen: verbesserte Bewässerungstechniken, Kanalabdichtungen, kontrollierte Verdunstung, Grundwasserspeicherung, neue Wettervorhersagetechniken und erste Wettermanipulationen (durch Wolkenimpfung), Entsalzung der Böden und Abflusskontrolle. Damit hatte sich die Risikosteuerung vom Faktor Boden auf den Faktor Wasser verlagert. Künftige Dürren, die sicher unvermeidlich sind, werden sich durch die wachsende Weltbevölkerung und die politische Bedeutung von Getreidehilfslieferungen möglicherweise stärker auswirken, als dies eine Dürre derzeit tut, während verbesserte Transportkapazitäten und präzisere Warnmöglichkeiten andererseits eher Linderung versprechen.

Der **New Deal** Roosevelts: Nach der Weltwirtschaftskrise vom Oktober 1929, die in einem Börsenkrach gipfelte, versuchte der im November 1932 gewählte Präsident Franklin D. Roosevelt (1882–1945) seit seinem Amtsantritt am 4. März 1933 die Zentralgewalt der USA zu stärken und die 12 Millionen Arbeitslosen durch Staatsaufträge (zum Beispiel öffentliche Bauten) wieder ins Erwerbsleben einzugliedern. Mindestlöhne, Festigung der Stellung der Gewerkschaften, Stützungspreise und Umschuldungshilfen für die Landwirtschaft, Anbaubeschränkungen, kostenlose Lebensmittelmarken für Arbeitslose, Einführung der Sozialversicherung und die Sanierung von Notstandsgebieten durch gemeinnützige Arbeiten standen im Vordergrund umfangreicher sozialer Reformen. Die Tennessee Valley Authority (TVA) betrieb gleichzeitig die Flussregulierung des 1050 Kilometer langen Tennessee, Elektrizitätsgewinnung, Erosionsschutz, Bodenverbesserung usw., und der Staat wurde zum größten Stromerzeuger (Bonneville und Grand Coulee Dam).

Erdbeben fördern wissenschaftliche Erkenntnisse

Es liegt nahe, dass als dritte große Naturgefahr das Erdbeben in den Mittelpunkt der Erforschung trat. Mit dem Erdbeben von San Francisco am 18. April 1906, das zum »Großen Feuer« wurde (der Brand war die größere Katastrophe), begann die Reihe der Erdbeben in unserem Jahrhundert. Dieser Paukenschlag wurde gleich verstärkt durch das Erdbeben von Messina am 28. Dezember 1908 mit 83 000 Toten. Mit den Beben von Loma Prieta (1989, 6 Milliarden US-Dollar Sachschaden), vom San Fernando Valley nördlich von Los Angeles (Northridge 17. Januar 1994), dem bereits erwähnten von Kobe (17. Januar 1995) und dem von İzmit (Türkei, 17. August 1999) nähern wir uns der Jahrtausendwende. Diese Ereignisse setzen gleichzeitig Eckpunkte in einer Forschungsgeschichte, bei der besonders gefährdete Länder wie die rund um den Pazifik liegenden Staaten USA, Japan, Russland und China eine herausragende Rolle spielten und große Erfolge verbuchten, aber auch große Enttäuschungen bei der Vorhersagbarkeit von Erdbeben erlitten.

In einem weithin agrarisch ausgerichteten Land wie China wird ungewöhnlichem **Verhalten von Haustieren vor Erdbeben** besondere Aufmerksamkeit gewidmet. Kurz vor dem Erdbeben der Stärke M 7,3 (auf der Richterskala) in der Provinz Liaoning am 28. Januar 1975 war solches Verhalten bei Kühen, Pferden, Hunden und Schweinen, insbesondere aber bei Schlangen beobachtet worden, die ihren Winterschlaf unterbrachen, an die Erdoberfläche kamen und dort erfroren.
Am 4. Februar 1975 ordneten deshalb die Behörden um 14 Uhr eine Evakuierung an. Um 19.30 Uhr zerstörte ein Erdbeben die Stadt Haicheng zu 90%. Von den rund 1 Million Einwohnern kamen nur wenige ums Leben. Doch versagte offensichtlich diese Methode am 27. Juli 1976, als 242 000 Menschen beim Erdbeben von Tangshan ihr Leben verloren.

Erdbeben, die Hauptstädte betrafen, wie 1755 Lissabon, 1923 Tokio, 1972 Managua, 1976 Bukarest, 1977 Guatemala-Stadt und Peking sowie 1985 Mexiko-Stadt, werden in der Regel in den Medien besonders beachtet und regen zu verstärkten Forschungsarbeiten an, sodass man Krisen und Konjunkturen der Erdbebenforschung auch auf solche Umstände und die Konkurrenz anderer Ereignisse zurückführen kann. Forschungsschwerpunkte sind naturgemäß die Vorhersagetechniken, die sich messbarer Indikatoren bedienen. Die Registrierung und Auswertung von Erdbebenwellen in der Erdkruste, Neigungsmessung an Schollen, Volumenveränderungs-Messungen und Laservermessung der Plattendrift, Bestimmung des Radongehalts im Grundwasser sind einige davon. In China widmet man auch der Beobachtung anormalen Tierverhaltens kurz vor Erdbeben Aufmerksamkeit.

Aber auch der sozialwissenschaftlichen Forschung stellen sich Aufgaben. Wie werden sich Erdbebenvoraussagen für ein Gebiet sozioökonomisch, psychologisch und politisch auswirken? Richtet die verringerte Investitionsbereitschaft in einem prognostizierten Erdbebengebiet möglicherweise größere Schäden an als das dann stattfindende Erdbeben? Wer trägt die Verantwortung für Evakuierungsentscheidungen? Wer haftet, wenn das Beben nicht eintritt? Wie groß soll der Zeitraum sein, für den eine Vorhersage gelten soll?

Bedrohung durch Vulkanismus

Ähnlich wie die Katastrophen in den genannten Hauptstädten die Erdbebenforschung vorangetrieben haben, zeigen sich auch bei der Vulkanismusforschung markante Eckpfeiler, an denen der Fortschritt deutlich wird. Ein solcher Eckpfeiler war der Ausbruch des Mount Saint Helens am 18. Mai 1980 im pazifischen Nordwesten der USA, im Staat Washington. Mögen auch andere Vulkanausbrüche, vor allem durch die begleitenden Flutwellen (Tsunamis), viel mehr Menschenopfer gefordert haben (1815 Ausbruch des Tambora mit 56 000 Toten, 1883 des Krakatau mit 36 500, 1902 der Montagne Pelée mit 30 000 Toten), so traf doch der Ausbruch des Mount Saint Helens eine moderne Industriegesellschaft mit allen Folgen für eine störungsanfällige Infrastruktur. Neben den USA sind auch Italien wegen Vesuv und Ätna sowie Japan (zum Beispiel Ausbruch des Unzen 1792 mit 15 000 Toten, 1991: 42 Tote, 10 000 Evakuierte) in der vulkanologischen Forschung führend. Während das Vorstellungsbild in den USA lange Zeit durch den »fotogenen« Hawaii-Vulkanismus und dessen »mediengerechtes« Fließen geprägt war, setzte die Gewalttätigkeit des explosiven Ausbruchs des Mount Saint Helens in der Cascade Range neue Maßstäbe und hat die Überwachung der anderen Vulkane an der pazifischen Küste der USA beschleunigt.

Mitteleuropa – ein Gunstraum

Mitteleuropa ist von der Natur insofern begünstigt, als es – da in den gemäßigten Breiten gelegen und mit klein gekammerten Landschaften ausgestattet – bisher von extremen witterungsbedingten Risiken mit Ausnahme von Stürmen, Starkregen und Hagel weitgehend verschont blieb. Hier müssen auch keine großen tektonischen Spannungen durch Erdbeben abgebaut werden, und aktiver Vulkanismus äußerte sich zuletzt vor 9500 Jahren (Ulmener Maar in der Eifel). Nur die sich häufenden Hochwasser im Binnenland und an der Küste führen immer wieder zu großen Schäden.

Wohl aber sind Stürme in unsere vermeintlich »heile Welt« in zunehmendem Maß eingebrochen und haben im letzten Jahrzehnt zu einer gewaltigen Waldvernichtung geführt. Der »Deutsche Wald«, seit Jahrhunderten im Volkslied, im Märchen sowie in Musik und Malerei verinnerlicht und in unser Freizeitverhalten unablösbar integriert, wurde durch flächenhafte Zerstörung, zum Beispiel durch die Winterstürme »Vivian« und »Wiebke« zu Beginn des Jahres 1990, betroffen. Die Schäden übertrafen bei weitem jene des Sturms im Februar 1967 in Südwestdeutschland und des Orkans vom 13. November 1972 in Niedersachsen. So waren die beiden Winterstürme des Jahres 1990 von großer Bedeutung für die Ausbildung einer Problemsensibilität gegenüber Naturrisiken auch in Mitteleuropa.

Katastrophenvorbeugung als internationale Aufgabe

Fast gleichzeitig wurde eine Internationale Dekade für die Vorbeugung vor Naturkatastrophen (International Decade for Natural Disaster Reduction) als Resolution von der Generalversammlung der Vereinten Nationen verabschiedet (22. Dezember 1989). Zu sehr hatte das Ausmaß von Naturkatastrophen zugenommen. Entstand zwischen 1960 und 1970 ein materieller volkswirtschaftlicher Schaden von weltweit 50 Milliarden US-Dollar, so zwischen 1970 und 1980 bereits einer in Höhe von 70 Milliarden und zwischen 1980 und 1990 von 120 Milliarden US-Dollar. Für das gerade ablaufende Jahrzehnt schätzen amerikanische Experten einen Betrag von wahrscheinlich 400 Milliarden US-Dollar. Man glaubt allerdings, dass man durch Maßnahmen der Katastrophenvorbeugung im Umfang von 40 Milliarden US-Dollar Schäden in Höhe von 280 Milliarden US-Dollar würde vermeiden können. Weltweit hat deshalb eine koordinierte Suche nach Vorbeugungsmöglichkeiten begonnen: die Neunzigerjahre des ausgehenden Jahrtausends sind darum ein wichtiges Jahrzehnt in der Geschichte der Erforschung von Naturkatastrophen. Der Ausgang der Umweltkonferenzen von Rio de Janeiro und Berlin und der Halbzeitkonferenz der Dekade 1994 in Yokohama lässt aber wenig Hoffnung aufkeimen, dass sich die Weltgesellschaft dieser großen Herausforderung gewachsen zeigen wird.

Variabilität der Naturerscheinungen

Naturrisiken beruhen auf der Variabilität geologischer oder atmosphärischer Umstände, die außerhalb der menschlichen Beeinflussbarkeit liegen. Auf der geologischen Seite sind dies Erdbeben, vulkanische Tätigkeit, Massenbewegungen wie Bergsturz und Erdrutsch, Landsenkung und Küstenerosion und auf der klimatischen Seite vor allem Winterstürme, Tornados und Hurrikane, Hochwasser, Dürren und Waldbrände, Hagel, Blitzschlag, Hitzewellen, Frost und Schneedruck. Solche Risiken betreffen unsere Umwelt mit ihrer Einbettung menschlicher Ansiedlungen in einen bestimmten Naturraum (Environment). Dabei hat die menschliche Gesellschaft schon in ihren frühen Hochkulturen besonders risikogefährdete Teile der Erdoberfläche wie Küsten und Flussufer besetzt (Mesopotamien, Ägypten, China) und ihren Lebensraum allmählich immer weiter in Steppen-, Wald- und Gebirgsländer, ja in Wüsten ausgedehnt und sie in Wirtschaftslandschaften verwandelt, obwohl diese in ihren Nutzungsmöglichkeiten begrenzt waren.

Der Mensch fordert die Natur heraus

In unseren Tagen hat der Tourismus sogar die höchsten Lagen der Hochgebirge erschlossen, ist die Erdölförderung auf Plattformen in die offene See vorgedrungen und wurden selbst so abweisende Teile der Erdoberfläche wie Arktis und Antarktis aus wissenschaftlichen oder militärischen Gründen mit isolierten Stützpunkten besetzt. Diese Ausbreitung war seit jeher von einem starken Ansteigen des Risikos gekennzeichnet, besonders dann, wenn Pioniere in bisher unbekanntes Neuland vorstießen (die Russen nach Sibirien, andere Europäer in den Westen Nordamerikas) und dabei die angepassteren Lebensformen der dort ursprünglich einheimischen Völker durch ihre kolonialen Nutzungen verdrängten. Nur: In der Regel werden bestimmte klimatische Zustände als gegeben hingenommen. Wer in Nordkanada, Alaska oder Nordsibirien in Taiga und Tundra lebt, ist auf extreme Kälte und Schneestürme eingestellt, ebenso wie der Wüstenbewohner Wassermangel, extreme Hitze und Sandstürme auszuhalten gewohnt ist. Es ist die Variabilität dieser Bedingungen, nämlich, dass solche naturgegebenen Extreme durch ein unerwartetes Ausschlagen des Wettergeschehens in darin unerprobte Siedlungsgebiete verlagert werden (Blizzards nach New York, nordafrikanische Hitze nach Mitteleuropa), die sie dort zu katastrophalen Ereignissen werden lässt. Blizzards, Tornados und Hurrikane haben ihre bevorzugten Zugbahnen wie bei uns Nebelbänke und Hagelzüge. Die Wahrscheinlichkeit eines solchen Ereignisses ist kalkulierbar, und Wettersatelliten ermöglichen bei den Hurrikanen rechtzeitige Sturmwarnungen. Aber weder »Betsy« (1965, 299 Tote) noch »Camille« (1969, 323 Tote), »Agnes« (1972, 122 Tote) oder »Andrew« (23.–27. August 1992, 74 Tote, 30 Milliarden US-Dollar Sachschaden) konnten die amerikanische Freizeitgesellschaft von einer weiteren Verdichtung der Besiedlung Floridas abhalten. Dabei

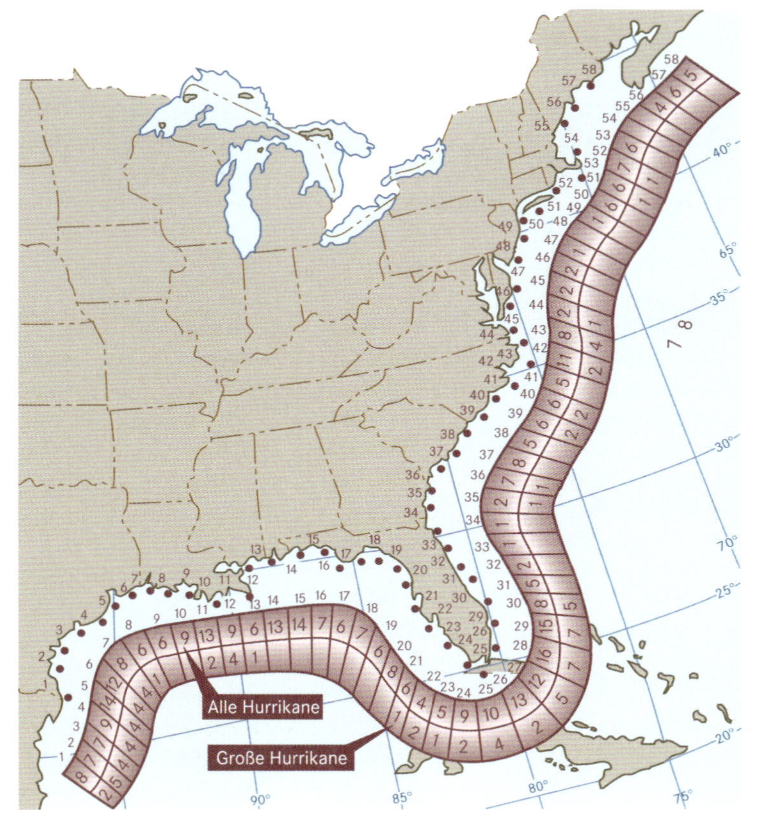

Die mit Ziffern von 1 bis 58 bezeichneten Küstenabschnitte der östlichen und südlichen USA (je 80 Kilometer) können nach langjährigen Beobachtungsreihen mit einer Eintrittswahrscheinlichkeit von **Hurrikanen** in bestimmten Prozentwerten pro Jahr rechnen. Die »normalen« Hurrikane (Geschwindigkeit über 33 m/s) sind im küstennahen Band eingetragen, die »großen« (über 56 m/s) im äußeren Band, das größere Lücken aufweist. Die Golfküste von Texas, Südflorida und die Küste von North Carolina und Virginia gelten als besonders hurrikangefährdet. Die meisten Hurrikane treten im August/September auf.

gibt es gerade dort sehr viele Ruheständler, die erst nach ihrer Pensionierung nach Florida ziehen, oder Touristen, welche keine Hurrikanerfahrung in ihr Freizeitgebiet mitbringen und die dadurch am meisten gefährdet sind.

Aber es ist nicht nur die Freizeitgesellschaft, welche um ihres Erlebniswerts willen (Gletscherskilauf, Wellenreiten) risikoreiche Räume aufsucht und überbeansprucht. Mit wachsender Bevölkerungszahl sind immer mehr Menschen gezwungen, in risikoreichen Gebieten zu leben. Die durch Rodung im Himalaya verstärkte Bodenerosion befrachtet Ganges und Brahmaputra mit Sedimentmassen, die sich im Golf von Bengalen absetzen. Die für den Reisbau günstigen, sich aber rasch verlagernden Schwemmlandinseln (Chars) verleiten landlose Bauern zur Ansiedlung. Im November 1970 ertranken im Windstau von sieben Meter über dem normalen Flusspegel 225 000 Menschen. Im Mai 1985 und im Mai 1991 wiederholte sich die Katastrophe, die sechzigste seit 1900. Innerhalb dieses Zeitraums verloren rund drei Millionen Menschen ihr Leben.

Gefahr aus dem Erdinnern

Bei den geologischen Risiken ist es ähnlich wie bei den atmosphärischen. Die hohe seismische Gefährdung Kaliforniens hat weder im Raum San Francisco noch in dem von Los Angeles die Bildung von Millionenstädten verhindern können. Das Image des »Golden State« hat zu einem ungebremsten Zuzug geführt, obwohl zum Erdbebenrisiko auch noch andere Gefahren (Erdrutsch, Küstenabbruch, Waldbrand, Überschwemmungen und Wassermangel) hinzukommen, die bei einer hochsensiblen Infrastruktur mit Brücken, Hochstraßen, Staudämmen, Gas-Pipelines, Wasserleitungen, Kanälen, Raffinerien und Atomkraftwerken zu Katastrophen eskalieren können (auslösende oder so genannte »Trigger«-Wirkungen). Rings um die San Francisco Bay wurden Bauten häufig auf künstlich aufgeschwemmtem Gelände erstellt, das zur Liquefaktion neigt. Bodenspekulation und sorgloser Umgang mit Bauvorschriften haben ein risikoträchtiges Environment zu einer Zeitbombe für Millionen von Einwohnern werden lassen. Liquefaktion und Flutwellen (Tsunamis) bedrohen auch viele japanische Industriezonen, die auf aufgespültem Neuland angelegt wurden.

Die **Liquefaktion** oder Bodenverflüssigung ist ein Prozess, bei dem relativ fester Sand oder Schlick durch Wasseraufnahme ins Fließen gerät und entweder wie eine Flüssigkeit wegfließt oder Bauten, die bisher sicher auf ihm zu stehen schienen, zum Einsinken bringt.
Normalerweise stützen sich die Sandkörner gegenseitig ab und täuschen einen soliden Verbund vor. Nimmt der Wasserdruck in den Leerräumen zwischen den Sandkörnern aber zu und werden sie erschüttert, so verlieren sie ihren bisherigen Halt und werden thixotrop (durch Erschütterung flüssig). Der Zusammenhalt der Bodenteilchen, die kapillare Kohäsion, bricht zusammen. Der plötzliche Tragfähigkeitsverlust lässt (wie beim Erdbeben von Niigata/Japan vom 16. Juni 1964, das die Stärke M 7,5 hatte) ganze Wohnblocks einsinken und sich schräg stellen.

Vulkane stellen zwar ihre gefährliche Natur in schön geformten gleichmäßigen Kegeln zur Schau und bringen so das von ihnen ausgehende Risiko ins Bewusstsein der Bevölkerung. Aber die durch gelegentliche Ascheausbrüche verjüngten, mineralreichen Böden verlocken nach jeder Eruption zur Wiederbesiedlung. In den Tropen und Subtropen ragen viele Vulkane über Tieflandwälder und Steppen hinaus in kühlere Höhen, in denen die Niederschläge reiche Ernten an »cash crops«, Devisen bringenden Weltwirtschaftsgütern wie Kaffee oder Tee, ermöglichen. Warum also sollte man die Kegelberge fliehen, zumal dann, wenn die vulkanische Tätigkeit von den Forschern für erloschen erklärt wurde?

Katastrophen als Medienereignisse

In diesem Abschnitt war davon die Rede, dass mit wachsender Bevölkerungsdichte das Risiko von Katastrophen zunimmt, dass durch Bevölkerungszunahme immer neue risikoträchtige Räume in die Nutzung einbezogen werden müssen, dass der Mensch aber auch bewusst riskobehaftete Gebiete wie Hochgebirge, Flussufer und Küsten zum Teil wegen ihres Freizeitwerts aufsucht. Dazu kommt eine immer störungsanfälligere Infrastruktur, der stoßweise Verkehrsrhythmus der Industriegesellschaft und die Gefährlichkeit vieler Produktionen (zum Beispiel der chemischen Industrie), die zusammen genommen zahllose Situationen hervorrufen, in denen extreme Naturereignisse zu Katastrophen führen können.

Aber die wachsende Flut von Katastrophenmeldungen speist sich auch noch aus anderen Quellen: Nicht nur, dass sich die Situationen vermehren, wir erfahren auch mehr über sie. Ein verdichtetes Netz von Erdbeben-Messstationen meldet uns jede Bodenerschütterung. Wettersatelliten informieren uns unmittelbar über meteorologische Ereignisse in aller Welt, und die Medien verbreiten Meldungen über Naturkatastrophen mit besonderer Dramatik, weil filmgerechte Bewegungsabläufe (Tornados, Hochwasserwellen, Tsunamis, Vulkanausbrüche, Lawinen, Erdrutsche) oder die darauf folgenden Bilder der von ihnen ausgelösten Zerstörungen makabre Sensationen garantieren. Dramatische Rettungsaktionen vermitteln eine menschliche Note und fügen den überwiegenden »bad news« auch eine notwendige Dosis von »good news« bei. Bestimmte amerikanische Fernsehstationen bedienen sich im Kampf um Einschaltquoten fast ausschließlich einer solchen Thematik, die durch Kabelvernetzung zunehmend auch bei uns verbreitet wird.

Dabei hat auch die Katastrophenmeldung nur eine bestimmte Reichweite. Amerikanische Medienforscher haben nachgewiesen, dass ein Ereignis, das in 10 000 km Entfernung stattfand, durchschnittlich 39 Todesopfer gefordert haben muss, um in einer 10 cm langen Nachrichtenspalte genannt zu werden, in 1000 km Distanz braucht es dazu nur noch sieben Opfer, in 100 km genügt manchmal bereits ein Toter. Kulturelle Nähe zu den Opfern ist wichtig. Für US-Amerikaner hat ein Westeuropäer denselben »Nachrichtenwert« wie drei Osteuropäer, neun Lateinamerikaner, elf Bewohner des Nahen und zwölf des Fernen Ostens. Solche Aufrechnungen, die man zynisch finden mag, sind auch für die Medien Mitteleuropas gültig.

Eine ähnliche Distanzabhängigkeit bei der Wahrnehmung von Naturkatastrophen ist auch bei Hilfsmaßnahmen und bei der internationalen Spendenfreudigkeit festzustellen. So wurde 1976 das Erdbeben in Friaul von den Anrainerstaaten eher als eine alpine denn als eine italienische Katastrophe angesehen, Frankreich und England traten als Spenderländer staatlicher oder privater Hilfsgüter im Ver-

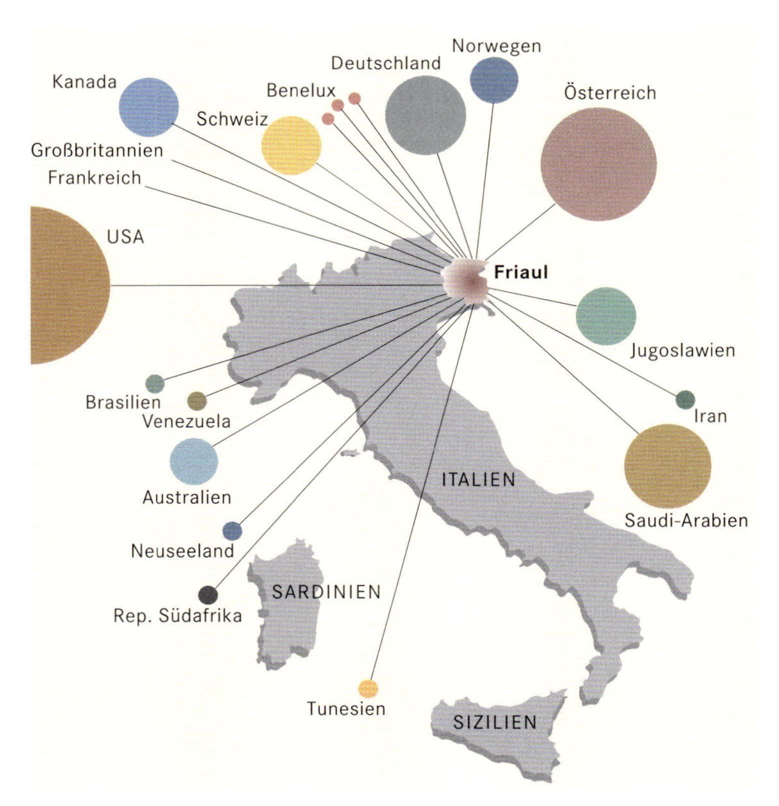

Das **Erdbeben in Friaul** von 1976 wurde als »alpine« Katastrophe empfunden. Die meisten Spenden gab die Bevölkerung der nächstgelegenen Länder. Aus den USA und dem reichen Ölland Saudi-Arabien kam vor allem staatliche Hilfe, aus Kanada, Australien und anderen Zielländern friaulischer Auswanderung dagegen Geld von den dortigen Verwandten und Freunden. Als in Norwegen viele Holzhäuser bestellt wurden, regte das auch die dortige Bevölkerung zu Spenden an. Frankreich und England leisteten dagegen kaum nennenswerte Hilfe.

gleich zur Bundesrepublik Deutschland, Österreich und der Schweiz fast nicht in Erscheinung. Die Hilfe aus Übersee kam meist von friaulischen Auswanderern, im Falle der USA handelte es sich überwiegend um staatliche Hilfe.

Prozesse der Erdkruste

Erdbeben zeichnen sich dadurch aus, dass sie in kurzer Zeit – ähnlich wie bei Blitz und Tornado – große Energien punktuell entladen und dadurch zu immensen Zerstörungen führen können. Die fast identische Verteilung von Erdbebengebieten und aktivem Vulkanismus ist nicht zufällig, sondern folgt den Gesetzen der Plattentektonik und tritt an den Plattenrändern verstärkt auf. Diese Schwächezonen sind besonders für den rund um den Pazifik gelegenen Raum charakteristisch (zirkumpazifischer »Feuerring«). Aber auch an den Rändern der Afrikanischen und Eurasischen sowie der Indoaustralischen und Eurasischen Platte (Indonesien) treten gehäuft Erdbeben und Vulkanausbrüche auf. Die vergleichende Bewertung seismischer Ereignisse bedient sich im Wesentlichen zweier immer wieder verbesserter Skalen.

Schon im 1. Jahrhundert nach Christus wurde in China ein Gerät zur **Registrierung von Erdbeben** konstruiert. An einem gewölbten Gefäß sind acht Drachen mit jeweils einer darunter hockenden Kröte angebracht. Bei einem Erdstoß beginnt das im Innern des Gefäßes aufgehängte Pendel zu schwingen. Auf der dem Stoß entgegengesetzten Seite wird dabei das Drachenmaul geöffnet. Die darin liegende Kugel fällt in das Maul der Kröte. So soll man die Richtung des Bebens lokalisiert haben.

Erdbebenskalen

Die am häufigsten zitierte Richter-Skala (nach dem amerikanischen Erdbebenforscher Charles Richter benannt) misst als Magnitude M den Betrag an elastischer Energie, die von den Schockwellen bei einem Erdbeben ausgelöst und von Seismographen gemessen wird. Nur wenige Erdbeben haben dabei den Wert von M 8,9 auf der prinzipiell »nach oben offenen« Richter-Skala überschritten. Zwischen zwei vollen Skalengraden (M 6,0 zu M 7,0) besteht jeweils ein 32facher Unterschied in der freigesetzten Energie.

Die mehrfach modifizierte Mercalli-Skala (nach dem italienischen Vulkanologen Guiseppe Mercalli) geht nicht von quantitativen physikalischen Werten, sondern von qualitativen Beobachtungen der Wirkungen eines Erdbebens an der Erdoberfläche aus. Berichte geschulter Beobachter, Befragungen Betroffener und Bilder der Zerstörungen, namentlich von Gebäuden, werden nach einer zwölfteiligen, geschlossenen Skala abgestuft, die sich lokal mit der Richter-Skala parallelisieren lässt. Sie ist auch geeignet, qualitative Unterschiede in der Bausubstanz nach Alter, Baustil, Material und anderem in Rechnung zu stellen und historische Erdbeben vor der Erfindung physikalischer Messinstrumente einzuordnen und zu bewerten.

Geologische Risiken

Erdbebenrisiken zeigen eine zonale Verteilung. Plattengrenzen können entweder Subduktionszonen folgen, bei denen die eine Platte unter die benachbarte abtaucht, oder aber Gebirgsbildungszonen, bei denen Gebirge wie die Alpen oder der Himalaya aufgeschoben werden, oder schließlich Kombinationen von beiden, so an der Westküste Südamerikas. Der Mittelatlantische Rücken, der mit einer auseinander driftenden Plattengrenze verbunden ist, ist für die Entstehung der vulkanischen Inselgruppen in der Mitte des Atlantiks einschließlich Islands verantwortlich. Aber auch im Platteninnern (so in China, Australien, Nordamerika: New Madrid 1811–1812 in Missouri) können schwere Erdbeben auftreten.

Einige der größten Erdbeben seit 1960

Datum	Jahr	Land	Tote	Gesamtschäden in Mio. US-$	Versicherte Schäden in Mio. US-$
29. Februar	1960	Marokko	13 100	120	0
21. Mai	1960	Chile	3 000	880	0
26. Juli	1963	Jugoslawien	1 070	600	0
28. März	1964	USA	131	540	20
16. Juni	1964	Japan	26	205	0
31. Mai	1970	Peru	67 000	500	14
09. Februar	1971	USA	65	535	50
10. April	1972	Iran	5 400	5	0
23. Dezember	1972	Nicaragua	5 000	800	100
06. September	1975	Türkei	2 400	17	0
04. Februar	1976	Guatemala	22 778	1 100	55
06. Mai	1976	Italien	978	3 600	0
27. Juli	1976	China	242 000	5 600	0
17. August	1976	Philippinen	3 564	120	0
24. November	1976	Türkei	3 626	25	0
04. März	1977	Rumänien	1 387	800	0
12. Juni	1978	Japan	28	865	2
16. September	1978	Iran	20 000	11	0
15. April	1979	Jugoslawien	131	2 700	0
10. Oktober	1980	Algerien	2 590	3 000	0
23. November	1980	Italien	3 114	10 000	40
24. Februar	1981	Griechenland	25	900	5
13. Dezember	1982	Jemen	3 000	90	0
31. März	1983	Kolumbien	250	380	40
26. Mai	1983	Japan	104	560	26
30. Oktober	1983	Türkei	1 346	0	0
03. März	1985	Chile	200	1 200	90
19. September	1985	Mexiko	10 000	4 000	275
10. Oktober	1986	El Salvador	1 000	1 500	75
02. März	1987	Neuseeland	0	350	270
05. März	1987	Ecuador	1 000	700	0
01. Oktober	1987	USA	8	358	73
07. Dezember	1988	UdSSR	25 000	14 000	0
17. Oktober	1989	USA	68	6 000	900
28. Dezember	1989	Australien	12	3 200	870
21. Juni	1990	Iran	40 000	7 000	100
16. Juli	1990	Philippinen	1 660	2 000	200
20. Oktober	1991	Indien	2 000	100	0
12. Oktober	1992	Ägypten	561	300	0
12. Dezember	1992	Indonesien	2 500	100	0
29. September	1993	Indien	7 600	280	0
17. Januar	1994	USA	60	30 000	10 400
17. Januar	1995	Japan	6 400	100 000	3 000
17. August	1999	Türkei	über 14 000	?	?

			Wirkung auf	
Grad	**Stärke**	**Personen**	**Gebäude**	**Natur**
I	unmerklich	nicht verspürt		
II	sehr leicht	vereinzelt verspürt		
III	leicht	vor allem von ruhenden Personen deutlich verspürt		
IV	mäßig stark	in Häusern allgemein verspürt, aufweckend	Fenster klirren	
V	ziemlich stark	im Freien allgemein verspürt	Verputz an Häusern bröckelt ab, hängende Gegenstände pendeln, Verschieben von Bildern	
VI	stark	erschreckend	Kamine und Verputz beschädigt	vereinzelt Risse im feuchten Boden
VII	sehr stark	viele flüchten ins Freie	mäßige Schäden, vor allem bei schlechter Bausubstanz, Kamine fallen herunter	vereinzelt Erdrutsch an steilen Abhängen
VIII	zerstörend	allgemeiner Schrecken	viele alte Häuser erleiden Schäden, Rohrleitungsbrüche	Veränderungen in Quellen, Erdrutsch an Straßendämmen
IX	verwüstend	Panik	starke Schäden an schwachen Gebäuden, Schäden auch an gut gebauten Häusern, Zerbrechen von unterirdischen Rohrleitungen	Bodenrisse, Bergstürze, viele Erdrutsche
X	vernichtend	allgemeine Panik	Backsteinbauten werden zerstört	Verbiegen von Eisenbahnschienen, Abgleiten von Lockerboden an Hängen, Aufstau neuer Seen
XI	Katastrophe		nur wenige Gebäude halten stand, Rohrleitungen brechen	umfangreiche Veränderungen des Erdbodens, Flutwelle
XII	große Katastrophe		Hoch- und Tiefbauten werden total zerstört	tief greifende Umgestaltung der Erdoberfäche, Flutwellen

Als ein Maß für die Intensität eines Bebens, das sich aus den unmittelbaren, lokalen Auswirkungen auf Menschen und Bauwerke ergibt, verwenden Seismologen die **modifizierte Mercalli-Skala.** Die verschiedenen Intensitätsstufen werden auf der Grundlage statistischer Analysen von Geländebeobachtungen vergeben. Für das Erdbeben in San Francisco (1906) wurde die Mercalli-Stufe XI ermittelt.

Während die allgemeine seismische Risikoverteilung durch die beschriebenen Strukturen vorgegeben ist, erhöht sich in diesen Instabilitätszonen das Risiko nochmals durch lokale Besonderheiten sowohl der Natur wie der Gesellschaft. Es trifft hoch industrialisierte Staaten und Entwicklungsländer, im Wesentlichen sind es aber hoch bewertete Gunstgebiete, die deshalb unter Zuwanderungsdruck stehen. Gebiete hohen seismischen Risikos siedlungsfrei sowie Siedlungen vulkanfern zu halten (Pompeji/Neapel), sollte in Gebieten hohen Spekulationsdrucks und argwöhnischer Eingrenzung staatlicher Planungshoheit wie in den USA oder in Japan schwieriger sein als in Staaten mit Zentralverwaltungswirtschaft und unbegrenzter staatlicher Autorität. Dennoch gelang es noch nicht einmal der früheren Sowjetunion, nach dem Erdbeben von Taschkent 1966 einen Wiederaufbau an sichererer Stelle durchzusetzen. Dagegen schaffte es die nicaraguanische Regierung, das Zentrum von Managua nach der Erdbebenkatastrophe des Jahres 1976 an einer anderen Stelle wieder zu errichten.

Mexiko – eine unsichere Hauptstadt

Das Erdbeben in Mexiko am 19. und 20. September 1985 (M 8,1 und 7,5), das mehr als 10000 Menschenleben, 50000 Verletzte und 250000 Obdachlose kostete und vier Milliarden US-Dollar an volkswirtschaftlichen Sachschäden verursachte, hatte sein Epizentrum 350 km entfernt im Pazifik südlich der Küstenstadt Acapulco, die ihrerseits 290 km von Mexiko-Stadt entfernt liegt, der derzeit mit rund 15 Millionen Einwohnern wohl größten städtischen Agglomeration der Welt.

Die schwersten Zerstörungen ereigneten sich aber nicht in Acapulco, sondern relativ weit entfernt in der Hauptstadt über den lockeren, wassergesättigten Sedimenten des einstigen Texcoco-Sees, der für die Stadterweiterung vor Jahrhunderten trockengelegt und überbaut worden war. Die Resonanzschwingungen dieses Untergrunds verstärkten die Erdbebenwellen um das rund 20fache. Die Übereinstimmung der Resonanzperioden zwischen Erdbebenwellen, den Schwingungen des Untergrunds und der Hochhäuser brachte viele von diesen zum Einsturz. Während sich näher zum Epizentrum in Acapulco die Schäden durch Erschütterung, Bodenverflüssigung (Liquefaktion) und eine zwei bis drei Meter hohe Flutwelle auf touristische Gebäude und Industriebetriebe beschränkten, stürzten in Mexiko-Stadt auf 27 Quadratkilometer Schadensfläche 770 Gebäude im Hochhausviertel zusammen, 1665 wurden schwer beschädigt und rund 5000 weitere erlitten leichtere Schäden. Oberhalb des sechsten Stockwerks, vor allem wenn dort schwere Maschinen standen, oszillierten die Gebäude mit der kritischen Frequenz, sodass sie zumeist von oben her einstürzten, aneinander stießen, durch Liquefaktion des Untergrunds einsanken und sich schief stellten. Die Stadtviertel auf festem Untergrund blieben hingegen beinahe unbeschädigt.

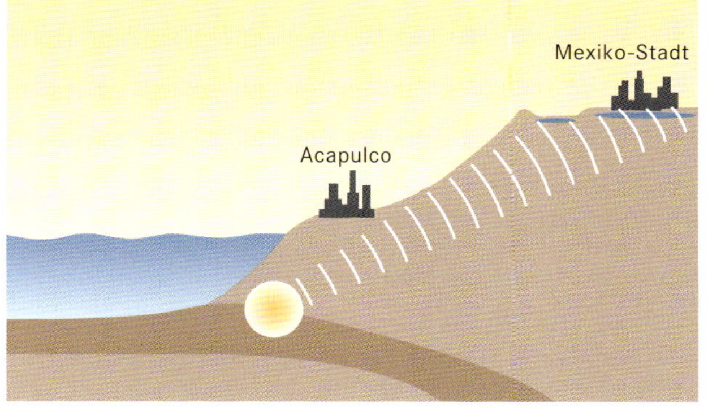

Das **Erdbeben,** das 1985 große Teile von **Mexiko-Stadt** zerstörte, hatte sein Epizentrum südlich von Acapulco im Pazifik. Die größten Schäden richteten die Erdbebenwellen durch Resonanzverstärkung in den »mitschwingenden« Böden des seit der Kolonialzeit weitgehend trockengelegten und überbauten Texcoco-Sees in der Stadt Mexiko an.

Wir haben das Beispiel von Mexiko-Stadt aufgegriffen, weil das zunehmende Erdbebenrisiko, verursacht durch gesellschaftliche Prozesse, hier besonders gut dokumentiert werden kann. Trotz der langen Liste von Erdbeben allein im 20. Jahrhundert, darunter 34 zwischen M 7 und M 8,4, hat die überall in Entwicklungsländern zu beobachtende Landflucht auch in Mexiko die meisten Zuwanderer in die besonders gefährdete Hauptstadt geführt, die innerhalb von 40 Jahren von 3 auf 15 Millionen Einwohner wuchs. Die Zahl der Hochhäuser hat sich noch schneller vermehrt, obwohl die Erdbeben von 1957, 1978, 1979 und 1981 eine ernste Warnung hätten sein können. Die weltweite Ausbreitung des Wolkenkratzerstils amerikanischer Städte sollte Räume auslassen, für die, wie im Fall von Mexiko-Stadt, folgende Eintrittswahrscheinlichkeiten von Erdbeben (nach Mercalli) angenommen werden kann: Intensität VI einmal in sechs Jahren, Intensität VII einmal in 19 Jahren, Intensität VIII einmal in 55 Jahren, Intensität IX einmal in 165 Jahren. Diese Werte können für die auf sicherem Grund stehenden Stadtteile von Mexiko-Stadt um bis zu drei Mercalli-Grade verringert werden.

Vor der pazifischen Küste des Landes liegen noch vier Abschnitte, an denen in letzter Zeit keine größeren Entlastungsereignisse an den Berührungsflächen stattgefunden haben, an denen die Cocos-Platte

Durch das Erdbeben von 1985 in **Mexiko-Stadt** zerstörte Gebäude. Rettungsmannschaften graben nach Opfern (links).
Beim Erdbeben von 1985 in **Mexiko** stark beschädigtes Haus im Stadtteil Colonia Roma (rechts).

unter die Nordamerikanische und die Karibische Platte abtaucht. Je länger die seismische Ruhe an diesen Plattenabschnitten, »seismic gaps« (seismische Lücken) genannt, dauert, umso heftiger oder wahrscheinlicher wird das Erdbeben sein, das die angesammelten Spannungen durch ein weiteres extremes Naturereignis abbaut.

Northridge – das teuerste Erdbeben Amerikas

Obwohl das Erdbeben vom 17. Januar 1994 nur die Stärke M 6,8 aufwies, wurde es bei nur 60 Toten, 7700 Verletzten und 20 000 Obdachlosen, aber 30 bis 40 Milliarden US-Dollar Sachschäden zur teuersten Erdbebenkatastrophe, welche die USA je betroffen hatte, teurer noch als die Schäden des Hurrikans »Andrew«, die rund 30 Milliarden US-Dollar betragen hatten. Erschüttert wurde auch die Weltversicherungswirtschaft, waren doch die Schäden zu etwa zehn Milliarden US-Dollar versichert. Dabei traf das Erdbeben von Northridge den Großraum von Los Angeles lediglich an seinem dünner besiedelten Nordrand, dem San Fernando Valley, etwa 35 km vom Stadtzentrum von Los Angeles entfernt, 25 km südwestlich des Epizentrums des San-Fernando-Bebens (Stärke M 6,6), das 23 Jahre zuvor am 9. Februar 1971 stattgefunden hatte. Bemerkenswert ist, sieht man die Bilanzen der fünf größten Erdbeben in Kalifornien seit

Allein im 20. Jahrhundert erlebte **Mexiko-Stadt** 34 größere **Erdbeben** (mit Magnituden zwischen 7,0 und 8,4) in einer Entfernung von weniger als 650 Kilometern. Die umgrenzten Gebiete 1, 2 und 3 sind die Herdflächen der letzten Beben, die Strecken mit den Buchstaben A, B und C kennzeichnen die »seismic gaps«, in denen seit längerer Zeit keine seismischen Entspannungsereignisse stattgefunden haben.

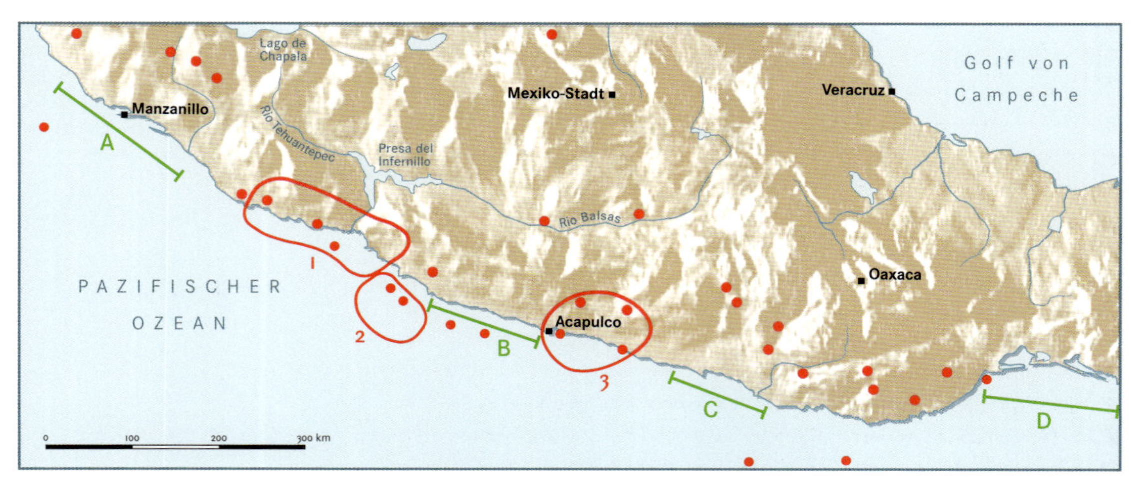

1900 an, dass Menschenverluste und Schäden an Sachwerten eine gegenläufige Bilanz zu erkennen geben.

Das Hauptschadensgebiet (1994) hatte einen Durchmesser von 40 bis 50 km, wobei die Schäden außerhalb des 2 bis 3 km messenden Epizentrums sehr inhomogen waren. So wiesen das 20 bis 30 km entfernte Santa Monica oder das 10 km entfernte Sherman Oaks besonders hohe Schäden auf, während das 15 km entfernte Beverly Hills fast schadensfrei blieb. Wie in Mexiko-Stadt galt die Regel: je weicher der Untergrund, umso größer die Schäden.

Sie waren nicht nur flächenmäßig ungleich verteilt, sondern zeigten auch an verschiedenen Bauformen unterschiedliches Ausmaß. Die größten Schäden entstanden an Gebäuden aus Fertigteilelementen wie Parkhäuser, Einkaufszentren, Krankenhäuser, Produktionshallen und Hotels. 18 Krankenhäuser und 200 Schulen mussten ganz oder zeitweise geschlossen werden. Dabei sind gerade solche öffentlichen Gebäude für die Aufnahme von Verletzten und Obdachlosen von besonderer Bedeutung und sollten widerstandsfähiger gegen Erdbeben sein. Der Einsturz mehrerer Autobahnbrücken und von Teilen des 80 km entfernten Stadions in Anaheim war besonders dramatisch. Von etwa 400 Stahlbauten der Region wurden mehr als 100 beschädigt. Schwere Schäden entstanden in den Warenhäusern auch durch in Aktion gesetzte Sprinkleranlagen. Über 100 Häuser wurden allein durch Brände infolge geborstener Gasleitungen und Kurzschlüsse zerstört. Positiv wirkte sich hingegen aus, dass zum Zeitpunkt des Bebens Windstille herrschte, die Hauptwasserleitungen intakt blieben und aufgrund der frühen Morgenstunde die Straßen frei waren. Das Beispiel Northridge illustriert damit ein weiteres Mal die Bedeutung gesellschaftlicher Bedingungen für jedes Katastrophenereignis.

Datum	Magnitude (Richterskala)	Entfernung von Mexiko-Stadt (km)	Stärke in Mexiko-Stadt (MSK-Skala)
26. 3. 1908	7,7	170	VI
30. 7. 1909	7,6	300	VII
7. 6. 1911	7,9	470	VIII
16. 12. 1911	7,6	330	V
19. 11. 1912	7,0	120	V
21. 3. 1928	7,7	540	VI
16. 6. 1928	8,0	440	VI
4. 8. 1928	7,4	330	V
15. 4. 1941	7,9	410	VI
28. 7. 1957	7,7	270	VIII
11. 5. 1962	7,2	270	VII
23. 8. 1965	7,8	500	VI
2. 8. 1968	7,4	360	VI
29. 11. 1978	7,8	500	VI
14. 3. 1979	7,6	340	VII
24. 10. 1981	7,3	370	V
19. 9. 1985	7,5	340	VII

Starke **Erdbeben** in Zentralmexiko zwischen 1908 und 1985.

Die fünf größten Erdbeben in Kalifornien seit 1900

	Ort	Magnitude (Richter-Skala)	Tote	Schäden in Mio. US-$	Versicherte Schäden in Mio US-$
1906	San Francisco	M 8,3	2000	524	>300
1933	Long Beach	M 6,3	116	38,5	
1971	San Fernando	M 6,6	65	535	50
1989	Loma Prieta	M 7,1	63	6000	920
1994	Northridge/ Los Angeles	M 6,8	60	30000	>10000

Lernprozess durch Katastrophen

Die Tabelle spiegelt auch einen Lernprozess der amerikanischen Gesellschaft wider. Nach jedem Erdbeben im Laufe des 20. Jahrhunderts wurden die Baugesetze verschärft. 1906 waren in

Das **Northridge-Erdbeben** vom 17. 1. 1994 war ungefähr ebenso stark wie das San-Fernando-Erdbeben vom 9. 2. 1971. Durch den Einsturz vieler Autobahnbrücken kam es zu einem Verkehrschaos im San Fernando Valley nördlich von Los Angeles, dessen nördliche »Nobelviertel« wie etwa Hollywood ebenfalls betroffen waren.

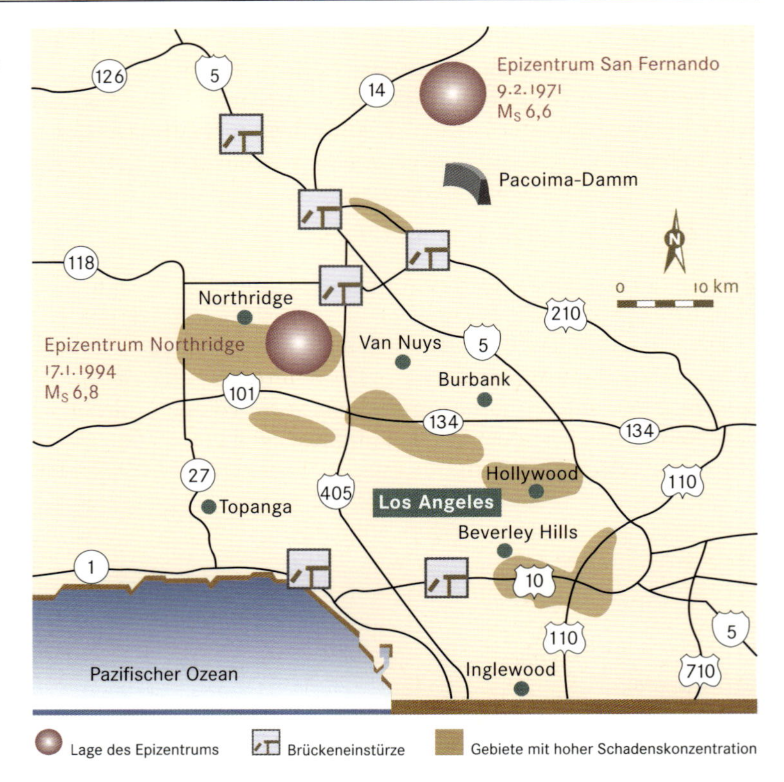

San Francisco 28 130 Gebäude verbrannt. Die Lehre daraus zu ziehen, hätte darin bestanden, auf Holzbauten zu verzichten, den schon vor dem Erdbeben vorgelegten Stadtentwicklungsplan des Jahres 1905 von Daniel Burnham zu verwirklichen, durch breitere Straßen und weite Plätze die Bebauung sicherer zu machen. Grundstücksspekulation vereitelte diesen Plan, aber die Zahl der Geschosse überschritt bis zum Ersten Weltkrieg bei neu errichteten Gebäuden nicht die Zahl sieben. Das zunächst gebremste Höhenwachstum führte in San Francisco zu einer horizontalen Erweiterung des zentralen Geschäftsgebiets (Central Business District) – bis 1915 um 44 Prozent. Mitte der 1920er-Jahre, als das Erdbeben in Vergessenheit geriet und die Wirtschaft boomte, wurden dann die ersten Gebäude mit mehr als 25 Stockwerken errichtet und Mitte der 1970er-Jahre wurde die Anzahl von 60 Stockwerken überschritten.

Das Erdbeben von Long Beach 1933 bewirkte Änderungen in der Baugesetzgebung, insbesondere die bessere Armierung von Wohngebäuden mit Baustahl sowie die Abkehr vom Ziegelbau; dies wurde in einem Bericht der Los Angeles County Earthquake Commission vom November 1971 nach dem Erdbeben von San Fernando gewürdigt: Die Wirksamkeit der Empfehlungen zeigte sich im unterschiedlichen Verhalten zwischen jenen Gebäuden, die vorher und jenen, die nachher errichtet worden waren. Die Bauauflagen sollten besonders öffentliche Gebäude betreffen. Doch so, wie die Immobilien-Lobby ein sichereres San Francisco verhindert hatte, hielt die

Theaterindustrie von Hollywood die Bau- und Sicherheitsbehörde von Los Angeles davon ab, 45 nicht den Sicherheitsbedingungen entsprechende Kinos und Theater entweder baulich zu sichern (85 Prozent der Neubaukosten) oder zu schließen. 1971 stürzten dann Gebäude dieses Typs im Umkreis von 20 Kilometern um das Epizentrum von San Fernando zusammen.

Loma Prieta – Amerika probt das Verkehrschaos

Das Loma-Prieta-Erdbeben vom 17. Oktober 1989 deckte auf, dass in San Francisco noch immer mehr als 25 000 unverstärkte Ziegelbauten standen (die seit dem Erdbeben von Long Beach nicht mehr neu errichtet werden durften). Dies führte zu höheren Opferzahlen bei den unteren sozialen Schichten, weil in diesen schlechten, alten Gebäuden vor allem Alte und Arme wohnten. Die zweite Lehre von 1989 war der Einsturz der großen Verkehrsbauten: der

Das **Loma-Prieta-Erdbeben** vom 17. 10. 1989 ereignete sich zwar 80 Kilometer von San Francisco, Oakland und Berkeley entfernt, hatte aber – meist durch Liquefaktion und Schäden an Brücken und Highway-Viadukten – 63 Tote, 3757 Verletzte, 18 306 beschädigte Häuser und 12 053 Obdachlose zur Folge. Östlich der Sargent Fault, eines Zweigs der San-Andreas-Verwerfung (San Andreas Fault), kam es zu Senkungen, westlich davon zu Hebungen.

doppelstöckigen San Francisco-Oakland Bay Bridge, von 1,5 Meilen des Cyprus-Street-Viadukts der Autobahn in Oakland (kostete allein 41 der 63 Menschenleben), und des Embarcadero Highway in San Francisco. Da auch die San Mateo Bay Bridge zeitweise geschlossen werden musste und die (unbeschädigte) BART-Untergrundbahn (BART, Abkürzung für Bay Area Rapid Transit) unter der Bucht vorsichtshalber stillgelegt worden war, kam es in einem Gebiet mit rund sechs Millionen Einwohnern zu einem gigantischen Verkehrszusammenbruch. Auch der Flughafen musste für 13 Stunden geschlossen werden. Dammbrüche an den großen Wasserreservoirs führten nur dadurch nicht zu zusätzlichen Katastrophen, weil die Staubecken am Ende der Trockenzeit fast leer waren.

Vulkanausbrüche und Plattentektonik

Da Vulkanausbrüche und Erdbeben häufig miteinander vergesellschaftet auftreten, sind bereits wesentliche Erklärungen für das Vorkommen von aktiven Vulkanen vorgestellt worden: Sie treten vor allem an den Rändern von Lithosphärenplatten, in den Schwächezonen aufeinander zustrebender (konvergierender) Platten oder an der Nahtstelle auseinander driftender (divergierender) Platten auf. Divergieren Platten, kommt es in den ozeanischen Achsenzonen zwar zu größerem Magmenaustritt, doch findet dieser meist untermeerisch statt und erscheint nur in einzelnen Inselgruppen an der Oberfläche. Platten konvergieren an Subduktionszonen, wo die ozeanische Lithosphäre abtaucht und wieder im Erdmantel verschwindet. Beim Abtauchen wird das Gestein der ozeanischen Platte aufgeschmolzen, steigt durch Risse in der darüber liegenden kontinentalen Kruste zur Oberfläche und bildet Vulkane. Dies gilt insbesondere für die nord- und die südamerikanische Pazifikküste, die atlantisch-karibischen und die pazifischen Inselgirlanden, die Berührungsflächen von Afrikanischer, Arabischer und Eurasischer Platte im Mittelmeerraum und im Nahen Osten.

Das ausgeworfene **Magmavolumen** bedeutender historischer und prähistorischer Vulkanausbrüche; am gewaltigsten war der Ausbruch des Tambora 1815. Der Vergleich zeigt, dass der Laacher-See-Vulkan den Mount Saint Helens um ein Mehrfaches übertraf.

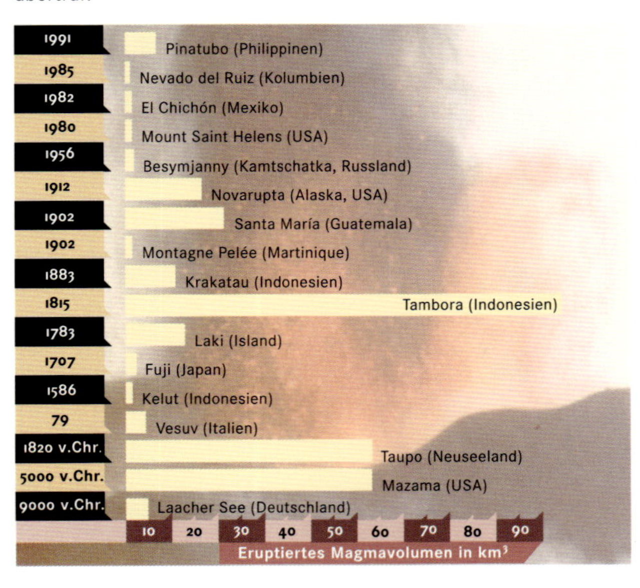

Vesuv und Ätna – Vulkane als Bedrohung und Attraktion

Der Vesuv erhebt sich über dem Golf von Neapel, am Rand der mit 1,2 Millionen Einwohnern drittgrößten Stadt Italiens. Die landschaftlichen Vorzüge dieses Raums, Klima und Böden, haben die Griechen schon um 800 v. Chr. zur Ansiedlung verlockt. Die Siedlungskontinuität dauerte über die Römerzeit bis in die Gegenwart; der hier konzentrierte Tourismus bezieht die Attraktivität des Vulkanismus bewusst mit ein. Seneca berichtet über ein Erdbeben des Jahres 63 v. Chr., über die Vulkane der Liparischen Inseln mit dem namenstiftenden Vulcano und dem gefährlichen Stromboli, über den Vulkanismus der 60 Quadratkilometer großen Phlegräischen Felder und schließlich über den Ätna, alles Zeugen des aktiven Vulkanismus am Rand des Tyrrhenischen Meers.

Lange war der Vesuv selber ruhig geblieben, bis er am 24. August des Jahres 79 n. Chr. mit einer verheerenden Explosion wieder erwachte. Gemessen am ausgeworfenen Magmavolumen mag es sich, weltweit gesehen, um einen mittleren Ausbruch gehandelt haben, aber wir verdanken ihm den ersten authentischen und genauen Bericht über eine Vulkankatastrophe. Plinius der Jüngere gab eine ausführliche Beschreibung dieses Ereignisses, bei dem sein Onkel und Adoptivvater, der Flottenbefehlshaber und Schriftsteller Plinius der Ältere, den Tod fand. Die 1748 begonnenen Ausgrabungen der Städte Pompeji, Herculaneum und Stabiae dokumentieren den Untergang reicher Städte, bei dem vermutlich 18000 Menschen starben. Nach diesem, einer langen Ruheperiode folgenden hochexplosiven Erstausbruch mit überwiegender Bims- und Ascheförderung hielt die Aktivität des Vesuvs über die Eruptionen der Jahre 203, 512, 685 und 993 an und trat 1036 in eine neue, explosiv-effusive Phase mit umfangreichen Lava-Ergüssen nicht nur aus dem Gipfelkrater, sondern auch an den Flanken. Am 16. Dezember 1631 kam es zu einem erneuten Ausbruch mit 4000 Toten. Die anschließenden Eruptionszyklen dauerten von 1872 bis 1906 (700 Tote) und begannen dann erneut gegen Ende des Zweiten Weltkriegs nach der Landung der amerikanischen Truppen. Der heute 1281 Meter hohe Berg (größte bekannte Höhe 1906: 1322 Meter) erhält durch seine Lage unmittelbar am Meer eine besondere Dominanz.

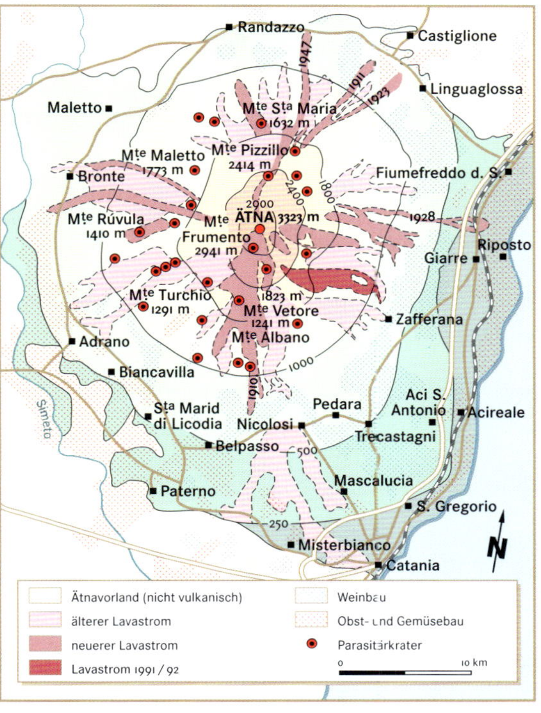

Der **Ätna** ist ein Stratovulkan, also aus Laven und Tuffen aufgebaut. Die Lavaausbrüche erfolgen meist an den Flanken aus Spalten und Nebenkratern.

Der Ätna, der größte tätige Vulkan Europas, hat einen Basisdurchmesser von 45 Kilometern, ragt bis zu 3323 Metern empor und reicht damit durch fast alle Klimazonen bis zu seinem meist zehn Monate im Jahr hindurch mit Schnee bedeckten Gipfel. Sein Hauptkrater hat 500 Meter Durchmesser. Zahlreiche Parasitärkrater sitzen seinen Flanken auf, die von Wein- und Obstgärten überzogen sind und von nahe gelegenen Dörfern her bewirtschaftet werden. Aus historischer Zeit sind mehr als 100 Ausbrüche bekannt, der zerstörerischste, im Anschluss an ein Erdbeben, vom 11. März bis zum 11. Juli 1669 mit rund 2000 Toten. Weitere heftige Ausbrüche gab es vom 2. bis zum 20. November 1928 sowie vom 5. April bis zum 12. Juni 1971. Man rechnet mit Ausbrüchen alle drei bis fünf Jahre. Zu den begleitenden Risiken des Vulkanismus rings um den Ätna zählt die hohe Erdbebengefahr, die am 28. Dezember 1908 zum Erdbeben in der Straße von Messina mit 83000 Toten führte.

Glutwolken (Nuées ardentes) bestehen aus einem Gemisch glühend heißer Aschen und Gase (bis über 800 °C). Sie breiten sich mit bis zu 200 km/h Geschwindigkeit aus, können Hunderte von Quadratkilometern bedecken und auch topographische Hindernisse überwinden, von denen Lavaströme abgelenkt würden. Man hat Reichweiten bis 160 Kilometer gemessen.

Explosivitätsindex (ein Maß für die Gefährlichkeit von Vulkanen)	
Region	Explosivitätsindex
Indonesien Melanesien Zentralamerika Alaska, Aleuten	90 bis 100
Südamerika Philippinen, Molukken	85
Japan Neuseeland, Tonga Nordamerika, Antillen	70
Kamtschatka, Kurilen	55
Island Mittelmeerraum	40
Atlantik	30
Indischer Ozean, Afrika	20
Zentralpazifik	12

Die Explosion der Montagne Pelée

Verdanken wir Plinius dem Jüngeren die erste eingehende Schilderung eines Vulkanausbruchs, so begründete die Eruption der Montagne Pelée am 8. Mai 1902 die moderne Vulkanforschung im eigentlichen Sinn. Der hochexplosive Vulkanismus hatte mit Glutwolken (französisch Nuées ardentes) die größte Stadt der Kleinen Antillen, Saint-Pierre, vernichtet, wobei 30 000 Menschen den Tod fanden. Zahlreiche Forscher besuchten daraufhin Saint-Pierre und die Nachbarinsel Saint Vincent, auf der einen Tag früher der Vulkan La Soufrière ausgebrochen war und 1600 Menschen das Leben gekostet hatte.

Die Gefährlichkeit eines Vulkans hängt mit seinem Explosivitätsindex zusammen. Ist dieser hoch (Indonesien, Zentralamerika), so neigt das Ausgangsmagma dazu, nicht als (weniger gefährliche) Lava auszufließen, sondern vulkanische Lockerprodukte und Gase mit weit größerer Reichweite (zum Beispiel in einer Glutwolke) explosionsartig auszustoßen.

Der Krakatau – ein Vulkan geht in die Luft

Der Krakatau ist ein Musterbeispiel des hochexplosiven Vulkanismus. In der Sundastraße zwischen Sumatra und Java gelegen, hatte sich in prähistorischer Zeit ein Stratovulkan (ein schichtweise aus einer Wechselfolge von Lava- und Ascheschichten aufgebauter Vulkan) vom Meeresboden erhoben. Von ihm blieb nach einer Eruption nur eine Caldera mit 6 km Durchmesser übrig, aus der

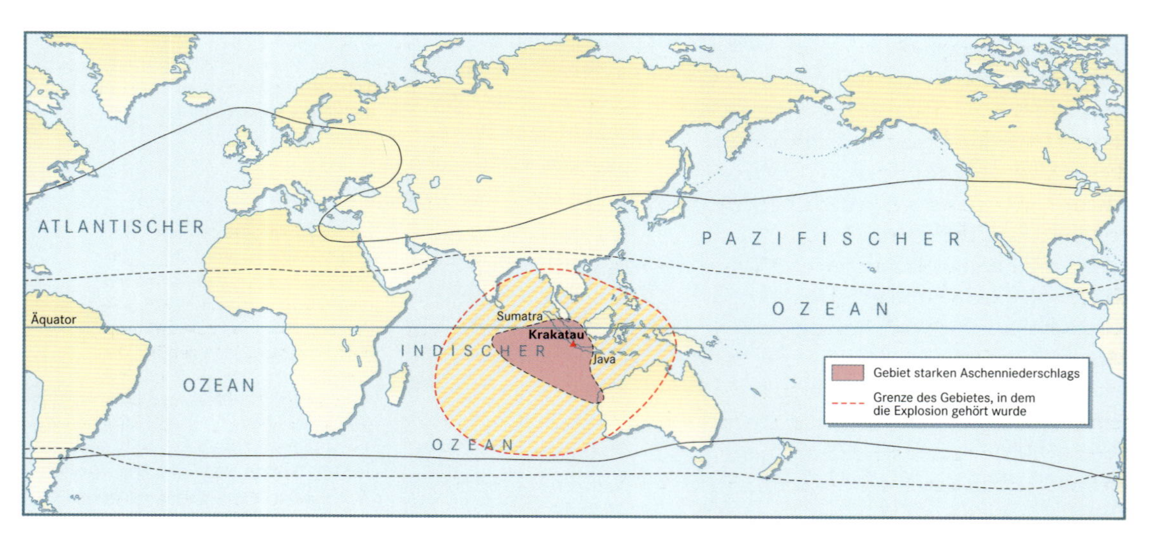

Der Ausbruch des **Krakatau** von 1883 hatte weltweite Auswirkungen. Noch über den Verbreitungsbereich des Aschefalls (700 000 Quadratkilometer) hinaus waren die Explosionen zu hören. Die in die hohe Atmosphäre geschleuderten Aschen und Aerosole umkreisten mehrere Jahre lang die Erde. Aus den Schilderungen über optische atmosphärische Erscheinungen, die durch diese hervorgerufen wurden, konnten erste Erkenntnisse über den Weg und die Ausbreitungsrichtung der hohen Eruptionswolken gewonnen werden. Die schwarzen Linien kennzeichnen die Gürtel, innerhalb deren bis zum 22. September 1883 (gestrichelt) beziehungsweise in den letzten Novembertagen desselben Jahrs (durchgezogen) berichtet wurde.

sich drei junge Vulkanbauten emporhoben, die die Insel Krakatau bildeten. Hier ereignete sich am 26. August 1883 eine erste Eruption, der am nächsten Tag um 10.20 Uhr eine gewaltige Explosion folgte. Man konnte sie noch in 3600 km Entfernung in Australien und in 5000 km Entfernung auf der Insel Rodriguez im Indischen Ozean hören. Mehr als 18 km^3 Gestein wurden in die Luft gesprengt, 827000 km^2 mit Asche bedeckt. Noch in Jakarta, Javas Hauptstadt, herrschte fast völlige Finsternis. Feinste Staubteilchen stiegen bis in die Stratosphäre auf, wo sie mehrere Jahre die Erde umrundeten, die Sonnenstrahlen abfilterten und die mittlere Jahrestemperatur in einigen Gebieten senkten. Die Luftdruckwelle, die sich mit der Explosion verband, wurde von Barographen auf der ganzen Erde registriert. Zwar war der Krakatau unbewohnt, aber die Explosion löste einen Tsunami aus, der eine Höhe von bis zu 40 Metern erreichte und in dem über 36000 Menschen an den benachbarten Küsten Javas, Sumatras und kleinerer Inseln ertranken.

Mount Saint Helens, der »Fuji of America«

Führte der Ausbruch des Vesuvs von 79 n. Chr. zur ersten Beschreibung, derjenige der Montagne Pelée von 1902 zum Beginn der wissenschaftlichen Erforschung des Vulkanismus, so wurde der Ausbruch des Mount Saint Helens vom 18. Mai 1980 zum vorläufig letzten Höhepunkt der Vulkanismusforschung, weil jetzt auch die Auswirkungen auf eine moderne Industriegesellschaft untersucht werden konnten. Der vorletzte Ausbruch dieses Vulkans vom April 1857 hatte sich noch in einem von Indianern nur dünn besiedelten Gebiet ereignet. 123 Jahre später hatten fünf Generationen von Einwanderern ein modernes Industrie- und Tourismusland an der pazifischen Küste mit den Verdichtungsräumen von Seattle (Washington) 145 Kilometer nördlich und Portland (Oregon) 65 Kilometer südlich des Mount Saint Helens geformt. Hinter der Küstenkette und einer Zwischensenke erhebt sich die Cascade Range mit 13 teils noch aktiven, teils erloschenen Vulkanen, von denen der Mount Rainier 4392 Meter erreicht. Sie zählt durch ihre Skiberge (mit Gletscherskilauf auch im Sommer) zu den touristischen Attraktionen des Nordwestens der USA.

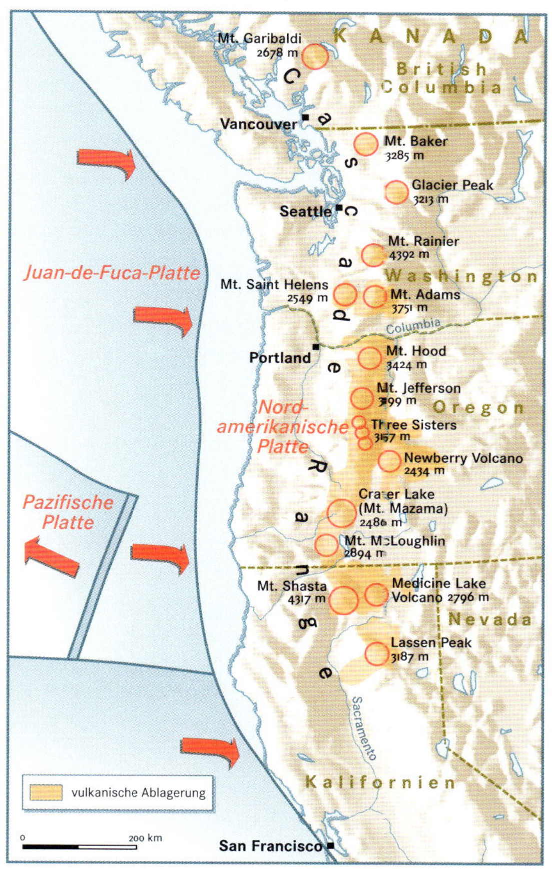

Die **Cascade Range,** Teil des nordwestamerikanischen Küstengebirgssystems, zeigt durch zahlreiche erloschene und sechs noch aktive Vulkane, dass sie zum zirkumpazifischen »Feuerring« gehört. Die Gesteine der Juan-de-Fuca-Platte tauchen vor der Küste in einer Subduktionszone unter die Nordamerikanische Platte in die Tiefe ab, schmelzen dort auf und stoßen infolge ihrer geringen Dichte zur Erdoberfläche aufwärts. Der dadurch bedingte Vulkanismus ist mit der Auslösung von Erdbeben verbunden.

Am 20. März 1980 hatte ein erstes Erdbeben der Stärke M4,1 stattgefunden, am 27. März gab es eine Dampf- und Aschenexplosion, die die Eiskappe des Mount Saint Helens einfärbte. Zwischen dem 28. und 30. März 1980 bildete sich ein zweiter Gipfelkrater und in der zweiten Aprilhälfte und ersten Maiwoche eine »Beule« an der Nordseite, die schließlich eine Fläche von 1,6 mal

1 Kilometer einnahm und sich bis zu 90 Metern vorwölbte. Laservermessungen der Vulkanüberwachung registrierten Raten von bis zu 1,5 Metern pro Tag. Am Sonntag, dem 18. Mai 1980 explodierte dann um 8.32 Uhr der Mount Saint Helens in nordöstlicher Richtung, nachdem zwei Erdbeben der Stärke M 5,0 die Flanke des

TSUNAMI

Das japanische Wort Tsunami (»lange Welle im Hafen«) bezeichnet eine plötzlich aufspringende Flutwelle im Meer, die durch untermeerische Erdbeben (Hebungen und Senkungen des Meeresbodens), submarine Erdrutsche oder durch küstennahe, untermeerische Vulkanausbrüche ausgelöst wird. Erdbeben müssen dafür eine größere Stärke (mindestens M 6,8) haben und nahe der Erdoberfläche lokalisiert sein (Flachbeben). Berüchtigt ist die nach dem Ausbruch des Krakatau 1883 entstandene Flutwelle. 1900–1979 wurden im Pazifik 234 Tsunamis registriert, 28% davon betrafen Japan. Im Pazifik, vor allem im zirkumpazifischen Bereich, an den Küsten Japans, Kamtschatkas, Nordamerikas, der Philippinen, Indonesiens, Mittel- und Südamerikas sowie Hawaiis ist das Auftreten von Tsunamis konzentriert.

Auf hoher See bewegen sich Tsunamis mit 600–800 km/h (mit der Wassertiefe nimmt die Geschwindigkeit zu), mit einem Rhythmus von 5 Minuten bis zu 1 Stunde; die Wellenlängen betragen hier meist 100–650 km (normale Meereswellen sind selten länger als 500 m), die Wellenhöhen nur 30–60 cm, sie werden daher auf den Schiffen nicht bemerkt. Erst beim Auflaufen auf eine Küste, deren Form (Vortiefe, Steilküste, Delta) entscheidenden Einfluss hat, türmen sich die abgebremsten Wellen bis über 30 m auf, können Schiffe einige Kilometer weit ins Landesinnere versetzen und hinterlassen eine breite Spur der totalen Verwüstung.

Da die Geschwindigkeit der Tsunamis viel geringer als die Fortpflanzungsgeschwindigkeit der Erdbebenwellen ist, kann man vor ihrem Eintreffen an den Küsten warnen. Im Pazifischen Ozean wurde seit 1948 ein Warndienst eingerichtet, der

heute seinen Sitz in Hawaii hat. Er koordiniert die Daten von 31 seismologischen Observatorien und 53 Pegelstationen. Bei sehr kurzen Entfernungen kommen manchmal Warnungen zu spät; so kostete ein Tsunami an der Nordküste Papua-Neuguineas im Juli 1998 mindestens 2500 Menschenleben.

Die den Japanern vertrauten Flutwellen der Tsunamis haben auch in der Kunst ihren Niederschlag gefunden: zum Beispiel die »Woge«, Farbholzschnitt von Katsushika Hokusai, 1829, mit dem Fuji im Hintergrund.

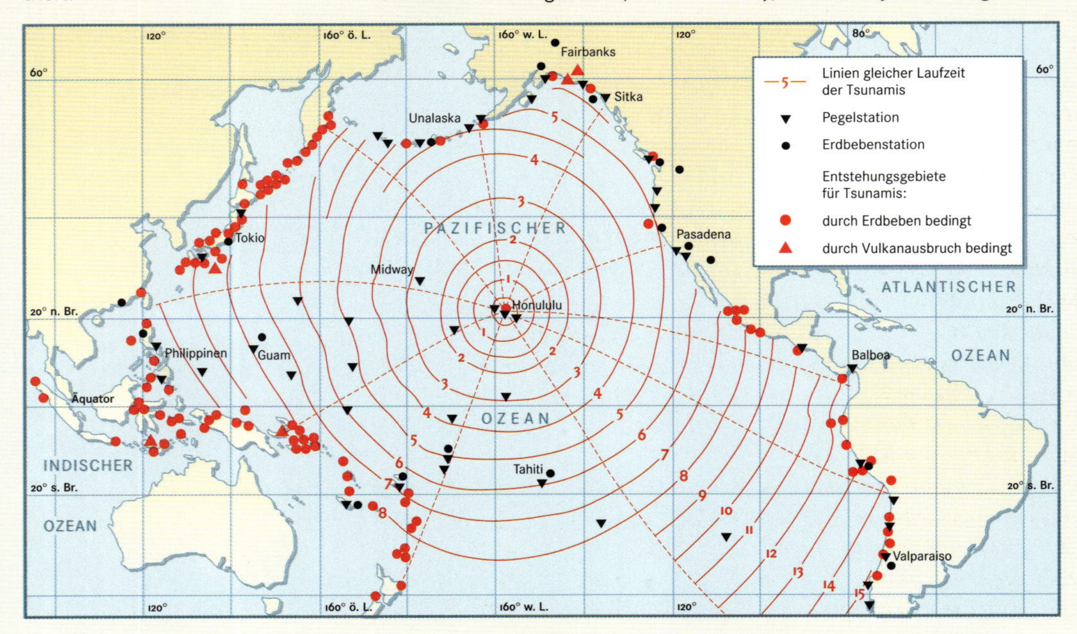

Vulkans ins Rutschen gebracht und dem Magma einen Ausgang geöffnet hatten.

Eine überhitzte, aschenbeladene Gaswolke (Glutwolke) mit einer Austrittsgeschwindigkeit von 1200 bis 1500 m pro Minute und etwa 500 °C (»stone wind«) wälzte sich bis in 29 km Entfernung vom Kraterrand und kappte alle Bäume bis in 20 km Abstand. Eine Aschenwolke erhob sich bis in 27 km Höhe und zwang zur Verlegung der Flugrouten. Der schneebedeckte Gipfel des »Fuji of America« wurde weggesprengt und die Höhe des Bergs damit von 2948 auf 2550 m gesenkt. Geschmolzenes Gletschereis, das Wasser des aus seinem Bett gedrängten Spirit Lake, Grundwasserausbrüche und der einsetzende starke Gewitterregen setzten eine mit Bäumen vermischte Schlammflut mit einer Geschwindigkeit von 80 km/h und einer Höhe von bis zu 10 m in Bewegung. Sie füllte das Tal des Toutle River, riss sieben von acht seiner Brücken weg, erreichte den Cowlitz River und schließlich den mächtigen Columbia River, dessen Flussbett von 12 m Wassertiefe bei Longview auf nur mehr 4,5 m abgeflacht wurde. 31 Hochseeschiffe wurden für mehr als eine Woche stromaufwärts eingeschlossen, 50 konnten auf hoher See rechtzeitig umdirigiert werden.

Die Fotos zeigen, vom selben Standort aus aufgenommen, den **Mount Saint Helens** vor (12. 4. 1980) und nach dem Ausbruch (30. 6. 1980).

Auswirkungen auf eine moderne Industriegesellschaft

Die Gouverneurin des Staates Oregon hatte eine aus Rücksicht auf die Interessen der Holzwirtschaft viel zu eng gezogene Sperrzone (»Red Zone«) um den Vulkan verhängt, als seine Gefährlichkeit bekannt geworden war. Aber nur drei der 60 Toten starben innerhalb dieser Red Zone, die anderen (ein Geologe im Dienst, aber auch Fotoreporter und Neugierige) außerhalb von ihr. Der Umstand, dass der Ausbruch an einem Sonntagmorgen stattfand, rettete rund 1000 Waldarbeitern das Leben, die noch kurz vor dem 18. Mai in der Red Zone möglichst viel Holz vor dem drohenden Ausbruch fällen sollten.

Die Aschendecke erreichte noch bis in 800 Kilometer Entfernung eine Dicke von 1,5 Zentimetern. Ihre Beseitigung, die Reinigungskosten in den Siedlungen, das Ausbaggern der Flüsse Cowlitz und Columbia und die Schäden in Land- und Forstwirtschaft beliefen sich auf fast eine Milliarde US-Dollar. Aber es gab auch »Katastrophengewinnler«, so in den benachbarten Countys (überhöhte Heupreise; Baggerbetriebe, Fuhrunternehmer). Außerdem wurden Kahlschlaggenehmigungen für bisher unter Landschaftsschutz stehende Waldgebiete erteilt. Während sich der längerfristige Erholungstourismus um den Spirit Lake aus dem Katastrophengebiet verlagerte, profitierte der Eintags-Sensationstourismus über Rundflugunternehmen, Souvenirläden, T-Shirt-Druckereien, Buchverlage, ja zeitweise sogar Postversand von Vulkanasche von diesem Ereignis.

Die betroffene Bevölkerung hatte nach Umfragen des Battelle-Instituts das Risiko viel zu niedrig eingeschätzt. »Mehr Neugier als Angst« kennzeichnete ihr Verhalten, da man sich eher auf langsam kriechende Lavaströme als auf eine explosionsartige Eruption eingestellt hatte. Die technologischen Folgen eines Aschenregens in weit entfernten Gebieten waren nicht einkalkuliert worden (Verkehrsunfälle, Verstopfung der Luftfilter bei Hubschraubern und Autos, Ausfall von Elektrozählern und anderes). Die Allgegenwärtigkeit der Medienvertreter brachte Schwierigkeiten bei der organisatorischen Bewältigung der Katastrophe mit sich. Positive Folgen waren hingegen die erhöhte Wachsamkeit der Behörden und der Ausbau eines Netzes von Messstationen rings um die übrigen »schlafenden« Vulkane.

Bergsturz und Erdrutsch

Erdbeben und Vulkanausbrüche sind als Prozesse der Erdkruste häufig Auslöser von schwerkraftbestimmten Massenbewegungen wie Bergstürzen und Erdrutschen. Diese können aber auch durch atmosphärische Ereignisse (Starkniederschläge, Küstenabbrüche bei Sturmfluten und anderes) ausgelöst werden. Ihrerseits können Bergsturz und Erdrutsch wiederum Folgekatastrophen nach sich ziehen, zum Beispiel wenn sie sich in Seen oder Stauseen ergießen (Frejus 1959: 412 Tote, Longarone 1963: 1896 Tote). Sie können zu Flussabdämmungen mit anschließenden Hochwasserkatastrophen führen. Ein Erdrutsch im Juli 1987 im Veltlin (Italien) führte so zu 44 Toten und 500 Millionen US-Dollar Gesamtschaden; der aufgestaute See konnte zum Glück sicher entleert werden.

Instabilität der Landoberfläche wäre also der Oberbegriff, auf den alle diese unterschiedlichen Risikoformen bezogen werden können. So führt auch die plötzliche Bewegung instabilen Hangmaterials zu Schnee- und Eislawinen, wobei immer ein hinreichend steiles Relief und genügend Kälte zu den Entstehungsbedingungen gehören. Aber auch bei fehlenden Reliefunterschieden erfolgen Bodensenkungen (Setzungen), zum Beispiel durch Grundwasserabsenkungen, »Bergschäden«, die an der Erdoberfläche durch darunter einbrechende Bergbaustollen, durch das Auslaugen von Salzstöcken (Lüneburg) oder durch das Abpumpen von Erdölvorkommen entstehen, also vom Menschen verursacht werden. Insbesondere ist Dauerfrostboden in Taiga und Tundra schon bei der bloßen Druckbelastung durch Bauten fließgefährdet oder durch die von Gebäuden oder Pipelines ausgehende Wärme (hier ist daher Stelzenbauweise erforderlich).

Der Erdrutsch von Yungay (Peru)

Am 31. Mai 1970 löste ein Erdbeben in der Umgebung des 6768 m hohen Huascarán einen Eissturz von der Gletscherkappe aus, der sich, mit bis zu hausgroßen Felsblöcken vermischt, mit einer Geschwindigkeit von bis zu 360 km/h talabwärts bewegte. Am Talboden hatte der Eis- und Schuttstrom bereits so viele Feinsedimente und so viel Wasser aufgenommen, dass er sich als 1000 m breite und 80 m hohe Schlammwelle der in 14 km Entfernung und in 2500 m Höhe gelegenen Stadt Yungay näherte und dabei einen 140 m hohen Riegel überrannte. Innerhalb von weniger als zwei Minuten wurde Yungay von 50 bis 100 Millionen Kubikmeter Material völlig ausgelöscht; über 20 000 Menschen starben dabei.

Tuve – eine Siedlung schwimmt davon

Das schwerste schwedische Unglück der Neuzeit bis zum Untergang der »Estonia« ereignete sich am 30. November 1977 12 Kilometer nördlich des Stadtzentrums der schwedischen Halbmillionenstadt Göteborg im Vorort Tuve. 27 Hektar einer Reihenhaussiedlung, die auf feinkörnigen lehmigen oder tonig-sandigen Sedimenten errichtet worden war, rutschte mit 67 Häusern und Villen bis zu 300 m weit über den Felsenuntergrund. Neun Menschen starben, viele wurden verletzt, 215 Bewohner verloren ihre Häuser völlig, andere mussten evakuiert werden, weil weitere Rutschungen drohten. Die Abrisskante eines Dreiecks von 600 m Basislinie und 850 m Seitenlänge war stellenweise bis zu 15 m hoch.

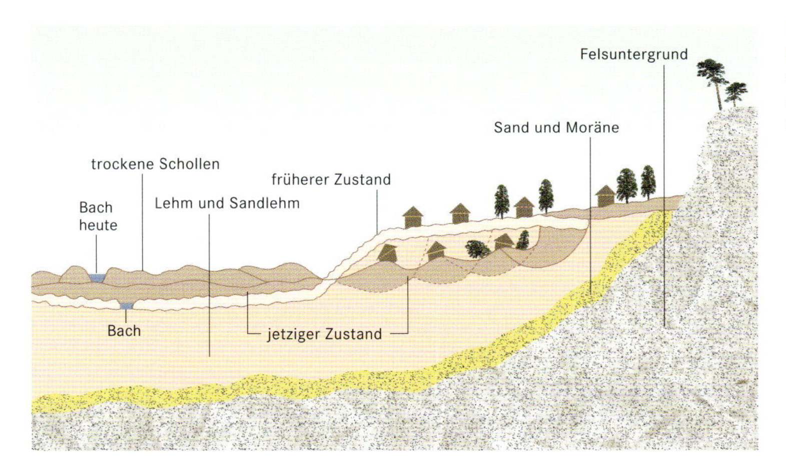

Profil durch das **Erdrutschgebiet von Tuve** (Göteborg) mit den abgerutschten, in einzelne Schollen aufgelösten und verschuppten Sedimentmassen.

Ungefähr 600 Personen in 200 Häusern mussten plötzlich erkennen, dass die schmucke, rund zehn Jahre alte Siedlung des typischen schwedischen Mittelstands auf unsicherem Grund stand. Die Baulast der Häuser, der Schwerlastverkehr auf nahen Straßen, vielleicht auch phosphatreiche Abwässer aus den Waschmaschinen, die aus leckenden Abwasserrohren ausgetreten waren, hatten die Standfestigkeit des Untergrunds so beeinflusst, dass das Lehmpaket auf der wenige Dezimeter dicken Grundwasser führenden Sandschicht im Übergang zum Felsuntergrund nach wochenlangen Regenfällen aufschwamm.

Die auf- und davongeschwommenen »Immobilien« stellten die Behörden vor bislang unbekannte Rechtsprobleme. Zwar zahlten die Versicherungen für die zerstörten oder beschädigten Häuser. Aber Grund und Boden gelten gewöhnlich als »nicht beweglich, unvermehrbar und unzerstörbar«. Jetzt war der Boden bewegt und zerstört worden. Wie kann man Grundstücke entschädigen, die es nicht mehr gibt? Und wer sollte das tun? Schließlich löste der Verwaltungsbezirk (Län) als Aufsichtsbehörde das Rechtsproblem und haftete für eine in Unkenntnis der Gefährlichkeit des Untergrunds erteilte Baugenehmigung. Er setzte damit neue Maßstäbe für verantwortungsbewusstes Handeln einer Verwaltung angesichts von Naturrisiken.

Der Felssturz von Braulins in Friaul

Wenn eine aus der Bergflanke niedergehende Schüttbewegung weniger als eine Million Kubikmeter Material umfasst oder nur 0,1 Quadratkilometer Boden bedeckt, spricht man nicht von einem Berg-, sondern nur von einem Felssturz. Ein solcher ereignete sich drei Tage nach dem Erdbeben der Stärke M 6,4 vom 6. Mai 1976 (von einem Nachbeben der Stärke M 5,3 ausgelöst) in dem 360 Einwohner zählenden Ort Braulins (Gemeinde

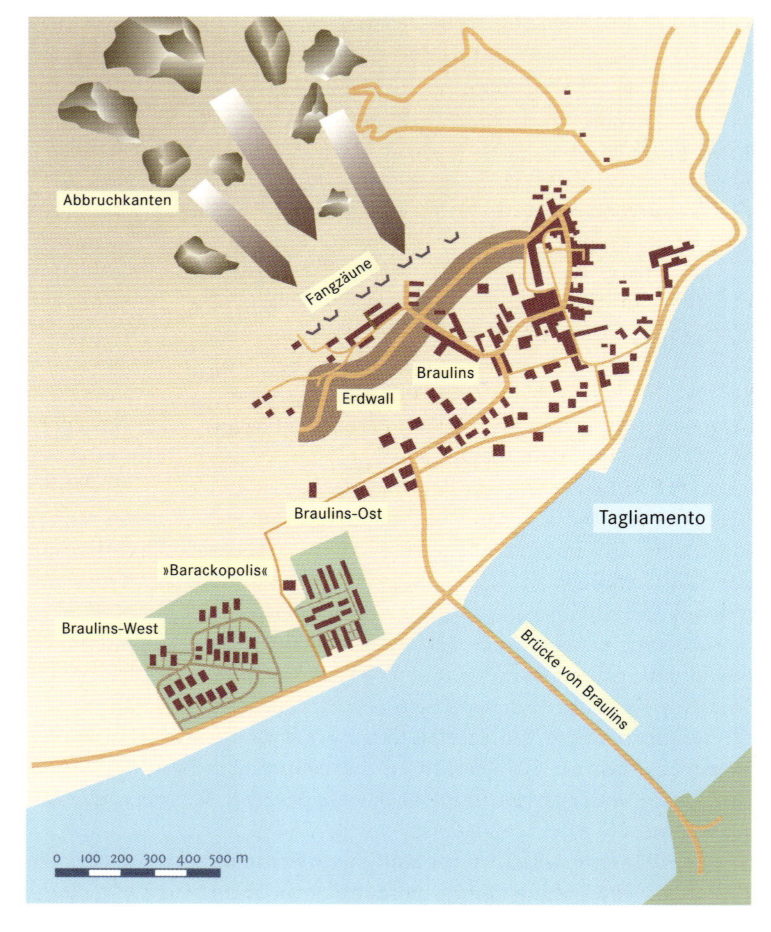

Das zwischen Steilhang und dem Fluss Tagliamento gelegene Dorf Braulins in Friaul war früher durch Fangzäune vor Steinschlag geschützt. Drei Tage nach dem Erdbeben von 1976 wurde ein **Felssturz** ausgelöst, bei dem Felsbrocken, die so groß wie ein Haus waren (bis 250 m³), bis ins Dorf rollten. Heute dient ein Erdwall als Schutz für den als sicher eingeschätzten Teil des Dorfs, während der übrige Bereich aufgegeben werden musste.

In dem aufgegebenen, durch den Schutzwall abgetrennten Teil von **Braulins** befand sich auch ein fast fertiger Neubau, in den zwei Gastarbeiterfamilien ihre ganzen Ersparnisse und die Arbeit in den Ferien vieler Jahre investiert hatten.

Trasaghis, Provinz Udine) am rechten Ufer des Tagliamento im Friaul. Der Felssturz hatte ein Gesamtvolumen von 25 000 m^3 gut verfestigter Nagelfluh (ein Konglomerat, eine Art natürlicher Beton mit Gerölleinschlüssen), einzelne Felsbrocken erreichten ein Volumen von 250 m^3 und 500 Tonnen Gewicht. Sie rollten den 29 Grad steilen Abhang hinunter, durchbrachen die sechs Meter hohen Fangzäune aus Stahlgerüsten und Fangnetzen, die bisher die Siedlung Braulins vor Steinschlag geschützt hatten, und knickten sie wie Streichhölzer. Die Felsbrocken legten insgesamt eine Strecke von mehr als 400 m zurück und rollten noch bis zu 33 m in die Flussebene hinein.

Die Einwohner von Braulins, den drei Risiken von Erdbeben, Felssturz und Hochwasser gleichermaßen ausgesetzt, haben einen Hochwasserdamm und heute statt der zerstörten Fangzäune einen Erdwall mit einer Basis von 20 m und einer Höhe von 7 m zu ihrem Schutz. Er schließt die nicht mehr rettbaren Teile des Dorfs aus. Erst im Abstand von 27 m vom Wall darf dorfseits wieder gebaut werden, hangseits ist jede Bautätigkeit verboten. Auch zum Tagliamento hin muss ein Streifen von 20 m siedlungsfrei gehalten werden. So bleibt heute für den Ort schließlich nur ein bebaubarer Streifen von 100 bis 150 m übrig. Bis zum Wiederaufbau des Dorfs lebte die Bevölkerung auf beschlagnahmtem Ackerland in zwei Barackenlagern (»Barackopolen«).

Bei einer umfassenden Befragung der Betroffenen wurde auch ein semantisches Differential verwendet; es zeigt, dass sich in der Meinung der Befragten die Kennlinien von Felssturz und Hochwasser ziemlich ähneln. Sie verweisen darauf, dass Felssturz und Hochwasser als »unregelmäßig« und eher »selten« (aber häufiger als ein Erdbeben) eingeschätzt werden, das seinerseits »unkontrollierbar« ist, während die beiden genannten anderen Risiken durch Maßnahmen des Menschen für eher »kontrollierbar« gehalten werden. Die Befragung einer Bevölkerung zu den Naturrisiken mit psychologi-

SEMANTISCHES DIFFERENTIAL

Der amerikanische Psycholinguist Charles Egerton Osgood hat eine Befragungsmethode entwickelt, das semantische Differential (auch Polaritätsprofil genannt). Dabei werden die Befragten darum gebeten, einen Gegenstand, eine Person, ein Ereignis oder anderes mittels einer Anzahl gegensätzlicher Adjektive (»Polaritäten« wie heiß – kalt, stark – schwach) einzustufen. Bei der Verfassung eines semantischen Differentials geht man von der Annahme aus, ein Wort rufe bei bestimmten Personen gewisse Assoziationen hervor, die sich zwischen solchen Gegensatzpaaren einordnen lassen.

Die Liste solcher Gegensatzpaare lässt in der Regel 5–7 Einstufungsmöglichkeiten zu, bei denen angekreuzt wird, wie die angesprochene Person auf das zu bewertende Objekt reagiert. Die gegensätzlichen Adjektive sind dabei jeweils die

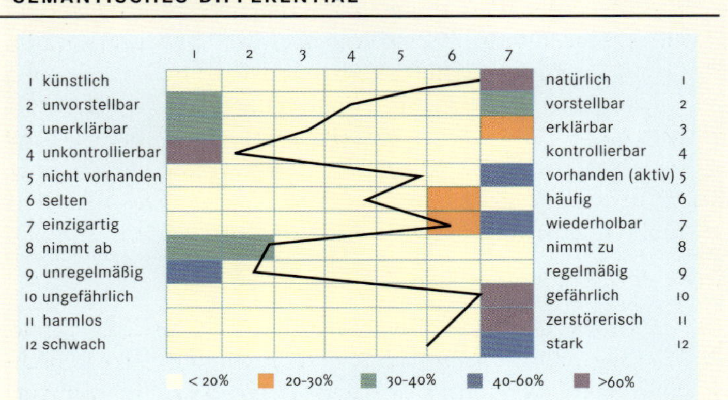

Eckpunkte einer solchen Skala. Um Mitzieheffekte zu vermeiden, werden die Adjektivpaare unregelmäßig wechselnd angeordnet. Sie können, wie in unserem Beispiel, auf die Besonderheiten eines Untersuchungsgegenstandes hin, hier also das Ereignis Erdbeben, ausgewählt werden. Aus den Aussagen vieler Befragter lassen sich Mittelwerte bilden (schwarze Linie), oder es lässt sich angeben, wie viel Prozent der Befragten eine bestimmte Meinung teilen (die verschiedenen Farben in der Abbildung). Mittelwertsunterschiede einzelner Gruppen (alt/jung, männlich/weiblich, hoher/niedriger Bildungsabschluss) sind dabei von besonderem Interesse.

schen Methoden kann den Entscheidungsträgern Hinweise geben, welche Maßnahmen zum Katastrophenschutz am ehesten akzeptiert werden und wo Aufklärungsarbeit geleistet werden muss.

Prozesse der Atmosphäre

Bisher haben wir uns mit Prozessen der Erdkruste befasst, also mit Naturgefahren, die meist zeitlich exakt datierbar sind und einen Ereignischarakter haben. Auch bei diesen Naturrisiken wirken atmosphärische Einflüsse mit, aber sie stehen bei weitem im Hintergrund: zum Beispiel die Verfrachtung von vulkanischen Aschen durch den Wind, der Feuchtigkeitsgehalt des Bodens bei Erdrutschen nach Dauerregen oder am deutlichsten bei Lawinen.

Die atmosphärisch bedingten Katastrophenereignisse hingegen werden von der planetarischen Zirkulation bestimmt, die den Wärme- und Feuchtigkeitshaushalt regelt. Es können zwar auch hier punktuelle Ereignisse von größter Heftigkeit auftreten (Hurrikane, Tornados, Schichtfluten, Hagel oder Schneestürme – Letztere werden im Englischen Blizzards genannt), doch lassen sich Hochwasser und vor allem Dürre nicht auf Tag und Stunde festmachen. Gerade die beiden letztgenannten Katastrophenarten haben Vorlaufzeiten, in denen sich das Ereignis allmählich aufbaut, einen Höhepunkt erreicht und dann wieder abklingt. So kann der Boden nach Dauerregen so wassergesättigt sein, dass er keinen neuen Niederschlag mehr aufnehmen kann. Die Bäche füllen sich, treten über die Ufer und führen steigende Wassermassen dem nächsten Vorfluter zu. Schließlich steigt der Wasserstand in den Hauptflüssen (in Deutschland: Rhein, Elbe, Donau) bedrohlich an, erste Hochwasserwarnungen werden ausgegeben. Die Pegelstände flussaufwärts gelegener Messstationen oder solcher an der Einmündung wasserreicher Nebenflüsse (Mosel bei Koblenz, Inn bei Passau) geben den Durchlauf einer Hochwasserwelle zu erkennen, Fluttore werden geschlossen, Sandsackbarrieren errichtet, bedrohte Siedlungen evakuiert. Die Katastrophe kann sich über Tage und Wochen erstrecken.

Dürren – die sieben mageren Jahre der Bibel

Noch schwieriger ist die Eingrenzung einer Dürrekatastrophe. Eine allgemeine und brauchbare Definition für Dürre ist praktisch unmöglich. Der Begriff Dürre muss immer im Zusammenhang damit gesehen werden, wofür das Wasser gebraucht wird. Es geht also weniger um eine unterschrittene Menge während eines bestimmten Zeitraums, sondern um das Ausbleiben des Regens am gewohnten Ort und in der üblichen Menge. Ackerbauern oder Viehzüchter gehen von bestimmten, gewohnten Niederschlagsmengen aus. Wer auf eine Jahresniederschlagsmenge von 600 mm eingestellt ist, empfände die 400 mm eines trockenen Jahres als »Dürre«, obwohl mit einem anderen Nutzungssystem, mit anderen Kulturpflanzen oder mit Weidewirtschaft statt Ackerbau damit anderswo durchaus erfolgreich gewirtschaftet werden kann.

Dürre stellt eine unerwünschte Variation eines Normalzustands dar und führt ein Nutzungssystem an eine Grenze heran, ab der es nicht mehr in der gewohnten Weise funktioniert. Eine »schleichende Katastrophe« findet statt, die aber ihrerseits in einem wirtschaftlichen und gesellschaftlich-technischen Zusammenhang gesehen werden muss. Denn wenn in einem Bewässerungsgebiet die mit Dieselöl betriebenen Wasserpumpen wegen unerschwinglich gewordener Kraftstoffpreise stillgelegt werden müssen, mag zwar »Dürre« eintreten. Aber sie ist auf keinen Fall klimatisch oder witterungsbedingt. Man sollte hier keinem Glauben an einen durch die Natur bewirkten Zwang (Naturdeterminismus) verfallen.

Dürre betrachten wir meistens als ein Problem der Ackerbauern oder Viehzüchter. Doch auch die Industriegesellschaft kann bei Trink- oder Brauchwasserversorgung unter Knappheit leiden, wenn der Energiegewinnung oder Kanalwasserhaltung dienende Stauseen austrocknen, Binnenwasserstraßen zu seicht werden, Kühlwasser fehlt und Rasenspreng- und Autowaschverbote erlassen werden müssen. Dabei treten oft Prioritätsstreitigkeiten auf: Soll am Staudamm der Bewässerung (Agrargesellschaft) oder der Stromerzeugung (Industriegesellschaft) Vorrang eingeräumt werden?

Staaten mit Landüberfluss (USA, Kanada, Australien) tendieren in der Landwirtschaft meist zur Einsparung von Arbeitskräften und setzen massiv Maschinen (zum Beispiel Mähdrescher, Traktoren, Großpflüge) ein. Staaten mit Flächenknappheit (Mitteleuropa) forcieren die Düngemittelindustrie. Staaten in dürrebedrohten Gebieten versuchen das Problem der Agrarproduktion durch flächenintensives Wirtschaften und Wasserregulierung zu lösen. Dabei bedeutet Verfügungsgewalt über das knappe Wasser ein Herrschaftsinstrument und hat schon viele politische Konflikte an Jordan, Nil, Euphrat oder Tigris ausgelöst. Wasserknappheit (die »sieben fetten und die sieben mageren Jahre« der Bibel) haben Vorratswirtschaft und deren Kontrolle durch den Staat bewirkt und bürokratische Systeme (»hydraulische Gesellschaften«) entstehen lassen.

Der vom deutschamerikanischen Sozialwissenschaftler Karl August Wittfogel (1896–1988) geprägte Begriff **hydraulische Gesellschaften** bezieht sich auf die mit der Organisation von wasserwirtschaftlichen Systemen verbundene Entstehung von bürokratischen Herrschaftssystemen (»orientalische Despotien«) im Orient, von Ägypten bis China.

Dust Bowl – die Staubschüssel Amerikas

Wenn auch Berichte über lang anhaltende Dürreperioden in China, Indien, Afrika oder dem Vorderen Orient schon früh die Aufmerksamkeit der Historiker weckten, wurde doch erst in einer modernen Gesellschaft – in den USA der Dreißigerjahre dieses Jahrhunderts – deren Reaktion auf eine Dürre erforscht und publizistisch verwertet. Die durch die Weltwirtschaftskrise des Jahres 1929 bereits geschwächte Landwirtschaft der Vereinigten Staaten wurde durch anhaltende Dürre, starke Bodenerosion und Staubstürme (black dusters) in den Jahren 1930 bis 1935 schwer getroffen, ein Teil der Landbevölkerung sah sich zur Abwanderung gezwungen.

Das Bild des Mittleren Westens und seiner Prärien hat in der amerikanischen Geschichte mehrmals gewechselt. So lange man die knappe Zahl der Einwanderer im atlantischen Osten festhalten wollte, um die Zahl der Industriearbeiter zu erhöhen und die koloniale Abhängigkeit von Europa abzuschütteln, wurden die weiten Ebenen jenseits des 98. Längengrads etwa von 1820 bis 1870 abfällig als »Great American Desert«, also als Wüste bezeichnet. Als der Osten erschlossen, die Westwanderung als Entlastungsventil erwünscht war und durch den Eisenbahnbau beschleunigt wurde, schilderte man in den Werbebroschüren der Eisenbahngesellschaften und Landagenturen den eben noch abgewerteten Raum als einen wahren »Garten Eden«. Er warte nur auf tüchtige Farmer, um nach dem Umbrechen der ursprünglichen Grasnarbe reiche Ernten zu gewähren. Immer weiter schob sich daraufhin die Siedlungsgrenze, die Frontier, in den Westen vor, und das Pioniererlebnis prägte den Typ des »Amerikaners«: Farmer und Rancher von großem Unabhängigkeitsstreben, bei denen die nationalen Charaktere aus den einzelnen Immigrantengruppen zu einem einheitlichen Menschentyp verschmolzen.

Der Boden fliegt davon

Briten, Skandinavier, Niederländer und Deutsche hatten die landwirtschaftlichen Techniken und Anbaufrüchte ihrer gut beregneten Heimat auch im Osten der USA mit seinen regelmäßigen Niederschlägen einsetzen können. Bei ihrer Westwanderung erlebten sie zwar gelegentlich ein Dürrejahr wie 1892, aber von 1900 bis 1930 war die Witterung der Great Plains relativ stabil und daher waren die Ernten gut. Nach dem Erlass des Homestead Act (Heimstättengesetz) von 1862 mit seiner quadratischen Landaufteilung, die eine Normgröße der Farmen von 64 Hektar festschrieb, hatte sich die Bevölkerung in Oklahoma, Arkansas oder Texas im »Brotkorb Amerikas« mehr als verzehnfacht. Dann setzten mehrere Jahre dauernde Dürren ein. Im März 1935 blies ein Sturm 27 Tage und Nächte lang, ließ Straßen unter Verwehungen verschwinden und brachte durch die Staublast auf den Dächern Gebäude zum Einsturz. In der Weltwirtschaftskrise versiegten die Hilfeleistungen des Bundes. Erst 1941 wurden wieder gute Ernten möglich. Die Versicherungsstatistiken weisen aber auch für den Zeitraum von 1948 bis 1962 Dürren als das wichtigste Ernterisiko (39 Prozent) auf.

Die 64-Hektar-Normfarm erwies sich in Trockengebieten als zu klein, und auch die Getreide-Monokultur ließ sich nicht durchhalten. Indessen lernte man aus der Dürre; man installierte Windräder für Brunnenbewässerung und favorisierte das Dryfarming mit der Konzentration der Niederschläge zweier Jahre auf eine Ernte sowie das hangparallele Pflügen (contour lining). Das Risikoverhalten von Landnutzern zeigt uns am Beispiel der »dust bowl«, dass nicht nur exakt messbare Daten (Niederschlagsmengen, ihre saisonale Verteilung, Anbaufrüchte), sondern auch menschliche Wahrnehmungen und Einschätzungen für eine »Dürre« verantwortlich sein können, und nicht allein das entscheidet, »was ist«, sondern auch das, von dem wir glauben, »dass es sei«.

Kasachstan – vom Steppennomadismus zum Ackerbau

Achtzig Prozent der gesamten Ackerfläche der ehemaligen Sowjetunion lagen in den 1920er-Jahren in der Schwarzerdezone, wo es humusreiche, größtenteils in semiariden, winterkalten Steppen über Löss gebildete kalkreiche Böden mit guter Durchlüftung, Krümelstruktur und Wasserhaltekapazität gibt. Diese Schwarzerde (Tschernosem) musste nicht wie die Braunerdeböden der humiden (gut beregneten) Waldgebiete in West- und Mitteleuropa durch Rodung, Drainage und hohe Düngemittelgaben für gute Ernten erschlossen werden. Sie nimmt mit rund 190 Millionen Hektar etwa neun Prozent der Gesamtfläche der ehemaligen Sowjetunion ein. Ihre Verbreitung beginnt an der Westgrenze der Ukraine mit rund 300 Kilometer Breite und verjüngt sich als immer schmaler werdender Keil über den südlichen Ural hinweg, bis sie im Vorgebirge des Altai ausläuft. Auf diesem Keil optimaler Bodengüte siedelten Russen und Ukrainer und trennten so bei der Kolonisation Sibiriens die schamanistischen Naturvölker der Taiga und Tundra im Norden von den islamischen Steppenvölkern im Süden (Kasachstan) und den Flussoasenbewohnern in Usbekistan und Turkmenistan mit ihren alten Bewässerungskulturen. Hier, wo die Transsibirische Eisenbahn zur Erschließungsachse bis hin zum Pazifik wurde, erstreckt sich ein Korridor höherer Bevölkerungsdichte.

Aus diesem Gebiet heraus versuchten die Russen schon seit der Zarenzeit, ihr Siedlungsgebiet in die südliche Steppenzone mit ihren nur mehr 300 Millimeter Niederschlag auszudehnen. Dabei wurden gleichzeitig mehrere Ziele verfolgt: Verdrängung der Kasachen, Sesshaftmachung und Unterwerfung der Viehzuchtnomaden mit ihrer gegenüber dem Ackerbau extensiveren Landnutzungsform, Russifizierung, orthodoxe Missionierung und (später) politische Anpassung islamischer Völker an die Leitvorstellungen des Kommunismus, schließlich Industrialisierung und Ausbeutung von Bodenschätzen, Errichtung eines Testgeländes für Atomversuche und einer Startrampe für die Raumfahrt.

Heute ist Kasachstan der flächenmäßig zweitgrößte GUS-Staat, und einige der beschriebenen Prozesse werden wieder rückgängig gemacht. In diesen Zusammenhang ist die Dürreproblematik eingebettet. Sie findet sich vor allem in einem großen Projekt der Regierungszeit von Chruschtschow wieder, als 1954 das Politbüro einen Beschluss zur Steigerung der Getreideproduktion durch Erschließung von Neuland in der eurasischen Steppenzone verkündete.

Zelina, die kommunistische Neulandbewegung

Zentralgebiet dieser gigantischen Neulandaktion, der Zelina-Bewegung, wurde Kasachstan. Der Anbau von Sommerweizen sollte hierhin verlagert werden, um die besser beregnete Ukraine von der Weizenproduktion zu entlasten und auf Mais und Futterpflanzen umzustellen; diese waren wiederum dazu bestimmt, die Fleischproduktion zu erhöhen und den »Wohlstands-Kommunismus« der Ära Chruschtschow herbeizuführen. Allein in den Jahren 1954 und 1955 wurden fast 30 Millionen Hektar Neuland unter den Pflug genommen, zum Teil durch abkommandierte städtische Industriearbeiter oder »freiwillige« Einsätze von Jugendbrigaden, von Schülern und Studenten. Den in Kurzlehrgängen auf das Leben auf den riesigen Getreideschlägen vorbereiteten »Industriearbeitern auf dem Land« stand dabei ein umfangreicher Maschinenpark zur Verfügung: zwischen 1953 und 1959 stieg die Zahl der Traktoren in Kasachstan von 70000 auf 216000, die der Mähdrescher von 22000 auf 75000. Der vollmechanisierte Getreidebau, durch nicht ackerbauerfahrene Bevölkerungsgruppen ausgeübt, sollte die ideologische Spaltung von Stadt und Land überwinden helfen.

Die auf den kastanienfarbenen Böden der Kirgisensteppe erwirtschafteten Erträge an Sommerweizen mussten in »Schlachten der Frühjahrsbestellung« und in »Ernteschlachten« errungen werden. Weil Winterweizen durch die geringe Schneedecke in Kasachstan auswintern würde, kann meist nur Sommerweizen angebaut werden. Der Zeitpunkt des Aussäens hängt vom Tauwetter des Frühjahrs ab. Das Auflaufen der Saaten muss aber andererseits schon stattgefunden haben, bevor die trockene Hitze des Sommers (mit dem Trockenwind Suchowej) die Halme verdorren lässt. Die Getreidebau-Industriearbeiter, die Zelinniki, mussten in einem genauso kurzen Zeitraum wie bei der Aussaat auch die Ernte vor dem jähen Einbruch des Winters in einer saisonalen Kampagne einbringen.

Chruschtschow verliert eine Schlacht

Weil der Ukrainer Chruschtschow sein Prestige so eng an die Erfolge »seiner« Zelina-Bewegung gekoppelt hatte, waren die Erntemengen für sein politisches Überleben maßgebend, und Witterungsereignisse wurden somit zeitgeschichtlich relevant. Schon 1957 folgte nach ersten guten Ertragsjahren eine dürrebedingte Missernte (5 Doppelzentner pro Hektar), im Frühjahr 1960 fegten starke Staubstürme fünf bis sechs Zentimeter der wertvollen obersten Ackerkrume fort, pro Hektar 500 bis 600 Kubikmeter. Die falsche Pflugtechnik aufgrund des aus dem europäischen Teil der Sowjetunion herangeführten Maschinenarsenals öffnete den Boden zu tief. Erst der zunächst verspottete Ritzpflug brachte später Abhilfe. Guten Ernten in den Jahren 1958 und 1959 folgten 1963 Dürre und Missernten (5 dz/ha). Schließlich trat (auch aus anderen Gründen wie etwa der Kubakrise) Chruschtschow 1964 zurück. Nach 1963 (3 dz/ha) wurden die aus den USA bekannten Trockenfeldbaumethoden eingeführt, die Quote der Brachflächen auf 25 % (USA 50 %) erhöht – was man lange aus Gründen der Siegesstatistiken nicht gewagt hatte – und es wurde bodengerechter gepflügt. Aber auch 1975 gab es noch einmal eine dürrebedingte Missernte (4,7 dz/ha). In der Bundesrepublik Deutschland erntete man gleichzeitig etwa 50 dz/ha. Die Investitionspolitik wandte sich stärker der Agrarchemie und Meliorationen (Maßnahmen zur Bodenverbesserung) im europäischen Teil der Sowjetunion zu.

Inzwischen sind sowohl die Kornkammer der Ukraine wie auch die weiterentwickelte Zelina in Kasachstan für die Russen »Ausland« geworden und unterstehen nicht mehr den Wirtschaftsplänen der früheren Moskauer Zentralverwaltung. Das erhöht die Anfälligkeit Russlands für Versorgungsengpässe, die nur durch Ge-

Die **Getreideerträge Kasachstans** in den Jahren 1953–1977. Während die Saatfläche zunächst stark ausgeweitet wurde (1953–1956), dann mit rund 25 Millionen Hektar fast gleich blieb, schwankte die Getreideproduktion in Abhängigkeit von der Niederschlagsmenge in der Vegetationsperiode zwischen weniger als 10 Millionen t (1965) und 30 Millionen t; entsprechend lagen die Hektarerträge zwischen 4 und 12 dt/ha (eine Dezitonne, dt, sind 100 kg).

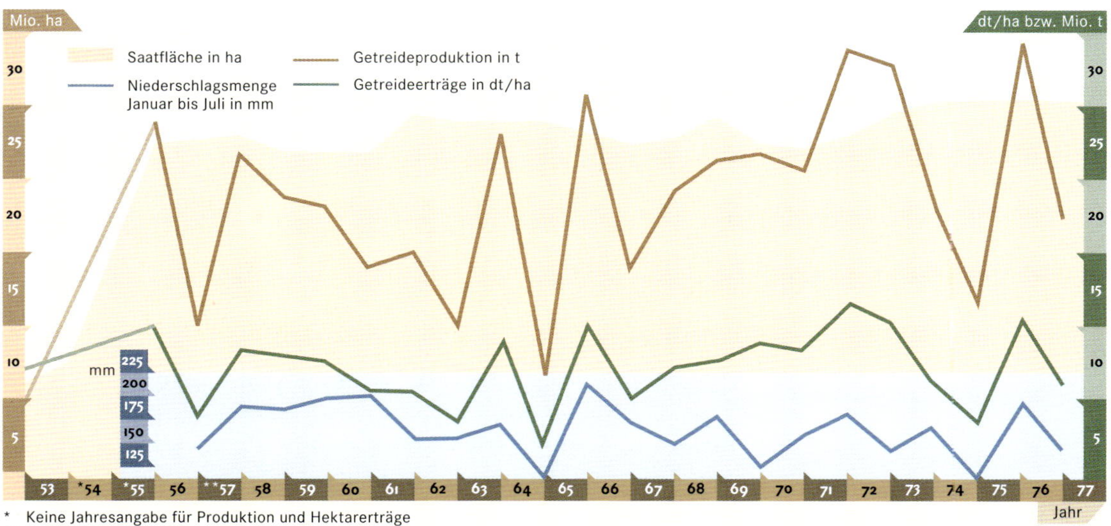

* Keine Jahresangabe für Produktion und Hektarerträge
** Geschätzte Niederschlagsmenge

treideimporte aus dem Westen beherrscht werden können und damit unerwünschte Abhängigkeiten und Prestigeeinbußen hervorrufen.

Dürren in Australien – Unsicherheit im Outback

Kehren wir nochmals zum Dürreproblem in einem entwickelten Kontinent westlicher Prägung zurück. In Australien besteht seit den 1940er-Jahren eine spezielle Dürreüberwachung (Drought watch system). Die schwersten Dürreperioden traten in den Jahren 1967–1969 und 1981–1983 ein. Neben den vollariden und humiden Gebieten Australiens ist mehr als die Hälfte des Kontinents semiarid, erlaubt eine angepasste Nutzung, wenn auch risikobehaftet. Eine aus Mallee Scrub (immergrüne Strauchvegetation, vor allem aus Eukalypten), Akazien, Eukalyptus und Salzbusch bestehende natürliche Vegetation schützt sich vor Dürre durch eine Art »Trockenschlaf«, bei dem die Blätter abfallen und so die Verdunstung herabgesetzt wird. Nach Regenfällen leben die Pflanzen wieder auf, sie regenerieren sich auch nach Buschfeuern viel schneller als importierte Hölzer. Auch die Kängurus können ihre Reproduktion sehr schnell auf Trockenbedingungen einstellen. Als ihre natürlichen Feinde, die Dingos, massenweise abgeschossen wurden und die erhöhte Zahl künstlich geschaffener Wasserstellen auf den Farmen ebenfalls den Kängurus von Vorteil wurde, traten diese in stärkere Konkurrenz zu den importierten Nutztieren wie Rind, Schaf und Ziege.

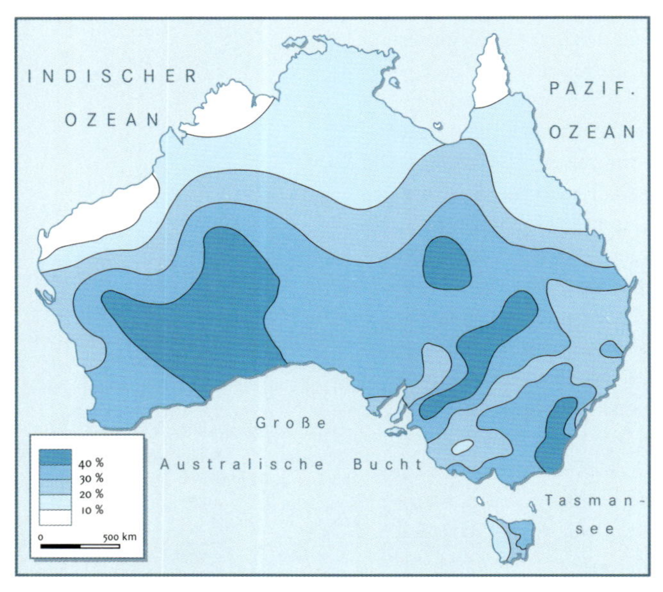

Dürren in Australien 1965–1980. Angegeben ist der Prozentanteil der Jahre, in denen in den jeweiligen Zonen nur ein Zehntel des langjährigen Niederschlagsdurchschnitts erreicht wurde.

Dürren in Australien sind aber unter anderem auch eine Folge der Bodengesetzgebung. Die großen Betriebe wirtschaften häufig aufgrund von Pachtverträgen, die sie für 99 Jahre mit dem Staat als Landbesitzer abgeschlossen haben; dies verleitet, insbesondere bei absehbarem Ablauf der Pachtfrist, zu einem rücksichtslosen Umgang mit den Ressourcen. Der Staat New South Wales verleiht an sich nur Weiderechte, erlaubt aber zuweilen auch ein »opportunistic cropping«, gelegentlichen Getreidebau in feuchten Jahren. Hat man sich in einer feuchten Periode an solche Nebeneinkünfte gewöhnt, dann ist ein Trockenjahr ein »Rückfall« in die eigentlich erlaubte Nutzung, und man stellt Schadensansprüche an die staatliche Versicherung. Die eigentlich für Naturkatastrophen wie Erdbeben und Wirbelstürme angesammelten Rücklagen werden durch solche Inanspruchnahme zu einer stillschweigenden Subventionierung dürregefährdeter Farmer und dadurch zu einem Regionalausgleich. Die Wirkung solcher Hilfen war bisher konservativ-stabilisierend, da sie die Rückkehr zu den Verhältnissen vor der Dürre garantieren sollte und die politisch mächtige Agrarlobby begünstigte. Seit dem Zweiten Weltkrieg verlangen aber die Millionenstädte an der Küste eine stärkere Berücksichtigung ihrer Interessen. Ihre Anziehungskraft dünnt die Agrarbevölkerung im Landesinnern, dem Outback, bis an die Grenze einer gerade noch finanzierbaren Infrastrukturversorgung (Schulen, Krankenhäuser, Bankfilialen, Poststationen) aus. Die Sympathie der öffentlichen Meinung für die »Dürreopfer« geht zurück. Manche Farmer haben allzu unbedenklich investiert. Andere ließen sich auf zu hohe Risiken ein, weil sie der staatlichen, aber – wie sich später zeigte – falschen Einschätzung der Tragfähigkeit des Bodens vertraut hatten.

Waldbrände – Blitze oder Brandstifter

Während langer Dürreperioden kommt es häufig zu gewaltigen Busch- und Waldbränden. Nach monatelanger Trockenheit bedarf es meistens nur eines letzten Zündfunkens. Oft rührt dieser von einem unbedachten Wanderer, spielenden Kindern oder sturmbewegten Hochspannungsleitungen her, aber auch von »Feuerteufeln«, möglicherweise im Auftrag eines Grundstücksspekulanten, der damit den erwünschten »Kahlschlag« auf einer für weitere Bebauung geeigneten Fläche durchsetzen will. Auf Korsika werden solche Brände auch von Separatisten gelegt, die Ausländer und Festlandsfranzosen von ihrer Insel fernhalten wollen. So sind Waldbrände in mediterranen Klimagebieten sowohl eine natürliche, oft durch Blitze ausgelöste Erscheinung, die zur ökologisch erwünschten Verjüngung der Vegetation führt, als auch ein hingenommenes Naturereignis, bei dem in städtischem Umland gelegene, suburbane, waldnahe Wohn- und Freizeitgebiete (unter anderem in Kalifornien, Australien, an der Riviera, auf Mittelmeerinseln) gegen das Feuer verteidigt werden müssen. Waldbrände sind aber auch ein typischer Man-made Hazard, also ein vom Menschen ausgehendes Risiko, das eng mit den gesellschaftlichen Verhältnissen eines Raums (Suburbanisierung, Wohnsegregation, das heißt soziale Viertelbildung durch Bebauung extrem gefährdeter Prestigelagen mit schöner Aussicht, kostspieliger Bauweise, sozialen Spannungen und Kriminalität) verknüpft ist.

Feuerstürme

Der Ablauf einer Waldbrandkatastrophe, ob in Südkalifornien, Italien, Südfrankreich oder Australien, folgt einem im Wesentlichen gleichen Schema: Eine leicht entzündbare, zundertrockene Vegetation (Chaparral, Garrigue, Macchie, Mallee Scrub) steht am Ende der Vegetationsperiode nach langer Trockenheit als Nährstoff des Feuers zur Verfügung. Die Druckverhältnisse lassen aus den im Hinterland gelegenen Trockengebieten Heißluft mit hoher Windgeschwindigkeit, bis zu 100 km/h, in ein Küstengebiet einfallen (Adelaide, Januar 1939: zehn Tage hindurch 36 °C, Maximum 46,1 °C; Adelaide, Februar 1983: 40,8 °C, 71 Tote, 1000 verbrannte Häuser). Adiabatische, das heißt bei absteigender Luftbewegung sich erwärmende Luftmassen mit Föhneffekten, wie beim Santa-Ana-Wind in Kalifornien, beim Schirokko in Südeuropa, bei der Bora an der adriatischen Küste, verstärken als Fallwinde die Austrocknung des angesammelten Brennstoffs und fachen scheinbar gelöschte Feuer immer wieder an. Oft werden die Brände im Tagesverlauf heftiger, weil die Nachtfeuchte des Brennstoffs verdunstet ist, Luftbewegung (Konvektion) durch das Feuer entstanden ist und die von den Brandherden ausgehende Strahlung das entzündbare Material vor der Feuerwalze getrocknet hat. Dazu kommen lokale Bedingungen: Feuergassen in den Tälern, Auftrieb an Hängen und Überspringen noch nicht entflammter Bestände von einem Kamm her. Die Windgeschwindigkeit spielt dabei eine große Rolle. Bei 10 km/h Windgeschwindigkeit schreitet die Feuerfront mit 0,5 km/h voran, bei 20 km/h mit 0,75 km/h, bei 40 km/h mit 1,75 km/h. Schlägt das Bodenfeuer in die Wipfelregion durch, können Feuergeschwindigkeiten von bis zu 20 km/h erreicht werden. Grasfeuer können achtmal schneller fortschreiten als Buschfeuer. Hangaufwärts brennt es schneller (mit der Konvektion) als hangabwärts. Thermisch entstandene Wirbelwinde können brennende Äste und sogar Stämme weithin verfrachten und neue Feuerherde entstehen lassen.

Verheerende Brände wurden seit dem Sommer 1997 im tropischen Regenwald Südostasiens entfacht, vor allem auf Sumatra und Borneo. Kleinbauern, besonders aber Plantagenbesitzer wollten neues Land gewinnen. In der extremen Trockenheit als Folge eines El-Niño-Ereignisses gerieten die Feuer außer Kontrolle und wüteten monatelang. Der sich zu Smog verdichtende Rauch trieb bis nach Singapur und Malaysia, Tausende Menschen litten unter gefährlichen Atembeschwerden, vielfach mussten Schulen und Fabriken schließen, der Tourismus kam zum Erliegen. Aufgrund der auf wenige Meter zurückgehenden Sicht kam es zu Verkehrsunfällen,

Waldbrand im Sommer 1997 in West-Kalimantan, im indonesischen Teil der Insel Borneo.

Stark betroffen von der **Rauchentwicklung** infolge von Waldbränden war 1997 die Stadt Katapang in West-Kalimantan, Indonesien.

Flugzeuge stürzten ab, Schiffe stießen in der Malakkastraße zusammen. In Indonesien wurden mindestens zwei Millionen Hektar Vegetation vernichtet.

Feuer bedroht die Freizeitgesellschaft Südkaliforniens

An den von Chaparral (immergrünes Gebüsch) bewachsenen ausgedörrten Berghängen der Santa Monica, San Gabriel und San Bernardino Mountains fallen die breiten Schneisen (firebreaks) und Wachttürme ins Auge, mit denen der Kampf gegen Waldbrände an den Hängen des Beckens von Los Angeles erleichtert werden soll. Der besonders im Herbst nach einer langen Trockenperiode häufige Santa-Ana-Wind stürzt dann in Föhngassen mit bis zu 40 °C und nur mehr 2 Prozent Luftfeuchtigkeit, genährt von der heißen Luft aus der Mojave-Wüste, in die Siedlungen am Bergfuß und erreicht dabei Windgeschwindigkeiten von bis zu 120 Stundenkilometern.

Des hohen Erdbebenrisikos wegen und angesichts der Klimagunst bestehen die Häuser in den endlosen Villenkolonien der zusammenwachsenden Siedlungen Südkaliforniens meist nur aus einer gegossenen Betonfundamentplatte, über der ein Fachwerkhaus errichtet wurde. Sein Holzgerüst wird mit Platten verkleidet, erhält eine Art Gitterdraht-Korsett, auf dem Gipsstuck aufgespritzt wird, sodass man dem Aussehen nach rein äußerlich an eine gemauerte und verputzte Ziegelwand denken könnte. Gedeckt wird solch ein Haus häufig mit Holzschindeln, die – günstig im Fall eines Erdbebens – leichter sind als Dachziegel. Lediglich ein gemauerter Kamin, der aber meist nur einen vorfabrizierten, strom- oder erdgasbetriebenen »Scheiterhaufen« enthält, besteht neben der Küchenzeile aus Herd, Spüle, Kühl- und Gefrierschrank, Wasch- und Spülmaschinen aus nicht brennbarem Material. Ein Haufen ausgeglühten Metalls und der Kamin sind somit häufig die einzigen Überreste eines Luxusbungalows, über den der Feuersturm hinweggegangen ist.

Nicht nur die Häuser werden bei einem solchen Flächenbrand in den Siedlungen zerstört. Weithin ist an den Hängen auch die gesamte Vegetationsdecke verbrannt, sodass sich an den kahlen schwarzen Hügeln die Erosionsrate während der Winterregen um einen Faktor 15 bis 35 erhöht. In den von Vegetation freigehaltenen Waldbrandschneisen oder auf den die Starkstrommasten begleitenden Kahlschlagflächen ist die Bodenerosion ebenfalls hoch, sodass es hier zu einem Konflikt bei der Bekämpfung zweier Risikoarten kommt. Auch trägt die freizeitorientierte Lebensweise außer Haus in Kalifornien zum Brandrisiko bei. Von Grillpartys in einem Cañon bis zu Lagerplätzen von Drogenabhängigen, die irgendwo ihre Spritzen auskochen, häufen sich die Anlässe, draußen Feuer zu machen. Orangenplantagen mit der »falschen«, nicht mehr marktgängigen Obstsorte erhalten kein Bewässerungswasser mehr und verdorren, bevor sie in Bauerwartungsland umgewidmet werden. Verliert aber eine Villensiedlung erst einmal ihren schützenden und schmückenden Kranz von Zitruspflanzungen, sinken auch die Häuser schnell im Wert und werden dem »urban blight«, der Verslumung, überlassen.

Berkeley und Oakland – Wohlstandsbürger in Gefahr

Am Sonntag, dem 20. Oktober 1991 entstand um 10.53 Uhr durch gleichzeitig gelegte Buschfeuer rechts und links des Highway 24 die größte Feuersbrunst der vergangenen 85 Jahre in Amerika. Die letzte Brandkatastrophe dieses Ausmaßes hatte infolge des Erdbebens von 1906 San Francisco vernichtet. Jetzt gingen sieben Quadratkilometer der Oberstadt von Oakland und der bekannten Universitätsstadt Berkeley in einem Feuersturm unter. 24 Menschen kamen ums Leben, 34 wurden vermisst, Hunderte verletzt. Rund 3000 Villen und Eigentumswohnanlagen wurden zerstört; Experten schätzten einen Sachschaden von 1,5 bis 2,5 Milliarden US-Dollar. Er war so hoch, weil es sich um die prestigeträchtigsten Viertel an der Ostküste der San Francisco Bay handelte, die sich malerisch an den Hängen der San Pablo Range hochziehenden Villen der Oberschicht, mit Blick über die Bucht und auf die Hochhaussilhouette von San Francisco. Rund 5000 Anwohner verloren ihre Kunstschätze und Bibliotheken und waren zeitweise obdachlos.

Adelaide – Feuersbrunst in Südaustralien

1982 war das bis dahin trockenste Jahr seit Beginn der Messungen in Südaustralien gewesen. Der ENSO- beziehungsweise der El-Niño-Effekt wurde dafür verantwortlich gemacht. Adelaide hatte nur 61 Prozent des durchschnittlichen Niederschlags erhalten. Am 15. Februar 1983 stieg die Temperatur in der rund eine Million Einwohner zählenden Küstenstadt, der Haupstadt Südaustraliens, auf über 40 °C. Eine dicke Schicht trockenheißer Luft begann sich aus dem wüstenhaften Inneren des Kontinents, dem Outback, nach Süden zu schieben, während eine Kaltfront aus dem Pazifik nach Norden zog.

Schon am Morgen des 16. Februar 1983, dem Aschermittwoch, gab es in Adelaide und Umgebung starke nordnordwestliche Winde, die eine riesige Staubwolke mit sich brachten. Zwischen 11 Uhr und

EL-NIÑO-PHÄNOMEN UND ENSO-EFFEKT

El-Niño-Phänomen und ENSO-Effekt stellen eine in unregelmäßigen Abständen von einigen Jahren wiederkehrende, natürliche Klimaschwankung dar, ausgelöst durch das Zusammenwirken von Ozean und Atmosphäre im Bereich des tropischen Pazifiks, aber mit Fernwirkungen weit darüber hinaus.

Im Normalzustand (Abbildung oben) schieben die Passate das warme Oberflächenwasser des Pazifiks nach Westen. Es staut sich dort im Bereich des Indomalaiischen Archipels und vor Nordaustralien. Aufsteigende Luft führt hier zu kräftigen Niederschlägen. Weiträumige Zirkulationsbewegungen (Walker Zirkulation) bringen die Luft durch Höhenströmungen zum südamerikanischen Festland, wo die absteigende Luft Trockenheit hervorruft (Küstenwüste in Peru und Nordchile). Die Niederschläge fallen noch vor der Küste. Zur Trockenheit trägt auch das - zum Ausgleich für die nach Westen gerichtete Oberflächenströmung - nach oben dringende kalte Tiefenwasser (Auftriebswasser) bei, das die Thermokline, die Grenze zwischen kaltem Tiefen- und warmem Oberflächenwasser, bis auf 50 m unter den Meeresspiegel hebt. Das kalte Wasser wird durch Meeresströmungen (Humboldtstrom) zum Äquator geführt. Im Westen des Pazifiks wird die Thermokline bis auf 200 m Tiefe gedrückt, verbunden mit unterschiedlichem Meeresspiegelniveau. Ähnliche Zirkulationssysteme gibt es auch in anderen Ozeanen.

Alle vier bis zehn Jahre werden im Pazifik diese regelmäßigen Vorgänge durch El-Niño-Perioden unterbrochen (Abbildung unten). Dann schwächen sich die Passatwinde ab und kehren sich sogar um, das warme Oberflächenwasser wird also in den Ostpazifik zurückverfrachtet. Es drückt vor der Küste Südamerikas die Thermokline in die Tiefe; dann kommt es an der Küste zu kräftigen, oft katastrophalen Niederschlägen.

Das El-Niño-Phänomen findet um die Weihnachtszeit statt: El Niño heißt im Spanischen »der Kleine«, »das Christkind«. Es ergibt in enger Verbindung mit der Luftdruck-»Schaukel« der Southern Oscillation, die an der Druckdifferenz zwischen Darwin (Nordaustralien) und Papeete (Tahiti) gemessen wird, den ENSO-Effekt. Analysen bringen es mit Kondensationskerne liefernden und Sonnenlicht abfilternden Vulkanausbrüchen in Verbindung, so das besonders starke El-Niño-Ereignis von 1982/83 mit dem Ausbruch des Vulkans El Chichón in Mexiko. Das bisher stärkste El-Niño-Ereignis des 20. Jahrhunderts fand 1997/98 statt. Global gesehen sind für das Phänomen folgende Erscheinungen charakteristisch: extreme Niederschläge, Überschwemmungen und Stürme in den pazifischen Küstenzonen des tropischen und subtropischen Süd-, Mittel- und Nordamerikas; außergewöhnliche Trockenheit mit schweren Dürre- und Waldbrandschäden auf der Westseite des Pazifiks von Australien bis Taiwan sowie im indischen Subkontinent, im südlichen Afrika, in der Sahelzone und im nördlichen Südamerika; starke Zunahme tropischer Wirbelstürme im Bereich der pazifischen Inseln, von Französisch-Polynesien bis Vanuatu und Fidschi; Abnahme der Hurrikantätigkeit im Nordatlantik einschließlich Karibik.

Das entgegengesetzte Phänomen La Niña (»die Kleine«, »das Mädchen«) beruht darauf, dass die Westhälfte der Ozeane sich mehr als normal erwärmt und die Ostseite entsprechend abkühlt.

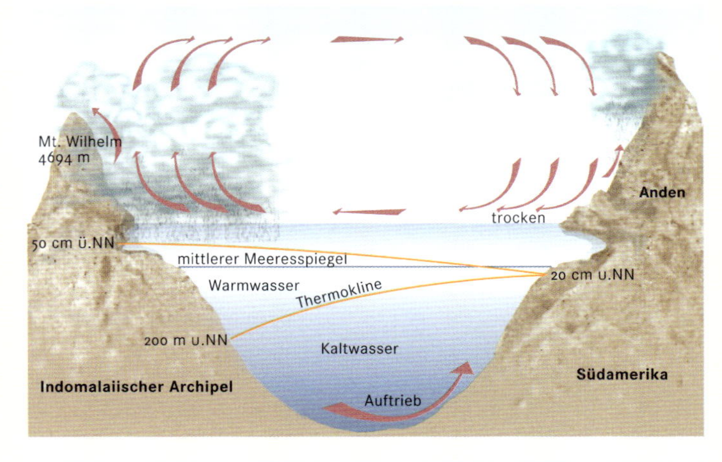

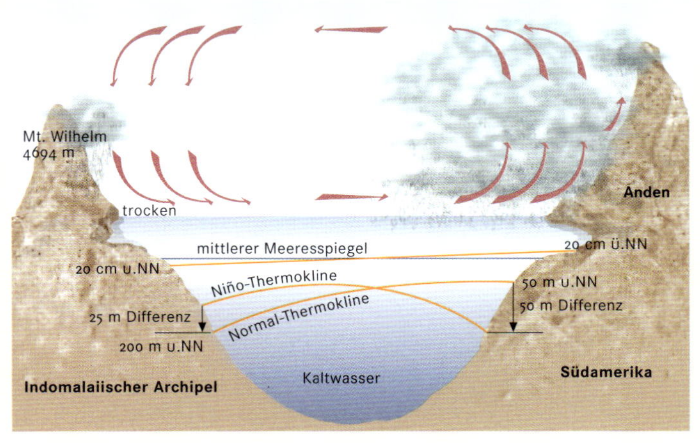

13 Uhr Mittag brachen an verschiedenen Stellen große Brände aus. Gegen 15 Uhr bewegte sich eine Kaltfront mit 90 bis 100 km/h Geschwindigkeit aus dem Westen (Große Victoriawüste) heran, und heiße, trockene kontinentale und kühlere ozeanische Luftmassen vermischten sich und bewirkten einen schnellen Wechsel von Luftdruck, Temperatur und Luftfeuchtigkeit. Obwohl dabei leichter Regen fiel, waren die böigen südwestlichen Winde doch entscheidender, weil sie das Feuer in den Nordosten trieben und verstärkten. Vor allem die Wälder aus nicht heimischen Kiefern fingen Feuer, Herden auf den Weiden erstickten. Die große Hitze schuf lokale Turbulenzen und bewirkte Feuerwalzen, welche Bäume knickten und Dächer fortwirbelten. Innerhalb von 12 Stunden waren 1600 Quadratkilometer Land, 385 Häuser, 10000 Kilometer Weidezäune, 500 Autos und zwei Sägewerke verbrannt. Der Schaden wurde auf eine Summe zwischen 200 und 400 Millionen Australische Dollar geschätzt.

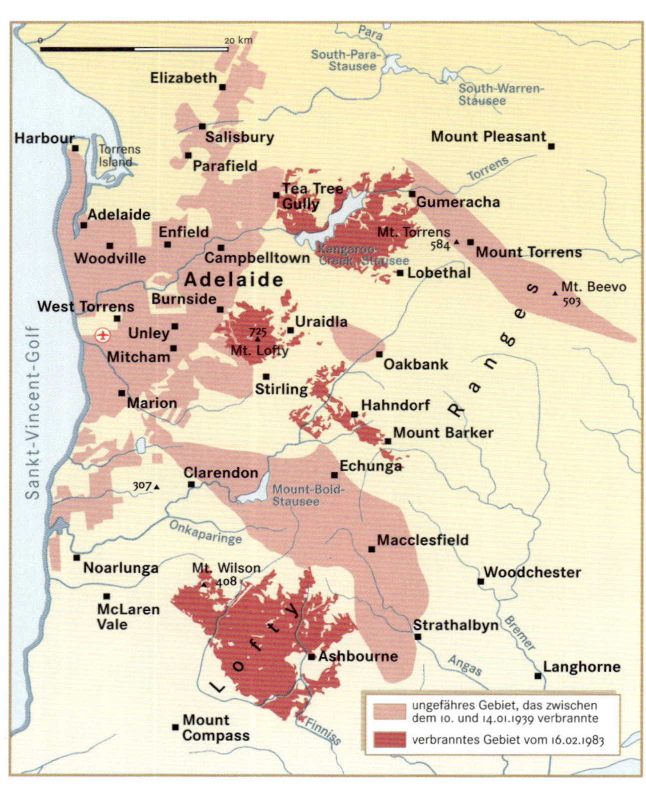

Waldbrandkatastrophen von 1939 und 1983 in **Südaustralien.** Das jüngere Ereignis verursachte wegen der inzwischen dichteren Besiedlung viel größere Schäden. Die Feuer von 1939 vernichteten vor allem Wald und Farmland mit 90 Häusern (Schaden: 650 000 Australische Dollar im Wert von 1939). 1983 verbrannten 385 Häuser (Schaden: rund 400 Mio. Australische Dollar).

Das hat auch mit dem hohen Wert der in der besonders gefährdeten Mount Lofty Range östlich von Adelaide errichteten Landsitze und Häuser zu tun. Der freizeitbetonte Lebensstil der Australier ist bei der wohlhabenderen Bevölkerung oft mit der Haltung von Reitpferden verbunden; dabei werden etwa zwei Hektar Weideland pro Pferd benötigt. Der Bodenpreis in gesuchten Aussichtslagen mit Blick auf Stadt und Meer ist hoch, die Siedlungsdichte entsprechend gering. Wiederholte Brände stärken das Risikobewusstsein; wenn es aber lange nicht gebrannt hat, wird man nachlässig. Ein »Generationengedächtnis« muss sich hier erst herausbilden. Neu Zuziehenden fehlt diese Erfahrung, und sie müssen durch behördliche Auflagen hinsichtlich Baustoffen und Baustil, Zwangsmitgliedschaft bei der Feuerwehr oder hohe Ablösesummen, wenn man sich dem Dienst entziehen möchte, zur Solidarität genötigt werden. So sind etwa regelmäßig die Dachrinnen von Blättern zu säubern, lose Bodenstreu zu beseitigen und genügend Brandbekämpfungsmittel bereitzuhalten. Natürliche Faktoren und gesellschaftliche Gegebenheiten sind bei Waldbränden eng miteinander verknüpft.

Stürme

Von Stürmen war bereits bei den Waldbränden die Rede, da diese, von Starkwinden angefacht, zu Feuerstürmen werden können. Aber es gibt noch kompliziertere Zusammenhänge: Forscher behaupten, dass schneller und starker Luftdruckwechsel an besonders spannungsbelasteten Teilen der Erdkruste sogar Erdbeben auslösen könne. Dafür steht als Beispiel das Kanto-Erdbeben von Tokio im Jahre 1923: Am 1. September zog ein Taifun durch die Region. Am gleichen Abend gab es ein Erdbeben der Stärke M 8,2 auf der Richter-Skala, durch das die meisten Wasser- und Gasleitungen zu genau jenem Zeitpunkt zerstört wurden, als man in Millionen Haushalten das Abendessen kochte. Die entstandenen Feuer wurden durch den Taifun zu einem Flammensturm verstärkt, dem am 2. und 3. September rund 100000 Menschen zum Opfer fielen, die in den Flammen erstickten. Stürme verbinden sich aber auch noch mit anderen, vom Meer ausgehenden Gefahren, wenn sie zur Zeit ohnedies hoher Flutstände (Springtide) auftreten und Sturmfluten bewirken oder wenn sie Treibeis verfrachten. Zwischen Windstärke und Wellenlänge oder -höhe bestehen bestimmte Beziehungen.

Stürme sind in der Sicht der Versicherungswirtschaft die kostspieligsten Elementargefahren und fordern im Zusammenhang mit anderen Naturereignissen die meisten Menschenopfer (etwa in Bangladesh, wie weiter unten aufgezeigt wird). Von den zwischen 1960 und 1989 registrierten 114 größten Naturkatastrophen waren 50% sturmbedingt, 30% gingen auf Erdbeben und 10% auf Überschwemmungen, der Rest auf Vulkanausbrüche, Dürren und Waldbrände zurück. Eine tropische Zyklone (in Ostasien Taifun, in der Karibik Hurrikan genannt) wird in der Regel von zwei zusätzlichen Schadenswirkungen begleitet, die die eigentlichen Sturmschäden zuweilen weit übertreffen: das Meer überflutet die Küste und dringt weit in die Flussmündungen ein (Salzwasserschäden an den Böden), während gleichzeitig gewaltige Regenfälle auch von der Landseite her Wassermassen ausschütten, die vom überlasteten Flusssystem nicht mehr aufgenommen werden können; Dämme und Deiche brechen. Somit wirken Wirbelstürme eher flächenhaft und zerstören ganze Landstriche, während bei Erdbeben eher die Namen einzelner zerstörter Städte als punktuelle Ereignisse im Gedächtnis haften.

Möglichkeiten der Sturmmessung

Die Beaufort-Skala misst die mittlere Windgeschwindigkeit innerhalb von zehn Minuten in einer Höhe von zehn Metern über dem Boden, kann also einzelne Böen nicht berücksichtigen. Jährlich werden weltweit etwa 70 Wirbelstürme gemeldet, von denen etwa 40 die Windstärke 12 erreichen. Schäden entstehen ab einer Windgeschwindigkeit von etwa 60 km/h (Windstärke 7 bis 8). Die sechsstufige Fujita-Tornadoskala geht in den Werten der Windgeschwindigkeit weit über die Hurrikanskala hinaus. Nur zwei Prozent aller Tornados erreichen die höchste Stufe, sind aber für 68 Prozent aller Todesopfer (bei 20000 untersuchten Ereignissen) verantwortlich. Während der durchschnittliche Tornado eine drei Kilometer lange und 140 Meter breite Schadensspur verursacht, können extrem starke Tornados bis 400 Kilometer Länge und zwei Kilometer Breite

Die Beaufort-Skala

Mittlere Windgeschwindigkeit in 10 m Höhe

Stufe	Bezeichnung	km/h
0	Windstille	0–1
1	Leiser Zug	1–5
2	Leichter Wind	6–11
3	Schwacher Wind	12–19
4	Mäßiger Wind	20–28
5	Frischer Wind	29–38
6	Starker Wind	39–49
7	Steifer Wind	50–61
8	Stürmischer Wind	62–74
9	Sturm	75–88
10	Schwerer Sturm	89–102
11	Orkanartiger Sturm	103–117
12	Orkan	ab 118

Die Fujita-Tornadoskala

Windgeschwindigkeit

F	Bezeichnung	km/h
0	Leicht	62–117
1	Mäßig	118–180
2	Stark	181–253
3	Verwüstend	254–332
4	Vernichtend	333–418
5	Katastrophal	ab 419

erreichen. Beim Durchzug eines Tornados kommt es zu extremen Luftdruckunterschieden, sodass luftdicht abgeschlossene Gebäude wegen des Überdrucks gegenüber der Trombe von bis zu einer Tonne pro Quadratmeter explodieren können. Tornados können 200 bis 300 Tonnen schwere Objekte zehn und mehr Meter weit transportieren, 20-Tonnen-Waggons mehrere hundert Meter weit. Sie können das Wasser aus einem Flussbett heben.

Lahare (Schlammströme) entstehen als sekundäre Produkte des Vulkanismus, wenn Aschedecken durch Starkniederschläge, Schmelzwasser von Gletschern und Schneefeldern oder infolge auslaufender Kraterseen weggespült werden. Sie können Täler ausfüllen und zu Betonhärte erstarren.

»Andrew« – das Wüten eines Hurrikans

Die Hurrikan-Zugbahnen der großen Wirbelstürme nördlich der Antillen von 1900 bis 1992 zeigen, dass »Andrew« bis zum 22. August 1992 einer relativ harmlosen Zugbahn ohne wesentliche Landberührung folgte. Dann wurde der Hurrikan aber von einem kräftigen Bermudahoch nach Westen abgedrängt und erreichte das Festland (»landfall«) an der Südspitze Floridas. Er berührte Miami zum Glück nur randlich und verschonte bei seinem Weiterzug nach Louisiana auch gerade noch New Orleans. Die mit 30 Milliarden US-Dollar bisher höchste Schadenssumme wäre bei einer 50 km nördlicheren Zugbahn noch weitaus höher ausgefallen. Zwar hatte das Sturmfeld von »Andrew« mittlere Windgeschwindigkeiten von 230 km/h, Spitzenböen sogar von 280 und 320 km/h, es war jedoch zum Glück ungewöhnlich schmal. Um ein stilles »Auge« von rund 20 km Durchmesser rotierte der ungefähr 15 km breite »Wall«, sodass die gesamte Bandbreite des Orkans nur rund 50 km betrug. Die Radaraufnahme des Wetters zeigt eingelagerte Zellen, die um das Auge rotieren, einmal als Nordsturm, dann als Südsturm. Die Windgeschwindigkeiten nördlich des Auges waren höher als im Süden, weil sich hier die Rotationsgeschwindigkeit und die Verlagerungsgeschwindigkeit (25 km/h) addierten.

»Andrew« zerstörte 27000 Wohnhäuser völlig und beschädigte weitere 45000 schwer. Millionen von Menschen waren längere Zeit von Licht, Telefon, Wasser- und Lebensmittelversorgung abgeschnitten. Die meisten der 44 Toten starben in den für die Freizeitgesellschaft der USA typischen, leicht gebauten Wohnwagensiedlungen; daher wurde ein Verbot solcher Mobile Home Parks in bekannten Hurrikan-Zugbahnen erwogen. Die Zahl der Toten war angesichts des Ausmaßes der Katastrophe so niedrig, weil eine präzise Vorhersage der Zugbahn und umfangreiche Evakuierungen der gefährdeten Bevölkerung erfolgreich gewesen waren. In einem weltbekannten Produktionsgebiet für Gemüse und Obst wurde fast jeder Baum entwurzelt, 13 Offshore-Plattformen der Erdölwirtschaft wurden zerstört, 200 weitere beschädigt. Erhebliche Betriebsunterbrechungen traten vor

Zugbahnen von Hurrikanen. Der Hurrikan »Andrew« folgte bis zum 22. August 1992 einer ungefährlich erscheinenden Zugbahn, bog dann nach Westen ab und verstärkte sich. Mit Böen von bis zu 280 km/h verursachte er auf den nördlichen Bahamas und im südlichen Florida große Schäden. Über dem Golf von Mexiko flaute er dann auf 225 km/h ab, zerstörte aber mit bis zu 18 Meter hohen Wellen zahlreiche Offshore-Plattformen vor der Mississippimündung und richtete auch beim zweiten »landfall« in Louisiana noch hohe Schäden an.
1 »Galveston«-Hurrikan September 1900
2 »Labor-Day«-Hurrikan September 1935
3 »Betsy« September 1965
4 »Camille« August 1969
5 »David« September 1979
6 »Gilbert« September 1988
7 »Hugo« September 1989
8 »Andrew« August 1992

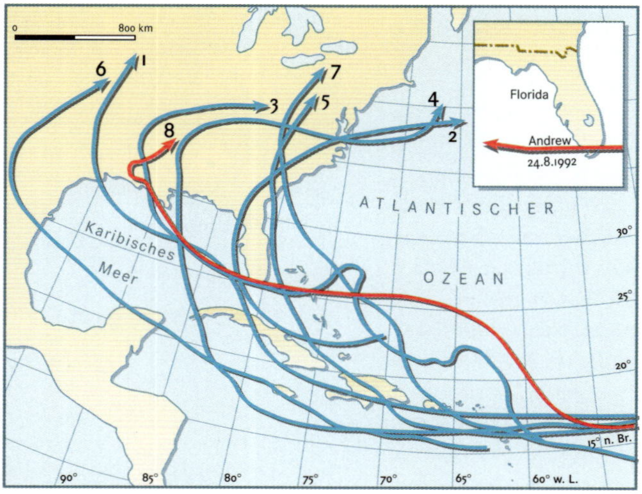

allem im Bereich der Tourismusbranche auf, einer der Haupteinnahmequellen Floridas. Die 625 000 Schadensmeldungen führten eine Reihe kleinerer Versicherungen in den Ruin. Von den 30 Milliarden US-Dollar Sachschaden waren 16 Milliarden versichert.

Überschwemmungs- und Sturmschäden durch den **Hurrikan »Mitch«** (November 1998) in Zentralamerika: Zerstörte Häuser in Tegucigalpa, der Hauptstadt von Honduras.

»Mitch« – die Katastrophe in Zentralamerika

Vom 30. 10. bis 8. 11. 1998 tobte der Hurrikan »Mitch« über den zentralamerikanischen Staaten Honduras, Nicaragua, El Salvador und Guatemala. Ebenfalls betroffen waren Mexiko, Costa Rica, Panama und Teile der USA. Die schlimmsten Schäden entstanden in Honduras und Nicaragua. Sturmböen mit bis zu 340 km/h an der Küste von Honduras und 270 km/h auf der vorgelagerten Insel Gunaja, wolkenbruchartige Niederschläge, die bis zu 625 Millimeter in 24 Stunden brachten, Schlammströme, Erdrutsche und Überschwemmungen waren die Folge. Mit der Stufe 5 auf der Saffir-Simpson-Skala war »Mitch« der viertstärkste atlantische Hurrikan dieses Jahrhunderts. Zahlreiche Flussdämme brachen, und große Gebiete mit Hunderten von Dörfern wurden von der Außenwelt abgeschnitten. Zehntausende Häuser und Wohnungen wurden zerstört. Große Verluste entstanden auch an der Infrastruktur: Honduras und Nicaragua verloren bis zu 70 Prozent ihrer Straßen, Brücken und Versorgungslinien. Vom Vulkan Casitas in Nicaragua ergoss sich ein Schlammstrom (Lahar) über 80 Quadratkilometer, fünf Dörfer und 2000 Menschen wurden unter ihm begraben. Gleichzeitig entsandte der Vulkan Cerro Negro in Nicaragua einen Lavastrom.

Die Siedlung am Río Segovia im Departamento La Mosquita im Nordosten von Honduras wurde durch den **Hurrikan »Mitch«** im November 1998 überflutet.

Die Stromversorgung und die Telefonsysteme brachen zusammen. Lebensmittel und Trinkwasser wurden knapp, die Versorgung mit Treibstoffen versagte, wovon auch die Touristenzentren betroffen waren. Offshore-Ölplattformen mussten evakuiert und die Häfen geschlossen werden. Die gesamte wirtschaftliche Situation Zentralamerikas wurde kritisch. Große Verluste trafen die Landwirtschaft durch die Überschwemmung von 60 % des Nutzlands, 70 bis 80 % der Bananenpflanzungen wurden zerstört, und auch die Kaffeeplantagen erlitten große Verluste, also wesentliche Exportträger. Viehbestände wie auch viele wild lebende Tiere gingen zugrunde. Neben den etwa 9200 Toten und 18 000 Vermissten wurden etwa 500 000 Personen obdachlos, Hunderttausende mussten evakuiert werden. Der Ausbruch von Epidemien brachte zusätzliche Menschenverluste. Die wirtschaftlichen Schäden werden auf sieben Milliarden US-Dollar geschätzt, nur etwa 150 Millionen davon waren versichert.

»Tracy« – das schreckliche »Weihnachtsgeschenk«

Tropische Wirbelstürme werden durch die von der Meeresoberfläche ausgehende Wärme gespeist, wobei das Wasser wärmer als 26 bis 27 °C sein muss, ein Zustand, der in den Monaten Juni bis Oktober auf der Nord- und Dezember bis Mai auf der Südhalbkugel eintritt. Treiben Passate dieses warme Oberflächenwasser auf die Westseite der Ozeane, so sind in der Karibik, im Südchinesischen Meer und in der Korallensee östlich von Australien die Entstehungsbedingungen für Zyklonen besonders günstig.

Am 23. Dezember 1974 näherte sich eine Zyklone mit einem Tiefdruckkern von 950 Millibar und mit 6 bis 7 km/h Geschwindigkeit nach mehreren Richtungsänderungen der damals 45 000, heute 80 000 Einwohner zählenden Hauptstadt des australischen Nordterritoriums, Darwin, und hatte um Mitternacht am Weihnachtsabend ihren »landfall« bei Durchschnittsgeschwindigkeiten von 140 km/h; Spitzenböen von 217 km/h zerstörten die Messgeräte. Der Radius der maximalen Windstärken über Darwin betrug sieben Kilometer,

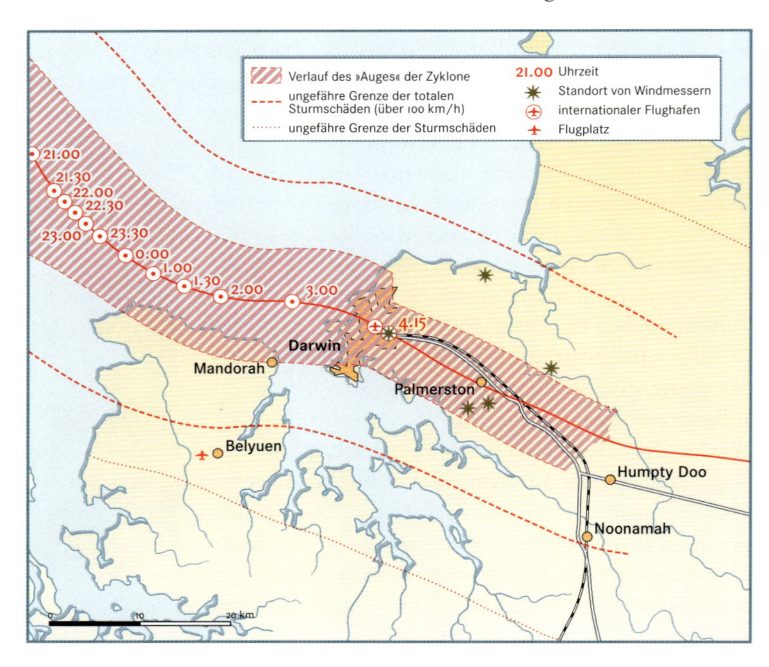

Die **Zugbahn des tropischen Wirbelsturms »Tracy«** über Darwin im nordwestlichen Australien. Beim Auftreffen auf das Festland hatte »Tracy« einen Luftdruck von 950 Millibar, die Durchschnittsgeschwindigkeit stieg auf 140, Spitzenböen auf 217 km/h. Die Zugbahn war etwa 40 Kilometer breit.

der Zugbahnenquerschnitt lag bei etwa 40 km. Die dem tropischen Klima angemessene leichte Bauweise auf Stelzen bewirkte, dass die Stadt in weiten Teilen dem Erdboden gleichgemacht wurde. Von 8000 Häusern wurden 5000 völlig zerstört, nur 500 blieben einigermaßen bewohnbar, 49 Menschen starben in der Stadt, 16 auf See, 140 wurden schwer verletzt. Die Schäden wurden auf drei Milliarden Australische Dollar geschätzt.

Von größter Bedeutung waren die Begleitumstände. »Tracy« traf auf eine Bevölkerung, die durch ein ähnliches, aber harmloses Ereignis drei Wochen zuvor gleichgültig gegenüber den Warnungen geworden war oder im Weihnachtstrubel die präzisen Sturmwarnungen verdrängt hatte. Beurlaubungen bei Rettungsdiensten, Feuerwehr, Polizei und Militär während der Feiertage machten es unmöglich, die Notstandszentralen zu besetzen. Als der Wirbelsturm losbrach, feierten die verantwortlichen Beamten auf den traditionellen Weihnachtspartys, exakt nach Mitternacht zum Zeitpunkt des Eintreffens besuchten die Menschen wie üblich die Messe in der Kathedrale.

Darwin – eine Stadt wird evakuiert

Im tropischen Klima Darwins, im Südsommer, bedeutete der längere Zeit andauernde Ausfall der Stromversorgung nicht nur, dass alle Nachrichtenverbindungen innerhalb der Stadt und zur Außenwelt versagten, sondern dass auch (vom Haushaltskühlschrank bis zu den Lagerhäusern) die Vorräte auftauten und zu verwesen begannen. Geschäfte verteilten verderbliche Lebensmittel oder wurden geplündert, eine Bürgerwehr musste aufgestellt werden. Notstromgeneratoren waren mit Kriegsschiffen aus Sydney sechs Tage unterwegs. Das Chaos veranlasste den aus Canberra eingeflogenen Notstandskommissar Stretton, die Evakuierung von 25 000 Personen mit Flugzeugen in der Zeit vom 25. bis 31. Dezember 1974 anzuordnen. 10 000 Einwohner hatten außerdem Darwin bereits mit dem Auto verlassen, mit Zielen wie Adelaide (2600 km) oder Sydney (3200 km). Für die Durchquerung des Outbacks wurden in den Zählstellen Katherine, Tennant Creek und Alice Springs Reparatur- und Versorgungsstationen eingerichtet.

Psychologische Untersuchungen von Evakuierten und Nichtevakuierten haben ergeben, dass sich die Ausgeflogenen um das positive Gefühl gebracht sahen, eine Katastrophe in Gemeinschaft mit anderen gemeistert zu haben. Das Nichtstun in den Aufnahmestädten, auftretende Spannungen mit den Gastgebern, die zeitweise Unsicherheit, ob der Staat auch den kostenlosen Rücktransport garantieren werde, ließen die Evakuierten den Stress, wenn auch anders, so doch genauso schwer empfinden, wie diejenigen, die unter schwierigsten Umständen geblieben waren.

Wie in vielen Fällen von Totalzerstörung einer Stadt wurde lange um einen völligen Neubau an anderer oder Wiederaufbau an derselben Stelle gestritten. Häufig (so auch in Darwin) wird notgedrungen wegen der »unterirdischen Stadt« mit Kanalisation, Rohrleitungen und Kabeln am selben Ort rekonstruiert. Innerhalb von sechs Monaten kehrten 22 000 Einwohner nach Darwin zurück, hausten in Notquartieren, ihren mühsam geflickten Hausresten, in Trailern, Caravans, ja auf Schiffen im Hafen. Da rund 50 % der Einwohner der Behördenstadt Darwin Staatsbedienstete waren, in der Regel jüngere, hierher versetzte Leute, waren nur 40 % von ihnen Wohneigentümer (gegenüber 69 % im übrigen Australien); dies erleichterte den normierten Wiederaufbau unter strengeren Bauvorschriften. Die bisherige Stelzenbauweise wurde zugunsten von

Der **Wirbelsturm »Tracy«** machte die in leichter Stelzenbauweise errichtete Stadt Darwin im australischen Nordterritorium weitgehend dem Erdboden gleich.

Betonstrukturen aufgegeben, die sich eng an den Boden halten und Windgeschwindigkeiten von 55 Metern pro Sekunde aushalten können.

»Vivian« und »Wiebke« – Wirbelstürme in Deutschland

Im Gegensatz zu den tropischen Wirbelstürmen vom Typ »Tracy« – also Taifune, Zyklone oder Hurrikans, die über 300 km/h Windgeschwindigkeit erreichen können – übersteigt ein außertropischer Wirbelsturm selten 200 km/h. Ausgelöst wird er von Kaltluftausbrüchen, die aus den Polargebieten in gemäßigte Breiten vorstoßen. An der Polarfront entstehen dabei Tiefdruckwirbel, die – so in Europa – in schneller Folge über Großbritannien, Dänemark, die Niederlande und Mitteleuropa nach Osten vordringen. Während aber die tropischen Wirbelstürme meist engere Zugbahnen einhalten, können die Starkwindfelder außertropischer Wirbelstürme mehrere europäische Staaten gleichzeitig erfassen.

Der Jahresbeginn von 1990 war fünf Wochen hindurch von zwei solchen Orkanereignissen bestimmt, als innerhalb von 20 Tagen sechs Orkantiefs der Stürme »Vivian« und »Wiebke« über West- und Mitteleuropa hinwegzogen. Bis Ende Februar 1990 waren den beiden Stürmen etwa 20 Millionen Bäume zum Opfer gefallen, 60 Millionen Kubikmeter »Sturmholz« von jetzt geringerem Wert, was den Holzpreis verfallen ließ und zwei Jahreseinschlägen entsprach, 80 Prozent davon waren Fichten. Der viel besungene »Deutsche Wald« führte auch dem ökologisch nicht interessierten Bürger drastisch vor Augen, wie in den letzten hundert Jahren an ihm gesündigt worden war: Man hatte im 19. Jahrhundert auch auf bis dahin baumfreien Flächen »ökonomische« Fichtenwälder in gleichaltrigen Beständen gepflanzt. Diese einseitig-ökonomische Verwandlung in einen Forst führte zur Bestandsverarmung und Monotonie. Reine Wirtschaftsforste sind krankheits- und sturmanfälliger als Mischwälder. Zudem hat das Waldsterben diese Bestände in ihrer Widerstandsfähigkeit noch weiter geschwächt. Angesichts zunehmender Erwärmung der Atmosphäre befürchtet man außerdem eine Zunahme der Stürme.

Die Waldvernichtung

Die Winterstürme Anfang 1990 wichen von den gewohnten Zugbahnen ab. Über Osteuropa fehlte die Schneedecke, die zum Aufbau eines stabilen Hochdruckgebiets mit seiner Blockadewirkung nötig gewesen wäre. So wurden die Tiefs nicht schon westlich von Irland, sondern erst östlich von Dänemark nach Süden abgelenkt, und die für die Mittelmeergebiete so wichtigen Frühjahrsregen fielen in Mitteleuropa. Während die küstennahen norddeutschen Wälder sturmerprobt waren (Niedersachsenorkan von 1972), also bereits eine Auslese unter Bäumen geringer Standfestigkeit stattgefunden hatte, war die Starkwindresistenz der süddeutschen Wälder geringer, die Schäden entsprechend höher.

Durch Stürme im Frühjahr 1990 in Hessen verursachte **Waldschäden**.

Abgesehen von den immensen Waldschäden wurden auch Verkehrslinien blockiert, Häuser abgedeckt, Strom- und Telefonleitungen unterbrochen, Deiche überflutet und Schäden von rund 12 Milliarden DM verursacht. Rund 100 Menschen kamen im Gefolge der beiden Orkane in Mittel- und Westeuropa ums Leben. Luftbildinterpretationen brachten im Raum München wertvolle Erkenntnisse über den Schadensverlauf: Mischwälder wiesen im Vergleich zu den Fichten- und Buchen-Reinbeständen geringe Schäden auf. Eindeutige Schadenschwerpunkte waren die stadtnahen Fichtenwälder. Waldvorsprünge oder Schneisen hatten besonders gelitten, desgleichen auch verlichtete Waldbestände. Hinter großen Freiflächen, überraschenderweise aber auch im Windschatten der Waldgebiete häuften sich die Schäden. Fichten fielen vornehmlich im größeren Verband, Buchen dagegen einzelstammweise.

Um den Charakter der tristen »Stangerlwälder« in Zukunft zu vermeiden, wenn die Sozialfunktion des Walds, also seine Wasserhaltekapazität und sein Erholungswert für die Stadtbevölkerung,

Einer der zerstörerischsten **Tornados** in der Geschichte Wyomings (hier aus etwa 420 m Entfernung aufgenommen) suchte die Hauptstadt Cheyenne am 16. 7. 1979 heim, zerstörte hunderte von Häusern und verursachte einen Schaden von schätzungsweise 32 Mio. Dollar. Dank einem guten Warnsystem, auch unter Einbeziehung von Nachbarschaftshilfe, war die Zahl der zu beklagenden Opfer sehr gering.

wichtiger sein wird als der Holzertragswert, sollen statt der bisherigen Holzplantagen Eichen, Buchen, Ahorn, Linden, Kirschbäume und Sträucher in den staatlichen Wäldern gepflanzt werden. Man verspricht sich davon auch einen »Ansteckungseffekt« bei den privaten Waldbesitzern, denen der Staat allein in Bayern mit 226 Millionen DM in Form von Lagerprämien für das Schadholz, Borkenkäferbekämpfung und zinsgünstigen Darlehen geholfen hatte. Waren doch nach den Orkanen die Preise für den Festmeter Fichtenholz von 200 auf 60 DM gefallen.

Tornados – die Kraft des Rüssels

Eine Sonderform des Wirbelsturms ist der Tornado, vom Durchmesser her zwar nur ein kleinräumiges, von der Intensität her aber ein besonders extremes atmosphärisches Katastrophenereignis. Die in einem engen, trichterförmigen, oft bis zum Erdboden reichenden Wolkenschlauch (»Rüssel«) aufsteigende Luft führt eine Kreisbewegung mit nach innen zunehmender Geschwindigkeit (100 bis 200 m/s) durch. Die Rotation des Rüssels wird durch die Erdrotation bestimmt, sodass sie in der Regel auf der Nordhalbkugel gegen und auf der Südhalbkugel gemäß dem Uhrzeigersinn verläuft. Tornados entstehen bei Überschichtung von unten liegender Warmluft durch darüber gleitende Kaltluft, die mehrere Kilometer tief abstürzt. Sie treten vor allem im Mittleren Westen der USA auf, besonders wenn im Frühsommer in Verbindung mit Ge-

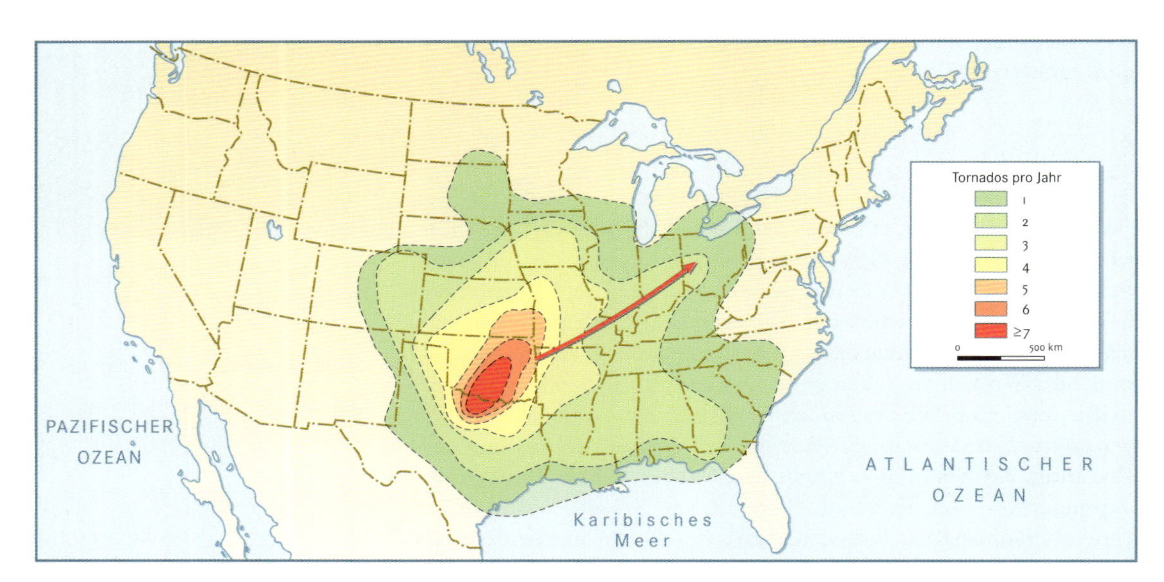

Auf der Karte verzeichnet ist die **durchschnittliche jährliche Zahl von Tornados** in den USA im Bereich der Staaten Kansas, Oklahoma, Texas, Missouri und Arkansas, einem Gebiet, wo in ebenem Gelände kalte Luft aus der Arktis und warmfeuchte Luft aus dem Golf von Mexiko mit 20 bis 30°C Temperaturunterschied aufeinander treffen. Der rote Pfeil gibt die bevorzugte Zugbahn der Tornados an.

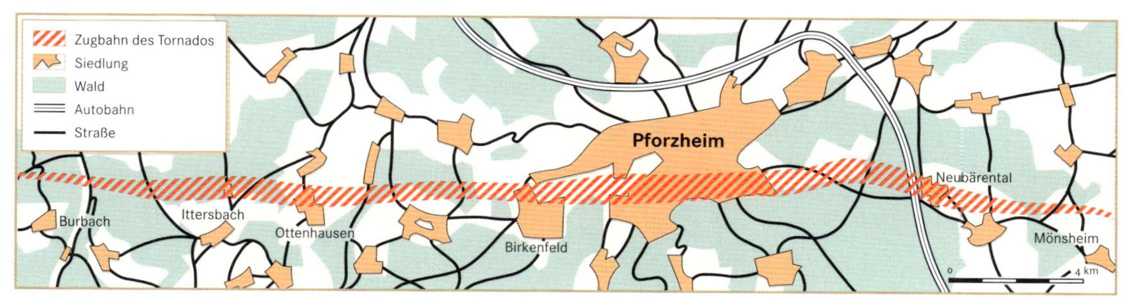

Die Zugbahn des **Tornados von Pforzheim** vom 10. Juli 1968 begann etwa 20 km westlich der Stadt und endete 13 km weiter östlich. Die Breite der Zugbahn betrug nur 400 bis 600 m.

witterwolken, bevorzugt vor Kaltfronten, trockenkalte Luft von den Rocky Mountains oder aus der Arktis mit feuchtwarmer Luft aus dem Golf von Mexiko zusammentrifft. Die Zugbahn der mit 50 bis 60 km/h fortschreitenden Rüssel und daher auch ihr Schadensfeld ist eng und scharf umgrenzt, die Zerstörung darin aber meist total. Im langjährigen Durchschnitt kommen in den USA jährlich etwa 750 Tornados vor, sie können einigen Hundert Menschen das Leben kosten.

Auch Deutschland wurde von einem Tornado größeren Ausmaßes getroffen. Am 10. Juli 1968 bildete sich um acht Uhr abends bei Saarburg (Lothringen) zwischen subtropisch-feuchter Warmluft und kalter ozeanischer Luft eine Trombe, die 50 km weit durch die Wälder der Vogesen und den Hagenauer Forst zog, aber beim Oberrheingraben abhob und die Bodenverbindung verlor, bis sie am Nordrand des Schwarzwalds wieder Bodenberührung aufnahm. Hier zerstörte der Tornado 90 Minuten nach seiner Entstehung die Häuserzeilen Pforzheims, die in seinem Weg lagen: Bäume wurden entwurzelt und Dächer abgedeckt. Der Tornado beschädigte über 3000 Gebäude. Drei Menschen kamen ums Leben, rund 200 wurden verletzt, der Schaden wurde auf rund 40 Millionen DM geschätzt.

Spezielle Sturmereignisse: Hagelsturm

Über Hagelschäden wird in der Regel im Zusammenhang mit wertvollen Sonderkulturen wie Wein, Obst oder Hopfen berichtet. Die Landwirte suchen sich durch Hagelversicherungen abzusichern; sie setzen seit vielen Jahrzehnten beim Herannahen von hagelträchtigen Gewitterwolken Hagelkanonen ein oder hoffen, dass das aus Flugzeugen versprühte Silberiodid als Kondensationskerne die Wolken zum Abregnen veranlassen wird.

Die Entstehungsbedingungen für Hagel sind genau umgekehrt wie die für Tornados: die Kaltluft liegt nicht über, sondern unter der Warmluft. Aufwindschlote reichen bis in 15 km Höhe; dort können Temperaturen von bis zu −70 °C herrschen. Die Aufwinde in den Gewitterzellen halten die Gefrierkerne (Staubteilchen, Wassertröpfchen und anderes) in der Schwebe, reißen sie immer wieder hoch, sodass sie sich – Schale um Schale – Wachstumsschichten zulegen, bis Größe und Gewicht dem Aufwind nicht mehr länger standhalten können. Je nach Verweildauer in diesem Prozess können die Hagel-

Abgedeckte und total verwüstete Häuser, die ein **Tornado** am 23. Februar 1998 in Kissimmee in Florida, südlich von Orlando, hinterließ.

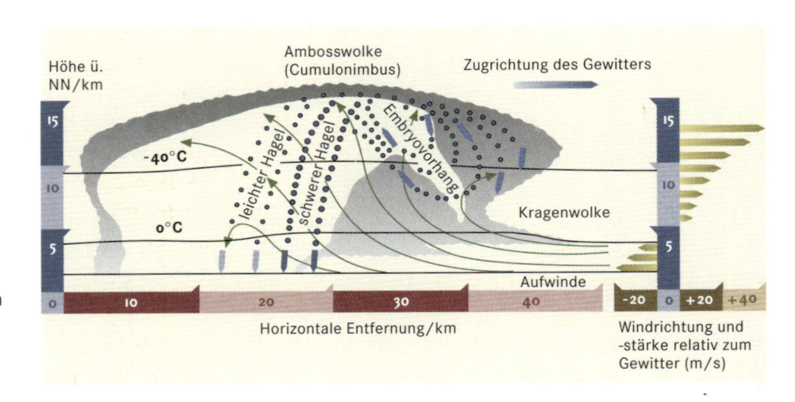

Hagelkörner bilden sich bevorzugt in einer Cumulonimbuswolke auf der Vorderseite eines Gewitters, im »Embryovorhang«. Zur Entstehung großer Hagelkörner bedarf es starker Aufwinde, die die Körner einige Zeit in der Schwebe halten. Dabei können sie die in der umströmten Wolkenluft enthaltenen Wassertröpfchen und Eiskristalle einfangen und Wachstumsschichten anlagern, bis die Körner schließlich nicht mehr gehalten werden können und schlagartig ausfallen.

körner, die bei 5 mm Durchmesser beginnen, bis zu 100 und auch 150 mm Durchmesser anwachsen. Liegt die Aufschlaggeschwindigkeit für ein 1-cm-Korn bei etwa 50 km/h, so für ein 5-cm-Korn bei 110 und für das 14-cm-Korn gar bei 170 km/h, sodass ein Mensch erschlagen werden kann. Die Schäden auf den landwirtschaftlichen Flächen mögen bei einem Hagelschlag beträchtlich sein, sie sind aber wesentlich geringer als die Kosten, die ein Hagelsturm in dicht besiedelten Großstadtgebieten verursachen kann.

Der Hagelsturm von München am 12. Juli 1984

Es ist eine ganz seltene Ausnahme, dass ein Hagelstrich von 300 km Länge und 5 km Breite ein Gebiet von 1000 km² betrifft und ausgerechnet über eine Millionenstadt hinwegzieht wie 1984 in München. Hier waren am 11. Juli noch 37 °C gemessen worden, als die Störungsausläufer eines Islandtiefs subtropische Luftmassen verdrängten. Am Morgen des 12. Juli war der Himmel über München strahlend blau, erst nach 17 Uhr zogen gewaltige Gewittertürme auf 100 km Breite und 12 km Höhe auf, in denen sich die Konvektionsvorgänge abspielten. Gegen 18 Uhr fiel östlich von Ravensburg der

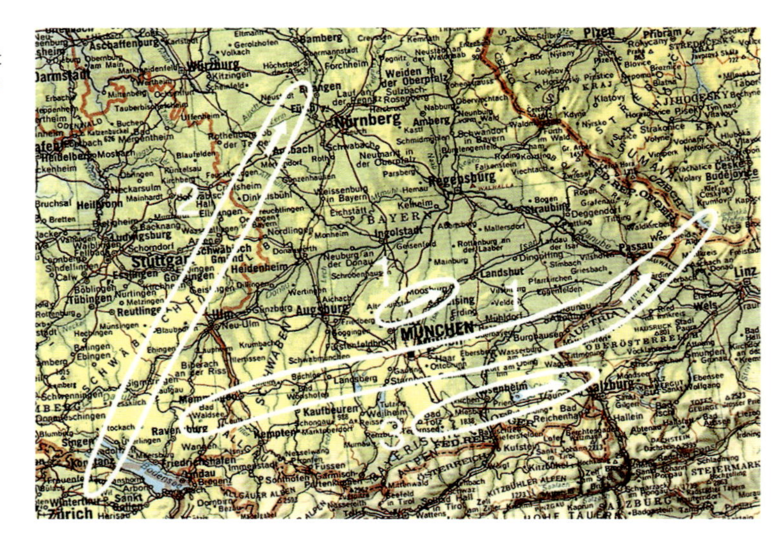

Der **Münchner Hagelsturm** vom 12. Juli 1984 hatte eine Zuglänge von fast 300 km und war 5 km breit (1). Er wurde nördlich (1) und südlich (3) von kleineren Hagelgebieten begleitet. Gleichzeitig zog ein weiteres Unwetter vom Bodensee in Richtung Nürnberg (2).

erste Hagel, gegen 19 Uhr bei Landsberg, kurz vor 20 Uhr war der westliche Stadtrand von München erreicht. Die stark erwärmte Luftmasse über dem Häusermeer der Stadt und die feuchten Luftmassen aus dem Ammerseegebiet verstärkten die Aufwinde, aus denen in weiten Bereichen Hagelkörner mit 5 bis 6 cm Durchmesser fielen. Das größte maß 9,5 cm und wog 300 Gramm. Windstärken von 8 bis 10 Beaufort traten auf, und es fiel Starkregen mit einer Ergiebigkeit von bis zu 30 l/m². Der Durchzug des Hagelsturms dauerte nur 20 bis 30 Minuten, aber noch weitere zweieinhalb Stunden lang fielen ergiebige Niederschläge. Angesichts zahlloser abgedeckter Häuser, zerschlagener Dachziegel und zersplitterter Fenster – insgesamt waren etwa 70 000 Gebäude betroffen – erhöhten sich dadurch noch die Schäden durch Wassereinbruch. Die Hagelkörner lagen zum Teil 20 Zentimeter hoch auf dem Boden. Auf dem Flughafen München-Riem wurden 24 Verkehrsflugzeuge sowie rund 170 weitere Flugzeuge beschädigt.

Aufnahme der **Front des Unwetters** (aus 120 km Entfernung von einem Flugzeug aus). Das Unwetter suchte als Hagelsturm am 12. Juli 1984 die Stadt München heim. Der **Wolkenturm** ist zum Zeitpunkt der Aufnahme im Raum Landsberg am Lech rund 100 km breit und 12 km hoch.

Von den 400 Verletzten starb niemand unmittelbar am Hagel; es gab allerdings mehrere Todesfälle durch Aufregung oder unvorsichtige Reparaturarbeiten. Neben den vielen Geschädigten zogen Einzelne, wie bei jeder Katastrophe, auch Gewinn aus dem Ereignis. Viele der 240 000 Besitzer beschädigter Autos nahmen zwar die Versicherungsleistung wegen Wertminderung in Anspruch, reparierten ihre Autos aber selbst oder beließen sie im »Rostlaubenzustand« und nahmen die Dellen als »Schmucknarben« in Kauf. Glaser- und Bauhandwerk waren auf Monate ausgebucht und vergrößerten teilweise ihre Belegschaften. Die in München ansässigen Versicherungsgesellschaften benutzten ihr kulantes Verhalten bei der Schadensregulierung zu einer Werbekampagne, konnten sie doch glaubwürdig nachweisen, dass es gut war, versichert zu sein. Insgesamt belief sich der Sachschaden auf rund drei Milliarden DM.

Schneesturm und Eisregen legen den Verkehr lahm

Von einem normalen Regensturm unterscheidet sich ein Schneesturm zunächst dadurch, dass Niederschlag in Form von Schnee das 7 bis 10fache Volumen des bloßen Regens ausmacht, dass er nicht abfließt, sondern eine sich manchmal monatelang ansammelnde und sich verfestigende Decke ausbildet, die zu Verkehrsbehinderungen führt. Schließlich lässt sich Schnee verwehen und zu Wechten verfrachten, die mehrere Meter hoch werden können. Schnee kann Hohlwege auffüllen, Züge und Autokolonnen einschließen und zur Evakuierung der Insassen zwingen, falls man diese überhaupt erreichen kann. Im Winter 1977/78 erfroren allein in Illinois 24 eingeschlossene Kraftfahrer. Flughäfen mussten tagelang schließen, ebenso Schulen, Behörden und Fabriken, weil sie von ihren Schülern oder Mitarbeitern nicht mehr erreicht werden konnten.

Hagelschäden in dicht besiedelten Großstadtgebieten

Jahr	Ort	Versicherungsschaden
1976	Sydney	100 Mio. DM
1979	Adelaide und Umgebung	40 Mio. DM
1980	Johannisburg (Jan-Smuts-Flughafen)	20 Mio. DM
1981	Alberta/Kanada (Fort Worth, Calgary)	200 Mio. DM
1984	München	1500 Mio. DM

Im Januar 1998 wurden Teile Kanadas von einem schweren **Eissturm** heimgesucht. Eisregen verwandelte Freileitungen in dicke Stränge. Unter dem Gewicht brachen Masten und rissen Kabel. Als Folge war vielerorts die Stromversorgung unterbrochen wie hier in der Kleinstadt Saint Isidore de Prescott, Provinz Ontario.

Räum- und Streudienste versagen vor allem vor den Schneemassen eines Blizzards, der als Schneesturm mit mehr als 60 km/h und Temperaturen unter −6 °C definiert wird. Am stärksten werden Blizzards im Gebiet der Großen Seen und der Neuenglandstaaten in den USA sowie im angrenzenden Kanada. Die Zahl der Todesopfer entspricht jener von Tornados. Der Blizzard vom 28. Januar 1977 in Buffalo verursachte mehr als 100 Todesfälle, jener vom März 1988 in New York 400. Gefahren entstanden durch von den Wolkenkratzern stürzendes Eis. Die Schneemassen eines Blizzards brachten im Februar 1977 Hallendächer zum Einsturz, 2000 Mann der Nationalgarde wurden zur Schneeräumung eingeflogen und für die Bürger Fahrverbote erlassen, die mit 90 Tagen Haft und 5000 US-Dollar Strafe durchgesetzt werden sollten. Am 7. Januar 1996 fielen in New York 60 Zentimeter Schnee, für sieben Bundesstaaten an der Ostküste der USA von Maine bis nach Nordflorida wurde der Notstand ausgerufen, die Flugplätze von New York, Philadelphia, Boston und Washington mussten schließen, 96 Menschen starben.

Die angesammelte Schneedecke, von warmen Winden aufgetaut, kann in Verbindung mit Frühjahrsregen zu verheerenden Überschwemmungen führen, vor allem, wenn der Boden noch gefroren ist und deshalb kein Wasser aufnehmen und ins Grundwasser weiterleiten kann. Unsere Einstellung zum Schnee ist zwiespältig. Aus ästhetischen Gründen wünscht man sich »Weiße Weihnachten«. Der Skiliftbesitzer wünscht sich eine lang liegen bleibende, der Landwirt eine kürzer liegen bleibende Schneedecke, die er aber andererseits als Saatenschutz vor Auswinterungsschäden begrüßt. Die Kommunen fürchten die Kosten von Schneeräumung und Straßendienst. Für die USA der späten 1970er-Jahre wurden rund 500 Millionen US-Dollar, für Kanada 125 Millionen Dollar als jährliche Schneebeseitigungskosten geschätzt.

Solange der Boden gefroren ist, droht im Eisregen eine weitere winterliche Gefahr, denn er legt durch Glatteis den Verkehr lahm. Regen, der aus einer wärmeren Luftmasse stammt, durch eine kältere Schicht fällt und den Boden nicht in Form von Schnee, sondern als unterkühlte Wassertröpfchen erreicht, gefriert sofort beim Auftreffen auf dem Boden mit einer Temperatur unter 0 °C, auf Straßen, aber auch auf Bäumen, Telegrafen- und Starkstromleitungen, die dann von einem Eismantel umhüllt werden. Dieser kann das Gewicht der Äste und Leitungen so vergrößern, dass sie brechen und reißen und Stromausfälle auftreten, die sich zur Kälte und zur Empfindlichkeit einer technischen Zivilisation addieren (Fahrstromleitungen der Bahn, Lifte, Computeranlagen, Steuerung der Öl- und Gasheizungen, Beleuchtung und Nachrichtenübermittlung).

Lawinen – Gefahren im Hochgebirge

Ist bei hinreichend hohem und steilem Relief genügend Kälte vorhanden und tritt der Niederschlag in Schneeform auf, können sich Lawinen bilden. Sie fordern besonders in den touristisch erschlossenen Hochgebirgen jeden Winter eine erhebliche Zahl an Todesopfern unter Skifahrern und Wanderern (im Februar 1999: 38 Tote in Österreich, je 10 in der Schweiz und in Frankreich). Bei Hannibals Zug über die Alpen 218 n. Chr. sollen 15 000 bis 18 000 seiner Soldaten umgekommen sein, die Verluste durch Lawinen an der österreichisch-italienischen Front des Ersten Weltkriegs werden auf 40 000 bis 80 000 Personen geschätzt. An den bekannten Lawinenstrichen können heute Infrastruktureinrichtungen durch Verbauungen, Lawinengalerien, Überdachungen und Ableitungsbauten einigermaßen geschützt werden. Lawinenwarndienste messen die Schneebeschaffenheit, gefährliche Ansammlungen können »abgeschossen« werden.

Je abhängiger eine Gesellschaft vom funktionierenden Verkehr und Transport ist (Dürrekatastrophen als Versorgungsengpässe), umso katastrophaler ist die Wirkung aller verkehrshemmenden Ereignisse, wie vor allem Nebel. In Minutenschnelle kann die Sicht auf null reduziert und der Verkehr zusammengebrochen sein. Nebel entsteht, wenn feuchte Luft auf eine kalte Oberfläche trifft, die Wasserdampftröpfchen kondensieren und damit sichtbar werden. Durch Temperaturinversion (warme Luft über kalter) kann der Nebel wochenlang bodennah festgehalten und mit immer mehr Rauch- und Abgaspartikeln gesättigt werden (Smogbildung), sodass zur schlechten Sicht die Luftverschmutzung hinzukommt. Die meisten Auffahrunfälle auf den Straßen entstehen durch heftiges Bremsen vor plötzlich auftauchenden Nebelbänken. Am 25. Juli 1956 rammte die schwedische »Stockholm« im Nebel den italienischen Luxusdampfer »Andrea Doria« (29 000 t), der mit 52 Todesopfern sank. Am 27. März 1977 stießen zwei voll getankte Jumbos vom Typ Boeing 747 auf dem Flugplatz von Teneriffa bei Nebel auf der Startbahn zusammen: 574 Tote waren die Folge.

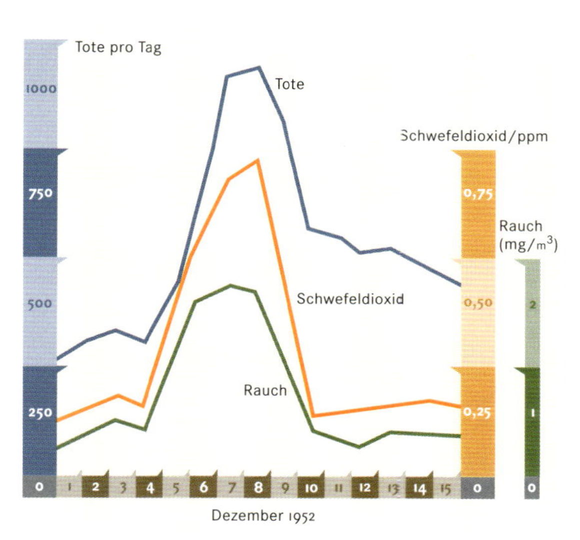

Einer der gravierendsten Fälle von **Smogbildung** ereignete sich in London im Dezember 1952. Dabei stieg die Zahl der Todesfälle pro Tag sprunghaft von 250 auf fast 1000 entsprechend dem Anstieg der Schwefeldioxid- und Rauchwerte.

Schneestürme in Schleswig-Holstein

Der Beispielfall Schleswig-Holstein 1978/79 wird fast in der gesamten Literatur als »Schneekatastrophe« bezeichnet, war aber eigentlich eine Transport- und Versorgungskatastrophe, also eine ernsthafte Einschränkung unserer so hoch bewerteten Mobilität. Kurz nach Weihnachten, mitten im Urlaubsverkehr, traf am Donnerstag, dem 28. Dezember 1978 ein stabiles Skandinavienhoch mit einem Tief über dem Rheinland zusammen, wobei Sturmböen der Windstärken 8 bis 12 und ein schnelles Absinken der Temperatur auf

–10 °C zu beobachten waren. Fünf Tage lang schneite es ununterbrochen. War man in Schleswig-Holstein und Jütland (Dänemark) traditionell nur auf eine lineare Bedrohung längs der Küste durch Sturmfluten eingestellt und konnte man der Küste immer aus den Reserven des Hinterlands helfen, so erfasste der seit Beginn der wetterdienstlichen Aufzeichnungen einmalige Schnee-Einbruch das ganze Land zwischen Nord- und Ostsee flächenhaft und hatte verheerende Folgen.

Ein Eisregen verwandelte Freileitungen in armdicke Stränge, ließ die Kabel reißen und reihenweise Hochspannungsleitungen umstürzen. 66 von 1200 Ortschaften waren daraufhin ohne Strom. Die weitgehend elektrifizierte Landwirtschaft (Melkmaschinen; Schweine- und Hühner-Massentierhaltung in klimatisierten Ställen mit automatischer Fütterung und Entsorgung) brach zusammen. 5000 Personen mussten aus liegen gebliebenen Eisenbahnwagen und Kraftfahrzeugen geborgen werden. 17 Menschen starben. Am 30. 12. 1978 wurde ein totales Fahrverbot erlassen, um notwendige Räum-, Versorgungs- und Rettungsfahrten zu ermöglichen. Räumgeräte sogar aus Bayern und Hessen, Bergepanzer der Bundeswehr, 50 Hubschrauber und der Einsatz von 25 000 Helfern bewältigten schließlich die Krisensituation.

Vorsorge gegen Jahrhundertereignisse?

Obwohl von einem »Jahrhundertereignis« gesprochen wurde, wiederholten sich – wenn auch in abgemilderter Form – vom 13. Februar 1979 an die Geschehnisse der Jahreswende. Erneut bildeten sich auf der Altschneedecke Schneewehen von bis zu acht Meter Höhe. Doch fehlten diesmal die Weihnachtstouristen, was die Beherbergungssituation der gestrandeten Verkehrsteilnehmer verbesserte. Die Notstromaggregate befanden sich noch auf den erneut von der Außenwelt abgeschnittenen Höfen. Als das Schlimmste vorüber war, wurden Fragen für die Zukunft gestellt: Sollte man für die Straßenbauverwaltungen schwereres Räumgerät anschaffen? Wie verhalten sich Wiederkehrrisiko eines solchen Ereignisses und Veralterungsrisiko der beschafften Schneefräsen? Soll man lieber Freileitun-

Schneeverwehungen auf einer Autobahn in Schleswig-Holstein Ende Dezember 1978.

gen verkabeln oder Notstromaggregate anschaffen? Würden die subventionierten Notstromaggregate (aus Steuermitteln bezuschusst) nicht die Energieversorgungsunternehmen von ihrer Monopolisten-Verpflichtung freistellen, die Stromversorgung durch die (sehr viel teureren Erdkabel) sicherzustellen? Hätten die betroffenen Bürger nicht in Selbsthilfe viel von dem leisten können, was »professionalisierte Helfer« verrichteten, nachdem sie die Bürger als »störende Gaffer« von den Straßen gescheucht hatten?

Hochwasser und Hochwasserschutz

Die letzten Jahre haben eine Vielzahl schwerer Überschwemmungskatastrophen hervorgebracht, von denen allein jene des Mississippi von 1993 Schäden in Höhe von 20 Milliarden US-Dollar bewirkten. Die Rheinhochwasser des gleichen Jahrs wurden zwar zum »Jahrhunderthochwasser« (also zum Ereignis mit der statistischen Wahrscheinlichkeit einer Wiederholung erst in 100 Jahren) erklärt. Aber schon im Januar 1995 wurden sie bereits wieder übertroffen und diesmal zu einem innenpolitisch strittigen Thema zwischen Anrainern am Oberrhein und am Mittel- und Niederrhein (einschließlich Niederlande) über die Wirksamkeit der Brechung von Hochwasserspitzen durch Wasserrückhalt in ausgewiesenen Überschwemmungsgebieten. Dabei sollte man sich die Dimensionen der anstehenden Aufgaben klarmachen: Um 100 Kubikmeter pro Sekunde für den Zeitraum der Hochwasserwelle, zum Beispiel am Rhein über 12 Tage, zurückzuhalten, wird ein Rückhalteraum von 100 Millionen Kubikmeter benötigt mit Investitionskosten von 1000 Millionen DM bei einer Realisierung in großen Becken und 5000 Millionen DM in kleinen Becken. 100 Kubikmeter pro Sekunde entsprechen einer Wasserstandsminderung am Pegel Köln um fünf Zentimeter.

Zur Schadensbegrenzung wird man deshalb zweckmäßigerweise nicht nur den Weg des technischen Hochwasserschutzes, sondern auch den der gesetzlichen Einflussnahme auf die Nutzung der flussnahen Gebiete einschlagen: Hochwasserflächenmanagement muss dabei vor Hochwassermanagement gehen. Das führt automatisch zu einer Auseinandersetzung mit den hinter den Schutzanlagen zulässigen Nutzungen, zu Eingriffen in die Flächennutzungspläne der Gemeinden, zu Bauauflagen und somit einer Menge von potentiellen Prozessen. Es sind aber nicht nur kleinräumige Auseinandersetzungen zu erwarten, sondern angesichts des Umstands, dass am Rheinlauf und in seinem Einzugsgebiet sieben Staaten und sechs Bundesländer Zuständigkeiten beanspruchen, müssten auch ihre jeweiligen Hochwasserschutzmaßnahmen miteinander vernetzt werden.

Der Rhein – Hochwasser als Dauerthema

Der 1320 km lange Rheinlauf (Alpen-, Hoch-, Ober-, Mittel-, Niederrhein, Rheindelta) hat ein Einzugsgebiet von 185 000 km² und wird von Eis, Schnee und Regen als glazialen, nivalen und pluvialen Einflüssen geprägt, die zu sich überlagernden Hochwasserwellen führen können (warmer Frühjahrsregen auf dicke Schnee-

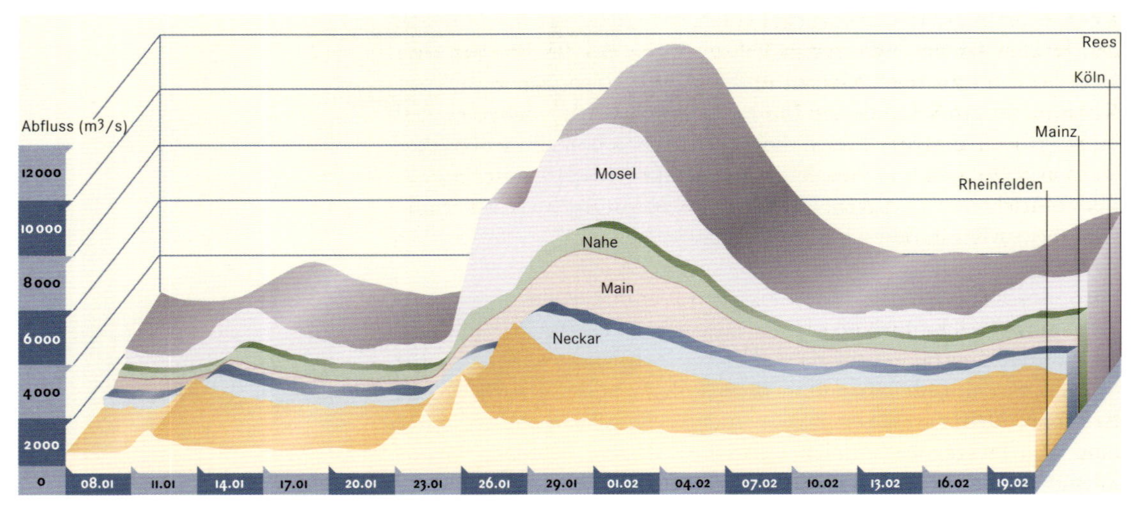

Die **Abflussmengen des Rheins** in m^3/s beim **Hochwasser vom Januar 1995,** aufgetragen gegen die Zeit (8. Januar bis 19. Februar) und gegen den Ort (Rheinfelden bis Rees). Der Darstellung ist zu entnehmen, dass von diesem Hochwasser vor allem der Niederrhein betroffen war, insbesondere durch den Zufluss der Mosel (die Namen der Nebenflüsse sind in der Darstellung eingetragen), während der Oberrhein, abgesehen von einer Spitze am 26. Januar, nahezu durchschnittliche Abflussmengen führte.

decke). Bei einem solchen Abflussverhalten erwiesen sich die Ausbauten des Oberrheins zwischen 1955 und 1977 nachträglich als besonders ungünstig: Während vor 1955 bei entsprechenden Niederschlagsereignissen im Rheineinzugsgebiet die Nebenflüsse mit ihren Hochwasserwellen vor dem Wellenscheitel des Rheins im Mündungsgebiet ankamen, treffen sie heute fast zeitgleich mit der Rheinwelle zusammen und erhöhen die Hochwasserspitzen des Hauptstroms.

Die Rückhalteflächen (Retentionsflächen) am Oberrhein wurden zwischen 1955 und 1977 von 270 km^2 auf 130 km^2 reduziert. Die weite Oberrheinebene scheint zwar im Gegensatz zu den Tälern der Nebenflüsse Neckar, Main, Nahe, Lahn und Mosel genügend Flächen für Retentionsräume anzubieten, aber sie weist nicht nur landwirtschaftliche Nutzflächen, sondern auch weite Industriegebiete, Verkehrsanlagen und Siedlungen auf, die nicht geopfert werden können, um die Abflussspitzen am Niederrhein um ein paar, allerdings unter Umständen entscheidende Zentimeter zu senken. Dennoch wollen die Anlieger des Oberrheins durch umfangreiche Hochwasser-Rückhaltemaßnahmen weitere Katastrophen zumindest entschärfen. Dazu werden in Frankreich zwei Retentionsräume mit zusammen 11 Mio. m^3, in Rheinland-Pfalz fünf Rückhalteräume mit zusammen 30 Mio. m^3 und in Baden-Württemberg 13 Rückhalteräume mit rund 168 Mio. m^3 Volumen geplant. Die Investitionskosten für dieses »Integrierte Rheinprogramm« bis zum Jahr 2010 werden auf 1,5 Milliarden DM geschätzt. Jedoch sind für die Hochwasser am Niederrhein auch die mittelrheinischen Nebenflüsse verantwortlich. Das hier aufgegriffene Thema war für unsere niederländischen Nachbarn schon immer von höchster Aktualität. Denn ihr weithin kaum über oder gar unter dem Meeresspiegel liegendes Land ist, besonders im Mündungsgebiet von Rhein und Maas, von der See und vom Land her von Hochwasser bedroht.

Am niederländischen Grenzpegel von Lobith erreichte der Rhein in den letzten Januar- und ersten Februartagen des Jahres 1995 eine Höhe von bis zu 16,68 Metern und eine Abflussmenge von 12 000 Kubikmeter pro Sekunde, ein Ereignis, das statistisch gesehen einmal in 80 Jahren eintritt. Einige Polder erschienen so bedroht, dass 200 000 Menschen und viele Millionen Tiere evakuiert wurden. Die ökonomischen und psychologischen Auswirkungen dieser Maßnahme wurden in den ganzen Niederlanden verspürt. Am Rhein lässt sich die zu erwartende Wassermenge für 48 Stunden vorhersagen. Es ist klar, dass umfangreiche Evakuierungen mindestens einen solchen Zeitraum benötigen.

Ein nicht eingedeichter Fluss vermittelt seinen Anliegern nicht das trügerische Gefühl der Sicherheit, sein Steigen ist sinnlich wahrnehmbar und zwingt zur rechtzeitigen Evakuierung der Flussaue. Ein zwischen Deichen fließender Fluss gewährt zwar bis zu einem gewissen Wasserstand Sicherheit, die aber schlagartig beim plötzlichen Bersten eines Damms zu Ende sein kann, ohne dass genügend Evakuierungszeit bliebe. So werden die auf drei Milliarden Gulden kalkulierten Kosten eines jetzt landeinwärts gerichteten »zweiten Deltaplans« bis zum Jahre 2000 nicht ohne gewisse Skrupel aufgewendet werden. Ob sich der Wettlauf mit in der Zukunft vielleicht noch höheren Wasserständen an Lek, Waal und Maas auf die Dauer wird gewinnen lassen? Schadensminderung sollte man vielleicht eher darin suchen, potentielle Überschwemmungsgebiete von Besiedlung und Infrastruktureinrichtungen weitgehend freizuhalten.

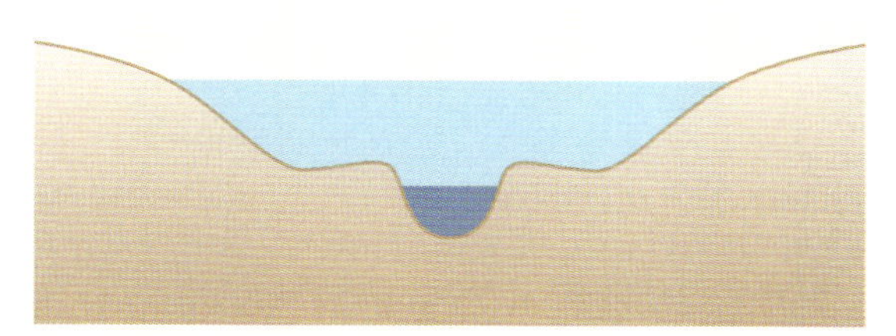

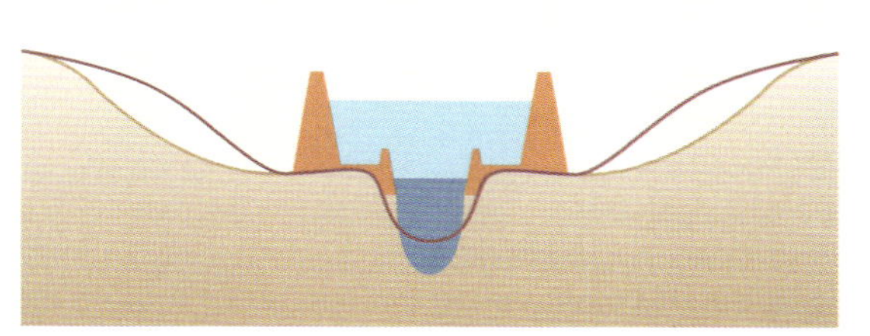

Ein **frei fließender Fluss** erhöht seinen Wasserstand bei Hochwasser beobachtbar und allmählich und erlaubt der betroffenen Bevölkerung, durch eigene Anschauung überzeugt, rechtzeitig eine Evakuierung. Der Fluss zieht sich nach Ablaufen des Hochwassers wieder in sein normales Bett zurück. Ein **eingedeichter Fluss** kann beim Überschreiten der Deichkrone plötzlich und mit großem Gefälle die dahinter »geschützten« Gebiete überfluten. Dieses Wasser muss hinterher recht langwierig wieder in den eingedeichten Fluss zurückgehoben werden.

Hier wurde versucht, innen-, außen- und planungspolitische Fragen anzusprechen. Auch ein vorhergesagtes Hochwasser ist bereits in einem Raum mit vorzüglicher Verkehrs- und Kommunikationsstruktur, Technischem Hilfswerk, Feuerwehr, Versicherungen und staatlichen Entschädigungen ein großes Problem – wie sehr dann erst in Entwicklungsländern wie beispielsweise Bangladesh.

Hochwasser in Bangladesh – ein Land geht unter

Die Südhänge des Himalaya von Nepal über Sikkim und Bhutan bis Assam bieten ausgezeichnete Standortbedingungen. Während die Edelhölzer für die Holzindustrie geschlagen werden, ist die rapide wachsende Bevölkerung mit ihren Brandrodungen immer tiefer in die Gebirgswälder eingedrungen, um so ihre Ernährung zu sichern. Die entwaldeten Hänge, dem Regen ungeschützt exponiert, verlieren durch Erosion ihre Bodenkrume, die von Ganges und Brahmaputra als Schlammflut und Sedimentfracht abtransportiert wird. Die Dammflüsse Ganges und Brahmaputra sowie der aus dem Khasigebirge des angrenzenden Assam kommende Meghna haben das Land Bangladesh geschaffen, das (mit 125 Millionen Menschen auf einer doppelt so großen Fläche wie Bayern, wo aber nur 12 Millionen

Menschen leben) eine riesige Schwemmlandebene bildet, die sich unablässig in den von tropischen Wirbelstürmen bedrohten Golf von Bengalen vorschiebt. Neue Untersuchungen ergaben, dass die durch den sommerlichen Südwestmonsun verursachten Niederschläge im bengalischen Tiefland selbst für den Wasserstand mitverantwortlich sind (im nahen Assam liegt Cherrapunji, das mit über 10000 Millimeter im Jahr als niederschlagreichster Ort der Erde gilt). Die Niederschläge im Himalaya wirken sich verzögert auf das Tiefland aus. Große Hochwasser hat es im Übrigen seit jeher gegeben.

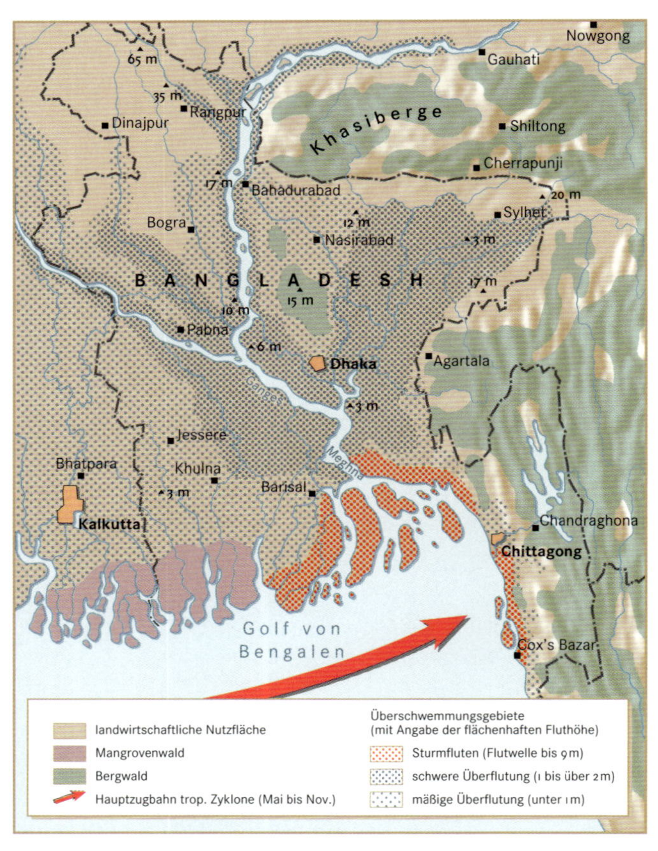

Bangladesh besteht im Wesentlichen aus einer riesigen **Schwemmlandebene,** aus der nur im Norden und Nordwesten einige bis zu 30 Meter hohe Terrassenflächen herausragen. Bei stärkerem Hochwasser wird daher rasch der größte Teil des Landes überflutet.

Ein Viertel der schnell wachsenden muslimischen Bevölkerung lebt auf Land, das nur bis zu fünf Meter über dem (sich hebenden) Meeresspiegel liegt. Der große Bevölkerungsdruck (Anstieg allein zwischen 1974 und 1997 von 72 Millionen auf 125 Millionen) sucht sich im amphibischen Saum des Salzwasser-Marschlands ein Notventil. Auf diesen sich ständig verlagernden Schwemmlandinseln in der Gangesmündung, den Chars, leben rund 600000 Menschen. Hier hält die staatliche Verwaltung mit der Neulandbildung nicht Schritt, hier gibt es keinerlei Infrastruktur, keine Straßen und Brücken. Landlose Bauern ohne Rechtstitel (»Squatter«) und Wanderarbeiter hausen hier – oft in Unkenntnis des Hochwasserrisikos – in ihren Schilfhütten. Gelegentlich werden sie von reichen Landlords aus dem Hinterland mit einem Wasserbüffel, Pflug und Saatgut ausgestattet, müssen dann aber die Hälfte ihrer Ernte abführen. Die größte Gefahr herrscht dann, wenn sowohl durch sieben bis zehn Meter Flutstau von vorüberziehenden Zyklonen Meerwasser in die Mündungsarme gedrückt wird, als auch gleichzeitig aus dem Binnenland Starkniederschläge Hochwasser bewirken und die Dammflüsse zum Überlaufen bringen. Die katastrophalen Hochwasser, durch die oft über die Hälfte, 1998 sogar 80 Prozent des gesamten Staatsgebiets überflutet werden, haben auch positive Auswirkungen; sie bringen notwendige Nährstoffe auf die Felder.

Die Hochwasserkatastrophen führen nicht nur zu großen Verlusten an Menschenleben (zum Beispiel 1876 und 1991 200000 bis 500000, 1970 über 300000), an Vieh, Behausungen und Ernten, sondern auch zu einer Bodenversalzung durch Meerwasser. Etwa zwei Monate Regen sind notwendig, um versalzte Reisfelder wieder rein zu waschen. Vier weitere Monate vergehen bis zur nächsten Ernte, eine Zeit, in der die Bevölkerung entweder verhungert oder von außen versorgt werden muss, wobei die Hilfslieferungen bei fehlenden Straßen, Brücken und Fähren häufig nicht den Weg zu den Bedürftigen finden.

Der Bau von drei bis vier Meter hoch aufgeständerten Schutzplattformen (Cyclone shelters), unter denen die Flutwelle durchschießen kann, soll hier Abhilfe schaffen. Als Versammlungszentrum, Sozialstation, zur Familienberatung und als Sanitätsstützpunkt sollen sich diese Plattformen der Bevölkerung einprägen, sodass sie mehr als nur Zufluchtsplätze werden. Ein Schutz des Festlands durch Deiche, vorgesehen im Flood Action Plan, würde die Erosion verstärken und zur Vernichtung der aus lockeren Feinsedimenten bestehenden Chars führen.

Die Sturmflut 1962 in Hamburg

Gemessen an den Verlusten einer Hochwasserkatastrophe in Bangladesh oder in China (1931: Jangtsekiang 1400000, 1938: Hwangho 500000, 1959: Nordchina 2000000 Tote) nimmt sich die Sturmflut von 1962 an der Nordsee mit 347 Toten wenig sensationell aus. Aber sie betraf die zweitgrößte deutsche Stadt und eine Gesellschaft, die seit den Zerstörungen des Zweiten Weltkriegs den Begriff Katastrophe nicht mehr kannte. Zwar waren rechtzeitig Sturmflutwarnungen ab dem 16. Februar für die gesamte deutsche Nordseeküste ausgegeben worden, doch erkannte man im 100 Kilometer vom Meer entfernt gelegenen Hamburg die bestehende Gefahr zunächst nicht, während schon die Hochwasserwelle elbaufwärts gedrückt wurde.

Sturmfluten ähnlicher Höhe hatten 1825 (800 Tote), 1845 und 1855 stattgefunden. Aber damals trafen sie auf eine noch bodenverbundene Gesellschaft. 137 Jahre später lebten in den deichgeschützten Elbmarschen Hunderttausende von städtischen Zuzüglern ohne innere Beziehung zu den Deichen. Die Grasnarbe, die den Deichkörper sichert, war seit dem Wegfall der Schafhaltung nicht mehr beweidet und festgetreten und daher lückenhaft. Bodentiere, deren Baue nicht mehr durch Viehtritte gestört wurden, hatten ihre Gänge gegraben und die Deiche geschwächt. Am 17. Februar 1962 fanden zwischen 1.15 Uhr und 4.00 Uhr mehr als 60 Deichbrüche statt, 15100 Hektar Land (ein Fünftel des Hamburger Stadtgebiets) wurden von etwa 200 Millionen Kubikmeter Wasser überschwemmt. Im betroffenen Gebiet wohnten 120000 Menschen, von denen 34000 unmittelbar betroffen waren und 20000 evakuiert werden mussten. Der Sachschaden wurde auf 600 Millionen DM (in Werten von 1962) geschätzt. Energieerzeugung und -versorgung sowie das Fernsprechnetz fielen teilweise aus, die Rettungshubschrauber wurden durch den tobenden Orkan behindert, der auch Sturmglocken und Sirenen übertönte. Die Hauptverkehrsstränge von Bahn und Straße in Richtung Süden, U- und S-Bahn waren unterbrochen, die Hamburger lebten zeitweise auf einer Insel.

780 Millionen DM, davon 420 seitens des Bundes, wurden seither zum Schutz Hamburgs verbaut. Diesen Bauten ist es zu danken, dass

das 1962er-Ereignis, das bei 5,70 m über Normalnull (NN) stattgefunden hatte, sich auch bei schwereren nachfolgenden Sturmfluten wie 1976 (6,45 m über NN) oder 1981 (5,81 m über NN) nicht wiederholte.

Beispiel: Oderhochwasser 1997

Das Sommerhochwasser 1997 an der 854 km langen Oder mit ihrem Einzugsgebiet von fast 120 000 km² betraf im Wesentlichen die Nachbarländer Polen und Tschechien, auf deutschem Staatsgebiet vor allem das Oderbruch. Nur 160 km der Laufstrecke der Oder ab Ratzdorf südlich von Eisenhüttenstadt, wo die Görlitzer Neiße einmündet, bilden seit 1945 die deutsche Grenze zu Polen. Schon vor 250 Jahren, als Friedrich der Große die Trockenlegung der Sümpfe im Oderbruch veranlasste, begann man den Strom zu begradigen. Im Kaiserreich und im Dritten Reich stellte er eine wichtige Schifffahrtsstraße zwischen der oberschlesischen Kohle und dem schwedischen Eisenerz dar, verlor aber nach 1945 als Grenzfluss an Bedeutung, sodass auch seine Dämme nicht mehr so sorgfältig gepflegt wurden.

Da das Einzugsgebiet der Oder schon stark kontinentalklimatisch beeinflusst ist, fallen an der unteren Oder im Allgemeinen weniger als 500 mm Jahresniederschlag, im Süden, in den Kammlagen der Sudeten um 1000 mm, in der Zeit vom 4. 7. bis 9. 7. 1997 aber allein 585 mm, in der Lysa Hora vom 4. 7. bis 27. 7. sogar über 800 mm, das heißt zwei Drittel der Jahresmenge. Die Niederschläge wurden von einer Vb genannten Zugbahn verursacht. Sie bringt feuchtwarme Luft (Tiefdruckgebiet) vom Golf von Genua zum Ostseeraum. Gleitet sie über dem östlichen Mitteleuropa auf kalte Polarluft, werden heftige Regenfälle ausgelöst; 1997 verschärfte ein weiteres Tief die Lage. Die Pegelwerte der Oder bei Eisenhüttenstadt, im Mittel bei 278 cm, stiegen auf 715 cm an. In Südpolen wurden 5000 km² überschwemmt, darunter die Städte Breslau, Oppeln und Liegnitz. Auf der deutschen Seite brach der Hochwasserdamm südlich von Frankfurt am 23. 7. 97 bei Stromkilometer 574. Bereits einen Tag später trat ein zweiter Dammbruch ein, am 26. 7. ein dritter, sodass die Ziltendorfer Niederung mit ihren etwa 4500 Hektar (überwiegend Ackerland) überschwemmt wurde. Durch diese Entlastung fielen die Wasserstände der Oder vorübergehend um 75 Zentimeter. 8000 Menschen mussten evakuiert werden, in Polen 150 000. Große Gebiete auf polnischer Seite wurden zu unfreiwilligen Retentionsräumen und entlasteten die Stromanlieger auf der Westseite um etwa eine Milliarde Kubikmeter Wasser. Als exemplarisch gilt der Einsatz der Hilfskräfte, darunter 30 000 Soldaten der Bundeswehr mit mehr als 3000 Fahrzeugen und Spezialmaschinen, Polizei, Bundesgrenzschutz, Feuerwehren, zivile Hilfsorganisationen und nicht zuletzt die betroffene Bevölkerung selbst. Acht Millionen Sandsäcke, mit 177 000 Tonnen Sand und Kies gefüllt, wurden an die Damm-

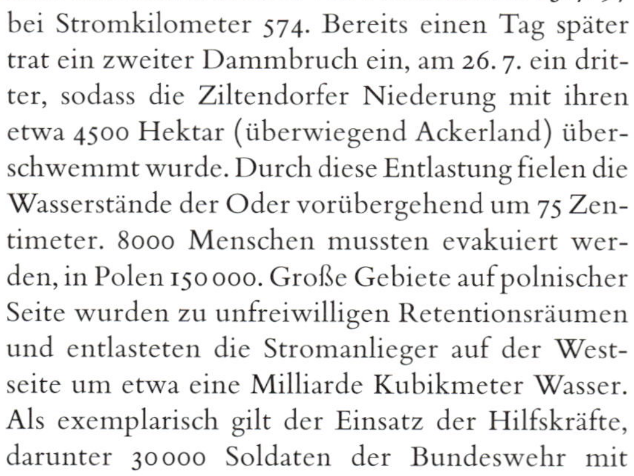

Oderhochwasser im Sommer 1997. Luftaufnahme des überfluteten Stadtzentrums von Nysa (Neisse) in Südwestpolen; in Polen waren mindestens 250 Orte von der Flut betroffen.

bruchstellen gebracht. Die Schäden in den betroffenen Ländern wurden auf mehr als zehn Milliarden DM geschätzt, davon in Deutschland 648 Millionen DM. Die Erneuerung der Straßen und Deiche wird weitere 207 Millionen DM erfordern. Da das für die Flutopfer in Deutschland gespendete Geld (130 Millionen DM) zu viel für die rund 700 tatsächlich betroffenen Deutschen und ihre 200 geschädigten Privathäuser war, wurde ein Teil der Spenden nach Polen und Tschechien umgeleitet. Mit diesen Ländern wurde die Erarbeitung einer transnational abgestimmten Hochwasserschutzkonzeption beschlossen, die auch für die Ostseeanlieger von Interesse ist, weil mit der Flut große Mengen von Heizöl, Schädlingsbekämpfungsmitteln und Düngemitteln in das bereits hoch belastete Ostseewasser eingetragen wurden.

Oderhochwasser im Sommer 1997. Ein zwei Kilometer langer **Ölfilm** breitete sich am 27. Juli 1997 auf dem Überschwemmungsgebiet der Oder vor Wiesenau, südlich von Frankfurt an der Oder, aus. Die Verschmutzungen kamen von stehen gebliebenen Traktoren und geborstenen Öltanks.

Die Verwundbarkeit des Menschen durch Naturkatastrophen

Wie bei der Medienberichterstattung gilt auch bei der Dokumentation von Naturkatastrophen die Regel, dass das Ereignis, je weiter entfernt es geschah, nur bei entsprechend höheren Verlusten oder besonders dramatischen Randbedingungen für aufzeichnenswert gehalten wird. Die Wahrnehmungsbereitschaft für Katastrophen hängt also von der Entfernung des Beobachters vom Unglücksort ab. Andererseits gibt es auch mentalitätsbedingte (ethnisch oder religiös bedingte) Unterschiede in der Einstellung zu Katastrophen. Die 347 Toten der Hamburger Sturmflut von 1962 und die 200 000 bis 500 000 Ertrunkenen vom April 1991 in Bangladesh illustrieren diese Wahrnehmungsverzerrung. Sie mag auch aus unserer (europäischen) Bereitschaft stammen, uns gegen die Auswirkung von Naturkräften zu wehren, statt sie fatalistisch hinzunehmen. Deswegen wird jedes Detail für uns relevant, weil es in einen Planungszusammenhang gestellt werden kann, während die Größe des Elends in weniger entwickelten Ländern die Entscheidungsträger zu überwältigen droht. Eine Rolle spielt das zeitliche Zusammentreffen einer Naturkatastrophe mit anderen Ereignissen von vielleicht höherem Nachrichtenwert. Naturkatastrophen, die sich zeitgleich mit dem Fall der Berliner Mauer oder dem Golfkrieg ereigneten, mussten mit einem geringeren Medieninteresse und verringerter Spendenwilligkeit unserer Bevölkerung rechnen als solche, die in einer Nachrichtenflaute der Berichterstattung stattfanden.

Bilanz zur Jahrtausendwende

Eine Naturkatastrophe stellt für den rationalen Geist des Menschen von heute eine große Herausforderung dar, der er meist mit natur- und ingenieurwissenschaftlichen Methoden zu begegnen sucht. Vieles ist hier bereits erreicht worden. Forschungsprogramme

Der Vulkan im Süden der Antilleninsel **Montserrat** liegt etwa zwischen dem Chance's Peak und Roche's Mountain. Seine jüngste Aktivitätsphase begann am 18. Juli 1995. Im August wurde die Hauptstadt Plymouth durch Ascheregen zeitweise in Dunkelheit gehüllt, im November wuchs im Vulkankrater ein Lavadom aus zähflüssiger Schmelze empor. Im Frühjahr 1996 setzten sich pyroklastische Ströme aus Lavablöcken, Aschen und Gasen mit hoher Geschwindigkeit in Bewegung (bis zu 200 km/h). Eine Evakuierung der Bevölkerung aus dem dicht besiedelten Süden erfolgte 1997. Von den früher 11 000 Einwohnern blieben kaum mehr 5000 auf Montserrat zurück. Aufgrund vulkanologischer Untersuchungen und Beobachtungen konnten auf der Insel Gefährlichkeits- und Evakuierungszonen ausgewiesen werden (A bis G).

der an der Internationalen Dekade für Katastrophenvorbeugung (IDNDR) beteiligten Nationen zählen die Leistungen der entsprechenden Disziplinen auf, verweisen auf erdbebenresistentere Bauweisen, verbesserte Vorhersagetechniken bei Erdbeben, Vulkanausbrüchen, Wirbelstürmen oder Hochwasser, also ein besseres Katastrophenmanagement. Katastrophen sind aber letztlich Fehlleistungen der vom Menschen getragenen Systeme. Um die Verwundbarkeit der Menschen durch Katastrophen zu vermindern, müssen die sozialen und technologischen Systeme auf die sich ändernde physische und soziale Umwelt abgestimmt werden.

Wir haben Katastrophen allzu leichtfertig aus unserem Alltagsdenken verbannt und stehen deshalb unvorbereitet vor Situationen, in denen das Wasser nicht mehr trinkbar, die Luft nicht mehr atembar, das Fleisch der Rinder nicht mehr essbar, der Boden strahlenverseucht ist oder auch nur die Elektrizität für ein paar Stunden ausfällt. Bei der Abhilfe solcher Situationen verlassen wir uns auf die professionellen Helfer: das Rote Kreuz, das Technische Hilfswerk, Polizei und Bundeswehr, den Staat. Die Kunst der Improvisation, die meist aus Mangellagen erwächst, ist uns weitgehend verloren gegangen.

Ein Blick zurück in die jüngste Vergangenheit

Was an möglichen Katastrophen noch vor uns liegt, wissen wir nicht. Aber es ist klar, dass der augenblickliche relativ hohe Sicherheitsgrad Mitteleuropas gegenüber Naturrisiken nur eine Momentaufnahme darstellt – es war nicht immer so.

Vor nur rund 11 000 Jahren erfolgte in der Osteifel eine gewaltige Vulkanexplosion, die den Laacher See hinterließ und mehr Magma aus dem Erdinnern förderte als der berühmte Ausbruch des Vesuv, der 79 n. Chr. Pompeji vernichtete. Der Bims des Laacher-See-Ausbruchs erreichte in dem Gebiet der heutigen Städte Koblenz, Neuwied und Andernach Mächtigkeiten von zwei bis vier Metern; er wurde je nach Windrichtung bis nach Südschweden und Oberitalien verfrachtet. Der Mensch der ausgehenden Eiszeit hat das Ereignis in einer tundrenartigen Umgebung erlebt. Eine heutige Wiederholung eines derartigen Vulkanausbruchs wäre kein von Mammutjägern bestauntes Naturereignis, sondern eine Katastrophe ungeheuren Ausmaßes. Im Gebiet der 1 m-Isopache (der Linie gleicher Aschendicke) leben heute 500 000 Menschen, im Gebiet der 2 m-Isopache sind es 320 000. Sicher könnte man einen neuen Ausbruch rechtzeitig vorhersagen, und die Bevölkerung würde entsprechend evakuiert. Aber die Rheinschiene als Verkehrsband höchsten Rangs mit einer Bündelung von zwei Autobahnen, zwei Eisenbahnlinien, mehreren Bundesstraßen, der wichtigsten Binnenwasserstraße und einem bedeutenden Luftkorridor wäre auf lange Zeit blockiert.

Ein Blick auf anthropogen bewirkte Katastrophen

Ein Artikel über Naturrisiken (Natural Hazards) sollte nicht ohne einen Hinweis auf die vom Menschen verursachten Gefahrensituationen, die so genannten Man-made Hazards schließen. Die Auslöse- und Verstärkungswirkung menschlicher Handlungen oder Unterlassungen selbst bei Naturereignissen wurden bereits an vielen Stellen angesprochen (Bauweise, Flussregulierungen, Deich- und Dammbauten, Waldsterben, Lawinen). Die Eingriffe des Menschen in das Klima durch den Verbrauch nicht mehr regenerierbarer fossiler Brennstoffe (Kohle, Erdöl, Erdgas) oder durch die Emission von Gasen, die die Ozonschicht zerstören, sind bekannt. Genießen wir die relative Sicherheit Mitteleuropas in Hinsicht auf die Naturrisiken, so ist doch gerade dieser Raum durch den hohen Grad der Verstädterung, Industrialisierung, die Dichte des Verkehrs und die hohe Abhängigkeit seiner Energie- und Rohstoffversorgung in besonderem Maß in Gefahr, seine Katastrophen selber zu produzieren. Die Contergan-Kinder von gestern leben heute als Erwachsene mitten unter uns, Aids ist neben dem Rinderwahn oder der Legionärskrankheit ein neu aufgetretenes und noch nicht zureichend geklärtes Risiko.

Die Bilder in den Medien nach einem schweren Erdbeben und nach einem Bürgerkrieg gleichen sich sehr. Deshalb ist auch die Reaktion der Gesellschaft auf Naturkatastrophen und auf anthropogen verursachte Katastrophen im Wesentlichen gleich. Ein extremes Naturereignis erscheint in erster Linie als ein organisatorisches und technisches, kulturelles und soziales Problem. Wie die sozialen Systeme beschaffen sind – leistungsfähig oder funktionsschwach, gerecht oder korrupt, demokratisch oder totalitär, solidarisch oder nur auf den eigenen Vorteil bedacht –, das macht unter Umständen die Dimensionen einer Katastrophe weit stärker aus als ein zusätzlicher Grad nach Mercalli oder Beaufort.

Vorindustrielle Gefahren wurden als Schicksalsschläge empfunden, die von äußeren Mächten (Götter, Dämonen, Naturkräfte) verursacht wurden. Für die industriellen Risiken sind dagegen Menschen verantwortlich.

Geht man einen Schritt weiter und nimmt zu den Natural Hazards und Man-made Hazards noch die so genannten Social Hazards hinzu wie Kriminalität, Alkoholismus und Drogenabhängigkeit, aber auch Arbeitslosigkeit und Wohnungsnot, dann ist selbst die Wohlstandsinsel Deutschland nicht die heile Welt, für die wir sie angesichts großer Naturkatastrophen anderswo gern halten würden.

R. Geipel

Wer ist der Mensch im Ganzen der Natur? Der Naturzusammenhang des menschlichen Lebens

In irgend einem abgelegenen Winkel des in zahllosen Sonnensystemen flimmernd ausgegossenen Weltalls gab es einmal ein Gestirn, auf dem kluge Thiere das Erkennen erfanden. Es war die hochmüthigste und verlogenste Minute der ›Weltgeschichte‹: aber doch nur eine Minute. Nach wenigen Athemzügen der Natur erstarrte das Gestirn, und die klugen Thiere mussten sterben. – So könnte Jemand eine Fabel erfinden und würde doch nicht genügend illustrirt haben, wie kläglich, wie schattenhaft und flüchtig, wie zwecklos und beliebig sich der menschliche Intellekt innerhalb der Natur ausnimmt; es gab Ewigkeiten, in denen er nicht war; wenn es wieder mit ihm vorbei ist, wird sich nichts begeben haben. Denn es gibt für jenen Intellekt keine weitere Mission, die über das Menschenleben hinausführte. Sondern menschlich ist er, und nur sein Besitzer und Erzeuger nimmt ihn so pathetisch, als ob die Angeln der Welt sich in ihm drehten.«

Friedrich Nietzsches Antwort auf die Frage, wer der Mensch im Ganzen der Natur ist, steht zu Beginn der Abhandlung »Ueber Lüge und Wahrheit im aussermoralischen Sinne« aus dem Jahr 1873. Sie läuft der damaligen wie der heutigen Selbsteinschätzung des Menschen in den modernen Industriegesellschaften diametral entgegen. Anders als Nietzsche halten wir uns in der Regel für etwas ganz Besonderes, sozusagen für etwas Besseres als die Natur. Manche berufen sich dabei auf die Auszeichnung des Menschen im Alten Testament, dass nur wir nach dem Bild Gottes geschaffen und deshalb zur Herrschaft über unsere natürliche Mitwelt berechtigt seien. Andere halten sich statt der Bibel an die These von der »Sonderstellung des Menschen«, wie sie in der neueren philosophischen Anthropologie vielfach behauptet worden ist. Die meisten Menschen haben sich aber wohl einfach daran gewöhnt, den industriewirtschaftlichen Wohlstand für eine gute Sache zu halten und machen sich weiter keine Gedanken, wieweit damit unangemessene Ansprüche zulasten der natürlichen Mitwelt oder des Ganzen der Natur erhoben werden.

Recht geben können wir Nietzsche immerhin darin, dass es nicht ein leibliches Selbstgefühl, sondern das Erkennen ist, auf dem unsere heutige Selbsteinschätzung beruht. Tatsächlich ist die industrielle Wirtschaft ein Ausdruck des Stands von Wissenschaft und Technik zulasten der sinnlichen Welt. Und in einer andern Hinsicht müssen wir Nietzsches skeptische Grundhaltung sogar noch bestärken, obwohl mit dem Kältetod, den er noch erwartete, nicht mehr zu rechnen ist. Nicht die Erde wird unserm Dasein ein Ende setzen, indem sie »erstarren« wird, vielmehr drohen wir daran zugrunde zu gehen, dass die Lebensbedingungen durch uns selber zerstört werden. Außerdem dürfen wir uns nicht mehr damit trösten, dass sich letztlich »nichts begeben haben« wird, wenn wir Menschen wieder von der Erde verschwunden sein werden. Denn wir zerstören nicht nur unsere eigenen Lebensbedingungen, sondern auch die unserer natürlichen Mitwelt und bringen dadurch das unsägliche Elend über sie, von dem dieses Buch ein wissenschaftliches Zeugnis ablegt. Ziemlich sicher nicht zugrunde gehen wird aber die Natur insgesamt.

In einer Hinsicht allerdings möchte ich Nietzsche entschieden widersprechen, wenn ich nun der Frage nachgehe, wieweit wir wirklich etwas Besonderes im Ganzen der Natur sind oder diese Selbsteinschätzung nur eine Überheblichkeit ist. Ich glaube nämlich nicht, dass es für uns »keine weitere Mission« in der Welt gibt, sondern meine, dass eine Welt mit Menschen durchaus schöner und besser sein kann als eine Welt ohne Menschen. Damit es dermaleinst doch so kommt, dürften wir allerdings nicht so weiterleben, wie wir es –

vor allem in den Industrieländern – derzeit tun. Wir müssen vielmehr neue Wege beschreiten, die auf der umfassenderen Selbsteinschätzung unseres Daseins im Ganzen der Natur beruhen, der ich mich nun zuwende.

Der Mensch in der Naturgeschichte

Nietzsches Bild von der hochmütigsten Minute verdichtet die Naturgeschichte auf Zeitspannen der menschlichen Lebenserfahrung. Projizieren wir das Erkennen, also ungefähr die jüngsten drei Jahrtausende, auf eine Minute, so gibt es das Universum seit etwa einem Jahrzehnt, die Erde seit etwa einem Jahr, die Menschheit seit etwa einem Tag und den Homo sapiens seit etwa einer Viertelstunde. Für die Neuzeit und die allmähliche Entwicklung von Wissenschaft und Technik bleiben ungefähr zehn Sekunden, davon zwei für das 20. Jahrhundert. In die Naturkrise der wissenschaftlich-technischen Welt sind wir erst im Verlauf der letzten Sekunde geraten. Länger brauchte es vielleicht also auch nicht zu dauern, um aus dieser Krise wieder herauszufinden.

Der naturgeschichtliche Rückblick zeigt zunächst: Der Mensch ist mit Tier und Blume, Baum und Stein aus der Naturgeschichte hervorgegangen als die Besonderung Homo sapiens unter Hunderten von Säugetierarten, Tausenden von Wirbeltierarten und Millionen von Tier- und Pflanzenarten am Baum des Lebens insgesamt. Sie alle und die Elemente der so genannten unbelebten Natur – Erde und Wasser, Luft und Licht – sind nicht nur *um* uns als unsere »Umwelt«, sondern sie sind als unsere naturgeschichtlichen Verwandten *mit* uns in der Welt. Der Mensch ist in diesem natürlichen Mitsein zweifellos durch viele bemerkenswerte Eigenschaften als etwas Besonderes ausgezeichnet. Wendet man sich aber den Katzen und den Schildkröten, den Vögeln und den Sonnenblumen, den Affen und den Bäumen mit der gleichen Aufmerksamkeit zu, welche die Anthropologen den Menschen gewidmet haben, so ergibt sich auch für sie, dass sie je für sich etwas ganz Besonderes sind – natürlich nicht mit den gleichen Besonderheiten wie der Mensch, sondern mit je besonderen Besonderheiten, die wir ihre spezifische oder individuelle Natur nennen.

Im Menschen also ist die Natur Mensch geworden, in der Katze Katze und im Nussbaum Nussbaum. Sie alle gehören auf ihre je eigene Weise zur Gemeinschaft der Natur. Der Biologe Jakob von Uexküll hat untersucht, wie die verschiedenen Lebewesen spezifisch auf ihre natürliche Mitwelt bezogen sind. Dabei zeigte sich, dass sie eigentlich alle in besonderen Welten leben, der Regenwurm beispielsweise in einer ganz andern, haptischeren und viel weniger dynamischen Welt als der Vogel, der ihn frisst. Der Mensch wiederum lebt in einer andern Welt als die Katze, und dies sogar dann, wenn beide im selben Haus wohnen. Uexküll hat diese vielen, zu den ebenso vielen verschiedenen Lebewesen je für sich passenden Welten oder Lebensräume als deren »Umwelten« bezeichnet, diesen Begriff also von vornherein im Plural eingeführt. Was wir »unsere Umwelt« nennen, ist in diesem Verständnis der menschliche Lebensraum im Kosmos, neben dem andere Lebewesen ihre je eigenen Lebensräume oder Umwelten haben, die sich teilweise durchdringen oder berühren. Die Industriegesellschaft aber hat dies so missverstanden, als sei der ganze Kosmos nichts als der menschliche Lebensraum, innerhalb dessen die andern Lebewesen den ihren zu finden oder zu verschwinden hätten.

Der Ausdruck »Mitwelt« stammt ursprünglich von Johann Wolfgang von Goethe. In der philosophischen Anthropologie des 20. Jahrhunderts ist dieser Begriff auf das mitmenschliche Mitsein verkürzt worden, also auf die bloße Mitmenschlichkeit – als seien nur Menschen zum Mitsein fähig, und dies auch nur miteinander. So war es von Goethe nicht gemeint gewesen. Mittlerweile erweist sich die Naturkrise der wissenschaftlich-technischen Welt als ein Ausdruck der Tatsache, dass wir der nicht menschlichen Natur das Mitsein versagt, sie also nicht als unsere *natürliche Mitwelt,* sondern bloß als ein Ensemble von Ressourcen zur Deckung unserer Bedürfnisse – oder was wir dafür halten – behandelt haben. Der Uexküll'sche Ausdruck »Umwelt« passt – obwohl keineswegs so gemeint – sprachlich in einer unglücklichen Weise zu dem anthropozentrischen Welt- und Menschenbild, in dem der Mensch im Zentrum steht und der Rest der Welt nichts als für ihn da ist. Um den Uexküll'schen Gedanken wieder aus dieser Verengung zu befreien, empfiehlt es sich deshalb, statt von unserer »Umwelt« von der »natürlichen Mitwelt« zu sprechen, und gleichermaßen von den natürlichen Mitwelten der andern Lebewesen. Dabei füge ich dem Goethe'schen Mitweltbegriff die Bestimmung »natürlich« hinzu, um ausdrücklich zu betonen, dass das Mitsein im Ganzen der Natur gemeint ist, nicht nur von Mensch zu Mensch.

Unter der natürlichen Mitwelt ist also die außermenschliche Natur zu verstehen, so wie sie *mit* uns in der Welt ist, sie mit uns und wir mit ihr – nicht nur *um* uns oder gar nur *für* uns. Meistens wird im heutigen Sprachgebrauch unter »der Natur« überhaupt nur die außermenschliche Natur verstanden, aber das ist ein Irrtum, denn dabei wird unsere eigene Naturzugehörigkeit außer Acht gelassen. Unter *der* Natur verstehe ich deshalb immer das Ganze, zu dem wir selbst gehören. Auch die natürliche Mitwelt ist also nur ein Teil des Ganzen – allerdings der größere.

Goethe und Georg Christoph Tobler haben das natürliche Mitsein in ihrem bekannten »Naturfragment« nicht statisch verstanden, sondern so, dass die Natur sich entwickelt, indem sie »sich mit uns forttreibt« – *sich* mit *uns:* »Natur! Wir sind von ihr umgeben und umschlungen – unvermögend aus ihr herauszutreten, und unvermögend tiefer in sie hineinzukommen. Ungebeten und ungewarnt nimmt sie uns in den Kreislauf ihres Tanzes auf und treibt sich mit uns fort, bis wir ermüdet sind und ihrem Arme entfallen« (1783). In diesem Verständnis sind wir Menschen im Fortgang der Naturgeschichte für etwas gut, das heißt sozusagen nicht dazu da, um die Welt wieder so zu verlassen, als seien wir gar nicht da gewesen. Wir dürfen also Veränderungen in die Welt bringen, und dies zu tun ist sogar unsere naturgeschichtliche Bestimmung. Der Philosoph Immanuel Kant sprach um dieselbe Zeit von der Naturabsicht in der Menschengeschichte. Die Zerstörung, welche die Industriegesellschaften über die Welt bringen, ist also nicht schon dadurch falsch, dass wir nicht alles so lassen, wie es ist. Wir haben aber keinen Anlass anzunehmen, dass die Natur sich nur mit uns »forttreibt«, denn auch alle andern Lebewesen bringen diejenigen Veränderungen in die Welt, zu denen sie nach ihrer naturgeschichtlichen Ausstattung angelegt sind. Was könnte die besondere naturgeschichtliche Bestimmung des Menschen sein? Eine bis heute wegweisende Antwort haben unsere steinzeitlichen Vorfahren gegeben.

Sesshaftigkeit

Analysen von Pflanzenfossilien zeigen, dass etwa 10000 bis 13000 Jahre vor unserer Zeit in verschiedenen Teilen der Erde Nutzpflanzen gezüchtet worden sind: Reis in China, Mais in Amerika und Getreide im Vorderen Orient. Etwas später kam die Züchtung von Haustieren hinzu. Beiderlei Errungenschaften ermöglichten eine stationäre Land- und Viehwirtschaft und somit eine sesshafte Lebensweise, die natürlich keineswegs bereits mit dörflichen oder gar städtischen Siedlungsformen einhergehen musste. Die älteste stadtähnliche Siedlung, von der wir wissen, war Çatal Hüyük in der heutigen Türkei. Dort lebten vor knapp 9000 Jahren etwa zehntausend Menschen. Es sieht so aus, dass die Bewohner von Çatal Hüyük sich noch in erheblichem Umfang von der Jagd ernährten und überdies nicht die gesellschaftliche Arbeitsteilung kannten, welche seit den späteren mesopotamischen Hochkulturen das städtische Leben charakterisiert.

Was Menschen dazu gebracht hat, von Jäger- und Sammlergesellschaften oder von nomadischen Lebensformen zu sesshaften Agrargesellschaften überzugehen und dann auch noch in Städten zu leben, wissen wir nicht. Woher rührt das Bedürfnis nach Sesshaftigkeit? Die eigentliche Ursache kann nicht die technische Erfindung des Ackerbaus – einschließlich der weiteren Züchtung von Nutzpflanzen – gewesen sein. Diese Erfindung war lediglich eine notwendige Bedingung dafür, dass Menschen, die eigentlich schon sesshaft werden wollten, dies auch konnten. Wir müssen also annehmen, dass dem Sesshaftwerden Einstellungsveränderungen vorangegangen sind, die ihren Ausdruck sicher auch im religiösen Bewusstsein gefunden haben. Durchgesetzt hat sich ja offenbar ein neues Menschenbild, und dies verbindet sich in der Regel damit, dass neue Götter an die Stelle der alten treten.

In unserer Zeit ist es strittig, wieweit wir Menschen berechtigt sind, andere Lebewesen nicht mehr nur durch Züchtung, sondern durch genetische Manipulationen auf unsere Bedürfnisse zuzurüsten. Wir können uns vorstellen, dass entsprechende geistige Auseinandersetzungen auch im Neolithikum stattgefunden haben. Dabei folgt aus der Parallelität der Fragen natürlich nicht, dass die genetische Manipulation heute genauso zu rechtfertigen ist wie damals die züchterische, sondern es könnte ja auch passieren, dass wir durch unser heutiges Handeln wieder hinter den damals erreichten Stand des Verhältnisses zu unserer natürlichen Mitwelt zurückfallen.

Diese Gefahr besteht zumindest hinsichtlich des wegweisenden Gedankens, durch Sesshaftigkeit eine Heimat in der Natur zu finden, der der Züchtung von Nutzpflanzen und Nutztieren vorausgegangen sein muss. Der Lebensentwurf, in dem der Sesshaftigkeitsgedanke seinen Sinn hat, unterscheidet sich ja in einer sehr grundsätzlichen Weise von dem des sozusagen ambulanten Daseins der Jäger und Sammler oder der Nomaden. Wer nämlich dauerhaft an einem Ort leben will, nimmt sich damit vor, die dortigen Gegebenheiten so zu pflegen oder zu entwickeln, dass nicht eines Tages – oder besser gesagt eines Jahrs – die dortigen Lebensgrundlagen erodiert sind und ihm keine Bleibe mehr bieten. Sesshaftigkeit und Nachhaltigkeit der Wirtschaftsweise gehören grundsätzlich zusammen. Die industriellen Wirtschaften aber haben sich bisher nicht so verhalten, wie es angemessen wäre, damit die Menschheit auf diesem Planeten eine dauerhafte Adresse behalten kann. Dementsprechend ist das Kriterium der Nachhaltigkeit für die menschliche Wirtschaftstätigkeit überhaupt erst in der Naturkrise der wissenschaftlich-technischen Welt wieder entdeckt, in der wirtschaftlichen Praxis aber noch lange nicht zur Geltung gebracht worden. Tatsächlich sind wir hinter den klugen Einfall unserer steinzeitlichen Vorfahren, sesshaft zu werden und somit dauerhaft oder nachhaltig zu wirtschaften, mittlerweile ziemlich weit zurückgefallen.

Kriege

Der Lebensentwurf der Sesshaftigkeit impliziert nicht nur ein neues Verhältnis zur natürlichen Mitwelt und zum Ganzen der Natur, sondern hat gleichermaßen Konsequenzen für das menschliche Zusammenleben. Auch hier werden wir dem steinzeitlichen Projekt bisher keineswegs gerecht. Der griechische Philosoph Platon hat diese sozialen und politischen Konsequenzen im 4. Jahrhundert vor Christus in seinem Dialog »Protagoras« (320c bis 322d) in Gestalt eines Mythos beschrieben. Als die Welt so weit gediehen war, erzählt er hier, dass den Lebewesen ihre je besondere Natur zu erteilen war, betrauten die Götter die Titanenbrüder Prometheus und Epimetheus mit dieser Aufgabe. Epimetheus, der »Nachbedachte«, bat Prometheus, den »Vorbedachten«, ihm dieses Werk zu überlassen, und Prometheus willigte ein. Da gab Epimetheus den einen Krallen, dass sie sich verteidigen konnten, den andern Schnelligkeit, sodass sie sich nicht zu verteidigen brauchten, den einen eine gute Nase, den andern scharfe Augen und so weiter, damit alle Lebewesen auf ihre je besondere Weise lebensfähig würden. Als aber Prometheus nach einer Weile zurückkam, um das Werk des Bruders zu besehen, hatte dieser bereits alle denkbaren Befähigungen verteilt und damit alle Lebewesen außer dem Menschen bedacht, für diesen aber nichts nachbehalten – nackt, unbeschuht und unbewaffnet stand er da, ein rechtes Mängelwesen.

In dieser Situation nun wurde Prometheus, was für ihn später bekanntlich übel ausging, unser Retter, indem er den olympischen Göttern Hephaistos und Athene das Feuer und das zum Umgang mit dem Feuer nötige Wissen stahl. Durch die Verfügbarkeit des Feuers – heute sagt man: der Energie – war nun auch der Mensch in einer besonderen Weise lebensfähig geworden, allerdings nicht jeder für sich allein, sondern nur in gemeinschaftlichen Ansiedlungen. Hier aber entstand den Menschen eine neue Gefahr, dass sie nämlich noch nicht in Frieden miteinander zu leben verstanden. Sie hatten außer dem Feuer ja lediglich das technische Wissen, wie man mit Feuer umzugehen hat, um es zu nutzen und dabei nicht zu Schaden zu kommen. Das soziale Wissen aber, die »politische Technik«, innerhalb deren das technische Wissen seinen Sinn hat und zum Guten der Gemeinschaft ausschlagen kann, ging ihnen noch ab. So brachten die Menschen einander um, vielleicht sogar unter Einsatz der Energietechnik, und zerstreuten sich wieder, unterlagen dann aber als Einzelne den wilden Tieren. Als Zeus das sah, der Prometheus den Feuerraub allerdings keineswegs vergeben hatte, taten ihm die Menschen schließlich doch Leid, und er schickte ihnen den Gott Hermes, um ihnen »Scham und Recht« zu geben: Achtung voreinander und die Möglichkeit, ihre Konflikte auf eine nicht mehr zerstörerische Weise, nämlich vermöge rechtlicher Regelungen auszutragen.

Technische Erfindungen bringen von sich aus – das war wohl schon immer so – offenbar noch kein besseres Leben mit sich, selbst wenn sie mit diesem Ziel entwickelt worden sind. In unserer Zeit sehen wir es daran, dass das wissenschaftlich-technische Wissen auch die modernen Vernichtungswaffen ermöglicht hat und teilweise sogar zuerst um dieser Waffen willen entwickelt worden ist. Wir sehen es auch daran, dass dasselbe Wissen einem Teil der Menschheit Wohlstand beschert, andere Teile der Menschheit jedoch bedroht und die natürliche Mitwelt zerstört.

Die Menschheit hat sich mit dem steinzeitlichen Projekt der Sesshaftigkeit also ein Ziel gesetzt, das mit der Fähigkeit zur bloßen Agrikultur noch keineswegs erreicht war. Das Projekt ist bisher gleichwohl noch nicht für gescheitert zu erklären. Der Frieden mit der Natur durch eine nachhaltige Wirtschaft und der Frieden unter den Völkern durch eine gerechte internationale Ordnung sind jedoch Herausforderungen, vor denen wir im Rahmen des Sesshaftigkeitsprojekts stehen und denen wir noch lange nicht genügen.

Kultur – ein Beitrag zur Naturgeschichte

Der von unsern steinzeitlichen Vorfahren eingeschlagene Weg zur Sesshaftigkeit war der der Agri-Kultur. Dass damit wirklich die Kultur, das heißt im wörtlichen Sinn die »Pflege« der Lebensverhältnisse gemeint war, ist für uns von einiger Bedeutung, denn durch die weitgehende Industrialisierung der modernen Landwirtschaft ist ihr die Kulturförmigkeit im Wesentlichen abhanden gekommen. Auch unserm sonstigen wirtschaftlichen Umgang mit der natürlichen Mitwelt (und dem menschlichen Leib) ist kaum noch anzusehen, dass wir eigentlich ein Kulturvolk sind. An die Stelle einer anfänglich kulturgeprägten Wirtschaft ist im 20. Jahrhundert eine hinsichtlich der natürlichen Mitwelt und der nachhaltigen Pflege der Lebensverhältnisse beinahe durch und durch unkultivierte Wirtschaft getreten, wie das vorliegende Buch belegt.

Kultur im Umgang mit der natürlichen Mitwelt schließt nicht aus, dass Flächen gerodet werden, um der Agrikultur Raum zu geben. Sogar Kunstwerke haben in der Regel den Preis der Zerstörung gegebener Verhältnisse. Eine Skulptur aus Stein etwa kann nur dadurch entstehen, dass von einem Felsen ein Stück abgespalten und dann entsprechend behauen wird. Ein guter Bildhauer wird den Stein freilich nicht nur als Ressource nehmen, um ihm irgendeine Gestalt aufzuprägen; vielmehr gibt er ihm eine Form, die ihm nicht fremd ist, sondern seine natürlichen Möglichkeiten entfaltet. So wird aus dem Stein eigentlich etwas hervorgeholt, was in ihm gelegen hat und ohne den Künstler verborgen geblieben wäre. Gleichwohl ist auch dies mit Zerstörungen verbunden, jedoch nicht mit *konsumtiven* Zerstörungen, denn der Stein wird ja nicht verbraucht, sondern gewinnt eine neue Gestalt. Demgegenüber führen konsumtive Zerstörungen nach einer Nutzungsdauer durch Menschen letztlich zur Verwandlung in Abfall. Von diesen Zerstörungen sind deshalb die mit kulturellen Umgestaltungen verbundenen Veränderungen als *schöpferische* Zerstörungen zu unterscheiden.

Es kommt also darauf an, ob Menschen nur etwas konsumieren oder ob durch sie etwas in die Welt kommt, was diese sozusagen bereichert und vervollständigt. Nun ist es gewiss schwer zu beurteilen, wieweit zum Beispiel Städte, Gärten, Segelboote, Automobile oder Atomkraftwerke die Welt »vervollständigen«, aber man wird davon jedenfalls nur insoweit sprechen dürfen, wie das Hinzugekommene zum Ganzen passt. Städte beispielsweise können so auf Bergkuppen liegen, als seien sie aus dem Berg hervorgewachsen und selbst die Kuppe des Bergs. Viele gute Beispiele dafür gibt es vor allem in Italien. In diesem Fall kann man sich vorstellen, die Natur habe zwar nicht direkt solche Städte wachsen lassen, wohl aber Menschen hervorbringen können und mit ihnen die Städte, in denen sie ihren Ort im Ganzen der Natur gefunden haben.

Es gibt auch sonst Beispiele dafür, dass – zumindest in der rückblickenden Beurteilung – durch Menschen in einer relativ unstrittigen Weise etwas Gutes in die Welt kommen kann. Ein solcher Fall ist die mitteleuropäische Kulturlandschaft, so wie sie durch Agrikultur geprägt ist. Denn durch die Kultivierung der Landschaft sind seit der letzten Eiszeit Lebensräume für eine Vielfalt von Tieren und Pflanzen geschaffen worden, die es hierzulande sonst nicht gegeben hätte. Andernfalls wäre Mitteleuropa weit überwiegend von Buchenwäldern bedeckt geblieben. Diese haben ganz gewiss ihr Gutes, aber es spricht doch einiges dafür, dass

Mitteleuropa mit einer Waldfläche von achtzig Prozent kein besserer Lebensraum wäre als – zurzeit in Deutschland – mit etwa dreißig Prozent. Dabei geht es keineswegs nur um die menschlichen Lebensbedingungen; die vielfältig gegliederte Kulturlandschaft, wie sie etwa um 1800 hier bestanden hat, war sowohl für uns Menschen als auch für die Tier- und Pflanzenwelt ein großer Gewinn.

Durch Menschen kann also auch etwas Gutes in die Welt kommen, was nicht nur uns zugute kommt. Es spricht viel dafür, dieses mögliche Gute in der Tradition der Agrikultur generell als *Kultur* zu bezeichnen.

(1) Eine Form der Kultur, nämlich die Agrikultur, ist das vielleicht am wenigsten strittige Beispiel dafür, dass die Natur durch den Menschen gewinnen kann.
(2) Kultur war in dieser Weise der bisher erfolgreichste Beitrag zu dem Projekt der Sesshaftigkeit, das in der Naturkrise der wissenschaftlich-technischen Welt zu scheitern droht.
(3) Vergleicht man die besonderen Anlagen der Menschen mit denen anderer Lebewesen, so erweisen sich kulturelle Leistungen als der vielleicht am ehesten spezifisch menschliche Beitrag zur Naturgeschichte.

Damit soll natürlich nicht gesagt sein, dass andere Lebewesen – wie zum Beispiel die Ameisen, die Bienen oder die Biber – ihrerseits nicht die Fähigkeit hätten, kulturelle Ordnung in die Welt zu bringen. Beim Menschen ist dieses Vermögen aber wohl doch in besonderer Weise entwickelt.

Kultur in der Natur

Kultur als den am ehesten spezifisch menschlichen Beitrag zur Naturgeschichte zu begreifen begegnet heutzutage zunächst der Schwierigkeit, dass unter Kultur im Wesentlichen der Zuständigkeitsbereich von Kulturdezernenten verstanden wird, also besonders Musik und Theater, Museen und Dichterlesungen. Diese Verengung hat aber nicht überall gleichermaßen stattgefunden. Vor allem der neuere angelsächsische Kulturbegriff ist so gemeint, dass unter Kultur ein ausdrücklicher oder unausdrücklicher, historisch gewachsener Inbegriff eines Lebensentwurfs verstanden wird. Dieses weitere Kulturverständnis, das an dasjenige des deutschen Philosophen Johann Gottfried Herder anschließt, ist der jetzigen Situation insoweit angemessen, als die Naturkrise der wissenschaftlich-technischen Welt ja gerade die Krise eines Lebensentwurfs ist. Einen Weg zur Sesshaftigkeit bietet die Kultur jedoch auch in diesem Verständnis nur dann, wenn der gemeinsame Lebensentwurf erstens die Gesellschaft zusammenhält und zweitens auf einem Naturverhältnis beruht, das seinerseits ein Ausdruck von Kultur ist.

(1) Der verengte Kulturbegriff hierzulande deutet darauf hin, dass Kultur ihre gesellschaftliche Funktion nicht mehr erfüllt, aber allein ein erweiterter Kulturbegriff im angelsächsischen Sinn gewährleistet noch lange nicht, dass sie wieder das leistet, was ihre politische Aufgabe ist. In einem pragmatisch-funktionalen Sinn ist Kultur nämlich der Lebenszusammenhang einer Gesellschaft, und zwar wörtlich das, was sie eigentlich zusammenhält. Die Gegenkraft ist die der Vereinzelung, welche die Integrität der Gesellschaft derzeit in den Industrieländern so stark gefährdet. Kultur ist eigentlich sozusagen der Eros der Gesellschaft, der dem vereinzelnden Unfrieden und dem Individualismus zulasten des Gemeinwesens entgegenwirkt, also das, was den Menschen in Platons Prometheus-Mythos auch dann noch fehlte, als sie die für den Umgang mit dem Feuer erforderlichen technischen Kenntnisse bereits hatten.

Nicht jeder Lebensentwurf aber bietet gerade so gut einen gesellschaftlichen Zusammenhalt wie die in Krisen bewährten Lebensformen. Je nach Stabilität und Dauerhaftigkeit sind also starke und schwache Kulturen zu unterscheiden. Selbstverständlich hat auch die Industriekultur, in der wir derzeit leben, pragmatisch als eine Kultur zu gelten, mangels Dauerhaftigkeit aber wohl nicht als eine starke. Tatsächlich scheint der gesellschaftliche Zusammenhalt, den diese Kultur bietet, sogar noch weiter abzunehmen, sodass wir allmählich in ein kulturelles Vakuum geraten. Dies hängt damit zusammen, dass die Industriekultur keine Kultur in der Natur ist, sondern in einem Gegensatz zu dieser steht.

(2) Dauerhaft sind vor allem diejenigen Lebensentwürfe, die auf eine gemeinsame Aufgabe bezogen sind. In den Agrargesellschaften war dies die Kultivierung von Lebensräumen, um in der Natur sesshaft zu werden und dadurch eine Heimat zu gewinnen. Dabei gab es zwar Konflikte zwischen

menschlichen Ansprüchen und denen der natürlichen Mitwelt, jedoch keinen grundsätzlichen Gegensatz zwischen Natur und Kultur, wenn unter der Natur das Ganze verstanden wird, zu dem auch wir Menschen gehören. Kultur war vielmehr diejenige Form der Naturzugehörigkeit des Menschen, in der Menschen durch Sesshaftigkeit ihren Platz im Ganzen suchen und finden konnten.

Demgegenüber wird in der Naturkrise der wissenschaftlich-technischen Welt unter Kultur nicht mehr die Form unserer Naturzugehörigkeit verstanden, sondern geradezu das Gegenteil: das, worin wir nicht zur Natur gehören. Damit ist eigentlich nur gemeint: das, wodurch wir uns von unserer natürlichen Mitwelt unterscheiden, und dies ist insoweit nicht ganz unrichtig. Der Irrtum ist jedoch, dass die natürliche Mitwelt dabei zur bloßen Umwelt des Menschen zusammenschrumpft und dass unter dieser besonderen Umwelt wiederum »die Natur« als das, war wir nicht sind, verstanden wird – so als gehörten wir nicht dazu. In diesem verkürzten Naturverständnis besteht dann tatsächlich ein Gegensatz zwischen Natur und Kultur, dies aber doch nur insoweit hier unter der Natur irrtümlich bloß die außermenschliche Natur verstanden wird, gegen die das menschliche Kulturprojekt ja in der Tat konkurrierende Ansprüche durchzusetzen sucht. Wenn man aber mit der Natur nur die außermenschliche Natur meint, haben wir für unsere eigene Naturzugehörigkeit keinen Begriff mehr, denn diese ist nur dann zu verstehen, wenn mit der Natur grundsätzlich das Ganze gemeint ist, von dem wir wie unsere natürliche Mitwelt gleichermaßen Teile sind, ein kleiner und ein großer. Kommt uns aber das Verständnis des Ganzen abhanden, so auch das des Mitseins, das uns mit der natürlichen Mitwelt verbindet.

Interplanetarier

Das Menschenbild, in dem unsere eigene Naturzugehörigkeit nicht mitgedacht und unsere Kultur nicht als ein Beitrag zur Naturgeschichte, sondern als das verstanden wird, was uns von »der Natur« (als unserer »Umwelt«) unterscheidet, ist das unserer Zeit. Es passt in einer fatalen Weise zu einer Krise, in die wir vermöge unserer faktischen Naturzugehörigkeit geraten sind, indem wir als leibliche Wesen Unheil über die Sinnenwelt und damit auch über uns selbst bringen. Unserm Selbstverständnis nach fühlen wir uns in den Industriegesellschaften eigentlich wie Horden interplanetarischer Eroberer, die hier auf Erden eingeschwebt sind und die Güter, welche dieser Planet zu bieten hat, durchaus zu schätzen wissen, sich mit ihm aber doch nicht heimatlich identifizieren. Seit der Entdeckung der »Grenzen des Wachstums« wissen die Interplanetarier auch, dass sie die Güter der Erde nicht gar so unbedacht verwirtschaften dürfen wie bisher, aber doch nur um ihres Eigeninteresses willen, davon noch möglichst lange möglichst viel zu haben, und nicht um der Erde willen als unser aller gemeinsamen Heimat.

Es ist keineswegs auszuschließen, dass die Interplanetarier ihren irdischen Aufenthalt durch ein klügeres »Management der Ressourcen« noch bedeutend in die Länge ziehen könnten. Damit ist aber nicht gesagt, dass wir Menschen nach unserer Bestimmung im Ganzen der Natur tatsächlich Interplanetarier sind. Nach den vorangegangenen Überlegungen sind wir es gerade nicht, denn vermöge unserer naturgeschichtlichen Abkunft sind die Lebewesen der natürlichen Mitwelt eigentlich unsere naturgeschichtlichen Verwandten, sozusagen Vetter Baum und Tante Kuh. Sie sind andere *wie* wir und deshalb unsere natürliche Mitwelt, nicht nur andere *als* wir, sodass wir mit ihnen nichts gemein hätten und sie als Ressourcen für unsere Bedürfnisse verwirtschaften dürften.

Menschenbilder aber sind nicht nur ein Gegenstand philosophischer oder anthropologischer Betrachtungen, sondern das menschliche Handeln ist stets ein Ausdruck des – ausdrücklichen oder unausdrücklichen – Selbstverständnisses, das der Handelnde von sich hat. Wenn wir meinen, wir seien eigentlich Interplanetarier, sodass die Erde nicht unsere Heimat und die außermenschliche Natur nicht unsere natürliche Mitwelt sei, werden wir uns konsequenterweise auch wie Interplanetarier verhalten. Und als Mensch gewordene Natur würden wir uns nur dann dem Ganzen der Natur einfügen und dieses »vervollständigen« wollen, wenn wir uns tatsächlich als Mensch gewordene Natur verstünden. Diese praktische und sogar eminent politische Bedeutung des Menschenbilds bleibt überall dort außer Acht, wo der »Umweltschutz« im Wesentlichen als eine bloß technische und wirtschaftliche Aufgabe angesehen wird. Dadurch ergibt sich die paradoxe Situation, die in dem folgenden »umweltpolitischen Dreisatz« zum Ausdruck gebracht ist:

(1) So geht es nicht weiter.

(2) Was stattdessen geschehen müsste, ist – im Wesentlichen – bekannt.

(3) Trotzdem geschieht es – im Wesentlichen – nicht.

Warum geschieht es nicht? Weil wir unser Leben so lange nicht ändern werden, wie wir uns in unseren Herzen für Interplanetarier halten. Woher aber rührt dieses Selbstverständnis?

Welt- und Menschenbilder in den Religionen

Das menschliche Selbstverständnis ist das ureigenste Thema der Religionen. Zwar handeln sie eigentlich von Gott oder den Göttern, diese aber werden durch Schöpfungsvorstellungen in ein Verhältnis zur Welt gesetzt und bestimmen in diesen das Bild des Menschen, dem das menschliche Verhalten folgt. Religionskriege oder -streitereien sind auch deshalb keine bloß theologischen, sondern jederzeit kulturelle Auseinandersetzungen, abgesehen von anderweitigen politischen Konflikten, die in religiösen Gewändern ausgetragen werden. Umgekehrt bewahren die Religionen die Erinnerung an kulturelle Umbrüche. Beispiele sind im Alten Testament der Mord des Ackerbauern Kain an seinem nomadischen Bruder Abel oder in der griechischen Religion der Sieg des Zeus über die Erd- und Muttergöttin Gaia.

Im Alten Testament wird dem Menschen von vornherein eine Sonderstellung zuerkannt. Er ist zwar wie alle andern Lebewesen aus Erde geschaffen – »Adam« ist der »Erdmann« –, wird in dieser Gemeinschaft aber dadurch ausgezeichnet, dass nur er nach dem Bilde Gottes geschaffen sein soll, alle andern hingegen nicht. Diese Auszeichnung war freilich nicht als das Privileg gemeint, das die Industriegesellschaft daraus gemacht hat, sondern als eine gleichermaßen ausgezeichnete Verpflichtung, der angenommenen Gottähnlichkeit im menschlichen Handeln gerecht zu werden. Der Aufruf: Macht euch die Erde untertan!, bedeutete also eigentlich: Übt auf Erden eine gerechte Herrschaft über die Tiere und die Pflanzen im Sinn des Schöpfers aus, den ihr vertreten dürft und dessen Geschöpfe alle Lebewesen sind! In diesem Verständnis aber ist der Satz nur dort befolgt worden, wo Landwirtschaft und Viehzucht als Agrikultur betrieben worden sind, und das ist im Wesentlichen vorbei. Im Übrigen ist die industrielle Wirtschaft weit überwiegend keine Landwirtschaft mehr und in den andern Wirtschaftsbereichen ist der Satz noch nie so befolgt worden, wie er eigentlich gemeint war. Die Auszeichnung des Menschen im Welt- und Menschenbild des Alten Testaments hat sich dementsprechend nicht bewährt.

Das Judentum des Alten Testaments unterscheidet sich noch in einer andern, historisch gleichermaßen folgenreichen Hinsicht von andern Weltreligionen. Der Schöpfergott nämlich, der die Welt gemacht haben soll, gehört ihr selber hier nicht an und ist auch durch den Schöpfungsprozess nicht in sie eingegangen, sondern sieht alles nur von oben her. Dies schließt nicht aus, dass er auf mannigfache Weise Anteil am irdischen Geschehen nimmt, besonders in den Kriegen seines auserwählten Volks gegen die Nachbarvölker und ihre Naturreligionen, aber dies geschieht doch immer nur von oben her. Im geistesgeschichtlichen Rückblick verbindet sich die Außerweltlichkeit des alttestamentlichen Gottes nun in einer fatalen Weise damit, dass auch der – in seinem Selbstverständnis – nach dem Bild dieses Gottes geschaffene Mensch seine eigene Naturzugehörigkeit verdrängt hat. Selbstverständlich war das Menschenbild des Alten Testaments nicht das des interplanetarischen Eroberers. Der Interplanetarier ist aber doch sozusagen die nächstliegende Verfälschung des alttestamentlich eigentlich gemeinten Menschenbilds, und zwar vermöge der Ebenbildlichkeit zu einem außerirdischen Gott.

Im Christentum hätte sich dies alles ändern können, denn in Christus ist jener Gott in einer irdischen Weise »Fleisch geworden« (Joh. 1,14). Jesus Christus war also gleichermaßen ein Gottessohn wie ein Erdensohn. Auch die Schöpfungsgeschichte wird nun so interpretiert, dass die Welt »in Christus« geschaffen ist (Kol. 1,16), ihren Raum also nicht außerhalb Gottes, sondern in ihm haben soll. Das Christentum ist danach eigentlich eine kosmische Religion, in der die Natur nicht mehr als »bloße Natur« in einem Gegensatz zu dem übernatürlichen Gott steht, sondern selbst als ein Ausdruck Gottes anzusehen ist. Das real existierende Christentum hat sich diese Konsequenz, die der Philosoph Baruch Spinoza gezogen hat, jedoch nie zu Eigen gemacht. Sie ist aber in ihm angelegt, insoweit es außer durch das Judentum auch durch das griechische Denken geprägt ist.

Wahrnehmung des Ganzen

In der griechischen Religion ist die Welt, der Kosmos, aus der liebenden Verbindung zweier Naturkräfte entstanden, die auch im Ursprung bereits Himmel und Erde genannt wurden. Die Weltentstehung vollzog sich dann als eine Theo-Kosmogonie, das heißt als eine Entfaltung der Natur durch die Differenzierung göttlicher Kräfte. Im Rahmen dieses Prozesses entstand auch die Menschheit, jedoch vermöge ihrer Nähe zu den gegen Zeus und die olympischen Götter unterlegenen Titanen – wie Prometheus und Epimetheus – in einer keineswegs ausgezeichneten, sondern teilweise eher dubiosen Rolle.

Ein späterer, erst im 4. Jahrhundert vor Christus in der griechischen Aufklärung entstandener Schöpfungsmythos ist der in Platons »Timaios«. Auch hier aber sind es – anders als in der üblichen jüdisch-christlichen Interpretation dieses Dialogs – göttliche Naturkräfte, die der Welt immanent sind und zur Gestaltung des Kosmos führen. Für uns von wegweisender Bedeutung ist vor allem das Bild des Menschen und seiner Naturzugehörigkeit, wie es von Platon entwickelt worden ist. Der Grundgedanke ist, dass wir Menschen vermöge unserer Sinne und kraft der Vernunft, die uns durch göttliche Naturkräfte als eine menschliche Fähigkeit gegeben ist, die Ordnung des Ganzen erkennen, um uns im Denken wie im Handeln danach zu richten. Platon erlebte vor allem die kosmische Ordnung der Himmelsbewegungen als eine Verkörperung und als einen sinnlichen Ausdruck der Ordnung des Ganzen. Mit dem Blick auf den gestirnten Himmel meinte er deshalb, das Sehvermögen sei uns verliehen, »damit wir die Umläufe der Vernunft am Himmel erblickten und sie für die Umschwünge unseres eigenen Denkens benutzten, welche jenen verwandt sind, als regellose den geregelten, damit wir ... in Nachahmung der durchaus von allem Abschweifen freien Bahnen des Gottes unsere eigenen, dem Abschweifen unterworfenen einrichten möchten« (47b–c).

In der Naturkrise der wissenschaftlich-technischen Welt stehen wir vor der Aufgabe, die Ordnungen des menschlichen Verhaltens wieder in einen Einklang mit der Ordnung des Ganzen zu bringen. Eben dies ist der Sinn des Platonischen Satzes, der uns dementsprechend gerade an diejenige Orientierung erinnert, welche uns verloren gegangen ist, die am Ganzen der Natur. Den meisten Bürgern der Industriegesellschaften ist der Gedanke an das Ganze so gründlich abhanden gekommen, dass sie dafür nicht einmal mehr einen Begriff haben, sondern unter der Natur nur noch den nicht menschlichen Teil des Ganzen verstehen. Dementsprechend werden die technischen und wirtschaftlichen Maßnahmen, durch die wir auf andere Wege kämen, in der Regel unter falschen Voraussetzungen bewertet.

Die griechischen Philosophen waren die Ersten, die sich als Kosmos und als Physis – lateinisch »natura« – überhaupt einen Begriff vom Ganzen der Welt gebildet haben. Dies war ein großer Moment in der Bewusstseinsgeschichte der Menschheit. Die unmittelbare Wahrnehmung richtet sich ja in der Regel auf einzelne Dinge und Lebewesen, jedoch nicht auf den Zusammenhang, in dem sie stehen, denn dieser verbirgt sich zwischen ihnen. Es war aber gleichermaßen ein großer Moment in der *Naturgeschichte,* als zum ersten Mal ein Mensch den Blick auf das Ganze, den Naturzusammenhang unseres Lebens richtete und ihn ansprach als Physis. Denn die Natur hat Millionen von Arten geschaffen und fand sich nun durch eine von ihnen – in der griechischen Naturphilosophie – als das angesprochen, was sie selber ist. Im Menschen kommt die Natur zur Sprache. Hat sie sich in der industriegesellschaftlichen Naturvergessenheit auch selber wieder vergessen? Wie ist es dazu gekommen? Hier geht es nun umgekehrt um das Selbstverständnis des Menschen in der Natur.

In der ganzheitlichen Wahrnehmung der Welt durch die antiken Griechen wurde angenommen, dass die Erde ihren Ort im Mittelpunkt des Kosmos habe und sich dort in Ruhe befinde, während die himmlischen Sphären sich um sie herum bewegen. Auch in der Antike hat man aber bereits erwogen, ob statt des Himmels nicht eigentlich die Erde sich bewege und ob das Rotationszentrum des Planetensystems nicht vielmehr die Sonne sei. Gegen beide Annahmen gab es gute Gründe, vor allem den, dass es erfahrungsgemäß zu spüren ist, wenn man sich auf einem in Bewegung befindlichen Körper – zum Beispiel einem Wagen oder einem Schiff – befindet und dass eigentlich ein ständiger Ostwind herrschen müsste, wenn nicht die Gestirne über der Erde aufgingen, sondern diese sich ihnen entgegendrehte. Keinerlei Rolle spielte bei diesen Überlegungen jedoch die Bewertung, dass der Mittelpunkt des Kosmos ein besonders ausgezeichneter Ort sei, welcher der Erde als einem gleichermaßen ausgezeichneten Lebensraum zustehe. Im Gegenteil: In diesem Weltbild war die Erde eine Art Bodensatz des Kosmos. Der Mittelpunkt des Kosmos war der aus jeder Richtung unterste Ort und galt dementsprechend auch als der untergeordnetste, relativ zu dem alles andere umso edler sei, je höher es sich befinde.

Die hierarchische Vorstellung, dass die Erde der Ort des Übels und des Bösen sei, der Himmel hingegen der des Guten und Reinen, entsprach im Christentum einer ausgeprägten Jenseitsorientierung und Erlösungshoffnung, außerdem aber den Herrschaftsinteressen einer bis zur Reformation noch einheitlich katholischen (griechisch »allgemeinen«) Kirche. Dabei kam dieser die – bis heute dominierende – Auslegung des biblischen Mythos vom Sündenfall entgegen, wonach wir Menschen eigentlich nur durch eine Strafversetzung aus dem Paradies in diese Welt der Geburtsschmerzen, Dornen und Disteln geraten seien. Als Insassen einer Art Strafkolonie bedürften wir hier zweifellos der Überwachung durch eine Autorität, zumal wenn diese uns außerdem in Aussicht stellt, dermaleinst wieder ins Jenseits entlassen zu werden. Auf diese Weise ergab sich die geschlossene Welt des Mittelalters, aus der nur die Pforte zum Paradies, durch die Adam und Eva verstoßen worden waren, einen Ausweg versprach, den aber die Kirche streng bewachte.

Aufbruch in die Neuzeit

Zeichen des Aufbruchs aus der relativ geschlossenen Welt des Mittelalters gab es seit dem Anfang des 2. Jahrtausends. Die Kreuzzüge beispielsweise fanden zwar noch im Gewand des christlichen Glaubens statt, spiegelten aber doch eigentlich bereits dieselbe Unruhe, die dann zu den großen Entdeckungsreisen um die Erde führte. Diesen wiederum folgte die Eroberung der Natur durch die moderne Naturwissenschaft und Technik. Die Epoche, in der dieser Aufbruch der abendländischen Menschheit einerseits bewusst geworden ist, andererseits noch die Frische des Neuanfangs behalten hat, die so genannte Renaissance, reichte vom 14. bis zum 16. Jahrhundert. Auf große Persönlichkeiten bezogen war es die Zeit von Petrarca und Nikolaus von Kues, Leonardo da Vinci und Nikolaus Kopernikus, Niccolò Machiavelli und Giordano Bruno, Martin Luther und Erasmus von Rotterdam. Die Renaissance hat ihren Namen von der geistigen Wiedergeburt der griechisch-römischen Antike, welche diese Epoche von Italien ausgehend charakterisierte. Sie war der eigentliche Morgen des Tags, der in der Naturkrise der wissenschaftlich-technischen Welt zu Ende zu gehen droht.

Es ist so, als hätte die abendländische Menschheit sich damals gesagt: Wir haben die Geschichte vom Sündenfall missverstanden; eigentlich war es keine Vertreibung aus dem Paradies, sondern ein Aufbruch. Wir sind dankbar dafür, dass einmal von alleine für alles gesorgt war und uns unsere Nahrung nur so in den Mund gewachsen ist. Nun aber möchten wir doch auch einmal wissen, was jenseits der behütenden Einfriedungen ist, in die wir hineingesetzt worden sind. Wir möchten hier auch nicht immer nur spazieren gehen, sondern eine Aufgabe haben, für die wir gut sind und die unserm Leben einen Sinn gibt. Wo wir diese Aufgabe finden, möchten wir dann auch ansässig werden und eine Heimat haben, so wie es sich unsere klugen steinzeitlichen Vorfahren ja schon einmal vorgenommen hatten. Die Schlange, das klügste Tier und die Stimme der Natur, hatte ganz Recht, uns daran zu erinnern, und Eva war glücklicherweise sensibel genug, diese Stimme wahrzunehmen und zu verstehen.

Um nicht missverstanden zu werden: Diese Interpretation des »Sündenfalls« stammt nicht aus der Renaissance. Man empfindet aber die in der Renaissance erfolgte Bewusstseinsveränderung so, als ob damals die Wendung eingetreten wäre, die dieser Umdeutung des alttestamentlichen Mythos entspricht. Das historische Leitbild war stattdessen, dass wir uns durch Wissenschaft und Technik gleichsam einen Schleichweg zurück ins Paradies bahnen könnten. Dieses Selbstverständnis ist ein anderer Gedanke als der, das Essen vom Baum der Erkenntnis als einen Aufbruch neu zu interpretieren. Die heutigen »Konsumparadiese« zeigen, dass auch die Rückkehr ins Paradies ein erkenntnis- und handlungsleitendes Motiv gewesen ist. In der

Renaissance war aber wohl das Streben nach Emanzipation bestimmend, und dieses Anfangs sollten wir uns vielleicht jetzt wieder erinnern.

Malerische Wegweiser

Das Aufbruchsmotiv zeigt sich daran, dass in der Renaissance tatsächlich ein neues Verhältnis zur Sesshaftigkeit eingetreten ist, was aber weniger an den Texten als in der Malerei erkennbar wird. Diese kulminierte damals in Italien und hatte einen zweiten Höhepunkt in Flandern. Was daran unter Gesichtspunkten des Sesshaftwerdens auffällt, ist aus der Sicht der sakralen Malerei, dass die Menschen allmählich in die Bilder einziehen, die vorher nur der Darstellung des Heiligen, aus der Welt Ausgegrenzten gewidmet waren, und dass dies gleichzeitig auch der natürlichen Mitwelt geschieht. Beide kommen in den Bildern sozusagen aufeinander zu.

Die ersten gewöhnlichen Menschen, die in die Bilder einzogen, ohne selbst in den dargestellten biblischen oder Heiligengeschichten vorzukommen, waren die Stifter der Bilder. Manchmal sind sie im Vordergrund am unteren Bildrand so klein wie Mäuschen, mit der Zeit aber werden sie größer und gelegentlich legt einer der Heiligen einem von ihnen eine Hand auf den Kopf oder die Schulter, um ihn damit der besonderen Aufmerksamkeit der Heiligen Jungfrau im Zentrum der Szenerie zu empfehlen. Auf diese Weise zieht auch der Betrachter in die Bilder ein, sodass zusätzlich zu den geheiligten Ereignissen ihre anbetende Wahrnehmung selbst zu einem Thema der Malerei wird.

Aus der außermenschlichen Natur kommen in den Vordergründen wiederum der sakralen Bilder im Wesentlichen nur Gras und Blumen sowie Steine vor, aus besonderem Anlass gelegentlich auch ein Löwe (der des Hieronymus). Das eigentliche Geschehen drängt hier aus dem Hintergrund ins Bild. Dort gab es bis zur Zeit Giottos und darüber hinaus Goldgründe, die dann – wohl auch aus Ersparnisgründen – allmählich durch Naturdarstellungen ersetzt wurden. Diese Hintergründe waren aber wie ein Bild im Bild gemalt, als eine eigenständige Darstellung von Landschaften, Bäumen und Dörfern, die – wie eine Tapete – keinen räumlichen Bezug zu dem Geschehen im Vordergrund hatte. Dies änderte sich zunächst in der Form, dass die dargestellte Welt zwar zu einem wirklichen Hintergrund der im Zentrum des Bilds dargestellten Begebenheiten avancierte, jedoch von diesen durch eine Mauer abgeschirmt wurde, über die hinweg es spross und wuchs.

Was von den Mauern nachblieb, waren zunächst Bild- oder Wandschirme, aber nur noch hinter den Zentralgestalten wie Maria und dem Kind. Beide saßen dann gleichwohl – vor dieser kleinen Abschirmung – mitten in einem Bildraum, der sich von vorn bis hinten durchzog und in dem mancherlei Menschen ihren Geschäften nachgingen: beispielsweise als Bauern, Fischer oder Reisende zu Fuß und zu Pferd. Möglicherweise ist das Christusgeschehen erst mit dieser Entwicklung in der Malerei ganz in das menschliche Bewusstsein eingegangen. Nun dauerte es nicht mehr lange, bis aus den sakralen Bildern die Insignien des Himmlisch-Übernatürlichen wie insbesondere die Heiligenscheine ganz verschwanden. Man kann meinen, mit dieser Säkularisierung des Heiligen sei es profanisiert worden und als Heiliges nicht mehr erkennbar. Man kann den Prozess aber auch so verstehen, dass das Christusgeschehen nun endlich auch in die ganze Natur eingeht und nicht mehr nur exklusiv dem Menschen zuteil wird. Indem das Heilige in die Natur einging, fanden sich die Menschen nun aber gemeinsam mit der natürlichen Mitwelt im Ganzen der Natur. So wurde die Selbstwahrnehmung des Menschen in der Natur zu einem Thema der Malerei. Unter Gesichtspunkten der Sesshaftigkeit ist dies das interessanteste Ergebnis der beschriebenen Entwicklung.

Verunsicherung auf dem Weg

Die kopernikanische Einsicht, dass die Erde auch ein Stern ist und die Himmelsbewegungen ein Spiegel unserer eigenen Bewegungen sind, gilt mit Recht als eine große Wende im neuzeitlichen Bewusstsein. Kopernikus aber, dessen heliozentrische Theorie diesen Schritt ausgelöst haben soll, hat mit seiner Theorie eigentlich nur eine zusätzliche Antwort auf die Frage gegeben, welche die Renaissancemaler ein Jahrhundert zuvor beschäftigt hatte: Wohin gehören wir Menschen im Ganzen der Natur? Biografisch war diese Kontinuität dadurch vermittelt, dass Kopernikus in Italien studiert und dort den neuen Geist in den ihn prägenden Jugendjahren aufgenommen hatte.

Mit der These, dass die Erde auch ein Stern ist und nicht der allerunterste Teil des Kosmos, war vor Kopernikus bereits Nikolaus von Kues der traditionellen Abwertung der Erde entgegengetreten. Damit verband sich ein ganz anderes Weltgefühl als das mittelalterliche, in dem alles seinen Platz zwischen oben und unten hatte – die Menschen zwar unter den himmlischen Hierarchien und denen der Kirche stehend, ihrerseits aber doch erhaben über das Tierreich, das Pflanzenreich und die so genannte unbelebte Welt. Nikolaus von Kues erklärte demgegenüber: In jedem Geschöpf ist das ganze Universum dieses Geschöpf, nicht nur im Menschen als einem Mikrokosmos. Sogar im Stein ist alles Stein! Im Menschen also ist die Natur Mensch geworden, in der Katze Katze, im Nussbaum Nussbaum und im Stein Stein. Das Besondere am Menschen ist es, Mensch zu sein, hingegen nicht, etwas Besseres als Katzen, Nussbäume und Steine zu sein. Die Individualität der Einzelnen wurde dadurch so aufgewertet, wie es dem Denken der Renaissance entsprach. Denn eine Individuation des Ganzen zu sein ist mehr, als man dem Individuum damals – wie heute – in der Regel zutraute.

In eine offene Welt versetzt zu sein, in der alle Dinge und Lebewesen ihren je eigenen Wert hatten, machte das Leben keineswegs einfacher, sondern brachte für unsere neuzeitlichen Vorfahren erst einmal eine große Unsicherheit mit sich. Diese führte dazu, dass das geozentrische Weltbild der Antike im menschlichen Bewusstsein nicht durch das heliozentrische, sondern durch das anthropozentrische ersetzt wurde. Dabei avancierte der Mittelpunkt des Kosmos in der Erinnerung nun zu einem privilegierten Ort. Es war so, als wenn man gesagt hätte: Wenn wir schon nicht (mehr) im Mittelpunkt des Kosmos leben dürfen, wollen wenigstens wir selber – die abendländische Menschheit – der Mittelpunkt des Kosmos sein, indem wir alles nur von uns aus sehen, nicht aber irgendwo innerhalb des Ganzen herumirren, in dem wir unseren besonderen Platz verloren haben.

Für den Aufbruch in die Welt hinaus, der damals, etwa mit den Entdeckungsreisen, längst im Gang war und von den Malern in der geschilderten Weise wahrgenommen wurde, hatte diese Verunsicherung tief greifende Folgen. Zwar gab es wohl kein Zurück mehr in die hierarchische Sicherheit des Mittelalters, aber auf dem Gang in die Welt hinaus konnte eine neue Sicherheit doch immer noch auf zweierlei Weise gesucht werden: als gemeinsame oder als autonome Sicherheit.

Die Unterscheidung zwischen den beiden Arten von Sicherheit kommt aus der Friedensforschung und ist dort so gemeint, dass man nicht unbedingt umso sicherer ist, je stärker und unabhängiger oder autonomer man ist. Denn das traditionelle militärische Denken, das die Sicherheit vor allem in der eigenen Stärke und Überlegenheit suchte, hat nicht berücksichtigt, dass die andern Länder vor einem solchen Land umso mehr Angst haben, je überlegener es ihnen ist, und dass auch diese Angst die angestrebte Sicherheit gefährdet. Die Alternative ist, miteinander eine gemeinsame Sicherheit zu suchen, in der beide Seiten keinen Angriff des andern fürchten, aber – wegen der zu erwartenden Abwehr – auch selber keinen Angriff riskieren.

Für den abendländischen Zug in die Welt hinaus bedeutet das Ziel der autonomen Sicherheit, sich möglichst wenig in Abhängigkeiten von der übrigen Welt zu begeben, um sich jederzeit möglichst leicht wieder davonmachen zu können. Dies ist die Sicherheit der zuvor schon erwähnten interplanetarischen Eroberer. Eine gemeinsame Sicherheit zu suchen hieße demgegenüber, dass weder wir die natürliche Mitwelt noch diese uns zu fürchten brauchte, indem alle Beteiligten in der Gemeinschaft der Natur für etwas gut sind und das Ihre nicht nur für sich tun. Freiheit also, das alles überragende Ziel der Neuzeit, würde in autonomer Sicherheit als *Freiheit vom Mitsein* gesucht, in der gemeinsamen Sicherheit hingegen als *Freiheit im Mitsein*. Das Ziel der Sesshaftigkeit ist die Letztere. Der neuzeitliche Aufbruch in die Welt hinaus aber ist – vermutlich als eine Folge der anfänglichen Verunsicherung – bisher so verlaufen, dass wir statt der Freiheit im Mitsein die Freiheit vom Mitsein gesucht haben. Wenn wir dies nun einsehen, indem wir uns der menschlichen Naturzugehörigkeit erinnern, scheint uns der andere Weg für die Zukunft der wissenschaftlich-technischen Welt aber doch noch offen zu stehen.

Wie möchten wir in Zukunft leben?

Natürlich brauchten die Interplanetarier sich auf Erden nicht wie Ausbeuter zu verhalten, sondern könnten sich auch der dem Menschen im

Alten Testament zugesprochenen Verantwortung für die außermenschliche Natur als Gottes Schöpfung erinnern. Davon aber haben wir uns inzwischen so weit entfernt, dass wir allen Anlass haben, darüber nachzudenken, ob die alttestamentliche Sonderstellung des Menschen in der Natur nicht selbst schon ein Irrtum oder zumindest eine Überforderung war.

Die philosophische Anthropologie hat sich von der industriewirtschaftlichen Praxis, die Sonderstellung des Menschen vor allem in Gestalt besonderer Ansprüche geltend zu machen, bisher nicht hinreichend distanziert. Dies liegt aber auch daran, dass sie in der Regel als Geisteswissenschaft verstanden wird und sich für den Naturzusammenhang des menschlichen Lebens gar nicht interessiert. Was uns in der Naturkrise der wissenschaftlich-technischen Welt fehlt, ist also eine *naturphilosophische Anthropologie,* das heißt eine Antwort auf die Frage, wer der Mensch in der Gemeinschaft der Natur ist, was ihm im Zusammenleben mit Tieren und Pflanzen, Erde und Meer, Luft und Licht zusteht und was er dafür schuldig ist.

Was folgt daraus für die gegenwärtig so vielfach beanspruchte Sonderstellung des Menschen? Vor dem Hintergrund der philosophischen Alternative lässt sich ein sozusagen psychologischer Irrtum von einem philosophischen unterscheiden. Psychologisch liegt dem Anspruch auf eine Vorzugsbehandlung in der Regel ein übersteigertes Geltungsbedürfnis, also eine Selbstwertschwäche, zugrunde. Wir beanspruchen eine Sonderstellung immer nur, insoweit wir unserer selbst nicht sicher sind. Geltungsbedürfnisse sind offenbar auch ein Motor unserer Wirtschaft. Nach der Bedürfnisforschung aber entstehen sie als Regressionen, wo es an Selbstverwirklichung mangelt, und dass die Selbstsucht einen Mangel an Selbstverwirklichung kompensieren soll, klingt ja auch ganz plausibel. Gerade hier zeigt sich nun jedoch der philosophische Irrtum.

Unter dem Selbst, das man zu stärken sucht, kann nämlich das kleine oder das größere Selbst verstanden werden. Das kleine Selbst ist das individualistische, der Einzelne, von dem es im Wirtschaftsliberalismus heißt, er kenne seine Interessen selbst am besten und brauche sich von andern nichts sagen zu lassen: der »souveräne Konsument« also, dessen Souveränität allerdings in keiner Weise gebildet ist, sondern sich gewissermaßen naturwüchsig oder durch den »heimlichen Lehrplan« der Medien und der Werbeleute einstellen soll. Das kleine Selbst zeichnet sich vor allem dadurch aus, dass es von sich aus keine Rücksicht auf andere und das Ganze nimmt, sondern dazu erst durch besondere Gesetze angehalten werden muss. Dieses individualistische Selbst ist dasjenige, dessen Egoismus von den Wirtschaftsliberalen als vorbildlich proklamiert wird.

Das größere Selbst demgegenüber unterscheidet sich von dem kleinen so wie die *Individualität,* welche in der Renaissance aufgewertet wurde, vom wirtschaftsliberalen *Individualismus* oder – politisch ausgedrückt – wie der Citoyen vom Bourgeois. Es ist das Selbst des mündigen Bürgers, der zwar auch für sich das Gute sucht, aber nicht zulasten Dritter oder des Ganzen.

Tatsächlich liegt dem geltungsbedürftigen Anspruch auf eine Sonderstellung des Menschen eine Verwechslung des kleinen und des größeren Selbst zugrunde. Nur das kleine Selbst braucht diesen Anspruch, das größere nicht. Diese These knüpft zunächst an die zeitgenössischen Kommunitaristen an, die mit Recht daran erinnern, dass die Gemeinschaftswerte des größeren Selbst in unserer politischen Kultur auf eine geradezu gemeingefährliche Weise vernachlässigt werden. Dabei geht es um das mitmenschliche und insbesondere um das politische Mitsein. Hier ist den wirtschaftsliberalen Apologeten des kleinen Selbst entgegenzuhalten, dass ein einzelner Mensch sozusagen noch gar kein Mensch ist. Bloß für mich bin ich nicht Ich – ich bin es nur in der Gemeinschaft oder im mitmenschlichen Mitsein mit Andern. Der Mensch ist von Natur ein soziales Wesen. Was du bist, das bist du andern schuldig, sagt die Prinzessin im »Tasso« mit Recht. Ein politisches Gemeinwesen ist mehr als die Summe der Individualismen.

Naturphilosophische Anthropologie

Was du bist, das bist du andern schuldig: Die Interplanetarier würden dies wohl nicht grundsätzlich bestreiten, mit den andern, denen sie etwas schuldig sind, aber doch nur ihre Mitmenschen, die andern Interplanetarier, meinen. Sind aber diese andern, denen wir unser Selbstsein schulden, tatsächlich nur die andern Menschen? Diese sind es gewiss: Eltern, Lehrer, Lebensgefährten, die Großen der Vergangenheit – aber bin ich nicht auch dem Fluss und dem Meer, an denen ich aufgewachsen bin, dem Sternenhimmel, den meine Mutter mir gezeigt hat, den Bäumen, den Blumen und den Tieren, die mir etwas bedeutet haben, bin ich nicht auch ihnen allen schuldig, was ich bin? Als Nikolaus von Kues sagte: In jedem Geschöpf ist das ganze Universum oder ist die ganze Natur dieses Geschöpf, im Menschen also ist sie Mensch geworden, dachte er gewiss nicht nur an das kleine individualistische Selbst des Homo oeconomicus, denn dieses ist ja gerade keine Individuation des Ganzen und will es nicht sein. Gemeint ist eine umfassendere Individualität, das größere Selbst, und zwar im Mitsein sowohl mit andern Menschen als auch mit den Lebewesen und Dingen der natürlichen Mitwelt.

Soweit die naturphilosophische Anthropologie der Natur des Menschen besser gerecht wird als die bloß mitmenschliche Anthropologie der Interplanetarier, hat das größere Selbst – unsere umfassendere, nicht individualistische Individualität – den Horizont des natürlichen Mitseins. Unser Selbstsein oder unsere Identität ist umfassender als die Species Mensch. Wir *sind* auch Tier und Pflanze, Erde und Meer. Die andern Lebewesen und die vier Elemente sind nicht »die Natur«, die wir nicht sind. Küstenbewohner etwa werden mit der Flut geboren und sterben mit der Ebbe. Also leben sie nicht nur am Meer, sondern das Meer lebt auch in ihnen. Bloß für mich bin ich nicht Ich und bloß für uns sind wir nicht Wir. Ohne die natürliche Mitwelt sind wir gar nicht die Menschheit. Wir sind es nur in der Gemeinschaft der Natur: als Mensch gewordene Natur. Dieser Kommunitarismus ist umfassender als der bloß politische, der sich nur für die mitmenschliche Gemeinschaft und nicht für die der Natur interessiert, aber es ist auch eine Art Kommunitarismus.

Wie kann ein Interplanetarier feststellen, ob er – oder sie – eigentlich doch lieber eine Heimat auf Erden finden möchte? Eine Chance ist die Sensibilisierung der eigenen Leiblichkeit als unmittelbarer Naturzugehörigkeit, auch in der Erfahrung von Krankheit als dem ungelebten Leben (Viktor von Weizsäcker), so wie die Geltungsbedürfnisse der Interplanetarier ebenfalls ein anderweitig ungelebtes Leben kompensieren. Ein zweiter Weg ist die Bildung der Sinne im natürlichen Mitsein. Besonders die Erfahrung, dass die Dinge und Lebewesen der natürlichen Mitwelt uns etwas zu sagen haben, wenn nicht immer wir alles zu sagen haben wollen – sei es beim Wandern oder auf dem Meer, im Garten oder in den Bergen –, kann die Monologie überwinden. Eine dritte Möglichkeit ist die Schule der Empfindung durch die bildende Kunst und Literatur. Vor allem die Dichter verstehen es, uns neue Welten zu erschließen, sodass wir uns in sie hineinfühlen können. All dies sind Formen der Gefühlsbildung für andere und anderes im natürlichen Mitsein.

Wer also ist der Mensch im Ganzen der Natur? Um eine Antwort zu finden, mit der die Industriegesellschaft noch eine Zukunft haben könnte, gilt es, zu überlegen: *Wofür sind wir gut?* Und wie finden wir eine Heimat auf diesem Planeten? Die wirtschaftsliberale Selbstsucht führt in Wahrheit zu einer Selbstverlorenheit in den »Konsumparadiesen«. Wer ist schon damit zufrieden, im Wesentlichen für ein Einkommen zu arbeiten, mit dem Konsumgüter zu erwerben sind? Wünschen wir uns nicht eigentlich eine sinnvolle Tätigkeit, in der wir für etwas gut sind, vielleicht auch eine, für die andere nicht ganz so gut sind wie wir? Natürlich soll dadurch zugleich der Lebensunterhalt gewährleistet werden, möglichst gut sogar, aber nur deswegen möchte man doch eigentlich nicht arbeiten. Wollen wir nicht lieber irgendwo für etwas gut sein und dadurch eine Heimat finden? Noch haben wir die Chance, uns des Projekts der Sesshaftigkeit zu erinnern.

Nachhaltigkeit für die Zukunft

Unter Sesshaftigkeit können wir heute natürlich nicht mehr dasselbe verstehen, was in den steinzeitlichen Anfängen dieses Projekts einmal modern war. Es kommt vielmehr darauf an, beim heutigen Stand einerseits des kulturellen und politischen Bewusstseins, andererseits von Wissenschaft und Technik – soweit diese zur Sesshaftigkeit tauglich sind – Lösungen für das dritte Jahrtausend nach Christus zu finden, weder für das sechste oder achte davor noch für das vierte danach. Dafür ist die seit dem Brundtland-Bericht geführte Diskussion über das Konzept der Nachhaltigkeit oder »Sustainability« eine gute Grundlage. Allerdings liegt in der relativ breiten Zustimmung, die es findet, eine Mehrdeutigkeit, die den Beifall relativiert.

Der Gedanke, nachhaltig wirtschaften zu sollen, stammt aus der deutschen Forstwirtschaft des 18. Jahrhunderts und hatte dort bereits dieselbe Mehrdeutigkeit. Unter den Forstwirten ist darüber allerdings bereits eine gründliche Auseinandersetzung geführt worden. Nachhaltigkeit konnte hier nämlich einerseits einfach so gemeint sein, dass dem Wald nicht mehr Holz entnommen wird als nachwächst. Diese Bedingung ist ganz gewiss sinnvoll und dient dazu, den Waldbestand zu erhalten. Sie sorgt aber doch nur dafür, dass den Menschen das Holz nicht ausgeht, und legt nicht weiter gehend fest, welche Art von Wald erhalten bleiben soll. Solange man nur an die Entnahmebilanzen denkt, sind also Monokulturen, Kahlschläge und Ähnliches keineswegs ausgeschlossen. Der Lebensgemeinschaft, die ein Wald eigentlich ist, wird dabei nicht gedacht.

Das umfassendere Kriterium der Nachhaltigkeit hat aber nicht nur das Ziel, unsern Nachkommen ebenso viele Holzressourcen zu hinterlassen, wie wir vorgefunden haben, sondern bezieht sich auch auf die natürliche Mitwelt. Angestrebt wird eine Waldwirtschaft, in der die Lebensverhältnisse erhalten bleiben. Durch das Ernten von Holz soll also von Mal zu Mal möglichst wenig zerstört werden, oder jedenfalls nicht mehr als mit der fortdauernden Gesundheit des Walds verträglich ist.

Der politische Erfolg des Nachhaltigkeitsgedankens für die industrielle Wirtschaft insgesamt beruht weitgehend auf derselben Mehrdeutigkeit, die er bereits in der Waldwirtschaft hatte. Zwar läge auch in der Nachhaltigkeit im anthropozentrischen Verständnis schon ein Fortschritt gegenüber der derzeitigen Wirtschaftsweise, der natürlichen Mitwelt aber und dem Ganzen der Natur wäre damit allenfalls sehr partiell gedient.

Um nicht nur auf die *menschliche* Nachwelt Rücksicht zu nehmen, käme es darauf an, die Ordnungen des menschlichen Verhaltens wieder mit denen der Natur in Einklang zu bringen, also nicht anthropozentrisch, sondern physiozentrisch zu wirtschaften. Damit wir uns im weiter gehenden Sinn nachhaltig verhalten, also auf die Lebensgemeinschaften der natürlichen Mitwelt um ihrer selbst willen Rücksicht nehmen, müssten wir der industriellen Wirtschaft kulturelle Grenzen setzen, die weit über das lediglich klügere Management »natürlicher Ressourcen« hinausgingen. Grundsätzlich wären dafür die folgenden vier Bedingungen zu erfüllen:

(1) *Konzentrische Ansässigkeit*

Sesshaft werden kann man nicht allein bezogen auf den Ort, an dem man wohnt und einem Beruf nachgeht, denn fast alles, was zum Wohnen oder zum Arbeiten gebraucht wird, kommt von weit her oder hat Folgen im näheren oder weiteren Umkreis. Wenn also zum Beispiel der Verkehrsenergiebedarf der stattfindenden Transporte oder der lokale Umsatz an herbeizuschaffenden Energieträgern Klimaänderungen in der Dritten Welt nach sich zieht, kann von einem naturverträglichen Wohnen und Arbeiten noch keine Rede sein. Ebenso ist es, wenn der lokale Wasserbedarf zu Absenkungen des Grundwasserspiegels im Umland führt oder wenn Abfälle in andere Landesteile oder Länder geschafft werden. Das Kriterium der konzentrischen Ansässigkeit ist dagegen, nicht mehr zulasten der Lebensverhältnisse im Umland, in den Nachbarländern, auf andern Kontinenten und auf der Erde überhaupt zu leben. Diese Art der Ansässigkeit entspricht der Grundstruktur des Raums: Hier, wo ich wohne, finde ich mich nicht nur in einem Haus, sondern ich wohne auch auf dem Grundstück, wo es steht, in der Straße, wo dieses liegt, in der Stadt, zu der die Straße gehört, in dem Land, das ich mit meinen Mitbürgern bewohne, auf einem der verschiedenen Kontinente und letztlich auf der Erde selbst. Hier, wo ich stehe, ist nicht nur der Ort, wo ich gerade bin, sondern hier ist auch die Erde selbst. Lokal so zu leben, dass es nicht zulasten der näheren oder weiteren Umgebung sowie der Natur insgesamt geschieht, ist eine sehr weitgehende kulturelle Begrenzung unserer Wirtschaftstätigkeit.

(2) *Komplementäre Technik*

Menschen können Veränderungen in die Welt bringen, die in das Ganze der Natur so passen, als seien sie dort selbst herangewachsen. Dies gilt beispielsweise für die oben erwähnten Städte, die so auf einem Berg liegen, als seien sie selbst die Kuppe des Bergs. Ähnlich steht es mit der Nutzung der jeweils lokal eingestrahlten Energie durch die Agrikultur. Möglichkeiten einer das naturgeschichtlich Gewachsene ergänzenden oder vervollständigenden und insoweit komplementären Technik gibt es auch auf dem heutigen Stand der technologischen Entwicklung. Dazu gehören zum

Beispiel die Sonnenenergienutzung durch passive Solararchitektur, durch Photovoltaik, durch die photobiologische Gewinnung von Wasserstoff. Eine Technik, welche die Naturgegebenheiten nach dem Vorbild des bereits Vorhandenen ergänzt, indem das menschliche Zutun sich diesem einfügt, kann auch eine »naturgemäße Technik« heißen.

(3) *Dauerhafte Entwicklung*

Die Industrieländer wirtschaften derzeit nicht nur zulasten anderer Länder und der gegenwärtigen natürlichen Mitwelt, sondern auch zulasten der – menschlichen wie nicht menschlichen – Nachwelt. Dies auszuschließen ist der Sinn des Kriteriums der dauerhaften Entwicklung. Praktisch geht es dabei vor allem um die Zeit- und Verantwortungshorizonte des gegenwärtigen Wirtschaftshandelns. Nach dem Kriterium der dauerhaften Entwicklung wäre es nicht mehr zulässig, der menschlichen wie der natürlichen Nachwelt Schulden, Altlasten, irreversible Schäden oder anderweitig unbezahlte Rechnungen zu hinterlassen.

(4) *Würde der natürlichen Mitwelt*

Die Schweizer Verfassung ist als erste der Welt dahingehend ergänzt worden, dass sowohl die Menschenwürde als auch die »Würde der Kreatur« – also im weiteren Sinn die der natürlichen Mitwelt – nicht zu verletzen sei. Tatsächlich ist es eine Frage der Menschenwürde, wie wir mit Tieren, Pflanzen und Landschaften umgehen. Wer zum Beispiel ein Tier quält, verletzt damit auch die Menschenwürde. Indirekt gilt das gleichermaßen dort, wo Fleisch oder Eier aus der Massentierhaltung gegessen werden, also um den Preis der Tierquälerei Geld gespart wird. Die Würde der natürlichen Mitwelt wird aber nicht schon dadurch verletzt, dass Menschen überhaupt Veränderungen in die Welt bringen, also beispielsweise einen Felsen bildhauerisch bearbeiten oder Gärten anlegen und aus diesen bestimmte Pflanzen fern halten. Auch hier geht es nur um die kulturelle Begrenzung der grundsätzlich zulässigen Eingriffe.

Die Erfüllung dieser vier Kriterien würde der Rekultivierung der industriellen Wirtschaft im Interesse der Sesshaftigkeit dienen. Natürlich wäre im Einzelnen jeweils weiter gehend zu überlegen, wie sie genauer zu bestimmen und anzuwenden wären. Dies könnte letztlich nur durch eine gemeinschaftliche politische Willensbildung geschehen, zu der die Parteien – wie es im Grundgesetz heißt – *beitragen* sollen, die die Öffentlichkeit sich von ihnen aber nicht abnehmen lassen dürfte. Denn es geht darum, wie wir in Zukunft leben möchten. Eben diese Frage aber stellt sich zuerst hinsichtlich der beiden sehr unterschiedlichen Bestimmungen des Grundkriteriums der Nachhaltigkeit. Welche Art der Nachhaltigkeit soll unser Ziel sein?

Wollten wir dabei bleiben, dass wir Menschen eigentlich »Interplanetarier« sind, würden wir weiterhin die Freiheit vom Mitsein und die autonome Sicherheit vor der natürlichen Mitwelt suchen. Dabei dürften die natürlichen Ressourcen nicht mehr ganz so unbedacht verwirtschaftet werden wie bisher und vor allem müssten die Industrieländer zu einer Wirtschaftsform übergehen, die für die übrige Menschheit verallgemeinerungsfähig wäre. Davon sind wir weit entfernt, denn die ganze Menschheit könnte mangels Ressourcen gar nicht so wirtschaften, wie es die reichen Länder – zulasten Dritter – immer noch tun. Im Interesse der ganzen Menschheit und nicht nur der Reichen zu wirtschaften ist das Ziel, mit dem bereits das anthropozentrische Denken weit über die derzeit real existierende Wirtschaft hinausweist.

Die weiter gehende Frage ist aber, ob wir uns in der Naturkrise der wissenschaftlich-technischen Welt nicht eigentlich lieber des klugen und umfassenderen steinzeitlichen Gedankens erinnern wollen, durch Sesshaftigkeit auf diesem Planeten heimisch zu werden. Dies ist die Grundentscheidung, vor der wir in den Industrieländern stehen und in der wir den Ländern der Dritten Welt ein besseres Vorbild werden könnten. Es liegt an uns, ob wir statt der autonomen Sicherheit und der Freiheit *vom* Mitsein die gemeinsame Sicherheit und die Freiheit *im* Mitsein suchen. Unsere Chance wäre dann, im Mitsein mit andern – andern Menschen wie der natürlichen Mitwelt – das Unsere zu tun, ohne es nur für uns zu tun. Fragten wir uns dann, was durch uns Gutes in die Welt kommen kann, das heißt, wofür wir Menschen gut sind, so würde dies unserm Leben einen neuen Sinn geben. Vielleicht hätten wir dann wieder mehr Freude am Leben und die Natur wieder mehr Freude an uns.

K. M. Meyer-Abich

Register

Gerade gesetzte Seitenzahlen bedeuten, dass der Begriff im erzählenden Haupttext enthalten ist. *Kursive* Seitenzahlen bedeuten: Dieser Begriff ist in den Bildunterschriften, Karten, Grafiken, Quellentexten oder kurzen Erläuterungstexten enthalten.

B

C

D

E

F

G

H

M

N

O

P

T

U

V

W

Y

Z

Literaturhinweise

Der Mensch im Lebensraum Erde

Goudie, Andrew: *Mensch und Umwelt. Eine Einführung.* Aus dem Englischen. Heidelberg u.a. 1994.

Küster, Hansjörg: *Geschichte der Landschaft in Mitteleuropa. Von der Eiszeit bis zur Gegenwart.* München 11.–19. Tsd. 1996.

Nisbet, Euan G.: *Globale Umweltveränderungen. Ursachen, Folgen, Handlungsmöglichkeiten. Klima, Energie, Politik.* Aus dem Englischen. Heidelberg u.a. 1994.

Wege zur Lösung globaler Umweltprobleme. Jahresgutachten 1995, herausgegeben vom Wissenschaftlichen Beirat ›Globale Umweltveränderungen‹ der Bundesregierung. Berlin u.a. 1996.

Zirnstein, Gottfried: *Ökologie und Umwelt in der Geschichte.* Marburg [2]1996.

Zur Lage der Welt. Daten für das Überleben unseres Planeten, herausgegeben vom Worldwatch Institute. Frankfurt am Main 1987 ff.

Atmosphäre und Klima

Atmosphäre, Klima, Umwelt, herausgegeben von Paul J. Crutzen. Heidelberg [2]1996.

Endlicher, Wilfried: *Klima, Wasserhaushalt, Vegetation.* Darmstadt 1991.

Häckel, Hans: *Meteorologie.* Stuttgart [4]1999.

Hupfer, Peter: *Unsere Umwelt: Das Klima. Globale und lokale Aspekte.* Stuttgart u.a. 1996.

Krüger, Lutz: *Wetter und Klima. Beobachten und verstehen.* Berlin u.a. 1994.

Lauer, Wilhelm: *Klimatologie.* Braunschweig [3]1999.

Liljequist, Gösta H. / Cehak, Konrad: *Allgemeine Meteorologie.* Aus dem Schwedischen. Braunschweig [3]1984. Nachdruck Braunschweig 1994.

Malberg, Horst: *Meteorologie und Klimatologie. Eine Einführung.* Berlin u.a. [3]1997.

Schönwiese, Christian-Dietrich: *Klima. Grundlagen, Änderungen, menschliche Eingriffe.* Mannheim u.a. 1994.

Schönwiese, Christian-Dietrich: *Klimatologie.* Stuttgart 1994.

Warnecke, Günter: *Meteorologie und Umwelt. Eine Einführung.* Berlin u.a. [2]1997.

Weischet, Wolfgang: *Einführung in die allgemeine Klimatologie. Physikalische und meteorologische Grundlagen.* Stuttgart [6]1995.

Wie funktioniert das? Wetter und Klima, bearbeitet von Hans Schirmer u.a. Mannheim u.a. 1989.

Witterung und Klima. Eine Einführung in die Meteorologie und Klimatologie, begründet von Ernst Heyer. Herausgegeben von Peter Hupfer und Wilhelm Kuttler. Stuttgart u.a. [10]1998.

Unsere Erde – der Wasserplanet

Allgemeine Meereskunde. Eine Einführung in die Ozeanographie, bearbeitet von Günter Dietrich u.a. Berlin u.a. [3]1992.

Barthelmes, Detlev: *Hydrobiologische Grundlagen der Binnenfischerei.* Stuttgart 1981.

Die dynamische Welt der Ozeane, bearbeitet von James F. Kasting u.a. Heidelberg 1998.

Gierloff-Emden, Hans-Günter: *Geographie des Meeres. Ozeane und Küsten,* 2 Bde. Berlin u.a. 1980.

Haack-Atlas Weltmeer, herausgegeben von Dietwart Nehring u.a. Gotha 1989.

Herrmann, Reimer: *Einführung in die Hydrologie.* Stuttgart 1977.

Hölting, Bernward: *Hydrogeologie. Einführung in die allgemeine und angewandte Hydrogeologie.* Stuttgart [5]1996.

Jung, Georg: *Seengeschichte. Entstehung, Geologie, Geomorphologie, Altersfrage, Limnologie, Ökologie.* Neuausgabe Landsberg am Lech 1994.

Marcinek, Joachim / Rosenkranz, Erhard: *Das Wasser der Erde. Eine geographische Meeres- und Gewässerkunde.* Gotha [2]1996.

Ott, Jörg: *Meereskunde. Einführung in die Geographie und Biologie der Ozeane.* Stuttgart [2]1996.

Schönborn, Wilfried: *Fließgewässerbiologie.* Jena u.a. 1992.

The Times atlas and encyclopaedia of the sea, herausgegeben von Alastair Couper. London 1989.

Das Weltmeer, herausgegeben von Hans-Jürgen Brosin. Thun u.a. 1985.

Wilhelm, Friedrich: *Hydrogeographie. Grundlagen der allgemeinen Hydrogeographie.* Braunschweig [3]1997.

Wilhelm, Friedrich: *Schnee- und Gletscherkunde.* Berlin u.a. 1975.

Der Boden – Lebensgrund der Menschen

Bodenerosion. Analyse und Bilanz eines Umweltproblems, herausgegeben von Gerold Richter. Darmstadt 1998.

Bodenkunde, Beiträge von Herbert Kuntze u.a. Stuttgart [5]1994.

Bodenökologie, Beiträge von Ulrich Gisi u.a. Stuttgart u.a. [2]1997.

Breburda, Josef: *Bodenerosion – Bodenerhaltung.* Frankfurt am Main 1983.

Diez, Theodor / Weigelt, Hubert: *Böden unter landwirtschaftlicher Nutzung. 48 Bodenprofile in Farbe.* München u.a. [2]1991.

Eitel, Bernhard: *Bodengeographie.* Braunschweig 1999.

FAO / Unesco Bodenkarte der Welt. Deutsche Übersetzung der Revidierten Legende, 1988/1997, herausgegeben von Friedrich Bailly u.a. Braunschweig 1997.

Fellenberg, Günter: *Boden in Not: vergiftet, verdichtet, verbraucht. Eine Lebensgrundlage wird zerstört.* Stuttgart 1994.

Fellenberg, Günter: *Chemie der Umweltbelastung.* Stuttgart [3]1997.

Handbuch der Bodenkunde, herausgegeben von Hans-Peter Blume u.a. Landsberg am Lech 1996 ff. Loseblattausgabe.

Handbuch des Bodenschutzes. Bodenökologie und -belastung. Vorbeugende und abwehrende Schutzmaßnahmen, herausgegeben von Hans-Peter Blume. Landsberg am Lech [2]1992.

Hartge, Karl Heinrich / Horn, Rainer: *Einführung in die Bodenphysik.* Stuttgart [3]1999.

Kubiëna, Walter L.: *Bestimmungsbuch und Systematik der Böden Europas. Illustriertes Hilfsbuch zur leichteren Diagnose und Einordnung der wichtigsten europäischen Bodenbildungen unter Berücksichtigung ihrer gebräuchlichsten Synonyme.* Stuttgart 1953.
Methoden der Bodenbiologie, herausgegeben von Wolfram Dunger u. a. Jena u. a. [2]1997.
Mückenhausen, Eduard: *Entstehung, Eigenschaften und Systematik der Böden in der Bundesrepublik Deutschland.* Frankfurt am Main [2]1977.
Pflanzenproduktion im Wandel. Neue Aspekte in den Agrarwissenschaften, herausgegeben von Gustav Haug u. a. Neuausgabe Weinheim u. a. 1992.
Richter, Jörg: *Der Boden als Reaktor. Modelle für Prozesse im Boden.* Stuttgart 1986.
Scheffer, Fritz / Schachtschabel, Paul: *Lehrbuch der Bodenkunde.* Stuttgart [14]1998.
Schroeder, Diedrich: *Bodenkunde in Stichworten,* bearbeitet von Winfried E. H. Blum. Berlin u. a. [5]1992.
Systematik der Böden und der bodenbildenden Substrate Deutschlands, herausgegeben vom Arbeitskreis für Bodensystematik der Deutschen Bodenkundlichen Gesellschaft. Göttingen [2]1998.

Die Großlebensräume der Erde

Biologie. Ein Lehrbuch, herausgegeben von Gerhard Czihak u. a. Berlin u. a. [6]1996.
Ellenberg, Heinz: *Vegetation Mitteleuropas mit den Alpen in ökologischer, dynamischer und historischer Sicht.* Stuttgart [5]1996.
Grabherr, Georg: *Farbatlas Ökosysteme der Erde. Natürliche, naturnahe und künstliche Land-Ökosysteme aus geobotanischer Sicht.* Stuttgart 1997.
Heß, Dieter: *Pflanzenphysiologie. Molekulare und biochemische Grundlagen von Stoffwechsel und Entwicklung der Pflanzen.* Stuttgart [10]1999.
Kull, Ulrich: *Grundriß der allgemeinen Botanik.* Stuttgart u. a. 1993.
Langenheim, Jean H. / Thimann, Kenneth V.: *Botany. Plant biology and its relation to human affairs.* New York u. a. 1982.
Larcher, Walter: *Ökophysiologie der Pflanzen. Leben, Leistung und Streßbewältigung der Pflanzen in ihrer Umwelt.* Stuttgart [5]1994.
Lehrbuch der Botanik für Hochschulen, begründet von Eduard Strasburger u. a. Bearbeitet von Peter Sitte u. a. Stuttgart u. a. [34]1998.
Müller, Paul: *Biogeographie.* Stuttgart 1980.
Odum, Eugene P.: *Ökologie. Grundlagen, Standorte, Anwendung.* Aus dem Englischen. Stuttgart u. a. [3]1999.
Raven, Peter H., u. a.: *Biologie der Pflanzen.* Aus dem Englischen. Berlin u. a. [2]1988.
Remmert, Hermann: *Ökologie. Ein Lehrbuch.* Berlin u. a. [5]1992.
Schauer, Thomas / Caspari, Claus: *Pflanzen- und Tierwelt der Alpen. Über 700 Pflanzen, Tiere, Steine und Mineralien farbig abgebildet.* München u. a. [3]1978.
Schultz, Jürgen: *Die Ökozonen der Erde. Die ökologische Gliederung der Geosphäre.* Stuttgart [2]1995.
Schulze, Rudolf: *Strahlenklima der Erde.* Darmstadt 1970.
Tischler, Wolfgang: *Einführung in die Ökologie.* Stuttgart u. a. [4]1993.
Walter, Heinrich / Breckle, Siegmar-Walter: *Ökologie der Erde. Geo-Biosphäre,* 4 Bde. Stuttgart [1–2]1991–94.
Wehner, Rüdiger / Gehring, Walter: *Zoologie,* begründet von Alfred Kühn. Stuttgart u. a. [23]1995.

Unsere Mitbewohner

Biologie. Ein Lehrbuch, herausgegeben von Gerhard Czihak u. a. Berlin u. a. [6]1996.
Campbell, Neil A.: *Biologie.* Aus dem Englischen. Heidelberg u. a. 1997.
Flindt, Rainer: *Biologie in Zahlen. Eine Datensammlung in Tabellen mit über 10 000 Einzelwerten.* Stuttgart u. a. [4]1995.
Groß, Michael: *Exzentriker des Lebens. Zellen zwischen Hitzeschock und Kältestreß.* Heidelberg u. a. 1997.
Handbuch zur Ökologie, herausgegeben von Wilhelm Kuttler. Berlin [2]1995.
Heß, Dieter: *Pflanzenphysiologie. Molekulare und biochemische Grundlagen von Stoffwechsel und Entwicklung der Pflanzen.* Stuttgart [10]1999.
Kaestner, Alfred: *Lehrbuch der speziellen Zoologie,* 2 Bde. in 7 Tlen. Stuttgart [1–5]1991–95.
Kindl, Helmut: *Biochemie der Pflanzen.* Berlin u. a. [4]1994.
Knippers, Rolf: *Molekulare Genetik.* Stuttgart u. a. [7]1997.
Kull, Ulrich: *Grundriß der allgemeinen Botanik.* Stuttgart u. a. 1993.
Langenheim, Jean H. / Thimann, Kenneth V.: *Botany. Plant biology and its relation to human affairs.* New York u. a. 1982.
Larcher, Walter: *Ökophysiologie der Pflanzen. Leben, Leistung und Streßbewältigung der Pflanzen in ihrer Umwelt.* Stuttgart [5]1994.
Lehrbuch der Botanik für Hochschulen, begründet von Eduard Strasburger u. a. Neubearbeitet von Peter Sitte u. a. Stuttgart u. a. [34]1998.
Lehrbuch der Zoologie, begründet von Hermann Wurmbach. Herausgegeben von Rolf Siewing, 2 Bde. Stuttgart u. a. [3]1980–85.
McAlester, Arcie L.: *Die Geschichte des Lebens.* Aus dem Englischen. Stuttgart 1981.
Nultsch, Wilhelm: *Allgemeine Botanik.* Stuttgart [10]1996.
Raven, Peter H., u. a.: *Biologie der Pflanzen.* Aus dem Englischen. Berlin u. a. [2]1988.
Schadwirkungen auf Pflanzen. Lehrbuch der Pflanzentoxikologie, herausgegeben von Bertold Hock und Erich F. Elstner. Heidelberg u. a. [3]1995.
Schubert, Rudolf / Wagner, Günther: *Botanisches Wörterbuch.* Stuttgart [11]1993.
Sengbusch, Peter von: *Botanik.* Hamburg u. a. 1989.
Sengbusch, Peter von: *Einführung in die allgemeine Biologie.* Berlin u. a. [3]1985.
Tischler, Wolfgang: *Einführung in die Ökologie.* Stuttgart u. a. [4]1993.
Ude, Joachim / Koch, Michael: *Die Zelle. Atlas der Ultrastruktur.* Jena u. a. [2]1994.

Ursprung und Zukunft des Weltalls. Pflanzen, Tiere, Menschen, herausgegeben von Jörg Pfleiderer. Sonderausgabe Gütersloh 1987.

Wagenitz, Gerhard: *Wörterbuch der Botanik. Morphologie, Anatomie, Taxonomie, Evolution. Die Termini in ihrem historischen Zusammenhang.* Jena u. a. 1996.

Wehner, Rüdiger / Gehring, Walter: *Zoologie.* Stuttgart u. a. [23]1995.

Lebewesen in ihrer Umwelt

Begon, Michael, u. a.: *Ökologie.* Aus dem Englischen. Neuausgabe Heidelberg u. a. 1998.

Biologie des Rheins, herausgegeben von Ragnar Kinzelbach und Günther Friedrich. Stuttgart u. a. 1990.

Biologische Vielfalt. Beiträge aus ›Spektrum der Wissenschaft‹, herausgegeben von Barbara König u. a. Heidelberg u. a. 1996.

Bodenökologie, Beiträge von Ulrich Gisi u. a. Stuttgart u. a. [2]1997.

Hofmeister, Heinrich / Nottbohm, Gerd: *Ökologie der Wälder.* Stuttgart u. a. 1995.

Klötzli, Frank: *Ökosysteme. Aufbau, Funktionen, Störungen.* Stuttgart u. a. [3]1993.

Lampert, Winfried / Sommer, Ulrich: *Limnoökologie.* Stuttgart u. a. 1993.

Lehrbuch der Ökologie, herausgegeben von Rudolf Schubert. Jena [3]1991.

Lovelock, James: *Gaia. Die Erde ist ein Lebewesen. Anatomie und Physiologie des Organismus Erde.* Aus dem Englischen. Taschenbuchausgabe München 1996.

Mit der Erde leben. Beiträge geologischer Dienste zur Daseinsvorsorge und nachhaltigen Entwicklung, herausgegeben von Friedrich-Wilhelm Wellmer u. a. Berlin u. a. 1999.

Natur- und Umweltschutz. Ökologische Grundlagen, Methoden, Umsetzung, herausgegeben von Lore Steubing u. a. Jena u. a. 1995.

Odum, Eugene P.: *Ökologie. Grundlagen, Standorte, Anwendung.* Aus dem Englischen. Stuttgart u. a. [3]1999.

Odum, Eugene P. / Reichholf, Josef: *Ökologie. Grundbegriffe, Verknüpfungen, Perspektiven. Brücke zwischen den Natur- und Sozialwissenschaften.* Aus dem Englischen. München u. a. [4]1980.

Osteroth, Dieter: *Biomasse. Rückkehr zum ökologischen Gleichgewicht.* Berlin u. a. 1992.

Schaefer, Matthias: *Ökologie.* Jena [3]1992.

Schönborn, Wilfried: *Fließgewässerbiologie.* Jena u. a. 1992.

Schwoerbel, Jürgen: *Einführung in die Limnologie.* Stuttgart u. a. [8]1999.

Spurenelemente in der Umwelt, herausgegeben von Hans Joachim Fiedler und Hans Jürgen Rösler. Jena u. a. [2]1993.

Stoffkreisläufe in natürlichen und industriellen Prozessen, herausgegeben von Gerhard Thews und Carlo Servatius. Stuttgart u. a. 1997.

Tardent, Pierre: *Meeresbiologie. Eine Einführung.* Stuttgart u. a. [2]1993.

Tischler, Wolfgang: *Biologie der Kulturlandschaft. Eine Einführung.* Stuttgart u. a. 1980.

Das Überlebensprinzip. Ökologie und Evolution, bearbeitet von Hinrich Bäsemann u. a. Hamburg 1992.

Volk, Tyler: *Gaia's body. Towards a physiology of earth.* New York 1998.

Landwirtschaft und ihre ökologischen Folgen

Arnold, Adolf: *Allgemeine Agrargeographie.* Gotha u. a. 1997.

Bodennutzung und Bodenschutz, herausgegeben von Hans Joachim Fiedler. Basel u. a. 1990.

Borcherdt, Christoph: *Agrargeographie.* Stuttgart 1996.

Durning, Alan B. / Brough, Holly B.: *Zeitbombe Viehwirtschaft. Folgen der Massentierhaltung für die Umwelt. Eine ökologische Bilanz.* Aus dem Englischen. Schwalbach 1993.

Eckart, Karl: *Agrargeographie Deutschlands. Agrarraum und Agrarwirtschaft Deutschlands im 20. Jahrhundert.* Gotha u. a. 1998.

Ende der biologischen Vielfalt? Der Verlust an Arten, Genen und Lebensräumen und die Chancen für eine Umkehr, herausgegeben von Edward O. Wilson. Aus dem Englischen. Heidelberg u. a. 1992.

Ernährung und Gesellschaft. Bevölkerungswachstum – agrare Tragfähigkeit der Erde, herausgegeben von Eckart Ehlers. Stuttgart 1983.

Gore, Al: *Wege zum Gleichgewicht. Ein Marshallplan für die Erde.* Aus dem Amerikanischen. Taschenbuchausgabe Frankfurt am Main 1995.

Goudie, Andrew: *Mensch und Umwelt. Eine Einführung.* Aus dem Englischen. Heidelberg u. a. 1994.

Hahlbrock, Klaus: *Kann unsere Erde die Menschen noch ernähren? Bevölkerungsexplosion, Umwelt, Gentechnik.* München u. a. 1991.

Henseling, Karl O.: *Ein Planet wird vergiftet. Der Siegeszug der Chemie. Geschichte einer Fehlentwicklung.* Reinbek 1992.

Kleinschmidt, Nina / Eimler, Wolf-Michael: *Massentierhaltung.* Göttingen 1991.

Land- und Forstwirtschaft in Deutschland. Daten und Fakten 1999, heraugegeben vom Bundesministerium für Ernährung, Landwirtschaft und Forsten. Bonn 1999. Online-Version unter: http://www.bml.de

Nisbet, Euan G.: *Globale Umweltveränderungen. Ursachen, Folgen, Handlungsmöglichkeiten. Klima, Energie, Politik.* Aus dem Englischen. Heidelberg u. a. 1994.

Nutzpflanzen der Tropen und Subtropen, herausgegeben von Gunther Franke, 3 Bde. Stuttgart 1994–95.

Der Öko-Atlas, herausgegeben von Joni Seager. Aus dem Englischen. Neuausgabe. Bonn 1995.

Sick, Wolf-Dieter: *Agrargeographie.* Braunschweig [3]1997.

Tischler, Klaus: *Umweltökonomie.* München u. a. 1994.

Tivy, Joy: *Landwirtschaft und Umwelt. Agrarökosysteme in der Biosphäre.* Aus dem Englischen. Heidelberg u. a. 1993.

Westermann-Lexikon Ökologie & Umwelt, herausgegeben von Hartmut Leser. Braunschweig 1994.

Whitmore, Timothy C.: *Tropische Regenwälder. Eine Einführung.* Aus dem Englischen. Heidelberg u. a. 1993.

Belastete Landschaften – Besiedlung und Verkehr

Ammer, Ulrich/Pröbstl, Ulrike: *Freizeit und Natur. Probleme und Lösungsmöglichkeiten einer ökologisch verträglichen Freizeitnutzung.* Hamburg u.a. 1991.
Bossel, Hartmut: *Umweltwissen. Daten, Fakten, Zusammenhänge.* Berlin u.a. ²1994.
Brügmann, Lutz: *Meeresverunreinigung. Ursachen, Zustand, Trends und Effekte.* Berlin 1993.
Clark, Robert B.: *Kranke Meere? Verschmutzung und ihre Folgen.* Aus dem Englischen. Heidelberg u.a. 1992.
Einmal Chaos und zurück. Wege aus der Verkehrsmisere, herausgegeben von Tine Mikulástiková u.a. Köln 1998.
Knauer, Norbert: *Ökologie und Landwirtschaft. Situation, Konflikte, Lösungen.* Stuttgart 1993.
Mensch, Umwelt, Wirtschaft, herausgegeben von Ernst Ulrich von Weizsäcker. Heidelberg u.a. 1995.
Monheim, Heiner/Monheim-Dandorfer, Rita: *Straßen für alle. Analysen und Konzepte zum Stadtverkehr der Zukunft.* Hamburg 1990.
Öko-Lexikon. Stichworte und Zusammenhänge, herausgegeben von Hartwig Walletschek u.a. München ⁵1994.
Olsson, Michael/Piekenbrock, Dirk: *Gabler-Kompakt-Lexikon Umwelt- und Wirtschaftspolitik.* Wiesbaden ³1998.
Opaschowski, Horst W.: *Umwelt – Freizeit – Mobilität. Konflikte und Konzepte.* Opladen ²1999.
Plachter, Harald: *Naturschutz.* Neudruck Stuttgart u.a. 1991.
Römpp-Lexikon Umwelt, herausgegeben von Herwig Hulpke u.a. Stuttgart u.a. 1993.
Umweltdaten Deutschland 1995, herausgegeben vom Umweltbundesamt u.a. Berlin u.a. 1995.

Industrie – Segen und Fluch

Betriebliche Umweltökonomie. Eine praxisorientierte Einführung, Beiträge von Lutz Wicke u.a. München 1992.
Bilitewski, Bernd, u.a.: *Abfallwirtschaft. Eine Einführung.* Berlin u.a. ²1994.
Carson, Rachel L.: *Der stumme Frühling.* Aus dem Amerikanischen. Lizenzausgabe München 123.–126. Tsd. 1996.
Engelhardt, Wolfgang: *Umweltschutz.* München ⁶1993.
Energievorräte und mineralische Rohstoffe: Wie lange noch?, herausgegeben von Josef Zemann. Wien 1998.
Förstner, Ulrich: *Umweltschutztechnik. Eine Einführung.* Berlin u.a. ⁵1995.
Haas, Hans-Dieter/Fleischmann, Robert: *Geographie des Bergbaus.* Darmstadt 1991.
Hopfenbeck, Waldemar: *Umweltorientiertes Management und Marketing. Konzepte – Instrumente – Praxisbeispiele.* Landsberg am Lech ³1994.
Innovation durch Umweltpolitik. Besonderheiten und Determinanten von Umweltinnovationen, Innovation durch freiwillige Selbstverpflichtung, Innovationswirkungen des internationalen und nationalen Ozonregimes, herausgegeben von Klaus Rennings. Baden-Baden 1999.
Kurswechsel. Globale unternehmerische Perspektiven für Entwicklung und Umwelt, bearbeitet von Stephan Schmidheiny. Aus dem Amerikanischen. Taschenbuchausgabe München 1993.
Mit Ökonomie zur Ökologie. Analyse und Lösungen des Umweltproblems aus ökonomischer Sicht, herausgegeben von René L. Frey u.a. Basel u.a. ²1993.
Runge, Martin: *Milliardengeschäft Müll. Vom Grünen Punkt bis zur Müllschieberei. Argumente und Strategien für eine andere Abfallpolitik.* München u.a. 1994.
Simmons, Ian G.: *Ressourcen und Umweltmanagement. Eine Einführung für Geo-, Umwelt- und Wirtschaftswissenschaftler.* Aus dem Englischen. Heidelberg u.a. 1993.
Steger, Ulrich: *Umweltmanagement. Erfahrungen und Instrumente einer umweltorientierten Unternehmensstrategie.* Frankfurt am Main ²1993.
Umweltbetriebsprüfung und Öko-Auditing. Anwendungen und Praxisbeispiele, herausgegeben von Manfred Sietz. Berlin u.a. ²1996.
Das umweltbewußte Unternehmen. Die Zukunft beginnt heute, herausgegeben von Georg Winter. München ⁶1998.
Umweltschutz – ein Wirtschaftsfaktor. Sieben Argumente gegen eine Vorreiterrolle im Umweltschutz... und was wir davon halten, herausgegeben vom Umweltbundesamt. Berlin 1993.
Voppel, Götz: *Die Industrialisierung der Erde.* Stuttgart 1990.

Der Mensch verändert die Atmosphäre

Climate change 1995. The science of climate change. Contribution of Working Group I to the second assessment report of the Intergovernmental Panel on Climate Change, herausgegeben von John T. Houghton u.a. Cambridge u.a. 1996.
Fabian, Peter: *Atmosphäre und Umwelt. Chemische Prozesse, menschliche Eingriffe. Ozon-Schicht, Luftverschmutzung, Smog, saurer Regen.* Berlin u.a. ⁴1992.
Feister, Uwe: *Ozon – Sonnenbrille der Erde.* Leipzig 1990.
Global aspects of atmospheric chemistry, herausgegeben von Reinhard Zellner. Darmstadt 1999.
Houghton, John: *Globale Erwärmung. Fakten, Gefahren und Lösungswege.* Aus dem Englischen. Berlin u.a. 1997.
Klima-Schutz. Eine globale Herausforderung, herausgegeben von Peter Borsch u.a. München u.a. 1998.
Lemmerich, Jost: *Die Entdeckung des Ozons und die ersten 100 Jahre der Ozonforschung.* Berlin 1990.
Müller, Rolf: *Die Chemie des Ozons in der polaren Stratosphäre.* Aachen 1994.
Röth, Ernst-Peter: *Ozonloch – Ozonsmog. Grundlagen der Ozonchemie.* Mannheim u.a. 1994.
Schönwiese, Christian-Dietrich: *Klimaänderungen. Daten, Analysen, Prognosen.* Berlin u.a. 1995.
Stratosphärisches Ozon. Wirkungen erhöhter UV-Strahlung auf Mensch und Umwelt, herausgegeben von Frank A. Battig. Wien 1994.
Tatort Erde. Menschliche Eingriffe in Naturraum und Klima, herausgegeben von Günter Warnecke u.a. Berlin u.a. ²1992.
Warnsignal Klima. Wissenschaftliche Fakten. Mehr Klimaschutz – weniger Risiken für die Zukunft, herausgegeben von José L. Lozán u.a. Berlin 1998.

Desertifikation

Akhtar-Schuster, Mariam: *Degradationsprozesse und Desertifikation im semiariden randtropischen Gebiet der Butana, Republik Sudan.* Göttingen 1995.

Desertification. Its causes and consequences, bearbeitet vom Secretariat of the United Nations Conference on Desertification, Nairobi, Kenya, 29 August to 9 September. Oxford u.a. 1977.

Giese, Ernst, u.a.: *Umweltzerstörungen in Trockengebieten Zentralasiens (West- und Ost-Turkestan). Ursachen, Auswirkungen, Maßnahmen.* Stuttgart 1998.

Ibrahim, Fouad N.: *Desertification in Nord-Darfur. Untersuchung zur Gefährdung des Naturpotentials durch nicht angepaßte Landnutzungsmethoden in der Sahelzone der Republik Sudan.* Hamburg 1980.

Mäckel, Rüdiger/Walther, Dierk: *Naturpotential und Landdegradierung in den Trockengebieten Kenias.* Stuttgart 1993.

Mainguet, Monique: *Aridity. Droughts and human development.* Aus dem Französischen. Berlin u.a. 1999.

Mensching, Horst G.: *Desertifikation. Ein weltweites Problem der ökologischen Verwüstung in den Trockengebieten der Erde.* Darmstadt 1990.

Mensching, Horst G.: *Die Verwüstung der Natur durch den Menschen in historischer Zeit: Das Problem der Desertification,* in: *Natur und Geschichte,* herausgegeben von Hubert Markl. München u.a. 1983. S. 147–170.

Ökologische Probleme im kulturellen Wandel, herausgegeben von Hermann Lübbe und Elisabeth Ströker. Paderborn 1986.

World atlas of desertification, herausgegeben von Nick Middleton u.a. London u.a. ²1997.

Trinkwasserversorgung und Welternährung

Angewandte Biologie, herausgegeben von Dieter Klämbt u.a. Weinheim u.a. 1991.

Benecke, Norbert: *Der Mensch und seine Haustiere. Die Geschichte einer jahrtausendealten Beziehung.* Stuttgart 1994.

Bericht über die menschliche Entwicklung. Veröffentlicht für das Entwicklungsprogramm der Vereinten Nationen (UNDP), herausgegeben von der Deutschen Gesellschaft für die Vereinten Nationen, Ausgabe 1999. Bonn 1999.

Bernstein, Stan: *Welt im Wandel. Bevölkerung, Entwicklung und die Zukunft der Stadt.* Bonn 1996.

Bick, Hartmut: *Grundzüge der Ökologie.* Stuttgart u.a. ³1998.

Diamond, Jared: *Arm und Reich. Die Schicksale menschlicher Gesellschaften.* Aus dem Englischen. Frankfurt am Main ⁵1998.

Entwicklung durch Wissen. Mit ausgewählten Kennzahlen der Weltentwicklung 1998/99, herausgegeben von der Weltbank. Frankfurt am Main 1999.

Ernährungsbericht 1992, herausgegeben von der Deutschen Gesellschaft für Ernährung... Frankfurt am Main 1992.

Farbatlas Tropenpflanzen, bearbeitet von Andreas Bärtels. Stuttgart ⁴1996.

Der Fischer-Weltalmanach 1999, bearbeitet von Gustav Fochler-Hauke. Frankfurt am Main 1998.

Franke, Wolfgang: *Nutzpflanzenkunde. Nutzbare Gewächse der gemäßigten Breiten, Subtropen und Tropen.* Stuttgart u.a. ⁶1997.

Geisler, Gerhard: *Farbatlas landwirtschaftliche Kulturpflanzen.* Stuttgart 1991.

Guidelines for drinking-water quality, herausgegeben von der Weltgesundheitsorganisation, Bd. 1 und 2. Genf ²1993–96, Bd. 1 Nachdr. 1996.

Klee, Otto: *Angewandte Hydrobiologie. Trinkwasser – Abwasser – Gewässerschutz.* Stuttgart u.a. ²1991.

Körber-Grohne, Udelgard: *Nutzpflanzen in Deutschland. Kulturgeschichte und Biologie.* Stuttgart ³1994.

Manshard, Walther/Mäckel, Rüdiger: *Umwelt und Entwicklung in den Tropen. Naturpotential und Landnutzung.* Darmstadt 1995.

Montanari, Massimo: *Der Hunger und der Überfluß. Kulturgeschichte der Ernährung in Europa.* Aus dem Italienischen. Neuausgabe München 1999.

Nahrung für alle: Welternährungsgipfel 1996. Dokumentation, herausgegeben vom Bundesministerium für Ernährung, Landwirtschaft und Forsten. Bonn 1997.

Nentwig, Wolfgang: *Humanökologie. Fakten – Argumente-Ausblicke.* Berlin u.a. 1995.

Nutztiere der Tropen und Subtropen, herausgegeben von Siegfried Legel, Bd. 2: *Büffel, Kamele, Schafe, Ziegen, Wildtiere,* bearbeitet von Dietrich Altmann u.a. Stuttgart u.a. 1990.

Schug, Walter, u.a.: *Welternährung. Herausforderung an Pflanzenbau und Tierhaltung.* Darmstadt 1996.

Tivy, Joy: *Landwirtschaft und Umwelt. Agrarökosysteme in der Biosphäre.* Aus dem Englischen. Heidelberg u.a. 1993.

Das Wasserbuch. Trinkwasser und Gesundheit, herausgegeben von Katalyse e.V., Institut für Angewandte Umweltforschung. Neuausgabe Köln 1993.

Zur Lage der Welt. Daten für das Überleben unseres Planeten, herausgegeben vom Worldwatch Institute, Ausgaben 1995, 1996 und 1997. Aus dem Englischen. Frankfurt am Main 1995–97.

Zerstörung des Lebensraums und Ausrottung von Arten

Die Auen am Oberrhein. Ausmaß und Perspektiven des Landschaftswandels am südlichen und mittleren Oberrhein seit 1800. Eine umweltdidaktische Aufarbeitung, herausgegeben von Werner A. Gallusser u.a. Basel u.a. 1992.

Clark, Robert B.: *Kranke Meere? Verschmutzung und ihre Folgen.* Aus dem Englischen. Heidelberg u.a. 1992.

Daten zur Umwelt. Der Zustand der Umwelt in Deutschland, herausgegeben vom Umweltbundesamt. Berlin ⁶1997.

Ende der biologischen Vielfalt? Der Verlust an Arten, Genen und Lebensräumen und die Chancen für eine Umkehr, herausgegeben von Edward O. Wilson. Aus dem Englischen. Heidelberg u.a. 1992.

Fritsch, Bruno: *Mensch – Umwelt – Wissen. Evolutionsgeschichtliche Aspekte des Umweltproblems.* Stuttgart u.a. ⁴1994.

Hampicke, Ulrich: *Naturschutz-Ökonomie.* Stuttgart 1991.

Internationaler Umweltatlas. Jahrbuch der Welt-Ressourcen. Analysen, Berichte, Daten, herausgegeben vom World Resources Institute, Bd. 4. Landsberg u. a. 1993.
Kaule, Giselher: *Arten- und Biotopschutz.* Stuttgart ²1991.
Korneck, Dieter / Sukopp, Herbert: *Rote Liste der in der Bundesrepublik Deutschland ausgestorbenen, verschollenen und gefährdeten Farn- und Blütenpflanzen und ihre Auswertung für den Arten- und Biotopschutz.* Bonn-Bad Godesberg 1988.
Nachhaltiges Deutschland. Wege zu einer dauerhaft umweltgerechten Entwicklung, herausgegeben vom Umweltbundesamt. Berlin ²1998.
Nentwig, Wolfgang: *Humanökologie. Fakten – Argumente – Ausblicke.* Berlin u. a. 1995.
Otto, Hans-Jürgen: *Waldökologie.* Stuttgart 1994.
Quaternary extinctions. A prehistoric revolution, herausgegeben von Paul S. Martin u. a. Neudruck Tucson, Ariz., 1989.
Plachter, Harald: *Naturschutz.* Neudruck Stuttgart u. a. 1991.
Das Regenwaldbuch, herausgegeben von Carsten Niemitz. Berlin u. a. 1991.
Rifkin, Jeremy: *Das Imperium der Rinder.* Aus dem Englischen. Neuausgabe Frankfurt am Main u. a. 1994.
Röser, Bernd: *Grundlagen des Biotop- und Artenschutzes. Arten- und Biotopgefährdung – Gefährdungsursachen – Schutzstrategien – Rechtsinstrumente.* Landsberg am Lech ²1995.
Rote Liste gefährdeter Tiere Deutschlands, bearbeitet vom Bundesamt für Naturschutz. Bonn-Bad Godesberg 1998.
Sein oder Nichtsein. Die industrielle Zerstörung der Natur, herausgegeben von Sylvia Hamberger u. a. München ²1992.
Stanley, Steven M.: *Wendemarken des Lebens. Eine Zeitreise durch die Krisen der Evolution.* Aus dem Englischen. Neuausgabe Heidelberg 1998.
Warnsignale aus der Nordsee. Wissenschaftliche Fakten, herausgegeben von José L. Lozán u. a. Berlin u. a. 1990.
Wicke, Lutz: *Umweltökonomie. Eine praxisorientierte Einführung.* München ⁴1993.
World resources 1992/93. A joint publication by the World Resources Institute, the United Nations Environment Programme, the United Nations Development Programme, the World Bank. A guide to the global environment. New York u. a. 1992.

Naturkatastrophen

Bryant, Edward: *Natural hazards.* Cambridge u. a. 1991.
Drabek, Thomas E.: *Human system responses to disaster. An inventory of sociological findings.* New York u. a. 1986.
Geipel, Robert: *Friaul. Sozialgeographische Aspekte einer Erdbebenkatastrophe.* Kallmünz 1977.
Geipel, Robert: *Naturrisiken. Katastrophenbewältigung im sozialen Umfeld.* Darmstadt 1992.
Natural hazards. Local, national, global, herausgegeben von Gilbert F. White. Neudruck New York u. a. 1977.
Nussbaumer, Josef: *Die Gewalt der Natur. Eine Chronik der Naturkatastrophen von 1500 bis heute.* Grünbach ²1999.
Palm, Risa I.: *Natural hazards. An integrative framework for research and planning.* Baltimore, Md., u. a. 1990.
Rast, Horst: *Vulkane und Vulkanismus.* Lizenzausgabe Stuttgart ³1987.
Rittmann, Alfred: *Vulkane und ihre Tätigkeit.* Stuttgart ³1981.
Schmincke, Hans-Ulrich: *Vulkanismus.* Darmstadt 1986.
Schneider, Götz: *Erdbebengefährdung.* Darmstadt 1992.
Turner, Ralph H., u. a.: *Waiting for disaster. Earthquake watch in California.* Berkeley, Calif., u. a. 1986.

Wer ist der Mensch im Ganzen der Natur? Der Naturzusammenhang des menschlichen Lebens

Bahr, Egon: *Für unsere Sicherheit,* in: *Physik, Philosophie und Politik. Festschrift für Carl Friedrich von Weizsäcker zum 70. Geburtstag,* herausgegeben von Klaus Michael Meyer-Abich. München u. a. 1982. S. 193–202.
Balter, Michael: *Why settle down? The mystery of communities,* in: *Science,* Nr. 282/1998. S. 1442–1445.
Goethe, Johann Wolfgang von: *Die Natur. Fragment (Aus dem ›Tiefurter Journal‹ 1783),* in: *Goethes Werke. Hamburger Ausgabe in 14 Bänden,* herausgegeben von Erich Trunz, Bd. 13: *Naturwissenschaftliche Schriften,* Tl. 1. München 1981. S. 45–47.
Kant, Immanuel: *Idee zu einer allgemeinen Geschichte in weltbürgerlicher Absicht,* in: *Werke in sechs Bänden,* herausgegeben von Wilhelm Weischedel, Bd. 6: *Schriften zur Anthropologie, Geschichtsphilosophie, Politik und Pädagogik.* Darmstadt 1964. S. 31–50.
Meyer-Abich, Klaus Michael: *Praktische Naturphilosophie. Erinnerung an einen vergessenen Traum.* München 1997.
Meyer-Abich, Klaus Michael: *Wege zum Frieden mit der Natur. Praktische Naturphilosophie für die Umweltpolitik.* Taschenbuchausgabe München 1986.
Nicolaus von Kues: *De docta ignorantia. Liber secundus. Die wissende Unwissenheit. Zweites Buch,* in: *Philosophisch-theologische Schriften,* herausgegeben von Leo Gabriel. Studien- und Jubiläumsausgabe, lateinisch-deutsch, Bd. 1. Wien 1964. S. 311–417.
Nietzsche, Friedrich: *Über Wahrheit und Lüge im außermoralischen Sinne,* in: *Sämtliche Werke. Kritische Studienausgabe in 15 Einzelbänden,* herausgegeben von Giorgio Colli und Mazzino Montinari, Bd. 1. München 1980. S. 873–890.
Platon: *Werke in acht Bänden. Griechisch und deutsch,* herausgegeben von Gunther Eigler. Darmstadt 1970–83.
Uexküll, Jakob von / Kriszat, Georg: *Streifzüge durch die Umwelten von Tieren und Menschen.* Taschenbuchausgabe Frankfurt am Main 1983.
Unsere gemeinsame Zukunft. Der Brundtland-Bericht der Weltkommission für Umwelt und Entwicklung, herausgegeben von Volker Hauff. Aus dem Englischen. Greven 1987.
Weizsäcker, Viktor von: *Gesammelte Schriften,* herausgegeben von Peter Achilles u. a., Bd. 7: *Allgemeine Medizin. Grundfragen medizinischer Anthropologie.* Frankfurt am Main 1987.

Bildquellenverzeichnis

Agrar Press, Bergisch Gladbach: 220, 249, 264, 268, 270
Aluminium Zentrale, Düsseldorf: 92
T. Angermayer, Holzkirchen: 159
Archiv für Kunst und Geschichte, Berlin: 405, 540, 573, 599, 628
The Associated Press, Frankfurt am Main: 658
Astrofoto Bildagentur, Leichlingen: 342, 348
BASF Agrarzentrum Limburgerhof: 254, 267
O. Baumeister, München: 147
BAVARIA Bildagentur, Gauting: 112, 124, 133, 141, 149, 163, 174, 177, 185, 190, 195, 217, 296, 303, 654
H. Benjes, Bickenbach: 605
Bettmann/Corbis/Picture Press: 178
Bibliographisches Institut & F. A. Brockhaus, Mannheim: 420, 593, 616
Prof. Dr. H. Bick, Bonn: 483, 487, 491–493, 500, 517, 526, 536
Bildarchiv Preußischer Kulturbesitz, Berlin: 486
Bilderberg, Archiv der Fotografen, Hamburg: 63, 71, 117, 146, 230, 241, 243, 302, 308, 366, 380, 494
Zweckverband Bodensee-Wasserversorgung, Sipplingen: 503
Britisches Museum, London: 592
British Library, London: 57
R. Brugger, Königswinter: 129, 434, 436, 441, 446, 449, 451, 460f., 496, 515
Dachverband für Umweltschutz, Südtirol, Bozen: 310
Daimler-Chrysler, Stuttgart: 339
Deutsche Luftbild, W. Seelmann & Co., Hamburg: 69, 71
Deutsche Lufthansa, Köln: 311, 313
Deutscher Wetterdienst, Offenbach am Main: 21–23, 26f.
Deutsches Klimarechenzentrum, Hamburg: 412
Deutsches Museum, München: 237
dpa Bildarchiv, Frankfurt am Main und Stuttgart: 61, 295, 373, 403, 555, 567, 569, 592, 649, 653, 655, 666f.
Eawag, Dübendorf, Schweiz: 505
Dr. H. Eichler, Heidelberg: 445f., 448, 459, 467
Prof. Dr. G. Fellenberg, Wolfsburg: 135, 158, 160, 165, 171, 191–193
Ferdinand Enke Verlag, Stuttgart: 102f.
Photo- und Presseagentur FOCUS, Hamburg: 43, 127, 129, 132, 143, 163, 183, 214, 244, 266, 278, 297, 338, 374, 376, 401, 455, 476, 498, 514, 538, 552, 567, 620, 642f.
W. Franke, Lingen: 231
Prof. Dr. R. Geipel, Gauting: 608, 633
Dr. G. Gerster, Zumikon, Schweiz: 233
Gesamtverband des Deutschen Steinkohlenbergbaus, Essen: 363
Gesellschaft für ökologische Forschung/W. Zängel, München: 322, 325, 544, 559
Gesellschaft für ökologische Forschung/B. Wilczek, E. Pabst, München: 136, 279, 544, 547–549, 554
Gesellschaft für ökologische Forschung/R. Erlacher, München: 279
Gesellschaft für ökologische Forschung/O. Baumeister, München: 294, 298, 546, 556
Prof. Dr. G. Grabherr, Wien: 119, 121f., 127, 131, 138
L. Grace, New York: 66
Prof. Dr. H.-D. Haas, München: 227, 235, 255, 262f., 265
H. Haitzinger, München: 601
Harri Deutsch Verlag, Frankfurt am Main: 61
G. Heil, Berlin: 492
Prof. Dr. R. Henkel, Eding: 468
W. Hennies/Flughafen München: 315
IFA-Bilderteam, Taufkirchen: 124, 169, 215, 481
Fotoagentur imo, Bonn: 309
Interfoto Pressebild-Agentur Bildarchiv, München: 233
International Maritime Organization, London: 309
Jürgens, Ost + Europa Photo, Berlin: 347, 381
Institut für wissenschaftliche Fotografie, M. Kage, Weißenstein: 149, 175
F. Karly, München: 155, 157
W. Keimer, Heidelberg: 443
Key Color, Zürich: 360
E. Kleinert, München: 160
Kommission für Glaziologie der Bayerischen Akademie der Wissenschaften, München: 37
Dr. H.-J. Kress, Fulda: 470
Krupp Fördertechnik, Duisburg-Rheinhausen: 341
Helga Lade Fotoagentur, Frankfurt am Main: 130, 324, 604
Prof. Dr. H. Lamping, Rosbach v.d.H.: 591
Landschaftsverband Rheinland, Bonn: 485
H. Lange, Bad Lausick: 603
Lausitzer Braunkohle/Rauhut, Senftenberg: 363, 367
Lavendelfoto Pflanzenarchiv, Hamburg: 80, 165, 184, 256, 543, 561, 587f., 598, 602
A. Limbrunner, Dachau: 173
J. Marshall, Portland, Oregon: 629
Bildagentur Mauritius, Mittenwald: 172, 209, 228, 292, 300, 322, 483, 509, 517, 555f.
Prof. Dr. H. G. Mensching, Hamburg: 466, 473, 477–479
Prof. Dr. M. Meurer, Karlsruhe: 236
MEV Verlag, Augsburg: 134, 136, 143
Dr. O. Mietz, Seddin: 63, 76, 81f., 87
Münchner Rückversicherungs-Gesellschaft, München: 656f., 660
NATURE+SCIENCE, Vaduz: 152, 165, 194, 216, 516, 518, 520f., 587f.
Prof. Dr. W. Nentwig, Bern: 541, 565, 569
B. Nimitsch/Greenpeace, Hamburg: 308
Tierbilder Okapia, Frankfurt am Main: 118, 167, 195, 218f., 385, 529, 562, 568–570, 572, 574, 578–580, 590, 595f.
Dr. H. Pflaumbaum, Königswinter: 457
Reinhard Tierfoto, Heiligkreuzsteinach: 119, 128, 577
Rheinbraun, Köln: 361f.
Rowohlt Verlag, Reinbek: 179
C. Schall, Heidelberg: 18
Schweizerische Stiftung für Photographie, Zürich: 542
A. Shimbun, Tokio: 607
Siemens Forum, München: 420
Silvestris Verlag, Bildarchiv, Kastl: 589
Spektrum der Wissenschaft, Verlagsgesellschaft, Heidelberg: 458
K. Stevens, USA: 652
B. Strackenbrock, Mannheim: 170
The British Antarctic Survey, Cambridge: 419

Transglobe Agency, Hamburg: 52, 70, 89, 123, 126, 142, 144, 305 f., 361
Umweltbundesamt, Berlin: 391
Visa Image, Vanves, Frankreich: 65
Windwärts Energie, Hannover: 363
Wyllie I., Monks Head Experimental Station, Huntingdon, England: 159
M. Zapp, Frankfurt am Main: 323

Weitere grafische Darstellungen, Karten und Zeichnungen
Bibliographisches Institut & F. A. Brockhaus AG, Mannheim